教育科学精品教材译丛

Psychology: In Search of the Human Mind

心理学：探索人类的心灵 第三版

[美] 罗伯特·J. 斯滕伯格 著

李 锐 等译
朱永新 审校

凤凰出版传媒集团
江苏教育出版社

著作权合同登记图字：10-2002-005号

图书在版编目(CIP)数据

心理学：探索人类的心灵/(美)斯滕伯格(Sternberg, R. J.)著；李锐等译. —南京：江苏教育出版社，2005.12
ISBN 7-5343-4948-6

Ⅰ. 心… Ⅱ. ①斯…②李… Ⅲ. 心理学-教材 Ⅳ. B84

中国版本图书馆 CIP 数据核字(2006)第 109883 号

Robert J. Sternberg **Psychology: In Search of the Human Mind** EISBN: 0-15-506940-3
Copyright © 2001, 1998, 1995 by Harcourt, Inc, a division of Thomson Learning. Original edition published by Thomson Learning. All Rights reserved. Jiangsu Education Publishing House is authorized by Thomson Learning to publish and distribute exclusively this simplified Chinese edition. This edition is authorized for sale in the People's Republic of China only (excluding Hong Kong, Macao SAR and Taiwan). Unauthorized export of this edition is a violation of the Copyright Act. No part of this publication may be reproduced or distributed by any means, or stored in a database or retrieval system, without the prior written permission of the publisher.
981-243-082-2
Thomson Learning (A division of Thomson Asia Pte Ltd), 5 Shenton Way, #01-01 UIC Building Singapore 068808

教育科学精品教材译丛

心理学：探索人类的心灵
Psychology: In Search of the Human Mind
[美] 罗伯特·J. 斯滕伯格 **著**
李 锐 **等译**   朱永新 **审校**
责任编辑 俞慧洵 金 玲

出版发行 **凤凰出版传媒集团**
          江苏教育出版社(南京市马家街 31 号 210009)
网址   http://www.1088.com.cn
集团网址 凤凰出版传媒网 http://www.ppm.cn
经销   江苏省新华发行集团有限公司
照排   南京展望文化发展有限公司
印刷   淮阴新华印刷厂

开本 787×1092 1/16 印张 54.25 字数 1 112 000
2005 年 12 月第 1 版 2005 年 12 月第 1 次印刷
印数 1—4 000 册

ISBN 7-5343-4948-6/G·4643
定价 80.00 元

江苏教育版图书若有印刷装订错误，可向承印厂调换。
苏教版图书邮购一律免收邮费。邮购电话：025-83211774,8008289797，邮购地址：南京市马家街 31 号，江苏教育出版社发行科。盗版举报电话：025-83300420,83303538。提供盗版线索者我社给予奖励。

编委会

顾 问
顾明远　章新胜

主 编
朱永新

副主编
严文蕃　张胜勇

编委（按姓氏笔画为序）
王智新　卢乃桂　许庆豫　朱小蔓　吴康宁
张斌贤　周　川　俞慧洵　赵　明　赵中建
钟启泉　徐　辉　袁振国　董　奇
James　Campell　Thomas　Shuell

海外咨询委员会

主任委员
韦　钰

委员（按姓氏笔画为序）
万毅平博士…美国肯尼索大学教育学院院长、教授
马立平博士…美国卡内基教育基金会
关小茹博士…美国芝加哥德保罗大学教学科技部主任
孙　静博士…澳大利亚昆士兰科技大学早期儿童应用研究中心
杨效斯博士…美国芝加哥森林湖学院亚洲研究中心主任
陈欣银博士…加拿大西安大略大学发展心理研究室主任
周　正博士…美国纽约圣约翰大学心理学系
秦志宁博士…美国明尼苏达州哈普金斯教育局测量评估部主任
彭凯平博士…美国加利福尼亚州立大学教授
蓝　云博士…美国得克萨斯州工科大学教育学院副院长

《教育科学精品教材译丛》总序

作为高校教师，我们中的许多人常常为教育科学教材的陈旧落后而痛心疾首；作为教育学人，我们中的许多人也常常对经济学、社会学等显学学科教材建设的突飞猛进而称美不已。

于是，我们坐卧不安，我们摩拳擦掌，我们立志超越，我们走到了一起。经过几年的努力，涵盖当代高等学校教育学专业的全部主干课程的大型海外教材《教育科学精品教材译丛》（下面简称《译丛》）呈现在读者面前。

许多年来，我国高等师范教育和高等学校教育学专业课程改革的步伐极为缓慢，师范教育的教育学、心理学、教材教法这三门课程多年不变，教育学专业的课程内容陈旧，课程的选择空间相当狭小。可以说，改变高等师范教育课程和高等学校教育学课程的落后状况，是《译丛》最为基本的宗旨。

另一方面，随着教育事业改革的深化，教育实践中产生的问题日益复杂，解决这些问题需要极为丰富的教育科学知识和能力。《译丛》追求的另一宗旨正是通过奉献世界上最先进的教育科学知识体系，促进我国教育事业改革的深化。

在过去的几年中，高等学校课程改革已经取得了相当明显的成效。深化课程改革的一条重要途径是引进国外尤其是发达国家的高校教材，藉此提高教育质量和增进学生的学习能力。《译丛》的宗旨和思路与我国高校教材改革的这种方向是一致的，而且是高校教材改革过程的组成部分。

促进学术交流，是《译丛》向往的又一宗旨。学术沟通的障碍，表征是交际语言，而深层原因则是学术语言与学术规范。《译丛》希望通过引进国外的教育科学知识体系和贯穿其

i

《教育科学精品教材译丛》总序

中的研究方法与表达方式，促进我国教育科学学术事业的进步，并为其走向世界奠定基础和开辟道路。

《译丛》是建国以来从海外引进的规模最大、门类最全的教育学科教材，被国内媒体称为"又一次重要的拿来主义"。在科教兴国的基本国策背景下，它所蕴涵的巨大社会意义已经超出教材本身。因此，《译丛》的编委会和出版者——江苏教育出版社对此高度重视，并为此做了大量的细致而扎实的工作。第一，组建了强大的编委会和翻译队伍。《译丛》的编委会阵容整齐，有各师范大学的博士生导师、教授以及一批海外教育专家；主要翻译人员和审校者均是教育科学专业的博士或教育科学领域的教授，其中一些译者长期旅居国外，并从事教育科学专业的研究和教学工作，他们均在教育科学领域具有相当深厚的积累，可以确保《译丛》的翻译质量。第二，精心筛选选题。《译丛》的入选图书品质上乘，所有选题皆经中、日、美等国专家反复磋商论证，精选而成。其中一些书目为国外学术机构所推荐，在国外大学拥有广泛的学术声誉。许多教材一版再版，最多的已达八版。

我们希望，这套教材能成为国内教育科学的替代课本或重要参考书，同时也能作为各地教师继续教育的重要资料。

我们期待，这套教材能给中国教育理论界带来一些观念和方法上的启示，为我国的教育科学的教学和研究，尤其是教材编写工作提供一定的借鉴。

我们相信，这套教材会得到许多中小学教师、校长、教育行政机关干部、教育科学研究人员、教育专业的研究生以及高校在校学生的关注和选用。

当然，我们更希望、更期待的是创新和超越。希望和期待我国的教育科学工作者编写出高水平的、具有中国特色的教材。站得更高才能看得更远，看得更远才能做得更佳，希望我们这套教材能使中国教育理论界有一个更高的起点，使中国的教师和师范学生有一个开阔的视野。需要说明的是，原书附有大量的索引，但为降低图书成本，减轻读者负担，我们只好割爱，敬请诸君谅解。

我们欢迎各种形式的参与和合作，欢迎专家和读者随时为我们荐书，随时提出各种建议和评论。

《教育科学精品教材译丛》编委会

二〇〇二年四月

前 言[1]

《心理学——探索人类的心灵》(Psychology: In Search of the Human Mind)一书旨在让初步接触心理学的学生们去理解和思考那些心理学家们正在研究的领域，并且逐渐懂得在探究人类心灵的过程中，心理学不仅代表了一系列研究成果，同时也是一个研究的过程。为了论证这种平衡，本书同时涵盖了生物心理学、认知心理学、发展心理学、社会心理学以及临床心理学等诸多研究方法。不但如此，本书还着重强调了这些不同的研究方法之间密切的相互关系。正是因为心理学家们能综合运用这些方法来进行研究，心理学才能作为一门科学而不断发展和进步。

第三版中改进的地方

在广泛收集使用过《心理学——探索人类的心灵》第二版的教授和学生的反馈意见后，我们在本书第三版中作了一些改进，主要包括以下七点：

1. **心理学的思考首先来自学者的头脑，经过实验室研究检验后运用于人们的日常生活，如此循环往复。** 本书将通过以下几种方式来强调这个观念。

   ■ **思考题。** 我们在每一章的结尾提出了一些问题，希望能帮助学生们去解析性地、创造性地，并且实用性地思考和消化他们刚刚学到的东西。每个问题都附有参考答案，读者可以到《心理学——探索人类的心灵》的网站去核对自己的答案（http://www.harcourtcollege.com/psych/ishm）。

   ■ **相关研究。** 我们同时收集了心理学领域中一些最新

---

[1] 针对我国读者的需要，本前言和下面的《学习指南》的翻译有所取舍。

研究的最激动人心的第一手资料。每一篇都是由某一心理学领域中不可或缺的研究者亲自执笔,他们用学生们可以理解的术语阐述了这一领域中正在进行着的研究内容:研究者为什么对该研究感兴趣,以及为什么学生可以从中获得收益。这些文章显示了心理学家们是怎样以更为深远的眼光来进行自己的研究的。

- 日常生活中的心理学。这一部分一方面为我们展示了更深刻的心理学思想与实验室研究的关系,另一方面也展现了这些心理学思想与日常生活的关系。学生们可以从中看到,心理学家们的思想和研究是怎样实实在在地改变着我们每天的生活的。

通过以上方式,我们希望向学生们强调:心理学领域中各种理论的产生经过了这样一个流程:它们首先产生于心理学家们的灵感,随后在实验室中得到验证,然后应用到现实世界的日常生活中,接着日常生活对这些应用进行反馈,最后心理学家再根据这些反馈进一步修正和发展自己的思想。

2. **章节的长度和数量都被缩减了。**我们知道,在达到教学目标和满足一学期或者两学期的课程安排之间需要达到一种平衡,为了使本书能更好地满足这种平衡,我们缩减了课程文字材料的长度,并将整本书从20章缩减到了18章。一些以前各自独立的章节,比如感觉和知觉、语言和思维都分别被合并为一章。这样,本书也能在心理学的各个领域之间达到一定的平衡。

3. **调整了章节顺序。**第三版的章节顺序有了两个主要的改动:

第一,对第一章和第二章的主要目录进行了调整,应书评家和读者的要求,我们将心理学史的内容放在了心理学研究方法的前面。

第二,一些书评家和读者希望尽可能在课程的前半部分就了解动机和情绪的内容。为此,我们将动机和情绪这一章放到两章社会心理学的前面。

4. **理论和研究的最新进展。**近些年来,随着心理学知识爆炸式的增长,许多新的理论、新的研究、新的范式也随之产生。而所有的这些变化正在改变着心理学领域的格局。因此,第三版的《心理学——探索人类的心灵》将紧跟这些进展的步伐。不仅如此,我们在书中还努力以各种方式来表达我们对这些进展的敬意。为此,本书收录了五百多篇专业文献,且其中绝大部分都来自20世纪90年代中后期。

5. **章节的划分。**因为每一个任课教师都喜欢根据自己的方式来安排章节的顺序,所以本书取消了篇章结构的划分。如果教师们愿意,他们可以根据最新的信息来重新构建课程单元。[1]

6. **对第二版的几个特色的修改。**在第三版中,我们对第二版中的三个特色进行

---

〔1〕 为便于国内读者的阅读,我们仍按照英文版对本书进行了章节划分。——译者注

了修订。

- 第一，曾经在前一版中扮演着重要角色的心理学神话故事，在这一版中已经被放在了次要的地位上。代替的是每一章都将以一幅高雅的艺术画来开篇，并附一段表现本章主题的名著节录。
- 第二，那些体现着解析性、创造性、实用性的思考题在上一版中都散布在每一章的内容中，现在我们把它们集中放在了每一章的结尾，并作为"思考题"中的问题。我们这样做是为了使读者在完成该章的学习后，能够对该章的内容有一个整体的连贯性的概念。此外，我们还为每道题目提供了参考答案。
- 第三，辩证思维的主导思想在这一版中得到了延续。不过，与以前不同的是，我们并没有简单地、直接地去提醒学生应该注意思维的辩证性，而是把辩证思维的观念融入与整合到了每一篇课文中。

7. 阅读难度。有一些学生反映说前一版中文章的阅读难度对他们来说过高了。因此，在这一版中，为了确保文章的可读性，我们审查了每篇文章的每一句话。在必要的地方，我们还重新组织了句子结构，并缩短了句子长度，从而使这些句子更清晰，更容易理解。但是，我们对句子所做的这些调整丝毫不会破坏整篇文章的完整性，也不会影响到课文的理论深度。

第三版中继承的特色

此外，《心理学——探索人类的心灵》第三版依旧保留了第二版中最成功的特色：

- 在我们的书中，心理学不仅是一门自然科学，同时还是一门社会科学。在课文中，我们往往同时列出自然科学的观点和社会科学的观点，并且积极地探索着两者之间的相互作用。
- 与第二版一样，在第三版里我们同时强调了生物体的进化和观念的演变。在课文中我们将这两种关键的发展主题融合在了一起，而不是割裂开来进行论述。
- 在这一版中，我们采用并扩充了大量多元文化与跨文化的材料，这样做是为了让学生们知道，这些观点并不是从心理学的内核中分离出来的孤立的东西，而是心理学整体中的一个有机组成部分。
- 本书附有一个附录，在这一附录中，我们通过让学生相互之间做测验、分析数据，来向他们演示统计的具体方法。
- 本书附有一个对书中出现的专业词汇进行全面界定的专业词汇列表。

小结：我的个人历程

许多年前，在我的职业生涯刚刚起步的时候，经过一位心理学家的介绍，我进入了耶鲁大学。同时，我被邀请参加一部心理学入门教材的合著工作，而这本书将着重强调的是心理学的发展历程。我接受了委托，并开始着手与其他心理学家们一起工作。

然而非常遗憾的是，我们的合作最后以失败告终。因为我们发现，彼此在心理学发展的内涵和定义上大相径庭——我注重的是观念上的演变而其他心理学家们则更注重生物体的进化。最后，那些心理学家们编著了一本聚焦生物体发展的心理学入门教材，而我在几年后则开始着手撰写《心理学——探索人类的心灵》的第一版，当然，在我的书中，我将注意力集中于心理学发展中观念的演变。

然而，我的思想在不久以后也发生了变化，《心理学——探索人类的心灵》的第二版正是代表了这种改变和进步——在第二版中，我将生物体的进化与观念的演变综合了起来。对生物体的进化，我们应当心存感激，因为正是它将人类推进到这样一个高度，而只有在这个高度上我们才能通过发展我们的观念来提升我们的思想。

在第三版的《心理学——探索人类的心灵》中，我的思想取得了进一步的发展，而这与我在此期间的执教生涯不无关系。我意识到，学生们需要了解心理学在现实世界中的基本流程——从头脑中产生，然后到实验室，再到日常生活，最后重新回到实验室。

致谢

请容许我对以下同仁表示衷心的感谢，他们对前两版的《心理学——探索人类的心灵》以及第三版的书稿进行的评价和指正给予了我莫大的帮助。

罗纳德·贝宁格尔(Ronald Baenninger)、南·伯恩斯坦·拉特纳(Nan Bernstein Ratner)、艾伦·贝斯切德(Ellen Berscheid)、约翰·博克瓦斯基(John Borkowski)、唐纳德·M.伯克(Donald M. Burke)、乔治·A.斯卡拉(George A. Cicala)、大卫·E.克莱门特(David E. Clement)、丹尼斯·科根(Dennis Cogan)、保罗·T.科斯塔(Paul T. Costa)、劳伦斯·费赫(Lawrence Fehr)、米琪娜·加拉赫(Michela Gallagher)、加里·加尔加诺(Gary Gargano)、托马斯·吉尔斯滕伯格(Thomas Gerstenberger)、哈维·金斯博格(Harvey J. Ginsburg)、加里·格林伯格(Gary Greenberg)、R.W.卡姆菲斯(R. W. Kamphaus)、马修·金斯洛(Matthew Kinslow)、卡伦·科佩拉-弗莱(Karen Kopera-Frye)、斯蒂芬·A.麦斯托(Stephen A. Maisto)、阿瑟·马克曼(Arthur Markman)、约翰马歇尔·利弗(Johnmarshall Reeve)、布莱恩·欧皮(Brian Oppy)、杰西·E.普迪(Jesse E. Purdy)、迈克尔·洛林(Michael Raulin)、拉塞尔·里弗林(Russell Revlin)、布雷特·罗克(Bret Roark)、亨利·罗迪加尔(Henry Roediger)、托马斯·罗(Thomas Rowe)、胡安·萨利纳斯(Juan Salinas)、托马斯·R.斯科特(Thomas R. Scott)、杰罗姆·舒尔斯特(Jerome Sehulster)、罗伯特·S.西格尔(Robert S. Siegler)、帕万·辛哈(Pawan Sinha)、斯蒂芬·史密斯(Steven Smith)、雪莉·泰勒(Shelley Taylor)、威廉·范·奥纽姆(William Van Ornum)、南希·J.沃尔夫(Nancy J. Woolf)、迈克尔·萨拉特(Michael Zarate)。

此外，我还须对一些特殊人士表示感谢，正是他们组成的一个优秀的团队使本书得以顺利出版。出版商厄尔·麦克匹克(Earl McPeek)先生对本书出版工作的全过程都给予了大力的支持。本书的开发编辑莱斯利·卡尔(Leslie Carr)和黛安·德雷克斯勒(Diane Drexler)则对本书的各个部分都做了细致的修缮。贝丝·阿尔瓦雷斯(Beth Alvarez)女士对本书付出了极大的热忱与关注,她甚至超出自己作为一名项目编辑的角色而倾注于本书的全部印刷事务。出版经理辛迪·杨(Cindy Young)对本书出版的整个过程进行了卓有成效的监督。波尔·斯隆(Burl Sloan),作为本书的艺术总监,精心担负了全书的美工工作。休·霍华德(Sue Howard)和桑德拉·洛德(Sandra Lord)是本书的图片编辑,他们克服了重重困难,为本书收集了大量精美的图片。还有凯蒂·马修斯(Katie Matthews),本书的市场策划专员,她保证了本书能满足学习心理学导论的学生和讲授导论的教师的需要,并为他们所喜爱和接受。最后,耶鲁大学的塞伊·杜瓦萨拉(Sai Durvasala)和我一起统筹处理了本书的大部分文字工作,并帮助我处理与出版商之间的日常联系工作。能够得到这样一个出色的团队来为本书的面世而工作,我感到非常之幸运。

我还必须特别感谢我的心理学导论课上的学生们,在我写作的那些日子里,当我需要从课堂中摄取相关资料的时候,他们都给予了理解和积极的配合。而我大学时期的导师恩德尔·塔文(Endel Tulving)、我的硕士研究生导师戈登·鲍尔(Gordon Bower)以及我在耶鲁大学的良师益友温德尔·加尔纳(Wendell Garner),他们对我的教诲和帮助对于我的心理学思想产生了深远的影响。

最后,我还要对我在耶鲁大学的同事们表示由衷的谢意,他们总是对我的工作给予无私的支持。

心理学的应用:探索人类的心灵

《心理学——探索人类的心灵》一书的第三版是一本详尽而全面的心理学入门教材,同时本书还对许多在心理学课程中出现的概念、专业术语和范例作了详尽的解释和说明。

在您准备尝试探索人类的心灵时,本书能够为您提供一种全新的视角来面对和思考心理学。它可以使您像心理学家一样去探究心理学的方方面面,包括:

● 心理学既是一门自然科学,又是一门社会科学;
● 心理学是观念和行为演变的发展过程;
● 心理学中囊括了各种不同的观点和研究方法;
● 心理学代表了理论和研究之间的一种平衡。

在下面的几页内容中我们将介绍本书的鲜明特色,同时也将介绍如何借助辅助工具以提高学习心理学的兴趣。

插图和问题

插图可以拓展读者对同一主题的思考面,而每一章的开篇问题则用以引导读者像心理学家一样去思考问题。

每一章前的开篇插图:我们在本书中每一章的开头都选用了一幅插图,这些插图为读者提供了一个崭新的视角去理解本章的主题。

每一章前的名著语录:本书的每一章都以一段名著节录开始,这样可以突显本章的主题,同时给读者以新颖的感觉。

每一节前的开篇问题:这些问题可以帮助读者清晰地了解每一小节探讨的主要问题。在每一小节的结束部分,读者还可以看到心理学家们是如何去努力回答这些问题的。

图示

图示能够更为有效地,同时更具创意地表达文字信息。

表格和图：图表在文中的自由使用可以对重要信息进行可视化的解释，帮助读者深入地理解课文的内容。

丰富的见解

《心理学——探索人类的心灵》一书的第三版，详细地表明了心理学家们的观点是如何产生的，以及他们是如何分析这些观点，并把这些观点应用于人们的日常生活的。

相关研究专栏：每一专题都由该领域的前沿研究者撰写。此类专题详细地展现了现实生活中，心理学家们是如何在他们的实验室里从事研究工作的。

日常生活的心理学专栏：心理学家并不一定只在实验室进行研究，他们的研究渗透于我们的日常生活。此类专题描述了心理学理论在实际生活中的应用。

思考题：在每一章的结束部分，读者将可以通过思考题来回顾前面学过的概念。

多元的文化背景：不同文化背景下的人们有着怎样的观念和思想？对于这一问题，我们在本书中穿插了大量的案例，这些案例清楚地表明了在不同文化背景下人类心理过程的差异。

每章的内容总结

思考题：思考题要求读者对课文中学到的心理学概念进行创造性的思考。每一问题都没有绝对正确或错误的答案，只是在每一章的最末附有参考答案。读者可以通过访问《心理学——探索人类的心灵》一书的网站http://www.harcourtcollege.com/psych/ishm 来寻找这些问题的不同答案。

摘要和重要术语：这样的设计可以帮助读者掌握课文中出现过的材料信息，对于要点的总结便于读者对前后文进行查对。

学习辅助工具

《心理学——探索人类的心灵》网站：读者可以通过该网站免费获得有关本书的详尽信息。读者可以通过该网站的自测题测试自己，或通过该网站的网络程序、Shockwave® 动画以及我们的心理学检索引擎获得更多的心理学信息。

请访问 http://www.harcourtcollege.com/psych/ishm 获取以上信息。

作者介绍

罗伯特·斯滕伯格（Robert J. Sternberg）是IBM公司的客座心理学教授，同时在耶鲁大学心理学系从事心理学和教育学的研究工作。他于1972年在耶鲁大学获得学士学位，并获得美国大学优等生荣誉学会的最高荣誉，同时还因在心理学领域的特殊贡献受到各界的好评。1975年他获得了斯坦福大学的博士学位，并于1994年获得了马德里卡姆鲁滕斯大学（Complutense University of Madrid）的荣誉博士头衔。2000～2001年他还将获得另外三个荣誉博士头衔。

斯滕伯格获得过多项奖学金和研究经费，其中包括：他曾因获得美国"国家杰出奖学金"（National Merit Scholarship）[1]而进入耶鲁大学，并在耶鲁大学赢得了"沃伦贝格奖"（Wohlenberg Prize）；他还曾获得美国"国家自然科学基金"（National Science Foundation）的研究经费，并借此进入斯坦福大学，在斯坦福大学赢得了"西德尼·西格尔纪念奖"（Sidney Siegel Memorial Award）；同时，他在耶鲁大学任职期间还获得了"古根海姆奖学金"（Guggenheim Fellowship）。此外，他还获得过许多其他的奖项，其中包括：美国心理协会（American Psychology Society）的"詹姆士·麦卡恩·卡特尔奖"（James McKeen Cattell Award）；美国心理学会（American Psychology Association）的"艾尔利·卡瑞尔奖"（Early Career Awards）和"麦卡德里斯奖"（McCandless Awards）；美国教育研究协会（American Education Research Association）的"杰出著作奖"（Outstanding Book Awards）、"研究评论奖"（Research Review Awards）、"西尔维娅·司克利卜纳奖"（Sylvia Scribner Awards）以及"帕尔默·约翰逊奖"（Palmer O. Johnson Awards）；康涅狄格心理学会（Connecticut Psychology Association）的"杰出事业贡献奖"

---

[1] "国家杰出奖学金"是美国高中生能够获得的最高荣誉。——译者注

(Distinguish Career Contribution Award);多元实验心理学家协会(Society of Multivariate Experimental Psychologists)的"卡特尔奖"(Cattell Award)以及葡萄牙心理学家协会(Association of Portuguese Psychologists)的"国际奖"(International Award)。此外,他还是美国心理学会(American Psychology Association)、美国心理协会(American Psychology Society)、美国艺术与自然科学学会(American Academy of Arts and Sciences)以及美国科学进步协会(American Association for the Advancement of Science)的会员。斯滕伯格讲授心理学入门课程已经超过20年。他是《心理学教学》(Teaching of Psychology)的长期撰稿人,是许多心理学教学会议上极具号召力的演说者。同时他也是《心理学导论教学》(Teaching Introductory Psychology)的编辑。

斯滕伯格曾经是《心理学公告》(Psychology Bulletin)的编辑,现在正承担《美国心理学会著作述评:当代心理学》(The APA Review of Books: Contemporary Psychology)的编辑工作。他曾经担任过美国心理学会(APA)第一分会(普通心理学)、第十分会(心理学与艺术)、第十五分会(教育心理学)以及第二十四分会(理论与哲学心理学)的会长。他的成果包括八百余种专著、提纲和论文,并且掌握着价值约一千万美元的研究基金及研究协议。

斯滕伯格有两个孩子——塞斯(Seth)和莎拉(Sara),他们在高中都曾获得过心理学方面的奖项。现在,塞斯的专业是政治学,而莎拉则选择了历史学。

目 录

总　序/i

前　言/i

学习指南/i

第一章　绪　论/2
- 心理学——自然科学和社会科学的统一体/2
- 观念的演变/4
- 西方心理学史简述/5
  - 古希腊和古罗马时期(600-300 B.C.)/5
  - 文艺复兴时期(1300-1600)和科学的兴起/9
  - 现代心理学的萌芽(1600-1850)/9
- 心理学流派:19世纪50年代及以后/11
  - 哲学和生理学融入现代心理学(1850-1900)/11
  - 心理学的早期发展:各学派的早期研究/11
  - 结构主义、机能主义、经验主义和联想主义:对行为而非心理过程的研究/12
- 20世纪心理学流派的演变/16
  - 从联想主义到行为主义/16
  - 行为主义——关于强化和消退的研究/18
  - 格式塔式心理学:整体大于部分之和/21
  - 认知主义:重新回到心理活动的研究上来/22
  - 前沿领域:生物心理学——对心身研究的重新统一/23
  - 心理动力学:人类的有意识的行为只是冰山一角/25
  - 人本主义心理学/27
- 心理学的研究领域/28
- 相关研究:探究心理学在公众中的形象/33
- 日常生活中的心理学:心理学与社会行为/34
- 思考题/35
- 本章摘要/35
- 思考题参考答案/37

第二章　心理学研究方法 /41

科学成果的特征 /42
　　科学成果具有可验证性 /42
　　科学成果具有大众公开性 /43
　　科学成果具有累积性 /44
　　错误的科学观 /44

问题的陈述与解决 /47
　　确立问题 /47
　　描述问题 /49
　　提出假设 /49
　　制定问题解决的策略 /50
　　问题解决的监控和评价 /50

科学研究的目的 /51
　　描述 /52
　　解释 /52
　　预测 /53
　　控制 /54

心理学研究方法 /54
　　自然观察法 /56
　　个案研究法 /56
　　测验法、问卷法和调查法 /58
　　实验法 /59

心理学研究中的因果推论 /61
　　控制实验设计 /62
　　研究数据的评估与分析 /63
　　准实验设计 /65
　　相关设计 /66

对心理学研究的批判性思考 /67

科学研究中的伦理问题 /69
　　科学研究中的欺骗 /69
　　生理与心理上的伤害 /70
　　动物研究中的问题 /70
　　研究的保密原则 /71

相关研究：从早期科学研究所犯错误中获得的启迪 /71

日常生活中的心理学：心理学研究的都是显而易见的现象吗？ /73

思考题 /73

本章摘要/74

思考题参考答案/75

第三章 行为的生物学基础/79

神经系统的结构/80

  中枢神经系统/80

  周围神经系统/84

细胞的结构与功能/86

  神经元/86

  胶质细胞/90

  动作电位/90

  神经传导/92

  常见的神经递质与神经调质/95

脑的结构与功能/96

  后脑/98

  中脑/99

  前脑/101

  大脑半球专门化/104

  大脑半球分叶和大脑皮质/108

  测量电活动/113

  X线/115

  脑扫描/117

内分泌系统/119

  激素和脑/119

  内分泌腺/120

行为的遗传基础/124

  进化论/124

  遗传学/126

  遗传力/129

一个重要的课题：遗传与环境的相对贡献/131

相关研究：学习和记忆的突触基础/132

日常生活中的心理学：透视脑的内部/134

思考题/134

本章摘要/135

思考题参考答案/138

第四章 感觉和知觉/141

心理物理学/142

目　录

　　觉察和阈限/143
　　辨别：差别阈限和最小可觉察/145
所有感觉共同的生物属性/148
　受体细胞及其转化/148
　感觉编码/148
　感觉适应/149
视觉/150
　光的物理属性/150
　眼睛的功能性结构/151
　视杆细胞和视锥细胞/156
　明度及其辨别/158
　颜色及其辨别/159
　视知觉/163
　深度知觉/168
　形式知觉/172
　运动知觉/179
　视觉缺失/180
听觉/181
　声音的物理属性/181
　与声波相关的心理属性和物理属性/181
　耳的功能性组织/183
　听觉机制/186
味觉、嗅觉和其他感觉/189
　味觉/189
　嗅觉/192
　皮肤觉/195
　机体觉/200
相关研究：虚拟现实与运动眩晕/202
日常生活中的心理学：思想会随着生物的进化而演变吗？/204
思考题/204
本章摘要/205
思考题参考答案/208

第五章　意　识/211

注意和意识/211
　选择性注意/212
　选择性注意的理论/213

留心/215
意识的水平/215
　　前意识水平/216
　　潜意识水平/217
　　意识状态的改变/218
睡眠/218
　　睡眠的原因/219
　　昼夜节律/220
　　睡眠剥夺/223
　　睡眠的阶段/223
　　睡眠紊乱/226
梦/228
催眠和沉思/231
　　催眠理论/233
　　催眠与记忆/234
　　沉思/235
引发意识状态改变的药物/235
　　麻醉剂/237
　　中枢神经系统镇静剂/239
　　中枢神经系统兴奋剂/243
　　致幻药物/246
相关研究：假性理性行为中的无意识/248
日常生活中的心理学：临近死亡的体验/250
思考题/251
本章摘要/251
思考题参考答案/253

第六章　学　习/256

经典条件反射/256
　　经典条件反射的发现/256
　　经典条件反射的构成要素/259
　　时间序列与经典条件反射/259
　　相倚：条件反射的成因/260
　　学习的系统观/263
　　影响条件反射速率的因素/263
　　经典条件反射的阶段/265
　　经典条件反射的层次和特征/267

操作条件反射/274
　效果律/275
　行为的实验分析/276
　决定刺激成为强化物的条件/280
　强化程式/284
　操作条件反射的临床推论:习得性无助/287
学习的生物基础/288
社会学习/289
相关研究:频繁的课堂测验可以让学生们取得更好的成绩吗？/291
日常生活中的心理学:习得性无助/293
思考题/294
本章摘要/294
思考题参考答案/297

第七章　记　忆/300

记忆的研究方法/300
　回忆与再认/301
　外显记忆任务与内隐记忆任务/302
记忆的经典理论:阿金森—谢弗林的多重存贮模型/303
　记忆的三种存贮/304
　记忆的机制:编码、储存和提取/304
　感觉记忆/306
　短时记忆/306
　长时记忆/312
　记忆的构造性特征/320
记忆的拓展模型/324
　加工水平/324
　工作记忆/325
记忆的极端情况/326
　记忆缺失:健忘症/327
　记忆出众:记忆术专家/328
记忆的生理基础/329
　记忆的脑结构/330
相关研究:电视暴力和广告记忆/331
日常生活中的心理学(一):闪光灯记忆/333
日常生活中的心理学(二):I AM PACK 及其他记忆增进技术/333
思考题/334

本章摘要/335
思考题参考答案/337

第八章 语言和思维/340

语言的主要特性/340

动物使用语言吗？/341

语言和脑/343
 大脑半球在语言加工上的差异/344
 语言加工的性别差异/345

语言的不同方面/345
 语义学/346
 语法/347
 语用学/348
 语言与思维的联系/350

语言的获得/352
 语言获得的阶段/353
 对语言获得机制的解释/355

思维的本质/359

问题解决的策略和障碍/361
 解决结构完整的问题：启发式和算法/361
 解决结构含混的问题：顿悟的本质/362
 阻碍问题解决的因素/365

判断和决策/369
 决策理论/369
 圆满/370
 决策中的启发式和偏差/371

推理/374
 演绎推理/374
 归纳推理/376

创造力/376
 创造性思维的特征/377
 影响创造力的内部和外部因素/377
 生物进化对创造力的影响/378

相关研究：儿童认知策略的研究/379
日常生活中的心理学：提升创造力/380
思考题/381
本章摘要/382

目 录

　　思考题参考答案/385

第九章　智　力/388
　　智力的定义/388
　　　　弗朗西斯·高尔顿及其对心理物理表现的测量/389
　　　　艾尔弗雷德·比奈和判断测量/390
　　　　心理年龄和智力商数/391
　　　　智力测验/393
　　　　能力倾向和成就测验/396
　　智力测评中的相关问题/397
　　　　效度/397
　　　　信度/398
　　　　标准化和常模/399
　　关于智力本质的理论/400
　　　　智力的心理测量模型：作为以测验为基础的心理地图的智力/400
　　　　智力的计算模型：作为信息加工过程的智力/402
　　　　智力的生物学模型：作为生理现象的智力/403
　　　　智力的文化和情境模型：作为文化创造物的智力/404
　　　　智力的系统模型/409
　　智力的极端情况/413
　　　　资赋优异/413
　　　　智力迟钝/414
　　智力的遗传性/417
　　　　分开抚养的同卵双生子/418
　　　　同卵双生子与异卵双生子/419
　　　　收养/419
　　相关研究：实践问题的解决/420
　　日常生活中的心理学：推进智力的发展/422
　　思考题/423
　　本章摘要/423
　　思考题参考答案/425

第十章　生理和认知的发展/428
　　生理和认知发展研究中的基本问题/429
　　　　个体的生理成熟与学习对发展的作用/430
　　　　发展的连续性与阶段性/431

一般领域与特殊领域的发展/432
　　方法论问题/434
生理和神经系统的发展/435
　　胎儿期的发展/435
　　新生儿的能力/436
　　青春期/441
　　成年人的生理发展/442
　　神经系统的发展/442
认知的发展/443
　　让·皮亚杰的认知发展理论/444
　　新皮亚杰主义的理论/451
　　列维·维果茨基的认知发展理论/452
　　信息加工理论及其对认知发展的研究/454
　　对四种流派的评述/458
成人的发展/459
　　成人发展的规律/461
相关研究：对儿童早期认知发展的研究/462
日常生活中的心理学：要么使用，要么失去/464
思考题/464
本章摘要/464
思考题参考答案/466

第十一章　社会发展/469

情感发展/469
　　情感发展的阶段/471
　　情感发展的理论/472
人格发展/472
　　埃里克森的人格与同一性发展理论/473
　　马西娅的理论：个人自我同一性（统合）/474
　　不断发展的自我意识：自我概念/475
　　气质/479
　　性心理发展和性别特征形成理论/481
人际关系发展/483
　　依恋/483
　　儿童照管对儿童发展的影响/489
　　同龄交往：友谊和游戏/490
　　婚姻和家庭/492

工作领域中的人际发展/492
道德发展/493
　柯尔伯格的模型/494
　吉利根的替代性模型/499
相关研究：校园暴力/502
日常生活中的心理学：家庭教养方式/504
思考题/505
本章摘要/505
思考题参考答案/507

第十二章　动机与情绪/511

动机的本质和特征/511
　本能行为的动机/511
　驱力理论/512
当代有关动机的观点/513
　生理学的取向/513
　动机的临床研究取向/517
　影响动机的认知因素/520
　自我效能理论/523
动机的生物学基础/524
　饥饿/524
　性/529
情绪及其特征/532
　幸福与快乐/533
　恐惧和焦虑/533
　愤怒/533
　伤心与悲痛/534
　厌恶/534
　人类存在基本情绪吗？/534
　情绪的进化价值/535
情绪的测量/536
　情绪的表达/536
　（面部）表情反馈假说/537
　诚实的脸/537
理解情绪的途径/538
　早期生理心理学的研究方法/538
　现代生理心理学的研究方法/540

认知的研究方法/540
　　　跨文化的研究方法/541
　相关研究：内在动机的增强与削弱/542
　日常生活中的心理学：测谎/544
　思考题/544
　本章摘要/545
　思考题参考答案/547

第十三章　社会心理学：个体的视角/550
　社会心理学的本质/550
　态度的本质与功能/551
　　　态度的形成/552
　　　态度的改变/553
　　　认知平衡/557
　　　认知失调/558
　　　自我知觉理论/560
　归因：解释和说明行为/562
　　　归因的本质/562
　印象的形成/565
　　　印象形成的过程/565
　　　社会比较/568
　吸引力、好感和爱情/569
　　　影响吸引力的因素/569
　　　有关好感和人际吸引的理论/571
　　　爱情/572
　　　爱情的类型/574
　相关研究：观众对运动员表现的重要性/577
　日常生活中的心理学：荣誉文化/578
　思考题/579
　本章摘要/579
　思考题参考答案/581

第十四章　社会心理学：人际和群体的视角/584
　群体/584
　　　社会助长与社会抑制/585
　　　社会性懈怠/586
　　　群体极化/588

目　录

　　群体内冲突的解决/588

　　群体迷思/589

从众，顺从，服从/591

　　从众/591

　　顺从/595

　　服从/596

亲社会行为/600

　　助人行为：旁观者效应/600

　　利他主义/604

反社会行为/605

　　偏见/605

　　攻击/609

相关研究：学生对教师的评价系统与教师的课程目标/616

日常生活中的心理学：减少偏见/618

思考题/619

本章摘要/619

思考题参考答案/621

第十五章　人　格/624

心理动力学的观点/625

　　心理动力学理论的实质/625

　　精神分析：西格蒙德·弗洛伊德的理论/627

　　新弗洛伊德派/632

　　对象—关系理论/636

　　对心理动力学观点的评价/637

人本主义的观点/638

　　卡尔·罗杰斯的自我理论/639

　　亚伯拉罕·马斯洛的整体—动力论/640

　　对人本主义观点的评价/640

认知—行为主义的观点/641

　　认知—行为主义观点的理论假设/641

　　朱利安·罗特的社会—学习理论/642

　　阿尔伯特·班杜拉的社会—认知理论/643

　　对认知—行为主义理论的评价/643

特质论的观点/644

　　汉斯·艾森克的理论/645

　　"大五"人格特质/645

特质有多稳定？/647
生物学的观点/648
  人格和气质的遗传性/648
  个体倾向与气质的生物学联系/649
交互作用主义的观点/650
人格测量/652
  投射测验/652
  客观人格测验/654
相关研究：人类气质的研究/657
日常生活中的心理学：日常生活中的精神异常/659
思考题/659
本章摘要/660
思考题参考答案/662

第十六章 变态心理学/665

什么是变态行为/665
  变态行为的历史观点/666
  当代关于变态行为的理论/667
变态行为的分类及诊断/669
  DSM-Ⅳ的五个轴/671
  多轴诊断的案例/673
  对DSM-Ⅳ的评价/674
  一般人口中的分布：患病率、发病率和同病率/674
焦虑障碍/675
  焦虑障碍的分类/675
  焦虑障碍的症状/679
  焦虑障碍的病因/681
心境障碍/684
  重抑郁/684
  双向精神障碍/686
  心境障碍的病因/687
  自杀/690
精神分裂症/692
  精神分裂症的分类/695
  紧张性刺激对精神分裂症的影响/696
  精神分裂症的病因/697

分裂性障碍/699
　分裂性失忆症/699
　分裂性神游症/700
　分裂性认同障碍/700
婴儿、儿童和青少年心理障碍的初步诊断/701
　注意缺失多动症/701
　品行障碍/701
　弥漫性发展障碍/701
人格障碍/702
法律问题/705
相关研究：临床评估中的文化因素/706
日常生活中的心理学：自杀的神话/708
思考题/708
本章摘要/709
思考题参考答案/711

第十七章　心理治疗/714
心理治疗的早期历史/714
变态行为的诊断与评定/715
　结构式与非结构式诊断面谈/716
　心理测验/717
　神经心理测验/717
　基于生物学的测量/718
心理治疗的方法/719
　心理动力疗法/719
　人本（来访者中心）疗法/722
　行为疗法及其相关技术/724
　认知疗法/729
　生物疗法/731
　哪些人需要心理治疗？/735
　心理治疗的文化观/736
个别心理治疗的拓展/737
　团体疗法/737
　配偶疗法和家庭疗法/740
　社区疗法/741
心理治疗的效果/744
　规范治疗的作用/744

对治疗的研究要点/745
长期治疗与短期治疗/746
有效治疗的共同要素/747
心理治疗中的道德问题/748
相关研究：对心理治疗过程与治疗效果的研究/750
日常生活中的心理学：自助/751
思考题/752
本章摘要/752
思考题参考答案/754

第十八章 健康心理学/757

心理与健康/757
心身关系/758
健康与行为医学/759
应激及其应对方法/761
应激/762
应激的生理反应/765
应激的察觉/767
内在的变量和应激：A 类行为模式与 B 类行为模式/768
健康护理与心理学/771
症状的识别和解释/771
护理以及健康服务机构的作用/772
医生和病人的相互作用/773
住院病人/774
心理的调试和治疗/776
疼痛及其控制/776
严重慢性疾病患者的生活/781
相关研究：对应激以及身体抗病能力的研究/784
日常生活中的心理学：应对策略和控制结果/785
思考题/786
本章摘要/786
思考题参考答案/788

统计学附录/790

词汇表/806

译后记/834

第一章 绪 论

当我还是一个小学生时，在一次必须参加的智商测验中考得相当糟糕。我有令人难以置信的测验焦虑，当看到负责给学生做团体智力测验的学校心理学老师走进教室，我便宛若挨了当头一棒。"开始答题！"老师此言一出，我更如惊弓之鸟，乃至一题也答不出来。至今我仍清楚记得我还在做第一组问题的时候，周围其他人已在窸窸窣窣翻纸做下一页题目的情景。其他同学能从容应付的测验，对我而言根本无法面对，因此结果也就成了失败。

至今我仍想知道，到底那份问卷和其他的人是哪里出了问题，这就是我最初对智商和心理能力产生兴趣的原因。当然，后来我才知道这些只是心理学领域的一个方面而已。我在测试中所表现出来的焦急和心理测试的文化公平性的问题也都是心理学领域研究的一部分。正是因为那次的经历，我决定从事心理学的学习和研究，并成为了一名心理学家。那么你怎么样呢？心理学的哪些方面吸引了你？到底，什么才是心理学呢？

第一章 绪 论

心理学——自然科学和社会科学的统一体

问题：心理学是什么？心理学研究的对象是什么？心理学与其他同样研究心理和行为的学科究竟有什么不同？

心理学(psychology) 是一门研究心理、行为及两者相互关系的学科。其研究就是要理解人类及其他有机体如何思维、学习、知觉、感觉、行为、交往，以及如何实现对自身理解的过程。虽然人类自身一直都是心理学理论和研究的主体，许多心理学家们却也对人类以外的其他有机体展开了研究，具体对象从最简单的单细胞生物到复杂的哺乳动物。有些时候，这些研究本身就是目的，也有些时候，它们只是一种手段而已，目的在于获得对人类心理过程和行为的理解，以代替那些不可能也不符合道德原则的对人类自身进行的研究。例如，对动物生理(如眼睛或神经细胞的功能)及其行为(如对各种刺激的反应)的研究，让人们有可能做类比，从而推知人类的生理结构和行为。由于心理学不仅包含人类和社会学的知识，还有生理学和生物学的基础理论，所以一般认为它既属于自然科学，又属于社会科学，是两者的统一体。

作为自然科学(natural science)，心理学包含了对自然规律的研究；作为社会科学(social science)，它又包含了对人类和其他有机体思维、感觉和行为规律的研究。有些心理学家偏重于在自然科学方面的研究，如研究脑以及它与行为的关系；也有些心理学家注重社会科学方面的研究，如研究人们在群体中的交往等。然而，要想对这两方面进行严格的区分是很难的，因为自然环境总是在许多方面和所有的有机体进行着双向作用。例如，气候会影响人类的行为；而人类对环境的改变，如人类必须对之负主要责任的温室效应导致全球气温的升高，也影响着气候。同时，也有许多自然科学工作者们在研究人类行为，例如，遗传学家(geneticists)研究遗传因素对行为的影响，生理学家(physiologists)研究生理和生化因素对行为的影响。

心理学家和许多其他学科的科学家都认为，这些旨在探讨人类行为的研究方法是相互补充，而非相互排斥的。的确，心理学家常从生理学和计算机科学等学科对人类行为的研究成果中受益。

在对人类行为的研究上,心理学与其他社会科学(如社会学和人类学)的研究有许多重叠的地方。事实上,这些领域的分界线并不十分明显。它们在研究的对象和方法上有很多重叠的地方。但不管怎样,这些学科在其研究的重点和角度上,还是有所不同的。

就以对家庭的研究为例。心理学注重对个体的研究,无论对于个体自身,还是对于个体与环境以及个体与他人的交互作用。心理学家可能会研究家庭对儿童身心发展的影响,或儿童的行为对家庭的影响。而另一门社会科学——社会学(sociology),其研究对象的范围更广,社会学家会对由不同职业、阶层、经济地位、种族的个体组成的群体进行研究。因此,社会学家可能对研究经济因素对家庭凝聚力的影响更感兴趣。文化人类学家(cultural anthropologists)主要探求对不同文化的理解,因此,他们会对研究不同文化背景下的家庭差异感兴趣;生理人类学家(physical anthropologists)研究人类从低等到高等的进化过程,他们会把人类的家庭单位与鸟类或猴子的家庭单位作比较,从而展开研究。

除科学家以外,其他人也研究人类行为。例如,我们可以通过阅读诗歌、小说、哲学性散文、史料分析和宗教著作等,领悟人类心理及行为的本质。同样,从艺术作品中,如油画和雕塑,我们也可以透视人类的行为。心理学与人文科学在心理研究方法上的分歧就在于心理学强调科学理论和方法论,并在此基础上,进行抽象的和经验的检验。科学为我们提供了一套专门的方法,来验证观念的正确性,以及用更新、更具说服力的观点来替换那些不能充分解释经验现象的旧观点。这些方法我们将在下章中加以讨论。

 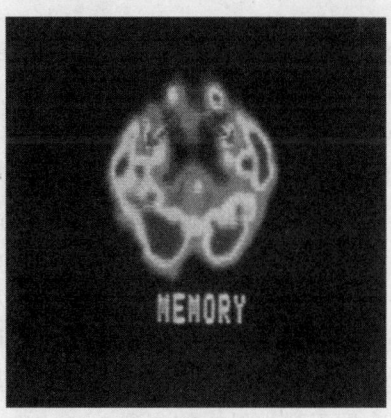

心理学既是一门自然科学,也是一门社会科学。心理学家可能会去探索帮助儿童提高学习和记忆效率的方法,他们同样也可能会去研究记忆的神经生理机制。

第一章 绪 论

本章主要讨论心理学理论的框架及其发展历程。我们将通过简要了解心理学发展过程中的重要人物和思想来考察现代心理学的发展史,并追溯其源头。虽然回顾历史并不是开始学习心理学的最佳途径,却也不失为一种好的方法。我们对当代心理学观点的理解以及对其合理性的判断等都要受到我们所处的具体现实环境的限制,而且,这些新观念还是在已有旧观念的基础上发展而来的。贯穿上述历史观念的一个重要主题就是,观念的形成是个循环的过程。举个例子来说明一下,近年来的研究(具体见第十八章)表明,心理压力会导致身体疾病的产生,增大了与免疫系统功能下降有关的各种综合病征出现的概率。心理疾病会对身体产生影响的观念在古希腊很盛行,但在20世纪上半叶,却不为广大心理学家所认同,因为他们当时正致力于建立心理学作为科学的可信度。在新旧世纪之交,由于现代科学研究提出了有力的证据,此观念又开始盛行。在本章和本书中,我们将会看到,许多心理学核心观念的形成都经历了这样的循环过程。

对于这种观念的循环发展现象的一种解释就是,哲学家、心理学家,以及其他学者总是深信不疑地坚持一种观点,直到出现另一与之相矛盾的观念,于是,这两种观念中最吸引人的、最合理的部分又被重新组合,形成了一个全新的观念,并获得了人们的广泛认可。经过综合的新观念,于是义成为下一个、与之相矛盾的观念得以发展的基础,而这势必将导致新一轮观念的重新组合。

观念的演变

问题:观念是怎样形成和发展的?

德国哲学家乔治·黑格尔(Georg Hegel,1770 - 1831),将这种观念的演变过程称为辩证(dialectic)。所谓辩证,就是思想家们为了更好地理解事物而进行的一种持续的学术对话。首先,由一位或几位思想家提出一个论题(thesis)(称为正),从而向真理迈进了一步。很快,又有思想家提出了对立的观点(antithesis)(即从不同角度提出的论点,常与原先论点相矛盾)。最后,其他思想家又提出一种综合的观点(synthesis)(即将前两个论点进行选择性地组合;Hegel,1807/1931)。这个新的综合的观点又会被视作一个全新的论题,随着观念的继续发展,又会出现与之相悖的论点,如此循环下去。辩证的过程并不是完全直线的过程,科学家们常会从早已根深蒂固的观点中发现新的问题,或从早已摈弃的旧论点中发现其合理的成分。观念的辩证发展是科学的一大特色,有助于科学目标的实现。

允许有其他与之相矛盾的,甚至是极端相左的观念向现存的观念挑战,是辩证法得以发展的基础。在对原有观念的部分论点进行综合的基础上,这些挑战往往又会促进新一轮观念的产生。西方学术界批判主义的鼻祖是希腊的哲学家泰勒斯(Thales,

624-545 B.C.)。他总是邀请他的学生对他的学术思想进行修正,这种胸襟可不是每位老师都有的。此外,泰勒斯还积极吸收世界其他地区积累下来的宝贵知识财富。他周游了地中海地区,并从埃及人那里学到了许多关于天文学、几何学以及其他学科的知识。今天,我们对前人的观点进行批判,就是遵从了泰勒斯的教诲,对于旧观念要取其精华、去其糟粕,从而获得观念的进一步发展。

要注意的是,即使是为我们所摈弃的那些落伍的旧观念,也有其一定的价值。它们作为新观念产生的基础(作为创新性的对立观点批判的对象),推动我们研究工作的进一步发展。那么作为当代心理学思想发展基础的早期思想到底有哪些呢?

西方心理学史简述

问题:关于心之本性的探讨,有记载的早期观念有哪些呢?

心理学研究是于何时、何地开始的呢?对于这个问题的回答,学术界是有争议的。史料上并没有关于人类最早对思维、感觉和行为研究的确切记载。事实上,当代史学家发现我们所知道的(或认为我们所知道的)大部分关于人类历史的记载,都难以摆脱历史编撰者自身的偏见。我们都生活在一定的社会背景中,并对之进行观察,同时,社会背景也塑造了我们。我们在思想上总是要受到前人和同辈人思想的影响。

史学家在撰写历史时是不可能不受其所处的社会环境的影响的。例如,由于我们手边的历史资料主要都是由欧洲人编写的,因此,这些资料中,往往会就欧洲人对人类社会所做的贡献大为赞赏,却贬低甚至忽视亚洲、非洲等其他地区的人类文明的优秀成果。

本章只将心理学的源头追溯到古希腊。事实上,人类历史上许多高度发达的远古文明的出现要比欧洲早上千年。许多欧洲大陆以外地区出现的文明成果,直到千年以后才被欧洲引入或由欧洲人自己发明创造出来。

许多世纪以后,文明的种子传到了地中海的北海岸,并在那里扎根生长。在希腊群岛上,我们可以从其文学作品中找到人类最早关于心理学研究的记载。约在公元前8世纪,盲诗人荷马(Homer)就把他领悟到的心理学思想写进了他的希腊史诗,《伊利亚特》(*Iliad*)和《奥德赛》(*Odyssey*)。事实上,心理学一词是取名于古希腊神话人物"普赛克"(Psyche)。"普赛克"一词与"生命之息"(breath of life)同义,指的是死后会自动离开人体的灵魂。

古希腊和古罗马时期(600-300 B.C.)

心理学对人类行为的研究,有两大源头。一是哲学(philosophy)。这是一门探讨世界各物质和现象的一般规律的科学,研究方法主要是内省法(introspection),即对内部观念和经验的自我检查。另一源头是生理学(physiology)。生理学是通过观察法,对活的生物体和维系生命各器官的功能和运转进行的科学研究。事实上,在古希腊,这两个领域所使用的研究方法差异并不大,都是使用比较思辨的方法,如内省沉思等,来寻求对心、身本质,即这两者如何运作和进行交互作用的理解。在古希腊,许多哲学家和生理学家都持这样一种观点——即使不进行辅助的观察,人们也可以获得对事物本质的理解。

心理学思想发展史上的几大主题

虽然哲学和生理学已分属不同的学科,其研究各有侧重点,但它们依旧对心理学的发展方向产生着影响。一些重要的哲学理论就是现代心理学得以发展的基础。本书将这些理论归纳为以下四大主题:

1. 心灵和身体是独立的,还是统一的?
2. 生物学知识有助于我们对心理现象的理解吗?如果是,其程度如何?通过对行为的研究,我们对这些现象的理解应该达到怎样的水平?
3. 我们对自身和外部的认识有多少是与生俱来的,又有多少是从经验中获得的?
4. 哪些技能和知识属于一般领域(如语言、数学和艺术创作)?何种程度的技能和知识属于特殊领域?(跨学科的知识和技能属于一般性知识;属于某个领域所特有的知识和技能则称为特殊领域的知识和技能)

希波克拉底、柏拉图和亚里士多德

上述问题的产生要追溯到远古时代。被誉为医学之父的希腊医生希波克拉底(Hippocrates, ca. 460 - 377 B. C.),就对生理学和哲学进行了意义深远的研究。在他那个时代,这两门学科呈现出高度的重合。希波克拉底有别于其他古希腊哲学家和医生的地方就在于他的异于传统的观念,他认为疾病不是上帝对人的惩罚。他还得出结论说生物体机能失调才是导致心理疾病产生的原因,而不是所谓的鬼神在作怪,从而排除了神学理论对行为研究的干扰。

希波克拉底还采用了在当时看来非传统的研究方法——经验观察法(empirical observation)来进行医学研究。与当时的模式不同的是,他直接通过活体解剖来对动物体的生理构造进行研究。然而,他的方法也不是完全经验的。他常常错误地认为,他在动物研究中所得到的观察结果可以自动推及到对人的认识中去(Trager, 1992)。

希波克拉底对心灵之源的研究特别感兴趣。他把心灵看做是独立的单位,可以控制身体的一切活动。这种认为心与身存在质的区别的哲学理论就是"心身二元论"(mind-body dualism)。该理论认为,身体是由物质组成的,而心灵(理)则是非物质的。希波克拉底还提出,心理产生于人脑。他通过观察得出结论:当大脑的一边受到损伤,身体的相对一侧就会出现痉挛的现象(D. N. Robinson, 1995)。

与希波克拉底同时代的还有两位年轻的学者,他们所持观点与希波克拉底相似,也认为心灵源于身体。这两位著名的人物,一位是柏拉图(Plato, ca. 428-348 B. C.),他赞同希波克拉底的关于心理源于人脑一说;另一位,柏拉图的学生亚里士多德(Aristotle, 348-322 B. C.),则将心理的产生具体定位在人的心脏。这两位哲学家对心理学和其他许多领域的现代思维方式均产生了重大的影响,他们的哲学理论在许多方面都对现代心理学的发展产生了深远的影响。其中与现代心理学关系最为密切的辩证法的内容可分为三部分:对心身问题的研究;在追寻真理的过程中,应该采用观察法还是内省法;人类观念从何而来。

在拉菲尔(Raphael Raffaello Sanzio)的名画《雅典学院》(The School of Athens)中,理性主义者柏拉图与经验主义者亚里士多德就求知的途径争论不休。

由于柏拉图和亚里士多德在现实的本质问题上意见相左,他们对心身问题的看法也存在着差异。柏拉图认为,现实不存在于那些可以由感官直接感知的具体事物中,而在于事物所代表的抽象的形式中。这种抽象的形式是属于永恒、完全抽象的思维空间。例如,椅子的现实不是通过我们生活中可见、可触摸的椅子的具体形式,而是通过我们头脑中对椅子的抽象概念才得以流传后世。与柏拉图相反,亚里士多德认为现实只存在于我们可直接感知的具体的物质世界中。对作为自然学家、生物学家,同时又是哲学家的亚里士多德来说,柏拉图的抽象形式,比如上述椅子的观念,只不过是具体事物的衍生而已。

亚里士多德的物质取向思想为一元论(monism)的产生奠定了基础。一元论是关于心身本质的哲学,它的核心思想是,现实是个统一的整体,只存在于一维的平面,而不是被分成物质和非物质的意识(心理)两个维度。一元论认为,心灵本身并不存在,它只是解剖学和生理学研究的附带品,常引起人们的错觉。事实上,对心理的研究就是对人体的研究,两者无实质的区别。人们了解了人体的生理构造,才能解释人类的心理问题。

观察和实验:是知识的源泉还是对现实的演绎?

柏拉图和亚里士多德对于现实本质问题的不同见解使得他们在论证方法上也出现了分歧。亚里士多德认为现实是建立在客观物质的基础之上的,这使得他采用对客观物质和行为进行观察的研究方法。今天,我们称亚里士多德是经验主义者(empiricist)。所谓经验主义就是坚持以经验方法(empirical methods)获取知识,从经验、观察和实验中取证。

亚里士多德的观点和经验主义方法论是相联系的,这也是我们在实验室或生活中研究人们思维和行为时所持的方法。亚里士多德总是从对一个现象的诸多具体事例的观察中,归纳出一般性的原理和趋势。例如,经验学家们会从对心理学专业学生的学习过程的观察中归纳出心理学学习的一般原理。

然而,柏拉图认为经验方法毫无价值,他认为真正的现实是以抽象的形式存在的,而不在我们意识以外那些可观察的、不完全的所谓现实事件中存在,所以对事物和行为的这种观察是无益于真理的追求的。柏拉图是理性主义者(rationalist),他建议采用理性主义的方法。他认为这一方法是获得知识的最有效的途径,即通过思辨来理解世界以及世界与人的关系。

亚里士多德的观点直接导致了经验主义研究的产生,而柏拉图的观点则预示着理性主义这种不以充分经验观察为基础的学说的产生。这两派学说各有其优点。没有经验观察为依据的理性主义和人们的日常生活关联甚少;但纵有成堆的观察数据,没有一个有组织的理论框架,也是徒劳。

亚里士多德和柏拉图除了在心身关系和探求真理的方式上有不同的见解外,在观念的来源问题上也有分歧。亚里士多德认为观念是从经验中获得的,而柏拉图却认为观念是人生来就具有的,需要时只要从脑海中某个不起眼的角落里提取出来即可。

文艺复兴时期(1300-1600)和科学的兴起

文艺复兴时期,我们称之为真正意义上的科学诞生了。人们开始通过直接观察的方法来获取知识。

中世纪以来,人们的思想和行为受到了占统治地位的宗教理论的限制。到了文艺复兴时期,神学理论遭到了来自各方的批判。英国著名作家、哲学家、政治家弗兰西斯·培根(Francis Bacon,1561-1626)认为科学的研究必须是完全经验的,完全不受理论的指导。他认为,理论会影响我们对事物的看法,阻碍对真理的追求。因此,他提出,对自然和人类的研究必须完全不带任何偏见,而且不需要任何理论学说作为基础或指导。

现在,许多当代科学家正努力将上述两种极端的观点在理论的作用上加以综合。理论应该指导我们的观察并使之有意义;同时,根据观察的结果,形成相应的理论或对现存的理论进行修正,甚至否定。通过本章的阅读,你会发现,心理学作为当今的一门科学,是在理论和数据的不断交互的作用下得以发展的。但在现代心理学发展的初期,许多思想家,如笛卡儿和洛克,不是过分强调理论就是强调数据的重要性,而往往忽视了它们之间的交互关系。

现代心理学的萌芽(1600-1850)

心身是相互独立的吗?长达两个多世纪的辩论:1600-1800

17世纪,法国哲学家笛卡儿(René Descartes,1596-1650)发展了理论和数据的辩证关系。笛卡儿同意柏拉图理性主义的观点,认为内省、沉思的方法在探求真理的过程中比经验方法要优越;同时,和柏拉图一样,他信奉先天观念的学说(Descartes,1662/1972),坚持心身二元论,认为心身是独立的,而且两者还有质的区别。笛卡儿认为,人是非物质的、精神的心理和物质的身体的统一体,即人具有双重性质,这也使得人有别于动物。对人来说,心理的力量是至高无上的。拉丁语中就有"Cogito ergo sum"的说法,意思是"我思故我在"。虽然,笛卡儿认为心理比身体更具影响力,他同时也是承认身体对心理是有一定影响的。笛卡儿认为身体是从属于心理的,人们把他称为

笛卡儿

约翰·洛克

心灵主义者(mentalistic);同时,又因为他认为心身是存在交互关系的,人们又把他认为是交互作用者(interactionistic)。

英国经验主义者、哲学家洛克(John Locke,1632-1704)认为心身的交互作用就像同一现象的两个方面,是相互对称的关系。心理依靠身体,尤其是感官来获取有关信息;同时,身体也依靠心理来存储已经过加工处理过的感觉经验,以便日后检索(J. Lock,1690/1961)。洛克认为,人生来是没有任何思想的,必须通过经验观察来获取知识。洛克称这个观念为"白板"(blank state)理论,认为是生活和经验赋予了我们思想。

康德(1750-1850)

到了18世纪,关于一元论与二元论,经验主义与理性主义的辩论已经达到了异常激烈的地步。德国哲学家康德(Kant,1724-1804)也开始对这些问题进行辩证的综合。他主要探讨心身是如何交互作用,而不是由心灵占主导地位(Kant,1781/1987)的。在此基础上,他重新对心身问题进行了定义。他建议改用官能(faculty)或者心理能量(包括感觉、理解和理智等)来代替一元、二元的说法,以此来对心身问题进行诠释。他认为各种官能是相互独立的,如果经过训练,它们就会彼此配合,形成有组织的心理活动,并将心理和身体紧密结合起来。

康德认为,要正确认识心理官能,就需要同时运用理性主义和经验主义两种研究方法。根据康德的综合论的学说,要正确地认识事物,就既需要具备从经验中获得的知识(论题),也需要有先天的观念(对立),如我们对时间和因果关系的认识,这使得我们可以从经验中获益。可见,人类的认识就是在其先天观念和经验知识的组织和处理中,得以发展的。

康德到底有没有给这些辩论彻底地划上一个句号呢?回答当然是否定的。对于思想和现实本质的问题也许永远都不会有一个最终的答案。学者们总是会对这些问题的某个方面纠缠不清,而这也就是学术研究的实质。但是,对在他之前的哲学家所争论不休的问题,康德的确进行了较成功的重新定义。康德在哲学界的巨大影响力,以及19世纪学术界对生理构造及其活动的科学探索,对心理学作为一门独立的科学,在19世纪正式确立,产生了深远的影响。

心理学流派:19世纪50年代及以后

问题:心理学是怎样成为一门独立科学的?它的核心观点和学术思想有哪些?

哲学和生理学融入现代心理学(1850-1900)

哲学家、医生和心理学家的研究领域中的许多问题是相互重叠的。正是这个原因,当19世纪末心理学作为一门独立学科发展的时候,有人把它看做是哲学的一个分支,也有人认为它隶属于医学。后来渐渐的,哲学和医学领域中的心理学分支从其母体中分离了出来。心理学很快就发展成为一门专门研究心理和行为的、有别于其他学科的、统一的科学学科。不过,直到目前为止,心理学的发展仍会受到作为其源头的各学科的不同观点的影响。在本章的"相关研究"专栏中,研究者本杰明将向我们讲述他和他的助手们如何探究20世纪心理学在公众中的形象的演变过程。

心理学的早期发展:各学派的早期研究

表1-1 早期的心理学流派 时至今日,从心理学研究中,依然可以看出它的两大源头——结构主义和机能主义的影响。

流派	研究重点	主要的研究方法	学派发展中的代表人物	批　判
结构主义	意识的本质:对意识组成元素(基本感觉)的分析	内省法(自我观察)	冯　特 铁钦纳	过于注重对基本感觉过程的研究; 在思维的研究领域中有所不足; 理论缺少在现实生活的应用; 内省法的使用过于呆板
机能主义	心理功能;意识的现实功用;机体与其外部环境的整体关系	没有固定的研究方法	詹姆斯 杜　威	对功能的定义过于繁杂; 太多技巧,使用过于随便,以致实验缺乏连贯性; 过分强调心理学的实际应用; 对基础问题的研究不够
联想主义	两个事件或观念的心理联结或联想,导致不同学习类型的产生	经验主义的方法,适用于自我观察和对动物的研究中	艾宾浩斯 桑代克 巴甫洛夫	过于简单; 没有对认知、情感和许多其他的心理过程作出解释

从心理学的几大主题及它的发展来看,心理学在人类心理及其研究方法上,是学派林立的。下面将对早期占主导地位的几大心理学流派进行讨论(见表1-1的汇总)。在阅读过程中,请注意观察这些不同的学术流派是怎样在已存在的学派的观点上发展起来的,又是如何对那些观点进行批判的。心理学早期出现的循环辩证的过程,同样贯穿于现代心理学的发展过程中。从发展来看,早期的流派比较重视对心理结构(mental structure)的分析,而后来的流派则比较注重对心理机能(mental function)和心理联想(mental association)的研究。

结构主义、机能主义、经验主义和联想主义:对行为而非心理过程的研究

结构主义:早期对心理系统、科学的探讨

心理学史上出现的第一个大的学术流派就是结构主义(Structuralism)。该学派试图通过对心理组成元素的结构的分析(如对某种特殊的感觉或思维的分析,见第四章),来实现对心理的结构的认识。在结构主义盛行的时期,其他领域的科学家也都纷纷效仿,他们先将物质分解成若干基本元素,然后再研究这些基本元素的组合。例如,化学家研究分析物质的化学结构成分;生物学家对细胞的生化成分进行分析;生理学家则分析生物体的生理结构。如德国科学家赫尔曼·冯·赫姆霍兹(Hermann von Helmholtz),他接受过物理学的正规教育,同时也是历史上第一位对神经冲动的传导速度进行测量的科学家。虽然结构主义已不再是心理学流派中的主导力量,但由于它在心理学科学发展的初期,对心理学作为一门系统的、经验的科学的确立,以及对于当代心理学中某些辩证思想的建立,作了初期的准备工作,因此,它在心理学史上占据着相当重要的地位。例如,行为的分子分析和行为的总体分析之间的辩证关系就源于结构主义思想。

结构主义的创始人是德国心理学家威廉·冯特(Wilhelm Wundt,1832-1920)。冯特在学校的表现并不出色,经常考试不及格,是同学的笑柄。然而,冯特在事业上却硕果累累,这也表明学校成绩并不总是事业成功与否的先兆。

冯特认为心理学应该重点研究瞬时的、直接的,而不是间接的、经过诠释的有意识的经验。例如,假设你正注视着前方一片绿色的长满青草的草坪,那么在冯特看来,草地或草的概念,甚至是你对看草地这件事的意识,都与他的研究无关。这些间接的概念上的心理经验与经验的基本元素之间相差甚远。冯特认为,心理元素应该从直接的经验,如注视二维平面上长宽不等的狭长的、垂直的、绿色突出部分的简单过程中获得。可见,冯特所注重研究的是这些基本的感觉元素(elementary sensations)。

冯特认为,培养人们分析这些感觉经验的最有效的方法就是自我观察法,即内省法。内省法要求人们内省其意识中出现的信息,并凭自己的主观判断作出反应或说出感受。在此过程中,冯特和他的助手们对被试者进行了培训,使其在对自我进行观察时尽量做到客观。

铁钦纳(Edward Titchener, 1867 - 1927)是冯特的学生,他在追随冯特学习了几年后,赴美担任了康奈尔大学的教授。铁钦纳是位彻底的结构主义者,他与冯特的观点基本一致,但又不完全相同。和冯特一样,他(1910)认为所有的意识都可以被分解成元素性的状态(elementary states)。

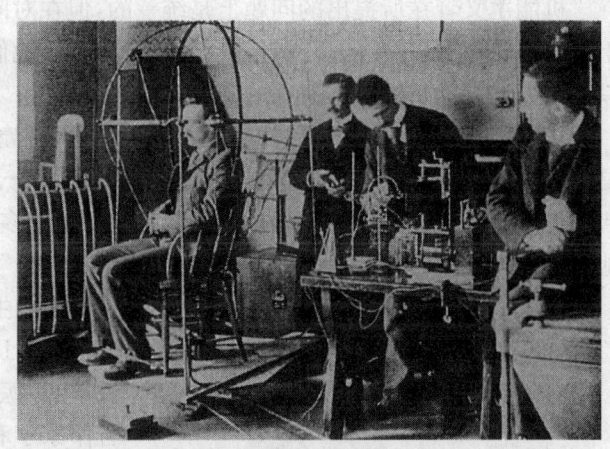

威廉·冯特建立了第一个心理学实验室。

铁钦纳的大半生都是严格的结构主义者。他把结构主义的普遍原理应用到他的教学、研究和著作中。然而,到了晚年,他的观点发生了转变,他认识到心理学不仅要研究基本的感觉元素,还要研究这些基本元素的分类(Hilgard, 1987)。和别人一样,铁钦纳意识到结构主义的一个突出的问题就是,它的研究中有太多的基本感觉,而且数量还有不断增长的趋势。结构主义也没有提出研究思维过程的方法。而且,它太拘泥于内省法这种单一研究方法的使用,而缺少灵活性。

铁钦纳思想的转变代表了当时绝大多数的科学家,尤其是心理学家的想法:杰出的科学家并不总是终身坚持某一种特定的观点;他们让自己的思想不断地发展,并随时更新自己对事物的看法。这种思想的演变结果就促使了当时第二大流派——机能主义的诞生。

机能主义:注重对心理过程主动性的研究

结构主义起源于德国,但与之相对立的机能主义(Functionalism)却产生于美国。它是美国心理学史上的第一次运动。机能主义者重在研究主动的心理过程,而不是被动的心理结构和元素。机能主义和结构主义的主要区别并不在于他们对问题的回答,而在于他们提出的问题的性质不同。结构主义者会提出这样的问题:"人类心理的基本内容和结构是什么?"而机能主义者则会这样问,"这种情况下人们会怎么做?为什么会这样做?"

第一章 绪 论

结构主义和机能主义的另一个区别就在于,结构主义者认为人类和其他生物体是被动地对所经历的感觉进行分析的,而机能主义者认为人类在感觉信息的处理过程以及行为决策过程中是相对主动的。有些学者提出,这种相对主动性的取向与美国的文化有关。

机能主义者在所提出的问题上是统一的,但在对问题的回答以及寻求答案的方法上,观点却不总是一致的。或者,我们可以这样说,他们在方法论的观点是一致的,即,只要该方法有助于回答所研究的问题,就可以采用。

机能主义在方法论上所持的开放的态度大大丰富了它的研究方法。其中之一就是进行动物实验。这种方法是在达尔文(Charles Darwin,1809-1882)进化论思想的启发下产生的。达尔文的进化论思想能够在如此众多的领域中得以应用,这恐怕是其他理论望尘莫及的。

威廉·詹姆士

机能主义的创始人是威廉·詹姆斯(William James,1842-1910)。他是一位哲学家、医生、心理学家,他的弟弟就是著名作家亨利·詹姆斯(Henry James)。詹姆斯对心理学界最大的贡献是他的著作《心理学原理》(*Principles of Psychology*,1890b)。詹姆斯向学术界证明了,一本真正有影响力的著作加之作者的声名,就可以开拓一个新的领域。詹姆斯的关于意识的实用主义的理论最为著名。他强调意识的功能就是帮助人们适应环境,并在环境中选择适合自己的生活方式。詹姆斯在引导机能主义向实用主义(pragmatism)发展中起到了十分重要的作用。实用主义是科学与心理学中的一个观点,它认为知识的价值就在于它的实用性。

机能主义和结构主义一样,作为有组织的学派,并没有得到进一步地发展。它对"功能"一词定义含糊,导致了学派内部出现分化。但机能主义在今天的心理学专业领域研究中依然有着广泛的影响,如在那些强调研究方法的灵活性或是注重实际应用,将潜在结果作为选择课题的基础的领域之中。机能主义对另一学派——联想主义的影响尤为显著。

联想主义：关于学习的早期观念

联想主义，和机能主义一样，与其说它是一个严格的心理学流派，不如说它是一种影响深远的思维方式。总的来说，联想主义者主要是对中等和高等层次的心理历程进行研究，例如对学习过程的研究。联想主义的这一观点与冯特坚持对基本感觉元素进行分析的主张是相矛盾的。

联想主义（associationism）主要考察事件或观念怎样在脑海里进行联结，进而产生学习的过程。例如，通过不停地重复，诸如论题、对立观点和综合论点的概念就会在你的脑海中建立联系。又因为它们三者总是同时出现，所以看到其中的一个，就会让人自动联想到其他两个，即三者关系是密不可分的。学习和回忆的过程就是建立在心理联想的基础之上的。

德国实验心理学家艾宾浩斯（Hermann Ebbinghaus，1850－1909），是一名很有影响力的联想主义者，也是第一位将联想主义原理系统地运用到实验中去的心理学家。艾宾浩斯引以为豪的就是在实验中运用了比冯特的内省法更为严格的实验技巧（如计算误差、记录反应时间等）。同时，和冯特一样，他把他自己作为实验的惟一被试（所谓被试，可指人、动物或其他可作为研究对象的生物体，同时也称之为对象）。尤其值得一提的是，艾宾浩斯还通过自我观察法，研究复述（有意识的重复）和材料回忆之间的关系，并对之进行了定量化。

有趣的是，艾宾浩斯没有在任何大学中担任教职，没有正规的实验室，没有正规的导师，也没有什么学术上的头衔或荣誉。他独自进行研究工作，却得到了举世瞩目的实验发现——频繁的复述会使心理联想在记忆中更加稳定，而且，复述也有助于学习（见第六章）。可见，重大成果的取得并不总是需要借助权威的学术地位或精密的仪器。

埃德温·高斯里（Edwin Guthrie，1886－1959）继承并发展了艾宾浩斯的观点，但他的观察对象不是自己，而是动物。他提出，两个被观察的事件（刺激和反应）是由于所谓的时间临近（即在发生的时间上相近）而联结在一起的。换句话说，刺激事件和反应行为是因为他们总是发生在几乎同一个时刻而相互联结的。与之相反，爱德华·桑代克（Edward Lee Thorndike，1874－1949）提出，满意，而不是高斯里提出的时间临近，才是导致联结产生的原因。桑代克（1905）把这一原理称为效果律（law of effect），即如果生物体的行为（效果）常受到奖励（满意），那么这些行为就会得到增强，因此才更有可能在将来重复出现。相反，受到惩罚的行为会被减弱，将来再次出现的几率也大大减少了。

从对艾宾浩斯、高斯里和桑代克研究方法的学习中，我们可以看出联想主义者是沿袭了机能主义的传统，在研究中综合使用多种方法。事实上，桑代克的研究受到他的导师詹姆斯的研究方法的影响。詹姆斯甚至鼓励桑代克使用动物作为实验被试,并把自己的房子提供给桑代克,作为桑代克最早研究动物迷宫实验的场所。

从最严格的意义上来说,联想主义并没有得到发展和继承。它的理论过于简单,没有对认知、情感和许多其他的心理过程作出解释。但尽管如此,联想主义对许多当代心理学思想的形成还是作出了重大贡献,而且它与许多其他学派的观点也有一定的联系。向上追溯,联想主义的原理可从洛克的心身一元论中找到源头,而洛克的这一观念又是在亚里士多德观念的基础上发展而来的。再看联想主义以后出现的流派,如下节要讨论的行为主义,就是在联想主义的基础上得以发展的。由此可见,要想把联想主义严格地划归到某个具体的时代,是很难的。

20世纪心理学流派的演变

问题:20世纪心理学思想史上的主要流派有哪些?

20世纪的心理学流派在早期流派的基础上发展的同时,又赋予了自身更深层次的内容。20世纪上半叶的心理学发展史上最显著的特征就是一系列流派的兴起,且每个新流派又有其独特的学术思想。在各流派的分歧中,核心部分还是那些最初由希腊人开始研究的主题和问题。到了20世纪末期,人们不再认为会出现一个可以解释人类所有行为和心理活动的学术流派和心理学说。鉴于20世纪上半叶心理学发展的特点——流派林立、相互排斥的情况,到了20世纪下半叶,有人开始将这些流派思想进行综合。这说明人们已开始接受行为和心理状态是生物、心理和社会因素综合作用的产物一说。然而,在这之前,人们围绕心理学的核心主题展开了激烈的辩论,在此过程中,又出现了许多新的流派。试思考,联想主义是怎样演变成行为主义的?

从联想主义到行为主义

与桑代克同时代的一些学者用动物进行实验,研究刺激—反应(简称为S—R)的关系,但在研究方法上,则与桑代克和他的联想主义同伴不同。这些研究就为联想主义向兴起的行为主义过渡作了铺垫(见表1-2)。这些学者主要是研究最基本的联想方式,即具体刺激和与之相联结的行为模式之间的联结。他们中有些人研究随意反应,也有些人对由看似不相关的外部刺激所引起的不随意反应进行了研究。关于刺激和反应之间关系的具体内容将在下一节以及第六章中详细讨论。

表1-2 现代心理学流派 不同的心理学流派对人类心理的研究提供了不同的理解,这些理解之间是互补的关系。

流派和代表人物	研究重点	主要的研究方法	批判
行为主义 ■ 华生 ■ 斯金纳	可观察的外显行为	实验的方法;重点研究动物被试	忽视或没有解释行为产生的内部原因;没有考虑到社会(观察)学习;没有对人类行为的许多方面作出解释(如语言的习得和使用;对音乐和其他艺术形式的赏析)
格式塔式心理学 ■ 魏特墨 ■ 考夫卡 ■ 科勒	整体的概念,不是作为部分的相加的总和,而是本身就作为独立的现象被研究	实验和观察(更强调观察整体数据,而不是对变量的控制)	与大量理论相比,数据太少;对实验控制不足;缺少精确的定义和辩证的思维
认知主义 ■ 赫伯特·西蒙 ■ 乔治·米勒 ■ 乌尔里奇·耐塞	理解人们的思维过程,以及知识的获得、组织、贮存和使用	实验和自然观察法(主要是对人类和其他灵长类动物的观察)	注重对外显行为的研究,缺乏对情感、社会交往等不易识别的行为研究的重视;自然观察法缺乏科学控制,不够严谨
生物心理学 ■ 罗伯特·斯派瑞 ■ 埃里克·坎德尔	心理和身体在生物方面的交互作用,尤其是对人脑及神经系统运作的研究	实验法,对人和动物进行了研究;对脑的神经生理和神经化学方面的观察	不是人类行为的所有方面都可以通过生物生理学方法进行研究的;许多以人为被试进行的行为研究是不符合伦理的;对动物的研究所得并不总是可以用来解释人类行为
进化心理学 ■ 勒达·考司米德 ■ 大卫·巴斯	人类行为的进化基础	推理法;实验法;调查法	观点用实验法很难证伪;推理的性质过重
心理动力学 ■ 弗洛依德	人格的发展;精神疗法;揭示和研究无意识的经历	精神疗法;以临床案例研究为基础	过于泛性化;过多依赖个案分析;内容过于空泛;不易被科学研究所证明;过于理论化
人本主义 ■ 马斯洛 ■ 罗杰斯	自由意愿和人类潜能的自我实现;注重有意识经历,而非无意识的经历	临床实践和个案观察;整体的方法而不是分析的方法	理论没有得到具体的综合;研究的基础有限

伊凡·巴甫洛夫

在俄国,诺贝尔奖得主、著名的生物学家伊凡·巴甫洛夫(Ivan Pavlov, 1849 - 1936)对不随意学习行为进行了研究。该研究源于他对狗的观察。他发现,狗一看到负责喂养它的研究助理,在还未确定他是否带有食物之前,就会分泌唾液。巴甫洛夫把这种现象看做是一种学习,并称之为经典条件学习(classically conditioned learning,在该学习过程中,原本中性的刺激与能引起特定生理和情感反应的刺激取得了一定的联系)。狗对这种反应是不能进行有意识的控制的。在狗的脑海中,研究助理与食物之间建立了一种内在的联系(Pavlov, 1955)。

行为主义——关于强化和消退的研究

行为主义(behaviorism)强调心理学家的研究必须严格遵循客观的原则,只研究可观察的外显行为和环境事件或刺激之间的关系。行为主义反对结构主义、机能主义和心理动力学的对个人主观心理状态的研究。在最极端的激进行为主义者看来,任何关于内部思想和思维方式的推论都只是猜想而已;虽然心理学领域中会有一些推论存在,但它们并没有多大意义。

华生的基础性研究

美国心理学家约翰·华生(John Watson, 1878 - 1958),被公认为是激进行为主义的奠基者。作为一名富有创新意识的思想家,他博采众家之长,吸收了许多先于他以及与他同时代的心理学家的学术观点。他认为任何对意识或内部机制的研究都是毫无价值的。虽然华生否定了机能主义的许多核心观点,但从他强调对人的行为及其成因的研究这一点可以看出,他仍是受到机能主义思想影响的。

约翰·华生

华生的激进行为主义观念认为任何行为都是可以塑造和控制的。这一观念在下面这段著名的论断中可谓表现得淋漓尽致。

请给我十几个健康而没有缺陷的婴儿,让我放在我自己的特殊世界中教养,那么,我可以担保,在这十几个婴儿中的任意一个——无论他的能力、嗜好、趋向、才能、职业及种族如何,我都能任意地把他塑造成为一个医生,或一个律师,或一个艺术家,或一个商界首领,或者还可以训练他成为一个乞丐或窃贼。(J. B. Watson, 1930, p. 104)

有些心理学家并不认同华生的行为主义观点。例如,在华生和心理学家威廉·迈克杜格尔(William McDougall, 1871-1938)的一场辩论中,迈克杜格尔就说道:

我走进会堂,看到一个男人正站在讲台上,用从马尾上取下的毛刮擦猫的内脏。台下,千余名观众着迷地观看着这一情景,会场里除了刮擦声外,再无别的声响。但很快,这帮人突然开始鼓掌狂呼起来。请问,行为主义者,怎样解释这种奇怪的现象?怎样解释猫内脏发出的刮擦声使得台下千余人鸦雀无声,而这一刺激的突然终止却激发了如此狂乱的行为?(J. B. Watson & McDougall, 1929, p. 63)

行为主义强调用动物,而不是人作为被试进行科学研究。这与以往的心理学流派都不同。从历史上来看,大多数行为主义实验(现在仍是这样)都是使用动物作为实验被试的,如白鼠和鸽子。华生本人就喜欢使用动物被试。他认为只有使用动物被试,才可以使外界干扰最小化,同时又易于对行为进行控制,从而建立刺激—反应(S—R)之间的关系。事实上,生物体的情感和生理组织越简单,研究者就越不用担心来自外界的干扰。而在现实中,研究工作常因使用人作为被试而受到各方的诘难。许多非行为主义者怀疑对动物的研究成果是否可以推广到对人的研究上。换句话说,就是这些研究成果能否用来解释人的行为,而不仅仅局限于所研究的动物。对此,一些行为学家也许会争辩说,就实验本身来说,是正当的、有价值的。事实上,几乎所有的行为主义者都宣称我们可以从这些研究中归纳出有用的原理,并推广到许多不同种类的动物中去,当然,也包括人类。

赫尔对巴甫洛夫等人学习理论的综合

美国行为学家克拉克·赫尔(Clark Hull, 1884-1952),做了大量的工作,将巴甫洛夫的不随意学习(involuntary learning)和华生、桑代克的随意学习(voluntary learning)进行了综合。他的工作开始并没有人予以注意,直到十年后,人们才逐渐意识到它的价值(Hilgard,1987)。赫尔(1952)对心理学最深远的影响就在于他认为行为法则是可以定量的——即像其他科学学科(如物理学)的法则一样,是可以用具体的数量来表示的。

斯金纳对行为的实验分析

斯金纳

在现代心理科学时期,激进行为主义几乎成为其最积极的拥护者——斯金纳(B. F. Skinner,1904-1990)研究的代名词。斯金纳不同于华生,他不研究刺激—反应的关系(Skinner,1953;Viney,1993),相反,斯金纳(1953)对上述两种习得的行为进行了区分:巴甫洛夫研究的反射行为,是不随意的,是由特定的刺激(如食物或饲养员的出现)所引起的。而操作行为,则主要是随意的;它与不随意行为不同,不是轻易可以引起的,但如果在操作行为发生后有强化物对它进行强化的话,该操作行为再次发生的几率就会大大增加。强化物会提高操作行为在相似环境下重复出现的可能性。

例如,我们进行训练白鼠踩杠杆或横木的实验,实验中只有在横木上那盏灯亮的时候,才出现强化物——食物。很快,白鼠就学会了只在灯亮的时候才踩横木。斯金纳认为,灯并不直接引起反应,它只帮助白鼠对被强化和不被强化的两种情况进行区分。基于上述原因,斯金纳把灯称为辨别刺激(discriminative stimulus)。但是,灯光刺激并不总是会引起白鼠踩横木的动作反应。如果白鼠已经吃得很饱的话,它也许在任何情况下都不会踩横木。所以,本例中踩横木的行为就是随意行为。因此,我们称该行为是自发的,而不是被引发的。

实验中观察到的操作行为(如上面例子中提到的),不是一个单一的反应,而是一连串的反应。白鼠可能会用一只爪子踩横木(一个反应),或用两只爪子踩(又一个反应),甚至用头去压(又一个反应)横木,当然还有其他方式。所有这些单个的反应都代表了同一个操作,因为它们都是在同一个辨别刺激(如灯光)下所表现出的反应。

激进行为主义的研究,由于忽视了对内部心理机制的探讨,其发展受到了限制。它很难解释行为的许多方面的现象,如语言的获得和使用、对音乐和其他艺术形式的赏析等。在对行为主义进行评价时，我们要记住，即使是其批判者也不得不承认被试的外显行为是最易观察的对象。尽管对行为主义有很多的批评，如下面要提到的格式塔式心理学，但行为主义作为一门以经验为基础的严谨的科学学科，对心理学的发展还是有重大影响的。

格式塔式心理学：整体大于部分之和

格式塔式心理学家是所有对行为主义持批判态度的心理学家中态度最强硬的。事实上，格式塔式心理学不仅反对早期行为主义将行为分成刺激—反应的单元进行研究的倾向，也反对结构主义把心理过程分成基本感觉元素进行分析。格式塔心理学理论认为，只有把心理学现象看做是有组织的、有结构的整体，而不是分成众多的组成元素进行分析，才能对它进行最好的理解。

有句格言"整体大于部分之和"，精辟地概括了格式塔式心理学的思想。"格式塔"一词源自德语单词"Gestalt"（德语中指独特、统一的整体，有别于部分的简单相加）。虽然它和英语中的"形状"、"组型"等词的意思相似，但英语中并没有与之完全对等的词汇（D. Schultz, 1981）。格式塔式心理学兴起于德国——结构主义的发源地，然后又传到了行为主义的发源地美国以及其他国家。

格式塔心理学的创始人是德国心理学家魏特墨（Max Wertheimer, 1880－1943）。他与考夫卡（Kurt Koffka, 1886－1941）以及科勒（Wolfgang Kohler, 1887－1968）合作，创立了一个新的心理学流派。

在上面的格式塔两可图中，你能看出什么样的两种图像？

这个新流派强调对心理的整体理解。格式塔心理学家把他们的理论体系应用到了心理学的许多领域。他们提出，问题解决（Problem Solving）不可以简单地用对刺激或基本感觉的自动反应机制来解释。相反，在问题解决的过程中，常会有新的顿悟产生。人们可以创造出解决问题的全新的方法，而不仅仅是将旧的方法进行简单的组合。

人们对格式塔式心理学的批评如下：与它提出的大量理论相比，数据显得相对较少；在格式塔理论的指导下进行的研究缺乏精确的实验控制。格式塔理论中还常使用不太精确的术语，有时还会出现循环论证。例如，有的刚刚还被认为是突发奇想的顿悟，很快又被视为精辟独到的见解。现在，许多心理学家认为理解心理现象最有成效的方法就是将源自格式塔式心理学的整体研究方法和源自联想主义和行为主义的分析的研究方法结合起来。认知主义心理学家就是将这两种研究方法结合起来的典范。

认知主义:重新回到对心理活动的研究上来

兴起于20世纪60年代的认知主义(Cognitism),强调了认知在理解人类行为过程中的重要性。它认为,要想理解人类行为,应首先分析人类是如何思维的。鉴于行为主义忽略了研究认知的重要意义,认知主义应运而生。当代的认知学家们考察了结构主义对思维研究的基本元素、机能主义的思维过程,以及格式塔式思维的整体成效,得出了和格式塔式心理学家相类似的结论,即整体的确不是各个部分的简单相加。同时,认知学家还对心理机制和思维元素进行了精确的分析,寻找支持这一论断的证据。例如,认知心理学家会研究我们在阅读的过程中或在欣赏修拉的油画时会得到什么样的"格式塔",同时他们还会精确地确定我们知觉的过程。

玛丽·惠顿·考金斯(Mary Whiton Calkins, 1863-1930)被誉为认知主义的先驱。1913年,考金斯发表了一篇论文,批判华生在心理学研究中的行为主义取向,并指出对人类心理的研究才是最核心的问题。

早期的认知心理学家(e.g., G. A. Miller, Galanter, & Pribram, 1960)认为传统的行为主义对行为的解释是不完整的,因为他们忽视了对人类思维机制的研究。接着,纽威尔和西蒙(Allen Newell, Herbert Simon, 1972)又提出了一组具体的关于人类思维和问题解决的模型,其中有最简单的,也有最复杂的(例如对弈的思维模型)。

耐塞(Neisser，b,1928)的著作《认知心理学》(*Cognitive Psychology*)是认知心理学史上的重要标志，奠定了认知主义的地位。耐塞把认知心理学定义为，是研究人们学习、组织、贮存和使用信息的一门科学。

早期的认知理论强调信息的处理采取序列加工(serial processing)，即步步加工的模式。例如，在解决一个数学难题时，解题者首先是读题，然后列出一个相关的方程，最后解出方程。直到现在，还有一些认知学家继续坚持这种序列加工的模式(e.g., J. R. Anderson, 1983, 1993; Newell, 1990)，或将它与并行加工(parallel processing)并重。并行加工将多个心理历程看做是同时发生的(e.g., Rumelhart et al., 1986; W. Schwartz, 1990; Seidenberg, 1993)。例如，我们对一幅绘画作品的多个方面同时作出反应的信息加工方式就是并行加工。我们对之进行观察、思维，产生情绪反应，这些都是同时发生的。

认知方法在心理学的多个领域内，从思维、情绪到对各种心理疾病（包括抑郁症）的治疗，都有广泛的应用。认知心理学家沿袭了机能主义的传统，综合运用多种方法去理解人类的思维。这些方法中，包括了对反应时间、问题解决过程中被试的主观报告，以及计算机模拟的设计与实施等的研究。

20世纪60年代认知主义才刚刚兴起，现在已经相当盛行了。认知心理学家从认知的角度对心理学的许多领域进行了研究。与此同时，我们有必要谨记，人类行为的许多方面，如情绪、社会交往等，并不能简单地看做是认知加工的过程。和所有的流派一样，认知主义终有一天会淡出历史舞台。将来哪个流派会占主导以及它将解释何种心理现象，在现在看来，都是难以预测的。心理学，确切地说，是一门活跃的科学，因为它在对人类行为问题的看法上是一直变化的。当然，不仅是对人类行为的看法，人类行为本身也在不停地演变。这就激励着广大的生物心理学家，尤其是进化心理学家，通过不断的研究来理解行为的演变，以及行为演变的方向。

前沿领域：生物心理学——对心身研究的重新统一

近年来随着科学技术的发展，我们在探索情绪和其他心理状态的生理基础以及生物化学(biochemistry)机制过程中取得了重大突破。这一切都表明，心理学研究中最具生命力的领域正是那些几乎每天都有喜人成果出现的领域。与其说生物心理学(biological psychology)是一个思想学派，不如把它看做心理学内的一个领域。在这个领域内，人们通过解剖学、生理学，尤其是对人脑（神经生物学neurobiology）的深入研究来解释人类行为。它的创始人是希波克拉底，他宣称人脑具有可以控制人体的许多部位的功能。从定义中可以看出，心理生物学(psychobiology)认为，心身是交互作用的，不能严格地区分开来。当然，从对一方的研究中，可以获得关于另一方的许多信息。与其说，心理生物学是有具体时间、地点、有组织的思想学派，不如说它是对生物学理论和实验地位的肯定，使其成为研究心理问题的必要基础。

　　心理生物学的研究方法之一是划分大脑的功能区，这些功能区可能会负责某种特定的功能，如特定行为、情绪以及思维的发生、学习和表达等。例如，诺贝尔奖得主，美国人斯派瑞(Roger Sperry)就对人脑两个半球各自负责哪些思维活动进行了研究(e. g., Hawkins, Kandel, & Siegelbaum, 1993; Kandel, 1991; Tulving, Kapur, Craik, Moscovitch, & Houle, 1994; Ungerleider & Haxby, 1994)。今天，神经心理学家还对作为认知过程生理基础的人脑内各区域进行了精确的定位。而且，许多以前只能用心理学方法研究和治疗的心理障碍，现在也可以或多或少地用生物学的方法进行研究和治疗。

　　与生物学方法有密切关系的是行为遗传学(behavioral genetics)的研究。行为遗传学是一门跨学科的科学。它认为人类行为和潜在特质的产生，部分原因是受了在具体环境中所显现出来的特定基因组合的影响，并以之来解释人类行为(尤其是一些心理特征和心理现象，如智力)。这些研究透彻地分析了人类的心理和身体以及两者之间的相互关系。这些研究成果引起了科学家和普通民众的普遍关注。

"哦，真不赖，只要灯一亮，我压一下横木，他们就开张支票给我。你怎么样？"
【资料来源】© The New Yorker Collection 1993 Tom Cheney from cartoonbank.com. All rights reserved.

生理-心理-社会学说：对20世纪心理学研究成果的综合

　　生理-心理-社会学说(biopsychosocial approach)就是用对行为有影响的各种心理、社会和生物因素来解释个体的行为。实际上，这种方法不仅在生物心理学，而且在心理学的各个领域都有应用。这充分表明，只从单一的角度或观点出发，并不能很好地对人类的行为作出解释。

进化心理学：理解特定行为的适应价值

　　达尔文(1859)在他的自然选择和进化论中，探讨了人类诸多行为的演变过程，如面部表情、择偶习惯以及情绪等，并研究了这些行为与其他物种同类行为之间的关系。今天，在达尔文研究的基础上，心理学家创立了进化心理学（evolutionary psychology），使之成为心理学中的又一个领域（Buss，1995；Buss & Kenrick，1998；Cosmides & Tooby，1987；Denett，1995；R. Wright，1994）。这一全新的研究领域内充满着挑战和争议，其目的是用生物体在不断变化的外部环境中进化形成的适应机制，来解释人类的行为。例如，在解释性别差异时，进化心理学解释说，男女在进化过程中，遭遇的挑战不同，因此为了经受住挑战，男女作出了不同的适应，并且那些经受住挑战的人就更有可能生存下来，并繁衍后代，把基因（遗传物质）遗传到下一代身上。因此，从当代人类的行为中，我们仍可以看出远古人类为了适应环境而作出改变的烙印。这种适应机制对远古人类的生存发挥了重大的作用。但我们也要明确这样一点，至少在目前阶段，进化论的解释是带有推理性质的，常常不能被直接证实，或者说具有经验上的非可证实性。

20世纪中，又有两大心理学学派得到了发展，并对心理机能的运作以及失调的问题进行了研究。这两个学派的研究领域都很广泛，包容了许多大相径庭的观点和理论。无论是心理动力学，还是人本主义，都有一个核心思想。就拿心理动力学来说吧，它认为行为和心理状态是受无意识心理历程所影响的。而人本主义心理学家则相信，人生来就具有行使自由意愿和充分发挥个人潜能的能力。

心理动力学：人类的有意识的行为只是冰山一角

心理学中最古老、最富有争议、最有吸引力、同时也是最具影响力的学派之一就是心理动力学。它是从一名精神治疗师对其临床实践的观察中发展而来的。这名精神治疗师就是西格蒙德·弗洛伊德（Sigmund Freud）。他把许多生物学的观点引入了他的心理学理论。当提到心理学的时候，人们很自然地就会联想到弗洛伊德的心理动力学理论（psychodynamic theory）。心理动力学是关于人类动机和行为的科学，它强调各种相互冲突的无意识心理历程的重要性，以及童年时期的经历对成人后人格的影响。人们有时会把精神分析（psychoanalysis）当做心理学的代名词。精神分析是建立在弗洛伊德动机和行为理论基础上的一种心理治疗法（具体内容见第十七章）。

在他的心理动力学理论中，弗洛伊德（1949）提出了对现实的感知过程的两个层面。一是意识层面，包括我们可意识到的各种心理状态，如记忆。但弗洛伊德认为，这只是感知的一个很小的部分，如同冰山一角而已。他认为，我们许多行为的动机是处于意识之外的。二是无意识层面，包括了我们不觉知的或一般来说无法觉知的心理状态。弗洛伊德认为意识和无意识的心理活动依据不同的原理。例如，一个在意识层面上坚决抵制色情作品的人，在其无意识层面上，也许会沉湎于其中。

此外，弗洛伊德还提出了人格结构的三个部分：本我、自我和超我（the id, the

ego, and the superego，具体见第十五章）。他认为，这三个"我"依据不同的原则，履行不同的功能。他还提出了人格发展的阶段理论，强调儿童早期的经历对人格发展，以及发展中所出现的心理异常，有着相当大的影响。

弗洛伊德创立了最早、也是最具影响力的心理动力学理论。他的女儿安娜·弗洛伊德（1895-1982）也成为了一位影响深远的心理动力学家。

有些学者对精神分析进行批判。他们认为，弗洛伊德过多地依赖性来解释心理现象，同时过分依赖案例研究。有时他为了维护自己的观点，夸大了对一些案例的解释。同时这些观点也不像理想的那样经过严格的经验检验。但不管怎么说，弗洛伊德对心理学理论的发展还是作出了重大贡献的。他的研究表明，通过案例研究，我们可以获得丰富的资料（详见第二章）。

弗洛伊德的理论并不是惟一的心理动力学版本。弗洛伊德的一些弟子也创建了他们自己的理论。这些后来的心理动力学理论学家经常被称作"新弗洛伊德主义者"（neo-Freudians）。他们的理论在很多方面都和弗洛伊德的理论有所不同。其中一个主要的差异就是新弗洛伊德主义者更强调对意识而非潜意识的研究，并认为个体与关键人物的关系（例如与父母的关系）会对个体如何看待外部世界产生深邃的影响。弗洛伊德的理论，以及那些新弗洛伊德主义者的理论将在第十五章和第十七章中进行详细的讨论。

人本主义心理学

在20世纪50年代的美国，随着心理动力学理论的发展，人本主义也随之兴起。心理动力学认为人会受到生活中事件的影响，而人本主义心理学（humanistic psychology）则更重视研究自由意志、人类潜能以及整体的重要性，而不是以分析的方法来研究心理学的具体现象。人本主义也重视意识经历，而不仅仅是无意识经历对个人发展的影响。分析的方法，例如弗洛伊德的理论，就是要把一个整体组织（如人格）分成各组成部分；而运用整体的方法来研究人格，则是要避免将人格分成较小的元素。人本主义认为，在细分过程中，整体的精髓被遗失了。这些文艺复兴时期人文主义的特征（现代人本主义由此得名）与弗洛伊德的宿命论观点相矛盾。弗洛伊德认为，人类是受许多彼此冲突的无意识的本能支配的。

著名的人本主义心理学家亚伯拉罕·马斯洛（Abraham Maslow，1908-1970）提出，人人都有追求自我实现（self-actualization）的内驱力（Maslow，1970）。人人都希望通过他们的行动尽可能地有创造性地发挥他们的潜能。马斯洛相信，人们自我实现的程度是不同的。大凡成功实现自我的人都对现实持客观态度，能正确认识自我，包括自己的优势和劣势。他们对工作很敬业，追求自主，反对盲从，并总是可以被激励，在工作和生活中表现出极大的创造性。

亚伯拉罕·马斯洛

卡尔·罗杰斯

另一位著名的人本主义心理学家卡尔·罗杰斯(Carol Rogers, 1902-1987)继承了马斯洛在自我实现方面的研究。但他强调,自我实现是建立在良好的母子关系的基础之上的。他认为,如果母亲满足了孩子对无条件的爱的需求后,孩子在以后的发展中,就能很好地适应以后的环境。他还提出,我们在处于婴儿期和儿童期时,都需要所谓的无条件积极关注(unconditional positive regard)。我们日后出现的许多问题,都是由于当初缺少这种关注的缘故。

人本主义学说在对人类本质的认识上作出了重大的贡献。同时,我们也要认识到与其他心理学学说相比,人本主义心理学的理论并不是很全面,而且支持其理论的研究也相对有限。

综上可以看出,人们在研究人类心理本质的问题上综合运用了多种学说的理论。通过对这些学说理论的理解,心理学专业的学生既可以从前人那里学到知识,也能够学会避免再犯同样的错误,同时还有助于更好地理解当代心理学领域中广泛应用的理论。

心理学的研究领域

问题:心理学内的专业领域有哪些?这些领域内的职业取向又有哪些?

上一节是对心理学循环曲折的发展史的一个简单回顾。本节我们再来简要地了解心理学学科所包含的研究领域。你会发现,心理学研究领域正如你所想像的一样全面和多样。心理学流派(perspective)有其独特的理论和思想,都是在前面所提到的哲学思想的基础上发展起来的;心理学各流派的研究领域(field)都有其一系列主题,而这些主题则集中反映了相关现象的共同本质。心理学研究领域内又可分化出许多的专业领域。从这些领域的名称中我们就可以看出其研究的主题和范畴:如教育心理学、人格心理学、发展心理学、社会心理学等。这些不同领域内的研究人员所信奉的学说往往不局限于某一个流派,虽然这一流派的理论可能勾画了该领域的主要轮廓。例如,生物心理学家从生物学的角度来研究问题。不同领域研究也为各学派的发展提供了可能性和基础。例如,在临床心理学家(clinical psychologists)中(专门治疗有心理疾病的患者的专家),你会发现有精神分析学家、行为主义者和认知心理学家。每个主要的领域又可以分为几个次领域。例如,在发展心理学领域中,又有对社会发展、认知发展、身体发展、婴儿期、青年期、成年期和老年期等不同领域的研究。在阅读本书各章节的过程中,你会渐渐熟悉这些领域和次领域,因为许多章节的标题就是以这些领域的名称命名的。要想了解这些领域,最有效的方法就是来看看它们所研究的具体问题。

心理生理学,又叫生物或生理心理学,是一门研究生物体构造和生理机制的学科,而生理机制又是思维、感觉、动机和行为等心理过程的基础。生物心理学家有时会研究细胞的生化结构,同时他们也会研究情绪对身体的影响,或者眼睛的生理构造对知觉的影响。在该领域的研究中,心理学家比较感兴趣的论题有:

当人感到情绪低落时,大脑中哪些神经化学物质比较活跃?
当我们在经历身体上的快感时,大脑内有何变化?
当人们在感知三维物体的时候,脑的哪些部位被激活了?
人脑和四肢是如何进行信息的双向传递的?

认知心理学(cognitive psychology)是研究人的知觉、学习、记忆和信息处理的学科。认知主义心理学家研究人们如何使用语言、如何思维、如何解决问题以及如何决策等问题。该领域的研究包括下列内容:

人们如何获得深度知觉?
为什么人们会记得一些事情,却忘记了其他的事情?
人们在下棋或者解决日常生活中遇到的问题时,是如何进行思维的?
什么是顿悟?顿悟和创造力有什么不同?

发展心理学(developmental psychology)是一门研究人类在成长历程中心身发展的学科。正如前面所提到的一样,发展心理学家着重研究某个特定的年龄阶段(如婴儿期、儿童期、青年期、成人期和老年期等),他们还倾向于对发展的某个方面,包括心理能力或社会交往能力(如与同龄人的关系)的研究。例如,发展心理学家会研究下列问题:

什么样的措施能最有效地预防青少年吸毒?
儿童对父母的依恋是怎样形成的?
在社会交往中,人们如何获知对方对自己的期望?
从哪个年龄段开始,儿童学习外语会变得比较困难?

社会心理学(social psychology)是研究人们作为个体或群体一员时,如何与他人发生交互作用的学科。该领域的研究内容包括人际吸引、偏见、劝说和社会规范等。社会心理学家研究的问题如下:

什么环境会刺激人们的行为,使之变得狂暴、残忍?
怎样使信息更具说服力?

第一章 绪 论

异性总是相吸吗？

人们是怎样形成刻板印象（stereotype）和偏见（prejudices）的？

人格心理学（personality psychology）主要研究作为行为基础的个性倾向，以及个性倾向与环境的交互作用对行为的影响。人格心理学家的主要工作就是描述和测量人格特质，并研究如下的一些问题：

为什么有的人在显然很安全的环境中仍会显得紧张和不安，而有的人却很随和、放松？

为什么有的人高度尽职，有的人却毫无责任心？

人格随着时间的变化会有怎样的改变？

临床心理学（clinical psychology）的研究，旨在理解和治疗变态行为。临床心理学家对心理异常的个案进行分析，并提出治疗的方法。他们所研究的问题如下：

哪些行为属于轻微的行为紊乱，哪些行为是属于完全意义上的变态行为？

个体在人格结构上是怎样偏离现实和理性思维的？

什么因素使得人们在明知行为是不合理、变态的，而且也希望能够停止的情况下，依旧去从事那些行为？

什么样的经历与抑郁症的发生相联系？又有什么样的经历与焦虑症相联系？

请注意，也许生物心理学家和临床心理学家都有兴趣研究抑郁症，但生物心理学家更注重探求心理异常产生的生化因素，而临床心理学家则主要运用治疗技巧来对抑郁症产生的根源进行探讨。同理，社会心理学家、人格心理学家和临床心理学家都研究吸毒问题，但却是从不同的角度展开研究的。社会心理学家会对诱发吸毒行为的社会环境进行研究，人格心理学家会研究吸毒行为的敏感人群的人格特征，临床心理学家则会研究如何有效治疗吸毒行为。这些研究中有很大一部分是重叠的。例如，研究青年期问题的临床心理学家，也会对发展心理学领域中的某些问题有所研究，或者他本来就有发展心理学领域的学术背景。

上面提到的心理学的各领域是本书的主要内容，但本书要讨论的内容还远不止这些。随着心理学中旧领域影响力的日渐丧失（当然，很少会完全淡出心理学界），新的专业领域也在日渐兴起。当今主要的专业研究领域包括：
- 文化心理学(cultural psychology)。它将对心理学中论题的研究范围拓展到所有的人类文化中。文化心理学主要研究人的心理机制和行为，并将之在不同文化间进行比较，以理解不同文化和民族对人类行为的影响。例如，是否某一文化群体中的成员会呈现高于其他文化群体成员的暴力倾向？如果是，为什么？
- 健康心理学(health psychology)是研究人类心理活动过程和生理健康之间交互关系的一门学科。例如，是否人类的乐观、积极的态度本身就有助于生理疾病的治疗？
- 教育心理学(educational psychology)是将心理学原理普遍应用到实际教学工作中，开发、改进学校课程安排，从而改善学校行政管理和提高课堂教学水平的一门学科。
- 学校心理学(school psychology)的研究旨在运用心理学原理，诊断在校儿童心身方面的各种问题，并提出建议，以改变或消除这些行为。
- 组织心理学(organizational psychology)的研究旨在理解组织结构，并将心理学原理应用到组织决策中去，作出与企业内部(如工厂和商业部门)员工聘用等有关的各项决策。
- 工程心理学(engineering psychology)是一门研究人—机关系的学科。例如，怎样设计计算机和自动仪器板，使其界面更具亲和力。

读了上述心理学内各研究领域的内容简介，你会发现自己已开始不由自主地考虑起自身毕业后的择业问题。表1-3所列出的是心理学专业学生毕业后可能从事的各项职业，并列明了与之相应的职责，必须的教育程度及工作环境。如想更详尽地了解更多的情况，请参见《心理学专业人士的职业生涯》(*Career Paths in Psychology*)一书(R. J. Sternberg, 1997a)。

表中所列的内容不是一成不变的。随着心理学在各学科中日渐广泛地应用，几乎每年都有新的专业领域产生。近年来兴起的就有健康心理学和法律心理学。老年心理学是研究老年人心理的一门学科，虽不算是什么全新的研究领域，但随着一些国家老龄化趋势的增强，它的重要性正受到来自各方越来越多的关注。短短几年间，心理学研究中出现了许多以前闻所未闻的全新领域。心理学还不断从其他学科中吸取精华，并将自身的研究成果应用到其他学科中。这种循环学习的过程又促进着心理学理论的发展，使之更具活力，不断更新。过去的心理学理论都是从各学科的不同观点中提炼而来的。现在，它仍将通过与不同学科、各种信息源的交互作用而继续发展。与此同时，心理学使用的研究方法也将继续发展。第二章我们将对心理学研究中的新、旧方法进行详细的讨论。

表 1-3 心理学家的职业取向 实践证明，心理学的学习，对于将来从事任何职业的人士来说，都是十分有价值的。下面就是心理学专业人士可能从事职业的列表。

职业取向	必需的教育程度	职务描述
理论心理学家 （academic psychologist）	PhD	在学院或高校从事教学和实验的指导工作；指导学生；辅助学校的行政管理工作
临床心理学家 （clinical psychologist）	PhD 或 PsyD	诊断并治疗有心理疾病的患者；在学校、诊所、学院或高校中教授、培训和指导研究工作
咨商心理学家 （counseling psychologist）	MA，EdD 或 PhD	与客户商榷面临的问题、冲突和选择；工作地点多为学校、写字楼、医院或诊所
人机工效心理学家 （engineering or human-factors psychologist）	PhD	常在工业部门工作；对机器和工作环境进行设计，以使生产力和安全系数最大化；工作伙伴常为工程师和设计师
工业或组织心理学家 （industrial or organizational psychologist）	MA 或 PhD	常在商业和工业企业里工作；协助企业招聘、解聘、测试、面试和安置员工
消费心理学家 （consumer psychologist）	MA 或 PhD	常在商业部门工作；为公司提供各项咨询，协助广告策划；监督广告的测试；判断消费者的偏好
军事心理学家 （military psychologist）	PhD	在武装部队中工作；处理与军队生活有关的心理问题；参与部队的测试、咨询等工作；协助设计和实施新的训练方案和各项纪律
心理测量学家 （psychometrician）	MA 或 PhD	设计心理测试，测试内容包括性向、成就、人格、态度和职业偏好等方面；收集测验的数据并对之进行分析
学校心理学家 （school psychologist）	MA，EdD 或 PhD	对学生进行心理测试，并提供咨询；从一般儿童中区别出知觉、学习有障碍者和资赋优异者
咨询心理学家 （consulting psychologist）	MA，EdD 或 PhD	以自由工作者的身份为咨询公司工作，提供上述各种服务

相关研究

探究心理学在公众中的形象
路德·T. 本杰明，得克萨斯农业机械大学(Ludy T. Benjamin, Jr., Texas A&M)

我对研究心理学在公众中的形象很感兴趣。我以前是从事心理学史研究的，所以我的工作大部分是研究过去的事件。现在，我的研究重心已转移到公众形象上来。我试图去了解自心理学作为一门科学出现以后，在过去的100年间，其在公众中形象的演变。

我在研究中将公众形象的定义分为两个部分：理解和声望。理解指公众对心理学的一般了解，即心理学到底是什么。声望指公众对心理学及心理学家的看法。最后，我们还分析了有关的心理学杂志和字典中关于心理学的内容，进一步了解了公众对心理学的看法(Benjamin et al., 1997)。

今天，人们对心理学的种种误解常使心理学家们感到失望。事实上，即使是心理学专业的本科生也常会经历这种失望感。人们常这样评价他们，"天哪，你是学心理学的，我想你一定知道我心里在想什么。"可见，公众对科学心理学的理解从来都不太正确(Benjamin, 1986)。在科学心理学产生很久以前，就有了所谓大众心理学(popular psychology)。例如，在19世纪，"面相术(getting your head examined)"是个很庞大的产业。所谓"面相术"，就是颅相学者(phrenologists)对人头骨的凹凸处进行测量，以帮助人们择业、择偶和招工。有时，人们还将心理学和超感知觉(extrasensory perception)等心理现象简单地划上等号。

从19世纪七八十年代开始，科学心理学家就作了种种尝试，让公众放弃其伪心理学的理解，并接受他们视为惟一正宗的、以科学实验为基础的科学心理学，但均未成功。自1948年以来，我们所做的(Wood, Jones, & Benjamin, 1996)以及其他24项研究均表明，公众对心理学以及心理学家的工作仍没有一个正确的认识。

心理学的声望随美国历史上的各种的变化而变化。心理学在20世纪20年代的美国甚为流行，那是一个经济高度繁荣和社会大变革的时代。但部分是由于经济大萧条的原因，到了30年代，心理学的声望有所下降了。到了60年代，由于美国在社会问题上陷入混乱，心理学又重新盛行了起来。为了对心理学声望作个公正的评价，我们还查阅了《读者期刊指南》(Reader's Guide to Periodical Literature)上的期刊列表，统计关于心理学的文章在通俗文学中所占的比重(Benjamin, 1986, 1988)。

另一个测量心理学声望的方法就是研究历史上出现过的大众传媒。我们主要是研究杂志这一块，因为整个20世纪都伴有杂志的出版。经过一系列的调查工作，在图书馆和旧书店中搜寻，查看杂志目录，我们发现最早的心理学杂志出现在20年代，这恰好与我们从研究中得出的结论相符。1923年开始出版了两种心理学杂志，1926年又有一种开始出版。其中有一种杂志办得相当成功，但到了30年代，这些杂志都不再出版(Benjamin & Bryant, 1997)。四五十年代中也曾出版了几种心理学杂志，但都只持续了短短几年。直到1967年，《今日心理学》(*Psychology Today*)出版，心理学杂志才又兴盛了起来。

为什么我会研究心理学的公众形象呢？部分是由于学术上的好奇心，心理学公众形象的话题是历史遗留下来的、很有趣的一个话题，而且阅读旧的通俗心理文学作品也非常有趣，同时对心理学研究也有着启发作用。此外，我还有一个更重要的目的，就是为了让公众知道，要得到他们所需要的心理服务，他们必须首先了解科学心理学的实质及其提供服务的范围。当人们出现心理健康方面的问题时，他们往往不愿意求助于专业的心理治疗机构，因为他们总是羞于向别人提及自己有心理问题。而在对临床/咨商心理学(clinical/counseling psychology)以及心理学家工作的性质有了更正确的理解以后，人们就愿意在必要时向专业人士寻求帮助，而且有助于提高对所获帮助的质量进行评估的能力。可见，对心理学公众形象的正确理解有助于心理学的发展，更重要的是，对心理学所服务的公众也是十分有益的。

日常生活中的心理学

心理学与社会行为

心理学方法可以改变人的一生，这样的范例在心理学史上随处可见。我们能举出很多关于心理学理论和社会政策相互作用的例子。

在美国，能力和成就测试对人们的生活影响深远。这个已发展成为亿万美元的庞大的测试产业，对每个美国人的生活都产生了重要的影响。这样的测试应用的范围十分广泛，例如，新兵的招募和编置、学校的各项教育措施、员工的各项绩效的评估、对情报人员的工作适应性的测试等。

今天，律师们也纷纷聘请心理学家来充当他们的顾问，帮助挑选最有可能对他们的客户作出有利判决的陪审员，而且结果表明这些心理学家对陪审团判决的估计准确度相当高。鉴于这些顾问必须在受理案件的陪审团选出之前就对他们的判决作出估计，这种估计的准确性就越发令人惊叹不已。在著名的辛普森杀妻案的审讯中，辩方很重视顾问的作用，而控方却对顾问的建议不予采纳。虽然没有人能说清楚其中原委，但最终辛普森还是被无罪释放了。

心理学对社会生活的其他领域也有着深远的影响。例如，在心理学家的帮助下，美国曾筹划一项旨在最大限度地发掘残疾儿童潜能的项目。从20世纪60年代开始，一项名为"Head Start"的大型系列项目开始启动，以帮助儿童，尤其是残疾儿童，充分发挥他们的潜能。今天，这些项目仍在有声有色地进行着。

总的说来，心理学的历史不可能与社会发展的历史相脱节，它们相互影响，相互作用，并都在对方发展的基础上不断前进。

思考题

1. 如果让你继承泰勒斯倡导的批判的传统，对本章中提到的心理学流派及观点进行批判，你会选择哪些作为批判的对象？请至少选择一个流派。
2. 分别选择早期的和20世纪才兴起的两个流派，并指出旧的流派在哪些方面为新流派的产生作了铺垫。（请列出两个流派间的异同）
3. 请像结构主义者一样，运用内省的方法，迅速记下你此刻的各种感觉。
4. 在《华尔腾第二》(Walden Two)中，斯金纳描绘了一个乌托邦的社会。在那里，行为主义原则适用于所有年龄层次的人们生活的各个方面。选择本章中所介绍的一个流派的观点，想像由该流派的心理学家来管理的乌托邦是怎样的。
5. 日常生活中，你常不得不面对许多全新的环境。请设想一个环境，根据你对此环境的认识，作出相应的反应。
6. 你的心理学老师或本书的作者，应怎样做才能将思辨的观点具体应用到你的心理学课程中去。并请举例说明，你是如何运用思辨的方法的。

本章摘要

心理学——自然科学和社会科学的统一体

1. 心理学是研究心理、行为及两者之间关系的学说。
2. 心理学既属于自然科学，又属于社会科学的范畴。

观念的演变

3. 众所周知，哲学和生理学已经经历了漫长的发展过程。我们可以通过对其学科内一些问题各方面观点的研究来追溯心理学的历史。心理学史上出现过的重大争论包括：心身是统一的，还是独立的；心理学对生物基础和行为的研究应该达到什么程度；行为受先天因素和环境因素的影响，各自的程度如何；什么行为是常态的，什么行为是变态的。
4. 辩证法就是通过对对立面的整合，来达到阐释问题的目的。首先，有人提出了一个论题，然后又有人提出了反题，最后，有人将上面两个论点进行了综合。理论在

第一章 绪 论

科学研究中所扮演的角色问题就曾经历过这样的辩证过程。研究应该完全由理论来指导,还是应完全脱离理论的影响,抑或是我们应在引用理论作为指导的同时,清楚地认识到研究结果并不总是与预期的理论框架相符?

心理学史(西方)简述

5. 心理学最初的发展可追溯到古希腊。事实上,心理学(研究心理和行为的学科)一词是源自希腊文中"*psyche*"一词,意思是"灵魂"或"生命之息"。

6. 希腊医生希波克拉底(ca. 460 – 377 B. C.)相信心理产生于人脑。他坚持用经验的方法来研究身体内部各机能的运转过程。

7. 古希腊哲学家(ca. 428 – 322 B. C.)柏拉图和亚里士多德的研究,巧妙地再现了辩证法的实质。他们提出的问题至今仍是心理学家争论的话题。柏拉图强调心理和思维的绝对地位,因此,他常被称为理性主义者。他认为知识是与生俱来的;追寻真理最好的途径就是沉思;他还提出了心身二元论,认为心理与身体有本质的区别,它们之间相互独立。亚里士多德被称为经验主义者,他认为我们是通过对可见、可触摸的外部世界的观察来获取知识和真理的。他认为知识是在对环境以及环境与人类的交互作用的观察中获得的。他提出了一元论,认为心身在本质上是统一的。

8. 文艺复兴时期(1300 – 1600),我们称之为真正意义上的科学诞生了。思想家们在论证各自理论时,开始较少地依赖理论的东西,而较多地注重经验观察。培根就反对自中世纪以来形成的固守理论指导、刻板僵硬的学风,提出所有科学都应该从经验观察开始,而且应完全不受理论的影响。

9. 理性主义哲学家笛卡儿支持心身二元论。他认为身体是受心理支配的,身体的一切活动,均由心理来控制——"我思故我在"。与之相反,洛克等英国经验主义哲学家认为心身是相互联系,密不可分的。

10. 康德将心身二元论、一元论、先天观念和知识的后天获得等论题进行了综合。康德在哲学界的巨大影响力,有助于心理学作为一门独立科学的建立,并使之区别于哲学和医学。

心理学流派:19 世纪 50 年代及以后

11. 我们可以从心理学各流派所持的观点中看出,心理学家是分别从不同角度来研究心理和行为的。无论是机能主义,还是认知主义,都是在对其之前的流派的观点进行批判和吸收的基础上发展起来的。总的来说,心理学中所说的现代流派是指 20 世纪后才兴起的各流派。新理论还在不断辩证地发展着。

12. 结构主义是第一支严格意义上的心理学流派。结构主义者运用内省法,即反思的自我观察法,把意识分解成基本感觉元素进行分析。结构主义强调经验在行为中

13. 机能主义，与结构主义不同，它旨在寻求对人类行为及成因的理解。许多机能主义者都是经验主义者，他们注重知识在实践中的具体运用。

20世纪心理学流派的演变

14. 联想主义探求事件和观念在大脑中进行联结、继而产生学习的过程。联想主义强调行为的经验论，反对先天因素论。
15. 行为主义是在联想主义的基础上发展起来的。它反对结构主义的元素论，认为心理学的研究对象只能是可观察的外显行为。
16. 格式塔心理学的核心思想就是：部分之和不等于整体，而是整体大于部分之和。格式塔心理学反对结构主义和行为主义的研究中所采取的极端的分析取向，并在对其批判的基础上提出了自己的观点。
17. 认知主义认为可以通过对人类思维的研究来解释人类行为。认知心理学家中有人强调行为的先天因素的重要性，也有些人强调环境的决定作用。
18. 生物心理学主要是研究人体生理构造（尤其是神经系统，包括人脑）与人类行为如何进行交互作用的。
19. 进化心理学旨在解释行为的适应性，即我们的祖先如何改变他们的行为，以适应环境的变化。
20. 心理动力学的基本观点是：人类许多激发行为的思想和情感是不为人所知的；人的内部心理过程是连贯的。
21. 人本主义心理学研究的是，人类怎样通过行为有意识地来发掘其内在的最大潜能的。

心理学的研究领域

22. 心理学研究领域内又分为许多的专业领域，主要有心理生物学、认知心理学、社会心理学、人格心理学、临床心理学和发展心理学等。有些领域内，如临床心理学，又兼容各流派的不同思想，如认知论、精神分析和人本论等。同时，新的专业领域还在不断地发展、分化。心理学多领域的研究也为心理学工作者在择业时提供了丰富的选择。
23. 不同领域的心理学家有时会研究相同的问题。但由于所属的心理学流派不同，他们组织信息的方式和研究的方法也有所不同。也就是说，他们是从不同的角度来对同一问题展开研究的。

思考题参考答案

1. 如果让你继承泰勒斯倡导的批判的传统，对本章中提到的流派及观点进行批判，你会选择哪些作为批判的对象？请至少选择一个流派。

你可以对任何一个观点进行批判。但重要的是，你不仅要学会批判你所反对的观点，还要学会批判你所赞同的观点。作为本书的作者，我常在书中流露出对认知主义的偏爱。但是，同时我也意识到认知主义有其不足。认知主义常对个体间的差异不予考虑，仅仅将这种差异视为是测量误差，忽视了它的重要性。他们还常常忘记考虑文化的差异，认为从一个文化背景中得出的结论可以自然推广到所有文化中去。因此，最重要的事情就是要像对待其他观点一样，以批判的态度来对待你所赞同的观点。

2. 分别选择早期的和 20 世纪才兴起的两个流派，并指出旧的流派在哪些方面为新流派的产生作了铺垫。（请列出两个流派间的异同）

英国经验主义就为行为主义的产生奠定了基础。和行为主义一样，经验主义重视经验对行为的决定作用，而忽视了人的内在倾向性。事实上，经验主义者洛克就把婴儿的心理看做是一块白板，毫无任何认知的痕迹，完全靠后天的经历来赋予其内容。经验主义还强调观察在知识获得方面的重要性。这两个流派都强调人类行为的可塑造性，即人的命运不是早就注定的，而是可以塑造的。

3. 请像结构主义者一样，运用内省的方法，迅速记下你此刻的各种感觉。

我所看到的是一个白色的、长方形的、晶体状的结构体。它呈现长方形状，由固定在其上的金属物所支撑，并与另一结构体相连。我所看到的这个结构体还可以来回摆动。（这就是我们称之为"门"的东西）

4. 在《华尔腾第二》中，斯金纳描绘了一个乌托邦的社会。在那里，行为主义原则适用于所有年龄层次的人们生活的各个方面。选择本章中所介绍的一个流派的观点，想像由该流派的心理学家来管理的乌托邦是怎样的。

在由格式塔心理学家管理的乌托邦里，在评价人们对社会的整体贡献时，人们总是被视为一个整体。人们并不太在意是否做了某件事情，也不根据某种特征，如宗教、种族、测验分数或学分积点的不同，把人予以区分。人们总是把其他所有人看做一个整体，对他们的整个人生进行评价。

5. 日常生活中,你常不得不面对许多全新的环境。请设想一个环境,根据你对此环境的认识,作出相应的反应。

　　和许多学生一样,我对大学入学面试时去的那所学校没有太多好感。在这之前,我已经从各方面听到了关于该学校的说辞,我几乎认定这所学校是不适合我的。结果,我的"期望"得到了实现——学校果然不怎么样。其实,那是因为我当时只一味地寻求证据,来证实我以前的想法而已。我对遇到的人以及学校的布局等方面都不满意,而且那天的天气也坏到了极点。"感谢上帝,我不会再来这里了。"我对自己说。可结果呢,我就读了那所学校,毕业后还在那里教了近30年的书。大多数时候,我感到相当的满意。看来,生活有时候也会有些意想不到的转变。

6. 你的心理学老师或本书的作者,应怎样做才能将思辨的观点具体应用到你的心理学课程中去。并请举例说明,你是如何运用思辨的方法的。

　　我们在开始心理学专业课程的学习之前做了一个测试,结果令我大失所望。这次测试中的双项选择题虽说很客观,但对于我以及大部分人来说,却是枯燥乏味,而且毫无意义。而测试中的论述题虽然涉及了很多方面的问题,但似乎无法对其作出公正的评价。因此,我认为这两种题型都是不全面的。后来,我才意识到,我们的专业老师这样做是有其用意的,他就是要将这两种题型结合起来,以弥补彼此的不足。

沈　森◎译
李　锐◎校

我们中几乎所有的人都认为自己在行为的观察和理解方面至少是半个专家。你也许还听过电视脱口秀节目的嘉宾们谈论他们对爱的阐释及如何改善爱情生活的建议。他们会说,"最好的两项反映爱情甜蜜的指标,就是你如何看待你的另一半以及你的另一半如何看你。"听到这里,你也许会想,既然如此,为什么心理学家还要煞费周章地去研究这些显而易见的、常识性的人类行为呢?有趣的是,上述的论断恰恰就说明了心理学家工作的必要性——因为心理学研究已表明"显而易见"的论断是错误的,人类行为是复杂的(Sternberg & Barnes, 1985)。

第二章 心理学研究方法

这里还有一个可以证明常识的不可靠性的事例。许多自助训练项目都强调,如果我们能将注意力集中到我们所要达到的目标上,那将有助于目标的达成。这即是说,如果我们想在经济上变得富有、在事业上获得成功或在爱情上取得圆满,我们应关注这些目标,这样会使它们变得更易实现。为了验证这一思想,雪莉·泰勒(Shelly Taylor)和她的同事们(Taylor, Pham, Rivkin, & Armor, 1998)进行了一系列的研究。在他们的研究中,泰勒把被试分为两组,她要求一组被试集中关注目标本身,或集中关注目标达成的过程上;但对第二组被试不加任何要求。泰勒从研究结果中发现,集中关注目标,事实上会干扰目标的达成,而那些不做任何要求的被试比集中关注目标本身的被试更易达成目标。但集中关注目标达成的手段的确增大了目标达成的可能性。因此,集中关注目标达成的手段而不是结果的人更易达成目标。

许多心理现象在特定的文化背景中,其内涵可能是确定的,但在另一种背景下,可能就会出现歧义。下面有一则轶事恰好说明了这一点。

> 从前,一位人类学家为一群罗得西亚(津巴布韦的旧称。编者注)的边巴人讲述了一则英国民间故事。她极其热情地描述了这个浪漫的故事:一位年轻的王子历尽艰险,攀越玻璃山、穿过大峡谷、勇斗恶龙,最终赢得了他深爱女子的心。尽管边巴人在倾听故事的整个过程中始终保持着安静,但看得出来,他们对这个故事十分困惑不解。故事讲完后,一位老者站了出来,用一个最简单的问题表达出了所有在场的边巴人的困惑,"为什么不去追求另外一位少女呢?"老者问道。
>
> ——亨特(M. M. Hunt),《爱的自然史》(*The Natural History of Love*)

心理学不仅要复述人们所熟知的心理现象,而且还要研究那些较常识更为精确和深刻的心理现象。尽管心理学已为我们解开了许多心理之迷,但同时也带来了许多令人惊奇的新观点。事实上,心理学家如同其他科学家一样,都期望找到那些同样令他们惊奇的问题的答案。可以说,惊奇是所有科学的共性。

科学成果的特征

问题:科学发现的主要特征是什么?

科学家在努力揭示事物真相的过程中,通常需要采用一组特定的研究方法。这些特定的研究方法保证了科学研究者——无论是生物学家、化学家还是心理学家——所搜集的数据和所归结出的理论具有这样的特点:(a)可加以验证,得出准确报告;(b)为大众所知;(c)建立在已得到的验证的科学成果的基础上。当然,科学研究者不能保证所有的研究成果都具有这些特征,但通过正确地使用本章所描述的研究方法,能使他们的研究成果尽可能地具有这些特征,从而避免各种错误、偏见及各种文化背景上的差异(见表2-1)。

表2-1 科学的三个特征 科学家利用各种方法获得数据并建构理论,其所得成果有以下三个特征。

科学家共同评价出的特征	科学家评价依据
可验证性	评估研究结果是否具有信度,结论是否具有效度
大众公开性	通过细致阅览科学期刊上公开发表的文章,科学家可获知已有的相关研究,从而使得科学家能对此类研究进行评价,并可在该研究的基础上再进行深入研究
累积性	为了推动科学发展,科学研究通常都建立在前人研究的基础上

科学成果有许多特征,这些特征使得它们与非科学领域的成果得以区分开来。这些特征具体如下:

科学成果具有可验证性

科学成果具有可验证性(verifiable);一切科研成果都可以通过一定方式加以验证。换言之,如果一位科学家通过实验得到一个结论,那么其他科学家按照他的实验方法,一定能重复(replicate)实验并能得到相同的结论。例如,你希望研究考试中知识遗忘的原因,你认为可能是考生对时间限制产生了一种焦虑,这种焦虑导致了遗忘。

为了证实考试情景下对时间限制的焦虑是否是引起思维混乱的原因,首先,你需要提出一项研究程序,而该程序得出的结论必须同时具有充分的信度和效度。如果你的实验程序是有信度的(reliable),那么你或其他研究者只要遵从这一程序进行研究,就一定能重复获得相同的结果。

信度是评估研究结果的必要条件,但不是充分条件。下面这个例子可以说明这一问题。一位研究者试图研究,测验中因考试时间的限制而导致的焦虑对考试成绩产生的影响。研究者把被试分为两组,一组被试被安排在一个房间里,该房间放置有一台不断发出"滴答……滴答……"响声的时钟;另一组被试被安排在一个没有时钟的房间里。这一研究结果的信度可能很高,每一次重复测验,结果可能都是后一组被试的测试成绩优于前一组。但对研究结果的解释却不一定能证实我们先前所提出的假设。因为成绩的差异也可能归结于钟的滴答声使得被试产生的烦躁,而不是由考试时间限制所带来的焦虑。严格遵照实验程序进行操作,所产生的结果可能具有信度,但将结果解释为焦虑所引起则可能是缺乏效度的。为了证实原来的假设,我们还需进一步研究。

这个关于测试的例子告诉了我们对科研成果精确报告的必要性。精确的报告使得最初的研究者和后继者得以对研究成果的信度和效度加以评估。

科学成果具有大众公开性

科学成果具有大众公开性。无论所进行的研究多么有趣,研究的结果只有在科学期刊上发表并为公众所知之后,才能使学术界和社会从中充分受益。促使科学研究者撰写并发表自己的研究论文的原因主要有三个:

其一,写作过程本身有助于研究者解释自己的研究成果,并阐明下一步研究的方向。譬如,伊萨克·牛顿(Isaac Newton)就是在撰写研究论文时发现了有关光与三棱镜的物理现象的(Gorman,1992)。

其二,撰写研究论文,可使审稿人(指对科学期刊的文章进行评估的人)和编辑(指决定文章能否在科学期刊上发表的人)通过对论文的审阅,对研究成果的相对科学价值进行审查。审稿人和编辑可以分别对研究的理论假设、验证过程以及研究结果的解释进行评估。

其三,研究结果通过论文的形式发表,可帮助读者了解研究的内容,甚至还可促进其他研究者的研究或在一些实务领域里进行相关的应用。同一领域的研究者,也能有机会去对论文进行阅读、置疑、再读、思考、反思,并不断地推敲文章的细节和分析研究成果潜在的应用价值。一旦研究成果的科学价值被确定,非学术界的新闻媒体也可基于其新闻价值——成果对大众的吸引力和兴趣,再做进一步宣传(请注意,科学价值和新闻价值一般是不同的）。

　　本书的撰写即以科学性、大众性为指导思想。这种科学性、大众性的指导思想将有助于你对本书的阅读和理解。在本书中，有许多论文和著作——所引用的文章的作者和发表的日期通常都放在引文或作者陈述之后的小括号内——被引用，以作资料研究、文献引证及各种辅证之用（如前面提到的雪莉·泰勒的研究）。一本著作中通常有大量的引文，这说明书中的陈述和论断往往是建立在大量已出版并被公认的研究成果之上的。同时，引文的使用也是对原作者的一种公开的赞誉。对于读者来说，由于引文提供了论文中的资料来源，还可以获取更多的信息。你可以查阅书后所列的部分参考书目，这些参考书可使你进一步获得原始的研究信息。同理，你还可从这些初始研究的参考书中，再获得更早的研究信息——这正是我们下面所要讨论的科学成果的另一特征。

科学成果具有累积性

　　除了可验证性之外，累积性也是科学成果的一大特征。即便是引发新思潮的科学革命，也是建立在对过去的成果进行批判的基础之上，从而得出自己的结论的。正如阿尔伯特·爱因斯坦（Albert Einstein）在物理学中开创了一种新的世界观，但他的理论同样还是建立在牛顿的物理观基础之上的。如果没有牛顿的早期研究，相信爱因斯坦也难以创建他的相对论。任何一位科学家，无论他认同还是反对前人的研究成果，不可否认，他们都从中获过益。如果你希望设计一项实验来验证你有关影响测试成绩因素的假设，你或许能从前辈们的研究中获益匪浅。此外，通过广泛阅读有关注意、记忆、思维、情绪对绩效的影响以及生理压力对思维的影响等相关研究报告，你同样也能得到不少启发。而我们之所以有幸能阅读到此类文章，归根结底就在于科学家们公布和发表了他们的研究成果。

　　除此之外，还有一些特性可以作为部分科学成果的特征，但需要指出的是，这些特性不是所有科学成果都应具有的特征。例如，科学家在解释研究结果的差异时，通常都尽可能地简洁明快，并要求包容更多不同的成果。上面我们讨论了科学成果的几大特征，接着我们将讨论一下科学研究中存在的一些错误观念，或者我们将其称为错误的科学观。

错误的科学观

　　某些科学的思维用于检验与某一特定研究领域有关的假设，譬如，我们假设钟的存在给被试带来了焦虑，而不是它的噪音影响了测验的成绩。因此，在考虑科学是什么的时候，我们也应考虑科学所不具有的特征。这对我们进行研究是十分有益的，因为在科学界中，对科学的理解、对科学的追求仍存在许多误解。

误解之一:科学的就是正确的

科学解释不总是正确的。事实上,许多科学思想可能会是错的,至少是不完全正确的。今天,当我们回顾19世纪乃至20世纪初的一些心理学思想时,我们会觉得它们是多么的离奇古怪,例如当时的心理学家都认为思维的出现总是伴随着人的自言自语(J. B. Watson,1930)。将来,或许后人再来看我们现今的一些观念时,说不定同样也会认为它们是如此的过时和怪僻。科学要有存在的价值,就必须是动态的、不断发展的,由新的理论取代旧的理论。然而,这种科学的演变却并不总是以顺利、自然的理想方式出现的。

误解之二:科学研究总可以运用某种研究方法来开展

通常情况下,科学家,尤其是心理学家,很少运用在学校期间所习得的系统的、线性的科学方法。几乎所有的科学家在最初的研究中都难以避免错误的出现,而需要去重新思考"为什么我会这样做","我们本该怎样做"。为了研究工作能按程序顺利进行,他们必须时常去修订或去完善最初的假设和研究程序。研究工作经常会以一种期望开始,却以另一种结果告终。譬如,为了研究导致儿童学习成绩不佳的原因,最初可能是从研究儿童的能力开始入手,但最后可能也会同时研究他们的动机、人格和生活环境。因为,这些因素在对儿童学业成功的决定性作用上可能更大于能力的因素。

误解三:科学研究的操作过程总是客观的

科学家在决定研究内容、研究方式和结果解释上常不能如其所愿地做到完全客观。同常人一样,科学家在思考过程中陷入错误的怪圈后,他们也会尽量使他们的想法合理化。例如,人们通常都会寻求支持而不是驳斥已存在的信念(D. Halpem, 1995;Oakhill & Garnharm, 1993;Sternberg & Ben-Zeev, 2001;Wason & Joan-Laird, 1972)。我们通常把这种方式称之为肯定性偏见(confirmation bias)。当科学家发现了新的研究证据时,也会同常人一样,去寻求一种新的解释,使新证据符合他们已有的观念(Kuhn,1970)。由于种种原因,科学家应该积极去学习驳斥(disconfirm)他人的观点,而不仅仅去寻求对自己观念的肯定(Popper,1959):如果所有的研究设计不仅可证实哪种思想是有价值的,还能说明哪种思想是无用的,那么科学就能得到更有效地发展。

价值观——已存在的关于什么是有价值的观念——也影响研究进行的方式。无论我们的价值观如何,也无论它的存在有多么广泛,价值观都将会影响到我们研究的内容、方式以及对结果的解释。譬如,随着人们平均寿命的延长,对许多人来说,老年化的相关研究也越来越有价值。因此，现在人们越来越关注这一问题。

正如本章所示，科学自身也有价值观。科学的价值观要求，科学研究应具有客观性、实证性、精确性、诚实性、简明性、大众公开性，以及在问题的提出和证明上还应具有开放性。如果我们忽视了科学的价值观，所造成的影响可能是非常严重的。譬如，有的公司蓄意隐瞒所生产的药品的可怕副作用，这会带给那些不幸服用这些危险药物的人们以灾难性的后果。有些时候，人们在服用一些药物后副作用反应并不很明显，例如香烟中含有的一种有毒物质——尼古丁。早在我们获知之前，许多烟草公司就知道了尼古丁对人体的危害。否定价值观的存在或影响是不现实的，也是不可取的，更现实的做法是去认识我们的价值观，努力使它们远离偏见，以免干扰我们对人类行为的研究。

期望（比如认为在图中这样环境下成长的儿童必然会有学习困难）可能会导致肯定性偏见的产生，这是一种寻找信息来证明自己观点正确性的心理倾向。最好的研究设计应不只是能证明哪些观点是有用的，而且还应能证明出哪些观点是无用的。

误解之四：科学仅是事实的简单累积

文化价值观会影响我们的科学视野，认为结果比过程更重要。这种观点导致我们对科学产生了一种最主要的误解——科学仅仅是事实的简单累积。仅仅在对事实的描述以理论（theory）为依托，即在用一般原则对特殊事物进行解释和陈述时，事实才可能成为科学的一部分。理论不仅仅是一种学术上的主张，还是一种对事实之间关系的分析。我们之所以需要理论，是因为科学不仅仅是描述性的，还是探索性的。没有理论，我们对行为的研究只能局限于孤立地观察和描述性地研究上，难以达到真正地理解；没有理论，尽管我们能对人的行为加以调查和研究，了解到行为的内容，但却难以获知行为发生的原因及方式。

在观察和实验中，理论起着重要的导向作用。譬如，人们通常把幻想当成一种心理问题。雪莉·泰勒和乔纳森·布朗(Jonathan Brown)(1988)提出了一个观点与之相反的理论。他们认为，某些幻想通过对动机的强化，可以促进心理健康而不是破坏心理健康。例如，你常幻想自己能成为一名职业篮球运动员，这种幻想就有可能起到积极的作用。在理论的驱动下，他们查阅了大量文献，寻找并利用现有的大量数据从而印证了他们的理论。可见，理论能够指导人们的思考和决定探索的目标，并引导人们取得重大的发现。

以上我们讨论了科学的特征，包括一些错误的理论和认识。在下一节中，我们将开始探讨科学家如何去思考问题、研究问题。

问题的陈述与解决

问题：科学家理解和解决问题遵循何种步骤？

面对各种各样的问题，科学家们有一套研究方法可以找到解决问题的方案。但在科学上，今天的问题的答案，明天则可能成为新的问题。就如下面这个问题：女人是偏爱具有男性化面孔的男人，还是偏爱具有女性化面孔的男人呢？一部分人可能认为女人更偏爱具有男性化面孔的男人，但还有一部分人可能恰恰相反。然而这两个答案没一个是正确的。据最新研究显示，女人的这种偏爱取决于她们在当前生理周期所处的阶段。女人在排卵期间内，更偏爱具有男性化面孔的男人；而在离排卵期越远时，就越偏爱具有女性化面孔的男人。解决了这个问题，但随之而来的又是另一个问题——为什么女人在排卵期间内，更偏爱具有男性化面孔的男人呢？一种进化论式的解释是，女人之所以在排卵期内更偏爱具有男性化面孔的男人，是因为她们希望能繁殖出更优秀的下一代。接下又出现的一个问题是，具有男性化的男人就一定能繁殖出更优秀的下一代吗？男人对女人的偏好是否也受时段的影响？随之引出的又是一系列问题。在实际研究中，许多问题的解决，就如同上述例子一样，意味着还会不断衍生出许许多多的问题——解答了一个问题又会不断地引出另外一些问题。

确立问题

"你觉得有什么重要的地方需要我留意吗？"
"你应该去看看那只狗在晚上有什么古怪。"

"那只狗在夜里什么都没做。"

福尔摩斯(Sherlock Holmes)说:"这正是古怪的地方。"

——亚瑟·柯南道尔(Arthur Conan Doyle),"银色火焰"(Silver Blaze)

《福尔摩斯探案集》(The memoirs of Sherlock Holmes)

问题解决的第一步是确定要研究的问题(Bransford & Stein, 1993; Sternber & Benzeev, 2001)。只有在你确定了要研究的问题之后,你才可能对它进行研究。这是因为,不同问题的研究价值是不同的。一些问题可能会比另外一些问题更有价值,更值得投入精力。哈里特·泽克曼(Harriet Zuckerman)(1983)和一些研究科学的社会学家认为,伟大的科学家与平庸的科学家之间的主要区别就在于他们对所研究问题的选择。

心理学家肯尼思·克拉克,他主要致力于研究如何推进学校为少数民族学生提供教育服务。

在构思研究问题上,并没有什么通用法则。不过,若是你实在难以构思出一个值得研究的问题,建议你尝试着去观察身边的人,包括你自己。从观察中,你一定能找到你所感兴趣的关于人类行为的问题。能不断提出研究问题的最好的训练方式就是去接受广泛的教育。许多最好的研究问题的提出者,进行的都是跨领域的研究。例如,诺贝尔奖获得者、认知心理学家赫伯特·西蒙(Herbert Simon)就把计算机的知识引入到心理学研究当中,诸如人脑和计算机在解决问题上差异的对比研究。此外,许多心理学家从各门学科、各门心理学分支的角度上,也提出了各种研究问题。例如心理学家玛格丽特·弗劳·沃什伯恩(Margaret Floy Washburn)把动物行为的知识引入到感觉和运动领域的研究中来(Furumoto & Scarborough, 1986; Hilgard, 1987);心理学家肯尼思·克拉克(Kenneth Clark)为了促进对非裔美国在校儿童问题的研究,引入了社会学的研究思想;心理学家乔治·米勒(George Miller)也是从语言学思想中获得启发,从而对记忆研究有了更深入地洞察。

描述问题

一旦我们确定了所研究的问题,就必须能准确地描述出问题。换言之,我们必须清楚问题的本质。对于科学问题的描述,我们通常使用操作性定义(operational definition)。所谓操作性定义,就是研究者用准确、详细的描述来说明我们该如何检测和测量所要研究的特殊现象的一种方法。操作性定义允许研究者对他们如何进行实验操作及如何获取研究结论的过程进行交流。

例如,罗瑞尔·弗瑞尤默托(Laurel Furumoto)和伊丽莎白·斯卡伯欧夫(Elizabeth Scarborough)(1986)对早期的女性心理学家在心理学领域中作出贡献的方式非常感兴趣。那么,这两位科学家是怎样开始这样一个具有概括性质的研究呢?首先,她们必须把研究限定到一组女性心理学家中去,而这组女性心理学家所做的贡献又是可以研究的。因此,她们把研究对象操作性地定义在《科学史上的美国人》第一版中被确定为心理学家的22位女性所做的贡献。通过使用操作性定义,作者清晰地说明了她们的研究不包括在早期心理学发展过程中其他女性所做的工作。因为这两位研究者给出了自己的操作性定义,使那些能读到弗瑞尤默托和斯卡伯欧夫的研究成果的心理学家和历史学家能够依照她们的定义来解释这些研究成果。

在心理学界,操作性定义之所以如此重要,一个根本的原因就是心理学常常使用假设构念(hypothetical construct)——所谓的假设构念是指一种抽象概念,指的是研究问题虽不具有直接的可测量性和可观察性,但可以提出具有可测量性的现象和数学模式。例如,心理学家推断智力的假设构念的存在,就是建立在测验分数和各种特殊行为的基础之上。模型,诸如智力模型,常是心理学理论中最重要的部分。

许多科学研究的进行取决于问题的确定和描述。在解决问题方面,我们通常有比确立和描述研究问题更多的经验(Bruer,1993)。但要想成为一名优秀的科学家,这两方面的经验都必不可少。

提出假设

一旦对所要研究的问题做了清晰的描述之后,接下来就要提出假设。譬如,英国心理学家迈克·哈乌(Michael Howe)和他的同事(Howe, Davidson & Sloboda, 1998)在K.安德斯·艾里克森(K. Anders Ericsson, 1996)等人的研究基础之上,提出了一个假说,认为专家和新手在既定领域内,诸如音乐和艺术领域,主要差异在于他们花在刻意练习上的时间量。所谓的刻意练习指的是练习活动集中精力于某一目标,并且要不断地校正练习中的错误。他们翻阅了大量文献发现,正如他们的设想一样,刻意练习是在既定努力程度下,对一个人所获经验水平程度的预测标准。他们的研究结果是令人惊讶的,因为许多人都认为,所获经验水平的差异很大程度上取决于人们与生俱来的能力水平。尽管这些结果没有排除先天能力水平差异的重要性,但也说明了刻意的练习在获得专业知识方面所起的作用要比以前人们预想的大。心理学家不仅仅要提出假设,也要不断去修正它们。例如,一些心理学家逐渐相信尽管刻意练习非常重要,但它总是在和能力的共同作用下才对人们的专业知识的提高产生影响(Sternberg,1996,1998)。

制定问题解决的策略

在确定问题并提出了相关假说之后,你还需思考将如何去检验你所提出的假设(Nisber,1993)。许多心理学调查研究发现,人们通常最喜欢使用的研究策略是实验研究。但对一些不适合实验操作的研究问题来说,其他方法可能更有效(可替代实验研究的研究策略将会在随后的几章里详细讨论)。对于问题本身来说,没有什么所谓的最佳策略。最佳策略通常取决于所研究问题的自身特点和调查研究者对问题解决方法的个人偏好。

譬如,人们常被诱骗而购买了他们本不想买的物品。罗伯特·谢迪尼(Robert Cialdini)(1984)对这一现象十分感兴趣,他设计了一个称为参与观察的研究策略。所谓的参与观察,是指研究者在研究活动中既是观察者又是参与者。谢迪尼的此项研究进行了3年之久。在这3年里,他参加了许多广告公司、公共关系公司以及慈善机构的销售人员的培训活动。在伪装为职员接受训练的过程中,他了解到了许多推销商品的技巧,而这些技巧正是这些组织用来说服人们去购买本不需要的商品的秘诀。如果谢迪尼不成为其组织成员接受训练的话,这些组织是不可能把这些秘诀传授给他的。谢迪尼这种特殊的研究策略,为他提出的综合"影响模型"奠定了基础。

许多研究显示,专家(优秀生)在策略计划的整体上所投入的精力(或心理能量)要比新手要多。而新手(差生)则趋向于花更多的时间在策略计划的细节上(Larkin,McDermott, Simon, & Simon, 1980)。比如,优秀生通常在问题解决的初始阶段比差生花费更多的时间,而用于解决问题的时间却相对较少(Bloom & Broder, 1950)。由于在起始阶段——决定做什么——上花了更多的时间,优秀生较少在开始时犯一些错误,或走太多弯路。由于在策略的计划上花费了更多的工夫,他们能够节省许多的时间和精力并可以避免挫折。同理,在科学研究中,能在工作开始之前就对研究中存在的潜在的问题有所准备,这是很有意义的。通过研究初期的细致思考,可能帮助你避免一些可预知的问题的出现。

问题解决的监控和评价

在解决问题的过程中,你需要对问题解决的进展进行监控。换言之,你需要不断询问自己,问题解决是否正朝着答案的方向进展。科学家之所以常常做一些试验性的或小规模的研究(pilot studies)以判断他们所期望的实验效果是否能出现,道理就是如此。只有他们在能确定可以获得所期望的效果时,他们才会全面开展研究工作。譬如,就"奖赏对行为的效果"这一问题进行研究,心理学家首先需知道,被试所认为的奖赏是什么。对此,他们必须从各种潜在的奖赏中找到所有被试均认可的奖赏,而心理学家常希望能通过做些试验性研究达到这一目的。

问题解决之后,你还需要对问题的解决方案进行评估(Bryson, Bereiter, Scardamalia, & Joram, 1991; Halpern, 1995; Perkins, 1995a; Stanovich, 1994, 1996)。评估结果有些能很快得到,有些则需要一段时间之后才能出来。正如资料所示,很少有科学问题——尤其是关于行为的研究问题——的解决是一劳永逸的。在某一时期内,我们的答案可能会是正确的,或是最好的、最接近完美答案的。

这是一个对"刻意练习的时间量能最好地预测专业技能"这一假设的研究。这一研究最终证明了该假设:专家总是趋向于花更多的时间按一种系统的方式进行练习。

但随着时间的推移,我们可能会认识到,那个答案也许是不完全的,甚至是错误的。科学问题解决得成功与否,很大程度上取决于研究者从自身及他人研究结果的反馈中获益的能力。

科学研究的目的

问题:科学家从事科学研究,其目的是什么?

至此为止,我们已探讨了科学研究的内容和方法。我们仍须继续讨论进行科学研究的原因:为什么科学家要去做这些研究工作?他们的目的是什么?除了发展科学思想这一综合的目的之外,我们认为科学研究有四个主要的目的:描述、解释、预测和控制(见表2-2)。

表 2-2　心理学研究四个主要目标　通过研究,心理学家希望能达到下面的一个或多个目标。

目　　标	研究问题的表达形式
描　　述	发生了什么? 在什么时间、什么地点发生的? 如何发生的?
解　　释	为什么会发生?
预　　测	接下来还会发生什么?
控　　制	我们如何去影响或去干涉这一行为?

描述

在心理学中,描述(description)指的是去描绘人在各种环境中思维、感觉和行为的内容及方式。在我们开始解释或预测人的行为之前,我们需要描述人的行为。描述,看起来似乎并不重要,但为什么科学家要去描述那些人们很容易就能见到的行为?事实上,描述性研究常常始于人们的观察,然后是惊疑。心理学中大部分有趣的理论和思想,如弗洛伊德的精神分析理论,均是来源于对行为的观察和描述。

请思考下面这个例子。各种研究显示,能力的平均水平存在着性别差异(A. R. Halpern, 1986, 1989; D. F. Halpern, 1997)。其中的一种差异是女性有着比男性更好的空间位置方面的记忆能力(Silverman & Eals, 1992)。例如,她们可能比男性更容易记起曾见到过的某种事物。而男性却有着比女性更好的空间旋转的能力(Silverman & Eals, 1992)。例如,他们能更快、更精确地判断一个旋转过后的物体是原先的物体还是原先物体的镜像。因此,描述性研究可以告诉我们,男性和女性的空间能力都有各自优越的一面。但为了解释这一现象,我们还需要更进一步的研究。

解释

解释(explanation)主要用于说明人们思维、感觉和行为的原因。如果心理学仅仅是描述性的,人们从中所获收益就仅仅是摆脱错觉而已。心理学中,一个完善的理论除了应具有描述性之外,解释性也不可或缺。理论除了揭示心理作用的内容和方式之外(多是描述性的),还应该揭示发生的原因。

让我们回到关于空间能力的例子上来。为什么男性的空间能力在某一方面会优于女性,而在另一方面,女性要优于男性?这里有一种从进化的角度提出的解释。进化论的观点认为,在史前人类社会里,为了去搜集食物(当时,女性的社会角色主要就是准备食物),女性发展了更好的空间位置的记忆能力;男性则在狩猎过程中发展了更好的空间旋转能力,因为在狩猎过程中,必须估计猎物运动的轨迹。尽管我们不能确定这种解释正确与否,但它为性别差异提供了一个合乎情理的解释(Buss,1995;Silverman & Eals,1992)。但是上述解释并非最终的解释,而只是从物种演化、环境适应性的角度所做的一种理解。在心理学实际研究中,几乎很少有固定的解释。随着心理学家获得的信息和掌握的数据的增多,这些解释就可能会被具体化或修订,甚至为其他更好的解释所取代。

罗塞拉(Rescorla)和瓦格纳(A. R. Wagner)(1972,详见第六章)曾做过一项十分重要的解释性研究。他们的研究数据显示,动物的学习(同时也适用于人类)可以用更高层次的思维水平来加以解释。在此之前,许多科学家对用更高层次的思维水平来概括实验室动物的思维水平时总是持一种怀疑的态度,甚至是否定的态度。

预测

心理学家常努力尝试去预测研究的结论。预测(prediction)是在观察、经验和推理的基础上对未来可能发生的事情的推测。预测在实践和理论上都很重要。譬如,考虑到上面我们对性别差异的描述,有人可能预测,在玩电子游戏时,男女成绩必定会存在差异。有一种游戏需要人们去射击虚拟的外星球入侵者,这些入侵者会在屏幕上迅速移动。而另一种游戏则需要人们记住所见到的各种生物在虚拟的密林中的位置。我们可以预测到,平均说来,男性在第一个任务中表现得更出色些;而女性则更擅长于第二个任务。在这个研究中,我们给男女被试的任务都基于电子游戏,然后去看我们的预测是否为研究结果所支持。在这里,有必要提及的是,这里的成绩指的是男女各组的平均成绩,这对本实验来说是至关重要的。此外,有证据显示,能力上的差异有随着年龄的增长而降低的趋势。

预测结论可能是一柄双刃剑。它帮助我们对行为作出预测,但如果估测过高,很可能会导致错误的判断,甚至会使研究实验的结果背离最初的预测目的。下面这个例子可以验证这一观念。研究者告诉老师,他们班上存在着一些特殊的学生,他们可能是班上"后起之秀"——即是说,这些学生的功课成绩可能会突飞猛进(Rosenthal & Jacobson,1968)。后来,这些学生的成绩真的大大提高了。事实上,对这些"后起之秀"的选择完全是随机的。他们最初的能力与其他学生并没有什么不同,但老师对其期望值的提高在这里起了很大的作用。这种现象我们常常称之为"皮格马利翁效应"(Pygmalion effect)。研究结果表明了预测可能成为自证预言(self-fulfilling prophecy)。对某些人、某些事物的预测可能会使其真的成为现实。尽管罗森塔尔(Rosenthal)和雅各布森(Jacobson)的研究中存在许多不足(Elashoff & Snow,1971;R. E. Snow,1995),但自证预言这一现象在日常生活中的确很普遍。所以,我们应慎重地对待预测,尤其是当对人的行为预测的结果可能是悲观时,因为这些预测可能会真的带来消极的结果。可见,预测不仅有预见性,还会对未来的行为施加某些影响。

控制

控制(control)是科学研究的第四个目的。科学家可以去尝试控制自己的行为,也可帮助人们去控制他们自身的行为。控制的方法也可能有负面的影响,正如乔治·奥维尔(George Orwell)的著作《1984年》中所描述的,当时的政府就是希望能利用某些控制方法操纵人们的思想和行为。在行为控制研究的探索过程中,心理学家应帮人们掌握自己的命运,而不是剥夺他们的这些能力。有许多人希望最好是能利用这些控制方法帮我们摆脱掉一些不良习惯,或能使我们的思想或行为的某些方面得到改善。所谓的行为控制就是指通过某种方法去改变我们的行为。譬如,人们常运用心理疗法(psychotherapy)(心理疗法是一种利用心理学原理治疗心理疾病或对情绪失调进行的矫正性干涉)来对其生活进行控制。

人们不仅能控制自身的行为,也能控制自身的心理。这类控制以提高智能等心理机能(包括前面探讨的空间能力)为主要目的。智能不是天生不变的,而是具有一定的可塑性。例如,许多教育计划就是为帮助学生充分发展他们的思维能力而设计的(Bransford & Stein, 1993; Detterman & Sternberg, 1993; Feuerstein, 1980; R. J. Sterberg & Grigorenko, in press; W. Williams et al., 1996)。当这些教育计划成功实施时,就能够帮助学生充分发挥智力的功能,同时更有效地发展、运用他们的能力。

当科学的这些目的被应用于心理学理论、研究和实践中时,就能帮助我们去描述、解释、预测和控制人们的思想和行为。这些目的之间不是孤立的和相互排斥的。心理学家在他们的研究中追求的通常是这几种目的的复合体。这些目的之间常常也会相互影响。达到一个目的通常会有助于另一目的的达成。在心理学已成为一门科学的年代里,能够获得这些成就是一种巨大的进步。但这种进步却离不开在研究中运用的各种各样的心理研究方法。

心理学研究方法

问题:科学家们是如何开展研究的?

至此,本章已讨论了心理学研究的目的及方式,但尚未系统地阐述心理学家们在研究中使用的研究方法及应用范围。在这一节中,我们将介绍心理学家在对他们感兴趣的问题进行研究时常用的研究方法。这些方法包括:(a)自然观察法,(b)个案研究法,(c)测验法、问卷法和调查法,(d)实验法。表2-3对这些研究方法做了一个概括。在每一项研究中,观察数据通常是通过某种途径来收集和分析的。对人的行为的研究最好能运用观察法。而实验法(experimental methods)是通过控制或仔细地操纵特殊的变量以观察此特殊变量对其他变量的影响,从而揭示出变量之间的因果关系的一种研究方法。由于实验常需在特殊的受控制的环境中进行,而人在实验室环境中的行为与真实行为常常不一致,所以实验法不总是最实用的方法。相关法(correlational methods)是用来评估两个或两个以上变量或因子之间相关程度的研究方法。它常被用来替代实验法。尽管相关法被用来确定变量间的关系,但它不能用来揭示变量间的因果关系。例如,相关法可能被用来研究父母的挫折感与儿童虐待之间的关系,但他们不能确定是挫折导致虐待,还是虐待导致挫折,或者是挫折与虐待都是由另外的因素造成的。虐待儿童现象是不能用实验法研究的一个典型的例子——至少这是不符合伦理的。如果要用实验法,我们至少需要让一组成人去虐待儿童,那么此研究程序在伦理上是令人无法接受的。

表2-3 研究方法 科学家为了达到研究目标,通常要利用各种研究方法。

方法	方法的定义	所得数据形式	优点	缺点
实验法	通过对变量的操纵,研究其因果关系	数量数据(可由重复操作进行验证)	1. 对自变量精确控制 2. 大样本可使我们对结果进行一般性推论	1. 缺乏对个体的集中性研究 2. 结论推广到现实的能力有限
测验、问卷和调查法	在特定的时间、地点里,获取行为、信仰或能力的样本	数量数据或质量数据	1. 容易操作 2. 容易记分并容易进行统计分析	1. 难以获得概括性结论 2. 生活中真实行为与测验行为之间有着一定的差异
个案研究	对个体进行集中研究,希望以此获得关于行为的一般性结论	质量数据	搜集的信息十分详细,包括历史生活背景	1. 小样本研究影响获得一般性结论的能力 2. 信度受到限制
自然观察法	在现实生活环境中进行的观察	质量数据	1. 结果的应用性广泛 2. 在自然环境中对行为进行理解	1. 缺乏实验控制 2. 观察者的出现会对被测者的行为产生影响

自然观察法

自然观察法(naturalistic observation),也叫现场研究法(field study),指的是从实验室或临床的环境中走出来,到社会团体中去观察和记录日常生活中从事正常活动的人的行为。在所研究的现象受到自然环境的很大影响时,自然观察法尤其重要。譬如谢迪尼(Cialdini, 1984)所做的参与观察研究,他的关于说服的研究工作在本章前面的内容中已有过叙述。在行为科学中有一个令人印象深刻的应用自然观察法的案例,是关于贫民区青少年自我统一性的形成(Heath & Mclaughlin, 1993)。雪莉·希斯(Shirley Heath)和米尔布日·麦勒林(Millbrae McLaughlin)研究青少年业余打工所在的组织是如何为这些青少年提供一种统一性和目标感的,这些是他们在学校环境中难以获得的。他们的研究工作为"自我统一性的形成"这一问题提供了在实验研究中难以获得的大量丰富而细致的见解。

简·古德尔(Jane Goodall)运用自然观察法研究大猩猩的行为。

自然观察法有一些潜在的优点,如研究结果可加以推广应用,其研究结果还可对自然环境出现的行为进行解释。这种方法也存在缺点,如果观察的事物具有不可控的复杂性,就很难分析出行为产生的原因,同时观察者的存在也可能会影响被观察者的行为。

常常会有这样一些研究,你不可能直接去观察你要观察的对象,例如研究对象已经亡故。对于这类事件可以采用另一种方法——个案研究法。

个案研究法

所谓个案研究法(case study),指心理学家对某一个体或某一群体进行集中的研究调查,以期获得可应用于这一个体或这一群体,乃至其他个体或群体的有关行为的普遍推论。个案研究法常常应用于许多心理学研究,特别是当所研究的对象非常稀少时,如对有高度创造力的人的研究以及对有不寻常的心理障碍的人的研究。在临床研究中,心理学家和精神病医师为了达到治疗辅导的目的,通常直接对来访者进行诊疗,所以个案研究对理解个体和群体所面对的问题有着很大的实效性。

在家庭婚姻问题的治疗领域中有一项非常著名的成果(详见第十七章),这一成果是罗伯特·魏斯(Robert Weiss)(1975)对离婚原因的分析,他的研究报告之所以命名为"专题论文"(monograph),是因为他的研究是就一个主题深入地展开的,而且该报告几乎完全是以个案研究为基础的。魏斯的研究特点就是希望能通过个案研究找到婚姻失败的共同根源。譬如,目前在解释婚姻失败这一问题上,就有人认为失败的婚姻从一开始就是错误的选择。个案研究通常串连起各种证据以演绎出一种观点或结论。例如,戴维·里根(David Lykken, 1998)就是利用各种证据获得了这样一种结论:测谎仪本身就是非常不可靠的,它可能会给个人和社会造成恶劣影响,如麦克·科克尔(Mack Coker)事件。麦克·科克尔为某一公司工作,由于这家公司在遭到了盗窃后他却没有通过测谎仪测验,为此他丢掉了工作。尽管没有任何其他的证据可以证明他有盗窃罪,但在他的生活圈子里,却滋生出了有关他的各种谣言。虽然科克尔最后又获得了这份工作,但其他人却未必有这么幸运。

个案研究,如在心理治疗中的个案研究,是一种集中针对个体或某一群体的研究。尽管它们能为我们提供非常详细的信息,但它们的研究成果却很难作出一般性推论。

个案研究的优点在于它可以提供非常详细的信息,包括行为出现的历史背景等。它有助于我们从多方面多角度去描述研究对象及其行为所处的环境。当然,个案研究也有它的不足。个案研究的样本容量太小，很难得出一个普遍性的结论。此外，鉴于个案研究的信息取自于某一特殊的环境，其信度也是有限的。

由于诸如能力和态度等心理特质是在多年的生活中逐渐形成的，具有一定的稳定性，所以对其进行研究时我们通常采用测验、问卷和调查等研究方法。

测验法、问卷法和调查法

20世纪初，法国心理学家艾尔弗雷德·比纳（Alfred Binet）受政府委托去设计一个测验，用于将那些天生智力缺陷的儿童和那些只是由于行为问题而不能完成学业的儿童区别开来。测验（test）是在特定的时间和地点里测量某个个体或团体的某种心理特质的一项程序。受测者只需圈出答案——对或错，或者评价测验题目的正确程度（更为正确、合理或者更有创意，等等）。如今，测验已被普遍应用于各种心理学研究中。测验的成绩常会因人而异，甚至对同一人施测，在不同的时间、不同的地点，测试的成绩也会有所差异。由于原本要测的特质发生了变化或者是由于一些可以影响行为的因素在测验中出现，如疾病或外界的干扰，使得测验结果也可能改变。因此，测验只能为你提供一个人的能力水平、人格特征以及一切测验试图测得的对象的近似值。

此外，心理学家也常使用另外两种方法。调查（survey）是研究者用于搜集被试对有关信仰和价值观问题反应的方法。问卷（questionnaire）是在一次调查过程中或访问过程中所询问的一组问题。譬如，问卷法常用于调查个人的健康习惯，如饮食习惯、吸烟和饮酒习惯等。调查法和问卷法在需要短时间内获得大量信息时特别有用。

与测验法不同的是，调查法和问卷法的回答没有所谓的正误。它们最典型的使用场合是在信仰和价值观的研究上，而非对能力或知识的测试。例如，你可以用一个问卷或调查表去搜集大学生对学校有关酗酒处罚条例的态度，收集他们对数据有效程度的看法，或者判断大学生对问卷调查的认可程度。正是由于问卷和调查数据的解释具有多样性，使得问卷法和调查法在心理学研究中声

"这是我这辈子所听过的最糟糕的观点"

【资料来源】© The New Yorker Collection 1975 Robert Weber from cartoonbank.com. All rights reserved.

名狼藉。尤其在政治斗争中，你可能会听到不同的候选人对同一数据能有完全不同的解释。尽管如此，问卷法和调查法仍是一种有用的研究工具，因为它们为信仰和价值观的定量研究提供了一种便捷的手段。

测验法、调查法和问卷法的优点是易于操作。同时，它们典型的优势还在于容易记分和分析。此类方法的缺点是除非样本十分大或具有很强的代表性，否则很难以此来推论那些不能被直接测试和调查的人的特性。此外，在测验、问卷和调查中，被试所说的和所做的常常并不一定一致，即与日常生活中真实的生活方式、行为方式有所差异。

实验法

从严格的意义上说，实验（experiment）是通过控制和操作变量来研究变量间因果关系的一种研究方法。所谓的变量（variables）指的是一种环境、一个人或一种现象的某种品质或特性，这种品质或特性会因环境、个人、现象的变化而变化。在可以操作和控制我们所研究的变量时，实验法是特别有效的。实验者通过细致小心地操作一个或多个特殊变量，以期观察到它们对其他变量影响的效果。实验可以通过一系列的操作来检测对行为的一些认识，故实验法为验证有关行为的理论提供了一种有效的手段。而这一系列操作的模型我们称之为操作建模（operationalization）。

假如你做这样的一个实验，实验要求学生去解决一些很具有挑战性，且需要付出很大努力才能解决的数学题。目的是想了解鼓励对学生测试成绩的影响。为此，对一组学生，你告诉他们，他们一定会做得很好，但对另一组学生则没有任何鼓励的话语。那么，这个实验的基本要素有哪些呢？

在任何一个实验中，都会有两种变量。一种是自变量（independent variables）。所谓的自变量是指实验者在对研究的其他方面加以控制使之恒定的情况下，进行个别操作和周密调节的研究变量。另一种是因变量（dependent variables）。因变量是自变量作用的反应结果（常被数量化），其值取决于自变量如何影响实验被试。在上述的实验中，你告诉其中一组学生他们将会做得很好，但对另一组学生，则没有一点的鼓励。这里的自变量就是学生所期望获得的有关作业成绩的信息量。换言之，自变量就是有没有给学生提供相关的信息；因变量则是两组学生作业的成绩。

实验通常会涉及两种类型的环境，或者说会遇到实验设计的两个方面。不同的环境通常意味着对因变量的不同操作。环境的第一种类型是实验条件（experimental condition），即严格控制下的实验条件。在这种环境下，被试接受实验处理。例如，在上述实验中，实验处理就是被试被告知他们将会做得很好。实验条件通常又称之为处理条件（treatment condition）。环境的第二种类型称之为控制条件（control condition)。在这种类型的环境中,被试不能获得实验处理,但可以接受到另外一种处理。在上述实验中,被试没有被告知任何关于他们如何去做给定作业的信息。实验的目的是去了解被告知他们将会成功的一组被试,是否真的在作业成绩上要优于那组什么也没被告知的被试。

事实上,这种特殊的操作的确能使测验成绩产生很大的差异。克劳德·斯蒂尔(Claude Steele)和乔舒亚·阿伦森(Joshua Aronson)发现,在能力测试的时候,非裔美国儿童如果被告知他们将在这个特殊的测验中取得与白人儿童一样的成绩时,他们的成绩将比平常更好。还有一个相似的例子,在一个难度颇大的数学测验中,如果女性组被试被告知测验不存在性别差异,女性组被试的成绩居然优于男性组被试。然而一旦女性组被告知测验有显著的性别差异时,男性组被试成绩就会优于女性组被试。

批判性思考有助于我们避免犯一些常见的错误。例如,上图中的两个候选人似乎在相互责难,在一个从个人私利出发的典型争论中,常是一方在攻击另一方时仅说对方是错的,而不是去提供证据以支持自己的论点。

通常情况下,实验中将会使用两组被试:一组为实验条件下的被试,一组为控制条件下的被试。在使用两组或两组以上的被试时,我们把接受实验处理的被试称之为实验组(experimental group),而用作比较的另一组被试,我们称之为控制组(control group)。控制组的结果常被作为一种参照标准以比较判断实验的结果,同时也可用于控制和研究不相干的易混淆的变量。为了控制多个易混淆的变量,常常在一个实验中需要多个控制组。没有控制组,我们会很难给一个实验下结论。譬如,如果你告知所有被试他们将会在测试作业中做得很好,那么你就没有办法分离并知晓

"告知被试关于他们期望成绩的信息"所带来的影响效果。为了评估"告知被试他们的作业成绩将会很好"所带来的影响效果,你需要一个"不告知被试他们的作业成绩如何"的控制组。

在理想的情况下,控制组可使我们对实验结果作出惟一的解释。然而在实际研究中,达到这种理想的境地是非常困难的。可是,如果没有任何控制组,因果推论就更不必谈了。控制实验法有许多的优点。一是它们允许对自变量做精确的控制;二是如果样本足够大,可以获得普遍性的结论。当然控制实验法也有许多的缺点。一是被试不可能像在个案研究中那样被广泛地研究;二是从实验室中获得的研究成果推广到现实世界中的能力是有限的。

心理学研究中的因果推论

问题:科学家是如何在研究中进行因果推论的?

上一节中,我们论述了心理学家常用的四种研究方法。研究者在方法的选择上常受问题本身以及研究者个人风格偏好的影响。而下面所要探讨的内容也可能会影响到研究方法的选择。心理学研究的最主要的目的就是最终得到一个因果推论(causal inferences)。所谓的因果推论就是关于行为的因果关系的推论,其目的在于以此来解释导致某人按照某种方式行事的原因。例如我们可能会问,某一个特殊的变量是否会对某一因变量的特殊变化负有责任。什么样的情况才能使研究者下一个具有因果关系的结论呢?换句话说,在调查研究中,我们需要做些什么准备才能说是因为这样才那样呢?

出于种种原因,你可能会认为,行为的出现并不总能反映出自变量和因变量之间存在的明确的因果关系。这是因为我们做因果推论的能力不仅取决于我们所研究的问题,也取决于实验的设计方式。设计(design)指的是特定的一组变量是如何被选择、如何相互关联,以及在各种环境下被试是如何被分派的。

早先,我们使用最严格的定义来描述实验这一术语。尽管如此,我们还是

广告客户希望我们能对他们的产品做因果推论,即他们的产品已经使得运动员——产品代言人取得了成功。但相关关系不是因果关系。

可以扩展这个术语的含义来涵盖那些有些变量不能完全被主试控制的研究。更宽泛地说,实验所研究的是一些变量对另一些变量的作用效果。下面我们来探讨实验设计的三种类型,包括严格意义上的狭义的实验设计以及其他两种类型的实验设计。在心理学的研究中,通常有三种最主要的实验设计:控制实验(实验室实验)设计、准实验设计和相关实验设计。此外,我们还将探讨从这三种实验设计中所获因果推论的类型,以及推论的程度(参见表2-4对这三种实验设计的异同点的归纳)。

表2-4 实验设计 对同一特定现象,科学家研究获得的结论不同,这主要是因为他们使用的实验设计类型不同。

设计类型	定 义	优 点	缺 点
控制实验设计	实验者操纵一个或多个自变量,观察自变量对因变量的影响;被试被随机分配到控制或处理环境下	可作因果推论	实验结果可能难以应用到实验室之外的环境中去;样本可能不能代表总体;一部分研究涉及实验伦理问题
准实验设计	类似于实验设计,但被试不是随机分配。在一些情况下,可能没有控制组	在一些情景下,可能更便利;可应用于伦理不允许随机分配的研究;实验可在自然环境下进行,能获得更多有组织的数据。在相关数据的研究中,常常可以对总体(如所有选民)进行研究	不允许做因果推论;样本可能同样难以代表总体
相关实验设计	研究者仅观察自然出现的两种特性相互关联的程度。研究者不能操纵变量或随机分配被试到各组中去		

控制实验设计

在一个完全意义的控制实验设计(controlled experimental design)中,主试谨慎地操作和控制一个或多个自变量以观察这些自变量对因变量产生的效应。为了确保产生效应,其中至少有一组被试不能接受实验处理。在控制实验设计中,随机分配(random assignment)是很重要的,因为这样可确保处理后结果间的差异不是处理前被试的差异造成的。譬如，如果老鼠分别被随机分配到丰富多样的环境中和单一的环境中去，那么被分配到多样化环境中的老鼠比分配到单一环境中的老鼠发展出更高级的认知技能，我们就可以认为老鼠的这种差异是实验操作造成的，而非由于老鼠之间的个体差异（Typn, 1940）。

研究数据的评估与分析

代表性样本

不管如何设计，所有的研究都存在这样一个问题，就是我们无法确定我们的推论正确与否。我们无法绝对地肯定，结果之间的差异不是由偶然性（数据的随机浮动）引起的——除非我们能对所研究人群中的所有个体都加以测试。不幸的是，这几乎是不可能的。我们只能对从人群中抽取的一些我们认为的代表性样本（representative sample）施测。代表性样本的获取可以通过完全随机化抽样获取。但事实上我们仍不能保证我们所选样本真正代表了我们希望研究的整个群体（总体）。

可以想像，总体中有一部分人群是研究者更容易接近的，因此这部分人群过多地被用作了样本。除此之外，还可能由于其他一些原因使总体中部分人群样本使用太多或太少。例如，对妇女这一总体来说，有色人种的研究常常取样不足，导致代表性不够，而对男性白色人种和大学生的研究中又常使用过多的样本。

这也是随机取样吗？大量的心理学研究以大学生作为样本，因为这个群体正是一组便利样本，这使得心理学研究中大学生已经被过度取样了。

在跨文化的研究中,研究者经常使用便利样本(也叫做"召聚样本"或"抓攫样本"),因为这些样本具有即时可用的特性(Lonner & berry,1986)。这一策略不仅仅出现在跨文化研究中。过去许多年里,美国大学中有无数学生曾经被用作这类样本。譬如,从初级心理学班中征集几百名学生作被试,对心理学家来说,是相当寻常的。然而这些样本能够代表总体吗?若能的话,代表的又是什么总体呢?

结果的统计分析

在我们测试被试时,我们真正感兴趣的是结果,并且所感兴趣的不仅是有关抽取样本的结果,还有相应总体的结果(如所有的人类、所有的母亲、所有的学生,等等)。由于总体不可能被检测,我们只能利用样本统计量(sample statistics)来估计总体参数(population parameters)。真实的参数值是不可能知道的,除非我们能对总体加以测试,但这几乎是不可能的。正是由于这个原因,为了估计总体特性,我们必须利用总体中的样本。

因为抽样统计量仅是对总体参数的估计,所以不同的抽样可能产生的估计值也会在一定程度上有所差异。一般来说,研究者总是希望研究样本占总体的比例能尽可能的大。尽管时间和资源限制了样本的大小,但尽可能大的比例比抽样更有助于消除随机误差。

统计分析以两种方式来帮助研究者缩小误差,一是可以确保样本被准确可靠地描述,如描述30岁职员的平均年薪。二是为从样本的特征推论到总体特征提供一个坚实的理论基础。例如,样本中的大学毕业的职员的平均年薪显著高于未大学毕业的职员年薪,因而我们可以推断,在总体中,大学毕业的职员有着获取更高年薪的可能性。显然,精确的描述远比精确的推论更容易些。

利用推论统计(inferential statistics)可以提高推论的精确性。推论统计可以在描述性数据的基础上进行有理有据地推论。推论统计能帮助我们判断,处理组和控制组之间的差异是总体存在的还是由于随机误差造成的。我们常在研究中使用统计显著性(statistical significance)这一概念。统计显著性有助于帮助我们判断结果在多大程度上是由随机因素造成的。它代表的是一种可能性水平,是约定俗成的。为了判断一个结果是否具有统计显著性,我们需要对仅由操作过程中的随机因素获得的概率进行测定。如果这种概率达到了一种预先设定的水平(常是5%~1%),我们就可以认为结果达到了统计显著。

例如,我们要去判断,接受心理治疗的来访者在一段特定的时期内,比具有同样心理问题但没有接受心理治疗的来访者,在心理问题痊愈方面是否有明显良好的效果。如果实验的结果分析显示我们获得的结果,由操作上的随机误差造成的可能性只有5%,那么说明我们的研究结果达到了0.05水平的统计显著性。0.05水平统计显著性,意味着只有5%的可能性结果是由操作过程中的随机因素造成的,这种现象的出现是十分罕见的。同理,如果我们的结果达到了 0.01 水平的显著性水平,就意味着结果由操作过程中的随机因素造成的可能性只有 1%。如果接受过心理治疗的来访者在心理痊愈方面比未接受心理治疗的来访者更快,并且差异达到了 0.01 的显著性水平,就意味着由随机因素造成心理治疗相同效果的概率只有 1%。概率水平越小,统计显著性水平就越高。事实上,最近的研究显示,绝大多数来访者认为是经过心理治疗才使他们自身心理健康水平得以提高的(Selgman, 1995)。

同时我们应注意两件重要的事情。第一,尽管我们可以把概率临界值设置得更低,但我们永远不可能绝对地肯定差异不是来自于随机因素。我们能有 99% 的置信度,但永远不能达到 100% 的置信度。第二,我们永远不可能完全没有疑问地证明虚无假设(null hypothesis)(即事先假设被试组间没有行为上的差异)。这就是说,我们不能证明某一变量对结果没有影响,也不能证明两组不同的被试之间,或两组、两组以上的环境之间不存在任何差异。无论是我们使用控制实验设计,还是将要探讨的准实验设计,这种局限性都会存在。

例如一位心理学家对两种心理治疗法进行比较,并发现了在平均效果上的差异不是那么显著。心理学并不能因此就肯定地认为两种心理治疗法在治疗效果上是完全相同的。很可能的是,扩大样本容量或慎重细心地测量,差异便会出现。

准实验设计

假设我们对教授心理学导论的两种教学方法的效果进行比较。理论上,我们应建立两所完全相同的大学,配备完全相同的教师,随机将学生分成两组。然后,我们提供给两组学生不同的心理学课程,每所大学使用其中的一种教学方法。这个控制实验计划永远不可能真正被付诸实施。但我们有可能使用一种更可行的实验设计。选择一所大学的学生作为实验被试(他们接受自变量的处理——新的课程),另选一所相似的大学作为控制被试(不接受新的课程)。在这个实验中,被试不是被随机分配到各组,因此,这个设计不是一个完全意义上的控制实验设计。我们将其称之为准实验设计(quasi-experimental design)。虽然准实验设计有许多控制实验设计的特征,所使用的方法也仍是实验的方法,但它不保证处理组和控制组的被试被随机地分配,比实验设计又缺少一些精确性和可控性。所以,尽管仍然可以获得变量间的因果关系,但我们不能从准实验设计中得到一个精确的因果推论。

例如,在课程研究中,我们无法给出因果推论。原因是两组被试结果之间的差异,很有可能是由处理前就已经存在的被试自身间的差异,或校园环境间的差异所造成的。尽管我们可在事后利用一些统计方法去控制这种差异,然而我们永远不能确保我们能够控制所有的相关差异。所以,不对被试进行随机分配,就排除了完全意义上的因果推论。

另一种准实验设计的形式是只有一个实验处理组,而没有控制组。譬如,在上述实验中,只选择一所大学的一组学生,主试先对学生进行一次心理学导论知识的预测(前测),然后在教师授完所有的课程后,再对学生进行一次同前测内容相似的总结性测验(后测)。目的是为了比较两次测验间的差异是否显著,从而推论课程教学效果的优劣。

这种准实验设计在各种课程研究中十分普遍。但这种设计的流行是很令人吃惊的,因为从课程结束后的测验成绩上,没有人能推出任何结果。为什么没有人能推论出结论?原因在于:第一是因为从前测到后测,学生有不断成熟的过程。之所以获得高分,可能就是因为成熟的缘故,而与课程无关。第二是学生们也可能在前测到后测的期间,从课外学到了很多的心理学知识,使得后测的成绩提高。另外,前测过程中所获得的经验也可能使得后测成绩比前一次好,因为测验题可能已为大家所熟悉,再测时被试就可能因对语境的熟悉而知道了答案。如果我们安排一个平行控制组——即被试同样参加心理学导论的前测和后测,但不参加课程的教学(或去接受另外一种与其他课程有关的教学)的控制组——就不会出现有多种解释的情况了。可见不利用控制组,就不可能获得清晰的结论。

尽管与控制实验设计相比准实验设计缺乏科学性,但却总是不可避免地要经常使用。在实验者无法控制自然观察的条件下,我们常不得不利用已有的资源(否则将什么也得不到)。我们可以得到自然环境下实验的优势,然而却失去了控制实验的优势。

研究中常常还会受到伦理的限制。例如,如果我们希望研究长期嗜酒对心理健康的影响,就需要选择一些人去接受过量饮酒导致酒精中毒的处理。毫无疑问,这一研究会受到伦理的限制。我们不能随机分配人们到一组或另一组,让那些被分配到实验组中的人个个都酒精中毒。因此准实验设计常在控制实验设计不可行或伦理上不合适的时候使用。当然准实验设计常常也会有派不上用场的时候,这时,我们通常采用相关设计。

相关设计

在一个纯相关设计(correlational design)中,研究者仅能观察到,研究过程中出现在自然环境下的实验组和研究中的实验组被试的两种特性之间的相关程度。在相关设计中,研究者不直接操作变量,也不随机分配被试。他们通常观察的是事先就已存在的被试,诸如两个或更多班级里的特殊的学生,或两个或多个工作环境中特殊的雇员。同准实验设计一样,相关研究比严格控制实验更缺乏理想中的科学性,但这是不可避免的;同准实验设计一样,相关设计通常也不允许我们去推断结果产生的原因。

当两种特质之间有着统计学上的相互联系时,我们说这两种特质是相关的。相关(correlation)表示的是两种特质在统计上相互关联的程度,常用一个数值来表示,其范围为[1,-1]。相关系数为-1时,意味着两种特质的关系是一种完全的负相关(negative correlation, or inverse correlation)。完全负相关时,一种特质值的增加,常伴随着另一种特质值的减少。例如,比萨饼被消费的数量同剩余比萨饼的数量之间的关系。当相关系数值为0时,意味着不存在相关关系。例如,晚餐时吃比萨饼的频率和大学生平均积分点之间的相关关系。相关系数为 1 时,意味着完全正相关,此时一种特质的值的增长,总是伴随着另一种特质的值的增长。这里有一个相关系数为 1 的例子,意大利辣香肠片的消费量同意大利辣香肠比萨饼的消费量成完全正相关(positive correlation)。相关系数在 0～1 之间,意味着中等程度的正相关(如 0.7、0.23、0.01)。相关系数在 -1～0 之间意味着中等程度的负相关(如 -0.03、-0.2、-0.75)。相关关系越接近完全相关(1 或 -1),两组变量之间的相互关系就越强烈。例如,相关系数为 -0.75,意味着变量之间的关系比相关关系为 0.25 的变量之间的关系更强烈。相关系数为 1 或 -1 是极端罕见的。两事物的相关常常总是中等程度的,如受教育年限与未来的薪水之间的相互关系。图 2-1 以图表的形式描述了相关这一概念。

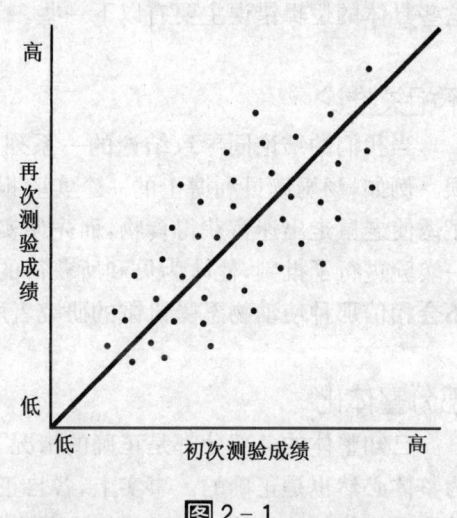

图 2-1

相关图形:反映了一对变量的正相关。

我们必须格外注意,对于每种相关,即便有因果关系存在,其因果方向也是不可知的。例如,我们对人们的压抑感与自尊水平进行测验,目的为了判断压抑感与自尊水平之间是否存在一种联系。自尊水平和压抑感都是已经存在的变量,主试是不加控制的。假如我们发现了二者之间存在一种相关关系。我们期望这是某种程度上的负相关,而且的确如此:有高度自尊水平的人趋向于有更轻的压抑感,反之亦然。但这种相关可能意味着自尊水平的缺乏引起压抑感的产生,也可能意味着压抑感导致较低的自尊水平。此外还可能意味着压抑感与自尊水平同时受第三种变量所支配,只是我们尚未发现这一变量而已。

总之,相关设计对判断变量之间关系是否存在时,起着很重要的作用,但它不能明确说清这种关系作用的方式以及出现的原因。在台湾家庭中,家电数量可以很好地预测避孕用品的使用情况(Li, 1995; Stanovich, 1996),但这根本无法表示两者之间有任何直接的因果关系。

对心理学研究的批判性思考

问题:如何对心理学的研究进行批判性思考?

所谓的批判性思考(critical thinking)是对描述和加工信息的心理过程的一种自

觉性的指导，通常是为了探究问题的答案而作出某种判断、抉择或推理。如果我们不常对问题进行批判性思考，那么就容易跌入各种陷阱中，犯下各种各样的逻辑错误。这些具体的逻辑错误主要有以下一些。

不相关推论

当我们的结论同导致结论的一系列论据不相干时，常常会犯下不相关推论的错误。例如，汤姆读贝利博士的一个实验报告后，对贝利的实验大失所望。因为贝利为了诱使老鼠走出迷宫获得食物，而先使实验中的老鼠处于一种饥饿的状态。汤姆对这一实验进行了批判，他认为贝利所获得的实验结果是无效的。因为汤姆说他"永远都不会相信那种使动物忍受饥饿的研究者所得到的结论"。

部分整体化

已知整体的各部分都是正确的情况下，来推断这一整体的正确性时，我们常会认为整体必然也是正确的。事实上，各自正确的要素之间的相互作用，可能会导致整体的错误。例如珍妮特对霍桑博士十分崇敬。在读了霍桑领导的五人小组所做的实验报告后，她评价道："这是一个十分优秀的团队。"她认为任何霍桑领导的研究团队必定都是优秀的。

人格化

如果你常认为自己可能是某些事件的肇事者（其实你并不负主要责任）时，你就犯下了人格化的错误。在面对一些并不直接针对你个人的陈述时，常易犯一些不合宜的人格化错误。例如，在一次交换意见时，迪特曼先生对一种产生了可能结果的特别的统计法进行了批评。弗莱明恰好在自己的研究中也用到了这种统计法。于是她认为迪特曼先生是在批评她，因此她立即反击并指责迪特曼的无知和无能。

错误归因

当两件事接连发生或趋于同时发生时，人们常认为第一件事是第二件事产生的原因。这时我们就犯下了错误归因的逻辑错误。例如，某天杰克穿了一件新T恤，恰巧他的实验研究有了结果。两星期后，杰克又是穿着这件T恤，而恰巧他的另一研究成果又出来了。于是杰克认为，如果有一天他想知道他的研究结果是否会出现的话，穿上那件T恤就行了。

基于个人偏好的争论

在此类争论中，一个人为了去破坏另一个人的社会地位，试图去对他进行人身攻击。例如,法弗先生被邀请出席邓恩先生的一个研究评论会。然而法弗一直不喜欢邓恩。于是法弗就希望能利用这次机会来报复邓恩曾对他的一些不公待遇。法弗评论说,邓恩是在不知名的小学院中获得的学位,人们不应相信他的研究结果。

当然,还有另外一些小错误也可能会干扰我们的思维。对我们来说,警惕这些错误的出现或者能在我们犯下这种错误时马上醒悟过来,是十分重要的。从这一角度说,我们应不断提高我们的思维能力,以及从调查研究所得数据中进行推理的能力。

在我们要结束心理学研究方法与实践的基本讨论之前,仍有一个重要的问题尚待阐述:科学研究的伦理问题。

科学研究中的伦理问题

问题:心理学家在研究中遭遇到的伦理问题主要有哪些?

在心理学的研究中,常涉及许多伦理问题。伦理问题主要涉及四个主要方面:欺骗、伤害、动物研究中的伦理问题以及保密原则。

科学研究中的欺骗

在某些时候,为了保证科学研究的有效进行,被试常常需要等到研究结束之后才能知道研究的目的。例如,在先前讨论的罗森塔尔和雅各布森的"教室中的皮格马利翁效应"研究中,所涉及的欺骗是有益的。然而在一些案例中,某些心理学家使用了极端的欺骗形式,譬如斯坦利·米格瑞恩(Stanley Milgran),他使被试相信他们正向另一些人进行有痛觉的电击,尽管事实并非如此(Milgran, 1974)。米格瑞恩的实验结束后,这项实验计划并没有获得积极的赞同。如果某些研究者让被试放纵自己的恶习,那么另一个伦理问题就浮出水面了,比如让被试酗酒以研究他们醉酒后的行为(Jacob Krann, & Leonord, 1991)。不过幸好现在所有的研究机构几乎都有研究审查程序,在研究开展之前,都需征得审查机构的许可。

这些审查机构有义务保护被试的权利,他们用两种重要的方法确定被试是否能有效地受到保护。首先,在被试加入一次实验研究之前,主试应给予被试足够的、必要的信息并且须征得他们的同意。在这一过程中,在限定的允许欺骗的条件下,被试应被告知他们将做什么以及他们将遭遇的情境。第二,在研究结束后,被试有权获知研究的详细信息。他们将被确切地告知实验研究的本质,并被告知有关的欺骗以及欺骗的原因。大部分研究审查机构都允许研究者在一定程度上对被试的欺骗。只要从研究的价值角度能证明欺骗是恰当的,对研究目的来说也是必需的,并能在事后给予充分的解释和说明,那么研究审查委员会一般也会允许对被试进行部分的欺骗。

生理与心理上的伤害

在过去的一些研究中,研究者可能会对被试施予轻微的电击,这是很正常的。这些电击有轻微的疼痛但却是无害的。但是,有些研究可能对被试产生潜在的心理伤害。例如,许多实验会使被试产生一种压力感。一次研究会产生多大的压力,既取决于被试也取决于实验本身。对一个被试来说,需要完成的任务可能是很困难的,但对另一个被试来说可能就是很轻松的或只具有中等难度而已。然而,研究者一般都试图控制并减少研究给被试带来的痛苦(除非痛苦就是研究的对象)。研究审查机构通常不允许进行可能对被试造成长期疼痛和伤害的研究。如果被试参与研究只是导致短时间的疼痛或压力,主试应通过必要的程序提前告知被试实验可能带来的影响。

此外,主试还应使被试明确知道他们可以在任何时候自由地终止实验,而且这样做不会给他们带来任何不良影响。因此,如果被试开始认为他们可以忍受实验的环境,但实验过程中发现其实自己是无法忍受的,他们可以随时选择离开。

动物研究中的问题

当研究中需要使用动物——如老鼠、鸽子、狗乃至简单的多细胞生物——来代替人时,情况将会更加复杂,因为动物是不会在知会意向书上签字的。大多数研究机构都试图尽可能地保证动物及其健康不会受到伤害,并且将尽可能给予它们所需要的一切条件,包括食物、庇护所以及不受伤害和不适的自由。近年来,政府也逐渐对科学研究以及科学研究中动物使用的比例进行了管制。然而,动物仍常常出现在会给它们带来疼痛或伤害的实验环境中。在这些案例中,审查委员会就需要在研究对人类的价值和对动物造成潜在伤害之间做一次权衡和选择。

我们很难确切地回答关于如何保护动物权益的问题。一方面,没有任何严谨的研究者愿意去伤害动物。另一方面,在医学和心理学领域里,我们很多的重要发现都来自于对动物的研究。在这些研究中,为了我们人类自身知识的发展,也为了提高我们人类自助的能力,我们牺牲了许多动物。如果我们要检测一种新药的功效,这种药可能对人类是有益的,但其副作用我们还尚未知晓。这时如果我们需要选择实验对象,一种选择是动物,另一种选择是人,那么整个社会可能都倾向于选择动物。对此,那些从这种检测中获救的人或那些有亲朋好友从这种检测中获救的人,都能理解为什么社会倾向于选择动物做实验对象。审查委员会或政策制定者每一次都需要在选择用动物还是用人做实验所付出的代价和所获的收益之间进行一次权衡。但有关动物被试的选择的争论还远远没有结束。幸运的是,关于科学研究伦理的另一个主题——保密原则则远没有如此多的争论。

研究的保密原则

在心理学研究中,大部分都是在匿名的情况下进行的——被试的名字通常不与数据直接发生联系。然而,每一次都完全匿名是不可能的。例如,如果实验者希望比较学生在能力标准化测验中的成绩与大学一年级成绩之间的相关性,实验者必须要通过一些手段去鉴别个体学生。为了计算测验分数与学生等级分数之间的相关系数,只有通过这种方式,实验者才能把个体测验的分数和他们的等级分数联系起来。即使当被试不能被匿名时,实验者也会尽最大努力确保被试的名字仅仅为实验者所知。在研究者研究个体的基本特性——诸如健康状况时,保密性可能是一个特别重要的问题。心理学家需要向被试保证,他们的健康信息绝不会用于对他们不利的场合,如应聘工作时。

在下一章中,我们将探讨行为的生理基础。我们将会看到心理学同这门特殊但具有广阔研究领域的学科——生物学之间相互的交错关系。在这一章中,我们将把注意力转向人的机体——所有生理和心理活动的根源。我们也会考察行为适应环境的进化论基础。此外,我们也将会进一步探究神经系统是如何工作的,以及生理机能是如何影响心理功能的——我们可以将其视为与躯体分离的独立体,或将其视为以另一视角观察到的单独现象。

相关研究

从早期科学研究所犯错误中获得的启迪   雷·海曼,俄勒冈州立大学荣誉教授(Ray Hyman, emeritus, University of Oregon)

智者千虑,必有一失。许多最优秀、最杰出的科学家和学者偶尔也会犯下严重的错误。我对那些在研究探索中取得杰出成绩,同时也犯下了严重错误的科学研究者十分感兴趣。我想知道,当今有关认知和思维加工的心理学研究理论能否充分解释这些人的成功与失败。

为此,我希望通过对历史的研究获得我想要的答案。在研究科学史以及著名科学家和学者的传记过程中,我特意去寻找符合下述条件的一些案例。

1. 以当时的信息和知识,他们的错误是完全可以避免的。

2. 犯重大错误的人应该是被同行认为是在该科学领域或其他学术、艺术领域中作出重大贡献的人。

3. 他们在犯错误时，没有患已知的任何一种心理疾病，或丧失相应的能力，以及存在其他缺陷。

4. 对他们所犯错误以及他们生活的细节都有足够的文献资料。

对每一案例，我都尽量依据当代认知心理学的知识对学者们所犯下的错误进行合理地复原。这样的复原不一定符合当时研究情景下研究者的思维加工过程。这样做的目的仅仅是为了看看我们能否利用当前的心理学理论，再现一个合理的，关于由于思维与推理上的过失而导致错误结论的一个场景。尽管在任何一个案例中，导致思维错误的因素远远不止一两个，但我所挑选的案例都可根据一两个主要因素加以解释。为了能在每一案例中都强调一种不同的心理学解释，我精挑细选了一批案例。

例如，有一个案例是关于布洛德劳特（Blondlot）（一位物理学家，他"发现"了N射线）如何凭借已知关于眼睛的生理结构和感觉系统在微弱刺激下功能的知识进行相关研究，并逐渐使自己相信，他发现了这些并不存在的射线（N射线）。类似的还有关于盖尔（Gall）（一位创建了骨相学的生理学家）如何相信人类的能力同头颅外形相关的案例。这个再现需要涉及一些人类如何感知事物间联系的认知因素。为了解释科学家如何误认为所谓的"皮尔丹人"有着人类的颅骨和类人猿的下颌，我们需要利用一些社会的和文化的原理才能再现出一个合理的场景来。这些原理包括民族自豪感和肯定性偏见这种心理倾向。

除了要为这些优秀人物的错误提供一个合理的解释之外，我也希望我的研究能有益于发现现代心理学理论和研究中的不足。这些不足可能也仅是一种不完善，需要去拓展理论才能解释某些案例；另一些不足则可能是理论本身就存在着错误。

在试图将认知心理学的理论和成果应用于我的案例研究过程中时，这里还存在着一个显而易见的问题，即尺度问题。在认知心理学中，大部分模型和研究的处理过程可能仅会维持几秒钟的时间，心理学理论所依据的数据大部分都是从发生在几秒到几分钟之间的行为研究中获得。而我所研究的案例，涉及的时间却可能会跨越数年乃至人的一生。

当代心理学研究和理论在解释人的错觉和偏见的时候都很有效。许多错误很容易就会被他们自身所觉察和更正。当人们产生严重的错觉时——包括感觉和知觉上的，他们能意识到自己已犯下了一个错误。而我的案例中的错误同这种一般意义上的错误不同，因为犯错误的人可能一生都未曾意识到自己犯下了错误。事实如此，在这些杰出人物的错误思想中，都有一个非常引人注目的特征，就是这些思想在面对来自外界强烈的反对和大量驳斥的证据时，都表现出了一种顽固性。

然而，令人欣慰的是，尽管今天的心理学理论仍存在种种不足，但对我所搜集的案例来说，仍能提供许多有效的解释。这意味着，我们不一定需要完全取缔现有的理论，但我们却需要对它们所解释的现象的范围加以拓展和完善。

日常生活中的心理学

心理学研究的都是显而易见的现象吗?

有许多民间的格言指导着人们的日常生活,其中最常见的形式就是谚语。谚语真的能指导人们的生活吗?罗伯特·爱泼斯坦(Robert Epstein, 1999)指出谚语倡导的行为常常是相互矛盾的。这些例子有"贫穷使人更善良"、"眼不见,心不烦"、"欲速则不达"以及"过于犹豫就会坐失良机"等。

科学研究在多大程度上验证了这些谚语的正确性?为此,爱泼斯坦特意检验了一些常见的谚语。

让我们来看一看"忏悔有助于超脱灵魂"这则谚语。通常研究都支持这一观点。善于自我表露的人,比那些自我封闭的人,在心理上和生理上都显得更健康(Pennebaker, 1997)。但研究显示,并不是所有的自我表露都是有益的。一些类型的自我表露,诸如某些人如果在自我表露时总是带批判色彩,这时往往会招致相反的结果(Kelly, 1999);如果表露自己曾在儿童期遭到虐待,也可能导致一种复杂的结果(Sauzier, 1989)。

再来看看另一则谚语,"闷头读书的杰克会变成书呆子"。有研究显示长时间的学习会减缓人的反应速度,降低人的敏锐性(Knauth, 1996)。与此相反的是,闲适的活动可以振奋人的情绪,缓解人的压力,甚至还能增强自身的免疫力(Tinsley, Hinson, Tinsley, & Holt, 1993)。

总之,谚语有着两面性。有时候,实验证明它是正确的;另一些时候,实验证明它是错误的;还有些时候,实验证明它在某些情况下是正确的,但在另外一些情况下又是错误的。心理学相对于传统谚语的一个优点在于,它所寻求的答案不只是来自于人们观念,而且还来自于对人类行为的研究。

思考题

1. 对何种心理现象来说控制是科学研究的一个恰当的目标?同时对何种心理现象,我们应严格禁止去控制它?(如果你对这两个问题中的任何一个的回答为"一个也没有",请说出你的理由)
2. 如果让你担任科学伦理委员会主席,并裁决某一实验是否允许进行,那么你对接受审查的实验会提出哪些问题?
3. 如果你决定对某一陌生文化中的成员进行观察,以了解该文化的风俗习惯以及这些风俗习惯产生的根源,那么你认为你将采取哪些措施?
4. 如果有一位来自外太空的心理学家观看了我们的电视节目,你认为这位心理学家会从我们的文化中得出什么样的结论?
5. 在你的个人生活中,你遇到过的最富有挑战性的问题是什么?请就当时你解决该问题的步骤与本章描述的问题解决的步骤进行比较。
6. 为什么在学校或社会团体中进行的心理学实验会设置一些控制组?

本章摘要

1. 虽然我们从心理学研究获得的知识很多都是显而易见的,但仍有许多结论是出乎意料的。
2. 许多心理学研究的结论在我们获知之前总是令人惊异的,然而一旦我们知晓以后,这些结论也似乎变得自然而然了。

科学成果的特征

3. 科学的学科具有三个特征:(a) 其思想能被精确报告并可加以验证;(b) 研究者在学术期刊上发表其研究结果;(c) 研究成果建立在过去研究的基础之上,成果具有累积性。
4. 辨清错误的科学观是很重要的。科学(a) 不总是正确的;(b) 不总是遵循所谓的"科学方法"有序地开展;(c) 不完全是客观的、超价值观的,因为科学研究都是由人实施的;(d) 不只是事实的简单积累。

问题的陈述与解决

5. 科学问题的解决是一个思维的过程。其典型的主要步骤有:(a) 确立问题,(b) 描述问题,(c) 提出假设,(d) 制定问题解决的策略,(e) 问题解决的监控和评价。对问题解决的评价常又会导致新问题的出现,从而又将开始新的循环往复过程。问题解决的过程不一定完全按上述顺序进行。一些问题随着解决过程的进行,不断地被重新定义,或者当旧的解决策略无法进行,就可能会被新的策略所代替。

科学研究的目的

6. 在研究心理学问题时,我们的主要目的有:(a) 描述,(b) 解释,(c) 预测,(d) 控制。

心理学研究方法

7. 心理学家在具体研究中,使用各种方法,诸如:(a) 自然观察法,(b) 个案研究法,

(c) 测验法、问卷法和调查法,(d) 实验法。
8. 实验是精确控制的研究,其特点就是通过操纵一个或多个自变量来观察它们对一个或多个因变量的影响,以此来研究变量间的因果关系。一个实验应包括一个或多个控制组,目的是为了确保结果上的差异是来自实验处理,而不是由无关变量——组与组之间本来就存在的差异——造成的。

心理学研究中的因果推论
9. 因为我们对总体通常不能进行直接的研究,所以我们利用样本统计量(用来描述我们所研究的样本特性的指标)这一概念,作为对总体参数(用来描述总体中每一个可能被测的个体特性的指标)的估计。样本统计量的使用建立在研究者已经找到了代表性样本和随机取样的假设基础之上。
10. 尽管我们无法证明虚无假设(即假设所研究的两个组之间没有差异),但我们可以证明组间的差异达到了某种水平的统计显著性——也就是虚无假设不可能成立的概率。
11. 心理学研究者常试图去做因果推论或去推测因果关系。实验设计比准实验设计和相关实验设计更适合做这种推论,因为准实验设计至少缺少一种实验的特性——不能随机分配被试,而相关实验设计只能证明两变量之间存在联系但无法证明孰因孰果。

对心理学研究的批判性思考
12. 批判性思考在心理学研究中非常重要。如果人们不进行批判性思考,他们就可能犯下各种错误,如,不相关推论、部分整体化、人格化、错误归因以及基于个人偏好的争论等。

科学研究中的伦理问题
13. 科学家,包括心理学家,必须使自己的研究程序符合伦理的要求。研究伦理的大部分问题主要集中在被试——人或动物——是否得到恰当的处理。今天的研究机构都有一套要求实验必须征得被试同意的统一标准。大部分研究机构也都相应建立了审查委员会以审查和批准提交的研究项目。一些政府机构也对研究进行监督,尤其当研究被试是动物时。

思考题参考答案
1. 对何种心理现象来说控制是科学研究的一个恰当的目标?同时对何种心理现象,我们应严格禁止去控制它?(如果你对这两个问题中的任何一个的回答为"一个

也没有",请说出你的理由)

　　　　控制,对于希望去改变思维、情感和行为模式的人来说,是一个恰当的目标。个体可能希望通过加强自我控制,或通过与他人——如心理治疗师——建立一种友好的关系的控制来改变这些行为。当目的是为了改变个体不希望改变的行为时,控制就不是一个恰当的目标,除非个体对他人或他自己构成了威胁。

2. 如果让你担任科学伦理委员会主席,并裁决某一实验是否允许进行,那么请问你对接受审查的实验会提出哪些问题?

　　　　你应当清楚实验的成本和收益。还应对实验欺骗、违背实验保密原则以及对被试的心理和生理健康造成伤害等潜在问题给予特别的关注。你还应当确保给予被试足够信息以及实验已经征得被试自己同意。此外还需保证实验结束后向被试提供有关该实验的足够的详尽信息。

3. 如果你决定对某一陌生文化中的成员进行观察,以了解该文化的风俗习惯以及这些风俗习惯产生的根源,那么你认为你将采取哪些措施?

　　　　首先你应有一些对当地文化很熟悉并能说当地语言的当地人作为信息的提供者。这些信息员能使你尽可能快地适应当地文化,理想的情况下还应能教你当地的语言和当地的风俗习惯。这里还有十分重要的一点,就是你应当按当地文化的视角而不是以一个局外人的眼光来理解他们的文化和风俗习惯。其次,你应去观察不同角色、不同的年龄群体的行为。也就是说尽可能全面地、客观地研究是非常重要的。要想区分出当地文化氛围中不同的人是如何理解事物的发生,你必须从多个角度进行观察和研究。

4. 如果有一位来自外太空的心理学家观看了我们的电视节目,你认为这位心理学家会从我们的文化中得出什么样的结论?

　　　　这位心理学家可能会把我们地球看做是由性和暴力统治的星球。他更可能会把男性看做这个星球的统治者。此外,这位心理学家还可能会认为,电视节目的主要目的就是去说服人们购买他们本不需要甚至没想到过的产品或服务,这一功能可能同娱乐的功能一样重要甚至更胜一筹。这位心理学家还可能更进一步作出这样的结论:媒介挖空心思地投大众之所好来娱乐大众。

5. 在你的个人生活中,你遇到过的最富有挑战性的问题是什么?请就当时你解决该问题的步骤与本章描述的问题解决的步骤进行比较。

  许多人遇到过的或将遇到过的一个问题是大学主修课的选择。首先,他们需要提出问题——也就是说,在规定日期之前,他们要决定自己应在哪个专业领域进行努力。其次,他们需要去描述问题。选择主修课程应建立在什么基础之上?是兴趣?未来可能的收入?想取悦他们的父母?社会声望?工作的意义?抑或其他?再次,他们需要提出假设:什么专业最适合于他们。例如,他们可能会选择某一社会科学,如心理学、人类学或社会学。再其次,他们需要制定一个决策策略。或许他们会决定在每一种他们感兴趣的学科中至少选择两门课程,或许他们将去咨询所感兴趣学科的任课教师或目前正选修该门课的学生。最后,他们还应去监控和评价他们的选择。如果他们作出选择之后又后悔了,应尽可能地去调整或更换专业。

6. 为什么在学校或社会团体中进行的心理学实验会设置一些控制组?

  如果没有控制组,对自变量的处理就很难下一个有意义的结论。例如,一组学生接受一个特别设计的,用来提高学生的学习成绩的教育计划。事实上,在接受了这个教育计划的处理之后,学生的成绩的确提高了。但我们能把这种成绩上的提高归因于学生接受了该教育计划处理的缘故吗?不能,成绩的提高也可能是因为前测和后测之间有一时间间隔,在这段时间里,学生从其他学习活动中得到了提高,而不是由该教育计划造成的。可见,为了排除其他的假设,获得有效推论,设置控制组是十分必要的。

邵爱国○译

李 锐○校

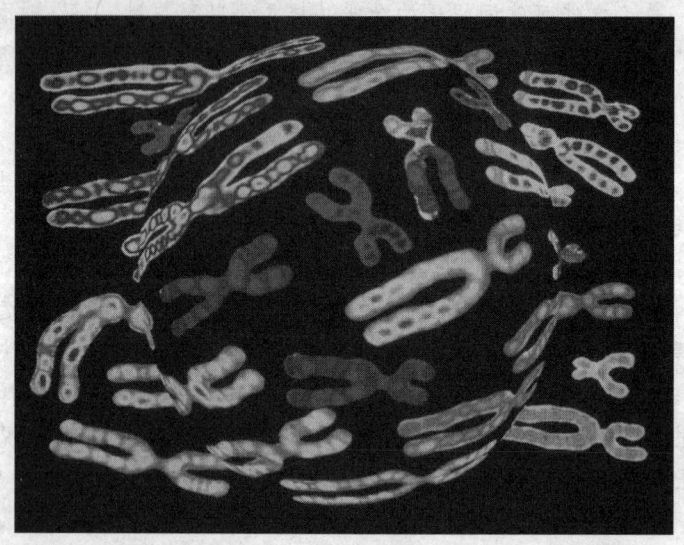

P博士是个著名的音乐家……"你有什么不舒服吗?"我详细地问他。

"我也不知道,"他笑着回答,"但是人们似乎认为我的眼睛有什么问题。"

"但是你自己并未意识到有任何视觉上的问题?"

"没有,绝对没有,但我偶尔也会出错。"

正是在检查他的反射——左侧的轻微异常时——第一次出现了奇怪的现象。我脱下他左脚上的鞋,用一把钥匙刮他的足底——一种似乎毫无意义但很基本的反射检验——然后,我起身去调节检眼镜,让他自己把鞋穿上。令我吃惊的是,一分钟后,他还没把鞋穿上。

"要我帮忙吗?"我问。

"帮什么?帮谁?"

"帮你穿鞋呀。"

"啊,"他说,"我已经忘了穿鞋这回事了,"然后又低声道,"鞋?鞋?"他似乎感到很困惑。

"你的鞋,"我重复道,"也许你已经穿上了?"

他继续看着地面,只是并不看着鞋,目光非常专注但却用得不是地方。最后,他的目光落在鞋上……"我的眼睛,"他解释道,然后用手指着他的脚,"这是我的鞋,对吗?"

"不,不是。那是你的脚。你的鞋在那儿。"

"啊,我还以为那是我的脚呢。"

——奥利弗·萨克斯(Oliver Sacks),《错把太太当帽子的人》
(The Man Who Mistook His Wife for a Hat)

第三章
行为的生物学基础

就人类的思维、感觉和行为等方面来说,神经系统居于核心地位。神经系统(nervous system)是由相互联系的神经细胞所组成的一个生理性网络,神经细胞构成了我们感知、适应世界并能与之相互作用的基础。通过神经系统,人类和其他脊椎动物才能接受并加工来自外界及体内的信息,以及对之作出反应。据神经病学家奥利弗·萨克斯(Oliver Sacks)称,P 博士离奇的知觉与行为,根源于肿瘤或脑部疾病所导致的脑功能混乱。由于神经系统天衣无缝地加工信息及执行指令,所以,当某个方面出现差错时,神经系统的作用往往最能清楚地显现出来,就像音乐家 P 博士的病例所示的那样。我们认为自己能区分鞋与脚是理所当然的事情——然而一旦这种能力消失,我们就会发现这种知觉所依赖的是高度协调的信息传导系统。

这里我们对神经系统的讨论采用功能性方法。我们不仅关注其解剖结构,而且关注这些结构做什么及为什么能这么做(即生理功能)。在讲述生理传导系统的功能时,我们常常以人类的各种发明(如电话、电视、电脑)为模型来理解我们体内的信息传导系统。然而,在复杂性、敏锐性及精密性方面,还没有哪一项人类的发明能够与我们体内的信息传导系统相匹敌。

正是神经系统所提供的关于身体姿势的信息反馈,才使得图中的这种表演成为可能。

在讨论神经系统时,我们将首先讲述神经系统的结构及其子系统。然后,我们将探讨信息是怎样在神经系统中传导的——包括细胞内的传导和细胞间的传导。最后,我们将较为详尽地探讨神经系统的高级器官——脑,特别要关注大脑皮质,后者控制着人类的大部分思维过程。

神经系统的结构

问题:神经系统由哪些结构组成?

中枢神经系统

神经系统的整个结构如图 3-1 所示。神经系统可划分为两个主要部分:中枢神

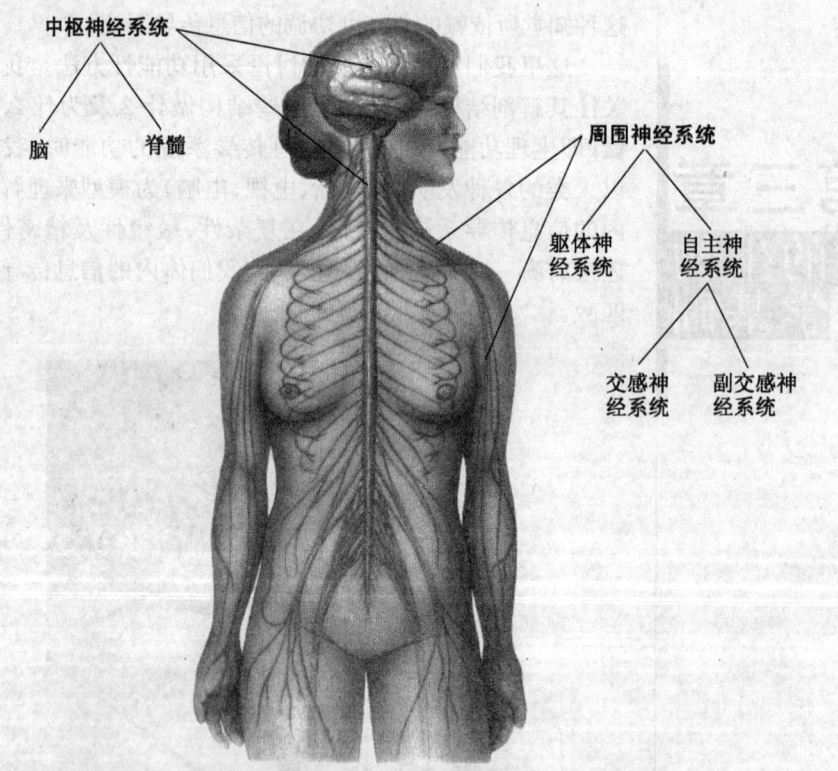

图 3-1 神经系统分区

中枢神经系统(CNS)由骨性结构所保护,包括脑和脊髓。周围神经系统(PNS)没有骨性结构保护,包括自主神经系统和躯体神经系统。自主神经系统在脑与内部器官之间传递信息,躯体神经系统在脑与联系骨骼肌的感觉神经和运动神经之间传递信息。

经系统和周围神经系统。中枢神经系统(central nervous system, CNS)由两个部分组成：脑和脊髓，两者都由骨性结构所包绕；而且脑内还不断分泌一种液体，可以进一步缓冲对大脑的震动和轻微损伤。这种脑脊液(cerebrospinal fluid)在整个脑及脊髓中循环流动。虽然这种清澈、无色的脑脊液可能并不提供养分(养分是由流向中枢神经系统的丰富的血液提供的)，但它在帮助中枢神经系统清除废物方面可能起着一定的作用。中枢神经系统不仅控制着我们的反射和心理活动，也控制着我们的感官和运动能力。

脑和脊髓

脑为颅骨所保护，它是我们体内最直接地控制思维、情绪和动机的器官，就像控制运动反应一样；它也是对所接收的、来自体内其他部位的信息作出反应的器官。图3-11展示了脑及脑与身体其他部位的联系。课本中像这样的插图的结构可能过于简化，目的是为了揭示它们的基本要素和相互联系。这些插图可能并没有显示脑和其他器官之间，或中枢神经系统和周围神经系统之间的所有联系，但是这些联系确实存在，而且正是由于它们的存在才使我们能够完成一系列动作，如：打网球时发球、穿针线、解数学题、换汽车轮胎或者穿上鞋子。脑内的信息传递是双向的：信息传送到脑；脑对此信息进行加工；继而，加工后的信息带着如何行动的指令从脑中传出。

脑与整个神经系统的运作方式，可以被形象地比作在激烈的橄榄球赛场上所发生的事件。四分卫的球员准备把球传给某个队员，他首先需要决定该做什么。但是此时情况错综复杂，四分卫的球员在跑，接球的队员也在跑，对方的球员向四分卫的球员方向跑动并试图阻截他。接球的队员又被对方另一个球员看住了，同时其他球员都在不断地移动。此情境下的复杂性似乎令人不知所措，然而，比赛仍在继续，而且产生了可觉察的、前后连贯的结果。与此相似，脑及神经系统的所有要素也以一种连贯的方式一同运作，只是作为一个整体，该系统的复杂性达到了令人吃惊的程度，这种复杂程度使足球场上发生的一切看上去就像是最简单的小孩游戏。

如果从你的脑出发，我们可以循着由被称为神经元(neuron)的细胞所组成的网络直达脊髓，神经元是神经系统内特有的接收并传递信息的细胞。脊髓(spinal cord)是一条细长的、大致呈圆柱形的、由互相联系的纤维所组成的纤维束，它大概只有你的小指粗细，被包绕在脊柱里，在背部中央延伸，起于脑，止于腰的下端(见图3-2)。在脊柱内，脊髓在两个部位轻度膨大，以容纳大量呈束状的相互联系的神经元，这是从体外看不见的现象。这两处的膨大反映了其内容的重要性，因为臂、手、腿、脚几乎需要不断地做重要的工作，所以对它们的控制就需要大量的神经元。其中一处膨大的部位内含有控制手、臂的感觉与运动的神经元，另一处则含有控制腿、脚的神经元。在两处膨大之后，脊髓逐渐变细、变尖，在背部的下端成为一个点。

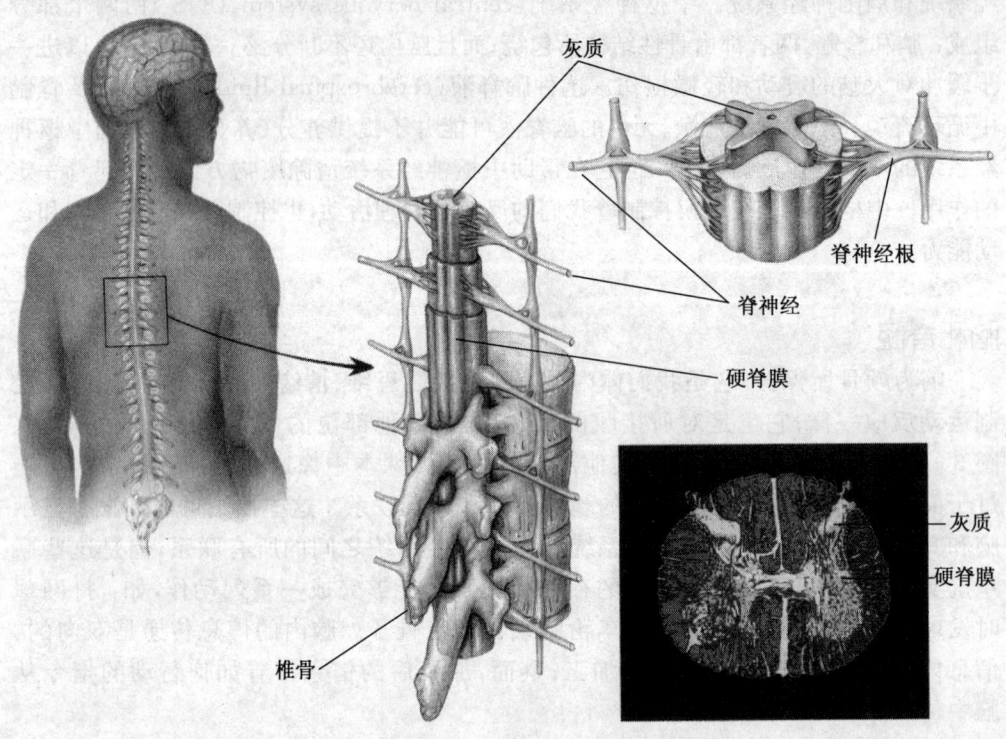

图 3-2　脊柱的结构

脊柱和与它相联的神经由硬脊膜和椎骨所保护。

脊髓的功能是不仅将信息由脑传递给外周的神经元,而且收集从周围神经系统传来的信息并将其传回给脑。神经系统这种双向的信息传递涉及两种神经元:感觉传入神经元(sensory afferent)接收从身体外周神经元,如眼、耳、皮肤等处的神经元传来的电化学感觉信息,并将这些信息经过脊髓上传给脑。广义而言,任何类型的传入神经元就是将信息传至某一结构的神经元。运动传出神经元(motor efferent)传导运动信息(如大小肌肉的运动),或者从大脑经由脊髓传至肌肉(对于随意肌运动),或者直接从脊髓传给肌肉(反射时),以此来控制身体的反应。广义而言,任何类型的传出神经元就是将信息传出某一结构的神经元。

脊髓反射

脊髓在将感觉信息和运动信息传入和传出脑方面起着至关重要的作用。然而,在某些情况下,脊髓可直接将信息从感觉传入神经元传至运动传出神经元,而不需要在身体对感觉信息作出反应之前将其传入、传出大脑。这种直接传导的反应就是反射(reflex)(见图3-3),它使得对于外界刺激所产生的自动生理反应比随意反应快得多。例如,从敲打你膝盖上的膝腱到你的小腿和脚向前猛地一踢只需50毫秒,而从让你有意识地运动膝盖到你完成此动作,却需几百个毫秒。

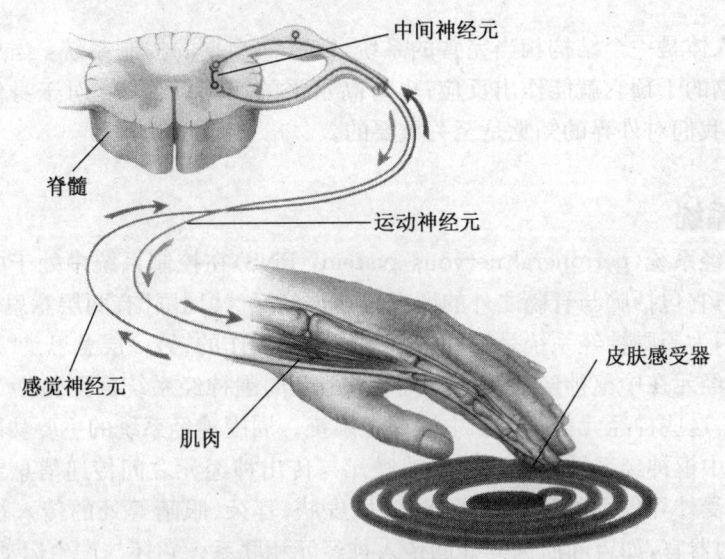

图3-3 脊髓反射

反射通过节省信息传入、传出大脑的时间,使我们能立即作出反应,从而躲避危险。在这个例子中,脊柱内的中间神经元截获了从感觉神经元传来的"非常热"这一信息,直接传给运动神经元,使手部肌肉收缩,从而将手撤离火炉。

确实,50毫秒是如此之短的一瞬间,以致你通常并不能觉察到它的流逝。如果你尽可能快地连续按两下秒表上的按钮,一次是让它走,另一次是让它停,就是这么一个简单的随意运动你也绝不可能在50毫秒那么短的时间内完成。快速反射是适应性的,因为它们使身体能对特殊感觉信息立即作出反应,而不用耗费信息传入与传出脑的时间。例如,当你感到组织受到损伤时,你会反射性地躲避任何导致损伤的事物。反射不仅减少了疼痛感,而且更重要的是,还减少了可能由潜在的有害刺激,如火,所导致的任何组织损伤。因此,从功能和进化的角度来讲,反射更有利于我们的生存。

反射表明脊髓有能力独立工作,然而它也表明:在我们是否有意识地感到头部以外的任何部位的疼痛、舒适、压力或温度这些方面,脑起着重要的作用。例如,假定一次创伤性事故造成你颈部的脊髓离断,那么你将瘫痪,并且颈部以下的感觉丧失,因为脊髓既不能将来自脑的信息传出,也不能将信息传给脑。然而,这并不是说,你根本就不能动了;你完好无损的脊髓反射仍然可以使你的手迅速地从热炉子上移开。但你永远不会意识到疼痛,因为你的脑不能得到由脊髓传来的这种感觉信息。你也不能有意识地将你的手从脑意识到的迫在眉睫的危险中移开。要感受到你身体的知觉,或有意识地移动你的身体,脊髓必须能与脑沟通。这种情形使心-身出现有趣的进退两难的失常状态:当脑与脊髓离断时,离断处以下的身体部位所发生的事情并不是由脑控制的。

总之,人体是一个结构相当完善的系统,既有低水平的控制系统:当有紧急需要时,无须大脑的干预它就能作出反应;也有高水平的控制系统:它对于身体与外界的相互作用及我们对外界的知觉是至关重要的。

周围神经系统

周围神经系统(peripheral nervous system,PNS)在控制系统中处于中枢神经系统水平之下,它包括脑与脊髓之外的所有其他神经元。"周围"有两层意思:一层意思是"辅助",因为周围神经系统是辅助中枢神经系统工作的;另一层意思是"远离中心",因为周围神经元在中枢神经系统的外周。注意:周围神经系统甚至包括了面部和头部的神经元,这些神经元都不属于中枢神经系统。周围神经系统的主要功能是在中枢神经系统和中枢神经系统以外的传入神经元与传出神经元之间传递信息。周围神经系统既与接受外界信息的外部感觉器官,如皮肤、耳朵、眼睛等处的传入神经元相联系,也与体内器官,如胃和肌肉等处的传入神经元相联系。它还与产生运动、说话等活动的身体器官的传出神经元相联系。

周围神经系统包括两个主要部分:躯体神经系统和自主神经系统。躯体神经系统(somatic nervous system)控制骨骼肌快速而有意识的运动。骨骼肌(skeletal muscle)是指那些直接附着于骨骼上的肌肉,它们使我们能够走路、打字、招手和游泳——简言之,就是活动。骨骼肌有时被称为横纹肌,因为在显微镜下可见它们呈现横纹或条纹。通常,我们可以随意控制躯体神经系统的神经元所支配的骨骼肌;任何时候,只要我们想控制它,我们就能做到。躯体神经系统对于中枢神经系统的任何指令通常都能迅速作出反应——如从正在行驶的自行车上跳下来。

自主神经系统(autonomic nervous system)支配非骨骼肌(nonskeletal muscle)的运动。非骨骼肌包括心肌和平滑肌(smooth muscle)。平滑肌没有躯体神经系统支配的骨骼肌中所具有的条纹,包括血管平滑肌和体内器官或内脏(viscera)的平滑肌,如消化道的平滑肌。一般情况下,我们根本就不能随意控制这些肌肉,甚至通常觉察不到它们的活动。实际上,"自主"的意思即为"自我调节"。这个系统无需我们的有意关注。

为了阐明这两个系统,我们假定你正在使用打字机写作。当敲击键盘时,你就在控制手及手指上的横纹肌的运动,但是你并未直接控制胃的平滑肌,虽然它可能正在消化你午餐时吃的食物。通常,自主神经系统的反应比躯体神经系统的反应更持久,但却不如后者迅速。

自主神经系统本身又可以进一步划分为两个互为联系的部分:交感神经系统和

副交感神经系统(见图3-4)。这两个系统均与新陈代谢(metabolism)有关——即身体摄取、贮存、利用能量和食物中的营养物质,并排出废物的过程。交感神经系统(sympathetic nervous system)主要与分解代谢(catabolism)有关——使用体内贮存的能量和其他营养物质的新陈代谢过程,副交感神经系统(parasympathetic nervous system)主要与合成代谢(anabolism)有关——即贮存能量的新陈代谢过程。

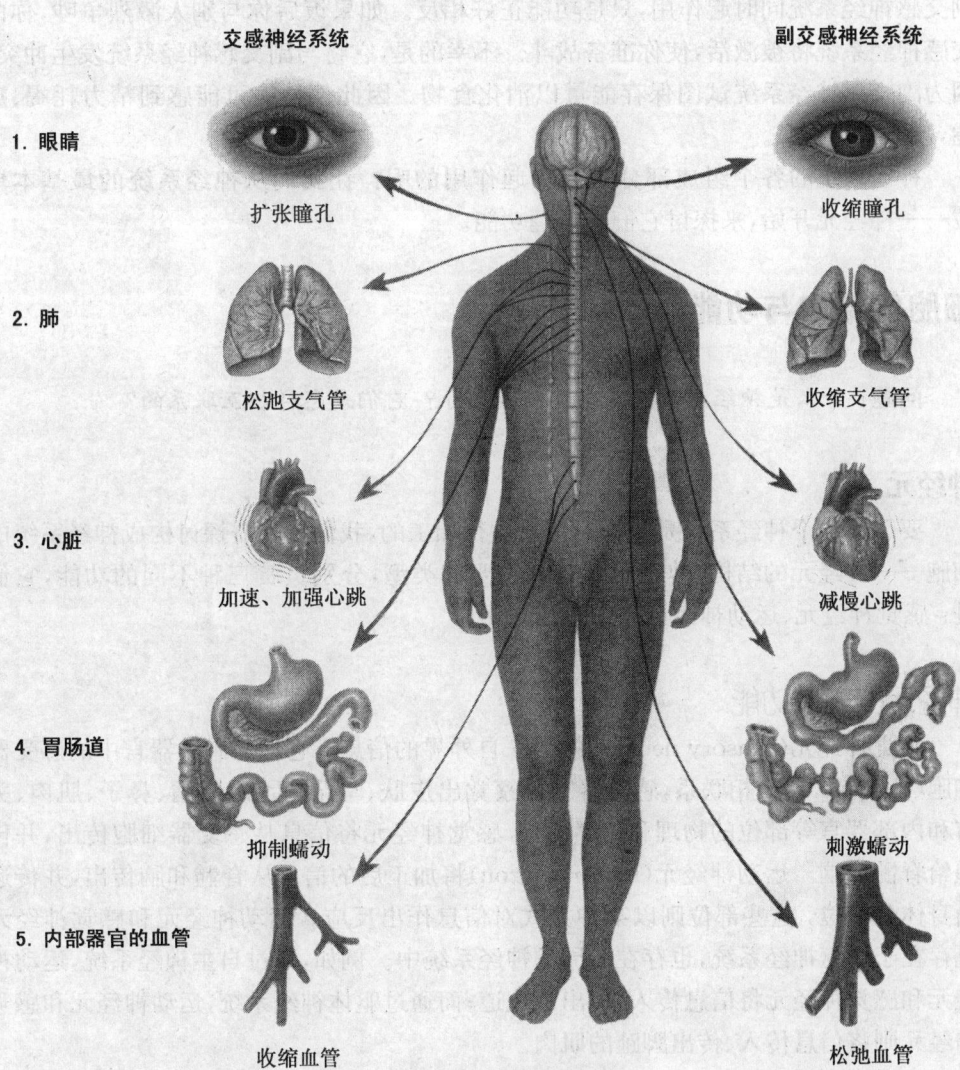

图3-4 自主神经系统

此图表明自主神经系统的两个部分:交感神经系统和副交感神经系统在调节器官功能时如何互为补充。

交感神经系统和副交感神经系统通常是相互配合的。如,在决定新陈代谢方面,它们通过贮存与利用营养素来协同作用。一般来说,交感神经系统在要求唤醒和警觉的情况下会被激活。这时,交感神经系统会使心率加快,并使血液流向肌肉,以备运动和应急所需。另一方面,当身体贮备能量时,副交感神经系统变得活跃。它加强消化系统的活动,并减缓心率,借此减缓体内代谢并帮助能量贮存。因此,交感神经系统与副交感神经系统同时起作用,只是功能正好相反。如果饭后你与别人激烈争吵,你的交感神经系统将被激活,使你准备战斗。不幸的是,它将与副交感神经系统发生冲突,因为副交感神经系统试图保存能量以消化食物。因此你最终可能感到精力耗竭、疲倦,甚至胃不舒服。

神经系统的各个组成部分是怎样起作用的呢?让我们从神经系统的最基本单位——神经元开始,来探讨它们的生理功能。

细胞的结构与功能

问题:什么是神经元?它有哪些组成部分?它们是怎样相互联系的?

神经元

要了解整个神经系统是怎样对信息进行加工的,我们首先需探讨构成神经系统的细胞——神经元的结构,神经元有三种主要的类型,分别负责三种不同的功能,它们是:感觉神经元、运动神经元和中间神经元。

神经元的三种功能

感觉神经元(sensory neuron)接受来自外界的信息。它们与感觉器官中的感受器细胞(receptor cell)相联系,感觉器官可察觉出皮肤、耳朵、舌头、眼睛、鼻子、肌肉、关节和内部器官等部位的物理和化学变化,感觉神经元将信息从感受器细胞传出,并传递给脊髓或脑。运动神经元(motor neuron)将加工后的信息从脊髓和脑传出,并传递给身体各部位,这些部位则以某种方式对信息作出反应。运动神经元和感觉神经元既存在于中枢神经系统,也存在于周围神经系统中。例如,通过自主神经系统,运动神经元和感觉神经元将信息传入、传出消化道;而通过躯体神经系统,运动神经元和感觉神经元则将信息传入、传出脚趾的肌肉。

中间神经元(interneuron),正如其名称所示,是感觉神经元与运动神经元之间的中介。既非传入神经元(起源于另一结构)也非传出神经元(投射至另一结构)的所有其他神经元即为中间神经元。中间神经元接受来自感觉神经元或其他中间神经元的信息,并将信息传递给其他中间神经元或运动神经元。在复杂生物,如人类的机体中,

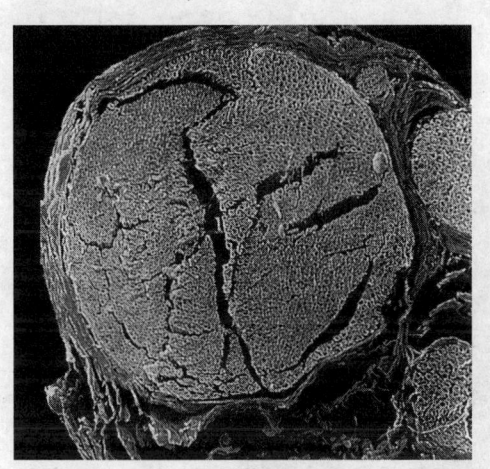

这张光学显微镜照片显示了一个神经元的髓鞘和郎飞氏结、末梢节,以及胶质细胞。

大多数的神经元均为中间神经元。在本章前面已讨论过的脊髓反射中,位于脊髓内的中间神经元可能在进入脊髓的、携带着信息"手在炉上烤"的感觉神经元,与由脊髓发出的、携带着信息"把手移开"的运动神经元之间起着中介作用。另一条中间神经元则将传来的信息通过脊髓传递给脑,后者将传来的信息解释为疼痛,并进一步审慎地确定在这种情况下该做什么。

神经元的组成部分

神经元的结构各异,但几乎所有神经元都有四个基本的组成部分,神经元的基本结构如图3-5所示:包括细胞体、树突、轴突和末梢节。我们不仅要讨论神经元之间的重要联接——突触,还要依次讨论神经元的各个组成部分。

细胞体(soma),对维持细胞的生命起重要作用。在细胞体的中心有细胞核(nucleus),细胞核负责细胞的新陈代谢和繁殖,是神经元生命的基础。树突(dendrite,在细胞体一端呈树枝状的神经元部分)和细胞体通过外膜上的特异性受体接受从其他细胞传来的信息。

轴突(axon)是一条细长的管状物,它的末梢有许多分支。轴突对由树突和胞体所接受的信息作出反应,并使信息沿神经元传递到某个可以通过化学物质的释放而将信息传递给其他神经元的部位。一束轴突就被称为神经(nerve)。

轴突有两种基本类型,在人类的神经系统中这两种类型的轴突数量大致相等(见图3-6),它们的重要差别在于是否有髓鞘(myelin)。髓鞘是一种白色的脂类物质。其中一种类型的轴突被髓鞘化(有髓轴突),即被髓鞘(myelin sheath)所包绕,它可以起绝缘作用,使轴突免受邻近的其他神经元的电化学干扰。髓鞘还能加快信息沿轴突的传导速度。事实上,有髓轴突传导的速度可达到每秒100米(相当于每小时约360千米),甚至更快。髓鞘并不是沿轴突连续分布的,而是分成了许多段,段与段之间被郎飞氏结(node of Ranvier)所分隔——沿有髓神经元的轴突覆盖的髓鞘内的小间隙。婴儿期的健康饮食,包括均衡的营养、脂肪,对髓鞘的正常发育是非常重要的。髓鞘的退行性变与多发性硬化(MS)有关,只是偶发机制的实质仍不清楚。神经元信息传导的阻滞与紊乱将导致运动功能的进行性丧失,并常最终导致机体的死亡。

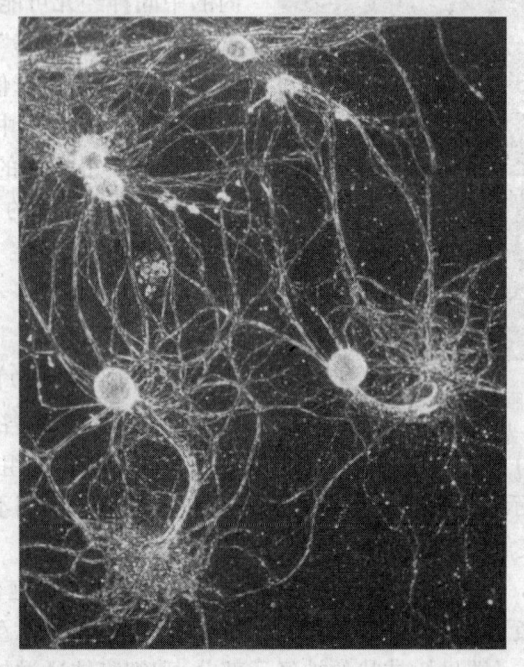

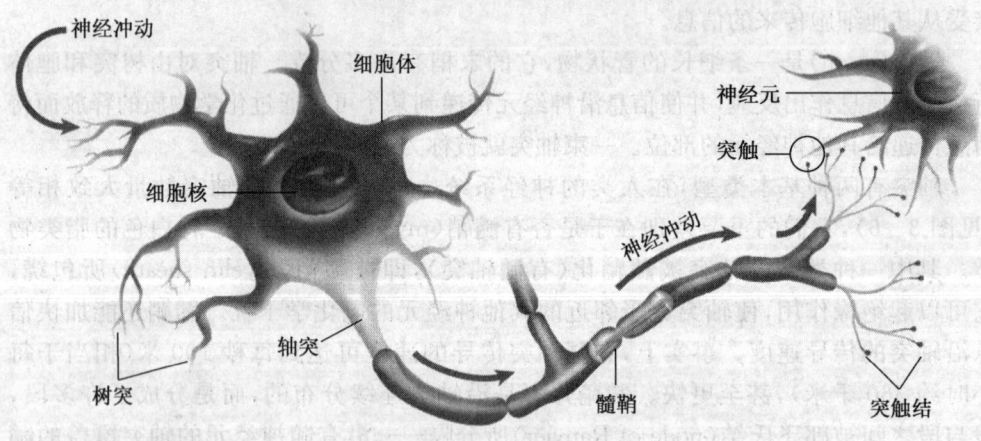

图 3-5 神经元

神经元的形状由它的功能所决定。然而,每个神经元都有相同的结构:细胞体、树突、轴突及末梢节。

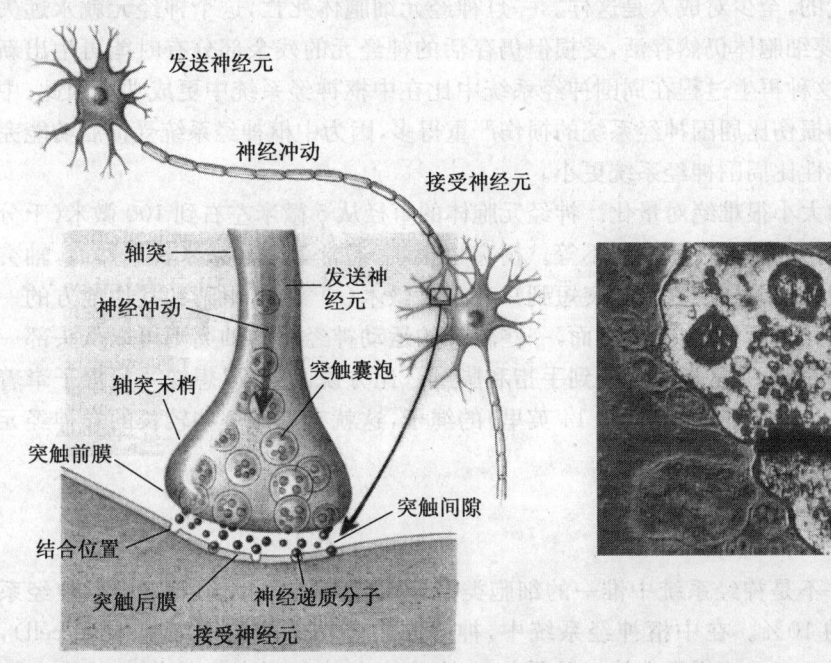

图 3-6 突触

神经元通过释放神经递质来传递电化学信息,神经递质则通过突触到达接受神经元的树突。这张电子显微镜照片显示了神经元分布有多么密集。

另一种轴突表面没有覆盖髓鞘(无髓轴突)。这些轴突比有髓轴突更小、更短,因此它们也就无需具有长长的有髓轴突的快速传导速度。在无髓轴突中,信息传导慢得多,有时慢到仅每秒 5 米(几乎大多数人都能有幸跑这么快)。

髓鞘的作用就是绝缘并加快神经冲动的传递。此外,传导速度随轴突的直径增大而加快。例如,向臂与腿传递快速而连续的神经冲动的运动神经元通常很粗并具有髓鞘结构,而胃肌神经元轴突的直径大多很小且没有髓鞘,因为消化过程通常并不要求速度很快。因此,功能决定结构。然而更有趣的是,髓鞘有助于加快神经传导的部分原因是由于髓鞘内有间隙——郎飞氏结,电化学冲动在髓鞘上作跳跃式传导以节省时间,而在每一个没有髓鞘覆盖的郎飞氏结上,冲动则被重建、更新。

最后一个需要提及的神经元的组成部分是末梢节(terminal buttons),这是出现在轴突分支末梢的小球形结构。这些末梢节在神经元间的传导中起着重要的作用,这一点将在后面讨论。

神经元的数量有多少呢?人类神经系统的神经元数目估计超过 1 千亿。如果一组科学家在 1 秒内数 3 个神经元,那就要花 1 000 多年的时间才能数完。大多数神经元是不可替代的,至少对成人是这样。一旦神经元细胞体死亡,这个神经元就永远失活。然而,只要细胞体仍然存活,受损但仍存活的神经元的残余部分有时能再生出新的轴突,只是这种再生过程在周围神经系统中比在中枢神经系统中更成功。因此,中枢神经系统的损伤比周围神经系统的损伤严重得多,因为中枢神经系统受损后功能完全恢复的可能性比周围神经系统更小。

神经元的大小很难绝对量化。神经元胞体的直径从 5 微米左右到 100 微米(千分之一毫米,或百万分之一米)左右不等。树突也很小,通常为几百微米长。然而,轴突的长度则有很大的差异。有些轴突短到只有几百微米(事实上,眼睛和其他地方的一些神经元轴突几乎不易察觉)。然而,一些较长的运动神经元的轴突则可以从头部一直延伸到脊髓底部,并从脊髓延伸到手指和脚趾。比方说,你可以想像一只橙子牵着一根比 200 个足球场还要长(大约 14 英里)的绳子,这就有点像一些较长的脊神经元的胞体和轴突。

胶质细胞

神经元并不是神经系统中惟一的细胞类型。实际上,它们大约只占中枢神经系统细胞数量的 10%。在中枢神经系统中,神经元由多功能的胶质细胞(glial cell),也称神经胶质(neuroglia)所支持。胶质细胞的功能在某种程度上就像一种将中枢神经系统粘在一起的胶,特别是将神经元粘在适宜的位置上,使它们彼此之间及与体内的其他结构之间保持最合适的距离。因此,胶质细胞有助于确保信号不会交叉。一些胶质细胞还帮助形成髓鞘。实际上,髓鞘上的郎飞氏结就是胶质细胞间的间隙。

胶质细胞为中枢神经系统的神经元提供营养和支持。它们还负责破坏并清除因受损或老化而死亡的神经元。死亡的神经元常常被新的胶质细胞所代替。由疾病引起的胶质细胞的破坏将导致神经系统内信息传导的严重障碍。信息通过没有明确界限的神经元时会发生混乱;当疾病进一步发展,起绝缘作用的髓鞘发生变性时,死亡的神经元和其他废物将累积并杂乱地堆积在神经元表面,而营养不足将阻碍细胞功能的正常发挥和受损组织的修复。

神经元有两种基本的传导方式:神经元内的传导(同一神经元内各要素之间的传导)和神经元间的传导(不同神经元之间的传导)。我们首先讨论神经元内的传导。

动作电位

神经元内的传导是电化学性的——通过带正电或负电的有关化学物质的相互作用来完成。每一个神经元内都有称为离子的带电的化学粒子。如果神经元内外各种离子的浓度总是保持一种静态平衡(static equilibrium)(一种理想的平衡,神经元内外无离子交换),神经元内的传导就不会发生。然而,在活的生物体中,离子交换在不断进行。体内发生的电活动引起神经元内外离子浓度的变化,接着就会影响神经元的功能(见图3-7)。

在我们生命的每一时刻,体内一直进行着大量的波动的电活动,所以神经元对电活动的反应必须是有选择性的。如果神经元对每一个细微的波动都起反应,可能会产生极度混乱。为避免这种混乱状态,大多数强度和频率水平的电位对神经元几乎根本没有影响。然而,一旦电位达到或超过某一水平——神经元的兴奋阈(threshold of excitation)——神经元的反应就完全不同了(见图3-8)。达到或超过神经元的阈值,就会产生动作电位(action potential)——当电化学刺激达到或超过神经元的兴奋阈时,在神经元内外发生的电化学平衡的短暂变化。对于不同的神经元来说,产生动作电位所需达到的兴奋阈是不同的。当产生动作电位时,神经元即被"激活"。正是动作电位携带着冲动或信息,沿轴突由神经元一端传到另一端。动作电位是"全或无"式的。电流或者足以产生动作电位,或者不足而不产生动作电位。一旦达到阈值,电流就能沿着轴突一直往下传导且强度并无减弱。

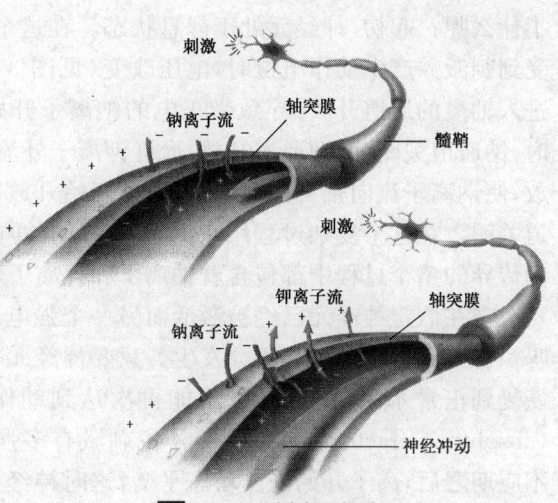

图3-7 神经冲动

神经冲动的产生依靠钠离子流与钾离子流的交换。

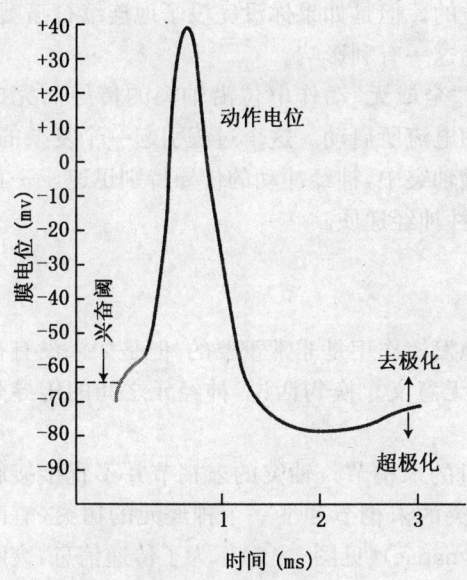

图3-8 动作电位

当电化学刺激达到神经元的兴奋阈时,神经元即产生一个动作电位。在动作电位期间,离子迅速通过神经元的细胞膜。

你可以将神经元的激活比作打喷嚏。要产生一个喷嚏,鼻粘膜就必须受到某种外界刺激产生痒的感觉并超过某一程度。如果你和大多数人一样,那么一旦达到痒的阈限,你就肯定会打喷嚏。这就是一个"全或无"的过程。与此相似,一旦达到神经元的阈电位水平,神经元也肯定会被激活。

那么,在神经冲动的传导中到底发生

了什么呢？起初，神经元处于静息状态。在这个时相，它的电位是－70 mv。当神经元受到刺激并产生动作电位时，电压改变(见图3-8)，变成了正电。这时，允许钠离子进入轴突的通道开放，导致带正电的钠离子开始流向轴突内。当动作电位达到顶峰时，钠通道关闭，而钾通道开放，允许钾离子外流。这个过程可以重复多次：钠通道开放，使钠离子流向轴突内；接着钾通道开始开放，钠通道关闭，钾离子外流；最后，钾通道关闭。在这个复杂过程结束时，神经元恢复它最初的电位水平－70 mv。在神经冲动传导的整个过程中都包含着钠离子和钾离子之间平衡的变化。

现在假定神经元已经被激活而另一个强电流又到达轴突。神经元会被再次激活吗？研究证明这种现象不会发生。只要神经元被激活后其内外的动态离子平衡尚未恢复到正常水平，神经元就不能再次达到动作电位。在这个时相——绝对不应期(absolute refractory phase)中，不论刺激有多强，神经元都不会被再次激活。在绝对不应期之后，离子开始恢复动态平衡，这时神经元处于相对不应期(relative refractory phase)。在这个时相中，神经元可以被激活，但是仅对较强的刺激才有反应，而这个刺激的强度必须超过产生动作电位所必须的特定强度。最后，当离子的动态平衡回到正常水平后，神经元又恢复了它对能产生动作电位的电化学刺激的通常的敏感性。从功能意义上来说，不应期使生物体的特定神经元不致过度刺激。

再拿打喷嚏作比方。打几个喷嚏是有益的。但是如果你没完没了地连续打喷嚏，它的有害影响就会逐渐超过清除鼻腔刺激物这一有利影响。

概括地说，神经元内的信息传递是通过"全或无"动作电位沿轴突的传导而完成的。动作电位由达到或超过神经元兴奋阈的电流所启动。这个过程引起一个复杂的、使信息沿神经元传递的电化学反应。在有髓轴突中，神经冲动的传导特别迅速。一旦神经冲动到达末梢节，就会使它们释放化学性神经递质。

神经传导

神经元内信息的传递对于神经元有效地发挥作用是非常重要的，但是如果没有神经元彼此之间的信息传递，单个神经元就毫无意义。换句话说，神经元之间的传导是非常重要的。

神经元之间的传导开始于前面已介绍过的末梢节。轴突的末梢节并不直接接触下一神经元的树突，而是在上一个神经元轴突的末梢节和下一个神经元的树突(有时是胞体)之间有一非常小的间隙——突触(synapse)(见图3-6)。为了传递信息，突触前神经元轴突上的末梢节——传递信息的部分——释放神经递质(neurotransmitter)——一种化学信使，通过突触间隙到达突触后神经元中接收信息的树突或胞体的受体位置。神经递质可进入一个或多个(常常是多个)神经元并使信息继续传递。在任何一个突触内都有许多种神经递质起作用。突触后神经元的受体位置是特异性的，如下所述，它只受特定类型的神经递质的影响。

我们已经知道神经元的传导在何处（即突触内）以及在何时（即任何时候只要动作电位激发了神经递质的释放）发生，甚至知道了它们用什么（即神经递质）来传递信息，那么我们只需要再多了解一些它们是怎样传导的。如下所述（见图3-9）：

1. 一个神经元（神经元A）从末梢节释放神经递质。

2. 神经递质经过突触到达另一个神经元（神经元B）树突（或胞体）上的受体。

3. 神经元B的树突受到从神经元A接收的神经递质的刺激，直到神经元B达到它自己

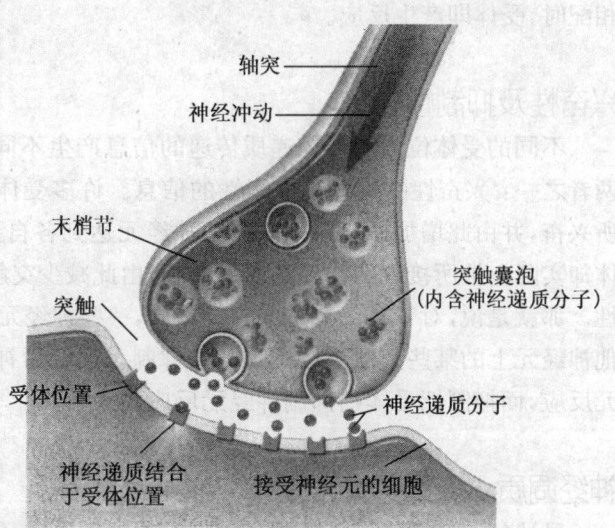

图3-9 神经传导

神经冲动由神经元轴突向轴突的末梢节传导，引起神经递质的释放，神经递质结合于提供相应受体的特定受体位置。这种关系就像一把钥匙只能打开一把特定的锁。

特定的兴奋阈。这些神经递质的影响合在一起，随着数量的增加而增大。

4. 达到兴奋阈后，神经元B的动作电位沿轴突向下传导。

5. 当神经元B的动作电位到达其末梢节时，神经元B释放自己的神经递质至下一个突触（可能是与神经元C），如此等等。

在任何一个特定的突触内，通常都存在大量的、常常是几百个神经元之间的联系，由树突伸出分支接收从许多轴突传来的信息（见图3-10）。此外，在任一突触后神经元的接收膜上都有大量的神经递质的受体位置。科学家对神经递质与受体之间的相互作用做了描述性的比喻。每一受体的分子形态多少有点不同，某一特定受体的特殊形态可以被看成锁孔，而某一特定神经递质的特殊分子形态则可以被看成钥匙。当钥匙的形状与锁孔的形状

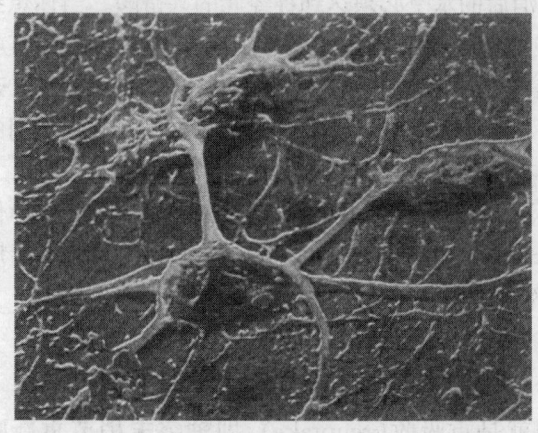

图3-10 树突

树突是一种重要的结构，神经元通过它接受来自其他细胞的信息，而这是通过树突外膜上的特异性受体完成的。分支众多的树突就像树的枝杈，其名称源自希腊语，意为"树"。

相配时,受体即产生反应。

兴奋性及抑制性信息

不同的受体位置对神经递质传递的信息产生不同的反应。接收的信息可能是这两者之一：兴奋性的信息或抑制性的信息。许多受体被在突触中所接触的神经递质所兴奋,并由此增加了突触后(接收)神经元达到各自兴奋阈的可能性。然而,其他受体却实际上被所接收的神经递质所抑制,由此减少突触后神经元达到其兴奋阈的可能性。那就是说,对于某一特定的神经递质,一些神经元上的某些受体位置被兴奋,而其他神经元上的某些其他受体位置则被抑制。突触后神经元上的兴奋性受体兴奋神经元反应,而抑制性受体则抑制神经元反应。

神经调质

虽然每一个神经元只释放一种特殊的神经递质,但一些神经元的末梢节也释放其他的化学物质,我们称其为神经调质(neuromodulators),它通过直接影响轴突或影响受体位置的敏感性,从而增强或减弱突触后神经元的反应性。这就使得情况愈加复杂。

概括地说,无数的突触前神经元向突触内释放神经递质和神经调质。突触后神经元的一些受体被兴奋,另一些则被抑制。此外,兴奋或抑制的程度受神经调质活动的影响,就是说,神经调质或者增强,或者减弱突触后神经元的反应性。为激活突触后神经元,兴奋性反应和抑制性反应的互为抵消后的水平必须达到神经元的兴奋阈。当你想到所有与某一神经元激活有关的因素时,你会觉得任何人都可以思考这一事实,这简直就是个奇迹。然而,事实上,某一特定的信息穿过突触所花费的时间可能仅仅只有 0.5 毫秒,也可能要花费 1 秒甚至更多的时间。当你阅读这一页的文字时,数千个相互作用的神经元正一同协作,帮你理解这篇课文在关于这些神经元方面都讲了些什么。

假定大量的神经递质和神经调质涌入每个突触,并非轴突所释放的所有的化学信使都可以被树突完全吸收。这一点有着非常重要的意义。那么,未被利用的化学递质会发生什么变化呢？所幸的是,我们的机体有处理这一问题的机制。

重吸收

第一种、也是最常见的一种机制就是重吸收(reuptake),即轴突末梢节重新吸收它释放入突触内的化学递质,由此将神经递质从突触内清除。这样,使下一个神经元免于过度刺激,而释放此种物质的神经元则可以贮存它以备后用。第二种、但不是很常见的机制是酶的失活作用(enzymatic deactivation);在这个过程中,酶(enzyme)(一种催化或引起化学反应的蛋白质)分解神经递质或神经调质,从而使之失活。

另一种机制可能也会影响神经元间的传导过程。有时在突触前神经元的轴突末梢会发现一种称作自身受体(autoreceptor)的受体。自身受体对轴突释放的神经递质很敏感。一些递质似乎可以回到自身受体中,并提供负反馈调节。这种负反馈调节可以减少神经递质的进一步释放(Kalsner,1990)。

常见的神经递质与神经调质

虽然科学家已经知道有几百种与神经传导有关的化学物质,但似乎还需要我们去鉴别它们。医学与心理学研究者致力于发现和弄清这些化学物质,以及它们与药物、食物、心情、能力和知觉之间有什么相互作用。虽然我们对神经元内冲动传导的机制知道得多一点,但相比之下,对于神经系统的化学活动与心理状态有怎样的关联,我们却仍然知之甚少。尽管如此,然而对于其中的几种物质怎样影响我们的心理活动,我们已有了初步的认识。

那些重要的神经递质经常被称为"经典神经递质",因为它们是最早被发现的神经递质。它们包括:乙酰胆碱,由食物中的胆碱(它经常被归为复合维生素 B 的一部分)合成;多巴胺、肾上腺素、去甲肾上腺素,它们由食物中的酪氨酸合成;5-羟色胺,由食物中的色氨酸合成。这些经典的神经递质在脑内的神经传导中只占有极小的一部分。最常见的神经递质是兴奋性氨基酸、谷氨酸和 γ-氨基丁酸(GABA)(这些物质我们将在后面的章节予以讨论)。

在脑内,乙酰胆碱(acetylcholine,ACh)使神经元的受体位置兴奋。乙酰胆碱是在海马中发现的,而海马是已知的与记忆有关的一个区域(Squire,1987),因此乙酰胆碱被认为与记忆功能有关。研究者目前试图发现阿尔茨海默氏症(Alzheimer's disease)(早老性痴呆症)患者的脑中是否出现了乙酰胆碱活动的受阻的现象,因为该疾病导致记忆的完全丧失。在机体的其他部位也发现有乙酰胆碱,它可以激活外周神经系统,引起骨骼肌的收缩,从而产生运动;它也可以抑制心肌内的神经元。

多巴胺(dopamine,DA)似乎对几种重要的活动有影响,包括运动、注意和学习。虽然大多数的多巴胺受体是抑制性的,但也有一些受体是兴奋性的。在帕金森氏症(parkinson's disease)中,一组生成多巴胺的特殊神经元发生了变性;这种神经元变性与震颤、四肢僵硬和平衡困难有关。多巴胺能神经元通过酶的作用合成多巴胺,这是一个复杂的机制:通过一种酶的作用,将一种化学成分添加到酪氨酸中,形成 1 型多巴胺;再通过另一种酶的作用,从 1 型多巴胺中去掉另一种化学成分,即形成多巴胺。没有简单的办法使脑获得多巴胺,但内科医生已经能够给帕金森氏症患者使用合成的 1 型多巴胺,后者可以迅速被尚未变性的多巴胺能神经元转换,从而产生更多的多巴胺。不幸的是,也有可能会发生正常神经递质过多的情况:精神分裂症(schizophrenia)似乎就与过多的多巴胺的释放有关。相似的,在治疗帕金森氏症中若1型多巴胺过量,会产生过多的多巴胺,就有可能导致精神分裂症的症状。还有两种作为神经递质的物质也由酪氨酸的进一步合成产生:即去甲肾上腺素和肾上腺素,它们似乎与警觉的调节有关。

5-羟色胺(serotonin,5-HT)似乎既与对情绪、食欲及疼痛敏感性的调节有关,也与唤醒和睡眠有关。虽然5-羟色胺对某些受体位置有兴奋性效应,但它通常是抑制性神经递质,它的作用结果也多为抑制性的。当机体处于其他活动过程中时,5-羟色胺可抑制做梦。改变情绪的药物——麦角酸二乙基酰胺(LSD)能抑制5-羟色胺的活性;LSD能刺激大脑并过度刺激神经元,引起愉悦感,但也会引起幻觉——即唤起梦境。5-羟色胺也与焦虑有关,缺乏特定5-羟色胺受体的老鼠(因此不能产生5-羟色胺),在实验中表现出焦虑水平降低及过度活跃。

还有一些其他的主要神经递质:谷氨酸、天门冬氨酸、甘氨酸。γ-氨基丁酸(GABA)也包含在这组神经递质中,它只需从谷氨酸中去掉某一种化学成分就可合成。这些神经递质相当有趣,因为它们似乎在作用于特定的神经受体位置时,可产生特殊的神经传导效应,同时还可产生更广泛的神经调质效应。例如,谷氨酸似乎对突触后神经元的轴突有直接的兴奋效应,能够降低其兴奋阈。而γ-氨基丁酸似乎对轴突有直接的抑制效应,可以提高其兴奋阈(指神经元间的传导被激活时)。这组氨基酸类神经递质的不平衡与中风、亨廷顿氏舞蹈病(Huntington's chorea,一种遗传性神经障碍)及破伤风的致命影响有关。

虽然许多神经递质可以自由出入脑组织,但血-脑屏障(blood-brain barrier)阻止其他许多物质从体内其他部位进入脑。血-脑屏障的作用在于防止潜在的有毒物质损伤脑组织。从进化角度看,有此屏障的生物在生存和繁殖的潜力方面比无此屏障的生物更有优势。

上面的论述——看起来似乎很复杂——其实已经极大地简化了神经系统内不断发生的神经元传导的复杂性。这些神经传导有很多都在脑内进行,下面就让我们来看看脑。

脑的结构与功能

问题:脑和它的各个部分在情绪情感、思维和行为的产生方面有什么功能呢?

在本章的内容中,我们不时提到脑和脑的重要性,它几乎对我们的所有行为都具有重要的意义。脑实际上是什么样的呢?图3-11显示了脑的部分结构。还有一些插图和简化的示意图能更详细地展示脑的一些主要特征。脑是我们所知的最复杂的内部生物系统,然而,脑的体积却不大,如果我们愿意,用手就能握住我们的脑。

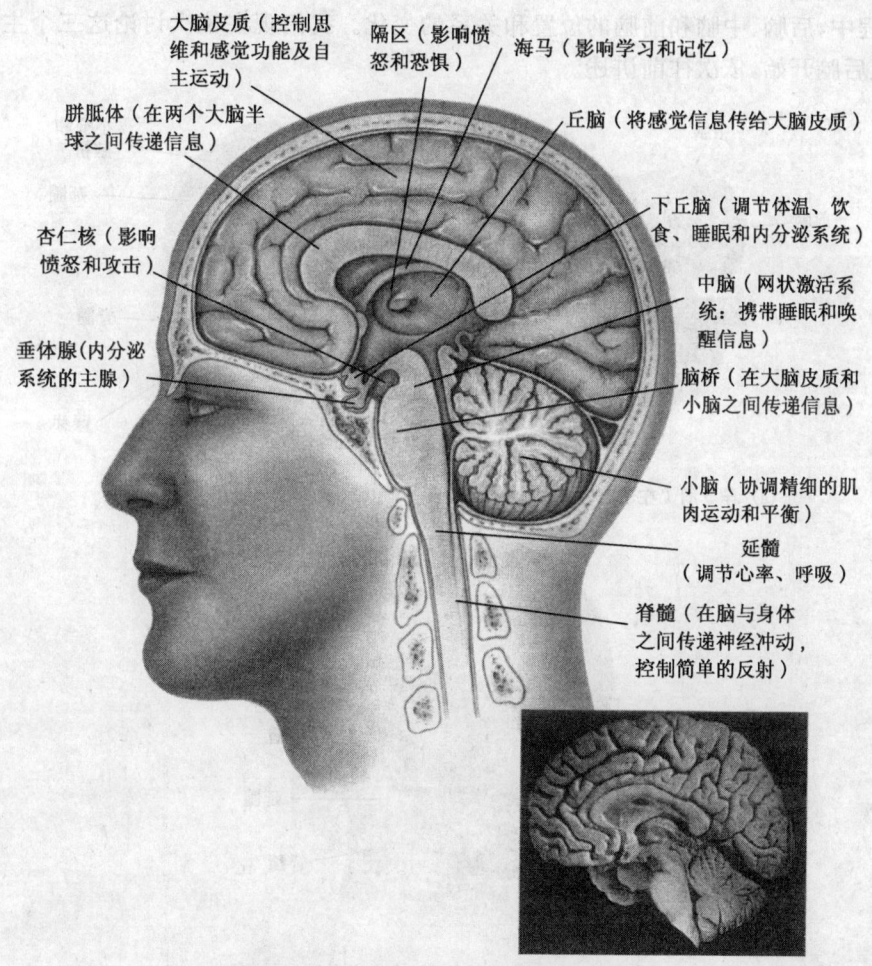

图 3-11 脑的主要结构与功能

前脑、中脑和后脑既有执行高水平思维和感觉等重要功能的结构,又有执行对生存极为重要的功能的结构。

脑可以被划分为三个主要区域:后脑、中脑和前脑。这些名称并不精确地与它们在成人或儿童脑中的位置对应,这些部位只是在胚胎神经系统发育过程中,相对于身体从前往后的排列位置。神经系统的发育起于神经管:后脑(hindbrain)最大限度地向后,靠近颈部的背面。接下来在一条线上的就是中脑(midbrain),位于前脑与后脑之间。前脑(forebrain)最大限度地向前,朝向成为脸的那部分。神经管的剩余部分发育为脊髓(见图 3-12a)。在发育过程中,这些部位相对方向发生了变化,以致前脑几乎成了中脑和后脑顶上的一个盖子。然而,这些术语仍然用来标明已经完全发育的脑的区域。图 3-12a、b、c 显示出,从妊娠后几周的胚胎开始到七个月的胎儿的脑的发育过程中,后脑、中脑和前脑的位置和关系的变化。我们现在依次讨论这三个主要区域,从后脑开始,依次往前讲述。

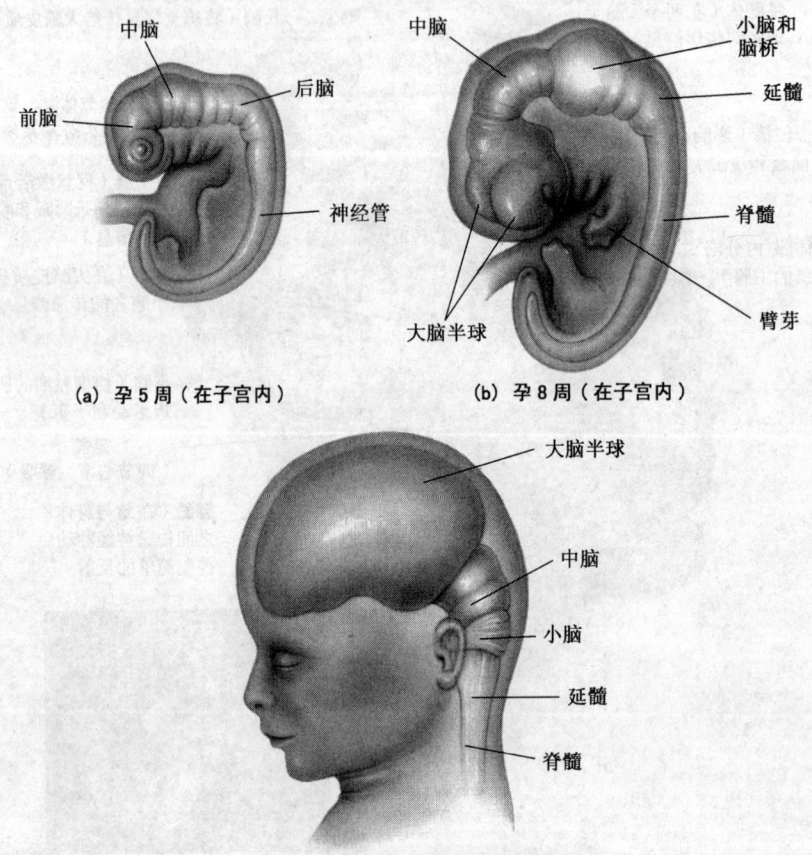

图 3-12 神经系统的发育

在胚胎发育过程中,脑越来越高度专门化;后脑、中脑、前脑的定位和相对位置在妊娠的整个过程中一直在变化。

后脑

后脑是一个具有最原始和最基本的功能的部位,这些功能亦由脑控制。它包括延髓、脑桥和小脑。延髓(medulla oblongata)是一条脊髓向脑内延伸的结构,位于脊髓进入颅骨与脑相连处。延髓完全控制心率、呼吸,吞咽与消化也主要由它控制,藉此我们得以生存。延髓是网状激活系统(将在本章后面讨论)的一部分,后者是中脑的一个结构,实际上又延伸进入后脑。延髓也是神经元交叉的地方,从身体右侧传来的神经元在此处交叉而至脑的左侧,而从身体左侧传来的神经元则在此处交叉进入脑的右侧(我们很快要探讨这种交叉功能的重要性)。

脑桥(pons)的功能就像一个中转站,内有将脑的一侧信息传给脑的另一侧的神经元。它的名称意为"桥",对它正合适,因为脑桥的许多轴突交叉从脑的一侧至脑的对侧。脑桥既包括作用于头部和面部的神经元,又包括了网状激活系统的一部分。小脑(cerebellum)控制身体的协调、平衡和肌肉的紧张性。如果小脑受损,运动会变得急速而不连贯,从而给中脑的功能带来麻烦。

中脑

中脑对非哺乳动物比对哺乳动物更重要。对于非哺乳动物,中脑是控制视觉和听觉信息的主要部位,而哺乳动物的这些功能主要由前脑承担;但中脑确实有助于控制眼部的运动与协调。表3-1列出了中脑的一些结构与功能,其中最重要的部分是网状激活系统(reticular activating system, RAS)。这是一种神经元网络,不仅对调节诸如心率和呼吸这样维持生命所必须的功能很重要,对调节意识(睡眠、觉醒、唤醒,甚至在某种程度上还包括注意)也至关重要(见图3-13)。

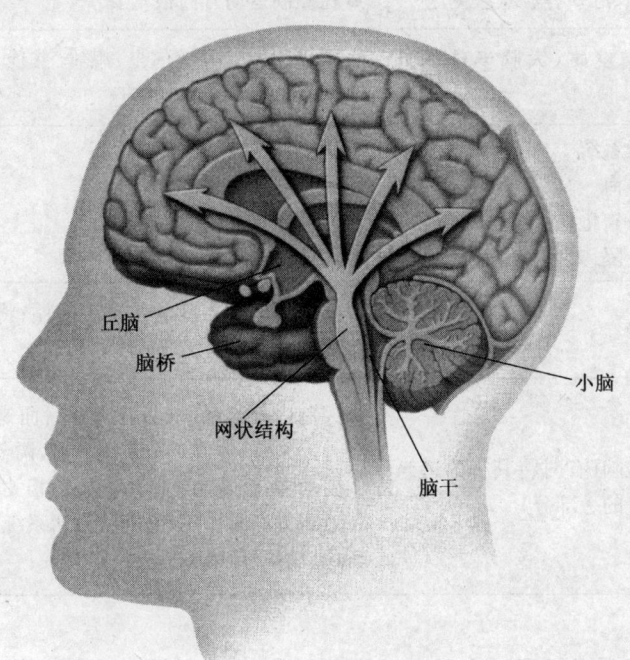

图3-13 网状激活系统

网状激活系统对于调节睡眠、觉醒以及唤醒非常重要。

表 3-1 脑的三个主要区域 脑有三个主要区域，每一个区域都有特定的结构与功能。

脑的区域	各区域的主要结构	各结构的功能
后脑	●小脑	●对维持平衡、协调和肌肉紧张性非常重要
	●脑桥（也包含部分网状激活系统 RAS）	●与意识有关（睡眠/唤醒）；对从脑的一侧到另一侧的神经传导起桥梁作用；含有面神经
	●延髓	●为一神经交叉处，从身体一侧传来的神经由此进入对侧脑；与心肺功能、消化和吞咽有关
中脑	●上丘（中脑上部）	●与视觉有关（特别是视觉反射）
	●下丘（中脑下部）	●与听觉有关
	●网状激活系统（也延伸到后脑）	●在控制意识（睡眠、唤醒）、注意、心肺功能和运动方面很重要
	●灰质、红核、黑质、腹侧区	●在控制运动方面很重要
前脑	●大脑皮质（大脑半球的外层）	●接受和加工感觉信息、思维、其他认知加工过程，同时负责发送运动信息
	●边缘系统 　　海　马 　　杏仁核 　　隔　区	●学习、情绪和动机 　学习和记忆 　愤怒和攻击 　愤怒和恐惧
	●丘脑	●感觉信息进入脑的重要中转站；将信息传给大脑皮质的相应区域
	●下丘脑（有时将其视为边缘系统的一部分）	●控制内分泌系统（将在本章后面讲述）；控制自主神经系统、体温调节系统，包括调节饥渴和其他重要功能；调节与物种生存密切相关的行为；在控制意识方面起作用（见网状激活系统）；与情绪、性反应、愉快、疼痛和应激反应有关

如前所述，网状激活系统实际上延伸进入后脑，并包括延髓和脑桥。中脑、后脑和位于前脑的丘脑、下丘脑一起组成了脑干（brain stem），它联系脑与脊髓。

脑干的功能对于生命极为重要。实际上，医生们以脑干功能丧失与否为依据来确定脑的死亡与否。当然，对于我们生活中的各种体验来说，前脑的功能更为重要。

前脑

前脑是脑中向上、向前的区域(见表3-1和图3-11),它包括四个部分:边缘系统、丘脑、下丘脑(它也经常被认为是边缘系统的一部分)和大脑皮质。最复杂的心理过程就是在此进行的。前脑也是脑中最大的区域,包含许多的结构和系统。

边缘系统:情绪的中心

边缘系统(limbic system)是对于情绪、动机和学习非常重要的一个脑结构系统。那些边缘系统相对不发达的动物,诸如鱼和爬行类这样的边缘系统相对来说尚未发育完全的动物,几乎完全凭直觉对环境作出反应。哺乳动物,尤其是人类,其边缘系统发育相对较完善,似乎使我们可以压制本能反应(如立即攻击某个不经意导致我们疼痛的人的那种冲动),边缘系统使我们更能使行为灵活地适应不断变化的环境。

边缘系统包括三个重要的、互相联系的脑结构:海马、杏仁核和隔区。海马(hippocampus)在记忆的形成方面起着重要的作用。海马受损或摘除的患者仍然能回忆起已经存在的记忆(例如,他们能够认出老朋友和老地方),但是他们不能形成脑损伤后的新的记忆。你可以数年里和这种人每天进行交谈,但每次你们见面时,对于这个人来说你仍然完全是个陌生人(Squire,1987)。

杏仁核(amygdala)位于海马下面一点(见图3-11),它在愤怒和攻击行为方面起作用,而隔区(septum)则与愤怒和恐惧有关。对猴子的研究已经部分揭示了这些生理功能。例如,边缘系统的某些部位受损(由疾病或损伤引起)的猴子似乎缺乏抑制力而易怒。边缘系统其他部位受损的猴子就是受到攻击时也不能被激怒,他们的敌意似乎已经消除了。杏仁核也可能调节由脑的其他部位所执行的记忆的长期贮存(Bianchin,Msllo e Souza,Medina,&Izquierdo,1999)。

丘脑:进入大脑的通道

传入脑的大部分感觉要经过丘脑(thalamus),这是一个位于大脑皮质下、约在脑中央、大致与眼睛齐平的两叶结构。丘脑通过其投射纤维(projection fibers),即从大脑一侧投射到大脑另一侧的神经元轴突,将传入的感觉信息投射到皮质的相应区域。为了容纳所有信息必须对它们进行分类整理,丘脑被划分为具有相似功能的神经元群,称神经核(nuclei)。神经核接受感觉信息并将其投射到大脑皮质。例如,一个称为外侧膝状核的神经核,接受从视觉感受器神经元经由视神经传来的信息,并将此信息投射到视皮质,使我们能看见物体。丘脑还有助于控制睡眠与觉醒。丘脑和网状激活系统对于我们有意识地知觉及控制自身的存在也非常重要。

基底节(basal ganglia)构成靠近丘脑的一系列结构。在基底节退化的情况下，如帕金森氏症和亨廷顿氏症，患者表现出各种不同的症状，包括运动受损、注意障碍以及记忆与思维缺陷。

下丘脑：生物调节系统

下丘脑(hypothalamus)是位于前脑的底部，丘脑之下的一个结构。下丘脑大约只有菜豆那么大小，这个小小的结构却具有非常重要的功能：它不仅控制自主神经系统的许多其他功能，而且控制组织和血液中的水平衡（要获得更多的信息可见表3-1）。下丘脑与边缘系统相互作用并经常被视为边缘系统的一部分，它也调节与物种生存密切相关的行为，如搏斗、进食、逃跑和求偶。因此，下丘脑也积极参与调节情绪及应激反应就在情理之中了。对下丘脑特定区域的微弱电刺激可引起愉快感觉，而对邻近区域的刺激则引起痛苦感觉。下丘脑在调节激素系统，或者说内分泌系统方面也起着重要作用，这将在本章的后面部分予以讨论。

大脑半球和大脑皮质

大脑皮质(cerebral cortex)构成了大脑半球（大脑左右半球）的外层，它在我们的思维和其他心理过程中起着非常重要的作用，因此值得特别列出来加以讲述。大脑半球和大脑皮质一起构成大脑(cerebrum)。大脑是人脑中非常重要的部分，它使人类具有更高级的心理功能，从而将人与其他动物区别开来。

大脑皮质覆盖在脑表面上，有2毫米厚。皮质包绕着脑，有点像树皮包绕着树干。人类的大脑皮质是极其复杂的，有许多皱褶。这些皱褶的作用在于增加皮质的表面积；如果将人类皱褶的皮质展平，它的面积可达2平方英尺（1平方英尺＝0.0929平方米）。皮质占有80％人脑的体积。大脑皮质使我们能制定计划，能协调思维与行动，能理解视觉和语音模式，能使用语言，总之，就是能思考。

大脑皮质表面是灰色的，因为它主要含有灰色的、对脑接收和发送的信息进行加工的神经元。大脑皮质有时被称为脑的灰质(gray matter)。反之，隐藏在大脑内部的白质(white matter)主要含有白色的、对信息进行传导的神经元。白质含有有髓轴突，而灰质则含无髓轴突。对诸如推理和决策这样的认知能力来说，白质和灰质都是非常重要的。

大脑皮质实际上是两个大脑半球——即左右大脑半球(left and right cerebral hemispheres)的外层。虽然两个半球看起来很像，但它们的功能却有相当大的差异，左半球专司某些活动，右半球则专司其他一些活动。许多信息是由身体的一侧（如左侧）传至对侧脑的相应部分（如右侧）。注意：并非所有的信息都是交叉传导(contralateral)的，也会发生一些同侧(ipsilateral)的信息传导（见图3-14）。

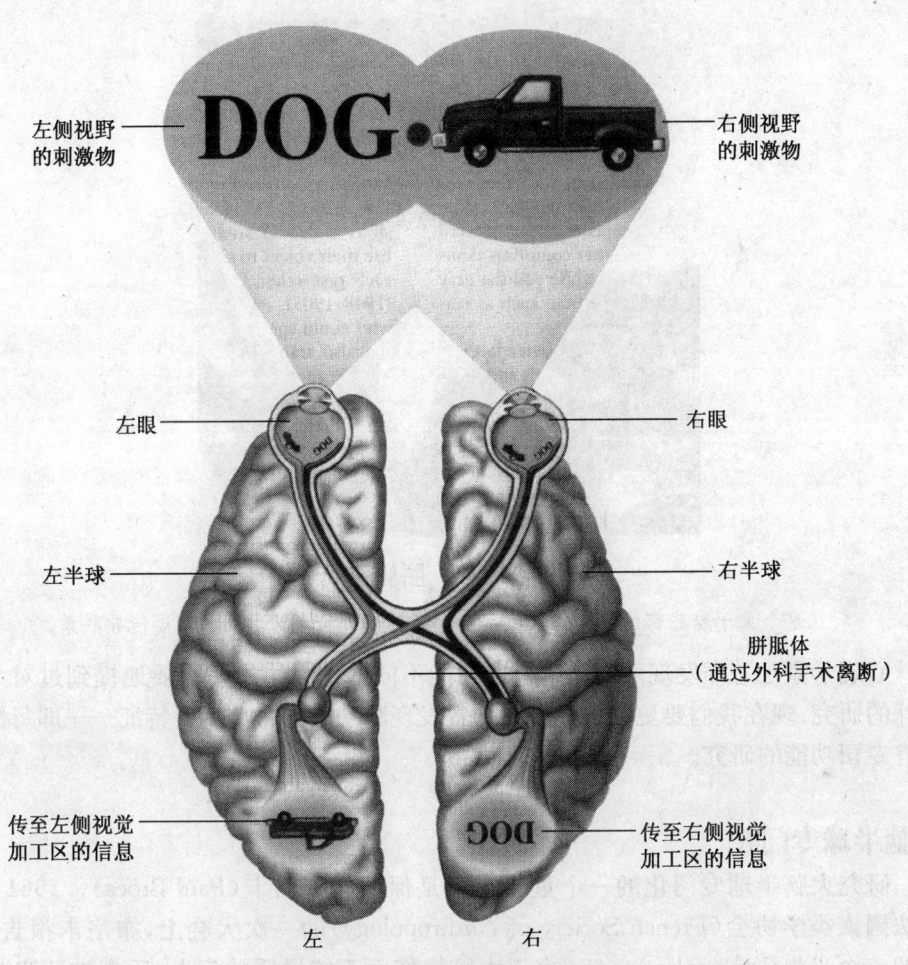

图 3-14 裂脑的视觉信息输入

来自左侧视野的信息到达每只眼的右侧并传至右侧大脑半球,来自右侧视野的信息到达每只眼的左侧并传至左侧大脑半球。特别值得注意的是,两个大脑半球都能得到这些信息。而在裂脑人中,因为联系两侧大脑半球的胼胝体被离断,所以信息不可能共享。因此,实验者可让信息进入一侧大脑半球而不被另一侧大脑半球所知晓。

尽管交叉支配是普遍的趋势,但大脑半球也互相沟通。神经纤维的密集体——胼胝体(corpus callosum)就联结着两个大脑半球(见图 3-15)。一旦信息到达一侧半球,胼胝体可使此信息毫不费劲地传到另一侧半球。研究发现:当胼胝体被切断时,认知功能如学习和记忆能力就会受损(Jha, Neal, Baynes, & Gazzaniga, 1997)。

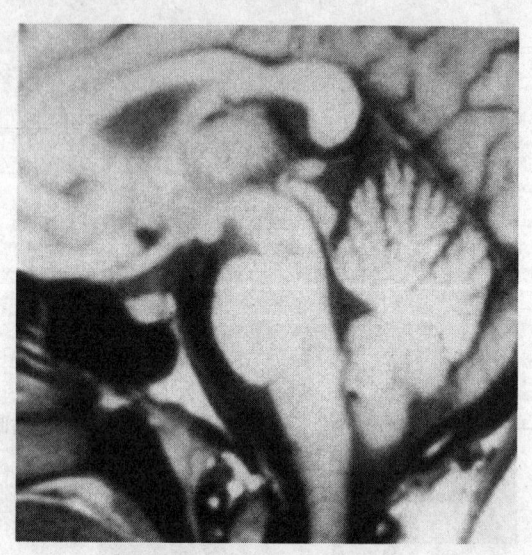

图 3-15　胼胝体

这个见于脑底部的密集的纤维网提供了两侧大脑半球之间的重要传导联系。

心理学家是怎样发现两侧大脑半球功能不同的呢？第二章简要地提到过对大脑半球的研究；现在我们要更为关注几种导致发现脑功能的一个重要特征——即每侧半球有专司功能的研究。

大脑半球专门化

研究大脑半球专门化的一个重要人物是保罗·布洛卡（Paul Broca）。1861年，在法国人类学协会（French Society of Anthropology）的一次大会上，布洛卡报告说：他的一个患失语症（aphasia）——由于大脑损伤而不能说话的病人，后来被证实其大脑左侧半球有一处损伤。尽管最初人们对他的观点反应冷淡，但布洛卡不久就成为这场激烈争议中的焦点人物，争议集中在：功能，特别是语言功能，是否真的定位于大脑的某一特定区域，而不是广泛存在于整个大脑？到了1864年，布洛卡证实了大脑左半球对语言功能非常关键。在他之前的其他人早已提出过这个观点，但却被搁置了很长时间。事实上，这个由布洛卡认定为具有言语功能的特定的区域现在被称为布洛卡区（Broca's area）（见图3-21，奇怪的是，布洛卡区受损的人虽然不能流利地说话，但却能利用嗓子唱歌或叫喊）。另一个重要的早期研究者——德国神经病学家卡尔·威尼克（Carl Wernicke，1848-1905）研究那些具有语言缺陷的病人，这种病人能说话，但说出的话却不合逻辑。他也发现了左侧大脑半球的语言功能，只是其精确的定位不同，这就是现在所知的威尼克区（Wernicke's area）（见本节图3-21）。

其他人在这个方向上继续研究，诸如失用症(apraxia)和失认症(agnosia)这样的问题，前者指不能完成所要求的运动，后者指不能识别熟悉的物体，通常是人的脸。除了布洛卡和威尼克所采用的案例研究和对脑的解剖外，其他研究者(如 Penfield & Roberts，1959)还运用了一些技术，如通过电极刺激来标定大脑特殊区域的特定功能。例如，刺激人脑语言区会发生暂时的失语。

尽管这些早期的研究很有价值，但对大脑半球专门化的现代理论和研究作出最大贡献的人物，却是诺贝尔奖获得者——美国心理学家罗杰·斯佩里(Roger Sperry)。斯佩里(1964a，1964b)认为：在许多方面，每侧大脑半球表现得就像是一个独立的脑。在支持这一观点的经典实验中，斯佩里和他的同事(Sperry，1964a)将猫脑中联结左右大脑半球的胼胝体离断，结果发现：传给猫的一侧大脑半球的视觉信息不能为另一侧大脑半球所识别。

裂脑研究

一些最有趣的、关于人脑如何运作，特别是关于大脑两半球各自功能的信息来自于对癫痫病人的研究。这些病人的胼胝体被离断以阻止癫痫发作，防止病变从一侧大脑半球蔓延至另一侧大脑半球，从而大大地减轻病情的严重性。然而这种手术也导致两侧大脑半球失去联结。这就好比一个人具有两个专司功能不同的脑，它们加工不同的信息，并执行不同的功能。

施行过这种手术的病人被称为裂脑(split-brain)人。虽然裂脑人在许多方面表现正常，但在某些方面的表现却很奇特。有病例报道说：为了完成穿裤子这样的任务，病人的左手要与右手作斗争；某一病人对妻子发火，伸出左手想打妻子，但右手却试图保护她而阻止左手(Gazzaniga，1970)。裂脑人几乎有两个独立的意识，这一点儿也不夸张。

裂脑研究揭示了关于我们思维方式的可能发生的有趣的事情。这个领域的许多研究者认为：语言功能完全位于左侧大脑半球，而视空间能力(visuospatial)——一系列涉及视觉与空间的定位与知觉的技能则位于右侧大脑半球(Farah，1988a，1988b；Gazzaniga，1985；Zaidel，1983)。例如，理解一个句子的能力位于左侧大脑半球，但想像一辆车旋转180度后是什么样子的能力则位于右侧大脑半球。杰瑞·利维(Jerre Levy)(斯佩里的一个学生)和他的同事(Levy，Trevarthen，& Sperry，1972)对施行过裂脑手术的病人进行研究，探究了大脑半球与视空间和语言定向功能之间的联系。

在他们的一项研究中，要求被试将目光聚焦于屏幕中心。然后在屏幕上闪现一张拼凑脸(chimeric face)(显示一个人的左半边脸和另一个人的右半边脸)。要求被试辨认他们看到的是什么，从几张正常的脸(未拼凑的)中说出或指出所见的人(见图3-16)。

图 3-16 拼凑脸

对裂脑人的研究揭示：每侧大脑半球在处理图像和其他信息方面是有差异的。(a) 由两张不同的脸所拼凑成的照片在裂脑被试前迅速闪过。(b) 当给被试看一堆照片并要求其选出在拼凑照片中所看见的面孔时，被试会说看见的是拼凑照片中右边的面孔。(c) 然而，如果要求其指出最初看见的是哪个人时，被试会选择拼凑照片中显示左边面孔的那张照片。

然而有趣的是，裂脑人并不知道他们在拼凑起来的图片中看到的是互相冲突的信息。当要求他们用言语回答所看到的东西时，他们说看到的是照片的右半部分。请记住，大脑半球与身体一侧之间是交叉联系的，所以这似乎表明左侧半球控制视觉信息的言语加工——他们说出看到的是什么。反之，当要求他们用手指指出看到的是什么时，被试则选择照片左侧的图像。这个发现暗示了右半球似乎控制空间加工，或者指出视觉信息。因此，要求被试执行的任务对于确定被试会认为显示的是哪一个图像非常关键。

两侧大脑半球有什么不同呢？

大脑两侧半球的机能真有如此大的差异吗？尽管一些研究者认为右侧大脑半球在言语加工中可能也起一定作用，但裂脑研究支持视空间加工主要在右侧大脑半球，而言语加工主要在左侧大脑半球这一观点（Gazzaniga，1985；Gazzaniga & LeDoux，1978）。米歇尔·伽扎尼加（Michael Gazzaniga）认为：脑，特别是右侧大脑半球，由相对独立的机能单位构成为一个有机整体，而这些机能单位是并行作用的（1985；Gazzaniga，Ivry, & Mangun，1998）。根据伽扎尼加的观点，许多分离的心理单位的加工相对独立于其他心理单位，并经常不为人所意识。当这些各种各样独立的、并经常是无意识的加工发生时，左侧大脑半球试图对这些加工作出解释。甚至当左侧大脑半球发现个体的行为实际上并不具有任何特殊意义时，它仍然会努力赋予此行为以某种意义。

一些生物心理学研究者也试图确定两侧大脑半球是否以彼此不同的方式进行思考。利维（1974）找到一些证据，显示左侧大脑半球趋向于解析性（analytically）（前后相接，通常依一定次序）地加工信息，而右侧大脑半球则整体性（holistically）（作为一个整体，同时地）地加工信息。在另一项研究中，研究者们发现裂脑患者的右侧大脑半球似乎比左侧大脑半球更易受到诸如遭受欺负这样的童年记忆的影响（Schiffer，Zaidel，Bogen & ChasanTaber，1998）。目前，左右大脑半球之间的特定差异有待于对结果的选择性解释，而对同一资料的选择性科学解释总是使科学既令人泄气又令人兴奋。

图像与符号思维

跨文化研究提供了另一种方法，可以提供视空间的加工和以声音为基础的语言符号的加工定位于不同大脑半球的证据。在日本的学校里，孩子们学习两种形式的书面语言：一种是以汉语表意文字为基础，每个符号内都传达一个完整意义的日本汉字（kanji）；另一种是以语音音节为基础，并能用于书写，诸如科学术语这样的外来语的日本音标（kana）（见图3-17）。在20世纪70年代，日本研究者开始怀疑图像形式和语音形式的加工在两侧大脑半球中是否存在着不同之处。有些人认为：日本的儿童与成人都是完全在左侧大脑半球中加工以语音为基础的日本音标，而在左右大脑半球中共同加工以图像为基础的日本汉字（Shibazaki，1983；Shimada & Otsuka，1981；Sibitani，1980；Tsunoda，1979）。这似乎说明要探索和理解人脑的不同能力和功能，研究者必须研究人类社会活动中的多样性。

图3-17 图像对符号

日本学校的孩子学习两种形式的书面语言：日本汉字和日本音标。日本汉字以汉语的表意文字为基础，每一个符号都表达一个完整的意思；日本音标以语音音节为基础。20世纪70年代，日本研究者研究两个大脑半球对图像和语音的加工是否存在差异。一些人得出的结论是：以语音为基础的日本音标由左侧大脑半球加工，而以图像为基础的日本汉字则由两侧大脑半球共同加工。

大脑半球分叶和大脑皮质

大脑半球专门化仅仅是研究皮质各个部位的一种方法。另一种研究皮质的方法是将它分成四叶：额叶、顶叶、颞叶和枕叶（见图3-21所示）。这些脑叶并非机能独特的单位而是人为划定的解剖区，以直接覆盖其上的颅骨来命名。虽然我们能将脑叶间的一些局部功能区区别分类，但是各脑叶间也是相互影响的。大致来说，较高级的思维加工，如抽象推理和运动的加工在额叶（frontal lobe）进行；对皮肤和躯体肌肉的躯体感觉加工在顶叶（parietal lobe）进行；听觉的加工在颞叶（temporal lobe）进行；视觉的加工在枕叶（occipital lobe）进行。

感觉信息的加工在投射区（projection areas）进行，在这里，接受来自眼睛、耳朵、嘴唇、舌头、鼻子和皮肤的感觉信息的神经元进入丘脑，并经丘脑投射到相应脑叶的相应区域。相似地，投射区向下沿脊髓传递运动信息，经周围神经系统到达相应的肌肉以产生运动。当感觉信息到达脑叶时，会发生什么呢？先来看看在额叶发生了什么？

额叶

额叶的位置向着头部前方，包含主动觉皮质（primary motor cortex），它专司运动的计划、控制和执行,特别是关于任何一种延迟反应的运动。如果电刺激你的运动皮质,你的反应将是移动相应的躯体部位,至于移动哪一部位则取决于大脑皮质的哪个部位受到刺激。

如大脑半球的普遍原则一样,对躯体运动的控制在主动觉皮质也是交叉进行的。相似地,躯体各部位由上到下在皮层中的定位也是倒过来的:躯体的下端投射到运动皮质的高位上,向着头顶;而躯体的上端投射到运动皮质的低位上。传给躯体邻近部位的信息也来自运动皮质的邻近部位。因此,运动皮层可绘制成图,用以显示躯体不同部位投射到脑的哪个部位以及占多大比例。这种图通常被称为雏形人,意为"小小人"(见图3-18)。运动机能与感觉机能一起作用,感觉机能大多由顶叶控制。

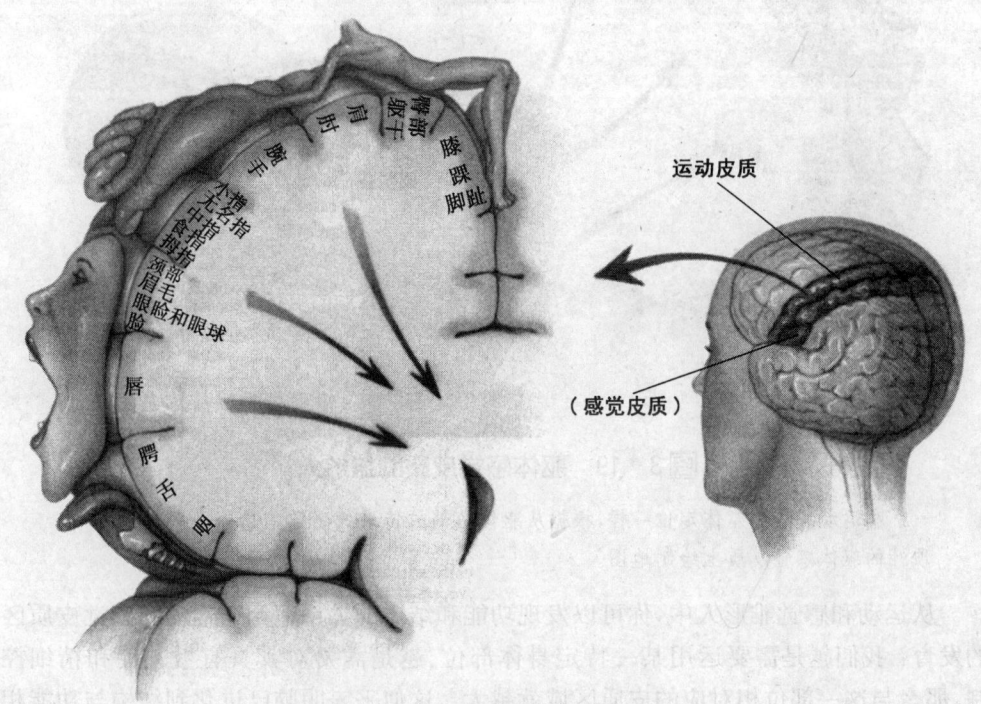

图3-18 运动皮质的雏形人

根据从躯体各部位传来的信息比例和传到躯体各部位的信息比例,可以在额叶的运动皮质上绘制成图。

顶叶

其他三叶的位置都远离头的前部,它们专司各种各样的感觉和知觉活动。例如,在顶叶,正好位于额叶的主动觉皮质后面的主体觉皮质(primary somatosensory cortex),接受关于压力、质地、温度和疼痛的感觉信息。如果电刺激你的躯体感觉皮质,你可能会报告有一种似乎被触摸的感觉。顶叶还与注意有关。如额叶的主动觉皮质一样,躯体感觉皮质的雏形人也可以被用来标定躯体的各部位,躯体感觉皮质接受从这些部位传来的信息(见图3-19)。

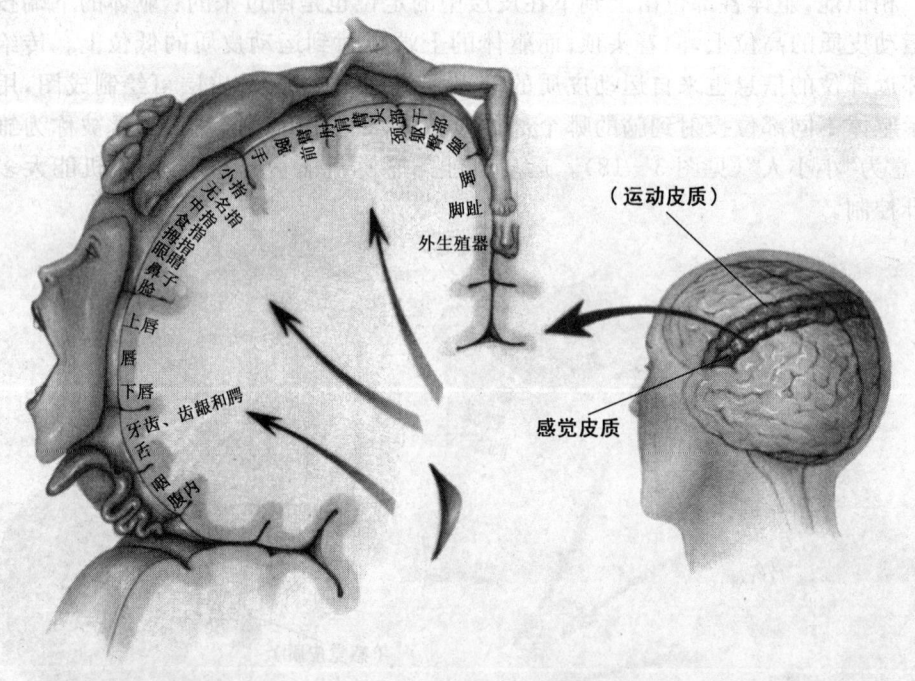

图3-19 躯体感觉皮质的雏形人

和运动皮质的躯体定位一样,根据从躯体各部位传来的感觉信息的比例,也可以在顶叶的躯体感觉皮质上绘制地图。

从运动和感觉雏形人中,你可以发现功能和结构的关系适用于运动和感觉皮质区的发育:我们越是需要运用某一特定身体部位、越是需要对其具有敏感性和精细控制,那么与这一部位相对应的皮质区域就越大。这似乎表明脑已进化到结构与功能相联系的地步,下面要讨论的听觉功能亦是如此。

颞叶

与听觉有关的大脑皮质区是颞叶,它正好位于耳部上方,执行复杂的听觉分析功能,这项功能在理解人类言语或欣赏音乐时是必需的。颞叶部分受损,会损害对特定言语的理解;同时,会损害对所有语言的理解。

颞叶的专司功能为:有些部分对高频的声音敏感,另一些则对低频的声音敏感。如我们已讨论过的其他区域一样，听觉区域也主要是交叉性的，即在一侧听觉皮质加工的感觉信息来自另一侧耳。然而，两侧的听觉区至少都有一些来自每侧耳的声音表象。如果电刺激你的听觉皮质，你会报告听到某种声音。听觉必须与视觉协调，后者在脑中是受枕叶支配的。如果听觉与视觉不协调，你就没法理解电影、电视播放的内容，甚至是日常交谈，因为它们需要你将视听线索联系起来。

枕叶

大脑皮质的视觉区主要位于枕叶，在头的后部。携带视觉信息的某些神经元发生同侧性传导，即从左眼传到左侧大脑半球，从右眼传到右侧大脑半球。而另一些神经纤维则越过视交叉处而交叉进入对侧大脑半球（见图3-20）。详细来说，从每眼左侧视野而来的神经元进入右侧视皮质；而从每眼右侧视野而来的神经元则进入左侧视皮质。电刺激视皮质会让你知觉到光的不规则图案，就像你闭上眼睛轻轻揉搓你的眼皮所见到的那样（关于各叶皮质定位的归纳概括见图3-21）。

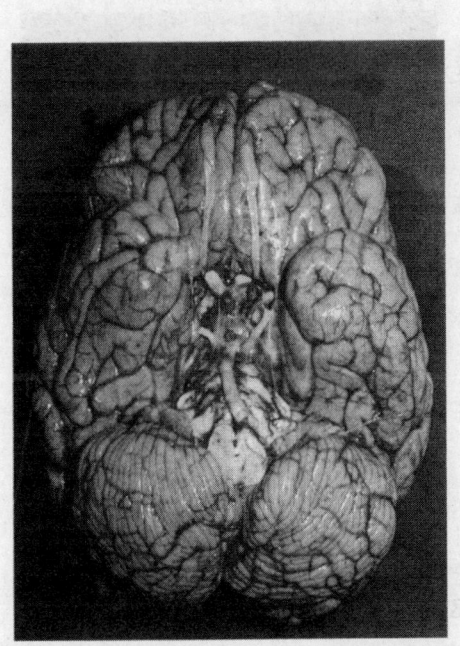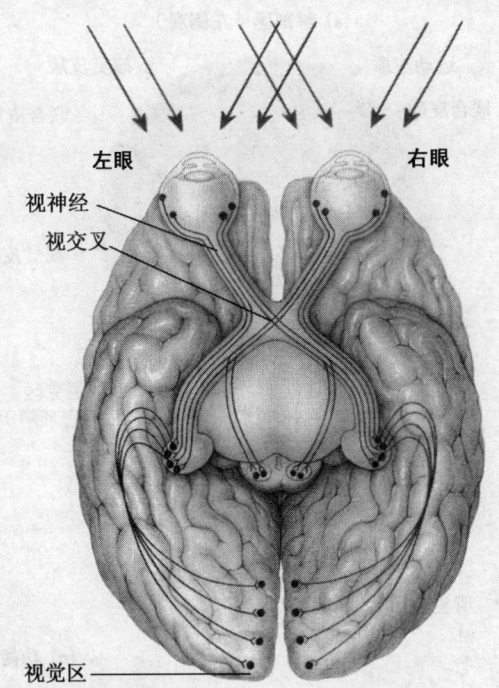

图3-20　视神经和视交叉

有些视神经纤维将视觉信息由同侧眼传至同侧大脑半球；另一些视神经纤维则经视交叉将视觉信息传至对侧大脑半球。

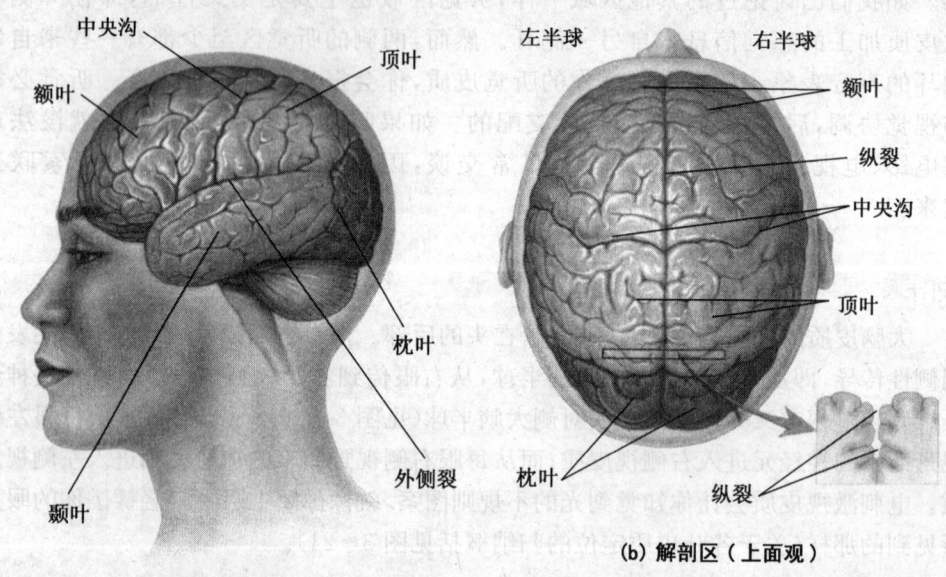
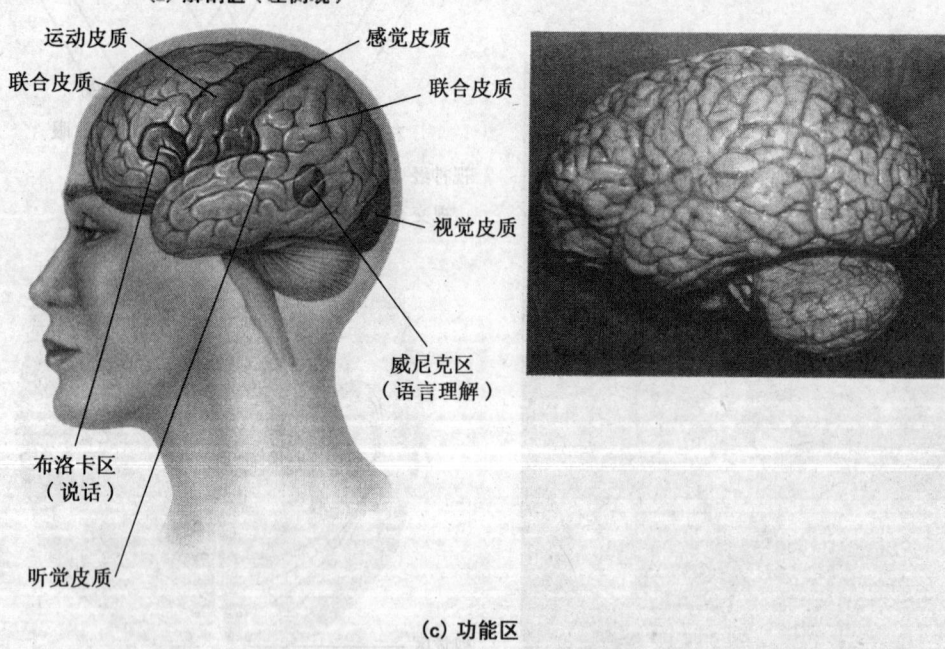

图 3-21 大脑皮质的分叶

大脑皮质分为额叶、顶叶、颞叶和枕叶。各脑叶都有特定的功能,但在复杂过程的加工时也相互作用。

联合区

人脑正是在感觉、躯体运动和思维加工的相互联系中完成了一些最复杂水平的活动。因此,脑的许多部分都参与组成了处理脑的不同区域之间和不同功能之间联系的区域。除躯体感觉、运动、听觉或视觉皮质之外的脑叶区域即为联合区(association areas),它大约占了大脑皮质的75%,而在许多其他动物中,联合区就小得多了。过去常常认为皮质联合区主要负责联系感觉和运动皮质的活动。然而,现在联合区似乎被认为对感觉信息的加工比脑的初级感觉区更复杂、更精密(Van Hoesen,1993)。例如,据估计,在灵长类动物的脑中有超过50%的皮质被用于视觉加工。因此,与初级视觉皮质相邻的联合皮质负责视觉信息的加工,而不是用于联系视觉信息和运动信息。此外,联合区的信息输入不完全来自于皮质的初级感觉区,还可来自于丘脑的感觉区。因此,现在认为联合皮质在本质上是用于更复杂、更精细的感觉加工而不是"联系"。事实上,还没有发现任何一个脑区是专司"联系"功能的。联系功能似乎分散在整个脑中。

额叶的前额联合区似乎对问题解决、计划、判断和个性至关重要。例如,在一个要求逃离危险的情境中,额叶受损的人也知道自己必须逃跑,然而荒谬的是,由于不能发动逃跑这个动作,他们可能仍然静静地站着。在本章前面提及的布洛卡语言区和威尼克语言区也位于联合区中。虽然联合区对思维的作用尚未完全明了,然而,这些区域无疑是脑中加工各种智能的部位。

脑仅占成人体重的2.5%(1/40),却要消耗约20%(1/5)的循环血量、20%的可利用血糖(即供给人体能量的血糖)和20%的可利用氧,但考虑到脑的重要功能,你可能就不会对这些数字感到奇怪了。现在,要观察脑以及它对一些物质的利用在技术上是可能的。这些研究方法极大地扩展了我们对脑功能的定位和整合的认识。在"日常生活中的心理学"栏目中,《透视脑的内部》讲述了用于观察脑的结构和机能的一些方法。

测量电活动

整个活性脑的电活动可以通过使用电极反复测试以获得脑电图(electroencephalogram,EEG)的方法来测量。要获得脑电图的记录数据,电极须使脑和某一装置建立接触联系,该装置能将含许多神经元的大面积区域上发生的脑活动的效应总合起来。通常,电极直接附着于头皮;而有时微电极也直接植于脑内。前一技术用于人类,后一技术用于动物。无论用哪种方法,由电极所测得的、微小而可定量的电活动的起伏都被放大,视波器将放大的电活动显示出来,如同电波的上下起伏(现在常用电脑屏幕而非示波器)。脑电波的波形表示不同水平和不同类型的脑活动(见图3-22)。

使用脑电图测量技术对于心理机能,尤其是睡眠、觉醒和脑病的研究特别有用。例如,在练习完各种各样的认知任务后,由脑电图所测得的皮层活动的活性出现全面降低(Smith, McEvoy, & Gevins, 1999)。这一研究结果暗示:一旦任务变得较熟悉,脑就不必再如此活跃地加工这一任务了。脑电图还支持前面已经述及的大脑半球功能定位的观点。例如,在承担语词任务时,左侧大脑半球活动增多;而在承担空间任务时,右侧大脑半球活动增多(Kosslyn, 1988; Springer & Deutsch, 1985)。有研究还发现,当人的面部表现出与性格相关的不同的情绪反应时,他们的脑电活动模式也表现出相应的不同(Pizzagalli, Koenig, Regard, & Lehmann, 1999)。

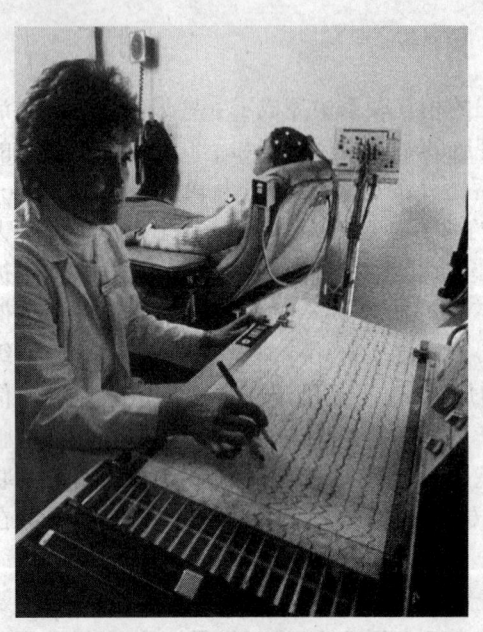

图3-22 脑电图(EEGs)

EEGs记录电活动并将数据转换成波形。

然而,由于记录的结果通常杂乱无序,所以脑电图测量技术是存在问题的。脑电图测量脑内许多大片区域中即刻发生的电活动,因此很难精确地分辨特殊的波形来自于哪个部位。因此,研究者转向应用事件相关电位(event-related potentials, ERPs),它是对连续的脑电图记录数据进行波形叠加而测得的。换句话说,一个事件相关电位是关于某一特定刺激事件的一个脑电图记录数据,其中至少有一些电干扰可以通过叠加而被清除(见图3-23)。注意:事件相关电位是脑的反应,这种反应总是与某一特殊刺激事件相联系的。事件相关电位用于描绘对于熟悉和不熟悉的刺激,脑的哪一部分活跃及活跃的程度。例如,海伦·内维尔(Helen Neville, 1998)研究了天生耳聋的人,她通过应用事件相关电位发现他们脑中有一种不同于听力正常者的结构。详细来说,就是耳聋者的视觉事件相关电位比听力正常者大得多,这暗示在听力正常者中被用于听觉加工的脑的部分,被耳聋者用于视觉加工,从而使其视觉加工部位扩大了。

尽管脑电图和事件相关电位提供了许多令人兴奋的结果,但它们对于了解脑的各种结构还很有限。我们需要某种方法,用它来获得活性的、有机能的人脑的活动情况。所幸的是,技术上的进步使观察脑的机能成为可能,而且病人几乎不会有任何不适。本节的图片和插图显示了众多观察脑的方法中的几种。

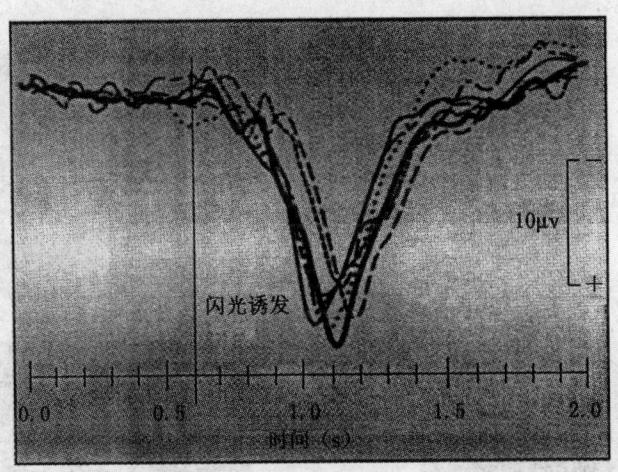

图3-23 事件相关电位(ERP)

一个ERP是一系列EEG的记录数据,它将电干扰的可变性进行叠加后从数据中消除。图中的彩色线条是将下面所示的许多记录数据叠加后得到的。

X线

在20世纪的大多数时间里,神经科学家(neuroscientists)(对于研究神经系统感兴趣的心理学家和其他科学家)已经能够拍摄活性脑的各种快照。这些技术中最早的是应用X线(X rays),这是一种能穿透固体的电磁射线。这种技术拍摄到的是显示扫描结构的不同密度的二维照片。然而,脑中大多数部位的密度大致是相同的,虽然头部的X线照片对于显示颅骨骨折很有用,但对显示心理学家所关心的其他内容来说则用处很小。

血管造影照片(angiogram)是通过往头部脑血管中注射特殊的染料来增强效果以提高图像的视觉对比度的X线照片。血管造影最常用于研究心功能,也经常用于评估血管疾病(可能引起中风的血管疾病)和对特殊类型的脑肿瘤进行定位;而且它也可以显示人们在执行不同的听、说或运动任务时,脑的哪些部位活跃(见图3-24a)。因此,血管造影提供了活性脑的动态信息,只是多为关于脑血管的信息。

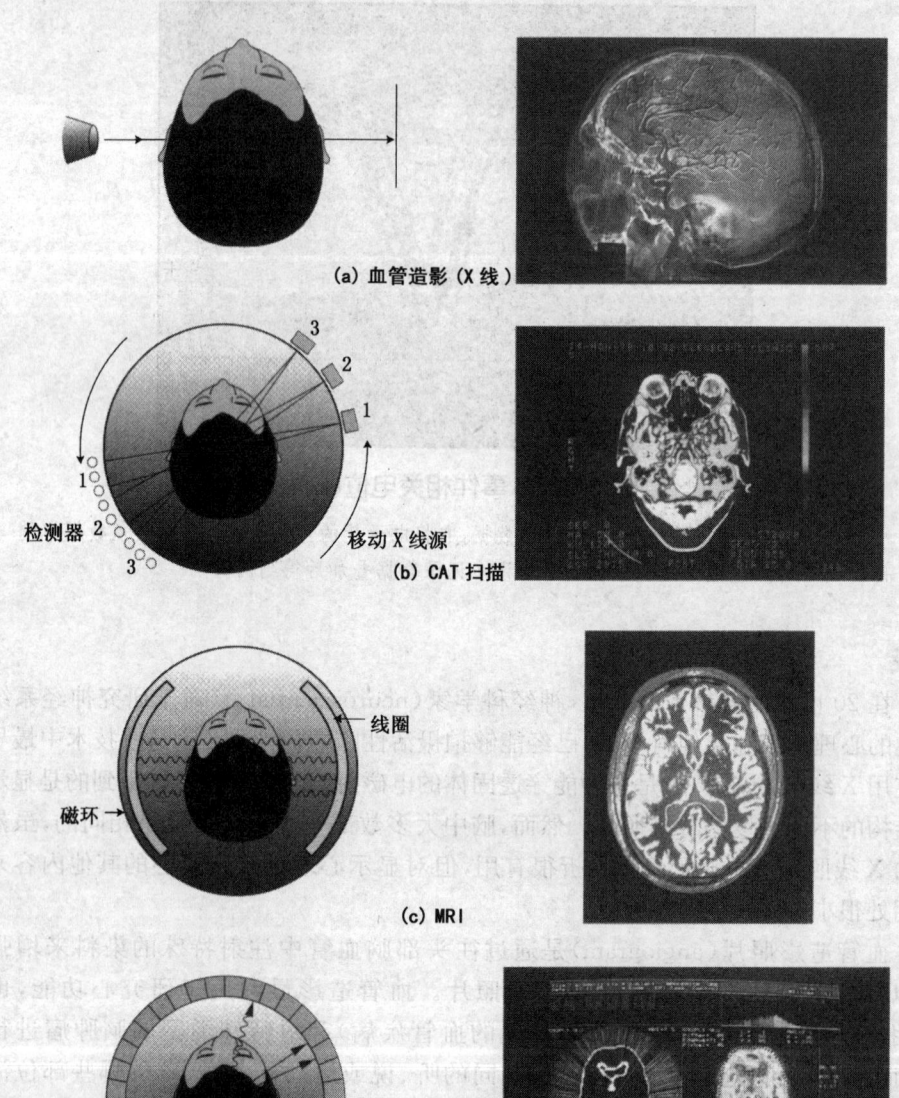

图 3-24 脑的影像

研究者和医生采用不同的技术来鉴别和诊断脑的结构与活动过程。(a) 脑血管造影突出显示了脑的血管。(b) CAT 扫描显示脑结构的三维影像。(c) 一系列旋转的 MRI 扫描比 CAT 扫描更清晰地显示了脑结构的三维影像。(d) PET 扫描使对脑生理的研究成为可能。

脑扫描

从脑异乎寻常地大量利用血液中的营养素和氧气中,你可能猜得到:血液供应若发生任何障碍,那都是很危险的。无论是由于血凝块、血管狭窄,还是由于脑溢血所引起的血液循环障碍都会导致中风。中风的后继影响通常会立即引起意识的变化。如果血液供应受损持续时间过长,脑周围的组织就会开始坏死。中风的潜在破坏性取决于中风持续的时间和所影响的脑区。

当临床医生和研究者试图发现中风和其他疾病的生理基础时,他们通常使用高度精密的以 X 线为基础的技术来观察脑,如计算机中轴 X 线断层扫描技术(computerized axial tomogram, CAT)或 CAT 扫描(CAT scan)。CAT 扫描拍摄的照片显示的是脑的横断面(见图 3-24b)。在扫描过程中,病人躺在扫描台上,头部置于形如炸面包圈的环的中间,此环可拍摄和分析 X 线照片。当环围绕病人的头部旋转 360 度时,它即进行连续摄片。因此,少量的 X 线从许多角度穿过头部。环上 X 射线源的对面是记录到达的 X 射线量的观测仪。X 射线量是由头部不同部位的组织密度所决定的,X 射线穿过的物

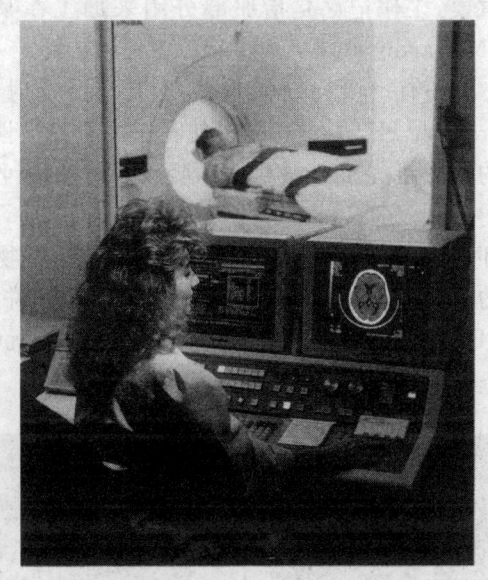

实验室技术人员正在给病人做 CAT 扫描。

质密度越大,到达观测仪的 X 射线量就越少。然后由计算机分析到达每个观测仪的射线量,并由此建立脑横断面的三维 X 线照片,这比单从一个位置拍摄获得的照片更能清楚地显示脑的组织结构(见图 3-24b)。CAT 扫描经常用于观察血凝块、肿瘤或脑疾病,但是它们也被神经心理学家用来研究特殊类型和部位的脑损害对人的行为的影响。

另一种更为精密显示脑结构的技术是核磁共振脑成像技术(magnetic resonance imaging, MRI),有时也称为 NMR,即核磁共振。MRI 扫描仪很像 CAT 扫描仪,也能显示许多相同的信息,只是它不使用射线,而且它的照片更清晰、更详细。病人躺下后,一个相当强大的磁场穿过所要观测的身体部位,它可以改变体内分子中的核粒子轨道。伴随这些变化而产生的能量脉冲按时间记录,并由计算机分析。由于它们的结构和所处环境不同,体内不同的分子对磁场产生不同的反应。于是计算机生成了一张以分子差异为基础的、高度精确的三维照片(见图 3-24c)。

目前使用的 MRI 扫描有几种。结构型 MRI 观察静止的解剖影像，而功能型 MRI（也称 fMRI）则测量作为血氧饱和度指标的血液磁状态的变化（Gabrieli et al.，1996；Ogawa, Lee, Nayak, & Glynn, 1990）。功能型 MRI 被用于识别在许多方面机能活跃的脑区，如视觉（Engel et al.，1994）、运动（S. G. Kim et al.，1993）、语言（McCarthy, Blamire, Rothman, Gruetter, & Shulman, 1993）、注意（J. D. Cohen et al.，1994）和记忆（Gabrieli et al.，1996；Squire et al.，1992；Tulving et al.，1994）。例如，用 fMRI 表明前额皮质的外侧面对于工作记忆非常重要，工作记忆是指那部分用来加工在某一特定时间应用很活跃的信息的记忆（McCarthy et al.，1994）。

还有一项突破性技术是正电子发射断层扫描技术（positron emission tomography, PET），这种扫描使我们可看到活性的脑。给病人注射一种具有轻微放射性的葡萄糖，它可为体细胞所吸收，而脑内吸收的葡萄糖量表明某一特定细胞新陈代谢的活跃程度。当放射性葡萄糖进入人脑后，将病人的头部置于与 CAT 扫描仪相似的环里，接着有一束 X 线穿过头部。放射性物质被扫描仪所发现，然后由计算机确定脑的哪些部位吸收了最多的放射性葡萄糖，并由此确定出最活跃的区域（见图3-24d）。PET 扫描用于显示在执行，诸如听音乐、玩电脑游戏、说话和移动身体部位这样的任务中脑的哪些部位机能活跃（见图3-25）。PET 扫描还表明某些睡眠时相中的做梦

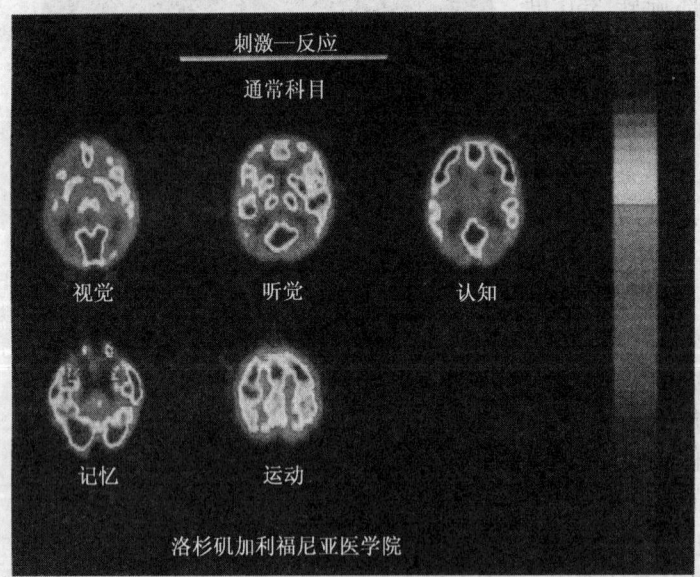
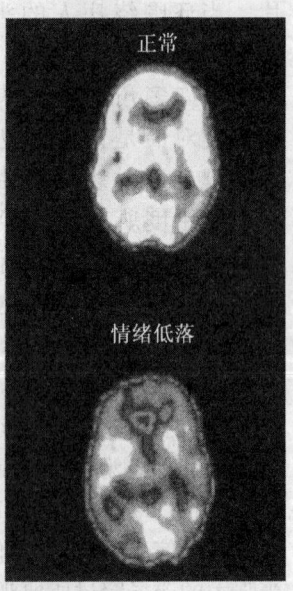

图3-25　PET 扫描的影像

PET 扫描获得的影像既显示出不同的心理状态，也显示出对不同活动和刺激所表现出的新陈代谢过程。

与那些和语言加工及其他认知活动有关的脑区相关(Gottschalk，Buchsbaum，Gillin，Wu et al.，1991)。由于 PET 扫描显示了脑的生理机能而不仅仅是解剖结构，所以这项技术提供了对大脑的动态观察，而这以前只能由危害更大的技术如脑电图和血管造影提供。PET 扫描用于许多试图对功能进行定位的心理学研究。例如，它可用于显示：对诸如颜色、形状和运动这样的刺激特征的注意发生在一个称为"条痕过度视皮质"的特殊脑区中 (Corbetta，Miezin，Dobmeyer，Shulman，& Petersen，1991；Corbetta，Miezin，Shuman，& Petersen，1993)。

人们正在开发用于观察脑的新技术。最近开发的一项技术叫光学成像(optical imaging)，它使用了光纤和一个特殊的、附着于外科显微镜的照相机。许多有用的成像技术使我们对于脑有了新的认识，这既指脑的生理结构，也指心理活动的脑机制。

内分泌系统

问题：内分泌系统有哪些基本组成成分，它的生理机能是什么？

在大多数情况下，神经系统在将感觉信息传至脑和将来自脑的运动信息传至肌肉方面做得非常好。神经系统在快速传递特定信息方面特别有效，以致我们能立即对环境作出反应。然而，有时我们体内也用另一种传递方式。另一种对神经系统起补充作用的传导网络是内分泌系统(endocrine system)。内分泌意为内部分泌或释放(secreting or releasing inside)。我们体内还有一个外分泌系统(exocrine system)，通过它，一些腺体分泌，诸如眼泪或汗水这样的物质，并通过导管(ducts)排出体外。内分泌系统通过腺体(gland)来发挥作用。腺体是一些细胞群，它能分泌在体内随处都要用到的化学物质。内分泌腺体将化学物质直接释放入血液，而血液则将这些内分泌物质运送到靶器官或器官。

激素和脑

通过内分泌系统分泌的化学物质是激素(hormones)，它能促进细胞的生长和增殖。激素在成长和整个发育过程中，特别是性发育中起着重要的作用。在某些情况下，激素影响受体细胞活动的方式。激素或者与靶细胞表面的受体相互作用，或者直接进入靶细胞与细胞内的特异性受体分子相互作用而发挥其机能。神经递质与激素之间存在某些相似之处：激素是在传导网络内运行的化学物质，它由一群细胞分泌(对于激素来说，即是腺体)，然后携带信息传至另一群细胞(在这里，即是靶器官或器官)。这些化学物质的特定作用也大多由接受它们的受体的性质决定。例如，同一种激素使心跳加快但却使消化器官活动减慢。

因此,和神经递质一样,激素也是体内非常重要的传导物质。确实,一些在神经系统内充当神经递质的化学物质在血液中也可充当激素。

整个内分泌系统的活动大多在无意识支配的情况下进行,激素的释放是反射性的。来自体内、体外的刺激引起神经活动的变化,促使一种或多种激素的释放。身体通过负反馈回路(negative-feedback loop)调节某一特定激素的水平和受其影响的活动,负反馈回路的图示见图3-26。当完成特殊的激素功能或血液中激素的水平达到了一个理想的水平,就会有信息传到脑,接着腺体就不再继续分泌激素。

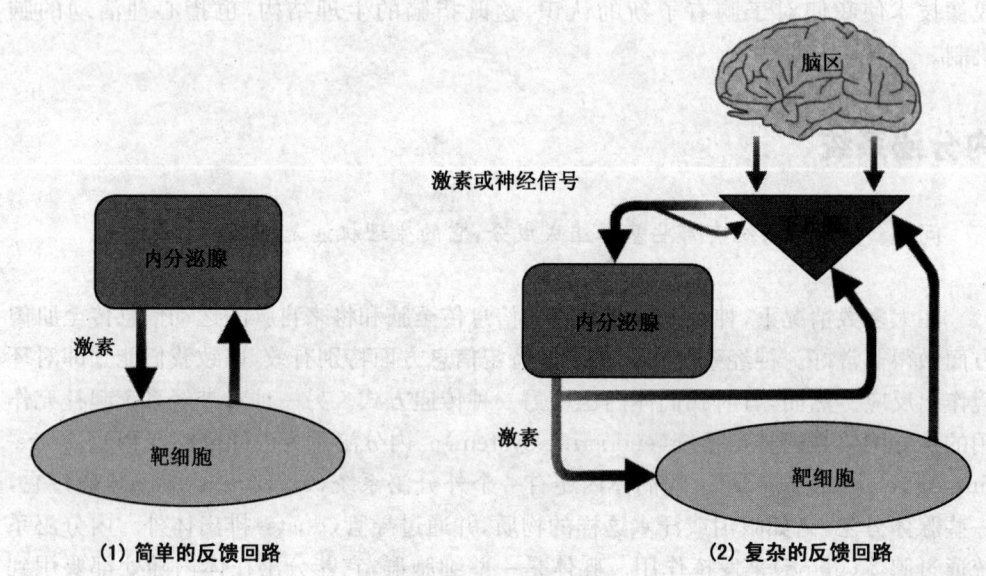

图3-26 负反馈回路

通过负反馈回路,内分泌腺调节血液中的激素水平。如果这个调节过程产生负性应答(反馈),即表明需要高水平的某种特定激素,激素将继续分泌。

体内有哪些主要的内分泌腺?它们对身体有哪些主要的影响,并有何心理意义?图3-27显示了一些主要的腺体。

内分泌腺

肾上腺

肾上腺(adrenal glands)位于肾脏的上方,每一个肾上腺都包含两个部分:肾上腺髓质(内部解剖结构)和肾上腺皮质(外部解剖结构)。这些腺体对情绪、能量水平和应

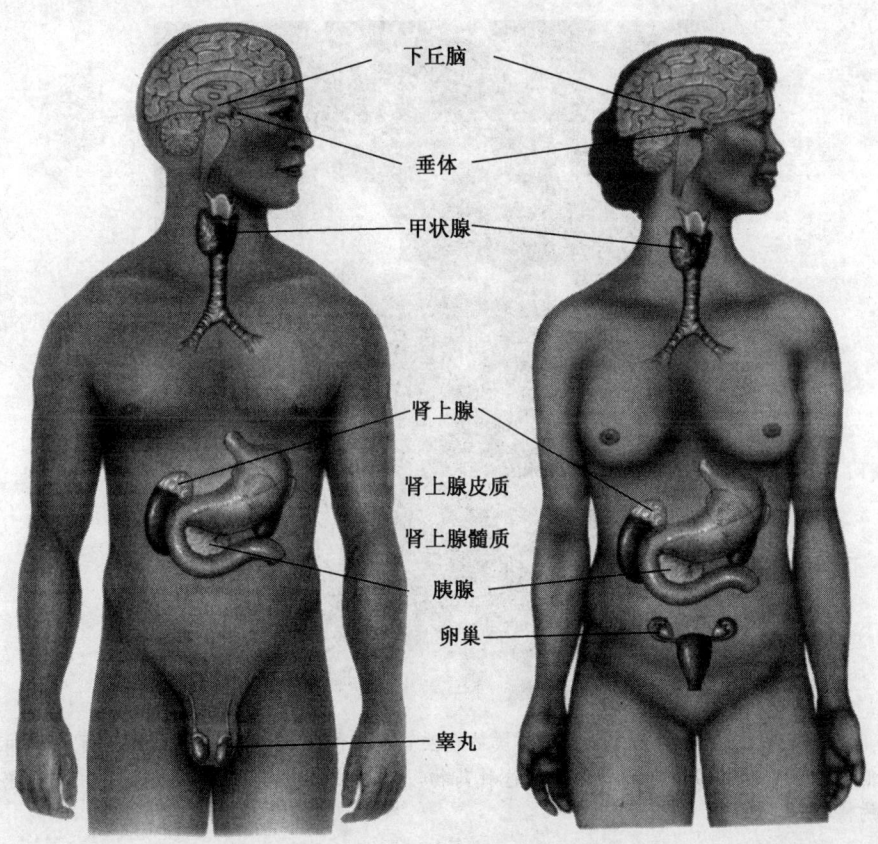

图 3-27 人体的主要内分泌腺

肾上腺、甲状腺和垂体腺都是重要的内分泌腺。但其他的腺体也执行重要的生理功能。

激反应非常重要。肾上腺髓质(adrenal medulla)分泌两种激素：肾上腺素(epinephrine，也称 adrenaline)和去甲肾上腺素(norepinephrine，也称 noradrenaline)。肾上腺素和去甲肾上腺素在神经系统内能充当神经递质，但在血液中它们也能充当激素。作为神经递质，去甲肾上腺素比肾上腺素起着更重要的作用。例如，去甲肾上腺素影响觉醒。当这两种物质作为激素起作用时，肾上腺素和去甲肾上腺素都与突然的唤醒反应，如加快心率、升高血压、减少消化系统的血流等密切相关。突然的唤醒可导致搏斗-逃跑反应(fight-or-flight response)：当处于不得不面对或逃跑的危机中时，你感到能量大量涌出，此即是肾上腺唤醒的结果。

1998年，马克·马奎尔用类固醇类的合法药物来使其肌肉更加强壮，从而可以增加他的击球力量。1999年他开始停用这种药物，因为他说这给年轻运动员做了一个不好的榜样。

肾上腺皮质可合成50多种激素，这些激素执行各种各样的功能，有许多激素对生理性生存或性别差异和繁殖功能至关重要。扰乱激素间复杂的平衡将导致有害的后果。例如，大剂量的类固醇——一种在肾上腺皮质中合成的天然雄性激素的合成物——不仅与不育和其他一些生理损害或疾病有关，还与极度的攻击性、严重的情绪波动和心理不稳定有关(Pope & Katz, 1988)。另一内分泌腺——甲状腺的功能失调，也会带来严重的生理和行为后果。美国棒球明星马克·马奎尔（Mark McGwire）在1998年的棒球赛季中使用了市场上即可买到的药物（在棒球比赛中使用这种药物是合法的，而在大多数其他运动中却并不合法）来使肌肉更强壮。那一年，他创造了一项全国记录。在1999年的赛季，他停止使用那种药物，因为他认为这对年轻人来说是个不好的榜样。然而，他却仍然创造了一个辉煌的赛季。不管什么使他成为了家喻户晓的明星，有一点是可以肯定的，药物不会使人出名。

甲状腺

甲状腺(thyroid gland)位于喉部前方,能调节细胞的新陈代谢率。甲状腺合成的激素,即甲状腺素(thyroxine),能提高新陈代谢率。甲状腺素合成过多会导致甲状腺功能亢进(hyperthyroidism),伴有高血压、体重减轻和肌肉无力。甲状腺不足则导致甲状腺功能减低(hypothyroidism),伴有新陈代谢缓慢和继发的体重增加及反应迟钝。当医生面对感觉疲劳或情绪低落的病人时,在建议他去做心理咨询之前,医生经常要检查病人的甲状腺功能。

垂体腺

垂体腺(pituitary gland)有时也称为主腺,对内分泌系统起着非常重要的作用。它调控许多其他的内分泌腺,这些内分泌腺可对垂体所释放的激素作出反应并释放自己的激素。垂体本身受下丘脑(在前脑中)的调控。垂体腺(位于口部之上,下丘脑之下,并附着于下丘脑)释放的激素直接或间接地影响其他的生理功能。

垂体还提供了内分泌系统与神经系统的直接联系。当神经系统向脑发出应激情境的信号时,下丘脑的神经元刺激下丘脑作用于垂体。垂体对其作出反应,并分泌肾上腺皮质激素释放激素(adrenocorticotropic hormone,ACTH),它是体内一种重要的应激激素。血液将 ACTH 输送到其他各种器官,尤其是肾上腺。除了其他激素,肾上腺还分泌肾上腺素和去甲肾上腺素这两种搏斗-逃跑激素。这个调节回路见图3-28。

因此,内分泌系统提供了一种通过血液中的激素激活体内反应的方式。内分泌系统以某种方式自我调节,但也可通过下丘脑接受神经系统的调控。然而,内分泌系统和神经系统都是人体巨大网络中构成整体所必需的组成部分,在界定心、身之间令人困惑的关系中均起着重要作用,只是这种作用目前还不完全清楚。

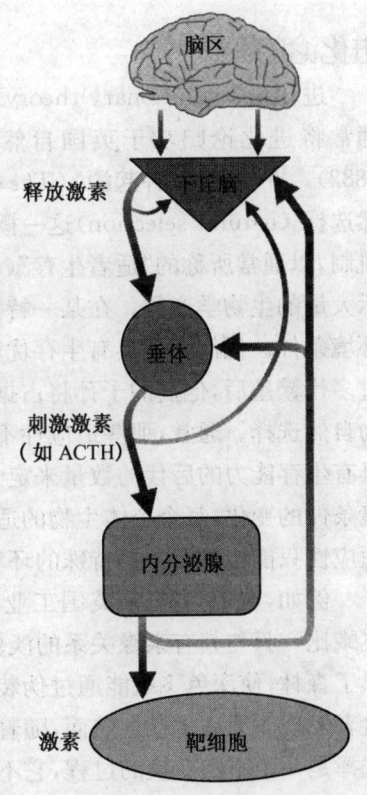

图3-28 调节回路

垂体腺与下丘脑相互之间的生理影响为神经系统和内分泌系统之间提供了重要联系。

行为的遗传基础

问题：什么是进化理论？它如何适用于心理学？

要了解生物学对心理学家思想的影响，我们首先得了解进化论对生物学家思想的影响。因为心理学家对行为感兴趣，而生物心理学家对身体与行为的相互关系感兴趣，所以进化是一个开始的好话题。

进化论

进化论的实质

进化论（evolutionary theory）描述个体经历多代繁殖后身体与行为发生的变化，通常将进化论归功于英国自然科学家查尔斯·达尔文（Charles Darwin, 1809 - 1882）。在他的《物种起源》（*The Origin of Species*, 1859）一书中，达尔文提出了自然选择（natural selection）这一概念，这是一种进化理论，它描述了生物发展和变化的机制，以通常所称的"适者生存"（survival of the fittest）为基础。据该理论，有机体显示大量的生物学变异。在某一特定时间里，一些特殊生物比其他生物更能适应特定的环境条件。他们因此具有生存优势，并最终繁殖出更多的、具有生存能力的后代。经过多代繁殖后，他们的子孙将占据主流地位。这些个体通过自然选择而生存，因此称为自然选择。通常，那些适应性不强的个体很少能成功繁殖（在这里，繁殖成功是根据具有生存能力的后代的数量来定义的，这些后代自己也将能最终繁殖后代）。随着环境条件的变化，每个个体生物的适应性都有发生变化的潜能，记住这一点是很重要的。适应性只能相对于一组特殊的环境条件来评定。

例如，在19世纪末英国工业革命（Industrial Revolution）期间，一只特殊的深色飞蛾比一只与其有亲缘关系的淡色飞蛾更具生存优势。为什么呢？因为工业污染熏黑了森林，使深色飞蛾能通过伪装躲避诸如鸟之类的捕食者，淡色飞蛾则因太易被捕食者发现而无法生存。然而，随着对环境污染的控制，淡色飞蛾正在回归。因此，自然选择是一个不断变换的过程，它不仅受有机体生物学的影响，而且也受生物学与环境条件相互作用的影响。

达尔文关于自然选择的观点怎样开始对心理学和行为研究产生影响呢？随着人类的进化，由脑随意控制的行为所占的比例越来越高；与其他许多脑发育不完善的动物相比，我们的行动具有更多的自我调控性，而更少本能性（Pinker, 1998）。因此，生物心理学家研究神经系统以阐明它对我们的情绪、情感、内驱力、思维过程和行为的影响。其他与心理学相关领域的研究者也试图将自然选择的进化理论应用于研究人类行为,只是其使用的方法与生物心理学的方法截然不同。从进化的立场来看,一个有机体的适应成功与否取决于它是否正好与环境相融洽,记住这一点是非常重要的。例如,如果世界上发生了重大的气候变化,能存活的生物体将是那些能够适应此变化的,而不论他们是否是具有一个进化良好的脑或别的什么东西的复杂生物。

进化论之所以重要不仅因为自然选择这一观点,而且因为它体现了在前面的章节中已经讨论过的机能主义的哲学思想:正如早期的心理学机能主义者试图了解人们为什么会如他们所做的那样去做一样,研究进化的机能主义者也试图解释生物体为什么会如他们所变化和进化的那样去变化和进化。特殊的进化演变对于正在发生此变化的生物体有什么意义呢?从一个机能主义者的立场来看,我们试图从是什么使某些个体比其他个体更成功地适应和繁殖这一角度来理解自然选择。

正如最初提出进化论时所言明的那样,通过自然选择的进化是渐进性的。然而,最近有一些理论家提出了另一种观点:间断平衡。根据间断平衡(punctuated equilibrium)这个观点,生物体在很长一段时间内保持相对的稳定,在这段稳定的时期内,间隔出现相对短暂(从进化尺度来看)的快速变化期(Gould, 1981)。史蒂芬·杰·古尔德(Stephen Jay Gould)和其他人都同意达尔文关于自然选择是进化的关键这一观点,只是在关于进化过程的时间安排上与他意见不太一致。

进化论在心理学中的应用和局限性

进化论为理解各种各样的心理学现象提供了一个极好的、统一的框架。正如我们试图了解观点的演变以理解心理学家和其他人是怎样思考他们行为的方式一样(见第二章),我们也可试图了解生物体的进化,从而理解他们是怎样成为他们现在这个样子的。

有时,进化论为我们提供了一种用于理解其他方法无法解释的现象的基础。例如,勒达·考斯米兹(Leda Cosmides, 1989)发现:在完成某一类型的推理任务时,如果任务的内容与被骗的人相关,人们表现出的推理能力就要比任务的内容与其他事物相关时更好。当问题涉及欺骗行为时,人为什么就会表现得更出色呢?根据考斯米兹的观点,那是因为我们就是以那种使我们对于欺骗特别敏感的方式进化的。我们的那些对于欺骗不敏感的祖先在适应环境方面处于劣势,并由于任由自己被骗,他们因此很少有繁殖后代的机会。例如,他们可能会任由自己被骗而失去繁殖机会或可能失去维持生命和达到繁殖高峰所必须的食物。不管是哪一种情况,那些善于"察觉出欺骗行为"的人在适应性方面占有优势,并比那些不善于察觉出欺骗行为的人更有可能成为我们的祖先。

在本书中,我们会看到每一章节几乎都有关于生物进化和观念进化的引证。

这两种进化之间有什么联系吗？也许有吧。理查德·道金斯（Richard Dawkins，1989）推测：在本质上，适用于生物体的进化规律可能同样适用于文化后生现象，包括观念。许多心理学家也认为观念沿着"适者生存"机制的轨道进化，在这里，"适者"即是指那些与提出此观念并使其广为传布的文化背景最相适应的观念（D. T. Campbell, 1960; Lumsden, 1998; Perkins, 1995b; Simonton, 1995, 1998）。一方面，我们必须认识到观念并不是和人一样的活的生物体；另一方面，我们可能也认识到像生物体一样，观念或多或少能与环境相融洽。然而，它们的融洽却并不使其成为真理：多年来文化接受了许多显然是错误的观念，如认为一种称为燃素（原先被认为一种物质是构成火的假想要素）的神秘物质（其实并不存在）可以产生火，或认为当人们打喷嚏时，灵魂会暂时离开躯体。进化论并不提供任何形式的真理或伦理道德的标准。在实际意义上适合特定环境的生物体或观念，在绝对意义上并不比其他生物体或观念更好，它们只不过是能很好适应某一特定时间或某一特定地点而已。

虽然进化论为理解许多心理现象提供了有用的框架，但我们必须小心，别把这一或任何其他理论推崇到极致。我们可能会以记录所有观察到的现象为工作终点，然后为这些现象建立一个进化的"解释"，正如我们发现与之对立的现象时所做的那样。在这种情况下，进化的解释不会受到驳斥，因为它们是根据事实作出的，用以解释所发现的事物。如果我们认识到这种能提供理解某些现象的方法，也和其他任何理论框架一样并非灵丹妙药，那么进化理论框架和所有其他理论框架一样，才都是有用的。没有任何一种理论框架可以解答我们在心理学中可能碰到的所有问题。

我们所要讨论的行为的生物学基础的最后一个方面，比前面所讲过的神经元还要微小。在每一个细胞内，基因（genes）为我们的生物特征（biological traits）——由遗传决定的特征，或由行为方式的遗传提供的基本生理结构单元。受孕时，我们即从父母那里获得了基因和由基因决定的特征。虽然没有人怀疑基因会影响行为，但它对行为影响的程度却是心理学领域正在研究和争论的问题。行为遗传学（behavioral genetics）是心理学的一个分支，它试图将行为和某些心理特质部分地归因于特殊的基因组合。

遗传学

现代遗传理论要回溯到一位奥地利的修道士和植物学家——格雷戈·孟德尔（Gregor Mendel, 1822-1884）对豌豆的各种常见品种进行的杂交实验。孟德尔发现了一些在豌豆特征的遗传方面的有趣现象。例如，如果将纯合的豌豆高株（总是繁殖高的后代）与纯合的豌豆矮株（总是繁殖矮的后代）杂交，它们的后代总是高的。孟德尔将在第一代后代中所呈现的较强的特征称为显性特征（dominant trait）

(在这里,指的是高),将未呈现的较弱的特征称为隐性特征(recessive trait)(在这里,指的是矮)。

接下来,如果对第一代后代中的所有高株进行自交,第二代后代中将既有高株又有矮株,高矮比例约为 3∶1。我们怎么解释这种奇怪的混杂现象呢? 今天,我们知道了产生这种现象的原因是基因。

为使这个例子简化,我们假设植物的高度仅由两个基因控制,分别来自父方和母方。这两个遗传基因可能都是决定"高"这个特征的,也可能都是决定"矮"这个特征的,或者一个决定"高"一个决定"矮"。如果我们用 T 代表高,用 d 代表矮,那么决定植物高度的可能的基因组合——可能的基因型(genotypes)(是指在一对特定染色体上的基因对,分别遗传自父方和母方,且不受环境的影响——除非发生基因突变)就有 TT,Td,dT,dd。现在我们需要知道的只是一个原则:任何时候,当显性基因与隐性基因配对时,尽管两个基因都存在,但可观察到的结果——表型(phenotype)(即遗传特征的表达,以基因型中的显性特征为基础,也受环境的影响)将是显性特征。孟德尔认定"高"是显性特征,因为具有 TT,Td 或 dT 基因组合的植物均表现为高株,而只有具有 dd 基因组合的植物才表现为矮株。

现在我们可以解释孟德尔的实验结果,即不同后代中豌豆的高度不同。在第一代后代中,所有的后代都是杂合体,即它们具有混合的基因型(Td 和 dT)。因为高(T)是显性特征,所以所有的后代都表现为高株。然而在第二代后代中,基因型为 TT,Td,dT 和 dd 的后代数量相等,但三种基因型(TT,dT,Td)都产生高株表型,只有一种基因型(dd)产生矮株表型(见图 3-29 所示孟德尔实验的结果)。

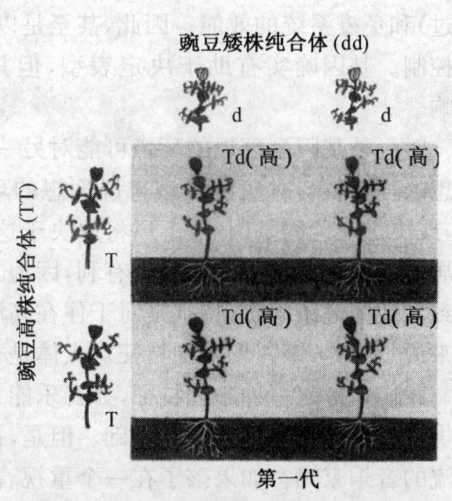

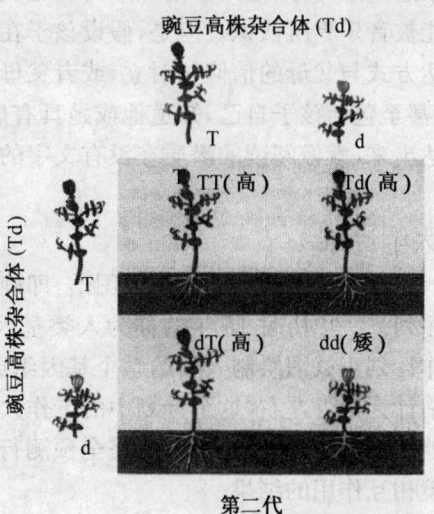

图 3-29 豌豆特征的遗传图谱

通过研究豌豆后代的特点,格雷戈·孟德尔发现了基因遗传的基本过程。

一种基因型，多种不同的表型

对人类而言，单是一种基因型的表达就可以产生相当多的表型，因为遗传学并非如我们刚才所见的那么简单。例如，一个人的身高大多由遗传所控制，但是实际的表现高度却有一系列范围，取决于其他因素如营养、激素（在本章的内分泌系统部分已讲述过）和免疫系统的效能。因此，甚至是以遗传为基础的特征的表达也并不完全由遗传控制。基因确实有助于决定表型，但其他因素如环境对于表型的决定也有一定影响。

对一种基因型理想的环境可能对另一种基因型并不理想。例如，对白色飞蛾来说理想的环境就与对灰色飞蛾来说理想的环境截然不同。哪一组基因（决定白色的基因，或决定灰色的基因）占上风将取决于这组基因表达时的环境。镰刀形细胞特征对于居住在疟疾易感区的人来说有利，因为它使疟原虫较难感染人体；同样的特征却会导致其他的健康问题，特别是对于住在高海拔区（在那儿，找不到引起疟疾的蚊子）的人来说。因此，镰刀形细胞特征对人体是否有利取决于个体居住的环境。

我们来考察一种心理特征，如音乐能力。据说，孩子天生就有一组基因，为他或她提供了发展惊人音乐才能的基础。但是，孩子借此就能发展这种才能，或者就能成为一流的音乐家吗？如果孩子在一个重视音乐指导的家庭里成长，也许能。但是，即使给予这些条件，其他因素诸如毅力和运气也会起作用，例如，要有机会使他或她的音乐才能被音乐界所认识。但是，假设孩子在一个不喜欢音乐的家庭中成长：也许音乐的表达方式与父母的信仰相对立，或者父母将音乐视为浮浅的追求，在这种情况下，没有人，甚至包括孩子自己，知道他或她具有成为一个伟大音乐家的潜质。这种潜质没有表达出来，就像阅读的潜质在没有文字的文化情境中无法表达出来一样。

基因组计划

现在人们正努力绘制基因图谱，即确定位于特定染色体上的特定基因的位置和化学序列。一项历时15年的称为人类基因组计划（Human Genome Project）的国际间合作计划正试图绘制人类的整个基因组或染色体上的基因序列。由于人类的基因数目估计为十万左右，这个计划中的工作人员需要使自己完全投入到这项工作中。但即使他们成功了，结果也并不能完全预测行为，记住这一点是很重要的。行为是基因与环境相互作用的结果。

从人类基因组计划中搜集的信息可以帮助科学家更好地了解导致疾病或与疾病有关的基因，并最终帮助科学家发明对某些疾病更为有效的药物治疗的方法。这些信息也可能使我们更好地理解人们在遗传上是怎样的相似，又是怎样的不同。一些人担心可能会有人不顾道德伦理地利用这些结果。但是对任何科学发现的应用最终都可能是有利有弊的，将科学知识转化为亲社会而不是反社会的应用，那是社会的责任。

我们怎样评价遗传影响和环境影响的大小呢？

遗传力

测定遗传的影响是可能的，但只能用有限的方法。遗传力（heritability）是一个技术术语，它是指由于遗传导致的个体间变异的比例。然而，将遗传对一种特征的影响与这种特征的遗传力区别开来是很重要的。例如，高度是极可能遗传的，因为以来自父母的遗传物质为根据就可以预测谁将较高、谁将较矮；但是如果某个特征很少有，甚至没有可变性，那它就是遗传性的而非可遗传性的。例如，我们天生就有两只手这一现象是遗传性的，但却不会在遗传力的测量中反映出来，因为几乎每个人都天生就有两只手。

对于一个特定社会可能高度重视的特征，如智力来说，这种区别就显得特别重要。过分关注群体中的个体差异，我们可能会忽略人们在遗传上的高度相似性，甚至忘记使他们可能成为智力生物的因素。例如，各种各样复杂的遗传（像环境一样）机制，使人类的最深刻的进步之———说话的能力成为可能。由于几乎所有的人都能说话，我们不可能在智力测验中找到一个对说话能力的测验，正是因为每个人都拥有这种能力，所以说话能力也不会在遗传力的测量中反映出来。

要解释遗传力的测量，你需要记住几件事（Plomin, DeFries, McClearn, & Rutter, 1997; Wahlsten & Gottlieb, 1997; Sternberg & Grigorenko, 1999）。首先，遗传力是在某一特定时间内、对某一特定人群中的某一特定特征的估计。它并不适用于单个个体。对某一特征可遗传性的估计，部分地取决于人群中这一特征的变异来源。例如，在一个强迫孩子用右手书写的社会里，我们观察到的书写时惯用手的遗传力将相当低。然而，在其他一些没有环境压力去强迫使用右手书写的社会中，惯用手的遗传力就相当高。我们还需要记住：甚至是具有高度可遗传性的特征也会受到环境的影响。例如，高度是极可能遗传的，但由于摄入了更丰富的营养，在最近几代中，人的平均高度增加了很多。又如，尽管智力有一定程度的遗传力，然而用常规能力测验所测到的人类智力，在 20 世纪的大多数年份里也有了一定的提高（Neisser, 1998）。最后，我们需要记住：由单个基因控制的特征相对来说很少，特征经常由多个基因所决定。例如，我们从未找到"某个"智力基因，因为没有控制智力的单个基因存在。此外，基因之间也相互作用，有一部分是通过它们与染色体的关系实现的。

染色体与染色体异常

基因是染色体（chromosomes）的一部分，染色体呈杆状，含有许多基因。种属不同，染色体的数目亦不相同，但均成对存在。例如，人类有 23 对共 46 条染色体。在我们体内的大多数细胞中，都含有这 23 对染色体。在受孕时每对染色体中一条来自母亲，一条来自父亲，因此每个人的遗传物质各有一半来自父母中的一方。

染色体中有一部分由生物物质,即脱氧核糖核酸(deoxyribonucleic acid)——DNA 组成,此生物物质提供了遗传信息传递的机制。染色体控制一切特征,从眼睛的颜色到血型和性别。两条特殊的染色体对性别的决定至关重要:X 染色体和 Y 染色体,在每套染色体中它们以第 23 对染色体呈现。女性从父母双方各获得一条 X 染色体,她们的性染色体配对为 XX。男性从母亲获得 X 染色体,从父亲获得 Y 染色体,他们的性染色体配对为 XY。我们可以影响这些代代相传的遗传物质吗?人们已试图施加这种影响。

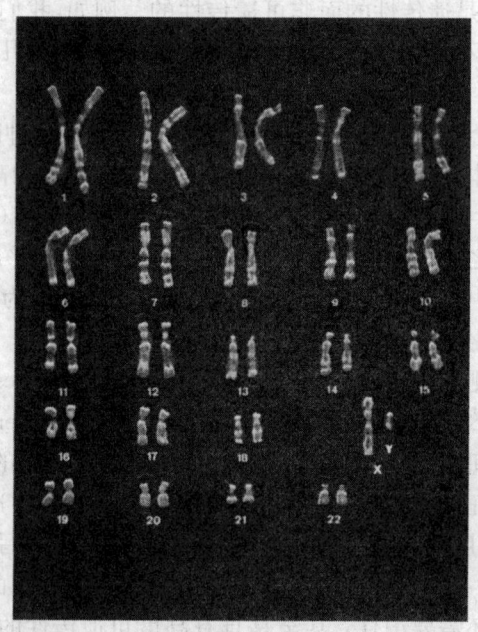

人类有 23 对染色体,其中包括一对决定人的性别的染色体。

选择性交配

如果我们可以对豌豆进行交配以获得高度这一特征,我们也可以期望通过交配获得其他特征。事实上赛马一旦退出赛场,经常就会成为交配的种马,它们的主人因为给母马提供了与种马交配的机会而获利颇丰。实际上,人们在动物的交配中运用了许多尖端的繁殖选择技术(例如人工受精、体外受精、代孕)。如果我们可以通过交配获得赛马能力,怎么就不能通过它来获得学习能力、激情、对酒精依赖的抵抗力,甚至是智力?所有这些选择性交配实验实际上都做过;这里,我们重点讲一个对老鼠进行交配以获得智力的实验。

先测验各种老鼠走迷宫的能力,然后在或多或少会走迷宫的后代中进行交配(Tryon, 1940)。结果得到各式各样的个体。一方面,对或多或少会走迷宫的老鼠进行交配是可能的,正如你在图 3-30 中所看到的那样;另一方面,结果证明老鼠的能力具有惊人的特异性,甚至改变迷宫的形式就能消除组间走迷宫能力的显著差异。显然,基因与环境的关系,在此例中是指迷宫环境,要比表面上可能看到的更为复杂。

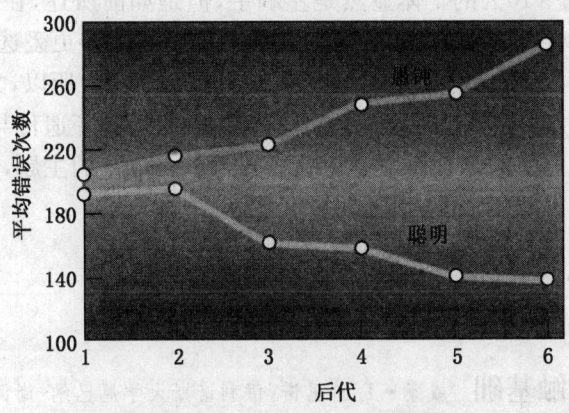

图 3-30 老鼠的选择性交配

老鼠繁殖的后代有走特殊迷宫的能力。然而,这种能力不能推及智力的其他方面——甚至其他类型的迷宫。(Thompson,1954)

一个重要的课题:遗传与环境的相对贡献

问题:遗传与环境是相互对立的作用力吗?

为了研究遗传对潜在特征和在环境中发生的行为的影响,可进行控制性实验,而最好的办法是使用遗传物质完全相同的同卵孪生子。同卵孪生子在智力和其他特征方面表现出相似性,即使把他们分开,使其在不同的环境中长大也是如此。

然而,这并不是说基因不可改变地决定了我们的一切。毫无疑问,我们所受的教养、我们父母的个性、我们的学校教育、我们周围的事物——简言之,即我们的环境——极大地影响着我们将成为什么样的人。那么这个影响究竟有多大?对这个问题并没有一个明确的答案。其实,在整本书中,当谈到心理障碍、个性、认知能力和性情时,你将会看到人们一直在努力,他们试图揭示遗传与环境(nature and nurture)的相对贡献——环境和遗传在多大程度上决定我们成为什么样的人。今天,遗传和环境被认为是相互作用,而不是对立的。例如,一个人可能具有焦虑的遗传素质,而遗传使他具有焦虑更易被唤醒的倾向,但是他所居住的环境,包括他的邻居、他的经济状况、他的家庭生活和社会关系,对于使这种遗传素质怎样表现出来都起着重要的作用。

遗传与环境可能相互作用的另一个例子是优势手(handedness)的表达,即一个人表现出更喜欢用右手,还是用左手,或者双手并用,如双手都很灵巧的个体。有大量证据支持优势手的遗传基础,但是,仅凭遗传因素不足以解释文化造成的优势手的变异(J. W. Berry, Poortinga, Segall, & Dasen, 1992)。例如,虽然在不限制使用哪一只手的人群中,有5%~10%的个体显然是左利手,但是如前所述,在一些社会中,社会化过程会利用选择性压力强迫使用右手而不是左手。在一些更爱选择右手的社会中,左手经常用来做一些个人的清洁工作而因此与肮脏相联系。所以,文化因素会影响利手率。智力(见第九章)和许多其他特征似乎也极大地受到了遗传与环境因素之间极其复杂且尚未完全明了的相互作用的影响。甚至下一章节的主题,即感觉与知觉,也体现了遗传与环境之间复杂的相互作用。

相关研究

学习和记忆的突触基础 威廉·T. 格里诺,伊利诺斯大学厄巴纳-尚佩思分校(William T. Greenough, University of Illinois, Urbana-Champaigh)

在大学时代我曾和詹姆斯·麦克高(James McGaugh)博士一起工作。他那时在俄勒冈大学,并已经取得了一项重大突破——发现长时记忆并不是学习时立即形成的,而是要经过一段时间才能形成,而且在这一段时间内还可以对其进行调节(例如,用药物),使之更好或更差。这一发现表明:记忆的产生是一个过程,需要经过一段时间;而且可以从生理学的角度来研究记忆。此前,心理学中主要的学派一直在研究大脑的哪些部分,对于不同类型的记忆来说是必须的——他们通常通过损毁大脑的某些区域来进行研究。这一转折点使研究者开始思考这样一个问题:"当记忆形成时,脑中发生了什么?"我决定研究这个问题,并且已经取得了一些进展,但是仍不能完全解答上述问题,不过也没有其他的研究者涉足这个问题,我们还是一直在坚持此项研究。

我的研究已经表明:在个体发展中所形成的早期脑结构和许多我们称之为成人记忆的部分都存在突触(神经细胞通过它们传递信息)数量和结构的变化。我的研究首先受以下结果启发:(1)当老鼠首次体验图案视觉时,其视皮质上的突触发生了变化;(2)当老鼠在富有挑战、个体众多的环境(EC,"环境复杂性"老鼠)中成群饲养时,相对于关在普通实验室笼子里(SC,即与另一只老鼠关在一起,称"社会笼子";或IC,即"个体笼子")的老鼠而言,其大脑皮质区更大;(3)在完成复杂学习任务,如迷宫学习方面,EC老鼠比SC或IC老鼠表现更好。

学习机制的电子显微镜研究

随着我在伊利诺斯州立大学首次成立实验组,我开始用电子显微镜研究老鼠的突触,用光学显微镜研究老鼠的神经细胞。我们发现:树突,即接受大多数突触传入信息的神经元部分,在 EC 老鼠的视皮质中有更多的分支,而且在视皮质的某些部分,EC 老鼠的突触比 SC 或 IC 老鼠的大。因此,我们有证据表明:有更多学习机会的 EC 老鼠形成了更多的突触(在分支更多的树突中),且突触有所变化。后来,我们用电子显微镜,即解剖研究的"金标准"证实:在 EC 老鼠的视皮质中,每一个神经元都有更多、更大的突触。对树突的研究是与弗雷得·沃克马(Fred Volkmar)一起进行的,他那时还是个大学生,现在已经是耶鲁大学的精神病学教授了。

为了做这项工作,我得学习使用电子显微镜,这是我学过的许多技术之一。有一点非常重要,就是应该学习任何对于解答关键研究问题所必须的技术,而不受你所熟悉的那些技术的限制。由于心理学研究强调严格的实验方法、平衡设计和适宜的统计学分析——这在其他学科中通常并不强调,心理学的训练为我们提供了一个巨大的优势。有些学科,特别是生物科学,提供了可应用于心理学研究的有价值的测量技术。

随后,我们检测了脑内的其他组织,发现在 EC 老鼠的视皮质中有更多的血管和更多的支持性胶质细胞。这表明:可塑性,或者说细胞根据其活跃程度的不同而改变其属性的能力,是脑组织的相当普遍的特性,而不仅仅是神经细胞的特性。我们还发现:神经元树突分支的增多发生在受过迷宫训练或教过运动技巧(如将前爪伸入一根管子里取食物)的动物中。当在迷宫练习中使用不透明的接触镜或训练只用一只前爪够物,而使训练偏向于脑的一侧时,脑内神经元的变化也相应地偏向于一侧,说明这些变化是由训练的脑活动引起的,而不是由一些训练的普遍活动结果所引起的,如应激性激素的作用。

为确信这些神经元的变化反映的是学习而不是简单的活动——如肌肉随运动而变粗,但我们通常并不将这种变化视为"记忆"——我们将学过运动技巧(一种难度很大的升高障碍的训练科目)的老鼠和那些仅仅运动(练习踩滚轮或踏车)而无需多少记忆的动物相比较,结果发现学习者形成了额外的突触但并无血管的增加,而练习者形成了额外的血管却并无突触的增加。因此,突触的形成是与学习相联系的,而血管的形成则与耐力或连续活动的能力相联系。

新的研究方向

在进行这些研究的过程中,我们发现:与 SC 或 IC 老鼠相比,EC 老鼠合成蛋白质的细胞结构在突触附近更常见。随后,我们发现在突触附近合成的蛋白质中有一种是 FMRP,这种蛋白质在脆性 X 智力迟钝综合征中缺失,而这是先天性智力迟钝的最常见原因。目前,我们正在研究神经细胞内这种蛋白质的作用和这种综合征的神经关联,既从人类患者的尸体解剖材料中寻找线索,也从研究 FMRP 基因失活的、先天性"昏迷"的老鼠中寻求答案。

日常生活中的心理学

透视脑的内部

玛塔·库普曼(Marta Koopmans)夜间撞上了人行道上的一道裂缝,并从自行车上摔了下来,当时急诊室的医生们担心她脑部可能有损伤。她骑车时没有带头盔,并承认有一两分钟暂时失去了意识。在她的左眼上方有一道较深的裂口需要缝合。脑部创伤会引起脑水肿或硬脑膜出血。硬脑(或脊)膜是覆盖在脑和脊髓最外面的坚硬的膜,它能对脑部施加压力。脑水肿或硬脑膜出血都会引起脑损伤。几个世纪以来,惟一可以看见脑的方法就是通过外科手术或尸体解剖。尽管这样的研究已经并将仍然有价值,但科学家并不满足于仅仅研究死亡脑的状态。如玛塔的例子所示,一个以连续动态活动为特征的器官似乎要求有能在活体上研究、并且无害的方法。在20世纪后半叶发展起来的当代显微镜和生物化学技术使科学家能更精确、更细致地研究脑的解剖结构。通过这些方法所获得的影像能帮助医生们精确地发现脑中出现的问题和损伤,也使研究者对脑区有更多的了解,某些心理功能,如听音乐或思考数学题就在这些脑区中进行。

思考题

1. 在弄清人类遗传物质的过程中会涉及哪些伦理问题?
2. 一些新信息对人已有的信念提出怀疑的时候,比较你所认识的人对这些新信息的应答方式。人们可以怎样改进他们的应答方式?
3. 如果让你来设计人类的大脑,使得人类更能适应他们的环境,那么你会做哪些改动?
4. 想像在另一个星球上进化的人类,因在某些方面与人类不同而使他们永远没有战争。他们的大脑结构中有哪些差异可能与这种进化过程相联系?
5. 卡尔·斯潘塞·拉什利(Karl Spencer Lashley)——研究脑功能定位的早期神经心理学家,患了一种其特性仍然令神经心理学家们困惑的周期性偏头痛。许多科学家对特殊的心理现象或特殊的研究领域产生强烈的好奇心都有其个人的理由。人类行为的哪一方面特别令你感到困惑?关于那种行为,你认为研究大脑的哪个或哪些领域而可能有所发现?为什么?
6. 你发现在什么情况下很难如你所愿地进行清晰或深刻地思考?如果你是一位试图发现导致这种情况的生理因素的生物心理学家,你会怎样来研究这些因素?

本章摘要

1. 生物心理学研究生物学因素如何影响行为。对神经系统和内分泌系统的研究——特别是对脑的研究——帮助心理学家解答了关于心身相互影响的问题。

神经系统的结构

2. 神经系统分为两个主要的部分：中枢神经系统和周围神经系统，中枢神经系统包括脑与脊髓，周围神经系统则包括神经系统的其余部分（如面部、腿部、臂部和内脏的神经）。
3. 传入神经元是接受某种信息的结构；传入神经元接受从身体外周传来的感觉信息（如眼、耳和皮肤的感觉），并将这些信息向上经脊髓传至脑。传出神经元传导由脊髓（通常是由脑）传来的运动信息，此信息指示身体如何对所接受信息作出反应（大小肌肉的运动等）。
4. 反射是一种对刺激所作出的，不需要脑的指令，自动的、不随意的反应。然而，脑对引起反射的刺激可作出有意识的解释。
5. 周围神经系统分成两个部分：躯体神经系统和自主神经系统。躯体神经系统控制骨骼肌的随意运动，自主神经系统则控制心肌和平滑肌的不随意运动。
6. 自主神经系统分成两个部分：交感神经系统和副交感神经系统。前者主要与能量的消耗有关，特别是在需要唤醒和警觉的情况下；后者则与能量的贮存有关。

细胞的结构与功能

7. 神经元是特殊的神经细胞。神经是神经元束。有三种功能型的神经元：一种是感觉神经元，中枢神经系统通过它接受来自外界的信息；一种是运动神经元，它携带信息离开中枢神经系统到外界；还有一种是中间神经元，它在感觉神经元与运动神经元之间传递信息。
8. 神经元的细胞体是细胞生命的基础。树枝状的树突是神经元接受从体内感受器或其他神经元传来的信息的途径。轴突是神经元传递信息的途径。有些轴突被许多段白色的、叫髓鞘的脂类物质所覆盖，髓鞘可以提高信息沿神经元传导的速度和精确性。轴突末梢常常分支。末梢节是轴突上每个分支末梢的小球形结构；每一个末梢节都能释放化学性神经递质。一个神经元的末梢节与下一个神经元的树突之间的小间隙是突触。
9. 胶质细胞作为神经元的支持性结构而起作用，它使神经元处于适宜的位置，使神经元与身体的其他部位绝缘，并清除死亡的神经元和其他废物。
10. 神经元膜电位（电荷）快速上升，接着快速下降，即构成一个动作电位。神经元内的冲动传导正是通过动作电位完成的。动作电位是全或无的,只要神经元的电位达到兴奋阈就会产生动作电位。

11. 神经元兴奋后,经历一个绝对不应期,在此期,神经元绝对不会再兴奋;接着是一个短暂的相对不应期,在此期间,神经元对刺激的敏感性降低。
12. 神经递质对突触后神经元树突上的受体的效应可能是兴奋性的(增加兴奋的可能性),也可能是抑制性的(降低兴奋的可能性)。
13. 突触内过多的神经递质通过重吸收再回到末梢节,或者通过酶的失活作用使神经递质发生化学降解。
14. 经典的神经递质包括乙酰胆碱(ACh)、多巴胺(DA)和 5-羟色胺。较新发现的神经递质包括谷氨酸和 γ-氨基丁酸(GABA)。

脑:结构与功能

15. 在后脑,延髓控制心跳并主要控制呼吸、吞咽和消化。延髓还是感觉和运动神经元交叉,从身体一侧上行至脑的另一侧的通路。脑桥中包含将一侧大脑半球的信息传给另一侧大脑半球的神经细胞。小脑控制身体的协调。
16. 中脑与眼部运动和协调有关。对于脑结构不太复杂的动物来说,中脑相对更重要些。对唤醒和睡眠起重要作用的网状激活系统从中脑延伸至后脑。中脑、后脑与前脑的一部分一起组成了脑干,它对个体的生存至关重要。
17. 在前脑,丘脑对于进入大脑皮质的信息起一个中转站的作用。控制自主神经系统和内分泌系统的下丘脑与诸如体温调节、饮食、饮水这样的活动有关。同样在前脑的边缘系统,与情绪、动机和学习有关;应该特别指出的是,海马与记忆有关。
18. 高度复杂的大脑皮质覆盖在脑表面上。它是人类推理、抽象思维和事先计划等能力的根源。
19. 大脑皮质覆盖着由胼胝体联结的左右大脑半球。一般来说,每侧大脑半球都交叉控制对侧身体。
20. 以大量的裂脑研究为根据,许多研究者认为两侧大脑半球的功能是专门化的(执行不同的功能)。对大多数人而言,左侧大脑半球似乎控制语言;而右侧大脑半球似乎控制某些空间和视觉加工过程。大脑两半球在加工信息方面有差异。
21. 脑的另一种分区方法是分成四个脑叶。大致来说,语言、高级思维和运动的加工在额叶,感觉加工在顶叶,听觉加工在颞叶,而视觉加工在枕叶。
22. 额叶的主动觉皮质掌管运动的计划、控制和执行。顶叶的主体觉皮质负责肌肉和皮肤感觉。
23. 联合区似乎联系运动皮质和感觉皮质的活动。
24. 脑电图(EEGs)测量和记录脑的电活动。因为通过脑电图技术可立即记录许多过程,所以经常将波形叠加以增加读数的稳定性。叠加后的波形被称为事件相关电位（ERPs）。

25. 通过电磁射线穿透脑组织可拍摄到脑的 X 线照片。血管造影图是注射特殊染料以提高特殊结构如血管的可视性后拍摄到的 X 线照片。
26. 计算机中轴 X 线断层扫描技术（CAT 扫描）用计算机分析从不同角度摄得的 X 线照片，从而获得比从一个静止装置中摄得的 X 线照片更清晰的脑的照片。
27. 核磁共振脑成像技术（MRI）创造了一个可改变核粒子轨道的非常强大的磁场，粒子发射的能量脉冲被扫描所捕获，以此获得脑的照片。
28. 正电子发射断层扫描术（PET 扫描）使心理学家、医生和其他科学家可以看见动态的脑。X 射线可跟踪被注射的放射性物质通过脑的各个部位的过程。

内分泌系统

29. 内分泌系统是腺体将其分泌的产物直接注入血液的一种途径。内分泌系统分泌的是激素，激素的释放由负反馈回路来调节（将有关血液中激素水平的信息反馈给腺体）。
30. 一个重要的内分泌腺是肾上腺髓质，它分泌肾上腺素和去甲肾上腺素，两者都能使心率加快和使血压升高；而且都能减少进入消化系统的血流量。
31. 神经系统和内分泌系统在某种程度上很相似，因为它们都是传递系统，都以化学物质作为信使：分别为神经递质和激素。脑对内分泌系统也有一定的控制作用，正如激素也能影响脑一样。

行为的遗传基础

32. 达尔文的自然选择学说认为个体趋向于通过成功繁殖来体现适应环境的能力，产下更能适应环境的个体，一般来说，就是更多的、有生存能力的后代。自然选择的概念不仅适用于生物，也适用于观念，虽然这种适应目前还是推测性的。
33. 当通常由父母传给后代的遗传信息改变时就发生了变异，从而产生了新的、带有并不是从父母的遗传物质而来的遗传密码的个体。
34. 间断平衡指的是这样一种观点，它认为在进化过程中的变化是间歇性的，而不是平缓发生的。
35. 基因是对特征的遗传起作用的生物单位。基因位于成对存在的染色体上。人类有 23 对染色体，其中第 23 对染色体负责决定男女性别。
36. 基因型是决定某种特征的遗传密码。表型是该特征在后代中实际可见的表达。某种基因型可能会产生多种表型。
37. 遗传力是对遗传在某一特征的个体差异中有多大贡献的测定。遗传力不同于可变率，它可随时间和地点而改变。

思考题参考答案

1. 在弄清人类遗传物质的过程中会涉及哪些伦理问题?

会涉及许多问题。第一个问题是:人——任何人——是否有弄清其他人遗传物质的权利。第二个问题是:在诸如遗传这么复杂的系统中,人们怎么知道付出的代价是否比获得的利益更大。例如,某些优良特征的获得是以牺牲其他负性特征为代价的。第三个问题是:什么才能算是"正性"的变化。一个人认为是正性的变化,另一个人可能会认为是负性的。第四个问题是:是否会导向罪恶的目的,如繁殖出没有良知的杀手或好战分子。

2. 一些新信息对人已有的信念提出怀疑的时候,比较你所认识的人对这些新信息的应答方式。人们可以怎样改进他们的应答方式?

有些人对这种新信息的反应是抵抗性的,他们无论如何也要维持已有的信念。这种态度使得他们即使面对与自己已有信念相抵触的证据时,还是会倾向于维持旧的信念。只要人们对自己的信念时刻保持警醒,并在新的信息出现后以一种开放的思想去改变这些信念,他们就能够改善自己的反应。以这种方式,他们不仅在学生时期,而且在人生的所有历程中,都能不断理智地成长。

3. 如果让你来设计人类的大脑,使得人类更能适应他们的环境,那么你会做哪些改动?

所做的改动究竟会改善还是降低机能总是很难判断的。但是有一个可能被某些人认为是理想的改动,那就是使人们较不易于对别人形成固定的印象或偏见。固定的印象,特别是偏见,会使我们对别人的看法产生偏差,使我们不仅会拒绝去看就摆在我们面前的优点,而且会看到他们身上也许并不存在的缺点。

4. 想像在另一个星球上进化的人类,因在某些方面与人类不同而使他们永远没有战争。他们的大脑结构中有哪些差异可能与这种进化过程相联系?

这些人的杏仁核也许对某些负面情绪,特别是与愤怒有关的情绪较不敏感。

5. 卡尔·斯潘塞·拉什利(Karl Spencer Lashley)——研究脑功能定位的早期神经心理学家,患了一种其特性仍然令神经心理学家们困惑的周期性偏头痛。许多科学家对特殊的心理现象或特殊的研究领域产生强烈的好奇心都有其个人的理由。人类行为的哪一方面特别令你感到困惑?关于那种行为,你认为研究大脑的哪个或哪些领域而可能有所发现?为什么?

   当然,每个人都必须为他或她自己回答这个问题。拿我自己来说,开始研究智力,是因为在还是一个孩子的时候,我的智力测验做得很差。在我职业生涯的大多数时间中,我一直设法找出这个原因!心理学的一个绝妙的特点是:它使我们能回答关于自己和别人的没完没了的疑问。

6. 你发现在什么情况下很难如你所愿地进行清晰或深刻地思考?如果你是一位试图发现导致这种情况的生理因素的生物心理学家,你会怎样来研究这些因素?

   人们常常会发现在巨大的压力下很难清晰地思考。生物心理学家也许会寻求将体内与应激有关的激素的量和当他们解决需要深刻思考的问题,如字谜游戏或颇费脑筋的难事时,所表现出来的思维的质联系起来。

   钟　慧○译
   李　锐◎校

第四章 感觉和知觉

"我在哪里?"

她什么也看不见……不是黑暗,而是一片灰白,像是反射了莫斯科城市灯光的夜云,毫无特色,却又似隐隐带点织纹。她什么也听不见,没有车辆的隆隆声,没有机械的流水声,也没有开门时的砰然一声……她把头转向一边,还是一样的灰白一片,似在云里,大团的棉球里,又像……

她做了一下深呼吸,发现空气里什么味道也没有,不湿也不干,甚至连一点温度也感觉不出来,她开口说话……但令她难以置信的是,她什么也听不见……

这里难道就是地狱吗?

——汤姆·克兰西(Tom Clancy),《克里姆林宫大主教》
(The Cardinal of the Kremlin)

第四章 感觉和知觉

不是地狱，而是感觉剥夺。在汤姆·克兰西的小说《克里姆林宫大主教》中，斯维特拉娜·凡纳耶娃就被人故意剥夺了所有的感觉刺激，为的就是要从她那里获取一份自白书。起先，她很惊慌，继而，她开始产生幻觉，最终，她自愿招认了一切。可见，感觉剥夺（sensory deprivation）对人的影响是极大的。有趣的是，也有人以此为手段，来进行自我放松和释放压力。感觉剥夺这种自相矛盾的效果，显示了接受来自外部世界的感觉的重要性，以及偶尔远离一些感觉的重要性。心理学家研究感觉是因为我们的思想、情感和行为的大部分都是对感觉信息的一种反应。感觉就是我们与外部世界之间的桥梁。没有感觉，我们就不可能与我们之外的世界发生任何联系。

总体来说，心理学家是这样定义感觉（sensation）的，即：人脑通过其感受器所接收到的刺激的物理信息。感官（sense）就是负责接收特定的物理刺激，再将刺激转换成可被人脑理解的电化学信息的物理系统。大脑的这种神经语言主要是电化学性质的（见第三章）。例如，我们先通过眼睛和鼻子等感官，收集到一条"冒着热气的、圆形的、扁平的、有浓烈香气的、红白相间的物体"的信息，然后再将这些信息进行转换，并通过感觉神经元将转换后的信息传递至大脑。因此，我们有必要先来弄清这些感觉的意义。

我们的大脑接收了这些不同的感觉信息后，立刻对之进行组织、整合、加工和解释，然后，我们会作出反应，比如说"啊！晚饭吃比萨饼！"这种高层次的信息加工过程就是知觉，是紧接着感觉而发生的。所谓知觉（perception），就是对传入大脑的感觉信息进行组织和阐释的一组心理过程，通常就是指在大脑中进行的对感觉所提供的信息进行阐释的认知过程。知觉是在充分考虑了人们的期望、先前的经历和文化的基础上，对感觉信息进行综合并赋予其意义。然而，感觉与知觉并不是泾渭分明的，因为感觉有时也会受到先前经历的影响。例如，当我们对背景噪声（如风扇声或其他电器声）习以为常的时候，我们会说，"什么声音都没有啊！"

许多跨文化研究的心理学家，对生理构造以及大脑的进程受文化影响程度的研究很感兴趣。虽然，文化对知觉是有重大影响的，但不同文化感觉域中的差异却微乎甚微

(poortinga, Kop, & van de Vijver, 1990)。即心理现象与纯生理过程关系越紧密，我们在不同文化人群中发现的差异就越小。相反，心理现象与环境或社会过程关系越紧密，我们就会发现越多的文化（当然，还有环境）差异。例如，人们对天空中遥远的星光的认识可能就更多地来源于文化背景，而不是自己的感觉。对一些人来说，月球像是块被遗弃的废地，而对另一些人来说，月球则是个居住的天堂。

生物基础对感觉加工是至关重要的，对知觉加工也有一定的影响。在从进化的角度来思考感觉加工的适应价值时，这种重要性显得十分明显。人们只对环境中存在的极小部分的刺激敏感。例如，我们的眼睛不能觉察电磁波频谱（electromagnetic spectrum）中的绝大多数波长的电磁波，我们的耳朵不能听见频率很高或很低的声音。那么，我们不能觉察某些刺激，这对我们又有什么好处呢？当然，这使我们免于陷入无尽的无关刺激中。然而同时，人们对有些刺激又必须要有所觉察。例如，虽然没人愿意从痛苦中寻找乐趣，但如果缺少对身体组织正在受到损坏的警惕，机体将处于极端危险之中。再如，经过一段时间后，我们就对环境中一直存在的某些刺激不再有所感觉了。其适应价值就在于我们会更加专注于觉察其他的变化，包括那些对人类有潜在危害的变化。简言之，人类进化的方向，就是逐步去收集物理环境中最相关的信息，并从这些信息中觉察出种种变化。这些调整帮助我们达到对周围环境的适应的最优化。心理学家不仅研究人类的感觉系统，还研究其他生物体，因此，他们能够更好地理解各个种类的感觉系统的共同的局限性，以及各种机体为了维持其在生态系统中的位置而做的感觉适应。

本章主要描述了我们如何通过感官获得对诸如光、颜色、声音、味道、气味、压力、温度、痛、平衡和运动的各种感觉。同时，本章还讨论了视觉向知觉的转变过程。在我们开始了解每种感觉之前，我们应该先对与各种感觉和知觉研究有关的两部分内容进行一些探讨。首先，我们来分析一下感觉的测量和研究；然后，我们再来探讨所有感觉共有的生物属性。

心理物理学

问题：各种心理物理刺激与其所产生的心理感觉之间的关系如何？

心理物理学（psychophysics）是对感官所接受的物理刺激与由该刺激所引起的心理感觉之间关系的系统研究。例如，对闪光的频率与人的觉察能力之间的关系进行测量就是一个心理物理学实验。

日常生活中有许多这种测量心理物理关系的实例。当我们去检查视力时，医生就要判断我们能看得清楚的最小的字是多大；检查听力的医生就要判断我们耳朵可以听到的最微弱的声音为多少分贝。心理物理学同样也与人机工效心理学（human factors and engineering psychology)有关,如在仪表板的设计问题上。摩托车仪表板的亮度的设定,既要保证夜晚行车的人看见,又不至于分散其注意力。在产品的开发中,消费心理学(consumer psychology)就研究诸如香水在不对鼻子产生刺激的前提下,最香可达何种程度等类似的问题。所有这些问题的答案都可以运用心理物理学的技术获得。心理物理学还探讨与知觉有关的一些基本问题,如觉察、测量误差和辨别等(Coren, Ward, & Enns, 1994)。

计算机软件设计师们在设计如图所示的功能复杂的电子游戏时,必须考虑到心理物理学的因素,使设计出来的图形在屏幕上呈现最佳的辨认效果。

觉察和阈限

觉察(detection)就是对感觉刺激存在的意识。在感觉-觉察的研究中,研究者们会研究要让感官觉察到各种刺激,如光、声音、味道等的存在,刺激所要达到的最低强度。对于某一特定的物理能量(如气味、声音和压力等)的假定最小值,即人可以觉察的最小值,就是该能量的绝对阈限(absolute threshold)。我们不能感觉到绝对阈限水平以下的刺激,却可以不断地感觉到该水平以上的刺激。表4-1概括了几种不同感觉的绝对阈限的近似值。

表4-1 绝对感觉阈限 表中所列为几种感觉的绝对阈限的近似值。(After Galanter, 1962)

感 觉	最 小 刺 激
视 觉	在漆黑的夜晚,位于30英里外的烛光
听 觉	在安静的环境中,位于20英尺远的手表的滴答声
味 觉	2加仑水中放1茶匙的糖
嗅 觉	一滴香水弥漫到六个房间大的空间
触 觉	从一厘米处落到你脸颊上的苍蝇的翅膀

判定绝对阈限的最简单的方法就是先采用一个很小的刺激,如微弱的嘟嘟声,并询问被试是否感觉得到。事实上,此时的嘟嘟声应该是微弱得无法听见的。然后,实验者开始逐渐增加刺激的强度,直到被测量者听到为止。理论上讲,听到与听不到之间的分界线就是此人对于此类声音的绝对阈限。而在人们觉察刺激的实际测量过程中,诸如疲劳、注意力分散或感冒等因素都会对测量结果产生影响。为了充分考虑这些因素的影响,心理学家对绝对阈限下了一个操作定义(即用测量操作来进行定义)。所谓绝对阈限,就是一个刺激的50%的次数可被觉察到的水平(见图4-1)。但还有一些因素,如个体的猜测风格等,也会影响到感觉测量的准确性。

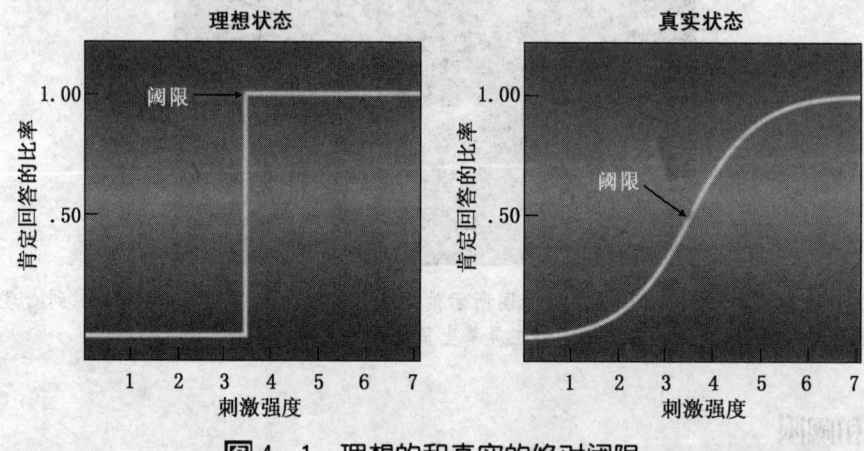

图4-1 理想的和真实的绝对阈限

因为事实上要想定义一个理想的绝对阈限是不可能的,心理学家们就将绝对阈限定义为个体可觉察的最小刺激水平。

传统的绝对阈限的测量并没有充分考虑到一些会歪曲其测量结果的因素,如反应偏差和背景噪音等。例如,当一个信号(如门铃声)太微弱时,我们有时不能肯定是否听到。在这种情况下,有一些人会倾向答"是",即听到了,也有些人只在很确信的情况下才说听到了,否则即答"否",即没听到。这种非"是"即"否"的倾向就是反应偏差。另一个令人困扰的问题就是背景噪音。"背景噪音"就是由环境或个体自身内部发出的、而非由刺激所发出的背景声音。

信号检测分析(signal-detection analysis)是一种更加系统地测量阈限的方法,它考虑到了上述这些以及其他会歪曲测量结果的因素。信号检测论,不仅是心理物理学中的一个重要方法,也为决策的制定过程提供了宝贵的方法。它的一个优点就是实验者可将刺激的真实敏感度与导致歪曲的因素区分开来,如反应偏差和背景噪音等。

信号检测论(signal-detection theory,简称SDT)指出,刺激和反应有四种可能的组合。例如要你来觉察灯的闪动情况。一种可能就是信号或刺激(本例中,即为灯的闪动)的存在,你的反应也正确,即,判断有信号,这种情况就叫"击中";如果此时你判断错误,认为无信号,则为"漏报"。第三种可能就是灯没闪动,你也认为没闪,此时为"正确否定"。第四种可能为灯没有闪动,你认为闪了,此时则为"误报"。表4-2概括了这四种(刺激和反应)组合。可见,信号检测论不仅包括了"击中"和"漏报"(这与传统的心理物理学的阈限测量一致),还添加了"误报"和"正确否定"(Green & Swets, 1966; Tanner, & Birdsall, 1961)。

根据信号检测论,我们不只是要客观地报告是否觉察到某一信号(刺激);同时,我们还要考虑到背景噪音、情绪状态和个人期望等因素,最终判断是否有信号引起了某种感觉。例如,当你晚上一个人在家时,是否感觉到有什么奇怪的声音和人影?当你白天走在大路上时,你的感觉又如何?试对这两种感觉进行比较。

表4-2 信号检测实验的结果 信号检测论考虑到了刺激和反应的四种不同的组合,这使得心理学家得以将接受感觉刺激的对象本身的期望因素列入考虑范围之内。

信 号	反 应	
	是(颜色A)	否(颜色B)
颜色(A) 存在	击 中	漏 报
颜色(B) 不存在	误 报	正确否定

通过比较这四种反应的比例,心理学家可对在需要猜测的情况下,个体是否会出现反应偏差,即更多地答"是"或"否",进行了研究。了解这些反应偏差和引起歪曲的影响因素,有助于研究者获得更加精确的阈限测量的结果。

辨别:差别阈限和最小可觉察

在许多情况下,能够感受到某种刺激的存在是十分重要的。但关键问题不是刺激多强才能被人所觉察,而是如何才能轻易地将两种刺激相互区分开来。这就牵涉到辨别(discrimination)的问题,即辨别两刺激间差异的能力。例如,在日常生活中,你要能辨别一块布的颜色是否与另一块布的颜色相匹配或相冲突。在听音乐会时,你会发现一种乐器是否走音了或其旋律是否与其他乐器和谐。

最小可觉察

可被觉察的两个感觉差异间的最小值就是差别阈限(difference threshold),即最小可觉察(just noticeable difference,简称 jnd)。我们对刺激感觉的绝对阈限有差异,对刺激差异的反应也不尽相同。这种不同就导致了测量误差的产生。基于该原因,心理学家将旨在测量差别阈限的各项实验中所得到的数据进行了平均。在实际操作中,最小可觉察的操作定义就是可觉察的两刺激的差异的多次反应的 50% 的水平。在典型的最小可觉察的实验中,研究者让被试对多组相同性质的刺激进行比较。例如,让被试将手放在两个几乎完全相同、仅温度有所差异的表面上,并说出是否感觉到温度有差异。如果某种差异程度被觉察到的次数为总次数的 50%,那么这就是该被试对于温度的最小可觉察。

感觉差别阈限不仅在日常生活中,而且对于某些职业也十分重要。咖啡鉴定师必须能够尝出或闻出咖啡豆经混合、碾碎和烘烤过后口味的不同。音乐家必须能够听出乐器是否有跑调现象。

各种感觉的差别阈限并不相同。不仅人与人之间的最小可觉察有差异,就是整个人类作为一个整体,对不同类型和强度的感觉刺激的反应也不相同。但对于所有感觉来说,最小可觉察总是随着原始刺激的增加而成比例地相应增加。例如,你正抱着一个盛 10 盎司樱桃的袋子,这时食品商又向你袋子里加了半盎司的樱桃,你也许能感觉得到重量的变化,但如果食品商又加了半盎司,你也许就感觉不出差异来了。为什么第一次感觉得出来而第二次就感觉不出来了呢?原因就是随着刺激强度(这里指食品商未加重量以前袋子的重量)的增加,可引起最小可觉察的数量也要随之而增加。此时,就需要更大的差异量——也许至少要 3~4 盎司的重量,才可以觉察到刺激的差异。

韦伯定律

产生最小可觉察所需的变化量会随着刺激强度的增加而成比例地增加这一现象,最早是由德国生理学家韦伯(Ernst Weber)于 1834 年发现。他发现最小可觉察不是一个恒定的数值,而是一固定比例,这就是我们现在所说的韦伯定律(Weber's Law)。根据韦伯定律,刺激量越大,最小可觉察的数值就越大。

所谓韦伯分数(Weber's fraction),就是某一刺激要想产生最小可觉察所需刺激的相对比例。不同的感觉有不同的分数值。重量的韦伯分数是 0.02。例如,有一个 10 磅的包,其最小可觉察就是 0.2 磅;可是,如果换作一个 50 磅的包,就需要增加 1 磅的重量才可以感觉到差异。我们对电击的差异感觉就比味觉感觉差异敏锐,前者仅为 0.01,而后者却高达 0.2。下页表 4-3 列出了一系列感觉差异的韦伯分数。分数值越小,表明我们对这种感觉的差异越敏锐(如视觉和听觉);分数越大,则越不敏锐。

我们对感觉机能评估中的一些技巧和理论进行了探讨,接着我们就可以来看一下心理学家在这些方面有何发现。下节将讨论所有感觉共同的一些生物属性,如第三章中讲到的动作电位,并将之专门应用到对身体感觉的研究中。

表 4-3　各种类型刺激的韦伯分数

因为人们对不同感觉的敏感度不同，各种刺激的韦伯分数也不同。(Teghtsoonian, 1971)

刺 激 类 型	韦 伯 分 数
电　击	.01
重　量	.02
长　度	.03
振　动（指尖）	.04
响　度	.05
气　味	.05
明　度	.08
味　道（咸）	.2

如果在其中一只桶内再加入 2 盎司重的水，挑担者能觉察到差异吗？

所有感觉共同的生物属性

问题：我们如何感觉物理刺激？

受体细胞及其转化

各种感觉，无论是草坪的颜色、玫瑰花的香味，还是微风抚过我们皮肤的肤觉，都是源于感官中专门的受体细胞接受了刺激的缘故。感受器体细胞（receptor cells）已发展成只觉察特定的各种能量，如机械能、电磁能或化学能的特定物质。任何一个受体细胞，都只是从外部世界的特定区域接受相关的信息。

当眼睛、耳朵或其他感官的感受器被某种能量刺激后，它们会将该信息以电化学的形式传递给大脑。因为信息最初不是以电化学的形式呈现的，所以感受器必须先对它们进行转换，即将从外界接受的能量转换成对神经系统有意义的电化学形式。虽然转换作用是各种感官共同的属性，但转换的具体方法上却存在着差异。每种感觉均有其特定的感受器来完成刺激能量的转换任务。

感觉编码

一盏明亮的红色泛光灯，看上去和一盏暗淡的蓝色夜光灯并不相同；笛子的颤音听起来也不同于电吉他的颤音。感觉编码（sensory coding）就是神经系统中的感受器对一系列与刺激有关的信息进行传递的一种生理通讯方式。感受器和神经元通过电化学的语言形式来表达其信息中的语意层次。

每个感觉刺激都具有强度和性质两个维度。所谓强度，就是经过感受器转换，传达至大脑并被大脑所感知的物理能量的数量（如我们在品尝食物时感觉到的口味的轻重程度）。性质就是传达给感受器，而后被大脑所感知的刺激的性质（如食物是甜的还是咸的）。感觉神经元通过专门的神经兴奋模式（动作电位）来对刺激的物理属性的某些方面进行编码工作。测量个别神经元兴奋模式的方法之一就是单细胞记录法（single-cell recording），即对大脑中的一个神经细胞（神经元）的运动进行记录。通过单细胞记录法，研究者可获知具体刺激和神经元之间的一一对应关系。一旦研究者知道了哪种神经元正处于兴奋状态，就可以进一步对这种神经元的兴奋模式进行研究了。

单细胞记录法极大地丰富了我们对神经元编码工作的理解，尤其是刺激的强度。刺激强度反映在两个方面：一为神经元的兴奋率，是以单位时间内神经元兴奋的次数为依据测得的；另一个就是神经元的兴奋模式规律。刺激的强度越低，神经元的兴奋频率越低且越没有规律，反之，强度越大，神经元的兴奋频率越高且越有规律。刺激强度与神经兴奋率及规律之间的这种关系使得感觉更加直觉化了,因为越强的刺激能使神经元运动得越频繁且越有规律,并刺激其动作电位以达到它的兴奋阈限(见图 4-2 编码强度的示意图)。

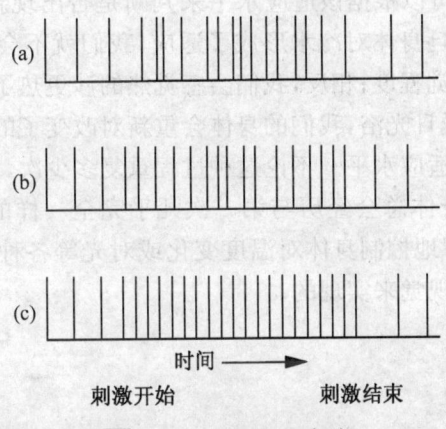

图 4-2 神经兴奋率

引起神经兴奋的刺激的类型不同,神经兴奋的频率也不同。图示为三种不同的神经元反应的示意图。

感觉适应

我们在介绍绝对阈限和最小可觉察时曾提过,感官可觉察出刺激能量的变化。从机能和进化的角度来说,这种反应也显示了我们关注新奇的事物,以辨别它们是"敌"是"友"的必要性。当刺激能量变化时,受体细胞的兴奋程度加强,并向大脑传达该信息。生物学中的感觉适应机制,可以帮助我们对刺激的变化进行适应。

感觉适应(sensory adaptation)是对所感觉到的外界环境变化的一种生理反应。它包括两个过程:在感受系统受到刺激的一段时期内,敏感度会出现暂时地逐渐降低;而在感觉系统不再受到刺激后的一段时期内,敏感度又会出现暂时地上升。因为上述这个过程是不能被人有意识地进行控制和操纵的,它并不受到以往相同情况下经验的影响(譬如温度或其他强度方面的变化)。例如,毋需有意识地努力,我们的视觉就可以对光强的变化进行适应(如从亮处来到暗处或从暗处来到亮处)。同理,我们的嗅觉可对环境中存在的特殊气味形成适应,开始觉得难以忍受的气味不久就觉察不出来了。要形成这种感觉适应,无须任何训练或先前经验,每次感觉适应的过程都和以往任何一次一样,不存在什么差别(然而随着年纪的增长和生理功能的衰退,我们对黑暗的适应能力会有所降低)。感觉适应的程度与环境中刺激的强度直接相关,而与先前经历过的相同刺激的次数,或前后两次经历相同刺激的时间间隔无关。而且,当环境又恢复到先前的状态,我们的生理适应机制也会随之恢复到先前的状态。

比方说,我们已对某一刺激形成适应,如泼在身上的冰冷的海水,我们会发现它并不像先前感觉到的那样寒冷刺骨。此时,我们的适应就达到了一个新的水平(Helson,1964)。我们可以根据该适应水平来判断是否出现新刺激或现存的刺激的强度是否有所变化。一旦身体对冷水形成了适应,我们就不会觉得冰水很冷了,至少不会达到入水之前的感觉程度;相反,我们会感觉热的沙更热了。然而,一旦我们离开了海水,到沙滩上来接受日光浴,我们的身体会重新对改变了的温度进行适应,并对这种较高的温度形成新的适应水平。不论这种过程重复多少次,也不管我们在入水或出水前等待多久,我们的身体总会经历与第一次几乎完全一样的温度的适应水平。而且,我们一般不能有意识地控制身体对温度变化或对光等各种刺激变化的适应速度。对光的适应能力是依靠视觉来实现的。

视觉

问题:视觉的感觉机制和知觉机制是什么?

你是否有在黑暗中醒来的经历?你翻身起了床,脚却被你扔在地板中央的鞋子绊住。灯的开关就在墙上,然而因为你看不见它,所以并不感觉到它的存在。此时,你会像盲人一样,对视觉能力充满了渴望和感激之情,而这种感觉你在白天是根本无法体会到的。要正确理解视觉,我们有必要先了解一些关于光和眼睛在构造方面的知识,以及眼睛如何与光进行交互作用,从而使我们得以看见物体。接下来,我们将依次学习这些问题。

光的物理属性

光是以电磁能的形式被我们眼睛的感受器所吸收的。我们的眼睛只能觉察到光谱中很窄的一段。电磁波频谱是由一系列波长不同的光波组成的(见图4-3),而人眼只能接收其中波长350 nm~750 nm(nm,千万分之一米)的很窄的一段光波。白色光,如太阳光,包含了所有的可见光。其他可见光波呈现不同的颜色。其他物种与人类在可见物的范围上是有差异的。有些动物可以看见我们人类所看不见的电磁波。例如,人类是看不见红外线和紫外线的,而动物却能看见。生物体接收的光波最初是通过眼睛觉察到的。觉察光波间差异的能力不仅与波长本身有关,而且与具体的环境因素有关。例如,在明亮的单一背景中,视敏度就会有所下降(Freeman & Badcock.,1999)。

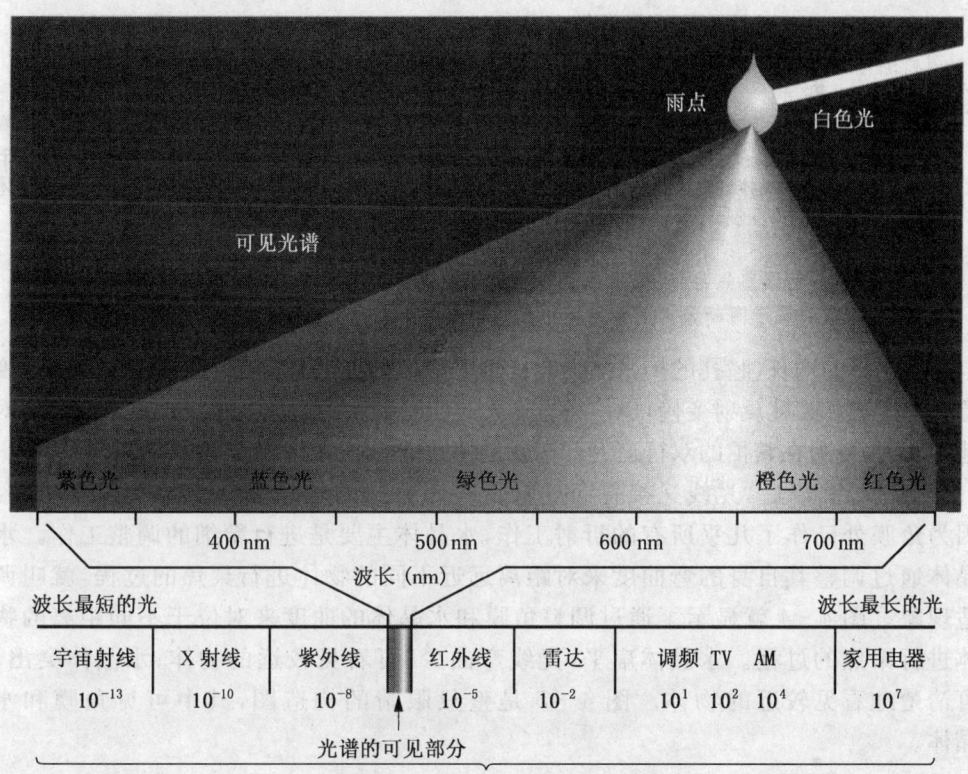

图 4-3 电磁波频谱

在电磁波频谱的庞大范围内,人眼只能觉察其中很窄的一段范围内的光波。

眼睛的功能性结构

如图 4-4 所示,光束是通过角膜(cornea)进入眼睛的。角膜微微隆起,呈出清晰的圆顶形窗户状。角膜就像个弯曲的外部透镜,负责收集和聚焦进来的光线。事实上,角膜是巩膜上的一块特定的区域(所谓巩膜,就是托住眼睛凝胶状物质的一层外部弹力层)。整个巩膜,尤其是角膜,对于轻微的触碰是相当敏感的。当有异物接触到我们的巩膜时,我们的身体几乎会同时产生一连串的保护性反应。这种经历我们人人都有过,如当灰尘、细毛或其他微粒状物体进入我们眼睛的时候。

光线穿过角膜,就到达了瞳孔(pupil)。瞳孔是位于圆环状肌肉——虹膜(iris)中央的一个小孔。虹膜向外反射了一部分光线,使得我们的眼睛可以看见物体的颜色。当进入眼睛的光线太强时,虹膜就会反射性地使瞳孔收缩,来限制进入眼睛的光线数量。瞳孔直径最小可至 2 mm。当光线很暗时,瞳孔就会扩张(最大可达 8 mm),以吸收更多的光线(其直径增加 4 倍相当于视野扩大 16 倍,可见眼睛的适应性是很强的)。

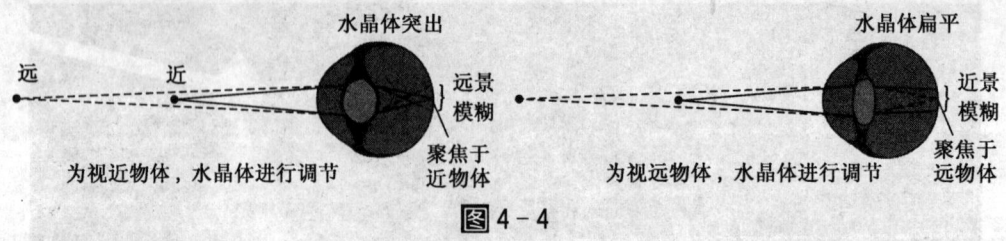

图 4-4

眼睛如何调整焦距,以将视线聚焦于所视物体。角膜和水晶体折射通过瞳孔的光线,将光线聚焦于眼睛最内的视网膜上。

但随着年龄的增长,瞳孔的扩张能力会有所下降,这就使得老年人在暗光下看东西变得更加困难。瞳孔反射变慢,也使得老年人对明暗变化的适应变得更加困难,例如,对他们来说,夜晚在繁忙的双行道上开车就是件困难的事情。

穿过瞳孔以后,光线又接着穿过眼睛内部弯曲的水晶体(lens),并发生弯曲。因为角膜处已作了几乎所有的折射工作,水晶体主要是进行精细的调整工作。水晶体通过调整其自身的弯曲度来对距离远近不同的物体进行聚焦的过程,就叫调适现象。图 4-4 就显示了通过调整角膜和水晶体的曲度来对位于不同距离的物体进行聚焦的过程。水晶体扁平,光线弯曲少,可看见较远的物体;水晶体突出,可清楚地看见较近的物体。图 4-5 是整只眼睛的构造图,其中可见角膜和水晶体。

视网膜

光线折射后就聚焦于眼睛内后部的视网膜(retina)上。视网膜上几乎布满了神经元细胞。电磁光能就在这里被转换成电化学神经冲动。虽然视网膜只有一张纸那么薄,它却包括了三层神经组织,见图 4-5。

第一层神经组织是神经节细胞(ganglion cell),也是最靠近眼睛外部的一层,是神经节细胞层,其轴突结构就构成了视觉神经。第二层包括有三种中间神经元细胞。其中,无足细胞(amacrine cell)和水平细胞(horizontal cell)就构成了细胞中间层视网膜临近区域间的单侧面联结。双极细胞(bipolar cell)则向前与外层的神经节细胞、向后与第三层(内层)视网膜的细胞间形成双向的联结。

光感受器

视网膜组织的第三层上分布有光感受器(photoreceptors),负责将光能转换成电化学能,并经由神经元传入大脑。这个传入的过程就使得眼睛对视觉刺激产生觉察。令人不解的是,光感受细胞是视网膜细胞中离光源最远的部分,光必须首先穿过前两层;并且信息在传达到大脑之前,还要先被传回到前两层。光感受器有两种类型。视

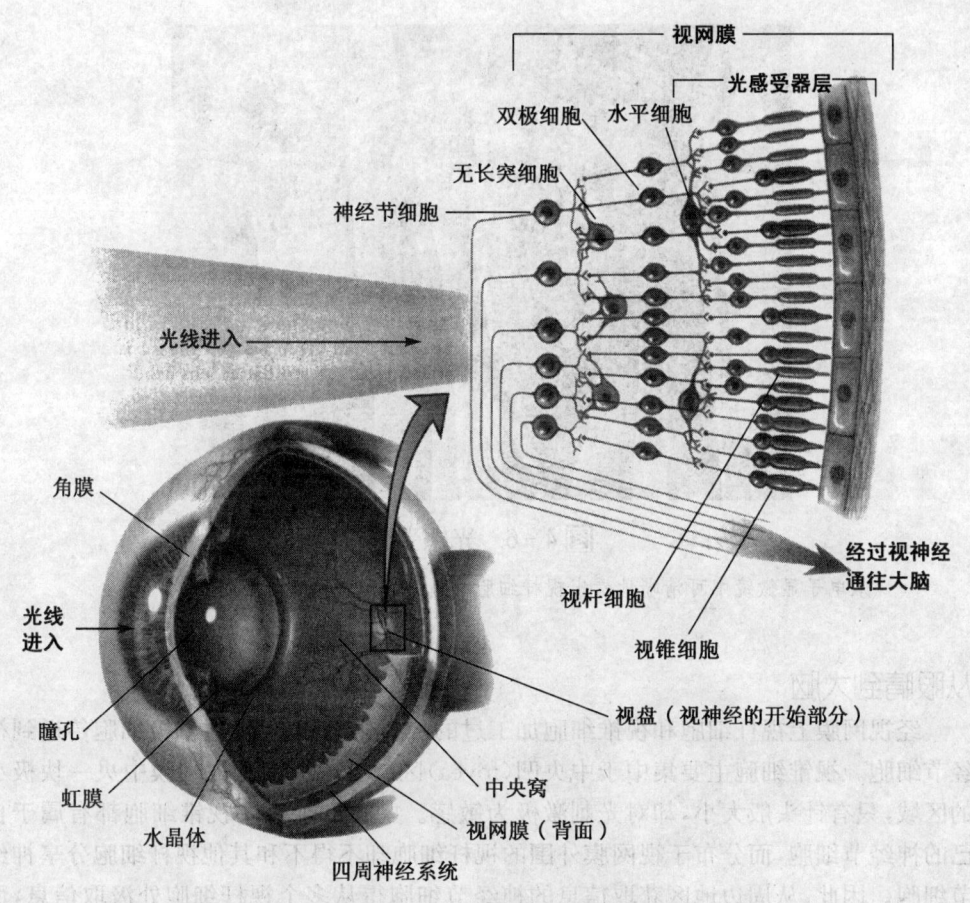

图 4-5 眼睛的构造

经过角膜和水晶体折射到视网膜上的光束刺激了视网膜上的感受器(受体)。这些感受器,即视杆细胞和视锥细胞,感觉到光波的长度,并开始将其电磁能形式转化为电化学能形式。视觉神经将神经冲动传至大脑皮质视区。

杆细胞(rods)呈细长状,主要集中于视网膜的边缘地区,而不是中央凹区域;视锥细胞(cones)呈粗短状,主要集中于中央凹区域。我们每只眼睛都含有约1.2亿个视杆细胞和800万个视锥细胞。视杆细胞和视锥细胞不仅在形状上不同(见图4-6),其内部组成、所处位置和对光的反应也不同。视杆细胞和视锥细胞内含有光色素——一种对光产生反应的化学物质。视锥细胞又可分为三种类型,分别含有不同的光色素(photopigments),而视杆细胞内只含有一种光色素。光色素是进行复杂的转换过程的基础,从它开始,眼睛将物理的电磁能转换成可被大脑理解的电化学神经冲动。

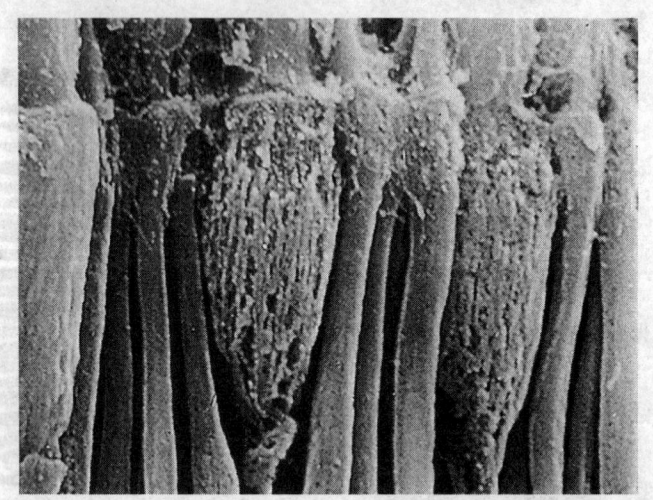

图 4-6 光感受器

从电子显微镜中可清晰地看出视杆细胞和视锥细胞的形状和长度。

从眼睛到大脑

经视网膜上视杆细胞和视锥细胞加工过的神经化学信息,通过双极细胞传送到神经节细胞。视锥细胞主要集中于中央凹(fovea)区域。中央凹是视网膜中央一块极小的区域,只有针头般大小,却对光刺激极为敏感。中央凹处每个视锥细胞都有属于自己的神经节细胞,而分布于视网膜外围的视杆细胞却不得不和其他视杆细胞分享神经节细胞。因此,从周边地区获取信息的神经节细胞得从多个视杆细胞处汲取信息,而位于中央凹的神经元细胞只从其对应的单一视锥细胞处获取信息。这就是视锥细胞在颜色加工方面,功能相对复杂的原因。

前面我们提到过,眼部神经节细胞的轴突整体构成了视觉神经。两眼的视神经在大脑的底端形成视交叉。来自内部的、靠近鼻侧的视网膜上的神经节细胞穿过视交叉,传到了相对应的大脑的另一半球;而来自外部的、靠近太阳穴附近的神经节细胞则穿过视交叉,传到了其对应的同侧的大脑半球。水晶体自动将投射在视网膜上的物像颠倒过来,因此传到大脑的信息应是倒立的(见图4-7)。

穿过视交叉后,神经节细胞就到达了视丘。通过视丘,神经元又将信息传至大脑枕叶区的主要视皮层。视皮层内又包括了几个加工区,每个加工区负责加工包括颜色、位置、深度、模式和形状等方面的不同强度和性质的视觉信息。

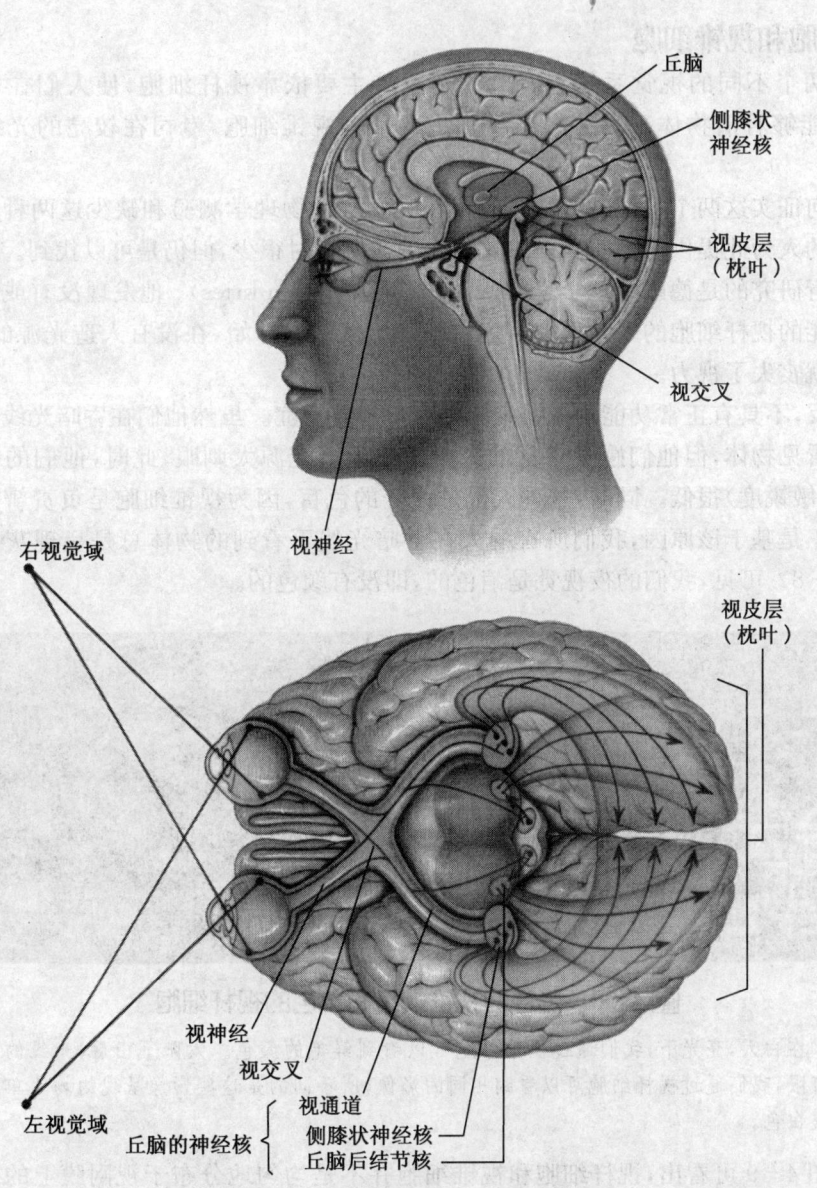

图 4-7 从眼睛到人脑的神经通道

神经节细胞从视网膜上的光感受器传到了每只眼睛的视神经。来自两眼的神经冲动又由视神经传到了视交叉,继而又传到了丘脑。丘脑对视觉信息进行处理,并将之传到了枕叶区的视皮层。

视杆细胞和视锥细胞

有两个不同的视觉系统存在。一个系统主要依靠视杆细胞,使人们在昏暗的光线下能够看清物体。另一个系统则主要依靠视锥细胞,专司在较亮的光线下看物体。

如何证实这两个不同视觉系统的存在呢?心理物理学测验和缺少这两种细胞其中之一的人为此提供了证明。虽然这种人的比例相对很少,但仍是可以找到。最早对他们进行研究的是德国生理学家 J. A. 克瑞斯(J. A. von kries)。他发现没有或不具有正常功能的视杆细胞的人常患夜盲症(1895)。从黄昏开始,在没有人造光源的地方,这些人就丧失了视力。

相反,不具有正常功能的视锥细胞的人常患昼盲症。虽然他们在昏暗光线下可以很好地看见物体,但他们感觉正常的太阳光或人造光源太刺眼,此时,他们的视敏度(视觉的敏锐度)很低。同时,这种人也是完全的色盲,因为视锥细胞是负责辨识颜色的。也正是基于该原因,我们所有的人在昏暗光线下看到的物体总是呈现灰白色的(见图4-8)。可见,我们的夜视觉是消色的,即没有颜色的。

图4-8 彩色的视锥细胞和单色的视杆细胞

在白天,亮光下,我们通过视锥细胞可以看到鲜艳的颜色。太阳下山后,光线的数量有限,我们通过视杆细胞可以看到相同的影像,所不同的是这些影像呈现的均为单调的灰白色。

从图4-9可看出,视杆细胞和视锥细胞并不是均匀地分布于视网膜上的。视锥细胞主要集中于中央凹区域,这使得中央凹成了视觉最清晰的区域。当我们直视某一物体时,我们的两眼转动,以使物像正落在中央凹内。而视杆细胞则遍布于除中央凹和盲点两处以外的所有视网膜区域。

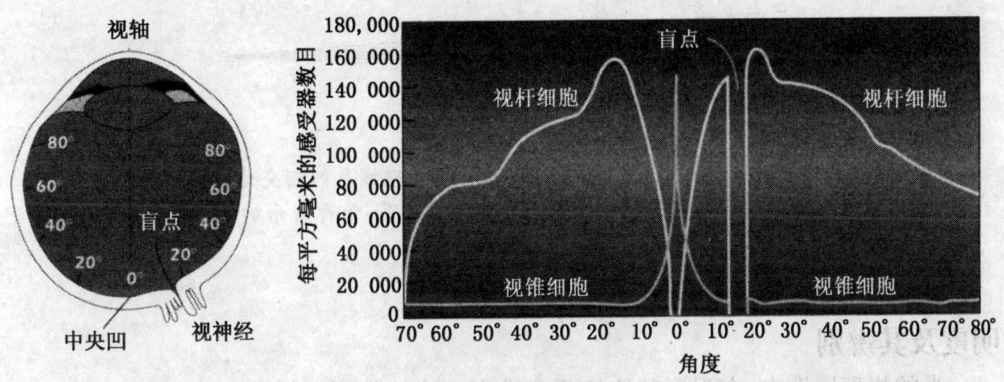

图 4-9 视网膜

在位于视网膜的中央处,集中了几乎所有的视锥细胞。而在视网膜上除中央凹外的周围区域,则高度集中分布着视杆细胞。为什么光感受器如此分布?

盲点(blind spot)是位于视网膜上的一块极小的区域,那里没有任何光感受器,所以人们是看不见投射在该点上的物像的。我们一般感觉不到盲点的存在。由于一只眼睛盲点的位置与另一只眼睛相对应处却是正常的视觉区域,而大脑最终得到的是来自两只眼睛的完整信息,因此,来自一只眼睛的信息就可以补偿另一只盲点处所得不到的信息(见图 4-10)。

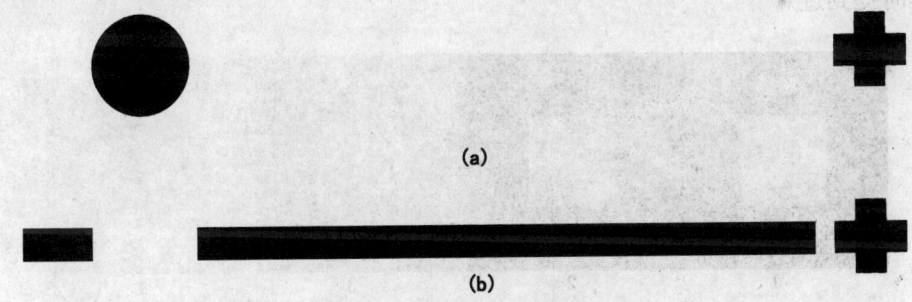

图 4-10 寻找盲点

现将此图置于脸部正前方 12 英寸处,闭上右眼,只用左眼注视右上端的十号,然后前后移动此图,将会发现左端的黑圆圈消失不见了。同样方法,看右下端的十号,你将会发现黑线的缺口部分消失了,黑线看起来是连续的。

我们常发现白天正视物体要比斜视时看得更清晰,而在夜晚,视觉主要以视杆细胞为基础的时候,我们看到的周围物体要比正前方的显得清晰(见图 4-11)。因此,我们夜晚斜视所看到的星星更亮、更清晰。那么,我们又是如何觉察明度和明度的差异的呢?

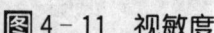

图 4-11 视敏度

请在昏暗光线下,直视这些相交的线条,并标记出线条的相交处。然后稍偏离一点,斜视这些线条,再请指出其相交处。这两种情况下,哪种情形的敏感度更高?为什么?

明度及其辨别

光的物理属性中,有强度和波长两个维度。波长是两个相继的波峰之间的距离。与之相对应的心理属性就是明度和色调,是由我们的身体和心理对感受器所摄入的物理信息进行加工而获得的。物体发出的、到达我们眼睛的、可量化的光线数量就叫视网膜明度。明度并不是指实际可量化的光的强度,而是指我们对于光的强度的印象,这种印象是以光波的振幅或"高度"为基础产生的。所以,明度应该是心理量,而非物理量(见图 4-12)。我们对明度的感觉与物体反射的实际光线强度并没有直接的关系,而是呈曲线状的:在一个完全黑暗的环境中,随着光线的增强,我们对物体的视觉越来越清晰,这种关系可能是线性的,但是,在到达了一定的程度后,光线虽然依然增强,但我们对物体清晰度的视觉感受可能增加得并不明显(这个原理已在讨论心理物理学时提到过)。

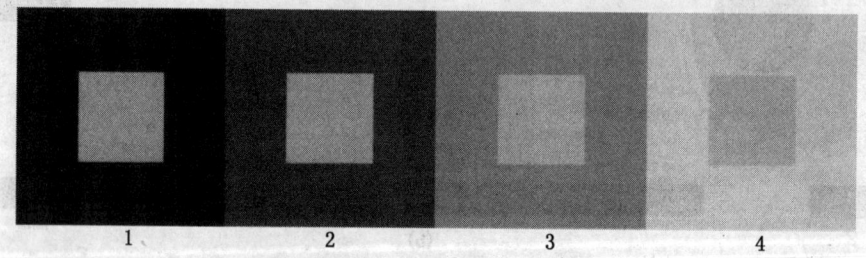

图 4-12 作为心理现象的明度

位于中央的灰色区域哪块显得最亮?为什么?

对明度的感觉要依靠我们眼睛的物理结构获得,即对明度的感觉建立在刺激物像投射在视网膜的具体位置上。视杆细胞主要分布在视网膜的周围地区,与视锥细胞相比,对明度的敏感度更高。因此,我们视野的周围地区比中央区域对明度具有更高的敏感性。当然习惯(下面将要讨论)和感觉适应也影响我们对明度的感觉。

前面曾提到过,感觉有助于我们对环境的变化产生适应。从光线昏暗的房间走入阳光充足的户外,我们常要斜视物体,甚至有时要把眼睛闭上一段时间。那时,我们正在经历明适应,即在光强度增强的情况下,眼睛进行调适。同样道理,从阳光充足的户外走进光线昏暗的房间,开始可能什么也看不见。眼睛要完全适应下来,往往要花上30分钟或更长。这就是暗适应,即眼睛面对光强度的减弱进行调适。有趣的是,在暗适应过程中,虽然我们的瞳孔只放大了16个百分点,我们对光的敏感度却提高了10万个百分点。可见差异是多么明显。从图4-13的不规则曲线图可看出,通过绝对阈限测得的暗适应各阶段的进度并不很一致。是什么原因导致了进度不一致呢?

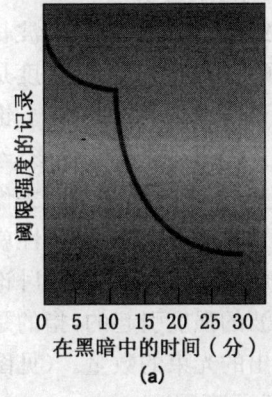  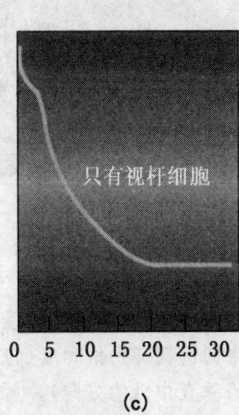

图4-13 暗适应曲线图

当被试对亮光形成适应后,再将他们置于黑暗环境中,他们对光的敏感度将立刻上升。曲线在10分钟处出现的间断就是我们所知的视杆细胞和视锥细胞的交界点。

曲线图中的间断表明,至少有两个生理作用参与了暗适应的过程。可以想像得到,这是视杆细胞和视锥细胞作用的结果。视锥细胞适应得较快,而视杆细胞较慢,往往要花上30分钟才能达到最大敏感度。而且这两个作用进入暗适应过程的具体时间又不同,因此就形成了一条不规则的曲线。

颜色及其辨别

色觉问题一直是心理学研究中一个相当有争议的话题。你能从用于检查色盲的图画中辨别出那些隐藏的形状吗?如果可以,那你的色觉就有可能是正常的。部分色盲或完全色盲的人就不能正确辨识红色或绿色。他们把这两种颜色看做是灰白色。然而,在我们研究色盲及其成因之前,我们先来研究一下有正常视力的人是如何感觉颜色的。

光的物理属性和颜色的心理感觉

与波长相对应的是色调,这也是光最基本的属性之一。色调与我们通常所说的"颜色"很相近。有正常视力的人可以看见电磁波频谱里各种色调不同的可见光波。眼睛可见的波长最短的是紫色光的波长,只有350 nm,最长的是红色光的波长,有750 nm。颜色不是我们所见的物体本身自带的,也不存在于物体所反射的光线中,它们是我们的神经系统对可见光谱中特定波长的反应。因此,我们对颜色的感觉,与光和神经系统的交互作用有关。

颜色感觉的第二个属性,也是由波长决定的,那就是颜色的饱和度。饱和度是指色调看上去是否鲜艳、鲜明和丰富。饱和度高的色调看上去像是充斥着色彩,丝毫不见白色,而饱和度低的色调看上去像是被洗白了一样。颜色的第三个属性就是明度,这在前面可见光部分已经讨论过。明度是由光波的强度引起的,指的是从色调中所散发出的光束的数量。(见图4-14所示的属性示意图)

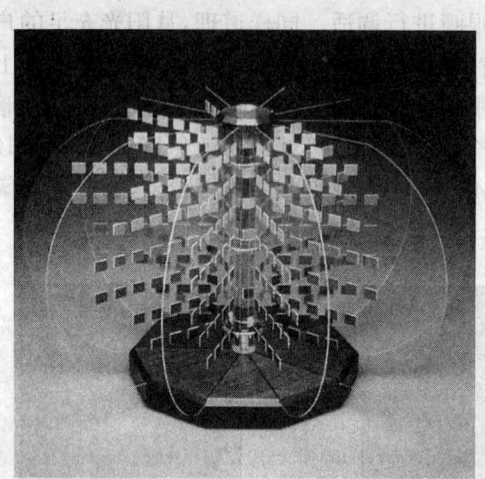

图4-14 颜色锥体

颜色锥体模型包含了色觉的三个特性:色调(中间的圆环)、饱和度(沿水平轴的方向)和明度(沿垂直中轴的方向)。

颜色间的关系

我们所见的颜色分别对应不同的光谱强度,从紫色(最短的可见光波)到红色(最长的可见光波)。然而,从心理学的角度来看,紫色和红色之间看上去并不比紫色和绿色或红色和绿色之间有更为明显的差异。我们心理上感觉到的颜色之间的联系并不与图4-3中所显示的光波之间的物理联系相等同。

在可见光谱内,我们可以看到约150种色调,但我们所见的绝大多数色调并不纯。纯度是指某一色调不能再被分成几个色调的组合进行分析的程度。我们所看到的绝大多数色调都是通过混合得来的。如果色调也有明度和饱和度的话,我们就得区分超过700万的色调、强度和明度不同的颜色。实践证明,色调可以通过混合的方式产生新的色调,主要有下面介绍的两种形式。

混色

混色分为加色混合和减色混合两种形式,运作的原理不同,得到的颜色也不同。当波长不同的光波相互混合后,如将不同颜色的聚光灯集中照向一点时,这就是加色混合(additive color mixture)。每种色光都将自己的波长加入,从而产生了我们所见到的光的波长。

减色混合(subtractive color mixture)是物体吸收了部分光波后,反射出来的剩下的波长部分。大多数有色物体本身并不发光,但它们反射光。也就是说,苹果是红色的,并不是因为它发出红色的光,而是它吸收了除红光外所有的光波,使这些光波从我们的视觉中扣除,只将红色光反射出来的缘故。所以,当反光的颜色(如颜料)被混合后,这些颜料的组合就会从我们的视觉中吸收或扣除比单色颜料扣除的更多的光波。扣除的光波越多,得到的结果就会越深。

色觉理论

科学家们提出色觉理论时,首先必须解决如下的问题:人们是如何看见150余种色调,以及千余种饱和度、明度和色调不同的颜色的(Coren, Ward & Enns, 1994)。不过,有一点是肯定的,不可能每一种可见的色调都有专门的感受器与之一一对应。

三色论(trichromatic theory)。该理论是建立在基色(红、绿和蓝色)的基础上,认为这三种色光可以通过加色混合,形成各种颜色。如果基色可以产生所有色调的话,对应每个基色都可能会有不同的感受器。试想,只有三种感受器,分别负责感受红色、绿色和蓝色。每一个感受器都是一个不同的视锥细胞(视锥细胞通过不同的光色素起作用)。三色论认为,有三种光色素存在,分别负责感受红色、绿色和蓝色。这三种视锥细胞的运作,兴奋的光色素不同程度的组合,就产生了各种色感。图4-15就描述了视锥细胞对不同波长的光波的反应。三色论最初是由托马斯·杨(Thomas Young,

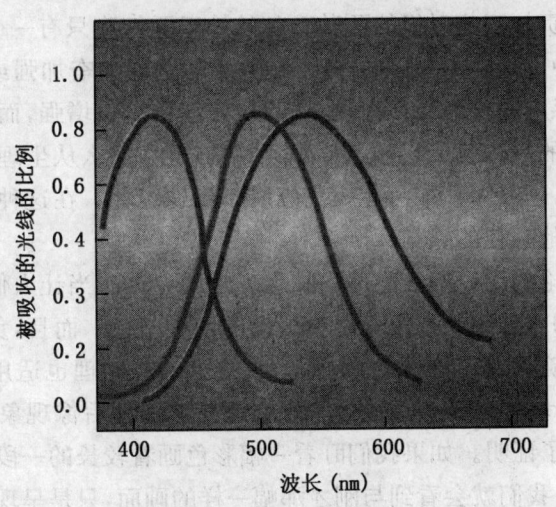

图4-15 三色论

三色论认为,我们的视锥细胞对特定波长的光波尤为敏感,每个视锥细胞都吸收或短或中或长的光波。其中,波长较短的光波有紫色和蓝色光;波长中等的光波有绿色和黄色光;波长较长的光波有橙色和红色光。(Ward & Brown, 1965)

1901/1948)提出来的,后又经过了赫尔曼·冯·赫姆霍兹(Hermann von Helmholtz,1909/1962)的验证和补充,才获得普遍接受。但是杨和赫姆霍兹只分析了行为数据,并没有对眼睛的构造进行研究。今天,我们称他们的理论为杨赫二氏色觉论,又称色觉三色论(trichromatic theory of color vision),成为解释色觉现象的两套理论之一。

三色论的依据可以从对视锥细胞有缺陷的人群的研究中获取。大多数有此缺陷的人都只是部分色盲。他们可以看见一些颜色。三色论认为,部分色盲的人不能正确辨识红色、绿色或蓝色,或都不能辨识。该假说已经得到了经验观察的证实(C. H. Graham & Hsia,1954)。此外,促使视锥细胞产生对红色、绿色和蓝色敏感的色素基因已被发现和证实(Nahans,Thomas,& Hogness,1986),这又为三色论提供了强有力的佐证。

颉颃过程理论。另一套解释色觉的理论就是颉颃过程理论(opponent-process theory of color vision),这最初是由心理生理学家埃瓦德·赫林(Ewald Hering 1878/1964)提出来的,并得到了里奥·赫威克和多拉西亚·詹姆逊(Leo Hurvich & Dorothea Jameson,1957)的进一步规范。该理论认为人类的视觉中存在着相对的历程,即存在有相对的颜色;该理论区分出了两组相对的颜色,即四种颜色,分别为蓝色对黄色,红色对绿色。赫威克和詹姆逊把黑色对白色也算为一组,即成为了第三组基色。他们认为,从知觉的角度来看,这三组是极为相似的。

赫林指出,我们的视觉不能将相对的基色进行组合,从而形成如黄蓝色或红绿色。他对此的解释是负责加工相对组的两种颜色的神经元细胞只有一个。根据出现的颜色(相对组中两个中的一个)的不同,神经元的活动呈现兴奋加强或减弱的趋势。例如,负责对红绿组感应的神经元在红色呈现时,表现为兴奋增强,而在绿色出现时,兴奋减弱。如果我们的视网膜上某一点觉察到的是红色,那么从生理角度来说,在该点就不能觉察到绿色,这就解释了为什么我们看不到红绿色。在这种情况下,神经元的活动产生的是对其他颜色的感觉。

对颉颃过程理论的论证不乏心理学和生理学的论据。当让人们选择他们认为的基色时,他们选择的就是颉颃过程理论所提出的四种基色。而且,负责红色的感受器的神经生理兴奋的确抑制了对绿色的感觉,反之亦然。同理也适用于蓝色和黄色组(Hurvich & Jameson,1957)。颉颃过程理论还能够解释后像现象,而这一解释又进一步为该理论提供了证明。如果我们盯着一幅彩色画看较长的一段时间,然后把视线移到一块空白板上,我们就会看到与刚才那幅一样的画面,只是呈现与之相对(颉颃过程理论中相对组中的颜色)的颜色。

三色论和颉颃过程理论在不同的分析层次上,都呈现出其正确性。三色论在感受器的水平上解释了色觉的某些方面的问题,而颉颃过程理论则在更高的神经节层面上解释了色觉的问题。三色论提出了视网膜上有三种类型的视锥细胞的存在,这是正确的,但它并不能解释补色和后像的问题。要理解这些问题,我们就得借助于颉颃过程理论。因此说,这两套理论都只抓住和解决了色觉现象的不同方面的问题,而不是全部(Hurvich,1981)。

视知觉

知觉赋予了感觉心理方面的意义。但有时,感觉接收的信息是错误的。人类对知觉的探索已经有千余年的历史了,这一点可以从帕提侬神庙(Parthenon,见图4-16)建筑对视错觉(optical illusions)的应用中得到印证。所谓错觉就是对刺激失真和扭曲的知觉经验。是什么因素影响了知觉并导致视错觉的产生呢?

知觉恒常性

想像当你从校园穿过,并向教室走去,而你的一位同学正站在教室的门外。在你接近门口时,你视网膜上这位同学的物像慢慢变大。然而,即使有这种明显的视觉感受,你依旧知觉这位同学的大小不变。这是为什么呢?

上例就是一个典型的知觉恒常性的例子。像这种对外在刺激的瞬时感觉上有所变化,而在知觉经验上却维持不变的心理倾向,就是知觉恒常性(perceptual constancies)。下面就介绍几种知觉恒常性。

图4-16 帕提侬神庙

神庙的设计者们很好地把握了视错觉的应用。他们清楚地知道站在神庙门口的人看到的神庙正面是怎样的。因此,为了使正面看起来成一条直线(a),他们抬高了根基的中央区域,以抵消错觉(b)的作用。

大小恒常性

大小恒常性(size constancy)是指视网膜上刺激的大小改变,而对物体大小的知觉依旧保持不变。视网膜上物像的大小与物体离眼睛的距离直接相关。即,同一个物体,处于不同的距离处,投射在视网膜上的物像的大小不等。大小恒常性的原理在法国印象派画家皮埃尔·奥古斯特·雷诺阿(Pierre-Auguste Renoir,1841-1919)的作品《煎饼磨坊的舞会》中表现得淋漓尽致,见图4-17。图中,背景中的人物比前景中的人物看上去要小得多,但我们并不会因此就认为背景人物都是侏儒或前景人物都是巨人。相反,根据大小恒常性的原理,我们知觉所有的人都差不多高矮。

图4-17 艺术中大小恒常性的运用

法国印象派画家皮埃尔·奥古斯特·雷诺阿就在其作品《煎饼磨坊的舞会》中运用了大小恒常性原理。我们根据大小恒常性原理,知道背景中的人物是与前景中人物大小相等的。

大小恒常性是从经验中获得的。关于这一点,一个经典的案例就是特伯(C. Turnbull,1961)关于伊特比(Iturbi)树林的侏儒人种记录。他讲述了一个侏儒陪他穿越树林的经历。一次,他们两人在远处看到有一群奶牛在吃草。虽然大多数侏儒都曾不止一次地在树林里近距离地见过奶牛,但他们中很少有人如此远距离地看过。令特伯吃惊的是,这位侏儒竟说他看见了很多的蚂蚁。

当我们看到的是新奇的刺激物时,如图4-18中扭曲的房间,我们往往会误用大小恒常性的知觉能力。然而,更多情况下,我们遇到的是图4-17中的情况。我们以作品中的长凳为参照物,从而得出前景中人物与背景人物高矮差不多的结论。可见,此时关于高矮的情景信息是由图中的凳子提供的,这就成为我们得出结论的依据。

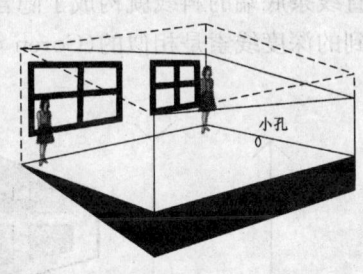

图4-18 知觉恒常性

当我们从墙上的小孔处看房间里的男孩和狗时,我们知觉到他们的相对大小的不现实。然而看到结构示意图后,我们发现他们的形状事实上是被歪曲了。

有助于建立大小恒常性的信息有时也会愚弄我们的知觉器官,这时,错觉现象就有可能发生。在图4-19 a和b中,我们知觉上端的线条和木条要比下端的长,虽然事实上它们是等长的。这是因为,在三维世界里,上端的线条、木条总要比下端的长。这种现象就叫庞邹错觉(Ponzo illusion),这是由相交线条所引起的深度线索造成的。

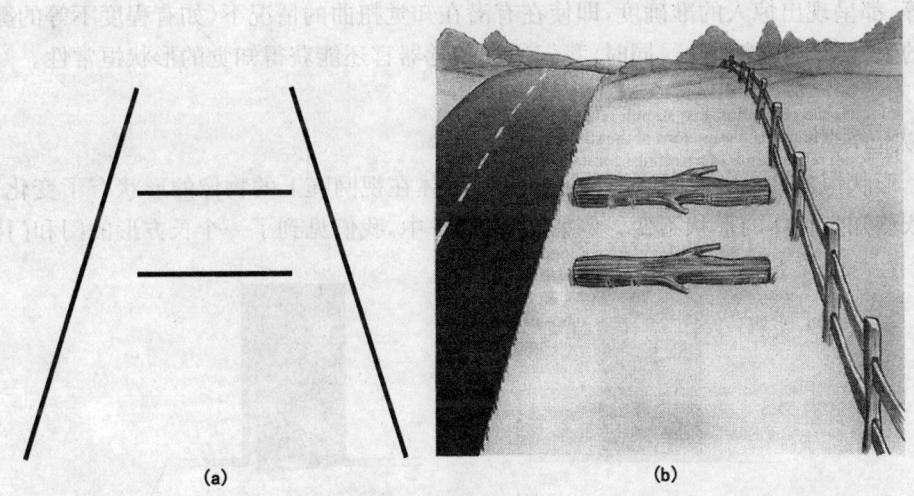

图4-19 庞邹错觉

哪根木头更长?结论经过测量就可以得知。但根据大小恒常性原理,我们总是知觉离我们远的木头更长。

另一个错觉现象,我们大家应该都有过这样的经历,就是缪勒-莱尔错觉(Müller-Lyer illusion),见图4-20。在该错觉中,我们会将两条等长的线条看做有长有短。如图a和c中的垂直线条看上去要比b和d中的线条短,虽然他们实际上是等长的。对该错觉产生的原因心理学家至今还没有一个统一的说法。一种解释是说图a和b中垂直线条底端的斜线就构成了隐含的深度线索,这同我们在知觉建筑物内外线条时所得到的深度线索是相似的(Coren & Girgus,1978;Gregory,1966)。

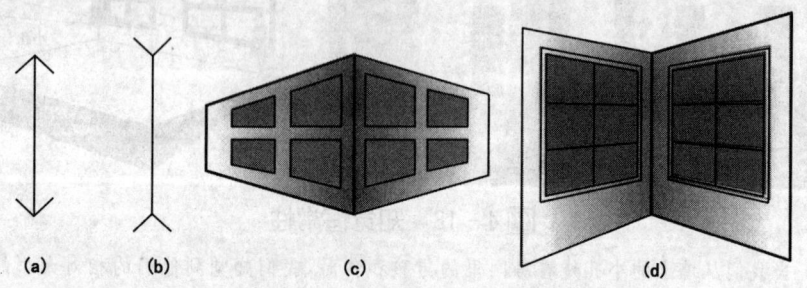

图 4-20　缪勒-莱尔错觉

哪条线条更长(a、b、c 还是 d)?测量一下就可以知道。但根据深度恒常性原理,我们总是知觉 b 和 d 更长。

在学习错觉现象的同时,我们也要知道这些现象其实在生活中是很少见的,常要通过特别细致的设计才能出现。绝大多数时候,我们的知觉器官在知觉物体时,如大小等,都呈现出惊人的准确度,即使在有潜在知觉扭曲的情况下(如有程度不等的雾或雨的天气下),依然如此。同时,我们通过知觉器官还能获得知觉的形状恒常性。

形状恒常性

形状恒常性(shape constancy)指虽然物体在视网膜上的物像的形状有了变化,我们依然知觉物体的形状不变。例如,图 4-21 中,我们见到了一个长方形的门和门框,

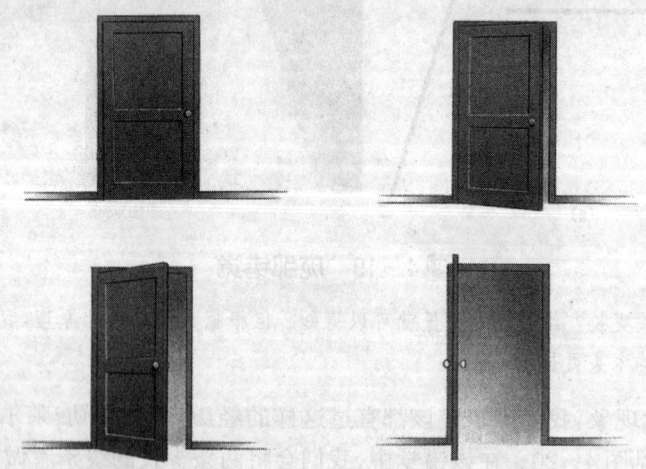

图 4-21　形状恒常性

我们总是知觉门的形状不变,虽然我们觉察开关门时门的形状是改变的。

门分别呈现关闭、微启和半开的状态。当然，门在不同的角度看上去并无两样。事实是，如果在开门时，我们知觉其形状起了变化，这才是奇怪的事呢。然而，实际在开门时，投射到视网膜上的门的物像的确起了变化。

明度恒常性

明度恒常性(lightness constancy)指虽然到达我们眼睛的实际光线的数量不等，我们依然知觉物体的明度是相同的。事实上，我们人类有种惊人的能力，能够弥补某个特定的时候反射出来的实际光线数量的差异。简·维米尔(Jan Vermeer)就在他的作品《持天平的妇女》(Woman Holding a Balance)中利用了明度恒常性的原理。背景墙壁和称金妇女的脸部都用较强的光。尽管如此，我们仍认为整块墙壁是蓝色的，称金者的面部是白色的，虽然墙和她的脸上光线的明暗是不同的。同理，如果你所注视的一页纸由于背景的明度不同而呈现不同的明暗度，你仍会知觉纸是白色的，且其明暗度也是大致相当的。

荷兰画家简·维米尔在他1657年的作品《持天平的妇女》中运用了明度恒常性的原理，来巧妙地处理画面中的人物与房间。观察维米尔作品的画面，我们将他对光影的运用知觉为光源的变化，而非房间本身明度的变化。

考察知觉及与之相联系的现象，一个相当有趣的方法就是进化论的研究。即，知觉恒常性怎样帮助我们生存并繁衍后代？因为我们大脑的运作，产生了上述的知觉恒常性，我们变得更加适应周围的环境。事实上，如果人类没有了知觉恒常性，就根本无法生存。你甚至不能正确定位书桌上书的位置，更不用说翻开它并摆好以供阅读了。

没有这些恒常性，随着室内照明的变化而导致视网膜上物体明度发生变化，或因书在书桌上位置的变化而导致视网膜上书的物像的形状发生变化，我们不能再认定看到的物体是同一本书。没有知觉恒常性，我们将会迷失在宇宙中，生存也变得岌岌可危。

对人类和动物来说，另一种很重要的生存技能就是知觉深度的能力。下面我们将对其进行具体讨论。

深度知觉

我们的身体在运动的过程中，总是不停地用眼睛环顾四周，不断地在三维空间内进行自我调整。当我们向前方远处看去，见到的就是第三个维度——深度，或者是与一个平面的距离（我们常以自己的身体作为参照平面）。当我们运动身体，或伸手去触摸物体或操纵物体，或在三维世界中自我定位时，就必须作出与深度有关的判断。

我们还常对身体所及范围之外的深度和距离作出判断。开车时，我们要作出深度判断，以测量迎面驶来的摩托车与我们之间的距离。当我们将与一位正走在大街上的朋友打招呼时，就要根据知觉得到与他之间的距离的大小来决定我们声音的高低。在跳水之前，我们要事先运用深度线索来判断一下水的深浅。

不仅误用大小恒常性原理会产生错觉，深度知觉也同样。一个日常生活的例子就是，我们观看的电视或电影的画面所展现的物体是有深度的。总体来说，深度线索包括单眼线索和双眼线索。下面，我们依次来探讨这两种线索。

单眼深度线索

判断深度的一个方法就是通过单眼线索（monocular depth cues）。如在图画中的二维平面，其深度知觉的线索就是单眼的。之所以称为单眼线索，是因为这些深度线索（以后讨论）的获得只需运用一只眼睛的活动，这与双眼线索不同。

相对大小就是认为远处物体较小，近处物体较大的知觉。物体离我们的位置越远，在视网膜上的物像就越小。当我们从上升的飞机里俯瞰时，所看到的摩托车就像玩具一样，至于人，则像是一个个侏儒（如果还可以看见的话）。我们这种以相对大小为线索，对深度进行知觉的能力，与对大小恒常性的知觉能力之间有一定联系。

纹路梯度就是从不同的距离来看，物体相对大小和物体分布的密度（微粒或物体之间的距离）都发生改变的一种知觉。

遮挡是指某一物体的部分被另一物体所遮盖，此时我们知觉遮盖物较近，被遮物较远。

线条透视有助于我们依据平行线之间的关系，当你站在铁轨上看到的平行的铁轨时，知觉这些线条似乎在远方很远处交于一点。在有些情境下，这些线条一直延伸到地平线，此时将出现"消失点"，即所视的平行线条在该点相交，变得难以区分，并最终完全消失在地平线处。

在平面图画上的位置也是对深度的知觉,即离地平线越远的东西我们知觉其离得越远。当所视物位于地平线之下时,位于平面之上的物体就被知觉离我们较远;当所视物位于地平线之上时,平面上越高的物体我们知觉其越近。换句话说,物体离地平线平面越近,我们知觉其离我们越远。你试着注意一下,比如向窗外远视,或在图画平面上画一条地平线,然后再画两只小鸟,一高一低,知觉哪只鸟离你更近点。

空气透视可使人们依据空气中湿度和尘埃颗粒的分布作为距离远近判断的依据。距离我们较近的物体不怎么受到这些尘埃的影响,因而显得较清晰。但随着距离的加大,大量的颗粒物使得物体看上去越来越模糊,难以辨认。空气透视的影响在有烟雾的天气中显得尤为明显,此时因为空气中水滴和尘埃颗粒高度集中,物体显得比实际距离要远。在天气特别晴朗的情况下,这些颗粒物大量减少,物体显得比实际距离要近得多。在晴朗的天气中,要一整天才能到达的山脉看起来似乎只需几小时就可以到达。

运动视差是从运动的角度来看物体的运动速度和方向有明显的差异。因为运动视差是运动的结果,所以在二维静止的图画中并不能表现出来。然而,这种视差我们都曾经历过。比如,我们在乘火车时透过车窗看外面的风景时,我们的视点从一个点移到了另一个点,从不断变化的视觉角度来掌握静止物体的情况。如果我们将视点定位于某一个景物上,我们知觉比该点离你更近的物体在做与我们方向相反的运动,而在该固着点以外的物体则与我们的运动方向相同。由此,我们可得到物体的深度线索。而且,我们还知觉到离我们较近的物体(无论是在视觉定点的前或后),向我们运动或与我们同方向运动的速度较快,而越远的物体则运动的速度较慢(见图4-22)。

图4-22 运动视差的效果

当我们处于移动状态时,观察一个相对静止的环境,我们感觉物体正向与我们实际移动方向相反的方向移动。

运动视差要比其他的单眼线索复杂，因为它与运动有关，因此不能在静止的画面上来对其深度进行评定。深度知觉的另一类线索是双眼线索，这是建立在双眼知觉视差的基础上的。表4-4归纳了深度知觉中的一些单眼和双眼线索。

表4-4 深度知觉的单眼和双眼线索 各种深度线索有助于我们获得对三维世界的知觉。我们可通过单眼或双眼来观察到这些线索。

线　　索	知 觉 较 近 者	知 觉 较 远 者
单眼深度线索		
纹路梯度	呈大粒状，相隔较远	呈小粒状，相隔较紧密
相对大小	较大	较小
线条透视	看似平行的线条相互岔开	看似平行的线条相交于一点
空气透视	物像看上去更鲜明，轮廓清晰	物像看上去较模糊，轮廓不那么清晰
遮　　挡	部分遮盖住其他物体	部分被其他物体所遮盖
平面位置	在地平线上，较高的物体；在地平线下，较低的物体	在地平线上，较低的物体；在地平线下，较高的物体
运动视差	比固着点离我们近的物体显得与我们的运动方向相反	比固着点离我们远的物体显得与我们的运动方向相同
双眼深度线索		
辐辏现象	眼睛向鼻内侧靠拢	两眼感觉松弛，向两耳处分离
双眼视差	两眼的视像有较大的差异	两眼的视像有些细微的差异

双眼深度线索

双眼线索(binocular depth cues)利用了这样一个事实，就是在观察物体时，我们双眼与物体的角度不同，故而在两只眼睛的视网膜上的物像也存在一定的差异。通过两只眼睛来知觉三维世界的视觉就叫立体视觉。因为有了立体声，两只耳朵听到的声音有一定的差异，我们据此得出对真实听力的知觉。在实体视觉中，两眼的视觉物像有一定的差异，我们将这两个物像进行融合，来获得对所视物体的一致的描述。我们通常并没有意识到看到了两个物像。这些物像中也并不是所有的部分都参与了融合的过程。在极个别的情况下，如大脑受到重击，我们的视线会不在同一条直线上，我们会感觉到复视现象，即意识到眼前出现两个物像。现在，让我们来看看下面两种双眼深度线索。

辐辏现象 因为两眼在头部所处的位置有些差异，当我们转动眼球，使前方所视物体的物像落入中央凹中时，两眼就必须向内侧（即当中）聚合。物体离我们越近，两眼向中间聚合的角度就越大,如图4-23所示。我们的大脑从眼部肌肉处获得的关于眼睛辐辏方面的神经信息并得出结论:眼睛辐辏得越厉害,即向中间聚合的角度越大,表明知觉的物体离我们的距离越近。

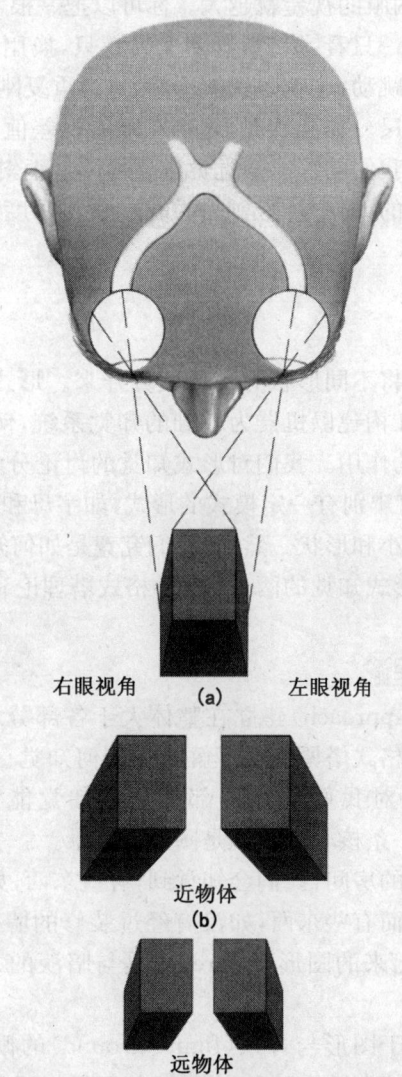

图4-23 双眼辐辏和视差

我们的眼睛要进行辐辏来聚焦于物体——眼球进行调整,使视觉影像落在视网膜上(a)。因为我们的眼睛是分离的,它们看物体的角度也有差异,因而获得的视像也存在差异。这种差异视物体与我们的距离定,越近的物体差异越大(b)。我们的大脑就是运用辐辏和视差的信息来获取对深度的知觉线索。

双眼视差 由于双眼的位置不同,进入每只眼睛的物体的物像也不完全相同(见图4-23)。因为存在双眼视差(两眼视觉角度的细微差异),大脑必须对从两个视神经处得到的两组信息进行整合,从而作出关于物体深度、高度和宽度的知觉。

物体离得越近,我们两眼的视差就越大。你可以把一根手指放在离鼻子前1英尺处,先闭上一只眼睛,用另一只看,然后,再闭上另一只,换用原来闭的眼睛看。这样,你会发现物体仿佛在来回跳动,这就是视差。然后,再重复刚才的动作,只是将距离扩大到20英尺,再到100英尺。你会发现,显示双眼的视差值的物体跳动幅度,会随着距离的增大而减少。如果我们的深度知觉觉察到物体是歪斜的,这说明我们的三维视力机能已严重受损。视觉的另一方面是形式知觉,它与深度知觉同等重要,却要简单得多。

形式知觉

形式知觉让我们得以将不同形状的物体区分开来。形式辨别的原理不仅有助于我们理解人类知觉,而且在构建以机器为基础的知觉系统,例如用来辨别指纹和面容的机器等时,都有很重要的作用。我们对形式知觉的讨论分为两大部分:(1)我们如何辨别形式;(2)我们如何辨别有一定模式的形式,如字母和数字。

形式的两大属性是大小和形状。然而,我们究竟是如何知觉大小和形状的呢?下面,我们将学习一下有关形式知觉的两个理论:格式塔理论和特征觉察理论。

格式塔式形式辨别的理论

格式塔理论(Gestalt approach)建立在整体大于各部分之和的基础上,这一点我们在第二章中已提到过。格式塔原理在理解我们如何知觉一组不同形式的部分的组合过程中尤为重要,它们对我们组织外部信息的知觉能力进行了解释(Palmer,1992)。格式塔理论中的一条核心理论就是图形与背景。

当我们走进一间熟悉的房间,我们会知觉到,有些东西,如相片中的人的脸庞或张贴的海报,显得比较突出,而有些东西,如没有经过装修的墙壁和地板,则显得相对暗淡,成为背景。知觉到突出来的图形(figure)总是与暗淡的、不显眼的背景(ground)相对照。

图4-24就是一幅关于图形与背景(figure-ground)的概念图。图中是一幅两可图形(reversible figures),其中任何一对临近的、甚至是相互关联的图形均可被视做图形或背景。例如本图,我们可以把它视为黑色背景中有一只白色的花瓶,也可以看做是投射在白色屏幕上的两个相向的面部侧影。要注意的是,想同时看见这两幅图画是不可能的,但我们可以迅速地在脑海中进行这两幅图画的切换。生活中关于图形-背景的一个例子就是伪装:士兵身穿伪装,以期与背景混为一色,从而使敌方很难辨识图形和背景。

图 4-24 格式塔式的礼物

该图为一幅两可图形。知觉两可图形的一种方式是将一物体视为背景,另一物体视为图形,而另一种方式是将两者的位置互换一下。在该图中,应视为黑色背景中的一只白色花瓶呢,还是投射在屏幕上的女王伊丽莎白二世与她的丈夫菲利普亲王的相向的侧影?图中所示的花瓶为女王银婚纪念日时收到的一份礼物。

表 4-5 就集中描述了一些包括了图形与背景原理在内的格式塔式关于形式知觉的原理:(a)接近原则——临近的物体会被视为一个整体;(b)相似原则——相类似的物体会被视为一个整体;(c)闭合原则——知觉刺激本身并不是闭合的,但观察者在心理上将其视为一个闭合的整体;(d)良好连续——对于交叉线条来说,人们容易把方向改变最小的线条视为同一线条;(e)对称原则——可以以中间对称轴组成对称图形的各部分容易被知觉为一个整体;(f)共同运动——同方向、同速率的各物体容易被知觉为一个整体(见图4-25)。

表 4-5 格式塔式关于形式知觉的原理　格式塔心理学家就形式知觉提出了数条法则。

格式塔法则	原　　理	图　　示
图形与背景	当知觉一视觉域时,有些物体(图形)显得突出,有些方面则显得暗淡,成为背景	图 4-24 所示即为一幅两可图形,此时,可将一物体视为图形,也可将之视为背景,而将其他物体视为图形

续表

格式塔法则	原 理	图 示
接近法则	当我们知觉一物体的组合时,我们倾向于将临近的物体知觉为一整体	图4-25a中有六个圆圈,我们将其视为四小组圆圈的组合,而非六个分开的图形
相似法则	我们根据相似原理将物体归类	图4-25b中有四行字母。我们将之看做是X与O行的相间
良好连续法则	我们倾向于将物体看做是平滑的、连续的,而非打乱的、非连续的	图4-25c所示为相交的线段,我们将之知觉为一直线和一曲线的相交,而非两个有一定角度的曲线,一上一下
闭合法则	我们知觉上倾向于将非闭合的、非完整的物体视为闭合和完整的	图4-25d所示为非连接的杂乱的线段,我们将之视为闭合的,看成一个三角形和一圆圈
对称法则	可以以中间对称轴组成对称图形的各部分容易被知觉为一个整体	图4-25e所示为两个三角形和两个半球,我们将之看做是被分成两对称部分的方形和圆形

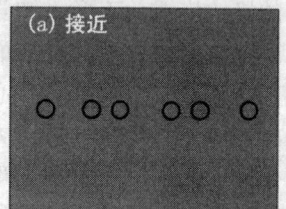
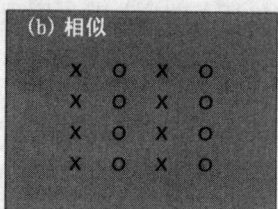
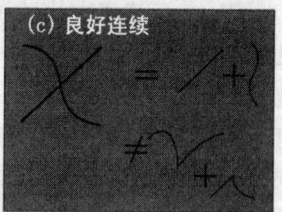
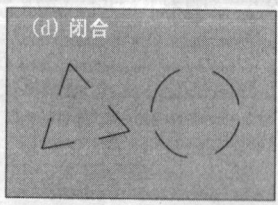
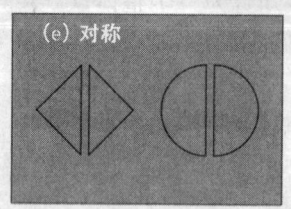

图4-25 格式塔知觉原理

格式塔式原理中的图形与背景、接近法则、相似法则、良好连续法则、闭合法则和对称法则均有助于我们的知觉的形成。

格式塔式原理虽然简单,但却反映了我们知觉组织的许多特征。但我们要意识到,这些法则只是描述性的,而非解释性的,明确这一点很重要。格式塔式不好被归类为是"由上而下"的结构主义理论,或是"自下而上"的直观知觉理论。仅为一现象贴上标签并不可以解释该现象产生的原因。目前,现代心理学中已有一套可以解释形状知觉的理论,能较好地解释我们形式知觉的过程,这就是下面所述的特征觉察器理论。

特征觉察理论

有一套较新的理论,试图在形式知觉与大脑神经元的机能之间建立某种联系,这种心理生理方法,就是特征觉察理论(feature detection approach)。这套理论是以观察大脑皮质的视觉区域中特定的神经元,对被光感受器所觉察到的特定刺激的特征反应为基础。这套理论是诺贝尔奖得主大卫·休伯尔(David Hubel)和托斯坦·威塞尔(Torsten Wiesel, 1979)开创性研究的成果。通过对动物进行单细胞记录方式,他们小心地追踪了神经元的传导途径,从视网膜上的感受器,到神经节细胞和视丘核细胞,最后到大脑皮质的视觉区域。他们的研究表明,大脑皮质的视觉区域上的特定神经细胞只对视网膜上相联系的特定区域所感受到的视觉刺激作出反应,即为一一对应的关系。每一个皮质神经元,都隶属于视网膜上一特定的感受域。在视网膜的中央凹处的视觉感受域中,其神经元就占据了大部分的大脑皮质的视觉区域。

令人惊奇的是,皮质上绝大多数的细胞并不是简单地对光点起反应,而是只对"特别方向的线段"起反应(Hubel& Wiesel, 1979, p.9)。而且,对复杂程度不同的刺激有不同的细胞与之相对应。总的来说,随着刺激经过视觉系统到达皮质的更高层次,感受域范围增大,则要引起某一反应的刺激的复杂程度也要相应地增加。休伯尔和威塞尔还更具体划分出三类皮层神经元(见图4-26):(1)简单细胞,(2)复杂细胞,(3)超复杂细胞。

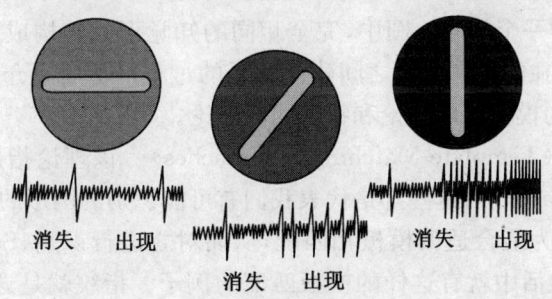

图4-26 特征觉察方式

休伯尔和威塞尔发现,我们视皮层的细胞只有在觉察到线段或特定的方向时,才会被激活。图示为一个细胞对不同位置的直线产生的不同兴奋模式。

原始皮层细胞主要将信息传递给相应的简单细胞。这些简单细胞就对感受域中的线条产生反应,呈现兴奋状态。每一个细胞似乎只对感受域中特定区域的、某个角度的特定宽度的线条特别兴奋。简单细胞又与复杂细胞结合,复杂细胞则对简单细胞对应的感受域中特定的方向的所有线条产生兴奋的反应。复杂细胞对线段的亮暗的对比并不敏感,只要线段的方向正确就行。超复杂细胞对刺激线段的特定的长度起反应。这几种细胞就构成了模式知觉的基础。

模式识别理论

我们的知觉形式可分为多种。心理学家正试图解决的一个相当有趣的问题就是人们是如何识别字母、数字或脸庞等模式的。这个问题微妙的是,虽然我们可以相对完整地指出一个字母或数字的特征,但要想完整地描述脸部的特征却也是相当困难。我们总是想当然,认为我们有识别我们朋友的脸的能力,其实,这并不是每个人都可以轻易做到。

你怎么知道看到的就是字母A?你也许会想它是A,因为它和A很像。那为什么它是A,而不是字母H呢?看图4-27,你就会发现要想回答该问题有多难。我们主观上感觉到是一简单的模式识别的过程,事实上是相当复杂的。

THE CAT

图4-27 模式辨别

当我们读这两个单词时,会将其中两个相同形象的字母分别看做是H和A,再仔细看看这些单词。有什么是能将它们区分开来的明显特征吗?如果没有,为什么我们知觉它们为不同的字母?(After Selfridge, 1955)

我们是如何把我们感觉到的环境中的物质与脑海中储存的东西相联系的?图4-27提出的就是这样一个问题。图中,完全相同的知觉形式却构成了单词中的不同字母。如何解释我们在知觉和所知之间建立联系的过程?下面要介绍的就是模式识别的两套理论,分别为模板匹配理论和特征匹配理论。

模板匹配理论(Template-Matching Approaches) 该理论指出我们已在脑海中存贮了许多的模板或原形,这些都是代表我们有可能识别的图形的最好样例。我们将某一模式与我们认为最合适的模板相匹配,从而对之进行识别(Selfridge & Neisser, 1960)。我们日常生活中就有这样的模板匹配的例子。指纹就是这样进行匹配的,即机器迅速地将所输入的数字信息与模板进行匹配,从而进行加工和比较。然而,模板匹配理论也有一些明显的缺陷,如它不能解释图4-27中所提出来的问题。

特征匹配理论(Feature-Matching Approaches) 与休伯尔和威塞尔的发现相对应的关于模式识别的理论就是特征匹配理论。该理论认为,我们试图将观察到的模式特征与记忆中储存的特征相匹配。特征匹配的一个模型就是奥利弗·塞尔弗里奇

(Oliver Selfridge，1959)的"鬼城"(pandemonium)模型，模型识别的过程中有许多隐喻的"鬼"，专门负责接受和分析刺激的特征的概念之上的(见图 4-28)。

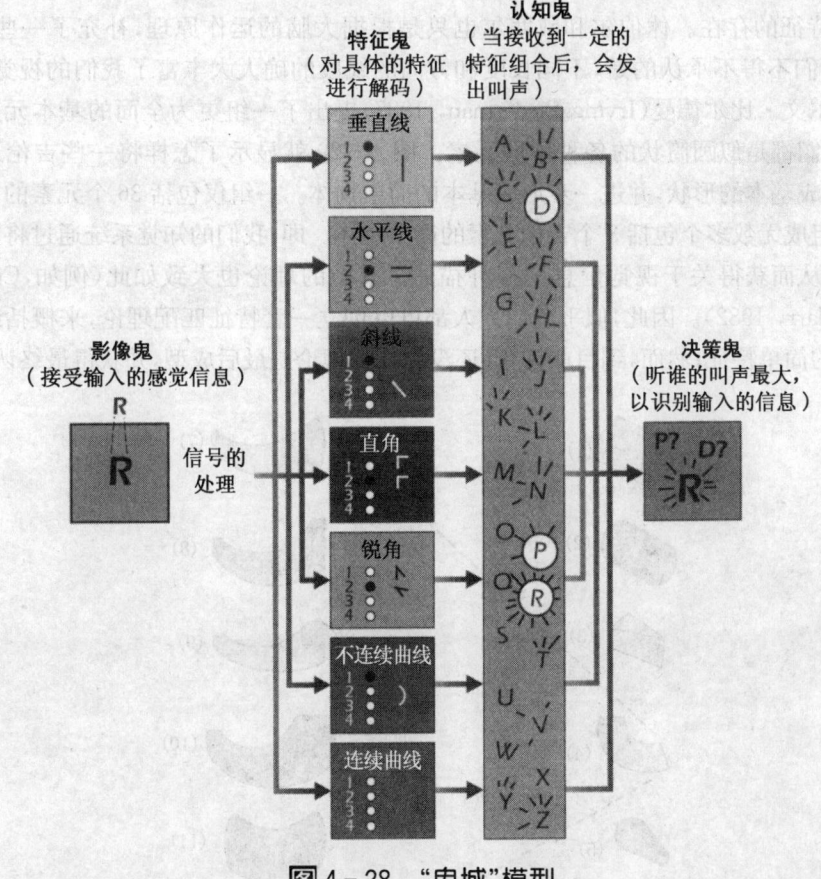

图 4-28 "鬼城"模型

根据特征匹配模型，我们通过将早就储存在记忆中的，以前观察到的特征与眼前的模式进行对比，并识别出特征相似最多的模式。(Selfridge，1955)

比较塞尔弗里奇的模型与休伯尔和威塞尔对多层次视觉系统的描述。塞尔弗里奇的模型描述了"影像鬼"(image demons，就像视觉系统的皮质下部分)将视网膜物像传递给"特征鬼"(feature demons)。这些"特征鬼"就相当于休伯尔和威塞尔所描述的简单和复杂细胞。塞尔弗里奇并没有清楚地说明这些特征是什么，但休伯尔和威塞尔则认为特征应指如线段的方向、相交直线的角度、形状等。

休伯尔和威塞尔的研究到此就结束了，他们后来的研究者则进一步追溯高级皮层过程。塞尔弗里奇的模型就是对他们未完的研究的继续，他提出在更高的层次，还存在有"认知(思考)鬼"(cognitive[thinking]demons)，这些"鬼"叫喊着贮存在记忆中的、与"特征鬼"加工的特征中一项或数项一致的模式。"决策鬼"(decision demons)根据这些"认知鬼"的喊叫,选择喊叫声最大的那个"认知鬼"所负责的模式,作为所要识别的模式。

虽然塞尔弗里奇的"鬼城"模型并没有明确指出有哪些基本的特征,也没有说明如何判断特征的存在。休伯尔和威塞尔也只是根据大脑的运作原理,补充了一些信息,然而,我们不得不承认的是,不同长度和方向的线段的确大大丰富了我们的视觉。

埃尔文·比尔德曼(Irving Biederman, 1987)提出了一组更为全面的基本元素——吉伦,它们都是似圆筒状的各种不同元素。图4-29就显示了怎样将一些吉伦进行组合,以形成基本的形状,并进一步形成基本的简单物体。一组仅包括36个元素的吉伦组就可以组成无数多个包括3个吉伦元素的简单物体。即,我们的知觉系统通过将吉伦进行组合,从而获得关于视觉信息的一种描述。其他的理论也大致如此(例如,Cuzman, 1971;Marr, 1982)。因此,似乎我们人人都可以创立一套特征匹配理论,来概括组成复杂物体的简单特征;然而,到目前为止,还没有什么理论是最后成型,并获得最终认可的。

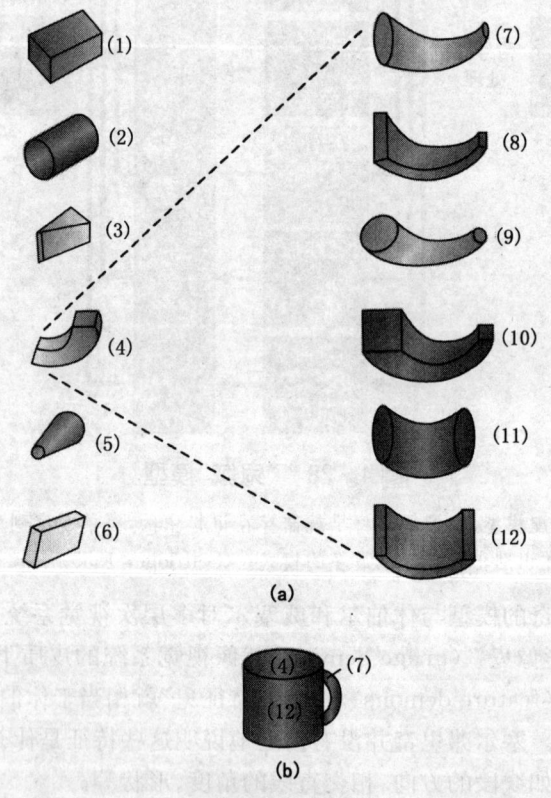

图4-29 吉伦

埃尔文·比尔德曼提出了一套基本形状元素,从而丰富了特征匹配理论(a),基本元素经过不同的组合来构成较复杂的物体(b)。(Biederman, 1987)

模式知觉理论的不足　无论是模板匹配理论还是特征匹配理论都不能很好地解释一些问题。这些遗留待决的复杂问题中包括外界环境对认知的影响,即通常所说的"背景效应"。图4-27中,我们正确地知觉了 THE CAT 这个词组。在这个词组的两个单词中,形式完全相同的字母,我们却将其知觉成完全不同的字母 H 和 A。可见,必定有某种自上而下的、较高层次的加工过程在起作用,使得我们将完全相同的刺激在不同的环境中加以区分。

背景效应可以在实验中显现出来。在一项研究中,研究者先让人们在适宜和不适宜的环境中观看了一组物体,然后再让他们对之进行识别(Palmer,1975)。例如,先让被试观看了一幅厨房的场景图,然后又紧接着呈现了一些刺激,如一条面包、一个邮箱和一只鼓。与所建立的场景相关的物体,如本例中的面包,就比不相关的物体更容易被识别。

最突出的一种关联效应也许就是字词优势效应,指当字母位于单词中时,比单个时或处于由不相关的字母所组成的字母组中更容易被识别出来。该效应再一次证明了有某种更高层次的、自上而下的加工过程的存在。第一位阐述此效应的科学家就是詹姆斯·卡特尔(James Mckeen Cattell,1886)。他发现人们要花很长时间来读由不相关的字母所组成的字母组,而花在读单词上的时间则很少。此项效应的进一步证据是由杰拉德·瑞切(Gerald Reicher,1969)和丹尼尔·韦勒(Daniel Wheeler,1970)提出来的,因此,字词优势效应又叫瑞切-韦勒效应(Reicher-Wheeler effect)。

总体来说,对我们在进行形式和模式知觉过程中所遇到的所有现象,模板匹配理论和特征匹配理论都不能作出合理的解释。但鉴于形式知觉过程的复杂性,我们能够做到这种程度已经相当不易了。不管怎么说,我们还没有一套更详尽的、内容更广泛的理论。

除了要对知觉形式和模式的过程作出解释外,我们还要创立关于运动知觉的理论。我们是如何得知所见的形式和模式是运动的还是静止的呢?

运动知觉

通过运动知觉,我们可以得出知觉静止物体时所不能得到的关于物体形式和模式的信息。例如,加纳·乔纳森(Gunner Johanssen,1975)就做了一个实验,他在人身体的主要关节处绑上了小灯泡,并对人行走和执行各项动作的情况进行了摄像,人们只看到灯泡的晃动,没有人影。当人们只看到一个静止的框架时,他们并没有意识到看到的是什么,但只要看到两个框架图——之间间隔仅仅为十分之一秒,就足以让人们得出所视是人在行走的结论。同样将该实验作用于不同性别的男女身上,得出的结论是:人们通常根据运动的模式来判断运动者的性别(Cutting, Proffitt & Kozlowski, 1978; Runeson & Frykholm, 1986)。

我们的运动知觉并不仅仅依靠被观察物体的运动来获得。近年来的研究表明,具有较高的视觉对比度的运动刺激看上去比较低对比度的运动刺激的速度要快,虽然实际情况并不一定如此(Gegenfurtner, Mayser, & Sharpe, 1999)。

将运动知觉放到具体的情景中来看,我们要谨记,并不是所有的心理学家都认为确实存在有什么运动知觉的说法。他们中有些人认为,我们并不知觉运动,我们见到的是物体先后处于不同的位置。根据该观点,运动知觉只不过是通过观察两个静止状态后得到的潜意识的推论。

动景运动

通过对动景运动的研究,格式塔心理学家发现了一些与运动只是被推断出来的这个观点不一致的证据。动景运动(stroboscopic motion)是对由频闪观测仪产生的运动的知觉。频闪观测仪是一种仪器,它在一个黑暗的背景上以间歇的方式交替闪现两个光刺激。如果这两个光刺激以适当的距离和时间间隔(在几毫秒内)闪现的话,它们看上去像一个光点在移动。如果时间间隔太短,这两个光刺激看上去像是同时闪现;如果间隔太长,看上去则是相继闪光,并且观察者不会感觉到明显运动。动景运动实验表明,如果时间间隔足够短,观察者观察到的确实是一种运动,而不是两个静止的物体(Weitheimer,1912)。

电影和卡通利用的就是动景运动的原理。与频闪观测仪相同,电影也是快速地呈现许多单个静止图片,其呈现速度是每秒24幅。我们在一些霓虹灯中也会看到同样的效应,这些霓虹灯看上去就像一些光点在流动。这些流动的光点只不过是呈线性排列的快速明灭的灯泡而已。

总之,知觉有许多情形。最近对视觉的研究已经证实,在大脑皮层中有许多独立的神经通道,它们负责对同一刺激的不同方面进行加工(DeYoe & Van Essan,1988;Kohler,Kapur,Moscovitch,Winocur,& Howle,1995),它们被定义为描述性通道和方位性通道。描述性通道从枕叶中的视觉皮层向下延伸到颞叶,主要负责对颜色、形状和视觉刺激特征的加工;方位性通道则从枕叶向上延伸到顶叶,负责对方位和运动信息的加工。因此,每个人就至少有两种系统对环境中事物的特征进行辨识。

视觉缺失

像在第三章提到的,视觉的部分缺失就是指"失认症"。知觉感觉信息能力的严重缺失有许多种。例如,视觉物体失认患者能够感觉到视野中的所有东西,但是这些物体对他们来说毫无意义;又如,一个失认症患者看到一副眼镜时,先说看到一个圈,又说看到一个圈,然后说看到一根横杆。他最后的结论是他看到一辆自行车。因为自行车确实由两个圈和一根横杆组成(Luria,1973)。在人面失认症中,人们在认知人的面孔的能力上存在严重缺失,尽管他们能认出动物的面孔(像一些家禽、家畜)。这种病症是最近研究的一个热门话题(Farah,Levinson,Wilson,Drain,& Klein,1995;Farah,& Taka,1995;Haxby,Ungerlider,Horwitz,Maisog,Rappaport,& Grady,1996)。

我们大多数人都依靠视觉来感知周围的世界,如果被剥夺了其他感觉,我们的生活也会黯然失色。在非视觉感觉中,主要的一种是听觉。

听 觉

问题:我们如何听到环境中的刺激?

具有听觉能力既是福也是祸,它能使我们听到周围世界正发生什么,但同时,那些听觉特别敏感的人则希望我们能降低或者消除某些声音。要理解听觉,你需要了解一下听觉感受器的一些生理结构和听觉的产生过程:声音的本质、耳朵的功能性组织以及声音与耳朵之间的相互作用。

声音的物理属性

声音是由于空气的机械压力而产生的。当你拨动琴弦或拍手的时候就是在挤压空气分子。这些被打乱了的空气分子立即碰撞其他空气分子,然后这些空气分子又会与其他空气分子相碰撞,于是便产生了机械能形式的三维波。空气分子本身移动的距离不会太大,而是压力波在移动。我们对这种作用的理解,可以用红灯时马路上排成一列的汽车来类比。如果有一辆车未能及时停下,撞到了前一辆车的尾部,然后这辆车又会撞击前面一辆,并依次撞下去,这种作用就会以波的形式通过这一列车向前传播。但是引起波动的汽车几乎没有移动。在台球桌上你也可以观察到同样的现象。

习惯上,我们都认为声音通过空气传播,但是它也可以在其他介质中产生和传播,像水。然而如果没有介质,像在真空中,就不会有声音。声音的产生依赖于一些能通过压力波传播的粒子。因此,在真空中,你能看到光却听不到声音。

声音远比光传播得慢,因此我们听到雷声前先看到远方的闪电,尽管闪电和雷声几乎是同时产生的。此外,声音的传播速度还取决于介质的密度。一般说来,声音在密度大的介质中传播得快。如果我们把它与汽车碰撞作类比的话,这种现象也并不是与人的直觉完全相反的。因为汽车挤得越紧,碰撞引起的波前进得就越快。声音在空气中的传播速度大约为每秒 340 米(每小时 750 英里),但在水中则是每秒 1 360 米(每小时 3 000 英里),因此声音在水下会变得很大。

与声波相关的心理属性和物理属性

声音有三种物理属性,这些属性会影响我们在心理上对声音的感受和加工。前两种属性是相似的,它们是振幅和波长。声波的振幅(强度)与音强有关。振幅越大,声音越强。音强的常用单位是分贝(dB)。听力正常的人,其听觉的绝对阈限是 0 分贝。

我们平常听到的声音,其强度大约在 50～100 分贝,频率大约为 20～20 000 赫兹。我们要想听到20 000赫兹以上的声音,它们的振幅必须不断增加。表 4-6 列出了各种常见声音的分贝水平。

表4-6 分贝表 本表列出了一些常见声音的强度,并且表明某些声音对感受器的伤害。

分贝水平	举 例	没有耳朵保护,作用多长时间可损坏听力
0	人耳能听到的最低声音(阈限)	
30	安静的图书馆,窃窃私语	
40	远离交通路段的安静的办公室、起居室、卧室	
50	远方的车辆、电冰箱、微风	
60	20英尺处的空调声音、一般性交谈	
70	频繁的交通路段、嘈杂的饭店(长期处在其中)	长期处在其中听力会受到伤害
80	地铁、城市中繁忙的交通路段、2英尺处的警钟鸣响、工厂噪音	大于8小时
90	大卡车的声音、噪音很大的机械设备、压印机、割草机	小于8小时
100	链锯、人声鼎沸的商场、气压钻床	2小时
120	摇滚音乐会、沙暴、雷鸣	即刻,很短的时间
140	爆炸、喷气式飞机	任何爆炸对听力都是危险的
180	宇宙飞船起飞	不可避免的听力受损

声波的频率也是变化的。频率对应的心理属性是音高——声音听上去有多高或多低。实际上,说起声音,我们通常是就声波的频率而不是就波长而言的。频率习惯上是由每秒中的周期(声波从一个波峰前进到下一个波峰)数来测量的。每秒一个周期的频率叫做 1 赫兹(Hz)。赫兹这个单位是以德国物理学家海因里希·赫兹(Heinrich Hertz)的名字命名的。一般说来,人们能听到频率大约在 20～20 000赫兹的声音,而许多动物听到的声音的频率却远比这高出许多。频率与波长成反比,这种反比的关系可以这样理解:在同一介质中,同样的时间范围内,短波会更频繁地出现波峰。因此,音高高的声音频率高,波长短;而音高低的声音频率低,波长长。(见图 4-30)。

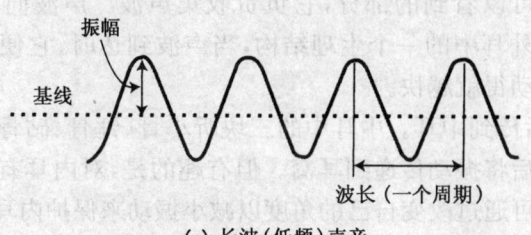

(a) 长波(低频)声音

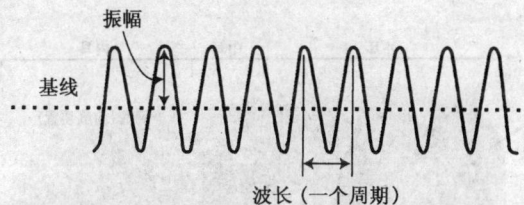

(b) 短波(高频)声音

图 4-30 声波的属性

我们感觉到的声音是由声波引起的,声波产生于空气的振动。声波是以振幅(音强)和频率(音高)来度量的。

声音的第三个心理属性是音色。音色即音质。它使我们能够分辨出钢琴与口琴发出的降音 A 的区别。它类似于视觉中的颜色饱和度。由音符自身产生的单个音调叫做基本频率(fundamental frequency),但同时,乐音还会产生许多不同的音调——泛音(harmonics),它要比基本频率高出几倍。不同的乐器会产生不同的泛音,因而就发出不同的声音。如果声波没有规律,我们就会听到噪音,这是由许多嘈杂的、无意义的并且通常是令人不愉快的声音组合而成的(图 4-31 显示了乐音与噪音的对比)。

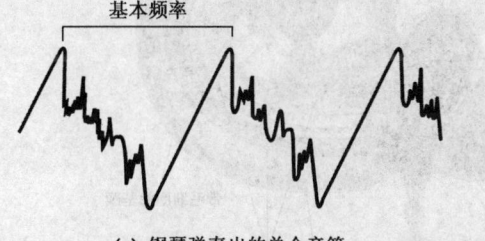

(a) 钢琴弹奏出的单个音符　　　(b) 爆炸声(噪音)

图 4-31 声波与噪音

当你看到这两种声波时,你如何解释它们之间的区别?

耳的功能性组织

当声音进入耳朵时,会经过三个区域:外耳、中耳和内耳(见图 4-32a)。耳廓

(pinna)是耳朵外面可以看到的部分,它负责收集声波。声波向下经耳道到达鼓膜(eardrum)。鼓膜是外耳中的一个生理结构,当声波到达时,它便会产生振动。声波的频率越高,鼓膜振动得就越快。

鼓膜的振动随后传到中耳。中耳中的三块听小骨(锤骨、砧骨、镫骨)能够将鼓膜传来的振动扩大,然后将振动传递到耳窝。但有趣的是,对内耳有伤害的极强大的声音,靠近内耳的镫骨可通过改变自己的角度以减小振动来保护内耳——这是生理学上讲的又一适应功能。

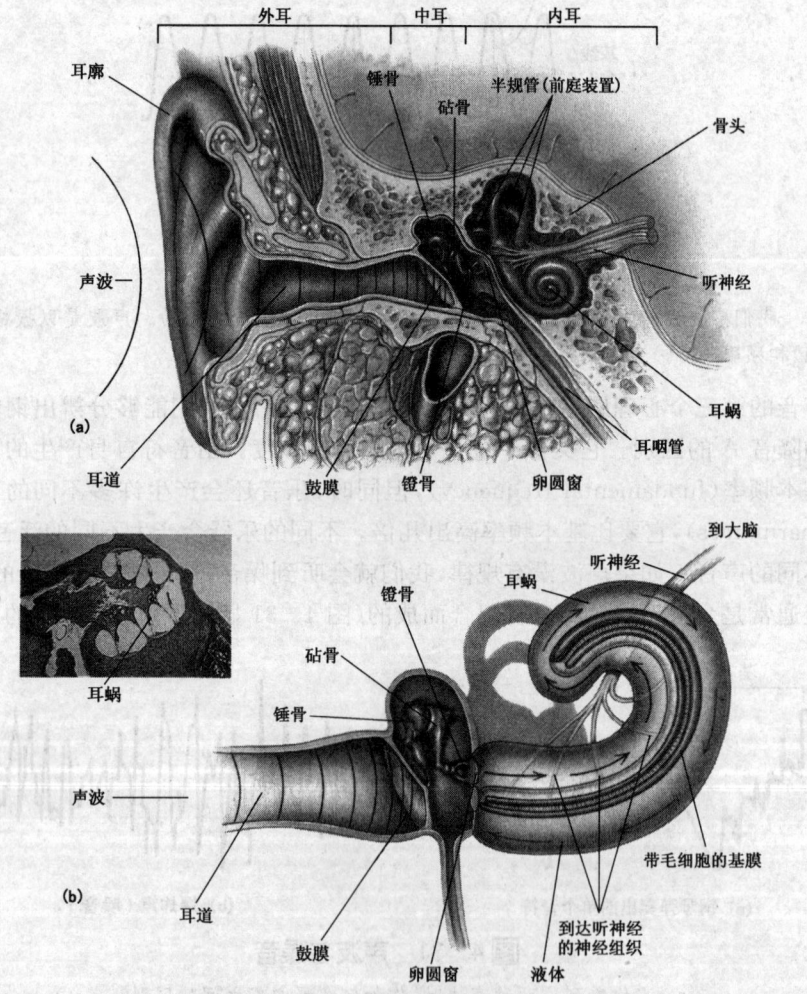

图4-32 耳的解剖结构图

耳包括三部分:外耳、中耳和内耳。内耳中又有耳蜗(见图中),耳蜗包括听觉感受器和前庭系统。

镫骨依赖于卵圆窗(oval window)的支持。卵圆窗是内耳的第一个部分。如图4-32(b)所示,它位于耳蜗(cochlea)的一端。耳蜗是一个卷曲的通道,是内耳的主要结构。耳蜗内充满三种液体。这些通道被一些膜分离开来,其中一种膜叫做基膜(basilar membrane),在它上面有数以千计的毛细胞(hair cells),其作用是充当听觉感受器。毛细胞上有一些毛发状的附属物或分叉,镫骨的振动引起它们的运动。毛细胞把这种机械能转换为电化学能,然后经由感觉神经传递给大脑。

从耳到脑

感觉神经的轴突形成了听神经(acoustic nerve,也叫听觉神经,见图4-32和4-33)。信息沿着听神经传递,其路线是非常复杂的,要先后经过延髓与中脑两个中继站,信息最后通过丘脑传递到位于颞叶处的听觉皮层上。听觉皮层似乎能识别出听觉空间中的各种频率之间的关系,这大致相当于视觉皮层识别出物体之间的空间位置关系的情况。尽管对侧联系是非常强大的,两耳收集到的信息仍会传递到大脑的两个半球。在脑中,听觉皮层就与言语的知觉和产生联系起来了。

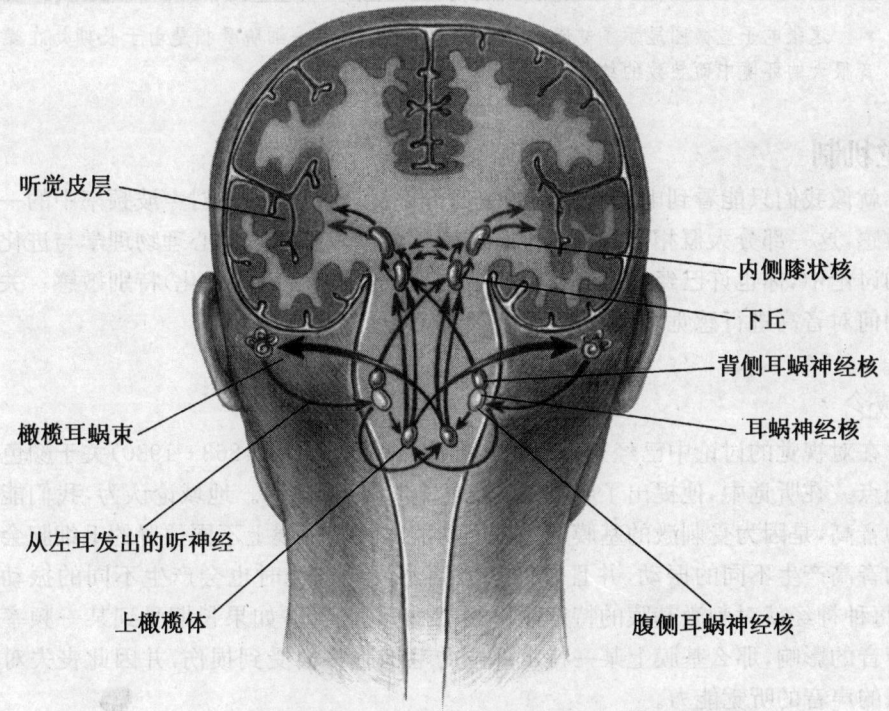

图4-33　从耳到脑的神经通路

耳蜗基膜上的听觉感受器联合起来形成听神经。听神经经过延髓到达丘脑。丘脑把电化学冲动组织起来并把它们传递到颞叶的听觉皮层区域。

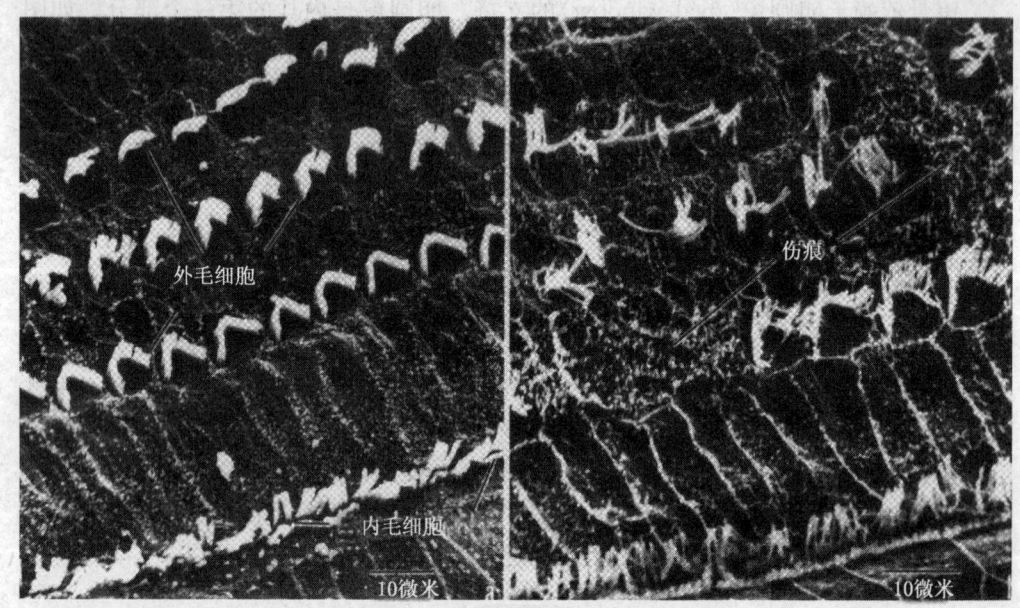

这张电子显微图显示了健康的与受损伤的毛细胞。毛细胞受损是由于长期处在噪音很大的环境中而导致的结果。

听觉机制

就像我们只能看到电磁波中间的一部分一样，我们也只是对声波频率中的一部分最敏感，这一部分大概相当于人的声音的变化范围。从我们对心理物理学与进化适应性的讨论中，你也许已经知道我们对声音的变化（例如音高的变化）特别敏感。关于我们如何对音高进行感觉，目前有两种主要的理论。

地域论

在对视觉的讨论中已经知道赫尔姆霍兹（Helmholtz）(1863－1930)关于颜色的许多观点。在听觉中，他提出了听觉的地域论（place theory）。地域论认为，我们能听到每种音高，是因为受刺激的基膜有定位的功能。位于基膜上不同位置的毛细胞会对不同的音高产生不同的振动，并且它们在激活不同的神经时也会产生不同的振动。因此，每种神经就对刺激基膜的特定频率很敏感。事实上，如果长期受到某一频率的较大声音的影响，那么基膜上某一特定部位的毛细胞将会受到损伤，并因此丧失对这些音高的声音的听觉能力。

乔治·冯·贝凯西（George von Békésy, 1960）做了一项研究并因此而获得诺贝尔奖。在这项研究中，他得出了与赫尔姆霍兹相似的结论。他在被试的耳蜗上挖了一个小洞，当不同频率的声音作用于被试时，通过一个显微镜来观察被试的基膜。结果发现,低频声音刺激到基膜较宽的一端(离卵圆窗较远)的毛细胞,而高频声音刺激较狭窄一端(离卵圆窗较近)的毛细胞。不幸的是,贝凯西观察到的每一种现象并不都与地域论完全吻合。他发现,低频声音有时会对整个基膜上的毛细胞产生刺激作用,甚至中频声音有时也会对基膜的多数区域产生刺激作用。

频率理论

频率理论(frequency theory)不是用位置来解释音高,而是认为基膜能够复制进入耳朵的振动,从而引起与刺激声波的频率相同的神经冲动(E. G. Wever, 1970)。因此我们感觉到的音高是由进入听神经的神经冲动的频率决定的,听神经则把耳与脑联系在一起。例如,一个500 Hz的声音每秒钟会在听神经中产生500次电反应,并依次类推。

频率理论能够很好地解释地域论不能完全解释的现象:较多的刺激能够产生低频声音的感觉。然而,频率理论却不能解释与高频声音有关的所有现象。在这方面,频率理论遇到的难题是:它认为一种神经每秒钟最多处理大约1 000个神经冲动(对应于一个1 000 Hz的声音),而人们却能够听到频率高达20 000 Hz的声音。我们的神经处理速度不应该能够对这些高频音高作出反应。这又一次说明同一理论不能解释所有的现象。

频率理论影响力之大要归功于齐射原则(volley principle)(E. G. Wever, 1970)。根据这一原则,各种听神经是可以共同起作用的。也就是说,不是一根听神经单独的活动,而是几根神经轮流组成一个听神经组来共同活动。当一种神经休息时,它周围的神经就活动,而这种神经同样也能与其他神经协同活动。因此,没有一根神经能以足够快的速度模拟高频的振动,而一组神经就可以做到。让我们设想一个步枪射击小组,小组成员射击一次就要装一次子弹。如果小组协同射击,那么当有人装子弹时,仍有人在射击。这样,这个小组齐射就比任何一个小组成员单独射击快得多。

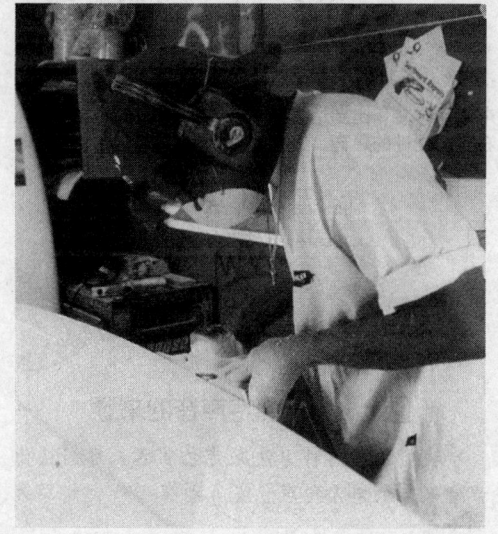

使用电动工具的工人,或在极大的噪音环境中(从建筑工地到摇滚音乐会)工作的人,现在通常都佩戴具有保护作用的耳机。

然而,我们必须指出,现在仍有许多发现支持地域论。因此现在最流行的关于音高的听觉理论是双向说(duplicity theory)。根据这一学说,地域论和频率理论在解释音高时都发挥着某些作用。然而现在对于双向说还没有详细的论述。在视觉研究中,类似的辩证情形也发生在颜色的三色论与对立过程说上。现在常用于解决问题的是那些包含了对立的观点成分的理论,因为它们充分吸取了各种对立理论的精华(kalmar & Sternberg,1988)。尽管现在还没有解释音高的定论,心理学家们对于人们如何对声音定位这个问题却已有了一些很明确的观点。

声音定位

我们如何确定声音是从哪个方向传来的?最重要的一点是,我们两只耳朵之间相距大约6英寸。因此,当声音来自右方时,它到达右耳的距离要比到达左耳的距离小。我们会想当然地认为声音到达左右耳的时间差微乎其微,但是我们足能感觉到这种差别。事实上,我们能够觉察到10毫秒的时间先后差异(Durlach & Colbum,1978)。我们对声音进行定位的另外一种方法是比较到达两只耳朵的声音的强度:距声源较远的耳朵听到的声音强度小,因为声音在到达另一只耳朵时,被头部吸收了一部分。现在看来,对于低频声音的定位,时间差法(time-difference method)似乎是最有效的;而强度差法(intensity-difference method)则对高频声音的定位最有效(见图4-34)。

如果声源距两耳的距离相等时,声音同时到达两耳,这时应如何对声音进行定位呢?在这种情形中,我们很容易混淆,我们听到了声音,却不能立即指出它的准确位置。为了定位声源,你可能(大多是无意识的)转动头部以便耳朵能得到哪怕是很细小的差别信息。然后,无论用时间差法或强度差法你都可以对声源进行定位了。

听觉和视觉提供给我们许多外界的信息,但是如果我们只是通过听和看,我们永远不会获得品尝巧克力蛋糕和闻新出炉的馅饼的快乐,也不会感觉到别人给我们按摩后背的舒适。因此其他感觉也是很重要的。它能使我们更好地享受生活,有时甚至会关系到我们的生存,如对痛的感觉。

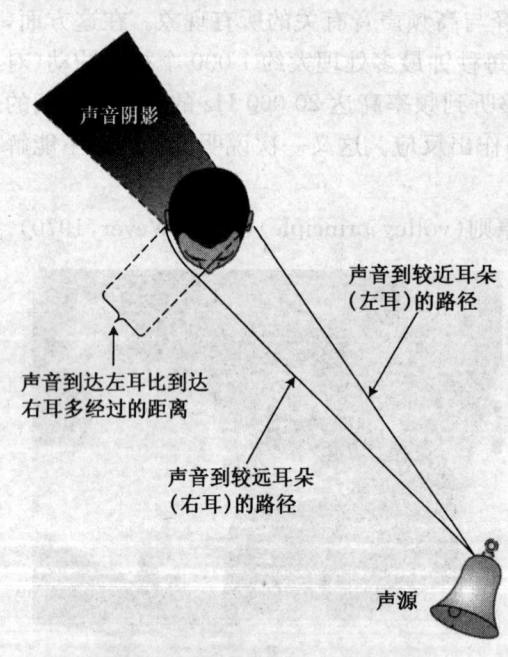

图4-34 确定声音的来源

我们通过两种方法来定位声源:我们认为声音来自于先听到声音或听到声音较大的耳朵的方向。

味觉、嗅觉和其他感觉

问题：除了听与看，我们如何通过感官感受到刺激？

除了听觉与视觉，我们还有其他的感觉吗？

味觉

我们能够听到或看到离我们很远的物体。之所以能够听或看，是因为我们从物体接收到的波动机械能可以转换为神经能够传导的电化学能。而要产生味觉，我们必须与构成物体的化学分子有物理的接触，事实上就是所要品尝的东西的分子要进入到我们的体内。那么这种高亲密性的感觉系统是如何工作的呢？要理解这个问题，我们先要了解味觉的物理属性和心理属性。味觉的解剖结构包括舌头、神经系统和味觉的特定机制。

味觉的物理属性和心理属性

我们要对一种刺激物产生味觉，它必须包含可溶于水的化学分子，并且我们的口中必须有足够的唾液来溶解这些化学分子。从这些化学物质当中，我们发现了四种基本味觉：酸、甜、苦、咸（Bartoshuk, 1988）。甜觉主要是由有机分子产生的，这些有机分子中包含不同数目的碳、氢、氧；苦味物质中包含着一定数量的碳；酸味物质中包含着微酸物；咸味物质更多地包含一些能在水中分解成可以释放化学电粒子（离子）的分子。其他的味觉都是由这四种基本味觉的组合产生的，这就像颜色可由三原色的组合产生一样。例如，葡萄柚又酸又苦有时还有点甜。图4-35中列出了各类味觉在舌头上的分布。

我们的味觉感受性随年龄的增长而变化：孩子们的味觉是极其敏感的，如果你曾与小孩一起吃过东西，也许你已发现了这一点。然而，随着年龄的增长，我们的舌头上的味蕾的数量逐渐减少。因此我们的味觉感受性降低了。尽管大多数人味觉的绝对阈限是相当低的，但是其最小可觉察却相当高。根据韦伯分数，它可以从0.1变化到1.0。这种相对说来很高的差别阈限就意味着，如果要知觉到不同强度的同一味觉之间的区别，我们必须增加10%甚至是100%的刺激量。味觉大概是最具有调节性的感觉系统。对味觉的加工是由舌头完成的，因为它具有这种结构和功能。

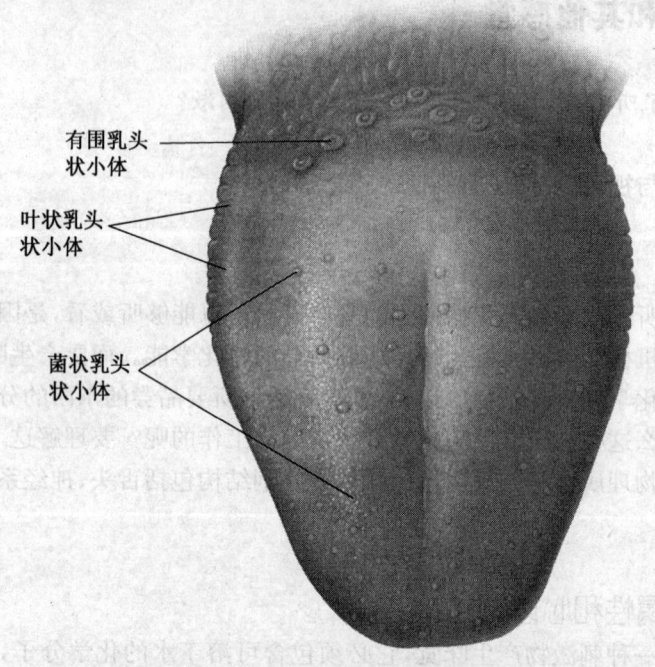

图4-35 舌头与味觉

味蕾簇集在舌头上的小突起周围，这些小突起叫做乳头状小体。乳头状小体有三类：有围乳头状小体、叶状乳头状小体、菌状乳头状小体。每种乳头状小体里面都有味蕾，对四种基本味觉表现出不同水平的感受性。如图所示。（Bartoshuk，1993）

舌头的结构

味觉刺激物进入口中接触到舌头，便受到舌头上1个甚至更多大约10 000个味蕾（taste buds）的分析和觉察。味蕾中含有充当味觉感受器的细胞，这些细胞在舌头上一些可见的小突起里面，这些突起叫做乳头状小体（papillae）。在整个舌头和喉咙的后部，味蕾集合成束。味蕾中的细胞只能存活10天，10天后它们就会被更替（Pfaffmann，1978）。每个味蕾的中心都有一个小孔，小孔外面长着许多微茸（极其细小，手指状的突起），它的作用是品尝出食物或饮料中的化学物质的味道。舌头与这些化学物质的接触会激活味蕾，因此加工转换过程便开始了。味觉感受器（也是嗅觉感受器）把化学能转换为电化学能。味觉感受器专门负责接收各种化学物质（例如酸、盐），然后通过神经元中的化学系统将有关的化学物质的信息送出。对某种味觉敏感的味蕾在舌头上的分布是不平衡的，其分布模式相当复杂，因此我们不可能对各种味觉在舌头上的分布进行精确定位（Bartoshuk，1993）。

从舌头到脑

信息通过三种神经从味蕾感受器传递到延髓,然后再从延髓传递到丘脑。在丘脑中,信息沿一定路线到达大脑皮层的一个区域,这个区域与面孔认知区域是并列的,主要位于顶叶与颞叶(见图4-36)。还有一些味觉信息,从丘脑传到了附近的下丘脑和边缘系统。

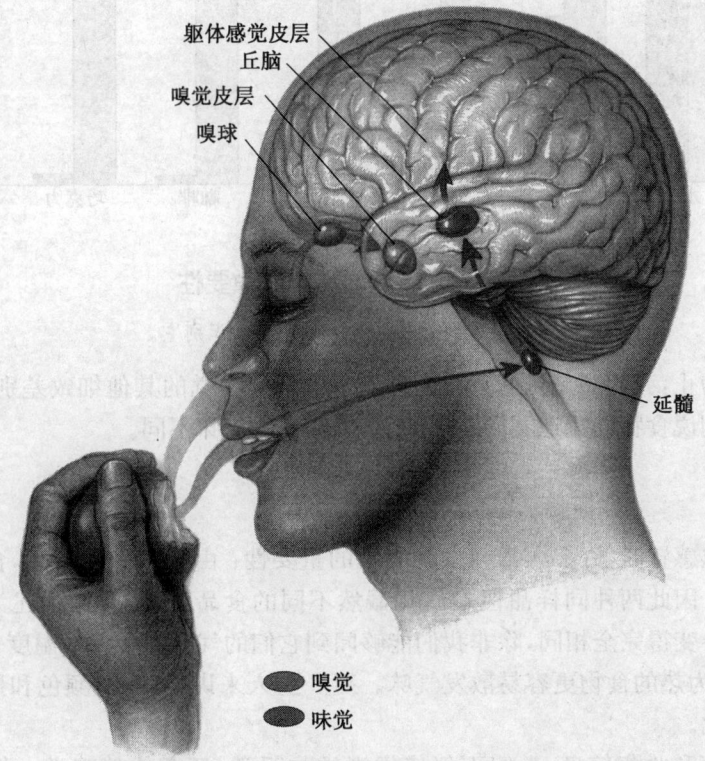

图4-36 从舌头到脑的神经通路

三种神经把电化学冲动从舌头上的味蕾感受器传到延髓,延髓把绝大部分信息通过脑桥传到丘脑。丘脑将冲动组织起来并将其传到躯体感觉皮层。也有一部分信息传到下丘脑和边缘系统。

味觉是如何产生的

我们能区分开四种基本味觉,对于这种现象应如何解释?现在最流行的味觉理论(Pfaffman,1974)认为,尽管舌头上的味觉感受器不是仅仅对单一味觉作出反应,但是不同的感受器对某一特定的味觉比对其他味觉更敏感(见图4-37)。因此,似乎是味蕾之间的共同作用产生了我们感觉到的各种味觉。

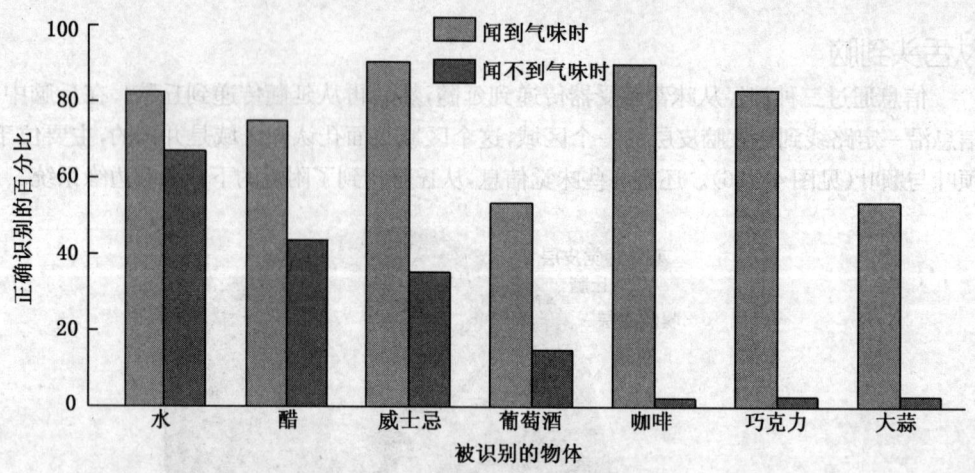

图 4-37 气味对味觉的重要性

当我们闻不到食物的气味时就很难识别它。

到今天为止,我们还是认为只有四种基本味觉。味觉的其他细致差别是什么呢?很多时候我们说食物的味道不同,实际上是说它们的气味不同。

嗅觉

当患了重感冒时,许多人都会发现嗅觉的重要性:由于鼻腔被堵塞,食物似乎变得没有滋味。因此两种同样甜但是气味截然不同的食品(有时会被描述为"味道"不同),其味道会变得完全相同,除非我们能够闻到它们的气味。食物的温度也会影响我们的嗅觉,因为热的食物更容易散发气味。对一些人来讲,食物的颜色和形状也会影响他们的嗅觉。

为了生存和收集信息,人们不仅依靠视觉与听觉,还需依赖嗅觉。但是这种依赖性不如动物的依赖性强。事实上,人们只有大约1 000万个嗅觉感受器,而狗却大约有2亿个。不过,气味可以与我们的情绪相互作用并立即唤起我们对过去的回忆。

嗅觉不仅在我们享受美味与感受芳香方面很重要,在其他方面也很重要。例如,嗅觉对人们的安全也越来越重要。因为人的鼻子并不是特别敏感,于是我们便制造出了能够闻出毒品与爆炸物品的机器。有时,经过训练的狗也能做这些事情,因为它们对气味的敏感性要远远超过人。

嗅觉的物理属性与心理属性

嗅觉(olfaction)提高了我们品尝食物的能力。当然,它自身的功能是独立于味觉的。与味觉一样,嗅觉是一种由化学物质引起的感觉。溶于水或油的分子都能被我们的嗅觉系统感觉到。

一旦嗅觉系统觉察到了有气味的分子,我们便会感觉到这种气味。研究者们一直在努力定义基本嗅觉这一概念,以便与其他感觉系统的基本心理品质相并列。其中做的一种尝试是将气味分成花香、恶臭、果香、焦臭、松香、香料几种,并考虑到了各种气味的组合(Henning,1915)。然而,各种气味之间的区别与联系证明,要想系统地定义这一概念是很困难的。为了对这个问题的难度有所理解,我们可以回想一下曾经闻到过的五种气味,试着不用明喻(比如"闻起来像……")描述出这些气味。我们会发现这很难做到。这是因为有关气味的词汇是很有限的,除非我们比较两种气味明显不同的物质。因此,尽管我们知道气味在唤起记忆的心理功能上是一个很活跃的因素,但是却没有一种满意的方式来表征我们在闻到一种气味时的感觉。

嗅觉的绝对阈限也是很难研究的。因为鼻腔的嗅觉感受器在某种意义上是不可测量的。而且对于不同的刺激物,有不同的阈限。不同人的嗅觉感受器的差异也会导致阈限的不同。事实上,许多人是嗅盲——闻不到任何气味。控制对某一气味的注意力和消除身体、衣服和环境中其他对气味有影响的因素也是极其困难的。

在分辨刺激物的区别时,嗅觉系统似乎比味觉系统更灵敏。嗅觉的最小可觉察的韦伯分数低达 0.05。也就是说,气味的刺激强度只要有 5% 的差别,我们就能够觉察出(Cain,1977)。外激素是嗅觉研究中最有趣的话题之一。外激素是动物分泌的一种化学物质。这种分泌物会使其他动物尤其是同一物种产生特定的反应。这些反应包括母子互认、对性信号、领土标志以及限制或鼓励攻击等。然而,对于外激素在人类中能否在某种程度上引起性吸引仍存在异议(Quadagno,1987)。

研究表明,人们对嗅觉的反应是一种心理反应。例如,事实表明,在生命的开始几周内,哺乳的婴儿能通过嗅觉辨认出他们的母亲(Cernoch & Porter,1985)。与男性至少有一周亲密接触的女性,她们的月经周期似乎更有规律;而那些经常与其他女性接触(或有亲密接触)的女性,她们的月经会倾向于同时发生(Culteretal,1986)。尽管气味与性吸引之间的关系还不甚清楚,但是男性与女性比起来,女性似乎更容易受到男性气味的吸引。无论如何,女性比男性对气味更敏感(绝对地说),并且对气味的反应也更快(就她们的自我报告和其他行为而言)。此外,我们还知道气味能够唤起遥远的回忆,包括与记忆中的事件有关的情绪和情感。

从鼻子到脑

人们在呼吸时把空气中的气味分子吸到鼻子里(见图 4-38),这些分子向上经过鼻腔到达眼睛后下方的一点,并且与鼻粘膜中的嗅上皮(olfaction epithelium)相遇。鼻粘膜是分泌保护性粘液的膜。在这里,这些气味分子接触到嗅觉感受器,于是便开始了气味的化学能向电化学能的转换。因为只有转换为电化学能,才能被神经传递。嗅觉感受器是为数不多的可以完全再生的神经之一,因为它们只能存活4～8周。

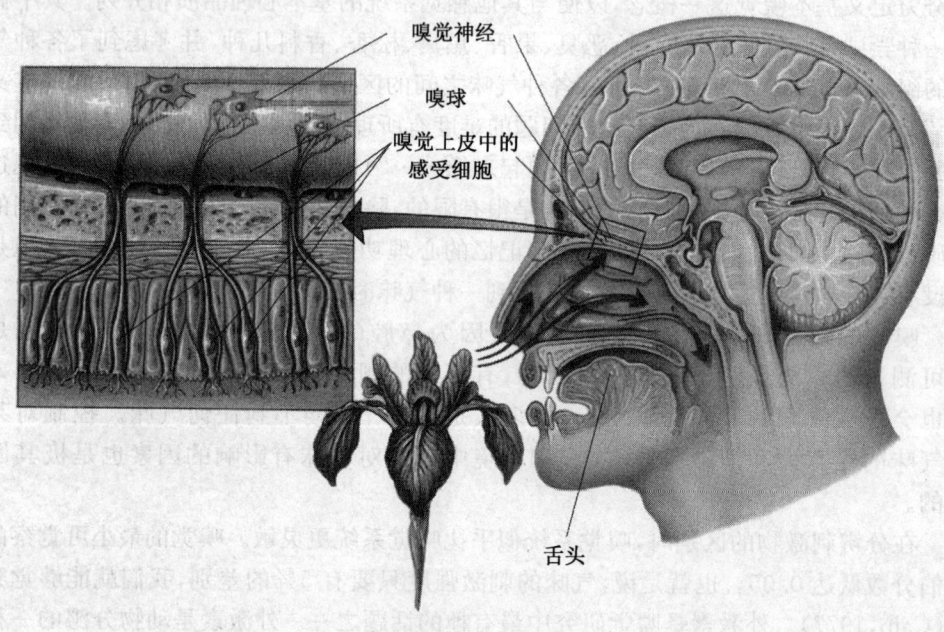

图4-38 鼻腔

空气中的分子被吸入鼻腔,嗅上皮中的感受器细胞把气味的化学能转换为神经系统的电化学能。

嗅上皮中的感受器在感觉系统中也是惟一的。因为它的轴突实际上是穿透头盖骨的,并且与头盖骨直接结合形成两条嗅觉神经。每条嗅觉神经的终端对应两个嗅球(olfaction bulds)中的一个。在嗅球中,嗅觉神经与其他神经以更复杂的方式相联系。嗅觉神经冲动从一个嗅球中绕过丘脑(不像其他感觉神经),最后进入到颞叶上的嗅觉皮层或边缘系统(特别是下丘脑)。下丘脑和边缘系统可能会根据这种气味来决定接受或拒绝一种食物。

嗅觉是怎样产生的

当分子从一种食物中散发出来,通过空气进入鼻腔并上行到嗅上皮中的嗅觉感受器时,我们就闻到了这种气味。嗅觉感受器是如何工作的呢?尽管我们已经知道每种感受器可能对多种气味作出反应,但是对于其中的具体细节我们还不甚了解(Keverne,引自Klivington,1989)。由于嗅觉感受器不断更新轮换,因此这就有利于感受器对气味的反应。尽管嗅觉感受器不仅仅对一种气味作出反应,但是每种感受器对不同气味的反应方式却是惟一的。

与其他感觉一样，嗅觉也存在很大的个体差异。有些人的鼻腔被黏液堵塞了，外界的信息不能到达嗅觉感受器，他们就很难或根本闻不到任何气味。嗅觉也随年龄增长而衰退。许多超过70岁的人都说他们的嗅觉感受性严重下降（Rabin & Cain, 1986），这大概是因为嗅觉感受器的死亡速度和数量超过了其再生速度和数量。

皮肤觉

许多休闲场所老板或香水售货员都会对你说气味在吸引异性或其他人际关系的活动中起着非常重要的作用。尽管心理学家对这一结论会产生疑问，但是对于触摸在这一方面所起的作用却很少有人提出质疑。

我们通常把触觉称为第五感。然而"触"（touch）这个词却不能把压力、温度、疼痛等各种感觉的属性完全体现出来。"肤觉"（skin senses）可能是更好的一个词。因为我们可以通过皮肤接收到许多感觉信息。对于直接作用于皮肤的压力、温度和痛刺激而产生的感觉，一个较正式的术语是触觉（haptic）。

到目前为止，我们还一直在讨论感觉系统对外界感觉信息的反应方式问题。外部感觉系统接收外界刺激。此外，我们还具有内部感觉系统，它接收体内的内部刺激，例如脸红、胃痛、头晕或者我们对身体所处空间位置的感觉。有人把内部感觉叫做本体感受作用（接收关于自身身体的信息）。触觉主要包括外界感觉系统的感觉，但有些感觉像痛觉也会给我们提供一些内部感觉的信息。

许多研究表明触觉对人类的重要性。例如，尽管研究者还不能完全对婴儿进行触觉剥夺实验，但是医学专家和发展心理学家注意到，触觉的刺激能够提高早产儿的生理稳定性、促进体重的增长（对早产儿来说，这是健康和生命力的关键因素）。触觉对视觉的早期发展也是很重要的（T. G. R. Bower, 1971）。对成人的研究也表明了触觉的积极作用，例如，一般认为抚摸或触摸宠物能降低心率。

肤觉的物理属性和心理属性

皮肤能对多种刺激作出反应。当物理刺激作用于皮肤时，我们在心理上就会产生痛觉、热觉等等。物体触压在皮肤上会引起皮肤的变形，从而产生触压觉。甚至当一根头发落在皮肤上时我们也会产生这种感觉。温度刺激作用于皮肤时会产生冷觉与热觉。对皮肤施加轻微的电刺激通常会导致压觉和温度觉的产生。一般讲来，任何刺激过强都会引起痛觉。外界的强烈刺激或者是体内外组织的损伤也会引起痛觉。机体的痛反应通常开始于皮肤上的感觉。

皮肤的生理结构 我们能够产生感觉是因为皮层中充满了感受器（见图4-39）。

第四章 感觉和知觉

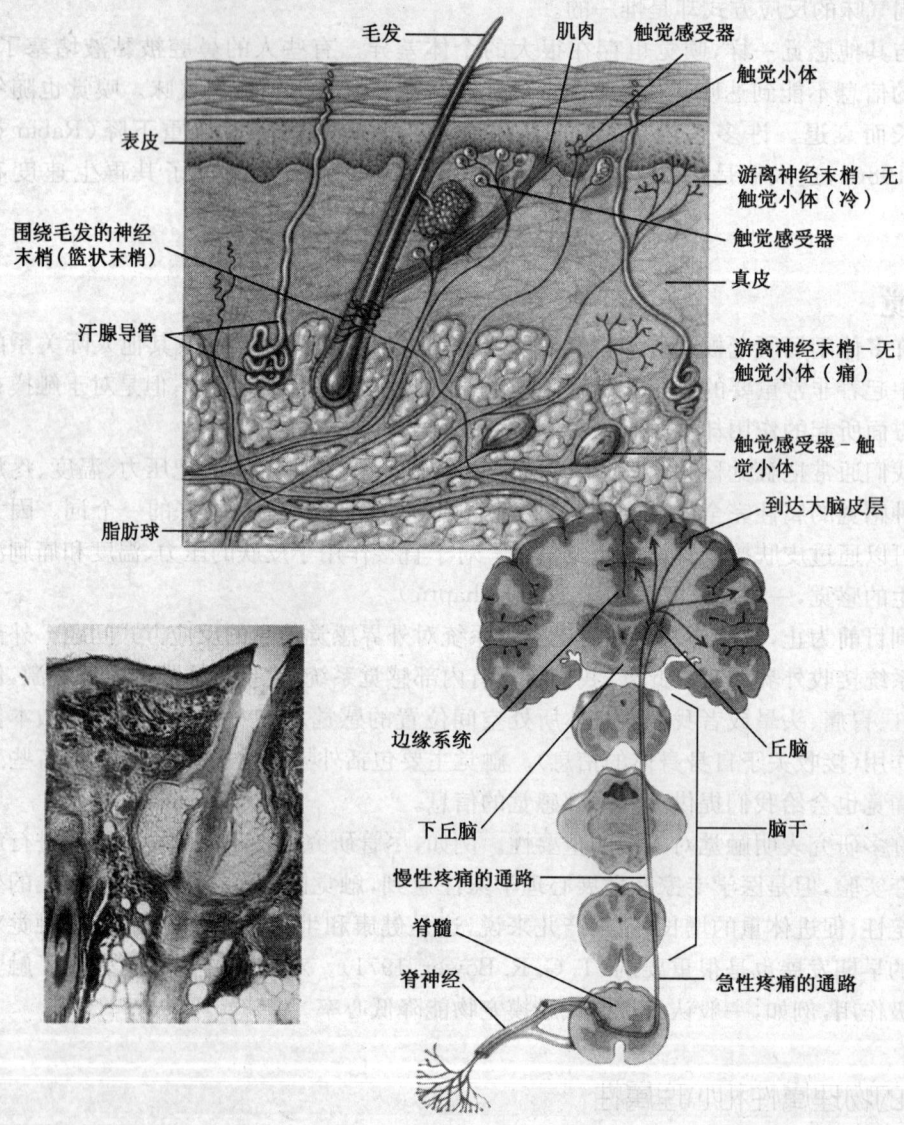

图4-39 皮肤感受器

皮肤中有痛觉感受器、压觉感受器、温度觉感受器。每种感受器都具有不同的功能并能提供不同的感觉信息(见放大了的图片)。与我们在第三章对反射运动的讨论中所见到的一样,如果感受器觉察到一个突然的、强大的痛刺激(或压力刺激、温度刺激),通常传递到大脑中去的神经冲动可能在脊椎中另辟蹊径,产生一种突然性的肌肉运动,从而使机体脱离痛源。如果这个强大的痛刺激继续作用,它产生的神经冲动直接到达大脑皮层;慢性疼痛则通过边缘系统到达大脑皮层。

我们的皮肤中有不同的感受器，它们能感觉到触摸、痛、压力和温度等刺激。我们的触觉感受器末端有许多不同的球型小体。这些球状细胞分布在皮肤的各层上，并对不同类型的触压刺激（特定部位的表层压力，广大部位的表层压力、深层压力、移动和振动）敏感。假定你的眼睛被蒙上了，然后有三种不同的物体触压在你的皮肤上，它们与你的皮肤有一平方英寸面积的接触。一种是棉花做的立方体，一种是坚硬的刷子，另一种是磨光了的立方体。这时你仍能说出它们之间的区别。如果我们移动刷子或其他任何一个物体，即使这种移动很小，几乎为零，你也仍旧能够觉察到。我们的皮肤中还有许多特殊的感受器来觉察痛、温度等。这些感受器叫做游离神经末梢（free nerve endings），它们是非球型的，没有触压感受器中的那种球型小体。感觉从这里出发最后到达大脑。

从皮肤到脑 有两种感觉神经元从皮肤到脊髓。在脊髓中，它们把神经冲动传递给其他到达脑的神经元。在这两种感觉神经元中，一种是传递速度很快的脊髓神经元，它通常要经过很长的距离才到达脊髓；另一种是传递速度相对慢的无髓神经元，它只需很短的距离便可到达脊髓。一旦到达脊髓，这两种神经元经由脊髓的两种不同的神经时采取不同的路线。

第一种脊神经从脊髓神经元中收集信息，沿着脊椎上行，在延髓中交叉穿过大脑另一半球到达丘脑，然后到达躯体感觉皮层。在这里，信息被识别，这在第三章中已描述过了。这种神经主要对压觉和运动感觉作出反应。

第二种脊神经从皮肤中的无髓神经元中收集信息。在脊髓中，这些无髓神经元也能与运动神经元建立局部联系，从而产生反射反应。第二种神经主要向大脑提供痛信息，同时也能提供温度和触压信息。这种神经沿着脊髓上行，在延髓中分成两束。一束负责传递有关扩散性疼痛、微痛或灼烧痛的信息；另一束负责传递局部疼痛、锐痛或刺痛的信息。这两部分神经都是对侧交叉传导的。因此，身体右侧的痛与大脑左半球的活动有关，反之亦然。然后这种神经到达丘脑和边缘系统（边缘系统对情绪和记忆很重要），最后到达躯体感觉皮层。通过这种神经路线产生的温度、压力、痛和运动的感觉，不如经由较快路线产生的感觉的定位精确。现在让我们看一下我们是如何对各种信息进行加工的。

压觉是如何产生的

压觉使我们能够感受接触到我们身体表面的物理刺激。我们能够感觉到这种压力的大小、振动和位置。我们身体各个部位感受到压觉的绝对阈限是不同的。例如，脸颊比手掌要敏感得多（Weinstein，1968）。我们通常用一根毛发或振动作为刺激，以不同的力量作用于皮肤的各个不同的部位，来测量绝对阈限（见图4-40）。

第四章　感觉和知觉

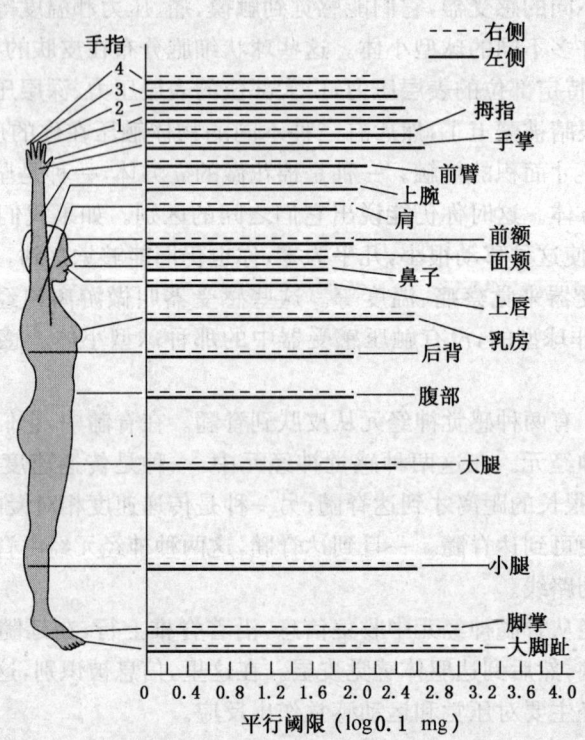

图 4-40　压觉的绝对阈限

身体的不同部位对压力的感受性是不同的。发展心理学家如何解释这种感受性的变化呢？

温度觉的产生

我们要生存，必须有恒定的体温。皮肤中的两种神经组织（神经束）通过它们各自的神经冲动模式使我们感觉到冷与热。如你所想，冷组织对皮肤上的冷刺激作出反应。在反应时，它的神经冲动速度相对于无刺激时要快得多，类似地，热组织对皮肤上的热刺激作出反应（在 95～115 华氏度之间（35～46℃）；Hensel，1981）。这两种神经组织在体内的分布是不平衡的。因此即使是在一小块皮肤上，不同的部位也会对冷与热作出不同的反应。

由于两种神经组织都能够很快地反应温度的变化，因此我们对冷或热的感觉就要依赖于我们的适应水平。当我们从冷刺激开始感觉时，我们感觉为热的刺激要比从热刺激开始感觉为热的刺激冷一些。因此，在温度的测量上很难定义绝对阈限，所以现在的研究大部分集中于温度适应，范围更小一些应该是在最小可觉察的研究上。当我们的体温正常时能觉察到 0.4℃ 的上升和 0.15℃ 的下降（KenshaloNafe & Brooks，1961）。

皮肤中的压力感受器使这些孩子们感觉到碰触与被碰触。

痛觉的产生

强烈的刺激和任何损伤组织的刺激都会引起痛觉。当组织受到损伤时,会释放一种神经递质,把神经冲动传到中枢神经系统。

身体的各个部分对痛觉的敏感程度是不同的。例如,膝盖的后部要比脚掌敏感得多。而且人们对痛觉的敏感性普遍地存在着个体差异。在一些极端情形中,有些人根本感觉不到疼痛(Sternbach,1963)。尽管这种无痛感觉可能是一种理想状态,但是这些人中有许多都是由于意外伤害而死于非命。例如,这种人可能在受伤之后由于无痛而不知道自己受伤最后造成失血过多,特别是在内出血的情况下。疼痛是很痛苦的,但是它却会起到保护作用。它促使我们远离危险或紧张的环境,寻求最快的伤后治疗。胃痛、耳痛、肠痉挛、关节或骨头受伤以及其他种类的内部疼痛(也就是痛源来自体内)都会提醒我们体内受到了伤害。即使我们不能摆脱眼前的状况,它至少也会提醒我们在以后注意保护身体。

然而重要的一点在于,我们必须认识到除了生理因素之外,其他的一些因素,例如文化的影响、个人期望和适应水平等,似乎也会影响我们对痛觉的感受。与其他的文化相比,一种文化的需要、信念、期望和习惯可能会提高或降低痛觉的阈限。例如,在穿耳时亚洲人比高加索人和其他人群感到更痛一些(V. J. Thomas & Rose,1991;关于痛觉的更多信息,如心理学研究结果、对它有影响的社会和人口因素以及心理疗法见第十八章)。此外,需要和期望还会影响机体觉的功能。

第四章 感觉和知觉

机体觉

痛觉不是惟一的内部感觉。你大概已不记得自己是在什么时候学会走路的,但是那一刻却是你运动觉和前庭感觉或平衡觉取得重大发展的时刻。也许我们并不能完全意识到这些感觉的功能。它帮助我们运动、直立和产生方向感。但是对这些感觉的功能的意识缺乏并不表明这些感觉不重要。如果你对其重要性有疑问,那么请你一圈一圈地旋转,就像你小时候做过的一样,然后看看你是否还能走出一条直线。现在让我们看一下两种机体觉:运动觉和平衡觉。

这个女子骨骼肌中的运动觉感受器与前庭感觉联合起作用,使得她在腾空跳跃时能意识到身体敏捷的位置变换。

运动觉

运动觉是一种帮助我们确定我们身体各部分的运动和位置的感觉:身体各部分的相对位置如何,它们(如果有)是如何运动的?运动觉的感受器位于肌肉、肌腱、关节和皮肤中。当这些感受器通过压力觉察到位置的变化时,它们便把这种机械能转换为神经能。神经能可以对变化的速度、骨头的角度、肌肉的紧张度等信息进行编码,然后这种信息被上传到脊髓,最后传递到大脑,在大脑中,对侧交叉传递到躯体感觉皮层和小脑,由小脑进行自动加工和协调。

平衡觉:前庭感觉

前庭感觉(粗略地讲是平衡觉)是由头部相对于中立的方向引起的,身体在空间中的运动或加速运动也会引起平衡觉。我们一般都不会意识到平衡觉,除非受到极度刺激——在颠簸的班机上,或是在有点发狂的汽车上时。其反应是:头晕、眼花、呕吐。电子游戏或仿真模拟也会引起一种叫做模拟性眩晕的运动眩晕。对减少这些不良影响的研究是我们目前进行的一个课题。

第四章 感觉和知觉

在游乐场中过山车所带来的兴奋与激动,部分是来自于前庭系统对身体位置快速变化的感觉。

平衡觉的感受器在内耳(见图4-41)。前庭是一种包含前庭囊和半规管的感觉器官。在前庭囊和半规管中有一种液体。当头转动时,它便流动。这种流动使得前庭囊和半规管中的毛细胞混合在一起,随即机械能被转换为神经中的电化冲动,到达小脑和大脑皮层,并把头部加速度方向和其相对位置等信息传递给大脑。当大脑不得不把各种感觉系统中不一致的信息整合为一致时,就会引起运动眩晕。例如,想像自己正坐在开动的车子上,但是看不到外界事物(就像小孩子坐汽车或在船甲板下底仓中的乘客一样)。你所看到的物体(车内)是不动的,但是你的前庭仍旧能够感觉到身体的运动。一般讲来,视觉信息与前庭和动觉运动信息一致时要比不一致时感觉好,这个道理也许你已经想到了。

平衡觉不仅受到喜欢追求速度与运动的感觉寻觅者的欢迎,无数老年人使用的摇椅也表明,前庭刺激有使人平静的作用。就像当烦恼时,我们会驾车或散步来寻求安慰与放松。

我们万分庆幸拥有感觉和知觉。如果它们受到损伤或缺失,生活将变得截然不同。感觉是思想、感情、理想的大门,是外界通过身体到达内心的桥梁。下一章将讨论的意识,将使我们认知感觉和知觉。

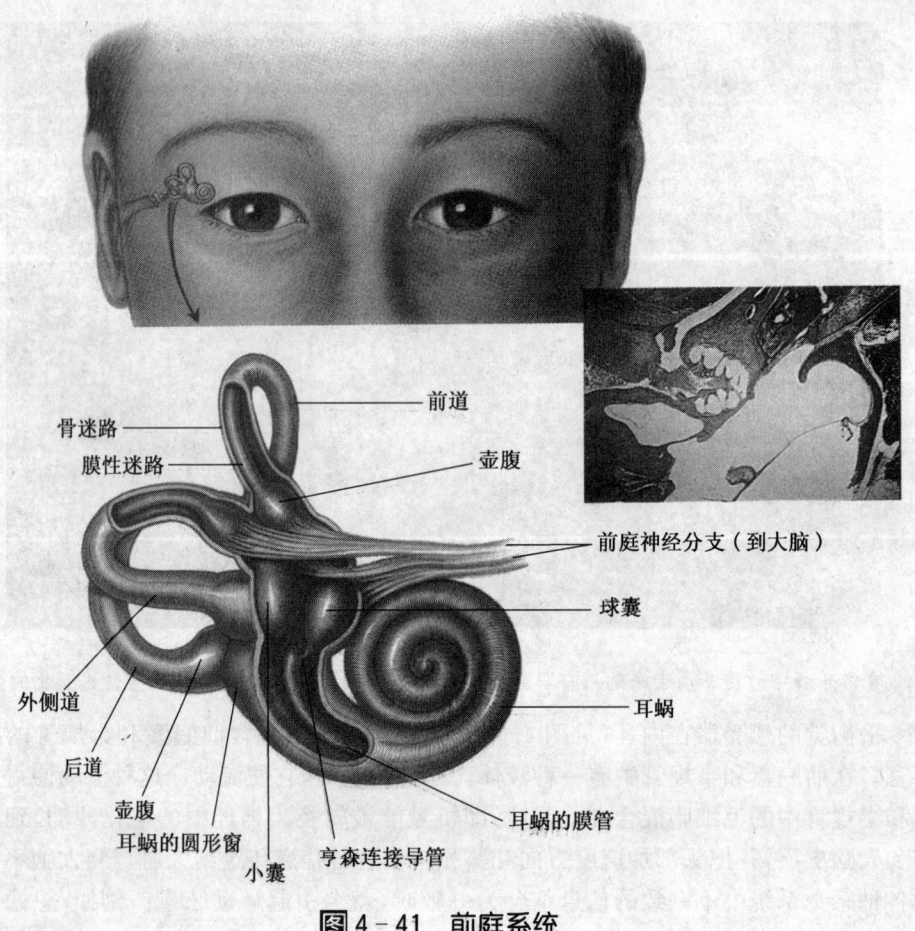

图 4-41 前庭系统

内耳中半规管内液体的流动使得我们能够感觉到头部相对重力方向的变化。

相关研究

虚拟现实与运动眩晕　　詹姆斯·梅,新奥尔良大学 (James G. May, University of New Orleans)

现代计算机技术能够逼真地模拟真实环境,使你感到如同身临其境。运动感受器(例如,一种头部跟踪设备)把信息输给计算机,它便会通过系统改变画面来作出反应,因此我们就似乎是在环视一个三维的空间。这种技术起源于影视录像等的广泛应用。现在已经用于驾驶和飞行模拟,以及建筑和手术训练。但是仍然存在许多问题,其中最主要的就是模拟性眩晕 (Kennedy, Lanhan, Drexler & Massey, 1977)。哪怕只在虚拟环境中待一小会儿，许多人都会产生一种运动眩晕，这种眩晕似乎是由视觉引起的。我们正在进行的实验就是要找出模拟性眩晕的原因以及如何预防。我们认为，任何一种疾病或眩晕、呕吐都是一种保护机制，它能排出有毒物质。为什么运动会导致这种反应呢？一种观点认为毒素最先影响到眼肌，引起眼肌不平衡和复视。这就会引起两种感觉信号间的错误匹配，进而激活一部分引起呕吐的干细胞。这个错误匹配的思想已经被扩展为运动疾病的感觉冲突理论(Benson,1984)。这种理论考虑到了一个事实，那就是在很多情况下，人的感觉与人本身是否在移动或移动方向并不一致。在船甲板下面时，前庭系统感觉到船在移动，而视觉系统却看不到任何移动，因为眼睛在随着船舱移动。在一个IMAX剧院里，前庭系统几乎感觉不到移动，因为你是坐在静止的椅子上，但是视觉系统却感觉到了视野中图像画面的移动。一般讲来，在现实世界中，整个空间在视网膜上是不会移动的，除非你自己在移动，因此便产生了一种自动，但却是令人信服的错觉。这是在虚拟现实中经常出现的一种情形，由此引起的模拟性眩晕比真动引起的运动眩晕更严重。但是还有另外一种观点：

注视下一行中的字母"X"，并来回移动你的头。

X

你的头在移动但是眼睛仍然静止，对吗？不对！因为你的眼睛必须在眼窝中向着与头移动方向相反、与头移动速度相同的速度转动。这种机制被称为前庭眼球反射(VOR)。它使得我们在移动头时视网膜上仍能保持稳定静止的映像。当头静止时，自动感觉是由纯视觉刺激引起的，那么眼睛上会发生什么现象呢？如果我们让被试坐在旋转鼓内的一把静止的椅子上，并且旋转鼓内画着一些竖条纹，这时就会产生自动错觉(圆环的自动)(Dichgans & Brandt,1973)。这时眼睛会平稳地追随鼓上的一点，但是当眼睛到达眼窝的某一点时，会回到眼窝的中心以补偿后面反应的反射。因此，视野中的所有物体都在移动时就引起了眼动。

许多研究者认为，是某种眼动方式引起了运动眩晕(Ebenholtz, Cohen, & Linder, 1994)。与眼动有关的反馈信号被送到脑干中的前庭神经核，然后可能被传到小脑，最后到达"毒素"中心。

你见过人们表演虚拟现实节目吗？他们很少是静止不动的。也许是头动与身体移动的相互补偿在视觉与前庭感觉之间建立了一种统一。因此，我们认为以下几个因素可能导致模拟性眩晕：真动或似动都可导致机体的移动；机体的移动引起头的移动；头移动引起眼动；没有头或机体的移动的自动知觉也会引起眼动。

我们使用能够使敏感被试产生模拟性眩晕的虚拟现实电影来推测模拟性眩晕背后的原因。我们记录眼动、头动与模拟性眩晕的迹象(脸色苍白和呕吐)和症状(例如恶心、胃部难受、头晕、昏昏欲睡等等)。在这些电影剧本中,我们强行限制头动(用一根横杆稳定头部)和眼动(使用中心固定点)。我们也会要求被试去估计在每种条件下看到的自动现象的数量。这个基本的设计能告诉我们,当我们的头或眼睛活动更积极时,我们是否会产生或多或少的模拟性眩晕;这种自动是否是模拟性眩晕的必要条件;是不是某种特定的眼动或头动(或两者的运动)方式引起了模拟性眩晕。尽管这项研究还在进行中,但是我们对这项研究充满希望:它将对模拟性眩晕的原因和预防作出贡献。

日常生活中的心理学

思想会随着生物的进化而演变吗?

我们知道生物是进化的。然而观念也是进化的。两者之间有关系吗?也许有吧。理查德·道金斯(Richard Dawkins, 1989)推测说,生物的进化论法则也可以适用于文化现象,包括观念。许多心理学家认为,观念也是按照"适者生存"的路线进化的。也就是说,一种观念最适应它被提出和传播的文化环境(D. T. Campbell, 1960; Perkins, 1956; Simonton, 1995, 1999)。一方面,我们知道观念不是活着的生物,和我们不一样。另一方面,观念像生物一样会更适应或更不适应一种环境。一种观念适应某种环境并不一定说它是正确的,因为过去多少年来,我们的文化接受了许多后来被证明是错误的观念。像火是由一种叫做燃素(先前认为火是一种有形物质的假设学说)的神秘物质(实际是不存在的)而引起的观念。进化论没有提供任何一种真理或伦理的代码,因此无论生物或观念,在现实意义上能够适应环境并不一定意味着比其他生物或观念在绝对意义上适应得更好,相反地,它们只是对特定时空适应良好。

例如,让我们思考下面这个观念:我们喜欢比萨饼、可可坚果、桃子或其他什么食物的味道。一代又一代,我们喜欢某些味道而不喜欢其他味道的观念就被保留了下来。我们经常这样说味道,但是严格说来,这是不正确的,我们喜欢的是气味。我们只有四种基本的味觉(酸、甜、苦、咸),并且这是一个由来已久的事实,因此我们所说的味道大多是指气味。那么为什么"食物味道如何"的观念没有消失呢?这个困惑就证明,许多观念战胜了其他当时看来错误的观念而生存下来,它们要在社会上存在很长时间甚至几个世纪,后来的人们发现这些观念还是错误的。正是这个原因,你在接受别人的一些观念时要特别细心,因为我们日常的思维方式中有许多观念是错误的。

思考题

1. 视觉的模板匹配理论的主要局限是什么?
2. 为什么在雾天我们感觉到物体的距离要比实际距离远些?

3. 休伯尔和威塞尔表示技术的发展使得他们的发现和研究都成为可能。你认为什么现代技术不仅是悦人的,而且对你经常执行任务的能力要求也是很重要的？如果没有这项技术,你的生活与现在有何不同？（它不一定是一项很复杂的或"高科技"的技术）
4. 试着在下次吃饭（或快餐）时闭上眼睛,然后大致描述一下其他感觉是如何协同工作帮助你避免吃到变质食物的。
5. 你认为气味在多大程度上会影响到你对特定的人、食物或环境的感知？
6. 如果你必须记忆一些术语或定义,通过看（例如阅读印刷的卡片）来记忆或通过听（例如出声地朗读）来记忆,哪种方式效果更好？如果材料以视觉（例如书）或言语（例如演讲）形式呈现,你能更好地记忆吗？你如何根据自己的感觉偏好来调整学习方式？

本章摘要

心理物理学

1. 感觉是大脑从感官接收到的信息。感官是一种生理系统,它为大脑收集信息并且把信息从一种形式的能转换为大脑所能识别的电化学能。
2. 知觉是一系列过程。通过知觉我们可以认知、组织并感觉到环境中的刺激物。
3. 心理物理学是对物理刺激与其心理作用之间关系的研究。
4. 觉察指感觉刺激的能力。对于某种特定的刺激,能够有一半几率被感觉（觉察）到的最小刺激量在操作上被定义为绝对阈限。
5. 信号检测理论（SDT）就击中（正确肯定）、漏报（错误否定）、误报（错误肯定）和正确否定（正确拒绝）四种反应作了分析。SDT还用于解释我们如何决定由特定信号引起某一感觉的可能性。
6. 识别涉及探求一个刺激物与其他刺激物之间的不同。最小可觉察就是有一半几率能够感觉到两个刺激物之间有区别的最小差异量。最小可觉察提供了测量差别阈限的方法。
7. 韦伯定律表明最小可觉察是刺激的一个连续的比例。韦伯分数可以测量出刺激强度之间的变化比率。

所有感觉共有的生物属性

8. 所有的感觉都有一些固定的生物属性,例如心理物理学的阈限、转换、感觉编码和感觉适应。
9. 每种感觉都有特定的感受器细胞,它吸收某种形式的能量并对其加以转换,以便使感觉神经能把感觉到的信息传到大脑。来自大多数感受器的冲动经感觉神经进入丘脑，然后丘脑把信息转到大脑皮层。

10. 对侧交叉传递使得我们身体左侧的感觉神经交叉到大脑右半球，反之亦然。
11. 通过感觉编码，感受器就能传递一系列的信息，像刺激的强度（例如振幅）和质量（例如波长）。感觉神经通过神经放电对这些物理属性进行编码，这可以通过单细胞记录观测出。对刺激强度进行编码是由神经放电的速度和放电模式的规律完成的。
12. 当感官觉察到刺激物在能量上的变化时，感受器细胞会强烈放电以引起大脑的注意。感觉适应是对环境中的变化产生的暂时的生理反应，它随刺激物变化的强度而改变。

视觉

13. 我们之所以能够看到，是因为我们的眼睛上的感受器接受到并转换了光的电磁波频谱中的一小部分电磁波动能。
14. 虹膜中心的黑色圆孔是瞳孔，它随着进入其中的光线多少而放大或缩小。光线通过水晶体的折射聚集在视网膜上，这样我们就能看清楚距离远近不同的物体。视网膜把光的电磁波动能转换为电化学冲动。
15. 人有两种独立的视觉系统，一种主要用于在黑暗环境中产生视觉（视杆细胞），另一种主要用于在光亮处产生视觉（视锥细胞）。
16. 明度指我们对光的强度的感受。它是一种心理现象而不是物理现象。
17. 颜色的三种属性是色调、饱和度、明度。色调就是我们通常所指的"颜色"；饱和度就是指颜色的逼真性、纯度或饱满性；明度是从颜色中反映出来的明暗性。
18. 颜色视觉的三原色理论认为，我们通过三种基本颜色——红、绿、蓝的锥体感受器的活动和相互联系而看到颜色。
19. 颜色视觉的对立过程说认为，我们是通过红-绿、蓝-黄感受器的对立活动而看到颜色的。
20. 知觉恒常性是指当感受器记录的刺激物改变时，我们对物体的知觉仍然倾向于不变。例如大小恒常性、形状恒常性和亮度恒常性。庞邹错觉和缪勒-莱尔错觉，这两种大小恒常错觉可能与我们对单眼深度线索的解释有关。形状恒常性也可能与我们对深度线索的解释有关（例如，观察两条平行线，当它们延伸到远方时就趋向于向中间靠拢）。明度恒常性似乎是受到环境线索的影响。
21. 一部分深度知觉是由单眼深度线索引起的。单眼深度线索仅靠一只眼睛就能注意到，例如相对大小、纹理梯度、遮挡、线条透视、平面位置、空气透视和运动视差都是单眼深度线索。许多画家就是利用这种线索在二维的平面上创造一种立体错觉。

22. 双眼深度线索是靠两只眼睛联合起作用的,它同样能够产生空间知觉。双眼辐辏线索取决于两只眼睛随着物体的靠近而向中间靠近的程度。双眼视差线索利用的是我们在观察物体时两只眼睛对物体的映像会有细微的差别。
23. 根据格式塔理论,整体不等于部分之和。形式知觉的格式塔原则(像图形与背景、接近、相似、闭合、良好连续、对称)解释了我们如何对各种物体和物体的各部分加以整体的知觉。
24. 根据形式知觉的特征觉察理论,各种皮层神经元只与视网膜上的特定感受器相联系。不同的皮层神经元对应了不同的形状,例如空间位置中的线段。视知觉似乎依赖于皮层神经元复杂性的三个水平。复杂性的每一个后继水平似乎都会被从感受器收集的已有信息中进一步排除掉。
25. 关于模式识别的两种主要理论是模板匹配理论和特征匹配理论。模板匹配理论认为我们遇到一个模型时,要把它与头脑中的已有的对应形式(原型)进行匹配,然后才能认知。特征匹配理论认为,我们是通过把这个模型的特征或某些方面与头脑中储存的特征相比较来认知它的。然而,无论是模板匹配理论还是特征匹配理论,都不能完全解释情景效应或知觉情境的影响。
26. 动景运动是在一个黑暗的背景下,两盏灯交替闪光时,只要它们的距离适当,并且两个闪光达到恰当的时间间隔,就会感觉到一种运动的现象。
27. 各种视觉缺失都归为失认症。

听觉

28. 耳蜗是内耳的主要结构,内有基膜。基膜上有毛细胞,它们将声波的机械能转换为可以为大脑加工的电化学能。
29. 根据地域论,我们能听到音高是由于内耳中的基膜具有定位功能,而根据频率理论,内耳中的振动是对进入耳朵的声波振动的复制。齐射理论则认为,神经协力合作来复制这些振动。双向说认为,地域论与频率理论都对听觉的解释作出了贡献。
30. 有两种方法来定位声源:时间差法和强度差法。前者最适用于低频声音,而后者最适用于高频声音。

味觉、嗅觉和其他感觉

31. 我们能够产生味觉是由于化学物质与味蕾的相互作用。味蕾是位于舌头上的感受器。根据最流行的味觉理论,舌头上的不同感受器分别对四种基本味觉甜、酸、苦、咸的不同组合敏感。
32. 我们的嗅觉是由于化学物质与鼻腔中的感受器相互作用而产生。
33. 一部分皮肤神经反应产生压觉和运动觉;另一部分则传递两种痛信息(慢性的和

急剧的)和温度、压力信息。
34. 皮肤中的冷与热神经组织通过它们的放电模式使我们产生温度觉。我们对温度的反应取决于我们的适应水平。
35. 神经递质负责把神经冲动送到中枢神经系统,当它受到受伤组织的刺激时,便会产生痛觉。身体的不同部位对痛觉的感受性是不同的。痛觉的感受性也是因人而异的。
36. 通过运动觉我们可以确定我们是静止的还是运动的,身体的各个部位在哪里,它们是怎么运动的(如果运动的话)。运动觉的感受器在肌肉、肌腱、关节和皮肤里。
37. 前庭系统的感受器位于内耳,它使我们获得平衡觉。从前庭系统、动觉系统和视觉系统来的信息都汇合在大脑皮层上。

思考题参考答案

1. 视觉的模板匹配理论的主要局限是什么?

   这种理论不能很好地解释一些符号,像字母或数字以不同的形式呈现时仍能被认知的现象。例如两个字母以不同字体呈现时(f, f),即使它们的外形是不一样的,但仍被认知为同一字母。这种理论也不能很好地解释字词优先效应,也就是情境对知觉的影响。

2. 为什么在雾天我们感觉到物体的距离要比实际距离远些?

   在雾天,空气中悬浮着许多潮湿的微粒。空气中的杂质数量通常是一种距离知觉线索:物体越模糊,距离越远。由于雾天我们不会自动地适应空气中较多的杂质,因此我们认为雾中的物体距离我们远些。

3. 休伯尔和威塞尔表示技术的发展使得他们的发现和研究都成为可能。你认为什么现代技术不仅是悦人的,而且对你经常执行任务的能力要求也是很重要的?如果没有这项技术,你的生活与现在有何不同?(它不一定是一项很复杂的或"高科技"的技术)

   有许多技术使得我们的生活变得更方便。例如计算机在字词加工上的运用,有了计算机,我们只要敲击一两个按钮就可以删除不想要的字母、单词、段落甚至几页内容。这个过程大大提高了我们写字的速度。例如,小时候我必须用手拿橡皮把书写错误擦掉,这浪费了很多时间。现在对许多作家来说,这种浪费时间的删除已经成为历史的一种遗物。

4. 试着在下次吃饭(或快餐)时闭上眼睛,然后大致描述一下其他感觉是如何协同工作帮助你避免吃到变质食物的。

　　你一般能看到食物,因此你知道食物是否新鲜或其外形是否诱人。然后你把它填到嘴里就立即产生嗅觉和味觉。如果食物没有味道或气味,你可能会停止进食甚至把它吐出来。这种方式使你能够免受有毒物质的侵害。你还可以通过触摸来了解食物的质地,如果它的质地与你所设想的不同(例如,松脆的食物变软了),你就可以认为食物不新鲜了,不能吃。你甚至可以在进食时聆听自己吃食物的声音。还是以松脆的食物为例,在吃这种食物时能发出一种嘎吱嘎吱的声音。如果没有这种声音,这种食物一定变质了。

5. 你认为气味在多大程度上会影响到你对特定的人、食物或环境的感知?

　　由于人们崇尚某种特殊的个人气味,因此价值昂贵的香水便受到了青睐,香水公司也因此而获得了巨大成功。除臭剂公司的成功也是由于它能祛除某种个人身上的气味。同样地,如果让人们到一个散发着难闻气味(例如从工业区发出的气味)的地方,你事先就可以知道他们不喜欢这个地方。

6. 如果你必须记忆一些术语或定义,通过看(例如阅读印刷的卡片)来记忆或通过听(例如出声地朗读)来记忆,哪种方式效果更好? 如果材料以视觉(例如书)或言语(例如演讲)形式呈现,你能更好地记忆吗?你如何根据自己的感觉偏好来调整学习方式?

　　每个人都必须对自己回答这个问题。许多人发现他们有不同的感觉偏好。我在记忆时更喜欢读而不喜欢听。但是我认识许多人,他们更喜欢听而不喜欢读。许多人在学习材料时身体总是表现出某种运动。当我们逐渐理解我们怎样才能学得更好时,我们就会增加我们的学习量。

沈　淼,张干群○译
李　锐,邵爱国◎校

　　米尔克曼(Milkman)钻到斯魏特(Sweet)的床上,枕着她的胳膊入睡了。米尔克曼睡得很香,梦见自己在大海上飞翔。他不是像飞机那样展开双翼,也不是像超人那样俯冲,而是在飘浮、在游弋,轻松得宛若躺在摇椅上看着报纸。他飞行在漆黑的大海上,但他并不害怕,因为他知道自己不可能掉下来。他一个人在空中,感觉到有人在看着他,而且为他鼓掌,但却不知道他们是谁。

　　第二天醒来,米尔克曼去修汽车,但他还没有从梦境中走出来,他也不想醒过来。在所罗门(Soloman)的铺子里,看到欧玛和所罗门把一袋袋的天葵荚倒进篮子里,米尔克曼仍感觉轻飘飘的,仿佛在飞行。

——托尼·莫里森(Toni Morrison),
《所罗门之歌》(Song of Solomon)

第五章 意识

　　诺贝尔奖获得者托尼·莫里森，经常从文学的角度来探究意识。在前面的引文中，她小说中的主人公就向我们描述了不同的意识状态（如睡眠）能够影响清醒时的体验。同样，心理学家也注意到，由于受到对周围世界感知以及内心思想和感受的影响，我们对周围世界的认知，甚至对自己的认知也在不时地变化。

　　意识是个体对内部刺激、外部刺激以及自我的觉察。因此，意识包括对自身心理状态的觉察（内部刺激），以及对光、声刺激的觉察（外部刺激）和对自我存在的觉察。在下面的内容中，我们将讨论意识的水平、注意力对于意识的意义、睡眠和梦以及催眠和由药物引起的意识状态的变化。

　　世界的历史就是人类获得自由的历史。
　　　　——乔治·黑格尔（Georg Hegel），历史哲学家

注意和意识

　　问题：在各种环境中，我们只关注其中的某些事物，而把其他事物排除在外，这是怎么做到的？

　　如果我们不能通过注意来限制对环境中刺激的感受，我们的意识就可能崩溃。注意（attention）使我们在信息大量涌入感官时，只感觉到数量有限的信息。当你看到书上的这些词时，你可能只注意到书页上的字形，而忽略了其他到达你视网膜上的视觉信息。如果在同一时刻你注意感知到的所有信息，你就不能注意到重要的信息，也不能忽略不重要的信息。当你阅读文章的时候，衣服与你的皮肤的接触，周围的声音，甚至饥饿一类的内部刺激都可能变得模糊了。是什么使你过滤了大部分感觉到的信息，而集中注意力去阅读呢？那么集中你的注意力，来看下文。

　　注意通常包括了大脑各个部分的相互作用，在大脑中没有实现注意功能的特定区域（Coher, Romero, Servan-schreiber, & Farash, 1994; Farash, 1994）。但大脑的某些区域确实表现出对特定形式的注意的反应。米歇尔·波斯纳（Micheal Posner, 1995）提出额叶在注意言语刺激时会被激

活,而顶叶在注意视觉和空间刺激时会被激活。

选择性注意

设想你参加一个酒会,你非常幸运地坐在本年度"最乏味谈话者奖"获得者的旁边。这个废话连篇的人碰巧坐在你的右边,和这个人谈话的时候,你会注意到左边另外两个用餐者的谈话。他们的谈话内容有趣多了。所以你尽量装出和右边的人谈话的样子,而实际上却在听着左边的人的谈话。

前面的情节描述了选择性注意(selective attentions)的真实情况,这时你试着追踪一类信息而忽略另一类信息。科林·奇瑞(Colin Cherry, 1953)对这一现象进行了的研究。他对研究我们是怎样排除其他谈话的干扰而集中于一项谈话的问题很有兴趣。由于发现在鸡尾酒会上很容易观察到注意的选择性现象,所以奇瑞把这种现象称为鸡尾酒会现象(cocktail party phenomenon)。

奇瑞实际上并未研究过实际情境中鸡尾酒会上的谈话,他是在更为严格的控制实验情境中研究谈话。他使用的是掩蔽技术。在掩蔽技术中,让每只耳朵去听不同的信息,被试需要在听到信息后尽快背出指定的一只耳朵听到的信息。也就是说,被试将追踪一条信息(像侦探追踪小偷一样),而忽略另外的信息。这种信息呈现的方式被称为二重听觉呈现方式,意思是说每只耳朵接受不同的信息。如果两只耳朵接受的是相同的信息,就成为双耳呈现方式。在奇瑞之后,更多的研究者加入了这一领域的研究。例如,安妮·特雷斯曼(Anne Treisman, 1964a, 1964b)指出,当呈现于追随耳的信息与呈现于非追随耳的信息完全无关时,被试就会忽略这些信息。但被试并不是完全忽略呈现于另一只耳朵的信息的。例如,如果呈现于非追随耳的声音的音调变了,或是男声变成了女声,被试就可以听出来。并且,即使在信息不同步的情况下,如果呈现于追随耳的信息与呈现于非追随耳的信息相同,被试都能注意到。对信息呈现时间延迟的系统研究发现,当呈现于追随耳的信息比呈现于非追随耳的信息早4.5秒或是晚1.5秒,被试都能辨别出两者相同的信息内容(Treisman, 1964a, 1964b)。也就是说,提前呈现要比延迟呈现易于识别。特雷斯曼同时指出,对于精通两种语言的被试,如果呈现于非追随耳的信息与呈现于追随耳的信息意义相同,但使用的语言不同,被试也能注意到两者的相同。除了利用掩蔽技术进行的研究之外,人们已经提出了很多不同的理论来解释注意的选择性。

注意的选择性可能受到多种心理失调的影响。其中一类是强迫症。这种患者(见第十六章)固着于他们不能排除的想法和不能控制的行为。他们对希望关注的刺激的注意能力下降,同时对想要忽略的刺激的排除能力下降(Clayton, Richards, & Edward, 1999)。

在你阅读有关选择性注意的理论之前,先考虑一下你自己对注意的理解。你认为只注意一些事物,而不去注意其他事物的原因是什么?为什么你有时会发现集中注意有困难?

选择性注意的理论

各种选择性注意理论主要的不同在于，是否认为我们是以某种方式对注意到的信息进行过滤、分类。各个过滤器理论的不同之处在于过滤发生的时间和机制。图5-1概括了主要的几种选择性注意理论。

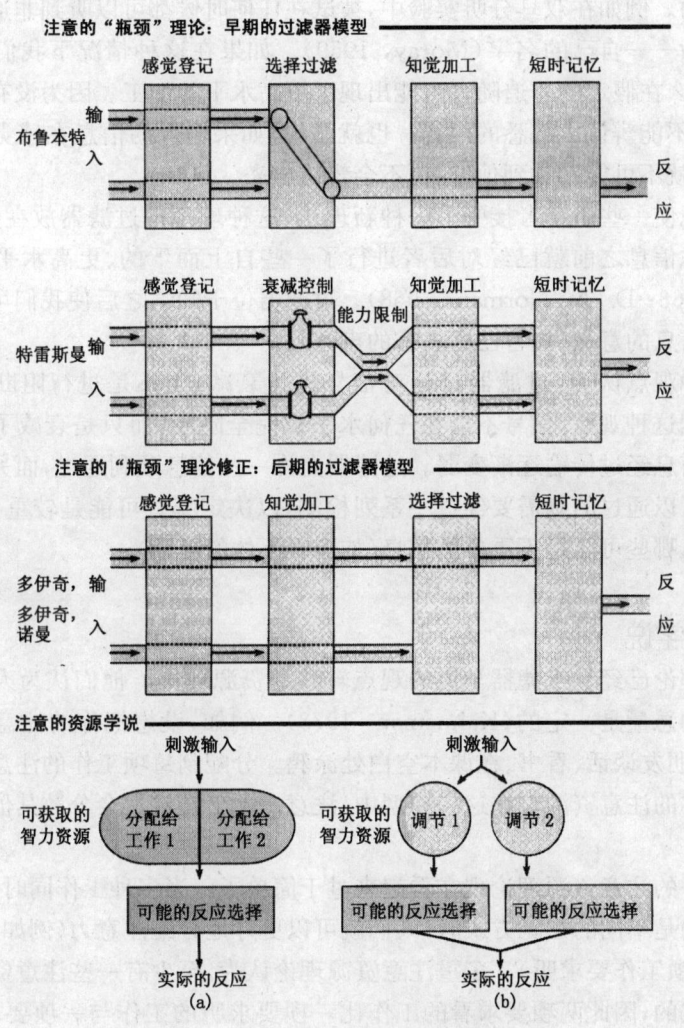

图5-1 选择性注意理论的比较

人们提出了各种各样的模型，来说明输入的感觉信息是如何通过注意系统，并进入知觉的高水平加工的。一些认知心理学家认为，注意过滤装置处于初步的知觉之后，而不是在之前。注意资源可能仅是一种形式的资源，也可能是多种特定形式的多种资源。虽然有人批评注意资源学说不准确，但这种学说在解释注意的某些现象时是对过滤理论的补充。

过滤器学说

布鲁本特(Broadbent,1958)提出的注意理论,认为人们在感觉水平就开始对信息进行过滤。因此我们几乎是在听到声音的同时就开始过滤无关声音刺激,不再对这些过滤掉的信息进行自上而下的更高水平的加工。但后续的研究表明布鲁本特的模型可能是错的。例如在双耳分听实验中,被试在任何时候都可以听到非追随耳接受的一种特殊刺激——自己的名字(Moray,1959)。如果在这种情况下我们可以听清自己的名字,那么在假定的非追随耳可能出现了更高水平的加工。因为没有更高水平的加工,我们就不能辨认出熟悉的声音。也就是说,如果输入的信息在感觉水平就被过滤掉了,我们就不可能知觉到他们,更不会辨认出来。

这一发现使一些研究者接受了一种新理论,这种理论把过滤器放在知觉之后,认为我们在过滤信息之前就已经对后者进行了一些自上而下的、更高水平的抽象分析(Deutsch,1963;D. A. Norman,1968)。过滤器位于知觉之后使我们可以辨认出进入非追随耳信息的意义(如自己的名字的声音)。

另外一种观点认为,过滤器只是对信号进行衰减,而不是进行阻断(Treisman,1964b)。根据这种观点,信号不会在任何水平被完全阻断,而只是衰减了而已。我们接受的一些信息经过传输逐渐变弱。过滤器允许一些信息顺利通过,而另一些信息则不能。那些可以通过的则需要经过一系列检测,以决定哪些可能是较重要的信息(如自己的名字),哪些可能是不重要的信息(如喋喋不休的废话)。

注意的资源学说

较近的理论已经从过滤器学说的观点转移到资源理论。他们认为人们工作时可分配的注意的总量是一定的(Kahneman,1973)。例如,设想把你的注意分配到以下活动中,如和朋友谈话、看书、在课本空白处涂鸦。分配到每项工作的注意多少取决于你如何分配你的注意资源。在这一模型中,注意一项工作常常会分散其他工作的注意资源。

然而单一的注意资源理论现在看起来过于简单了。当多种工作同时进行,并且人们工作使用的是不同的知觉方式时,人们就可以更好地分配注意力(例如,一项工作要求看,而另一项工作要求听)。多重注意资源理论认为,至少有一些注意资源是特定于某种工作形式的,因此两项要求看的工作比一项要求听的工作与一项要求看的工作,更容易相互干扰。但内容相似时,也会发生对注意资源的竞争。例如,收音机播放的新闻比收音机播放的音乐,更容易干扰对文章的阅读。

总之,最近的注意选择模型强调我们在需要分配注意力时,会利用多种注意资源,而不仅使用一种注意资源。

注意使我们集中关注一些刺激,而阻断其他的刺激。但我们的注意力有时也会分散。

留心

留心(Mindfulness)是与注意有关的意识状态(Langer,1989,1997),在这种状态下人们主动地注意当前的情境。无意识是注意不集中的状态。艾伦·朗格(Ellen Langer)给出了一个处于无意识状态的例子。1982年,一家民航客机的驾驶员在起飞之前进行了例行检查,却没有注意到除冰机处于关闭状态。在大部分情况下,是不必开动除冰机的。但当时的情况下,必须开启除冰机。最后飞机坠毁,造成74名乘客死亡。幸运的是,我们处于无意识状态造成的后果要小得多。比如倒了一杯牛奶却放进了壁橱,而不是把它放进冰箱。虽然在通常情况下,注意都是我们意识有目的性的活动,但上面的例子却表明意识也会自动起作用,并且存在多种水平。

意识的水平

问题:什么是意识,意识有哪些形式?

英国哲学家约翰·洛克(John Locke)(1632-1704)认为,意识的主要功能就是帮助我们通过联系过去与现在以形成自我存在的观念。我们通过这种方法来确认我们是谁。但是英国哲学家大卫·休姆(David Hume)(1711-1776)认为我们个人存在的观念是一种神秘的东西,并不是可以通过感知经验来获取的。意识完成的只是揭示世界一个序列的存在状态,并不能把这个序列连起来。这就像一张张电影胶片。我们把大量快速运动的静止画面联系起来,实际上也仅仅只是把他们想像成联系在一起而已。

现代哲学家丹尼尔·丹尼特(Daniel Dennet,1995),像洛克一样也认为,我们具有自我存在的意识。但丹尼特认为我们自我存在的意识不是产生于高水平的意识加工,而是产生于低水平的意识加工。丹尼特以达尔文的生物进化论为基础,认为我们的自我意识和欲望是由我们体内无数分子变化所产生的。我们的自我意识是由这些无数的变化联合起来产生,而没有任何完整的意识。

无论意识是否认识到自我存在,但意识明显可以达到两个目的,监督和控制(Kihlstrom,1984)。通过监督过程,个体了解了内部心理的变化、个体的行为和环境的变化,这样就可以根据周围环境来保持对自我的知觉。通过控制过程,个体可以根据监督过程获取的信息来计划要做什么。在各种意识水平,这两种功能从某种角度来看是分离的。一般情况下,我们认为人们处于完全觉醒的意识水平,有时人们通过沉思以及借助药物去追求更高的意识水平,这种情况我们将在后面的章节中讲到。然而,各种低水平的意识也是存在的,可以分为前意识和潜意识状态。

前意识水平

前意识(**preconscious**)是由可以瞬间进入意识但不能持续进入意识的信息构成。例如,如果有人提起的话,我们可能会记起卧室的样子,但显然,我们不会一直想着卧室。反射性的动作也储存在前意识水平。这些动作无需意识去决定要运动哪些肌肉去完成。例如,拨打一个熟悉的电话号码,或在空旷的马路上驾车去一个熟悉的地方。

前意识最常见的例子是舌尖现象。这时我们尽力去回忆,我们虽然已经知道是什么,但却不能立即检索到。例如,一个人需要买一个新钱包,他可能尽力去回忆以前他买钱包的店铺的名字。但这个店又不是他经常去的,所以店名想不起来。他记得店名是以"C"开头的,有一个奶牛的形象闪现出来,最后他记起店名是"Cowley's"。这种现象说明一些特定的前意识信息虽然不能全部记得,但有时通过思考还是可以想起来的。

研究者已经证明了前意识加工的存在(Marcel,1983)。给被试呈现单词,时间仅10毫秒,然后将单词遮住。由于速度太快,观察者不能意识到已经看到了单词。后面第二个单词给被试可以看的时间延长了一些。结果发现如果后面的单词与第一个单词有关,被试就能更快地辨认出来。例如,医生和护士这两个单词可以看做是相关的,但医生和烤炉则认为是不相关的。在这一过程中被试肯定对快速呈现的单词进行了某种形式的认知,而这种认知明显是处于前意识水平的。阈下知觉是一种前意识水平的加工,发生在可以意识到的信息加工水平之下。这也说明人们这时有能力感知到信息,却在意识中觉察不到感知信息的过程。然而,阈下知觉发生的情境是有限的,影响也很小。例如,贝茨(Betz)、克鲁斯尼克(Krosnick)、耶瑟姆(Jussim)和里恩(Lynn,

1992)研究了阈下干扰对态度的影响。在该研究中,被试观看某几类幻灯片,一些可以引起积极的情绪(例如新娘和新郎),另一些则引起消极的情绪(如骷髅)。但看幻灯片的时间很短,仅有 13 毫秒。然后,再让被试观看与一个人日常生活有关的幻灯片。研究的问题是阈下知觉下呈现的幻灯片会不会影响着个人的态度。尽管克鲁斯尼克和他的同伴获得的结果的差异很小,但在统计学上却是显著的。结果表明,阈下知觉下的干扰会在预期的方向上对态度产生影响,但影响效果很小。

录音在阈下知觉状态下的影响几乎不存在。一项对录音的深入研究也表明录音是否包含阈下信息这一问题确实值得商榷。这种信息即使是有,也是隐藏起来的,不能产生任何作用(Greenwald, Spangenberg, Pratkanis, & Eskenazi, 1991)。但有很多被试认为录音在阈下知觉中的影响是存在的。因此,阈下知觉产生的影响都像是"安慰剂效应"。我们可将其应用到一些治疗中去,以此来矫正人们的行为,改善人们的健康状况,并达到任何可望达到的治疗效果。

总而言之,反射性行为、舌尖现象、阈下知觉和其他形式的前意识认知过程是处于我们的意识之外,但在很多情况下又可以进入我们的意识的。

你是否在拥挤的房间里听到有人在叫你的名字?选择性注意也被人们称为鸡尾酒会现象。

潜意识水平

与存在于前意识水平的信息不同,在潜意识(subconscious)或无意识(unconscious)水平储存的信息是不容易获取的。潜意识水平比意识水平觉醒程度低,因此被很多学者称为无意识。也有一些学者认为潜意识水平比无意识水平更容易接近。在此我不做区分。然而,一般来说,精神分析的创立者西格蒙德·弗洛伊德更喜欢用无意识这个术语(见第十五章)。

第五章 意　识

根据弗洛伊德的理论,会引起过多焦虑而不能在意识水平加工的信息经常被压抑,也就是说不允许进入意识,否则会使我们感到不安。弗洛伊德认为我们大部分重要的记忆和冲动是潜意识的,我们不能有意识地获取,但它们对我们的行为有着深远的影响。例如,如果一个人早期从父母那里体验到拒绝,那么与没有这类体验的人相比,他们可能会对生活各个领域感受到的拒绝更为敏感。然而,这个人可能并不知道本身对拒绝更为敏感或更为害怕的原因,这是因为他或她压抑了早期对拒绝的感受。压抑过程的存在还有待商榷,并且压抑过程的存在并未最终得到证实。

意识状态的改变

意识有很多不同的状态。是什么导致一般的意识状态,而又是什么导致了意识的改变状态,这还有待讨论。有一种方法是把意识的改变状态看做是非正常觉醒的状态。在一种意识的改变状态,例如睡眠和做梦(在后面要讨论到),此时的认知与通常的觉醒情况相比就发生了变化。每种意识状态都会有与其相应的觉醒状态和认知水平的变化。

意识的改变状态有几个特征(Martindal, 1981)。首先,认知过程会比平时更浮于表面,更不具批判性。例如,在睡梦中,你会把不现实的梦境当成现实,但在清醒的时候你绝不会把这些事情当做现实。第二,对自我和世界的感知也与清醒时候不同。例如,在致幻药物的作用下,物体会呈现奇怪的形状,或者可以清楚地感知到不存在的物体。第三,一般的反射动作和对行为的控制也会减弱。例如在酒精的作用下,人们会做清醒状态下一般不会做的事情。本章的余下部分将分析睡眠、梦、催眠、沉思以及由药物诱发的意识的改变状态,从而分析意识。

睡眠

问题:我们为什么要睡觉?是什么机制使我们睡觉?

睡眠与清醒状态的交替是人类以及其他生物最基本的现象。人类大脑与睡眠有关的区域是大脑网状结构(见本书第三章),尤其是上行网状激活系统,它与睡眠和清醒状态的交替循环有关。但大脑的其他区域也参与控制人类的睡眠与觉醒状态的交替,所以大脑网状结构不能看做负责控制睡眠的专门区域。一定量的神经递质,例如去甲肾上腺素、多巴胺和伽马氨基酸也与睡眠有关,尽管它们的确切作用还不能确定(Jones, 1994)。因此,睡眠并不是仅由一种神经递质单独控制。

睡眠的原因

在睡眠的时候,人们对外界刺激的知觉性相对降低,但并不是全然不知(Antrobus,1991)。虽然经历了几个世纪的研究,科学家在人类为什么睡眠这个问题上还未达成共识。有两种可能的解释,一种是保护理论,另一种是恢复理论,这两个理论并不是相互对立的。

睡眠的保护理论

根据这一理论,睡眠有适应的功能。睡眠可以在一天 24 小时中的部分时间内保护个体。因为如果在这段睡眠时间个体处于觉醒状态,它就会四处游荡,这样使个体处于极其危险的状态。动物一天觅食和满足其他需要的时间不需要 24 个小时,从适应的角度来讲,动物最好是去休息以规避风险。有一些证据证实了这一理论(Allison & Cicchetti,1976;Webb,1982)。不同物种的睡眠时间是根据觅食所需要的时间和睡眠的地点来变化的。并且,根据他们的体力和习惯,他们会一天睡几次,使得自身最为安全。例如,如果某种动物可能是另一种主要依靠视觉捕食的动物的猎食对象,它白天就会睡在昏暗的地方,因为白天到处游荡就很有可能被天敌发现。

根据睡眠的保护理论,白天睡觉的动物使自己最为安全。因为在捕食者醒着的时候,它们在躲着睡觉。

睡眠的恢复理论

有关睡眠原因的第二种解释是,我们睡眠是为了恢复消耗的资源和排除积累的废物。也就是说,恢复理论认为可能是化学的诱因导致了睡眠。心理学家研究恢复理论的一种方法就是寻找我们体内导致睡眠的化学物质。有几种物质可能与睡眠有关,但不能确定其中任何一种是可以导致睡眠的。曾有人设计过一个实验,研究被剥夺了睡眠的山羊脑内的物质是否会导致老鼠的睡眠(Pappenheimer, Koski, Fencl, Karnovsky, & Krueger, 1975)。在试验中,一组山羊被剥夺睡眠数天,而另一控制组允许正常的睡眠。然后把每组山羊的脑液注入老鼠的体内。注射第一组山羊脑液的老鼠,比注入控制组脑液的老鼠睡得要多。是什么使第一组老鼠睡得更多呢?是由5种氨基酸组成的液氨酸,这5种氨基酸中有一种是胞壁酸。研究者认为胞壁酸可能是由被剥夺睡眠的山羊的中枢神经产生的导致睡眠的化合物。

第二种导致睡眠的化合物 SPS(睡眠促进物质)被分离出来(Inoue, Uchizono, & Nagasaki, 1982),第三种导致睡眠的物质 DSIP(γ致睡缩氨酸)也被分离出来(Schroeder-Helmert, 1985)。

昼夜节律

人类与其他动物一样有着 24 小时的生物循环,称为昼夜节律(circadian rhythms)。由于年龄以及个人与文化的不同,人类的昼夜节律也有所不同。

通常,婴儿经常在觉醒和睡眠状态之间转换,每天要睡 17 小时。然而,在婴儿 6 个月大时,他们的睡眠变成了每天两个小盹再加一个长觉,总计 13 小时。到了 5~17 岁,大部分人基本形成了成人的睡觉方式,每晚 8 小时,而每天有 16 小时是醒着的。

不考虑平均的水平,人们的睡眠时间在个体间的差异很大,少的每天仅 1 小时,而多的每天要 10~12 小时。对睡眠时间较长者(每天睡眠超过 9.5 小时)进行的研究表明他们的健康情况无明显差异。人们不但睡眠的多少有差异,睡眠的时间偏好也有差异。我们一天中觉醒程度最高的时间也是不同的。研究证明,这种认识是正确的(B. Wallace, 1993)。文化也能影响人们的昼夜节律。例如,人们睡眠时间可以被晚餐时间这样简单的因素所影响。在美国,晚餐时间和睡觉时间比西班牙要早 3~5 小时。

日照和睡眠周期

除了个体与文化的差异之外,大部分人的睡眠和觉醒模式与地球的日夜周期大致一致。个体的生理变化可以通过生理周期来测量,如晚上体温的下降以及不同的荷尔蒙水平。这种周期是由视丘下部来控制的(Ralph, Foster, Davis, & Menaker, 1990)。

一些研究者已经研究过昼夜节律(Hoson, 1989;R. A. Wever, 1979)。在一项研究中,把被试安排在一个特殊的地下生活环境,他们得不到任何时间线索,例如太阳的起落、钟、定时的活动等(R. A. Wever, 1979)。一个月后,他们可以自由安排自己的时间,他们想睡就睡,但不鼓励他们打盹。实验的结果是使人吃惊的,并且这一结果后来被重复了多次(e.g., Mistlberger & Rusak, 1994, Welsh, 1993)。当人们习惯了没有时间线索的环境之后,主观上一天的时间会更长一点,平均每天 25 小时。典型的情况是,他们每天都要稍晚一点睡觉。他们把多出的时间用于独处,并会逛到某一个地方,在那度过多出的觉醒时间。虽然这种节律有一些个体间的差异,但被试表现出稳定的个人时间节奏。回到正常的生活环境后,被试又重新建立起 24 小时的节奏。

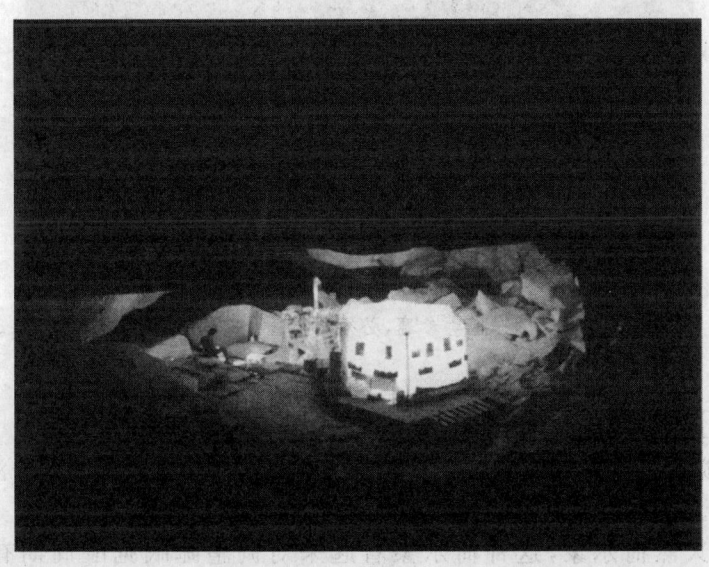

法国地理学家米歇尔·西弗(Michel Siffre)在地下岩洞里呆了 6 个月,得不到任何有关时间的线索。在没有外部的时间线索时,人们的自然生物周期从每天 24 小时变成了每天 25 小时。当他们回到正常环境中,他们的自然生理规律由于有了时钟和日出日落的时间线索,又回到了每天 24 小时。

任何能改变我们昼夜节律的事物都能改变我们的睡眠。很多人都经历过飞行时差反应。当我们穿越时区的时候,昼夜周期就会变得过快或过慢,这样就干扰了我们的昼夜节律。即使你从未离开过你所处的时区,你也能在夏令时的时候稍微体会到飞行时差反应。试想在春天,把时间拨快一小时后的第一个星期天的清晨,你有什么感觉。

有时候向某一方向飞行比向另一方向飞行更易调整昼夜节律。假设一个人从洛杉矶飞到纽约,对于纽约来说是晚上 8 点,对于加利福尼亚人来说,却只有下午 5 点,所以西部的人比东部的人疲劳程度要低。有另一个例子,一项研究发现篮球比赛中的客队,如果从西部到东部参赛,比从东部到西部平均要多得 4 分。这样几乎抵消了主队的优势(Sweetland & Deddens, 1997)。产生这一差异的原因至少部分是因为人们的自然睡眠与觉醒周期是 25 小时,而不是 24 小时。所以对人们来说,晚睡比早睡更容易。

运动员到不同的时区去参赛,必须调整睡眠时间以保持最好的状态。

神经药物和睡眠周期

睡眠和觉醒周期看起来部分是受到松果体的控制,松果体可以分泌一些导致睡眠的物质。近来很多人对褪黑激素的研究产生了兴趣。褪黑激素是一种由松果体分泌的天然荷尔蒙,这种荷尔蒙看起来对调整睡眠觉醒周期有重要作用(Lewy, Ahmed, Jackson, & Stopa, 1988)。极微量的褪黑激素,即使是1微克就可以重新启动生物钟,尤其可以帮助旅行者在跨越时区的时候调整生物钟(Arent, Aldous, & Wright, 1998; Tzischinsky, Pal, Epstein, Dagan, & Lavie, 1992)。褪黑激素现在不用开处方就可以买到,但人们服用这一类药物要谨慎,因为可能会产生一些副作用(例如早上昏昏欲睡);大量服用的长期结果还不清楚。色氨酸是一种氨基酸,是神经递质复合胺形成前的一种物质。色氨酸也是一种可以导致睡眠的物质。光照也会影响睡眠和觉醒周期。例如,明亮的灯光可以用于帮助人们克服飞行时差反应(D. Dawso, Lack, & Morris, 1993)。现在已经有电脑软件可以计算出不同飞行路线的光照强度,这样就可能根据旅程来调节光照强度(Houpt, Boulos, & Woore-Ede, 1996)。

虽然确实发现了一些能导致睡眠的药物,但睡眠是由化学物质引起的这一假设仍没有被证实。确实,睡眠的恢复理论假设在一天中人活动越多,睡得就越多。与之相关的另一个假设是较活跃的人一般也睡得较多。但这些假设还没有被证实。这样研究者就要寻求其他方法来研究我们睡眠的原因,例如研究缺乏睡眠对人的影响。

睡眠剥夺

在睡眠剥夺实验中(e.g.,Borbely,1986;Dement,1976),研究被试通常在第一夜没有什么问题,他们看起来放松并且高兴。第二夜要他们坚持不睡就困难了,第二天凌晨三点是极其疲倦的时候。如果给他们很长的测试问题,他们就会睡着,但常常否认有这回事。

到了第二天,被试就显得紧张起来,他们变得越来越冷漠,在被打扰时越来越容易发怒。虽然他们还能听从实验者的指令,但做的时候有气无力,他们的情绪变化很大。在第三天晚上如果没有持续的刺激他们就不能保持清醒的状态。这时可以观察到短暂昏睡的现象。人们会停下手中的事情,歇几秒钟,看看天空。这段时间,他们的 EEGs(脑电图,见第三章)呈现出睡眠时的波形。人们在被剥夺这么长时间的睡眠之后可能会开始产生视觉错觉(illusions),知觉扭曲,也称之为幻觉(hallucinations)(即在没有外部具体感知信号时却感受到外部刺激)。他们一般会出现听觉幻象,例如听到河水奔涌的声音。

到了第四天,被试开始崩溃。一般被试会变得多疑起来,有时他们会认为实验者是在有意算计自己。剥夺睡眠的时间还可以再继续延长,但过长的睡眠剥夺实验存在着一个严重的问题——道德问题。虽然以上研究还没有对我们为什么睡眠作出结论,但对生理节律的研究帮助我们了解了大部分人在什么时候睡觉,以及需要多少睡眠时间。

睡眠的阶段

研究生理 24 小时节奏和睡眠与觉醒周期的其他方面时,心理学家经常使用脑电图。通过脑电图对人睡眠中的大脑活动进行研究,发现几乎所有人的睡眠都有几个共同的阶段。当处于放松清醒状态的时候,我们可以观察到如图 5-2 所示的 α 波脑电图形。当我们打盹的时候,脑电波的 α 波变成了更短更快的无规则波形,这种波形是睡眠第一阶段的主要特征,表明从觉醒到睡眠阶段的转变。如果从睡眠的第一阶段回到觉醒状态,你会发现,即使我们觉得已经完全或几乎清醒,但这时思维却不能正常进行。

睡眠的第二阶段占据了我们睡眠时间的一半以上。在这一阶段,脑电波的波形发生了变化,出现了更宽的波形,并伴随着睡眠纺锤线(突然出现的快速脑电波形),偶尔还会出现 K-复合波形(宽的慢波)。在睡眠的第二阶段肌肉的紧张程度明显降低。

在睡眠的第三阶段,脑电波形转变为比 α 波更宽更短的 δ 波形。δ 波是 δ 睡眠或深度睡眠的典型特征。深度睡眠包括睡眠的第三阶段和第四阶段。第三阶段和第四阶段的区别在于 δ 波所占的比重。在第三阶段中,δ 波占了脑电波的 20%～50%,当 δ 波所占比重高于 50% 时就进入第四阶段。

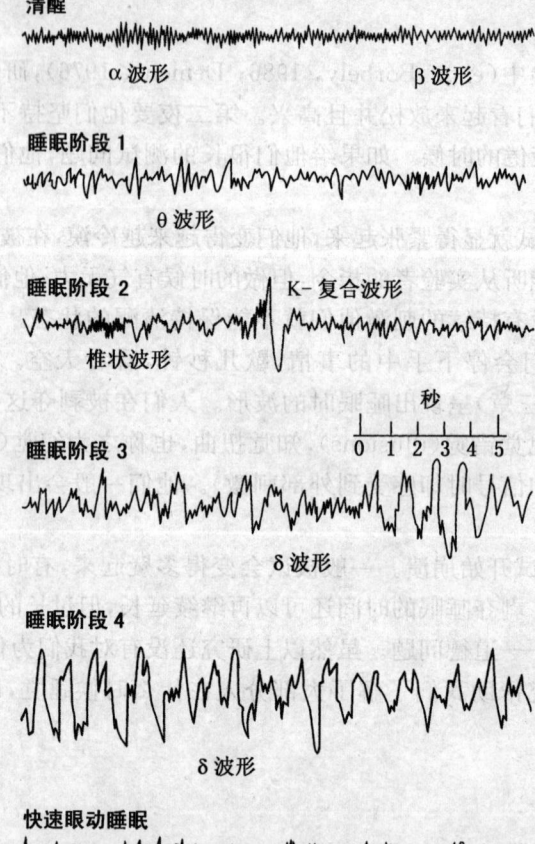

图5-2

这些脑电图说明了脑电波的变化,反映出睡眠过程中快速眼动阶段和非快速眼动睡眠的四个阶段。(a) α波是放松的清醒状态的特征。(b) 非快速眼动睡眠的第一阶段以更快更不规则的波形为特征。(c) 在第二阶段,较慢的慢波波形中会出现快速的脑电波。(d) 在第三和第四阶段,宽的慢波波形δ占了主要部分,在第三阶段中δ波占了脑电波的20%~50%,当δ波所占比重高于50%时就进入第四阶段。(e) 在快速眼动睡眠阶段的脑电波形与清醒时的脑电波形相似。

前面所探讨的四个阶段就组成了非快速眼动睡眠阶段(N-REM sleep)。这些阶段的主要特征是不出现快速眼动的现象,同时伴随着梦境的经常产生。这四个阶段就如名字"非快速眼动睡眠"的含义一样,我们的眼睛运动不多,但到了下一个阶段我们的眼睛就开始在眼窝里转动了(Kleitmen, 1963)。如果睡眠者在这种快速眼动睡眠阶段被唤醒,他们经常会叙述他们正处于梦境之中(Dement & Kleitman,

1957)。第五阶段被人们称之为快速眼动睡眠(REM sleep)阶段,这种特殊的睡眠状态是以快速眼动为主要特征的。在快速眼动睡眠阶段,虽然不能绝对地说,但梦境还是经常发生的。与非快速眼动睡眠阶段相比,快速眼动睡眠阶段所做的梦在清醒时能更清晰地回忆起来。

快速眼动睡眠阶段出现在睡眠第一阶段约 1 小时之后,这时脑电波极其活跃。虽然在快速眼动睡眠阶段很难唤醒睡眠者,但快速眼动睡眠阶段的脑电波形与清醒状态的脑电波形有一些相似(见图 5-2)。由于从脑电图看来,快速眼动睡眠阶段与清醒状态相似,同时又是最难唤醒的状态,所以快速眼动睡眠阶段又称为"自相矛盾的睡眠"。这一名称的另一个含义是,在快速眼动睡眠阶段大脑活动非常地活跃,但身体的活动能力却大为下降。

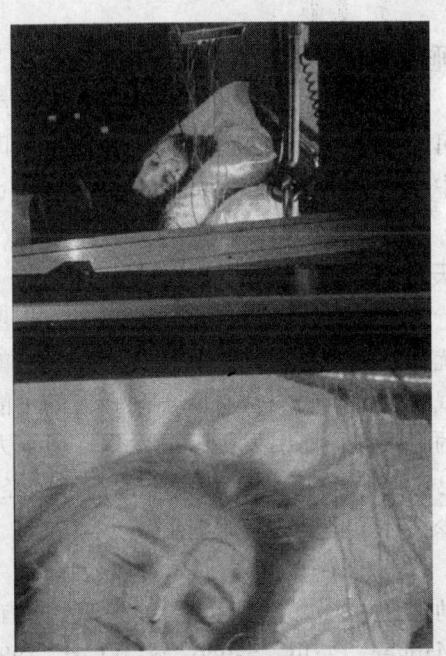

睡眠研究者检测在被试的睡眠周期中脑电波活动形式。

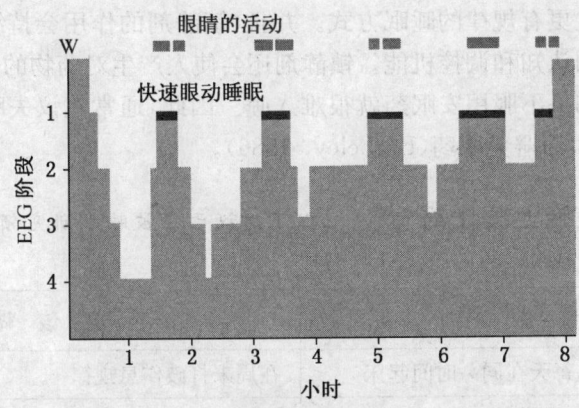

图 5-3 睡眠状态和阶段的序列图

在夜间,快速眼动睡眠阶段和非快速眼动睡眠阶段的交替。用黑色标示出了快速眼动睡眠阶段的重复出现(Hartman, 1968)。

非快速眼动睡眠阶段和快速眼动睡眠阶段在夜间相互交替,大约以 90 分钟为周期。但随着夜晚时间的推移,睡眠各阶段的长度和顺序会有所变化。

睡眠紊乱

虽然个体的生理节律和睡眠周期存在一些差异是正常的,但睡眠方式的过分偏差可能会导致各种问题,例如睡眠缺失,即失眠症;突然不可控制的睡眠,即昏睡;在睡眠中突然的呼吸困难,即睡眠窒息;梦游,也称为梦游症。

失眠症

失眠症(insomnia)或睡眠缺失,折磨着数百万人。失眠症以不同形式的睡眠干扰为特征,包括难以入睡、夜间醒来不能重新入睡、早晨过早醒来等,每个患者在失眠强度和时间上会有所不同。人们可能由于压力而经历了暂时的失眠,或是由于坏的睡眠习惯而引发失眠的发作。但令人吃惊的是,大部分失眠者虽然可能不知道自己已经睡着了,但一般说来他们都已经睡了几个小时。实验研究表明失眠者往往过少估计了自己的睡眠时间。

虽然每个人都会偶尔难以入睡,但一项调查中,有6%的成人回答会因失眠而求助于药物,5%的成人严重失眠,还有另外15%轻度失眠或偶尔失眠(Bootzin, Manger, Perlis, Salvio, & Wyatt, 1993)。失眠和其他大部分睡眠紊乱在妇女和老年人中更为常见(Borbeley 1986;Mellinger, Balter, & Uhlenhuth, 1985)。安眠药对治疗失眠可能会有所帮助,但却会产生副作用,常会加重失眠。安眠药会干扰正常的睡眠周期,通常会减少快速眼动睡眠的时间。这种干扰最终会导致睡眠周期的紊乱,而不是使患者建立更有规律的睡眠方式。并且,镇静剂的作用会持续到白天,以致损害使用者清醒时的认知和调控机能。镇静剂还会使人产生对药物的依赖性,如依赖安眠药的人会发现如果不服用安眠药就很难入睡。因此,通常建议失眠患者采取表5-1中的步骤来治疗,而避免服药(Borbeley, 1986)。

表5-1 如何在晚上睡个好觉? 以下建议已经被睡眠研究领域的专家所推荐。(Atkinson, Smith, & Bem)

应 该 做 的	不 应 该 做 的
固定时间上床睡觉,每天在同一时间起床	在周末打破作息规律
睡前喝牛奶和吃一点零食	睡前5~6小时之内喝咖啡
适度饮酒	睡前大量进食
晚上进行放松训练	服用安眠药打乱睡眠周期,使人难以入睡
有规律的锻炼	在睡前或不能入睡时拼命锻炼
在不能入睡的时候躺在床上尽力放松	

有些人在自己并未失眠的情况下认为自己患了失眠症。他们表现为一种形式的假性失眠或是不能感知睡眠状态的情况。有很多人都有这样的体验,我们会认为自己很长时间没有入睡,但最终发现,我们翻来覆去的实际时间比我们所想像的要少得多。另一些人则非常肯定自己一夜未睡,我们只好找来看到他们睡眠的人告知他们确实睡了几个小时。在每种情况下,人们都认为自己的睡眠受到了严重的干扰。但确实,有5%的失眠症患者只是患了假性失眠(Hauri,1994)。

昏睡症

与失眠症相反的是昏睡症。昏睡症(narcolepsy)是对睡眠觉醒模式的一种干扰。在昏睡状态下,昏睡症患者在白天周期性地、不能控制地进入睡眠状态,在短时间内失去意识(通常是10~15分钟)。这样就使得昏睡症患者处境十分危险。如果昏睡症患者正在驾车或是在做其他可能造成危险的事情,就有可能发生事故。昏睡症更为精确的表述是一种觉醒状态的失常。虽然昏睡症患者的夜间睡眠经常会受到干扰,但昏睡症患者通常能很快地进入快速眼动睡眠状态。昏睡症患者一般不具有正常的睡眠方式,即使有,人数也很少。这一发现使得一些科学家认为,对于昏睡症患者来说,快速眼动睡眠状态和觉醒状态的区别不大。每1 000人中有1~2名昏睡症患者(Borbely,1986)。虽然导致昏睡症的原因还不清楚,但这种失常状态会在家族中出现,表明昏睡症可能能够遗传。幸运的是,通常可以通过药物控制昏睡症。

睡眠窒息

睡眠窒息(sleep apnea)是另一种睡眠紊乱,可能由于遗传而产生,确切病因还不清楚。这是一种在睡眠过程中反复出现呼吸停止的睡眠紊乱,每次呼吸停止通常只有几秒钟。由于睡眠窒息致使身体缺氧,会对身体造成潜在的威胁。睡眠窒息通常发生在40岁左右身体超重的中年人身上。睡眠窒息也与饮酒有一定的联系。减轻体重对于缓解睡眠窒息症状有一定的作用,但成人的这种疾病很难治愈。

睡眠窒息也经常发生在早产婴儿身上,婴儿一般在长大后可以自愈。但处于危险状态下的幼婴,如果呼吸方式得不到密切地调控,就可能有生命危险。有人认为婴儿猝死症可能与睡眠窒息有关。母亲吸烟以及把婴儿抱在怀里睡觉都有可能导致婴儿猝死症(J. A. Taylor & Sanderson,1995)。因此,父母不能把孩子放在有烟的环境中(即使在怀孕的时候也不行),也不能把孩子抱在怀里睡觉,这两点很重要。

梦游症

梦游(somnambulism)把睡眠和行走联系到了一起。在梦游的时候,患者可以看

第五章 意 识

到东西，可以走路，也许还可以讲话，但通常不能记起梦游的情节。很多年来，科学家相信梦游仅仅是根源于梦境。但实际上，梦游通常发生在非快速眼动睡眠的第三和第四阶段。在这一时期通常不会做梦。如果梦游时间很短，梦游者会保持在深度睡眠的第三阶段；但如果时间较长，脑电图就会与非快速眼动睡眠状态的脑电波形相似。

梦游的程度也各不相同。有些人仅仅坐在床上，说一些话，然后又躺下来。这种情况不用担心。而另一些人可能会离开家里。虽然梦游者的眼睛是睁开的（通常面部表情僵硬），可以看见东西，但知觉已经被破坏了，当万一把一种物品看成是另一种物品的时候，例如把窗户看做是门的时候，就会发生危险。

大部分的梦游者在第二天醒来时不能记起梦游时的经历，并且会因为发现自己在其他地方而不在自己的床上而感到惊讶。科学家至今还没有找到梦游的原因以及治疗梦游的方法。梦游在儿童身上的发生率要比成人高，但它通常会随着儿童的成长而消失。

等一等，不要，不要叫醒他，叫醒他是很危险的。

【资料来源】 ©2000 Joe Dator from cartoonbank.com. All rights reserved.

梦

问题：我们为什么做梦？梦的理论有哪些？

人们常常对梦着迷。梦常会用来预测战争的结果，并且梦能使人们改变宗教信仰。确实是这样，梦使我们脑子里充满了许许多多奇异的想法。它有时使人愉悦，有时又令人恐惧。有些人曾经在做梦时或昏昏欲睡时获得顿悟或其他创造性的想法。是梦境使得这些思想上的突破变得容易起来吗？

无论我们是否能记住梦境，但我们所有的人每天都在做梦（Ornstein，1986）。梦经常以一种奇异的幻想形式出现。当我们睡着的时候,会认为这些幻想是真实的,但醒来的时候我们则不会相信这些幻想。表5-2表明了大学生中最普遍的梦境。

表5-2 大学生经常做的梦

梦 的 类 型	学 生 的 比 例
摔倒	83
被袭击或被追击	77
再三尝试做某事	71
学校、老师和学习	71
性经历	66
迟到	64
吃东西	62
被吓呆了	58
爱人的死亡	57
被锁住了	56
找到钱	56
游泳	52
蛇	49
奇装异服	46
无法呼吸	44
裸体	43
失火	41
考试失败	39
飞翔	34
不能动弹	30

【资料来源】Griffith, Miyago, & Tago(1958)

第五章 意 识

我们为什么做梦?下面就来阐述以下几种理论。最广为人知的有关梦的理论可能是由西格蒙德·弗洛伊德(1900/1954)提出的。根据弗洛伊德的理论,梦使我们以伪装的方式表达自己潜在的愿望。弗洛伊德把梦称作通往潜意识的捷径,因为梦是我们表达潜意识中内容的少数途径之一。然而弗洛伊德也推断每次我们睡着的时候,如果直接清楚地表达潜意识的内容会感到害怕,我们就会从梦境中惊醒。因此根据弗洛伊德的理论,我们做梦象征性地表达和伪装了潜意识中的愿望。由于这些愿望被伪装起来,他们不会把我们惊醒,但是这一理论还有待证实。其他学者指出梦是以梦的特殊语言表达出我们的日常生活(Foulkes,1990),或是梦根本就没有特别的意义(Crick & Mitchison,1983),只是表现了一种大脑的内部工作并没有任何深层次的心理意义。

如果梦确实有意义的话,有时梦的内容的伪装是相当肤浅的(Dement,1976)。例如,人们在对那些禁酒的人的梦境进行研究时发现,一些梦就与饮酒有关。"当铃声停了,有人举起酒杯,并说祝酒词。我想我一杯都没有喝。"

一些学者从认知的角度来研究梦。特别是一种关于做梦能解决问题的观点,这种观点认为梦是我们解决生活问题的一种途径(Cartwright,1991;Cartwright & Lamberg,1992)。例如,正在闹离婚的妇女很可能梦到与离婚有关的问题。事实上,那些曾经梦到与离婚有关问题的妇女比那些不经常梦到这类问题的妇女能更好地处理离婚问题(Cartwright,1991)。

另一种有关梦的观点是激活—整合假说(activation-synthesis hypothesis)(McCarley & Hobson,1981)。这种假说认为梦是对睡眠过程中发生的精神活动的呈现、组合和诠释的结果。根据迈克卡利和霍布森一些学者的看法,我们对梦中奇异事物的认可是由大脑的生理变化引起的。也就是说,和我们在清醒时组织感知信息一样,我们的大脑在睡眠的情况下也在努力组织感知信息。这样,大脑能够解释做梦时的神经活动,也能解释大脑如何能感知自我存在的同时阻止肌肉活动。大脑在睡眠的时候也可以解释前庭的神经活动,由于前庭控制着平衡(见本书第四章),因此会产生漂浮、飞翔和坠落的感觉。

尽管我们可能在某天发现梦的生理原因,但科学家不可能设计出一个解释梦或诠释梦的内容的固定模式。梦是非常个人化的东西,这也就是说要设计出一个解释梦或诠释梦的内容的固定模式,你就要能证明人们为什么做梦,人们梦见了什么。你必须预测在特定的时候特定的梦境中会出现哪些特定的内容(Hobson,1989),但这种预测是不可能的。

像西格蒙德·弗洛伊德和卡尔·荣格这样的精神分析家寻找的是在人们的梦里表示相同事物的大量符号。但因为梦是个人化的,人们于是在他们现实生活和过去记忆的背景下,自由地解释自己的梦,并得出适合他们的结论。一些人发现分析他们的梦是一种娱乐,而另一些人则认为他们在梦里得到的信息有助于解决清醒状态下遇到的问题。偶尔梦也会使人恐惧。

噩梦是一种能唤起焦虑的梦,它能使人惊醒,这种惊醒有时可能是为了逃避在噩梦中遇到的威胁。如果要求做过噩梦的人在惊醒后立刻描述所做的梦,他们一般都能够记住。一些人比其他人更易于做噩梦,人们在紧张的时候噩梦也会增加。例如,孩子比成人更容易做噩梦。除非噩梦很可怕,或是经常出现,或是同一噩梦一次又一次的重复,一般噩梦没有什么特别的影响。

夜惊是指从沉睡期突然惊醒,伴随着极度的恐惧或疼痛。夜惊的特征是自主神经系统的深度觉醒,包括心跳强烈加速的症状。在任何年龄段都可能发生夜惊,但是在3～8岁的儿童中特别普遍。人们经常会突然醒来、尖叫或者是突然坐直。尽管人们能回忆起令人害怕的形象或想法,但通常不能记起任何详细、连贯的噩梦。那些发生夜惊的人通常会发现痛苦很快就会减弱,而且他们能相当快地恢复睡眠。

如果不提及白日梦,那么有关做梦的探讨就是不完整的。白日梦(daydreaming)是一种在半醒半梦中的意识状态,它允许意识过程的重心从外部事物转移到内部的思想和形象。在产生创造性想法的认知过程中,白日梦很有作用。但是,白日梦有时也会干扰人们需要注意外部环境的认知过程,例如我们都知道在上课时做白日梦被提问的情景。与产生创造性思维和无束缚思维有关的另一种意识状态是由催眠引起的。

催眠和沉思

问题:什么是催眠?催眠是如何发生的?什么是沉思?沉思是如何发生的?

催眠(hypnosis)被大多数心理学家认为是意识状态的改变。受催眠者经常会出现深度放松,以及受暗示性提高的现象。催眠与睡眠有一些类似的地方。例如受催眠者在受到暗示的情况下可能会想像他们看到或听到某些事情(Bowers, 1976)。受催眠者也可能出现催眠后暗示(posthypnotic suggestion),即在催眠状态下给受催眠者的指令,受催眠者会在从催眠状态醒来之后实现。但受催眠者常常不能回忆起受到这一指令,甚至回忆不出接受过催眠(Rush, 1975)。在接受催眠状态前可以感受的东西,受催眠者可能感受不到了。例如一个人可能把手放在很冷的水里却不会感觉疼痛。受催眠者也可以被引导记起似乎已经遗忘的东西。

虽然有关催眠的研究有很多,但许多心理学家仍怀疑催眠是不是真正的心理现象。在历史上,弗朗兹·安东·麦斯迈(Franz Anton Mesmer)(1734 - 1815)被认为是第一个把催眠引入心理学研究的人,但他也没有真正意识到催眠现象的本质。麦斯迈被人认为是骗子,因为他宣扬没有科学证据的技术。

图 5-4 催眠术

弗朗兹·安东·麦斯迈,最早实施催眠实验的人之一,认为动物磁场可以治病。他的病人围住一个磁化的盖状物,紧抓住一根弯曲的铁棒。"磁化者",麦斯迈的助手,去摩擦病人的患处加速治疗。人们不相信麦斯迈的方法。

在麦斯迈时代之后,科学家继续研究催眠。确定催眠是否真实的一种方法是模仿示范(simulating paradigm)(Orne, 1959)。这是确定心理治疗真实效果的一种研究技术。先让一组被试接受治疗(催眠),另一组被试(控制组)不接受催眠。然后要求控制组的被试假装已经接受了治疗(即催眠)。最后要求人们必须努力区分出治疗组和控制组的行为。

结果表明,模仿者可以模仿一些受催眠者的行为,但不能模仿全部行为(Grey, Browers, & Fenz, 1970);接受催眠的被试的记录与凭主观推断的模仿者有很大的差异。模仿者把自己说成是积极地模仿,而被催眠的被试或多或少记录下发生在自己身上的行为。模仿者在尽力想像实验者的期望,而被催眠者声明自己并未受到实验者期望的影响(Orne, 1959)。因此接受催眠的人没有伪装(Kinnunen, Zamansky, & Block, 1994; Spanos, Bergess, Roncon, Wallace-Capretta, & Cross, 1993)。

催眠理论

即使我们承认催眠现象是真实的,我们仍然需要知道催眠时发生了什么。在此我们仅讨论较为可信的理论。一种催眠理论认为催眠是一种深度放松(Edmonton,1981)。这种理论建立在把催眠看做是一种睡眠形式的这一观念的基础之上,心理学家巴甫洛夫在20世纪前叶也提出过这种理念(见第六章)。我们现在知道在催眠状态下脑电图与睡眠状态下的脑电图不同。催眠状态与在睡眠状态之前的深度放松状态以及与睡眠相似的深度放松状态有密切联系。

第二种理论认为催眠是一种"附带现象",仅作为另一种现象的次级结果。持这种观点的两位心理学家是狄奥多尔·巴伯(Theodore Barber, 1979, 1986)和尼科尔斯·斯帕诺斯(Nicholas Spanos, 1986; Spanos & Coe, 1992)。根据这种观点,催眠状态是一种为回应实验者的需要而扮演的角色形式。为了实现实验者设定的角色,一个人可能表现出特殊的行为。这种观点与把接受催眠者的行为仅看做是欺骗行为的观点相似,但实际上两者的观点并不相同。根据这一观点,在催眠状态下,进入催眠状态的人被认为是真的进入了角色,他们就会无意识地在短时间内扮演了受催眠者的角色。这种观点的倡导者指出个体可以很成功地模仿许多催眠现象。最近另一个现象越来越明显了,在催眠状态中的不可思议的记忆功能是从催眠师暗示的事后结构中产生的(McConkey, 1992;见第七章)。换句话说,催眠不能使人们出现记忆的奇迹,但催眠可以使人们建构他们认为是催眠师让他们建构的记忆。

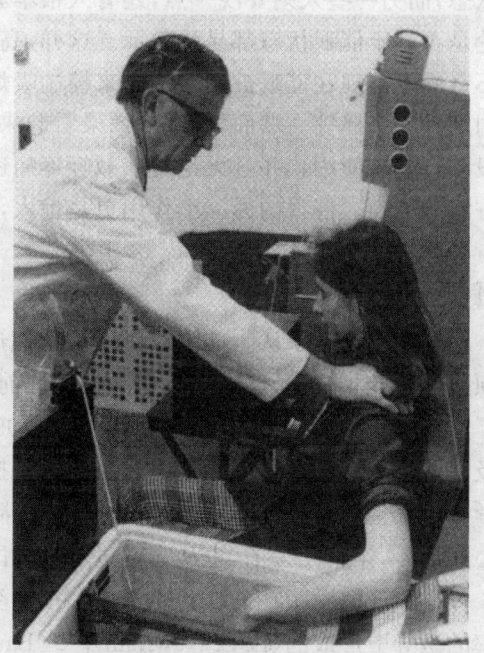

催眠可以使受暗示的被试进入深度放松的状态。此时,恩内斯特·西尔加德在操作一个实验来决定催眠的影响。

在认为催眠是真实现象的心理学家中,最为普遍接受的观点是恩内斯特·西尔加德(Ernest Hilgard)的新解离理论(neodissociative theory)。根据这一理论,一些人能从一部分意识中分离出另一部分(即解析)。在意识的一部分,个体对催眠师的命令作出反应,在意识的另一部分,个体成为隐藏着的观察者,观察和监控所发生的事情和行为。被催眠者在行动时不能对这些事件和行为的一部分进行有意识的加工(Hilgard,

1977)。

例如在研究催眠减轻疼痛时,人们发现,如果催眠师暗示被试没有疼痛并要求被试以没有疼痛的方式活动的时候,被试可以接受,但被试还是能描述出疼痛的感受。在另一个实验中,让被试写下一些信息,但被试并不知道他们在做这些事情,此时他们正在积极地参与另一项工作(Kihlstrom,1985;Knox,Crutchtield,& Hilgard,1975;Zamansky,& Batis,1985)。这样,仿佛人的意识的一部分在催眠状态中不能被自我所意识到,但另一部分在观察,因此在某些水平就知道催眠发生了什么。

人们接受催眠的程度是不同的(Hilgard,1965)。一些人一下就进入了深度催眠状态,而另一些人则要浅一点,还有人根本就不能进入催眠状态。易于被催眠的人,无论是否处于催眠状态都易受暗示。这样,高度接受催眠的人接受催眠的疗效更好也就不奇怪了。现在催眠被用于临床来控制吸烟和解决各种健康问题,例如哮喘、高血压、周期性偏头痛等。然而,催眠的效果看起来是暂时的。因此,催眠一般与其他治疗手段结合起来使用。并且无论是在减轻疼痛还是矫正行为方面,催眠都有超过其他治疗方法的方面。催眠的另一个作用更是惊人,例如可以帮助人们恢复记忆。

催眠与记忆

一些心理学家认为催眠可以恢复看似遗忘记忆,甚至是前世的记忆。例如,在一项研究中,引导接受催眠的大学生去回忆前世的事情,他们中有三分之一也确实做到了这点(Spanos,DuBeruil,& Gabora,1991)。但被试回忆前世的时候,催眠师会问及他们的生活和环境中的情况。因此这些提示使他们的叙述很值得怀疑。例如,一个学生回忆说他是公元50年的朱利斯·凯撒(Julius Caesar),是罗马的国王。凯撒在公元前44年就死去了,也从未做过罗马的国王。

这一证据说明在催眠状态下人们很易受暗示,至少他们的一些回忆是在催眠师轻率的诱导下形成的(L. S. Newman,& Baumeister,1994)。例如在关于被外星人绑架的叙述中,催眠师的问题经常有暗示性,被催眠的人记住了这些暗示,于是回忆就好像真的发生了。例如,当被问及是否被外星人用针管注射,如果被催眠的人接受了这个暗示,被试就会"真的"回忆起自己被注射了(Flore,1989)。

在催眠状态下,一些回忆可能是正确的(Geiselman,Fisher,MacKinnon,& Holland,1985)。但现在对这一证据的评价则是,在催眠状态下的回忆应该受到怀疑,证实这些资料的证据我们应该在接受其真实性之前获得。催眠不但在引导被试回忆很远或较远的过去时值得怀疑,并且在引导很近的记忆也值得怀疑。但接受催眠的被试与未接受催眠的被试一起回忆近来听到的故事时,接受催眠的被试表现较差。至今还没有对催眠作出最后的定论。虽然有说服力的证据说明催眠不是一种愚蠢的模仿,但心理学家们并没有在什么是催眠,甚至催眠是不是真实的问题上达成共识。

沉思

沉思是一套与催眠有关的技术。沉思(meditation)是通过冥想来改变意识状态的一套技术。从一种主动的、外部取向的状态改变成为被动的、安静的意识状态,同时也从注意外界而转向内部注意(Ornstein,1977)。对世界的体验改变的同时,脑电图也在沉思的时候发生了变化。这里介绍几种不同类型的沉思。沉思在西方文化中有一些陌生,但在东方文化中却是日常生活的一部分。

集中性沉思(concentrative meditation)中,沉思者集中于一个事物或想法,而试图排除所有其他的意识干扰。集中性沉思有很多种。例如,沉思者可以想像空气流动,仿佛从鼻尖进入肺腑,在肺腑中回旋,最后排了出来。这种就是集中于一件简单的、重复的、有节奏的活动。

另一种情况,沉思者可以思考一个心印(koan)——一个谜或一个矛盾,例如一个巴掌拍手是什么声音?真实的你尺寸有多大?这些问题没有理性的答案,就只是一个观点。你可以反复思考这个问题而无须得到答案。

开放性沉思(opening-up meditation)是两种主要沉思方式中的另一种。在这个过程中,沉思者在想一些日常生活中的问题,寻求对日常生活认知的扩展,而不是去思考现实的存在。瑜伽可以是开放的形式,也可以是集中的形式。在一种开放式的瑜伽中,个体学会以另一个人的视角来观察自己。在另一种开放式的沉思中,人们表现出的行为方式与一般日常行为方式稍微有所不同。这样就可以更清楚地认识到自己的日常生活。

在沉思中发生了什么呢?各种各样的沉思如果有价值的话,又是什么呢?一般来说,呼吸、心率、血压和肌肉紧张度都会降低(D. H. Shapiro & Giber, 1978;R. K. Wallace & Benson, 1972)。一些证据表明,沉思可以帮助病人治疗支哮喘病(Berson, 1977),也可以减轻某些人的失眠(Woolfolk, Carr-Kaffashan, Mcmulty, & Lehrer, 1976)和一些精神病的症状(Glueck, & Stroebel, 1975)。脑电图研究表明,集中性沉思可以积累 α 波,这类脑电波形与放松状态和睡眠的初始状态有关(Fenwick, 1987)。这种集中性沉思方法可以使人放松,有着一定的实用价值。许多沉思的实践者认为沉思可以增强他们的全部意识,并使他们进入一种更为清晰的意识状态。各种药物的使用者都在追求这种状态,但药物经常会产生副作用,甚至有生命的危险。

引发意识状态改变的药物

问题:有哪些主要的精神药物,它们又会有哪些心理作用?

进入身体的药物可杀死细菌,减少疼痛或改变意识状态。这一章里我们来探讨由精神激活（psychoactive）药物产生的精神药物（psychopharmacological）反应对个体的行为、情绪和意识的影响。精神激活药物基本可以分为四类（Seymour & Smith，1987），麻醉剂、中枢神经系统兴奋剂、镇静剂和致幻剂（见表5-3）。我们将依次探讨这四种药物。我们从被称为麻醉剂的有效止痛药物开始。不同类型的药物结合使用值得关注，例如一种称为"Speedball"的药物就含有兴奋剂（可卡因）和麻醉剂（海洛因），这种结合使用比单一使用一种药物毒性更高，更易于导致死亡。

表5-3 四种主要类型的精神药物 精神药物可以被分为四种基本类型，每一种都能对神经系统产生明显的作用。

类型	作用	药物品种
麻醉剂	引发麻木或昏迷，减轻疼痛	■ 鸦片及其自然提取物，如吗啡、海洛因、可待因 ■ 合成麻醉剂：镇痛剂（杜冷丁®），丙氧芬（达尔丰®），欧克西克锭（酯氢可酮®），美沙酮
中枢神经系统镇静剂	减缓（抑制）中枢神经系统活动	■ 酒精 ■ 催眠镇静剂 ■ 巴比妥氨酸：司可巴比妥（速可眠®），苯巴比妥（地仑丁®） ■ 镇静剂（苯二氮）：冬眠硫磷（氯丙嗪®）甲氨二氮草（利眠宁®），苯甲二氮（安定®），阿普唑仑（相呐斯®） ■ 安眠酮 ■ 水合氯醛
中枢神经系统兴奋剂	加速（兴奋）中枢神经系统活动	■ 咖啡因（可以在咖啡、茶、可乐型饮料和巧克力中发现） ■ 安非他明类：苯丙胺（安非他明®），右旋苯丙胺（德克斯德休®），脱氧麻黄碱（梅太德林®） ■ 可卡因 ■ 尼古丁（一般在烟草中发现）
致幻剂	引起意识状态的改变	■ 麦角酸二乙基酰胺（迷幻药，LSD） ■ 墨斯卡灵（仙人球毒碱） ■ 大麻 ■ 印度大麻 ■ 苯环己哌啶（天使粉）

麻醉剂

麻醉剂(narcotic)这个词来源于希腊词"麻木",开始仅指鸦片和从鸦片中提取的药物,包括海洛因、吗啡、可待因。麻醉剂可以是天然的或合成的,但都可以产生麻木、昏迷的麻醉效果,使人上瘾(见表5-3)。从罂粟中提炼的麻醉剂称为鸦片(opiates)。而把与鸦片有相似化学结构和功能的药物通过化学反应合成在一起,这种药物就称为鸦片缩氨酸(opioids)。在非法使用时,这类镇静剂一般是通过静脉注射、吸食和直接吸入等方式来使用。在作为药物使用时,可以口服或静脉注射。麻醉剂可以减轻疼痛,产生身体安乐感。

药物作用

麻醉剂很容易上瘾,通常仅限于处方使用,或完全禁止使用。麻醉剂有时可以用于减轻短期术后疼痛,小剂量可以减轻腹泻。由于麻醉剂可以抑制其他生理系统包括新陈代谢过程,所以有便秘反应。

麻醉剂主要影响大脑和肠的功能。麻醉剂可以减轻疼痛,产生愉悦和睡眠的体验,有助于减轻咳嗽(因此允许作为可待因止咳药物的形式使用),但也可能引起呕吐。使用者一般要注意麻醉剂可能损害注意力,并可能产生眩晕、郁闷的感觉。由于这些原因,在麻醉剂的作用下开车极其危险。如果工作需要集中注意力来认知事物,使用麻醉剂就有可能造成工作效率低下。麻醉剂的副作用还有使瞳孔放大、出汗、恶心和呼吸困难等。

耐受性和依赖性

麻醉剂长期使用的另一个危险就是可能最终导致服用过量(overdose),甚至威胁生命。麻醉剂使用者会产生耐受性(tolerance),这是长期使用精神兴奋物质的结果。在这一过程中,定量的药物产生的作用会越来越小。耐受性会使药物的使用者通过增加剂量来获得想要的相同效果。实际上,大部分麻醉剂使用者发现长期使用后,最初使用产生的陶醉感消失了,并且必须持续使用,否则就会产生不适。

与其他药物一样,麻醉剂在神经突触上起着神经递质的作用,这样导致使用者产生对药物的依赖性(见第三章和图5-5)。镇静剂的分子组成和内啡肽的结构非常相似,两者是同族的吗啡化合物。内啡肽是机体天然产生的具有止痛作用的神经递质(见第十八章)。麻醉剂最初用于减轻疼痛,陶醉感的产生一般都伴随着内啡肽的释放。长期服用麻醉剂显然会使机体减少特定的内啡肽的分泌。有趣的是,一些运动会增加内啡肽的分泌。例如长跑导致的疼痛会促进内啡肽的分泌,从而产生高兴的感觉或是自然产生的高峰体验(Harte, Eifert, & Smith, 1995)。

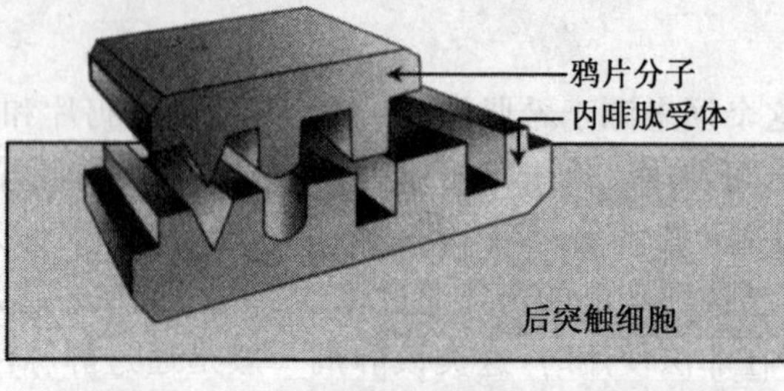

图 5-5　镇静剂与内啡肽分子的相似性

镇静剂分子与内啡肽分子结构很相似,这使得镇静剂分子很容易就可以代替内啡肽在受体中的位置。

当药物取代了由机体生成的止痛物质时,人们就形成了对药物的依赖。这种状态下,人们必须继续服用药物方能满足生理、心理和情绪上的需要。在过去,生理的依赖是指人们持续使用药物以消除生理的症状,而心理的依赖是指持续使用药物以消除情绪和精神的症状,两者一般可以区分开来。但现在,很多心理学家认为两者的区别是模糊的,没有区分的意义(Roob & Bloom, 1988; Ray & Ksir, 1990)。由于需要使用更多的麻醉剂来弥补机体分泌的减少,对药物的依赖性和耐受性更强了。如果较少精神药物的用量或是不持续使用精神药物,就会产生暂时的退缩(这有很大的副作用,比如严重的肠炎,伴随着极度的压抑和焦虑)。在停止用药期间,患者的生理和心理都必须调整以适应没有药物的状态。在减少药物时表现出的典型症状是发冷、出汗、严重胃部绞痛、肠炎、头痛和反复呕吐。这些症状可能单独发生,也可能并发。

滥用麻醉剂的治疗

一旦形成对麻醉剂的依赖,急性中毒(过量使用产生的危害)和长期中毒(长期服用产生的危害)治疗的方法是不同的。急性中毒要用吗啡颉抗药来治疗。吗啡颉抗药(或是相似的颉抗药物)可以代替镇静剂在大脑内受体上的位置,阻断麻醉剂对人体的影响,这样比镇静剂留在大脑内要好得多(见图 5-6)。实际上,吗啡颉抗药对内啡肽的受体有很强的吸附作用,这样就取代了麻醉剂分子在受体上的位置,然后自己进入受体。通常使用吗啡颉抗药物不会上瘾,因为虽然它们吸附在受体上面,但并不激活受体。虽然,吗啡颉抗药可以救助过量服用麻醉剂者的生命,但它的作用时间很短暂,这就使得消除瘾性的治疗需要很长时间。

对于由于长期依赖药物而形成的长期药物中毒,治疗的主要方法是保持和解毒。保持可以控制药物的使用。在保持的过程中,仍然让嗜药者使用药物或替代品,但是用量必须控制。这样做的目的是建立一种可以控制的、不致命的瘾性,但这种做法受到很大的争议。解毒过程是通过断绝对原有药物的依赖和建立有益的健康习惯来戒除毒品。美沙酮是麻醉剂(一般是海洛因)的替代品。美沙酮和吗啡颉抗药以相似的方式吸附在内啡肽的受体上(见图5-6(b)),减少对海洛因的需求,以及上瘾者的症状。在替代麻醉剂之后,要求患者逐渐减少用量,直到不再用药。

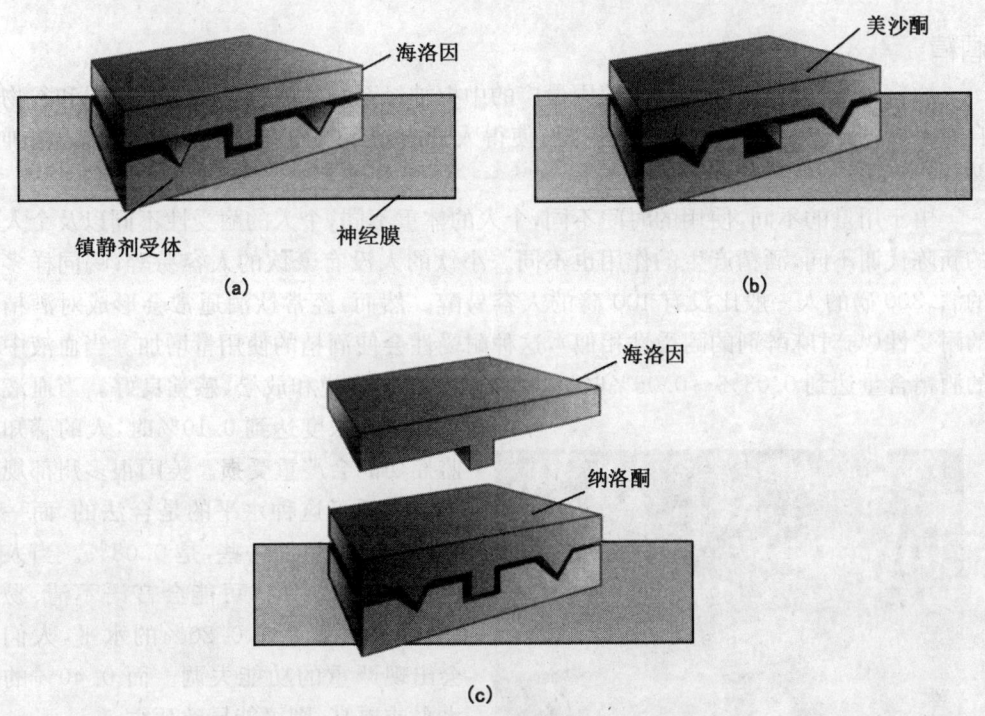

图5-6 鸦片、美沙酮和纳洛酮的分子相似性

非麻醉药物纳洛酮非常适合内啡肽在受体上的位置,可以取代镇静剂,并阻止镇静剂与受体的再次结合(如图5-6所示)。因此,纳洛酮虽然作用时间很短,但可以暂时且有效地治疗镇静剂服用过量。在长期的治疗过程中,美沙酮常常可以取代海洛因,也取代内肽啡在受体上的位置(如图(b)),并且可以减轻在停止用药时对海洛因的需要。

中枢神经系统镇静剂

药物作用

另一种很容易上瘾的药物是中枢神经系统镇静剂(central nervous system depressant),例如酒精和安眠药,它们可以减慢中枢神经的活动,少量使用可以减轻焦虑,较多使用可以用来治疗失眠。在世界大多数国家中,成人都可以很容易买到酒精。安眠药也在经常使用。中枢神经系统镇静剂可以注射也可以口服。中枢神经系统镇静剂通常可以提高情绪,减少焦虑和负罪感,缓解一般的压抑。然而,中枢神经系统镇静剂中毒的人(典型症状是由于中毒而引起麻醉),情绪会突然变化,由放松和愉悦很快会转变成焦虑和易怒。大剂量的中枢神经系统镇静剂会导致反应迟钝,步履不稳,言语不清,判断力下降。过量的中枢神经系统镇静剂会因减缓生理活动而导致死亡。

酒精

酒精是我们最熟悉的,也是使用最广的中枢神经系统镇静剂。酒精是水果和谷物自然发酵的产物。由于酒精使用广泛,使得人们忘记了酒精是一种具有瘾性的精神药物。

由于用量的不同,使用的时间不同,个人的体重不同,个人的耐受性不同以及个人的新陈代谢不同,酒精产生的作用也不同。小饮的人没有豪饮的人容易醉;喝同样多的酒,300磅的人一般比没有100磅的人容易醉。然而,经常饮酒通常会形成对酒精的耐受性(与对麻醉剂的耐受性相似),这种耐受性会使酒精的使用量增加。当血液中的酒精含量达到0.03%～0.05%时,人们常常会感到愉悦和放松,感觉良好。当血液中酒精的浓度达到0.10%时,人的感知监控功能会严重受损。美国很多州都规定饮酒低于这种水平的是合法的,而一些州的标准更严一些,是0.08%。当人们在这个水平时,可能会言语不清、易怒、郁郁不乐。在0.20%的水平,人们会出现严重的功能失调。而0.40%的水平或更高,则可能导致死亡。

虽然参加宴会要喝一点酒来放松,减少压抑,但长期过量的饮酒会导致昏迷,形成对大脑和神经系统的损害,有时甚至会导致死亡。这个人是在闹着玩吗?

大量的酒精会减少神经递质多巴胺(见第三章)的作用,降低监控和注意的能力。酒精也可以干扰其他神经递质的活动(Hittner, 1997)。首先,酒精通常会提高人的唤醒水平,这明显是因为酒精抑制了神经突触在大脑释放抑制神经递质的活动。由于抑制神经被抑制了,就不能有效地抑制中枢神经兴奋的传递。这样虽然突触活动也受到抑制,但人们会因为抑制活动的减弱,兴奋性占了主导地位,而感到更加地激动。然而,酒精很快也会抑制兴奋突触,导致感知监控机能的普遍降低。

滥用酒精的治疗

酒精中毒是滥用酒精达到一定程度而导致的认知失调、社会不安以及工作机能障碍。滥用酒精已经成为美国最普遍的瘾性问题之一。嗜酒者很难戒酒,一旦喝酒就很难控制。美国大概有三分之一的成人饮酒。据估计,这些人中 10% 有与饮酒有关的疾患,而其中的 5% 是嗜酒者,对酒精有生理和心理的依赖。美国大概有一千万人对酒精产生了依赖性(Seymour & Smith, 1987),暴力者有 9% 嗜酒,自杀者有 60% 嗜酒,强奸者有 50% 以上嗜酒,饮酒还与儿童性攻击行为有关。社会为滥用酒精付出的代价可能是其他所有的药物滥用造成的危害的两倍。

长期嗜酒者会对神经系统、胰脏、肝脏和脑细胞产生永久性的伤害。大量饮酒则可能会抑制免疫系统,导致营养不良。一般大量饮酒者也不会关注自己的健康。这些问题最终可能导致许多不幸的后果,包括增加癌症发生的危险(Herity, Moriaty, Dunn, & Bourke, 1982; Heuch, Kvale, Jacbsen, & Bjelke, 1983)。由于这些原因,嗜酒者的寿命一般比预期水平要低 10~20 年。酒精也可能会导致失明、记忆力减退、心脏病、精神病,甚至可能导致死亡。他们也有患柯萨可夫综合症(Korsakoff's Syndrome)的危险,这是一种学习与认知机能受损而形成的大脑紊乱。孕妇即使适度饮酒也可能导致酒精综合症,并有可能导致婴儿永久性的智力障碍。如果婴儿在出生前必须忍受这种有害的环境,就有可能出现面部畸形。

美国酒精滥用与酒精中毒研究所编制了一套有 7 个问题的表格,帮助人们自我诊断是否有酒精中毒的现象(见表 5-4)。如果有一个肯定的回答,说明饮用酒精可能产生了问题。如果有几个肯定的回答,说明你可能是一个嗜酒者。这些问题的大多数都归结为一个主题:饮酒是否引起了生活其他领域的问题?

表 5-4 您是一个嗜酒者吗? 下表是由美国酒精滥用和酒精中毒研究所编制的,如果您对以下任何问题作了肯定的回答,使用酒精可能给您的生活带来了麻烦。如果您对以下的几个问题作出肯定回答,您可能就是一个嗜酒者。

如果您对以下问题作出一个或一个以上肯定的回答,那么请就您的饮酒问题,听取我们的一些建议。
1. 是否您身边有人会对您饮酒表示担心?
2. 如果您遇到问题,是否会借酒消愁?
3. 您是否有时会因为饮酒而耽误了工作和生活?
4. 您是否因为饮酒而服药?
5. 您是否在饮酒时经历过眩晕——即清醒时完全失去记忆?
6. 您是否因为饮酒而违法?
7. 您是否经常不能履行减少饮酒或戒酒的诺言?

当停止饮酒时,曾经严重饮酒的人会出现断饮症状。从长期的中毒过程中断饮,会出现一些严重的症状,包括严重痉挛、幻觉、震颤、焦虑,甚至死亡(Seymour & Smith, 1987)。长期的酒精中毒可以通过药物治疗,也可以通过一个名为"匿名嗜酒者"的咨询方案来治疗,或是两者结合使用。

急性中毒者的典型症状是头痛、丧失食欲、作呕、头晕,总而言之就是宿醉,对于他们一般不使用药物。宿醉的解毒仅仅是时间的问题。随着时间的流逝,机体排出了酒精,症状就会消失。喝咖啡并不能减轻酒精的作用,相反会形成觉醒状态,从而刺激喝酒的欲望。大量饮用非酒精饮料会有所帮助,适度的运动也有治疗效果。喝更多的酒来减少宿醉的反应毫无益处,反而会增加对酒精的依赖性。

镇静剂和巴比妥酸盐

催眠镇静剂(sedative-hypnotics)是第二种中枢神经系统镇静剂,可以用于消除焦虑、减轻失眠(见表5-3,也参见十七章)。最常用的催眠镇静剂巴比妥酸盐(barbiturates)是一种抗焦虑药物,它可以通过对唤醒状态的生理抑制来减轻焦虑。如果使用得当,巴比妥酸盐是有效的催眠镇静剂。低剂量的巴比妥酸盐有镇静作用,但较大剂量的巴比妥酸盐会抑制大脑的唤醒中枢,导致睡眠。再大剂量可能会导致呼吸停止。正如几乎所有的精神药物一样,巴比妥酸盐的瘾性可以导致滥用。长期使用导致耐药性的增强,这样使用者为获得相同的使用效果必须加大用量。然而,增加用量会导致几方面的问题。首先,在需要全神贯注的时候,由于使用者睡着了或是头晕,会导致事故伤害甚至死亡。使用者也可能在极想睡眠的时候却因服药剂量过大,而导致死亡。

随着镇静剂的发展(例如表5-3中的苯丙磺胺),医生不能再开巴比妥酸盐来作为镇静剂,而只作为安眠剂使用。镇静剂(tranquillizers)是另一种用于抗焦虑的镇静催眠药物。虽然还存在上瘾的问题,但它的剂量更小,导致昏睡和呼吸困难的可能性也更小,所以可以认为比巴比妥酸盐更安全。虽然如此,镇静剂在美国还是第二常用的处方药(Seymour & Smith, 1987)。显然,滥用的可能性还是存在的。

滥用抑制药物的治疗

对瘾性或过量用药的治疗根据镇静催眠药物的种类而有所变化,但必须注意到心理依赖性和生理的依赖性。长期的毒性可以通过咨询和支持方案来治疗,在滥用巴比妥酸盐的情况下可以通过逐渐的药物替代来治疗。断用麻醉药物会带来极大的不适感但通常不会有生命危险,而断用巴比妥酸盐则会令使用者痛苦不堪并有生命危险。断用药物的症状包括焦虑、发抖、噩梦、失眠、厌食、呕吐、发烧和精神狂乱(Seymour & Smith, 1987)。

中枢神经系统兴奋剂

药物作用

和其他已经讨论过的药物一样,中枢神经系统兴奋剂(central nervous system stimulants)已经有了几个世纪的历史。中枢神经系统兴奋剂能刺激心脏,或通过抑制大脑形成抑制性物质,来唤醒中枢神经。中枢神经系统兴奋剂包括咖啡因、安非他明、可卡因、尼古丁。换句话说,中枢神经系统兴奋剂是对大脑兴奋的双重否定(见表5-3)。极少量的短期使用中枢神经系统兴奋剂可以产生的反应包括精力增强、警觉、食欲减退、健康感和陶醉感。较大剂量的中枢神经系统兴奋剂会导致焦虑和易怒。长期使用会导致耐受性问题和瘾性问题,间歇的使用会导致药物敏感。从社会角度上看,非法的兴奋剂中最有名的是可卡因,它已经取代了麻醉剂成为美国最大的药物问题。

咖啡因

咖啡因(caffeine)可能是最温和的兴奋药物,产生的问题也比表中其他的药物要少。咖啡因可以在各国的"国饮"中发现,例如美国的咖啡、英国的茶、巴西的瓜拉纳(guarana)、阿根廷的麦特(mate)。咖啡和可乐饮料也含有咖啡因。一般一盎司咖啡含有11~29毫克咖啡因,而一般的茶里含有5~17毫克,可乐和其他软饮料大部分也含有咖啡因,但具体含量视品牌而定。

咖啡因可以增强神经活动,使心脏和骨骼肌紧张。咖啡因是部分通过抑制腺苷的活动来兴奋中枢神经系统。大剂量的咖啡因能导致焦虑、紧张、易怒、颤抖、肌肉颤搐、失眠、心跳加速、呼吸过快、尿量增加和肠胃失调。而很大剂量的咖啡因确实可能增高血压从而导致冠心病(Lane & Williams, 1987; D. Shapiro, Lane, & Herry, 1986)。大部分的人很大剂量地使用咖啡因,才可能造成危险。一般说来,一天如果喝七至八杯咖啡就可能有危险,但一天一杯或两杯咖啡不会有危险。

咖啡因是有瘾性的。咖啡因的瘾性主要不是社会问题,但其瘾性的症状与其他更具破坏性的药物有相似之处。这些症状包括强迫行为、控制失调和不顾后果的连续用药(Seymour, & Smith, 1987)。例如,一些人持续摄入高剂量的咖啡因,全然不顾心律明显增加、紧张、晚上喝了咖啡或茶之后难以入睡等症状。断用咖啡因的症状包括易怒、昏睡、工作障碍、便秘和头痛。

安非他命

安非他命(amphetamines)是一种合成的中枢神经系统兴奋剂,通常可以吞服或注射,其短期的反应包括体温上升、心律加速、耐受性增加。安非他命有时用于需要长期工作和长期保持注意力的人,有时会用于减肥药物。在大脑里,安非他命刺激神经递质如去甲肾上腺素和多巴胺,释放到大脑突触中,从而产生令人陶醉的高峰体验。安非他命可以进一步通过阻止神经递质的在突触间的重新吸收来提高这些神经递质的水平(Ray & Ksir,1990)。这样形成的高于一般水平的神经递质导致了觉醒程度的增加和运动能力的增强。很高浓度的安非他命可以影响血清素的释放。如果长时间使用,血清素的水平和其他大脑中神经递质浓度会开始下降,因此会导致大脑中联络神经系统的破坏。

和其他药物一样,长时间使用安非他命会产生耐受性,从而使患者需要更大的剂量的用药。剂量足够大的时候,安非他命可能会导致怪异行为的出现,例如反复寻找和检查,长期注视一个物体,咀嚼和反复把一个物体移来移去。剂量过大的时候可能导致中毒、偏执、神志不清、幻觉,也可以出现因呼吸困难或体温波动过大而导致死亡。断用安非他命的症状为极度的疲劳和压抑。使用安非他命也可能造成如药物过敏的矛盾现象,这是指间歇的使用者表现出对低剂量的药物的敏感性增加。

可卡因

可卡因(cocaine)是一种中枢神经兴奋药物,并且可能是最有效果的自然兴奋药物。在前哥伦比亚时代,印加人就把可卡因用于宗教仪式。几个世纪以来,南美人通过嚼食可可树叶来增强在艰苦环境中生存的体力。可卡因一般被称为"Coke",有很强的致瘾性,尤其是以药粉的形式放在烟里吸食时瘾性更大。从生理上说,可卡因可以增加体温、压缩外周血管,可以引起心理能力加强的错觉,还可以使人兴奋。如果使用剂量达到足够水平,可卡因可以引起幻觉和抓握动作。像安非他命一样,可卡因似乎增强了去甲肾上腺素和多巴胺的突触传递,而抑制了这些递质和血清素的再次吸收。这些神经递质的累积引起了与安非他命有关的自主行为和觉醒状态。在最初,可卡因仿佛可以刺激性敏感,但如果长期使用则会减少性唤起和性表现(Wade & Cirese,1991)。长期使用可卡因会导致神经递质的水平偏低,以及与长期使用安非他命相似的神经传递困难。

每次发作,可卡因嗜食者都极其渴望得到药物。但长期使用降低了他们的自然形成的大脑兴奋机制,他们会感到极其焦虑,表现为失控、压抑和昏睡。

烟草

烟草(tobacco)是一种含有尼古丁的植物,是一种中枢神经系统兴奋剂。成人可以以各种合法的途径获得烟草。禁烟运动引起了大众对吸烟有害的认识和关注。禁烟运动还指出了吸二次烟的危害。二次烟是由吸烟者吐出来的烟,或是烟草燃烧后释放到空气中的烟雾。对二次烟的宣传使得在公众场合禁烟的法令更为严厉。但青少年以至更小的儿童都能够找到购买香烟的途径。

烟草生长在世界各地，通常是吸食，也常常通过嚼食来使用。尼古丁是烟草里的兴奋物质，可以通过呼吸道吸收，也可以通过鼻腔粘膜和消化道吸收。大部分吸入的尼古丁在肺里被吸收。尼古丁激活了神经细胞和骨骼肌上的尼古丁受体，这些受体可以传递乙酰胆碱，因此这些受体的激活增加了乙酰胆碱的神经传递。

烟草对身体的作用是复杂的，它可以加快呼吸，增加心律和血压，降低食欲。烟草中毒表现出欣快症、头晕、眼花、眩晕的症状，在极大量的使用后会产生刺痛感（Seynour & Smith, 1987）。烟草的耐受性和依赖性形成相对较快，因此第一次吸烟就会出现典型的中毒反应。经常抽烟的人吸烟的剂量会稳定在某一个水平。

人们现在认为烟草是现存的最具瘾性的物质之一。最初吸烟的人中十分之九会上瘾，而只有六分之一的最初使用可卡因的人会上瘾，十分之一最初使用酒精的人会上瘾。1996年，食品和药品监督局告诫人们尼古丁是控制使用的物品。孕妇吸烟会导致早产，婴儿体重非正常性偏低，这是新生儿重要的危险因素。吸烟的危害性需要很长时间才会表现出来，包括心脏病和各种癌症（尤其是肺癌和口腔癌），以及牙龈炎、饮食失调、肺气肿、肠胃病和骨制脆化。吸二次烟也会引发一些疾病。尼古丁毒性很强，曾经是很强效的

尼古丁是人们知道的最易于上瘾的物质。由于有很多戒烟的方法，所以现在可以提供给戒烟者更多的机会和帮助。

杀虫剂。香烟燃烧产生的烟雾中除含有尼古丁之外还有一定的具有潜在威胁的副产品，包括焦油、一氧化碳、氰化氢。在20世纪80年代，有500万人死于吸烟，而死于酒精的只有100万人，还有35万人死于其他具有瘾性的药物。实际上如果使用量足够大的话，几乎所有我们讨论过的兴奋类药物都可以导致死亡。

滥用兴奋药物的治疗

兴奋药物的急性中毒必须立即治疗。确切的治疗方法要根据使用的药物不同而有所差异。例如在治疗过量服用安非他命时，如果患者还有知觉，就需要诱发肠胃运动；如果没有了知觉，就需要洗胃。而可卡因使用过量时，则必须使用镇静剂，有时可能还需要住院治疗。

长期的兴奋药物上瘾,最普遍的治疗方法是个体或团体心理疗法。要使兴奋药物的滥用者远离药物,就要使他们养成远离药品的生活方式,同时使他们知道为什么第一次会上瘾,并找到远离药品的方法。现在对滥用可卡因者进行危险性教育以及提供必要的援助是帮助他们克服上瘾的最好的办法。致力于帮助人们远离毒品的组织有"麻醉剂匿名者"和"可卡因匿名者",他们一直在帮助治疗滥用兴奋药物的患者。

药物替代疗法除在戒除尼古丁的时候使用外,一般不会使用。要达到快速断用尼古丁的目的,尼古丁口香糖、表皮帖片和其他疗法的结合使用看起来是有效果的。如果没有附加的辅助性治疗,患者会有对替代药物产生瘾性的危险。很多戒烟计划(如美国药品协会推荐的戒烟计划)采用了大量的技术,包括催眠、针灸、厌恶疗法(让患者过量使用烟草或尼古丁,使人对其排斥),并提供团体援助和教育(见第十七章更多的治疗资料)。

不要担心,如果证明烟草是有害的,我可以戒掉。

【资料来源】ⓒThe New Yorker Collection 1958 Garrent Price from cartoonbank.com. All rights reserved.

现在,让我们来看看最后一种精神药物:致幻剂。

致幻药物

药物作用

致幻药物(hallucinogenic)是通过产生幻觉,使用药者感知内部和外部世界的方式发生改变,从而改变使用者的意识状态的一种精神药物(包括墨斯卡林和LSD)。使用致幻药物的人在没有相应的外部感知输入的情况下产生感知刺激。一些临床医生认为这些药物能模仿神经错乱的作用,因而这种药物常被命名为迷幻剂。另一些人则认为这些致幻药物与神经错乱产生的作用是不同的(见表5-3)。

  人们对致幻药物的反应很不相同,并且似乎是由情境决定的。从生理上讲,大部分致幻药物,例如LSD,是通过干扰大脑的血清素传递来产生作用的(Jacob,1987)。分泌血清素的神经元系统从脑干出发,几乎延伸到大脑的各个部分。因为它对大脑的干扰非常广泛,致幻药物可以在很多不同感知水平发生作用,可以导致十分真实的感受。一些人认为分析这种机制的一种思路可以是这样的,由于血清素一般可以阻止我们在清醒状态做梦,所以抑制清醒时刻的血清素分泌会导致与梦相似的幻觉产生。但在使用大麻、墨斯卡林和天使粉的时候,血清素的干扰作用却不会出现。虽然去甲肾上腺素神经传递的刺激可能是其中的一个原因,但致幻药物的作用原理还不能清楚地确定下来。

LSD(麦角酸二乙基酰胺)

  麦角酸二乙基酰胺(LSD,通常称为迷幻药)最初在1938年合成,它的制幻作用是在1943年初发现的。当时一位在桑德斯(Sandoz)制药工作的化学家,意外地摄入一些LSD。LSD一般会引起生理症状,例如头晕、皮肤刺痛、呕吐、发抖。在知觉方面的症状有幻觉和时间感的变化。在情感方面的症状是情绪过快变化,从严重的压抑转变到极度的愤怒和焦虑。在认知方面,用药者会认为体验了不用药物时无法体验的东西(Groves & Rebel,1988;Jacobs & Trulson,1979)。

  LSD会使人因为不能控制药物反应而变得焦虑。在LSD的负面反应中,幻觉产生的时候最危险。使用者可能在尽力逃避幻觉,因为幻觉对身体会有危害。同时使用者在享受LSD产生的快乐时也会有生命危险,例如有人会想着自己能飞而从窗户跳出去。偶尔有的人会忘记自己用过LSD或使用了却不知道,他们担心幻觉会永远消失。

大麻

  大麻是使用最为普遍的致幻药物,它是从大麻树(canabis)的叶子和花中提取的一种物质。印度大麻(hashish)是比大麻更强的一种致幻剂,是用大麻花的浓缩树脂制成的。大部分使用大麻或印度大麻的人或是吸食或是将其放在食品中摄入。在大麻的作用下人们的思维会被打断,对时间、空间的感知也会发生变化。一些人会变得极其多话,另一些则变得一言不发。虽然一般使用大麻不会产生幻觉,但大剂量的使用也会产生幻觉。

  即使是中度地使用大麻,也可能会对短期的学习和记忆产生影响(C. F. Darley,Tinklenberg, Rofh, Hollister, & Atkinson, 1973)。对使用大麻的长期作用一直没有达成共识。一些研究者认为,使用大麻会损害神经细胞和生殖系统;而另一些研究却没有得出这样的结论(V. Rubin, & Comitas, 1974)。然而经常吸食大麻肯定会导致口腔癌和肺癌。

苯环己哌啶

苯环己哌啶俗称天使粉(PCP),由于价格适中,容易买到,在一些国家的青少年中非常流行。苯环己哌啶以某种方式改变了生理体验与心理感知的联系,导致了极度的认知扭曲和感知扭曲。苯环己哌啶尤其会影响在学习过程中起作用的神经受体,并很可能导致严重的认知缺陷。因此一旦沾染上这种药物,就必须及早治疗。另一种与苯环己哌啶药效相似的流行药物是亚甲双氧基安非他命(MDMA),即我们俗称的摇头丸(ecatasy)。

滥用致幻药物的治疗

急性致幻药物使用过量,一般是让治疗者与使用致幻药物的人进行交谈,从而减少焦虑反应,并尽可能使患者感到舒服。有时也会使用镇静剂来治疗致幻药物急性使用过量,而最后使用的是抗精神异常药物。长期使用致幻药物会导致长期的精神错乱反应,甚至会导致严重的抑郁进而威胁生命,它还会加重用药者曾经有过的精神问题,以及在未使用药物的情况下引起此前的药物反应(Segmour & Smith, 1987)。科学家们不能解释其中的机制,因为科学家还没有发现可对此进行解释的生理机制。

使用毒品会产生如此多的问题,你可能会想知道人们为什么使用毒品。原因是因人而异的,一些人认为自己不会上瘾,或是认为在短期使用的时候不会上瘾,因此他们才会去尝试。另一些人则是因为日常生活极度乏味,他们才会认为使用毒品的风险是值得的。

总而言之,意识是监控与评价环境的手段。通过意识,我们以自己的方式体验世界,而意识状态的改变丰富着我们的生活,其中的一些看来是我们生活所必需的。然而另一些意识状态的改变,是由致瘾性药物引起的,最终会有相当大的上瘾可能。无论使用精神药物是什么原因,人们必须知道其危害大于收益。我们下一章的主题是学习。

相关研究

假性理性行为中的无意识   艾伦·朗格,哈佛大学(Ellen Langer, Harvard University)

在马萨诸塞州的普林斯顿机场改造之前,飞机跑道前面有一面巨大的玻璃墙。我正在等一个朋友的到来。我问在登记台后面的一个女人,从波士顿来的飞机什么时候到。她回答说飞机会按时到的。当飞机完全进入视线的时候，大门和大门周围没有其他人，我离登记台不到两英寸，但这个女人并没有直接告诉我飞机到了，而是通过公众广播系统向这个空房间广播这个消息。我发现很多聪明人注意不到他们可获取的信息，这种情况并不少见。

我现在的研究集中在了解无意识状态是如何产生的，这种现象相当普遍。当我们处于无意识状态的时候，我们不会有意识地加工新的信息。在我们处于无意识状态的时候，我们不再注意身边变化的新奇事物。我们会认为事物是静止的，会以对待过去的方式对待现在的事物。在评估无意识状态的实验中，我们发现可通过两种方式产生无意识状态的现象。一种是重复，另一种是仅接触一方面的信息。这个例子我们比较熟悉。大部分人都有过这样的驾车经历，当有过一段时间的驾车经验之后，我们的驾驶技术就会变得自动化。这就是我们常说的无意识的行为。还有一个有关通过重复形成无意识状态的例子。当我们学习骑自行车的时候，通过练习就可以把骑车动作变成很自然的事情。我们尽力去学习这种新的技能，希望能达到无需思考的地步。但问题是，如果我们成功地做到了这一点，当我们需要记起该怎样做的时候，却想不起来了。我们希望做事的步骤一成不变（因为我们经常要去做这些事情），但这样做同样也有弊病，比如驾驶过程中我们可能因此而没有注意到更快捷的、风景更好的路线，也不能注意到新出现的路坑。

在阅读的过程中如果我们不假思考地接受阅读的内容，我们也能进入无意识状态。大部分对世界和自己的认识就是以这种方式获得的。我特别喜欢的一个例子是，在《用心学习的力量》(The Power of Mindful Learning)一书中我对自己的无意识状态的描述。一次我在朋友家吃晚饭，发现叉子放在了盘子的右边。我觉得一些自然的法则被违背了，因为叉子应该放在左边。我发现这一想法是可笑的。谁在乎叉子怎么放呢？对右利手者来讲叉子放在右边用起来更容易。我想了解我是怎样形成这种观念的。还在孩童时候，母亲就对我说了一句叉子应放在左边，我就接受下来了。这种接受信息的方式一直保持到了后来。无论我们是对此习以为常，还是首次接触一种信息，我们都无意识地把自己禁锢在对信息的一种解释中。

当我们聚精会神的时候，我们会积极地辨认出新奇的刺激，而不是依靠过去的经验。这时的我们对环境和事物的前景变得敏感起来。当处于无意识状态，我们的行为就被固定的模式所控制。也就是我们禁锢了我们的理解力，开始遗忘身边细微的变化；而如果我们觉察到这些细微变化，我们的行为也会随之变化。相反，当我们用心的时候，我们的行为就会由原则和规范所引导，而不是被他们所禁锢，我们就会对环境的变化变得敏感。这样，如果我们骑车用心一点，就会避免潜在的危险和路上的坑坑注注。

在认识了有意识和无意识状态的不同之后，我们下一步就是认识处于无意识状态的危险。沿着这一思路,我们研究了在护理中心对老年人关注的重要性。这是我们在研究老人处于无意识状态的问题上迈出的一小步。是否老年人由于注意力衰退而饱受折磨?毕竟,我们越老,接受的重复信息就越多,在接受信息的过程中的视野就越窄。只有在用心的状态,我们才能有意识地控制自己的注意力。如果老年人过多地处于无意识状态,鼓励他们留心身边的事物会有所帮助吗?在护理中心的一些实验研究中,让老人注意新奇事物来提高他们的注意力水平,我们发现这样做明显地改善了老年人的健康状况,而不仅仅是寿命的延长。长达25年的研究表明,处于无意识状态有很多不利之处。一些在医院、学校和公司进行的研究发现,用心程度的增加能够提高工作能力,改善健康状况,延长寿命,调动积极情绪,培养创造力,增强感召力,并能有效地减少缺勤率(Langer 1989,1997)。我们发现了增加用心程度的方法和减少处于无意识状态的方法,但彻底的"治疗"还是较为困难,需要进行更多的研究。

日常生活中的心理学

临近死亡的体验

临近死亡的体验是指个体在极其接近死亡的状态,或是被确定已经死亡,却在永久性死亡之前又苏醒过来的体验。在这一刻,一些人经历了不同寻常的心理体验。

在许多历史著作中,在古希腊文化、佛教文化和北美印第安文化这些迥异的文化中,都有对临近死亡的体验的描述(例如,Blackmore,1993;Serdahely,1990;Zaleski,1987)。许多不同年龄、不同文化背景的人对临近死亡体验做了相似的描述。他们常常会感觉到平静或是强烈的快感。有些人感觉到自己离开了肉体,或是从外界来观察自己的肉体。他们经常描述穿过一条漆黑的隧道,在隧道的尽头看到了耀眼的亮光。一些人描述与故去的亲友重逢,另一些人则描述遇到了一个精灵鼓励他们重返人间。一些人还描述说飞快地回忆了生前的全部事情。

并非有临近死亡体验的人都会出现所有这些现象。有疾患的人经历这种体验的几率要高一些、强度要大一些。而自杀的人或交通事故遇难的人则几率较低、强度较小。有趣的是,很少有人有消极的体验。虽然对临近死亡体验的解释很多,但目前的研究集中在根据大脑的机理来解释这些体验(Blackmore,1993;Persinger,1999;Persinger & Richard,1995)。例如,看见或穿过黑色隧道的体验,其原因可能是中间后部的大脑皮质由于供血不足而被激活,从而导致了边缘视觉区域与中央视觉区域的对比,从而也就产生了隧道的体验。虽然,这样的解释仿佛是有道理的,但还有待于证实,所以临近死亡的体验仍然是一种神秘的事物。也许临近死亡的体验中最有趣的事情是人们在经历这一事件之后,他们的生活变得更好了。他们对死亡的恐惧减少了,更加珍惜所拥有的一切,更希望充分体验完美人生。

思考题

1. 你的正常睡眠方式是什么?当你正常睡眠方式被打乱的时候,你是怎么办的?
2. 为什么沉思可以改善一些人的心理健康状况?
3. 分散注意对你的工作有哪些影响,例如你在工作的同时听音乐?
4. 为什么催眠可以用于精神疗法?
5. 社会如何规范精神药物的销售、购买和保存?社会如何对待滥用药物但没有对他人构成直接危害的个人?
6. 你认为是什么使人滥用精神药物?你认为我们可做些什么来帮助人们避免滥用药物?

本章摘要

注意和意识

1. 人们利用选择性注意来追踪信息,同时忽略其他信息(例如,在鸡尾酒会现象中和遮蔽实验中)。
2. 选择性注意有两大理论。过滤器理论认为信息从一个水平传向更高水平的时候会被选择性地阻断。注意资源理论认为人们的注意资源是一定的,于是人们根据对给定任务的需要程度来分配资源(可能受到感知模式的调整)。

意识的水平

3. 意识是认知流或思维流,一种思维状态,通过这种状态我们可以比较所能感知到的事物的可能性,选择这些可能性或是拒绝其他的可能性。
4. 意识的一些功能可以帮助人类物种的生存,帮助我们了解(监控和评价)周围的环境,从无关信息中发现重要信息,方便我们记忆和进行计划。
5. 约翰·洛克认为意识的本质在于建立自我存在的观念。
6. 意识发生在各种水平。前意识水平是在意识之前紧接意识的一种意识水平。潜意识水平则是更深的意识水平,我们通常很难接近,或只能通过梦来接近。

睡眠和梦

7. 科学家已经从我们体内分离出几种睡眠物质,但是否有物质能控制我们的睡眠还没有得到证实。
8. 如果被剥夺睡眠几天,人们会逐渐表现出适应不良的症状。在剥夺睡眠的第四天人们经常会表现出心理疾病的症状,例如产生怀疑有人迫害他们的错觉。

9. 如果没有正常的环境线索，人们会表现出一天 25 小时的昼夜节律。
10. 睡眠有快速眼动睡眠和非快速眼动睡眠两种形式。前者的典型特征是眼睛快速地转动并经常伴随着做梦。非快速眼动睡眠一般分为反复出现的四个连续的深度睡眠阶段，在这一阶段很少做梦。
11. 失眠症是一种个体入睡困难、夜间惊醒，或是在早晨过早醒来的症状。昏睡症的典型症状是在白天有睡觉的强烈冲动，或是个体无法控制自己的睡眠。睡眠窒息是指在睡眠时呼吸暂时停止的症状。噩梦是指能引起人们焦虑的梦境，它能使人惊醒，有时惊醒的目的仿佛是逃避出现在梦境中的威胁。夜惊是指从非快速眼动睡眠中突然醒来，并伴随着深度恐惧。梦游症大部分发生在儿童身上。与大家的认识相反，夜游的人一般在睡觉的时候表现出看似清醒状态的行为。在夜游时，夜游者却不在做梦。
12. 人们提出了一些梦的理论。弗洛伊德认为梦表达了隐藏在无意识中的愿望。另一种观点则认为梦表现了一种精神的抗拒。有关梦的认知观点认为我们通过梦来解决生活中的问题。根据麦卡利（McCaley）和霍布森（Hobson）的激活—整合假说，梦代表了我们对夜间脑活动的主观解释。

催眠和沉思

13. 催眠是一种意识的改变。在催眠状态下个体对催眠师的暗示极其地敏感，并很容易听从催眠师的指示。被催眠的人会接受被扭曲的现实，这是他们在一般的清醒状态下不会接受的。
14. 一些心理学家对催眠的真实性提出了质疑，他们认为催眠是一个"附带现象"，在催眠实验中，被试仅仅为取悦催眠师而表现出所需的人格，并按照催眠师的要求去做。
15. 通过心理暗示，可以要求被催眠者在催眠结束后去完成一些事情，这些任务对被试来说通常难以完成或根本不会去尝试。
16. 人们提出不同的催眠理论。一种理论认为催眠是深度放松的一种方式。另一种理论认为催眠是真实地进入一种角色表演的状态。第三种理论认为催眠是一种分离了的意识形式，也就是说在人们对催眠暗示反应的同时，有一个隐藏的观察者在观察着这一切。
17. 沉思是一套改变人的意识状态的技术，人们从主动的、线性的思维状态转变成为被动的、安静的思维状态。沉思一般会减缓呼吸，降低心律、血压和肌肉紧张度。
18. 沉思有两种主要形式。集中性沉思的时候，沉思者集中思考一个事物，或是从意识中排出其他的所有事物。开放性沉思的时候，沉思者试图与其他活动融为一体，而不是从其他活动中隔离开来。

引发意识状态改变的药物

19. 一个人正常的意识状态可以通过四种药物改变,麻醉剂、中枢神经系统镇静剂、中枢神经系统兴奋剂和致幻剂。
20. 麻醉剂包括天然的鸦片及鸦片合成物,会造成一定程度的麻木、昏迷,常常会产生舒适的感觉和疼痛消失的感觉。
21. 中枢神经压抑剂包括酒精和催眠镇静剂,可以减慢中枢神经的活动。相反,中枢神经系统兴奋剂包括咖啡因、尼古丁、可卡因和安非他命,他们可以加快中枢神经的活动。
22. 致幻剂包括迷幻药(LSD)和大麻,能够造成对现实知觉的扭曲。

思考题参考答案

1. 你的正常睡眠方式是什么?当你正常睡眠方式被打乱的时候,你是怎么办的?

    大部分人一晚睡八小时。大学生常由于时间紧张要睡得少一点。偶尔的干扰不会有很大的影响,但持续的干扰会造成偏执、易怒和神志不清。严重的干扰会如本章所述产生错觉。

2. 为什么沉思可以改善一些人的心理健康状况?

    沉思可以降低血压,并可以使人放松、心境平和。沉思还可以有其他的效果,例如人们认为沉思有治疗效果的这一事实本身就可以使人感觉良好。

3. 分散注意对你的工作由哪些影响,例如你在工作的同时听音乐?

    在工作需要适度的注意水平的时候,很多人发现音乐有助于工作,如果没有帮助至少不会干扰。人们在完成需要高度集中注意力的工作的时候,可能会发现音乐有干扰。

4. 为什么催眠可以用于精神疗法?

    应用催眠有很多理由,例如帮助人们戒烟或帮助人们减轻痛苦。催眠也可以用于恢复记忆,但人们对使用催眠恢复记忆的准确性提出质疑。

5. 社会如何规范精神药物的销售、购买和保存？社会如何对待滥用药物但没有对他人构成直接危害的个人？

  对这一问题的答案各不相同，有人提出通过立法来解决，有人认为应该通过严格的惩罚措施来解决。一些人认为如果药物的使用没有伤害他人就不需要通过法律体系来惩罚。但这一问题很复杂，因为我们不能保证药物的使用不会伤害他人，例如婴儿可能有潜在的遗传损害。这一问题的复杂性也部分造成了这样的事实，我们无法在近期内就建立公正的法律规范来控制药物使用而达成共识。

6. 你认为是什么使人们滥用精神药物？你认为我们可做些什么来帮助人们避免滥用药物？

  精神药物的滥用原因可能是过高的压力水平、与他人行为一致的愿望或是仅为了逃避现实。药物教育计划被证明可能有各种效果。也许避免药物的滥用最好的方法就是，使人们知道其潜在的危害，同时帮助人们防止和解决最初导致药物滥用的问题。

万志宏○译
李　锐◎校

第六章 学 习

就我而言,尽管不喜欢别人来教训我,但我很喜欢学习。

——温斯顿·邱吉尔(Winston Churchill)

第六章 学 习

心理学家们通常将学习定义为：包括人或其他动物在内的生物，在行为、思维或情感上由以往经验而产生的相对永久的变化。进化论的观点认为，在个体适应环境的过程中，学习起着重要的作用。如果一切行为都是出于本能或者是预先设定的，那么，生物体也许能够适应一种稳定的环境，然而，如果他们不能学习，不能适应环境的变化，环境的变化就可能给予它们毁灭性的打击。除此之外，通过学习，个体和其他生物体一样能够保持灵活性以适应环境的不断变化，同时进行自我认识(Johnston & Pietrewica, 1985)。经典条件反射就是一种典型的学习。

经典条件反射

问题：什么是经典条件反射，它是如何发生的？

毫无疑问，所有的知识来源于经验。
——康德，《纯粹理性批判》

在闻到特殊食物的香味时，你是否会流口水？在听到狗的愤怒或咆哮声时，你是否会心跳加快？上述常见的反应都源自于经典条件反射(classical conditioning)。由诸如前面所提到的食物或狗这些最初中性刺激物所引起的学习过程总是与特定的生理或情感反应相联系的。在许多情况下，这类生理或情感反应并非伴随最初刺激物的出现而产生，而是伴随着与最初刺激物相类似或相关的刺激物的出现而产生。例如，在正常情况下，吃巧克力饼干的愉快体验，也许与巧克力的味道或饼干的形状联系在一起。当你经过一家面包店时，正是这种愉快的体验使你分泌唾液甚至感到饥饿。

经典条件反射的发现

巴甫洛夫(1849—1936)是最早研究经典条件反射的学者。在研究狗的消化过程中，他意外观察到一种学习现象。作为一名严谨的学者，巴甫洛夫尽量避免其他因素干扰这项研究。然而，一件特别令人讨厌的事情经常阻碍研究的进行。

他设计了一种收集狗唾液的方法。狗闻到食物(肉末,见图6-1)产生唾液后,用一个容器测量唾液的分泌量。然而当实验助手一出现,此时狗还没有闻到肉末的味道,甚至一听到实验助手的脚步,狗就开始过量分泌唾液。巴甫洛夫(1928)曾试图寻找方法阻止这个恼人的现象以免干扰这项关于消化的重要研究。

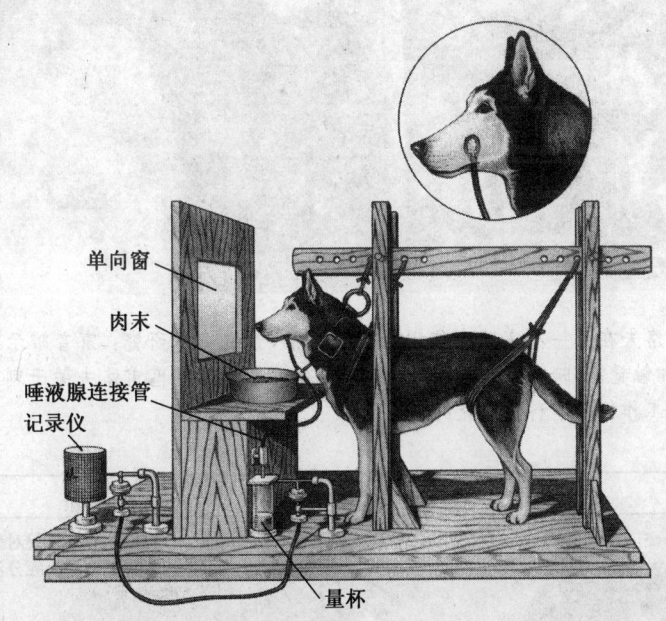

图6-1 巴甫洛夫实验装置

巴甫洛夫用专业设备测量狗闻到食物时所分泌的唾液量。在实验过程中,他注意到,甚至在闻到食物之前,狗就开始分泌唾液。这一发现使他提出了经典条件反射理论。

然而,令心理学界兴奋的是,巴甫洛夫发现了心理学中的新大陆,并向人们揭示了这令人震惊的,但被许多其他进行同样研究的科学家错过的暗示。正如路易斯·巴斯德(Louis Pasteur)曾说过的:"机遇只垂青那些有准备的人。"

巴甫洛夫意识到,在这一过程中,狗必定进行了某种联想学习。最初是与进食相联系的这种反应(唾液),现在则被与食物相联系的刺激诱发出来了。这种学习形式后来被称之为经典条件反射或巴甫洛夫条件反射(classical conditioning, or Pavlovian conditioning)。为了深究他的偶然发现,巴甫洛夫开始系统地研究经典条件反射。首先,他必须证明:在通过视觉、嗅觉等感觉到食物时,狗会本能和自发地过量分泌唾液,而在无食物的刺激(如蜂鸣器)下,狗不会自发出现过量分泌唾液的反应。根据经验,他认为,如果将肉末放在狗的舌头上,狗确实有过量分泌唾液的反应,然而在仅有蜂鸣器声的情况下,狗不会有过量分泌唾液的本能反应。

巴甫洛夫在第一次实验中使用蜂鸣器之后,想进一步研究:声音暗示或其他感觉(如视觉和触觉等)暗示是否能够用来刺激狗的联想学习。巴甫洛夫关于刺激选择的开创性研究工作诠释了科学研究的方法。

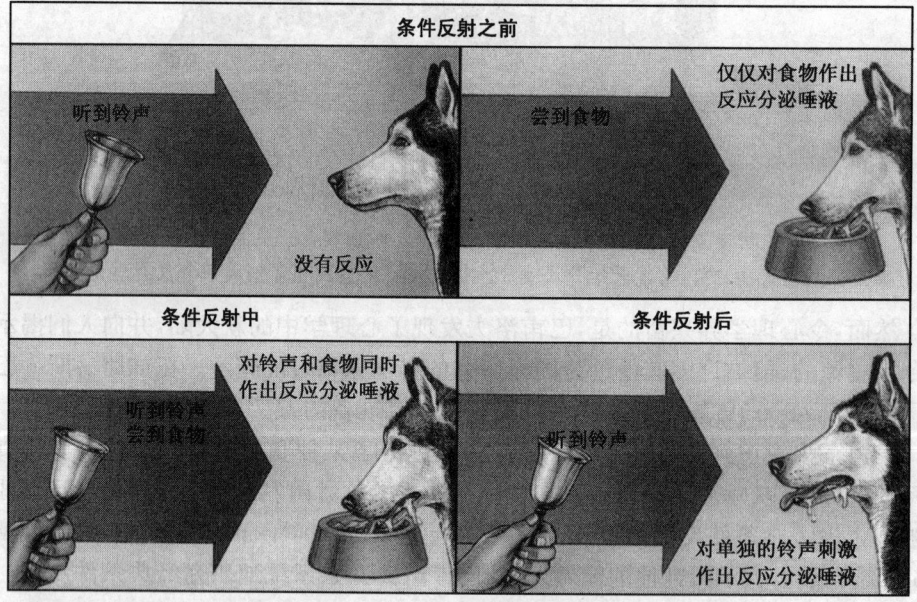

图6-2 巴甫洛夫的经典实验

在实验前,铃声并不能引起狗分泌唾液的反应,但食物的香味(US)却能使狗分泌唾液(UR)。在实验中,巴甫洛夫将铃声(CS)和食物(US)相结合以刺激狗分泌唾液(UR),多次重复地进行之后,铃声(CS)的单独刺激也能使狗分泌唾液(CR)。

一旦建立了最初的刺激—反应模式,巴甫洛夫就开始了实验的第二阶段。他在蜂鸣器发出声音的同时将肉末放到狗舌头上。在重复几次后,当蜂鸣器发出声音而不将肉末放到狗的舌头上时,狗依然会分泌唾液。通过同时呈现蜂鸣器的声音刺激和食物刺激,狗对作为最初中性刺激物的蜂鸣器声就形成了一种条件反射(图6-2对该实验进行了说明)。那么条件反射过程的要素是什么呢?

经典条件反射的构成要素

尽管在经典条件反射中刺激—反应的形式是多种多样的,然而其基本结构相差无几。如果你想进行一个经典条件反射实验,需要下面几个步骤:

1. 首先用一个刺激物(如巴甫洛夫的肉末)来引发一个自发的、非习得的生理或情感反应,也就是确定无条件刺激(unconditioned stimulus, US)。

2. 记录实验对象对于这个刺激物的自发的、非习得的生理反应——也就是无条件反应(unconditioned response, UR)(在巴甫洛夫实验中,狗的无条件反应就是过量分泌唾液)。

3. 选择一个刺激物(如巴甫洛夫使用的蜂鸣器),这个刺激物最初作为一个中性刺激,但后来通过与无条件刺激同时呈现来引发预期的反应。这一最初的中性刺激就成了条件刺激(conditioned stimulus, CS)。

4. 将条件刺激和无条件刺激配对呈现。最终,你通过条件刺激就可以得到一个条件反应(conditioned response, CR)。一个习得行为模式与无条件反应是类似或者相同的。区别就在于条件反应不是由无条件刺激引发的,而由条件刺激引发的(在巴甫洛夫的研究中,蜂鸣器逐渐引发过度分泌唾液的反应)。

时间序列与经典条件反射

那些杰出的喜剧演员、音乐家、口技演员、舞蹈演员和魔术师都意识到把握时机的价值,同样,从事经典条件反射研究的心理学家们也注意到选择时间的重要性。

图6-3中显示出经典条件反射的时间效应。图6-3中的(a)图显示了标准经典条件反射的范例,其中,无条件刺激与条件刺激几乎同时出现。例如,一个儿童渐渐意识到,每当他父亲下班回家带给他一份礼物时总会面带一种特定的笑容。儿童学会将笑容与一份随之而来的礼物联系在一起。在这个例子中,礼物是无条件刺激,他父亲所表现出的笑容就是条件刺激。收到礼物的愉快体验就是无条件反应,看到父亲露出特定笑容的愉快体验就是条件反应。如果改变了这种刺激呈现的时间顺序,将会发生什么呢?

图6-3中的(b)图显示了延迟条件反射(delay conditioning),即在无条件刺激呈现之后延迟一段时间再呈现条件刺激。痕迹条件反射(trace conditioning)与延迟条件反射类似。两者的区别在于痕迹条件反射中,当无条件刺激呈现时,条件刺激已经

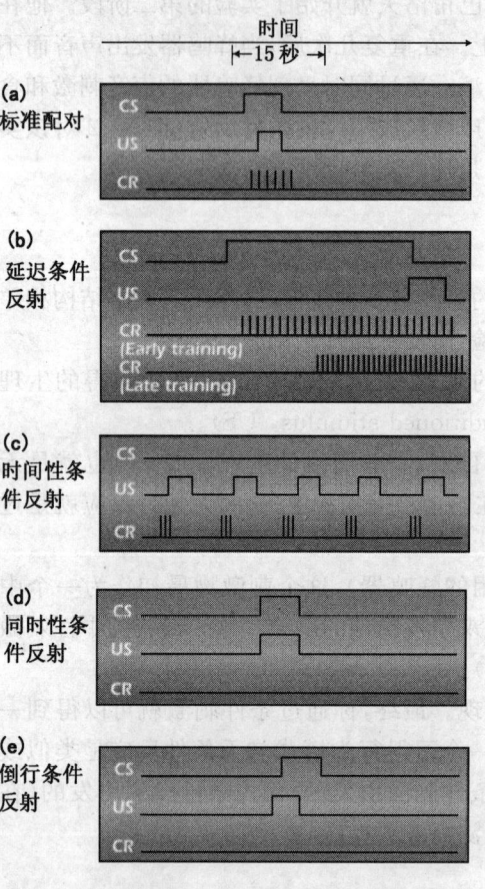

图 6-3 巴甫洛夫条件反射常见的程序

不同经典条件反射程序产生不同的结果。图中曲线的上升表示刺激的呈现,曲线的下降表示刺激的停止。

终止了。在上例中,父亲下班时面带笑容就是痕迹条件反射的运用。随着笑容的消失,孩子将收到一份礼物。延迟条件反射或痕迹条件反射的最终结果是什么呢?最初,条件反射结果与标准的范例相似。然而,动物最终习得在条件刺激的呈现与无条件刺激的呈现之间将有一段时间的延迟。其结果就是:在条件刺激作用一段时间之后,条件反应才会出现。

图 6-3 中的(c)图显示了一个非常明显的关于时间间隔的条件反应的范例——时间性条件反射(temporal conditioning)。在这一过程中,条件刺激就是在无条件刺激之间的一段固定的时间间隔,通过这种条件刺激的作用,动物习得了无条件刺激(例如食物)将会在某一固定的时间之后呈现。结果是,在无条件刺激呈现之前,动物开始出现条件反射。因此动物习得,一定时间后,食物就会出现。在前面的例子中,儿童可能意识到,每七天他父亲将给他一个礼物。因此,当礼物即将到来时,七天的时间间隔就成为了条件刺激。

相倚:条件反射的成因

心理学家和许多其他领域科学家很少单单满足于对现象的观察和记录。那些最吸引人的研究总是试图去探究特殊现象发生的原因。心理学已经提出了若干理论用于解释经典条件反射发生的原因。

显而易见的解释就是时间邻近(temporal contiguity),即条件刺激和无条件刺激之间在时间上的简单接近,这种关系足以解释条件反射的成因。尽管时间上的简单邻近对学习来说是必要条件——如果在条件刺激的结束和无条件刺激的开始之间时间间隔太长,条件反射将无法形成,然而对学习的发生来说这绝非充分条件,因为仅仅通过时间上的简单邻近,生物体无法将条件刺激与无条件刺激相联结。

罗伯特·雷塞拉(Robert Rescorla, 1967)所做的一项经典研究指出,条件反射的发生不仅仅需要时间邻近,而且还需要相倚(contingency),即在无条件刺激与条件刺激的出现之间存在相互关系。雷塞拉设计了一项实验来证实他的关于相倚蕴含于经典条件反射之中的观点。在这项实验中,条件刺激是声音,无条件刺激是电击。雷塞拉用四组不同的狗来进行这一实验。在实验中,他仔细观察四组不同的狗对疼痛和恐惧(无条件反应)的生理和情感反应是否与声音发生联系(从而成为条件反应)。四种实验处理如下:

1. 处理 A,对狗标准配对呈现条件刺激和无条件刺激。换句话说,在声音之后随即给予电击。实验的预期结果即经典条件反射的出现。

2. 处理 B,实验处理与处理 A 相似,狗受到同样数量的条件刺激和无条件刺激,但其不同点在于两者之间没有任何联系——即声音和电击从不同时出现。换句话说,条件刺激(声音)预示着无条件刺激(电击)的消失。

3. 处理 C(控制组),狗依然受到同样数量的条件刺激和无条件刺激,但现在两者之间的联系是随机的:有时条件刺激(声音)预示着无条件刺激(电击)的出现,而有时恰好相反。两者的同时出现是绝对随机的,因此无法用条件刺激来预示无条件刺激。

4. 处理 D,条件刺激和无条件刺激配对呈现依然是随机的,不过偶尔有例外。如果在两者随机配对的过程中,一旦条件刺激(声音)结束超过 30 秒之后,我们就不呈现无条件刺激(电击),也就是说,条件刺激和无条件刺激之间的时间间隔从来不会超过 30 秒。因此,尽管在 D 组与 C 组中,无条件刺激和条件刺激随机结合的次数是一致的,然而与没有声音相比,电击更可能发生于声音结束之后的 30 秒之内。因为两者存在不完全的相倚关系,所以动物们应当可以将电击和声音联系在一起。

雷塞拉的实验结果证明了相倚的观点。对恐惧的条件反射发生在处理 A 和处理 D 中,在声音和电击之间存在着正相倚。因为尽管声音和电击有时配对呈现,但是这种配对是随机的,所以在 C 组中没有发生条件反射,两个刺激之间也未形成相倚关系。在 B 组中,声音实际上成为恐惧的抑制物。狗学会将声音和安全联系在一起。因此,两个刺激之间形成了一种负相倚(negative contingency),也就是说条件刺激(声音)预示着无条件刺激(电击)的消失。

雷塞拉的实验表明:刺激之间的相倚似乎比时间邻近更能形成经典条件反射。他认为,经典条件反射中蕴含的机制,比一种可能存在的简单形式的学习更具有认知的特色,也就是说,就心理功能而言更复杂,更深刻。根据雷塞拉的理论,人类和其他动物试图在影响他们的环境中理解刺激的意义。无条件刺激的首次出现是无法预期的,因而也是惊奇的。为使无条件刺激的连续出现更可预测,而不让动物感到惊奇,同时让环境变得更有意义,刺激的这种惊奇性就为学习的开始提供了最为理想的舞台。当动物可以通过一个条件刺激连续预测无条件刺激的出现时,它们就能顺利而快速地进行学习。一般说来,动物对条件反射和无条件刺激都会形成某种心理的表征

(Domjan, 1997; Roitblot & Von Fersen, 1992; Rescorla, 1988)。

我们可以将雷塞拉的实验结果运用于人类自身。例如，你有一位室友一见到你就恭维你——可能是你的外表，或者是你的言谈举止。或许以后当你一见到这个人，在他还没有说话之前你就会对他产生一种好感。对你来说，这个朋友意味着一种相倚：他出现后一定会说一大堆你的好话。

卡门(Leon Kamin, 1969)在他的实验观察中首次提出了对于经典条件反射的认知解释。假设你让老鼠进行一种条件学习，让它每当听到某一特定的声音就作出一种特定的行为。这种声音因此成为导致一个特定条件反射的稳定的条件刺激。接下来，将声音刺激与光刺激进行配对呈现，即让老鼠在听到声音的同时也让它接受光刺激。现在问题是，老鼠是否会对光刺激产生条件反射？答案是否定的。事实上，先前对声音刺激的条件反射阻碍了对光刺激形成条件反射。关于这种阻滞效应(blocking effect)(因为第一个条件刺激阻碍了第二个条件刺激引起条件反射，因此第二个条件刺激无法引起经典条件反射)的一种认知的解释，就是老鼠已经能够通过声音去预测无条件刺激(如电击)。光刺激完全是多余的。因为光刺激没有提供新的预测信息，所以也不会出现对它的条件反射。

总之，人类和其他动物学习远非如此简单，因为在学习的过程中，两个刺激的出现不仅需要时间上的接近，而且第一个刺激必须可预测出第二个刺激。两个刺激间即使在时间上邻近，如果其中一个刺激并不能预测另一个刺激，单凭时间邻近这种关系，是无法建立系统学习的。

@The New Yorker Collection 1995 Gahan Wilson from cartoon bank.com. All rights reserved.

学习的系统观

在认识条件反射的过程中,关键在于不仅要理解条件反射是如何在认知的意义上进行表征的,更重要的是要理解条件反射在自然环境中是如何发生的。迈克·道姆简(Michael Domjan,1997)已经注意到,当前许多关于动物的学习理论都试图去理解动物在适应性行为系统环境中是如何进行学习的。学习的系统观将学习置于动物的自然历史环境中进行考察。他们需要对生物体的个体经验、进化史、遗传基因以及生理状态进行考察。对老鼠觅食行为的分析(Timberlake,1993)以及对动物在面对食肉动物时的反应的分析(Fan Selow & Loser,1988)就是该方法的运用。

一项有关褐家鼠的研究验证了社会因素对食物选择的影响。这些研究者发现,首先用一种特定食物喂养一只老鼠,然后让这只老鼠与另外一组褐家鼠进行接触,结果该组褐家鼠倾向于选择与它接触的老鼠所偏好的食物(Galef & Whishin1998, Galef; Whishin & Bielavstia,1997)。在此过程中,社会因素影响了该组褐家鼠,关于这一个主题我们将在第十四章中进行讨论。在该项研究的后续过程中,研究者在该组褐家鼠开始吃这种食物之后,通过调整食物的口味使其味道变得越来越差。例如,在加有胡椒的食物中,研究者不断增加胡椒的用量直至食物无法下咽。在这种情况下,该组褐家鼠将逐渐减少选择含有胡椒的食物。总之,褐家鼠受到的社会影响在达到一定程度之后,食物的口味将在褐家鼠食物的选择中成为一个相当重要的因素。这项研究揭示了学习过程中变量系统的复杂性,而学习则包括诸如食物选择此类基本行为。生物基础与社会因素,与食物的可食用性一样,都能影响动物在既定的情景中决定吃什么东西。

环境的重要性还可以通过另外一项关于多级学习(hierarchical learning)的研究加以验证。在该项研究中,研究者们对老鼠进行了两种实验处理(R. T. Ross,1983; R. T. Ross & Holland,1981)。在第一种实验处理中,用灯光照射老鼠5秒钟,间隔5秒钟之后再呈现5秒钟的声音刺激,之后给老鼠一些食物。在第二种实验处理中,老鼠只接受5秒钟的声音刺激,之后也没有食物出现。老鼠在一天中随机地接受这两种实验处理。研究者发现,在此过程之后,老鼠仅在光出现时才对声音刺激作出反应。他们认为,这项实验过程中出现了一种新的学习形式,这种形式的学习是自然认知的,同时也受到学习所发生的环境的影响(P. C. Holland,1992;Rescorla,1985)。

影响条件反射速率的因素

巴甫洛夫的研究早已表明,经典条件反射是通过一系列的学习尝试形成的,而并非一蹴而就(尽管本章的后半部分对这一规律的例外有所描述)。雷塞拉和他的同事阿伦·瓦格纳(Allan Vagner)观察了系列学习的整个过程。后来,在相倚机制的基础上,他们提出一个量化理论来精确地描述学习发生的速率(Rescorla & Wagner,

1972；A. R. Wagner & Rescorla，1972）。

这两位研究者发现，学习量倾向于保持一定的增长率，在此过程中，学习速度实际上是下降的，但同时学习量是保持稳定上升的。在负加速度（negative acceleration）模型中，随着学习量的增加，连续认知实验中出现了学习速度逐渐降低的现象。学得越多，其后的学习节奏将越慢。例如，在学习一个新动作时，如果你观察一下自己的学习曲线，就可以看到这个现象。他们认为这一现象的原因就在于，随着学习的进步，无条件刺激的相对不可预测性降低了。如果无条件反射的刺激更易预测，注意无条件刺激和条件刺激两者间相倚关系的要求就降低了。根据这一理论，如果我们将实验中无条件刺激与条件刺激之间的关系绘制成图，就会发现，一开始曲线上升非常快，但之后曲线逐渐变缓并最终渐近水平线，此处就是反应的最稳定水平（图中通常为平滑的曲线），即学习的稳定状态。图6-4中的理想的学习曲线表现了这一模式。

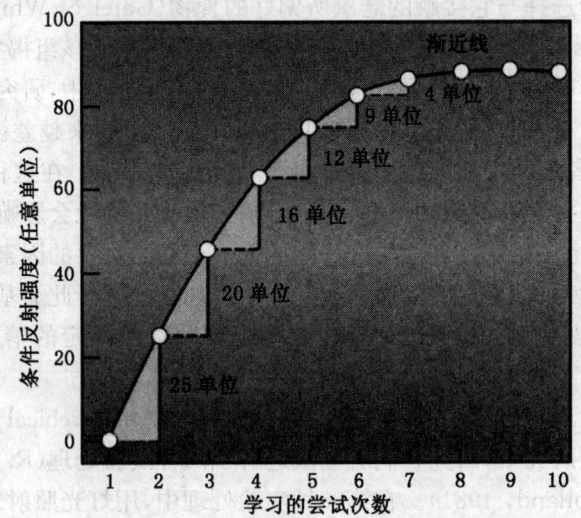

图6-4 理想的学习曲线

根据雷塞拉的理论，随着学习数量的增加，学习的速度将会下降，最终达到一种稳定的水平。

让我们回顾前面提及的经常说你好话的那个朋友的例子。你对朋友态度的习得大部分出现在最初的那些好话之后。因此你会发现，如果你的朋友继续恭维你，你对他好感的增长开始慢慢降低，由于没有新的学习发生，至少对说好话的朋友的敬重没有增加。最终，你对朋友好话的反应达到一个渐近线。

雷塞拉和瓦格纳进一步注意到，条件反射的成功至少依赖于两种变量：刺激的突出性和通过无条件刺激可以获得的条件反射的最高水平。当突出性（salience）——显著或可见的程度——增加时，学习的速率也同时得到提高。例如，一种强烈的催吐剂

(emetic)(引起呕吐的药)可能成为一个很突出的无条件刺激；相反，一个不经意的电击可能就不那么突出，而它所引起的学习速率(rate)也较低。此外，根据这一理论，不同的无条件刺激所支持的条件反射的最高水平也不尽相同。比起一个微弱的电击，一种强烈的催吐剂引起的学习效应可能会更为稳定。就此而言，第二种变量就是学习的最高稳定水平（见图中学习曲线上特殊的渐近线部分），这种稳定水平可以通过既定的条件刺激—无条件刺激的配对呈现获得。如果我们将不同刺激下的无条件刺激和条件刺激联系起来，描绘成曲线图，不同的刺激将会有不同的特征曲线。其中某些曲线将出现更高的渐近线。

经典条件反射的阶段

习得

尽管在学习的尝试过程中学习的速率也许会降低，但是在学习的整个尝试过程中，反映学习成果的概率(probability)，即一种条件反应发生的可能性，会保持持续的增长。例如，如果学生们在教师出现某种特定的行为时点头，教师的学习效应将通过这样的事实反映出来，即该行为出现的概率将会增加。条件反应的增强及反应出现的概率增加的学习阶段就是习得(acquisition)阶段。在该阶段的最后，正如雷塞拉和其他人的研究所揭示的，条件反应达到了它的渐近线，即条件反应出现概率的最稳定水平。

消退

假定条件刺激仍然存在，而无条件刺激消失了。例如，蜂鸣器鸣响之前呈现电击，之后则不呈现电击。条件反应出现的概率将逐渐降低，最终接近零。学习的这一阶段就是消退(extinction)阶段。消退过程的曲线和渐近线显示了随着时间的流逝，反应的数量逐步降低，并且反应水平最终趋于零。

自然恢复

消退这个词或许容易使人产生误解。粗心大意的人当观察到一个条件反应的消退时也许会认为，因为条件反应消退了，所以它将永远消失，如同它从未存在过一般。但情况并非如此简单。条件反应也许消退了，但学习的记忆并没有完全被抹去，并且该行为仍有可能被引发出来。实际上，当被试经过一系列消退实验和休息之后会出现一种非常有趣的现象；当被试经过足够的休息并重新开始消退实验时，我们惊奇地看到，被试的反应水平居然比先前的水平还要高。这一现象就是自然恢复(spontaneous recovery)，在此过程中，一种条件反应在没有任何环境刺激的情况下再次出现了。被试似乎在休息期间自然地恢复了某些水平的反应，即使在休息之前条件刺激已不再出现。

关于消退的新观点认为,自然恢复是相对特定环境而言的。如果动物的条件反应在某一环境中(例如一个特定的迷宫)消失了,但在一个新奇的环境(例如一个完全不同的迷宫或其他环境)中这一条件反应或许不会消失。这样看来,消退似乎意味着在某一特殊环境中对习得的一种特定反应的抑制,而不是任何真正意义上的遗忘(Bouton,1991,1993)。

让我们再回过头来看一看朋友恭维你的例子。现在你已经形成一看到他就立即产生好感的条件反射。你的反应已经达到了渐近线。但是,之后你的朋友遭遇了个人危机,他开始将自己的怨恨投向你和其他人。当你们见面时,他不再恭维你了。几次之后,你曾经一看到他即产生的好感便开始变淡。你正经历着消退阶段。最终,你俩疏远了,并且当你再看到他时,好感就荡然无存了。你曾经拥有的积极反应已完全消退了。后来,他换了宿舍,你们也就不再见面,直到毕业你也没再去看他,在此期间你们即使见面也仅仅是行同陌路。过后,当你再次见到他时,就会因为体验到曾经对他有过的些许好感而感到惊讶。至此,你意识到对他的好感从来没有完全消失,而你则已经历了对他习得的积极情感的自然恢复过程。

请注意,在自然恢复阶段,条件刺激是在没有无条件刺激的情况下再次出现的。自然恢复与节省(savings)不同。节省是在无条件刺激和条件刺激解除联系一段时间并再次结合时发生的。在条件作用的节省过程中,当无条件刺激和条件刺激再次配对呈现时,哪怕这种配对是简单的,条件反应也将恢复到习得阶段接近渐近线的水平。表6-1对上述这些阶段进行了详细地阐述。

表6-1 经典条件反射的阶段 一旦学习者习得了条件反应,如果条件刺激和无条件刺激不再配对出现,条件反应或许会消退。但是,即使条件反应消退了,学习者依然可能经历自然恢复或者条件反应的节省过程。

阶段	解释	例子
习得	当条件刺激和无条件刺激配对呈现时,条件反应出现的概率将会上升。	你新近结交了一位情人。每当你的电话铃响起的时候,那总是他(她)打来电话并告诉你今晚的约会将是多么愉快,作为对电话铃声的反应,你的心情也变得愉悦起来。因此在这一天的进程中,每当听到电话铃响,你的心跳就开始加速。
消退	当条件刺激和无条件刺激不再配对呈现时,即两者中仅其一出现时,条件反应出现的概率将会下降。	如果你的电话仍然响个不停,而你的情人却在开会,此时打来电话的是一个推销员,他拨错了电话号码,就在这个时候老板吩咐给你的事情又是让你头疼的。那么当再听到电话铃声时,你也就不会再心跳加速了。

续表

阶　段	解　　释	例　　子
自然恢复	经过短暂的休息后，随着消退过程的结束，条件刺激自发地引发条件反应。	你的电话服务系统出现了暂时的紊乱。当电话服务系统恢复正常之后，在听到电话铃的第一声响后，你的心跳又开始加速。
节　省	当条件刺激再次与无条件刺激配对呈现时，即使这种配对是简单的，条件反应也会恢复到接近习得阶段的顶峰水平。	你的情人会议结束了，同时他(她)又开始如同往常那样频繁地给你打电话。这时，一旦电话铃声响起，你的心又开始快乐跳动了。

经典条件反射的层次和特征

一朝被蛇咬，十年怕井绳。

——布干达谚语

一个曾被野牛挑倒的人，看到一头黑牛后，便认为是又一头野牛。

——肯尼亚谚语

至此，我们谈论的实际上仅是一般意义上的一阶条件反射(first-order conditioning)，在此层次上条件刺激和无条件刺激是直接联系的。但是，假设我们已经对某种音调的声音形成了恐惧的条件反射，现在，我们将灯光刺激和这种音调进行配对，即在声音响起之前，给予灯光刺激。在这种情况中，我们可能将已经与第一条件刺激(声音)相联系的条件反应(恐惧的情绪)与第二条件刺激(灯光)联系起来。在第二条件刺激与第一条件刺激形成联系以后，所引发的条件反射就是二阶条件反射(second-order conditioning)。从理论上讲，我们能够让条件反射上升到高阶条件反射(higher order conditioning)的任何水平。在高阶条件反射中，条件刺激并不直接与无条件刺激形成联系，而是与一个已经存在的条件刺激相联。在一阶条件反射层次之上的条件反射会变得相对不稳定，且比一阶条件反射更易于消退。

刺激类化

正如前面的那些谚语所言，条件反射的出现不仅仅与确切的条件刺激相联系，而且同与之类似的刺激物有联系。例如，稍微改变作为条件刺激的声音的频率或音调，这种改变对于条件反应仅仅有微乎其微的知觉上的影响，即便有，这种影响也可以忽略不计。然而，作为条件刺激的声音的频率改变得越多，它所引发的条件反应也就越少。刺激泛化(stimulus generalization)指的是一种与条件刺激相似的新刺激物引发的反应,这种反应也就增加了随着新的条件刺激的出现而产生条件反应的可能性。刺激类化因此能够导致引发条件反应的刺激范围的扩展,这就是说,与条件刺激相似的刺激也能诱发相应的条件反应。

  有关刺激泛化的一个著名实验是约翰·B.华生(John B. Watson)(见第一章)和罗莎莉·雷纳(Rosalie Rayner,1920)共同完成的。他们的研究对象是一个名叫小阿尔伯特的11个月大的婴儿,通过对这个婴儿的实验,他们研究了条件性恐惧的泛化。最初,小阿尔伯特并不惧怕活的白鼠。华生和雷纳将白鼠与响亮且惊惧的锣声进行配对呈现,来唤起小阿尔伯特的恐惧感。在七次伴随锣声出现之后,白鼠开始诱发小阿尔伯特的恐惧了。之后的5天里,华生和雷纳把小阿尔伯特放到类似的其他刺激物前,包括白兔、白狗、白色皮毛外套,等等。小阿尔伯特的恐惧反应泛化到这些白色皮毛物上,甚至泛化到华生的白头发上。

  不幸的是,在华生和雷纳还没来得及消除小阿尔伯特的恐惧时,小阿尔伯特就从对他进行实验的医院给带走了。因此,我们并不清楚实验最终对小阿尔伯特产生了什么样的影响。或许当小阿尔伯特知道并非所有白色皮毛物都是危险的之后,这种恐惧会随着时间的推移逐渐消退。也可能小阿尔伯特从此成为白色皮毛物恐惧症的患者。由于无法保证小阿尔伯特恐惧的彻底消退,华生和雷纳遭到后人的抨击。但是在当时,并没有我们现在的关于实验的严格制度,因此这类悲剧的发生或许比我们所知的要多得多。

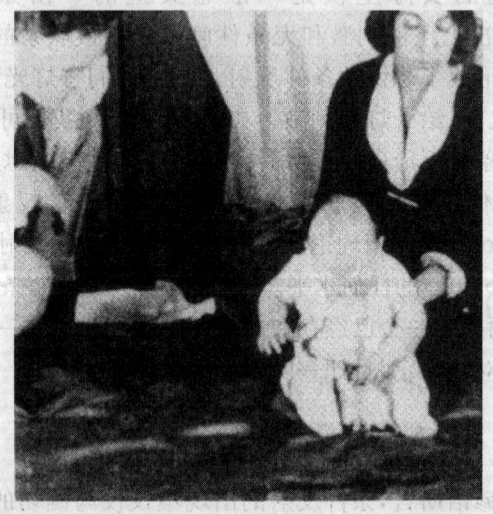

小阿尔伯特通过条件反射形成了对白鼠的恐惧,这是在此之前他与华生和雷纳的合影。现今,这样的实验被认为是非人道的,但是华生和雷纳所证明的恐惧能通过条件反射习得是描述刺激泛化的一个很好的例子。

刺激辨别

当我们观察到的新刺激和初始条件刺激的差别逐渐变大时，条件反应出现的几率将逐渐变小。随着新刺激与初始刺激之间的差异逐渐增大，条件反应出现的几率逐渐降低，这一机制就是刺激辨别(stimulus discrimination)（确认两个刺激之间差别的能力）。新刺激与初始刺激之间的差别越大，新刺激引发条件反应的几率就越低。在辨别学习的实验中，实验者在帮助被试建立学习的过程中，强化被试对某一刺激的反应，但不强化被试对另一个或者另一组相似的刺激的反应。

例如，众所周知，布干达人惧怕蜥蜴，因为蜥蜴的外形像蛇。但他们不怎么惧怕黄鼠狼、水貂这类细长的带绒毛的哺乳动物，尤其不可能惧怕猪、大象或野牛这类大型哺乳动物。然而，寓言中讲到的肯尼亚人惧怕野牛和黑牛，当他们见到猪或大象的时候或许会产生些许恐惧感，但当他们见到蛇、蜥蜴或黄鼠狼时，这种恐惧感或许要弱得多。因此，对于惧怕蛇的布干达人来说，刺激辨别的微妙梯度变化主要在于刺激物与蛇的相似性；而对于惧怕野牛的肯尼亚人来说，是否能够辨别众多与野牛相似的动物将决定他们体验恐惧感的可能性。

准备状态

若是将这个故事深究下去，我们会发现非常有趣的一点是，尽管恐惧感也许可以通过学习来获得，但动物对特定事物的恐惧倾向或许是先天的。有研究表明，恒河猴并非生来就惧怕蛇，但它们明显带有惧怕蛇的先天倾向(Cook & Mineka, 1990)。生物体似乎具备学习的准备状态(preparedness)。他们更容易习得某些特定事物之间的联系(Seligman, 1971)。例如，对于某些事物（如蜘蛛和蛇）的恐惧症要比对于另一些事物（如花和雨）的恐惧症更为常见。许多研究者认为，在准备状态上的这些差异反映出生物的进化历程：对人类来说，蜘蛛和蛇要比花和雨更具有危险性。

刺激和反应之间的定性关系

至此为止，我们所探讨的条件刺激和无条件刺激之间仅存在一种随意的相互关系，例如声音和电击。条件刺激和无条件刺激的本质是否真正有所不同？显然，这种差异是存在的，虽然这种关系直到20世纪60年代才为人们所知晓。事实上，在我们今天看来这种"明显"的关系在其为人们所认识之前一点也不明显。心理学家们在很长一段时间里曾认为，无条件刺激和条件刺激间的本质关系与条件反射发生的几率是毫不相干的。

约翰·加西亚和罗伯特·柯尔林(John Garcia & Robert Koelling, 1966)进行了一项有趣的实验。在他们的实验中，实验用的老鼠在每次舔饮水管时，总能喝到一些带甜味的液体,听到一种咔哒的声响,并看到灯光的闪烁。这也就是说,在老鼠每次舔饮水管时,总能感受到三种条件刺激:甜味液体、咔哒声和灯光。在接下来的实验中,一些老鼠在舔饮水管之后会吸收微量的毒素,而另一些老鼠则会被电击。在上述两组老鼠经过一定量的实验处理之后,实验者又加入了一个新的实验程式:作为条件刺激的甜味液体与同样作为条件刺激的灯光和声音被剥离开来。也就是说,对于每一组老鼠,在实验的某一天它们在舔饮水管时会喝到甜味液体,但看不到灯光的闪烁且听不到声音;但在接下来的实验日中,它们在舔饮水管时看到灯光的闪烁并听到声音,但喝到的仅仅是普通的自来水而不是甜味液体。

重要的发现就是:对以毒素作为无条件刺激的那组老鼠来说,味道是比灯光和声音的结合更有效的条件刺激。反之,当以电击作为无条件刺激时,灯光和声音的结合是比甜味溶液更有效的条件刺激。换言之,一方面,味道和毒素之间存在着自然的联系;另一方面,电击和声光之间也存在着自然的联系(见图6-5)。在下面的内容中我们将看到,刺激的最佳时机也受到生理反应类型的影响。

条件刺激的程式	无条件刺激的程式	经典条件反射的反应
味道	毒素	容易匹配,明显趋向于经典条件反射
灯光和声音	毒素	难于匹配,明显阻抗经典条件反射
味道	电击	难于匹配,明显阻抗经典条件反射
灯光和声音	电击	容易匹配,明显趋向于经典条件反射

图6-5 恶心的味道、闪烁的灯光和声音

约翰·加西亚和罗伯特·柯尔林的研究发现,某些刺激和反应的匹配比另一些更为容易,这一结论震惊了学术界。对于毒素的条件反射的习得来说,味道是更为有效的条件刺激;而对于电击的条件反射的习得来说,灯光闪烁和声音的配对是更为有效的条件刺激。

加西亚和柯尔林的关于条件刺激和无条件刺激之间有联系的发现震惊了学术界,这也意味着认为条件刺激的选择是随意的观点彻底成为过去时。加西亚让心理学同仁们感到震惊,同时也与当时盛行的主流理论更为相左的另一个观点是,条件反射可以通过简单的一次性学习获得。加西亚发现,如果逐步地对老鼠施以毒素,当第一次给予它们甜味液体时,它们就会出现对该甜味液体的条件反应。由于加西亚的观点与当时的主流理论有着相当大的冲突,因此在公布研究成果的过程中加西亚遭遇了重重阻碍。人们不相信也不愿意相信加西亚的研究结论,确切地讲,是因为他的研究结论与人们已知的学习理论相去甚远。

条件性情绪反应

在前面的章节中,我们着重讨论了在用动物进行实验的背景下的经典条件反射理论,但是经典条件反射原理同样与人类的生活息息相关。现在让我们来看看下面的一些例子:恐惧以及其他一些条件性情绪反应、神经症和药物上瘾。学术界对上述这些病症的理解已经使我们找到了一些治疗手段,这些治疗手段或许可以运用于其他一些病症。

恐惧,是对于某一特定事物的特殊情绪体验;焦虑,是对于某一环境或经历的更为泛化的情绪体验。恐惧和焦虑都是能够通过条件反射获得的情绪。经典条件反射理论也对我们许多其他的情绪反应给出了解释。大部分的条件性情绪反应(conditioned emotional responses)(个体体验到的与特定刺激事件相联系的由经典条件反射形成的情绪感受,有时被称为 CERs)都与不同的生理反应有关。或许是由于它们潜在的生理联系,情绪反应似乎很容易受到经典条件反射的影响。例如,我们大部分人都经历过加西亚效应(Garcia effect)。在加西亚效应中,我们拒绝食用某一特定的食物,因为该食物的味道或者与之相关的气味让我们想起过去曾经让我们恶心甚至反胃的某一不愉快的感觉。

图中的小女孩对狗产生的恐惧是社会学习的结果。在她没有受到过狗的攻击之前,社会学习已经使她对狗产生了恐惧。

CERs 并非都是消极的。例如,当你看到你的情人渐渐走近,由于之前与他(她)在一起的愉快经历,你会感到从头到脚的愉悦和兴奋。电视广告制作者是利用经典条件来激发我们的积极情绪的行家。他们知道如何运用经典条件反射来迎合我们对美食和性的需求，通过广告，他们引导我们将这些满足感与各种美妙的商品结合起来：崭新的汽车、芬芳的香水和化妆品，以及形状各异、纹理不同、颜色鲜艳的食物。假设有这样一则电视广告，画面中一位性感的女郎驾驶着一辆闪亮的红色跑车风驰电掣般地掠过峭壁上的一段狭窄的弯道，同时她还深情地俯瞰着峭壁下的大海，看过这则广告之后，你会对广告中宣传的产品有怎样的了解？

通过条件反射体验到特定情绪的过程似乎是相同的。然而，条件反射的内容有着广泛的个体和文化差异。例如，大多数美国学生和教师都认为，课堂上干扰他人的讲话是一件令人恼怒的事情，因为在那种文化中，全体的安静意味着全神贯注；而其他地方的学生和教师对于这种事情的反应则有所不同。在印度，学生们在课堂上自发地相互讨论是司空见惯的现象。印度的教师一般将课堂讨论作为自己激励学生关注课堂主题的佐证。事实上，对许多印度教师而言，课堂上的沉默也许是一个典型的条件刺激，这种条件刺激会唤起教师的恐惧感：即学生已经丧失了对这堂课的兴趣（W. Lonner, personal communication, December, 1993）。这样看来，经典条件反射既能唤起积极的情绪也能唤起消极的情绪，在我们了解了经典条件反射形成的实验性神经症之后，这一点就更为清晰了。

实验性神经症

除了用狗来揭示和研究经典条件反射之外，巴甫洛夫还探究了狗是如何对一种独特的辨别学习程式（discrimination-learning procedure）进行反应的，在这种实验程式中，实验用的狗学会了辨别至少两种刺激之间的差异。在该程式的开始阶段，一种中性刺激与一种无条件刺激形成联系，而另一中性刺激则无与之相联系的无条件刺激。在一次实验中，一张带有圆环的图画与食物配对出现，而另一张椭圆形图画则不伴随食物呈现（Pavlov, 1928）。在重复实验几次后，巴甫洛夫改动了条件刺激，逐步地使圆环更接近椭圆，而椭圆更接近圆。最后这两个刺激物变得根本没有任何区别。巴甫洛夫观察到，狗在接受了这一条件反射的程式之后变得非常激动不安，它们咆哮不止并试图逃离实验的环境。巴甫洛夫认为这一条件反射的程式引发了实验性神经症（experimental neurosis）——一种行为或认知过程上的失调。在实验性神经症中，需要辨别的刺激极为模糊以至于根本无法识别某一特定反应正确与否。那些最初似乎明确的判断变得越来越模糊，导致学习者自身的冲突与混乱。

如同巴甫洛夫所使用的实验程式一样，某些心理障碍（日常生活中的失调）也可能是依据经典条件反射程式形成的结果。巴甫洛夫认为他通过对动物实验所得到的关于实验性神经症的发现同样可以应用到人类身上，遗憾的是，他的这一观点与他的经典条件反射理论一样并未为人们所广泛接受。但尽管如此，我们依据他的这一理论还是很容易明白这类心理障碍是如何形成的。

在某些情况下，我们很难判断哪个特定的刺激与哪个特定的反应具有联系。例如，有些人可能既以自己的热情让我们激动，又以自己的愤怒让我们沮丧。在某些情形下，他们会让我们感到恐惧，而另一些时候又为我们带来巨大的惊喜。在这些不同的情形下，我们无法确定相应的刺激到底会让人厌恶还是会让人愉悦，结果每当我们碰到类似的情况时，就会发现自己心神不定、不知所措。与巴甫洛夫用于实验的狗相似，我们也可能经历通过经典条件反射形成的神经症。与此相似的是，我们还可能通过经典条件反射这种心理机制对某些有害的药物成瘾，当然，相关的心理机制还有很多。

瘾

瘾（addictions）主要表现为持久的、习惯化的或难以抑制的生理上的或者至少是心理上的对一种或多种精神药物的依赖，它的成因极其复杂，这也是瘾难以戒除的众多原因之一（请见第五章）。然而，至少从某种意义上说，瘾可能也是通过经典条件反射习得的。比如我们可以来看一看酒精类饮料的消费。许多人发现由酒精诱发的麻醉状态是愉快的，因而这种愉快感（或者与对这种愉快感的期望相联系的情绪）就形成了无条件刺激。不幸的是，长此以往，人们会使用越来越大量的该类药物来获得相同的感受，这样就导致了药物滥用。但需要注意的是，对用药量更多的需求在某种程度上是由环境因素所决定的。如果药物使用者在一种异常的环境中使用该药物，那么对这种药物的需求量也许会大幅下降。结果是，该药物的使用效果急剧增强，造成使用者严重过量用药且带来潜在的生命危险。

经典条件刺激对于药物成瘾的治疗也有着重要的应用价值。单纯的戒酒、戒烟或以其他的成瘾药物作为替代品都不能从根本上断绝瘾（B. Schwartz, 1989）。消退并非由于条件刺激的简单中止而开始。相反，重要的是药物成瘾者必须断绝条件刺激和无条件刺激之间的配对关系。有效的断瘾程式就是断绝这种联系（请见第七章）。

断瘾的一种方法就是依据对抗性条件反射（counterconditioning）的程式，按照这种技术，对于给定的无条件刺激和条件刺激之间的正向联系，我们通过置换新的无条件刺激，引发另一种不同的条件反应，以这种负向的联系来取代原来两种刺激之间正向的联系。例如，一些特殊的药物能够在人们使用酒精（或烟草）时产生强烈的厌恶感。依据上述观点，药物成瘾者形成了对抗性条件反射，因此会回避成瘾药物，而不再想获得这种药物。另一种保守的程式是通过简单地消除成瘾药物的诱人特性来断瘾。这样，断瘾者或许会饮用不含酒精的啤酒或者吸食不含或含少量尼古丁的香烟。在这类例子中，原理在于通过隔断条件刺激与无条件刺激之间的联系来断瘾。无论是哪种程式，其方法都包括使用学习的原理来断瘾。

显然，经典条件反射理论为我们提供了许多实用的方法。另一类完全不同的条件反射也为我们大量的实际应用提供了理论基础。联想学习的另一种途径是操作条件反射，如果我们能正确地理解并合理地应用它，这对于提高我们的生活质量同样具有深远的意义。

操作条件反射

问题：什么是操作条件反射？它是如何发生的？

读万卷书、行万里路的人视野更开阔。
——爱德华·李·桑代克（Edward Lee Thorndike）

相对经典条件反射而言，联想学习的另一种途径是操作条件反射（或工具条件反射）(operant conditioning, or instrumental conditioning)。在操作条件反射中，学习仍然是刺激的结果，但这些刺激既可以增加（通过强化）既定行为反应出现的几率，也可以减少（通过惩罚或者强化物的缺失）既定行为反应出现的几率。日常生活中的学习很多是通过在环境中随机的尝试—错误反应而发生的。操作条件反射理论就是用以解释在这种情形下发生的学习。

假设在你宿舍楼下有一部自动售货机。机器上有一个标记，标志着投入"1美元"可以得到一听苏打水。你往机器里投入了1美元，但什么都没出来。你试着摇晃售货机，但依然一无所获。机身上还有一个电话号码，拨打这个电话号码之后便可获得赔偿，但你又嫌麻烦。最后你怒气冲冲地离去了。一周过后，你再次经过这部自动售货机，恰巧你同样感到很渴。你决定再去碰碰运气。钱投进去了，但仍一无所获。你低声地抱怨了几句，去了附近的一家便利店。从此以后你再也没有用过这部自动售货机。你已经对这部自动售货机有了一定的认识，这些不是通过经典条件反射得到，而是通过操作条件反射得到的。人们对于这种类型的学习的最初了解是在一种非常独特的环境下得到的。

我们一般认为关于操作条件反射的研究最初起源于爱德华·李·桑代克。通过对迷笼中的猫进行的实验，桑代克（1898，1911）发现这种不寻常的学习。让我们来分析图6-6中所显示的那只关在迷笼中的饥饿的猫。迷笼（puzzle box）的门是被一个插销牢牢拴住的，但如果笼子里的某个连接装置（通常是按钮、环圈或者细绳）一被触动，猫能够很容易地打开笼门。猫在笼子里可以看到笼外的盘子中放着美味可口的鱼片。最初猫试图用爪子从笼子的缝隙中伸出去抓鱼片；在失败以后便开始在笼子里乱撞乱叫，东抓西咬。最后通过简单的尝试和错误，它偶然松开了插销。当插销松开后，笼门打开了，猫跳出来得到了鱼片。之后，桑代克重新把猫放进笼子里，并重复整个实验程式。这一次，猫在笼子里乱撞乱跳的时间比第一次缩短了许多。对此桑代克（1898）解释道："经过多次实验之后，当把猫一关到笼子里，它将立即以一种明确的方式按动按钮或拉动环圈"（p.13）来松开插销，从而打开笼子并得到鱼片。

图6-6 桑代克的迷笼实验装置

爱德华·李·桑代克的迷笼实验阐明了操作条件反射的原理。根据该理论,动物(包括人类)可以通过与环境的相互作用而习得某种行为。在这个例子中,关在笼中的猫学会了如何松开笼子的插销,这样它便能够逃离笼子并吃到放置于笼子附近的鱼片。

效果律

> 这是一个对诸多反应进行选择的过程……当某一反应可以得到一个愉悦的结果时,其间的联结就得到加强,反之就会被削弱……这一点是极其重要的。
>
> ——爱德华·李·桑代克

桑代克提出了一种行为主义的理论来解释操作条件反射,并将其称为效果律(law of effect)。有时,我们的行为会得到一种奖赏——即得到一个令人愉悦的结果。但另一些时候,我们的行为会得到一种惩罚——即得到一个令人厌恶的结果。效果律表明:在一段时间以后,那些受到奖赏("满意")的行为("效果")将得到强化,其再次出现的几率因此大为增加;相反,受到惩罚的行为趋向于被削弱,并因此难以再次出现。

经典条件反射与操作条件反射最主要区别就在于个体在其中所扮演的角色不同。在经典条件反射中,个体难以对学习过程中所发生的现象进行控制,也就是说:其行为是被动地引发的。在此过程中,实验者或环境控制着强化的程式——例如,不断地将条件刺激和无条件刺激进行配对呈现。在操作条件反射中,个体有更多的控制力。个体对环境的操作产生了强化作用,也就是说:其行为是自发的,即这种行为更多地是自发的而不是对特定刺激的机械反应。在经典条件反射中,形成条件反射的关键在于条件刺激和无条件刺激之间的联系;而对于操作条件反射来说,形成条件反射的关键则在于自发的行为与发生条件反射的外部环境之间的关系。

在操作条件反射中,行为的习得是对特定的自发行为进行强化的结果。一旦对该行为的强化停止以后,消退作用就开始了。而如果越来越多的行为得到强化,就会发生行为的类化现象,反之,就会发生行为的辨别现象。操作条件反射的规律已经通过对行为的实验分析得到了阐明。

行为的实验分析

当代最有影响的行为主义心理学家或许非 B. F. 斯金纳莫属。斯金纳提出了他自己称之为"行为的实验分析"的理论和方法。对斯金纳(1974)来说,行为的实验分析(experimental analysis of behavior)意味着在对行为进行研究的过程中,所有的行为都应当被看做是具有环境的相倚功能这种意义上的行为。斯金纳尤其重视以对动物行为的观察来研究人类行为的方式。为表示对斯金纳的敬意,人们把对动物进行条件反射实验的容器统称为斯金纳箱(Skinner boxes)。

斯金纳认为,条件反射的原理可以广泛应用于生活中。对他来说,重要的不是人们在头脑中所思考的东西,而是产生各种行为模式的强化所具备的相倚关系。在理解人类行为的问题上,斯金纳将人类的行为完全地界定为具有环境的相倚功能这种意义上的行为。斯金纳在心理学领域中开拓了一个与人们所普遍追寻的使命有着本质差异的新命题。他相信自己的命题与人们的日常生活有着密切的联系。

操作条件反射在我们生活中占据着相当重要的地位,这种重要性几乎是从我们出生的那天起就存在的。父母对子女的某些行为进行奖赏,并对其他一些行为进行惩罚,他们就是这样运用操作条件反射的原理来使自己的孩子逐步社会化的。通过这种方式,父母希望强化子女的适应性行为,而削弱社会适应不良的行为。同样的机制也广泛地运用于学校教育。学生的一些行为可能通过点头、赞扬或优异的成绩而得到奖赏,而学生的另一些行为却可能导致同学们对他(她)的孤立,或到校长办公室接受训话等不利的结果。与经典条件反射一样,操作条件反射对其发生的环境也相当敏感。操作条件反射同样受制于我们在前面讨论经典条件反射时所提及的环境条件(Colwill & Delameter, 1995)。下面我们来更为详尽地考察这些心理机制。

强化

在操作条件反射研究中,操作性(operant)一词表示一种行为,这种行为对外部世界或多或少有一定影响。请求别人的帮助、喝一杯水、威胁某人、亲吻你的情人,所有这些都是操作性行为。操作条件反射的结果是增加或减少这些操作性行为再次发生的几率。

强化物(reinforcer)是一种刺激物(stimulus),这种刺激物增加了与某一刺激(通常在强化物之前出现)相联系的特定操作性行为再次发生的几率。强化物有正负之分。

正强化物(positive reinforcer)就是一种奖赏,是一种紧随操作性行为之后的愉悦的刺激物,它强化了操作性行为与刺激物之间的联系。例如(对大多数人来说),在正确回答了老师的提问后,老师给予我们微笑或赞赏;在我们向自动售货机里投入硬币后得到一块糖果,这些都是正强化物。正强化物紧随着操作性行为的发生而出现,我们将两者之间的配对称之为正强化(positive reinforcement)。

@2000 Joe Dator from cartoonbank.com. All rights reserved.
"记住,每当他们给你一个小球,就拉下一下杠杆。"

负强化物(negative reinforcer)通常是一种不愉快的刺激物,如果消除或者停止这种刺激物,它所紧随的操作行为在相同的情境中再次出现的几率同样也会增加。负强化(negative reinforcement)是指通过消除这种不愉快的刺激而使得相应反应出现的概率增大的过程。例如,电击的消除作为一种奖赏,如果可以增加在相同的情景中它所紧随的反应再次出现的几率,我们就可以视为一种负强化的过程。如果在下雨的时候撑开一把伞可以避免雨水流到你的脖子里,那么在以后每逢下雨你就会撑开雨伞,因为你已被负强化了。

惩罚

不要拿着鞭子唤狗。

——祖鲁谚语

各种形式的强化增加了操作性反应出现的几率,惩罚则与之不同。惩罚(punishment)是一种减少操作性反应出现几率的程序(尽管从字面上看来惩罚多少与厌恶性刺激有一定联系,但厌恶性刺激的作用在于增加操作性反应出现的几率,因此我们不应将惩罚与之混为一谈)。正惩罚(positive punishment)是一种应用厌恶性刺激的过程。正惩罚的例子包括:被讽刺、侮辱、嘲笑或者考试失败以及在工作中得到主管的消极评价等等。负惩罚(negative punishment)(有时也称之为处罚,penalty)指对愉悦刺激的消除。负惩罚的例子包括对诸如看电视或与朋友交往等令人愉悦的活动的限制。

区分强化与惩罚的一种方法就是:强化引发了行为或者说在某种程度上控制了行为,而惩罚则是对行为的抑制。强化有可预期的结果,而惩罚没有。与强化相比,惩罚对行为的控制效率更低。

在使用惩罚时我们必须谨慎,因为惩罚往往会带来意想不到的结果(Bongiovanni, 1997)。第一,人们在不必减少或改变操作性行为情况下,也能够找到设法规避惩罚的方法。第二,对于被惩罚者来说,惩罚可能增加他出现攻击行为的几率。这也就是说,被惩罚者或许在与其他人的交往中模仿惩罚行为。这种模式的典型例子如:一位父亲在遭受老板的斥责后,回家对自己的小孩大声吼叫,孩子对着家里的狗大声号哭,而狗则对着猫咆哮不已。第三,被惩罚者可能会受到伤害。一旦惩罚使儿童受到生理或心理的伤害时,惩罚就演变为虐待——不幸的是这种情况非常普遍。第四,如果惩罚过于严厉,受惩罚者可能对惩罚的执行者以及相应的情景产生极端的恐惧,从而使受惩罚者无力对受惩罚的行为作出改变。例如,对由于焦虑导致考试失败的儿童大声训斥,这样做非但不能减少儿童的忧虑,反而会增加孩子的应试焦虑。第五,即使通过惩罚我们达到了改变行为的目的,但这样也会伤害受惩罚者的自尊心。长此以往,这样做的代价可比引发惩罚的操作性行为大得多。

对如何更为有效地通过强化和惩罚来改变个体的行为,行为主义心理学家已经进行了大量的研究。在以下的几种条件下,使用惩罚来纠正错误的行为可以发挥最好的效果(Parke & Walters, 1967; G. C. Walters & Grusec, 1977),这些建议对父母们有着重要的借鉴意义。

1. 对于受到惩罚的反应,我们需要替代性的反应取而代之。肯尼亚人一句谚语表明了这种策略的明智性:"在夺走孩子手中的匕首时,给他一根木棒。"
2. 通过使用正强化来培养我们期望的操作性行为,并以此来完善惩罚技术。
3. 要让被惩罚者了解什么样的行为将受到惩罚以及惩罚的原因。
4. 在错误的操作性行为发生以后立即进行惩罚。
5. 执行惩罚的强度必须足以中断错误的行为,但其强度和时间不能超出必要的限度。
6. 尽量保证错误的操作性行为一旦出现便是无法逃避惩罚的。
7. 在惩罚的过程中,尽量使用负惩罚或者处罚——愉快刺激的消除,而避免使用身体或感情上的伤害作为惩罚。
8. 充分利用人类规避惩罚的天性;在某些情境中,我们期望的操作性行为可能包括逃避危险的情景,此时我们应当充分利用惩罚的作用(举例来说,我们可以教导儿童逃离危险的情境或者避开危险的物体)。

在操作条件反射中使用惩罚,我们将其称之为厌恶性条件反射(aversive conditioning)。在厌恶性条件反射中,我们通过将惩罚与特定的行为或者情境相联系,来鼓励个体规避这类特定的行为或环境。厌恶性条件反射有着自身的目的——躲避学习(avoidance learning)。个体因此可以学会节制某一特定的行为或规避某一特定的刺激。例如,通过厌恶性条件反射(如电击),老鼠可以学会规避某一特定的行为(如拨动门上的插销)。我们同时应注意到,引发躲避学习的厌恶性条件反射同样也会引发某些经典条件反射,此时个体通过条件化而形成规避反应的那些物体和环境也许就充当了引发恐惧反应的条件刺激物。例如,在刚才的例子中,老鼠可能会对门上的插销产生恐惧感,甚至在靠近插销时也感到恐惧。操作条件反射通过使用惩罚而产生某种行为上的规避,而伴随其中的经典条件反射则可能引发某种恐惧的情绪和生理反应。因此,这两种形式的学习可能相互补充并强化最终的结果。

强化和惩罚的区别

扼要地讲,强化增加反应再次出现的几率,惩罚则减少了这种几率。强化包括呈现奖赏性刺激(正强化)或消除厌恶性刺激(负强化),惩罚则包括呈现厌恶性刺激(正惩罚)或消除奖赏性刺激(负惩罚)。换言之,两种形式的强化都告诉人们应该做什么,而两种形式的惩罚则告诉人们哪些是不应该做的。表6-2对上述区别进行了概括。

表6-2 操作条件反射的概要 对某一特定的操作性行为,强化增加了该行为再次出现的几率,而惩罚则减少了这种几率。你会怎样利用这些原理来塑造你身边的人的行为。

操作条件反射技术	刺激伴随操作性行为之后呈现于环境中	刺激对操作性行为的影响
正强化	正强化物的呈现——愉悦的刺激伴随期望的行为而呈现。	强化并增加了操作性行为出现的几率
负强化	负强化物的呈现——厌恶的刺激伴随期望的行为而消除。	强化并增加了操作性行为出现的几率
正惩罚	厌恶性刺激的呈现	削弱并减少了操作性行为出现的几率
负惩罚(处罚)	愉悦性刺激的消除	削弱并减少了操作性行为出现的几率

图中这些儿童正在学习与环境相关的知识和技能。然而更重要的可能在于,在他们努力学习这些知识和技能的同时将得到父母的赞许和陪伴。

决定刺激成为强化物的条件

至此,我们已经对强化的程式进行了讨论,但尚未阐明无论是在一般情况下还是在特殊情况下,刺激是如何成为强化物的。大卫·普利马克(David Premack)对这一问题进行了研究。

普利马克原则

在1959年的研究中,普利马克让儿童选择参加两种活动:玩弹球或者吃糖果。自然,有的儿童选择玩弹球,有的则选择吃糖果。但更为有趣的现象是:对于那些选择吃糖果的儿童来说,如果将糖果作为强化物,他们在比赛玩弹球时的命中率就会得到提高;而对于选择玩弹球的儿童来说,如果将玩弹球作为强化物,他们在比赛吃糖果时就能吃掉更多的糖果。这样看来,对于某个给定的儿童来说,无论最初他偏好哪种活动,他所偏好的活动都将强化他不怎么偏好的活动。

该研究即引出了我们称之为普利马克原则(Premack principle)的理论:(a)偏好的活动强化不偏好的活动;(b)偏好的具体程度由偏好倾向不同的个体决定。根据普利马克原则,每个人都有特定的强化层次,因此:(a)高层次的强化物比低层次的强化物更容易引发操作性行为;(b)层次高的活动强化层次低的活动。运用这一理论,我们可以通过将人们所偏好的事物作为奖赏,来强化他们原本不偏好的操作性行为。这样看来,如果糖果是儿童偏好的刺激物,那么它就能对儿童玩弹球进行强化;而如果弹球机是儿童偏好的刺激物,那么它将强化儿童吃糖果的活动。

初级强化物和次级强化物

初级强化物(primary reinforcer)指的是那些直接的奖赏性刺激,如食物、性快感以及其他一些直接令人满意、愉快的奖赏。或许此时你想到了我们在前面讨论的经典条件反射的层次,某些二阶条件反射是以一阶条件反射为基础形成的。与其相似的是,次级强化物(secondary reinforcer)是与初级强化物相比,并非直接满足个体的需求或更为抽象的奖赏性刺激。次级强化物包括金钱、优异的成绩、更高的社会地位等与初级强化物有关的具有强化价值的事物。因此,当初级强化物无法直接获取或不便给予时,次级强化物便能够进行弥补。

通常在设计操作条件反射中广泛使用的一种次级强化物是代币(token),这是一种实体的东西(如一张金属碟盘或一枚金属代币),这种物体其本身没有价值,但能够与那些其行为遵循操作条件反射的人进行交换以获取有价值的东西。代币管制法(token economies)是一种以代币作为强化手段的用于系统的行为塑造的治疗技术。在对孤独症患者进行语言发展训练和行为控制方面,这种技术已经取得了初步的成功;若不接受治疗,这些孤独症患者将完全与外部世界隔绝(Lovass, 1968, 1977)。研究者和临床学家已经开始对正常儿童使用相似的奖赏系统产生浓厚的兴趣。但是,这种治疗技术的缺陷在于:某些情况下,它可能削弱儿童对受到强化的行为的自然兴趣(Eisenberger & Cameron, 1996; Lepper, Greene, & Nisbett, 1973)。那么从生理学层面上来看,强化又是如何作用的呢?

对强化的生理研究

我们所讨论的大多数强化物,以及我们在实验中所研究的大量强化物不是某种实际的物体就是某种实在的活动。然而有研究表明,大脑内部还存在着更为基础的强化程式。通过对大脑特殊部位的直接刺激,也能产生强化作用。早在80年前,詹姆斯·欧德斯和彼得·米尔纳(James Olds & Peter Milner, 1954)就这一问题通过微电极对老鼠的大脑进行了研究。在实验中,欧德斯和米尔纳在哺乳动物的下丘脑周围区域埋入了微电极。结果令他们大为吃惊:动物会主动地寻求电刺激。如果我们让老鼠在下压杠杆时大脑的相应部位接受电刺激,老鼠会以惊人的频率持续下压杠杆,平均每小时超过2 000次,并持续15～20个小时。事实上,老鼠会忙于自我刺激直到它们精疲力竭而虚脱为止。后来的研究表明,其他物种的动物也会出现类似的行为。然而尽管该研究中针对动物大脑这一区域的电刺激可以引起动物的愉快感,但对其他区域的电刺激却可能产生厌恶感,从而使动物受到惩罚。简而言之,学习这一过程既可以通过与外部世界的交往和活动发生,又可以通过对大脑内部直接刺激的反应发生。

对学习的生理机制的研究依然是心理学研究中活跃的领域。个体其他一些内在的生理因素同样也对学习产生着影响(请见表6-3)。

表6-3　对学习的生理研究　生理环境影响着学习的速度和水平。

生 理 因 素	范　　　　例
行为禀赋	训练一只海豹学会在水中表演杂技要比训练一只袋鼠容易得多。
成 熟 度	对一个30个月大的儿童进行如厕训练,要比对一个18个月大的儿童进行相同的训练更容易,因为儿童在30个月大时其生理的成熟度已经足以让他对肠和膀胱进行有意控制。
创伤与急性生理因素	腿部的损伤可能会影响跨栏的能力。同样,疲劳以及其他暂时性的生理条件影响着个体的行为表现并制约着条件作用的效果。生理需求(如饥饿)对刺激突出性的影响是众所周知的。

强化梯度:延迟的作用

除了生理机制之外,在操作条件反射的建立、维系或消退过程中,我们需要考虑的另一个重要因素就是强化梯度(gradient of reinforcement)。强化梯度指发生于操作性反射和强化之间的时间差,这个时间差影响着条件反射的强度。这一理论对行为的建立或抑制都具有重要的意义。例如,吸烟者在戒烟的过程中面临着这样一个难题:当香烟点燃之后,吸烟的正强化就开始了,然而吸烟将受到的惩罚却还没有显现出来,无论如何,这种惩罚通常要等到遥远的将来才会体现出来。

同样,在性行为随意和艾滋病泛滥的时代,性关系双方都知道他们应该使用避孕套来预防这种致命的疾病,但是许多人都拒绝这样做。对他们而言,不使用避孕套的直接强化(比如不希望以此降低性交的快感)在心理上占据了优势,从而取代了间接的和不可预期的危害。我们都知道吸烟和无防范性交的无穷危害,然而即使再聪明的人有时也会出现这种危险的行为,这是因为强化原理的作用太强甚至战胜了人们的理性思维。

强化的效果通常随着时间的流逝而急剧减弱,这是因为强化及其强化行为之间的联结很快就变得模糊不清。父亲要求女儿在其母亲回来时就自己的错误言行向母亲道歉,让女儿等待的这几个小时时间实际上正在降低惩罚的效果。同样,当孩子表现出良好的行为后很长时间才给予奖赏,其强化的效果也大为降低了。及时的强化可以产生更为稳定的结果。这一理论适用于一切物种。

行为塑造

当然,有时我们希望产生某种行为,而不是抑制某种行为。例如,我们希望训练一头大象站在一个小平台上或者鼓励一个大人物去洗衣服。当我们期望某种行为不止是偶然地真实出现时,我们怎样才能得到这种行为呢?行为塑造(shaping)是对行为进行操作条件反射的一种方式。它的原理在于通过一系列的连续近似(successive approximations)(在对一个预期的操作行为序列进行塑造的过程中所给予的刺激)建立一种完全非自发的行为。行为塑造在马戏团以及海洋公园的水上表演中被用来训练动物。在实施行为塑造的过程中,你首先需要对动物自发行为与你希望得到的行为的自然接近性进行奖赏。这种相当基础的行为一旦建立,你就需要开始注意这些行为与预期行为的接近性,而且你只能奖赏那些与预期行为更接近的行为。你需要持续这种程式直到预期行为实现为止。

父母们总是将这种行为塑造的方法用在自己的孩子身上。例如,父母们通常期望他们的子女学会一定的进餐礼节,但同时,父母们并不奢望孩子们能一下子全部学会这些礼节。一开始,当孩子们能够保持餐具的相对清洁时,父母便给予奖赏。随后,父母可能希望孩子能学会正确地使用每件餐具。父母会通过逐步提高奖赏的额度来强化孩子的正确行为,以保证孩子们所塑造的行为在他们成年后可以为社会所接受。

当我们一谈到动物的驯化时,通常会联想到马戏团或者其他地方的动物所表演的令人瞠目结舌的节目。然而更常见的是,驯化的动物所从事的都是一些更为重要——甚至是英勇的工作,例如图中的这只狗帮助它的主人徒步翻越阿巴拉契亚山脉。

消退

在操作条件反射中,消退(extinction)是指操作性行为的逐渐减弱并最终消失,因为该操作性行为不再伴随有强化物。例如,老鼠曾经通过某种行为可以得到食物,而一旦食物没有了,这种行为也将不再发生。通常在某一行为减少之前会出现该行为增加的现象。婴儿的父母们常常苦恼于如何让他们的孩子停止哭闹。新生婴儿在夜间定期哭闹是因为饥饿。对此,父母通常是起床给婴儿喂食,然后再上床睡觉。但几个月之后,当婴儿和父母对此都习以为常时,婴儿已经能够在不进食的情况下安静地度过整个夜晚了,但同时又习惯了在夜间进食。父母通常会在一定程度上减少在夜间给婴儿喂食。一开始,婴儿可能会哭得更厉害。但最后,当强化不再发生时,婴儿也就减少了哭闹的现象。

婴儿对这种消退过程的抗拒程度是不同的。一些婴儿也许几晚就不再哭闹,而另一些婴儿也许还要哭上一个星期或更长的时间。在这种情况下,对消退过程的抗拒对父母是个负担,对婴儿同样如此。但在某些情况下,对消退过程的抗拒也许会被看做是一件好事而不是负担。父母们通常希望给他们的孩子灌输一系列亲社会的价值观,诸如诚实、真诚以及在别人需要时施以援手。但是,在孩子们的现实生活中,这些价值观不可避免地会遭遇多次的挑战,也就是当孩子们表现出诚实、真诚,并乐于助人时,他们似乎并没有得到应有的补偿。这时父母们则希望他们教给孩子的价值观和行为能够抗拒消退,即尽管这些价值观和行为积年累月也没有得到补偿,它们也可以长久地保持下去。

强化程式

强化能有效地塑造我们期望得到的行为,但何时以及怎样给予强化才能有效地引发我们期望的行为呢?如果我们总是给一个孩子一美元作为读书的奖赏,这个孩子很可能不再把这一美元视为对自己读书的奖赏。我们在讨论强化的时候,应将其看做是一种可以通过强化程式(schedule of reinforcement)进行操纵的现象。强化程式是操作反射的模式,而这种模式决定了强化在操作性行为之后进行的时间间隔。

到目前为止,我们所讨论的均是连续强化(continuous reinforcement),在此程式中,强化总是紧随在操作性行为之后进行。我们在实验室中很容易建立这种强化,但这种强化在日常生活中相当少见。在日常生活中,我们更容易碰到的是一种称之为部分强化(partial reinforcement)(或间歇性强化,intermittent reinforcement)的强化程式,在此程式中,某一操作性反应只在某些时候受到奖赏,并非所有的操作性行为都伴随奖赏。部分强化的程式有两种:一种是比率程式,另一种间时程式。在比率程式(ratio schedule)中,无论经过多长的时间间隔,只有一定比例的操作性反应受到强化;在间时程式(interval schedule)中,在一定时间段之后对所出现的第一个反应进行强化,而无论在这段时间中出现了多少操作性反应。

比率程式

比率程式有两种基本的类型:定比率强化和变比率强化。在定比率强化(fixed-ratio reinforcement)的程式中,强化总是在一定量的操作性反应出现之后进行,而无论出现这些操作性反应需要多少时间。例如,许多工厂工人和家庭作坊的工匠得到的都是计件工资(piecework wages),也就是说,只有在完成一定量的任务或者生产出一定数量的产品后,他们才能得到工资。变比率强化(variable-ratio reinforcement)的程式中,在出现一定量的操作性反应后,平均给予强化,但引发强化的操作性反应的数量却是不断变化的。现实中有关变比率强化程序的一个典型的例子就是老虎机。玩老虎机的人在数次(不定)拉动手柄后可得到硬币或金属代币,从而使自己的行为得到强化,每一台老虎机在吐出硬币之前平均需要拉动手柄的次数是一定的。

间时程式

如同比率程式一样,间时程式也有两种基本类型:定时距强化和变时距强化。在定时距强化(fixed-interval reinforcement)的程式中,无论一段时间间隔之后出现多少操作性反应,强化总是针对这一固定时间后出现的第一个反应。我们生活中许多方面都与定时距强化密切相关。如工薪阶层的工人们总是通过定期领取工资而得到强化。同样,你在学校里刻苦地学习也是为了得到定期的强化——例如在期末考试中取得高分。在变时距强化(variable-interval reinforcement)的程式中,强化总是针对平均一段时间间隔之后出现的第一个操作性反应,无论该段时间间隔之后出现多少操作性反应。在这种强化程式中,在一系列的强化之间,强化出现的时间间隔总是不断变化的。举个例子来说,在一些发生经济动荡的国家中,尽管工人期望定期领取工资,但实际上工资的发放却是不定期的。虽然他们最终能得到足额的工资,但工资发放的形式却并不像他们所期望的那样有规律。例如在俄罗斯,很多省的工人都依靠工资度日,但他们领取工资的形式却并非如他们期望的那样按时发放,而是不定期地发放。

强化程式的比较和对照

这四种不同的部分强化程式,它们各自具有怎样的作用呢?而它们各自又存在着怎样的不同呢?可能最重要的一点在于,部分强化程式通常能够更为有效地维系行为的长期改变。如果我们希望建立一种持续行为或使其久经不衰,那么我们对这种行为进行部分强化或许更易获得成功。这一结论似乎有些自相矛盾。为什么在维系行为方面部分强化比连续强化更有效呢?因为在连续强化程式中,强化的中止会显得异常明显且很容易被识别。例如,如果我们发现一台自动售货机(只要人们投硬币进去就会不断地提供强化物)不再能提供我们购买的商品时,马上就不会有人再往里投硬币了。而对于部分强化程式来说,我们很难仅仅从部分强化的时间间隔上来辨别强化是否中止。例如,即使老虎机在一段时间里没有为我们提供任何强化物,玩老虎机的人也不会立即停止向老虎机里投放硬币。

图6-7显示了不同的强化程式引发行为的模式。这些模式适用于包括人类在内的各种生物。请注意,不同强化程式引发行为的模式也不尽相同。尽管对于连续强化的程式来说,行为的消退速度更快,但与之对应的操作性行为的发生来得也快。就是说,在连续强化中,行为的产生快,终止也快。对于间歇性强化程式来说,通常比率强化程式比间时强化程式引发更多的操作性行为;也就是说,定比率强化程式比定时距强化程式更易引发操作性行为,同理,变比率强化程式比变时距强化程式更容易产生操作性行为。同时我们还应注意到,对于固定的强化程式来说,在每次强化之后,操作性反应都会停息一段时间。相对而言,可变的强化程式引发的反应率则更为稳定。

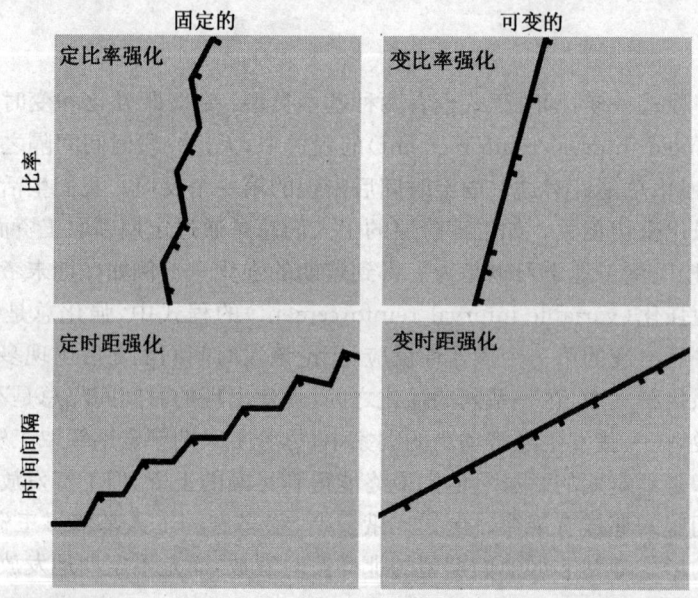

图6-7　典型的强化反应模式

四种不同类型的强化程式引发反应的模式有着明显的特征上的差异。一般来说,可变程式引发反应的模式(图中呈直线)比固定程式引发反应的模式(图中呈锯齿线)更稳定,同时比率程式比间时程式引发的反应水平更高。

在日常生活中,强化的程式可能更为复杂,强化的比率和时间间隔将随着时间和环境的变化而变化。此外,强化的程式也会在不同的类型之间相互转换(如变比率强化转变为变时距强化)。

操作条件反射的临床推论：习得性无助

一些形式的条件反射，特别是惩罚，可能产生相当严重的后果——习得性无助现象的发生。当个体通过条件反射在躲避厌恶性情境时无力采取适当的行为时，就产生了习得性无助(learned helplessness)。让我们来看下面的例子。在一项经典的实验中，马丁·塞利格曼(Martin Seligman)和S. F. 迈尔(S. F. Maier)将实验用的狗关在特制的笼子里，并对狗进行电击（造成疼痛但无伤害），而这些狗是无法逃避电击的(Seligman, 1975; Seligman & Maier, 1967)。接下来，他们用一个栅栏把笼子分隔成两部分，一部分笼子带电而另一部分则不带电，狗只要跃过栅栏就可以逃避电击。但是，由于在先前的实验中狗已经习得了电击是无法逃脱的，因此它们在这一新的实验条件下也没有进行任何试图逃避电击的努力，而只是呜咽地哀鸣。

让我们再来看一下另一种实验条件下的狗，相比之下，它们事先没有经历过无法逃避的电击。将这些狗放入上述分成两部分的笼子里，并对它们施以电击。起初，这些狗发狂地四处乱窜。当它们看到了栅栏以后，便跳跃到笼子的另一边以逃避电击。在后续实验中，只要一开始电击，这些狗便迅速地越过栅栏，尽可能快地免遭电击。因此很显然的一点是，第一种实验条件下的狗所习得的无助感致使它们无法学会躲避电击的行为。

至此，你可能困惑于如何才能正确地辨别经典条件反射与操作条件反射，因此，对两种条件反射进行简单的总结可能很有帮助，详见表6-4。

表6-4 经典条件反射与操作条件反射的比较 经典条件反射与操作条件反射均是一种对联系的加工，通过这一加工过程，个体习得某种行为，但两者在一些关键的地方存在差别。

特 征	经典条件反射(或巴甫洛夫学说)	操作条件反射(或工具条件反射)
主要关系	环境的条件刺激与环境的无条件刺激之间的关系	生物体的操作性行为与环境的相倚(强化或惩罚)关系
机体的作用	引发行为：对学习的情境几乎没有控制作用	诱发行为：对学习的情境有更多控制作用
事件的顺序	条件反射的初始阶段：条件刺激→无条件刺激→无条件反应 习得阶段的峰值期：条件刺激→无条件反应	操作性反应→强化物→增强反应 操作性反应→惩罚→弱化反应
条件反射的程式	标准的经典条件反射，延迟条件反射，痕迹条件反射，时间性条件反射	连续强化，定比率强化，变比率强化，定时距强化，变时距强化
消退技术	取消无条件刺激与条件刺激的配对呈现，在没有无条件刺激的情况下反复呈现条件刺激	取消操作性行为与强化物或惩罚的配对，在操作性行为出现之后不予强化或惩罚

在前面的章节中，我们论述了各种形式的条件反射，并将其视为作为学习结果所发生的可观察到的变化。可是我们所学的东西也非即刻就能显现的。早在1930年，当许多学者还未认识到影响条件反射的内在机制时，爱德华·托尔曼（Edward Tolman）和C. H. 霍金克（C. H. Honzik）做了一个精巧的实验，来阐明行为表现并非学习的清晰反映。两位研究者对老鼠如何学习跑迷宫非常感兴趣。他们将老鼠分为下列3组：

第一组：老鼠必须学会跑迷宫，作为奖赏，如果它们能从迷宫的入口到达迷宫的出口，将能够得到一些食物。最终这些老鼠学会了在不拐错任何弯道也不会走进任何死胡同的条件下跑完迷宫。

第二组：老鼠同样被放入迷宫中，但所不同的是，在它们成功地跑完迷宫后，没有任何食物作为强化。结果发现，尽管这些老鼠跑迷宫的成功率越来越高，但与第一组老鼠相比，它们却犯了更多的错误。这一结果并不令人惊讶；因为我们期望第一组老鼠有更强的学习动机。

第三组：老鼠在前10天的实验中不给予强化。在第11天的实验中，托尔曼和霍金克在迷宫的出口放置了食物。仅仅通过这一次强化，老鼠的学习效果便得到了显著的提高，结果它们跑迷宫的正确率几乎与第一组一样高。

托尔曼和霍金克的实验揭示了潜伏学习（latent learning）的效应。潜伏学习是指并未即时反映在行为表现上的条件化或习得的知识。这样看来，似乎没有接受强化的老鼠也学会了正确地跑出迷宫，尽管它们学习的效果没有反映在它们的行为中。而一旦给予它们强化，这种学习的效果便显现出来，正如最后一次实验所显示的那样，对它们进行一次强化便能极大地提高它们跑迷宫的正确率。对于第三组老鼠的行为来说，关键的一点在于实验者为它们提供了一个展示学习效果的机会。

那么，在托尔曼和霍金克的实验中，老鼠到底学会了什么呢？在我们看来，它们所学会的不太可能仅仅是"向左转，向右转"等简单的动作。托尔曼认为老鼠学会的是认知地图（cognitive map）——对某一模式的内部认知表象，在这项实验中，就是老鼠对迷宫的认知再现。正是这一理论使托尔曼成为最早的认知心理学家之一。认知理论不仅强调行为的重要性，也强调唤起行为的心理再现的重要性。

值得注意的是，托尔曼的工作开创了理解学习的认知传统，他的研究并非是严格按照行为主义传统进行的。这样看来，托尔曼的研究是将严格意义上的行为主义取向与认知取向联系起来的桥梁。在下面的章节中，我们将介绍认知流派对学习的研究。

学习的生物基础

问题：学习的生物基础主要有那些？

通过对一种叫海兔（Aplysia）的海洋软体动物进行实验，研究者们对学习的神经生物基础进行了广泛的研究。最近的研究表明,这种海洋动物的腮的收缩反射验证了经典条件反射的理论,其中包括二阶条件反射(Hawkins, Greene, & Kandel, 1998)。海兔的这种学习依据何种机制呢?研究发现,感觉—运动神经元突触敏感性的增强,即我们所说的强化(*potentiation*)现象,在某种程度上可能是海兔腮收缩的条件反射的生物机制(Bao, Kandel, & Hawkins, 1998)。换句话说,条件反射可能与神经系统活动有直接联系。此外,在对海兔的研究中,学者们已经确认了许多与突触强化有关的分子结构变化(Baily, Alberini, Ghirardi, & kandel, 1994)。

> 聪明人能从别人的错误中获得知识;愚笨的人只能从自己的错误中学习。
>
> ——亨利·乔治·保恩(Henry George Bohn)

> 如果跟在你父亲身后走路,你走路的样子就会变得和他一样。
>
> ——阿善堤谚语

在以上的叙述中所涉及的研究都是有关经典条件反射或操作条件反射的。然而,在我们日常生活中,并不是所有的学习都需要我们自己的直接参与。想想这样一些例子:一个孩子看到自己的堂姐由于前些日子所犯的过错而受到惩罚会有何感想?而如果一个瘾君子看到自己年轻的同伴因吸毒过量而命丧西天又会受到怎样的震撼?这些经历或许会让他们受益匪浅。

社会学习

问题:什么是社会学习?社会学习是怎样发生的?

社会学习(social learning)有时也称观察学习(observational learning)或替代性学习(vicarious learning),是指通过观察别人的行为及其行为后果而发生的学习。有没有实验证据证明这种学习的存在呢?

阿尔伯特·班杜拉(Albert Bandura, 1965, 1969)与同事做了大量的实验,证明了这种替代性的社会学习是一种有效的学习方式。在一项经典的研究中,班杜拉让学前儿童观看一段影片,影片中有个成年人对一个名叫波波(Bobo)的玩具娃娃拳打脚踢,甚至对这个玩具娃娃施以锤击。在影片的结束部分,班杜拉将观看电影的儿童分成几组,对于不同的组别,安排了电影的不同结局。在第一组中,影片中成年人的攻击行为受到了奖赏;在第二组中,影片中成年人的攻击行为受到了惩罚;在第三组(控制组)中,影片中成年人的攻击行为既没有受到奖赏也没有受到惩罚。看完影片后,让这些孩子们与波波一道玩耍。结果发现,第一组(观看的影片中成年人的暴力行为受到了奖赏)儿童与控制组的儿童相比,他们对玩具娃娃的行为表现出了更强的攻击性;而第二组(观看的影片中成年人的暴力行为受到了惩罚)儿童的对玩具娃娃的行为所表现出的攻击性比另两组要少得多。显然,这些儿童发生了观察学习。

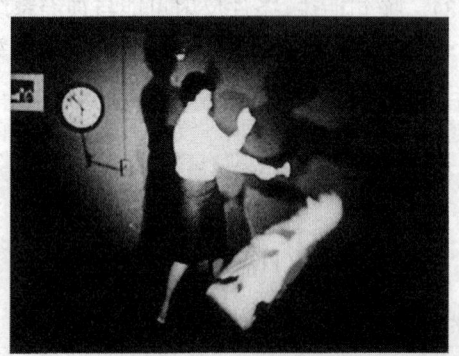

通过大量的实验,阿尔伯特·班杜拉得出这样一个结论:儿童通过模仿学会了他人的行为。由于观看了一部其内容为一个妇女对一个叫波波的玩具娃娃施以暴力的电影(上图),图中的男孩和女孩也学会了攻击玩具娃娃的行为。

其他一些研究表明,社会学习的发生不需要强化相倚的介入。在另一项实验中(Bandura, Ross, & Ross, 1963),研究者让学龄前儿童直接观察成年人安静地坐在玩具娃娃旁边或者攻击玩具娃娃的行为。这些成年人的行为都没有受到奖赏或者惩罚。然后让这些儿童独自与玩具娃娃玩耍,对于那些曾经观察到成年人攻击玩具娃娃行为的儿童,他们的行为表现出了更为强烈的攻击性。

观察学习的发生需要哪些条件呢?下面的四条可能是其中之一(Bandura, 1977b):

1. 对该种学习的示范行为进行注意——注意过程(attention);
2. 对唤起学习的情景的符号编码——保持过程(retention);
3. 再现示范行为的动机——动机过程(motivation);

4. 对所示范行为的潜在再现——运动再生过程（potential reproduction），换言之，你必须能够独立地重复你所观察到的行为。

同样，泛化与辨别对社会学习的效应也有着重要的作用，影响着社会学习在某些特定情境下的适用性。

在上述四个条件中，每一条都有着几个相关的次级因素。比方说，有几个因素尽管不是社会学习赖以发生的必要条件，但它们能显著提高示范行为的突出性：(a) 示范行为与其他行为的差异；(b) 观察者对示范行为的喜爱和尊重（或者环境中的其他人对这种行为的喜爱和尊重）；(c) 观察者察觉到自己与"榜样"之间的共同之处；(d) "榜样"的行为得到强化。

当然，观察学习并不仅仅限于"波波娃娃"这一情景。许多儿童，还有成年人，在电视机前花费了大量的时间观看暴力节目。大量可靠的证据支持这一论点：观看电视中的暴力行为会导致攻击性行为（如，Friedrich-Cofer & Huston, 1986；Huesmann, Lagerspetz, & Eron, 1984；Parke, Berkowitz, Leyens, West, & Sebastian, 1977）。

观察学习具有重要的意义，我们不仅可以据此来鉴别诸如攻击性行为等不良行为，同时它对于我们识别和建立自我意识有着重要的意义。比方说，性别的识别和性别角色的发展（第十一章将对此讨论）显然在很大程度上依赖于观察学习；孩子对同性别的父/母、同性别同伴的观察，对他们的行为有着特别的影响。

总之，观察学习对儿童和成人都是重要的。我们并非总能意识到它的存在与发生，但无论它对我们是利还是弊，社会学习都对我们有着深远的意义。那些一味说教的人更要当心：儿童通过模仿更容易学会并记住我们的所作所为，这可比说教的效果要好得多。还有许多因素影响着我们对所见所闻的回忆，这将是下一章的主题。

相关研究

频繁的课堂测验可以让学生们取得更好的成绩吗？ 布鲁斯·W. 塔克曼，俄亥俄州立大学（Bruce W. Tuckman, The Ohio State University）

我一直在大学中从事有关如何提高学生学术能力和成绩的研究。令我深感困惑的是，学业不良的学生实际上具有丰富的学习技能和自我监控技巧，仅仅是因为他们没有使用而已。学业不良的学生似乎没有付出必要的时间和努力去加工课堂学习中所获取的信息。

我已经从自己以及他人的研究中得出这样的结论，成就需要天赋和动机，动机需要态度、策略和驱力的有机结合。在研究中，我已经找到了改善态度和策略的有效方法，却没有发现调动驱力的方法。我开始思考如何能最终促进学生学习或至少把获得的信息存储到长时记忆之中。"测验"突然浮现于我的脑海中。尽管我们都畏惧测验，

但事实上测验确实能激励我们的学习,它的作用就在于测验将我们置于这样一种境地,即如果我们想获得成功或避免失败,我们必须牢记所学的知识。通过这种途径,测验激发了学习的动机。

我必须找到一种方法去检测这一假设,即测验可以提高学生的成绩,同时,之所以如此是因为测验激励了学生将接受的知识记在脑中(或长时记忆)。如果我能证明这一假设的成立,那就预示着学生们掌握了恰当的学习技巧和策略。

我正在讲授一门大课,这门课分了很多班。我在每个班讲授的内容都相同,都使用相同的课本,并进行相同的测验。这种环境对我的研究来说非常理想,因为我认为只有在现实的课堂中,在对学生进行实际测验的过程中才能研究学习的动机和技能,而在实验室中我们很难做到这一点。因为在实验室环境下,学生的行为与平常大相径庭。同时,在我的系列研究中,我在实验室环境中控制某个变量并研究它的结果,而非检验学生的实际成绩。因为对于学生的成绩来说,我们无法从实际中得出因果推论。

频繁的测验与家庭作业

在实验中,我们有必要控制某些变量,这些变量并非你试图研究的变量。我需要有某种能够与频繁测验相对的事例,来看一下频繁测验是否能够提高学生的分数。我决定将频繁测验与必要的家庭作业作一番比较。必要的家庭作业包括通过区别20个最重要的概念来概括每章的内容,并且对课本的主要内容进行定义与阐述(例如,用自己的语言进行描述)。这些作业(a)能教会学生运用章节提纲的学习技巧;(b)需要他们花费与每一章测验相等的时间。

我进行了三次必不可少的重复研究:

1. 在15周的课程中,我选择了一个5周的时间段,在此期间,我让第三组学生接受这样的实验处理,他们既不用考试,也不用做家庭作业。

2. 在整个课程中,我同时采用了测验和家庭作业的教学方式,并要求所有的学生记录花费在功课上的时间,然后,我用学生记录的花费在功课上的时间来比较平均成绩点数(GPA)不同(高、中、低)的学生的成绩。

3. 第三次研究的对象与第二次的完全相同,两者的区别就在于,这次我测量了学生们测验延迟的趋势(用我修订的一个量表),并比较了学生的成绩在延迟情况下的高、中、低三种水平上的差异。

结论

以下就是我的研究结果：在所有的三次研究中，接受频繁测验的学生比仅仅做家庭作业（并且在首次实验处于控制条件下）的学生取得了更好的成绩。成绩提高从一个等级（B与C相比）到三分之一等级（B−与C+相比）不等。

处于不同GPA水平和不同延迟程度的学生之间的成绩差异也不尽相同，这一点更富戏剧性和启发性。平均成绩点数高（3.6~4.0）或平均成绩点数居中（2.9~3.5）的学生在测验中的得分，在频繁测验和家庭作业两个实验组之间没有显示出差异。然而，那些GPA低（2.0~2.8）且在接受频繁测验的实验班级中的学生的平均得分是B−，而在接受家庭作业的实验班级中的这类学生的平均得分则是C−，两者在百分量表中相差10%。事实上，GPA低的学生在接受频繁测验以后的表现是如此出色，他们的得分甚至超过了接受家庭作业和频繁测验实验组中GPA居中的学生。

对于延迟程度，结果更富戏剧性。在接受频繁测验的实验组中测验延迟程度高的学生得分，不仅高于在接受家庭作业实验组中延迟程度高的学生的得分，而且高于延迟程度居中或低的学生的得分，无论他们是处于家庭作业组或频繁测验组。

以上所有结果清晰地表明：频繁测验在提高学习成绩方面比家庭作业效果更好。即使你的教授不对你进行频繁的测验，在有规律的自我测验基础上，你也能保证将所学的知识保持到长时记忆中。

日常生活中的心理学

习得性无助

习得性无助似乎是我们生活中的常见现象，但遗憾的是人们对它防不胜防。我们试着去做某一件事，结果失败了。或许我们再次努力仍旧没有成功。很快，这种学习的结果使得我们认为自己无法完成该项工作或不能掌握该项技能，于是我们便会彻底地放弃努力。儿童在学校里考试失败，成人在工作中遇到挫折，情侣们无法维系持久的爱情关系——所有这些人均易形成习得性无助。我们所经历的条件反射可能会告诉我们自己：成功遥遥无期。一些人从此拒绝接受挑战，因为他们肯定地认为自己永远也不可能成功。

就习得性无助来仔细分析一下我们自己的行为是很有价值的。举例来说，就我个人而言，我曾经是个法语课上的中等生，并且逐渐认为自己没有足够的能力来学好这门外语。一天，我的法语老师终于为我证实了这种想法，她告诉我说，根据我所犯的各类语言错误，我基本上没有学习外语的天赋。老师的评价完全证实了我对自己的看法。从此，我便彻底放弃了在法语课上的努力，这更加证实了我以前的努力是徒劳的。

这使得我坚定地认为自己没有学习外语的能力。从那以后，我再也没有在学校里选修过外语课程。在我成年以后，因工作需要，我必须学会西班牙语。当我使用不同于以前学法语但更适合我学习特点的学习方法之后，我异常轻松地掌握了西班牙语。我终于意识到我错误习得了关于自己学习语言技能的无助感。事实上，通过努力，并使用适合我的教学方法，我能够学好一门新的语言。

现在请你问问自己，你是否仅仅因为认为自己不能充分利用眼前的机会而错失了无数良机呢？你或许会像我一样认识到，只要下定决心，你便可以把"不可能"的事情变成现实。

思考题

1. 在何种条件下，学习将是有益的？在何种条件下，学习是无益的？
2. 操作条件反射与经典条件反射有何主要的异同？
3. 为恐怖症患者或瘾君子制定一种基于对抗性条件反射程序的治疗方案。
4. 假如你在一家公司工作，你希望让人们购买一种你认为他们需要的产品。如何运用条件反射的一些理论去鼓励人们购买该种产品？
5. 在某些难以完成的工作中，你会对什么事物（技能、任务、成就）产生习得性无助感？你准备设计什么样的条件反射程序以克服这种习得性无助感？
6. 既然社会学习具有强大影响力，谈谈如何利用电视传媒来降低我们社会的暴力犯罪率？

本章摘要

学习的前提、反射、本能和内化

1. 当生物体（包括人类）由于先前的经验的作用在其行为、思想或感情上产生了相对持久的变化时，便发生了学习。
2. 学习具有重要的进化功能，能够使生物体适应不断变化的环境。

经典条件反射

3. 巴甫洛夫在他研究狗的消化实验中意外地发现了经典条件反射。巴甫洛夫实验用的狗在预感到肉末时就开始流口水，当巴甫洛夫注意到这一点时，他意识到他能够通过条件反射训练狗对声音产生相同的反应，尽管声音对狗来说没有什么实在的意义。
4. 经典条件反射让生物体将一个中性刺激与一个产生无条件生理或情感反应的刺激相结合。

5. 狗对肉末产生的分泌唾液的反应是无条件反应(UR),肉末是无条件刺激(US),通过条件化,蜂鸣器(最初的中性刺激)成为了条件刺激(CS),狗在听到蜂鸣器响之后分泌唾液(最初的 UR)成为了条件反应(CR)。

6. 在标准的经典条件反射范式中,无条件刺激与条件刺激几乎同时出现。经典条件反射的其他时间程式包括延迟条件反射,时间性条件反射以及痕迹条件反射。

7. 简单的时间邻近似乎不足以引发经典条件反射。相反,如果我们要引发条件反射,必须在刺激和反应之间建立一种相倚关系。

8. 如果我们用图来描述学习的速率,所得到的将是一条迅速上升的曲线,这条曲线随即保持稳定的水平而成为一条渐近线。而后学习曲线将呈现出负加速度。

9. 在习得阶段,学习形成的概率将达到最高水平。如果无条件刺激没有与条件刺激配对呈现,学习形成的反应就将消退。然而,一旦条件刺激再次出现,学习形成的反应将得到自然恢复。如果无条件刺激与条件刺激再次配对呈现,那么将会发生节省的现象,且此时条件反应的水平将再次达到接近渐近线的水平。

10. 在一阶条件反射中,条件刺激和无条件刺激是直接联系的。在二阶条件反射中,第二条件刺激与第一条件刺激形成联系,这种模式依此类推到高阶条件反射的任何水平。

11. 当我们由一个类似于条件刺激的新刺激引发出先前的条件反应,我们就经历了刺激类化。但是,当新刺激与先前的条件刺激之间的差异逐渐变大,并且这种差异达到一定值使得我们不再出现条件反应时,我们就经历了刺激辨别。

12. 我们似乎具有这样的天性,容易将某些事物联系在一起,而不易于将另一些事物联系在一起。例如,对以毒素作为无条件刺激的老鼠来说,味道是比灯光和声音的结合更有效的条件刺激。

13. 经典条件反射理论不仅仅适用于动物实验。我们许多条件性情绪反应,如恐惧、焦虑,甚至喜悦等等,都是与特定的生理体验相联结的。当我们接受冲突性刺激时,我们可能体验到神经症。药物成瘾同样在一定程度上是通过经典条件反射形成的,尽管它可以通过对抗性条件反射来断绝。

操作条件反射

14. 操作条件反射是一种由个体的主动行为(操作性行为)产生的学习。根据效果律,受到奖赏的操作性行为将趋于加强,再次出现的几率将得到提高,同时,受到惩罚的操作性行为将趋于弱化,再次出现的几率将得到降低。

15. B. F. 斯金纳认为:对行为进行研究的过程中,所有的行为都应当被看做是具有环境的相倚功能这种意义上的行为。

16. 强化物是一种刺激物,这种刺激增加了与之相联系的操作性行为再次发生的几率。正强化物是加强操作性行为与刺激物之间联系的奖赏;正强化是将正强化物

第六章 学 习

与操作性行为进行配对。负强化物通常是一种不愉快的刺激物,负强化物的消除也能加强与之相联的操作性反应;负强化是将操作性行为与不愉快刺激的消除进行配对。

17. 惩罚是降低操作性反应出现几率的程序。正惩罚是在不良反应出现之后引入厌恶性刺激。负惩罚指愉悦刺激的消除。惩罚与负强化不同,负强化增加了反应再次出现的几率。在使用惩罚时我们必须谨慎,因为惩罚往往会带来意想不到的结果。

18. 当个体学会了规避某种事物时,就发生了躲避学习。在某些情况下,通过厌恶性条件反射,个体能发生躲避学习。

19. 根据普利马克原则,个体所偏好的活动能够强化不偏好的活动。

20. 当初级强化物(如食物或性快感)无法直接获取时,如果次级强化物(如金钱、礼物或优异的成绩)与初级强化物之间建立了联系,它也能够产生强化作用。

21. 强化可能直接由大脑所支配。对动物大脑的某些领域进行强化,动物会不断寻求重复刺激,直到它们精疲力竭为止。

22. 强化梯度指这样一种机制:操作性行为与强化之间的时间间隔越长,强化的效果越弱。

23. 行为塑造,诸如动物的驯化或改变一个人的行为,是用连续近似的方法不断强化操作性行为,以使其渐渐接近预期的行为。

24. 一旦停止对操作性行为进行的强化,操作条件反射将就此终止。

25. 在操作条件反射中,可以对行为进行连续强化或部分强化。部分强化有四种形式:定比率强化;变比率强化;定时距强化;变时距强化。

26. 当动物或人类感到无法规避一种痛苦或厌恶的刺激时,就将表现出习得性无助。对习得性无助这一现象的最初实验研究是让狗习得它们无法逃避电击。当人们历经多次失败后也经常表现出这种行为。

27. 我们的学习效果并非总是表现于我们的行为中,这种隐性的学习称为潜伏学习。爱德华·托尔曼的研究表明,心理表象,如他自己提出的认知地图,是行为的基础。

学习的生理基础

28. 条件反射的很多效应可以归结于神经元突触发生的变化。

社会学习

29. 当我们观察别人的行为及其结果时,我们间接习得了这种行为,这就是社会学习。对社会学习的经典研究是班杜拉对儿童进行的一项实验,在这项实验中,儿童们观察并模仿了成人对玩具娃娃的攻击性行为。

30. 社会学习具有重要的意义，我们不仅可以据此来鉴别良性行为与不良行为，同时它对于我们识别和建立自我意识有着重要的意义。

思考题参考答案

1. 在何种条件下，学习将是有益的？在何种条件下，学习是无益的？

    当我们需要完成一项全新的工作或者需要面对一种陌生的环境，此时我们的经验能告诉我们应该怎样去做，在这种条件下，学习是有益的。反之，如果我们学习的成果无法应用于具体的情境，此时的学习则是无益的。比方说，如果我们用适合于伙伴关系而不适合师生关系的行为方式来处理与老师之间的关系，这种学习就是无益的。如果某种情景对反应速度有着极高的要求，此时的学习也是无益的。例如，一个人突然被高温物体所烫伤。在这种情景中，反射性反应比经过大脑处理的反应更为有效。

2. 操作条件反射与经典条件反射有何主要的异同？

    在经典条件反射中，行为是经引发而出现的。机体对学习的情境几乎没有控制作用。在操作条件反射中，行为是被诱发的，机体通常对学习的情景有更强的控制。在经典条件反射中，事件的顺序通常起始于一个条件刺激的出现。在操作条件反射中，事件的顺序主要起始于一个操作性反应的出现，这个反应既可能得到强化，也可能得不到强化（或惩罚）。在经典条件反射中，当取消条件刺激与无条件刺激的配对呈现，将发生消退现象，这种现象可以通过在没有无条件刺激的情况下反复呈现条件刺激而得以发生。在操作条件反射中，如果取消操作性行为与强化物或惩罚的配对，也将发生消退现象。

3. 为恐怖症患者或瘾君子制定一种基于对抗性条件反射程序的治疗方案。

    对于酗酒者来说，对抗性条件反射可以作为其戒酒的良方使用。我们可以对酗酒者使用一种药物，通过服用这种药物，酗酒者在每次饮酒时都会体验一种极度痛苦的感受。这种疗法原理在于，通过对抗性条件反射，酒精与痛苦的经验之间形成了联结。

4. 假如你在一家公司工作，你希望让人们购买一种你认为他们需要的产品。如何运

第六章 学 习

用条件反射的一些理论去鼓励人们购买该种产品?

你可能认为人们购买避孕套是为了避免不慎怀孕或预防性传播疾病。因此你需要为那些购买避孕套的人提供一些奖赏。其中的一种奖赏可以是设计一种增强性快感的避孕套(如色彩或形状各异的避孕套);另一种奖赏可以是经济上的实惠或保证性行为的安全。

5. 在某些难以完成的工作中,你会对什么事物(技能、任务、成就)产生习得性无助感?你准备设计什么样的条件反射程序以克服这种习得性无助感?

每个人都需要为自己回答这个问题。对我自己来说,我曾经多次尝试减轻体重,但总是收效不大。过后,我开始相信减肥失败的原因在于自己确定了不切实际的目标。我想大幅度地减轻体重,但总是失败,于是我自认为自己是失败者。后来我决定为自己设计一种强化程式:一旦体重略有减轻就奖励自己。我将其付诸于行动。我决定每当体重减轻一些(2磅)时,就让自己做一件想做的事。通过这种强化程式,我逐步接近了预期目标,从而逐渐地减轻了体重。

6. 既然社会学习具有强大影响力,谈谈如何利用电视传媒来降低我们社会的暴力犯罪率?

电视节目应该提供非暴力而不是暴力行为的榜样。至少在最低限度上,非暴力节目相对暴力节目的比例应该得到迅速地提高。开设非暴力节目可以产生良性的正面影响,而暴力节目却会产生恶性的负面影响。

赵一强,赵一标○译
李 锐○校

第七章 记　忆

路人悄然地离去，
沉睡于记忆深处的夜晚，
那间昏暗的旅店，
从此无法挥去……

——艾米丽·狄金森，写于 1406 年
(Emily Dickinson, Poem 1406)

第七章 记 忆

我们几乎总是在记忆——记电话号码、记面孔、记姓名等等。有时一种声音或一种味道都能引起我们对许多年前经验的回忆，使我们再次体验到当时的感觉。

有时要求记忆的内容是我们刻意学习的材料，许多人都有过这样的体验，为准备考试而记忆的大量信息，很快被忘记了。甚至有时，记忆的信息无法保持到考试。这样的例子说明了两个方面的问题：

首先，我们能记住或想起正在记忆的材料，但是除非在记忆中对这些材料进行加工，使其难以忘记，否则以后可能一点都回想不起希望记住的材料，我们将在讨论长时记忆中阐述这一观点；第二，如果希望长时间地记忆某些材料，那么现在大学中多数学生所使用的常规学习技巧可能并不够用，本章也阐述了这一观点，尤其在编码和记忆术部分对此进行了论述。另外，我们也对关于记忆方面的几个问题做了回答：什么是记忆？记忆是怎样工作的？存在不同类型的记忆吗？如果有，是哪些类型？每种记忆是如何组织的？不同记忆间的关系怎样？如何测量记忆？如何验证？为回答这些问题，首先要探讨一下什么是记忆及如何测量记忆。

本章的主题是：在记忆的过程中，我们是在对过去的信息进行建构，而不仅仅是从心理存贮箱中挖掘信息。由于记忆包含这样的构想过程，因此，有时它可能会捉弄我们。有报道称，罗纳德·里根（Ronald Reagan）总统所回忆和记住的他在二战中的作用，除了记得自己在一部电影中扮演的一个角色外，已经记不起他在二战中的任何真实的功劳。因此，我们无法保证人们所回想起的事情确实发生过或与发生过的事情有任何确凿的联系。

记忆的研究方法

问题：我们如何测量人们的记忆？

记忆（memory）是一个过程，是在现在的环境中使用过去习得的经验和学习的内容。我们凭借过去的记忆以帮助自己理解当前的情景。

在记忆的研究中,学者们设计了不同任务,要求被试用不同方法记忆一些无规律的信息,例如无意义的数字等等。由于本章介绍了很多类似的任务,因此有一点是非常重要的,那就是在我们呈现信息之前需要有预先的组织者,这是组织给定信息的基础,这样我们才可以理解学者们是如何研究记忆的。如果你忘记了有关各种不同记忆任务目的的某些细节,可以回过头来查一下本节对记忆任务的介绍。

回忆与再认

记忆任务包括回忆、再认或两者的结合。如果给你回忆记忆(recall memory)的任务,那么,就需要从记忆中提取信息、词语或其他东西,填空测验要求回忆记忆的内容,如"本文的作者是谁?"就是一个回忆的问题(如果你不看答案)。但是,如果给你一个再认记忆(recognition memory)的任务,如回忆一个事实、一个词语或其他东西,你就不得不选择或识别你是否知道。多重选择或正误测试的任务主要是再认,虽然也含有其他的过程,像推论等过程。如,"罗伯特·J.斯滕伯格(Robert J. Sternberg)是本书的作者吗?"要求你确认该信息是否正确。如果要求你填充该书作者姓的缺失字母,"s_e_n_e_g",那么除了给你名字的某些字母帮助你识记外,你要回忆出缺省的字母。最后是回忆与再认成分相结合的任务,有时称作线索性回忆(cued call)。在此种任务中,被试必须通过实验人员或其他人提供的线索或提示来完成回忆。

实验中主要运用的回忆类型有序列回忆、自由回忆和配对联想回忆。评估回忆的简单方法是序列回忆(serial recall),做法是呈现一系列的项目,要求按照项目呈现的正确顺序重复出来。有时,要求研究被试重复他们听到的内容,但是按照要求从后向前的顺序,如韦氏智力量表(见第九章)。当然除了数字外,还可用其他刺激方法进行序列回忆,如字母或词语。

如同序列回忆一样,自由回忆(free recall)也是呈现一系列项目,要求被试按任意顺序重复出来,当有多重测验时,通常每一实验中项目都是以不同的随机方式呈现的。

在配对联想回忆(paired-associates recall)中,呈现一系列的配对(通常是相关的)项目,要求被试记住,然后,研究人员向被试呈现配对中的一个项目,要求回答出配对的另一项目,如学习下面的配对项:time-city、mist-home、switch-paper、credit-day、fist-cloud、number-branch,之后,如果呈现给你 switch 一词,那么你需要回答的是 paper。另外,在配对联想回忆中,每一个项目呈现的方式可以是单向回忆线索,也可以是双向回忆线索。而你所要做的就是指出它是否是你已经在实验中习得的那一个项目。例如,在实验中,如果你拿到上面写有 time、city、mist、home、switch,这些单词的一张列表,而后你就会被问及 switch 一词是否出现过。在每一个这样的记忆任务中,你都需要从记忆中抽取一个新项目,然而在再认任务中,通常是由研究人员来做这项工作。从这种意义上来说,尽管存在某些例外,但再认记忆通常比回忆要好的多,如莱昂内尔·斯坦丁(Lionel

Standing)、杰瑞·康内齐奥(Jerry Conezio)和拉尔夫·哈勃(Ralph Haber)在1970年的一项有关再认任务的研究中发现,人们可以认出近2,000幅图片。让我们回顾一下第六章中所涉及的学习及其效果之间关系的讨论。记忆效果的好坏通常是对不同学习水平的表现,这主要取决于对你所进行的任务是回忆还是再认(为此,如果你对某个内容不是很确定的时候,你应该更擅长的是多项选择题,而不是填空题)。

通常在有关记忆的实验中,被试能意识到自己正在进行的是记忆任务,但并不总是这样。从事记忆研究的心理学家把记忆任务区分为外显记忆与内隐记忆,在内隐记忆任务中,被试并不知道他们正在参与一项记忆任务。

外显记忆任务与内隐记忆任务

前面所述的任务都包括外显记忆(explicit memory),这种记忆形式中个体都自觉地回忆或再认特殊信息,如前面列表中的单词。同时心理学家发现,除了认识外显记忆外,认识内隐记忆(implicit memory)也具有重要的意义(Graf & Schacter, 1985),在内隐记忆的过程中,个体无意识地回忆或再认信息。每天,你都在无意识地进行回忆信息的任务,而并没有意识到你在回忆。如在学习本书的过程中,你会不自觉地回忆起一些特殊词语的意义、前几章学习到的一些心理学概念,甚至包括你是以什么方式学习的等等。所有这一切都是在无意识状态下完成的。记忆研究人员也对程序性记忆(procedural memory)和陈述性记忆(declarative memory)进行区分,程序性记忆是对如何执行特定任务、技能或程序的再认和记忆,是"知道怎么做的"技能记忆,如记忆怎样骑自行车;陈述性记忆是对事实的再认和理解——"知道是什么",例如理解本书中的一些定义。

实验中,实验人员有时会通过研究人们的填词过程来研究内隐记忆。在填词作业中,实验人员向被试呈现不连贯的字母,如一个单词的头三个字母,要求他们根据头三个字母写出想到的词。如,假设要你填出下面缺失的五个字母,使之组成一个完整的单词,imp_____。因为你最近见到过的单词为"implicit",你就可能比那些近期没有见过这个词的人更倾向于填 l-i-c-i-t。概括而言,由于近期给被试呈现过这个词,因此,被试自己比较好地完成了该任务。即使没有明确引导被试根据以前所记得的单词进行填充,但是,从他们完成任务的效果来看,他们确实进行了内隐记忆。

内隐记忆也分为各种类型,如,程序性记忆,记住怎样做某件事,就是典型的内隐记忆。骑自行车时,你并没有完全意识到怎样上车、怎样平衡、怎样刹车等,但你却这样做了。写论文也是如此,你并不会完全意识到自己会去回忆一系列的程序——首先,需要一个题目;其次,需要一个开场白;接下来,需要弄清楚每句话都有主、谓语并以句号结束等等。但你就是这样做了。另一典型的内隐记忆现象是启动(priming),通过刺激启动一个或更多现存的记忆,如同上面例子中可以用"implicit"填空,就是因为你最近见过这个词。这样看来,记忆似乎有几种类型,而不是只有一种。那么,到底记忆有哪几种类型呢?

骑自行车要求对程序性记忆进行编码、存贮和检索。在存贮这类知识之前,儿童必须努力记住如何在妥当的时间以正确的方式运动其肌肉,仅仅通过练习,他就可以掌握这种技巧,并一辈子受用。

你可能会永远记住自己父母的名字,然而当在聚会场合你见到了一些新朋友时,你可能会很快忘记他们的名字,为什么我们会记住一些事情,而又忘记一些事情呢?要了解这个问题,就有必要学习记忆的种类及信息是如何进入记忆、如何保留,以后又是如何从记忆中提取这样一个过程。

记忆的经典理论:阿金森—谢弗林的多重存贮模型

问题:在"标准"的记忆模型中,包括哪些记忆的存贮?

心理学中记忆的主流模型最初是由理查德·C.阿金森(Richard C. Atkinson)和理查德·谢弗林(Richard Shiffrin)(1968)按照三种记忆存贮界定的(功能性存贮定位):(1)简洁、瞬时的感觉记忆;(2)知觉程度较大但存贮量有限的短时记忆;(3)信息容量存贮无限,需要有效检索才能引起的长时记忆。这种记忆存贮模型不是给记忆下定义的惟一形式,在以后章节中我们将会讨论不同的定义模式,但阿谢二氏模式的不同变异形式却一直为心理学者所应用。

记忆的三种存贮

如上提到的,研究记忆的心理学家将记忆分成三种形式:(1)感觉存贮(sensory store),信息储量少,保存时间极短;(2)短期存贮(short-term store)或短时记忆(STM),信息存贮量适中,信息保持时间为几秒钟;(3)长期存贮(long-term store)或长时记忆(LTM),信息存贮量比感觉记忆和短时记忆的都大,信息保持时间久,但并不十分确定。

这三种记忆模式并不具有心理学上清楚明了的结构。相反,它们是包含一系列过程的假设构造。比如,认为长时记忆过程与短时记忆过程略有不同,存贮在长时记忆的信息比较模糊,而短时记忆的信息则相对简略。图7-1介绍了三种记忆的简单信息加工模型,代表了20世纪60年代和70年代提出的模型(即 R. C. Atkinson & Shiffrin, 1971)。

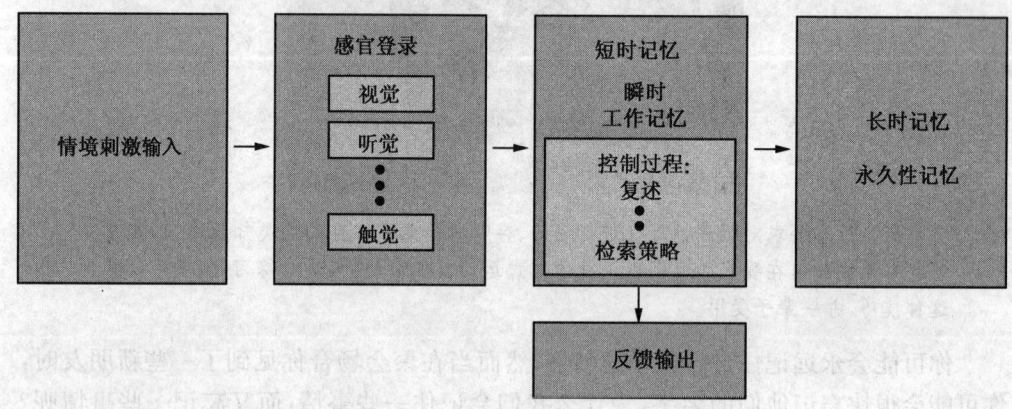

图7-1 记忆的三种存贮观

阿谢二氏的记忆模式中,信息流动从感觉到短期记忆再到长时记忆。他们的这种记忆模型长期用作研究记忆加工的理论基础。

记忆的机制:编码、储存和提取

上述三种记忆信息加工过程是类似的,都包括编码、储存和检索三个部分。每一部分代表记忆加工的阶段。编码(encoding)指物理感觉输入过程,如一个单词或一种声音,甚至是一种气味,转化为一种表象可以存贮到记忆中。储存(storage)指将编码的信息输到记忆存贮中并保留该信息。检索(retrieval)指从记忆存贮中提取信息并输入意识中,用于主动识记加工。编码、储存和检索是连续阶段,因此我们首先收集信息,并将该信息短时间保留,然后输送出去。然而,这几个过程之间既相互作用又互相依赖,比如学习时,你先要将信息编码,然后储存。在测试中,你检索信息的好坏取决于你对信息进行编码、储存质量的好坏。

我们可以根据对图7-2中的动物的分析来理解记忆的三个阶段。假设在翻阅杂志时,你看了一幅动物的图片,由于你没有时间阅读附带的文章,不知道这个动物是什么,所以,也很难深入地了解这个小动物。以后,当你重新翻阅这本杂志时,知道了这个小动物是非洲的一种大型哺乳动物,是一种以昆虫尤其是蚂蚁和白蚁为食的土豚。以前你听说过这种动物,但无论是在生活中还是在图片中都从没有真正见过,而现在却知道了这是一种什么动物,你就会发现自己已将该图片的特征进行了编码,比如动物有力的爪

图7-2

这是什么?

子、大大的耳朵、沉甸甸的尾巴。同样,你也将动物的名字和它的形象进行了编码。虽然,你不用特别努力地去记住土豚是什么样,可是信息已被存贮到记忆中,因为言语标识已经将它编码为对你有意义的内容。几年后,在参观一个动物园时,你见到这样的一个动物就立即辨认出它是土豚。虽然你已检索了记忆中早期存贮的表征,但可能连自己也没有完全察觉到在进行这种活动。

土豚的例子很好地说明了记忆的一种非常有趣的特性——也就是说,记忆具有一种言语标识,有助于我们对事物的理解(比如一个名字),即使它仅仅只是一个标识。在这种情况下,言语标识有助于我们组织好图片中呈现的有关动物信息。言语标识也可帮我们编码、储存和检索文中显示的信息,看一看你是否能勾画出下面段落的大意是什么。

这一过程实际上很简单。首先,你将物品分为不同的组。当然,可能分一堆就够了,这需要取决于有多少物品。但如果缺少了必要的设备,那就没办法进行下一个步骤,你就不得不去干点别的什么事情;否则,你可能会将一切安排得很妥当。事情别做得太过头很重要,也就是说,在短时间内做尽可能少的事情比做太多的事要好得多。当然,及时处理问题看起来似乎不怎么重要,但如果不这么做很容易把问题弄得复杂化。同时,一旦犯错误,其代价可能很高。一开始,整个过程似乎很复杂,然而很快,它就会成为生活中的一部分。我们很难在短期内预测迅速结束这一任务的必要性,之后我们也无法真正地识别这种必要性。在整个过程完成后,我们再一次将物品分成不同的组,它们将会各司其职,之后,这些物品又被投入使用,整个循环又将会再次

得到重复。这就是生活的一部分。

如果告诉你该短文的标题是"洗衣服",那么,上述过程会比没有标题要更容易记忆和理解(Bransford & Johnson, 1972,引自 Bransford, 1979, pp. 134~135)。言语标识有助于我们编码并记忆,否则我们似乎很难理解上面这段话。

既然我们已经了解了关于记忆过程及记忆的三种储存的观点,那么我们就可以深入地探讨每一种记忆。首先让我们从感觉记忆开始。

感觉记忆

感觉记忆,是感知的大量信息的最初存贮,并由此进入短时和长期存贮。感觉记忆有两种形式:对视觉记忆的映象储存和对听觉记忆的声音储存。

有很好的实验证据表明,存在对离散的视觉形象进行短暂存贮的感官登录器,即映象储存(iconic store)(我们将其称之为"映象储存"是因为假设信息是以形象存贮的)。视觉信息通过映象存贮进入记忆系统,映象存贮能在很短的时间内保存视觉信息。

乔治·斯珀林(George Sperling, 1960)进行了一项相关的实验,在实验中,他在 3×4 的方格内向被试呈现 12 个字母,呈现的时间为 50 毫秒,接着要求实验被试报告出方格中的字母及其位置。斯珀林发现,如果要求被试在 1/10 秒以后报告他们所看到的字母及其位置,他们能报 8 个出来,大多数信息在半秒之后就消失了,一秒后这些信息便几乎全部消失。在正常情况下,该信息或者是转到下一个存贮中或者是消失。如果你在 7 月 4 日里曾经用燃着的烟花"写"下了自己的名字,你就有了视觉记忆的印象,即你已"见到"了你的名字,即使烟花没有留下实际的痕迹。视觉暂留(visual persistence)是保存于映象储存中信息的一个例子。

短时记忆

短时记忆能将信息保持几秒钟,有时能达两分钟之久。尽管你可能见到某种你一天之前记住的东西,这其中也包括通过短时记忆进行的再认,但对心理学家来说,记忆的短期储存只负责在极短的时间内对信息的存贮(顶多两三分钟)。当你在电话簿中查找一个电话号码并试图记住并拨打这个电话号码时,你就在进行短时记忆。可为什么我们如此容易遗忘这些简单的信息?我们又如何才能避免遗忘这些信息呢?要了解短时记忆,我们首先需要了解信息的编码、储存和检索。

短时记忆中的信息编码

当你在记电话号码的时候,你可能会在心里默念几遍。这时你试图做的正是将电话号码信息进行编码以便存贮进入短时记忆中。在这一过程中你会用到怎样的编码方式呢？R. 康拉德(R. Conrad, 1964)进行了一项划时代的实验，成功地解释了这一问题。康拉德向实验的被试以每个字母 0.75 秒的速率呈现不同序列的 6 个字母。不同序列中用的字母是 B,C,F,M,N,P,S,T,V 及 X。被试必须在呈现字母后，立即按照呈现字母的次序写下每一系列中的 6 个字母。康拉德对人们在这种回忆任务中出现的错误尤其感兴趣。这种错误的模式很明显。尽管字母是以视觉形式呈现给被试的，但他们犯错误的倾向都是听觉混淆(acoustic confusability)。换句话说，实验中的被试不是回忆出要求他们应该记忆出的字母，而是回忆出与正确字母发音相近的字母。因此，他们会把 F 当做 S，把 T 当做 C，把 B 当做 V，把 P 当做 B，等等。

短时的存贮与遗忘

为什么信息在短期存贮中不会长久？我们是怎样保持这类信息又是怎样遗失它们的？我们回过头来根据已经了解的知识来回答这些问题。虽然心理学家对短时存贮信息的遗忘模式可能意见不一，但是他们就信息如何存贮则达成了一致。将信息存贮到短时记忆或将信息从短时记忆转移到长时记忆的一种方法是通过不断地重复信息，也就是复述(rehearsal)的过程(我们将在后面探讨长时记忆)。复述可以有两种形式。维持性复述(maintenance rehearsal)仅仅是不断地重复字词，而不用考虑字词的意义；精细复述(elaborative rehearsal)则要求留意字词的印象和意义。例如，你可能就字词之间的相互关系形成了一种交互的印象(如果这两个单词是桌子和食物，可以想像是食物是放在桌子上的)。

复述对大多数成人来说是自然进行的——以至于我们通常以为自己已经做到了这一点，但其实却不尽然。年幼的儿童与年长的儿童(对成人同样如此)之间的最主要区别不在于学习的基本机制，而在于学习的策略，比如复述(Flavell & Wellman, 1977)。对于年幼的儿童，特别是学前儿童来说，他们缺乏的是元记忆(metamemory)技巧，即理解和控制他们自己的记忆的能力。年长的儿童和成人都明白，要将信息保存在短时存贮中需要复述；年幼的儿童大多不清楚这个道理。另一方面是因为复述的有效性，我们必须积极地尝试进行信息的编码和存贮；简单地重复单词并不能构成有效的复述(Tulving, 1996)。

当某种操作要求你记住一组数字时，你会用到短时记忆的编码策略。

干扰 复述策略能够保证我们保持信息;那么何种过程导致我们遗忘这些信息呢?我们会在很短的一段时间后便忘掉才听到的电话号码和人的名字,这是为什么呢?关于我们为什么会遗忘短期存贮的信息,心理学家们已经提出了几种理论。最有影响的两种理论是干扰理论和衰退理论。干扰(interference)指其他信息与个体试图记忆的信息之间的竞争,因此导致个体遗忘所要存贮的信息。衰退(decay)指仅仅由于时间的流逝而引起的遗忘。

研究人类记忆的最著名的实验范例之一是布朗—彼得森的范式,以其创始人约翰·布朗(John Brown, 1958)和劳埃德·彼得森与玛格丽特·彼得森(Lloyd Peterson & Margaret Peterson, 1959)命名。因为遗忘的信息是个体尽力想记住而又被竞争信息干扰和替换的,布朗和彼得森夫妇的研究证明了短时存贮的存在,也验证了遗忘的干扰理论(interference theory)。让我们来看看彼得森夫妇(1959)进行的一项实验研究。

在该实验中,彼得森夫妇要求实验的被试回忆三个字母组成的字母组,称作三项元(trigrams),在呈现最后一个字母后分别间隔3秒、6秒、9秒、12秒、15秒或18秒。彼得森夫妇的记忆材料仅仅使用了辅音,这样可以对三项元的发音难度进行控制,如K-B-F。图7-3显示了不同时间间隔后回忆的正确率。为什么随着时间间隔的增加回忆的准确率下降如此迅速?因为每次口头陈述三项元之后,立即又给被试陈述一个三位数的数字,彼得森夫妇要求被试在陈述三项元之后尽可能快地将三位数的数字倒数减去3。让被试倒数的目的是防止他们在记忆保存的间隔期间进行复述,也就是呈现最后一个字母和实验回忆阶段之间间隔时间内的复述。很明显,如果不让被试进行复述,18秒之后三项元将被忘得精光。

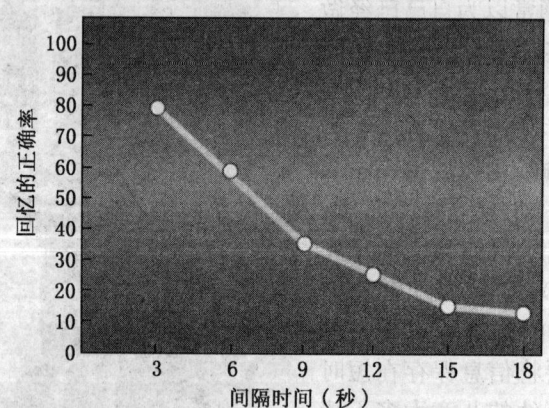

图7-3 短时记忆回忆的正确率

在劳埃德·彼得森和玛格丽特·彼得森的研究中,实验的被试无法使用复述将信息保存在短时记忆中。结果,他们回忆三个辅音(三项元)的能力在回忆间隔时间从3秒上升到18秒后急速下降。有人认为倒摄干扰可能导致回忆正确率的迅速下降。

在记忆的理论和研究中，至少存在两类显著的干扰：倒摄干扰和前摄干扰。倒摄干扰（或倒摄抑制）（retrocative interference, or retroactive inhibition）是指干扰是由于后面的信息引起的，而不是由前面的信息引起的。这里有一个关于倒摄干扰的例子：我们先进行心理学的测验研究，其后进行生物学的测验研究，最后再进行心理学测试。结果可能让我们颇为沮丧，我们发现自己或许能够回想起生物学测验的内容，但是却想不起心理学测验的内容！前摄干扰（或前摄抑制）（proative interference, or proative inhibition）是指记忆被前面的信息干扰，而不是被以后呈现的信息干扰（见图7-4）。前摄干扰的例子如下：我们可以先进行生物学的测验研究，之后进行心理学的测验研究，最后再进行心理学测验。我们可以发现，在这种情况下，生物学的测验仍然会干扰对心理学测验内容的回忆。或许正如本章相关研究专栏中所阐述的，电视广告努力要让人们记住广告的内容，而暴力电视节目却可能干扰对这种信息的记忆。

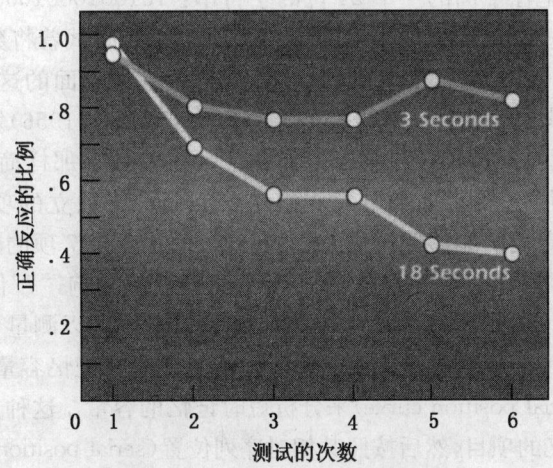

图7-4 前摄干扰和短时记忆

杰弗里·凯佩尔（Geoffrey Keppel）和本顿·安德伍德（Benton Underwood）证明了前摄干扰也会影响回忆，如图所示，在增加呈现的三字母的次数后，回忆的正确率下降了。前摄干扰的影响随着记忆保持的时间间隔的延长而增加。

衰退 衰退理论（decay theory）认为，信息遗忘是因为它随着时间的流逝而逐渐消失，而不是因为信息被其他信息代替。因此，虽然干扰理论认为是一些信息受到另一些信息的排挤而逐渐被遗忘，而衰退理论则认为如果没有有效措施以保存需要记忆的信息，它就会逐渐地消失。有部分研究证据能证明记忆衰退进程的存在。

衰退理论很难验证，因为我们很难防止实验的被试在将给定的信息保存在记忆中时，会有意或无意地进行复述。然而，即使能够防止被试复述，也可能产生干扰：用于防止复述的任务可能引起倒摄干扰，影响原来的记忆信息（Reitman，1971，1974）。

比如,在你阅读本书的下一页内容时,试着不想其他内容。虽然实验的主试要求我们不要去想其他的内容,然而即使你尽力遵循主试的要求,实际上也很难做到这一点。

总之,干扰和衰退都可能是造成短时记忆信息遗忘的原因。有关短时记忆衰退的实验证据还不够严密,但具有一定的启发性。有关干扰的实验证据相对来说要更为有力一些,但在目前的情况下,心理学家还无法确定倒摄干扰和前摄干扰各自的影响程度,或者两者的交互效应。

我们已经讨论了信息如何通过编码而进入短时记忆,如何保持于短时记忆中,又是如何遗忘的。但我们还需要进一步了解的是,保持在短时记忆中的信息发生了何种变化?短时记忆中能保持多少信息?我们是如何对这些信息进行检索的?

短时记忆的存贮容量

让我们来试着记住下面的一个 21 位的字符串:101001000100001000100,将如此单调的数字保持在短时记忆中是相当困难的。现在让我们试着将数字划分为较大的组块,如 10、100、1000、10000 和 100。你会发现很容易将上面的这个 21 位的数字分成 6 组。在一项经典的研究中,乔治·米勒(George Miller,1956)发现短时记忆的容量大约是 7±2 个项目。这种项目可以是如一个阿拉伯数字那样简单,或如一个单词那样复杂。通过记住更多的复杂单元或组块(chunks,将独立的项目组成简单的集合),可以有效地提高我们能够保持的信息的容量,而不止是 7 项的限度。

当然,正如前面的讨论中指出的,由于干扰和衰退的影响,"7"仍然是短时记忆中项目数的一个限度。认知心理学家已经找到了一种方法,用以测量干扰和衰退对短时记忆容量的影响。一种用以估算在衰退和干扰情况下短时记忆容量的方法,是通过描绘序列位置曲线(serial position curve)来分析短时记忆的容量。这种方法是按照给定的序列向被试呈现记忆的项目,然后按照其相对序列位置(serial positions)描绘出在该序列中特定项目回忆的正确率。

在这种实验中,主试可能向你呈现一系列的单词,并要求你回忆。比如,让你读一下下列的单词,然后立即以任何次序回忆这些单词:table, cloud, book, tree, skirt, cat, light, bench, chalk。如果你同大多数人相似,那么就会发现你回忆正确率最高的单词是位于或接近序列的末尾,次好的是位于序列的开始,最差的是位于序列的中间。典型的序列曲线见图 7-5。

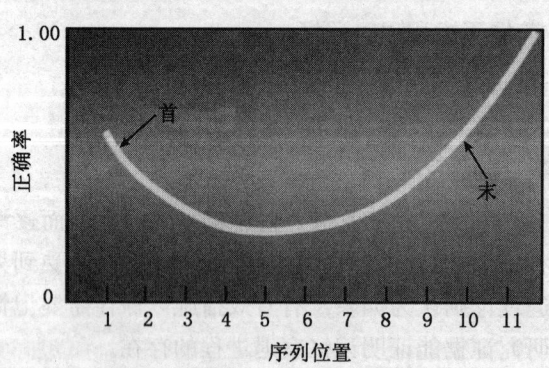

图 7-5　理想的序列位置曲线

按照该曲线,对于大多数人来说,回忆序列前端和末端项目的正确率要比序列中间的项目高。

位于序列末尾的单词回忆正确率高,这一效应称为近因效应(recency effect);位于序列开始或接近开始部分的单词回忆正确率同样较高,这一效应称为首因效应(primacy effect)。对于位于序列开始和中间部分的单词来说,其回忆的正确率主要是受长时记忆的影响,我们将会在本章下面的章节中阐述这一点,而回忆位于序列末尾单词主要是受短时记忆的影响。近因效应的原因在于我们给予被试信息并要求其回忆时,被试将这些信息"塞"入短时记忆中。序列位置曲线对于解释干扰理论具有重要的意义。根据干扰理论,位于序列末尾的单词主要受前摄干扰而不是后摄干扰的影响;而位于序列中间部分的单词则同时受到两者的影响,因此回忆序列中间部分的单词效果很差,事实也确实如此。

拓展我们对短时记忆理解的另一种方法是要分析人们生长的文化背景。例如,卢姆杰·胡赛(Rumjanh Hoosain)和其他研究人员的研究表明,香港大学生记忆数字的平均广度是9.9,也就是他们能够在短时记忆中存贮9.9个数字。这个广度比说西方语言的人要多两个数字。我们在就亚洲人的算术能力推导出任何结论时,考虑中文的特质是很重要的一点。例如,用普通话读数字要比用德语快得多,而用广东话数数要比用英语快得多(M. H. Bond, 1986; Hoosain & Salili, 1987)。语言的差异可能影响编码。

检索

一旦我们将信息编码并存贮在短时记忆中,又是如何对这些信息进行检索的呢?这方面的经典系列实验是由索尔·斯滕伯格(Saul Sternberg, 1966)完成的,他研究的是短时记忆扫描(memory sanning)。在短时记忆扫描进程中,个体通常检查短时记忆中保存了什么信息。

斯滕伯格实验的基本范型很简单,他给被试呈现从1到6的一列数字(识记项目)。在全部数字呈现完毕以后,经过短暂的时间间隔,再呈现某个曾经出现过的数字(识记项目),要求被试判断该测试数字是否是刚才识记过的,即是否包含在识记项目中。

心理学家用信息加工的模型来鉴别在此类记忆任务中个体必须经历的加工历程,如斯滕伯格设定的实验任务。在短时记忆的检索任务中,建立此类模型的基本问题是:个体进行的检索是一蹴而就的还是连续的。如果项目的检索是连续(的),问题就出现了:我们是不管任务的性质如何而检索所有的项目,还是一旦检索到某个项目能完成任务,我们就停止检索呢?

平行加工(parallel processing)指对多重操作进行的同时认知处理,这样短时记忆项目的检索是一蹴而就的,而不是依次检索。系列加工(serial processing)指在操作的认知控制中,一次执行序列中的一个操作。在上述的数字回忆任务中,数字的检索是连续进行的,而不是一次性的。如果信息加工是序列的,那么我们可以通过两种途径来提取刺激：耗竭性系列加工或者自我终止性系列加工。耗竭性系列加工（exhaustive serial processing）指对记忆集中的全部项目都按顺序检查一遍，即将识记项目与记忆集中的每个项目都比较一次，然后才判定测试项目是否与记忆集中的某个项目相匹配，即使在检索过程中已经发现了匹配的项目。自我终止性系列加工（self-terminating serial processing）指个体在记忆集中检查出所要求的项目后即停止比较，即在识记项目与记忆集中的同一个项目匹配以后，就停止检索。在此类加工进程中，个体仅仅在能引起反应的数字中检查测试数字。斯滕伯格（1966）发现他的研究结果支持耗竭性系列加工模式，在他的实验中，被试用以检索比较的时间大约为 38 毫秒。然而，后续的研究对这一结果有更新的解释（如 Townsend，1971）。

长时记忆

在我们的日常交往中，我们也会用到记忆，这种情况下的记忆通常是长时记忆。长时记忆能长久保存信息，虽然有时这些信息不太明确。信息是如何从短时记忆进入长时记忆的？一种方法是通过信息的复述，另一种方法是通过有意地主动了解信息。但我们完成这种转换的更重要方法是通过将新信息与我们已经理解的信息联系起来——即新资料与已经存贮的信息一体化。与短时记忆相似，我们将讨论长时记忆中的三个过程：编码、存贮和检索。

长时记忆的编码形式

信息的长时存贮似乎主要是通过语义编码（semantically encoded）——也就是根据单词的意义进行编码。然而我们也在长时存贮中保存视觉和听觉信息。了解语义编码的一种方法是进行单词测试，这些单词与其他测试单词语义上有联系。例如，威廉·鲍斯菲尔德（William Bousfield, 1953）进行了类似的一项研究。在该研究中，被试学习了容量为 60 的一组单词，包括 15 种动物、15 种职业、15 种蔬菜和 15 个人名。然后以随机方式呈现这些单词，在被试听了这些单词后，要求他们以任何次序回忆听到的项目。鲍斯菲尔德随后分析了单词回忆的输出次序。被试序列回忆的单词多是根据相同种类而不是随机的，因此，可以推导人们记忆单词可能是将单词划分了不同的类型。

长时记忆也可通过视觉进行信息编码。如南希·弗罗斯特（Nancy Frost, 1972）进行的一项研究。在该研究中，弗罗斯特给被试呈现 16 幅物品的图片，分别包括 4 套衣物、4 种动物、4 辆汽车及 4 套家具。弗罗斯特不仅控制了语义的类别，而且还控制了视觉形象的类别。这些图片在视觉定位上不同，其中 4 个角度是朝左，4 个朝右，4 个水平，还有 4 个是垂直。图片以随机方式呈现给被试，然后要求被试自由回忆。被试回忆的次序表明，存在语义类别和视觉形象类别的双重编码，这表明，人们同时使用视觉形象和语义对信息进行编码。

甚至听觉信息也可以被编码,从而进入长时记忆(T. O. Nelson & Rothbart, 1972)。假设信息可以不同方式编码进入到长时记忆中,那么,每一种编码形式对应的应用情况如何呢?

编码情况

我们以言语和表象互补的方式存贮记忆(Paivio, 1971, 1986)。适用的表述形式取决于刺激呈现的形式(言语或非言语)和要求记忆的刺激的表象值。有的单词非常具体,有很高的表象值,如bluejay、lemon、radio、pencil。这些单词即使通过言语表达本身也具有一种视觉表象。相反,如truth, kindness及joy等单词则不太以表象形式存贮,只是因为我们差不多没有这类单词的相关印象。

编码意义 概念之间关系隐含的意义如何?约翰·安德森(John Anderson)和戈登·鲍尔(Gordon Bower, 1973)提出了一种命题(prepositional)的观点,根据该观点,表象和言语表征的存贮都是根据其深层意义(deep meaning),即基本的表征单元是将两者联系起来的命题,而不是表象或者言语陈述本身。赫伯特·克拉克和威廉·蔡斯(Herbert Clark & William Chase, 1972)进行了一项相关研究,在该研究中,他们要求被试将某一情境的言语表征(即"星星在加号上")与其相应的图形表征(即一幅星星画在加号上的图片)进行比较。其中,一半的言语表征和图形表征是互相对应的,另一半则相反(如:图片显示的是加号在星星上,言语表达的是星星在加号上)。克拉克和蔡斯发现人们能很有效地进行这种对比。根据他们的研究资料,克拉克和蔡斯提出了言语形式和表象形式的表征如何编码为深度命题的简单模型。科林·麦克劳德、厄尔·亨特和南希·马修斯(Colin MacLeod, Earl Hunt, & Nancy Mathews, 1978)的研究所得到的有力证据表明,我们可以用命题或表象形式进行表征。

表象表征 斯蒂芬·科斯林(Stephen Kosslyn)所做的大量实验证明人类记忆中存在表象表征。在其中一项有趣的实验中(Kosslyn, Ball, & Reiser, 1978),他们呈现给被试一张假想的沙漠地图,见图7-6。被试需要仔

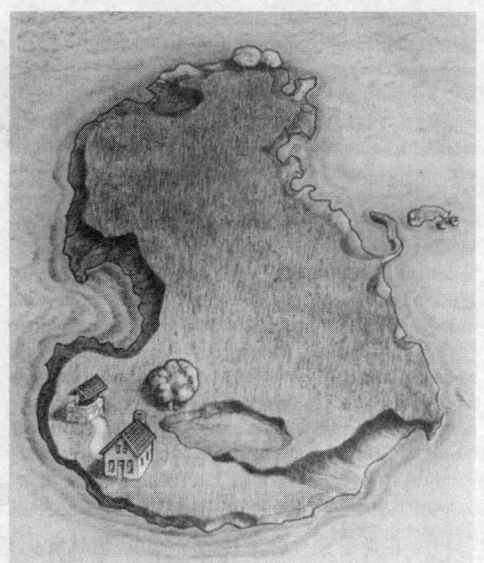

图7-6 长时记忆中的表象编码

假想的沙漠地图中有六个目标物体,包括一个小屋、一棵树、一个湖泊等。实验被试需要通过记忆勾画出地图的轮廓,并将六个目标物体准确地放置在不超出其实际位置1/4英寸的地方。

细研究地图,直到他们能准确地再现地图,将地图中的六个对象放置在不超过其原位置1/4英寸的位置。被试一旦完成实验中的默记程序,就开始进行这一关键的程序。

他们告知被试,一听到这六个对象的名称,就需要描绘出地图,通过心理扫描找到相应的对象,并尽快在对象对应的位置按一下按钮。让被试多次重复这一程序,在此期间,被试不停地从一个对象的匹配到另一个对象的匹配进行心理扫描。实验者追踪了每一次实验的反应时间,即从一个对象的配对到另一个对象的配对之间需要多长的扫描时间。研究结果发现,对于被试在心理地图中连续配对的对象之间的空间距离,和被试按动按钮花费的时间,两者之间存在一种很好的线性关系。换句话说,人们似乎已将地图以表象形式编码成为心理地图,并确实根据需要对这一表象进行了扫描。

科斯林(Kosslyn & Koenig, 1992)同时也发现了关于表象大小的一些有趣的效应。让我们来看看图7-7中的兔子和蜜蜂。然后闭上眼睛在心里想像它们的样子。现在单独想像蜜蜂并确定它头部的颜色。你注意到自己得花时间去"看"蜜蜂具体的外形。现在再来看看兔子和大象,并在心中勾勒出它们的样子。然后闭上眼睛想像大象,想像着自己朝大象走去,在它靠近你时,打量它。你是否发现当近到一定程度时,你看到的不再是整个大象?很多人发现大象的表象似乎超出了自己想像空间的大小。

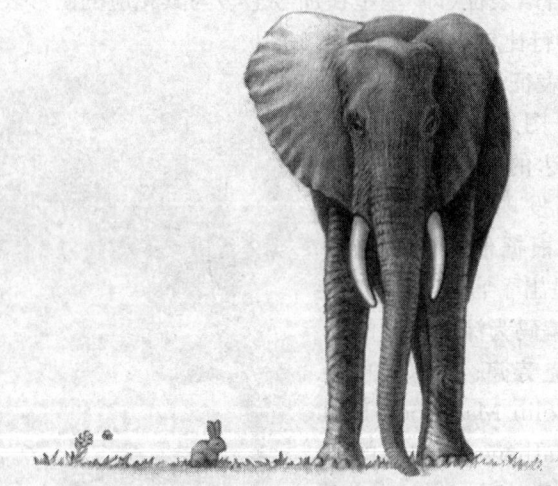

图7-7　图像尺寸

在斯蒂芬·科斯林的研究中,被试首先想像兔子和蜜蜂的形象,之后想像兔子和大象的形象,以此来测量被试的心理表象容量。在想像兔子和蜜蜂的形象时,被试需要将蜜蜂放大来"看"其具体细节;然后让被试想像兔子和大象的形象,同时让他们想像自己逐渐走近大象,大象的表象超出了他们的心理表象空间。

人们还可以通过心理表象将几何信息保存在记忆中(Stevens & Coupe, 1978)。比如,很多人记忆中有一幅粗略的美国地图。哪一个城市在最西边:内华达的里诺市还是加利福尼亚的圣迭哥市？大多数人认为圣迭哥在里诺的西边，在他们记忆中的地图上，两座城市似乎如同图7-8A的样子。但是，实际上里诺在圣迭哥的西边，是B图所示的样子。该任务中人们所犯的错误表明了人们在记忆中使用了表象表征。

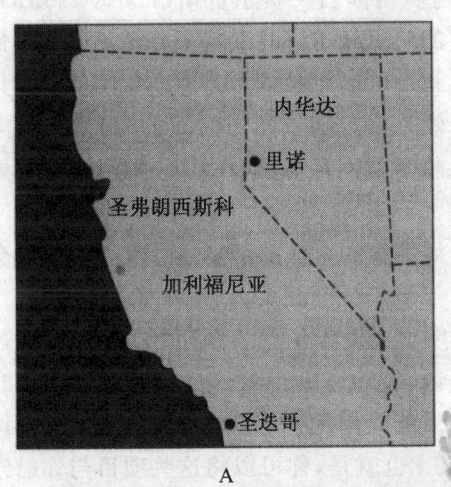
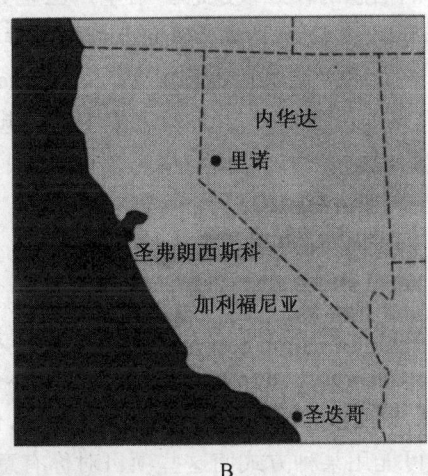

图7-8 记忆中映象的准确性

多数人认为圣迭哥在里诺西边，因此他们的心理地图自然与A图相似。而实际上，里诺在圣迭哥西边，如图B所示。

正如上述研究显示的，记忆中信息编码是通过命题表征和表象表征。记忆的双重轨迹理论（dual-trace theory）确信这两种表征的存在，虽然其他理论用不同的方式加以解释。我们现在要阐述的问题是我们何时用哪种表征。

在生活中，我们在很大程度上依赖于长时记忆，需要的信息都保存在此。我们已经了解了信息是如何编码的，但这些信息是如何存贮的呢？

长时记忆中的保存与遗忘

影响存贮或遗忘信息的因素很多，包括学习信息的场所、复述方法、信息组织及前摄干扰和倒摄干扰。

学习的时间与步骤 假设你必须为将要进行的法语考试学习单词。你需要掌握240个单词，有4个小时的支配时间，你可以以不同方式计算你的时间。一种是一分钟学一个单词；另一种是每次花30秒学一个单词，每个单词学两遍。哪一种方法有助于你更好地记住单词？

如果你有4个小时的连续时间，那么考虑用哪一种方法意义不大。因为根据总体时间假说（total-time hypothesis），这是一种广为接受的理论（至少为很多心理学家接受),一个人通过记忆学习的能力取决于给定区间内学习花费的总体时间,而不是取决于分配时间的方法。

如果你将给定时间分成一系列区间,那么这又是另一回事,因为学习中时间步骤会影响信息的存贮或遗忘。哈里·巴里克与伊丽莎白·费尔普斯(Harry Bahrick & Elizabeth Phelps,1987)研究8年之前学习的西班牙单词时发现了一个重要的记忆原理。人们掌握知识时分配学习(distributed learning,即按时间顺序分配学习)比集中学习(massed learning,即学习集中在一起)效果好。随着学习时间的分配越多,人们记住的也越多。该原理对学习很重要,如果将学习对象分配一下,平均回忆起的要更多,而不是在短时间竭力生吞活剥。

无论你如何分配时间,所使用的记忆分类信息的方法都是复述。复述的质量会影响记忆效率吗?

复述 讨论短时记忆时,我们发现复述明显有助于信息的保存。虽然怎样复述信息会影响到你如何有效保存信息,从总体上说,复述有助于将信息从短时转入长时记忆中。回忆一下学习西班牙单词的例子,你只能简单地一遍又一遍重复这个项目,或者你可能用某种方式使这些项目对你有意义。也就是,你可以将这些项目与你已经熟悉的项目联系起来,或将项目之间联系起来,从而使它们更易记住(请回忆我们在前面讲述的组块效应,人们可以将许多信息的小单元组合为一个大单元,使信息成为一体,从而更易记住)。在复述时详细理解信息,而不是简单重复,可以大大提高复述效率,尤其是在准备考试时。理解信息的一个方法是将它们组织在一起。

信息的组织:语义记忆和情境记忆

我们如何将信息组织到记忆中?可能解释该问题最有说服力是对语义记忆(semantic memory)中的信息进行的研究。语义记忆是我们的一般性社会知识——我们对事实的记忆。对我们来说这类记忆不是惟一的,也不是在任何特别的时间情境中回忆出的(Tulving,1972)。例如,"我窗外的长圆柱体是一个柱桩"或"拿破仑是法国将军"之类的知识都是信息存贮语义记忆的例子。语义记忆与情境记忆不同,情境记忆(episodic memory)是个体体验的时间或情境记忆,语义记忆是在学习无意义单词时使用的记忆方法。如,我要记起昨天在餐厅见过赫克托·冈萨雷斯,就必须有一个情境记忆;但如果要记我在餐厅见到的人的名字(赫克托·冈萨雷斯),我必须通过语义记忆。这里没有与赫克托这个名字关联的时间标志,但是有与我在昨天见到他相关联的时间标志。虽然语义记忆和情境记忆都以不同方式工作,但我们不清楚是否存在这两种不同系统。

语义记忆是以概念(concept)的形式工作的。概念是事物本质的反映,是对一类事物进行概括的表征。人们以某种心理加工方式来组织概念,研究人员希望通过构建记忆的组织结构,尽力使记忆的认知加工过程更容易理解。心理学家通常使用图式(schema)这一术语,来描述根据早期经历组织相关概念的认知平台,包括信息和观念。

"服务生,我要点菜,除非我已经吃过了,请问什么情况下给我账单?"
【资料来源】©The New Yorker Collection 1992 Robert Mankoff from cartoonbank.com. All rights reserved.

例如,在一家上好的饭店吃午饭的图式可能与你个人在这样饭店就餐的体验的所有事情有关联,也与你从其他人和其他信息源了解的关于午饭的事相关。该图式可能包括进入门内、让侍应生安置座位、给杯子加满水、递给你一个菜单、告知当天的特色菜,等等。

长时存贮的干扰

我们已知道干扰会影响短时记忆;它对长时记忆也有重要的影响。前摄干扰是由于我们试图将信息存贮到记忆中之后,但又在我们试图从记忆中检索之前出现的活动引起的。相反,后摄干扰发生在干扰材料出现在学习材料之前。

然而,在其他情况下,先前的学习能引起正向迁移(positive transfer),也就是说,复述的信息对新信息的学习和记忆有很大帮助。如,以前学过驾驶标准档位汽车,在学习驾驶自动档位汽车时,就引起正向迁移;很多以前学过的技能、知识对以后的学习有帮助。常常是,以前的学习在某些方法上有帮助,但在其他方面有不利的影响。当迁移产生不利影响时,引起的就是负向迁移(negative transfer),也就是,先前体验的信息在新材料的学习和掌握中产生干扰。如,某个人以前学习了驾驶标准档位汽车,在驾驶自动档位汽车时,他可能为了变速而使劲地踩刹车,结果几乎使坐在前排的人都扑到了挡风玻璃上。

一旦学会了驾驶标准档位汽车，你就会几年都记住这一技能，有时甚至维持一生。长时记忆的持续时间如此之久，这不由得让我们产生了以下的问题：长时记忆能保存多少信息？信息又能保存多久？

长时记忆的存贮容量

心理学家并不清楚长时记忆的存贮容量，也没有找到有效的方法来确定长时记忆的存贮容量。虽然心理学家设计了实验用以测量短时记忆的限度，但他们并不知道如何测量长时记忆的限度，并由此确定其容量。有的心理学家认为其容量是无限的，至少在实际情况下确实如此（Hintzman，1978）。

因此，要回答信息在长时记忆中能保存多久这一问题殊非易事，因为到目前为止，心理学家没有足够的证据证明，信息的存贮时间是否存在一个绝对的外部极限。研究人员找到了支持长时记忆的时间无限性的证据。哈里·巴里克、菲利斯·巴里克和罗伊·魏特林格（Harry Bahrick, Phyllis Bahrick, & Roy Wittlinger, 1975）做了一项有关姓名和面孔的有趣的研究。他们测试了被试对中学同学的名字和照片的记忆。即使在 25 年之后，他们还是能认知同学的名字，并且名字与毕业照匹配的认知正确率也十分高。如你所想，回忆名字的正确率要更高一些，名字似乎比面部难于检索。在通常情况下，什么使一些记忆比其他记忆难于检索？下面让我们来看一看记忆信息的检索。

检索

> 但是，将我们的生命连接在一起的神秘力量有它自己的难以预测的变化和中断，有时记忆有自己的个性，根据自己的意愿自动接受或拒绝接收信息。
> ——拉尔夫·瓦杜·埃默生（Ralph Waldo Emerson）
> 《智力的自然史》（*Natural History of Intellect*）

如果像某些人认为的那样，什么也不会从长时记忆中消失，那么，为什么我们有时会记不起一些东西呢？区分可得性（availability）和可及性（accessibility）具有重要的意义。可得性指长时记忆中是否存在特定的信息；可及性指访问存贮于长时记忆中信息的容易程度。记忆效能取决于记忆信息的可及性。

记忆的可得性和可及性的比较近来成为心理学中争论的焦点，这是因为这一问题对于解释被压抑的记忆的恢复现象有着重要的意义，这种现象在心理学中长期以来备受争议，尤其是成人对孩提时经历的性虐待的记忆。争论的焦点在于此类现象是否真实，如果真实，其发生的频率如何？

孩子遭受性虐待的问题一直存在，大部分人都认为这类虐待发生的频率很少，最近出版的相关书籍——大量的是面向市场而不是面向心理学家——讨论认为这种现象比人们想像的更为普遍。根据这些书籍记载，很少报道虐待的原因是许多受害者压抑了这种记忆——换句话说，此类事件的记忆是存在的，但很多是不可得的。通过各种技术，一些临床医学家称他们能够帮助恢复被压抑的记忆。但是，我们仍然不能确定这类记忆的有效性(Bowers & Farvolden, 1996; Ceci & Loftus, 1994; Lindsay & Read, 1994; Loftus & Ketcham, 1994; Pennebaker & Memon, 1996)。

长时记忆存贮检索的研究通常要追溯到赫尔曼·艾宾浩斯(Hermann Ebbinghaus, 1902, 1885/1964)，他用无意义的音节测试自己的记忆。使用该种符号的出发点是因为它们本身没有意义，从而使在没有前相关和意义的影响下，研究纯粹的回忆现象成为可能。但是，这一逻辑存在两个问题。第一是人们构造它们使其有关联；第二是我们应该使人们对学习他们在日常生活中实际要识记的材料感兴趣，而不是对它们永远不可能有机会学习的材料感兴趣。

线索的有效性和编码的特异性 信息呈现的方式引起回忆方式的不同。任何类型的联系或线索，都能充分地帮助回忆，尤其在线索对个体来说是有意义的情况下。蒂莫·曼缇拉(Timo Mantyla, 1986)在他的研究中发现被试创造了自己的检索线索，他们几乎能准确无误地检索 500 甚至 600 个单词。在曼缇拉的研究中，对序列中的每一单词，要求被试生成另一单词(线索)，对他们来说，线索是目标单词的确切描述或性质。之后，向他们呈现序列中的线索单词并要求他们回忆目标单词，曼缇拉发现线索对目标单词来说既一致又特别时，线索会很有帮助，因为它们不会生成很多的相关单词。例如，如果给你的目标单词是 *coat*，那么，以 *jacket* 作为线索就与目标单词一致；但是，如果你用 *wool* 作线索，可能会让你想起大量的单词，如 *fabric*、*sheep*，这些都不是目标单词。

我们讲的记忆材料之间的联系不总是全部由材料本身引起的。外部情景也可能影响回忆信息的能力。当回忆信息所处的情景与记忆信息情景一致时，信息回忆效果较好。例如，在我们学习材料的同一教室考试，效果比在不同教室好。在一项实验中，主试要求 16 名水下驾驶员，分别在岸上或水下 20 英尺学习 40 个无关单词(Godden & Baddeley, 1975)。之后，要求他们或在与学习时相同的情景下或在其他情境下回忆。结果显示，相同情景下回忆的效果好。在另一项研究中(Butler & Rovee-Collier, 1989)，研究人员发现甚至连婴儿也能证实情境确实影响回忆。实验中主试为婴儿提供在相同情景下和不同情景下学习弹踢移动物体的机会，结果在相同情景下学习的效果更好。

甚至情绪和知觉状态也提供了编码情境，并在之后用于检索记忆。也就是，特殊情绪或知觉状态下，我们编码的内容可能在相同状态下检索更好(Baddeley, 1989; G. H. Bower, 1983)。如，班德雷(Baddelay, 1989)指出，情绪低落的因素可能让压抑的人更容易检索以前悲哀体验的记忆,并可能进一步延续低落的情绪(有关情绪低落的其他认知观点,请参考第十七章)。如果心理学家或医疗人员进行干预以防止这种恶性循环,那么,抑郁症患者可能会开始感觉高兴,并引起检索幸福的回忆,进而释放压抑感等等。或许"想想快乐的念头"这种生活中的智慧并非完全没有道理。

有关检索的大量实验结果表明,项目编码的方法对项目检索的方法及项目检索好坏有重要影响。恩德尔·塔夫和唐纳德·汤姆森(Endel Tulving & Donald Thomson, 1973)将此关系称作编码特异性(encoding specificity)——也就是呈现信息的特殊方式如何放在记忆中,并影响到以后检验信息的特殊形式。总之,检索与编码互相作用性很强。如果你需要准备考试并希望在考试期间信息回忆的效果更好,那么,就以有利于回忆的方式来组织你需要学习的信息。

记忆的构造性特征

回忆有意义的信息比没有意义的信息要好,有时,甚至在以后的回忆中能创造出信息的新意义。实际上,记忆不只是重建,通过重建,个体存贮在记忆中的事件或事实信息很准确,如同发生的一样;它也是构造性的,因此个体根据事实和期望构建记忆,这类存在的图式可能影响存贮新信息的方式。

弗雷德里克·巴特利特(Frederick Bartlett, 1932)是早期对材料记忆是否受先前知识影响感兴趣的研究人员。巴特利特让他的英国被试学习北美印第安人的传说"幽灵之战"。对他们来说,这些故事是奇特和难以理解的。图7-9A附有该故事的全文。巴特利特发现人们将回忆扭曲以使故事更易理解。换句话说,他们以前的知识与期望对回忆有充分的影响。巴特利特提出人们将记忆任务引入他们已有的图式,该图式影响他们回忆所学内容的方式。该结论最近又被心理学家重复验证(Bergman & Roediger, in press)。图7-9B显示了巴特利特的一位英国学生对"幽灵之战"的回忆。

之后,一些跨文化学者(Tripathi, 1979)也阐述了图式对于构建记忆框架的重要性。例如,他们让印第安儿童阅读 The Panchatantra 中的几篇故事,该书是印第安古代寓言和民间童话的选集。故事中包括古怪的名字和离奇的情境,这些对于现代印第安儿童来说都是陌生的。接着,他们让印第安儿童回忆这些故事。随着时间推移,这些孩子就在故事中添加了原文中没有的单词和句子,而且他们对故事的重建是从不熟悉的形式到熟悉的形式,从复杂形式到简单形式。

回忆给定的事实时,我们通常会将事件回忆的有效程度和详细程度与事实的准确程度联系起来。乌尔里克·耐塞(Ulric Neisser, 1982)和其他研究者已对这种联系表示了疑问。显然,我们不能根据回忆的清晰程度来区分构建记忆和再建回忆。

我们通过对目击者陈词的研究已取得了一些有关记忆的构造性质的有力证据。

A 印第安神话原文	B 一位英国学生的描述
幽灵之战	**幽灵之战**
一天夜晚,两个易古拉克的年轻人沿着河边走,去捕猎海豹。天气变得雾蒙蒙的,很静。后来他们听到战斗的呐喊声,心想:"可能这是主战派。"就赶快逃到岸边,藏在一个木桩后。一会儿他们又听到划船的声音,看到有船朝他们驶过来,船上有5个人,叫喊到:"我们打算沿河直下向人类发起战争。我们想带你们一块去,你们觉得如何?" 　　其中的一个年轻人说:"我没有箭"。 　　"箭在船上",他们说。 　　"我不想去,我可能会被杀死。我的家人不知道我去那里,但是你……"他转过身来,朝着另一个年轻人说,"你可以跟他们去。" 　　这样他们一个回家了,另一个跟船上的人去了。 　　这些士兵沿着河边去了卡拉马对面的一个小镇,他们下到水里,开始作战,很多人被杀死。但很快,这个年轻人听到一个士兵说,"快回家,这个印第安人已被击中"。他想,"他们可能是魔鬼"。他没感到难过,但他们说他已被击中。 　　小船又回到易古拉克,年轻人上岸回家,生了火。他告诉所有人:"相信我与魔鬼相伴,我们一起去战斗,我的好多伙伴被杀死,袭击我们的人也有好多被杀死。他们说我被射中了,但我没有感觉难过。" 　　他讲完了一切,接着就安静下来,太阳升起时,他倒下了。从他嘴里流出黑色的东西,他的脸变得扭曲。人们跳起来,尖叫着。 　　他死了。	两个印第安年轻人在钓鱼,这时他们听到远处有声音。"听起来好像有人在哭",其中的一个年轻人说。很快,出现了一些船,船上的人邀请他们加入去冒险。一个拒绝了,另一个就去了。 　　"但没有箭",他说。 　　"船上有",他们回答。 　　于是他就去了,而他朋友就回家了。这些人沿着河边去了卡拉马,上了岸,敌人冲过来袭击他们,一场肉搏战便展开了。接着,有人受伤,有人叫喊敌人是魔鬼。 　　这群人沿着河流回来,年轻人回了家,他觉得自己的经历不坏。第二天天亮时,他向朋友讲述自己的冒险经历。在他讲故事的时候,有黑色的东西从他嘴里流出来。突然他发出一声尖叫,倒下了。他的朋友们围着他。 　　但他死了。

图 7-9 巴特利特的神话故事

　　快速阅读这则神话故事,然后合上课本,将你所回忆的所有有关该故事的内容写下来。最后将你的描述与原文进行比较。

目击者记忆

根据对美国检举人的调查，估计每年通过目击识别逮捕的犯罪嫌疑人大约有77 000人(Dolan, 1995)。经过对1 000多起著名的目击者指证的研究，我们可以认为目击者的证词是"导致错误判决的最大因素"(Wells, 1993)。目击识别的错误率是多少？问题的答案千变万化（"从极低的比率到超过90%"；Wells, 1993），但即使最保守估计也显示了让我们心惊的比率。让我们来看看蒂莫西的故事。

1986年，蒂莫西被武断地判决了，法官认为他谋杀了一位母亲和她的两个女儿(Dolan, 1995)。之后，蒂莫西被判处死刑，他在死牢里生活了两年零四个月。虽然并没有指向蒂莫西谋杀罪名的物证，但是目击证据却让他背负了谋杀的罪名。之后，由于警方发现了一个外表很像蒂莫西的人是受害者邻居的长期访客，于是蒂莫西在第二次审判中被宣布无罪。

伊丽莎白·洛夫塔斯(Elizabeth Loftus)和她的同事的实验，证明我们非常容易为目击陈述所左右。伊丽莎白·洛夫塔斯、大卫·米勒、海伦·伯恩斯(Elizabeth Loftus, David Miller, & Helen Burns, 1978)的一项研究中向被试呈现30个镜头的幻灯片，幻灯片中有一个人驾驶一辆红色汽车在大街行驶，在停靠标志处停下，向右拐，随后撞到一个行人。被试一看完幻灯片，就被要求回答关于故事的20个问题。问题包含的信息或者是与他们看到的内容一致，或者不一致。对其中一半的被试所提的问题是："当红色的汽车在停车标志牌处停下时，有其他汽车经过吗？"；另一半被试的问题相同，但是其中用"转弯标志牌"代替"停车标志牌"。换句话说，问第二组被试的问题信息与他们看到的内容不一致。

之后，在不相关的插入活动(interpolated)后，给所有的被试呈现两张相关的幻灯片并问他们哪一张是他们曾经看过的。两张幻灯片中其中一张有"停车"标记牌，另一张有"转弯"标记牌。对于被试来说，如果提问的信息与其看到的信息一致（停车标志牌），他们回答的正确率比提问的信息与其看到信息不一致（转弯标志牌）的被试高34%。虽然这种差异并非是构造记忆引起的现象，但这确实能证明我们很容易构建与实际发生的事实不同的记忆。

洛夫塔斯(Loftus & Ketcham, 1991)指出了使用目击者证据作为判定罪行的惟一或主要根据可能引起错误判罪的问题。他同时又进一步指出，证人证词常常是法官判定被指控人是否犯罪的有利的决定性因素。如果证人对其证词非常自信，证人提供的只是很少的知觉细节或提供的证词有明显的冲突，那么这种影响尤其明显。有时人们甚至认为他们记住的事情仅仅是因为他们想像或思考过这一事件(Garry & Loftus, 1994)。事实确实如此，让人们重复地想像做某事会提高他们做此类事情的自信(Goff & Penrod, 1995；Loftus & Ketcham, 1991)。据估计，每年有1 000人因为错误的目击者证词而接受了错误的判决（Culter & Penrod, 1995；Loftus

& Ketcham, 1991)。

法庭上的陪审员正在考虑目击陈述再建记忆的可靠性,辩方律师称这种证词不可靠。有可靠的证据表明目击陈词通常是建立在记忆再建基础上,部分是实际发生的,而部分是个体将通过各种渠道收集的信息进行的加工。

约翰·布里格姆、罗伊·马尔帕斯(John Brigham, Roy Malpass)和其他研究者(Bothwell, Brigham, & Malpass, 1989; Brigham & Malpass, 1985; Shapiro & Penrod, 1986)已指出,如果证人指证的对象种族与证人本人不一致时,这种效果会被削弱。令人吃惊的是,与我们在前面的章节中所讨论的婴儿在操作条件反射实验中所表现的行为相似,甚至连婴儿在回忆一种体验时显示的行为也会受先前事件信息的影响(Rovee-Collier, Borza, Adler, & Boller, 1993)。但是,不是每个人都对目击证词持有这样的怀疑态度(如 McKenna, Treaday, & McCloskey, 1992; Zaragoza, McCloskey, & Jamis, 1987),因此,关于这类证词的有效性仍然不能确定。

亨利·罗迪加尔和凯瑟琳·麦克德莫特(Henry Roediger, Kathleen McDermott, 1995)研究了人们加工记忆的难易度。在这项研究中,他们要求被试记住与目标单词有很高相关的单词,比如如果实验者研究的单词是"睡觉",这样,像"梦"和"床"之类的单词就会出现在要求记忆的目标单词项中,但"睡觉"这个单词就不会出现在项目中。令他们惊讶的是,在被试要记住实际呈现给他们的单词时,他们倾向于记住没有呈现给他们的单词(睡觉);换句话说,他们认为他们已听到了没有听到的事情,如同他们相信已经记住的听到的事情。这一结论已经被多次重复验证(McDermott, 1996; Johnson, Hashtroudi, & Lindsay, 1993; Lindsay & Johnson, Hashtroudi, & Lindsay, 1993; Lindsay & Johnson, 1991)。这些研究指出,人们经常在信息监控上存在困难。他们可能认为某篇文章是在诸如《纽约时代》之类的著名刊物中读到过的,而实际上这篇文章是他们在超市货架的小报上看到的。如果让人们听一组单词,其中不包含某个特定的单词,但该单词与需要识记的单词有很高的相关,当他们回忆起这个中心单词时,他们会认为它来自那一组单词,而并非自己的想像。

儿童记忆

儿童的回忆尤其容易被扭曲，特别是在法庭上要求儿童回答引导性问题时更是如此。如斯蒂芬·蔡斯和玛吉·布罗克(Stephen Ceci, Maggie Bruck, 1993, 1995)汇总关于孩童目击证词的材料后，得出了以下结论：首先，孩子越小，其证词的可靠性就越差。尤其是，学前儿童比学龄儿童更容易受暗示性问题影响。第二，当提问者是强制性的或只是想要一个特别的回答，孩子就更容易给成人提供他们想听到的东西。不幸的是，在法庭压力下，这种形式的问题比较普遍。第三，孩子可能认为他们能回忆起他人观察到的事情。换句话说，他们听说某事发生，那么就认为他们自己也观察到了。因此孩子的目击证词往往比成人的目击证词更需谨慎对待。

然而我们可以采取措施提高目击识别效果，如减少可能的偏差、降低从有限选择组中选择嫌疑犯的压力、确保嫌疑犯与目击者其他形式的描述相符(Wells, 1993)。另外，心理学家(如 Loftus, 1993a；1993b)和许多辩护律师认为陪审员应该明白，目击者对她/他识别的自信程度不必要与他识别被告为犯罪人的准确度一致。同时，有心理学家(Egeth, 1993；Yuille, 1993)和许多起诉人认为现存证据大量是根据模拟目击研究而不是根据实际目击陈述获得，然而当这些目击陈述可能将真正罪犯送入牢狱，避免他进一步犯罪时，我们并不轻易怀疑目击者证词的可靠性。也有其他人(Bekerian, 1993；LaFraniere, 1992)提出，事实上并没有典型目击证人，在一个普通案例基础上得出的结论也没有必要用于其他一切案子。

至此，我们已经通过不同方式的讨论表明，在记忆的三种贮存形式中，心里学家尚没有得出清晰的记忆机制的论断。下面，我们将探讨记忆的拓展模式。

记忆的拓展模型

问题：记忆的拓展模型有哪些？

在前面几章，我们已了解了不同的心理学家是怎样用不同的方式来解释相同的数据。而记忆是我们可以用不同的方式来解释我们理解的知识的另一个领域，该领域可以用不只一种方式解释。核心差异源于对概念记忆的范型选择(Roediger, 1980)。范型通常在组织概念和帮助研究人员对现象概念化以进一步调查中起重要作用。随着研究的进行，一种范型可以根据实验数据的更新而得到修正，或其他研究人员提出其他的范型。

加工水平

克雷克和洛克哈特(Craik, Lockhart, 1972)提出了一种模型，认为记忆更多表现为信息加工深度的连续过程，而不是被分类存贮。在该加工水平框架下，存贮根据编码深度沿着连续纬度变化。换句话说,理论上讲,项目编码有无限的加工水平,在相邻的两个水平之间没有明显界限。克雷克和洛克哈特还发现呈现单词时,他们可以通过操纵提问的方式来控制编码的单词的加工水平。如,当实验者提问被试实验中呈现的单词"是否都由大写字母组成",就会导致被试相对低层次的编码,而提问呈现单词的意义时,就会引起更深层的编码。

该理论模型有着直接、实际的应用。学习的时候,你对材料编码越细致、变化越多,以后,你就越容易回忆它们。仅仅以相同方式一遍遍看材料,比向自己提有意义的问题的效果要差得多,用后者还能发现不止一种的学习方法。

工作记忆

有心理学家(如,Baddeley, 1990a, 1990b; Baddeley & Hitch, 1994; J. Cantor & Engle, 1993; Daneman & Tardif, 1987; Engle, 1994; Engle, Carullo, & Collins, 1992)从不同的角度来研究短时记忆和长时记忆。表7-1将传统的阿谢二氏模式与该观点进行对比,可以发现语义差别、范型表述上的差别,以及每一观点强调重点上的差别。这一观点的重要特征是对工作记忆(working memory)的强调,工作记忆是长时记忆中的激活部分,能将信息激活成分导入短时记忆并从短时记忆中提取信息。

表7-1 传统与非传统的记忆观 传统的记忆观与现代观点就术语、范型和重点等方面有所不同。

	传统的三种记忆观	记忆的拓展观点*
术　　语	工作记忆是短时记忆的另一个名字,与长时记忆不同。	工作记忆是长时记忆的一部分,由记忆中近期激活的事实和程序组成,包括简约、转瞬即逝的短时记忆及其内容。
各种存贮之间的关系	短时记忆与长时记忆不同,可能两者是并列的或者是不同层次的。	短时记忆、工作记忆、长时记忆都是同轴心的领域,工作记忆包含长时记忆中近期激活的部分。
信息的输送	信息直接从长时记忆输送到短时记忆,然后回来;但从不同时以两种形式存在。	信息保存在长时记忆中,激活后,信息输送到长时记忆中的指定的工作记忆中,同时将信息输送至短时记忆或从短时记忆中提取。
重　　点	长时记忆和短时记忆的区别。	激活在将信息输送到工作记忆中的作用,工作记忆在记忆加工过程中的作用。

＊提出这类观点的包括:Baddeley, 1990a, 1990b; J. Cantor & Engle, 1993; Daneman & Tardif, 1987; Engle, 1994; Engle, Carullo, & Collins, 1992.

工作记忆包括三个主要因素：音位环（phonological loop）、视觉画板（visuospatial sketchpad）、中央执行（central executive）。视觉画板保持概括的视觉印象；音位环简略保留内部言语用于口头理解，也用于声音的复述（没有它，声觉信息会滞后两秒钟）；中央执行配合注意行为并控制反应。班德雷（Baddeley）也提出，可能存在大量其他的"辅助系统"执行其他认知或知觉任务。

支持工作记忆与长时记忆之间差异的是神经生理的研究。神经生理研究的大量证据证明简约记忆缓冲区（用于记忆瞬时信息）与长时记忆不同。而且，运用 PET 技术的一些新研究（见第三章）也发现不同的大脑区域与工作记忆的不同方面有关。音位环，保留与言语相关的信息，似乎包含额叶、顶叶双侧的激活（Cabeza & Nyberg, 1997）。有趣的是，视觉画板似乎可以激活不同区域，这取决于定位的间距。较短间距激活枕叶和右额叶区，而较长间距激活顶叶和左额叶区（Haxby, Ungerleider, Horwitz, Maisog, Rapoport, & Graoly, 1995）。最后，中央执行功能似乎包括额叶中大部分激活（Roberts, Robbins, & Weiskrantz, 1996）。虽然这些结果很有趣、令人兴奋，但仍稍显思辨性，需要进一步的研究来证实。

由于在研究记忆加工过程中部分使用了包括运用人工智能模拟在内的计算机模型，许多认知心理学家现在倾向用平行加工模式描述许多记忆现象，尤其是关于工作记忆是长时记忆的激活部分。该观点认为工作记忆包括同时激活（平行）的、但可能分配广泛的包含于长时记忆中的部分。因此，新的范型也使我们对长时记忆运用的研究更为广阔。

有些人的记忆似乎比其他人或好或差，让我们来看一看记忆的极端例子。

记忆的极端情况

问题：什么是记忆的特殊情况？其原因又是什么？

某些人的记忆比较特殊，他们的记忆或者特别差，或者特别好。下面让我们来看一看这两个极端情况。

> 当你环视四周，一间密室让你骤然惊惧，
> 它叫做"记忆"，
> 虔诚地拿起扫帚，
> 悄然将一切抹去……
> ——英国诗人艾米丽·狄金森，第1273号

记忆缺失：健忘症

通常我们认为自己的记忆能力是自然而然的，如同呼吸空气一样。但是，在我们意识到空气的重要性时，我们可能已经无法自由地呼吸空气了。在我们开始意识到记忆能力的重要性时，我们才开始观察到有着如此严重的记忆缺陷。

健忘症（amnesia）是外显记忆丧失，健忘症患者对许多外显记忆表现很差，但对要求完成单词的内隐记忆任务却表现正常或接近正常(Baddeley, 1989)。当问他们从前是否见到过刚才完成的单词时，他们倾向于表示没有见过这个单词。这些资料表明健忘症影响外显记忆，而不是影响内隐记忆。

健忘症患者在程序性记忆与陈述性记忆任务对比方面，表现出矛盾的结果。如，健忘症患者在陈述性记忆回忆或再认的传统记忆任务中，表现很差。但在从事程序性记忆任务时，如猜谜、学习阅读镜式书写或掌握动作技巧时，通过学习—记忆训练等，表现却有很大的进步(Baddeley, 1989)。

心理学家研究了一些健忘症患者，希望由此揭示出记忆的大致功能。通过对程序性记忆和内隐记忆任务的执行情况的研究，心理学家领悟到，对外显记忆任务中要求有意识地反映早期经历的能力，与以明显的自动方式而不是有意识地回想来证明已记住知识的能力有所不同(Baddeley, 1989)。

严重记忆丧失的最著名的一个案例是由威廉·斯科维尔和布伦达·米尔纳(William Scoville, Brenda Milner, 1957; Milner, Corkin, & Teuber, 1968) 报告的 H. M. 事件。在对不可控制的癫痫进行一系列实验性手术治疗后，H. M. 患上了严重的顺行性遗忘症(anterograde-amnesia)——不能清晰记忆引起创伤后发生的事情。然而 H. M. 对手术前发生的所有事情都能完全回想起来。虽然他在手术后的智力测试分数为 112，比一般人高，但他记忆测试只为 67 分，比正常人低许多(见第九章)。而且，在记忆测试后不久，他就记不起他做过这个测试。再给他做这个测试，他表现出第一次做的样子，H. M. 曾经这样评价自己的状态：每一天都是单独的，不管我有过什么欢乐、有过什么悲伤(Scoville & Milner)。术后 H. M. 丧失了形成新的外显记忆的能力，因此他的生活的外部表现是中断的，他不能进行任何外显行为。

> 没有[记忆]，所有生活和思想是不连续的。就如同重力能使物体不会飘向宇宙，因此记忆能够使知识稳定，使知识成一体，而不是变成一团云朵，或变成水泡漂走。
>
> ——拉尔夫·沃尔多·埃默生

另一类记忆的丧失是倒摄遗忘(retrograde amnesia)，指不能清晰回忆记忆丧失之前发生的事件。W. 里奇·拉塞尔和 P. W. 内森(W. Ritchie Russell, P. W.

Nathan，1946)报告了一个因身体创伤导致的严重倒摄遗忘的案例：一位 22 岁的绿地管理员在一次摩托车事故后遭受严重记忆丧失的痛苦。然而在事故发生 10 周以后，他恢复了对多数事件的外显记忆，能回忆很久远的事情，也能回忆很近期的事情，甚至能清晰回忆起事故发生之后几分钟的事情。但糟糕的是，他一点都回忆不出事故发生之前的事件。

另一种健忘症形式是我们所有人都能体会到的，那就是幼事遗忘（infantile amnesia），它指的是我们不能回忆起在大脑发育期间发生的事情。通常，我们很少能回忆起 5 岁之前的事情，3 岁之前的事回忆起的就更少。儿童记忆的报道一般包括关键事件回忆，如同胞出生的记忆或一个家长去世（见 Fivush & Hamond，1991）。据推测，情感记忆由于有很强的印象而持续很久，但有时并不准确（D. Schacter, 1996）。

各种形式的健忘症患者显示出记忆功能的减退，但有人就显示出很高水平的特殊记忆。

记忆出众：记忆术专家

记忆术专家（mnemonist）是指运用助忆术大幅度提高自己记忆的人或是对记忆信息有特别感觉或认知能力的人，尤其是具体的或立即能想像到的信息。记忆术专家的能力是我们渴望拥有的，尤其是做学生的，希望考试时对需要记忆的材料有一种类似摄影的记忆。

可能最著名的记忆术专家是一个叫做"S."的人。这是亚历山大·卢里亚（Alexander Luria）报告的，他是俄罗斯的心理学家。卢里亚(1968)报告说一个新闻记者一天出现在他实验室，并要求测试记忆。卢里亚对他进行测试，发现这个人的记忆力没有限度。S. 能够重现任何长度的单词，不管这个单词是多久以前给他看的。卢里亚对 S. 进行了长达 30 年的追踪研究，发现即使对他十五六年之前测验过的单词进行测试，S. 也能回想起来。

S. 的秘诀是什么？他怎样能记得如此之多？很显然，他高度依赖记忆的视觉想像。他将需要识记的材料转化为视觉印象。如，要他记"绿色"这个单词时，他会想像绿色花坛，要记住"红色"这个单词，S. 说他想像一个穿红衣服的人朝他走来。甚至数字也能形成印象，如，"1"是一个骄傲、健康的人等。S. 对想像的过度依赖在他努力理解抽象概念时就产生了困难，如识记"infinity"和"nothing"等单词，这些都不可能有很好的视觉印象。

S. 出色的记忆也给他带来其他问题。他不能忘记想忘记的东西，有时，印象会进入意识中干扰他集中精力，甚至干扰他进行谈话。最后，S. 成了一个专业演艺人员，用他的记忆来迷惑观众，不是因为他想这样做，而是因为他发现自己没法从事其他行业。

S. 的故事是记忆和所有其他认知功能如何表示进化折衷的很好例子。通常，在我们某一功能增长时,另一功能就会受损。如,S.高超的记忆影响了他对生活其他方面的适应。同样,在物理因素上,有人体格强壮但可能影响敏捷性。在以前,这样的人可能在短兵相接的战斗中有优势,但如果遇到更强壮的对手(比如野生的食肉动物),逃跑就有困难。因此,在我们抱怨易忘或身体不够强壮时,我们也应记住我们的心理和身体状况也表明进化折衷不会只优化任何一方面功能,而是可能会细微平衡各方面的状态。

另一位记忆术专家S.F.,他是K.安德斯·埃里克森、威廉·蔡斯和史蒂夫·法隆(K. Anders Ericsson, Steve Faloon, 1980)的研究对象。S.F.通过将数字串分为3个或4个一组,并将其编码为长跑过程中的不同赛程时间。作为一名经验丰富的长跑选手,S.F.对不同赛程的大致时间段非常熟悉。当初S.F.并不是作为一个记忆术专家进入实验室的,而是因为其出众的智力和记忆能力,被选作一般大学生代表。S.F.原先对数字串的记忆大约为7位数,对大学生来讲,这是一般的水平。经过两年200次训练之后,S.F.的数字记忆能力得到了极大的提高,他能够记住80位的数字。但当研究人员有意使实验中所呈现的数字序列无法编码成为赛程时间时,他的记忆能力就表现得很平常。埃里克森和他的同事对S.F.的研究暗示,通常具有一般水平的记忆能力的人,经过大量集中的训练,至少在某些领域能够拥有非凡的记忆能力。

特殊记忆研究者为记忆的加工过程提供了一定的解释。如记忆术专家一般将任意、抽象和无意义的信息再编码,使其为更有意义或感性的具体信息,这能帮助从长时记忆回忆信息。在下面一部分,我们来看看如何使用记忆机制提高记忆能力。这些机制依赖相同种类的添加意义到无意义信息的再编码。虽然多数人达不到那些高超记忆术专家的水平,但我们可以通过使用助忆术提高记忆。

记忆的生理基础

问题:记忆功能的神经和其他生理机制是什么?

心理学家已能定位记忆包含的许多大脑结构,如海马及其邻近区域的结构(Squire, 1987)。我们现有的大脑结构中记忆的功能区的研究最初源于对脑部损伤患者的研究。记忆是不稳定的,可能因脑部受伤而中断,因意识中断而中断,或任何其他对大脑的伤害或大脑疾病而引发障碍。研究这类大脑受损患者所获得的信息,提供了对记忆生理结构的认识。这不是以前对正常大脑功能人所能观察到的,如从健忘症患者的研究中得到的陈述性和程序性知识的理解。

另外,虽然研究脑损伤患者不必要提供关于功能定位的结论性证据,但研究表明,特定的脑结构至少参与了某种给定的功能(Kosslyn & Koenig, 1995)。

记忆的脑结构

例如,有研究结果初步显示,不同类型的记忆定位于不同的脑结构,如程序性记忆和陈述性记忆的对比。程序性记忆似乎取决于基底神经节(Mishkin & Petri, 1984)。海马在复杂的学习过程中扮演着重要的角色,其机制部分在于海马参与了陈述性信息的编码过程(McCormick & Thompson, 1984)。海马似乎也参与了长时记忆中信息编码的巩固过程,这可能是大脑不同部位中参照信息存贮的一种途径(Squire, Cohen, & Nadel, 1984)。另外,小脑皮质在长时记忆中似乎也扮演着辅助但同样重要的角色,尤其在陈述性记忆中(Zola-Morgan & Squire, 1990)。作为另一种记忆形式的经典条件反应,小脑在其中起关键的作用(R. F. Thompson, 1987)。例如,当狗一见到给它喂食的人时,就条件反射地分泌唾液,我们可以在小脑中观察到激活现象。

记忆的神经生理学和神经化学研究

除了初期了解的可能存在的宏观水平的脑结构,我们开始理解记忆的微观水平结构。如我们知道对特定神经通道的重复刺激能加强其激活的可能性,也就是说,在特定的突触部位,与接收神经元的树突处发生生理变化,使神经元更倾向达到放电阀值。

我们还知道某些神经递质能影响记忆的存贮,某些神经递质能提高记忆的存贮效率。5-羟色胺和乙酰胆碱都有利于神经传递的提高因而与记忆有关,去甲肾上腺素同样如此。我们发现正常人海马处的乙酰胆碱浓度高(Squire, 1987),但阿尔茨海默氏症(Alzheimer's disease)患者相应部位乙酰胆碱的浓度却较低,阿尔茨海默氏症是由严重记忆缺失引起的混乱。事实上,阿尔茨海默氏症患者分泌乙酰胆碱的脑组织严重损伤。尽管科学家在该领域已经进行了深入研究,但他们还需要详细说明阿尔茨海默氏症的具体病因。研究人员已经找到了研究另一种形式的记忆障碍——酒精中毒的病因线索,在这种症状中,5-羟色胺的激活被阻断了,因此影响了记忆的形成(Wein-gatner, Rudorfer, Buchsbaum, & Linnoila, 1983)。

神经递质是如何影响记忆的?让我们来看看乙酰胆碱的例子。有证据表明树突的变化可能是由神经递质引起的。在记忆形成期间,一种名为MAP-2的蛋白(一种以微管相连的蛋白,一般起稳定树突结构和调整树突的分支的作用)发生了中断。这种现象尤其见于皮质和海马锥体细胞的乙酰胆碱接收处(Woolf, 1998)。树突结构和乙酰胆碱之间的关系在用老鼠做基因转换的实验(从其他器官移植基因的老鼠)中很明显。转基因老鼠在成年以后体内含有过多的乙酰胆碱酯酶(一种打破乙酰胆碱结构的蛋白),因而表现出虚弱的空间记忆能力。它们的皮质树突分支与5个星期大的正常老鼠相似,都不再发生延展(Bereri et al., 1997)。

记忆的神经生理学与学习的神经生理学稍有不同,因为伴随长时记忆存贮的变化,记忆中突触结构的变化可能比学习中出现的突触结构的变化持续的时间更长。毕竟,记忆要伴随人的一生。相对而言,永久性结构更替可以在与哺育动物记忆巩固相关的树突中发生,或在哺乳动物中与其他智力活动相关的树突中发生。对记忆重要的一类神经元称作锥体神经元,该类神经元的细胞体呈圆锥状,一般有一个长轴突(见第三章)。大脑皮质和海马中大量的锥体神经元细胞在记忆中占有关键的地位,这些细胞体较大的神经元的轴突随着细胞的成熟而逐渐成型,主要在远端的分支出现更替和增加。树突的形状和分支形式的一个关键结构元素形式是微管(极小的管状结构)和与它相关的蛋白质。微管输送细胞物质到细胞体,并从细胞体中输出细胞物质。

总体上说,与记忆相关的树突结构的变化会影响突触的数目和分布,反过来影响整个神经活动形式。因此,一旦特定的突触被激活,我们就可能激活相应的记忆。另一种解释在于,或许各种兴奋状态在树突微管中将进一步扩散,这就是我们意识和意识回忆的激活现象的神经基础(Hameroff, 1994; Hameroff & Penrose, 1995; Penrose, 1994)。

本章表明虽然我们已学习了大量的关于记忆如何工作的内容,但仍有许多未知的领域。众多研究者正致力于记忆的认知和生理学机制的复杂研究,我们将更好地理解记忆,而且我们离使用生理手段帮助有记忆病理缺失症状的患者解除病痛的日子越来越近了。我们甚至可能通过神经心理学的干预来扩展我们正常的记忆能力。但现在,我们必须满足于使用助忆术和其他外部手段来提高记忆。

我们记忆信息的一个关键方法是使用语言。语言通过提供诸如书写等外部辅助手段来帮助我们记忆;同时通过信息的组织来赋予孤立的信息片断以更丰富的意义来帮助我们记忆;再就是使用字头法、字母形象法等助忆术来帮助我们更好地记忆。我们在下一章中将继续讨论语言的本质以及语言的使用。

相关研究

电视暴力和广告记忆 布拉德·布什曼,爱荷华州立大学(Brad Bushman, Iowa State University)

作为从事电视暴力负面影响研究的人员,我所关心的是暴力电视节目对电视网络的危害,以及有线电视的节目制作人员对于提供暴力电视节目的态度,而目前的研究都还未有相关的数据。因此,我决定从不同的角度来探究这一主题,通过揭示电视暴力内容如何影响观众对广告的记忆来告知人们其中的关系。

在美国,大约60%的电视节目含有暴力。美国儿童到小学毕业时,他们通过网络电视已经观看了平均8 000多起凶杀

案和100 000多起其他的暴力行为(Huston et al.，1992)。

  CBS电视台的主席杰夫·萨冈斯基(Jeff Sagansky)一语中的："电视节目的第一选择不是将优质的节目呈现给观众看，而是给消费者播放广告。我们只能在消除了广告之后，才能真正地消除电视暴力。广告客户希望有些振奋的东西能吸引观众"(Kim，1994)。但是，广告客户不仅想提高收视率，更希望观众能记住他们的广告。

  大量研究证据表明，情绪能影响记忆，同时观看暴力行为会使人愤怒。关于愤怒的情绪是怎样影响记忆的，我至少了解两方面的原因。首先，暴力电视节目引起的愤怒情绪可能会引起或激发侵略性的念头，从而干扰广告的复述。第二，生气的人可能想尽力平息不良情绪，这需要花费很大的精力。在广告客户希望观众记住广告时，观众实际上可能只关注自己，尽力平息因为先前观看的暴力电视节目引起的怒气。他们可能会想很多正面的东西，例如与别人交谈、吃东西或喝饮料。

我们的研究方法

  很多电视节目都很有趣、刺激，充满冒险性。很难说是这种激励，还是暴力，或者两者共同影响记忆。要弄清楚这个问题，我选择了同样有趣和激励人的暴力和非暴力的电视节目，我找到了52部类似的节目录像带，从中选择出10个(5个暴力节目，5个非暴力节目)，这些节目在趣味性、乏味性、唤醒水平和启发性等方面都具有相当的水平。我将这些节目呈现给不同组的实验被试，并同时测量他们的血压和心率。测量的结果发现暴力和非暴力的电视节目导致被试在这两个变量上的变化并没有任何差异。电视节目中的广告则是为了使产品在市场上具有更大的品牌吸引力(如除垢剂、口腔清洁剂、胶水等等)。暴力和非暴力节目中出现的是相同的广告。

  我的研究分为三个部分，共有720名被试，其中男性和女性各360名(Bushman，1998)。三项研究的程序相似，都告知被试实验的目的是为国家消费者研究计划(National Consumer Research Project)评估电视节目。通过随机分配，被试或者观看暴力节目，或者观看非暴力节目，之后，都完成同样的问卷调查表，并评估所观看的电视节目。接下来，我们让被试接受记忆测验。他们需要尽力回忆广告中产品的品牌和他们所能想起的有关广告的任何内容。对于每一种产品(如除垢剂)，我们也让被试观看6张幻灯片，其中的一张表现的是广告中的品牌，另5张则是起迷惑作用的品牌。被试需要选择出6个牌子中哪一个是广告中出现的。

  被试还需要报告每星期他们花费在收看各类电视节目上的小时数，包括暴力节目。我们测量这部分数据是因为想了解对暴力电视节目的偏好是否会影响研究结论。[1]

---

  〔1〕被试同时还需要报告他们以前是否观看过包含该录像剪辑的影视节目，此类节目中是否含有实验中呈现的广告。然而，上述数据对研究结果均没有影响。

结论

所有的研究表明,电视暴力影响广告记忆。如果广告出现在暴力节目中,人们能回忆起的广告的品牌很少,所记忆的广告的细节也很少。暴力节目使人发怒。人们越恼怒,由于回忆中的进一步延迟或干扰,他们记住的东西就越少。

日常生活中的心理学(一)

闪光灯记忆

通过其他体验引起对特殊经历事件回忆的重要因素是人们在其中体验的情感强度。遗憾的是,这种强度并不能确保回忆的准确性,一种生动的记忆形式是闪光灯记忆(flashbulb memory)——记忆的事件能强烈触动情感,非常形象、非常具体,如同在电影中放映的一样(R. Brown & Kulik, 1977)。如对约翰·F. 肯尼迪(John F. Kennedy)总统被暗杀的记忆,对珍珠港被日本人偷袭的记忆或对挑战者号航天飞机爆炸事件的记忆,这些都已成为闪光灯记忆的典型例子。由于回忆闪光灯记忆事件时,唤醒记忆中释放的激素的介入,从而使这些事件被优先回忆出来。因此,目击重要事件所体验的强烈情绪能提高对事件的记忆。令人吃惊的是,虽然人们对他们记忆的事件非常肯定,并且记忆的内容非常生动和具体,但是他们回忆出的内容却常常有失偏颇(D. Schater, 1996)。

日常生活中的心理学(二)

I AM PACK 及其他记忆增进技术

> 我们有两种记忆:自然记忆源于我们的心灵,并与思维同时产生。人工记忆是通过训练可以加强的记忆。
>
> ——西塞罗(Cicero),*Ad Herennium*

记忆术专家的记忆效能很少有人能达到,但你可以用几种相似的记忆装置提高学习新材料的水平。记忆装置(mnemonic devices)包括各种具体技巧,通过给无意义的内容添加意义或想像,以提高记忆的效果。我们可使用的助忆术,此处所讲的是通过信息组织成意义组块——如聚类、字头法、字母形象法;或通过视觉印象组织——如交互式表象、谐音法、地点法、关键词法。

聚类(categorical clustering)中,各项目按类分组,以利于项目回忆。如,要记忆去买苹果、牛奶、葡萄、酸奶、瑞士硬干酪、葡萄柚汁,按类记忆:水果类:苹果、葡萄、葡萄柚汁;日用品类:牛奶、酸奶、瑞士硬干酪。

字母形象法(acronyms)是另一种记忆装置,一系列字母形成一个单词或词语,每一字母代表某种其他单词或概念(如 U.S.A.、IQ 和 laser)。例如,你可以试着用字母形象法 I AM PACK 记住这些记忆装置的各种名称:**I**nteractive images(交互式表象)、**A**cromys(字母形象法)、**M**ethod of loci(地点法)、**P**egwords(谐音法)、**A**crostics(字头法)、**C**atcgories(聚类)和 **K**eywords(关键词)。

字头法(acrostics)是使用的一系列项目的大写字母组成一个完整的句子,像是能促进首字母回忆的句子,及促进回忆每一项目的字母。音乐专业的学生用字头法"Every Good Boy Does Fine"来记忆高音的谱号。

使用交互式表象(interactive images)提高记忆,可以通过对单词创造视觉形象,将分离单词连成串,比如,土豚、桌子、铅笔、书,可以想像土豚坐在桌子上,嘴里叼着一支铅笔,在书上写着东西。

谐音法(pegword system)使我们可以将熟悉的项目序列与不熟悉的项目序列联系起来形成新的项目序列,如可以借助儿歌:one 是 bun,two 是 shoe,three 是 tree,four 是 door,five 是 hive。

地点法(method of loci)是另一种记忆术,我们可以借助路标将熟悉的路段形象化,(通过交互式表象)并可以将其与需要识记的项目联系起来。我们可以在大脑中走过每一个路标,并将一个新单词与对应的路标形象化。

关键词法(keyword system)在我们学习外语中的独立词汇时,可以将词汇的发音及其意义与熟悉的单词发音和意义联系起来。如,法语中黄油的单词是"beurre",可能你注意到 beurre 发音近似 bear,下一步,在一个表象和句子中联想关键词 bear,如,一个熊在吃一块黄油面包,以后,bear 就成为 beurre 的检索线索。

有许多记忆术装置,此处讲述的涉及到我们前面提到的有效回忆的两个基本原理。聚类、字头法、字母形象法的理论基础在于,组织信息到意义组组块中,可以帮助短时和长时记忆。将记忆内容转为视觉印象,可以帮助从长时记忆中检索,也是交互式表象、谐音法、地点法、关键词法等助忆术的理论基础。那么,通过本章的学习,你能告诉我,在记忆的进程中我们的大脑有何变化?

思考题

1. 阿谢二氏的模型是如何提出并解决有关记忆的问题的?
2. 我们通常认为阿尔茨海默氏症患者在失去记忆后,最终将失去个性和身份感。你的记忆对于你的身份感和个性起着什么样的作用?
3. 为什么人们有时会认为自己记住了事实上从未发生的事?
4. 请设想一种方法,通过这种方法我们可以研究知觉和记忆之间的关系。

5. 认知心理学家在研究特定的认知加工过程时通常会研究误差发生的形式。你执行的记忆任务发生的误差形式是什么？
6. 在你学习其他课程的内容时，你所学习的材料引起的是正向迁移还是负向迁移？请解释。

本章摘要

记忆的研究方法

1. 记忆是一个过程，通过记忆，我们可以将过去的经历和知识用于现在。
2. 记忆任务主要有四种：(1) 序列回忆，要求被试根据项目呈现的顺序回忆；(2) 自由回忆，被试可以按照任意的次序进行回忆；(3) 配对联想回忆，要求被试记住配对项目中的其中一个；(4) 再认，要求被试确认呈现的项目是否是以前呈现过的。线索性回忆包含回忆和再认两种任务。
3. 此外，记忆的研究者研究外显记忆，要求被试进行有意识的回忆；同时他们也研究内隐记忆，被试的任务是通过无意识回想完成的。陈述性记忆是用于静态知识记忆，而程序性记忆是关于如何行为的记忆。

记忆的经典理论：阿谢二氏的多重存贮模型

4. 在理查德·阿金森和理查德·谢弗林提出的模型中，记忆通常包含三种存贮：(1) 感觉存贮，指相对有限的信息存贮，保持信息的时间较短；(2) 短时存贮，信息的保存量较少，保存时间相对较长；(3) 长时存贮，信息的大量存贮。
5. 在所有的三种记忆存贮中均包括三种过程：(1) 编码，信息进入存贮；(2) 存贮，信息保持于存贮中；(3) 检索，信息从存贮中提取到意识中。

感觉记忆

6. 映象储存指视觉信息的记忆。

短时记忆

7. 短时存贮中信息的编码量很大。虽然信息编码方式也包括声觉信息，但短期存贮信息容易对声觉信息产生混淆——编码的误差是基于单词的声觉基础产生的。
8. 我们主要通过复述来保持信息。关于遗忘的理论主要有两种：(1) 干扰理论，该理论认为信息遗忘是由于新信息的记忆痕迹与旧信息之间的竞争；(2) 衰退理论，该理论认为长时间不使用保存的信息，记忆就会消退。这两种理论同时适用于短时记忆和长时记忆。

9. 干扰理论分为：(1) 倒摄干扰，是在学习了要求回忆的刺激材料后的活动引起的；(2) 前摄干扰，是在学习了要求回忆的材料之前的活动引起的。
10. 短时存贮的容量约为 7±2 个项目。如果项目过于复杂或数量太多，我们通常将信息组合成为组块。序列位置曲线显示特殊项目在序列中出现的学习水平位置，典型的序列位置曲线显示序列初始位置（首因效应）和末端位置（近因效应）出现项目的回忆率降低的现象；我们可以通过控制实验条件来弱化或消除这种效应。
11. 短时存贮中信息的加工可以有两种形式：(1) 平行加工，指同时出现的多重操作；(2) 系列加工，指在给定时间产生的单一操作。
12. 系列加工可分为两种类型：(1) 耗竭性序列加工，指被试一直于序列中对信息进行检查；(2) 自我终止性序列加工，指仅在序列中检查有必要进行特定匹配的信息。

长时存贮

13. 长时存贮中信息主要以语义形式编码，因此长时记忆中出现的混淆主要是项目的意义混淆而不是项目的发音混淆。
14. 心理学家就长时存贮中所有信息是否是按命题编码（概念或事物之间在特殊关系基础上的含义）还是按照命题和表象两种形式编码（心理图像）意见不一。
15. 通过分配学习获得的知识，其记忆效果更好（学习在时间上是分开的）。一门课程材料的渐进学习是分配学习的例子，而为应付考试而死记硬背是集中学习。
16. 复述信息的方式影响记忆的效果，如果我们能理解项目的深层意义——如果将项目与我们已知的某种事物联结，那么我们会很容易记住该项目。
17. 有些心理学家将记忆区分为语义记忆和情境记忆：(1) 语义记忆，记忆了事实而不回忆任何特定时间的情境；(2) 情境记忆，记忆的事件与某种时间标志有关。对于单词的意义，我们通常使用的是语义记忆；我们通常不能记忆何时何地学过这个单词。反过来，对识记序列的单词，我们使用的记忆一般是情境记忆；我们倾向于从先前学习的单词序列中回忆某个单词，而不是从长期存贮中可能存在的其他单词序列中回忆这个单词。
18. 编码特定性指回忆的信息很大程度上取决于编码的内容：识记项目的编码方式将在很大程度上影响对该项目的记忆。信息的上下文和类别也影响信息的编码方式。
19. 记忆不仅仅是对信息的重建（对所学内容的直接加工），而且还包括构造记忆（受态度和过去知识的影响）。如果当前的构造记忆干扰法庭上目击者的陈词，那么构造记忆就可能带来特殊的问题。

记忆的拓展模式

20. 有些心理学家不是按固定的存贮分析记忆加工过程的，而是根据可能存在的加工

21. 工作记忆一般指长时记忆的一部分,并包含短时记忆;从这个角度讲,工作记忆仅有长时记忆中的近期激活部分,并将激活的信息输送到短时记忆中或输出短时记忆。而持另一种观点的心理学家则认为工作记忆就是短时记忆。

记忆的极端情况

22. 记忆的严重丧失指健忘症,顺行性遗忘症指对创伤之后发生的外显事件记忆有困难,而倒摄遗忘症指对创伤之前发生的事件记忆有困难。幼事遗忘指对5岁之前发生事件记忆有困难。
23. 记忆术专家依靠如想像之类的助忆术来大幅度提高他/她的记忆能力;任何人都可以运用这些技术。

记忆的生理基础

24. 虽然科学家们还需要对特定记忆进行脑结构的定位,但他们已经了解了很多与记忆有关的大脑的具体结构。此外,科学家们还致力于对记忆的神经生化过程的研究,如某些具体的神经递质和激素对记忆的影响(如5-羟色胺和乙酰胆碱)。

记忆增进技术

25. 记忆术专家技术用于提高人们的记忆能力,此类方法包括聚类法、字母形象法、字头法、交互式表象和关键词法。

思考题参考答案

1. 阿谢二氏的模型是如何提出并解决有关记忆的问题的?

   该模式假设记忆存贮在相对平衡的容器中,因此研究目标就成了理解信息编码存贮和检索时,如何使用这些平衡容器。后来的理论家开始质疑记忆存贮是否确实如此平衡,容器模式是否准确抓住了记忆存贮的本质。

2. 我们通常认为阿尔茨海默氏症患者在失去记忆后,最终将失去个性和身份感。你的记忆对于你的身份感和个性起着什么样的作用?

   通过记忆,我们记住了我们是谁的经历,在生活中做决定时,我们也回忆过去的经历和事情,并以此为指导。不仅想起过去的经历,而且还想起其他的人,没有记忆,就没法拥有知识。知识指导我们的行为,我们才明白自己的身份。

3. 为什么人们有时会认为自己记住了事实上从未发生的事？

　　研究表明，人们很难区分想像中的事和在生活中真正发生过的事。而且，即使他们记住了发生的事，也常常弄错，尽管他们坚信记得正确。如果他在接受审讯，一些引导性问题也会让他认为记住了从没发生的事。正因如此，合法审讯时要谨慎公正，避免提一些引导人们去想从没发生过事情的问题。

4. 请设想一种方法，通过这种方法我们可以研究知觉和记忆之间的关系。

　　有许多方法可以研究这个关系。一个方法是让人形成他们知觉对象的强烈印象，或不形成强烈印象。在两种情况下对比人的回忆，调查对知觉对象形成强烈印象影响以后回忆的程度。

5. 认知心理学家在研究特定的认知加工过程时通常会研究误差发生的形式。你执行的记忆任务发生的误差形式是什么？

　　短时记忆任务中，人们倾向显示出首因效应和近因效应，比如你尽力记电话号码簿中的电话号码，可能会记住开头的几位数和最后几位数。

6. 在你学习其他课程的内容时，你所学习的材料引起的是正向迁移还是负向迁移？请解释。

　　人们常在学习第二种语言时有正、负向迁移现象出现。一方面，第一语言常帮助其学习第二种语言。如，知道英语单词 maternal 的意思，就能帮助学习西班牙语 madre (mother) 的意思。但知道英语单词 deception 的意思，会干扰学习西班牙单词 decepcionado (disappointed)。这是所谓的错误思考：两个词看起来似乎是同一个意思，但实际上却不是。

刘玉琴○译

李　锐○校

在童话《爱丽丝漫游仙境》中,爱丽丝和矮胖子交谈着。矮胖子认为,只有在一年中的某一天,人们才能收到生日礼物,而余下的364天中得到的礼物都不算是生日礼物。

"这对你来说是多么的荣耀呀!"

"我不懂你说的'荣耀'是什么意思,"爱丽丝说。

矮胖子轻蔑地笑了,"你当然不懂,等我告诉你。我的意思是你在争论中彻底失败了。"

"但是'荣耀'的意思并不是'争论中彻底失败'呀,"爱丽丝反驳说。

"我用一个词,"矮胖子相当傲慢地说,"总恰如其分地就是我想要说的,既不重也不轻。"

"问题是你怎么能造出一些词,它们可以包含许多不同的意思呢?"爱丽丝说道。

"问题是哪个是主宰的——而关键就在这里,"矮胖子回答说。

——路易丝·卡洛尔(Lewis Carroll),《爱丽丝漫游仙境》(Through the Looking Glass)

第八章 语言和思维

语言（language）是对一定的单词组织方式的使用，以达到交流的目的。由于语言是赋有意义的，因此单词和语言的其他特征都必须有意义，至少有些是我们常见的。"矮胖子"通过语言表达了一些不寻常的见解。我们的许多思维活动通过语言来体现。正因为如此，本章的第一部分将介绍心理学家对语言的一些认识，第二部分讲述心理学家就思维以及思维如何使用语言所进行的探索。语言和思维建立在大量的知识基础之上，这些知识储藏于我们的长时记忆之中，因此本章紧接在记忆一章之后是理所当然的。

哪些特性才是定义语言的关键？尽管在这一问题上存在分歧，但是许多心理学家还是一致接受了六条特性（e.g., R. Brown, 1965; H. H. Clark & Clark, 1977; Glucksberg & Danks, 1975）。另外一些心理学家还在此基础上加了第七条特性。

语言的主要特性

问题：语言有哪些主要特性？

语言有六条或是七条主要特性。它们是哪些呢？

第一，语言具有沟通性。

这是语言最显著也是最重要的一个特性。语言的最基本用途在于我可以写下我的所想所感，也能使你通过阅读来了解我的所想所感。

第二，语言具有专门性。

人类的语言包含一种专门的象征性参考共享系统，那些专门选出来的象征（形象、声音以及代表或表达其他事物的东西）被视为代表特定的事物、想法、关系和描述的一种手段。特定字母或声音的组合对我们来说可能是有意义的，但是特定的象征本身并不能引起词的意义。莎士比亚在其作品中贴切地描写了语言所具有的专门性，他写道，"名字里包含着什么？我们称之为玫瑰的东西，无论用什么名字来命名，它闻起来总是芳香扑鼻"（《罗密欧与朱莉叶》第2幕，第2场）。除了不多的拟声词(onomatopoeia)——每个单词的发音听起来就好像它所描述的东西(如 buzz、hiss 和 hum),词和声音的结合是不定的。例如 tree 在西班牙语中为 *arbol*,但无论是英语或西班牙语的单词都没能特定地唤起与树有关的任何本质性的东西。

第三,语言具有意义的结构性或规则限定性。

结构使这种共享的交流系统成为可能。特定式样的声音和字母形成了有意义的单词。特定式样的单词形成了有意义的句子、段落和篇章。尽管可以接受个人的语言在特定结构上的千变万化,但是所有的语言都需要结构。例如,在英语的单数名词后加上-s 就典型性地起到了把名词单数变为复数形式的作用。

第四,语言在结构上具有多样性。

任何有意义的表达都可以在不止一个的层面上进行分析。特定的单词往往有多个含义,比如在纽约的药店的招牌上所写的:"We dispense with accurary"(Lederer, 1987, p. 63)。同样,某一特定的基本概念可以用不同的单词形式来表达,例如,"The student chewed the pencil"等同于"The pencil was chewed by the student"。

第五,语言具有能产性。

我们可以用语言创造无限多个独一无二的句子和其他意义丰富的词的组合。语言是天生具有创造力的,因为任何人都不可能在先前就听到过所有我们有能力创造的句子。尽管从一种语言转换到另一种语言会使某个原本简单、清晰和简明的想法在表达上发生很大的变化,但是任何语言都具有潜力,来表达那些可以用其他任意一种语言来表达的想法。例如,"I lost the key"在西班牙语里经常被说成"Se me olividó la llave"(The key was lost to me)。西班牙语的表达方式似乎使说英语的人感到很不舒服,而且这两种表达方式在内涵上也有差别,西班牙语的表达方式看起来把丢钥匙者的一部分责任给转移了。

第六,语言具有动力性。

语言在不断地发展,新的单词、短语和涵义每天都在变成普通的习惯用法。

另外,语言(至少是第一语言)是自发获得的,这有时也被作为语言的主要特性之一。换言之,儿童不需要任何特别的努力就可以学会说他们的第一语言。儿童在与他们的父母和同辈们的相互交流中毫不费力地学会了母语。根据以上的语言的特性,我们能想像到动物之间如何交流吗?

动物使用语言吗?

问题:哪些证据证明动物们使用或不使用语言?

哲学家笛卡儿(René Descartes)提出语言是人类和其他物种的最本质的区别。他说得对吗?在我们详细探讨人类之外的物种使用语言的问题之前,我们必须再次强调交流和语言之间的区别。很少有人怀疑人类以外的动物可以用某种方式进行交流。但是现在的争论就在于它们的这种交流是否有足够的理由被称为语言。尽管语言是为了交流而对单词组合的特别应用，然而交流的涵义极其广泛，不但包含通过语言所进行的思想和感情的交流，而且还包括非语词的沟通，例如，手势、眼神、距离和其他方式。

灵长类动物特别是黑猩猩为我们提供了研究人类以外其他动物的语言的好机会。简·古多尔（Jane Goodall）可能是国际上最著名的野外黑猩猩的研究员。她已经对黑猩猩行为的许多方面进行了研究，包括发声法。她认为黑猩猩的许多行为可以被看成是明显的交流，尽管这些行为并不一定由语言来表达。例如，黑猩猩有一种特殊的叫喊表示他们将要遭到攻击，还有另一种叫声可以使伙伴们聚集起来。即便如此，它们具有沟通性的发声似乎很少，也不具备创造性（没有新的表达方式出现）；在结构上受到限制，缺乏结构的多样性，而且不具有相对的专门性，也不是自发习得的。因此黑猩猩的交流不符合我们对语言的定义。

尽管黑猩猩在它们的环境中进行着有限的交流，但是它们并不是自发使用语言的。我们在一定程度上成功地教会了黑猩猩使用语言。

通过使用手语，R. 艾伦（R. Allen）和比阿特丽斯·加德纳（Beatrice Gardner）教会了一只名叫瓦苏（Washoe）的黑猩猩基本的语言技能（R. Brown, 1973），尽管它达到的水平仅相当于刚学走路的孩子。后来 R. 布朗（R. Brown, 1971）取得了更大的成功，他的黑猩猩莎拉（Sarah）掌握了超过 100 个的各类单词，这至少表明了莎拉具备了基本的语言技能。

赫伯特·特勒斯（Herbert Terrace, 1979）认为黑猩猩具备语言能力这一观点缺乏事实根据。他饲养了一只名叫尼姆·切姆斯基（Nim Chimpsky）的黑猩猩，这个名字是由杰出的语言学家诺姆·乔姆斯基（Noam Chomsky）之名而来的。在这期间，尼姆用改进版的美国手语（ASL）可以作出 1900 种多种手势表达，它的许多表达都是双词组合的。

特勒斯对这些表达的细致分析揭示了,尼姆大多数的表达是对它所看到的东西的重复。特勒斯推论说,尽管尼姆在语言方面取得了惊人的成就,但它从未作出过最基本的句法表达(讨论如下):黑猩猩能作出单词甚至是复合词表达,但是没有达到句法组织的水平。例如,尼姆会轮流做手势表达:"给尼姆香蕉","香蕉给尼姆","香蕉尼姆给",这表明它并不优先考虑语法正确的表达形式。特勒斯还研究了一些影片,这些电影记录的是据称产生了语言的黑猩猩,但得出了相同的结论。尽管黑猩猩能理解和作出表达,但是它们的语言能力甚至连儿童的水平都达不到,它们缺乏语法结构尤其缺乏结构的多样性。

苏珊·萨维奇·罗姆波夫及其同事(Savage-Rumbaugh, Mcdonald, Sevcik, Hopkins 和 Rubert, 1986; Savage-Rumbaugh. et al., 1993)则发现了支持黑猩猩之间使用语言的有力证据。他们的小黑猩猩自发地组合研究者们教给它们的一种人造语言中可视的象征(如红色的三角形、蓝色的正方形)。它们甚至表现出理解了一些研究者对它们说的语言,尤其是其中的一只小黑猩猩(Greenfield & Savage-Rumbaugh, 1990)似乎掌握了非凡的技能,它甚至被证明初步掌握了语言结构。不同研究者之所以得出了不同的结果可能是由于测试了特定种类的黑猩猩或者是测试的程序造成的。本章一开头就阐述了语言特性的种种限定条件,而黑猩猩的语言是否满足了这些条件,现在还不清楚。例如,人们不知道黑猩猩的语言是否是自发习得的。在这点上,我们不能确定观察到的是否就是黑猩猩语言能力的范围。

无论其他物种是否使用语言,毫无疑问,人类的语言才能大大超出了我们已经研究过的其他物种。诺姆·乔姆斯基(1991)很清楚地阐述了其他动物语言的核心问题:

> 如果动物具有和人类语言一样的生物学上的优势能力,但是由于某种原因直到今天才被开发,那将是一个进化的奇迹,就好像我们发现了一个小岛,岛上的人可以被教会飞行。

为什么脑使我们具有语言能力?脑是怎样产生和理解语言的,这个过程在脑的哪个部位发生?这些是我们接下来思考的问题。

语言和脑

问题:语言的脑机制是什么?

对脑在语言中所扮演的角色感兴趣的科学家们发展了日益精密复杂的技术来研究人脑。在早期的脑定位研究中,首先由保罗·布洛卡和卡尔·威尼克发现特定的语言缺陷与特定的脑损伤之间存在一定的关系(见第二、三章)。布洛卡失语症和威尼克失语症是证明脑损伤影响语言功能的极佳例证(见第三章)。从那时候起,医生和研究者就发现脑部受伤的病人特定的语言障碍与特定部位的脑损伤有关。通过对脑损伤病人的系统研究,研究者对特定脑部位和语言功能之间的关系有了很多了解。尽管损伤研究很有价值,但研究者们还通过其他途径来研究语言机能的脑定位,比如通过对脑进行电刺激来评估对语言功能的影响(e.g., Ojemann, 1982; Ojemann & Mateer, 1979)。研究者们发现,对脑部某一点上进行连续刺激就会对特定语言功能产生离散作用(如不会对事物命名)。然而通过对不同个体的研究发现这些功能的定位区域变化很大。而另一种研究方法则在人脑执行各种语言任务时,对其新陈代谢活动和血液在脑中的流动进行研究。图8-1是语言产生时脑的扫描图。

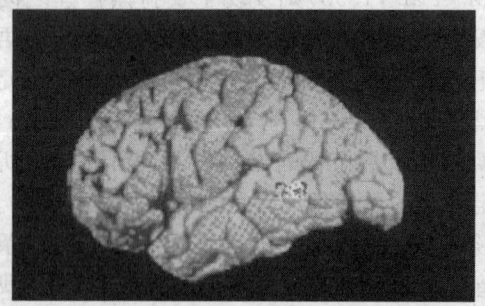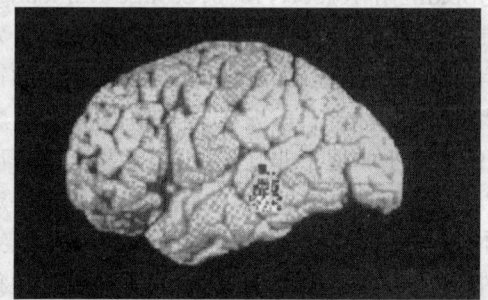

图8-1 说话时大脑活动的正电子发射断层扫描图

对脑的各种研究方法支持了以下的观点,无论是习惯于用左手还是用右手的人,他们的左半球明显参与语言过程中对语法的依照。

通过损伤研究,科学家们已经可以断定人脑的哪些部位与正常的语言活动有关,哪些部位与正常的语言活动无关。例如,我们可以概括地说,许多语言机能定位在布洛卡区和威尼克区,虽然我们现在认为位于大脑皮层后部的威尼克区的损伤对语言功能的影响要比位于皮层前部的布洛卡区的损伤所造成的影响严重得多(Kolb & Whishaw, 1990)。并且,损伤研究表明,语言机能受到大脑皮层后部大面积区域的控制,而不仅仅是威尼克区。同时大脑皮层的其他区域也起着作用。例如,左半球的联合区的其余部分以及颞叶的左侧一部分,此外还有一些皮层下结构。对大脑的新陈代谢的研究也为语言机能定位作出了贡献。例如初步的新陈代谢和血流研究表明(e.g., Petersen, Fox, Posner, Mintun, & Raichle, 1988),有更多的大脑皮层区域参与了语言机能,这比我们在先前的研究中所认定的范围要大得多。

大脑半球在语言加工上的差异

除了语言机能的定位范围大大超过了早期研究者们的设想以外,语言机能似乎在脑的两半球也有不同的分工。通过多种方法对人脑的研究都支持以下观点：所有用右手和大多数用左手的人其左侧半球明显参与了语言过程的句法重构，它对语言能力的重要作用是显而易见的(Cabeza & Nyberg, 1997)。左侧半球对于形成写作能力也是必不可少的。右侧半球似乎具备相当的听觉理解能力，特别是在语义处理方面，除此以外，还具备相当的阅读理解能力。右侧半球还在理解和表达语言的一些细微差别上发挥重大作用。例如，理解和表达语音感情以及手势、玩笑和嘲讽中的隐喻等非文字的信息(Kolb & Whishaw, 1990)。负责语言机能的左侧半球的较大损伤有时会引起皮层的其他区域提高了对语言过程的参与程度，像恢复语言功能——先前未被激活的皮层区域接替了左侧半球的工作(Cappa et al., 1997; Weiller et al., 1996)。

语言加工的性别差异

多琳·科马拉(Doreen Kimura, 1987)在对男女脑损伤者的研究中发现，语言机能的定位有一些有趣的性别差异。男性损伤者和女性损伤者相比较而言，男性在语言机能上更多地表现出左侧优势；而女性损伤者更多地表现为双侧对称的形式。进一步的研究发现，与失语症有关的区域也表现出男女差异。尽管也有一些女性失语症患者在颞叶受到损伤，但绝大多数女患者的损伤在前脑部位。与此相反，男性失语症患者的脑损伤部位则更趋多样化。他们的损伤似乎更多地存在于脑后部区域而不是在前部区域。

对科马拉所发现现象的一种解释是，在皮层后部区域在语言机能中所起的作用上，女性较男性表现出了更多的差异。另一种解释是，女性在语言机能上很少表现出单侧优势，女性的脑可能比男性更能适应语言机能的丧失；男性通常是不断使用右侧半球来补偿由于左后侧半球损伤而可能导致的语言机能损失。语言机能可能有着更深层次的性别差异，这将使对科马拉的发现的解释变得更复杂。

从其他实验研究得到的相关证据进一步表明，男性和女性在语言加工上也表现出差异，这种差异至少可以体现在音韵学的水平上(Shaywitz et al., 1995)，一项 fMRI(功能性核磁共振脑成像技术)的研究要求男女被试执行以下四个任务之一：(1)指出一对字母是否完全相同,(2)指出两个单词是否具有相同的意义,(3)指出两个单词是否押韵,(4)比较两条线段的长度(一个控制任务)。研究者们发现，当男女被试在执行辨认字母和词义任务时，左侧颞叶部位都被激活了。当他们执行辨别押韵的任务时，只有男性被试的低于前额的左侧区域被激活，而女性两侧都被激活了。这些结果表明男性在语言过程的定位上比女性更为区域化。

语言的不同方面

问题：语言分为哪些方面，它们的作用是什么？

第八章 语言和思维

如何来研究语言这种使我们和同类伙伴进行自由交流的媒介呢？所有可能的人类说话声音的最小可辨别单位是音子(phone)，其总数约有100多个。但是没有哪种已知的语言使用所有的音子，每种语言所使用的音子只是所有音子的一个子集。特定语言的使用者所能辨别的特定的说话声音的基本单位是音素(phonemes)。在英语里，一般可以确认的音素是元音和辅音，例如b、i和t发音bit。语言学家有时到偏远的村落去观察、记录和分析不同的语言。由于这些村落的成员更喜欢都市化的生活方式而逐渐离开部落领地，一些语言消失了(e.g., Ladefoged & Maddieson, 1996)。

在一种特定的语言中，词素(morpheme)是表明意义的最小声音单位。例如，单词talked有两个词素：talk和后缀-ed，因此，有些词素是单词，另外一些则是构词成分，如，-ed。

语言学家们用术语词典(lexicon)来描述一种特定语言或特定人群的全部语言技能的整套词素。英语国家的高中毕业生平均词汇量达到了60 000个词根。大多数大学生的词汇量则是前者的两倍(G. A. Miller, 1990)。通过组合词素，大多数说英语的成年人的词汇(vocabulary)或者是单词量达到了成千上万，例如，通过附加少量词素到词根study，我们可以得到student、studious、studied、studying和studies。英语之所以比其他任何语言的单词都要多，其原因之一就是通过这种独特的方法组合已有的词素来扩张单词量。有人提出威廉·莎士比亚的才华，部分在于他组合已有的词素来创造新词的才能，据称，莎士比亚创造了超过1 700个单词(约占他的写作词汇量的8.5%)，除此以外还有数不清的表达方式——包括单词countless(数不清的)本身(Lederer, 1991)。其他被认为是莎士比亚所创造的单词还有accommodation、assassination、critical、eyesore、horrid、initiated、pedant和premeditated。

对语言学家来说，在对音素、词素和词典分析之后，下一个分析水平就是句法。它是指某种语言的使用者将单词组成句子的方法。语言学家们认为研究句法是理解语言结构的基础。本章的稍后部分将专门阐述语言的句法结构。

语言分析中最后且最具理解力的水平是语篇(discourse)上的分析。它包含了在句子水平以外的语言使用。比如在对话、段落以及文章、章节和整本书中。语篇的目的主要是交流信息或意义。例如，你正在阅读的段落，就是为教授你们有关语言和思维的知识而专门设计的一个章节的语篇的一部分。你是如何理解本章语篇的意义的？

你可能不记得单词第一次使你活跃起来的时刻，但是你的父母一定记得。事实上为人父母的巨大喜悦之一就是看着孩子发现单词是有意义的。

语义学

语义学(semantics)是对单词意义进行的研究。语言学家、哲学家和心理学家长期以来一直在思考单词的意义表达着什么。近年来他们提出了一些理论。

成分理论(componential theory)，也被称为限定理论(definitional theory)，该理

论认为词的意义(或概念)可以通过拆分词(或概念)使之成为一套定义特征来理解。这些特征是意义的必要元素,它们对定义一个单词是必不可少的且共同构成了单词(或概念;J. J. Katz, 1972;J. J. Katz & Fodor, 1963)。例如,让我们来看看bachelor(单身汉)这个单词。一个单身汉可以被认为由三个部分组成,男性、未婚和成年人。由于三个部分各自都是独立且必要的,因此只要少了一个部分,就使单词不再适用。比如,未成年的未婚男性不能称之为单身汉。

原型理论(prototype theory)认为单词(或概念)的意义能用根据原型描述概念的方式来理解。单词是指定概念的最好代表,它还具备了概念的许多例子所包含的一套典型特征(Rosch & Mervis, 1975; see also E. E. Smith & Medin, 1981)。虽然定义特征为概念的每个例子所拥有,但独特性就不是如此。相反,许多概念的例子具备独特性。因此,会飞是鸟的典型特征,但不是鸟的定义特征,因为一些鸟类,如鸵鸟不会飞。知更鸟似乎比鸵鸟更像典型的鸟,因为它的许多特征符合大多数人认定的鸟的标准,包括会飞这个事实。一些学者(e. g., Erickson & Kruschke, 1998; B. H. Ross & Markin, 1999; B. H. Ross & Spalding, 1994; E. E. Smith, Patalano, & Jonides, 1998)提出,除了使用单独的原型来诱导概念的内涵外,我们还使用一些范例(exemplars)——一个特定概念或一类物体的几个典型代表。例如在判断鸟的时候,我们不仅想到了典型的鸣禽,它们体形小,会飞行,能筑巢,会歌唱,等等,还想到掠食性的猛禽、不会飞的大型鸟类、中型的水禽,等等。如果我们有多种的范例,那当我们见到具体的一只鸟时,比起只有一个范例的情况,我们可以更灵活地把这只鸟与大致的范例对应起来。为了完全理解概念,我们还必须了解它们在句子中充当的角色,即句法的习惯用法。

语法

如我们先前提及的那样,语法(syntax)是语言的心理学的一个重要部分,语法是系统的结构,通过它,单词可以被组合然后成为有意义的词组和句子。语法从对词组和句子的语法研究开始。

心理语言学家用术语语法(grammar)来指研究语言中与句子中单词的功能和关系相联系的规则形式的学科。语法大可以扩大到语篇水平,小可以缩小到个别单词的发音和意义。在英语课上,老师们已向你们作了配定语法(prescriptive grammar)的介绍。配定语法是对各种语言规范的公式化,它规定了书面语和口语中的偏好用法,比如句子中词的功能、结构和关系。例如,按正确的语法应该说,"The student loves the book",而不是"The student love the book"。令心理语言学家更感兴趣的是描述性语法(descriptive grammar),它是对句子中的词的结构、功能和关系的语言形式的描写(Pinker, 1994)。描述性语法有如下几种:

词组—结构语法(phrase-structure grammars),它根据句子中表面的词的顺序来分析句子,而不考虑意义上的差异或相似。它又被称为表面—结构语法(surface-structure grammars),这些语法在表面分析水平上处理语法。英语中几乎任何句子都能根据一种词组—结构语法来分析。让我们来看下面两个句子:

(1) Susie greedily ate the hungry crocodile.
(2) The hungry crocodile was eaten greedily by Susie.

词组—结构语法根本不能显示出句1和句2有任何特别的关系,而根据意义,这两句只在语态上有差别,第一句用主动语态来表达,而第二句用的是被动语态。根据转换语法(transformational grammar),两句强调的意义是一样的,所以两个句子结构上的差异集中在态度(attitude)——说话者对被描述的事件或项目所持的姿态。

语言学家诺姆·乔姆斯基(1957)提出句子可以在表面—结构水平上分析,就如词组—结构语法一样处理;同时也可以在深层结构水平(deep-structure level)上分析,通过转换来选择一种表面结构,描述句子的潜在意义。例如关于苏茜和鳄鱼的两个句子,尽管它们在表面—结构水平上的表示有很大的不同,但在深层结构上所代表的东西是相同的。乔姆斯基设定了一种从深层结构得到表面结构,并使不同的表面结构相互关联的方法。乔姆斯基的语法被称为转换语法(transformational grammar),因为这种语法强调从语句的复杂结构到浅显结构之间的转换。当然,并不是所有的心理语言学家都同意乔姆斯基理论的全部内容,许多人特别反对他强调句子结构胜过语义(e.g.,Bock, Loebell, & Morey, 1992; Garrett, 1992; Jackendoff, 1991)。无论如何语法只是意义的部分层面;我们还需要关注一下语用学。

语用学

传统上,语言学的研究集中在人们如何在音素、词素、单词和句子水平上理解语言,而很少把注意力投入语篇的较大范围中。心理语言学的研究(研究语言中的心理学)也是如此。近十年中,语言学专业的学生对研究人们如何使用语言的语用学(pragmatics),和研究人们如何在社会相互作用背景下使用语言的社会语言学(sociolinguistics)越来越感兴趣。

一些社会语言学家还研究在会话背景中人们使用非语言学要素的方法。例如,有兴趣观察人们如何在背景中使用语言的社会语言学家和心理语言学家,还对人们手势和声音感情的使用感兴趣。除此之外,他们还对人们空间关系学(proxemics)的使用感兴趣,所谓空间关系学是指你和与你有关的人之间的相对距离和位置。在更多情况下,你通常是不自觉地改变你的语言形式和非语言要素来适应不同的背景,比如在第一次约会时和在课堂上,你所使用的语言形式就不一样。

为了了解你如何在不同的环境中改变语言用法,我们来设想一些场景。假定你和你的朋友将要在下班后见面,然而发生了一些事,你必须告诉你的朋友改变你们约定见面的时间和地点。当你打电话时,朋友正好在工作,他的上司接了电话并同意给他捎一个信儿。你将会对朋友的上司说些什么,来确保你的朋友会知道约会时间地点的变化呢?假设是你朋友上司两岁的儿子接的电话,那你又该怎么说?而如果是你朋友亲自接的电话,那么你会如何改变你的说法?虽然三种情况下你的意图是一样的,但三种背景下的说法是如何变化的?

脚本

发言的规则和次序可能有助于指导我们了解所有会话的内容。例如,我们总是要等到在我们前面说的那个人讲完再说话。在有些情况下,为了更有效地沟通,沟通的参与者必须对讨论的情况有一个共同的理解。一些研究者提出,在这种情况下,可以使用脚本来帮助我们填补在实际对话中经常出现的间隙。罗杰·尚克和罗伯特·埃布尔森(Roger Schank, Robert Abelson, 1977, p. 41)对脚本(script)作了如下的定义:它是一系列情节,可以定义一种预先确定或一成不变的众所周知的情况。脚本的例子通常有去医生的办公室或去快餐店,在后面一个例子里,脚本的典型元素是进入、排队、选购、付钱和坐下来用餐。

各种经验主义的研究已经证明了脚本概念的确实性。例如戈登·波尔、约翰·布莱克和特伦斯·特纳(Gordon Bower, John Black, & Terrence Turner, 1979)的研究,他们向被试提供了各种描述普通场合的简短故事,然后要求被试尽可能多地回忆每一个故事,或者辨别几个句子是哪一个故事中包含的。其结果发现被试都明显偏向于回忆起实际上根本就不存在于故事中的元素或句子,但是他们所回忆的内容的确是故事所反映的脚本的一部分,也就是说,脚本似乎指导着人们的回忆和认知。

口误

直到现在,本章关注的中心仍然是人们如何正确使用语言,或至少是尝试如何正确使用语言。本节在讨论语用学时,为了公平起见,还该探讨一下人们会怎样错误地使用语言。最显而易见的错误之一就是口误(slips of the tongue)——在说话中不小心的语义的或与发音有关的(与语音的产生有关)错误。口误表明我们产生语言是有计划而不仅仅是一次一个单词的,前一个单词是后一个单词的刺激物。西格蒙德·弗洛伊德是最早研究口误的心理学家之一。实际上,他对这一现象的描述导致了我们将一种特例称为弗洛伊德口误(Freud slips):专指那些似乎泄露了隐藏的(被压抑的)动机和情感的口误。例如,一个生意人遇到了一个竞争对手常会把"我很高兴见到你"说成"我很高兴打败你"。

与精神分析的观点不同,心理语言学家和其他认知心理学家对口误感兴趣,是因为口误可能会告诉我们语言是如何产生的。在说话的时候,我们已经在头脑中有了将要说什么的计划,但有时我们的音节机制与认知机制没有协调好。口误表明我们的思维语言与表达我们思维的语言是不一样的(Fodor, 1975)。我们的观念是正确的,但是表达发生了错误。甚至有时我们没有意识到发生了口误，直到有人提醒。口误的发生表明，在你的心理语言层面，无论你在实际语言表达中出现了什么样的错误，你心理层面的表达都是准确无误的。

有时，口误会偶然产生斯本内现象（spoonerisms）。它是把两个单词的字首音互换而得到两个完全不同的单词。斯本内现象经常产生幽默的效果。这一术语是以因研究首音互换而闻名的罗夫伦德·威廉·斯本内（Reverend William Spooner）的名字命名的。他最经典的口误之一就是"You have hissed all my mystery lectures"（实际应为"You have missed all my history lectures"，编者注）。正如你已经猜到的，许多口误不仅为我们提供机会来洞悉人们如何使用语言，还使我们了解人们如何思考。语言和思维的交互作用是下一部分的主题。

语言与思维的联系

语言和思维的关系渗透于语言研究之中。几乎所有有关语言的材料都包含着思维和语言的交互作用。我们所听所读的语言反映人们的思维，我们的思维表现为我们的所说所写。例如，憎恨商人的人通过用贬义词来描述商人们没有人性，比如，害虫和寄生虫。这类语言的应用注定要向我们逐渐灌输对这种人的消极的思想感情。比较和对照不同的语言以及它们之间表达方式的不同，是探索语言和思维如何纠缠在一起的一种方法。

"雨下得非常大，"我在 Chinyanja 说。用来描述雨的单词 mpemera，非常精确。它是指大雨被风吹进了阳台。

——保罗·索鲁，《我的秘史》
(Paul Theroux, *My Secret History*)

语言的相对性和普遍性

不同的语言使用不同的词汇和句法结构，它们影响着语言生成和发展的物质和文化环境。例如缅甸的 Garo 人把米分成许多种，这是可以理解的，因为他们处于稻米文化中。游牧的阿拉伯人有二十几个单词指骆驼。与那些不同文化的人相比，这些人形成清晰的有关米和骆驼的概念，要更专门和更复杂。问题就是，作为语言差异的结果，是否 Garo 人考虑米的方式和我们不一样？同样，是否阿拉伯人思考骆驼的方式也和我们不一样？

语言的句法结构也各不相同，但是几乎所有的语言都允许用某些方式来表达行为、行为的代替物和行为的对象（Gerrig & Banaji, 1994）。语言之间的差异在于语法变化的范围和其他说话者必须考虑进去的句子中的关键元素。例如，用英语描述过去的行为,我们通过动词的形态变化来指明某一动作是否发生在过去(例如,walked);在西班牙语和德语中,动词必须进一步表明施动者是单数还是复数,以及是第一、第二还是第三人称;在土耳其语里,动词还必须表明是否是过去动作、单复数、人称,同时必须指出动作是说话者目击的或是直接经历的,还是间接经历的。在用这些语言进行思考时,这些以及其他限定性语法结构的差异,是否影响甚至束缚着语言使用者以不同的方式来思考事物呢?

语言的相对论(linguistic relativity theory)主张,语言影响你的思维方式和认知系统的形成,不同语种的人对世界也有不同的认识。因此,根据相对论,比起说英语的人,Garo 人可能形成了对米的更丰富的认知范畴。当 Garo 人考虑米的时候可能认为它们不一样——可能是非常复杂的思维——比说英语的人复杂得多。英语只有很少的单词与米有关。因此,语言至少部分地表达了思维(Lucy, 1997)。

语言的相对性假说有时也被称为萨皮尔—沃夫(Sapir-Whorf)假说,这是以极力宣扬该理论的两位学者的名字命名的。爱德华·萨皮尔(Edward Sapir, 1941/1964)说:"我们看到、听到以及在其他方面的经历好像让我们身临其境,这是因为我们社会的语言习惯倾向于某些解释"(p. 69)。本杰明·李·沃夫(Benjamin Lee Whorf, 1956)更极力宣扬说:

> 我们都依据母语所规定的界线去解剖大自然。我们从自然现象中分离出来的范畴和种类,并不是因为它们瞪着每一个观察者的脸才被发现的,相反在我们面前的客观世界是一个印象万花筒,必须由我们的大脑——主要是我们头脑中的语言系统去组织这些印象。(p. 213)

萨皮尔—沃夫假说已经成为被社会和行为科学领域广泛采用的概念之一(Lonner, 1989)。但是这一假说的某些部分似乎有虚构的成分。例如,根据萨皮尔—沃夫假说,爱斯基摩人会有许多关于雪的单词,这应该是很有道理的,这将使他们可以从许多角度来认知雪,因为他们有对雪的不断需求。事实上,许多社会科学家热衷于接受并宣扬这样一个假说:对应于英语中雪的单词(snow),爱斯基摩人有很多个关于雪的单词。对于这一虚构的直接驳斥来自人类学家劳拉·马丁(Laura Martin)(1986),他证明爱斯基摩人并没有许多有关雪的单词。按照 G. K. 普拉姆(G. K. Pullum)(1991)的说法,"任何人只要对爱斯基摩人(或更精确地说,是从西伯利亚到格陵兰说相关语言的因纽特和尤皮克种族)有所了解,都不会得出那样的结论。"

语言相对论的局限

在用语言相对论解释诸如 rice 和 camel 这样的名词时,我们必须保持谨慎。实际上当我们扩大到名词以外考虑语言的其他语法元素时，相对性理论变得更为有趣。例如西班牙语中 to be 有两种形式——ser 和 estar，它们用在两种不同的语境中（见 Sera，1992）。一般来说，ser 用在长期不变或至少是一个长时间的状态中。例如，我会说"Soy profesor"，这是 ser 的第一人称单数的用法，表示我是一位教授。而 estar 用在暂时的状态中。例如，我会说"Estoy escribiendo"，这是 estar 的第一人称单数，表达的意思是我现在从事写作。心理学的问题就在于，使用西班牙语者比起那些使用一种形式来表达 to be 意思的人在暂时和永久的意义表达上是否存在更多的差异。基于现存的语言相对性和跨文化分析的著作，我们对这个问题只能回答说：不知道。

科特·霍夫曼、艾维·劳和大卫·约翰逊（Curt Hoffman, Ivy Lau, & David Johnson, 1986）进行了一个有趣的实验以评估语言相对论可能的影响效果。在中文里，世故包含懂事的、有经验的、社交熟练、致力于家庭并且有些自制的意思（p. 1098）。很显然，英语中找不到相似的可以包含这些丰富特性的单词。霍夫曼和同事编写了中文和英文的文字段落来描写各种性格，包括世故的性格，然后研究者要求会说两种语言的被试阅读中文或英文材料，再根据这些描述最有可能符合哪种性格，来评价关于性格的各种陈述。其结果似乎支持了语言相对论的观点。那些阅读了中文材料的人比起那些阅读了英文材料的被试更有可能根据世故的固定形式来评价各种陈述。同样的，当要求被试写下他们对这些特性的印象时，那些先读过中文材料的人的描述更一致地接近世故的固定形式。研究者们不是要说明说英语的人不可能理解世故的固定形式，而是要说明具有这种固定形式可以更快地促进心理操作。

语言的普遍性

一些研究者阐述了语言的普遍性（linguistic universals）——各种文化背景下语言的特征模式——和关联性。许多这方面的研究使用了颜色的名称。乍看起来，那些单词似乎可以是理想的研究焦点，因为它们为验证假说提供了特别方便的途径。每种文化下的人被认为接触了或至少是有可能接触到种类丰富且一致的颜色。但是其结果是不同语种的人在命名颜色上也很不一样（Berlin & Kay, 1969；Kay, 1975）。这表明人们看颜色是独特的，而我们的世界在总体上说是丰富多彩的。无论人们使用何种语言（Davies, 1998；Davies & Corbett, 1997），也无论他们的认知水平和语言发展程度如何，人们用同样的方式来看待世界吗？接下来我们来考虑语言是如何形成的。

语言的获得

问题：人们是如何获得语言的？

语言获得的阶段

出生后的最初几年,我们通过听语言和对语言作出反应使我们也能产生语言,按照相同的顺序,所有的人似乎都以同样的方式掌握了语言。人类通过以下几个阶段来形成基本的语言能力:

(1) 胎儿期对人类声音的反应
(2) 出生后的喃喃而语,包括各种可能的声音
(3) 咿呀学语,只包含清晰的音素,是婴儿基本语言的特征
(4) 单词表达
(5) 双词表达
(6) 电报式言语
(7) 基本成熟的语句结构,大约在 4 岁时形成

胎儿期的影响

一些研究表明语言获得在出生前就开始了。胎儿在充满液体的环境中可以听到母亲的声音,出生后,新生儿明显表现出偏爱其母亲的声音而不是其他妇女的声音(DeCasper & Fifer,1980)。似乎他们还喜欢听在母亲子宫里时母亲就读过的故事,而不是在出生后母亲讲的故事(DeCasper & Spence,1986)。这些研究表明,新生儿在出生之前就熟悉了他们母亲的声音以准备在出生后注意母亲的声音。有趣的是婴儿更喜欢听人用其母语来讲话而不是其他语言。他们可能将注意力集中于韵律结构,并以此作为辨别语言种类的手段(Bertoncini,1993; Mehler, Dupous, Nazzi, & Dehaene-Lambertz, 1996)。在出生后,除了偏向于对母亲的声音作出反应,新生儿还自动对和他们发生直接接触的看护者的声音作出反应(T. Field, 1978; J. A. Martin, 1981; Schaffer, 1977; C. E. Snow, 1977; D. Stern, 1977),进而婴儿表现出与他们的看护者相对应的表情(Fogel, 1992)。

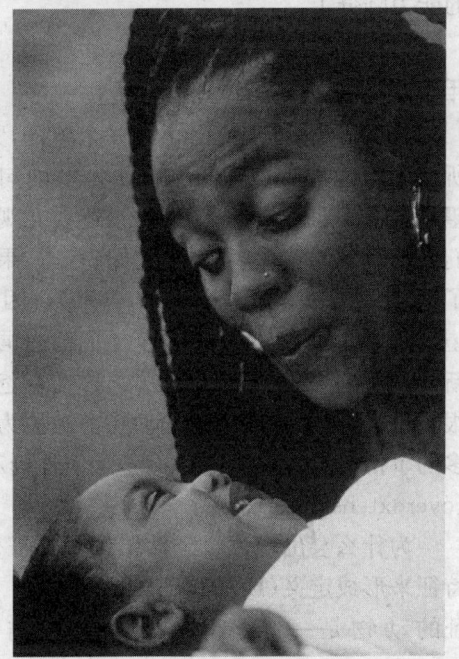

可能由于在子宫里时就听见他们母亲的声音,新生儿偏向于对母亲的声音作出反应,并且似乎这一特性也与看护者的话语相关。

喃喃而语和咿呀学语阶段

婴儿也发出他们自己的声音。很明显,哭就是一种交流方式——不论是有意或无意的——引起别人的注意、索要食物,或者表示痛苦。在语言获得的几个阶段中,语言学家们对喃喃而语最感兴趣。喃喃而语(cooing)是婴儿的口头表达,它是婴儿探索人们有可能发出的所有音素的产物。全世界婴儿的喃喃而语,包括聋儿在内,都是完全相同的。

在这一阶段,婴儿可以辨别所有的音素,而不只是其母语里所特有的音素。例如,这一阶段的日本和美国的婴儿能区分音素/l/和/r/(Eimas, 1985),然而当他们进入下一个阶段(咿呀学语)后,他们却逐渐失去了这种辨别音素的能力。在大约 1 岁左右,日本婴儿不再能区分音素差异——不能再作出分辨(Eimas, 1985)。

在咿呀学语阶段,聋儿不再发声,而正常婴儿发出的声音也变化了。咿呀学语(babbling)是那些可以对母语音素分辨清楚的婴儿的特有产物(J. L. Locke, 1994; Petitto & Marentette, 1991)。因此,尽管全世界婴儿的喃喃而语声都是相同的,但是婴儿的咿呀学语影响了语言的获得。这表明,在咿呀学语阶段婴儿感知和发出非音素的能力降低了。

单词句——一个单词的表达

最后,婴儿终于说出了第一个单词,紧接着又说出了一两个,不久就更多了。婴儿所使用的这些单词语表达被称为单词句(holophrases)——他们由此来表达意图、欲望和要求。通常,这些单词是描述婴儿观察到的事物(如汽车、书、球、身体、鼻子)或他们要求得到的熟悉事物(如妈妈、爸爸、果汁、曲奇)的名词。18 个月后,婴儿一般具备了 3~100 个单词量(Siegler, 1986)。因为婴儿的词汇量尚不足以表达他们所有的愿望,他们很灵巧地过度扩展了他们已有词汇中的词的意义,来替代那些他们所没有的新词。例如,婴儿通常会把男人称为爸爸——这使初为人父的爸爸们在公共场合感到很难过;还有那些四条腿的动物会被称为狗。这种将既定单词的意义过度地应用到更多的事情、思想和场合上,而不是使外延和定义特征相符合的现象称为过度延伸错误(overextension error)。

为什么会出现过度延伸错误? 特征假说(feature hypothesis)指出儿童以很少的特征来形成定义(E. V. Clark, 1973)。因此如果儿童头脑中形成了具有四条腿的特征的动物是一条狗,那么他会把猫也称为狗。另一种功能假说(functional hypothesis)(K. Nelson, 1973)指出儿童最初使用单词是基于单词所代表的重要目的(功能)。儿童之所以犯过度延伸错误是因为他们混淆了特定的事物的功能。电灯发出亮光,毯子使我们感到温暖,一只狗和一只猫很相似而且都是宠物,所以儿童很可能混淆它们。尽管功能假说通常可以作为特征假说的替换,但是两种机制完全可能都在儿童过度延伸现象中起作用。实际也是如此,两者可能不完全正确,而我们所知道的事实就是把两种观点综合起来。

电报式言语

渐渐地,在两岁半的时候,儿童开始组合单词形成双词表达,他们对句法结构的理解开始了。儿童这些早期按照句法的交流语言更像电报而不像是对话,因为冠词、介词和其他功能性词素通常被遗漏。因此语言学家们称这些双词或更多词的初级的、按照句法的交流为电报式言语(telegraphic speech)。诸如此类的例子有,"up Mama",表明儿童想要母亲把他或她抱起来,或"Daddy cup",指其父亲的水杯。实际上,电报式言语可以用来描述这样一些词汇的表达:它们通常是三词或稍长的词汇表达,这些词汇表达具有相同的功能性词素的特征省略,儿童词汇量的扩大也很迅速,2岁时儿童掌握300个左右的字词,到三岁就扩大至3倍即1 000个左右的字词。

令人几乎无法相信的是,在4岁时,儿童就获得了成熟的语法和语言结构,到5岁,许多儿童就能理解和应用相当复杂和不常见的句子结构,10岁儿童的语言已经基本上和成人一样。对儿童来说,只有在理解被动语态、模棱两可和抽象的概念时存在困难——这对成人来说也是困难的。下一部分我们来检验关于我们语言获得过程的几种可能的解释。

对语言获得机制的解释

在心理学领域和本书中,一个重要的主题是,究竟是先天还是后天影响我们成为什么样的人和做什么样的事。这一争论继续以新的形式出现,特别是在语言获得方面。一方面语言后天决定论的研究得到发展,另一方面,语言的学习还受生物决定性的影响。它表明我们天生和语言"捆绑"在一起。很少有心理学家坚持语言完全是后天的产物。语言的多样性和对儿童语言获得的观察反驳了先天论。相反,一些研究者和理论家已经提出,儿童语言的获得很大程度上是由于他们所处环境的结果。这一现象的两种机制已经被提出:模仿和条件作用。

模仿

语言获得的机制之一是模仿。即使是业余观察者也能注意到儿童的语言形式和词汇反映了他们所在环境中人的语言形式和词汇。实际上每个家长都竭尽全力使孩子们更容易注意和理解他们所说的话。毫无疑问,家长和成人倾向于使用比通常更高的音调来夸大他们说话的音调变化(vocal inflection)(即更大程度地升高或降低音调和音量),同时对婴儿和儿童使用简单的句子结构。成人所使用的具有这种特点的说话形式被称为"妈妈语"(motherese),更精确地说应该是儿童—定向言语(child-directed speech）。通过它，成人似乎尽力使婴儿和儿童对语言产生兴趣并作出理解。

实际上，婴儿似乎更喜欢听到儿童一定向言语而不是其他形式的成人言语（Fernald, 1985）。这些夸大似乎引起并保持了婴儿的注意，传达了与感情有关的信息，并且当婴儿发出声音时提示他们。在各种文化中，父母们似乎都使用言语的这种特殊形式，并进一步把它和特定的环境结合起来：用升调引起注意；降低语调使婴儿放松；用简短的、不连续的、快而尖的爆发言语来警告婴儿被禁止的行为（Fernald et al., 1989）。

为达到言语的交互作用，父母们甚至模仿儿童的正确言语形式。早期的父母—儿童言语交互作用以语言轮流（verbal turn-taking）为特点。父母们说一些东西，然后使用语调变化来示意婴儿作出反应；婴儿含糊而言、打喷嚏、打嗝或作出可以听得见的反应；父母把儿童发出的声音理解为正确的沟通表达和回应；婴儿进一步对暗示以及有兴趣继续下去的事等作出反应。父母们似乎努力理解儿童早期一个单词或两个单词的表达。如 ma 或 pa，这种表达被用来传递一系列完整的概念。当儿童更大一点后，他们的语言开始变得复杂并且获得了更多的语言表达，父母逐渐减少了语言帮助并且要求孩子们作出日益复杂的表达。当儿童语言形成发展后，父母们渐渐除掉了他们在早期为孩子提供的构筑语言大厦的脚手架。

模仿机制在简单性上很具有吸引力；然而不幸的是，它们不能解释语言获得的许多方面的问题。例如，如果模仿是最主要的机制，那么为什么儿童语言普遍从单词表达开始，然后双词表达，进而电报式表达，最后才形成完整的句子？为什么不从完整句子开始？对模仿说最明显的反驳是超规则现象（over-regularization）。这一现象经常在语言获得中出现，初学者已对语言的运用有了了解并且过度应用语言的普遍规则于不适用的例外情况中。例如，儿童没有模仿其父母而是将"The mice fell down the hole, and they ran home"，说成了"The mouses falled down the hole, and they runned home"。因此，需要另一种新的语言获得的解释。

条件作用

条件论机制非常简单：孩子们听到大人的表达并把这些表达与环境中的对象和事件联系起来，然后他们也产生了那些表达并受到了父母和他人的奖励；最初他们的表达不是很完美，但是通过一系列修正，他们开始和具有相同母语的成年人讲得一样好。从咿呀学语到单词表达，再到更为复杂的语言，这一进步似乎支持了儿童言语始于简单的联系。随后，他们的表达渐渐复杂起来并逐步接近成年人的语言水平。

对应于模仿说，条件机制的简单性不足以解释实际语言的获得。首先，父母可能更多地对儿童表述的正确或错误作出反应，而不是对有关的言语的发音和语法的正确性作出反应（R. Brown, Cazden, & Bellugi, 1969）。另外，即使父母对儿童言语语法的正确性作出反应,他们的反应也只能解释为什么儿童最终停止了超规则现象,而不是为什么他们曾经那样做。或许,和语言的创造性有很大矛盾的是,儿童不断使用新颖的表达,这些表达是他们以前从来没有被鼓励使用的和从来没听说过的表达。儿童不断地把他们已经知道的单词和语言结构运用到那些以前从未强行要求他们接受的新奇场合和背景中。很显然,在儿童语言获得过程中还包含着其他的过程或因素。

关键期

如果先天或后天各自都不足以解释语言获得的各个方面,那么在这个过程中会不会是先天促进了后天呢?语言学家诺姆·乔姆斯基提出了一种假设性结构(1965,1972),认为人具有获得语言的先天倾向,即语言获得装置(language-acquisition device)(LAD)。正是如此,我们人类似乎在心理上或生理上先天注定要获得语言。实际上,这似乎是一个关键期——一段快速发展的时期,如果某种能力曾经被充分发展,那么在此期间内这种能力必然形成——以便获得语言。在这期间环境起了关键作用,例如,嗡嗡而语和咿呀学语阶段,是获得对特定语言不同的音素相区别和产生表达能力的重要阶段,在这个关键期内,儿童语言的背景必须提供那些不同的音素。

语言形成过程中关键期的证据来自于对"野孩"的研究。例如,1970年,加利福尼亚的一位社会工作者发现,一对夫妇把他们13岁的女儿从童年起就一直隔离起来。这个名叫金妮(Genie)的女孩,既不能说话也不能直立,她不穿衣服,被绑在一个儿童便盆上,坐过了整个童年,只能移动她的手和脚。晚上金妮被放进一种紧身衣再被放在一个两边有网眼,上面有盖的像笼子一样的童床里。金妮发出任何吵声都会遭到其父亲的一顿毒打,父亲与她的交流只是对她咆哮(Rymer,1992)。在她被发现后,人们试图教会她一些基本技能(Curtiss,1977),包括语言,但是金妮从来不能造出超过两个或三个词的句子,而且她的句子缺乏基本的语法成分。诸如此类的案例表明,如果没有在一定年龄前获得语言,那么人就不再能获得语言。与此同时,鉴于金妮成长在损伤性环境中,她的案例表现出如此多令人惊讶的变数,使我们很难知道是否她不能获得语言真的只是由于在童年缺乏语言的接触。

对母语句法结构的理解似乎也存在着一个关键期。最有力的证据或许就来自于对使用美国手语(ASL)的成年人的研究。研究者可以辨别那些使用 ASL 超过 30 年的人和那些在 4 岁前学会、在 4~6 岁学会以及 12 岁后学会 ASL 的人之间的差别。尽管已经使用了 30 年,那些在童年后期掌握 ASL 的人很少表现出对 ASL 的独特句法结构有深刻理解(Meier,1991;Newport,1990)。对语言隔离儿童的研究似乎进一步证明了心理成熟和环境支持相互作用这一观点。这些类似金妮的受到语言隔离的儿童,在早年得到救助的孩子似乎可以比那些在长大后才得到救助的人能够掌握更复杂的语言结构。

在口音上似乎也有一个关键期：如果儿童很早就学习了第二语言，那么他们很少出现母语口音影响第二语言口音的情况，而成年人学习第二种语言经常会表现出母语的口音影响外语。

如果考虑到人类感知和思维其他方面发展的复杂神经生理机制，那么就有理由认为人类倾向于先天就能获得语言。一些研究支持了这一观点，首先，人类的言语知觉非常卓越。除了前面提及的快速的音素专门化（在咿呀学语中提到过），还要想到我们从连续的声音刺激的气流中区分词的结尾和词的开始这种令人惊奇的能力，最后还要提及不同能力和环境中的儿童似乎都以令人难以置信的速度获得语言。

了解母语的语法似乎有一个关键期。对这一观点的最有力的证据来自对成年的美国手语（ASL）的使用者的研究。尽管使用了30年，那些在童年后期掌握ASL的人缺乏对ASL独特语法的深刻理解。

进化过程

一些理论家，包括诺姆·乔姆斯基（1980）和史蒂芬·平克尔（Steven Pinker）（1994），提出语言获得的形式一定是固定的。除此之外，语言获得在许多文化中遵循共同的过程（Pinker,1994），这表明了这是一种进化论上的适应。例如，全世界的儿童都有着：（a）在语言获得中经过了相同的阶段；（b）产生了成人不会出现的词的组合（这是反对模仿说的证据）；（c）获得了或多或少的正确的语法，尽管父母或其他成人很少纠正这些错误；（d）即使是智力相对低的儿童也能获得语言。尽管平克尔和其他人并不否定环境在语言获得中所起的作用，但是他们相信进化过程以某种方式开始了我们的语言获得,只有在环境被剥夺的情况下才例外。

因此,先天后天似乎都不能单独决定语言的获得。另一种可供参考的学说,假设检验(hypothesis testing)也提出了先天和后天的交互作用:儿童在心理上形成暂时的关于语言的假设,然后在环境中检验这些假设以获得语言。有人提出(Slobin,1971,1985)儿童完成这个过程的方式遵循着几条操作原则。在形成假设的过程中,儿童会寻找和注意这些内容:(a)单词形式的变化;(b)表明意义变化的词形变化,特别是后缀;(c)一系列的词素,包括一系列的词缀和字根以及句子中的单词。

而且,儿童学会避免将特例当成一般形式,避免扰乱或重新安排句子中的名词短语和动词短语。一些心理学家相信,儿童一定是天生倾向于假设检验的,因为儿童似乎遵循假设检验的这些普遍形式,不论他们获得的是何种语言或他们从什么样的背景中获得语言。尽管不是所有的语言学家都支持假设检验的观点,但是超规则现象(使用规则并有时过度使用规则)和语言的创造性现象(在对如何去做有一些了解的基础上创造出新颖的表达)支持了这一观点。

因此,最根本的是,古老的先天与后天的争论并不能很好地代表当前知识的发展水平。当然,心理学家现正试图发现哪些能力是与生俱来的,儿童所处的环境又是如何把这些能力固定下来的——这一过程被恰如其分地称为"先天指导性学习"(Jusczyk,1997)。先天和后天常在语言形成中起着交互作用。同样它们在人类思维中也起着交互作用,这就是我们接下来要讨论的主题。

思维的本质

问题:什么是思维?

思维(thinking)涉及表现和加工头脑中的信息。思维可以用单词、图像、心理地图、概念和其他种类的元素来表达和处理。因为思维对我们所做的每一件事都是如此重要,以至于使它成为心理学研究中最活跃的领域之一(Hunt,1999)。我们考察思维的一种方法是分析批判性思维(critical thinking),它是对表达和信息处理的心理过程进行的有意识的指导。通常是为了找到合适的问题解决办法。批判性思维和非批判性思维相反,在后者中,我们通常遵循着日常的思维方式,而非有意识地指导我们怎么想。心理学家观察到批判性思维可能偏重于分析,它包含将整体分解为组成元素,这可以被视作对综合进行补充的一个过程。综合是指把组成要素结合为整体的过程。批判性思维可能还包含许多派生的概念,称为发散思维(divergent thinking),或者集中于(汇聚于)一组可能的想法中的某一个,称为辐合思维(convergent thinking)。分析和综合是互补的过程,如同发散思维和辐合思维的关系那样(见表8-1)。

表 8-1 批判性思维的种类 批判性思维可以根据分析和综合及发散思维和辐合思维等角度来观察。

思维种类	说明	例子
分析	把大的、复杂的概念或过程分解为小的、简单的形式	假设要求你写学术论文，你可以把这个大工程分解为一些小的步骤：(1) 选题，(2) 研究课题，(3) 写初稿，(4) 修改，等等。
综合	把两个或更多的概念或过程组合或结合为一个更复杂的形式	在写一篇心理学论文时，你可能将文学作品中或历史课上得知的错误判断是如何影响文学或历史人物的事例组合起来，然后把它们与决策和判断的心理学理论结合为一体。
发散思维	对一个问题产生许多种可供选择的解决方案	为论文找个主题，你试着提出许多想法，以便从中选出能在一学期里调查、报告的有意义的研究主题。
辐合思维	从各种可能的选择集中到单个最好的答案	在你提出的许多想法里，你试着集中于一个研究的主题。

©The New Yorker Collection 1976 James Stevenson from cartoonbank.com. All rights reserved.

心理学家从四个领域来研究思维：问题解决、判断和决策、推理、创造力。问题解决（problem solving）的目标是使判断和决策（如没有足够的钱去买一辆新车）得到解决，克服解决问题中遇到的障碍。判断和决策（judgement and decision making）的目标是从被选的对象中作出选择或者评价机会（即在你所拥有金钱的范围内，选择一辆旧车将最有可能使你满意）。推理（reasoning）的目的是依据证据作出结论（即阅读《消费者指南统计》，从各种车中寻找可靠、经济、安全的汽车）。创造力（creativity）的目标是产出某些新的和有价值的东西（即高效引擎设计、独特的汽车营销理念，或者编一个故事使你的父母相信你需要一辆车）。因此，这一章的这部分分成了四个栏目，每一个栏目都对应着四个主要领域中的一个。

问题解决的策略和障碍

问题：人们如何解决问题，他们在问题解决中遇到了哪些困难？

当我们需要克服障碍来解决问题或达到目的时，我们就需要进入问题解决（Holyoak，1995）。成功的问题解决中也允许你偶尔不知所措。

实际上，认知心理学经常根据问题是否具有明确的解决方法来给问题分类。结构完整问题（well-structured problems）是指那些知道明确的解决方法的问题，尽管那可能很难做到，如"你怎样得到平行四边形的面积？"结构含混问题（ill-structured problems）是指那些并不知道明确的解决方法的问题，如"你怎样在所选择的职业生涯中获得成功？"当然在现实中，这两类问题在问题解决过程中表现为连续统一体而不是有明确界限且分离的两个部分。但是这种分类在理解人们如何解决问题时是非常有用的。接下来我们依次讨论这两类问题。

解决结构完整的问题：启发式和算法

人们依靠一套启发式（heuristics）来寻求对结构完整问题的解决，这套非正式的、直观的、推理的步骤有时解决了问题，但有时却不能解决问题。例如，你可能尝试几条清晨上学的路线以便找到需时最少的线路，使你可以尽可能晚起床。这里你将使用简单的尝试——试错法（trial-and-error heuristic）。启发式往往和算法（algorithms）相对，算法是达到解决问题的正式方法，它包括了通向成功解决问题的一个或多个连续的过程。例如，在书架上找一本书的算法过程是，从书架最上面一层的左侧开始，从左到右，从上到下，直到找到你要的书。

为什么使用启发式并不能保证人们成功地解决问题，相反算法却总能保证？那是因为，在解决一个问题时通常没有明显的算法过程。例如，下棋时我们就没有明显的算法,否则我们将能保证获胜。本章后面的部分,我们将讨论判断和决策的形成,我们可以将启发式应用到一些情境中,但是我们很难找到一个必定会成功的算法。还有,一个有效的算法需要花好多时间才能实现,以至于使用它会变得很不切实际。例如,打开保险箱的一个算法过程是尝试所有的密码组合,但是对于匆忙行事的盗贼来说这是很不现实的!

许多问题可以用不止一种方法来解决。我们观察问题的方式通常会受到我们的文化背景的影响。例如,假想你从一个岛屿航行到另一个岛屿,若你是一个地道的欧美人,你会打算使用你的航海图和航海装备。但是,一些生活在南太平洋某些岛屿上的居民则会对这些专门的设备嗤之以鼻,同时他们对"去"另一个岛屿的概念感到非常迷惑。这些居民使用"移动岛屿"来指在茫茫大海上航行(Gladwin,1970)。这就是说,在他们看来,每一个岛屿都是浮着的,漂流于大海之上。从漂流着的一个岛屿去到另一个岛屿,他们从来没有通常意义上的"去"的观念。相反地,他们坐在自己的小船上,观察着洋流的变化和海水的颜色,然后他们在岛屿漂过的时候"抓住"它。人们对如何从一个岛屿到另一个岛屿存在着不同的观点,这表明,许多问题可以用不同的方式来解决。和别人比起来,某些办法对我们来说可能是显而易见的。但当那些表面上看起来再清楚不过的解决问题的方法不起作用时,那么试着换一个角度来观察这个问题就变得很有价值。有时候我们对解决问题感到束手无策是因为问题不具备良好的结构,即我们接下来要讨论的问题。

解决结构含混的问题:顿悟的本质

首先,请你做一个小测验(R. J. Sternberg, 1986a)。你在看答案之前,务必先试着解决以下问题。

图8-2 九点问题

你如何一笔画四条连续的线段将九个点连起来?心理学家们研究人们如何用顿悟来解决这一问题以及其他结构含混问题。

1. 图8-2中排列整齐的9个点,你的任务就是用一系列的直线把9点连起来,直线必须始终是连续的,每个点只能穿过一次,并且只能限制在4条以内,看你能否按要求把9个点连起来。

2. 一位妇女在对她的房屋进行最后一轮装修并且意识到她还需要一些东西。她去五金店并问售货员,"'150'多少钱?"售货员回答,"75美分一个,所以'150'要2.25美元。"请问这位妇女买的是什么?

以上两个问题都是结构含混问题。这些特殊的结构含混问题被称为顿悟问题(insight problem),即它们需要顿悟(insight)——对问题独创性的重新概念化——以便解决问题。顿悟使人们对某个问题产生了独特的、突然的理解,或者使人们突然想到了解决问题的策略。顿悟通常形成一种对问题或解决问题策略的全新概念。为了解决每一个问题,你必须用新的眼光来看问题,而且还必须用一种新的不同于通常所采用的解决问题的办法(Davidson,1995)。通常顿悟的出现是通过对相关新旧信息进行检查和组合后得到的对问题或其解决办法的创新性见解。顿悟可以解决结构完整问题,但是它更多地与以障碍重重、错综复杂为特点的结构含混问题的解决办法相联系。尽管顿悟给人的感觉可能是突然的,但是它通常是先前冥思苦想和艰苦努力的结果,离开了这些就不会有顿悟的出现。

为了理解顿悟问题的解决,揭晓前面两个问题的答案是很有用的。第一题的答案如图8-3所示。

这个问题十分棘手,好多人甚至从来没有想出解决的办法。障碍之一是人们普遍认为连线必须限定在9个点所形成的正方形内。实际上只有突破这个限制,该问题才能得到解决。

至于第二个问题,那位妇女可能是买门牌。她的门牌号码是150,所以她需要三个数字,总共花费2.25美元。从这个角度来说,解决这个问题必须认识到"150"指的是三个单独的数字而不是合在一起的数字150。"门牌号码"并不是惟一的答案。例如,该妇女可能买几盒钉子,每盒(50个钉子)售价为75美分,150个钉子(3盒)总价2.25美元。在解决钉子问题中,我们只要认识到买的是整盒装的钉子,而不是单个钉子,这个问题就解决了。无论把这个问题答案定为门牌号码还是钉子(或是某些以个数为单位出售的东西),实际上问的问题并不是表面上所指的东西。有时看起来与某件事有关的问题最后会变成与另一件事有关,就像上面的例子。

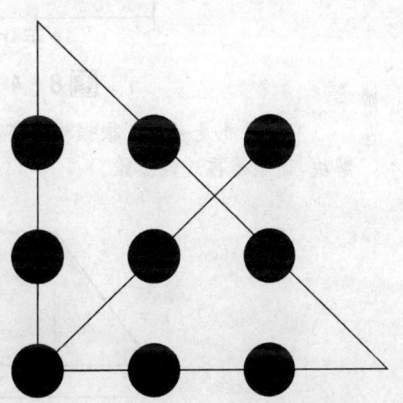

图8-3 九点问题的答案

你是怎么做的?

顿悟的心理学观点

几十年来,心理学家们对诸如前面所提起的顿悟问题充满了兴趣和好奇。最早对此作深入研究的是格式塔心理学家(见第一章)。格式塔心理学家认为,顿悟问题要求问题解决者不要拘泥于问题各个部分之间的联系,而要形成整体上的知觉。格式塔心理学家马克斯·魏特海默(Max Wertheimer)区分了创造性思维(productive thinking)和再造性思维(reproductive thinking)(1945/1959)。创造性思维包含在思维者已知存在的联系之外的顿悟,再造性思维则是思维者利用了他已经知道存在的联系。根据魏特海默的理论,顿悟的创造性思维完全不同于联想的再造性思维。创造性思维并不是把联想思维扩展到新颖的问题中去,在解决前面的顿悟问题时,你必须打破已经形成的联系,而以一种全新的目光来看待每一个问题。创造性思维同样可以应用于结构完整问题。如图8-4和8-5所示(在看图8-5之前,试着先解决图8-4所示的问题)。

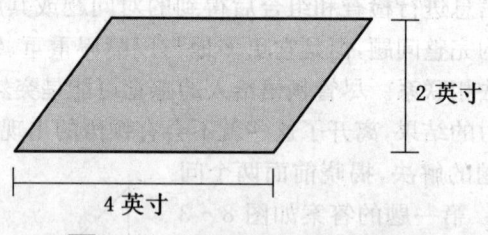

图8-4 平行四边形面积问题

它的面积是多少?根据格式塔心理学家魏特海默的理论,你将使用创造性思维来解决,而不是再造性思维。

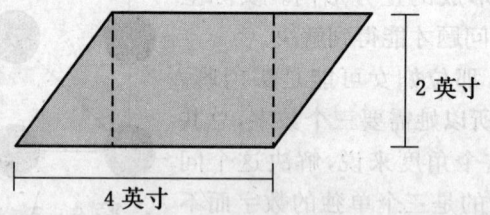

图8-5 平行四边形面积问题的解决办法

为了解决这个由魏特海默提出的问题,你必须对它进行重新组织,如图所示,一旦问题重组后你会发现这类似于求矩形的面积。

另一位格式塔心理学家沃尔夫冈·科勒(Wolfgang Köhler,1927),通过观察一只关在笼子里且给了它两根棍子的黑猩猩来研究顿悟。笼子外,在黑猩猩的手臂和单独每根棍子可及的范围之外有一根香蕉。在尝试用手臂和单根的棍子来得到香蕉的努力失败后,黑猩猩开始拙劣地修补棍子,突然黑猩猩意识到两根短棍连接起来可以成为一件全新的工具:一根长棒,可以把香蕉弄到自己能够得着的位置。在科勒看来,黑猩猩的行为说明了顿悟,并且显示出顿悟是一个特殊的过程,包括了与平常的信息处理不同的思考方式(图8-6是一只从事相似性质任务的黑猩猩)。

格式塔心理学家提供并描绘了许多有关顿悟的例子,并且推测出在何种情况下会出现顿悟:(a)扩大思维的无意识跳跃,(b)大大加速心理加工过程,(c)正常推理过程的某种短路(见Perkins,1981)。不幸的是,格式塔心理学家没有提供令人信服的证据来证明这些观点,更没有阐明什么是顿悟(见Weisberg,1992)。

图 8-6 由黑猩猩所表现出来的顿悟

在沃尔夫冈·科勒的一个实验里,黑猩猩在取得悬挂于房间顶上的香蕉时表现出了顿悟的问题解决。根据格式塔心理学,顿悟的问题解决是一种不同于普通信息加工的特殊处理过程。

顿悟的神奇令人感到吃惊不已,但是仍可能出现错误。历史上的许多顿悟的例子在当时看来是正确的,可是后来证明是错误的或至少有某一部分是错误的。例如,艾萨克·牛顿爵士(Sir Isaac Newton)经过顿悟所提出的物理定律,后来被艾伯特·爱因斯坦(Albert Einstein)证明是建立在对物理世界本质不完全理解的基础之上的。无论我们对自己或他人顿悟结果的效力是多么深信不疑,我们还是必须面对这样一个可能:某一天我们发现这是错误的。反过来,我们也不能因为觉得它们看起来似乎不可能而轻易否定了我们顿悟的结果。

阻碍问题解决的因素

在问题解决中存在着一些常见的潜在障碍,它们单独出现或交织在一起:心理定势和功能固着,两者解释了我们的问题解决过程是如何进行的,以及潜在的可能出现的盲点。

心理定势

许多顿悟问题很难解决,往往是因为问题解决者产生了心理定势(mental set)——问题解决者倾向于用一种特定的思维方式来思考一个问题或情境(有时也称为"堡垒"),心理定势导致了问题解决者的思维集中或固定在通常起作用的一种策略上。心理定势可能有助于解决某些(或可能很多)问题,但它也可能在解决特定问题时不起作用。例如,在九点问题中,我们可能固定于直线只能画在 9 个点确定的正方形范围之内这一认识之上;而在门牌问题中,我们可能固定于"150"是指 150 个物品。

亚伯拉罕·陆钦斯(Abraham Luchins, 1942)在他的"水瓶问题"中完美地说明了心理定势现象。在这个问题中,要求被试通过使用多个容量不等的瓶,来取得一定量的水。这些瓶外都没有刻度。表8-2表示了陆钦斯的问题。你必须使用这些瓶来得到规定量的水,数字在最后一列内。A、B、C三列标明了每个瓶的容量。第一个问题中,使用两个瓶得到20杯的水量,瓶A容量为29杯,瓶B容量为3杯。很容易,只要把瓶A加满水,用瓶B取出三次计9杯的水。第二题也很容易,只要把瓶B装满水,用瓶A一次取走21杯水量,然后再用瓶C取走两次计6杯的水,现在试着自己完成余下的题目。

表8-2 水瓶问题 使用瓶A、B、C来取出所规定的水量,哪一种办法是最有效的?(From Luchins, 1942)

问题序号	可用的瓶子			所需水量(杯)
	A	B	C	
1	29	3		20
2	21	127	3	100
3	14	163	25	99
4	18	43	10	5
5	9	42	6	21
6	20	59	4	31
7	23	49	3	20
8	15	39	3	18
9	28	76	3	25
10	18	48	4	22
11	14	36	8	6

如果你和大多数人一样解决问题,你会发现除一道题外,所有的问题都可用一个公式解决(哪道题例外?):把瓶B加满水,然后用瓶B的水将瓶A灌满,再用瓶C取走两次瓶B余下的水。即B-A-2C(图8-7)。但是,问题7~11可以更简单地用两个瓶完成。例如,第7题可用A-C,第8题可以用A+C,第9题用A-C而不能用B-A-2C,第10题用A+C,第11题用A-C。那些做了第1~6题的人一般会继续

套用B-A-2C的公式来解决第7~11题。但是从第2题立即转到第7题的被试一般都想到了简便公式：他们没有产生心理定势，可以不受干扰地用新的和更简单的方法来观察事物。

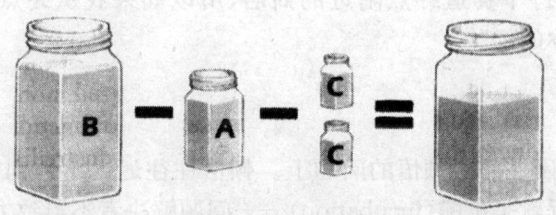

图8-7 陆钦斯水瓶问题的解决办法

该图所示的是解决大多数表8-2中问题的运算规则。尽管该运算规则可以解决绝大多数的问题，但是在解决其中某些问题时就没有简便方法了吗？

功能固着

功能固着（functional fixedness）是心理定势的特例，指问题解决者只认识到事物的通常功能而不能认识到事物以不同的方式还可以执行不同的功能。功能固着阻碍了我们以新方法使用旧工具来解决新问题。克服了功能固着，人们就能用改造过的衣钩打开被锁住的车，小偷就可以用一张信用卡撬开弹簧门锁，还能使我们想到把一本介绍性的心理学教科书作为犯罪思想的源泉。

功能固着很大程度上受文化背景的影响，这种程度可能令一些西方人士感到吃惊。在早期，一些人提出假设认为，各文化之间的心理发展水平是存在高低之分的，这些发展水平影响着认知过程的深度或性质。法国人类学家克劳迪·利瓦伊·施特劳斯（Claude Levi-Strauss,1966；see also Cole & Scribner,1974）反对这种极端种族主义的假设。他坚持心理活动在本质上都是一样的，无论何时、何种文化。在前工业化社会和高度专业化的工业社会中，人的思维系统仅有的差别就在于人们所用的策略。利瓦伊·施特劳斯指出前工业社会的思想家和问题解决者通常都是多面手（bricoleurs）。每个多面手都有一个工具包，里面的工具可以用来修理各种东西；而工业化社会里的专家只能在有限的专业范围内有效地思考和解决问题。从这一点来说，生活在专业化程度低的前工业化社会的人比生活在高度专业化的工业社会的人更少受到功能固着的影响。

迁移

迁移指先前的学习对人类解决问题能力的影响，它可能促进或阻碍问题解决（Gick & Holyoak,1980,1983）。例如，当你学习另一种语言时，你的母语知识会有助于你学习新的语言,因为两者的许多词根和语法规则是相同的。但是当你试图回忆另一种语言的单词时,母语的单词会影响你的回忆。从这个意义上来说迁移是功能固着的一种形式。但是如果你可以应用或迁移某一领域的知识到另一领域("我知道我已经走过了那家在自行车赛道终点附近的商店,所以如果我从终点处折回,就会找到它"),就可以扩展你的经验。

酝酿

有时我们会被困在需要顿悟的问题上。顿悟往往迟迟不肯到来。解决顿悟问题中,一个有用的过程就是酝酿(incubation)——问题解决者不再致力于解决某个问题,而是暂时停止有意识地集中注意力于该问题,允许问题解决在一定时间内处于无意识水平的过程。例如,你发现不能马上解决一个问题,并且你所能想到的策略都起不了作用,试着把问题搁在一边酝酿一会儿,在酝酿过程中,你不要有意识地去思考问题。然而此时,问题可能在意识水平下被处理着。尽管没有人确切了解酝酿是怎样工作的,但是一些研究者认为这是由于随着时间的推移,新的刺激——内部和外部兼而有之,激发了对问题的新看法,弱化了原有心理定势的影响(Bastik, 1982; Yaniv & Meyer, 1987)特别是那些准备从环境里接受相对新的信息的人很可能酝酿成功(Seifert, Meyer, Davidson, Patalano, & Yaniv, 1995)。

例如,当你在写某一方面的论文并且发觉不能有效地组织好论文内容时,那么让这个问题酝酿一段时间将是有益的。若干天后,你将可能想到一些新的主意,或发现当时似乎不可能解决的问题现在可以轻而易举地被解决。当然使用这种策略意味着必须提前对论文进行构思,使你在期限来临之前,还有充足的酝酿时间。

专业技术:知识和问题解决

在这一部分,我们讨论了我们所使用的解决问题的各种策略。如果这些策略都是有效的,那么,为什么专家解决他们领域里的问题要比新手更有效率?专家们知道是什么使他们在解决问题的过程中比新手有效得多吗?

研究表明,专家和新手最大的区别在于知识基础的广度和组织程度。威廉·蔡斯和赫伯特·西蒙(William Chase & Herbert Simon, 1973)继续了阿德里安·德·格鲁特(Adrian De Groot, 1965)的研究工作。通过对专业棋手与新手之间的差别的研究,去发现专家所知道的和专家是如何行动的。在蔡斯和西蒙的一个研究里,他们让专业棋手和初学者用很短的时间来看一块放了棋子的棋盘,然后让他们复述棋子在棋盘上的位置。一般来说,只有当棋局的形势很明朗时,专业棋手复述的效果才会优于初学者。如果棋子是随机散布在棋盘上的话,那么专业棋手的复述效果并不优于初学者。

根据蔡斯和西蒙的实验,这两类人的关键差别在于,专业棋手可以回忆记忆中成千上万的棋局,每一局他们都可以从整体上回忆,从意义组群上来组织。而在棋子随机排列的棋盘上,专业棋手所具备的知识并不能使他们的回忆效果优于初学者。他们同初学者一样,必须记忆不同的棋子以及它们在棋盘上位置的相互关系。

在蔡斯和西蒙的实验之后,还有一大批研究者对许多不同领域的专家进行了更为广泛的研究(e.g., Chi, Glaser, & Farr, 1988; Ericsson, 1996; Frensch & Funke, 1995; R. J. Sternberg & Frensch, 1991)。尽管已发现了一些可以区分专家和新手的特征,两者最显著的差异还是在于他们现有知识的总量,以及知识的组织程度。研究还发现,细致、系统地练习是成为专家的各种各样方法中最有效的方法之一(Ericsson, 1996)。但是人们如果在自己所努力从事的方面有天赋的话,那么这样的练习方式将更为有效(Shiffrin, 1996; Wagner & Stanovich, 1996)。米什丽娜·齐(Micheline Chi)和她的同事们(e.g., Chi, Feltorich, & Glaser, 1981)进一步研究了在物理方面专家和新手的表现,他们要求被试把物理问题归类。齐发现,专家倾向于按照问题所包含的基本物理定律来归类,而初学者则倾向于根据其表面特征来进行分类,比如问题是否与滑轮有关。艾伦·勒斯戈尔德(Alan Lesgold)和他的同事们对放射学家进行了研究,并且发现了专家和初学者的另外一些差别(Lesgold, 1988; Lesgold et al., 1988)。例如,他们发现,专家倾向于花更多的时间来呈现问题,并且专家对新的证据的使用要优于初学者。

因此,问题解决包含了创造或发现解决复杂问题的策略。其他形式的思维还包括简单地(但并不是必然简单地)从选择对象中作出选择或对机会进行评估。在接下来的部分,将要讨论我们是如何作出这些选择和判断的。

判断和决策

问题:我们是如何判断和决策的?

在日常生活中,我们不停地作出判断和决策。你已经作出的重大决策之一就是上不上大学,在哪儿上大学。一旦进入大学,你就需要选择你将要上的课,以及你最终主修的方向。你需要对朋友作出决定,对如何与你的家长联系,以及对如何花钱作出决定。你是如何着手于可能的选择并作出这些决定的?

决策理论

早期的决策理论模型假设决策是在理想环境中作出的,并且作出的是最佳的决定。尽管以今天的眼光看,这些模型似乎是不现实的,但是许多经济学研究工作仍然是建立在这一模型基础之上的。随后的决策理论模型认识到,我们人类是不可能面对理想环境的,但是这些模型又断定无论如何我们都试图作出最佳决定。例如,根据效用最大化理论(utility-maximization theory),人们行动的目的是为了得到最大的快乐(积极效用,positive utility)和最小的痛苦(消极效用,negetive ultility)。效用最大化理论者提出,我们可以通过设想所追求目标的最重要的效用——无论作什么决定都遵循得到快乐和减少痛苦,来预测人们将要做什么。例如假设你正需要决定是否去买一台台式电脑。你不愿接受的是,这样的一台电脑不轻便,更不能在旅行中携带,这一因素可以被认为是一个消极效用。与此同时,你喜欢它的大屏幕和飞快的处理速度,这些因素提供了积极效用。那么,你是否买台式机将取决于你头脑中的积极效用是否大于消极效用。

尽管人们希望提出客观、精确的决策模型,但是要做到对问题效用的客观评定并不是那么容易的,并且以这种评定为基础的模型可能产生对现实的错误描述。因此,认知心理学家对主观效用论(subjective-utility theory)的决策理论发生了兴趣。这种理论承认每个人对某一特定行动的各种效用的理解是截然不同的,而且这种理论建立在特质所致的希望、恐惧和个体的其他主观动机上。例如,对某人来说约会被拒绝起到了极为消极的影响,而对另一个人来说,可能只有很小的消极影响。

圆满

经济学原理经常是建立在决策者具有无限的理性,并将理性贯穿于整个决策过程这一假设基础上的。决策者决定最高和最低标准,并且作出最佳决策。20世纪50年代,一些心理学家开始认识到人类并不总是作出最理想的决策,我们的决策中往往包含主观因素。所以我们在决策时不总是完全和永远理性的。

对传统经济学原理最著名的挑战来自于诺贝尔经济学奖获得者赫伯特·西蒙(1957)。西蒙并不认为我们人类是非理性的,而是表现出有限理性(bounded rationality)——在这个限度内人们表现出理性的行为。西蒙提出了圆满(satisficing)——最典型的决策策略之一。在圆满过程中,决策者逐个地考虑选择对象,很快便选定了第一个最令人满意的选择对象——只是很好,而不是考虑所有可能的选择并仔细衡量哪一个选择收益最大而损失最小。因此人们将考虑最小可能数目的选择来作出我们认为能满足最低要求的决定。例如,当你选择一门课程的课程论文或研究课题的主题时,你就会使用圆满;在数不尽的可能主题中,你可能只考虑很少的一部分,然后选定第一个令人满意或较好的课题,而不再继续浏览。

从决策的理性模型到决策的有限理性模型,这个趋势也包含了人们越来越认识到人并不是完美的决策者。如果给予的是不充分或不完整的信息,以及只使用了有限的客观性和理性,那我们就不是在理想情况下进行决策。虽然知道接下来可能会有更好的选择,但我们通常接受第一个可行的选择。在决策的研究中,研究者们还发现了人类哪些优缺点?

决策中的启发式和偏差

20世纪70年代,阿莫斯·特维斯基(Amos Tversky)和丹尼尔·卡曼(Daniel Kahneman)发现了关于人类理性界限的更为有力的证据。特维斯基、卡曼和他们的同事研究了在我们进行决策或作出其他判断时经常使用的直观推断和偏差(Shafir & Tversky, 1995),其中诸如代表性、可得性以及判断过程中的其他现象将在下面讲述。

代表性

在阅读代表性的定义之前,尝试回答以下问题(Kahneman & Tversky, 1971):

> 某个城市所有育有6个孩子的家庭都被做了调查。在其中的72个家庭中,男孩(B)与女孩(G)的出生顺序是GBGBBG,那么请你估计,调查中发现出生顺序是BGBBBB的家庭数目有多少个?

绝大多数的人估计出生顺序为BGBBBB的家庭数目低于72个,但实际上最佳估计应为72个,即与前者的数量一样多。两者相等的原因在于,男女性别几率无论是在每两个孩子之间还是每个孩子本身都是1/2,因此,任何一种出生顺序的概率都是相等的,即使是BBBBBB或GGGGGG。

为什么有些人相信某些排列顺序比其他顺序更有可能出现呢?卡曼和特维斯基提出,那是因为他们使用了代表性启发(representativeness heuristic)——一种关于不确定事件可能性的判断。其判断根据(a)事件与其所在的总体的相似性和代表性的显著程度,(b)事件对决策过程主要特征的影响程度(比如随机性)。例如,人们认为第一种出生顺序最有可能出现是因为,首先,它最能代表总体中的男女比例。其次,它比第二种顺序看起来更符合随机性。实际上,两种出生顺序出现的可能是相等的。

同样,如果要求人们判断掷硬币产生的正反面顺序,人们将认为HTHHTH出现的可能性比HHHHTH出现的可能性要大。因此,如果你期待一个随机的顺序,你将会倾向于认定某种"看上去是随机的"顺序作为最可能出现的那一个。事实上,人们经常评论一张随机数字表上的数字排列"不随机",那是因为人们并没有充分认识到出现连续相同数字完全是偶然的。

为了完全理解代表性启发,必须理解基础率(base rate)——某一事件或特性在事件总体或特性总体中优先出现的程度。尽管它对作出有效判断和决策是非常重要的,但人们经常忽视基础率的信息。在许多职业中,基础率信息和代表性启发对于获得良好的工作绩效是必要的。例如,一位医生被告知一位10岁女童胸部疼痛,医生不大会担心这是早期心脏病的症状,除非被告知患者是一位50岁的成人。同样,对于那些

50岁左右的有心脏病的人我们也更容易回想到,这样的例子很多。下面我们进入另一种直观推断。

可得性

不到1/250 000的飞机可能发生极小的事故;不到1/1 600 000的航班最后发生了空难(L. Krantz,1992)。1988年,因空难而丧生的比率是1/2 200 000(Shook & Shook,1991)。尽管在驾车中发生死亡的概率很低(不管你信不信),还是有1/125的美国人死于与汽车有关的事故(L. Krantz,1992)。18岁不系安全带的酒后驾车者比40岁左右系安全带驾车者死于事故的几率要高1 000倍(Shook & Shook,1991)。

尽管因车祸而造成的伤亡要高得多,为什么如此多的人更害怕坐飞机而不是坐汽车? 一个原因是可得性推断(availability heuristic)(Tversky & Kahneman, 1973),这是作出判断、推理或解决问题的直观策略,它建立在特定的事例或概念很容易被想起来的基础上,而不考虑这些特定的例子或观点与特定背景相关或适合的程度。报纸和电视对空难进行了更多的报道,而关于车祸的就少得多。因此,不平衡的报道是人们害怕坐飞机胜过坐汽车的原因之一(或大部分的原因)。同样,政客们花许多时间来筹款做广告,就是因为他们知道多在媒体亮相会使他们的名字比竞争对手更容易被人们记住,这会成为赢得选举的关键。

哪一类事故发生的基本概率更高?一些信息的可得性(和其他一些信息的不可得性)是如何影响我们的知觉和决定的?

有时,可得性和代表性同时起作用并一定会导致最佳结果的产生。例如,以下是个真实的故事,与特维斯基和卡曼研究中所用的故事类似。

一个高中高年级的学生填报了两所大学。称为大学A和大学B。他看了介绍并且与对两所大学都熟悉的人进行了交谈,在可得性信息的基础上,大学A更佳。但是,当他去参观时,他更喜欢在大学B所受到的接待而不是大学A的。在大学B加入的一个班级也比在大学A加入的要有趣得多。而且,在去大学 B 的那天,天气非常好,而去大学 A 的那天,天气糟糕极了,在去大学 A 的那天雨衣上还沾上了漆。他发现实在是没有道理不喜欢大学 B。实地参观两所学校所得到的信息似乎比那些从别人口中得到的二手信息更有代表性,而且通过参观,信息更容易得到。然而大学 A 可能是最好的选择,因为仅仅以受到的接待,参观一个班级和参观那天的天气为判断基础几乎可以确定是一个错误。

(这种事曾发生在我身上,我排除了这些因素选择了大学 A,而且我对我所作出的选择感到满意。)

认识到诸如代表性和可得性的直观推断并不总是导致错误的判断,这是很重要的。实际上,我们使用它们是因为它们经常是正确的。例如,购买一台电脑,你可能决定从一家很容易被想起名字的公司购买,这是基于如果从一家不知名的公司购买,你可能是在冒险的想法。著名的电脑厂商不一定生产出最佳的产品,但由于购买电脑是一桩大买卖,你可能不想冒险买不知名公司的产品。

其他的决策和判断现象

人们的判断中还有其他的特性(Osherson,1995),其一就是自负(overconfidence)——它是对技能、知识或判断的过度评价,通常见于某人对自己个人能力和决定的评价中。巴鲁·费斯乔夫、保罗·斯罗维奇和萨拉·利希滕斯坦(Baruch Fischhoff, Paul Slovic, & Sarah Lichtenstein, 1977)给被试做了 200 条有两个备选项的测试,如"Absinthe 是(a)一种酒,(b)一种贵重宝石"。要求被试选择正确的答案,并且指出他们正确选择的可能性有多大。结果发现人们都表现出令人奇怪的自负。例如,当人们 100% 相信他们的答案时,实际上只有 80% 是正确的(Absinthe 是一种甘草味的酒)。卡曼和特维斯基(1979)还要求人们回答"我有 98% 的把握,到 1980 年全球运行的核电站数目将介于____和____座之间"。尽管人们确信自己是对的,但实际上他们经常错了。有三分之一甚至更多的情况下,人们回答上述问题时给出的都是错误的答案(实际上,当年有 189 座核电站在运转)。由于自负,人们经常做对他们有危害或危险的事情。例子之一就是,吸烟者们知道吸烟会引起肺癌和心脏病,但他们认为自己不大可能得这些病。至今还不清楚我们为什么会在判断中倾向于自负,一个简单的解释就是我们不认为自己犯了错误(Fischhoff, 1988)。

另一种常见的错误是赌徒谬误(gambler's fallacy),一系列巧合事件似乎以非随机的形式出现,接下来出现不同形式事件的可能性要比继续出现相同形式事件的可能性要大得多,这是一种直观的、荒谬的推论。实际上,事件连续出现的可能性与事件单独出现的可能性是一样的。换句话说,根据常理,最终一个人的运气注定会改变的,因此,赌徒先输了 5 次会相信第 6 次极有可能赢。其实,赌徒第 6 次赢的可能并不比第

1次或者是第1 001次要高!当然,运气会改变,那时我们正在交好运。

许多对判断和决策的研究集中于人们所犯的错误。但正如乔纳森·科恩(Jonathan Cohen, 1981)和吉尔伯特·哈曼(Gilbert Harman, 1995)指出的那样,人们在许多情况下表现得很理性。例如,你作出了理性的决定来读课本以在心理学课的测验中取得好成绩,进而能学好心理学。尽管如此,特维斯基和卡曼以及其他人的研究也表明,我们的理性是有限的。许多人有些时候是很理性的,而在另一些时候就表现得很不理性。

推理

问题:我们如何推理?

我们已经看到判断和决策包括了对机会进行评估,以及从众多选择之中挑选出一个。而一种更正式的思维,正如上逻辑课的学生所熟悉的,就是推理。推理(reasoning)是根据迹象作出结论(Wason & Johnson-Laird, 1972),通常分为两种形式——演绎推理(deductive reasoning)和归纳推理(inductive reasoning)。演绎推理就是根据包含一项或多项一般前提(premise)的证据——一个有依据的演绎论据成立的事实或信念的基础——来作出逻辑准确的、确切的结论的过程。相反,归纳推理是通过具体的事实或观测来得出一个一般的说明性结论的过程。归纳推理允许推理者作出有根据或可能的结论,而不必是逻辑性的结论。我们将对这两种推理进行检验。一些理论家相信人类具有两种推理系统,其一是逻辑推理,其二是非逻辑或经验推理(e. g., Sloman, 1996, 1999);而且即使当人们试图变得理性时,前概念也会对推理造成很大的影响(Bassok, Wu, & Otlseth, 1995)。无论如何,人们并不在所有的场合使用相同的推理技巧。例如,有人擅长于言辞推理,但是他的数学推理能力就不见得和前者一样好(Frensch & Buchner, 1999)。

演绎推理

演绎推理过程是从一般的前提到具体的、合乎逻辑的结论。它是从已知到未知新结论的一个过程。一种特定的用来阐明演绎推理的方法就是三段论法。三段论法(syllogisms)是作出推论的演绎论据,有两个前提,其一是每个前提包含两个项目,其二至少有一个项目是两个前提共同拥有的。尽管为解决三段论法来指定规则是可能的,但是一些心理学家相信问题解决者不使用正式的规则,而是通过想像问题的具体项目来模仿问题(Johnson-Laird; 1999)。例如,他们会根据具体的心理学学生、钢琴家和运动员来考虑下面的三段论:

> 所有的心理学学生是钢琴家。
> 所有的钢琴家是运动员。
> 因此,所有的心理学学生是运动员。

许多关于人们如何完成演绎推理的理论已经被提出。在使用心理模型来解决演绎推理这一观点的基础上,菲利普·约翰逊·莱尔德和马克·斯蒂德曼(Philip Johnson-Laird & Mark Steedman,1978)提出了一种理论(Johnson-Laird & Byrne, 1991),即人们在头脑中操作演绎推理基本元素的范例,试图找到正确的解决方法。相反,兰斯·里普斯(Lance Rips,1994,1995)提出,人们通过使用一套组合前提的心理规则来解决演绎推理的问题。

勒达·科斯米德斯(Leda Cosmides)提出了另外一种不同的演绎推理方法(1989; Cosmides & Tooby,1992)。根据这一理论,心理学家必须以进化论的观点来看待认知,并且考虑在进化过程中,何种思维技巧为人们适应环境提供了自然选择的有利条件。为了深入了解人们的认知,我们要去看看在现代农业发展和工业社会发展之前几百万年的进化过程中,何种适应最有利于猎手和采集者。

科斯米德斯提出,猎手和采集者最特别的适应之一表现在社会交换方面。这就如同出现在两个人之间的任何形式的交易,像物物交换或买卖。人们必须具备良好的对本利关系和在交换中存在欺诈的推理能力。因此,如果推理的过程涉及到你受到欺骗的可能性,那么你这时的推理就会比洗衣服时所进行的推理要好得多。这个观点的核心在于,早期的人类在交易中如果不熟悉评估本利,而且不能很好地判断是否被欺骗的话,那将不利于适应,并且将不大可能繁衍后代。经过一系列的实验,科斯米德斯发现她的社会—交换理论,比三段论法或抽象的演绎推理规则,更加符合有关人们在演绎推理任务上表现出来的相关数据。

在头脑中保持这样一个观点很重要:在某些文化中,对抽象事物的演绎推理是一种活动,它在这种文化中进行着并且对之作出回报。对于某些文化中的人们来说这样的问题相当困惑和无趣(Cole, Gay, Glick, & Sharp,1971; Luria, 1976)。

> "Alas,Adso,你们在演绎推理上有着太多的原则,再问一次,我们有什么,仅仅是问题……"
> 我感到难过。我过去常常认为逻辑是通用的武器,现在我意识到它的效力如何将取决于对它的使用方法。
> 安伯托·艾柯《玫瑰之名》
> ——Umberto Eco, *The Name of the Rrose*

在下面的归纳推理中,推理者得不到逻辑明确的结论;她或他只能希望确定结论的力度或可能性。

归纳推理

假设你没有一套有序的前提供你得出一个结论,你有的只是一套观测数据资料。例如,假设你注意到所有报名修心理学的人都是优秀生(或得到提名)。但是除非你可以看到这些人过去或将来的平均成绩,否则你无法证明你的推论;更进一步,只要有一个差生恰好选了这门课,那你的结论就不成立了。可是经过许多观察后,你还是可能推定自己已经作了充分的观察可以作出归纳推理。

在这种以及其他需要推理的情况下,你没有清楚明白的前提或明确的要素之间的关系,而只有通过它们你才可以演绎出一个确实的结论。这时,你不可能演绎出一个逻辑明确的结论。看来需要另一种替代性的推理。归纳推理包括从特定事实或观察中推理出可以解释事实的一般性结论(Bisanz, Bisanz, & Korpan, 1994)。例如根据似乎合理的推理,你可能试图记起你把钥匙放在哪儿了。像你通常把钥匙放在哪儿,你最近去了哪儿等。这些想法并不能保证解决问题,但是你的归纳推理将有助于你找到钥匙。归纳推理有一个重要特征,它形成了在第二章里我们讨论的实证法的基础,那就是我们不能想当然地认为"观察到的 X 是 Y",因此就下结论"所有的 X 都是 Y"。比如一个小孩看到许多种鸟在天空飞,就想当然地得出结论,"所有的鸟都会飞"。但是当去了动物园第一次遇到了企鹅或鸵鸟时,这个孩子发现她的推论是错误的。和其他经验主义者一样,她发现在许多次观察基础上形成的归纳推理,仅仅因为一个反例就站不住了。而且,无论观察的次数有多少或推理的过程有多么合理,没有一个以归纳为基础的理论可以被证实。这些推论只能通过现有的证据,在或大或小的程度内得到支持。因此归纳推理者必须根据可能性来陈述关于假设的任何推理。比如,"明天下雨的可能性很大",或者"这些发现有 99% 的可能性不是随机变量的结果"。

例如,让我们来看看詹森头脑中的校园模式。他最初提出一条准则"学校里的人要么是学生,要么是教授"。后来詹森遇到了一些行政人员、图书管理员、服务人员和其他既非老师又非学生的人,他意识到,他的规则必须修改。随后,他的准则变成了"学校里的人有学生、教授或拿薪水的职员"。

在结束推理的讨论时候,我们应该看到:尽管偶尔我们出现失误并发生曲解,但是我们通常还是推理得相当好。然而即使是再进步的推理也不能创造出新事物,因此,我们需要创造力。

创造力

问题:什么是创造,具有创造力的人的特征是什么?

创造是产生首创的或有价值的东西的过程。创造出的东西可以是一条理论、一支舞蹈、一种化学品、一个过程或程序，或其他任何事物。

创新的事物意味着什么？几乎我们所做的每件事都是建立在独创性以及我们前人已取得成果的基础上的。创造性的个体是指那些以新颖的、灵活的、有价值的方式来分析和综合信息的人，即使他们学习过前辈的技术、风格和思想。价值是创造力定义的另一个要点，某物具有价值是由于它对某些人或对某方面的努力来说，是重要、有用的或在某种程度上来说值得做。有时候，人们并不欣赏创新事物的价值，直到它的创造者逝去多年以后。

创造性思维的特征

创造新的有价值的东西要具备什么条件？在创造者身上，心理学家注意到了哪些特性？尽管我们仍在寻找简便可行的办法来找出具有高度创造力的人，心理学家们还是发现了具有高度创造力者有一些共同的本质特点。诸如乔伊·吉尔福特（Joy Guilford, 1950）等使用心理测量方法的心理学家们强调包含创造力的特殊方面任务的成绩，比如发散思维（divergent thinking），它包括了对一个问题或任务适当回应的多样分类的产物。例如，提出一篇学术论文的思想就包含了发散的产物。

创造力在生命的不同阶段不断变化。霍华德·加德纳（Howard Gardner, 1993a; Policastro & Gardner, 1999）使用案例研究，提出个人早期创造力中具备更多本质性的创造，而后期创造力更完整地表现出以前所取得的成果。他还发现不同形式的文学创作出现在不同的年龄。例如，对420位不同文化和不同年代的文学创作者的研究支持了这样的观点：人们更多的是在年轻时写了有创造力的诗歌，而最佳的散文创作于年老时（Simonton, 1975）。这些数据表明许多理想主义、浪漫主义、激情爱恋和式样古怪的诗作多出在年轻时。相反，杰出的散文（如史诗般的小说）则需要年龄增长所带来的深邃、智慧和理解。

影响创造力的内部和外部因素

特蕾莎·阿玛拜尔和其他研究者（Amabile, 1996; Hennessey & Amabile, 1998）进一步扩展了我们对创造力的理解。他们注意到了动机的重要性。阿玛拜尔和她的同事把内部的内在动机和外部的外在动机区别开来。例如，内在动机可能包含了享受创造过程的乐趣或解决问题的个人愿望；而外在动机则包含了对名声或财富的欲望。根据阿玛拜尔的研究，对于创造力来说，内在动机是必不可少的，而外在动机实际在许多情况下阻碍了创造力。

除了这些创造性个体的内在特性外，一些研究者还注意到了影响创造力的外在因素的重要性（Csikszentmihalyi, 1996, 1999; Feldman, 1999）。例如，根据米哈伊·科斯岑特米哈伊(Mihaly Csikszentmihalyi, 1988, p. 325),"我们不能用把个体和他们的作品从进行创造活动所在的社会和历史背景中隔离开来的方式来研究创造力……我们所谓的创造性决不是个人单独行动的结果。"迪安·西蒙顿(Dean Simonton, 1988, 1999)超越了目前的社会、智力和文化背景而把创造力溶入到整个历史范围中去。在西蒙顿看来,多重的内部和外部因素促进了高度创造性的工作。因此,一个具有高度创造性的个体必须是在正常的社会、文化和历史背景中的一个正常的、探索正确思想的人。如果爱因斯坦生长于中世纪,谁知道他将会作出什么贡献呢?

这些背景因素可能就是为什么早期很少有妇女在艺术和科学领域得到认可的原因。19世纪后半叶之前,很少有妇女被鼓励甚至被允许——来发展她们的智力;绝大多数的妇女被希望在其他方面得到培养。即使是那些被允许接受高等教育或发展她们潜在能力的妇女,最后也因为使用这些能力而感到失望。例如,费利克斯·门德尔松(Felix Mendelssohn)的姐姐芬妮,一度被视为是比弟弟更优秀的音乐家和作曲家——至少在音乐天赋方面可以被这样认为。但是她的家庭,包括她的弟弟,不允许她以自己的名字发表作品并且不得公开演奏(Forbes, 1990)。一旦社会承认妇女在家庭之外的价值,杰出的女性就纷纷出现在我们面前,例如,作家 Maya Angelou、Nelly Bly、Bronte 姐妹、Emily Dickinson、Toni Morrison、Gertrude Stein、Alice Walker 和 Virginia Woolf;艺术家 Frida Kanlo;诗人兼政治家 Sojourner Truth;科学家 Rachel Carson(生物)、Marie Curie(物理和化学)、Rosalind Franklin(DNA 结构)、Sophie Germain(数学和物理)、Margaret Mead(人类学)和 Helen Taussig(医学),还有其他许多人。

罗伯特·斯滕伯格和托德·鲁巴特(Robert Sternberg & Todd Lubart, 1995, 1996, 1999)综合了以上学说并提出:多样性的个体和环境因素必须整合才能使创造力出现。即,除了要具备合适的环境背景外,创造性个体必须具备足够的知识、智力加工、人格变化和动机,除此以外智力的风格也促进创造力的发展。斯滕伯格和鲁巴特称他们的理论为创造力的投资理论(investment theory of creativity),因为这一统合了各种因素的理论的主旨就是创造性个体的低买高卖。即,创造性个体集中注意于那些被同时代人低估了的想法(低买),然后把这一想法发展成为一个有意义的、创造性的贡献。一旦创造者使别人相信他或她的想法的价值,这个创造者就转到了下一个想法(高卖)。创造力被认为是一种对生活的态度并且这种态度可以被教会。

生物进化对创造力的影响

大卫·珀金斯(David Perkins, 1995b)和迪安·西蒙顿(1995)提出在理解人类的创造力上,进化论的原理可能是适用的,至少是在某种程度上如此。根据这些研究者的观点(也见于 D. T. Campbell, 1960),新想法的产生多少带有随机性,就像基因突变,但是这些想法就像突变一样,经历了一个选择的过程。绝大多数想法没有特别有用的效果因而很快被遗弃了。但是有些想法不但新颖而且有用，它们被社会选择作为有价值的想法，进而成为社会思维方式的一部分，就像有用的突变会成为人类基因的组成部分一样。

相关研究

儿童认知策略的研究 罗伯特·S. 西格尔，卡耐基·梅隆大学（Robert S. Siegler, Carnegie Mellon University）

过去的十年里，我们在理解儿童学习和思维的方式上已经取得了重大进展，特别在我所关注的数学和科学领域内。首先我们必须在头脑中记住认知变异性（cognitive variability）和适应选择（adaptive choice）两个概念。

认知变异性

首先看一下认知变异性。直到不久前，儿童的思维还一直被认为类似楼梯：孩子们一开始使用一种方法来解决问题，然后采用高级的方法，最后采用更高级的方法来解决问题。例如，对儿童基本数学能力发展的描述表明，在他们刚入学时，孩子们仅能从1加起；在一年级的某个时期他们开始用大的加数做加法；到了三、四年级他们可以回忆问题的答案。

但是最近的研究表明，儿童思维的变化程度比楼梯模型所指出的要大得多。儿童并不是千篇一律地使用相同策略做加法，他们在早期就开始使用各种各样的方法，并且还继续将成熟和不成熟的方法一起使用许多年。因此，即使在一年级以前，对同样的儿童提同样的问题，他们有时会从1算起，有时会从大的加数算起，有时也会去回忆答案。

这是儿童思维的自发特点。试图去改变这种特点的努力通常都不会成功。我自己以及其他人的研究表明，小学生使用的诸如数手指之类的策略，实际上有助于他们的学习。从表面上看这似乎是不可能的，毕竟年长的学生和那些擅长数学的学生不使用他们的手指，只有年幼和不太机灵的学生才使用。然而实际上只有允许使用任何他们想用的策略，学生们才能学得更好。当学生具备足够的知识，不依靠那些不成熟的策略也能作出正确的解答时，那些策略通常会自然地消失。诸如数手指之类的基本策略会使学生得出正确答案，而禁止他们使用这类策略将导致许多错误。更进一步，那些使用许多不同策略来解决问题的学生也倾向于学得更好。这要部分归功于策略变化使学生能处理他所面临的各种各样的问题，而不仅仅只能处理小范围内的问题。

适应选择

第二个对于理解儿童的思维和学习同样重要的概念是适应选择。那些对解决某一特定问题有许多不同策略的学生必须不断地为不同的场合选择一种策略。为了作出合适的选择,他们必须适应情境的差异和问题之间的差异。情境的变化包括时间限制、程序和任务的重要性。例如,如果要求儿童在尽可能短的时间内完成尽可能多的简单加法问题,那么选择尽快确定答案是比较合适的,即使他们并不是绝对有把握。同样,如果在某种特定的情况下,正确率是最重要的,那么就很有必要去检查答案的正确与否。

适应选择还包括调整认知策略,使它和特定问题的特点相适应。最后,适应选择还包括当有许多可用的策略时,选择快而容易的那些策略;当要求比较高的正确率时,应选需要更多认知投入的策略。

实际的个人差别存在于认知的变化性和儿童所作选择的策略类型。我的研究显示,早在一年级时,就可以依据学生们在数学和阅读上所作的策略选择把他们分为三类:好学生、差生和至善论者。好学生与差生在所有方面都存在差异,这从两者被定义的称号中就能预见。好学生在认知任务中完成得更迅速且正确率更高,他们能够使用更多的高级策略,在标准化智力测验和成就测验中表现得更好。

至善论者和其他两个群体之间的差异就更有趣了。至善论者的正确率和好学生的相当。他们还同样具有高智商和优秀的数学及阅读成绩。但是,按照策略选择,他们更多地选择了慢而需要努力的策略。除非对答案深信不疑,否则他们一般不依靠记忆,而是喜欢采取更为稳妥的策略,例如从1加起或从更大的加数开始计数。

社会经济学的差异

我们对策略选择的研究还揭示了来自不同社会经济阶层的儿童,在成绩上有着一些令人吃惊的异同点。我的研究表明,来自低收入家庭的儿童似乎缺乏足够的实际知识来回答学术问题。这似乎是由于缺乏解决问题的实践,并且可能很少正确地执行策略,而不是因为他们的高级思维存在缺陷。这一发现表明,对这些儿童进行如何执行策略的大量练习和指导,可能是提高他们学术技能的最有效方法。

日常生活中的心理学

提升创造力

尽管一些研究者认为只有很少一部分人具有创造力,但是大多数的研究者相信只要经过努力,任何人都可以变得有创造力。还有一些人相信我们中的一部分人会变得

非常具有创造力,只要我们希望如此。例如,你可以通过以下步骤来提高你的创造力:
1. 找一些你喜欢的事情做。人们在做那些令他们感到激动的事时,会变得很有创造力。
2. 倾听别人的回应,但不要不假思索地听从别人。创造者在走自己的路时,还可以从别人的建议中得益。
3. 要对你的创造性工作的价值和重要性深信不疑,不要让别人劝服或阻止你继续工作。另一方面,你必须检查和分析你的工作,经常尝试去改进它。
4. 选择一些问题或主题来进行你的创造性活动(不要忘了问题选择和定义的重要性);去发现引起你的美感的问题。具有创造性的人通常产生那些被人低估、不被欣赏或被同时代人嘲笑的想法,即那些想法最初被别人认为是不好的和不吸引人的。
5. 使用诸如看得见的类比,以顿悟为特点的处理,除此以外还有发散思维,与此同时,还要认识到创造性活动要考虑到传统,即使它与你的观点不一致。
6. 选择那些鼓励你理智地去冒险,反对老套而乐于尝试新的想法和方法的人作为合作者。
7. 获得足够多的可用的、与你所选择的努力方向相关的知识,这样你就可以避免重复创造别人已经创造出的东西。然后试着超越这些知识的范围。
8. 全心全意投入到创造活动中去。

  上述步骤在创造性生产中起到了一定的作用,这一点在一部分人之中达成了共识。但是一些心理学家和研究者可能对以上的一条或几条上还存在争论,因为一些创造性个体偏离了这种一般的形式。事实上,我们可以说,作为一个群体,这些创造性个体就是以这种偏离为特点的。在对创造力的研究中,心理学家在其他许多因素上也存在分歧。

  另外一个似乎与创造力存在一致关系的因素是:超过平均水平的智力。令人惊奇的是超过了一定的智力水平后,智力的进一步提高与创造力的提升没有必然的关系。因此为了发挥创造力,个体必须是聪明的,但不必是聪明绝顶的。

思考题

1. 许多语言爱好者喜欢语言的动态特征,并且享受着由语言而产生的意义上新的细微差异和形式变化;相反,另外一些人认为爱护语言就是把它维持在现有状态上——甚至是过去某时的状态上。请你给出赞成和反对语言变化的理由。
2. 假设某些动物可以被教会基本的语言或类似语言的技巧,那么人类和它们的区别是什么?
3. 一个外族人应该采取什么样的步骤来学习另一种文化,以便理解该文化的深度和广度,并把因本民族文化上的偏见所造成的曲解降到最低限度?
4. 广告工作者(和其他宣传家们)是如何使用错误的推理来影响别人的?提供一些你看到的广告或所经历的推销员和其他劝说者的具体例证。
5. 如果你是某个问题解决团队的领导,当你的成员在解决问题时遇到了障碍,你将如何要求他们消除这一阻碍?
6. 你现在所面临的(或近期面临的)具有挑战性的结构含混问题是什么?你找到了什么样的步骤(或以前已经找到了)最有利于解决所面临的问题?

本章摘要

语言的重要特性

1. 语言是对一定的单词组织方式的使用,以达到交流的目的。
2. 语言有六条特性:(1)语言使我们能与共用一种语言的一个或多个人进行交流。(2)语言创造了符号和它的指示物——一个观念、一个事物、一个过程或一段记述之间的专门关系。(3)语言具有结构;只有以特定形式安排的符号才具有意义,不同的排列产生了不同的意义。(4)语言的结构可以在不止一个的水平上得到分析(例如在音素和语素上)。(5)尽管有结构限制,语言的使用者仍可以产生新颖的表达方式,这种新颖表达方式的出现实际上是无限制的。(6)语言在不断发展。另外,母语是典型的自发获得的。

动物使用语言吗

3. 尽管人们在动物的这种交流是否就构成了语言这一问题上还有分歧——是否它们的交流表现出像人类语言一样的语言特性,很明显,动物可以互相交流。

语言和脑

4. 通过观测当脑的特定区域受到损伤或电击将会产生什么情况,人们发现,一些语言机能已经在脑上得到了定位。

语言的不同方面

5. 语言中语义学上最小的意义单元是词素。
6. 语义学是对意义的研究。
7. 关于意义,存在着好几种可供选择的理论。三种主要的是成分理论(意义可以根据词的组成成分或基本要素来理解)、原型理论(意义在一个概念的最好的例子中得到继承),以及范例理论(意义存在于对概念范例的使用之中)。

8. 句法是在句子水平上对语言结构的研究。
9. 为了理解句子结构,几种语法已经被提出:(a)词组—结构语法是根据单词在词组和句子中的次序来分析句子的;(b)转换语法根据在表面(词序)结构之下的深层(命题的意义)结构来分析句子。
10. 语用学是研究如何使用语言的。
11. 研究社会行为和语言之间关系的社会语言学家发现,人们使用各种各样的策略来提示会话中的变化。
12. 为了更有效地交流,交流的双方必须对讨论的情况有一个共同的了解;这些共同的了解称为脚本。
13. 口误指我们在说某事的时候不注意地在语义学或发音上所犯的错误。
14. 语言的相对性理论认为,不同语言所造成的认知差异,是导致使用某一种语言的人对世界有独特知觉的原因。
15. 语言的普遍性是普遍存在于所有语言中的特性。

语言的获得

16. 人类似乎通过以下阶段来获得语言:(a)胎儿期对人类声音的反应;(b)出生后的喃喃而语,包含了所有的音素;(c)咿呀学语,只包含清晰的音素,这是婴儿初级语言的标志;(d)单词表达阶段;(e)双词表达阶段;(f)电报式言语;(g)基本成熟的语句结构(出现在 4 岁左右)。
17. 在语言获得中,儿童出现了过度延伸,他们扩展一个单词的意义,使之所包含的内容超过了该单词所应包含的意思。
18. 单独的先天或后天论都不能说明人类的语言获得。假设检验的机制提出了先天和后天的综合:儿童获得语言,是通过在头脑里形成关于语言的试验性的假说,然后在环境中检验这些假设。他们通过天生的语言获得装置(LAD)而形成这些假说,这促进了语言的获得。

思维的本质

19. 思维包含了心理描述的过程。

问题解决的策略和障碍

20. 问题解决指克服在回答问题过程中的障碍所进行的心理活动。
21. 可以通过明确的途径来解决的问题称为结构完整问题。
22. 结构含混问题指那些没有清楚容易的解决方法的问题。
23. 启发式是解决问题的非正式的、直觉的、推断的策略;它们有时起作用有时不起作

第八章 语言和思维

用。启发式通常和算法相对,算法是精确解决问题的途径。

24. 顿悟的问题解决是指突然意识到的对一个问题的解决方法的主观感觉。
25. 心理定势是指对在过去解决问题中起到了作用,但是对现在需要解决的特定问题并不一定起作用的策略的使用。功能固着是一种特殊的心理定势,它使我们只看到了某种事物的特定用途而看不到它还可以被用来执行其他的功能。
26. 酝酿是在对一个问题进行一段时间的集中处理后,暂时把问题搁在一边过些时间再继续;在这段时间里,有意识的问题解决被忽略,而下意识的解决仍在继续。
27. 在解决专业领域内的有关问题时,专家与新手的差异在于他们知识的数量和组织上。

判断和决策

28. 效用最大化理论假定人们行动的目的在于寻找快乐和避免痛苦。这一理论的高级形式是主观效用论,它承认效用不会总是客观的。
29. 圆满是指选定那个在头脑中第一个出现的可以接受的选择对象。
30. 一个人使用代表性启发来判断某一不确定事件的可能性,其判断根据是事件与其所在总体的相似性和代表性的显著程度,及事件对决策过程主要特征的影响程度。
31. 一个人以可得性推断来作出判断的依据,是他或她有多么容易地想起那些可以作为现象的相关例子而被知觉。
32. 人们经常表现出自负,把他们解决问题的正确程度判断得高于事实上的正确程度。
33. 赌徒谬误指人们相信根据常理,一个人的运气注定要改变。

推理

34. 推理指从迹象作出结论的过程。
35. 演绎推理的使用,是在一个人试图决定从一套前提是否可以得出一个或多个逻辑确定的结论的时候。
36. 归纳推理是从特定的事实或观测资料来得出可以解释特定事实的一般性结论。这种推理通常被用于通过一套前提不可能作出逻辑明确的结论的时候。

创造

37. 创造指产生首创的和有价值的东西。
38. 许多因素可以描述具有高度创造力的人,比如在所努力从事的特定领域内有着极高的创造性动机,以及在探询性的问题中不墨守成规。

思考题参考答案

1. 许多语言爱好者喜欢语言的动态特征,并且享受着由语言而产生的意义上新的细微差异和形式变化;相反,另外一些人认为爱护语言就是把它维持在现有状态上——甚至是过去某时的状态上。请你给出赞成和反对语言变化的理由。

    语言不变的好处在于,人们可以更好地连续理解和欣赏过去的记录和被保存了很久的文学作品;不变的坏处在于使语言丧失了灵活性,为了跟上世界的变化,我们需要新的单词和表达。例如,Internet,这个单词在100年前可能毫无用处,但是现在就非常有用了。

2. 假设某些动物可以被教会基本的语言或类似语言的技巧,那么人类和它们的区别是什么?

    人类和动物的最大区别在于思维的复杂性。研究表明,人类解决问题和作出决策的能力比动物的复杂得多。

3. 一个外族人应该采取什么样的步骤来学习另一种文化,以便理解该文化的深度和广度,并把因本民族文化上的偏见所造成的曲解降到最低限度?

    学习一种文化时尽可能先学习这种文化的语言,这一点是很重要的。首先,这将允许个人可以直接和这种文化中的人进行交流。这一点特别重要是因为翻译可能会曲解别人的意思。其次,这使个人可以阅读文字材料而不需翻译。第三,某种语言的信息通常向其使用者揭示一些事情,而不是其他的语言使用者。第四,人们会欣赏你学习他们语言所做的努力,并且可能因而告诉你更多的事情。

4. 广告工作者(和其他宣传家们)是如何使用错误的推理来影响别人的?提供一些你看到的广告或所经历的推销员和其他劝说者的具体例证。

    广告工作者总是把产品和人们所喜欢的特定情况联系起来。例如,香烟广告可能表现出年轻、愉快和健康,出于这一点人们就喜欢抽烟。这一切试图让你相信如果抽烟你也将获得这些好处。无需多说,这些广告希望你作出的归纳推论是错误的。

5. 如果你是某个问题解决团队的领导,当你的成员在解决问题时遇到了障碍,你将如何要求他们消除这一阻碍?

　　你可以让他们做的最佳事情之一就是酝酿。让他们把事情搁在一边,几天后他们会以新的观点和角度回到问题上来。

6. 你现在所面临的(或近期面临的)具有挑战性的结构含混问题是什么?你找到了什么样的步骤(或以前已经找到了)最有利于解决所面临的问题?

　　很明显,每个人都必须亲自回答这个问题。但是解决结构含混问题的一个例子是学习需要考试的材料。最佳的策略就是适当提早学习,因为我们都知道(见第七章)分散学习的保持效果要优于集中学习。

刘　京◎译
李　锐◎校

两个大学二年级的学生在森林里旅行。这两个学生中,一位成绩非常优秀,不仅入学成绩出色而且还获得了优秀新生特别奖学金,此外,在大一所修课程中,门门都得"A"。另一位学生,入学成绩很低,大一所修课程也仅勉强通过,但平时人们仍觉得她很聪明和机灵——她的老师都认为她"具有生活适应能力"。正当旅行非常快乐的时候,她们忽然遇到了一只巨大凶猛并且明显饿坏了的大灰熊。显然,她们即将成为它的美餐。第一个学生马上计算出大灰熊在27.3秒内就会赶上她们。那一刻,她非常地惊慌,意识到她们是逃避不了灰熊的追捕了。带着对死亡恐惧的目光,她看着她的朋友,但令她惊奇的是,她发现她的朋友却没有一丝的惊慌,而是镇定快速地脱掉她的旅游鞋,换上了一双跑鞋。"你知道自己在做什么吗?"第一个旅行者问道,"你永远不可能跑过那头灰熊的。""当然,"她的朋友回答道,"但我要做的只是跑过你。"

第九章 智力

显而易见，这是一篇虚构的故事。两个学生都可以说是很聪明的，但各自聪明所表现的方面却有所不同。事实上，这个故事提出了一个令人深思的问题："究竟什么才是聪明？"因为尽管第一个学生可以典型地被贴上"聪明"的标签，但第二个学生却可以从险境中脱身从而生存下来。这个故事可以说是例证了如下这个有关智力的定义：智力（Intelligence）是以目标为导向的适应性行为。事实上，通常每一个智力研究者或理论家都可能有各自对智力的定义。实际上，大多数有关智力的研究都在试图回答诸如"智力是什么"以及"我们怎样才能测出智力"这类的问题（Mackintosh，1998；Sternberg，2000）。

显然，智力包括理解能力、学习能力、记忆能力、语言能力以及思维能力。

关于智力的本质问题，并不只是心理学教材中才讨论的抽象理论问题。在美国和其他国家，许多儿童都接受过智力测验，而测验结果往往被用于择校、择课，以及用作对孩子未来作高风险性决策的依据。尽管这些测验不是所谓的"智力测验"，但它通常包括那些对美国以及其他国家的高校、研究生院或专业学校的学生所进行的智力测验中的一些问题。随着社会对这类测验的应用大量投资，对于我们来说，理解"智力是什么"就更为重要了（Ramey，2000）。例如，如果第二个学生是聪明的话，但她的聪明却未能被常规测验测量出来，那么，在对孩子的未来进行关键性决策时，社会就有可能会遗漏掉一个或更多有关智力的重要方面。那么，究竟智力是什么呢？

智力的定义

问题：心理学家等是如何定义智力的？

1921年，14位著名的心理学家希望能明确他们对智力本质的模糊看法（参见"智力及其测量研讨会"，1921）。尽管他们的观点各有所异，但始终包含两个共同点：(1) 智力包括从经验中学习的能力；(2) 智力包括对周围环境适应的能力。这两点是非常重要的。从经验中学习的能力意味着，聪明的人也会犯错误，但聪明的人会从他们的错误中汲取教训，而不会犯同样的错误。对周围环境适应的能力意味着，聪明不只是在测验中获得高分，还包括你在学校中的表现、处理事情的方式，以及与人交往的情况和日常生活的管理方式等。

在1921年研讨会召开的65年之后，又有24名心理学家被邀请去给出有关智力本质的含义（R.J. Sternberg & Detterman, 1986）。这些专家们又一次列出了智力包括从经验中学习和适应环境这两个能力，但现代专家比以前更强调了元认知的作用——人们对自己思维过程（比如在问题解决、推理以及决策中）的认识及控制。此外，现代的专家还强调文化因素的影响，他们认为，在一种文化中被视为聪明的行为在另一种文化中则可能被视为是愚蠢的。在智力研究以及许多心理现象中，科学家所提出的问题在很大程度上决定了他们的答案。而最早探究智力问题的是多年前的两位心理学家。

为了理解当前有关智力的许多观点，我们必须回溯到19世纪末20世纪初两位才华横溢的科学巨人：弗朗西斯·高尔顿（Francis Galton）和艾尔弗雷德·比奈（Alfred Binet）的研究。他们提出了两个与传统不同的测量法——高尔顿的心理物理法和比奈的判别法，使我们对智力有了更进一步地理解。高尔顿和比奈的观点并无太多的共同，但有一点是一致的，他俩都认为，智力是可认知的，也是可测量的。

弗朗西斯·高尔顿及其对心理物理表现的测量

查尔斯·达尔文（Charles Darwin）于1859年出版的《物种起源》深刻影响到科学研究的许多领域，其中之一就是对于智力及其发展的研究这一领域。达尔文认为，人类的能力在某种意义上说是低等动物能力的延续，因而我们可以通过与对动物研究相同的方式来理解人类的智力。他认为：通过对个体发展的研究，我们可以更好地理解人类的进化，反之亦然。

智力的发展可以看做是物种进化的一个显著性标志，但要从不同物种的进化轨迹中寻求证据是很困难的。例如斯坦利·科伦（Stanley Coren, 1994）就注意到：在我们比较不同种类狗的智力时，我们的评价通常是建立在我们对狗所赋予的价值的基础上的。就"什么是适应"而言，跨物种的比较可能存在一定的局限，因为导致不同物种成功的适应因素是不同的（Zentall, 2000）。

达尔文的表弟弗朗西斯·高尔顿爵士，可能是首位开始探讨达尔文书中有关智力的观点的人。1883年，高尔顿在其"人类的能力"——智力及其发展的理论中提出，通过两种特质：精力和劳动能力，以及身体对物理刺激的敏感性可以区分出一个人的聪明与否。高尔顿信奉优生学的观点，他认为细心培育物种（包括人类），可以促进物种总体智力（或其他能力）的发展。对于这一观点的严重滥用，如作为纳粹德国种族大灭绝的理论基础，致使优生学在社会中的应用更为艰难。

詹姆斯·麦基恩·卡特尔（James McKeen Cattell）将高尔顿的许多思想从英国带入美国。作为哥伦比亚大学心理实验室的主任，特殊的地位使得卡特尔在宣传高尔顿心理物理法、智力的理论,以及强调身体和感官技能测量的智力测验的过程中处于非常有利的地位。卡特尔在1890年编制了50个心理物理测验,例如,握力测验(一只手所具有的最大的挤压力)、跨越50厘米的手臂运动率、皮肤的两点阈以及词汇量测验等。在这些测验中,蕴涵着一个假设,即这些心理物理测验所测量的都是心理能力。

卡特尔的学生克拉克·威斯勒(Clark Wissler, 1901)发现在卡特尔测验中得到的数值既不彼此关联,也不与哥伦比亚大学的学生等级关联。这一发现使心理物理测量能反映智力的观点遭到质疑。威斯勒等人认为,高尔顿的测验无论测得的是什么,但绝不是智力。尽管这一发现非常令人失望,但心理学家并没有放弃认识和测量智力的希望。另外一种对智力的认识及测量将智力的研究引向了更为成功的方向。

艾尔弗雷德·比奈和判断测量

1904年,巴黎的公共教育部部长任命了一个委员会,以寻找一种方法能把真正智力缺陷的儿童从那些因其他原因而致学业不良的儿童中区分出来。通过这种方法,可以将智力有缺陷的儿童分辨出来并安置在特殊的班级中,使他们能获得在普通学校教育里无法获得的发展。艾尔弗雷德·比奈和他的合作伙伴西奥多·西蒙(Theodore

海伦·凯勒,既聋又盲。在智力的心理物理测验中表现很糟。在她学会如何运用手语和最后学会说话之前,一直被认为是反应迟钝。艾尔弗雷德·比奈将她作为一个例子来说明早期的智力心理物理测量法的局限性。对他来说,智力的本质就是"判断,或称之为良好的判断力,实践的能力,首创精神,自我适应环境的能力。善于判断、善于推断、善于理解是智力不可缺少的三要素"。

Simon)设计了一个符合这种需求的测验。该测验的设计不像高尔顿和卡特尔所因袭的理论和研究那样是从纯科学的角度出发的,比奈的理论及研究是从实际教育问题的角度出发的。

比奈和西蒙对智力的理解和对智力的测量与高尔顿和卡特尔有着巨大的区别。他们将高尔顿和卡特尔的测验定性为"浪费时间"。比奈以海伦·凯勒(Helen Keller)为例证,说明了这个问题。海伦被一些人认为具有超常的智力,但她在心理物理测验中得分可能会很低,在判断测验中却可能具有很高的水平。对比奈和西蒙来说(1916),智力的本质就是"判断,或称之为良好的判断力,实践的能力,首创精神,自我适应环境的能力。善于判断、善于推断、善于理解是智力不可缺少的三要素"(pp. 42—43)。这些特质又如何被测量呢?

心理年龄和智力商数

如今,学校通常仍按儿童的生理年龄亦即是所谓的实足年龄来分年级。为了同以判断为基础的智力理论相结合,比奈建议我们根据孩子的心理年龄(mental age)来评估他们的智力。所谓的心理年龄是一个数值,它意味着参测者的智力水平同该值大小的实足年龄的人的平均智力水平相同。举例来说,如一个人在测验中的表现与12岁儿童的平均水平相同,那么不管他的实足年龄是多少,他的心理年龄都是12岁。例如,假设琼10岁,但她在测验中的表现与12岁儿童平均表现的成绩相当,那么她的心理年龄就是12岁。心理年龄的概念意味着年级划分的最恰当的编排法应是按照儿童的心理年龄而不是实足年龄来进行。

威廉·斯特恩(William Stern),一位德国心理学家宣称,心理年龄用于在不同实足年龄的儿童中进行智力水平的比较的价值是令人怀疑的。斯特恩在1912年建议用智力商数或简称智商(IQ)来代替心理年龄,所谓智商就是心理年龄(MA)与实足年龄(CA)的比值再乘以100。用数学公式表达如下:

$$IQ = (MA/CA) \times 100$$

因而,如果阿妮塔的心理年龄为5,实足年龄也为5,那么她的智力水平为一般,其智商为100,因为(5/5)(100)=100。那些心理年龄等同于实足年龄的人的智商都为100,因为除数与被除数相同,因而商数为1。如果比尔的心理年龄为4,仅是他实足年龄8的一半,那么他的智商为50,因为商数为1/2,100的一半则为50。后来的研究者所用的智商是在此基础上的进一步修正,因而,斯特恩的用心理年龄与实足年龄的比值再乘以100所表示的智力概念,现在被称为比率智商(ratio IQ)。

遗憾的是,心理年龄这个概念,即便是用比率智商来表示,与智力测量的联系也是非常微弱的。首先,心理年龄的增长在16岁左右就缓慢下来。对比一下你在8岁和12岁时知识水平和思考问题的方式,你一定会觉得非常不同!那么人在30岁时和45

第九章 智力

岁时的知识水平和思考方式是否也有很大的差别呢？一个8岁的孩子表现出12岁孩子的平均智力水平，他的智商为150是讲得通的。但当一个30岁的人表现出45岁人的水平时，认为他的智商为150就毫无意义了。因为一般人在45岁时的智力水平与30岁时的差别并不大。事实上，在高年龄层次上，智力测验中的得分已经开始下降。因而，当用于测量整个生命周期的智力水平时，基于心理年龄的计算方法就显得效用低下了。

数值分布

正态分布(normal distribution)。对智商的测量在以后的发展中，逐渐不再采用心理年龄的概念，转而强调智力在既定年龄或年龄段的群体中呈一定规律的分布。在通过对大量个体的智商进行测量之后，我们发现测量值近似一个正态分布。在正态分布中，大多数的数值都集中在中数(median)的周围，中数即位于中间位置的数值或其他测量值(在智商测验中通常为100)，在正态分布中，中数两侧的数值变化趋势最初是迅速地减小，当数值逐渐接近两个低端时，数值变化的趋势也开始减慢而平缓。此外，在正态分布中，中数等同于平均数(mean)和众数(mode)。正态分布中的平均数，即所有数值之和与数值个数的比值。众数就是在数值的分布中出现频率最多的那个数值。在既定年龄或年龄段中，智商分数近似为正态分布。图9-1即智商的正态分布图。

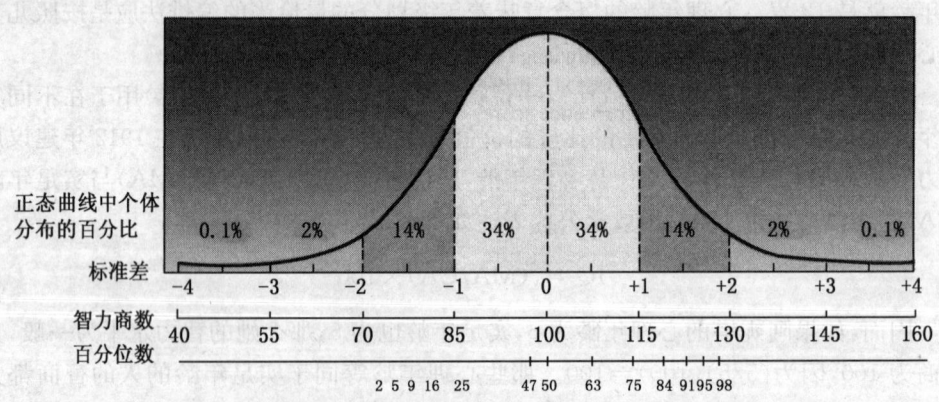

图9-1 智商的正态分布

正态分布来自于对群体中大量个体的测量。多数大学生的智商都高于中数，这是否意味着多数大学生比从没上过大学的人聪明？为什么？

百分位数(percentiles)。正态分布图有助于我们更加形象地认识智力测验，但对单一数值而言，用图表的形式意义就不大了，这时我们可借助于百分位数来表达智力测验值的意义。百分位数是指那些在既定数值之下，数值所占总体个数的比例，再乘以100。例如,如果50%的被试所得分值低于25,那么与25对应的百分位数就是50。在这个例子中,25是原始分数(raw score)——被试在既定的测验中各题所得分值之和,它通常等于测验中答对项目的个数;50是百分位数。如果露沙的原始分数是30,75%的参试者的得分低于这一分值,那么,她的百分位数将是75。百分位数允许将个体的分值同群体中其他人的分值进行相对简单地比较。如图9-1所示,百分位数同样可以用来计算智商。一个人在智商测验中的得分为105,其得分高于群体中的63%的人所得分,那么,他的百分位数就为63。此外,还有一种更易理解的智力测验所得原始分数的转化形式,就是下面将要介绍的离差智商。

离差智商(deviation IQ)。通常许多心理测验的分数包括智力测验都是将平均数设定为100。在智商的正态分布中,大约有2/3的数值分布在85～115之间;大约95%的数值分布在70～130之间。与比率智商相比较而言,离差智商的说法并不科学准确,因为其并非来自于某个商数。

智力测验

智力测验,以一种不可思议的方式,对智力的定义产生了深刻的影响。这类测验以及其所产生的数值结果,常常为"智力是什么"提供了支持的证据。于是,智力逐渐成为了一个分数。对比我们后面所将要讨论的当代智力模型,智力是一个分数或许太简单化了。许多智力测验所测得的是各种不同的认知技能(Daniel,1997,2000;Kaufman,2000)。这些测验很大程度上都是建立在"智力就是良好学习所依赖的判断能力"这一思想的基础之上。你可能熟悉一些测验的名称,但却可能对这些测验究竟能证明什么感到疑惑。

斯坦福—比奈智力量表

在比较智力的相对水平方面,上述方法上的进展,事实上早就体现在智力测验的不断完善之中。例如,比奈和西蒙最初的智力测验只计算心理年龄,但智力测验的另一位重要的发展者——刘易斯·特曼(Lewis Terman),斯坦福大学心理学教授,则是利用比率智商来对不同个体的智力水平进行比较。特曼重新修订了比奈和西蒙的智力测验,添加了一些能反映他自己思想的题项,并用比率智商代替了心理年龄,因而早期版本的量表我们通常称之为斯坦福—比奈智力量表(Terman & Merrill,1937,1973;R. L. Thorndike, Hagen, & Sattler, 1986)。这些测验可测量多种技能,但却很难准确测出比奈所认为的智力的构成要素——判断及其他一些技能。

在同类智力测验中,大卫·韦克斯勒(David Wechsler)编制的智力量表可谓是杰出的代表。

韦克斯勒量表

韦克斯勒智力量表包括韦克斯勒成人智力量表第三版（WAIS-Ⅲ）、韦克斯勒儿童智力量表第三版（WISC-III）和韦克斯勒幼儿智力量表（WPPSI）。所得分数以离差智商的形式表述。韦氏量表可获得三个分数：言语分、操作分和总分。言语分是建立在诸如词汇测验和言语相似性测验的基础上的。词汇测验测量的是词语含义的知识。而在言语相似性测验中，被试必须说出两件事物的相似之处，它所测量的是言语的推理能力。操作分是建立在诸如图画补缺、图片排列等测验的基础上的。图画补缺测验要求被试确认物体缺失的图形部分。图片排列测验要求被试将打乱顺序的卡通图片重新排序，使其形成一个连贯性的故事。图画补缺测验测量的是个体的认知速度以及认知灵敏性，而图片排列测验则测量个体在面临如何将事件组织成一个具有连贯性结构问题时的计划和理解能力。总分是言语分和操作分之和。图9-2列出了韦克斯勒成人量表的每一个子测验题项的类型，你可以将之与斯坦福—比奈量表进行比较。

同比奈一样，韦克斯勒所认为的智力概念的内涵也远超过了其测验所测量的内容。尽管韦克斯勒非常明白智力测量的价值，但他并没有将智力概念局限在测验的分值上。对韦克斯勒（1974）而言，智力影响着我们日常生活的一切。我们不仅在考试和做家庭作业时离不开智力的运用，在人际交往、有效的工作开展以及日常生活的管理中都离不开智力的运用。实际上，智力测验在一定程度上可以预测一个人在现实世界里许多方面——诸如，教育方面（R. Mayer, 2000）和工作方面（Schmidt, Ones, & Hunter, 1992; Wagner, 1997）——的行为成就。

在韦克斯勒成人智力量表（WAIS-Ⅲ）和韦克斯勒儿童智力量表（WISC-Ⅲ）中，被试有时被要求去排列一些简单的卡通图片，使之形成一个具有时间逻辑性的故事。只是WISC-Ⅲ中的图片要比WAIS-Ⅲ中的少一些，所形成的故事也较为简单。

内　　容	任务/问题的说明	任务/问题的示例
言语量表		
理　　解	回答有关社会知识的问题	"小洞不补,大洞吃苦;及时处理,事半功倍"是什么意思? 罪犯为什么要入狱?
词　　汇	描述一个词语的含义	何为坚持? 何为考古学?
知　　识	考察一些常识性问题	普京是谁? 新英格兰由哪6个州组成?
相 似 性	解释两个事物或概念之间的相似之处	驼鸟和企鹅在哪些方面相似? 电灯和加热器在哪些方面相似?
算　　术	解答一些简单的算术文字题	如果保罗有14.43美元,他买了两块三明治,每块5.23美元,那么他还剩多少钱?
数字的记忆广度	先听一连串的数字,然后向前或向后,或既向前又向后重复这些数字	从后向前重复下列数字: "9,1,8,3,6。"
操作量表		
物体拼配	给一些板块,拼成一件常见的物体	将这些板块拼成一件物体。 
积木图案	将所给的积木,拼集成所示的模型物	将左面的积木组成右面的模型物。 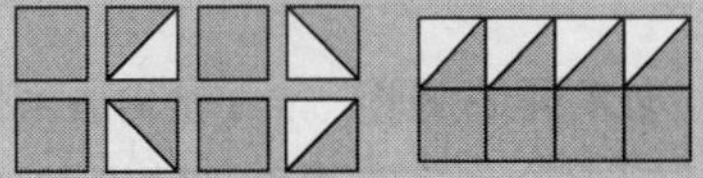
图画补缺	辨识图画中缺少的部分	下图少了些什么? 
图片排列	将顺序错乱的卡通图片按照时间的顺序进行排列,使之形成一个具有连贯性的故事	将这些图片按顺序排列,并说出故事的内容。 
译　　码	每一个符号都匹配一个数字。给出一组符号,请将这组符号转化成数字的形式	在空格处写下每个符号所匹配的数字。

图9-2　韦克斯勒成人智力量表第三版(WAIS-Ⅲ)

韦克斯勒量表建立在离差智商的基础上。这里列出的题项都是说明性的,实际测验中是不存在的。

能力倾向和成就测验

高尔顿、比奈以及后来的特曼和韦克斯勒，对智力测验的开创都有着巨大的影响。今天，日常生活中，有数百种智力测验正被使用着。其中有一些量表，诸如斯坦福—比奈量表和韦克斯勒智力量表，都需要由受过专门训练的心理学家对个体进行施测。而其他的一些团体测验，可以同时对许多人进行，施测人员也不需要经过专门的训练。

不是所有的认知行为测验都可以用来评测智力。例如，一些以认知为导向的测验可能测量的仅是某种能力倾向：完成某件事情的潜能；在一项或多项任务中达到专家水平的潜能；在既定领域或多个领域中学习知识的潜能，诸如，音乐方面的能力倾向、运动方面的能力倾向或良好的手眼协调的能力倾向。这些能力倾向可能包括智力，但也可能不包括。

一个广泛使用并广为人知的测验是学术评估测验（SAT）。它包括一些通常被认为是反映智力的内容。SAT 广泛应用于美国大学入学的资质测试，表 9-1 中所列出的项目为其典型的内容。SAT 原先被称为学术能力倾向测验，之所以后来被命名为 SAT 是为了强调该测验不仅能测出被试的能力倾向，还能测出被试已取得的成就——某项业绩，或在一项或多项任务中达到了专家水平，抑或在既定领域或多个领域的学习中掌握了的基本知识。如今，测验出版者通常将这种测验简称为 SAT。

表 9-1 学术评估测验 由于该测验不仅能测出被试的能力倾向，还能测出被试已取得的成就，为此，SAT 的全称在 20 世纪 90 年代初，便由"学术能力倾向测验"改为"学术评估测验"。请思考一下，下列问题中，哪些是用来评价能力倾向的，哪些又是用来评价个人取得的成就的。

内　容	任务/问题解释	任务/问题举例
言　语		
词　汇	考察单词及其含义	选择一个或一组最佳单词，填充在句中
理　解	考察对短文的理解	在理解短文的基础上，正确回答多选题
量　化		
量化能力	演算一些算术、几何或代数题	请从选项中选择一个正确答案

编制一个好的智力测验需要大量精心的设计编排和不断的试测。本章随后的部分将会介绍心理测验中的一些心理测量学特征以及编制测验的一些方法。

智力测评中的相关问题

问题：如何测评智力，在测评中常见的问题有哪些？

智力测验或任何其他测验是否可用，往往取决于它的编制情况。任何"测评工具"都必须能测出它所要测量的心理特质，并且还要测得精确。判断一个测验的结果是否能够得到它要反映的心理特质是非常重要的。高尔顿和卡特尔以心理物理法为基础编制的智力测验之所以失败，就是因为他们的测验未能很好地测得他们想要测的心理特质。对于编制者来说，测验编制的第一步就是判断要测评哪些心理特质，应当如何进行测评。接着，测验编制者必须要弄清哪些测验题能测评出所要测量的心理特质。最后，还需要测验的编制者对测验的质量进行评价。

效度、信度和标准化是测验的三个关键属性（Anastasi & Urbina, 1997; Millsap, 1994）。

效度

所谓效度（validity），就是一个既定形式的测验实际能够测出它所要测量的心理特质的有效程度。例如，音乐能力倾向测验应能有效预测被试在音乐方面获得成功的可能性程度。效度有多种类型（Anastasi & Urbina, 1997; Messick, 1995; Messick & Jungeblut, 1981; Moss, 1994）。构想效度（construct-related validity）是指一个测验或其他测评工具实际测到所要测量的理论结构和特质的程度。也就是说，测验的设计者设计的测验试图来反映既定的理论。例如，一个智力测验测量的就是智力而不是其他特质，诸如视觉或听觉敏感性，那么该测验的构想效度就是比较高的。预测效度（predictive validity）是一个测验或其他测评工具预测某种行为（行为规范）的程度，该行为在测评后不久即可测得。例如，SAT 就是用来预测大学新生在大学学习中的表现的。测验分数与学生在大学中学习的表现相关程度越高，该测验的预测效度就越高。

在评价一个测验的预测效度时，我们必须要注意我们所作的推论。例如，海瑞斯顿（Herrnstein）和默里（Murray）在 1994 年报告了一项研究结果。他们发现，环境中的自然力量创造的所谓"认知精英"都具有较高的智商，在日常的生活和工作中，他们往往倾向于具有高声望、高收入和高认知性报酬的工作；而低智商的人往往倾向于具有低声望、低收入和低认知性报酬的工作。作者们认为这一结果不仅证明了高认知性奖赏的工作要求高智商的人去从事，也成为了传统能力测验预测效度的又一证据。但我们在运用数据去作群体差异的结论时，必须要小心谨慎，因为测验本身就是被用来筛选人员以适应高要求工作的。因此，该筛选过程可能会提高测验分数与高要求工作之间的相关程度。如果一个人在这类测验中表现不佳，那么他成为一名律师、医生或学者就很困难了，因为这类领域都要求个体必须在以能力为基础的测验中表现良好。那些在测验中表现不佳的人就不能从事该领域的工作。利用这类测验，我们可以保证测验分数与人员甄选具有一定相关性。就像挑选身材高的人去参加篮球队一样，身高和成为职业篮球队队员具有一定相关性（参见 R. J. Sternberg, 1995b, 1995c, 1996b）。当然，也有许多与之相反的观点存在（参见 Fraser, 1995; Jacoby & Glauberman, 1995）。它们中的一些论点理由充分，另一些却缺乏依据。

内容效度（content-related validity）是通过专家判断，来获得一个测验体现所要测量的知识和技能的程度。如果一个普通的数学测验只包括几何内容，那么这个测验是缺乏内容效度的。表面效度（face validity）是由测验接受者来判断该测验测出希望被测的知识和技能的程度。例如，那些在高中成绩优秀，但在 SAT 标准化考试中得分不高的学生，就会认为 SAT 在预测他们在大学中学习表现方面缺乏效度，也就是说他们会认为 SAT 的表面效度低。内容效度和表面效度的区别就在于是判断者不同。内容效度是由专家来判断测验的效度，而表面效度则是由参测者来判断。

信度

效度是评价一个测验是否测得了它所要测量的心理特质，而信度（reliability）则是告诉我们一个测量工具（如测验）的可靠程度，也就是说该测评工具测量获得结果的一致性程度。高信度意味着一个人如果在第一次测验中获得的成绩相对较好或较差，那么该参测者再次测验时成绩也应该相对较好或较坏。换言之，信度是评价一个测验前后测得结果的一致性程度，而不管它测量的是什么。

如果一个测验所测量的心理特质与它希望测量的无关，那么，该测验尽管可能会有很高的信度，却必然缺乏效度。例如，对于大学申请者的食指长度，我们可进行高信度地测量，但测量结果在预测他们在大学学习中的表现上，没有任何显著的效度。在测验的编制上，信度和效度都是非常重要的。

信度主要有四种（Reynolds, 1994）。再测信度（test-retest reliability）是同一测验对同一被试施测两次，所得结果的一致性程度。当然，该信度存在的问题是，如果人们接受两次完全相同的测验，那么往往他们第二次测验的成绩会较高，这可能是他们对测验的内容已经熟悉了的缘故。复本信度（alternate-forms reliability）指的是同一组被试接受两个平行的同类型的测验，所得结果的一致性程度。这两个测验在内容上和难度上都应是等同的，但测验的题项不同。复本信度常用来替代再测信度。内在一致性信度（internal-consistency reliability）指在一个测验内部所有题项测量同一事物的一致性程度。评分者间信度(interrater reliabilty)是多个评分者对同一答案评价的一致性程度。例如,大学委员会对有作文的试卷评分时,对作文的评分往往有多个评分者。这里的评分者间信度是多个评分者对同一作文打出的成绩之间的相关程度。

标准化和常模

大多数测验在正式使用之前都需被标准化。标准化(standardization)是为了确保测验的环境对所有被试来说,都是相同的。例如,对所有参加测验的学生来说,有个安静的考试环境是重要的。为确保所有被试参加测验的环境相同,环境中的一些干扰因素(如被打扰)必须被限制在最小范围内。另外,在测验前以及测验中的指导语也应一致,并且参测时间也应固定、统一。此外,测验期间可利用的材料也应相同,这也是非常重要的。

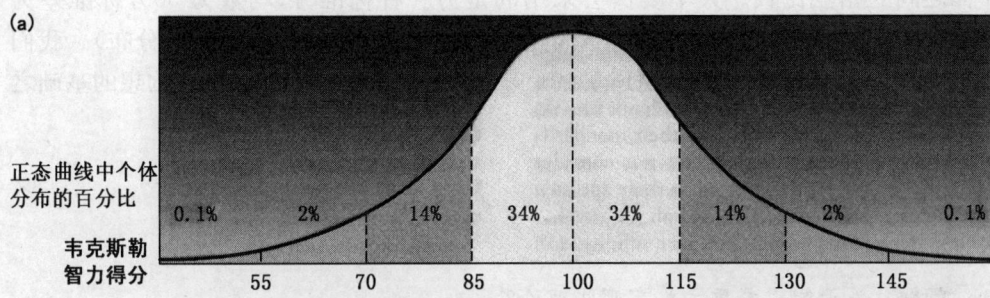

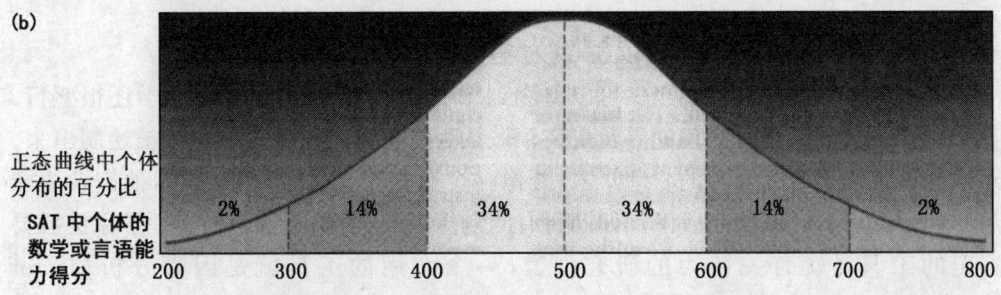

图 9-3　WAIS 和 SAT 分值的正态分布

WAIS 和 SAT 都是通过对大量被试进行测验的基础上形成了两个正态分布图。这两个测验的原始分数经过转换形成了标准分。WAIS 的平均值为 100,而 SAT 的平均值为 500。由于 WAIS 和 SAT 适合的并非同一总体,因而智商为 100 并不等于 SAT 的得分 500。在 WAIS 的正态分布中,只有 16% 的被试得分高于 115。在大学招生、选拔员工等方面,我们是否应该用类似的测验来筛选申请者呢?

标准化程序中的一部分是为了保证施测人员的一致性,包括使用相同的措辞、同样的情感表达(尽可能少的变化)等等,从而尽可能地将环境对得分的影响减至最低。对需要使用纸和笔的团体测验而言,这类标准化的需求相对较少,这是因为人际之间的相互影响已降至最小。对由训练有素的心理学家个别施测的测验而言,测验的编制者必须建立科学严密的标准化施测规范——实施测验的程序。为了确保施测人员能严格按照施测规范进行,施测的心理学家应接受特别的训练。

测验标准化后再向大量被试施测,从而在大量测验结果的基础上确定可进行比较的常模(norms)。常模的一种形式是标准分(normative scores),它是将原始分转化为等值的可直接比较的分数,具有一定的参考点和单位。标准分可直接反映出被试所得分数在总体中所处的相对位置。常用的标准分包括哪些类型呢?

测验编制者可使用任何形式的标准分。举例来说,智商常采用以 100 为中数的标准分。测验所得的任何原始分都可以转化为以 100 为中数的标准分,因此,也就便于个体之间的相互比较。大学委员会采用的是另一种标准分,均数为 500,标准差为 100,全距从 200 到 800(参见图 9-3,请比较一下 SAT 和 WAIS 的正态分布)。我们用来测量智商的此类测验,都是建立在专家们关于"什么是智力"的理论构想的基础之上的。

关于智力本质的理论

问题:关于智力本质主要有哪些理论?

智力的心理测量模型:作为以测验为基础的心理地图的智力

关于心理地图的智力观至少可以追溯到 19 世纪 80 年代,当时颅相学还很盛行。在 20 世纪上半叶,当时的理论界及研究领域认为智力模型可像地图一样被绘制出来。运用这种方法来研究智力的心理学家,既像一个勘探者又像一个绘图者,他们希望能将心理最深层的区域绘制成图。如同所有的勘探者一样,研究智力的心理学家也需要一定的工具。就有关智力的研究而言,一个有用的工具就是因素分析(factor analysis)。因素分析是一种统计学上的分解法,它允许研究者去推想一个心理现象所蕴含的假设结构、构成要素或因素。为此,许多智力研究者认为,这类因素就是构成智力测验中个体差异的基础。当然,要获得真实的因素,还取决于特殊的问题被询问或特殊的任务被评价。该方法至今仍被广泛使用(e.g., J. B. Carroll, 1993;参见 Brody, 2000; Embretson & McCollam, 2000)。

在众多具有竞争性的智力因素理论中,主要的理论有:单因素智力理论、多因素智力理论以及层次智力理论。图 9-4 形象地对比了这三种理论。

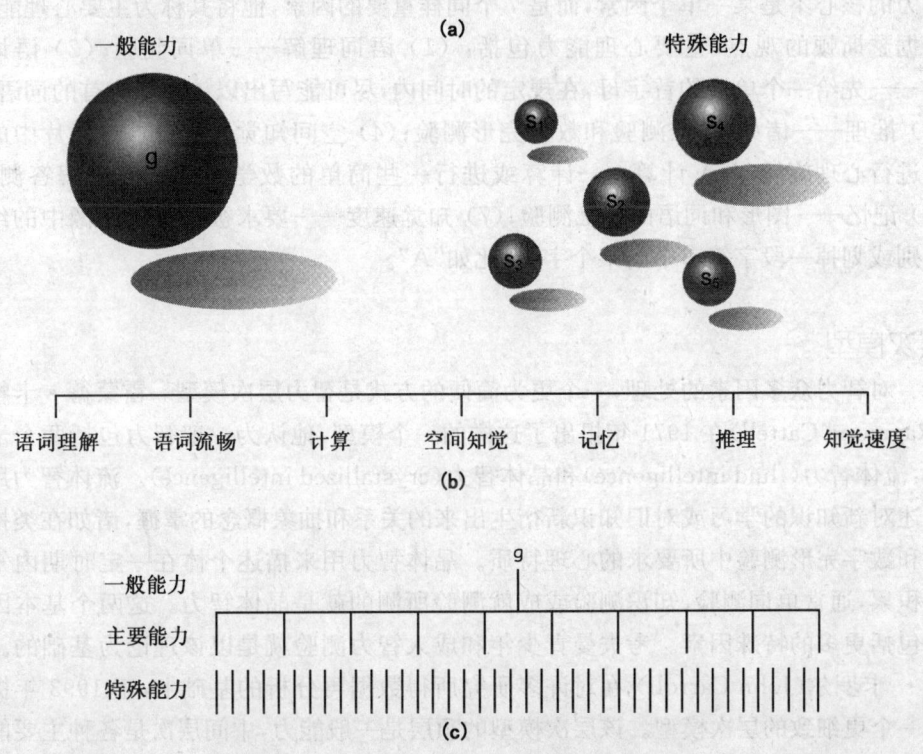

图9-4 若干智力的心理测量模型的对比

斯皮尔曼(a)、瑟斯顿(b)和卡罗尔(c)都是运用因素分析的方法来获取智力的潜在因素的,但得到的关于智力结构的结论却各不相同。对此,你认为哪一个理论既简单又全面地描述了智力的结构?

g因素

查尔斯·斯皮尔曼(Charles Spearman)因发明了因素分析法而享誉世界。通过因素分析,斯皮尔曼(1927)发现智力是由一个一般因素(g因素)和一群特殊因素(s因素)构成的。一般因素渗透在所有心理能力测验所测试的行为中,而特殊因素只渗透在某种心理能力测验所测试的行为中(特殊能力,比如算术计算能力)。斯皮尔曼认为,特殊因素仅是偶然的兴趣,这是因为这类因素的应用相对比较狭窄。而一般因素,是理解智力的关键。斯皮尔曼认为g因素来源于心理能量的个体差异。智力存在一般因素的观点尽管还有许多争议(Sternberg, 1999),但毫无疑问,当代心理学界仍有许多人支持这一观点(e.g., Jensen, 1998)。

主要心理能力

与斯皮尔曼的观点形成对比的是,路易斯·瑟斯顿(Louis Thurstone, 1938)认为智力的核心不是某一单个因素,而是7个同样重要的因素,他将其称为主要心理能力。根据瑟斯顿的观点,主要心理能力包括:(1)语词理解——单词测验;(2)语词流畅——先给一个单词的首字母,在规定的时间内,尽可能写出以该字母为首的词语来;(3)推理——诸如,类推测验和数字完形测验;(4)空间知觉——要求对图片中的物体进行心理旋转;(5)计算——计算或进行一些简单的数学方面的问题解答测验;(6)记忆——图形和词语的再忆测验;(7)知觉速度——要求被试辨认图像中的细微差别或划掉一段字符串中的某个字母,比如"A"。

层次模型

对智力众多因素的处理,一个更为简便的方式是智力层次模型。雷蒙德·卡特尔(Raymond Cattell)在1971年提出了这样的一个模型,他认为一般智力包括两个子因素:流体智力(fluid intelligence)和晶体智力(crystallized intelligence)。流体智力用来描述对新知识的学习或对旧知识新衍生出来的关系和抽象概念的掌握,诸如在类推测验和数字完形测验中所要求的心理特质。晶体智力用来描述个体在一定时期内知识的积累,通常单词测验、知识测验或成就测验所测的就是晶体智力。这两个基本因素又包括更多的特殊因素。考夫曼青少年和成人智力测验就是以该理论为基础的。约翰·卡罗尔(John Carroll)在对许多研究所得数据再分析的基础上,于1993年提出了一个更细致的层次模型。该层次模型的顶层是一般能力,中间层次是各种主要能力(包括学习能力、记忆加工能力等),底层是一些应用狭窄的特殊能力,如拼写能力和推理速度。但一个人是如何产生思想、进行拼写或推理的呢?计算模型可以回答这些问题。

智力的计算模型:作为信息加工过程的智力

与心理测量模型不同是,测量模型强调的是将智力结构绘制成图,而计算模型则着重强调智力行为产生的过程。值得一提的是,运用这类模型的理论家往往对信息加工(information processing)方面的研究很感兴趣,也就是说,个体就是通过某些操作去控制自己学习和了解有关周围世界的知识。鉴于信息加工过程的复杂性,从信息加工的角度去了解智力的研究者所采用的方法也常常存在许多差别。研究智力与信息加工之间关系的一个方法就是去研究一些简单的信息加工,比如,快速比较两条线段的长短就是一个信息加工过程。

简单的信息加工与智力

伊恩·戴瑞(Ian Deary)和劳拉·斯托(Laura Stough)于1996年设计了一个简单的心理物理测量——对观察时间的测量,使我们对智力本质有了一个更好的了解

（参见 Deary，2000）。该测量的基本思路是，智力的个体差异可能来源于个体对简单刺激信息的接收与加工的速率之间的差别。观察时间的测量任务，就是呈现给被试两条垂直不等的线段，让他说出较长的线段。观察时间就是个体为了判断哪条线段更长而需要刺激呈现的时间长度。研究者发现，越是聪明的人，其观察时间就越短。

复杂的信息加工与智力

另一种计算方法是用于研究复杂信息加工的。诸如，在类推测验、数字完形测验和三段论推理测验中，常会涉及复杂的信息加工（Lohman，2000；Pellegrino & Glaser，1980；Snow，1980；R. J. Sternberg，1977，1984）。该方法的研究目的就是想弄清楚，究竟是什么使得某些人在信息加工上要比别人显得更聪明些。该计算法的思路就是利用传统智力测验中的作业，去分离智力的构成要素——在做该类作业时涉及的心理过程。将感觉转换为一个心理表征输入，将一个概念表征转换成为另外一个概念表征或将一个概念表征转换为行动输出，都属于单个的心理过程。

通常，聪明的人往往在整体计划上花费较多的时间，比如，在问题的编码上或在提出问题解决的策略上；而在计划的细节方面所用时间就相对较少，比如，在形成和完善任务细节的策略上（R. J. Sternberg，1981a，1982）。在整体计划上花费更多时间的优势在于可增加全局策略正确的可能性。例如，在写论文时，越聪明的人用于调查研究和计划的时间就越长，而真正用于书写的时间却较短。这种时间分配上的差异在其他作业中也有所体现，比如解物理题（Larkin，McDermott，Simon，& Simon，1980）。信息加工领域的研究者试图研究的是所假设的心理过程的水平差异，而生物学研究者则试图从大脑的功能上来认识这种差异所产生的根源。

智力的生物学模型：作为生理现象的智力

生物学方法试图通过直接研究大脑及其功能，而不是研究行为的基本产物或过程来理解智力（Jerison，2000；Vernon，Wickett，Bazana，& Stelmack，2000）。如同前面章节所述的早期的研究，诸如卡尔·拉什利（Karl Lashley，1950）等人，他们试图给智力的生物学基础或心理过程的其他方面进行定位，这是一个极大的失败。随着研究大脑的工具越来越精密，我们开始意识到获得智力的生理学指标的可能性。一些研究者（e.g.，Matarazzo，1992）认为，尽管还需更久的时间，但我们会在临床上找到有用的可广泛应用的智力的心理生理学指标。换言之，将来运用心理生理学测量来评价诸如智力缺陷之类的个人特征是有可能的。而当前的一些研究已显露出了这种可能性。另一种生物学方法是去测量智力受到的遗传因素的影响。研究遗传的方法和这些方法所获得的研究成果，我们将会在本章中讨论。

第九章 智力

电生物学的证据

实验室研究已经发现,在大脑中,由特定刺激所诱发的电活动的复杂模式,与智商测验中的得分具有一定相关(Caryl,1994;Barrett & Eysenck,1992)。另外的一些研究也表明,神经冲动的传导速度也可能与智商测验中的得分相关(e.g.,McGarryRoberts, Stelmack, & Campbell, 1992; Reed & Jensen, 1992; P. A. Vernon & Mori, 1992),尽管证据有时是矛盾的。一些研究者(e.g.,Jenson,1997;P. A. Vernon & Mori, 1992)认为该研究支持了智力是以神经效率为基础的观点。

新陈代谢的证据

在用另外一种方法研究大脑的过程中——研究大脑在心理活动中葡萄糖(大脑活动需要的一种结构简单的糖)新陈代谢的情况,我们也获得了支持以神经效率为基础的智力测验的证据(该过程可通过 PET 扫描被揭示出,参见第三章,大脑成像技术)。理查德·海尔和他的同事们(Haier, Siegel, Tang, Abel, & Buchsbaum, 1992)引证了其他一些研究者的研究成果,以支持他们自己的发现:在问题解决的过程中,智力与葡萄糖的新陈代谢水平有关;智力水平高的人和智力水平低的人在做同样工作时,智力水平高的人大脑消耗葡萄糖较少(意味着他们努力程度较小)。海尔和他的同事进一步发现,当涉及有视觉空间的处理的复杂任务的学习时,大脑皮层的效率会增加(例如,玩电子游戏时)。实际结果显示,智力水平高的个体不仅在大脑皮层的葡萄糖总体水平上新陈代谢得要少,而且新陈代谢的葡萄糖往往集中在大脑的某些区域(这被认为对现有的作业非常重要),这意味着这些区域的葡萄糖新陈代谢的水平更高。因此,智力水平越高的人,利用大脑就越有效率。但有效地运用大脑是否是他们生活情境或文化氛围作用的结果呢?人类学模型在试图解答这一问题。

智力的文化和情境模型:作为文化创造物的智力

我们已经看到,智力的心理测量学模型、计算模型、生物学模型的心理学家都将智力视作头脑内部的事物。与之相对的是,智力的情境主义(contextualist)理论家通常将心理现象(如智力)放在个体所生活的情境中去加以理解和理论化。他们认为离开个体的生活情境,心理现象是无法被理解的,更不用说被测量(Serpell,2000;Suzuki & Valencia, 1997)。这些理论家主要研究的就是智力与外部世界是如何相联系的。事实上,他们将智力与文化之间的关系看得如此密不可分,以致他们认为智力就是文化创造的产物,至少部分如此。这种智力是文化创造产物的观点可以详细说明适应性行为的本质,并能解释在受到文化影响的任务中,为什么一部分人会比另一部分人做得要好(见 Suzuki & Valencia, 1997)。

文化影响人们对智力的认识

生活在不同文化中的人在何为聪明的看法上可能会有所差异。迈克尔·科尔（Michael Cole）和他的同事曾做了一项非常有趣的跨文化智力研究（M. Cole, Gay, Glick, & Sharp, 1971; Glick, 1975）。研究者要求非洲的格贝列部落的成年人对一些名词进行分类。在西方文化中，对智力测验中的分类题，智力水平越高的成年人，就越倾向于按层级进行分类。比如，他们会将不同种类的鱼的名字放在一起而归属于"鱼"的名词之下，而"鱼"和"鸟"又归属于"动物"的名词之下。而智力水平不高的西方人，则常按功能来进行分类。例如，他们会将各种鱼归属在"吃"的一类，因为鱼是用来吃的；而将各种衣服归属于"穿"的一类，因为衣服是用来穿的。格贝列部落的成员一般都按功能来进行分类——即使研究者间接鼓励他们按层级进行归类。

最后，实验者非常失望，其中有位实验者就直接询问一位格贝列人：一个愚笨人是如何做这项工作的。当我们要求他用层级分类的方式进行归类时，该格贝列人可以毫无困难地完成，但他如同其他格贝列人一样都不这样做，因为他们将之视为一种愚蠢的方式——他们甚至会认为实验者提出这样愚蠢的要求真是不太聪明。为什么他们会把按功能归类的方法视作聪明的表现呢？答案非常简单。在日常生活中，我们通常习惯于从事物的用途来进行思考，当我们看到一条鱼时，我们就想到要抓住它或吃掉它。当我们看到衣服时，就想到穿衣服。但在西方的学校里，我们所学习的都是测验要求我们掌握的知识。格贝列人没有接受过西方教育，也没有接受过智力测验，所以他们解决问题的方式是西方社会中成年人在日常生活中经常使用，但绝不会在测验中使用的方式。格贝列人并不是惟一质疑西方人对智力的理解的民族。罗伯特·瑟普尔（Robert Serpell, 1993, 1994）在赞比亚所做的一个实验显示，赞比亚人关于智力的概念与北美人有着很大的区别。另有一些研究显示，在世界范围内这类差异还有很多

非洲格贝列部落的人，对事物归类都是按功能进行的，而不是按层级进行（比如，将所有种类的鱼放在一起归属于鱼，而又将鱼归属于动物）。格贝列人往往把鱼归属于吃的一类中。在智力测验中，生活情境不同的人表现出的差异，其部分可能是由文化差异造成的。

第九章 智 力

(Berry,1974;Sternberg & Kaufman,1998)。

西摩·萨拉松和约翰·多丽丝(Seymour Sarason & John Doris,1979)发现了一个文化差异对智力尤其是对智力测验产生影响的实例。这些研究者追踪调查了一个美国的意大利裔移民群体的智商得分。在不到一个世纪之前,第一代美国的意大利裔儿童的平均智商为87。该数值意味着这群人的智商是很低的。即使我们使用非言语测验或去测量所谓的美国主流态度,结果也是一样的。

一些社会评论家和智力研究者指出,造成智商低的原因,基础是遗传以及其他一些非环境因素——这些因素在少部分群体中,仍起着很重要的作用。例如,当时一位重要的研究者,亨利·戈达德(Henry Goddard)认为79%的意大利移民是"低能的",而80%的匈牙利移民和俄罗斯移民也是如此,不具有优秀智力(Eysenck & Kamin,1981)。此外,戈达德在1917年宣称,道德退化也与智力不足有关。他建议应对所有移民进行智力测验,那些得分低者应被禁止进入美国。

然而,今天接受智商测验的美国的意大利裔学生已显示出了略高于平均水平的智商。戈达德歧视过的那些移民群体的智商也显示了"令人惊讶"的类似的增长(Cesi,1996)。即使最狂热的遗传决定论者也不可能通过遗传学来解释这类人的智商为什么能在如此短的几代人的时间里获得如此显著的进步。

文化的同化作用,包括完整教育和美国人对智力定义的普遍接纳,似乎是一个更为合理的解释。在不同的年代、不同的地区,并不是所有的孩子都被鼓励去接受教育,比如下面这个从《黑人男孩》一书中节选的片段:

> 当我要带一本书去工作时,我都会将它包在报纸里——这是我在另外一个城市和环境中养成的习惯。但当我不在时,一些白人会仔细地搜查我的包裹,并询问我。
> "孩子,你读那些书干什么?"
> "哦,我不知道,先生。"
> "那些书对于你来说是很难的,孩子。"
> "我只是在消磨时间,先生。"
> "要是你不当心的话,你会被它弄得晕头转向的。"
> ——理查德·赖特(Richard Wright),《黑人男孩》(Black Boy)

群体差异

从文化和社会的角度对智力的概念进行分析,使得在测量智商时仔细考虑群体差异的意义显得特别重要(Fischer et al.,1996;Loehlin,2000)。例如,一般来说,美国的非裔在常规标准化的智力测验中得分要低于高加索人(Herrnstein & Murray,1994);但是要知道,美国的意大利裔在过去的智力测验中的智商得分也比现在低得多。如同其他群体一样,美国的非裔在智商得分上已显示出一种随时间发展而不断增长的趋势。迄今为止,已有许多证据显示,环境因素对智力的群体差异有着重要的影响(Mackintosh,1998;Nisbett,1995)。此外,社会成就(比如,学历或福利)上的群体差异不能仅简单地归因于智力上的差异,因为在控制智商变量使其保持恒定之后(因此也就消除了智商的群体差异的根源),美国的非裔仍被认为有可能比高加索人生来就容易挣脱婚姻的枷锁,生来就容易贫困以及生来就先天体重不足(Herrnstein & Murray,1994;参见 R. J. Sternberg,1996b)。群体差异可能来源于许多因素,它们中的相当一部分会随时间推移而变化。这样的结果是,群体差异并不是不变的:一个群体的平均得分可能会在某一时期低于另一群体的平均得分,但在另一个时期又可能会与之持平或高于另一个群体的平均得分。

性别差异 在群体差异的本质上发生变化的一个例子就是性别差异。总的来说,男性和女性在认知能力测验的表现上相同,但在特殊能力测验的表现上存在差异。在对一段时间上的差异变化的趋势分析表明,那些在认知能力测验中所表现出的性别差异,在若干年后会逐渐缩小(Feingold,1988)。但不管怎样,总会有一些差异存在。尤其是涉及视觉和空间记忆能力、运动定位能力以及数学操作方面能力的作业,男性的平均成绩要高于女性。而在涉及需要快速入门,需要运用长期记忆中的语音学和语义学的信息,需要复杂散文的编写能力及良好的理解能力,需要运动技能以及知觉速度的作业中,女性的平均得分就会高于男性(Halpern,1997)。需要注意的是,这些差异仅是平均水平的差异,就个体而言,每一性别中都会有部分个体的成绩要优于另一性别中的部分个体,而无论是否是对特殊技能的既定测验成绩。在某些情况下,这些得分之间的差异很难理解。例如,克劳德·斯蒂尔(Claude Steele,1997)发现,当男孩和女孩接受有一定难度的数学测验时,男孩的成绩通常要好一些。但当两组被试在事先被告知测验无性别差异时,男孩和女孩的平均得分近乎相等——女孩的成绩会提高而男孩的成绩却会降低。

种族差异 另一群体差异表现在美国的非裔与白人之间。我们前面曾提到过,在常规智力测验中,美国的非裔的平均智商要低于美国白人。在我们所收集到的证据中,绝大部分观点都支持环境因素对差异的形成起了一定的作用(Nisbett,1995)。例如,一项研究发现,在二战结束后盟军占领德国期间,美国的非裔军人与德国女人所生的孩子与白人军人与德国女人所生的孩子的平均智商之间并无显著差异(Eyferth,1961)。这一结果意味着,如果我们赋予相同的环境,两组军人的孩子(美国的非裔和白人的孩子)在智力测验上的表现相等。另一研究又发现,白人家庭收养的孩子往往智商要高于美国的非裔家庭收养的孩子。这又一次证明了环境因素对群体差异的影响(Moore,1986)。群体差异的另一研究方式是对跨种族收养的儿童——比如,白人收养的美国的非裔儿童——进行研究(Scarr & Weinberg,1976;Scarr,Weinberg,& Waldman,1993;Weinberg,Scarr,& Waldman,1992)。但这类研究结果在解释上存在一定的困难，因为在该研究中我们发现，无论被收养的是白人儿童还是美国的非裔儿童，在10年追踪研究过程中，智商都表现出了下降的趋势。

环境因素，诸如贫穷、营养不良和疾病，对智力的作用机制可能会有多种(Sternberg et al.，2000)。一种作用机制是通过对资源占有的不同来影响智力。贫困儿童往往不具备那些在富裕环境中成长的儿童所具备的家庭资源或学校资源。另一种作用机制是通过对学校所教技能的集中注意程度的不同来影响智力。比如，营养不良或病中的儿童要在学校的学习中集中注意力是很困难的，因而，他们从学校教育中获得的收益也就相应很少。第三种作用机制是通过个体生活环境中的报酬体系的差异来影响智力。那些生活在经济上长期被剥夺的环境中的孩子可能会认为，获得酬劳最多的个体并不是那些在学校中表现最好的人，而是那些为了维持生计而不断利用各种手段挣钱的人。要用一种作用机制来解释一切变量对智力影响的效果是不可能的。然而无论这些作用机制是什么，环境因素的影响从胎儿尚在子宫时，就已经开始了，而不是从出生后才开始。对于我们来说，认识到这一点是非常重要的。例如，胎儿在脱离母体之前若患有酒精综合征，就很可能会导致智商的降低，并且这种效应在胎儿分娩之前就已经存在了。

文化公平测验

前面提到过的有关文化的争论以及群体差异可能会使我们明白，编制一个文化公平测验(culture-fair test)是多么的困难。所谓的文化公平测验就是一个平等地适合于所有文化情境的成员的测验，它包含的测验项目对所有文化下的成员来说都是绝对公平的。如果不同文化下的成员对聪明的界定有不同看法，那么，同样一个行为在一种文化中可能会被认为是聪明的，但在另一种文化中却可能会被视为愚笨的。例如，大脑反应敏捷的概念，在美国的主流文化中，敏捷通常与聪明联系在一起，说一个人大脑反应敏捷就是说一个人聪明。事实上，大多数的团体智力测验都是非常严格地控制时间的。就我自己的亲身体验而言，要在规定时间里完成测验的所有项目，的确是很困难的。

毫无疑问，许多时候反应快是很重要的。当你还没有动手写你第二天就需要用的文章时，显而易见，最适宜的办法就是加速。如果你是一位飞行员，假如你尊重飞机上乘客的生命的话，你最好反应敏捷。但在许多文化中，反应敏捷并不一定被列入好的范畴之内。在这类文化中，人们可能会认为，明智的人是不会仓促行动的。事实上，20世纪早期，一位重要的智力的心理测量理论家路易斯·瑟斯顿(Louis Thurstone，1924)就曾将智力定义为对本能反应制约的能力。换言之，聪明人不是那些仓促行动的人，而是那些做事要事先考虑一番的人。即使是在我们自己的文化中，如果你在选择生活伴侣、工作或居住场所时仅考虑了二三十秒——通常解决一个智力测验题所用的时间的话，那么，一定没有人会认为你很聪明。为此我们想到，智力测验中那些测验反应速度,或含有时间因素的题项是否能称得上是文化公平呢?

几乎每个测验编制者都期望能编制出一个文化公平测验。但不幸的是,并不存在完全意义上的有关智力的文化公平测验。即便在那些最新设计、编制的测验中,所测验的行为在一定程度上也会受到文化因素的影响,例如,教育年限和学术成就(e. g., Ceci,1996)。总之,在就有关智力的群体差异问题作出结论时,我们必须格外地谨慎和小心(Greenfield,1997;Loehlin,2000)。因为,许多有关群体差异的结论,表面看起来是很公平的,但实际上只是一种肤浅的分析。

要编制一个以所有文化下的智力概念为基础的文化公平测验,是很不现实的,但要编制一个文化关联测验(culture-relevant tests)却是有可能的。文化关联测验所测的技能与知识同被试的文化经验有关。也就是说,测验的内容与程序同被试的文化情境是相适宜的。

例如,一个14岁的小男孩在做烘烤杯形蛋糕的作业中表现不佳,但在给电池充电的作业中却表现良好(Ceci & Bronfenbrenner,1985)。巴西的女仆在一个假设的购买食品的作业中没有任何按比例推理的困难,但在一个购买草药的作业中却有很大的比例推理困难(Schliemann & Magalhües,1990)。那些因为贫穷而被迫成为街头小贩的巴西儿童在卖东西时,对复杂的数学计算并没表现出任何困难,但在教室中做相似的计算却困难重重(Carraher, Carraher, & Schliemann,1985;Ceci & Roazzi,1994;Nuñes,1994)。

智力的系统模型

当代理论家提出了一些能恰当地包含人的内部建构和外部建构的智力理论。该类理论中,多元智力理论和能力的三元结构理论认为智力是一个复杂的系统(Davidson & Downing,2000;Sternberg,1990b)。

多元智力理论

霍华德·加德纳(Howard Gardner,1983,1993b,1999)认为智力不是单一的一元结构。然而,他并不像其他一些理论家那样,认为多种能力综合在一起就构成了智力。加德纳提出了多元智力理论(theory of multiple intelligences)。他认为从功能上说,智力有8种类型:语言智力、逻辑数学智力、空间智力、音乐智力、躯体运动智力、人际交往智力、认知自身的智力和认识自然的智力(见表9-2)。这8种智力彼此之间从某种意义上说相互独立,但可以共同作用产生聪明的行为。加德纳在1999年还思考过存在智力和精神智力的存在可能性。每一种智力都是一个功能性的独立系统,尽管这些系统可以共同作用产生我们视作为聪明的行为。例如,尽管小说家的创作主要依赖于语言智力的运用,但在安排故事主线或检测故事的前后情节在逻辑上是否具有一致性时,常需用到逻辑数学智力。分别独立地测量这些智

第九章 智力

根据霍华德·加德纳的多元智力理论，这位年轻的体操运动员正在展现其躯体运动智力方面的天赋。

力，可为学校或个体提供一个关于能力范围的剖面图，它所提供的信息比以往仅测量语言能力和数学能力的学校测验所获得的信息更加广泛。这个剖面图可以帮助我们作出教育决策或职业决策。

为了确认这些特殊智力的存在，加德纳运用了会聚法，即多方面、多渠道地来收集证据。加德纳的证据包括（但不局限于此）：局部脑损坏对特定类型的智力具有独特的影响；生命历程中每种智力发展模式截然不同；来自于异常个体（分布图的两端）的证据；进化史方面的证据。

加德纳的智力观是模块化的。模块化理论者认为，不同的能力（诸如加德纳的智力）可以被分离，并被视作是从大脑的不同部位或模块中发源的。因此，现在和未来的有关于智力的研究，其主要任务就是去分离出对每一种智力有重要影响的大脑部位。尽管加德纳认为，至少会存在若干有关联的部位，但分离智力的存在尚缺乏有力证据。

表 9-2 加德纳的 8 种智力 在加德纳的 8 种智力中，你的哪一项能力水平最高？在什么情境下，你运用你的智力最有效（摘自：H. Gardner, 1983, 1993b, 1999）。

智力类型	需运用该智力的任务
语言智力	读书，撰写文章、小说或诗歌，理解语言
逻辑数学智力	解决数学问题，结算支票簿，做数学证明或逻辑推理
空间智力	旅行，看地图，在车上整理行李
音乐智力	唱歌，作曲，吹喇叭，欣赏乐谱
躯体运动智力	跳舞，打篮球，跑 1 000 米，掷标枪
人际交往智力	涉及与他人之间的关系，诸如在试图理解他人的行为、动机或情感时
认知自身的智力	理解自身——我们是谁，什么使我们正常行动，如何改变自己
认识自然的智力	理解自然界的形式

除了加德纳提出的各种智力之外，也许还有其他许多种智力。例如，彼德·塞罗威(Peter Salovey)和约翰·梅耶(John Mayer)(1990；参见 J. Mayer, Salovey, & Caruso, 2000)提出的情绪智力。它所涉及的是一个人认识和控制自己情绪的能力(参见 Goleman, 1995)，它与人们通常所理解的智力存在一定的差异。还有一些人提出了社会智力的概念。社会智力是智力的一种形式，通常用在与人有效交往的过程中(N. Cantor & Kihlstrom, 1987b；M. E. Ford, 1994；Kihlstrom & Cantor, 2000)。此外，还有研究者提出了实践智力或在日常生活中有效活动的智力的概念(Sternberg et al., 2000；Wagner, 2000)。显然，我们对智力的认识比几年前更宽泛了。但我们要意识到，并不是每一个心理学家都会去接受智力的这些较为宽泛的概念。

三元结构理论

加德纳强调智力各部分的分离性，而斯滕伯格在他的智力三元结构理论(triarchic theory of human intelligence)中则倾向于强调智力各部分的协同作用的程度(R. J. Sternberg, 1985a, 1988b, 1996b, 1999)。根据三元结构理论的观点，智力包括三个方面，这三个部分主要用于处理智力与(a)内部世界，(b)经验，(c)外部世界之间的关系。智力包括三个层次的信息加工成分：(1)元成分——对执行过程进行计划、监控，并对结果进行评价；(2)操作成分——接受元成分的指令，进行各种认知操作，并提供信息反馈；(3)知识习得成分——用于学习解决问题的策略，学会如何解决新问题。这些成分之间具有高度的相互依存性。

假如你被要求去写一篇学期论文，为了成功地完成写作，你需要运用三种成分中的每一种。你需要运用元成分去选题、计划、控制写作进程，评价你是否成功地达到了你的写作目的；你需要运用知识习得成分去了解研究的主题；你还需要运用操作成分去进行实际的写作。实际上，这三种成分并不是独立起作用的。在正式写文章前，首先必须选定主题，然后去做一些研究。同样地，随着你不断收集到新的信息，可能你会不断修改论文写作计划。结果会是，在既定主题的某个特定方面，仅是由于缺乏足够的信息，就可能迫使你转移侧重点。如果写作的某个特定方面进展得比其他方面更顺畅，你也可能会改变你的计划。

这三种成分构成了智力的三个相对独特的方面，如图9-5所示。在这个智力的"三元结构"理论中，分析能力是用来分析、评价、评论或判断的，比如当你在判断你或他人的某个争论是否符合逻辑时。元成分，比如计划的元成分，可能会被分析性地应用到制订一个几何题的解决策略中。创造能力是用来创造、发明、发现和想像的，比如当你就某个论题提出一个新见解时。计划的元成分在这里可能会被用于创作一首诗。比如当你在判断某个心理学教授，可能会读与心理学有关的而不是喜玛拉雅山的地质学构造方面的学期论文时，实践能力是用来应用、利用和贯彻真实世界中的想法的。

而在制订一份攀登喜玛拉雅山的路线图时，就可能会在实践中运用到计划的元成分。研究显示,这三种能力——分析能力、创造能力和实践能力——在统计学上是相对独立的(Sternberg, 1985a; Sternberg, et al., 2000; Sternberg, Grigorenko, Ferrari, & Clinkenbeard, 1999; Sternberg & Lubart, 1995)。

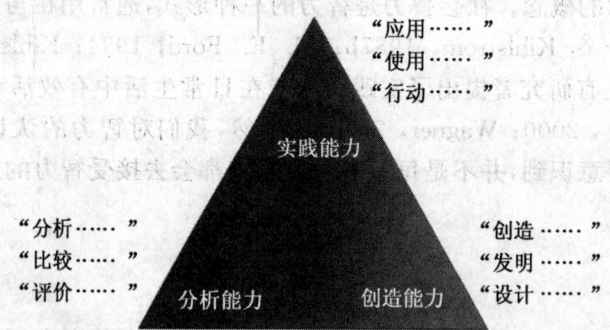

图 9-5　斯滕伯格的智力三元结构理论

根据罗伯特·斯滕伯格的理论，智力包括分析能力、创造能力和实践能力。在分析性思考中，我们试图通过操作问题的要素或各要素间的联系的策略去解决熟悉的问题（如比较、分析）；在创造性思考中，我们试图去解决一些新类型的问题（如创造、设计），这类问题的解决往往要求我们用一种新的方式来思考问题及其要素；在实践性思考中，我们试图去解决一些需将我们已有的知识运用于日常情境的问题（如安置、运用）。

实践能力在真实世界的情境中发挥三种功能：适应当前环境，改变当前环境以创造出新环境，选择新环境。当你需要了解新环境的具体情况，并要弄清在该环境下如何获得成功时，你就会用到适应。例如，在你刚进入大学时，你可能会试图弄清大学生活中有哪些明文规定和约定俗成的规范，以及你在新环境中应如何运用这些规则并获得成功。你也可以改变你的环境，决定接受哪些课程以及参加哪些活动。你甚至还可能会改变你周围人的一些行为。最后，如果你不能改变自己适应环境或改变环境适应你，你可以考虑重新选择一种环境——转学到另一所大学。

根据三元结构理论，人们可以将他们的智力运用到许多种问题上。例如，一些人可能在面对抽象的学术问题时更得力，而另一些人可能在解决现实问题时表现得更聪明。这个理论并没有将聪明人描述为那些必须在智力的各方面都很卓越的人，而是那些能了解自己的优势和弱势，并能找到发挥自己的优势，弥补或纠正自己弱势的途径的人。例如，一个人的强项可能在心理方面而不是在物理方面，那他可以选择编制一份物理能力倾向测验作为物理作业（当我在学物理时，我就这样做过）。这样做的目的是使你的优势得到最大的发挥，并找到一种途径去促进或至少是协调一下你的弱势。然而现实中存在一些人，他们的优势和弱势非常极端，这类人我们将在下面进行讨论。

智力的极端情况

问题：什么是极端智力，它们告诉了我们有关人类潜力的什么信息？

每种智力理论都会涉及一些极端的问题。尽管在智力理论中，大多数人落入智力分布的中间范围内，但必然有一些人落入智力分布的最下和最上两个极端。不同的理论家考虑极端问题的方式不同。处于最上端的人通常被称为资赋优异，而那些处于最低端的人则被称为智力迟钝，下面我们来具体考虑这两个极端的情况。

资赋优异

心理学家们对资赋优异者的界定存在着一定的差异（Callahan，2000；Winner，1997）。有些人只推崇以智商为基础的划分准则。例如，筛选资赋优异者的程序大多以常规智力测验得分为基础，其标准为智力分布中最上端占总体1%的人（智商≥135）或2%的人（智商≥132），我们称之为资赋优异者。还有一些筛选程序除了以智商为基础之外，还会运用到其他一些标准。例如，学校或职业成就测验。

有关资赋优异的个体的研究，最著名的可能就是刘易斯·特曼（Lewis Terman）等人的研究。特曼做了一项纵向研究，对这类特殊个体的整个生命过程进行了追踪研究（Terman，1925；Terman & Oden，1959）。特曼逝世后，这项研究仍在继续。在他的资赋优异的样本中，包括加利福尼亚州的年龄在11岁以下而智商超过140的儿童，以及年龄在11～14岁之间而智商稍低一点儿童，特曼所选出的143名被试的平均智商为151，其中只有22人的智商低于140。

这个被选群体在以后的生活中获得的成就，无论以哪条准则来衡量都是非同寻常的。例如，被研究者中有31人名列《美国名人录》。有为数众多的成功商人，也有各种职业领域中的成功者。但其中性别的偏差非常明显。大多数的女性都成了家庭主妇，因此，在男性（他们中没有一个被报道说成了家庭妇男）和女性之间作任何对比都是没有意义的。就各种相关数据而言，要将个体获得的成就单独用智商来作因果解释是非常困难的。还有许多其他因素也可能会导致个体的成功。其中最主要的因素是家庭的社会经济地位以及个体的最终教育水平。

今天，许多（如果不是大多数的话）心理学家都很重视寻找智商以外的因素来证明资赋优异（参见 R. J. Sternberg & Davidson，1986，and Winner，1996，描述了一系列有关资赋优异的理论）。例如，约瑟夫·瑞扎利（Joseph Renzulli，1986）认为，除了高于平均智商的智力（尽管并不一定杰出）之外，高动机、高任务满意度以及高创造性对资赋优异也是很重要的。或许资赋优异的人就是那些在某些方面——有时仅为一个方面——比较擅长的人,他们找到了某种方式来最大限度地发挥他们的能力(R. J. Sternberg, 1985a)。所有的理论家往往一致赞同资赋优异者并不仅仅是智商高。事实上,那些具有创造天赋或实践天赋的人,在智力测验中可能表现得并不突出。

在一组研究中,来自美国各地区和其他一些国家的高中生,经鉴定认为他们在分析、创造和实践能力上资赋优异(R. J. Sternberg, 1997b; R. J. Sternberg & Clinkenbeard, 1995; R. J. Sternberg, Ferrari, Clinkenbeard, & Grigorenko, 1996)。在这些人中,许多人仅在一项能力上表现有资赋优异,其他能力却非资赋优异。然后,这些学生被要求接受一些大学水平的课程的学习。授课形式分为三种:强调分析的授课形式、强调创造的授课形式以及强调实践的授课形式。一些学生接受的授课形式与其能力模式相匹配,而另一些学生的授课形式则与其能力模式不相匹配。学生获得的成绩同样按这三种方式来进行评价。我们发现,当学生接受的授课形式与他们的能力模式相匹配时,学生会达到的水平相对就比较高(见 Sternberg, Torff, & Grigorenko, 1998)。

该结果提出了一个潜在的重要课题。研究显示,从狭隘的统计学意义上说,智力测验是无偏差的:智力测验对于一个特殊群体,从平均水平上看,一般能预测其标准行为(Mackintosh, 1998)。例如,在各种群体中,个体的低智力测验分数往往都与其低学科成绩相联系。但如果智力测验测量的是某种范围有些狭隘的技能,而学校也趋向于评价这种技能,那么预测工具(如智力测验)和评价标准(如学校成绩)很有可能会呈现同样的偏差。统计分析会因为预测工具和评价标准具有同样的偏差而无法探测到这种偏差的存在。偏差,就其本身而论,并不存在于预测工具(测验)中,而是存在于整个预测系统(测验、成绩的测量及二者的相互作用)中。或许,只要智力测验和学校评估都能像评价分析能力那样去评价创造能力和实践能力,那么有一部分被认为智力相对低下的孩子也许会被看做更聪明些。

总之,当前鉴定资赋优异的趋势是去寻找智商之外的因素作为鉴定的指标。鉴定资赋优异的方式有许多种,而智力测验仅是其中的一种。事实上,一些对社会作出了巨大贡献的天才,如艾伯特·爱因斯坦和托马斯·爱迪生,他们早年不论在智力测验中还是在学校的表现中都不是最好的。爱因斯坦甚至在3岁才学会说话,还有一些杰出人物甚至曾经表现出智力迟钝的特征。那么,我们也就可能很想知道该如何去鉴定真正的智力迟钝。

智力迟钝

智力迟钝(mental retardation)是指个体的智力水平低下,包括适应能力低下(Detterman, Gabriel, & Ruthsatz, 2000; Detterman & Thompson, 1997)。说起来非常简单,但是在面对如何对智力迟钝进行描述,以及应将哪些人视为智力迟钝这样的问题时,就没有想像中那么简单了。因为,不同的观点往往会导致不同的结论。

适应能力的作用

美国智力迟钝协会(1992)对智力迟钝的定义包括两个要素:低智商和低适应能力,后者指的是一个人与周围环境相处的情况。换言之,被视为智力迟钝的人,不仅在智力测验中表现得很糟糕,而且还存在适应环境的问题。一个除智商低之外各方面都表现良好的儿童,从该定义上说,不属于智力迟钝的范畴。表9-3说明了特定的智商分数与特定的适应生活的技能之间相互关联的方式。是否具有适应生活的技能是从多个领域中加以判断的,诸如沟通(如与某人交谈或给某人写信)、自我护理(如穿衣或上厕所)、家庭生活(如准备饮食)以及社会交往(如满足他人的期望)等。

表9-3 智力迟钝的水平 目前在智力迟钝的观点中,智商的重要性已逐渐降低,而更多地强调了个体为满足自我照顾和社会期望的需要,应当具备的适应生活的技能。

迟缓程度	智商分布范围	适应生活的技能	生 活 要 求
轻度(约占智力迟钝人口的85%,一般人口的2%)	50~70	在有充分的训练和适当的环境支持的情况下: ■ 学习技能相当于或低于六年级的水平 ■ 具备社交和职业的相关技能	可以独立地生活并取得职业上的成功。
中度(约占智力迟钝人口的10%,一般人口的0.1%)	35~65	■ 如果给予特殊的教育,可达到四年级或四年级以下的学术水平 ■ 可从事一些无需技能或需少量技能,但高度程序化的职业活动 ■ 可从事一些自我护理的活动	应在家庭和工作环境中获得庇护,如果得到监督和指导,工作也能做好。
重度(约占智力迟钝人口的4%,一般人口的0.003%)	20~40	■ 可言语或进行一些最基本的沟通 ■ 可处理一些简单的自我护理任务(包括上厕所) ■ 可从事一些有限的职业活动	可能需要一些保护服务,以及一个严格被控制的环境。
深度(占智力迟钝人口的2%以下)	25 以下	■ 可做一些有限的运动,具有少量的言语或不能言语 ■ 可从事一些自我护理的活动(但不包括上厕所)	在保护环境中需要持续地监督和帮助。

但是要去评价一个人的适应能力并不总是很容易的,下面的例子就是如此(Edgerton,1967)。一个智力迟钝的人(在智力测验中得分很低)不能辨认时间——这说明他具有某种认知缺陷。但这个人学会了一项聪明的补偿策略。他戴了一块不能正常工作的手表,所以无论何时,只要他想知道时间,他就会停下来看一下他的手表,然后假装发现他的手表不能正常工作了,于是转而询问一位陌生人(这人已经注意到他的行为)正确的时间。我们该如何评价这个人的适应能力——是依据他判断时间的策略还是依据他缺乏认知时间的能力?这个人是否是智力迟钝?如果是,为什么?

智力迟钝的认知基础

爱德华·齐格特(Edward Zigter,1982;see also Hodapp,1994)认为,相对于智力正常的个体,一些智力迟钝的个体只不过是在智力发展上处在一个较低的水平而已。但大多数的研究者认为,他们不仅在发展速度上存在量的差异,而且还存在质的差异。质的差异集中表现在元认知的技能上。人们已经普遍地认同智力迟钝的个体在认识的执行过程中存在困难。诸如,计划、监控和评价他们履行任务的策略(Campione, Brown, & Ferrara, 1982)。一个例子就是,要求他们有计划地去背诵词语表(A. L. Brown, Campione, Bray, & Wilcox, 1973)。这类问题在多大程度上是由遗传因素造成的,又在多大程度上由环境因素造成的呢?

遗传和环境对智力的损伤

环境和遗传两个因素都会造成智力迟钝(Grigorenko,2000;Sternberg & Grigorenko,1997)。出生前的环境的影响可能会造成永久性的智力迟钝——例如,由于母亲的营养不良或个体在胎儿期的成长过程中吸收了诸如酒精类的毒素,而导致出生后的智力迟钝(Olson,1994)。一个儿童如果长期生活在贫穷的环境中,或在家庭中没有得到最基本的教育机会,很可能也会表现出一定的智力迟钝。甚至一个意外的事故,如车祸或跌倒,都会由于大脑的损伤而导致智力迟钝。

尽管,目前我们还不了解遗传对智力的微妙影响,但我们已经知道若干遗传疾病确实能导致智力迟钝。例如,一个最常见的由遗传导致的智力迟钝的例子是唐纳综合征,也曾被称为"先天愚型病"。这个综合病征的起因在于一个染色体上存在着过多的物质。这种多余的物质破坏了正常的生物化学信息,导致智力迟钝及其他征状。

有时,遗传与环境因素的交互作用导致了智力迟钝。尽管我们无法阻止疾病的遗传对智力迟钝的影响,但我们可以防止环境因素对智力迟钝的影响。例如,现在我们已经知道如何将苯丙酮酸尿症引起智力迟钝的可能性降至最低,但如果不进行环境干预,这种罕见的遗传疾病很可能会导致智力迟钝。实际上,患有这种疾病的儿童是因为体内无法合成苯丙氨酸正常新陈代谢所需要的酶。这种疾病的严重后果是,如果在产后未能及时发现苯丙酮酸尿症,同时婴儿所吸收食物中包括完整的蛋白质或苯丙氨酸的其他来源物质,氨基酸不完全新陈代谢所产生的有毒产物就会累积在血液中。这些代谢物会导致更为严重的大脑损坏和永久性的智力迟钝。在苯丙酮酸尿症中,先天因素和后天因素的交互作用是显而易见的,我们可以清晰地指明它们各自的作用。

智力的遗传性

问题: 智力在多大程度上由遗传决定的?

关于智力是先天决定的还是后天形成的这样一个争论,从古至今,一直持续不断(Sternberg & Grigorenko,1997)。然而,当今大多数心理学家和行为遗传学家——那些研究遗传因子对行为有何影响的科学家——相信,智力的个体差异是遗传因素和环境因素共同作用的结果。遗传对智力的影响程度通常用遗传力系数(heritability coefficient)来表述。这个系数介于0到1之间,如果系数为0,意味着遗传对个体差异没有影响,而系数为1,则意味着遗传是该差异的惟一影响因素。这个系数可应用于智力或任何其他特性,如身高或体重。

很重要的一点是,我们要记住遗传力系数可反映出被测智力的变化。遗传力系数只能告诉我们遗传在导致个体差异方面的影响。当没有或仅有一些细小的差异时,它就不能告诉我们任何有关遗传作用的信息。例如,你的身高以及你手指的数目很大程度上都是由遗传决定的,我们可以用遗传力系数评估遗传对身高的影响,因为个体之间在身高方面存在很大差异。但我们就不能用遗传力系数去解释出生时的手指数目,因为个体之间在这方面的差异很小。

同样重要的是,我们必须意识到,遗传无法告诉我们任何有关智力可变性的信息。特性可以是遗传的,但也是可以改变的。例如,身高具有很大的遗传性,遗传力系数在多数人中大于0.9。但欧洲人和北美人的高度在1920年到1970年间平均增加了5 cm(Van Wieringen,1978)。另一个例子是谷物的特性,谷物的许多特性,包括谷物的高度,都具有很大的遗传性。但如果一批谷物种子被种植在衣阿华州肥沃的土地上,而另一批同样的种子被种植在莫哈韦沙漠中,毫无疑问,无论该谷物的遗传特征如何,种植在衣阿华州的谷物会长得更高,更茂盛。在这个例子里,谷物的生长状况很大程度上是由环境决定的(Lewontin,1975)。

当今,对智力的遗传力系数的评估几乎全部是以标准智力测验的得分为基础的。这些评估可能并不比这类智力测验本身好多少,而且这类测验所依托的智力定义还可能非常狭隘。我们怎样来评估遗传对智力的影响呢(至少是对部分可以被普通测验所测量的智力)?目前,已经有几种方法可以对此进行评估,其中主要的一种方法是对被分离的同卵双生子的研究。除此以外,还有对同卵双生子和异卵双生子的对比研究以及对被收养儿童的研究(Mackintosh,1998;R. J. Sternberg & Grigorenko,1997)。

分开抚养的同卵双生子

同卵双生子具有完全相同的基因。虽然没有人确切地知道为何会产生同卵双生子,但我们知道同卵双生子是因为一个精子和一个卵子结合而形成的胚胎一分为二,致使两个胚胎具有同样的基因。假设在一对同卵双生子出生后,其中的一个立即被送往一个随机选择的新环境,从而使这对双胞胎各自成长的环境之间不存在任何联系。尽管这对双胞胎具有完全相同的基因,但他们各自所处的环境存在相似性的可能是很低的。如果人为地造成许多这样的双胞胎出现,我们就能根据两者的智力相关程度来评估遗传对智力个体差异的作用。这些双胞胎在遗传上完全相同但他们所处的环境却毫无相似之处(除去某些偶然的相似之处)。

当然,有目的地造成这样一群双胞胎的分离是不道德的,但有时候现实的生活环境使得一对双胞胎一出生就被分开,然后被分别抚养。在对被分开抚养的双胞胎的研究中,各种评估倾向于遗传力系数的范围大约在 0.6 到 0.8 之间(e.g., Bouchard & McGue, 1981; Juel-Nielsen, 1965; H. H. Newman, Freeman, & Holzinger, 1937; Shields, 1962)。

这对同卵双生子出生时即被分开,直到31岁时才重逢。这两个消防队员相遇并发现他们的个人习惯和爱好有许多令人惊奇的相似之处。对分别抚养的双胞胎的研究揭示了我们的智力有多少归因于我们的本性,有多少归因于对我们的培养。

然而,在对这些相对较高的数字进行解释时,我们必须格外谨慎。在许多案例中,双胞胎们实际上并不是一出生就被分开的,而是在一段时间之后,因此他们在一定时间内还是具有相同的生活环境。而在其他的一些案例中,我们认为是随机安排的环境其实并不是随机的。有权作出安排的人,往往倾向于将双胞胎安置在那些与他们原先的生活环境相类似的环境中。这些倾向可能在某种程度上夸大了遗传对所测得智力变异的影响程度，因为在假设只反映遗传影响的相关研究中，实际上混入了环境变量的作用。

同卵双生子与异卵双生子

评估遗传的另一种途径是对同卵双生子和异卵双生子的智商进行相关比较。该方法的指导思想是，尽管同卵双生子具有相同的基因，但异卵双生子所具有的相同基因与任何兄弟或姐妹所共有的基因是一样多的。一般来说，异卵双生子只有50%的基因是相同的。就同卵双生子和异卵双生子因为出生时间几乎相同而具有相同的环境而言，我们不能将环境差异仅仅归结于年龄的差异。如果两对双胞胎所处的环境几乎是完全相同的，那么异卵双生子和同卵双生子之间的智力分数在相关性上的差异就应当归因于遗传。根据托马斯·布沙尔（Thomas Bouchard）和马修·麦高恩（Matthew McGue）的研究（1981），这些数据使遗传力系数评估达到了0.75的水平，再一次表明智力与遗传之间存在高相关。近期的许多评估结果也是如此，尽管其间还存在着相当大的差异（Mackintosh, 1998）。

这些数据可能受到这样一个事实的影响，即异卵双生子受环境影响的程度和同卵双生子受环境影响的程度不一致，尤其是当这对异卵双生子性别不同时。父母倾向于以更高的一致性来对待同卵双生子，而不是异卵双生子，如让他们穿同样的衣服。另外，同卵双生子更倾向于对同一事件作出不同的反应，或许是为了显现出自己与兄弟或是姐妹间的不同。因而，研究者们可能会再次低估环境的作用。

收养

另一个检验遗传与环境对智力所做贡献的途径是将被收养儿童的智商与他们的亲生父母以及养父养母的智商进行相关比较。被收养儿童的基因来自于亲生父母，而养父养母则为孩子们提供了环境。就遗传而言，儿童的智力与亲生父母的智力应该有更高的相关；而就环境而言，儿童的智力与养父养母的智力应该有更高的相关。在一些家庭中，将被收养儿童的智商与其亲生的或非亲生的兄妹的智商进行比较也是可能的。

许多通过测量智商来研究智力的心理学家认为，儿童的智力遗传力系数大约是0.5，而成人可能稍高一些（Mackintosh, 1998; Plomin, 1997），因为对成人来说，儿童时期的成长环境的早期影响已经衰退了。但是，可能没有任何一个遗传力系数可以应用于一切环境中的一切人口。事实上，遗传力系数可能会随遗传因子分布和环境的变化而发生改变。另外，即使某种特性具有很高的遗传性，我们也不能说该特性不会发展、变化。例如，身高的遗传力系数是很高的——大约0.9——但我们知道，经过几代人后，身高可能会逐渐增加。因此，就像身高增长那样，良好的环境是可以促进智力的发展的。智力这种可发展性，把我们引到了即将到来的部分——日常生活中的心理学所探讨的主题上来：推进智力的发展。

尽管遗传在智力中起作用,但一些研究显示:监护人的情绪和言辞反应、合适的玩具、避免惩罚以及不断变化日常激励方式,对智商的预测要比通过社会经济地位或家庭结构变量来预测更有效。

相关研究

实践问题的解决
理查德·K. 瓦格纳,佛罗里达州州立大学(Richard K. Wagner, Florida State Vniversity)

许多高中期间成绩优秀的学生,在以后的职业生活中却变得并不十分突出,而那些在学校里表现平平的人,许多却能在各种职业追求中获得成功,这是为什么呢?我们应如何解释一个人在学校期间的表现与其今后职业成就之间的矛盾呢?

原因显然是多样的。比如,动机可以改变一个人的行为,机遇也可起到一定的作用。然而,还有可能是,学校中教学上的问题(比如智商测验)与职业生活中所遇到的现实问题之间,存在本质上的差异(Wagner, 2000)。

学校教学中的问题往往具有如下特点:(a) 问题描述得很清楚;(b) 问题解决所需要的信息充分;(c) 问题是由教师或测验编制者设置的;(d) 问题肯定有一个正确的答案;(e) 获得正确答案的方式有一种或多种。而另一个方面,现实中的问题往往描述不清,甚至根本就不明确。那么,一旦问题的存在受到怀疑,问题解决者就必须对问题简洁地加以描述。因为,现实中的问题通常是不完整的,问题解决者将不得不去寻求额外的信息,而要判断哪些信息是解决问题所需要的,往往又是非常困难的。此外,教学中的问题答案往往只有一个,而实际问题的解决往往可以采取多种行动方案。

为了判断教学上的问题和现实中的问题之间的差异是否对校内和校外的成就差异有影响,我们编制了针对现实的问题解决的测验。这个测验提供了有关日常问题解决的各种方案,要求被试去评价这些方案的优劣。我们将被试的答案与专家的答案进行比较,然后给予相应的分值,例如:

你和一位同事共同负责在本周内完成一个有关某种新产品的报告。你对这个任务非常担忧,因为根据人们对他的评价,他是不可能在最后期限内完成的。他的问题并不是缺少努力,而是缺少必要的组织能力。此外,他又是一个完美主义者,结果将太多的时间浪费在要提出一个"完美"的想法、产品或报告上了。

你的目标是在本周最后期限里提出一个最佳的、可行的报告。下面是一些符合该目标要求的解决方案,请你对下面这些方案一一进行评价,质量等级从1(极差)到7(极好)。

- 将任务分成两半,每人做一半,并告诉他,如果他没有完成他那一半,你将马上报告上司,说那不是你的责任。
- 礼貌地告诉他,不要太追求完美。
- 给报告的每一个部分设定一个期限,将截止到期限所完成的部分,作为该报告的那部分内容定稿。
- 解释原因后,请求上司每天检查一次工作进度。
- 对他已完成的任务,进行口头赞扬。
- 一见到他工作进程落后,就对他发火。
- 只要他开始落后,你就承担起完成报告的责任,以保证在期限内完成任务。
- 坚决但礼貌地向他指出,他是如何耽搁计划进度的。
- 避免向他施加任何的压力,因为那样只会使他更加落后。
- 如果你们在期限内都完成了任务,周末请他吃饭。
- 忽略他在组织能力方面的问题,对他的不适应行为毫不在意。

为了促进理论心理学的发展以及商业利益的缘故,除了应用于商务管理的测验之外,还出现了许多类似的有关现实中问题解决的测验。在一系列的研究中,我们已将这类测验应用到了许多经验量和成功度不等的人群中(Sternberg, Wagner, Williams, & Horvath, 1995)。例如,商务管理测验已在全国高层决策者、MBA课程的研究生以及在商务管理中缺乏经验的大学生中广泛使用,并呈现出四个重要结果。第一,经验丰富的群体在测验中的得分比经验匮乏的群体得分要高。第二,现实问题解决测验要比传统智商测验或雇佣测验更好地预测职业方面的成功。第三,现实问题解决测验的得分与智商相关较小或根本就不相关。第四，不同领域之间，现实问题解决测验的得分存在一定相关。这些结果意味着，具有一定经验的从事不同职业活动的个体，其现实问题解决能力与智商是截然不同的。

日常生活中的心理学

推进智力的发展

在很长一段时间里，人们大多认为智力是恒定不变的，一直维持在我们出生时的水平。今天，许多研究者认为，智力和与之相联系的思维技能都具有可塑性。这些技能不但可以改变甚至还可以通过各种干预得到提高(Bransford & Stein, 1993; Detterman & Sternberg, 1982; Grotzer & Perkins, 2000; D. F. Halpern, 1996; R. Mayer, 2000; Perkins & Grotzer, 1997; R. J. Sternberg, 1996b)。例如，在1960年提出的超前教育计划，就是在学前儿童开始上学时，鼓励开发智能的一种方式。长期的跟踪研究表明，到青春期中期，实验组儿童的智力水平高于没有参加该计划的控制组儿童一个等级(Lazar & Darlington, 1982; Zigler & Berman, 1983)。实验组儿童在一系列学术成就测验上的得分也较高。而且大多不需要注意矫正，也很少表现出行为问题。尽管这类测量并不是真正的智力测量，但它们与智力测验有着很高的正相关。其他的许多计划也显示出，家庭之外的环境对智力存在影响(e.g., Adams, 1986)。

罗伯特·布拉德利(Robert Bradley)和贝蒂·卡尔德维尔(Bettye Caldwell)在1984年发现了有关家庭环境对青少年智力发展具有重大影响的证据。这些研究者发现，在儿童入学前，早期的家庭环境中存在一些与高智商有着一定相关的因素：主要监护人的情绪与言辞反应，监护人与儿童的关系，限制与惩罚的规避，物质环境与活动的安排，适宜玩具的提供以及获取多种激励的机会。布拉德利和卡尔德维尔进一步认为，这些因素比社会经济地位或家庭结构变量更能有效地预测个体的智商得分。但是，布拉德利和卡尔德维尔的研究只适用于学龄前儿童。此外，儿童必须达到4岁后，才可以用他们的智商得分来预测成年后的智商得分。然而在7岁前，智商得分是极不稳定的(Bloom, 1964)。

或许，智力具有可变性的最好证据是詹姆斯·弗林(James Flynn)的研究(1987; see also Neisser, 1998)。该研究表明，自从20世纪早期开始有记录以来，智商分数每经过一代人的时间(每30年)大约提高9个百分点。这个效应有时被称为"弗林效应"(Flynn effect)。从任何一个角度来看，这一提高都是巨大的。尽管这一效应一定是环境方面作用的结果，但没人知道出现这么大增长的确切原因，因为涉及的时间范围对基因突变所起的作用来说实在是太短了。如果心理学家能了解这一增长的真正原因，那他们就可以用这一知识来提高个体的智能。

尽管目前的证据表明，环境、动机和训练可以深刻地影响智力技能，但遗传限定了一个人聪明程度的上限。现在我们知道,对任何受遗传影响的属性,都有一个反应范围(reaction range)——在特定个体身上表现出来的遗传可能性所包含的一个很宽的限度,在此限度内,该属性可以通过任何一种方式被表现出来。因而,每个人的智力都可以在这个限度内得到进一步地发展。我们没有理由认为人类现在已达到了他们智力发展的上限。相反,事实表明,尽管我们不能创造奇迹,但我们仍能做许多事情帮助人们变得更聪明。

思考题

1. 说一个学生的"成绩超过预期"有意义吗?为什么?
2. 一个人的成就在多大程度上——包括你自己——是能力倾向的精确反映?除了能力倾向之外还有哪些因素会影响到成就?
3. 编制一个测评某种技能或主题的测验,其适用对象为:(a)一个无家可归的用任何可能的方式来养活自己的9岁流浪儿;(b)一个20岁的大学生;(c)一个70岁的退休水管工人。
4. 许多博物馆现在都设有特别为儿童提供的服务和展览,思考一下你参观过或听说过的博物馆的展览。如何才能提高一个10岁孩子的学习经验以使他从这个展览中获益?
5. 是否存在可以提高能力的方法?如果有,是什么?
6. 在你的各种能力中,是否有运用得比较好的能力?要是有的话,如何更好地去运用它?

本章摘要

智力的定义

1. 在许多专家提出的智力定义中有两个共同的主题:从经验中学习的能力和适应环境的能力。
2. 有关智力的研究有两个经典——弗朗西斯·高尔顿的研究和艾尔弗雷德·比奈的研究,高尔顿的研究强调心理物理敏感性,而比奈的研究则强调判断。
3. 心理年龄指的是一个人与既定实足年龄的"普通"人相对比而言的智力水平。由于概念和统计学上的问题,心理年龄的概念在今天的测验中很少使用。
4. 智力商数(智商)最初表示的是心理年龄与实足年龄的比率再乘以100,它的目的在于为我们提供一个相对于同龄人的智力测量。
5. 百分位数指那些得分在既定水平之下的人占总体的比率再乘以100。因次,在一次测验中百分比为75,意味着该被试的得分高于总体中75%的被试得分。
6. 今天,典型的智商是以100为中数,15或16为标准差计算而来的,用这种方式计算的智商我们称之为离差智商。

第九章 智力

7. 两个运用得最广泛的个体智力测验是斯坦福—比奈智力量表和韦克斯勒成人智力量表第三版（以及韦克斯勒儿童智力量表第三版）。

智力测评中的相关问题

8. 测验的标准化指的是一个过程，在该过程中，测验的施测按既定的方式进行，目的在于保证测验的情形对每个被试来说都是相同的。标准分数指的是将原始分数转化成可衡量出单个被试相对成绩的具有比例性质的等值分数。
9. 测验效度有多种，构想效度是测验测得既定理论构想的程度。预测效度描述的是预测测验结束较长时间后出现的行为的程度。内容效度指由专家来判断测验的内容所能代表假设样品的程度。表面效度是由参测者或其他非专业人员作出的相同的判断。
10. 测验信度也有多种。再测信度指同一测验两次施测之间的相关程度。复本信度指一个测验的两个平行形式的施测结果的相关程度。内在一致性信度指一个测验测得同一个理论构想的一致性程度。评分者间信度是两个或多个评分者按同样的方式评价同一事物的一致性程度。

关于智力本质的理论

11. 心理测量理论是理解智力的一种方法，它所涉及的是对于因素分析的运用。因素分析是一种统计技术，它可以帮助研究者确定个体在测验中表现出的个体差异的潜在来源。智力主要的因素模型有斯皮尔曼的双因素模型，瑟斯顿的主要心理能力模型以及卡特尔和卡罗尔的层次模型。
12. 有关智力的另一种理解方法是计算模型。它所涉及的是信息加工分析（对符号的心理操作）的运用。信息加工理论家试图通过诸如有关词汇学习速度、推理以及问题解决的成分理论来理解智力。
13. 第三种方法是生物模型，它涉及用于观察大脑内部各种活动的一系列复杂的方法。
14. 第四种理解智力的方法是情境模型（以人类学模型为基础），情境理论模型认为智力在整体上或部分上取决于文化的价值。一种文化下的智力的含义与另一种文化下的智力的含义可能是不同的，而对此理解的程度，各情境理论者彼此之间也是有差异的。
15. 什么样的行为才被认为是聪明的行为，在一定程度上，是具有文化差异的。同样的行为在一种文化下被认为是聪明的，在另一种文化下却可能被视为不明智的。
16. 由于不同文化下的成员对什么是聪明的行为有着不同的理解，所以要编制一个文化公平（对不同文化下的成员来说，测验的各方面都是完全平等的）的智力测验是非常困难或完全不可能的。然而，测验可以与文化关联。
17. 理解智力的第五种方法是以系统模型为基础的。加德纳的多元智力理论认为智力不是一个单一的结构,而存在着多种智力,它们彼此之间相互独立。斯滕伯格智力三元结构理论是在信息加工成分的基础上来理解智力的,信息加工成分被应用到实践经验中可具备适应环境、改变环境和选择新环境的功能。

智力的极端情况

18. 资赋优异指的是具有很高水平的智力。资赋优异除了个体拥有很高的智商外,还有更多特征——如高创造性和高动机。
19. 美国智力迟钝协会认为智力迟钝包括两个成分:低智商和低适应能力,后者指一个人与周围世界相处的情况。
20. 智力迟钝通常是由遗传因素和环境因素交互作用造成的。
21. 唐纳综合征起因于额外的染色体物质的存在,通常它会导致一定程度的智力迟钝。

智力的遗传性

22. 智力遗传是指在既定人群中,智力测验结果的个体差异的变化受到遗传影响的比例。遗传性在不同的人群、不同的时间和不同的地方可能会有差异。遗传性测验只能用来衡量那些存在着显著个体差异的遗传效应。
23. 遗传性可以通过几种方式来估计。三种最常见的方式是比较分开抚养与未分开的同卵双生子的智商,比较同卵双生子与异卵孪生子的智商,比较被收养儿童与其亲生兄妹的智商以及被收养儿童与亲生父母、收养父母在智商上的相关。

思考题参考答案

1. 说一个学生的"成绩超过预期"有意义吗?为什么?

    说一个学生的"成绩超过预期"是无任何意义的,因为一个人不可能达到高于他能力的水平。如果一个人似乎取得了高于他水平的成绩,那是因为对能力的预测评估遗漏了对一些导致成功的重要能力的评估。除了常规测验中所测的能力外,还可能存在其他一些在学校和生活中获取成功所需具备的重要能力。

2. 一个人的成就在多大程度上——包括你自己——是能力倾向的精确反映?除了能力倾向之外还有哪些因素会影响到成就?

    影响成就的其他因素还有运气、决心、努力工作的意愿,对自己获取成功的信心,克服困难的勇气以及承担合理风险的意愿。

第九章 智　力

3. 编制一个测评某种技能或主题的测验,其适用对象为:(a)一个无家可归的用任何可能的方式来养活自己的9岁流浪儿;(b)一个20岁的大学生;(c)一个70岁的退休水管工人。

　　　(a) 在什么地方你可以不用盗窃而获得免费事物?
　　　(b) 准备一个多项选择测验和准备一个论文式测验有什么区别?
　　　(c) 社会保障金可以持续多少时间?

4. 许多博物馆现在都设有特别为儿童提供的服务和展览,思考一下你参观过或听说过的博物馆的展览。如何才能提高一个10岁孩子的学习经验以使他从这个展览中获益?

　　　一个展览所能做的最好的事情是,不仅为孩子提供信息而且向他们说明为什么他们应该关注这些资料。当人们可以将信息与他们的生活相联系时,展览就更容易具有说服性。

5. 是否存在可以提高能力的方法?如果有,是什么?

　　　研究显示:学校教育本身可以促进能力的发展,因而仅从学校学习中,你就能增长你的能力。你所能做的另一件事是采取终身学习的态度,视学习为你在校内和校外以及一生中都要坚持去做的事情。

6. 在你的各种能力中,是否有运用得比较好的能力?要是有的话,如何更好地去运用它?

　　　许多人不能充分利用他们的能力,因为他们怀疑自己是否具备这些能力。例如,由于他们深信自己写不好,于是就不会试着去练习;再比如,因为他们深信自己在体育活动中(如慢跑或网球)不能获得成功,于是就从不试着去发展专门技能。为了更好地运用能力,第一步就是要接受这样的一种观念:当一个人认为自己具备这些能力时,他就可以更好地运用这些能力。

邵　波○译
邵爱国◎校

第十章 生理和认知的发展

婴儿,一旦他的眼睛、耳朵、鼻子、皮肤以及脏器遭受冲击,便会陷入极端的迷惘之中。

——William James(威廉·詹姆士), Principles of Psychology(《心理学原理》)

第十章 生理和认知的发展

婴儿从睁开双眼，开始其人生旅途起，看到的是怎样的世界？是一个模糊的、喧闹混乱的场景吗？心理学研究的就是个体出生以后，其智力、生理和社会能力的发展过程。这些能力的发展在个体一生的发展中都起着重要的作用。在发展（development）过程中，由于个体的生理、心理和社会能力发展的时期不同，以及个体的人生经历不同，导致了个体的生理、心理和社会活动能力有所不同。发展心理学（developmental psychology）研究个体在生命全程中心理发生、发展的特点和规律，以及在整个生命进程中表现出的量和质两方面的变化。发展心理学家对个体发展的各方面都很感兴趣，包括个体的生理、认知和社会发展等方面。研究生理发展的心理学家主要研究机体内哪些方面随时间而变化，哪些方面相对不变。认知心理学家研究个体在生命的不同阶段，思维和行为的差异及其成因。社会心理学家研究个体在整个发展过程中，与他人相互作用的各种方式。

本章将重点讨论人的生理和认知的发展。本章中，我们首先讨论生理发展的一些基本问题，即个体发展的生理基础；接下来我们将讨论认知发展（cognitive development）的一些问题。认知发展研究的是随着生理的成熟和人生阅历的增加，个体心理能力的建立和变化。接下来，我们将介绍发展心理学中的一些研究方法。然后我们将介绍一些认知发展理论，并讨论一些特殊领域的认知发展问题，包括感知和推理等领域。最后，我们将简单地讨论一下成人认知的发展以及成人认知发展的规律。由于社会性的发展较多地依赖于认知发展，我们将在下一章中详细讨论社会性发展的问题。

人类发展的最显著的特征之一是他们的相互依赖性。孩子们先与父母一起生活多年，随后在学校中接受数年的教育。例如，在当今社会里，一名刚刚走上工作岗位的医生，已接受了至少20年的学校教育，我们习惯于这种对父母及其他人的依赖，但这样长期的依赖是所有动物种群中独一无二的。如果人类真的很聪明，为什么他们要花这么长时间才能独立开始他们自己的生活呢？从进化的角度看，较长时间的相互依赖总是与较强的，而非较弱的认知能力相关联。与人类相比，绝大部分的动物种群，每天的行为更多地属于本能。由于其基本行为属于本能，所以它们往往不需要上一代的指导就可以正常进行。人类的行为具有很大的适应性，对不断变化的环境挑战具有很强的适应能力。但人类的这种适应性是人类长期学习如何开发自身潜力的结果。随着年龄的增长，我们将学到越来越多的关于如何成功地适应环境的知识。

乍一看，好像个体差异的产生应仅仅归结于个体的成长（growth）过程，即人的生理、认知和社会能力等方面在数量上的简单线性增加。然而发展的内涵要远比成长丰富得多。发展包括在复杂度上性质的变化。且在此过程中，通常还伴随尺度和数目上量的增加。

社会性的发展在某种程度上依赖于个体认知发展的水平，个体认知发展在一定程度上也有赖于个体生理发展的水平。稍微了解一下人脑和身体的发展，我们就不难发现生理成长与认知发展之间的关系。首先，我们有必要阐明一些研究者在研究生理和认知发展过程中遇到的基本问题。

生理和认知发展研究中的基本问题

问题：我们必须了解的关于认知发展的基本问题有哪些？

生理和认知发展的研究中主要有五个方面的问题：（1）新生儿有哪些与生俱来的认知加工能力？（2）婴儿、儿童到成人首次显现各种能力在哪些具体的年龄阶段？这些能力能反映个体整体发展的哪些方面？个体为了获得这些能力，必须培养哪些基本的技能，是否存在一个关键期（例如学习不带地方口音地使用第二种语言）？这些问题的答案只是在一般意义上得出而并不适用于每一个人，明确这一点非常重要。（3）什么原因导致认知的发展和变化？什么原因导致认知发展的个体差异？在人的生理和认知发展过程中，成熟（自然）和学习（教育）各自起着怎样的作用？（4）在何种程度上发展是阶段性的、非连续性的？又在何种程度上是平稳的和连续的？（5）发展中共性和个体差异是怎样的？

上述的后三个问题常常是发展心理学家争论的焦点。一般的问题通常只有两种答案："是"或"不是"，就像"先天和后天哪个更重要"一样（see Bouchard, 1997; Grigorenko, 1999; Loehlin, Horn, & Willerman, 1997; Plomin 1999; Plomin, Fulker, Corley, & DeFries, 1997; R. J. Sternberg & Grigorenko, 1997; R. J. Sternberg & Okagaki, 1989; Scarr, 1997）。当面临两者选一时，我们似乎需要作出一个明确的答案，简单的问题会产生简单的回答。然而，与心理学的其他方面一样，发展并不简单。一般来说，我们提出的问题以及定义问题的方法就决定了我们探讨问题答案的过程，以及该过程的成功与否。因此要了解人类的发展，我们就必须改变提问的方式，以激励自己去探寻现实的——或许也是复杂的——答案。

个体的生理成熟与学习对发展的作用

个体的发展中有两个主要的概念：生理成熟和学习(see Bornstein, 1999)。成熟(**maturation**)指个体生理发展过程中各种相对恒定的变化。学习就是个体在自身经历的基础上思想或行为方面发生的各种相对恒定的变化(见第六章)。生理成熟属于自然进程，其发展与环境无关。例如，婴儿吮吸乳头的能力自其出生就有，到了一定年龄后又消失，这一过程几乎完全不受环境的影响。与之相反，学习只是在产生了经历后才得以进行。比如，能识别自己的姓名就完全是由学习而获得的一种能力。如果从来没有听过别人叫你的姓名，你就无法识别自己的名字。

生理成熟与学习是相互作用的，因此要分清它们各自的作用十分困难。例如，我们不能把所有反射行为都看成一种生物本能。埃丝特·西伦(Esther Thelen, 1995)就认为有一些反射(将在下文中讨论)，如跨步反射——曾经被认为是完全的生物本能反应，经过研究表明，可能是遗传与环境交互作用的结果。

生理成熟属于自然进程，与环境无关。但是学习只是在儿童有了特定的经历后才会发生。

将一名新生儿直立在地面上,他能作出协调良好的,近似跨步的动作,这就是所谓的跨步反射。这种反射在其出生后不久会神秘地消失,而到他开始站立行走后又会出现。

西伦认为这种反射的消失主要是由于人体内脂肪的增加,使新生儿无法作出这种反射。而在他看来这种能力实际上还是存在的,只是他们的腿太重了,使得跨步反射无法进行。西伦通过一个简单的实验证明了他的观点:当新生儿的跨步反射消失后,将他们的腿浸泡到水里,使其重量减轻后,他们的跨步反射又出现了。

生理成熟与学习之争实际上就是古老的哲学和心理学中的先天与后天之争。今天,几乎所有的心理学家都相信,在个体的发展中生理成熟与学习是交互作用的。个体出生时可能遗传了某种特殊的能力,如弹奏乐器的能力,但该能力发展的水平很大程度依赖于环境的影响。例如,个体是否有机会演奏乐器,或是否有机会接触各种不同形式的音乐。有些环境能够培养个体的技巧,在另一些环境中却不能得以发展。一位有音乐天赋的儿童如果出生在一个没有音乐氛围的家庭里,他的音乐天赋可能就会被埋没。

关于发展的另一个争议的产生,源于我们对手头资料的不同解释:发展是出现在一系列非连续的阶段中,还是出现在一个连续的逐渐展开的过程中(Amsel & Renninger, 1997; Bennett, 1999)?

发展的连续性与阶段性

首先,要明确什么是阶段。约翰·弗拉维尔(John Flavell, 1971)曾提出确定阶段的四个重要标准。

第一,阶段指发生了质变。儿童在成长过程中,做事的能力不断提高,这不仅反映在以往做过的事情上,在做新事情时也是如此。因此当儿童处于某一特定阶段时,他们只能按特定的方法进行思考和推理。他们只在该阶段才发展出这种思考和推理的方式。例如,根据已故的瑞士发展心理学家让·皮亚杰(Jean Piaget, 1954)的观点,儿童倾向于从他们自己的观点来看问题(因此表现为自我中心主义)。随着他们的长大,他们会改用一种性质完全不同的方式来看问题,即从他人和自身两个角度来看待问题。

第二,阶段指同时出现大量新的能力。因此,儿童不仅开始明白加法和乘法之间的关系,而且还明白了许多他们以前无法搞懂的新关系。

第三,各阶段之间的转换是突然发生的。新能力是突然显现的,而不是历时很长时间,一步一步出现的。

第四,也是最后一点,在新阶段中,儿童的能力不是各方面均稍有增强,而是在同一时间内,其所拥有的大量的信息重新得到了组织和优化,儿童改用一种全新的角度来看待世界。

阶段出现的次序是恒定的(Beilin,1971;Kurtines & Greif,1974)。例如在生理发展方面,孩子在用手和膝盖爬行之前,几乎都是依靠腹部蠕动,而在学会行走之前,他们通常都是腹部、手和膝盖并用爬行的。儿童语言能力的发展也按一种恒定的模式进行(见第八章)。

鉴于上述给出的这些标准(不变的次序和一系列性质上独特的认知结构),发展实际上真的显示这些阶段特性吗?类似的诸多心理学问题的答案取决于回答问题的心理学家自身所持的观点。皮亚杰(1969,1972)强调发展是一个阶段性的过程。查尔斯·布兰德(Charles Brainerd,1978)则对该观点不太认同。根据布兰德的观点,许多研究的结果并不支持上述阶段的标准。有些发展理论(如皮亚杰理论)是支持阶段论的,而有些理论则不支持阶段论(如学习理论)。而且,即使是一些支持发展阶段论的学者也承认阶段间的界限是不明显的。例如,皮亚杰(1972)承认在某一阶段中,个体的能力并不能体现在所有的领域中。在某一阶段,对于具体的物体,尽管其外形有所改变,儿童仍能识别其数量变化与否;而对于物体的体积,如果物体外形改变,儿童就无法识别其体积是否发生变化。

儿童能力的个体差异是发展的又一个争论的内容,即一般领域的发展与特殊领域的发展。

一般领域与特殊领域的发展

20世纪上半叶,认知发展理论强调一般领域的发展,能力的类似发展总是在多个领域中同时出现。例如,如果记忆能力是普遍的,那么儿童在发展数字记忆的同时,也在发展其字母记忆的能力。当今仍有一些研究者在研究一般领域发展问题。例如一些信息加工理论家指出,随着年龄的增长,儿童信息加工的方式变得日益复杂。

然而自20世纪70年代以来,理论家们开始强调对特殊领域的研究,即认为能力的发展只出现在特殊领域,在其他领域则没有类似的发展(Frensch & Buchner,1999)。此类观点可以追溯到对国际象棋选手的研究上(见第七章和第八章),他们根据以往的经验认为,专业棋手复盘的能力,只在棋子的位置有意义的情况下,才会比初学者好得多(Chase & Simon,1973;de Groot,1965)。专业棋手仅仅在他的专业领域中,且仅仅当他们需要记忆的东西与他们脑中的图式相符时,记忆能力才高于常人。

这一发现不仅适用于专业棋手和新棋手,也适用于成年人和儿童的记忆。无数次实验表明成人的记忆要比儿童的好(see Keil,1989)。但对专业领域的测试结果却与之不太符合。例如,年龄小的专业棋手记忆棋盘位置的能力要高于成年人(Chi,1978)。可见,总体来说,儿童的记忆并不比成人好,但在他们的专业领域内,他们的记忆与成年人相比是要略胜一筹的(见图10-1)。因而,儿童概念的发展在很大程度上(尽管不是全部)属于特殊领域的发展。

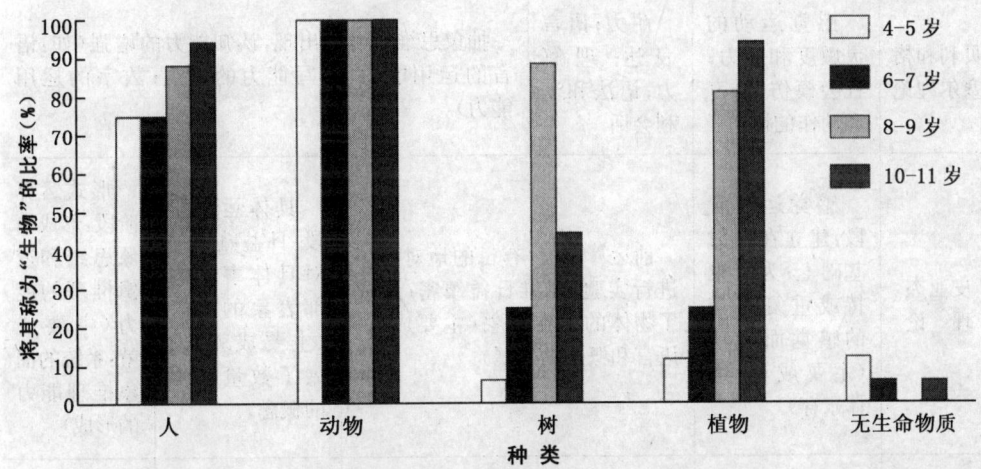

图 10-1 生物领域的知识

发展还影响着儿童对于生物领域的知识,在4~11岁之间,儿童重新建构他们关于动物世界的知识,如同新手变成专家后,对已有的知识重新进行组织一样。当D.D.理查德和罗伯特要求儿童说出生物的名称时,他们的回答与发展水平联系紧密。例如,虽然所有的儿童都知道,凡是动物都吃饭、呼吸和繁衍后代,但只有一定年龄以上的儿童才知道人也是动物(After data from Richards & Siegler, 1984)。

如果我们问发展存在于一般领域中还是特殊领域中,我们可能在提一个无法回答的问题。显然发展是两者的结合。那些认为发展存在于一般领域的人必须能回答为什么在特定的阶段内,各个领域内的发展并不均衡。同理,那些认为发展是特殊领域的人也必须能够说明为什么儿童的发展呈现出明显的均衡性,而且这种均衡性是从出生就已存在的。

在关于发展的五个关键问题中,第二个问题引起了心理学家最多的思考和研究:婴儿、儿童、成人的具体思维和行动举止各产生于何时?当儿童在发展上出现重大问题时,我们必须了解其发展中重大事件的正常进程,以及其开始与结束的具体时间。研究人员和理论工作者也需要一些关于不同年龄段中基本成就的数据,以便构建相应的基础理论(见表10-1)。

表 10-1 认知发展的典型进程 不同的认知发展理论对从出生到青年期发展过程中认知的发展问题提供了相互补充的信息。

理 论	出生至1岁	1~2岁	2~4岁	4~6岁	6~8岁	8~10岁	10~12岁	12~16岁
贝利和格塞尔理论	感觉运动的灵敏度和能力；社会模仿、语言和动作的模仿		耐力；语言表达；理解力；语法和流利会话		抽象思维能力的出现，认知能力的增强（如：语言的运用能力；读写能力的出现；数字的运用能力）			
皮亚杰理论	感觉运动阶段；建立在反射基础上；为了维持或重复有趣的感觉而活动（主要成就：物体永存）		前运算阶段：有目的地对物体进行实验；思维日益缜密；形成了物体的内在表象（主要成就：语言和概念的发展）		具体运算阶段：日益熟练的对具体事物内部表象的处理（主要成就：发展了数量守恒的概念）		形式运算阶段：形成抽象思维和逻辑推理的能力（主要成就：系统的抽象推理能力的形成）	
第五阶段理论	感觉运动阶段：（见皮亚杰理论）		前运算阶段：（见皮亚杰理论）		具体运算阶段：（见皮亚杰理论）		形式运算阶段（见皮亚杰理论）紧接着是后形式思维阶段；问题解决过程中处理模糊和矛盾信息能力的出现	
维果茨基理论	内化的增强和临近发展区内的能力增强							
信息加工理论	日渐复杂的编码、合成和获取知识、自我监控、应用反馈的能力，日益增强的透过现象看本质的能力；流利的语言表达能力和理解力，数量的运用能力；对记忆的知识和控制能力增强；对问题解决的策略的控制增强；演绎推理和归纳推理能力增强							

方法论问题

在发展问题的研究中，第二章所探讨的一些方法都有广泛地运用。但是由于发展研究的关键因素是时间，因此，最常用的是以下两种方法：一种叫横向研究法（cross-sectional studies），即在同一时间内对某一年龄或某几个年龄的被试的心理发展水平进行测查并加以比较；相对应的是纵向研究法(longitudinal studies)，就是在较长时间内对儿童的心理发展进行有系统的定期研究，也叫做追踪研究，这种方法并不能显示出衰退的可比迹象(e.g., Bayley & Oden, 1955)。

由于两种方法都有一定的局限性，所以很难说哪一种研究方法能最精确地测查能力。横向研究法极易受到同代效应(cohort effects)的影响，即一群生活在特定历史时期的特定人群的影响。例如，由于80岁的人和30岁的人生活在不同的时代，有不同的教育体系，不同的机遇，不同的价值观，所以很难对他们的认知状况进行比较。再如，许多成长于大萧条时期的人不管其学习成绩如何，都不得不辍学来养家糊口。不同时代个体的差异不仅反映出能力的差异，也反映出机遇方面的文化和历史差异。

另一方面，纵向研究法也不是完美无缺的，这种方法很容易受到研究对象中途退出的影响。随着时间的推移，部分被试不可避免地会消失。一些搬迁了，一些决定退出研究，还有一些不幸去世了。然而，中途退出的选择过程不是完全随机的，因此，总体上中途退出的和留下来的人群都不是被测试群体中的随机样品。例如，在对学习能力的研究中，学习能力差的人更可能中途退出，因为他们感到窘困或者觉得没有必要继续下去。那些由于过早去世和经常搬迁而失掉的被试，或许在认知上与那些长寿的，生活比较稳定的被试是有差异的。今天许多学者仍倾向于使用横向研究或纵向研究，或将两者结合起来使用，以得出关于认知发展的更精确的结论。

生理和神经系统的发展

问题：大脑和生理发展是如何对认知发展产生影响的？

胎儿期的发展

生命开始于一个精子和一个卵子结合而成的单一的合子细胞，合子中包含了个体全部的遗传信息，这些遗传信息与环境因素相结合，就成为个体成长的决定因素。

有些初学者认为遗传因素和环境因素独立地发挥作用，遗传因素和其他生物因素在一定程度上决定了人脑的机能，这种想法是不正确的。相反，人脑的发展并不是完全由基因编码决定的(Johnson, 1999; C. A. Nelson & Bloom, 1997)。在产前期和此后的时期，大脑皮层的神经系统在接收环境信息的过程中不断地更新变化。

人脑的组织结构与其他动物相比，没有什么不同。人脑与其他动物的脑的不同之处就在于其体积较大，尤其是大脑皮层，而且人自出生后，其脑的发展也经历了一个更为缓慢的发展期。人脑的这种缓慢的发展过程使得人类比其他生物体更易受到与环境的交互作用的影响(Johnson,1997)。

人出生前的时期为产前期。这一时期,一般又可以分成三个阶段:第一阶段为胚种阶段,这一阶段始于怀孕,持续约两周。这个时期主要完成的是给卵子授精,并在母亲的子宫中形成稳定的胚胎。第二个阶段为胚胎阶段,大约从第三周持续到第八周。在这一阶段,中央神经系统和其他主要器官开始形成,如心脏和躯体的其他部分,如手臂、腿、眼睛和耳朵。在这一阶段,胚胎在结构上已变成可识别的人型。第三阶段为胎儿阶段,从第九周开始直到出生。在这一阶段,胎儿发展到能够维持自己生命的程度,肌肉和大脑发展过程加快,到大约38周(9个月)胎儿就降生了。

产前期对儿童日后发展的重要性是不何估量的。母亲健康的身体和良好的营养状况对产前期的发展至关重要。母亲服用抗生素可能会使正在成长中的胎儿受到严重损伤。例如,孕妇饮酒是被严格限制的,因为有产生胎儿酒精综合征(fetal alcohol syndrome)的危险。这种综合征会导致多种病变,其中最常见的是运动神经发展受损,造成永久性的、不可挽回的智力迟钝和肢体器官畸形,包括肢体变形和生殖器畸形(Julien,1995)。曾经有段时间孕妇适量饮酒被视为是安全的,但如今有关人士建议孕妇忌吃任何含酒精的食物,因为即使是很少量的饮酒都会影响人的正常发展或导致胎儿酒精综合征(Hunt, Streissguth, Kerr, & Olsen,1995)。该建议是根据大量的样本调查推断出来的,病变的危险可能会出现,也可能不会出现。学习障碍以及行为问题,也可能是因为孕妇在产前期饮酒所致(Streissguth et al.,1984;Streissguth, Sampson, & Barr,1989)。同样,接触毒品和有毒的化学物质,如多氯化联二苯(PCBs)也会对儿童出生后的发展造成影响(Griffith, Azuma, & Chasnoff,1994; Lester et al.,1991;Jacobson, Jacobson, & Humphrey,1990;Jacobson, Jacobson, Padgett, Brunitt, & Billings,1992)。

现在,让我们来共同探讨健康的新生儿所具有的各种能力。

新生儿的能力

随着时间的流逝,人类关于新生儿能力的观点发生了根本性的变化。亚里士多德和17世纪英国哲学家约翰·洛克(John Locke)认为婴儿的大脑就像块白板,婴儿的经历会慢慢赋予其内容。与后天学习论的观点相反,柏拉图认为学习只是将人类早就知道的东西引入人类的意识中去。18世纪让·杰克斯·诺斯琼(Jean-Jacques Rousseau)倡导先天论——认为自然规定了人类的发展过程。根据这一观点,遗传因素决定着我们是否将变得友善或是敌对,思想开放或是闭塞等许多其他东西。

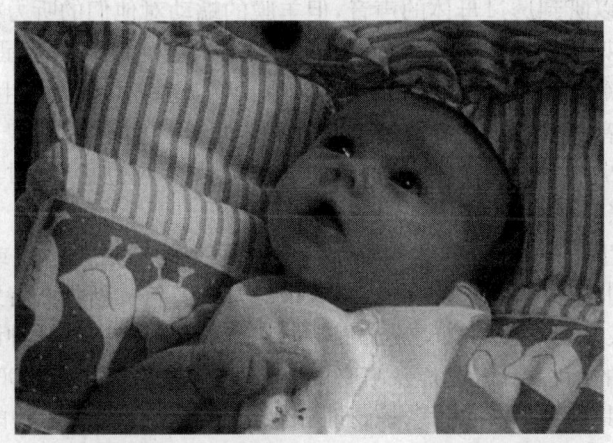

这名婴儿在观看"外部喧闹、模糊、混乱的场景",还是在扫视周围寻找更有趣的东西?我们对婴儿的观察越深入,就越为他们所具有的能力而感到惊讶。

知觉能力

新生儿能做什么呢?现在普遍认为尽管新生儿视野范围不大,但他们能看见物体,这与以前的观点截然不同。在婴儿出生后的第一个月里,他们的眼睛只能对大约19厘米以内的物体进行调节(这个距离大约是哺乳时婴儿到母亲脸部的距离——详见第四章)。物体的距离不足或超过最理想的19厘米,其图像就会变得模糊不清(Teller & Movshon, 1986)。因此,婴儿看不清小的物体,但是却能看清较近的大的物体。在婴儿期的早期,婴儿眼睛中的水晶体就已经具有了调节所需的正常的灵活性。

心理学家推测婴儿好像天生就有一套规则来引导其扫描周围环境的活动(Haith, 1979, 1994)。例如,婴儿好像有一个通用法则,即大面积地扫描环境,但如果婴儿看到四周有边框,他们就会停止进一步地扫描和探究,而事实上,边框比伸展的平面更有可能包含较多有趣的信息。

婴儿对具有以下特点的事物有特殊的偏好:(1)高度复杂性(例如他们宁愿看线条较窄的条纹图,也不愿看那些线条较宽的条纹图);(2)栩栩如生的轮廓(对彩色物体的边缘和样式表现出一种偏爱);(3)弯曲的而不是垂直的轮廓;(4)黑白对比度较高的事物(比如宁愿看黑色和白色的事物,也不愿看灰色的物体);(5)运动的事物(see Banks & Salapatek, 1983)。幸运的是,每位父母都拥有符合这些标准的刺激物——人脸。在一项研究中,研究者给刚刚生下来四天的婴儿看三种不同的模型——一张标准的人脸,一张特写的五官错乱的脸和一幅牛眼的图案(Franz, 1958, 1961)。婴儿对标准的脸的偏爱高于特写的五官错乱的脸,而对牛眼表现出更少的关注。有些研究者认为婴儿对面孔的偏爱可能受到一些内部的生物驱力的支配,但其他学者对这一观点表示怀疑。

尽管胎儿可以听到透过母体的声音，但羊膜的蠕动对他们的听力有所阻碍。然而研究显示他们的听觉仍是相当好的：让孕妇从孩子出生前最后六个星期开始，每天读一遍瑟斯博士的《帽子中的猫》(The Cat in the Hat)一书。婴儿出生后，让他们听其母亲讲故事的录音和其他不熟悉的录音。那些在母体内听过瑟斯博士书的婴儿对其母亲的录音表现出相识的感觉（通过吮吸的动作显示这一感觉），但对其他不熟悉的录音则无任何反应(DeCasper & Spence, 1986)。

在新生儿出生后几天内，残留的羊水从他们耳朵的通道里蒸发或流出体外。之后，他们就能听到各种声音而且能分辨出单个的音乐音符。新生儿特别偏爱人类的声音，尤其是在大人与婴儿的信息交流过程中所特有的儿童导向的各种语言。新生儿对照看者经常使用的滴答声、轻吻声及咯咯的叫声尤其敏感(Blass, 1990)。研究人员还发现新生婴儿对其照看者笑、生气、惊讶时张大嘴的表情以及吐舌头的动作似乎有一种反射性的模仿(e.g., T. G. R. Bower, 1989; T. M. Field, 1989; Meltzoff & Moore, 1989; Reissland, 1988)。新生儿似乎总是能引起照看者的注意和关爱，因为他们具有天生的各种反射和有时出乎意料的惹人怜爱的行为，如，在意想不到的时候冲你微笑。

反射

正常的婴儿在出生时或出生前，就会出现许多反射现象。一些反射，如呼吸，将伴随着人的一生，而其他的一些反射，如觅食反射，在婴儿期就消失了。表10-2所示为生理学家和心理学家从正常婴儿身上概括出的主要的一些反射。偏离正常范围的情况表明中枢神经系统可能有某种损坏。

表10-2 新生儿具有的反射　婴儿具有为了生存、获得帮助、得到父母的关爱和照料，同时也为了日后对身体的有意识的控制发展所必需的基本的反射行为。

反射	刺激	婴儿的反应	适应功能
觅食反射（从出生到1岁）	轻轻地触摸婴儿的脸颊	转向抚摸者	调整婴儿头的方向，将其口对准乳头
吮吸（生来就会）	把乳头或手指塞进婴儿的口里	吮吸塞入口中的物体	从乳头中吸出乳汁
吞咽（生来就会）	（通过乳头）把液体放进婴儿的嘴里	吞咽液体	咽下乳汁
排泄（生来就会）	给婴儿喂食然后等待其排泄	小便或大便	从婴儿体内排出废物

续表

反 射	刺 激	婴儿的反应	适应功能
哭（生来就会）	饥饿	哭	引起照看者的注意；成为哭泣的更微妙的心理原因的神经通道
呼吸（足月出生开始）	出生或拍其背部	吸气或呼气	血液的氧化
眨眼睛（生来就会）	对眼睛吹气或用亮光照射	闭眼睛	保护眼睛，不受异物侵害
退让（生来就会）	负性刺激，如针刺	由于刺激部位不同而作出不同的反应，如伸缩大腿或手臂，哭泣、扭动身体	保护自己，引起照看者的注意，获取更多的保护

　　心理学家较感兴趣的反射之一是定向反射。由环境的突然变化所引起的人与生俱来的一系列自然的反应，是婴儿（和其他人）对这种突然变化的定向反射。这种定向反射从不消失，如灯闪烁时，我们会条件反射地注意它。发展心理学家不仅对反射感兴趣，而且对运动行为也很感兴趣。

动作的发展

　　心理学家也对其他能力的发展进行了探讨，例如贝利婴儿心理和动作发展量表（修订版）(Bayley, 1993)，就详细确定了婴儿完成各种生理，运动(motor)任务，包括肌肉运动任务的年龄（图10-2）。许多心理学家穷其一生来研究在特定年龄阶段应培养哪些能力（如行走）和完成哪些发展任务（如用拇指和食指拿起一个小立方体或其他小物体）。其中最著名的当属阿诺德·格塞尔(Arnold Gesell, 1928; Gesell & Ilg, 1949)，他细致地列出了儿童在许多领域的发展日程表，包括运动技能领域和语言发展领域。

　　和本章前面所讨论的大多数反射的发展一样，儿童特定的运动技能的发展年龄与他们的认知和将来智力的发展关系不大，除非这些能力的发展远远落后于正常的变化范围。例如，如果6个月大的儿童还不能抬头，18个月还不能爬行，4岁还不能行走，而且这些儿童没有已知的运动方面的损伤，那么他们很可能在神经系统方面存在严重的缺陷。这种缺陷会对儿童认知的发展产生严重的影响。此外，尽管特定的运动技能与特定的认知变化之间不存在直接的相关，但运动技能的发展的确改变了儿童与环境相互作用的方式，而且这些相互作用可以推动认知的发展。很快，我们会讨论这一问题。

运动行为	手和眼的协调
第 1 个月 · 喜欢仰面躺着 · 不能抬头，头向前下垂 · 通常握紧双拳 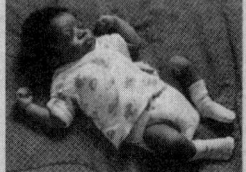	· 看与视线齐平的物体 · 如果物体放在手中，可以反射地抓住物体 · 眼睛开始协调转动
2—3 个月 · 当趴着时，可以伸腿和抬头呈 45 度角 · 头上下来回晃动的现象消失，可以抬头	· 眼睛可以跟踪有限范围内的物体 · 凝视物体，但只能反射地抓住物体
4 个月 · 能够翻身 90 度角（从仰卧到侧卧） · 俯卧时能够抬头呈 90 度角，能抬手和抬腿，伸手和伸腿 · 能够在有支撑的情况下坐 10—15 分钟	· 眼睛可以 180 度范围内跟踪物体 · 可以触摸和抓住呈现在他眼前的物体 · 将任何抓住的物体塞入口中
5—6 个月 · 能从仰卧滚到俯卧 · 当将其直立时会弹跳起来 	· 能用手掌抓住小的物体，很少使用拇指和食指 · 能触及小的物体，但不能将其捡起来 · 能用一只或两只手抱住奶瓶
7—8 个月 · 仰卧时，可以将脚伸入口中 · 能直立坐几分钟 · 会爬行 · 有帮助时腿能够支撑身体重量站立 	· 可以抓紧小物体，并将其从一只手传到另一只手 · 喜欢敲击物体发出声响
9—10 个月 · 可用手和膝爬行 · 能长时间地坐着 · 能支撑着身体站立和移动脚步行走 · 10 个月时可以从站立位置坐下	· 用食指刺、拨物体 · 可以玩拍手游戏 · 能找到他看到别人隐藏的物体

运动行为	手和眼的协调
11 个月 • 能沿桌子或婴儿床爬行和直立行走 • 在没有其他支撑时可以站立片刻 • 可以独自走几步,有人搀扶时能够行走	• 可以用手掌抓住小物体和用手指夹住物体 • 可以试着堆叠两个物体
12 个月 • 没有人帮助时能自行站立和短距离行走 • 可以用手和膝爬楼梯 • 可以不失平衡地蹲伏和弯腰 • 能够扔球	• 会翻书页 • 能堆积物体 • 能找到放在盒子、杯子和衣服里的玩具 • 喜欢把物体放入箱子里,再拿出来

图 10-2　运动发展的历程

尽管对于作为个体的婴儿而言,他们完成各种心理运动任务的具体年龄可能不同,但其次序是基本不变的。

青春期

10岁前,男孩和女孩生长的速率相同,10～12岁之间,女孩生长得较快,身高比同年龄的男孩要高。男孩大约在12～14岁或是15岁时才表现出相应的较快的生长,通常身高变化较大,普遍要高于女生,从16岁开始,男孩和女孩的生长都会有一定程度的减慢。

平均在11～13岁之间,儿童进入了青春期(puberty)。在这一发展阶段内,他们开始具有生殖能力。女孩的乳房开始发育,阴毛开始出现,通常不久第一次月经就会到来,称为初潮(menarche)。男孩的阴毛也开始出现,生殖器长大,不久还会出现第一次遗精。

直到青春期,两性特征之间的差异才显著地呈现出来。主性征使生殖成为可能。女性的主性征包括阴道、子宫、输卵管和卵巢。男性的主性征包括阴茎、阴囊、睾丸、前列腺(生产精液)和精液囊。次性征不直接与生殖有关,但与性有关,如女性乳房的增大,男性声音音调的明显变低。

尽管女性在青春期前就具有了生殖能力,但她们的生殖系统要到15岁才成熟(Garn, 1980)。如果一名年幼的女孩怀孕了,不管她是自愿的,还是像通常那样,被强迫的,婴儿都有早产的危险,而且婴儿的体重也偏轻,发育成熟的女性怀孕时一般不会出现这些问题。

成年人的生理发展

到青年期的中后期，人的身高发育就基本停止了，而体重的增加是贯穿人一生的过程。人到中年，体重增加是典型的特征，但又不是这个年龄段必定会出现的现象（当然，怀孕除外）。体重的增加使人的健康受到了威胁。当个体步入30岁、40岁、50岁时，为了维持心血管系统的正常功能和肌肉的坚强有力，锻炼就显得越来越重要。同时，为了避免不必要的损伤，人们在选择锻炼的项目时要明智。随着年龄的增长，女性将又一次经历生理上的变化——绝经期（menopause），这意味着月经循环的结束。在西方，女性绝经期的平均年龄为51岁（Bailey, 1991），但个体间又存在着差异。男性的生殖能力也在发生变化。进入晚年期后，他们最明显的体验就是精液的减少。

现在，让我们再来探讨一下个体出生以后神经系统的发展。

神经系统的发展

大脑和神经系统的生理发展对于发展的其他方面产生着重要的影响（Johnson, 1999）。出生时，脑干发育已基本完成，但大脑皮层的发育还远未成熟（见第三章）。出生后，大脑发育最快的区域是感觉和运动神经皮层，次之是与问题解决、推理、记忆和语言发展有关的联合区的发育。这种神经系统的发育与本章详细讨论的人的生理和认知的发展是同步的。

出生后到两岁间，大脑中相互联结的神经网络变得日益复杂，随后，神经系统的成长和发育速率将大幅度地降低。事实上，神经系统90%的发育是在6岁前完成的。在神经系统发育的最高峰——青年期到80岁之间，一般脑重会减少5%。但是，神经网络的不断增强（只要我们进行智力活动）能帮助我们弥补死去的大脑细胞（Coleman & Flood, 1986）。

生理学的另一个研究领域也有一些引人注意的发现。一项对557人（年龄从两个月到成年早期不等）脑电图的研究（Thatcher, Walker, & Giudice, 1987）发现，大脑两半球的结构不同。右半球与信息的整体加工过程有关。脑电图表明，随着年龄的变化，大脑右半球会出现连续地、逐渐地变化。左半球负责信息的分析加工。脑电图表明，尤其是在成年早期，大脑左半球常有突然向上的变化（见图10-3）。因此，不同的认知过程会显示为不同的发展过程。这可能部分是大脑前叶的电位活动变化的结果。大脑前叶主要与问题解决相关（Case, 1992; Thatcher, 1992）（又见第三章中有关脑电图和整个生命过程中生理心理的其他方面的内容）。现在让我们共同来探讨认知发展的一些基本问题。

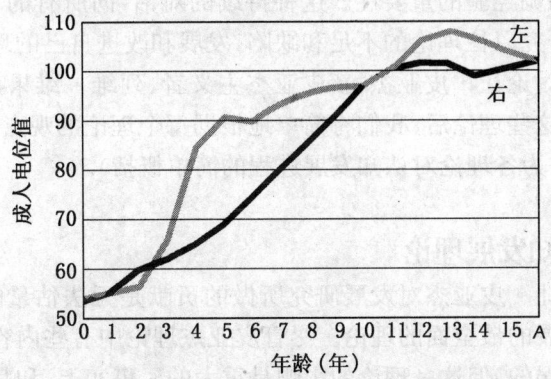

图 10-3 脑电图(EEG)所示的发展变化

这幅脑电图显示的是人脑两半球日益增加的电位活动,注意,虽然左半球的发展进程是非连续的,表现为脉冲和平衡相间的过程,但是右半球的发展却是连续的。(After Thatcher, Walker, & Giudice, 1987)

认知的发展

问题:认知发展的主要机制和重要转折点有哪些?

婴儿生理发展的同时,智力也在发展,婴儿认知发展最初的标志之一是他们对新奇事物的偏爱。这种明显的对新奇事物的偏爱就是所谓的适度差异假说,其依据是婴儿只对与已知事物有适度差异的刺激呈现出偏爱(McCall, Kennedy, & Appelbaum, 1997)。对新奇事物的偏爱可帮助预测儿童日后智力发展的水平。

对新奇事物的偏爱解释了为什么婴儿只学他们想学的东西。他们不会浪费时间去关注他们完全熟悉的或是那些太新奇以至无法理解的事情。对适度新奇事物有偏爱的婴儿要比对新奇事物没有偏爱的婴儿聪明(M. H. Bornstein & Sigman, 1986; Lewis & Brooks-Gunn, 1981)。约瑟夫·费根(Joseph Fagan, 1984, 1985; Fagan & Montie, 1988)和马克·波恩斯坦(Marc Bornstein, 1989)研究发现,在 2~6 个月就对新奇事物有强烈偏爱的婴儿在 2~7 岁时用智力测试测得的智商分数较高。因此婴儿的智商测试的新方法表明,由婴儿的智力状况可以预知其未来的智力水平(Colombo, 1993; McCall & Carriger, 1993; Rose & Feldman, 1995)。

没有一个单一的理论可以涵盖儿童认知发展的所有方面的问题。例如,很难用单一的理论来阐述知觉和数学技能的发展过程。下面所要讲述的是对几百年来理性主义者和经验主义者的理论概括。一些理论如皮亚杰理论,摆出理性主义者的姿态,强调先天潜能以及潜能在人生历程中的开发。另外一些理论,如维果茨基理论,摆出经验主义者的姿态，强调经验的重要性。这种持续的对话，向所有的心理学家提出了挑战，激励他们积极研究以往理论的不足和缺陷，发展和改进自己的理论。

现在我们开始讨论让·皮亚杰、新皮亚杰主义者、列维·维果茨基的理论以及信息加工理论。学过这些理论后，我们将简单地根据每个理论的观点来回答本章开头提出的问题（表10-1为各理论对认知发展进程的简单概括）。

让·皮亚杰的认知发展理论

瑞士心理学家让·皮亚杰对发展研究所做的贡献是无法估量的。他的理论被公认为是关于认知发展的最全面的理论。尽管皮亚杰理论中有些内容受到了质疑，有些后来还被证明是错误的，但这一理论的影响是重大的。事实上，和其他许多理论一样，皮亚杰理论最大的贡献并不在于理论本身的精确度，而在于它对日后进一步研究所产生的重大影响。

当皮亚杰还是艾尔弗雷德·比奈（Alfred Binet）心理测量实验室的研究生时，他就开始了对认知发展的研究（见第九章）。他对儿童在智力测试中的错误答案产生了浓厚的兴趣，他认为研究者通过研究测试题目的错误回答可以获得与研究正确答案同样多的信息。通过对儿童的反复观察，包括对自己孩子的观察，尤其是对儿童在推理过程中的错误的调查研究，皮亚杰得出儿童的思维是以连贯的逻辑系统为基础的结论。他认为这一系统与成人所使用的系统不同。要理解发展，我们就必须识别这些系统和他们独有的特性。本节中我们首先将学习皮亚杰关于发展的一些基本原则，然后还将学习他所提出的发展的几个阶段。

平衡、同化和顺应

皮亚杰认为认知发展和智力发展的功能就在于帮助个体适应环境。他反对格式塔心理学家（见第一章）以及其他心理学家提出的，以顿悟和思维为基础的智力行为和以习惯和反射为基础的非智力行为之间的差异（Piaget,1972; see R. J. Steinberg & Powell,1983）；相反，比较推崇智力行为是一个日益复杂的反应的连续体一说（Piaget,1972）。他进一步提出随着年龄的增长，智力及其表现形式会逐渐分化。

皮亚杰认为发展呈现阶段性，这种阶段性通过平衡（equilibration）而发展。所谓平衡是认知发展的一个过程，在这一过程中儿童在其认知能力范围内，力求在新环境中获得的信息和已有的认知图式和过程之间寻求一种平衡。换句话说，平衡是所处环境提供的信息和应激时人自身的认知条件之间的平衡。平衡包括同化和顺应两个过程。

在某些情况下，儿童现有的思维模式和现有的智力结构或图式已足以面对和适应环境的挑战，此时儿童处于一种平衡的状态中。可是在有些情况下，与儿童现存的智力结构不相符合的信息会导致认知的不平衡。这种不平衡来自于儿童面对新环境挑战时,思维自身的缺陷。这种不平衡很可能出现在两个认知阶段的过渡时期。因此,儿童要通过同化(assimilation)来恢复平衡。所谓同化,指儿童把环境因素纳入机体已有的图式或结构中,加强和丰富主体的动作,来试图恢复认知平衡的过程。例如,一个很小的孩子第一次看到猫时,由于他认为所有宠物都是小狗,他很可能会把猫叫成小狗。皮亚杰提出如果新的信息与已有的认知结构不符,儿童会通过顺应(accommodation)来修改已有的认知结构。顺应,即改变主体动作以适应客观变化。稍大一点的儿童能分辨出猫与狗不同,从而可能对已有认知结构进行修改,将猫和狗区别为不同类型的宠物。同化和顺应的过程会形成比以往更复杂的思维水平。另外,这些过程重建了平衡,并使个体的适应能力达到了更高的水平。

让·皮亚杰(1896—1980)通过观察儿童思维的过程以及他们在此过程中常犯的错误,获得了大量有用的信息。

皮亚杰理论中的发展阶段

根据皮亚杰的观点,同化和顺应的平衡过程能充分地解释与认知发展相关联的所有变化。尽管皮亚杰提出认知发展贯穿整个儿童时期,但他也认为发展还包括了非连续的、间断的发展阶段。皮亚杰(1969,1972)把认知发展分成四个主要阶段:感觉运动阶段,前运算阶段,具体运算阶段和形式运算阶段。

感觉运动阶段 认知发展的第一个阶段(两岁之前)是感觉运动阶段(sensorimotor stage)。在这一阶段,认知发展仍建立在反射的基础上,发展对当时不能感觉的物体的心理表征能力。出生后第1个月,婴儿的反应主要是反射性的,如吮吸、抓东西、转向声音源和其他新奇的刺激物等。根据皮亚杰的观点,婴儿在适应环境的过程中会逐步完善他们的反射图式来完成有目的的活动。在接下来的几个月中,婴儿会重复他们所发出的有趣的行为,例如,发出咯咯的笑声。

从4~12个月,新动作包括重复性的行为,但是行为的结果还包括除儿童自身以外的其他物体,如,婴儿会玩一只皮球或一辆玩具汽车,并一遍一遍地观察它们的运动。然而这些行为的产生在很大程度上也是建立在偶然发生的有趣事件的基础上的。

然而,从12~18个月,婴儿开始积极地寻求与物体有关的新奇的行为方式。他们不再是坐等新事物的偶然出现,而是创造条件使它们出现。尽管他们仍然是重复动作,但会对其进行改动以达到他们期望的效果,如使一物体按照自己喜欢的方式摆动。在这一时期,儿童还会积极地对周围环境中的物体进行试验,看看可能会出现的结果。

处于这一阶段的儿童有着惊人的记忆能力。一个3个月大的婴儿如果在三天里两次看到同一辆汽车,那么在5~7天后,他能比只见过汽车一次的婴儿更好地回忆起用脚踢汽车时对汽车产生的影响(Rovee-Collier,Evancio,& Earley,1995)。

贯穿认知发展早期阶段的一个事实就是,婴儿的认知似乎只集中在能通过感觉直接感知的物体上,他们无法想像不能立即感知的物体。根据皮亚杰的观点,婴儿没有物体永存(object permanence)的意识,物体永存指尽管没有感知到某物体,但仍知觉其是存在的。例如,当着一个不满9个月的婴儿的面将一个物体藏起来,这个婴儿就不会再去寻找该物体。如果一个4个月大的婴儿看到你把一个发出咯咯响声的物体藏到毯子下面,他也不会到毛毯下面去寻找该物体,而9个月大的婴儿却会这么做(图10-4)。

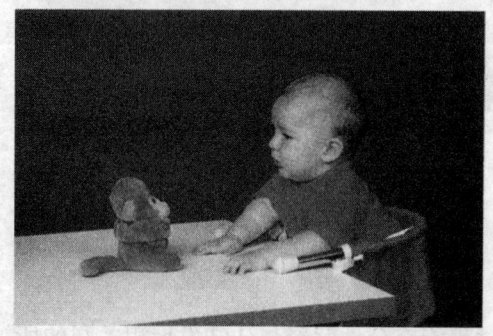 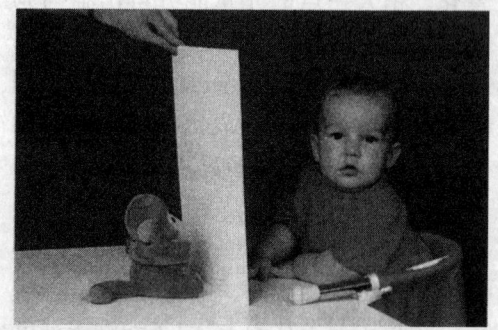

图10-4 物体永存

不满9个月的婴儿在看不到物体时,就认为物体不存在了。对图中这名婴儿来说,当玩具猴子被挡住后,他认为它不存在了,所以就对之失去了兴趣。而稍大一点的婴儿则会试图寻找挡在屏障后的猴子。

要具备物体永存的意识,就需要即使当物体没有被看见、听见或被感知时,仍具有对物体的内在的心理表征。事实上,到18~24个月,儿童开始具有表象思维(representational thought)。这种思维包括心理图像,如实物图像或其他表征形式,主张或建议等。在感觉运动阶段的后期,即向前运算阶段的过渡期,婴儿开始能够思考未必可以立刻知觉的物体和个人。

前运算阶段 前运算阶段(preoperational stage)是皮亚杰所提出的第二个发展阶段(大约在2~7岁之间),在这一阶段婴儿开始发展语言能力和对物体的概念。然而婴儿的这种沟通主要还是以自我为中心的,一次谈话可能并没有什么连贯性。婴儿只说他们想到的东西,对别人所说的却丝毫不关心。但是随着婴儿认知的发展,他们在形成自己的意见和作出回答时,会愈加注意他人的观点。

在一项对表象思维的研究中，朱迪思·德洛切（Judith DeLoache，1987）向一群30～36个月大的幼儿展示了一个房子的比例模型，并当着他们的面，将一个玩具藏在该房子的模型中，然后他们要求这些孩子到实际的房子中去寻找该玩具。因此在这个实验中，婴儿先看见实验人员藏了一只"史努比（snoopy）"在房间的模型中，然后他们被要求到真实的那个房间中去寻找那只"史努比"。30个月大（两岁半）的幼儿出错率超过80%，而36个月大（三岁）的幼儿出错率却低于30%。

为什么较年幼的孩子在完成任务方面有困难呢？一项没有控制组的实验表明问题不在于记忆，婴儿的确记住了物体被藏的地点。进一步的研究表明该问题也并不像皮亚杰理论所设想的那样，是由表象思维的差异造成的。相反，他们发现，较年幼的孩子对房间的模型本身更感兴趣，结果，他们并不认为这只是比例模型，而把它当做房子本身。稍大一点的婴儿则对房子模型没有太多的兴趣，他们只是把模型视为更有趣的大房间的表征物而已（DeLoache，1991，1995）。

随着儿童的成长，他们越来越少地表现出自我中心主义（egocentrism）——这里自我中心主义是指一种认知特性（而不是一种人格特质），基于这种特性，儿童的心理表象只是集中在他们自身的观点和经验上，这就使得他们很难洞悉他人的观点。例如，处于前运算阶段的儿童的心理表象仅仅包括儿童自身的视角角度。他们很难想像如果从另一种角度看问题，比如说一座山（从山顶到山脚），看到的将是怎样的风景。皮亚杰把这种早期的趋势视为对儿童日后发展趋向的预见。这种趋向就是各种年龄的儿童对外界的意识和他人对世界的认识的意识日益增强（儿童的自我中心主义对其人际关系的影响将在第十一章中讨论）。

在前运算阶段会发生许多发展变化。儿童积极地、有目的地运用语言和对周围物体进行的体验，将在概念和语言发展方面带来巨大的增长。这些发展将为下一阶段认知的发展打下良好的基础。

具体运算阶段　皮亚杰的认知发展的第三个阶段叫做具体运算（concrete operations）阶段，大约从7～12岁，儿童能够在心理上完成对具体对象的内在表象。例如，儿童可以在没有实际上看到陀螺旋转时想像一个陀螺在旋转的情景，现在儿童不但可以对物体有思想和记忆，而且他们能够实现对这些想法和记忆的心理运算。但是他们心理运算的对象只能是具体的事物，即只能是对汽车、食物、玩具和其他客观事物的思想和记忆。

最初，儿童靠对事物的直接感知来认识事物，渐渐地，他们开始形成关于世界如何运转的内在法则，最终他们根据这些内在的法则，而不是单独的凭外观来引导他们的推理过程。从前运算阶段的思维到具体运算阶段的表象思维，最显著的变化可以在皮亚杰著名的守恒实验中得到表现（1952，1954，1969）。

著名的皮亚杰守恒实验是用两只大口杯来证明液体数量的守恒（图10-5）。实验人员向儿童展示了两只盛有液体的短而粗的大口杯，并让儿童检验两只大杯中的液体是不是一样多。然后当着儿童的面,实验人员将一只大口杯的液体倒进第三只大口杯,这只大口杯比前两只要高一些,但细一些。细高杯中的液体要高于短粗杯中的液体,在问及两只杯子中的液体是否一样多时,处于前运算阶段的儿童常回答说不一样。前运算阶段的儿童说因为在高细的大口杯中的液体感觉比较高,所以又细又长杯子中的液体多一些。尽管只是表象的变化,但处于前运算阶段的儿童并不认为液体是守恒的。而处于具体运算阶段的儿童会说两只杯子里的液体一样多,这是建立在儿童关于物质守恒的内在图式之上。

图 10-5 液体质量守恒

图中这个小男孩正在参与经典的皮亚杰液体数量守恒实验。研究者先量出等量的两组液体,并分别盛在完全相同的两只又粗又短的大口杯中,然后将其中一只大口杯中的液体倒入另一只又高又细的大口杯。从最后一幅照片中可看出,小男孩断定那只高细的杯子中的液体比短粗杯中的多。由于该男孩的认知水平仍然处在前运算阶段,他不知道尽管液体在外表上发生了变化,但仍是守恒的,一旦进入具体运算阶段,小男孩将会明白其中的道理。

具体运算阶段的儿童能做而前运算阶段的儿童不能做的是什么?具体运算阶段的儿童能够利用内部图像和心理上保存数量的概念,推断出尽管液体外表看似不等,但实际相等。另外具体运算阶段的思维是可逆的,如果实验者把液体倒回短粗的杯子,具体运算阶段的儿童会认为两个杯子里的液体一样多。但是要记住,那些操作都是具体的,也就是说心理运作作用于真实物理事件的心理表征。根据皮亚杰的观点,在认知发展的最后一个阶段,儿童的认知超越了这些具体的操作,并可将这些原理应用于抽象的概念中。

尽管处于具体运算阶段的儿童能够很容易地掌握守恒原理,但当将其应用于具体实践和更抽象的数学概念时,他们会遭遇较大的困难。下面的事例摘自诺顿·贾斯特(Norton Juster)的名著《收费亭里的幽灵》(*The Phantom Tollbooth*),列举了年幼的儿童在试图保存距离概念时可能会体验到的一些困难,在该情况下,长度用不同的度量单位测量。

前方,路分叉成三条不同的道路,并且有一块巨大的指示牌,标明这三个方向,清楚地记载着:

狄其特坡列斯(Digitopolis)

5 英里;1 600 杆;8 800 码;26 400 英尺;316 800 英寸;633 600 半英寸。

"按照英里行驶,"汉姆伯格建议道:"这样路途较短。"

"让我们按照半英寸行驶,"麦罗提出:"这样路途较短。"

而处于形式运算阶段的儿童就不会犯此类错误。

形式运算阶段 皮亚杰发展的第四个阶段,即为形式运算阶段(formal-operational stage),一般出现在 11 岁或 12 岁以后。这一阶段的儿童能够熟练处理抽象的概念和各种正式的社交活动之间的关系(Inhelder & Piaget, 1958)。在具体运算阶段,如果一个观点能够被具体操作,儿童就能逐渐明白这个观点。然而在形式运算阶段,儿童最终能够学会从他人的角度来看待问题,即使他们并没有操作具体事物。此外,处于形式运算阶段的儿童还能够有目的地寻求关于自身所面临的环境系统的心理表象。

根据皮亚杰(1972)的观点,在形式运算阶段,人们首先能够考虑第二层关系,也就是关系中的关系。例如,在形式运算阶段,儿童认识到不仅他们有父母(第一层关系),所有儿童也都有父母(第二层关系——我和我父母的关系就像其他儿童和他们的父母关系一样)。最后他们还将掌握数学领域里的第二层关系,例如,一方面能够做加法和减法,另一方面也能够在乘法和除法的可逆关系中提取出并列项。他们不仅能够理解两个独立物体间的相互关系,还能够掌握两组物体间的相互关系(如类比推理,见表 10-1 关于皮亚杰认知发展理论的摘要)。

总之,皮亚杰认知发展理论中的阶段是按固定顺序出现的,各阶段开始时间的个体间差异不大,而且每一阶段都建立在前一阶段发展的基础之上。皮亚杰认为认知发展阶段的顺序是不可逆的:认知发展一旦步入了一个新的阶段,就不会退化至较低的阶段。许多理论家并不赞同这一观点,其中,对较年长的人群的观察使得人们对"退化不会发生"的论断产生了质疑。事实上,在评价皮亚杰理论当前的地位时,我们发现,理论家和研究者在几个特殊领域内是与皮亚杰持不同观点的。

对皮亚杰理论的评价

皮亚杰理论对人类理解认知发展作出了重大的贡献,其研究还将继续对心理学的发展产生重大影响。他的主要贡献在于激励我们从一个崭新的角度来观察儿童和研究儿童思考的方式。作为一位科学家,皮亚杰知道他的工作并不是研究的终点,而只是一个完整的研究领域的开始。追随其后的研究者也得益于他的工作和他的观点,虽然他们也对皮亚杰的许多结论,甚至一些观察结果提出了质疑。为了更全面地理解皮亚杰在发展心理学领域的重要地位,我们必须先来了解一些对皮亚杰理论的主要的批评观点。

首先,如前所述,许多发展心理学理论工作者怀疑皮亚杰所提出的发展阶段假说,许多人认为发展至少是部分连续的(e.g.,Brainerd,1978;Sieglos,1998)。其次,理论家对皮亚杰关于什么使儿童在执行特殊任务中遭遇困难的观点提出了质疑(这一点将在本章的后面讨论到)。第三,理论工作者怀疑皮亚杰对首次完成特定任务的年龄估计的准确性。通常认为这些年龄的平均水平要早于皮亚杰理论中所提出的年龄(Ahn, Kalish, Medin, & Gelman, 1995; Baillarngeon, 1987; R. Gelman & Baillargeon, 1983; Huttenlocher, Newcombe, & Sandberg, 1994; Kotovsky & Baillargeon,1994; Oakes & Cohen,1995)。例如,如果测试适当,3个半月大的婴儿能够表现出记住看不见的物体的行为。换句话说他们可以表现出物体永存的迹象(Baillargeon & DeVos,1991)。

对皮亚杰理论的第四点批评是他的研究对象主要是西方的儿童,因此很难说其结论是否适用于其他地区的儿童。尽管皮亚杰早期阶段理论的顺序被跨文化研究所证实,但是,具体的年龄阶段却因文化而异。还有一个问题是关于成年人即使在发达的社会中,是否也会典型地表现出形式推理的能力(Byrnes,1988;Kuhn, Garcia-Mila, Zohar, & Andersen. 1995)

许多跨文化心理学家把发展的差异归因于环境和经历的差异,而不是遗传的缘故。另外还有一些研究者怀疑皮亚杰理论中后几个阶段是否具有普遍性。例如,在一些非西方文化中,青少年和成人似乎都不表现出皮亚杰理论中形式运算阶段认知发展的特点。而有些成年人甚至也不能显示出已掌握皮亚杰的具体运算阶段的相对的象征特性(see Dasen & Heron,1981)。1972年,皮亚杰对自己的理论进行了修正,并承认形式运算阶段更像是个人特殊运算阶段能力的发展,它建立在经验的基础之上,而非存在于认知发展成熟的过程中。然而尽管一些理论工作者仍在沿用皮亚杰的理论,但是他们认为认知发展并不完全遵循皮亚杰所提出的形式。

新皮亚杰主义的理论

新皮亚杰理论建立在对皮亚杰认知发展理论的全面理解基础之上。这些理论工作者并不是全盘接受皮亚杰的理论,也不是彻底地抛弃它,而是在这一理论基础上进行修改和重建(e.g., Case & Okamoto, 1996; Demetriou, Efklides, & Platsidou, 1993; Fischer & Grannot, 1995; Halford, 1995)。尽管每一位新皮亚杰理论研究者之间又有着差异,但他们中大多数人都有如下共同的地方:(a)接受皮亚杰认知发展阶段的观点;(b)研究致力于认知发展的科学和逻辑方面(观察参与与皮亚杰游戏类似的活动中的儿童);(c)保留认知发展是通过平衡机制得以实现的观点。在众多的新皮亚杰理论工作者中,我们这里只介绍其中一小部分,即提出在形式运算阶段之后存在第五个发展阶段的那些理论家,这是辩证思维的表现之一。

一些新皮亚杰理论者提出认知发展的第五阶段,在这一阶段中,个体意识到现实生活情形中常存在许多问题和机会,对此并没有一个明确的答案。通常,要考虑到各种可能性,然后选择最符合实际的选项,并认识到其他选项可能会提供被选项所不具有的益处。比如在决定选取哪条路线时,步行者必须清楚地知道哪条线路是有利条件的最佳组合,同时也要意识到他们可能会因此而错过一些有吸引力的目标或其他益处。

一些心理学家,如戴德·克雷墨(1990, Deirdre Kramer),吉赛拉·拉博威—威乌(Gisela, Labouvie - Vief, 1980,1990),胡安·帕斯卡—莱昂内(Juan Pascual - leone, 1984,1990)和克劳斯·里格尔(Klaus Riegel, 1973)宣称,紧接着形式运算阶段之后还有后形式思维(postformal thinking)阶段。在这个阶段,个体开始清楚地认识到思维是连续展开和发展的(该辩证的思想最初是由哲学家乔治·黑格尔提出的)。在这个阶段，个体在智力上能够作出各种决定，或对问题作出各种回答。正如本书前面所述，通过辩证思维，个体清楚地认识到人类对于生活中的重大问题，很少能找到最终的正确答案，但是通过对各种论点综合和扬弃的发展过程，可以得到思想连续发展的新论点，而该新论点又成为下一轮辩证思维发展的起点。通过辩证思维，成人可以在智力上巧妙地处理好日常生活中的突发奇想和不一致。从这些情形中很难得出简洁正确的答案。通过后形式思维，我们可以对其他备选项进行考虑，作出选择，并意识到其他选项可以提供被选项所不具有的益处。认知发展的另一重要理论是由列维·维果茨基提出的。

列维·维果茨基的认知发展理论

1934年，认知发展心理学家列维·维果茨基（Lev Vygotsky）死于肺结核病，年仅37岁。尽管英年早逝，但这位俄罗斯心理学家的影响近年来日益扩大，与皮亚杰不相上下。尽管皮亚杰理论在20世纪60年代和70年代占据优势地位。但维果茨基在70年代后期和80年代又重新被人们发现并尊崇，继续保持其巨大的影响力。维果茨基理论中包含着很多丰富的思想，其中有两个思想在此十分有必要提及，即内化和临近发展区理论。

关于儿童思维的许多观点都是由认知发展心理学家维果茨基（1896—1934）提出的，这些观点不仅对心理学家来说是重要的，对教育学家来说也是十分有意义的。

内化，由外向内的发展

在皮亚杰理论中，认知发展过程主要是由内向外发展直至成熟的过程。环境可以促进或阻碍发展的过程。但皮亚杰强调发展的生物学和成熟的方面。与皮亚杰由内向外发展的理论相反，维果茨基（1962，1978）强调环境在儿童智力发展过程中的作用。他认为发展的过程主要是由外向内的内化（internalization）过程，这是一个从特定社会环境中汲取信息的过程，因此社会的，而不是生物学的影响才是维果茨基理论的核心。

每天，在家里、学校、大街上，儿童倾听人们谈话的内容，观察人们的行为，并思考人们言行的原因。例如，他们观察父母是如何对待与他们发生联系的服务人员，如老师、煤气站的服务员、保姆、商店收银员等。然后他们把所看到的内化成他们自己的观点。他们在内心重新建构各种谈话以及在他们世界中的各种相互作用。根据维果茨基的理论，儿童的学习是在他与环境的相互作用中发生的，这就基本上决定了儿童内化的内容。

临近发展区

维果茨基(1962，1978)对教育和发展心理学的第二大贡献是提出了临近发展区(zone of proximal development，或 ZPD)(有时也叫潜在发展区)。ZPD 是儿童在适当的环境中，所表现出的已有能力和可能会具有的潜在能力之间的差距。在观察中，我们特别注重的是他们在遗传和环境的相互作用下已发展的能力。然而，很大程度上，我们真正感兴趣的是儿童能够做什么，即当儿童能够从环境的束缚中解脱出来时所具有的潜力。在维果茨基以前，人们并不知道该如何测量这种潜在能力。

维果茨基认为，我们不但要重新考虑如何认识儿童的认知能力，还要重新考虑如何测试其认知能力。例如，在一个静态的评估环境中对儿童进行测试。在该测试中，测试者提出一系列问题，不提供任何暗示和指导，即使被测者回答错误，对回答的正确与否也不作任何评价，测试者仅仅逐个进行提问。维果茨基对这一测试方法进行了修改，建议在动态的评估环境中进行测试，在测试中当被测者回答错误时，测试者和被测试者之间的相互作用并不就此结束。在动态的评估中，当被测试者给出的答案错误，测试者会给儿童一系列指导性的、逐步的暗示以帮助问题的解决。换句话说，测试者既充当了老师，又充当了测试者。测试者尤其对儿童利用暗示的能力感兴趣。利用暗示的能力是测量 ZPD 的基础，因为它表明儿童可以在多大程度上超越其在测试时表现出来的能力。一些专门测量 ZPD 的测验已经出现了(e. g.，A. L. Brown & French，1979；Campione，1989；Campione & Brown，1990；Grigorenko & Sternberg，1997)，其中最著名的是以色列心理学家热文·福俄斯丁(Reuven Feuerstein，1979)的学习潜能评估实验。

ZPD 是认知发展心理学中一个十分令人兴奋的概念，因为它帮助我们探测儿童已有能力以外的能力。此外，测试与教学的结合也吸引了许多心理学家和教育家。教育家、心理学家和其他研究人员都被维果茨基的"我们能够拓展和促进儿童的认知能力的发展"的观点所吸引。

福俄斯丁(1980)强调父母可通过间接学习经验(mediated learning experiences，或 MLE)促进儿童的学习，从而发展了维果茨基的理论。例如，成人可将儿童引导到一个有趣的环境(例如博物馆)或者一项任务(例如学习烧饭)中，然后使用儿童能理解的语言来向其传授经验以加强儿童的学习能力。与 MLE 相对的是直接指导，即大人直接告诉儿童其即将学习的特殊信息。尽管间接经验可以来自成人或其他儿童，但一般成人的间接经验更加有效，因为成人比其他儿童更了解儿童是如何学习的(Rogoff，1990)。因此，成人能为儿童构建更好的学习经验(Rogoff, Mistry, Goncu, &

Mosler, 1993)。

皮亚杰和维果茨基的研究动力源自他们对透过表象了解儿童行为和反应原因的浓厚兴趣。与许多对科学有重大贡献的人一样，维果茨基和皮亚杰的思想贡献更多地是通过在何种程度上拓展人类的知识水平来体现的，而不是体现在他们对某一概念完整的、最终的理解上。也许，理论的最大价值就在于它对进一步探讨的促进作用，下面，我们就来学习一下认知发展中的信息加工理论。

信息加工理论及其对认知发展的研究

信息加工理论者（information-processing theorists）试图理解人类处理信息的各种办法（如：解码、编码、传输、结合、储存和提取），尤其是在解决具有挑战性的智力问题时。信息加工理论者不需要像皮亚杰那样提供关于认知发展理论的完整解释，但他们考虑了各年龄段的个体信息加工的整个心理过程。任何一种包含了注意、吸收、智力加工、贮存、结合、提取或者基于信息的智力活动，都属于信息加工理论的范畴。

信息加工分析具有下列优势：首先与其他方法相比，它使个体可以对认知中的心理过程进行更精确的分析。第二，它使个体对变化是如何发生的问题给予特别的关注。第三，它也适用于对特殊领域内的学习进行分析，如阅读和算术。在此领域中，信息加工分析能够帮助调查者建立更精确的关于学生学习和思考的模型（Siegler, 1998）。

当把焦点从信息加工理论移至认知发展时，我们不禁要问：我们对信息的组织和表现的过程、策略和方法是否会随时间的发展而变化？如何变化？如果有变化，是什么引起了这些变化？现在，让我们来讨论信息加工的几个领域。

概念的理解

早在婴儿期时，儿童就表现出对周围世界的非凡的理解能力。为了了解世界，婴儿需要知道自己该在何时以及如何关注新鲜的刺激。令人称奇的是他们似乎天生就有这方面的能力。

而且，感知能力的迅速发展能使婴儿了解到关于周围世界更多的信息。例如，在一项研究中，研究者让4个月大的婴儿观看两部电影（Spelke, 1976）。在一部电影中，一名妇女边表演边说："躲猫猫。"在另一部电影中，有人一只手正用一根小棒有节奏地敲打木块。让婴儿观看的电影有的是配有原声的，有的则不是。研究者发现，如果声音与画面相协调，婴儿看画面的时间也相应延长。换句话说，即使是4个月大的婴儿也能将听觉和视觉刺激进行匹配。这种能力对于通过综合各种感官所获得的信息来感知周围世界十分重要。

信息加工理论者对年龄较大的儿童的感知能力的研究也有很大兴趣，比如他们对表象和现实的感知。例如,给4~5岁的儿童展示一些仿真的物体,如一块看似石头的海绵(Flavell, Flavell, & Green, 1983),研究人员鼓励这些儿童去接触和了解这些物体,接着他们要求儿童回答关于这些物体的一些问题。然后,儿童被要求隔着一层蓝色的塑料薄膜观看物体并判断物体的颜色,同时还被要求对通过放大镜观看到的物体进行尺寸判断。儿童可以清楚地意识到他们正通过这些中间介质来观看物体。

儿童的错误呈现出一个有趣的模式。他们所犯的错误可分为两大类。一方面,当他们被要求汇报真实情况时(物体的实际情形),儿童有时汇报的是表面情形(物体看上去的情形);而当他们被要求汇报物体的表面情形时,他们有时汇报的是真实情况。另一方面,他们并不能清晰地感知表象和真实之间的差别(Flavell, Green, & Flavell, 1995)。

记忆

正如你所期望的那样,年龄稍长的儿童的记忆力要优于年龄稍小的儿童(Kail, 1990)。总体记忆能力的差异是显著的,但在儿童的记忆任务中,除生理因素外,还有许多其他因素也在起作用。例如,我们组织信息的方法在记忆中有着重大的作用(参见第七章)。尤其是当我们对某一个领域很熟悉时,我们可以把零散的信息整合成较大的信息组块,这样就能很容易地回忆起那些信息。

尽管许多信息加工理论者和研究人员对认知发展的内容知识效果的研究较感兴趣,但他们最感兴趣的还是儿童在记忆过程中所使用的策略上。在学习新知识时,年龄较小的儿童较常采取简单的记忆策略,如机械的循环记忆,然而稍年长的儿童则倾向于采取精确的复述策略,如视觉想像和语义分类(Alexander & Schwanenflugel, 1994; Hasselhorn, 1990)。

对记忆发展研究的一个特殊方向引起了业内较大的关注:那就是元记忆(metamemory)。元记忆包括对记忆能力的认识和理解,还包括增强记忆能力的各种途径(Flavell, 1976, 1981; Flavell & Wellman, 1977; T. Nelson, 1996)。这是元认知的一种特殊情况,也是对个体自身的认知功能的理解和控制(T. Nelson, 1999)。例如,学龄前儿童常会过高地估计他们的回忆能力,当被要求回忆某条信息时,他们很少主动地使用复述策略。年龄较小的儿童似乎并不知道许多增强记忆的策略。即使他们知道,通常也不使用。例如,年幼的儿童在一项作业中被培训使用复述策略后,他们通常不会把这种策略应用到其他作业中去(Flavell & Wellman, 1977)。因此很显然,年幼的儿童不但缺少有关方法、策略的知识,而且即使他们知道某些方法,也没有运用这些方法的意识。一般来说,尽管元记忆不是一个特别有效的预测记忆能力的工具(Flavell, 1985; Flavell & Wellman, 1977),但是随着年龄的增长,儿童在元记忆方面的能力会有所提高。一般来说,儿童的智力知识以及他们的智力状况在2~5岁期间会有惊人的增长（Astington，1993；B. Bower，1993；Perner，1999）。

西方文化和非西方文化的跨文化研究比较支持这样一个论点，那就是文化经验和环境需求影响了提高记忆力的策略的运用。例如，一般说来，西方儿童比非西方儿童受到更正式的学校教育，因此他们拥有更多的实践和练习，来大量使用复述策略记忆单独的信息单元。相反，一般来说危地马拉的儿童和澳洲土著儿童会有更多的机会，使他们倾向于运用依靠空间定位和物体排列来增强记忆的策略（Kearins，1981；Rogoff，1986）。

语言的理解和流畅

第八章已详细地描述了语言的获得，这里我们只作简单的概述。语言理解是一种对语言输入信息，如单词、句子和段落的书写和讲说的理解能力。语言流畅就是创造这种原材料的能力。一般地，随着年龄的增长，儿童有效处理信息的能力以及他们的语言理解能力都会相应增强（e.g., Hunt, Lunneberg, & Lewis，1975；Keating & Bobbitt，1978；K. Nelson，1999）。年龄稍大的儿童比年龄稍小的儿童的语言更为流利（e.g., Siegler，1998；Sincoff & Sternberg，1988）。大量要发展的不仅是语言能力，而且还包括创造有用的策略的能力，如跟踪理解能力等。

跟踪理解的研究已经成为语言理解策略研究的一个最有趣的方面（E. M. Markman，1977，1979，1992）。跟踪理解涉及对于个体对其加工过的信息是否已经理解的观察，包括了内部矛盾，或其他对于他们解决问题时所要关注的问题的特征。考虑一个典型的实验，让8~11岁之间的儿童听一段包含矛盾信息的话。下面一段对如何制作甜点火烧冰淇淋（Baked Alaska）[1]的描述就是这个例子：

> 为了做甜点，他们把冰淇淋放进非常热的烤炉中，当到达沸点时火烧冰淇淋中的冰淇淋溶化了。然后他们从炉中把冰淇淋拿出来，并立即把它分发掉。当他们制作火烧冰淇淋时，冰淇淋是结实的，并没有溶化。（E. M. Markman，1979，P.656）

注意，这一段话包含了一个显著的内部矛盾，既说冰淇淋溶化了，又说它没溶化。几乎半数看了这段话的年幼的儿童根本没有注意到这个矛盾。甚至当他们事先被提醒这个故事中的有关问题时，许多年幼的儿童仍然没有发现其中的矛盾，因此许多年

---

[1] 火烧冰淇淋（Baked Alaska），也叫蛋烤冰淇淋，西方的著名甜点。一般是将长方形的一块清蛋糕放入椭圆形的银盘内，蛋糕上放上250克重的一块冰淇淋，再将打起的鸡蛋白盖在上面，并用鸡蛋白裱成花纹，撒上糖粉，放入温度较高的（火局）炉内（火局）黄。上桌前，将白兰地洒在上面，用火点燃，会产生蓝色光焰，常作为宴会中最后的一道菜。——编者注

幼的儿童在跟踪理解方面做得并不好，甚至当他们被提示注意文章的矛盾时也是如此。一些年幼的儿童在数量问题上也面临着挑战。

数量能力

一些认知发展研究方向已经开始转向研究年幼儿童的数量能力，其中之一是研究简单数字的理解（如计算演示）和算术计算。数物体并保存数字的能力是儿童数量能力和数字概念最早的迹象之一。皮亚杰关于儿童数字能力的描述一般来说低估了他们的能力（Gelman & Gallistel,1978；Siegler,1996；Wynn,1995）。皮亚杰理论者推断许多2~3岁的儿童不能数超过3个或4个条目，然而当这些儿童判断不知道的数量时，他们却能够将其区分开来。例如，初学走路的孩子不能数到100，但他们知道100片饼干比20片饼干要多。所以，甚至非常年幼的儿童都有一些基本的计算能力，而不是像皮亚杰所陈述的那样。另外，巴西街头9~15岁之间的小贩在学校里并不能解决某些数学难题，但如果这些问题以同一形式出现在他们在街头的买卖活动中，他们就能解决（Carraher,Schliemann, & Carraher,1988；Nuñes,Schliemann, & Carraher,1993）。这样的活动需要积极的问题解决。

问题解决

许多心理学家正在从事有关儿童问题解决方面的研究。这里我们主要研究的是天平问题（Inhelder & Piaget,1958；Siegler,1976,1978,1996）。在天平问题中，儿童看到的是一个处于平衡状态的天平，在天平上每一边都有四根相同跨度的定位针。天平的左右力臂可以移动，或根据分配的重量，保持平衡状态。儿童的任务就是预测如果天平的平衡被打破时，天平的哪端会向下倾斜（如图10-6所示）。

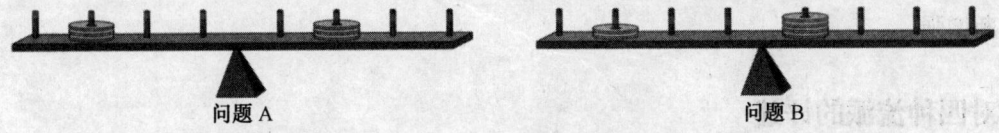

图 10-6 天平问题

天平问题与某些有趣的关于问题解决能力发展的研究很相似，你能预言这里所示的两个天平哪一个会发生倾斜吗？

首先，儿童在做预测时，并不考虑支点到砝码的距离，而只考虑砝码的数量。随着年龄的增大，儿童学会运用较复杂的原理。这些复杂的原理包含了比现在的情形更多的信息（如从支点到砝码的距离和砝码重量之间的关系）。在演绎推理中利用信息十分重要（Siegler,1976）。

由于儿童在诸如天平平衡作业等问题中，考虑问题一般过于简单，所以相对成人来讲，就显得不能明确地解决科学问题。例如，与成人相比，很少有儿童能设计出这样一个试验：在所有变量中，只有一个可变量，其余均得到控制。结果在实验中，他们通常对数据存在多种解释（Klahr, Fay, & Dunbar, 1993; Kuhn, Schauble, & Garcia-Mila, 1992），并且也并不完成所需的所有实验就过早地作出了结论（Klahr, Fay, & Dunbar, 1993; Kuhn, Garcia-Mila, Zohar, & Andersen, 1995）。

归纳推理

归纳推理指从具体的观察中推论出普遍原理。它不是要得到一个简单的、符合逻辑的问题解决方法，而只是要得到一些可信度各异的问题解决方案（参见第八章）。

似乎 3 岁大的儿童就能从具体的观察中推断出一些基本的原理，尤其是那些关于动物分类的原理（S. A. Gelman, 1985; S. A. Gelman & Markman, 1987; S. A. Gelman & Wellman, 1991）。例如（S. A. Gelman & Kremer, 1991），学龄前儿童能够推断出一些原理，如将生长等现象归因于自然成熟过程，而非人类的干涉。学龄前儿童还能正确推断出山鸟（遍体黑色的鸟。编者注）更像是火烈鸟，而不像是蝙蝠，因为山鸟和火烈鸟两者都属于鸟类（S. A. Gelman & Markman, 1987）。在这个例子中要注意的是学龄前儿童的这一判断是与其知觉相背离的，因为山鸟看上去更像是蝙蝠而不是火烈鸟，相反，他们将其判断建立在蝙蝠不是鸟这一事实之上（尽管"鸟"一词适于火烈鸟和山鸟这一事实是公认的）。此外，对归纳有支持作用的环境能大大增强儿童的归纳能力（Keil, 1989, 1999）。

对这些发现的总结又一次证明早期的发展心理学家可能低估了儿童的认知能力。然而，在人类成长的过程中，似乎总有这样一种发展倾向，即在从具体信息推断普通原理过程中复杂程度不断增强，以及对作为推理基础的信息的细微特征的依赖程度也不断增强。

对四种流派的评述

前面关于认知发展的一些理论（皮亚杰理论、新皮亚杰理论、维果茨基理论和信息加工理论）在心理学领域中影响深远。然而，它们并不是互相排斥的；后人常同时信奉两种或两种以上的上述理论；这些理论中有的得到了进一步的发展，有的成为了其他理论的分支。表 10-3 概括了这些理论间的相互关系。认知发展理论和心理学中其他重要的论点，对于理解人类为什么以及如何进行思考、感觉和行为的辨证过程十分重要。

表 10-3 认知发展理论概述 本章所提及的各种理论是如何论证先天与后天、连续性与阶段性、一般领域与特殊领域及发展过程的本质等问题的?

理论	先天还是后天	连续性还是阶段性	一般领域还是特殊领域	发展的过程
皮亚杰理论	生理成熟是关键;环境次之,但也起着重要的作用	阶段性的;发展可分为四个阶段	各领域的发展基本同步,尽管有时某些领域的发展要早于其他领域	通过同化和顺应达到平衡
新皮亚杰理论	与皮亚杰理论相比更强调环境的作用	阶段性的;增加了第五个阶段;对皮亚杰的某些具体阶段的发展时间段提出质疑	与皮亚杰理论相同	与皮亚杰理论相同
维果茨基理论	社会和生理环境起到至关重要的作用;生理成熟为发展提供了巨大的潜力(临近发展区),但起决定作用的是社会环境	连续性的	临近发展区概念适用于各领域,但环境只为特殊领域的发展提供充足的支持	个体与环境相互作用而产生的内化过程出现在个体的临近发展区内
信息加工理论	先天提供了生理结构和各种功能(如记忆力);后天(教育)提供环境支持,保证个体充分利用已有的生理结构和功能	连续性的	有些研究者对一般领域的发展感兴趣;有些研究者对特殊领域感兴趣	认知发展的内部变化是生理成熟、环境作用及个体对自身认知过程的希望和塑造共同作用的结果

成人的发展

问题:成人的发展包括哪些内容?

迄今为止,本章主要集中讨论的是儿童认知发展的问题。然而心理发展并不停止于青春期。许多心理学家研究人类的毕生发展(life-span development)——即在整个生命过程中特征上的发展变化。在本章内容结束之前,让我们再讨论一下成人及毕生的认知发展问题。

流体智力随着年龄的增加呈现下降的趋势，在绝大多数情况下，其他认知能力似乎也有所下降。例如，在多数信息加工任务，尤其是复杂的加工任务中表现比较迟缓(Bashore, Osman, & Hefley, 1989; Cerella, 1985; Poon, 1987, Schaie, 1989, 1995, 1996)。同样地，对于年龄较大者，尽管在问题解决中稍加培训成绩会有所提高(Denny, 1980)，但他们在问题解决中的表现仍不是很有效(Willis, 1985)。

我们关于记忆和老化的观点有时会模糊，因为当我们得知记忆退化总是与老化相关，如与老年痴呆症相关，我们可能会倾向于认为这种痴呆症在中老年中非常普遍。事实上，记忆退化在绝大部分老年人中并不普遍(见图10-7)。总体来说，老年人比年轻人更多地表现出能力的多样性。

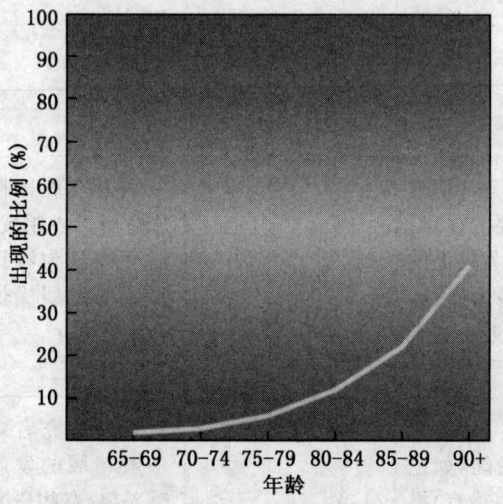

图10-7 老年痴呆出现的比例

日本、新西兰、英国、瑞典和丹麦等国的研究表明，痴呆(如由老年痴呆引起的)是一定年龄以后才会在中老年人群中出现的，如我们所预想的记忆丧失。(After data from Preston, 1986)

然而，智力衰退一说已经遭到质疑(Schaie, 1994, 1995, 1996)。首先，不是所有的认知能力都衰退。例如，研究者(Schaie & Willis, 1986)发现一些特定的学习能力似乎有所增强；而有些研究者(Graf, 1990; Labouvie-Vief & Schell, 1982; Perlmutter, 1983)发现学习能力和对有意义的技能和信息的记忆能力几乎并不衰退。其次，即使在个别领域中，如记忆，某一方面的表现下降并不意味着在另一方面也有所下降。例如，尽管短时记忆能力似乎有所下降(Hultsch & Dixon, 1990; West, 1986)，但长时记忆(Bahrick, Bahrick, & Wuttlinger, 1975)和理解记忆(Schonfield & Robertson, 1966)能力却依旧很好。

成人发展的规律

尽管有关智力随年龄增长是否会有所衰退的争论一直在继续,但争论似乎趋于集中。例如,研究者已就成人认知发展提出了三条基本规律(Baltes,1997;Dixon & Baltes,1986)。首先,尽管流体智力和信息加工的其他方面的能力会在中老年时期有所衰退,但是这种衰退通过稳定良好的实践活动的推进以及智力运行(晶体智力)的实用方面得到了补偿和平衡(Horn & Hofer,1992;Salthouse,1992,1996),因此,当成年人行动变缓以及与生理相关的信息加工的效率降低时,他们可以通过其他方面的知识和专业的信息加工技术来进行补偿(see Salthouse & Somberg,1982)。其次,尽管信息加工因老化而有所衰退,但是充分的贮存能力使得我们至少在表现上会出现暂时的提高,尤其是当年龄较大者受到激发后。第三,其他研究者(Baltes & Willis,1979)进一步提出,人类在毕生发展中,能力有相当大的可塑性,即可修正性。我们没有人是固定在一个特定的表现水平上,每个人都可以有所提高。

许多研究者开始相信,成年人的认知不但不衰退,实际上还会继续发展和提高。例如,新皮亚杰第五阶段理论中描述的后形式思维阶段的特征。支持后形式思维阶段观点的研究者提出了几个方面,在这些方面,较年长的成年人常表现出与青少年、甚至与年轻的成年人本质不同的思维。尽管较年长的成年人在信息加工的速度上比不上年轻的成年人,但他们有其自身的优势,那就是在作出判断之前,他们可以结合亲身经历,花时间仔细考虑和斟酌。这种技能通常被称为是明智的行为(Baltes & Staudinger,in press;Sternberg,1998)。按照这一理论,聪明的人不但可以利用自身的智力促进自身目标的实现,而且还会力促公共利益的实现。他们在作决定时不但考虑了自己的利益,还考虑了他人和公共机构,如社会中绝大多数人的利益(Sternberg,1998)。

本章已经描述了许多关于认知发展研究的理论和方法。学完这些方法后,我们是否能发现一些超越已有任何一种理论和方法的统一的规律呢?换句话说,不考虑特定的理论——不论是皮亚杰理论,维果茨基理论,还是信息加工理论——有没有一个基本的规律能够横贯整个认知发展的研究并将其统一起来呢?

回顾以上内容时,我们会发现一些可能的答案(Lutz & Sternberg,1999;Sternberg & Powell,1983)。首先,在发展过程中,我们似乎获得了对自身思维和学习的更好的控制。随着年龄的增长,我们能理解思维与行为之间复杂的相互作用。其次,随着年龄的增长,我们能够对信息进行更彻底的加工。年长的儿童与年幼的儿童相比,能从问题中破译出更多的信息,从而更有可能正确地解决问题。第三,在发展过程中我们对愈加复杂的事物的理解能力不断增强。最后,随着时间的推移我们在策略的应用和其他信息的使用上越来越灵活。随着年龄的增长,我们在信息的应用方面不再拘泥于某一特定的环境,而是将其运用到越来越多的环境中去。我们甚至还获得了更多的智慧——对自身和周围世界的洞察（Baltes & Stardinger, in press; R. J. Sternberg,1990,1998）。

许多研究者开始倾向于认为成人的认知不但没有衰退,事实上还在不断发展和提高。

事实上这些结论已被许多理论和实验方法所证实,而这一事实则进一步增强了这些结论。下一章讲述的是社会发展,它提出了更多的观点,从这些关于社会发展的各种观点中是否同样会得出与人类发展有关的结论呢?

相关研究

对儿童早期认知发展的研究　苏珊·格尔曼,密歇根大学(Susan Gelman, University of Michigan)

多数儿童从小就会问许多问题,有些问题对于小小年纪的他们来说的确是深奥的。有些是关于世界如何运行的问题,有些则是科学家和哲学家所研究的对象。例如:"婴儿从什么地方来?""上帝是什么?""男孩和女孩有什么不同?""星星是由什么构成的?"这些问题表明儿童正在努力探索其所生活的大千世界的秘密。

我的研究致力于揭示由儿童所构建的关于世界的基本"理论",尤其是当他们懂得了生物类别之后(例如,"婴儿从什么地方来?"或"男孩和女孩有什么不同?")。所有人(事实上,所有动物)都必须将自身的经历分类。如果我们所经历的每一件事物都被视为全新的体验,那么我们将无法生存。如果我们知道了水果的分类,当看到一种以前从未见过的新品种时,我们可能就不会放弃品尝的机会。我们很自然地做这些事,一般并不为意识所觉察。

一般认为儿童的分类与成人的性质完全不同,儿童甚至不能按照成人的方式来形成分类。瑞士著名心理学家让·皮亚杰的一系列研究,如众所周知的"守恒实验"就是

个实例。而我通过研究，向这一观点提出了挑战。我认为
与之相反，儿童从小就开始形成分类，更重要的是，他们还
在分类的基础上得出广泛的推论。在某些方面，儿童似乎
比成人对种类和种类界限的意识更强。我的工作与其他得
出不同结论的研究工作相区别的一点，就是我是通过不同
种类的实验来揭示儿童的理解力的。

  在一个典型实验中，我以游戏的形式呈现给儿童一系
列问题（均是不为儿童所知的），来揭示一个特定的论点。
例如，在一系列研究中，我重新检验了皮亚杰的主张，即儿
童的种类观严格地以表面线索（如大小尺寸、形状或颜色）
为基础。不同的是，我问儿童是否赞同科学家的"外表并不总是等于现实"这一观点。
我间接地提出这个问题，主要集中在儿童有很多生活体验的问题上，如动物和人的生
物类别。

  我向儿童展示一系列由三幅画组成的图片组，这些画在内容上形成一种外表-现
实的冲突。例如提供一组由剑龙（恐龙的一种）、翼龙（一种看上去像鸟的恐龙）和蓝嘴
鸟（鸟的一种）组成的图片。在听完了对图中动物的描述后，儿童们被要求对生物特性
作一个推论（例如，翼龙的血型与哪个相同，剑龙还是蓝嘴鸟）。结果表明，那些年幼的
儿童（包括所有的学龄前儿童，在某些研究中被试甚至还不满两岁半）是在分类标准的
基础上严格进行分类的（例如，将剑龙和翼龙归为一类），而不是按外表形象（将蓝嘴鸟
与翼龙归为一类）进行推论。

  在其他一系列的研究中，我们还对儿童关于种类差异来源的观点进行了探究。研
究发现儿童希望分类要抓住重要的特性而不是过多的外表形象（如内在结构和典型的
行为），我们想知道儿童对这些特性的可塑性或灵活性的判断如何。例如，一头母牛所
具有的典型特征（哞哞的叫声和竖直的尾巴）是否取决于固定的与生俱来的潜能？或
者在不同的环境条件中会有所不同？我和我的同事通过提问如果母牛是由猪抚养长
大的，它会发出什么样的叫声一题对之进行了研究。是哞叫声，还是呼噜声？与儿童
小说所提供的信息不同，如电影《婴儿》(babe)，或者苏斯的《霍顿孵化鸡蛋》(*Horton
Hatches an Egg*)，幼儿园儿童强调动物的天性而不是后天教养，他们报告说即使在恶
劣的环境条件下动物也会呈现出一些与生俱来的特征。

  进行这样的实验主要有三个动机。第一个是科学的动机：我认为研究儿童早期信
念的形成是发现一般的认知偏好的极好时机。我希望有一天我关于儿童分类的研究
能够帮助人理解固定印象的形成以及如何减弱固定印象的影响。第二个动机是从
实践角度考虑的。我认为我们对儿童思想过程的复杂性了解越多，就越能更好地教育
和抚养幼童。最后一个动机完全是从个人角度出发的。聆听儿童表达其对一些重要
问题的见解是一次令人陶醉和有趣的经历。我对实验中遇到的关于人类，甚至包括学

龄前儿童的智力活动的问题很感兴趣，而且我也很喜欢儿童在交谈时所讲述的许多有趣的事情。

日常生活中的心理学

要么使用，要么失去

认知的发展永无止境吗？认知能力测试的分数会无止境地持续增长吗？现有的资料表明，事实并非如此。流体智力（进行心理运作的能力，如对数学中抽象符号的运算）和晶体智力（与文化和历史环境有关的特殊知识）之间存在着差别（参见第九章）。尽管就晶体智力而言，较年长的成年人通常较年轻的成年人要高，但对于流体智力，通常是年轻的成年人要比年长的成年人高些（Horn，1994；Horn & Cattell，1996）。一般说来，晶体智力的增长是贯穿人的一生的，而流体智力的增长会延续到20岁、30岁，甚至40多岁，而后就渐渐衰退（Salthouse，1996）。衰退的速率和程度因人而异（Mackintosh，1998）。然而，平均说来，流体智力衰退的最显著的阶段是人生的最后10年，而且，衰退的速率个体间差异也很大。有些人表现出陡然的衰退，而有些人几乎并不显示出明显的衰退。我们从中受到的启发似乎是"智力就如肌肉之力：要么使用，要么失去"。预防智力丧失最好的方法就是不断地使用个体所拥有的智力。

思考题

1. 研究人员应采取什么措施避免将他们自身和调查者的局限解释为儿童认知发展的局限？
2. 皮亚杰的通过同化和顺应达到平衡的观点如何与维果茨基的临近发展区（ZPD）的观点相联系？
3. 关于认知发展可能存在的"第五阶段"，你有什么提议？
4. 一位生活在肯尼亚的偏僻小山村里的儿童可能会具有怎样的能力？一个生活在高速发展的国家城市中的儿童可能会缺少怎样的能力？
5. 在过去的三年中，你在认知方面有哪些发展？在思维方式上与以往有何不同？
6. 你多年来内化了老师和家长行为的哪些主要的方面？

本章摘要

生理和认识发展研究中的基本问题

1. 学习是在经验的基础上，思维或行为上的相对稳定的变化；成熟是因成长的缘故，思维或行为方面的相对稳定的变化，与特别的经历无关。

2. 今天,几乎所有心理学家都认为生理成熟和后天学习在认知发展中发挥着作用,而且这两个过程之间也在相互作用。
3. 判断认知发展的阶段性的两个标准是:发展按一定的次序进行,而且每一个阶段都包含一套有自身特色的思维技巧。
4. 儿童的概念性发展多表现出个性(在不同的领域呈现不同的比率),尽管有些呈现出共性——以相同的比率出现在所有领域。
5. 在发展研究中研究人员采用横向研究法和纵向研究法进行实验设计。

生理和神经系统的发展

6. 婴儿拥有比我们以往所认为的更多的生理和感知方面的能力。
7. 反射提供了一个重要的生理机制,可用来说明婴儿如何对环境进行适应。
8. 大脑的神经网络在 6 岁以前发育得最快。大脑发育最快的区域是感官和运动神经皮层,其次是与问题解决、推理、记忆和语言发展相关的联合区。然而研究发现,整个大脑的发育并不是对称的。脑电图显示右脑半球的变化是连续的、缓慢的,而左脑半球的变化是非连续的和突然的。

认知发展

9. 让·皮亚杰提出认知发展主要通过两个平衡过程实现:同化,即儿童将新的信息纳入到其已有的认知图式中;顺应,即儿童努力修正自己的认知图式以适应新环境的相关方面。
10. 皮亚杰提出认知发展有四个阶段:感觉运动阶段,大约是从出生到 2 岁;前运算阶段,大约从 2 岁到 7 岁;具体运算阶段,大约从 7 岁到 12 岁;形式运算阶段,大约在 11 岁、12 岁以后。
11. 随着儿童年龄的增长,他们越来越不以自我为中心了,那就是说,他们较少地关注自身,而更多地从别人的角度来看待事物。
12. 在感觉运动阶段的后期,儿童开始发展表象思维——对看不到、听不到及其他感受不到的人和事物的认知能力。
13. 在具体运算阶段,儿童开始表现出对守恒概念的认识,不管外形如何变化,他们能认识到其数量是保持不变的。
14. 尽管皮亚杰对后人理解认知发展作出了重大的贡献,当今许多学者认为他没有对儿童首次有能力完成各种任务的年龄进行较精确的估计。
15. 一些理论家在皮亚杰原先的四个阶段以外又提出了第五个阶段——后形式思维阶段,这个阶段包括了辩证思维。在辩证思维中,常包含相异的、有时甚至是相互矛盾的因素,并承认许多问题是无法找到正确答案的。
16. 列维·维果茨基的认知发展理论强调以下两点的重要性:(a)内化,内化指我们把从社会环境中获得的知识纳入到自己的认知结构中;(b)临近发展区,就是儿童拥有的但未开发的潜在能力和儿童实际发展能力之间的差距。
17. 热文·福俄斯丁坦强调间接的学习经验的重要性。成人借此方式,向儿童构建由环境所提供的良好的潜在的学习机会。
18. 信息加工理论者试图通过对不同年龄的儿童如何进行信息加工的研究来理解认知的发展。一些理论者提出了如何进行信息加工的一般原理,另一些则专门研究特殊领域内的信息加工过程。
19. 在认知发展过程中,儿童学会了跟踪理解——更普遍地讲是对自身读书和学习的理解的追踪。
20. 年幼的儿童不能处理一些过渡的推理问题,显然这不能归咎于推理能力的缺乏,而应归结于缺乏对问题中术语和关系的记忆。

成人的发展

21. 尽管一些认知能力,流体智力(包括灵活和新颖的思维)从成年后期某一时刻起呈现衰退;这种衰退能通过其他能力的稳定或增加而得到弥补和平衡,如晶体智力(主要表现为知识的积累)。
22. 认知发展的一些规律已超越了特定的理论和观点。随着年龄的增长,人们发展了更多的复杂的思维策略,对信息的加工更加彻底,理解复杂思想的能力也得到了发展,在运用策略解决问题上也日渐灵活。

思考题参考答案

1. 研究人员应采取什么措施避免将他们自身和调查者的局限解释为儿童认知发展的局限?

    答:应采用不同方式提问儿童,以确定儿童的回答反映的是他无力回答,而不是因为他还没理解所提的问题,这一点非常重要。另一点也很重要,就是让不同的调查人员去提问,以确定儿童错误的答案和反应,是由于真正缺乏知识和能力,而不是由于与调查者不配合所致。

2. 皮亚杰的通过同化和顺应达到平衡的观点如何与维果茨基的临近发展区(ZPD)的观点相联系?

    答:平衡可以指明儿童已有的认知发展水平。临近发展区可以告诉我们儿童将要获得但尚未获得的认知发展水平。了解儿童认知发展的现状和将要达到的水平非常重要。

3. 关于认知发展可能存在的"第五阶段",你有什么提议?

  答:可能存在的第五阶段会包括与解决问题、智慧、辩证思维以及理解如何通过一种既助人又助己的方式达到目的等有关的重要问题。

4. 一位生活在肯尼亚的偏僻小山村里的儿童可能会具有怎样的能力?一个生活在高速发展的国家城市中的儿童可能会缺少怎样的能力?

  答:肯尼亚的那名儿童可能会具有与农业和捕鱼有关的各种能力,这是城市儿童所没有的。肯尼亚的儿童可能还懂得许多治病用的草药及偏方,这也是不为发达世界的儿童所知的。

5. 在过去三年中,你在认知方面有何发展?在思维方式上与以往有何不同?

  答:一些理论家认为人类,尤其是大学生,从多角度看问题的能力中增加了复杂的技巧。事实上,大学教育的主要目的之一就是发展这些能力。因此你现在可能比前些年能更好地从多角度来看待问题。

6. 你多年来内化了老师或家长行为的哪些主要的方面?

  答:答案因人而异。通常学生内化的是待人的行为,道德规范和道德行为,以及对学习的态度。

杨礼富○译
沈　淼◎校

第十一章 社会发展

在我的记忆中，无论对师长或同学，我从来没有说过一句谎话。我总是很害羞，常常避开别人，书本和功课是我惟一的伴侣。准时到校，一放学就跑回家——这就是我每天的习惯。我的确是跑回去的，因为我生怕和别人讲话，甚至害怕有人会取笑我。

——Mohandas Gandhi，圣雄甘地《甘地传》

第十一章 社会发展

前面的章节主要描述的是贯穿人类一生的各种发展变化,包括身体的发展、思考、推理、判断以及感知和运用信息等方面。和认知发展相联系的许多变化影响着我们思考、感知自身及与他人交往的方式。例如,一个四岁的孩子可能难以接受与他的想法不同的观点,这不是因为他不想接受,而是因为他的认识力还没有发展到一定的程度。在本章的学习中,我们将直接探讨社会发展(social development)这一主题——人们学习与他人交往以及了解自身的过程。

社会发展包括人类发展的如下几个方面:情感发展、人格发展、人际关系发展和道德发展。这些研究范围必然要涉及心理学的许多领域。但是由于这几方面高度相关,所以常常难以将其划分至特定的领域内进行研究。例如,婴儿或孩子对母亲或其他的主要照看者所产生的特殊感觉是一种感情(爱),一种人格特质(依赖),还是一种人际交互作用(依恋)呢?我们对待我们所爱的人的方式是建立在道德发展、人际关系发展、人格发展或情感发展的基础之上的吗?如,我们对待所爱者是基于我们的是非感,我们的如何与别人交往的想法,我们的某种个人行为倾向,还是我们的某种感知倾向呢?研究社会发展的心理学家们认为要研究一个特定的心理现象,就必须考虑发展的上述各方面。

情感发展

问题: 我们如何发展情感,为什么要发展情感?

情感是一种主观意识体验,它伴随着身体的觉醒和典型的外显表情,比如一个人感到幸福时会微笑。因此,情感中包含有认知成分(主观的认知体验)、生理成分(身体的觉醒)和行为成分(外显的表情)。

下一章将更详细地讨论情感。这里,我们关注的是情感如何发展以及何时开始发展的。关于情感发展的具体时间,研究者的意见显示出了高度的一致性(Brazelton, 1983; Izard, 1991; Izard, Kagan, & Zajonc, 1984; Sroufe, 1979)。

第十一章 社会发展

从婴儿的情感世界到成人的情感世界是一条漫长的道路。表11-1概括了情感的发展阶段。一些我们最初的和最基本的情感,似乎在不同文化背景下也是相同的,而且大体上也出现在相仿的年龄,如婴儿的社会性微笑和分离焦虑(separation anxiety),即从最主要的照看者或其他熟悉的成人身边带离时产生的恐惧。

表11-1 情感发展 下表中情感发展的特征以及特征的出现年龄是基于艾伦·斯洛夫(Alan Sroufe)的观察数据总结出来的。和几乎所有关于发展的数据一样,年龄只是近似值,并且本表中的发展顺序只代表了一般的发展顺序,而不是一个确定的发展过程的时间表。

年龄(月)	特征
0~1	婴儿通常通过哭或身体的躁动来表示情感。他们表达情感的方式是有限的,因此他们使用单一的方式,比如用哭,来表达复杂的情感,如悲痛、不适、发怒等。
1~3	婴儿开始对他人作出反应。他们发展了社会性微笑,即当看到别人对他们笑时就笑。当他们看到周围人悲伤的脸时,他们的脸上会显现出严肃或者悲伤的表情。到大约2个月时,他们也以微笑对非社会性刺激作出反应,比如他们以前喜欢玩的玩具。
3~6	婴儿表现出大量的积极的情感反应,例如,当他们看到自己的照看者时就会微笑。到大约4个月,婴儿开始大笑。在大约4或5个月的时候,他们开始在哭泣时流眼泪。
6~9	婴儿积极参加交流甚至主动与外界交流。社会交流基本上是身体上的。婴儿开始害怕陌生人和不知道的地方。他们在不熟悉的环境里可能会难以进食或者入睡,并且可能主动回避这种情况。婴儿也表现出了分离焦虑,害怕离开他们的母亲或者其他熟悉的成人。婴儿开始表现愤怒的情绪。
9~12	婴儿表达情感的技巧越来越成熟有效。婴儿开始对他们的主要照看者产生强烈的依恋;他们变得具有占有性,希望独占照看者。他们对陌生人的恐惧增强。
12~18	幼儿更多地探索着物理世界。幼儿对他们主要的照看者的强烈依恋带给了他们更大的自信。随着幼儿好奇心的加重,他们对陌生人的恐惧日益减弱。
18~36	蹒跚学步的孩子更把他们自己看成是单个的个体。他们开始发展有差别的自我概念,认识到他们在不同的情况下扮演着不同的角色(女儿、姊妹、玩伴等)。在某一个时刻,他们想坚持独立性,在下一个时刻,他们又想依赖照看者了。到这个时期结束的时候,儿童开始显示出同情心,能和别人分享快乐与悲伤。

但男婴表现情感的方式又和女婴有所不同(Brody,1996)。例如,6个月大的男婴比女婴表现出更多的积极情感(例如,快乐),但也比女婴表现出更多的消极情感(比如,发怒)(Weinberg,1992)。男孩在感到沮丧时也比女孩哭得多,在悲痛时也要花更多的时间才能恢复。

情感发展的阶段

一些研究者认为由刺激所产生的情感反应呈曲线状(像隆起的山峰或像个倒"U"字)(Kagan,Kearsley,& Zelazo,1978),如图11-1所示。这一观点基于杰罗姆·卡根(Jerome Kagan)提出的差异假说。第一次呈现时,孩子可能对陌生的刺激并不显示出特殊的情感反应。接着,当发生了有违于孩子期望的事情时,孩子才会注意它,并随之产生相应的情感反应(曲线上扬的半弧形)。最后用皮亚杰的术语来说,当孩子通过形成新的期望或把新情况纳入自己已有的期望图式中去后,这种情况就不再能唤起更多兴趣或情感了(曲线下挫的半弧形)。

孩子在发展的不同阶段处理感情的方式也不同。例如,陌生人的出现可能会导致婴儿产生焦虑,这是一种被称为陌生人焦虑的情感。研究表明,不同时期的婴儿应对陌生人的感情方式不同。6个月大的婴儿面对陌生人时,常常转移视线或变得烦躁不安,但18个月大的孩子则可能利用自我安慰和分心的方法去应付可能由陌生人所引起的焦虑(Mangelsdorf,Shapiro,& Marzolf,1995)。

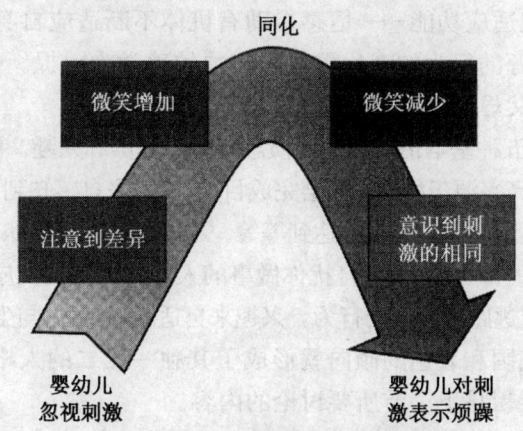

图11-1 卡根的差异假说

根据杰罗姆·卡根和其他人的观点,儿童对新异刺激的反应符合一条特征曲线式的情感反应模式。弯曲向上的弧形表示婴儿对新异刺激的反应与对熟悉刺激的反应是不同的。一旦婴儿熟悉了这种刺激(以同化或适应的方式),婴儿对这一刺激也就丧失了兴趣,如弯曲向下的弧形所示。(After Kagan,Kearsley,& Zalazo,1978)

情感发展的理论

关于婴儿是如何从几乎没有任何情感经验，成长为具有丰富情感反应和经验的成人这个问题，业内已经有数位学者提出若干理论来试图对之作出解释。所有这些理论都承认环境和教育在情感发展中的交互作用。这里，我们考虑三个情感发展理论：分化理论、情感分散理论和认知—进化理论。

一些情感发展理论解决的是人类不同种类情感的发展的时间问题。分化理论（Sroufe，1979，1996）假定我们生来具有一种单一的一般化的唤醒状态，而这种情感状态就逐渐分化为我们作为成人所感受到的各种情感。因此，就像认知能力可能变得更加专门化一样，情感能力也分化出了许多具体的情感状态。

与分化理论把情感解释为更加专门化相反，情感分散理论（discrete-emotions theory）提出，人类的神经系统天生倾向于在适合表露情感的情况下感受各种各样的离散情感（Izard，1977，1991，1994；Izard，kagan，& Zajonc，1984；Izard，Fantauzzo，Castle，Haynes，& Slomine，1995）。情感是由人脑中专门的神经模式所产生，而且，一旦它在婴儿适应环境的过程中第一次起作用，它就产生并固定下来了。例如，当婴儿想学着呼唤父母时，悲痛就会变得有意义起来：婴儿变得难过，他的哭声会把父母的注意力吸引过来。这种天生的倾向可能是我们的神经生理功能的一部分。

其他的心理学家（Campos，Barrett，Lamb，Goldsmith，& Stenberg，1983）认识到动物的情感的进化适应功能——情感帮助有机体不断适应自身的需要和周围的环境。例如，逃离危险源的行为的产生需要有害怕的感觉为前提。保姆敲门时，孩子可能会感到难过，但做父母的却可能感到轻松。

分化理论提出了五种基本情感：高兴，愤怒，悲伤，恐惧和兴趣。因对情况的不同感知而产生不同的感情。高兴源于相信我们会完成目标，愤怒来自感知到面对着或即将面对障碍，悲伤产生于我们逐渐明白目标不能达到等等。不同的情感也酝酿着不同的行为。愤怒常导致旨在扫除障碍的行为，比如对打扰你做事的人作出攻击性反应。相反，恐惧产生于一定的刺激源，常导致逃跑或撤退的行为。兴趣来自适度新奇的，与生活相关的刺激源。

每个人的情感范围和表达的倾向就形成了其独一无二的人格。我们如何发展人格和如何增强自我意识是下一节所要讨论的内容。

人格发展

问题：随着时间的流逝，人格会发生怎样的变化，为什么会出现这些变化？

本书的第十五章会更详细地介绍人格和人格发展。这里提出人格是因为人格的发展与个体在社会中的独特感有关。是什么促使我们产生自我意识？本章只涉及了人格发展的诸多方面中的一小部分（更多人格方面的知识，尤其是关于西格蒙德·弗洛伊德在人格各方面发展的观点，请参见第十五章）。

埃里克森的人格与同一性发展理论

人格发展是多方面的，有可能在一个间断性发展的理论中涵盖人格发展的众多方面的内容吗？埃里克·埃里克森（Erik Erikson，1950，1968）试图在他的人格发展的心理社会理论（psychosocial theory）中做到这一点。心理社会理论描述的是在整个人生中社会因素与人格的相互作用。个体的同一性——自我感觉——的发展贯穿整个人生。今天，绝大多数发展心理学家都赞同人格发展是贯穿整个人生的观点。因此，和埃里克森的理论一样，将整个人生划分为各发展阶段来研究的阶段理论，现在看起来就非常合理。埃里克森的理论与其他理论不同，它的阶段划分并不严格地与年龄相联系，相反，它与人格发展过程中可能出现的危机紧密相连。危机的解决带动了人格的继续发展，尤其是自我概念的发展。

埃里克森在1950年首次提出这一理论，然而在当时，人格发展延伸到成人时期的观点是很新奇的。那时绝大多数理论认为人格发展在青春期或者更早就结束了。心理学家们认为此后可能存在的任何发展进程都是不重要的、无趣的。甚至今天，在儿童发展心理学家和毕生发展心理学家之间仍存在着分歧，前者只研究儿童的发展，后者则研究人的毕生发展。

埃里克森的心理社会发展理论仍是当今被使用和接受得最广泛的理论。该理论的每个阶段都代表着心理健康者会遇到的一个挑战。根据埃里克森的理论，心理不健康者在面对一个或更多挑战时会遭受失败，因为失败，他们将毕生与随之而来的内心冲突相抗争。这八个时期如下所示：

第一阶段——信任对不信任（从出生到1周岁） 婴儿学会了信任或者不信任他们的需求会得到满足。他们开始把世界看成基本上是友好的或者是敌对的。成功地度过这一阶段的婴儿会对生活充满希望。

第二阶段——自主对羞怯和疑虑（1～3岁） 这个阶段的主要任务是学习在环境中生存。那些在这一阶段中失败的人一般会怀疑自己，为自己和自己的能力感到耻辱。而那些抓住机遇的人在散步、谈话、吃饭、去洗手间等等事情上都会感到满足。成功地度过这一阶段会产生意志感——一种对自己的情感与思想行为的控制感和掌握感的发展（回想前面所讲过的，情感发展是和自主感的发展相联系的）。

第三阶段——主动对内疚（3～6岁） 孩子学习如何采取主动并且以社会所接受的方式表现自己。然而，有些孩子的依赖性可能会导致与权威人士产生过多的或不能解决的冲突，这些孩子可能会感到内疚，并且在日后的行为中较难再采取主动的态度。成功地度过第三阶段，会使孩子对生活产生目的感。

第四阶段——勤奋对自卑（6～12岁） 孩子在他们的工作中学习到才能与勤奋意识。没有发展这一意识的孩子会产生不胜任感和对自我过低的评价。成功度过这一阶段的孩子会产生胜任感。

第五阶段——角色认同对角色混乱（青少年期） 青少年们试图回答他们是谁，他们的价值如何，以及他们将走向何方的问题。他们试图把智力、社会、性别、伦理和其他方面综合一致，形成自我同一性。成功度过这一阶段的人发展出了忠于自己的意识。不成功的那些人仍然对于他们是谁和该走向何方的问题感到困惑。

第六阶段——亲密对孤独（成年期） 这个时期的成人试图建立起一种亲密的爱侣关系。成功的人学会了如何奉献和无私地去爱。失败的人会产生一种孤立感，而且可能在生活中不能与其他关键人物建立良好的关系。

第七阶段——繁衍对停滞（中年期） 成人试图在工作中获得成功，并试图为下一代作出贡献，无论是通过思想、生产成果、抚养孩子，或是一些综合的方式而言都是如此。这种生产力被称为普遍关注，没有成功度过这一阶段的人会变得自我专注，也可能是自我中心，对曾经存在的东西不留下一点永久的痕迹。

第八阶段——自我整合对失望（老年期） 人们试图回味他们已过去的生活，尤其是他们曾作出的决定。他不可能觉得每一个决定都是正确的，在这种情况下他们开始触及他们的过失。成功度过这个阶段的成人获得了老年的智慧。失败于此的成年人可能对失败和丧失机会产生绝望感。

这些阶段真的存在吗？这很难说。因为到目前为止还没有人提出能完全否定这一假设的测验。当然，冲突出现的时间对于个体来说是有差别的。它们是否是主要的冲突也是一个有待于进一步确定的问题。很显然，这一理论不具有跨文化的普遍性。例如，我们的文化强调创新性，难道所有文化都如此吗？对青年期典型的亲近关系——性爱的发展来说，难道没有其他的选择吗？不能够从过去的错误中吸取教训的人就一定会陷入永恒的失望中吗？也许没有一种心理社会发展理论能够完全涵盖所有文化中的每一个体的所有冲突。然而，埃里克森的理论还是可以很好地解释西方社会中的一些主要的个体冲突。

马西娅的理论：个人自我同一性（统合）

埃里克森的理论涉及形成和重建同一性的尝试。可以更详细地把这些个体认同从青少年最终成为一个成年人进行具体化吗？詹姆斯·马西娅（James Marcia，1966，1980）提出冲突以及与之相关的决策的最终结果会形成四种认同。这些认同给埃里克森的理论中加入了另一种维度，而不是独立的一系列阶段。这四种认同分别为定向型统合、早闭型统合、未定型统合和迷失型统合（参看表11-2）。达到自我统合的人将超越这一阶段，继续向前发展；而其他三种类型的人，没有达到自我统合的地步，其发展就将受到阻碍，停滞不前。

表 11-2　马西娅的个体自我统合　你可以通过自我提问该表中所列的两个问题来测评自己的统合类型。要指出的是，这张表格没有显示有可能存在的第五种统合类型——异化统合。

		你忠实于(例如,职业,配偶,价值观)吗?	
		是	否
你是否曾经在一段时期内积极地追寻自我统合?	是	你已经达到了定向型统合,你对自己是谁的问题有一种坚决的和相对稳定的感觉。你已经有意识有目的地致力于你的工作、宗教、关于性别角色的信念以及其他类似的东西。你在实现自我统合的过程中已经考虑了其他人所持的观点、信念和价值观,你在此基础上形成了自己的观点。	你处于未定型统合状态,你目前正处于统合危机中(转折点),你对自己、社会的义务和自己是谁的问题还没有一个清醒的认识,但你正积极地努力地去达到这一点。
	否	你处于早闭型统合状态;你已经使自己致力于一个职业和多种观念上的位置,但你未能展示自我构建的轨迹。你只是简单地接受着别人所持的态度,没有严格地追究和质疑;你的早闭使得你失去了实现独立自我的可能性。	你处于迷失型统合状态,根本上缺乏方向。你不关心政治、宗教、道德,甚至连职业上的事件也不关心。你走你自己的道路,一点也不关心为什么其他人在做其他的事情。

　　心理学原理总是受时代影响,甚至完全由时代所决定。例如,马西娅在越南战争期间又提出了第五种统合。异化统合就是指个体认为主流社会的价值观是不正确的,甚至是崩溃的,因而拒绝认同社会的价值观。这里提到的个体并不尊崇社会前进的方向,而是把自己从中分离出去,自行选择人生的方向。

　　和埃里克森的人格发展理论相比,马西娅的理论与文化的联系更为密切。同样,他的理论也没有得到更多的证据证实或证伪。马西娅的理论对于我们理解统合发展还是很有帮助的,我们会发现周围有很多人,其统合发展都可归入上述的一些类型。个体自我统合发展的类型会影响着别人看待自己,以及自身看待自身的方式。后面这个问题,即如何看待自身,就是我们接下来要讨论的自我概念。

不断发展的自我意识:自我概念

　　自我概念(self-concept)是一个人对自己的看法,这种看法可能是真实的,也可能是不真实的,甚至其他人也会有类似的看法。一个更具体、更具文化普遍性的自我概念的定义还包括我们的独立感,或者是自主感和个体感,以及我们的相互依赖感、归属感和集体感(Markus & kitayama, 1991)。虽然自我的这两方面都是重要的,但是文化的影响决定了独立性和相互依赖性是如何作用于个体的——形成一个具体的人。例如,一些亚洲社会,比如中国和日本,倾向于把个体社会化,以形成相互依赖性的集体主义精神,然而大多数西方社会倾向于培养独立意识并且强调个人主义。当不同文化中成长的个体的价值观发生冲突时,误解就会产生。例如,一个来自崇尚个人主义文化背景的青年,可能难以理解为什么一个来自集体主义文化背景的青年会如此看重取悦他的父母和家庭。

大多数发展心理学的研究强调自我概念的其他两个方面:自我理解和自尊。自我理解主要是认知上的,自尊主要是感情上的。

自我理解

自我理解(self-understanding)指个人理解自身的各种方式,包括作为个体自我的一部分角色和特征,如好学生、优秀运动员、举止优雅的人、政治活动家等。威廉·戴蒙和丹尼尔·哈特(William Damon & Daniel Hart, 1982, 1992)提出了一个自我理解发展的综合模型。根据这一理论,我们每一个人都包含四个方面的自我:躯体自我——名字,身体和物质所有物;能动自我——我们所做的和能做的行为;社会自我——我们与他人间的相互关系;心理自我——我们的感情、思想、信念和人格特征。

在不同的年龄段,不同的自我在自我概念中占据着优势。在2~3岁时,自我意识开始出现,出现的最初标志就与躯体自我有关(Bertenthal & Fischer, 1978; L. E. Levine, 1983)。1岁时,婴儿对他们在镜子中看到的孩子开始有了意识,对自己的长相有了一定的期望,能够辨认出自己的名字。2岁时,蹒跚学步的孩子能够说出他们的名字,确认自己的性别和年龄,并且能清楚地认识到属于自己的物品,会说:"我的。"在学龄前时期自我理解的另一方面也开始出现:成就感(Kagan, 1981)。当一个2岁大的孩子不能做成他想做的事情时,他会明显地表现出沮丧情绪,而当他成功地完成某件想做的事情后,他会明显地表现出兴奋(由此可联想到埃里克森的自主对羞怯和疑虑阶段与主动对内疚阶段)。列夫·维果茨基(1934/1962)指出,在大约3~4岁的时候,孩子开始区分对自己的自言自语(例如,当自己独自玩耍时)和对别人讲的话(例如,当对父亲或母亲讲话时)。最终,对自己说的话开始内化和无声,变成了思想。除此之外,学龄前的孩子大致上还强调躯体自我,即看起来像什么就是什么。

到了小学阶段,儿童开始越来越关注于他们的能动自我,强调他们能做什么——跳舞、踢英式足球、考试得高分。在青春期早期,儿童关注他们的社会自我,特别注意发展同伴关系。后来,到了青春期晚期,青年们把他们的注意力转移到心理自我和理解作为个体的自身上。他们考虑对自我理解有重要影响的信念、价值观、思想和态度。同许多发展模型一样,戴蒙和哈特的模型到青春期就结束了,但自我的发展是贯穿整个成年期的,这一点已在埃里克森的发展模型中有所显示。

和许多发展模型一样,戴蒙和哈特的模型看上去像是一个连续的分化——随着我们的发展,泛化的自我概念变得高度分化,更加专门化于自我的各个方面。另外,随着我们对自我独特性的更明确的认识,我们也更清楚地认识到与他人联系的方式,如通过文化和社会机构,通过我们参加的组织以及我们所做的选择。人类是高度依存性的，而且在某种程度上，环境也影响着自我理解的方式。戴蒙和哈特的研究是以美国孩子为研究对象的，而其他文化中的孩子很可能更多地强调他们的社会自我，这源于他们的社会背景，并部分地决定于与他们相互影响的社会。在西方社会里，成人的自我理解可能会由于社会环境的影响而更加异化。我们可能认为在家时，心理上能得到很好的调整，而在工作中却不能。这种自我认识的异化会产生复杂的自尊图式，这就是我们接下来要讲述的内容。

自尊

自尊（self-esteem）指的是一个人对于自己的评价程度。根据苏珊·哈特（Susan Harter，1990）的研究，我们的自我概念在发展过程中不断异化：当我们提高了能力，习得更多技能时，我们的自尊也变得更加异化——我们对自己的评价可能在一个领域里很高，而在另一个领域里则不高。

苏珊·哈特的异化假说设想在4~7岁之间，孩子能在四种个人领域中作出令人信服的判断：认知能力、躯体能力、社会能力和行为举止（Harter & Pike，1984）。然而，孩子越小，他们的自我评价就越可能出现光晕效应——在一种能力上对自己评价较高，将导致在其他能力上的评价也较高。

8~12岁之间，早年的四个领域更加细化为五个领域，苏珊·哈特的分类与之有些不同：教育能力（而非认知能力）、运动能力（而非躯体能力）、同辈社会接受（而非社会能力）、行为举止和身材长相。在青春期，会有更多的自尊领域出现，其中包括亲密的友谊，浪漫的魅力和工作能力等。

到成年期，自尊已异化成包含十一个领域的能力：智力、幽默感、工作能力、道德、运动能力、躯体表现、社交性、亲密行为、教养、家庭抚养和家庭管理（Messer & Harter，1985）。

自尊从何而来呢？威廉·詹姆斯认为它是基于我们的感知能力的加权平均数；其中我们认为最重要的指标权重最高。另一个观点认为我们的自尊大致上是基于他人对我们所做的社会判断。已有证据证明，无论是自我的内部评价还是其他人的外部评判都在我们看待自我的过程中起着作用。

自尊从何而来呢？威廉·詹姆斯（William James）认为（1896b），自尊并非仅是我们各种感知能力的平均值；相反，我们要根据每种能力的重要性不同，进行加权平均。例如，一个男孩对他的躯体能力评价不高，但他并不是很重视躯体能力，那么他的整体自尊仍然会很高；相反，如果某个男孩认为自己不是运动健将，但他又很看重这方面的技能，因此将对自己评价不高。

关于自尊的另一种观点认为自尊是由别人对我们的社会判断所决定的。我们吸收并整合他人的评价，渐渐地他人的评价就变成了我们对自己的评价。然而，支持这两种假说的证据都有（Harter，1985）。一方面，我们确实有内部评价，而且我们内部评价指标的权重也不同。另一方面，别人对我们的判断也影响着我们对自己的评判。我们又一次发现，原来提出作为另一个选择的假设，最终可能成为最初假设的有力补充，而不是反对意见。综合就是将论题和对立中的最佳方面进行组合。

总的来说，随着年龄的增长，孩子对自己能力的感知变得更谦逊和准确（Eccles，Wigfield，Harold，& Blumenfeld，1993；Frey & Ruble，1987；phillips & Zimmerman，1990；Stipek，1984）。然而，如果自我感知太谦逊，就不准确了，这样问题就会产生。老师和父母不能忽视自我感知的重要性，因为即便是不准确的自我感知也会指导儿童处理学校的功课和校外的生活（Phillips，1984，1987）。自我评价认为能力过低，会诱发动机方面的问题，特别是在年龄较大的孩子中（Rholes，Jones & Wade，1980）。对自己能力评价较低的孩子，与自我评价符合现实的孩子相比，更少地去尝试有挑战性的任务（see Harter，1983）。另外，严重低估自我的孩子对成功的期望值也很低。他们认为他们所尊敬的成人也对他们的能力持相同的看法，他们不愿意在困难的任务上作出持续的努力，而且他们在接受别人对自己的评价时，也显现出更多的焦虑。

自尊的性别差异

研究显示，错误的或者引起错觉的对低能力的感知受性别的影响，并由孩子的自我评价与他们的成就测试分数之间的差异所决定。在三年级和五年级，性别差异不存在，但到了九年级，几乎所有那些错误地认为自己在特殊领域不能胜任的都是女孩（Phillips & Zimmerman，1990）。另有一些研究者（e.g.，Entwistle & Baker，1983）发现早在一年级就存在性别差异，女孩比男孩更倾向于认为她们在特殊的科目上缺乏能力。

一份美国大学妇女联合会（AAUW）教育基金会的报告指出，进校时女孩和男孩在能力和自尊方面大体上相等，而离开学校时，女孩在数学能力和自尊方面则相对较弱（AAUW，1992）。为什么会产生这种变化呢？研究显示，女孩受到来自老师的关注较少，学校的功课也更强调男性的成功（C. Nelson，1990；Sadker & Sadker，1984）。这还显示了青春期早期对女孩来说是一个特别困难的阶段。研究者安妮·罗杰斯和卡罗尔·吉利根（Annie Rogers & Carol Gilligan，1988）发现，女孩在11岁或12岁之前一直都是很自信的，但从那以后，她们对自身的看法以及在世界中所扮演的角色上产生了更多的内心冲突。到了青春期后期，女孩常常不得不应付消极的躯体评价、低自尊和抑郁。一些研究者指出社会上的不平等是造成女孩青春期内心混乱的原因之一(AAUM,1992),他们因此倡导教育政策的改变。

男孩和女孩之间的差异会由于孩子在学校里接受的与性别有关的信息而得到发展(Ruble & Martin,1998)。许多学校的权力机构中主要都是男性,而且在一些小学里,师资队伍中惟一的男性成员就是校长。老师也常常更多地注意男孩而不是女孩,随之而来的结果是女孩的成长过程会持续显示低于男孩的水平(Eccles et. al.,1993; Eccles, Wigfield, & Schiefele,1998)。

我们对自己的理解和评价贯穿一生,并且变得越来越复杂和分化,越来越心理化和抽象化。在儿童期和青春期,我们越来越多地考虑别人对自己的想法、看法和别人对待自己的方式,并且我们会将别人对我们的认识内化成自己的认识。到了成人期,我们继续考虑别人对自己的认识,但我们同时也将自己与内化的标准进行对比,并赋予自我的各方面以不同的权重。气质可能会影响他人对我们的感知。

气质

一些人容易发怒,但很快就恢复了平静。其他的人很少发怒,但是一旦发起怒来就难以消气。还有一些人根本就很少生气。这些就是气质(temperament)的一个方面——一个人显示特殊心情和特殊情绪的强度与持续时间的独特的倾向性。气质是相对稳定的(Rothbart & Bates,1998),它受到遗传因素和环境因素的影响(Caspi,1998)。气质影响着人格和人际关系的发展(Thompson,1999)。关于气质的研究,最著名的就是由A. 托马斯和斯特拉·切斯所做的关于儿童的纵向研究,从孩子出生开始直到青春期为止(e. g.,A. Thomas & Chess,1977,1987; A. Thomas, Chess, & Birch,1970)。

研究描述了孩子身上的三种气质类型。平易型儿童,这种类型的儿童占样本的40%,爱玩耍,适应性好,他们的进餐和其他身体活动有规律,他们对新异的情形感兴趣并会作出适当的反应;相反,麻烦型儿童占样本的10%,性急易怒而且适应性非常不好,他们避免接触不熟悉的情形并且对此反应强烈;行动缓慢型儿童,占样本的15%,这种儿童活动水平较低,对新异事物的反应抑制到最低水平,他们回避新的环境并且要比其他的孩子需要更多的时间去适应新环境,剩下的35%的样本则不能根据这些标准进行归类,这种划分对于理解气质是有帮助的。

在儿童的整个发展过程中,儿童气质在多大程度上是保持稳定的?这里存在一些有关稳定的证据。一些研究(Kagan & Moss,1962; Kagan, Reznick, Clarke, Snidman & Garcia-Coll,1984)发现气质具有稳定性。一项研究中,在21个月时被确认为高度压抑或是基本上无畏的孩子,到4岁时也显示了相关的气质类型。其中有四分之三原本为压抑型气质的孩子后来仍为压抑型气质,没有一个曾是无畏型的孩子变成了压抑型。卡尔金斯和福克斯(Calkins & Fox,1994)也发现儿童期的压抑行为可以由幼儿时期的气质特征来预测。

第十一章 社会发展

气质如何影响社会发展

乍一看,气质研究得出的都是显而易见的内容。"平易型"和"麻烦型"的划分真的令人惊讶吗?这些划分真的能改变我们照看孩子的方式吗?是的。实际上,托马斯和切斯的研究工作深远地影响了我们看待人——环境相互影响——个人适应其发展的环境并且与他人相互影响——的方式。在托马斯和切斯的工作之前,儿童发展的研究者和从事者倾向于问:"什么样的环境对婴儿和年幼的儿童来说最好?"他们也出版了若干本书,告诉父母什么是构成良好环境的重要因素,事实上,这从本质来说是把儿童简单当做一个基因的组合。然而,托马斯和切斯的工作显示,对于上述的问题,没有固定的答案。相反地,他们认为我们应该问,"哪一种环境能为哪些孩子提供最适宜的氛围?"显然,每个孩子都是有差异的,不同的环境可以为不同的孩子提供正确的养育氛围。

同样,这些基本思想也适用于成人。有些人在紧张易变的、几乎每天都有新的困难和挑战的环境下能取得成功;有些人则需要较稳定的环境,在这样的环境中,对他们平静的生活有威胁的东西很少。上述研究真正的价值是每个人需要找到最适合自己的环境。

对气质的评价

托马斯和切斯的观点还没有得到广泛的认可(e.g., Kagan, 1982; Wasserman, DiBasio, Bond, Young, & Collett, 1990)。例如,托马斯和切斯提出麻烦型孩子基本上是不可改变的,而且父母们想改变这些孩子的努力只会导致更多的麻烦。研究表明,这些父母最需要的就是耐心。然而,我们有必要先考虑一下这个观念背后的一些暗示。暗示之一是一些孩子在某种意义上来说比其他的孩子更优秀。术语平易和麻烦本身就包含着价值判断,其所带来的危险就是麻烦型孩子的父母可能会倾向于认为他们的孩子低人一等。

暗示之二是父母们不应该为了麻烦的孩子谴责他们自己——那只是孩子的行为方式而已。在某种程度上,父母可能为他们孩子的行为感到内疚,而这一暗示或许对这些父母有建设性的帮助。然而,有可能随之而来的是预言被证实的危险。

如果图中的这个小孩子被贴上了"坏脾气"的标签,那么这将怎样影响她的父母以及其他人对待她的方式呢?

一旦人们接受了孩子属于"麻烦型"的事实，正确或错误地给其定性并接受定性背后的意义，他们就开始用相应的方式来对待孩子。结果，孩子的行为可能会越来越符合大人的"期望"，从而使得预言变成了事实。更糟的是，举止不当的孩子还可能不幸地成为暴力的牺牲品(Starr, Dietrich, Fischoff, Ceresnie, & Zweier, 1984)。

当我们讨论"平易型"或者"麻烦型"孩子，或是讨论"友好的"与"不友好的"人的时候，我们显然是针对某种人格类型或其他特质作出价值判断。但从进化的角度来看，人格没有好坏之分。不同人格特质的适应性在不同的时间、地点，对于不同的人都是不同的。实际上，很少有人只属于某个单一的类型。相比较于能提供某种更有适应性的人格的基因来说，可能导致人们只有一种人格特质的基因将日益失去价值(Trivers, 1971；Wright, 1994)。如同其他特质一样，在人格、气质和行为模式上具有适应性的人处于最有利的位置。

性心理发展和性别特征形成理论

性心理发展（psychosexual development），指的是增强对某一特定性别的自我认同和改变有关性特征的自我概念。显然，青春期是一个心理和性快速发展的阶段，但大多数发展心理学家认为性心理发展的开始要远远早于青春期。实际上，孩子在2岁或3岁时就形成了性别认识（R. F. Thompson, 1975）。性别特征形成（gender typing），作为男性或女性获得与社会特征和心理特征相关联的角色和友谊，也开始得很早。从2～7岁，孩子似乎就有了相当稳定的性别角色定型。到这个时期结束时，他们形成了性别恒常（gender constancy）——认识到个人的性别是稳定的，不随表面特征或行为的变化而变化，比如换个发型或拎只皮包。有关性别角色获得和性别发展的主要理论有哪些呢？

生理学和社会生理学的理论

性别角色获得的生理学理论（e.g., Benbow & Stanley, 1980）认为，男孩和女孩获得不同的性别角色是由他们的遗传基因决定的。同样，社会生理学理论（Kenrick & Trost, 1993）认为，进化决定或至少指导着社会行为，从而引起性别角色的不同(Buss, 1996)。显然，性别之间的许多差异都是建立在遗传基因的基础之上的。男人和女人的身体结构和生理是不同的。还有，为什么人们倾向于认为男人与女人相比，较占优势地位，或更可能对体育活动感兴趣呢？人格和兴趣模式是基于生物基础还是社会化的结果呢？所谓社会化是指，我们通过观察和模仿父母、兄弟姐妹、同龄人和其他角色示范来形成自己感知、思考和行为的方式。

社会学习理论

与社会生理理论和生理理论相反，社会学习理论（Bandura, 1977b）根据角色示范和对外部环境的应答来解释心理性发展。这种观点认为,性别特征的形成与其他类型的社会学习是基本一致的。成人和同龄人会因男孩表现出男性行为而奖励男孩,会因他们的行为背离适合的性别模式而对其进行惩罚。同样,他们会因女孩作出与女性角色相匹配的行为而奖励她们,会因其行为背离女性角色而对之进行惩罚。因此,每一代人都重复着过去的性别模式,偶尔也会有一些小的变动。男孩和女孩只是通过模仿他们所感知的适合的其性别角色的行为,做相应的事情。

观察学习显然在性别的确立中扮演着重要的角色。另外,父母通过鼓励与性别相应的行为来肯定观察的结果。例如,父母更可能鼓励男孩独立竞争和获得成就,而鼓励女孩培养细心、同情和值得信任的品质(Archer & Lloyd, 1985; Block, 1980, 1983; A. c. Huston, Carpenter, Atwater, & Johnson, 1986)。同时父母更倾向于鼓励男孩独立,而提倡女孩从他人那里获得帮助,并为别人提供帮助(A. C. Huston, 1983)。

角色模仿对于个体的一生来说都是非常重要的,在除性别之外的其他领域里也是如此。角色模仿最关键的时期可能是高中、大学期间和青春期早期。在这段时期里,年轻人主动寻求模型匹配。通常,一个受人尊敬的人的角色示范作用比他直接去教授这些行为更有效。当一个人试图描绘出在指定领域中成为一名专业人员意味着什么时,角色模仿变得特别重要。例如,学生可以从他们老师那里认识到用孩子能接受的语言向孩子解释难懂概念的重要性。新到工作岗位的工作者常努力向他们的上级虚心学习,希望最终能在领导阶层谋得一席位置。角色模仿不仅是一个抽象的心理概念而且是一个能动的过程,通过这一过程,我们将发展成我们所希望成为的类型。我们成为什么样的人部分地依赖于我们的图式。

图式理论

桑德拉·贝姆(Sandra Bem, 1981, 1993)提出了一个基于认知的理论,即图式理论(schema theory)。这一理论认为有组织的信息的心理系统(也就是图式)既能帮助人们理解他们的经历,又能影响他们的相互交往,尤其是与性别有关的图式,如男性和女性如何表现与性别有关的行为和态度。我们的性别图式因男孩、女孩、男人和女人而有所不同。图式观点认为我们通过执行我们已构思好的性别适合图式获得性别角色。个体在周围人的帮助下,社会性地构建了他们的性别概念(Beall & Sternberg, 1993, 1995)。我们通过和环境的相互作用获取了我们的图式,但图式也指导着我们和环境的相互作用。换一句话说,我们从外界学习性别特征,接着这些性别特征形成概念又将指导我们的行为,并指导他人对我们的行为作出相应的反应。例如,一个男人通过学习,认为举止粗鲁是男子气的表现,所以他以后就表现出对他人举止粗鲁,这就使得别人也以相应的方式对待他——对他表现出不同情。总的来说,图式理论倾向于关注个体吸收进其原有图式的具体概念,而不是关注于性别的综合的总体概念。

关于性别角色发展的结论

性别理论典型地把男性本能和女性本能看做一个连续体的两个极端,但要指出的是这一观点还未获得普遍认可。明确这一点很重要。一些理论家不把男性本能和女性本能看做是相互排斥的建构(S. L. Bem, 1981)。相反,他们认为某个人同时既有男子气又有女子气是可能的。一些理论家争论性别特征形成理论也需要考虑雌雄同体的概念,雌雄同体可以指一个男子气和女子气都很重并能够将其协调在一起的人,或者可以指一个并不能将其协调在一起的人。根据图式理论,我们可以说一个雌雄同体的人没有非常强有力的性别图式。相反,他们并不在乎人们对特定性别的人的行为的具体规定,而是以他们认为适合情境的方式去行动。

虽然自然环境在性别区分中扮演着角色,但是教养也起着重要的作用。我们为男孩或女孩所定的图式可能会影响我们理解这两种性别的孩子的方式,这些理解可能会进而影响我们的孩子对我们的反应方式。没有任何一种方式能够把纯粹的生物学的影响从环境的影响中脱离出来而不产生错误。

至此,这一章着重讨论了人的内部发展——例如,情感的发展和人格的发展。接下来,我们还要讨论人际交往与个体发展交互影响的具体方式。

人际关系发展

问题:人们是如何发展人际关系的技巧的?

随着孩子的长大,在整个儿童期和青春期,他们越来越注意别人,越来越多地考虑别人的看法。这一节将具体地讨论我们直接和他人相互作用的方式。我们的人际关系发展开始于我们对父母的早年依恋,并向外发展成与其他孩子和成人的更广泛的社交活动。

依恋

依恋(attachment)指的是两个人之间的一种强烈的、持久的、稳定的情感维系(Bowlby, 1969)。我们的第一次依恋开始于出生时(虽然有些母亲认为依恋的开始要更早些),而且通常能在几年之内充分地稳定下来。孩子对他们的父母形成了长期的情感依恋,尤其是对他们的主要照看人——通常是他们的母亲。如在本章的开头提到的,分离焦虑是一种很早就产生的十分普遍的情感表达。玛丽·安斯沃思(Mary Ainsworth)和她的同事们(Ainsworth, Bell, & Stayton, 1971; Ainsworth, Blehar, Waters, & Wall, 1978)就依恋问题做了一些著名的研究工作。最著名的是安斯沃思和她的同事们关于陌生情境(strange situation)的研究。在该研究中,参与者通常是一个12~18

个月大的孩子和他的母亲,地点是在一个有很多玩具的房间里。母亲把婴儿放下,自己坐在一张椅子上。几分钟之后,一个陌生的女人进入房间和孩子的母亲谈话,接着试图和孩子玩。当这个陌生人试着加入孩子的玩耍时,母亲悄悄地走出房间,但把她的皮包留在椅子上,暗示她会回来。后来,母亲回来了,陌生人则悄然离去。再后来,母亲又离开了,但这次为婴儿独处。陌生人再回到室内,母亲再回到室内。实验室内墙壁上有单向视幕装置,实验者可以从另一房间观察记录孩子的一切反应(见图11-2)。

安斯沃思注意到孩子的反应可归纳为三种模式:回避、安全和抵抗。在回避依恋模式(avoidant attachment pattern)("A类型")中,孩子通常在母亲在时回避他们的母亲,而且当母亲离开时显示出最低限度的焦虑。当孩子显示出忧虑,陌生人也能像母亲一样有效地给孩子提供安慰。

图11-2 陌生情境

在"陌生情境"中,研究者通过记录每个孩子对母亲离开和回来所作出的反应来观察孩子对母亲的依恋。

在安全依恋模式(secure attachment pattern)("B类型")中,孩子视母亲为安全基地,当母亲在身边时,他会自行四周探索,玩玩具,陌生人出现,他也会以友善的态度对之。但当母亲离去时,他会紧张,甚至啼哭;母亲去而复返,他表示非常高兴,但与母亲亲近一下后,又回去玩他的玩具。安全依恋模式的孩子能和陌生人相处友好但明显显示出对母亲的偏爱。

在抗拒依恋模式(resistant attachment pattern)("C类型")中,孩子通常在母亲在时显示出矛盾的情绪,当母亲离开一段时间后又回来时,既想获得,但又抗拒和她身体的接触。例如,孩子可能在母亲回来时跑向母亲,但当被母亲抱住后,又试图挣脱开来。

现在,又有人提出了一个依恋模式,这种模式与回避依恋模式和抗拒依恋模式相关,有时也被称为混乱性依恋模式(Main & Solomn,1990)。当这种依恋模式的孩子和他们的母亲分离后再聚在一起时,他们似乎感到困惑,不知所措。有时候,他们只是独立发呆,或者好像不确信在他们身上发生了什么。

对依恋理论的评价

从"陌生情境"中得出的依恋理论的可信度如何呢?在该问题上,研究者的观点是有差异的。一些研究者持怀疑态度(e.g., Kagan, 1986)。例如,陌生情境中有许多限制。首先,婴儿的依恋模式表现得不是高度稳定,至少陌生情境中是如此。例如,在一项研究中,大约一半的婴儿在12个月时与18个月时所归入的类别就会发生变化(R. A. Thompson, Lamb, & Estes, 1982)。其次,陌生情境可以测量的气质类型不少于可测量的依恋类型。高度独立的婴儿可以被归入回避型,而被归入安全型或抵抗型的婴儿可能在大多数情形下都会显示出不安,不管这些情境中母亲是否存在。第三,研究过程本身是短暂的,典型的一套过程只需6~8分钟。在这么短的时间内,我们能够在多大程度上对婴儿或任何人作出正确判断呢?第四,解释更复杂,因为暗含的价值评判在被用作分类的标准术语时会有很多困难。最后要谨记,有许多因素会对依恋模式产生影响,如社会标准和文化道德等(Colin, 1996; Thompson, 1998)。因此,依恋模式在一种文化中可能会得到较高的评价,而在另一种文化中则可能被评价得较低,就像下文中讨论的一样。

社会经济地位和环境似乎也在依恋模式中起着作用。安斯沃思在20世纪70年代期间主要的研究对象是来自美国中产阶级稳定家庭中的孩子,她发现大约有20%~25%的孩子属于回避型,大约65%的孩子属于安全型,近12%的孩子属于抵抗型。然而,研究者发现在其他的文化和社会经济背景下的孩子的依恋模式不同。例如,来自不稳定家庭、不完整家庭或者处于较低社会经济地位的家庭中的美国孩子更可能被归入回避型和抵抗型(Egeland & Sronfe, 1981; Vaughn, Gove, & Egeland, 1980)。对其他民族文化的研究显示在西欧国家中有更多回避型的孩子。在以色列和日本有更多抵抗型的孩子(Bretheron & Waters, 1985; Miyake, Chen, & Campos, 1985; Morelli, Rogoff, Oppenheim, & Goldsmith, 1992)。德国孩子常被归入回避型依恋,但如果这是因为他们在很小的时候,就被鼓励去培养独立的意识,那么我们为什么不将这种独立的模式归入安全型呢?显然,关于依恋模式的评估在不同文化中是有差异的,我们要有所区分(Thompson, 1998)。

依恋模式的影响是长期的吗?如果是,那么这些长期的影响又是什么?约翰·鲍尔比(John Bowlby, 1951, 1969)宣称,婴儿的依恋模式对孩子的发展有着长期的影响,他提出了一些证据来支持其观点。例如,在12个月或18个月时被归入安全依恋型的孩子到了2岁时,与回避型和抵抗型的孩子相比,处理问题时具有更大的兴趣和更高的热情(Matas, Arend, & Sroufe, 1978)。相似的是,安全依恋型的孩子在托儿所时倾向于更活泼,更受同伴的欢迎,老师也评价其学习的愿望较强烈(Waters, Wippman, & Sroufe, 1979)。总之,一句话,在幼儿时期被归为安全依恋型的孩子,在随后的发展过程中无论是在认知上,还是在社会适应上都具有许多优势。

对父亲的依恋

依恋研究原本是研究母亲在孩子生活中的作用的,但随后其研究范围就扩展到父亲和其他人(Ricks, 1985)。婴儿确实对父亲有依恋,并在大约7个月大的时候就开始抗拒与父亲分离(Lamb, 1977a, 1977b, 1979, 1996)。在家里,婴儿接近父亲,冲着父亲微笑,并主动寻求和父亲的亲密接触。父亲在喂养他们的3个月大的孩子时,可以像母亲一样显示出对细节的敏感性,但他们很少运用这种技巧,而是通常将这种哺育功能交由母亲来完成(Parke & Sawin, 1980; Parke & Tinsley, 1987)。

在陌生情境中,当由父亲来取代母亲的角色时,孩子会把父亲当做安全基地。与陌生女性相比,孩子也倾向于亲近自己的父亲。另外,当母亲工作时,由父亲照看的婴儿与在家庭以外被照看的婴儿相比,更可能显示出安全依恋(Belsky & Rovine, 1988)。

似乎父亲与母亲给予孩子的关心是不相同的。他们倾向于在和孩子玩耍时更多地使用躯体(Clarke-Stewart, Perlmutter, & Friedman, 1988; Parke, 1981, 1996),而且与母亲相比,更热衷于新颖的游戏(Lamb, 1977b)。一项研究发现,三分之二的婴儿更愿意和父亲一起玩耍(Clarke-Stewart, 1978)。在协助婴儿扩展他们的社会接触与和他们家庭之外的人进行社交活动上,婴儿和其父亲之间的关系可能比和母亲之间的关系更有帮助性(Beidges, Connell, & Belsky, 1988)。

成人的依恋

依恋并非结束于儿童时期。罗伯特·韦斯(Robert Weiss, 1982)指出,成人像儿童一样倾向于使他们自己依恋他人,依恋在亲密关系的建立中起着决定性的作用。确实,亲密关系的主要目的之一就是为某些成年人在需要的时候提供亲密,这种亲密与他们在儿童时期曾拥有的依恋图式类似。虽然我们仍旧缺乏足够的强有力的数据,来肯定地宣称我们早期对父母依恋的性质会影响我们成人时依恋的性质,但仍有些证据的确显示了早期依恋和成人后依恋之间的这种关系(Feeney & Noller, 1990; Hazan & Shaver, 1994; Main, Kaplan, & Cassidy, 1985; Scharfe & Bartholomew, 1994)。

具有安全依恋风格的成人倾向于对自己和父母的关系感到愉快,并乐于向别人提及;具有抗拒依恋风格的人则对与父母的关系感到矛盾,而且有时候焦虑抢占了这一关系的制高点;具有回避依恋风格的人,倾向于把自己从对父母的依恋情感中分离出来,以此来回避在和父母关系上的焦虑(Dozier & Kobak, 1992)。

依恋并非随着童年的结束而终止；依恋对于亲密关系的建立至关重要。成人之间的亲密关系中重要的目的之一就是在他们需要的时候能够得到对方的抚慰。

依恋扭曲

孩子既对母亲依恋又对父亲依恋，而且研究显示家庭的成员或扩展的家庭成员（亲戚——译者注。）能帮助补偿婴儿对母亲的不充分依恋(Parke & Asher,1983)。但当孩子被剥夺了来自父母亲的爱和温暖后会发生什么呢，依恋进程不能形成或者彻底地歪曲了吗？没有科学家会做这种让孩子处在不充分或扭曲的依恋中为主观目的的实验。然而，有两种研究方式可以实现上述目的：一是在研究不幸儿童的案例中，自然地观察被极端剥夺了依恋的孩子是可能的；另一种是用动物来做实验，并对实验进行控制。

在一个依恋受到极端剥夺的案例里，一个名叫珍妮的女孩(Curtiss,1977)从大约2岁到13岁一直被独自锁在一个小房间里，并被人用带子捆绑在小椅子上。珍妮和人惟一的接触是当家庭成员进入房间给她食物的时候发生的。当她13岁时，人们吃惊地发现，她已不能走路、谈话、站直身体或吃固体食物，也没有接受如厕训练。最终，珍妮确实学会说一些话，但她未能超出4~5岁大的孩子的智商水平。起初，珍妮表现出令人兴奋的进步，给研究她的社会科学家和社会工作者们很大的鼓励。珍妮目前住在低能儿社会事业机构里(Angier,1993;Rymer,1993)。虽然我们在基于轶事做推断时必须谨慎——无论案例的材料多么丰富——但我们仍能肯定地说，珍妮是因为缺少与爱她、照看她的人的接触而受到了严重的永久性的伤害。

另一类研究是用动物作为被试进行实验，能使研究者更直接地研究依恋进程(Harlow,1985,1962；Harlow & Harlow,1965,1966)。在一系列的实验中，哈里·哈洛(Harry Harlow)、玛格丽特·哈洛(Margaret Harlow)和其他研究者们喂养幼猴，并对其中一只或者两只给予替代的母亲——一个是用铁丝网包住的圆柱形，一个是用软的厚绒毛衣服包住的圆柱体。两个"母亲"都配有奶瓶以建立母亲的形象。然而,即使在只有铁丝网"母亲"才能提供牛奶的时候,小猴子依然紧紧依偎在绒毛衣"母亲"的身边,这显示了通过身体接触传递的安慰比食物喂养更重要。由此可见,猴子也能显示出对绒毛衣"母亲"而不是铁丝网"母亲"的依恋。例如,将一只骇人的、会发出噪音的玩具怪熊放在接近小猴子的地方,那些由绒毛衣"母亲"喂养的猴子会紧紧依偎在绒毛衣"母亲"身边,并仔细审视着玩具怪熊。而由铁丝网"母亲"喂养的猴子只是紧紧抓住他们自己并前后颤抖(见图 11-3)。

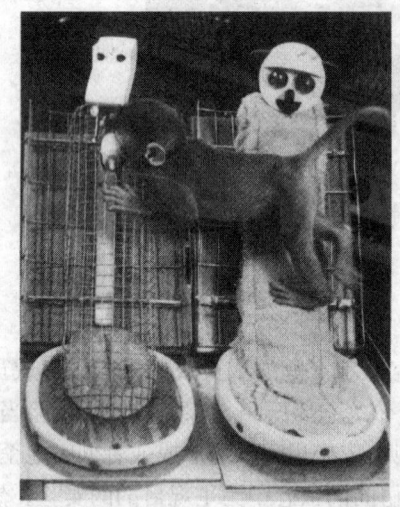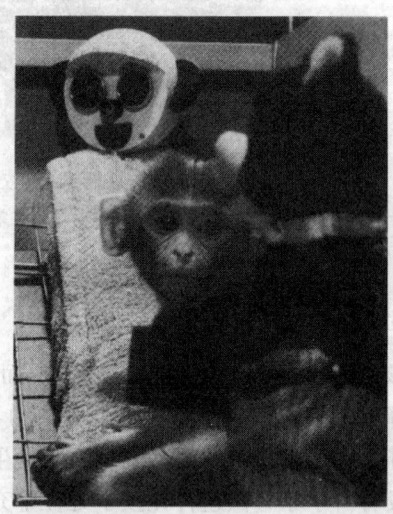

图 11-3　灵长目动物的"母爱"

　　哈里·哈洛的关于"接触安慰"重要性的革命性研究,显示了幼猴们将依恋于——并且寻求安慰于——绒毛衣"母亲"而不是铁丝网"母亲"。甚至当只有铁丝网"母亲"才能提供牛奶的时候,幼猴还是倾向于攀附在绒毛衣"母亲"身上。(After Harlow Primate Lab, University of Wisconsin)

　　虽然是绒毛衣"母亲"而不是铁丝网"母亲"培养了依恋和安全感,但是最终没有足够的证据证明替代物能够培养正常的社会发展。由替代母亲抚养的猴子在社会行为和性行为上都不能胜任。他们在有了孩子以后也不能成为一名合格的母亲。因此可见,依恋进程对于日后的社会能力和家庭能力的发展是有重要影响的,不但对动物如此,对人来说也是这样。

　　总的来说,依恋是发展的一个必要的部分,而且它在我们整个一生中也一直起着作用。虽然我们对这些模式还未能完全理解,但这些模式的影响却是显而易见的。除依恋模式的性质之外,子女—父母之间关系的其他方面对孩子日后社会能力的发展也是很重要的。其中一个方面就是父母照看孩子的风格。本章中的"日常生活中的心理学"部分的主题就是家庭教养方式,其中描述了家长施行权威的不同方式会对孩子与他人的关系及对孩子生活产生怎样的影响。

另一项由完全不同的方式进行的研究显示,与父母分离一段时间也会对孩子的社会能力产生影响。参与照管计划的孩子看上去比没有参与计划的孩子更可能自发地与其他孩子进行交往。然而,如下一节将要解释的那样,参与照管计划的行为并不是一定会有所帮助的。

儿童照管对儿童发展的影响

考虑到孩子与父母的交往和父母的抚养方式非常重要,那么照管又是如何影响孩子各个年龄段的社会发展呢？在6～17岁这一时间段的孩子,大约有四分之三的母亲是在外工作的,小于6岁的孩子的母亲大约有58%在外工作(H. A. Scarr, 1994)。由于超过半数的12个月以下的婴儿是由除他们母亲以外的其他人日常照管的,所以了解照管的影响就很重要。

一份记载有五项陌生情境研究摘要的报告显示,74%照管时间少于20小时/星期的婴儿是有安全依恋的,同时57%的照管时间多于20小时/星期的婴儿也具有安全依恋(Belsky & Rovine, 1988)。不考虑基于陌生情境中依恋的决定作用,似乎受照管时间与安全依恋产生的可能性的降低之间是有一定关联的。然而,要指出的一点是研究中的大多数婴儿仍然是属于安全依恋型的。

其他因素也对参与照管的婴儿产生影响。母亲的压力水平将影响她对孩子的行为。例如,兼职的母亲与全职的母亲相比,感受到的压力较少(L. W. Hoffman, 1989),而且能够成功地应付工作的母亲更有可能养育安全依恋型的婴儿(Belsky & Rovine, 1988)。而且,父亲参与照管孩子,帮助做些零星的家务活也可以减轻母亲的压力(L. W. Hoffman, 1989)。

对学龄前和学龄儿童的一项综合的研究(Andersson, 1989; Belsky, 1990; Clarke-Stewart, 1989, 1993; T. Field, 1990; Gotlfried & Gotlfried, 1988; L. W. Hoffman, 1989)得出了混合的结果。例如,一些研究表明早期照管孩子有益,比如,孩子日后会有较高的社会能力和获得更大的学术成功(Andersson, 1989; T. Field, 1990)。而其他研究则表明早期照管有弊端,比如在照管过程中,缺乏对某些行为的具体控制,孩子就会产生更多的好斗行为,并更渴望得到同辈的赞扬(Clarke-Stewart, 1989, 1993)。

也许从这项研究中获得的最大的教训就是,评估和考虑具体的照管计划的质量是很重要的。得到高质量照管的孩子(与只受到低质量照管的孩子相比)具有更好的自律性,更强烈的工作责任感,更会替别人考虑着想,给其他的孩子造成的困扰也较少,并且对他人的敌意也较少(Howes, 1990)。许多因素影响着照管计划的质量,但其中最重要的因素之一是照料的数量与质量。正如你可以想到的一样,当照管人照顾管理的孩子较少时,他们才更可能给每个孩子提供更高质量的照料。这点对婴儿和蹒跚学步的孩子来讲尤为重要。另外,照管人的专业资格(S. Scarr, Philips, & McCartney,

1990)和以工作为中心的稳定性也影响着照料的质量。当你意识到这些低报酬的专业人员的年薪仅仅只有你的一半时，这些事实就特别容易理解了（Wingert & Kantrowitz，1990）。被激励留在计划中的高质量的专业人员能够提供以孩子为中心的各种活动，这些活动对孩子来说是开放式的、有创造力的，是对物质世界的实践探索。因此最为关键的并不是孩子是否处于照管计划之中，而是处于什么样的照管计划之中。

在评估高质量的照管计划时，还要考虑的一点就是照管人是否鼓励孩子参与各种社会活动和形成的社会关系。友谊和游戏是下一节我们要讨论的主题。

同龄交往：友谊和游戏

人际关系发展的一个重要方面是学习如何与同龄人交往并建立友谊。确实，被同龄人的群体抛弃是学校里失败和掉队的最好预兆（Rubin, Bukowski, & Parker, 1998; Rubin, Coplan, Nelson, Cheah, & Lagace-Seguin, 1999）。儿童时期与同龄人的关系不仅对儿童时期的幸福来说很重要，而且对其成年后的幸福也是很重要的。

孩子的友谊模式显示，随着年龄的增长，孩子间的交往水平也随之提高。换句话说，随着孩子的长大，他们交往的层次也不断提高。在婴儿早期，婴儿之间惟一的社会性交流是，当他们看到或听到另一个婴儿在哭的时候他们也想哭。在大约三四个月时，他们常在可能的条件下，伸出手去触摸对方（Vandell & Mueller, 1980）。他们的交往随着年龄的增长也不断增加，而且他们常常相互微笑，但直到1岁前，他们的交流通常只停留在主动作出一个反应或对他人行为作出反应的水平上。1岁以后，相互间游戏交往增多了，孩子也逐渐学会了合作、分享和一起玩耍。友谊产生了，它让孩子学会了解决冲突的技巧，而且事实证明拥有友谊确实比没有友谊更能有效地解决冲突（Hartup, 1996; Newcomb & Bagwell, 1995）。学龄前孩子已显示出较稳定的友谊模式，他们和同一个朋友的友谊通常能维持超过一年的时间（Howes, 1988）。

儿童时期的大多数时间内，游戏持续地占据着友谊的中心（Gottman, 1983, 1986; Howes, 1988）。约翰·高特曼（John Gottman）认为（1983），在3～9岁之间的孩子中，友谊逐渐地显现出一种思想、情感和信息的交流，共同兴趣的构建，冲突的解决，积极的互惠（朋友间相互取悦）和自我表露（朋友间交流内心的秘密）。儿童友谊的这些方面也存在于成人友谊间。

虽然父母隐藏在幕后，但他们可以通过三种方式来促成孩子的友谊（Parke & O'Neil, 1997, 1998）。首先，他们能够充当合作者以帮助孩子获得形成友谊所需要的技巧。其次，他们能够在友谊的发展过程中充当私人教师和教育者。第三，他们能够为促进孩子与其他孩子间的社会交往提供条件。

友谊中的性别差异

儿童期和青春期，男孩与女孩的友谊经历的阶段不同。在这些时期中，儿童似乎都更喜欢与同性交往,而且早期的友谊通常集中于共同的活动和其他兴趣上。然而,女孩与男孩的兴趣和活动又是不同的,男孩更喜欢参加团体活动和有竞争性的活动,而女孩可能更喜欢只有两个人参与的合作性的活动。

青春期女孩的友谊会经历三个阶段(Donvan & Adelson, 1966)。从大约11~13岁,友谊的重点是联合活动。友谊的对象是某个和她一起做有趣事情的人。从大约14~16岁,友谊进入了情感阶段,重点是分享秘密,尤其是关于周围的朋友的,既包括男性朋友也包括女性朋友的秘密。信任在这一阶段中是友谊的关键要素。实际上,终其一生在友谊中女性比男性显示出更多的情感亲密和分享亲密(Berndt, 1982, 1986; K. H. Rubin, 1980)。然而,对于年轻的男性和女性来说,这一模式又是变化的,尤其是受过良好教育的群体,他们在自我表露方面已显示出了较少的性别差异(Peplau, 1983)。到了青春期晚期(17岁以后),友谊的重点转移到相互包容、分享人格和兴趣上。在青春期中期,女孩可能会把她们拥有的与女性间友谊的一些内容转移到与男性的友谊中去。

与之相反,男孩间的友谊在整个青春期都是倾向于团体活动的。对男孩来说,成就和自主不仅对于他们作为个人的发展是重要的,而且对于他们的友谊也是重要的。也许这就是为什么当人们听说成年男性与成年女性相比,亲密的朋友较少时不感到惊讶的原因吧。

青春期社会意识的变化

虽然青少年能够很好地考虑其人际关系中朋友和其他人的思想和情感,但他们仍显示出以自我为中心的形式,就像小孩子的行为一样(Elkind, 1967, 1985)。青少年的自我中心主义的形式之一就是个人神话。在个人神话中,青少年相信他们自己——与其他人不同——是独一无二的,命中注定要获得财富和地位。他们也显示出一种不可战胜的谬见,认为他们与别人不同,别人会患的疾病不会在他们身上应验,因为这个信念,他们常更易陷入危险,如遭遇车祸或感染艾滋病。他们也常相信虚构观众:无根据地相信周围人总是在关注着自己,并在对自己作出判断。

无论我们年龄、性别如何,我们都需要有一些可以信任的人在身边,可以给我们提供支持,聆听我们的倾诉。同时,对于他们来说,我们是特

虽然青少年们能够考虑人际关系中其他人的思想与情感,但他们仍然显示出以自我为中心的想法,相信自己是不可征服的。

别的和重要的，能够给他们提供支持，倾听他们的自我表露。整个一生中，我们向朋友表露友谊的技能都在发展，这种技能在帮助我们建立那种转变成婚姻的特殊关系中起着作用。婚姻是下一节我们要讨论的主题。

婚姻和家庭

婚姻为我们提供了一个获得亲密的机会，这种亲密是很难用其他方法获得的。虽然大多数人早晚会结婚，但是现在的趋势是婚龄普遍向后推迟。越来越多的人将他们的婚期推迟到 30 岁左右或更迟(Sporakowski, 1988)。婚龄推迟的原因是多方面的，包括女性不断增长的维持自身工作的需要，社会对独身行为的日益接受，以及较早结婚的夫妻推迟生育趋势的出现。

对婚姻的满意度在刚结婚的最初几年里常达到最高点，在抚养孩子期间有所下降。后来当孩子长大了，特别是离开家庭独立生活后，婚姻的满意度又有所回升。因此，父母间新产生的幸福能够部分地抵消空巢综合征(empty-nest syndrome)，由此帮助父母适应孩子长大以及离家后的不适感。

使得婚姻幸福的因素有哪些呢？高特曼(1994)认为，关键在于解决所有婚姻中都不可避免冲突的方式。高特曼发现有三种风格能成功地解决冲突。在有效的婚姻中，夫妻常作出让步并发展相对平静的解决冲突的方案。在避免冲突的婚姻中，夫妻俩各自保留不同的见解，并尽可能避免冲突。在易变婚姻中，夫妻俩冲突不断，其中一些人的冲突甚至是十分敌对的。只要夫妻俩共同的积极活动的数量超过消极活动的 5 倍，这些风格中的任何一种风格都能起到作用。根据高特曼的观点，导致破坏婚姻的行为包括：(a) 攻击伴侣的人格和品质，甚至攻击他的特定行为；(b) 蔑视伴侣；(c) 对积极的批评作出辩护的姿态；(d) 拖延——对伴侣的事情完全不关心。

克利福德·诺特瑞斯和霍华德·马克曼（Clifford Notarices & Howard Markman, 1993)也提出对幸福关系来说常有的一些关键因素。例如，一次真正消极的行为能够抹杀 20 次善意行为的影响。另外，导致伴侣间产生问题的差异并不重要，重要的是对这些差异的处理方式。诺特瑞斯和马克曼发现，他们对一对夫妇能否维持其婚姻所做的预测的准确性高达 90% 以上。他们仅仅是基于夫妻俩如何处理冲突这一点而作出预测的。他们设计了一张调查表来评价冲突解决的技巧，包括如"我有时以抱怨我的伴侣的方式来使他/她和我讲话"和"我常很轻易地就对我的伴侣生气"这样的陈述(Notarius & Markman, 1993, P.41)。对于这些陈述回答"是"较多者，其婚姻常是不幸福的。

工作领域中的人际发展

婚姻和家庭责任是许多成年人生活的一部分。工作是另一种责任。工作不仅可以提供一种谋生的手段,个体还会从工作中获得满足感。正如我们在下一章中讨论的,个人倾向于通过内在和外在奖励两方面对工作感到满意。内在奖励意味着个体喜欢他正做着的工作本身,外在奖励即是指个体因为工作而从各方面得到了很好的回报,其中包括经济上的。

根据唐纳德·修珀(Donald Super, 1985)的看法,职业发展有五个主要的阶段。成长阶段,即从出生到14岁,个人学习和获得从事某种职业的能力;探索阶段,即大约从15岁到24岁,个人做了一个试探性的职业选择并且从事了第一份工作;确立阶段,即大约从25岁到44岁,个人找到一份稳定的工作;维持阶段,大约从45岁到65岁,个人通常已确立了个体在其所从事的行业中的地位,并将继续从事这份职业;最后,衰退阶段,大约从65岁直到去世,个人对退休生活进行适应,并最终完全退休。大约在30年前,这样的模式仅仅是相对于男性而言的,今天它已经适用于绝大多数的男性和女性。

与前面所讨论的许多其他主题相似,社会发展的最后一个方面道德发展,也反映了我们对于朋友和周围其他人的思维、感受和行为的理解。

道德发展

问题:道德推理发展的阶段有哪些?男性和女性之间又有何不同呢?

社会发展的一个重要方面是道德发展。当儿童从较以自我为中心的定位中纠正过来后,他们就能够更好地理解其他人的观点并有系统地陈述道德标准(Eisenberg & Fabes, 1998; Harter, 1998)。儿童把道德问题严格地与社会问题区分开(Bersoff & Miller, 1993; Helwig, 1995),他们认识到道德问题倾向于具有普遍性,然而社会习俗是有文化差异的。例如,6岁大的儿童都相信偷东西是错误的,但他们认为不同国家的儿童玩的游戏不同(Turiel, 1998)。这些差别可能是在与家庭成员以及社区成员的相互交往中学到的(Nucci & Weber, 1995)。在道德问题中他们把父母视为社会权威的代言人,甚至许多拒绝听从父母教导的年轻人也把父母视为道德权威,起着社会指示的作用(Smetana, 1995, 1997; Smetana & Asquith, 1994)。

道德发展的理论必须能回答许多问题。不同年龄的孩子是如何理解对他人和对自己的道德责任的?这种理解是如何变化的,为什么会变化?道德发展的两个主要观点是由劳伦斯·柯尔伯格(Lawrence Kohlberg)和卡罗尔·吉利根(Carol Gilligan)提出的。柯尔伯格提出了一个强调公平概念的模型。吉利根反驳说柯尔伯格的模型可能适用于男性,但并不适用于女性,对女性来说关心常常比一些抽象的公平概念更重要。

柯尔伯格的模型

海因茨的两难问题

柯尔伯格编制了许多故事来评价儿童的道德发展。其中一个最著名的故事讲的是一个叫海因茨的人面临着的严重的道德两难问题：

> 在欧洲，一位妇女患了一种特殊的癌症，生命危在旦夕。经医生诊断，只有一种药能够救治，这种药是由同城的一位药师刚刚发明出来的。这种药的成本很高，但药师索要的药费却是制药成本的 10 倍，也就是说制药要花 400 美元，但他的要价却是一付药 4 000 美元。病妇的丈夫海因茨四处求告亲友，但也只借到 2 000 美元。他恳求药师仁慈为怀，降低药价或让他先付一部分款，余款留下字据，稍后补足。但药师不为所动，坚持一次付清。海因茨在尝试过每种合法的手段失败后，在绝望中强行闯入药店，偷走了药物，及时挽救了妻子的生命 (Adapted from kohlberg, 1963, 1984)。

假定你是海因茨，你会去偷药吗？为什么呢？根据劳伦斯·柯尔伯格的理论，这些问题和其他与故事有关的相似的问题就形成了测量道德推理发展的基础。根据柯尔伯格的观点，你的回答将反映你的道德推理水平，道德推理水平的发展经过六个具体阶段，这六个阶段又可分别归入三个水平期。你的解决方案并不决定你的道德推理，相反，你给出的各种关于偷药或者不偷药的理由决定了你所处的道德阶段。提出各种理由的能力是由你换位思考的能力决定的，即从他人的角度来看待自己的行为。

柯尔伯格理论的水平

水平 I (7~10 岁) 代表前习俗道德 (preconventional morality)。在前习俗道德水平，道德推理是由惩罚和奖赏所引导的。在该水平的第一阶段，惩罚和服从引导着推理。处于第一阶段的儿童认为避免打破规则是正确的，因为打破了规则之后随之而来的将是惩罚。服从权威是可取的。这个阶段的儿童是以自我为中心的，因为他们没有真正地考虑别人的利益。儿童简单地假定权威人物的观点是正确的，因为如果不照做的话，会受到权威人物的惩罚。

在前习俗道德的第二阶段，儿童的思想向个人主义和交易转变。这一时期的儿童只有在符合利益的情况下，才会遵循规则。儿童为他们自己的利益尽职尽责，但他们认识到其他人也可能有不同的利益。他们因此采取措施来满足每个人的利益。在这个阶段中，儿童的道德评判标准具有相对性，他们的行为主要取决于能否得到回报。

水平Ⅱ（10~16岁或16岁以上） 代表习俗道德（conventional morality）。在习俗道德水平，道德推理由彼此的人际期望和人际服从所引导。达到这个水平，儿童就进入第三阶段了，在第三阶段中社会规则已被内化，个人遵从它是因为这样做是正确的。处于第三阶段的儿童能真正遵循他人，特别是生活中的重要人物对他们的期望。他们行为的背后有着良好的动机，并且对其他人表示关心。他们在与人相处时，遵循黄金规则，即按照别人对待自己的方式来对待他人。在这个阶段，儿童支持习俗上合理的行为，维护规章和权威体系。他们认为团体的需要优于个体的利益。

在水平Ⅱ的第四阶段，青少年的思想开始产生是非感，并且认识到社会体系的重要性。总的来说，他们服从规则并履行自己的职责，除了在极个别的情况下，如当那些职责与更高级的社会义务相矛盾时。权力包括为他们所属的社会和机构做贡献，并维持下去。他们需要考虑，如果人人都像他们那样做，结果会是怎样。在这一阶段中，青少年能区分社会的观点和个人间所赞成并接受的观点。即使私下里大家都同意的观点，处于第四阶段的人仍然会从社会立场出发，认为其是错误的。

水平Ⅲ（16岁及16岁以上） 代表后习俗道德（postconventional morality）。达到这一水平，个体就进入了第五个阶段。处于第五阶段的人能认识到下列东西的重要性：(a) 社会契约——人们持有各种价值观和观点，大多数价值观与观点从根本上讲是相对的，但都应该被遵从，因为这些观点都是社会契约的一部分；(b) 个人权利——不管社会中大多数个人观点或者权威人物的观点是什么，少数几个价值观和权利，比如生的权利和自由的权利，应该被保护和维护（有趣的是，这一主张本身就是一个道德判断）。处于第五阶段的人根据对法律的责任感定义权利。人们必须遵守法律以保护每个人，并给尽可能多的人带来最大的利益。有时候，道德和法律的观点是互相冲突的，对此，没有什么最好的解决方法。大约有五分之一的青少年可以达到第五阶段。

柯尔伯格认为很少有人能达到第六阶段，达到第六阶段的个体总是相信存在万有道德原则。他们认为遵循万有道德原则是正确的，这种万有道德是他们经过深思熟虑后所选择的。大多数法律和社会契约是有效的，因此他们遵循这些原则。但如果法律违背了这些原则，处于第六阶段的人们就会依照他们自己的原则去行事。他们支持万有原则，无论其他人是否遵守那些原则，他们总是严格遵守它。柯尔伯格理论的摘要见表11-3。

道德发展似乎在成年早期达到最高峰，但大学教育又好像开辟了道德继续发展的通道。对上过大学的那些人来说，最高峰出现得较晚，但与那些没有上过大学的人相比，其所处的道德水平要更高些（Rest & Thoma, 1985; see also Finger, Borduin, & Baumstark, 1992）。

表11-3 柯尔伯格的道德推理发展理论

你是如何对两难问题作出回答的，你是基于什么作出回答的？

水平/阶段	推理基础	为什么你(作为海因茨)应该偷药	为什么你(作为海因茨)不应该偷药
水平Ⅰ：前习俗道德水平(7～10岁)			
阶段一(不被抓住)	以自我为中心考虑行为是否导致惩罚。权力决定是非感，因此人们应该服从权威。	如果你不偷药，你的妻子将会非常生气，那将是十分痛苦的。她甚至可能会死的，那也是十分痛苦的。	你可能会被抓到，如果被抓到了，你将会受到惩罚(并且你的妻子也就得不到药了)。
阶段二(对我来说能够得到什么?)	给予和得到的交易指导行为，承认人人都有自己的利益和考虑。试图努力地采取能满足双方利益的处理方法。	这个药师拒绝采纳你所建议的对所有人都有利的方法，因此你只好去寻找另一种解决方法。如果你偷了药并逃脱了，你的妻子将会感到十分高兴。	如果你不能与药师达成一致，你就得和你的妻子商量。她知道让你去偷药并不被抓住是不太可能的。另外，即使偷到了药，她仍然可能会死，因此你就算坐了牢也是没有任何意义的。
水平Ⅱ：习俗道德(10～16岁，而且通常超出16岁)			
阶段三(我是好人)	行为准则变得内化。个人认为自己的行事方式是好人的方式，是正确的，个体为了迎合他人而遵循特定的行为模式。	好人关心他们所爱的人，即使这意味着要触犯法律。因此为了做一个好人你就必须为你的妻子偷药。如果你偷药了，人们会认为你对你的妻子非常好。	好人不偷东西，即使这意味着你的妻子将会因此死去，你也不能偷。如果你偷了药，人们会认为你是个坏人，但如果你不偷药，他们会认为你是好人。
阶段四(维持社会秩序)	社会准则形成了道德推理的基础。是非感的发展和对社会体系重要性的认识指导着道德推理过程。	你必须偷药，你结婚的时候，曾许诺过要尽你所能来确保你妻子的幸福，如果不偷药，你将会违背自己所许下的诺言。	你不能偷药，因为偷窃违背社会准则和社会法律。偷药将会打破社会准则。

续 表

水平/阶段	推理基础	为什么你(作为海因茨)应该偷药	为什么你(作为海因茨)不应该偷药
水平Ⅲ:后习俗道德 (16岁及16岁以上)			
阶段五(是什么确保了每个人的权利与幸福呢?)	社会契约和个人权利形成了道德推理的基础。	你必须偷药,因为生存的权利凌驾于社会制定的财产法所规定的权利之上。	你不能偷药,因为什么都不能促使你去破坏社会结构,即使是为了挽救他人的生命。如果你偷了药,你就从根本上损害了每个人甚至包括你妻子的利益。
阶段六(包含每个人最好的观点是什么,该观点还必须包括个人行为最广泛的衍生后果)	公正的万有道德原则指导着道德推理。	你应该偷药,因为生命优先于法律。如果你不偷药,你还不如药师,因为至少他还可以救治你的妻子。如果你被抓住了,你的案子将会引起人们对昂贵药品付费问题的关注,即使你的妻子因此死去了,其他人可能为此受益。	你不应该偷药,因为你对你妻子的感情不应该凌驾于其他人的幸福之上。如果你偷了药,其他需要这种药的人可能就被剥夺了这个机会。因为药可能会失窃,原本考虑改良药物的人可能就会因此决定不再这样做了。

对柯尔伯格理论模型的评价

支持柯尔伯格理论的证据无疑是混合的。一些研究对其是有支持作用的,但这些理论显然不能和柯尔伯格的思想相提并论。一方面,许多心理学家也发现,正如柯尔伯格所提出的,道德推理的复杂性是随着年龄的增长而增大的,是呈线型的(e.g., Rest, 1983)。另外,对土耳其(Nisan & Kohlberg, 1982)和以色列(Snarey, Reimer, & Kohlberg, 1985a, 1985b)等其他国家和地区文化背景的研究也支持柯尔伯格的理论。

尽管有这些支持,柯尔伯格的理论还是受到了许多争议。首先,有人批评说柯尔伯格的道德两难情况不能充分代表儿童和青少年们通常所碰到的情形(Yussen, 1977)。其次,柯尔伯格的评分是非常主观的。另外,基于访谈的评分是很难做到公正客观的,而且柯尔伯格的高度细化的评分标准也使问题愈加复杂化了。

另外，还有人对柯尔伯格的理论中假定的发展的固定阶段进行了批评（Kurtines & Greif, 1974）。理由一，人们的反应会根据评价场景的不同而出现差异。一些人可能会向前跳过好几个阶段（Holstein, 1976），而其他人则可能倒退至更低的阶段（Kohlberg & Kramer, 1969）。例如，以前测出已超过第二阶段水平的大学生在某些情况下被测出又倒退回了第二阶段，这部分是因为环境的高度竞争造成的。柯尔伯格的争辩认为，这些学生仍旧处于更高的道德水平，只是没有按其应取的道德标准行事而已。甚至处于严峻环境中的成年人有时候也可能会倒退回低级阶段，以应付他们所面对的挑战。由此可见，倒退行为表明发展并不是直线上升的，中间必定有些曲折。

正如前述的批评所暗示的那样，还有人批评说，思想和行为的关系微弱（Kurtines & Greif, 1974）。对一些人来说，理解某一道德水平并回答基于该水平的问题并不难，但要在行为中体现这一水平却不是一件易事。道德测验显示的是被测者玩游戏的水平，并不反映其行为的道德水平。然而，柯尔伯格从未宣称理解与行为是一致的。总的来说，研究表明道德阶段测量确实能预测被试的行为，但仅仅是不完全地预测（Blasi, 1980; Rest, 1983）。

最后，有人还批评说，柯尔伯格的理论是建立在对美国白人中产阶段家庭中17岁以下孩子的小样本研究基础之上的。柯尔伯格的发现真的适用于这一范畴以外的人群吗？约翰·斯纳埃（John Snarey, 1985）审查了超过45项对柯尔伯格理论的跨文化研究，发现总的来说研究结果支持柯尔伯格的观点。但是，斯纳埃也指出，柯尔伯格理论在阶段范围上和跨文化的适用上存在着一些文化局限性。例如，在斯纳埃与柯尔伯格的合作研究中就显示出一些跨文化的差异。尤其是以色列的集体农场的生活方式，就比美国个人主义的生活方式更强调和鼓励社区和集体的幸福（Snarey et al., 1985b）。

继斯纳埃的研究以后，又有一些研究得出了类似的结论。例如，在北非（Maqsud & Rouhani, 1990）、以色列（Keller, Eckensberger, & von Rosen, 1989）和波兰的研究（Niemczynski, Czyzowska, Pourkos, & Mirski, 1988）。例如在中国，柯尔伯格理论的前三个阶段适用性好，而后三个阶段则需要修改后使用（Ma, 1988）。实际上，可能根本就不存在什么万能的道德发展阶段，能够不需任何修正，就可以适用于各种文化背景中。尽管如此，正如前面所指出的那样，柯尔伯格的理论仍然在这一领域占据着重要的地位。

卡罗尔·吉利根是柯尔伯格的学生。她发现许多女性的反应并不完全符合柯尔伯格的道德阶段的分类，于是她开始自己编制两难故事。实际上，女性的反应体现的是一种完全不同的对待道德两难问题的方式。1977年,吉利根提出了她自己的关于女性道德发展的观点。

吉利根的替代性模型

根据吉利根(1982;Gilligan, Hamner, & Lyons, 1990)的观点,虽然女人与男人一样有能力理解道德,但他们的理解却是不同的。男人倾向于关注抽象的、理性的原则,比如公正和对他人权利的尊重,而女人更倾向于把道德看做是关心和同情的代名词。她们更关心普通人的幸福和促成幸福的各种关系。女人关注的是维护她们亲密关系的特殊义务,而且她们常用对社会背景的敏感来解决道德问题。男人更具竞争意识,女人更多是具有合作意识。吉利根提出,女人的道德发展经过三个基本的水平,虽然并非所有的女人都能达到第三个水平。第一个水平仅仅包括个人对她自己的关心。第二个水平包括自我牺牲,在自我牺牲水平上,对他人的关心占据着主导地位。第三个水平则包括综合了对自己和对他人的责任感。

其他人(e.g., Baumrind, 1986; J. C. Gibbs, Arnold, Ahlborn, & Cheesman, 1984)在道德两难问题上也已经发现了类似的性别上的差异。吉利根和艾特努西(Gilligam & J·Attanucci, 1988)已经证实了这一点。沃克(L. Walker, 1989)重复了吉利根和艾特努西的实验,并使用了更大的样本,发现除了男孩和女孩之外,大多数男人和女人在对道德两难问题的反应上也都考虑了关心和公正这两个因素。虽然女人比男人更可能具有表达关心的倾向,但女孩和男孩在表达关心的倾向上却无显著的差异。也许,最终还会有人将上述观点进行整合,并提出一个综合的新观点。

总之,社会发展是包含情感发展、人格发展、人际关系和道德发展的终身进程。社会发展不可避免地与环境相互作用,环境主要是能够指导人们所认为的适合儿童发展的合理的社会发展和社会行为。我们在本章学习中,已经看到了许多关于这方面的研究,比如对孩子依恋模式的研究。各种依恋模式的比例在不同国家间是有差异的。社会发展也与认知发展显著相关,因此一个孩子的认知发展会对他的社会化过程产生影响。表11-4、表11-5和表11-6分别对婴儿、儿童和成人社会发展的重要方面作了总结。

表 11-4 社会发展的总结：从出生到 3 岁 一个孩子头三年的生活在社会发展的各方面惊人的重要。

发展的阶段：理论家	年龄（月）						
	0～1	1～2 2～3	3～6	6～9	9～12	12～18	18～36
情感：斯若芙	情感未分化；对他人的情感不敏感	发展了社会性的微笑；面部表情反映其他人的表情；出现反应性的笑	高度积极的情感；向照看者微笑或大笑	参与情感的交流；开始表达愤怒	有效地交流情感状态；关注照看者；独占性；害怕陌生人	探索照看者以外的广阔的外部世界；产生安全依恋；对陌生人的惧怕减少	能区别自己和他人，有了自我概念；有了既想宣称独立，又寻求保障的矛盾的心理欲望
人格：埃里克森	信任对不信任					自主对羞怯和疑虑	
依恋：安斯沃思	前依恋；无区别地对人们作出反应	依恋还在形成中；对熟人的反应较多；越来越寻求和主要照看者的接触；面对周围的陌生人会感到不安			明显表现出来的依恋，更喜欢主要的照看者；对陌生人区别地作出反应；出现分离焦虑	成熟的关系	
自我理解：戴蒙和哈特		出现自我意识；关注躯体自我				知道自己的性别、年龄和拥有物；出现胜任感	
自尊：哈特	未分化出自我概念和对自我价值的评价						
友谊：范戴尔(Vandell)，米勒(Mueller)	如果在场的其他婴儿哭的话，可能也会跟着哭		会对其他婴儿微笑；会伸出手去触摸其他的婴儿			相互交往增加	
道德：皮亚杰，柯尔伯格	前道德						

表 11-5 社会发展的总结：从学龄前直至青春期　从学龄前到青春期，儿童社会发展的各方面经历了巨大的变化。

发展的阶段：理论家	年龄（岁）							
	3～5	5～7	7～9	9～11	11～13	13～15	15～17	17～
情感：斯若芙	社会性的微笑；知晓节日的重要；害怕未知之事和陌生人		明白其他非突出事件的重要性；害怕的对象扩展到虚构的生物或不切实际的信念		学校活动和课后的活动，同伴间的关系是幸福的关键		友谊关系；自我发展、娱乐和旅行是幸福的关键	
	愤怒集中	愤怒包括考虑别人的意图						
人格：埃里克森	主动对内疚		勤奋对自卑			角色认同对角色混乱		
自我理解：戴蒙和哈特	自我意识基于躯体自我；能够区分自己内心独白和对别人所讲的话		自我理解基于能动自我和个人的成就及技能		自我理解基于社会自我和同伴关系		自我理解基于心理自我和个体的信念、思想、态度和价值观	
自尊：哈特	自尊基于认知、躯体和社会能力及行为举止			自尊基于学校成绩和运动能力，同伴间的社会接受，行为举止和仪表		自尊基于工作，学业和运动能力；亲密关系；浪漫的魅力；同伴的社会接受；行为举止和仪表		
相互交往游戏：帕特	游戏变得越来越社会化，越来越具有与同伴间的互动性							
友谊：高特曼	更喜欢同性的朋友；友谊的中心在于分享性的活动；男孩更喜欢竞技性的活动，注重自主和成就；女孩可能更喜欢只有一个合作伙伴的活动，注重情感亲密和分享秘密						男孩的友谊观改变甚少；女孩则越来越强调分享人格、兴趣，注重相容性，开始将注意力转向男生	
道德：柯尔伯格				前习俗道德		习俗道德	可能的后习俗道德	

表 11-6　社会发展的总结：成年期

心理学家们为成年期的三个阶段提出了人格理论、自我统合理论、自尊理论、生活结构理论和道德理论。

发展的阶段： 理论家	成年期早期	成年期中期	成年期后期
人格：埃里克森	亲密对孤独	繁衍对停滞	自我整合对失望
自我统合： 马西娅	定向型、早闭型、迷失型和未定型统合（可能还有异化型统合）		
自尊：哈特	自尊基于智力、幽默感、工作能力、道德、运动能力、仪表、社会能力、亲密关系、教养、抚养者能力和家务管理能力		
生活结构：莱文森(Levinson)	评价世界的本质和人在世界中的位置；最终建立家庭、开始职业生涯，努力创建更好的生活	评估已实现的所有的成就；有时会改变婚姻状况、职业或态度，开始考虑退休和老年	意识到躯体和心理能力的变化；必须保持对家庭、朋友、爱好的联系；逐渐与道德妥协
道德：柯尔伯格	习俗道德（而且，在极少数情况下还会出现后习俗道德）		

在下一章，我们将探索动机和情感如何促进社会发展和社会行为。

相关研究

校园暴力　安东尼·D. 佩莱格里尼，明尼苏达州大学（Anthony D. Pellegrini, University of Minnesota）

因为最近我在研究 11～13 岁男孩在向中学和青春期早期转变时发生的一些变化，所以我对暴力和牺牲品的研究也产生了兴趣。我发现休息期间一些男孩乐此不疲

地在操场上玩一种身体上艰苦但精力充沛的游戏——粗暴的摔跤游戏（R＆T）或者打仗游戏。参与这些游戏的男孩常被评价为有支配力或"强壮的"，这些评价是由同样喜欢这些游戏的同龄人作出的。根据教师的评价，作为这些 R＆T 活动对象的通常是"牺牲者"或"不幸者"。他们中一些人进行了回击，而其他的人只是默默忍受。

青年男子使用 R＆T 的方式——以体现或建立他们的权威——与我们从 10～11 岁或更小些的孩子身上所观察到的是完全不同的。我想知道为什么这些暴力男孩如此好斗，为什么与我的期望相违背，他们如此受同龄人的欢迎。

第十一章 社会发展

我也想知道为什么一些受害者回击而其他人不回击。从第一印象看来,暴徒们似乎是非常有条理的,而且在他们攻击的方式上还比较有谋略。他们总是选择特定的目标,而不是随机地对所有的同龄人进行侵犯。作出回击的受害者,是用回击作为被激怒的反应。这些对暴徒作出攻击回应的青少年们似乎是"头脑发热"并且缺少自我控制。我想知道,男孩是如何在其同龄团体中使用这些不同类型的攻击方式的。

我对这个主题的兴趣似乎正与美国历史相符合,因为美国校园里正经历着许多暴力事件。从密西西比州和佐治亚州到科罗拉多州和俄勒冈州,美国校园内一系列悲剧性的枪击事件只是暴力显现的开始。因此,暴力主题不仅是科学上所关心的主题而且是具有重大社会意义的。我决定开始在中学开展对暴力和牺牲(受害)的系统性的研究,尽我所能帮助人们理解这些悲剧的根源。

虽然攻击和暴力从学龄前直到成人期一直存在(例如,工作场所的暴力和恐吓),但是当男孩从小学升入中学的时候,他们有更多肉体攻击的倾向。我认为在他们迁入新的同龄人团体时,攻击同龄人是为了重新确立他们的地位。我在研究中把暴徒们和他们的同龄人加以区分,暴徒们用攻击行为来获得某种结果,而他们的同龄人则被动地以较无效、较冲动的方式对攻击作出回应,如反击或发脾气等。

斯堪的纳维亚的丹·奥沃斯(Dan Olweus)用自我报告法,进行了开拓性工作的构建。例如,回答"你认为找其他学生的麻烦有趣吗?""你曾被不止一个学生欺负过吗?"在他的工作基础上,我们用其他方法对自我报告进行了补充,比如写日记、同龄人提名、直接观察和教师的问卷调查表。我们先让参加研究的被试学生每月作一份记录,并定期回答一些标准化的问题(如,你今天打人了吗?主动向同学挑战了吗?如果是,向谁?)。有些问题还附有标准化的回答(如,你感觉如何?开心、悲伤和没感觉)。

在同龄人提名法中,我们先从被试的所有同学中选出一小组同学的名字并大声读出。随后,我们让被试说出三个符合问题中所列标准的同学的名字,问题包括"说出发动打架的孩子的名字"。孩子到班里3个或4个月后,我们也让教师完成关于每个孩子的调查表,以估评孩子的支配欲。

最后,我们花了一年的时间对在校的学生进行了观察。这是一个耗时的过程,因为侵犯性行为并不经常性地出现而且通常不在成年人面前出现。

在研究中,我们最初发现的是运用多种方法可以提高研究结果的效度。我们也发现,男孩从小学升入中学的上半年,暴力和攻击的事例(所有的测量方式都得出了同样的结论)增加了,而接着这一年的下半年又减少了。我们也发现当被激怒的受害者使用攻击作为反应时,欺凌弱小者会使用更激烈的攻击或者仍维持原来的攻击以获得某些结果。这一年攻击的增多与恃强欺弱的学生的支配感下降是相符合的。看上去恃强欺弱的学生是用攻击和故意的欺凌行为来建立他们在同伴中的支配地位。在第一年内他们的支配地位建立了以后,攻击行为就下降了,这可能是因为每个人都已知道了他们的权威地位。欺凌弱小者在使用攻击行为并建立优势后,他们被认为更友善、更受同伴们(既有男孩又有女孩)的欢迎,并被老师们视为领袖。

简而言之,青春期的男孩使用攻击行为是为了在同伴中建立地位,而且他们既被同伴们又被老师们认为是领袖。下一步的研究应该是对恃强欺弱者如何和同伴们重建积极的关系的研究。

日常生活中的心理学

家庭教养方式

我们知道父母在如何抚养孩子的问题上存在着很大的差异,这些差异可通过个人体现,还可通过教育水平和社会经济地位来体现。例如,教育水平较低、社会经济地位较低的父母更可能重视孩子对权威的遵从,并且还会使用体罚;有着较高社会经济地位和教育水平的父母更有可能对他们的行为作出解释,并且会让孩子自己去作出决定(M. L. Kohn, 1976)。

黛安娜·鲍姆林德(Diana Baumrind, 1971, 1978)的研究显示要想更好地理解抚养风格,可将其分为三种类型:专制型、宽容型和权威型。专制型的(authoritarian)父母倾向于对他们的孩子态度严厉、常伴有惩罚,并且通常不同情孩子,这就是他们的抚养风格。这些父母相信权威的重要性,并且重视孩子对权威的服从。他们把孩子看做希望并且需要以合适的抚养标准约束。专制型的父母与孩子间关系较疏远,并且很少赞扬孩子。宽容型的(permissive)父母倾向于给孩子大量的自由,但这些自由太多,以至于可能超出了孩子所能处理的范围。这类父母疏于约束,并且让孩子就许多其他的父母们认为不合适的事情自行作出决定。权威型的(authoritative)父母倾向于鼓励培养孩子的责任心、理性、解释自身行为的起因,并确立了严格的界限。在此界限之内他们鼓励儿童独立,但对于限制之外的事情,他们在理解的基础上,帮助孩子作出决定。

对186种文化进行的研究(Rohner & Rohner, 1981)显示,权威型抚养风格似乎是最常见的。虽然如此,但是父母所显示的教育和控制有着大量的各种各样的水平,而且教育和控制的文化表达方式可以有很大的不同。例如,日本的母亲与孩子间的相互沟通倾向于与孩子间培养一种温馨而亲密的关系,她们可能只通过向儿童间接建议和表示出孩子的行为会对母子间关系的质量产生怎样的影响,从而达到对孩子行为施加严格控制的目的(Azuma, 1986)。

正如你可能想到的一样,不同的抚养风格会产生不同的结果(Baumrind, 1971, 1978, 1991)。专制型父母抚养的孩子倾向于对别人不友善、不信任,并且在社会关系上有所保留。宽容型父母抚养的孩子倾向于不成熟、有依赖性,甚至会为一点小困难就向他人寻求帮助。总的说来,他们总是缺乏幸福感。权威型父母抚养的孩子似乎更容易适应生活。他们待人友善,一般具有合作精神而且具有相当的独立性,在社会关系上也显示出责任感。

思考题

1. 描述一个道德两难问题，并推论处于柯尔伯格的后习俗道德水平的某个人可能会对该问题作出怎样的反应。给出解释你的推论的理由。
2. 自我概念的发展和人际关系的发展两者之间是如何相互作用的？
3. 设计一种会帮助儿童拓展行为范围的，既适合男孩又适合女孩的情境，帮助他们避免被僵硬的性别角色旧习严密地束缚住。
4. 提出一些标准来评价对不满5岁的孩子的照管质量。
5. 你的情感是如何影响你的行为的？
6. 请就你自己的性别角色的发展举例。你是如何遵从传统的性别角色，又是如何背离传统的性别角色的？

本章摘要

情感发展

1. 社会发展包含个人发展的四个领域：情感发展、人格发展、人际关系发展和道德发展。
2. 伴随着有限的情感表达，婴儿从自我主义发展成高度尽职的、独立的、富有同情心的和敏感的周围世界的探险家。在此过程中，他们还经历了分离焦虑。
3. 研究者在情感发展的问题上意见不一。斯若芙认为我们生来就带有情感激发的一般形式，这种情感激发形式后来就分化成各种各样的具体情感（分化理论）。其他人(e.g., Izard)认为情感是由我们人脑内的特定的神经模式产生的。
4. 一套情感发展的进化理论认为，我们可以通过理解情感的适应价值来实现对人类情感发展的理解。

人格发展

5. 埃里克森的心理社会发展理论曾被视为是一场革命，因为它描绘了贯穿整个人生（包括成年期）的所有方面的发展。该理论包括八个阶段。那些成功地度过这些阶段的人们就会发展出希望、意志力、目标感、能力、忠实、爱、关心和智慧。
6. 根据马西娅的观点，自我统合可分成四类（或五类）：如果你作出了决定并对你是谁有稳定的认识，那么你就已处于定向型统合的状态；如果你未经过什么思考就已经选择了自己的道路，那么你就是处于早闭型统合的状态；如果你仍在自我统合过程中，那么你就正处于未定型统合状态中；如果你已失去目标，不知所措，那

第十一章 社会发展

么你就正处于迷失型统合状态中;如果你的决定与社会的行为准则、方向背道而驰,那么我们说,你正处于异化型统合过程中。

7. 自我概念由自我理解和自我尊重两部分组成。自我理解指个体对自己是谁的界定;自我尊重指个体对自我价值的评价。
8. 根据戴蒙和哈特的观点,自我理解包括自我的不同方面,比如躯体特质、行为、社会关系和内心自我。根据哈特的观点,自尊基于个体在各个重要性不同的领域的自我评判。与较小的儿童相比,较大的儿童认为他们在更多的领域中发挥着作用。到成年期,人们在 11 个不同的领域起着作用。自尊也建立在他人对自己的评判的基础之上。
9. 低估自己能力的儿童比没有这样做的儿童在学校和社会生活中倾向于出现更多的问题。女童比男童更可能低估自己的能力。
10. 气质是指个体在情感强度和韧度方面的差异。根据 A. 托马斯和切斯的观点,儿童可分为平易型、麻烦型或是行动迟缓型。当个体寻求与之最匹配的环境时,必须考虑其气质类型。
11. 性心理发展是指关于性和性别认同的发展。性别特征形成是指与具体的性别相关的角色的获得。
12. 我们的性别角色和性别认同的概念可以通过社会化、遗传倾向、进化、角色模仿或认知图式来获得。

人际关系发展

13. 依恋是长久持续的情感维系,它是长期亲密关系的结果。它并没有结束于儿童时期,实际上儿童时期依恋的模式似乎在成人生活中又被重复了一遍,尤其是在罗曼蒂克的关系中。
14. 陌生情境的研究是用来检验依恋模式的。根据依恋模式的观点,回避依恋型的儿童在陌生情境中情感冷淡;安全依恋的儿童更友善,但需要安慰;抗拒依恋型的儿童既冷淡,又需要亲近。这种分类是受文化限制的。
15. 婴儿可能对父亲和其他的照管者产生依恋,就像对他们的母亲产生依恋一样。父亲比母亲更经常地和年幼的儿童一起玩游戏。
16. 被剥夺了天然养育和依恋的幼儿和小动物不能成长为完全成熟的个体。
17. 父母的抚养风格会影响孩子社会技能的发展。专制型的(非常严厉的)父母们会抚养出不友善和对人不信任的孩子。宽容型的父母会抚养出不成熟和有依赖性的孩子。权威型的父母会抚养出具有良好适应性的、平衡性高的孩子。权威式的抚养风格在所有文化中都是最常见的抚养风格。
18. 照管是一个富有争议的话题。对它的效果的研究所得出的结果是矛盾的,但大多数研究仍表明高质量的照管对孩子益处很多,而不利较少。因此,对父母来说最重要的是要考虑他们选择的计划的质量。
19. 学习如何交友对孩子的发展是很重要的。友谊发展的理论指出,有效的个人接触、信息交换、冲突解决、积极的相互尊重和自由的自我表露是学习交友的重要步骤。女孩和男孩的友谊模式有所不同,女孩更强调情感和世界观的和谐,男孩则更注重活动的和谐。
20. 对夫妻的研究显示有七种婚姻可能是成功的。不成功的婚姻的标志是:人身攻击、轻视、辩护和拖延。
21. 当既得到内在奖励又得到外在奖励时,人们对工作的满意度最高。人们会经过职业发展的不同阶段,包括成长阶段、探索阶段、确立阶段、维持阶段和衰退阶段。

道德发展

22. 柯尔伯格的道德发展和道德推理的阶段理论,虽然业内不乏对它的批评,仍不失为接受最广的理论之一。在前习俗道德水平上,儿童的行为尽量避免惩罚并寻求自我的利益;在习俗道德水平上,青少年根据家庭和社会的规则行事;在后习俗道德水平上,成年人不但根据变化的社会需要而且根据普遍的伦理要求行事。
23. 有一些论据支持柯尔伯格的理论,但从整体上说,论据是综合的。
24. 吉利根针对女性提出了一套道德发展水平理论。这套理论认为女性注重的是人际和谐、感情,而不是法制权威。该理论的经验证据相对较少。

思考题参考答案

1. 描述一个道德两难问题,并推论处于柯尔伯格的后习俗道德水平的某个人可能会对该问题作出怎样的反应。给出解释你的推论的理由。

  有人向政府官员(你)行贿,行贿者想通过贿赂得到政府的一份契约。行贿者指出他的公司将做得和其他公司一样好,而且甚至会做得更好。因此把契约交给他的公司是最好的结果。他还指出没有人会因此而受到损害,而且政府官员也不需要付出任何代价就可以获益。你应该接受贿赂并把契约判给这家公司吗?处于柯尔伯格的后习俗道德水平上的人当然会认为不应该接受这份贿赂。首先,并非真的没有人受到损害。如果诚实正直的公司因为没有行贿而得不到业务的话,那么这些没有行贿的公司的利益将受到损害。最终,他们的业务可能会因此停止运转或者推断出只有行贿才能得到业务。其次,纳税人的利益将受到损害,用来行贿的钱必须从什么地方捞回来。最可能的方法就是把行贿的钱打入契约的花费中去,而最终将是纳税人承担了这笔钱。第三,不管接受贿赂谁获得了什么谁失去了什么,接受贿赂本身就

第十一章　社会发展

是一种不诚实的行为。

2. 自我概念的发展和人际关系的发展两者之间是如何相互作用的？

　　自我概念会影响你与他人交往的方式。如果你认为自己很差，你就可能把这种自我概念显示给其他人，其他人进而会据此对你作出反应。他们可能认同也可能不认同，但他们对待你的方式会受到你对自己的看法的影响。如果你认为你自己很好（但并不是轻率地这么认为的）时，人们可能也会接受你的积极的观点。通常他们能够接着转入人际关系交往过程中更重要的方面上去，而不是关注你自己的看法。

3. 设计一种会帮助儿童拓展行为范围的，既适合男孩又适合女孩的情境，帮助他们避免被僵硬的性别角色旧习严密地束缚住。

　　许多男孩认为对人们的情感敏感是一种"女性"行为。然而对其他人的情感像对自己的情感一样敏感，这一点对每个人来说都是十分重要的。儿童的行为与生活中给他们留下强烈情感印象的、积极的或是消极的事件相关联。这种不是发生在当下情况的情感体验，应该被口头描述出来。在教室里的儿童包括男孩，接着就会被要求描述当他遇到这样的事件时会有怎样的感觉。

4. 提出一些标准来评价对不满 5 岁的孩子的照管质量。

　　使用的一些标准可以包括：(a) 照管者的数量，(b) 照管者过去的照管经验，(c) 照管者在照管孩子方面的训练，(d) 全部的照管者的工作时间长度的平均数，(e) 可以提供给孩子用的玩具和书籍的数量，(f) 在计划中提供的培养质量。

5. 你的情感是如何影响你的行为的？

　　情感影响着每一个人的行为。例如，当人们生气的时候，他们通常寻找表达愤怒的宣泄口。当人们悲伤时，他们有时候退缩或者可能寻求其他人的安慰。

6. 请就你自己的性别角色的发展举例。你是如何遵从传统的性别角色，又是如何背离传统的性别角色的？

每一个人必须自己回答这个问题。如果你非常强烈地遵从了传统的性别角色，你可能考虑从一些活动中找出更多的中性化的因素，也就是说，你扮演的角色将更富有弹性。

邵世忠○译
王晨阳◎校

第十二章　动机与情绪

"如果一开始你没有成功,那么努力,再努力。"
"有志者事竟成。"

第十二章 动机与情绪

在英语中包含着大量强调动机和主动性的对成功有着重要作用的格言。什么是动机，它有多重要？它和情绪有什么关系？这些问题我们将在本章中予以思考。

在直觉上，我们描述自己的动机和情绪的方法是相似的，如"我想吃一个汉堡"，"我想要跳舞"。动机和情绪都是导致我们行动或是被促动的情感。当我们对事实与观点作出反应时，这两者似乎都在我们体内发挥作用。我们常把它们当成生理感觉："当我听到他的脚步声又在我身后响起时，我惊慌极了——我开始发抖，心在怦怦乱跳，喉头发紧，掌心出汗，浑身冰冷。"动机与情绪是无法分割地联系在一起的。

动机的本质和特征

问题：什么是动机，关于动机的主要理论有哪些？

动机（motive）是一种引起活动的冲动、欲望或需求。动机包含了赋予行为动力与方向的过程。心理学家研究我们为何以及如何被激发起了行动。更详细地说，心理学家提出了四个问题（Houston，1985）：第一，我们的行为把我们引向何方？即，什么引起了我们的好感，什么又激起了我们的反感？第二，什么促使我们着手并开始采取行动去追求一个特定目标？即，为什么有些人会采取实际行动，而有的人只是想想，从不会付诸于实施？第三，我们进行那些行为的强度如何？第四，为什么一些人长期执着于激励着它们的事物，而别的人追逐的目标则不断从一个转换到另一个？

早期的动机理论关注动机的进化论和生物学方向的研究。最主要的是本能和驱力。

本能行为的动机

本能行为有三个主要特征：第一，它是遗传的。我们生来就具有我们将要有的所有本能。因此，对与异性交往的渴望和对掠食者的恐惧是天生的，而不是后天习得的。第二，它具有物种特有性。比如鲑鱼会回游到上游的出生地，而金枪鱼

第十二章 动机与情绪

则不会;蜜蜂跳一种特定的舞蹈,而人类则不能。第三,它是定型的。我们对某一特定刺激所做反应是自动从事的某一行为。例如见到凶猛的掠食者就逃跑,这是自发的,同时,能够逃脱也是幸运的。查尔斯·达尔文(Charles Darwin,1859,1965)是本能论观点的一位主要支持者。他相信,一种动物的行为有许多是遗传的、物种特有的并且是自动的。从进化论观点来看,本能行为不仅对个体生存,而且对物种存活都是至关重要的。例如,如果没有促进交配行为的本能,哺乳动物很可能难逃灭亡的厄运。

威廉·詹姆斯(William James),现代心理学思想之父,提出了包括20种生理本能的列表,如吸吮、位置移动。另外,他还提出了17种精神本能(James,1890a)。精神本能包括了爱好整洁、好奇心、恐惧感、嫉妒、父母之爱和合群性。后一辈中,威廉·麦克道尔(William McDougall,1908)进一步提出了本能列表,包括了食欲、性欲、支配欲和创造欲。列表提出的本能逐渐增加到10 000种(Bernard,1924)。詹姆斯相信本能对行为而言是重要的,而麦克道尔则指出本能对行为是必要的。没有本能,人们在任何事物面前都将完全被动甚至一筹莫展。

然而,就像许多其他心理学理论一样,本能理论变得冗长、迂回和沉重起来(Kuo,1921)。行为可用本能来解释,反过来,本能也可用行为来解释。例如,母性行为可以用母性动机来"解释",相反,母爱动机也可以用看似发生了的行为作"解释"。反对本能的争论导致人们失去了将其作为建立理论基础的兴趣。理论家开始寻求解释动机的新方法。随着动机理论的感染力日益衰弱,驱力理论变得日益有吸引力起来了。

驱力理论

驱力理论的相当一部分理论基础和支持者来自于学习理论。关于驱力理论有不同的提法。这一理论最先由罗伯特·伍德沃思(Robert Woodworth,1918)提出,但最著名的阐述是由克拉克·赫尔(Clark Hull)提出的。赫尔(1943,1952)认为人们有许多基本的生理需求,如对食物、水、睡眠的需求等等。为了生存,我们必须满足所有这些生理需求。关系到这些生理需求的能量合成

"我不唱歌是因为我很开心,我开心是因为我唱歌。"

© The New Yorker Collection 1991 Edward Frascino from cartoonbank.com. All rights reserved.

来源的假设被称为驱力(drive)。在假设里的能量合成来源是人类和其他动物努力降低的。为了降低驱力,我们吃、喝、睡以满足我们的需求。动物和人类同样被推动以求降低驱力。

和本能理论一样,驱力理论因为其假设基础被证实并不是特别充分的,而逐渐不再受欢迎(White,1959)。仅仅由经验主义得来的支持该理论基础的依据并不充分。随着驱力模式开始逐渐萎缩,其他的模式开始越加硕果累累。因此研究者们对动机的研究继续向前发展。

当代有关动机的观点

问题:心理学家们为什么要研究动机,他们是如何做的呢?

生理学的取向

是什么促使心理学家开始探求中枢神经系统(尤其是脑)与动机体现在生理和行为现象之间的关系的呢?事实上,通过生理学研究方法获得支持总是纯属偶然的。研究人员詹姆斯·奥尔兹(James Olds)把一个电极误放在老鼠大脑的一个部位上面。当老鼠受到刺激后,它表现出想获得更多的刺激。为此,奥尔兹和彼得·米尔纳(Peter Milner,1954)设计了一个试验以证实老鼠是否的确寻求更多的刺激。当电极被植入边缘系统的一部分后,老鼠花费超过3/4的时间去压一个小横杆以求反复获得刺激。奥尔兹很偶然地发现了脑内的"快感中枢"。其他研究人员证实,当电流刺激脑的另外一部分时,猫会竭力回避该刺激(Delgado,Roberts,& Miller,1954)。以下是用以理解动机和脑心理学之间关系的三种理论:唤醒说,颉颃过程理论和自我平衡理论。

唤醒说

假设有三个智力和学科知识相当的学生将要参加一门重要考试。第一个学生对考试和他在考试中的成绩都不在意。第二个学生希望表现得更好一些但并不对成绩感到焦虑。他明白即使他考得很差,他的生活也并不会因此而必然变糟糕。第三个学生对这个考试极度紧张,他认为考试成绩对他的将来有极大的影响作用。你认为哪一个学生最有可能在考试中取得最好的成绩?

这三个学生具有不同水平的唤醒(arousal)——由神经系统的活动引起的改变、警觉和激活。唤醒是由包括脑在内的中枢神经系统的活动造成的。唤醒与活动效率之间的关系如图 12-1。

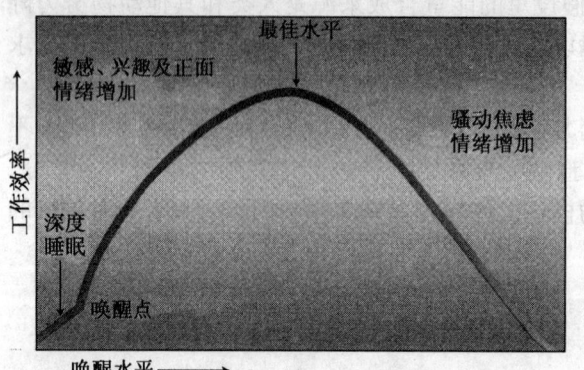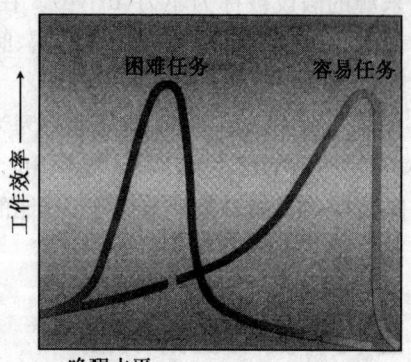

图 12-1 耶克斯—多德森定律

在表现唤醒水平和工作效率之间关系的峰形线条中,当唤醒水平适度时,工作效率处于最高峰;当唤醒水平过高或过低时,工作效率比较低(After Yerkes & Dodson,1908)

图 12-1 中所示的倒 U 形曲线是对耶克斯—多德森定律(Yerkes & Dodson,1908)的形象描述。这张图表展现出当唤醒水平中等时,有机体的活动最有效率。根据这个法则,第二个学生既有动机但又很轻松,他将取得最好的成绩。人们一般在他们的唤醒水平中等时感觉最好(Berlyne,1967)。低水平的唤醒,会让人们觉得厌烦、倦怠、没有动力。高水平的唤醒会让人们觉得紧张和恐惧。

最佳唤醒水平是因任务和个人而异的。对于相对简单的任务,它的最佳唤醒水平略偏高,而对于困难的任务则最佳唤醒水平略偏低(Boxton, Heron, & Scott,1954;Broadhurst,1957)。如果我们要完成一个重复型的不需要动脑筋的工作,高唤醒水平将有助于我们完成任务,并可促进我们更有效率。然而,如果我们要完成一个复杂的任务,低唤醒水平将有助于我们避免焦虑,而焦虑恰恰会妨碍我们充分发挥才干完成任务。一个提高唤醒水平的方法是运用某些特定物质,当然这种物质如大量使用会逐渐上瘾。

颉颃过程理论

由理查德·所罗门(Richard Solomon)提出的颉颃过程理论(1980;Solomon & Corbit,1974),认为情绪体验周期与对咖啡因、尼古丁、酒精或其他物质的嗜好有关(这一理论与色觉颉颃过程理论无关)。当我们产生了动机然后试图努力驱除时,将会发生什么呢?(见图 12-2)。最初,我们处于中等状态,即基线,我们未获得动机去行动(如喝咖啡),因此刺激(咖啡)和我们无关。然后我们喝了第一杯咖啡,体验了一种"兴奋感",情绪状态为正。我们感觉到幸福感一般是因为化学刺激正面影响脑的感受器。然而,不管幸福感来源于何处,我们因为受到刺激而感觉很好,因此我们产生习得动机去寻求更多刺激。

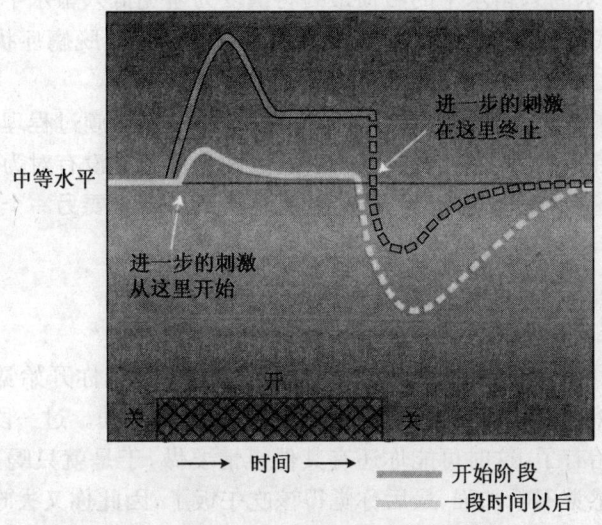

图12-2 动机的获得

在生理依赖过程的开始,上瘾的刺激物将我们的感受提高到中等基线水平以上。在这一点,如果我们停止使用上瘾物质,动机水平先会降低,然后恢复到中等基线水平。然而,一旦上瘾了,我们对上瘾物质的反应就仅仅能将我们维持在稳定状态,这一稳定状态成为我们当前反应的中等水平。如果我们戒除了上瘾物质,我们将长期处于低于中等水平的反应状态,我们将经历脱瘾症状。(R. Solomon & Cobit, 1974)

根据所罗门的观点,哺乳动物总是寻求情绪保持中等水平。这种对中等情绪的追求意味着,当动机来源推动我们的感觉情绪时,无论是正是负,我们都处于反对动机作用力的影响之下——颉颃过程——促使我们回到基线的中等水平位置。如图12-2所示,我们的情绪状态在喝过一杯咖啡后首先明显提高,然后回落。回落是颉颃过程对抗最初过程的开始。可能开始时咖啡的作用让我们觉得很舒服,但接着就发现这让我们神经紧张以至于影响直接思考。换言之,最初令人愉快的感觉现在开始减弱了。最后刺激的影响逐渐衰弱,我们到达了刺激反应的稳定状态。因为现在刺激仅仅能维持在基线水平,所以原先的动机作用力停止了,它不再会提升到基线以上。在咖啡这一例子中,人体中所有的咖啡因都被新陈代谢了。

如图所示,在长期使用刺激后,它对我们的影响和最初明显不同。一旦我们习惯了刺激(见第四、五、六章),它就不会再让我们提高到基线水平之上了。可能一杯咖啡不再能让我们神经紧张;现在它仅能唤起我们到达"勉强清醒"水平。不幸的是,颉颃过程开始得比较缓慢,结束得也比较缓慢。当刺激的影响逐渐衰弱,颉颃过程的影响仍然存在,因此我们很快进入脱瘾状态。现在我们的感觉比过去更加糟糕:烦躁、头痛、古怪、疲惫、沮丧和不安。于是我们会寻求更多的刺激来减轻脱瘾症状。讽刺的是,那些最初为寻求高兴奋水平的习惯最终将演变为避免低兴奋水平的习惯。我们可以通过喝咖啡避免脱瘾症状。幸运的是,如果我们能经受住脱瘾症状,最后这些症状将会全部消失。

唤醒说解释了我们为什么寻求探索和掌握外界环境,颉颃过程理论解释了我们为什么产生动机去寻求我们嗜好的物质。然而,这两个理论都没有对为什么我们需要满足吃、喝及其他的基本生理需求给出满意地答复。所以就需要另一个理论来解释这些动机。

自我平衡理论

假想一下早晨一连串典型的活动。你醒过来,过一会儿你开始觉得饥饿和口渴,于是你去吃喝。然后你不再觉得饥渴。你开始了早晨的活动。过一段时间,你注意到饥渴的感觉又开始有了,这时可能你还有其他事情要做,于是就只喝了一杯饮料代替吃东西。饥饿的感觉不断加强,最后你觉得该吃午饭了,因此你又去吃东西了。

自我平衡原则(homeostatic regulation)是身体维持平衡状态的一种趋向。当身体缺少某种东西时,它发出信号促使个体寻找缺少的那种物质。当身体已被满足时,它会发送信号去停止获取那种物质。就像对体温的调节一样,我们对吃和喝的需求是通过体内平衡系统控制的。这些体内平衡系统通过负反馈环(negative-feed-back loop)这种控制某些特定资源的生理机制产生作用。这个控制环用一种方法在资源水平低时提高水平,然后在资源水平高时产生信号来寻找一种途径以降低水平(见第三章)。体内平衡系统的作用否定了实际情况和理想状态之间的区别。多数人在他们觉得不再饥饿时停止进食,觉得不再渴时停止喝水,或者觉得不再疲惫时停止睡眠。

自我平衡原则在体内的作用很普遍。多数加热系统,如身体加热系统,在自我平衡原则的基础上工作。当温度调节器记录的温度低于较佳设置时,加温器启动,它持续加热直至到达温度调节器的设置点——最佳温度。一旦温度调节器记录的温度等于或高于设置温度,升温器就被关闭。

体内的负反馈是分等级的,而不是遵循全或无法则。例如,假设你经过了活动量很大的一天,到了吃晚饭的时候感觉非常饿。一开始你进食的速率会很快,当你收到了需求已获满足的反馈指示时,你进食的速率将降低直至用餐结束(L. Spitzer & Rodin,1981)。在你用完餐之前身体已经将饱食信号传递给你,然而如果你吃得太快,信号就不是很明确。这就是为什么节食计划中总有让人们以较低的速度进食的要求,那样在他们吃得过多之前,身体有足够的时间发出饱食信号。

自我平衡原则听起来和驱力理论相似,但实际它们强调的重点不同。驱力理论主张需求提供动力以寻求需求的满足、减少驱力。它的焦点在避免亏空。而自我平衡原则强调维持需求平衡,亏空和过剩都是可以被避免的。在表 12-1 中简洁地概括了生理学研究方法。

表 12-1 动机的生理学研究方法 存在以生理学为基础的三种理论:唤醒说、颉颃过程理论和自我平衡理论

理 论	解 释
唤醒说(耶克斯—多德森定律)	当我们被适度唤醒和在最适宜水平完成工作时,我们感到轻松愉快动力十足。当我们在低度唤醒时会觉得厌烦;在高度唤醒时会觉得紧张焦虑。
颉颃过程理论(所罗门)	我们寻求情绪的中等水平。当我们产生动机时,一个相反的动机会使我们回到中等基线状态。
自我平衡理论	身体(脑)努力维持平衡状态。当感到身体缺乏食物时,脑传递信号给身体寻找食物;当感觉到已经饱了,脑传递信号给身体停止进食。

尽管我们并没有完全理解促使我们满足生理需求的所有机制,但我们没有质疑过促成那些行为以满足需求的动机。下一章,将探索是什么促使我们顺从于文化模式。我们所有的行为都可以从动机是满足我们生理需求的这种观点出发来理解吗?还有什么因素促动了人类行为呢?

动机的临床研究取向

动机的临床研究方法主要研究生理需求,但它们更多地是建立在人格方面和对患者案例研究基础之上的,而非建立在生理学数据基础之上。例如,人们为不同的动机所促动。有的人会风雨无阻地站几小时只为买一张音乐会入场券,而其他人就是你给他钱他也不会去做。

默里的需求理论

亨利·默里(Henry Murray, 1938)认为需求是建立在人类生理基础之上的,并能从脑的工作方面加以理解。他把需求看做是个人人格形成的核心。在默里假设的 20 种需求中,有不少对许多研究起了推动作用——这是对默里在该领域重要性的肯定。例如,很多研究是在默里的亲和需求和权力需求的构想下展开的。亲和需求高的人想和其他人形成密切的关系并成为团队中的一员。他们避免争论(Exline, 1962),也避免竞争性游戏(Terhune, 1968),当他们觉得自己被评价时也会有焦虑倾向(D. Byrne, 1961)。

权力需求高的人有控制别人的需求(Burger, 1992)。他们努力把世界塑造成他们

所构想的样子。在群体中,他们希望被认可(Winter,1973),也关注自己在大众中是否有足够的表现机会(McClelland & Teague,1975)。权力需求高的人具有攻击倾向,更加喜欢参与能让他们对他人产生影响的职业(Winter,1992,1993;Winter & Stewart,1978)。

默里还提出我们中的每个人都有成就需求,这种需求被其他研究人员广泛研究,我们将在下面看到。

麦克莱兰的成就动机理论

戴维·麦克莱兰(David McClelland)和他的同事对成就动机特别感兴趣(McClelland,1961;McClelland, Atkinson, Clark, & Lowell, 1953;McClelland & Koestner, 1992;McClelland, Koestner, & Weinberger, 1992;McClelland & Winter,1969)。根据麦克莱兰的理论(1985),那些成就动机高的人追求具有适度挑战性的任务,坚持从事这些任务,并特别喜欢追求在工作上的成功。许多企业家表现出很高的成就动机。为什么这些人寻求的任务仅仅是具有适度的挑战性呢?这是因为通过这些任务,他们既能获得成功又能发展自身。他们不可能在完成可能性极小、挑战性极大的任务上浪费时间,他们也不可能在容易得毫无挑战性的任务上浪费时间。

如果人们从父母那里体验过成就的压力,那他们很可能会发展出很高的成就动机(McClelland & Franz,1992)。研究表明,相对于现实本身而言,人们对现实的感知,更有力地预示着人们尤其是儿童将如何对成就的动机作出反应(Phillips,1984)。换句话说,人们被促动不是由于客观存在的压力,而应该是由于他们对这些压力的知觉。例如,一个成功的乐队中的吉他手,尽管他自身取得了有目共睹的成绩,但他可能仍会产生要和他的音乐偶像做得一样好的成就动机。

性别差异 不幸的是,女孩子们常认为她们的才能比不上男孩子,尤其是当她们渐渐长大以后更是如此,其结果是她们很少期望自己能取得超过男孩子的成就(Phillips & Zimmerman,1990)。特别是女孩子们常认为自己在竞争中会一败涂地。相反地,男孩子们会认为自己在这种环境下能做得很出色(Spence & Helmreich,1983)。这种性别差异的影响早在幼儿园时期就已开始显现(Frey & Ruble,1987)。

文化差异 包含了何为优秀的内在标准的成就动机在每种文化里都有,并且因此而成为许多跨文化研究的焦点(Maehr & Nicholls,1980;Markus & Kitayama,1991,1994)。因为成就动机的增长关系到生产力的提高,所以在不同文化中,一些以增加工人和管理者动机水平的科研项目得以展开。在一项这样的研究中,印度商人鼓励他们的员工努力仿效一些西方商人的成就动机,研究者以此来评价努力的效果。为了达到这一目的,这些印度员工参加了一系列以帮助他们成为富有成就动机的商人为目的的讨论会。这项研究获得了一定的成功(McClelland & Winter,1969)。

在众多成就动机的研究中,对于中国的研究发现,中国的父母们十分强调成就,但他们所关注的焦点和美国父母所关注的焦点不同(Ho,1986),而孩子们关注的焦点也不同。美国孩子被鼓励独立自主,而中国孩子则更喜欢家庭和社团。

哈里·泰迪斯(Harry Triandis,1990,1994)指出了中美儿童之间的差异的重要性,以及个人主义和集体主义文化之间的一些其他方面的差异。个人主义文化,如美国和英国,激发了个性和个人目标的实现;集体主义文化,如中国、日本、委内瑞拉则更多强调满足群体的需求。一般说来,集体主义文化(包含了世界人口的70%)中犯罪、嗜酒和自杀的比率比个人主义文化要低。显而易见,感觉自己是群体中不可缺少的一分子可以降低那些导致不适宜模式行为的压力。

马斯洛需要层次理论

亚伯拉罕·马斯洛(Abraham Maslow,1943,1954,1970)把人的需要分成一系列层次(见图12-3)。一旦我们的低级需要获得满足后,我们就会寻求更高层次的需要的满足。

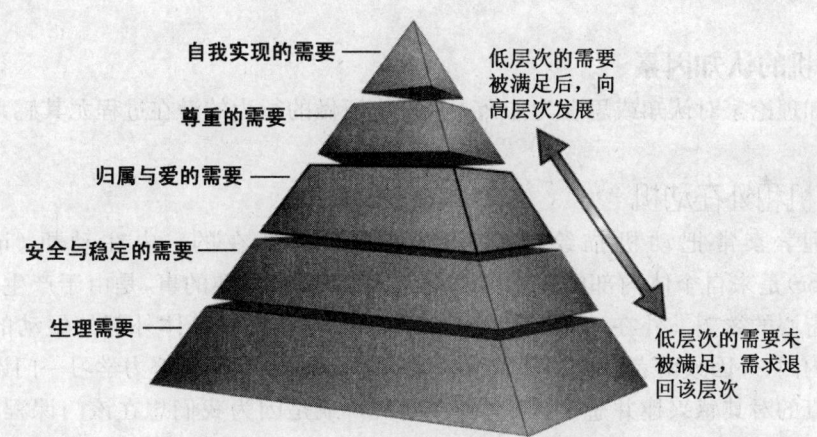

图 12-3 马斯洛需要层次理论

根据亚伯拉罕·马斯洛的理论,在努力满足高层次需要之前,我们必须满足更多的基本需要。

生存或第一层是我们基本的生理需要,如对食物、水和氧气的需要。即使在富有的国家,一些人仍生活在贫困中,每天为满足这些最基本的需要而努力。第二层次阐明了安全与稳定的需要,如获得庇护与保障。第三层次是归属需要,感觉别人热爱和关心自己,并觉得自己是重要群体的一部分,如家庭的一分子。儿童和他们父母之间的血脉联系,显示出这种需要是多么的重要。第四层次是自尊需要,即有价值感。最高层次是自我实现的需要,以充分发挥自己的潜能。

马斯洛需要层次理论并不是一个刻板僵化的理论。有些人毕生都在追求人类最基本的需求——尊严与自尊。但尽管需要层次理论是这样构想的，支持这一动机理论的经验主义的证据却弱到几乎不存在。表12-2概括了动机的临床研究方法。

表12-2 动机的临床研究取向 临床心理学家曾提出三个动机理论：基于我们人格的需求、成就需求和可以被划分成五种不同水平的需求。

理　　论	解　　释
需求理论（默里）	需求形成了我们人格的核心。在一些其他需求里我们寻求亲和需求、权力需求和成就需求。
成就动机理论（麦克莱兰）	取得成就的动机激发我们的创造性。人们有强烈地寻求具有适度困难的任务的需求，因为在那些挑战性的任务中，这种任务最有可能成功。
需要层次理论（马斯洛）	我们有五种水平的需要（生理需要、安全需要、归属需要、自尊需要和自我实现的需要），在达到更高层次需要前我们必须满足低层次需要。

影响动机的认知因素

认知理论家对认知或思考为什么人们产生所做的行为的潜在过程尤其感兴趣。

内在动机和外在动机

心理学家常把动机描绘成既是内在的又是外在的。内在动机（intrinsic motivator）是来自个体内部的奖励，如人们会做他所感兴趣的事，是由于产生了满足个人好奇心的欲望。外在动机（extrinsic motivator）是来自个体外部的促动的结果。我们在内因、外因或两者联合的基础上产生行为。例如，我们会努力学习一门课程，因为我们真的对其感兴趣并想掌握它（内在动机），或是因为我们想在该门课程上取得"A"（外在动机），抑或两者兼而有之。

社会创造了一些外在奖励以确保人们按社会利益去采取行为。我们的教育系统多是建立在成绩、文凭和各种其他的作为证明我们曾经做过或未曾完成某事的证书的基础上。外在奖励是社会如何承认完成一个教育程序的价值的例证。作为个人，我们对外在奖励看的有多重？

当人们被内在动机激励时，他们完成的工作将最有创造性（Amabile，1983，1985，1996；或参见 R. J. Sternberg & Lubart，1995，1996）。如果我们看看那些最有创造力的作家、艺术家、科学家或其他任何领域的工作者，他们几乎都是因为热爱他们的工作而全身心投入。这并不是说他们对于外在奖励毫不在意，如金钱或名望，而是他们的精力更加集中于工作本身。他们为所热爱的工作而工作，并获得随之而来的受之无愧的金钱、名望或其他外在奖励。

外在动机有时会削弱内在动机（Deci, Koestner, & Ryan, 1999a, 1999b; Kohn, 1993; Lepper, 1998; Lepper, Keavney, & Drake, 1996; Lepper & Henderlong, in press; Lepper, Henderlong, & Gingras, 1999; Tang & Hall, 1995）。珍妮特·斯彭斯（Janet Spence）和罗伯特·赫尔姆瑞奇（Robert Helmreich, 1983）曾对几千名大学生、科学家、飞行员、商人和运动员的动机和成就模式进行研究。他们总结出，内在动机促使人们取得很高的成就，而外在动机一般无法做到。斯彭斯和赫尔姆瑞奇指出辨别与评价内在动机的三个方面：人们具有熟练掌握事物的追求、具有工作的驱力以及具有竞争性。他们发现，人们尽管能力相差无几，但那些有志于精通该项事业和认真工作的人明显会取得较高的成就。然而，那些具有很强竞争性的人们表现出更多的外在动机，却往往取得比较少的成就。那些有着控制和工作愿望的人们，只要不是竞争性太强，就会取得较多成就。

爱德华·德斯（Edward Deci）和他的同事们（Deci, Koestner, & Ryan, 1999a, 1999b; Deci & Ryan, 1995; Deci, Vallerand, Pelletier, & Ryan, 1991; Rigby, Deci, Patrick, & Ryan, 1992; Vallerand, Fortier, & Guay, 1997）提出人们需要有胜任感、独立自主以及在和他人交往时感到安全和满意这些需求。按照德斯的观点，我们都被强大的动机驱动着去满足这三种先天即有的需求。

对自我决定的强调有助于解释内在和外在动机之间的区别。内在动机的作用既满足了我们的胜任感，也满足了我们对自主的需求。而一些外在动机的作用却会削弱我们对自主的感觉。因为我们把对行为的控制归因于我们自身之外而不是内在的根源。在类似案例中，缺乏控制感会导致我们的胜任感的缺乏。

有效奖励的特征

幸运的是，并非所有外在奖励都产生负面影响。四个关键性因素可能决定了外在动机是否会削弱内在动机的作用（Cameron & Pierce, 1994; Eisenberger & Armeli, 1997; Eisenberger & Cameron, 1996）。第一个因素是期望。仅仅当个人期望在要实施的任务中获得伴随性奖赏时，外在奖励才会削弱内在动机。第二个因素与报酬相关。有些时候报酬对个人很重要。如果你被告知将获得一卷呢绒线作为完成任务的报酬，这一卷呢绒线对你毫无吸引力，然而你必须完成这个任务，那么微不足道的报酬将可能不会削弱你的内在动机，事实上，你可能早已把这个报酬抛在一边了（R. Ross, 1975）。第三个因素是报酬是否是有形的（如证书、奖品、奖金、糖果、等级等）。明确的报酬有削弱内在动机的倾向，而不明确的报酬如赞扬或微笑则不会削弱内在动机（Deci, 1971, 1972; Deci, Koestner, & Ryan, 1999a, 1999b; Reeve & Deci, 1996; Swann & Pittman, 1997）。第四个也是最后一个因素是报酬是否是意外获得的。出人意料的有形报酬，需要以高质量的方法完成任务时才能获得（Deci, Koestner, & Ryan, 1999a）。

解释风格

维持内在动机最好的方法之一是运用马丁·塞利格曼(Martin Seligman, 1991)提出的乐观解释风格。具有这种风格的人倾向于把成功归因于自己拥有较强的能力，而把失败归咎于环境。他们通过告诉自己他们有能力克服环境中的障碍来鼓励自己。相应地，悲观解释风格的人们把成功归因于环境，而把失败归咎于自己缺乏能力。他们很难去鼓励自己，因为他们相信，当自己缺乏取得成功的能力时，就不应轻易尝试(Peterson, Maier, & Seligman, 1993)。

其他内在动机包括对新奇事物的寻求和挑战，以及对发生在我们身上的事情的控制。这三种动机将在下面予以介绍。

好奇和挑战

什么使人们对某些事物产生好奇，而对其他事物则不好奇呢？相对于我们已有的认识而言，那些适度新奇和复杂的事物比较容易引起我们的好奇(Berlyne, 1960; Heyduk & Bahrick, 1977; Loewenstein, 1994)。如果某些事物对我们而言再熟悉不过，我们就会忽略它，因为我们从中学不到任何东西；同样，如果某些事物过于新颖，我们连理解它的基础都不具备，我们也将忽略它。然而，如果碰到在理解能力的范围内比较新奇的事物，它会激起我们的兴趣，使我们产生好奇并努力去探究它。

即使在日常活动中，我们也会去寻找一定程度的内在动机和挑战。我们和我们的近亲——灵长类动物，积极观察和探索着我们的环境，熟练掌握着我们周围环境中的各个方面的事物，并力求能够控制我们的生活环境(White, 1959)。

所有灵长类动物都表现出纯粹为了快乐而对周围的环境产生好奇和进行探索。例如，猴子会学习完成工作——去拔门闩只是为了有事可做。

我们也积极寻求自我决定，而不愿被外在压力所左右(deCharms, 1968)。当我们觉得被控制时常常不开心，不管是被其他人或是被某一物质(譬如对某一事物的癖好)控制。当我们觉得自己像颗棋子——自己的未来早已注定，或由其他人控制了我们的行动时，我们一般也会不开心。当我们能够或者觉得能够控制自己的命运时，我们会被激励。

自我效能理论

胜任感是如何对我们达到特定目标的可能性产生影响的？自我效能（self-efficacy）指人们对自己控制环境、达到个人目标的胜任力的相信程度，可以通过直接经验、我们对他人经验的理解、别人告诉我们能够去做和我们对自身情绪动机状态的评价等中获取。如果自我效能的程度高，我们将更有可能达到所期望的结果（Bandura, 1977a, 1986, 1995, 1996）。然而，并非绝对如此：某些特定环境下（如严酷的专制统治），不管人们的自我效能如何，达到目标都是很困难的。

自我效能水平影响着我们的自知之明的程度。当我们觉得自己能够做好一些事情时，我们将更愿意投入精力与资源去完成它，并因此获得成果。一个成功导致另一个成功，我们认为自己能获得持续的成功。而如果我们的自我效能水平低，我们会认为自己不能成功，其后果是我们甚至可能连尝试的动力都没有。这种后果当然是失败的，它将导致对未来的失败的期望，进而成为更多失败的基础。提高自我效能以达到目标的一种办法是为自己设定一系列现实、详细的目标，然后制定计划以实现这些目标。例如，如果确定了以学好一门课程为目标，你要对自己说你有能力学好这门课，然后制定一个周详而精确的学习计划，那会使你获得成功。人们的自我效能感会通过设定目标而提高。心理学家早就认识到，设定目标在促进人们并帮助他们在必要时把事情做好这方面是有效果的（Ames, 1992; Dweck, 1992; E. A. Locke & Latham, 1985, 1990; Meece & Holt, 1993; Urdan & Maehr, 1995; Tolman, 1932, 1959）。即使在面对困难时，目标也能帮助我们集中精力，调动我们的资源，积极探索做好事情的方法。

目标的重要性在比较儿童的学习与实现目标方面表现突出。卡罗尔·德维克（Carol Dweck, 1999）曾区分过强调学习新信息重要性的目标（学习目的）和那些强调表现个人智慧，而不管他学习了多少的目标（实现目标）这两者之间的差别。强调学习目标的儿童比那些强调实现目标的儿童更愿意接受困难的课程和挑战。进一步说，当他们面对有相当挑战性的任务时，强调实现目标的儿童将比强调学习目标的儿童更可能会变得沮丧和放弃任务。

总之，关于动机的认知理论强调的是思考过程对行为的促进作用，这种研究方法（总结见表12-3）是对其他讨论过的研究方法的补充。

看来没有单一的动机理论能解决所有问题。生理学、临床和认知理论在对行为的解释上存在各自的长短。它们一般在解释某些动机时非常合理，但在解释其他动机时就不适用。就像在心理学的其他领域一样，可能这些理论是互补的，针对一个复杂行为，每一理论只提供了一部分解释。下面将详细探讨两种比表面看上去要复杂得多的动机：饥饿和性的需求。当你在阅读时，请考虑为什么每一种理论要探讨得如此之深来说明人类需要进食与性爱的原因。

表 12-3 动机的认知研究方法 认知心理学家提出了有关动机的不同理论：我们对内在动机和外在动机作出反应，我们被好奇和控制促动，我们被自己的信念所驱动。

研 究 方 法	描 述
内在动机和外在动机	兴趣从内部促动我们，报酬或惩罚的威胁从外部促动我们。一般我们的行为是内外动机联合作用的结果，尽管我们在主要被内在动机促动时最有创造力。
好奇、挑战和控制	我们对适度新奇和复杂的事物最好奇。因为它们带来挑战的同时没有引起我们的厌烦。我们会专心致志地工作(Maslow)。我们总是寻求对周围环境的理解和掌握，有胜任能力(White, deCharms)，并成为群体中的一员(Deci)。
自我效能理论	我们对是否能达到一个目标的信念影响了我们实现目标的实际能力。

动机的生物学基础

问题：什么是动机的生物学基础？

饥饿

科学家曾认为饥饿的规律非常简单：当我们的胃收缩时，我们感到饥饿(Cannon & Washburn, 1912)。但是通过对老鼠(C. T. Morgan & Morgan, 1940)和人(M. I. Grossman & Stein, 1948)的研究表明，如果负责在胃与脑之间传送信息的神经被切断了，个体仍会感到饥饿。更有说服力的发现是当人们的胃经手术切除后（因为医学原因），他们仍旧感到饥饿(Janowitz, 1967; Wangensteen & Carlson, 1931)。很明显，除了仅仅是感觉胃里空无一物外，还有更多原因导致饥饿出现。

当然，胃在饥饿规律中确实发挥作用(McHugh & Moran, 1985)。所有哺乳动物中，胃消化食物是有固定速率的；人的速率为每分钟略多于 2 卡路里的食物（注意这是卡路里的含量而不是食物容量，那决定了食物离开胃有多快。一大盘不放任何调味品的莴苣比一小片蛋糕会让你更快就觉得饥饿，因为当里面是低卡路里的莴苣时，胃会更快地变空）。当胃不断缩小时，我们会觉得越来越饥饿。通常，当胃大致有 60% 空了时，我们就感到饥饿；当有 90% 空了时，我们觉得非常饿(Sepple & Read, 1989)。

如果胃不是对饥饿惟一负责的器官，可能还有其他器官扮演了为我们传递饥饿信号的角色。身体里最重要的器官之一——脑，肯定与饥饿有关。

脑在饥饿中的作用

脑,尤其是下丘脑在规律性饥饿中非常重要(图3-11中标明了下丘脑的位置)。如果动物的下丘脑腹内侧(VMH)受到损伤,那么动物就会饮食过多导致最后过度肥胖(Hetherington & Ranson,1940;Teitelbaum,1961;but see Valenstein,1973;见图12-4)。因此,下丘脑腹内侧控制饥饿,尤其是成了负面信息反馈的根源。当有机体被充分满足时,下丘脑腹内侧会发出停止进食的信号。下丘脑腹内侧被损坏的动物,满足信号绝对不会被传递。

当损伤位于下丘脑外侧(LH)时,会产生和下丘脑腹内侧受伤后完全相反的作用(Anand & Brobeck,1951)。下丘脑外侧受到损伤的动物将不再进食,那将导致因饥饿而死亡。因此,下丘脑外侧是开始进食的按钮,下丘脑腹内侧则是停止进食的按钮。

饥饿调节的理论

下丘脑腹内侧和下丘脑外侧必须获得来自身体的信息才能妥当控制进食行为。那么是什么在传递饥饿与饱食信号?两个主要假说提出了可能的解释,尽管它们可能并不互相排斥。根据葡萄糖恒定论,血液里的葡萄糖(体内的一种简单糖分)水平,向身体传递对食物的需求信号(M. I. Friedman & Stricker,1976)。当身体内的葡萄糖水平降低到一定程度时人会感到饥饿。术语葡萄糖恒定是指身体和脑内的稳定的葡萄糖水平。

图12-4 过度肥胖的老鼠

当损伤发生在老鼠脑的下丘脑腹内侧(VMH)时,老鼠变得过于肥胖。对损伤的研究导致研究者们总结出,VMH在控制何时停止感觉饥饿的觉察时发生作用。这种发现还可能有其他可替换的解释吗?如果有,是哪些?如果没有,原因是什么?

但是一些研究结果无法用上述理论来解释(Cotman & McGaugh,1980),这促使了关于理解饥饿的另一种新的解释的发展。衡脂论这个假说提出了在血液中,脂类(脂肪)的水平向身体传递对食物的需求信号。当老鼠体内脂肪的比例降低时,饥饿感就加强了(Hoebel & Teitelbaum,1966)。根据这个理论,进食是一种经由体重来维持足够能量的方法。当然,身体监控着这些脂肪细胞保持在一个相对稳定的基础上

(Faust,Johnson, & Hirsch,1977a,1977b)。当体内脂肪变得太低时,人们进食;变得太高时,人们停止进食(Kessey, Boyle, Kemnitz, & Mitchell, 1976; keesey & Powley, 1975)。

最近有证据提出一种叫 *Leptin* 的激素和寻找食物的行为有关。肥胖症可能与缺乏这种激素对饥饿的调节有关(Figlewicz et al., 1996; Rohner-Jeanrenaud, Cusin, Sainsbury, Zahrzewska, & Jeanrenaud, 1996; Tomaszuk, Simpson, & Williams, 1996; White & Martin, 1997)。

衡脂论推动理查德·凯斯(Richard Kessey)、特里·保利(Terry Powley)和他们的同事提出了定点论(set-point theory)。根据这个理论,在身体内的脂肪细胞的基础上,每个人在出生时或者在出生后的最初几年内,有一个由生物学决定的预定体重。在一生的时间里,那些细胞在数量上只增加不减少(Grilo & Pogue-Geile, 1991; Keesey,1980),脂肪细胞多的更容易变重。尽管脂肪细胞的数量会增加,但它在一生中不会自然减少。改变体重的是脂肪细胞的尺寸。当人们吃得少时,脂肪细胞尺寸缩小,人们感到饥饿;当人们吃得多时,脂肪细胞尺寸增大,人们觉得饱了。

定点论揭示出一个人想要减肥是非常困难的,因为体重会自然而然地回到起点。在起点,易变的脂肪细胞尺寸处于正常状态。如果我们节食,我们的身体会根据我们延长的饥饿时间作出回应,去储存尽可能多的能量。因此,吃得越少,尽管我们摄入较少的卡路里,但我们的身体会工作得更多,以帮助我们形成克服饥饿的条件,努力保持我们的脂肪。另外,长期过度饮食会提高定点(Kessey & Powley, 1986)。有关体重下降的统计资料看上去支持定点论:超过90%的体重减轻的节食者最终体重反弹(见表12-4对这些理论的概括)。相关研究(Safer,1991;Seraganian,1993)表明,通过结合锻炼与吃低脂肪低卡路里的节食餐,比单独约束饮食习惯,在减轻体重上会更有效。这两点都是治疗肥胖症方法的一部分,这将在下面予以讨论。

表12-4 控制饥饿的理论 三个主要关于饥饿的理论是建立在血液里的葡萄糖水平、血液里的脂肪水平和体内脂肪细胞的数量基础之上的。

理 论	解 释
葡萄糖恒定论	脑内的VMH和LH监控着血液里的葡萄糖水平以决定是否需要进食。
衡脂论	脑内的VMH和LH监控着血液里的脂类(脂肪)水平以决定是否需要进食。
定点论	人人都有先天设定的体重,体重的多少由体内脂肪细胞的数量决定。脂肪细胞在我们体重增加时膨胀;在我们体重减轻时,脂肪细胞缩小。我们努力减肥,但体重很难低于起始点;我们的身体认为节食就意味着将要被饿死,于是作出反应储存尽可能多的食物。如果我们长时间体重超重,定点将会提高。

肥胖症和节食

人们常有非常强烈的动机去减肥,但都失败了。什么是导致减肥成功或失败的因素,尤其对那些在体重超重时开始减肥的人而言?

要被看成体重超常,这个人必须至少超过标准身高体重的20%(见第十八章)。在美国有24%的男性和27%的女性被看成体重超常。这些人中的一部分,加上更多尚未达到肥胖的人们,把自身投入到节食计划中去。然而节食常常失败,因为这些人比没有节食时更易暴饮暴食(Polivy & Herman,1983,1985,1993)。当遇到焦虑、抑郁、压力、酒精和高卡路里的食物,或受其他因素影响,节食者保持远离进食的抑制就会降低,一些人开始暴饮暴食(Polivy,Herman,& McFarlane,1994)。而那些没有节食的人们则不会表现出相似的行为。这些发现看上去进一步支持了定点论。

波利维、赫尔曼和麦克法兰(Polivy,Herman,& McFarlane,1994)曾表示无论多想节食或通过节制饮食控制体重都会产生事与愿违的效果。他们把96名大学女生分成节制饮食者(试图通过控制食物摄入以控制体重)和不节制饮食者两组。一组参与者的成员被告知她们必须做一个演讲以测量她们的能力。第二组成员被告知她们将被询问在触摸纺织物时的感觉以衡量对于纺织品的触觉功能。这样操作的目的是引出第一组而非第二组的焦虑感。然而,在进行这个操作之前,参与者被要求参加一个味觉感觉的学习。在这个学习中她们被允许在通过味觉评定时吃她们所想吃的数量的蛋糕。关键性的发现是,节制饮食者在她们焦虑时增加了对蛋糕的需求,然而不节制饮食者则降低了她们对食物的需求。这些结果提醒了节制饮食者,当面对正常的生活焦虑时,她们易受影响以至暴饮暴食,然而不节制饮食者在面对焦虑时则反而降低了对食物的需求。

研究也提出(Brownell & Rodin,1994;Brownell & Wadden.1992;Lissner et al.,1991)体重波动比超重更加伤害身体健康。换句话说,与不管自己的体重相比,让自己陷入一个经常性的减肥和体重反弹循环中伤害更大。

其他因素看上去对肥胖症也有影响。人们在美食当前时倾向于吃得更多(Rolls,1979;Rolls,Rowe,& Rolls,1982)。当人们面对其他因素时也可能会吃得更多。

肥胖症知觉中文化因素的影响

一些跨文化心理学家在解释体重的广泛的个体差异时,强调外来的因素。这种区别可通过文化和时间来观察到。例如,在萨摩亚、斐济、汤加和其他太平洋岛国上,男人和女人体重超过300磅并不少见。而在日本,非常重的人,例如胃口很好的相扑运动员站在人群中就会显得特别突出。在美国,J. 富克斯(J. Fuchs)和他的同事(1990)表明在Amish(地名)过度肥胖现象相对罕见,并将这种差别归因于那种文化中健康的生活方式。完美体重的标准和期望可以通过参观艺术博物馆中的历史展品观察出来。在一些欧洲艺术家精湛的艺术作品中，裸体女性的身材十分符合现代欧洲或美国的标准。从各国流行的妇女杂志上日益增加的苗条模特可看出，目前的审美倾向于更加苗条的身体曲线（Silverstein, Peterson, & Perdue, 1986）。可能，就像临床动机心理学家提出的那样，人们通过获得他们的文化所定义的完美体重来满足自尊和名誉的需求。

神经性厌食症

对许多人来说超重是一个很严重的问题，但一些人则严重的体重超轻。这是因为他们对食物的新陈代谢过快和不吸收，或因为他们的激素失调造成的。少数体重过轻的人基于一种极端荒谬的曲解，认为她（经常是）或他超重，受着神经性厌食症（anorexia nervosa）的折磨，他们进食无规律，拒食，甚至极有可能被饿死。受厌食症折磨的人总以为自己会变胖，因此让自己节食（Heibrun & Witt, 1990）。当他们的体重低于正常体重的 85% 时被诊断患了厌食症，但他们仍然十分担心自己会变胖（DSM-IV, 1994）。事实上，超过 30% 的厌食症患者最终死于由饮食不规律造成的伤害（Szmukler & Russell, 1986），如对心脏产生的伤害。绝大多数（95%）厌食者是 15～30 岁之间的女性（Gilbert & DeBlassie, 1984）。美国社会对于苗条身材的高度评价有助于解释为什么主要是年轻女性受到进食无规律的困扰。有趣的是厌食症的发病率在其他社会中也在增加，如丹麦和日本（Nielsen, 1990; Suematsu, Ishikawa, Kuboki, & Ito, 1985）。

没有人知道是什么引起的厌食症。一些证据表明，失调的原因可能在于功能失调的家庭关系（Bruch, 1973），尤其是在那些完美主义和控制体重获得很高评价的家庭。其他证据表明失调根源可能在于生理学方面（Gwirtsman & Germer, 1981）。对失调的治疗反映出了可能的原因。厌食症患者将接受心理治疗和药物治疗，并且在严重的病例中需要住院以治疗心理和生理问题（F. E. Martin, 1985）。

比厌食症更为严重的是贪食症，表现为暴饮暴食的失调。在吃完之后，接着用

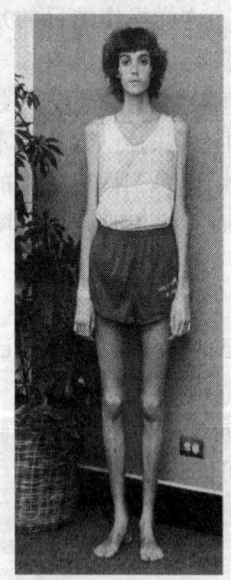

照片所显示的是一位妇女幸运地从生命受到神经性厌食症这个不正常现象的威胁中恢复过来的样子。令人惊讶的是在左边照片上，她就和其他厌食症病人一样，因为担心自己体重超重和臃肿而忍受饥饿，以至于要被饿死。

呕吐或其他方法排泄，如用轻泻剂。就像厌食症一样，这种失调主要存在于青少年和刚刚成年的人群中。贪食症患者也是女性普遍多于男性，青春期女孩子尤为突出（Striegel-Moore, Silberstein, & Rodin, 1993）。和厌食症一样，贪食症很难治疗，但也可以通过适当的心理治疗和药物治疗获得成功。

青少年（和成人）关心自身形象，是一种存在于许多西方社会的对性的普遍关注的反应。

性

一般人们会想到多少关于性的内容？根据米歇尔、嘉根农、劳曼和卡拉图（Michael, Gagnon, Laumann, & Kolatu, 1994）的观点，人们常会想到性，尤其是男性。有54%的男人和19%的女人每天至少想到一次性。

性动机在特定的重要方面明显区别于饥饿动机。就拿一件事来说，尽管很少的人会努力使自己感到饥渴，但绝大多数人肯定会去寻求性唤起。人们也比享受饥饿更倾向于享受性唤起。可能这主要关系到个体生存。没有性满足人们可以生存，但没有食物和水人们便不能存活。你可以由此总结出：性动机处于一个和饥饿动机完全不同的范畴。但是至少从某种意义上而言，这个结论是不正确的。对于人类最终生存，性动机和饥饿动机一样重要。如果没有对性需求的满足，人类将毫无疑问会消失，就像被饿死一样。

下丘脑在饥饿动机中发挥着作用，同样也在性动机中发挥作用。然而这个作用是间接的。下丘脑刺激垂体腺，垂体腺随之释放激素影响性激素的产生（见第三章）。有两种主要性激素：雄性激素和雌激素。尽管男性和女性体内都存在雄性激素和雌激素，但雄性激素主要存在于男性体内，雌激素主要存在于女性体内。没有这些激素，性欲即消失——一些物种中是很突然地消失的，但在人类中将逐渐消失（Money, Wiedeking, Walker, & Gain, 1976）。

性欲起了一个重要的进化作用，它对一些生物体的存活至关重要。戴维·巴丝（David Buss, 1994）提出男人和女人有着相当不同的性策略。男人可以在相对短的时期内使几个女人都怀孕，因此他们的最佳策略是去持续进化他们的基因，这导致了他们对为他们怀孕的人的标准相对较低。理论上如此，在现实中也是这样，他们会使一个女人受孕后撒手不管。而女人怀孕频率不会超过9~12个月一次，这可能会使她们对进化标准期盼较高。如果她们选错了男人，给她们留下的不仅仅是怀胎十月的后果，而且常常还要抚养孩子。

性脚本和社会规范

性欲常随认知过程的发展而发展。一个人可能会觉得被某些人强烈吸引，但即使是盲目吸引也是伴随着这个人是否称心如意的思考而来的。我们用性脚本这个术语描述伴随性反应出现的认知过程(Gagnon,1973;W. H. Simon & Gagnon,1986),这个术语从本质上代表了关于性的事件是如何发生的。例如,我们大多数人——不管我们是否曾经有过性经验——可能会描述一些性脚本,尤其是在我们看过一些猥亵的文章、浪漫的电视剧或是三级片之后。我们大多数人会有一些性脚本,并把它们使用在和我们在一起的人甚至其他漠不相关的人的身上。尽管性满足的欲望主要是生理需求,但性脚本也折射出了一些社会影响。

性脚本"变坏"的一个例子是约会强奸,即一些人在社会约定的情况下被迫从事性行为。约会强奸最有可能发生在当男人相信这种性脚本,即他们把自己看成征服女人反抗的角色。如果女人有这种性脚本,即她们相信象征性的反抗,然后屈服。约会强奸与之非常相似。根据默勒、皮罗特和比尼(Murnen, Peroit, & Byrne, 1989)的调查,超过半数的大学女生承认曾经历过不情愿的性活动。显然,男人和女人都需要意识到,不良适应的性脚本的不利后果允许甚至滋长了约会强奸现象的发生。

每个社会都企图控制其成员的性行为。例如,所有社会都严禁乱伦——在有血缘联系的直系家庭成员之间的性行为。相同的,绝大多数社会企图通过尤为谨慎的文化规范控制性行为、手淫、婚前性行为、婚姻性行为、婚外性行为和同性恋。例如,严谨的规范决定了男人和女人身体哪部分该暴露与遮掩、哪部分该装饰与不装饰。尽管一些该被遮掩或该被暴露的身体部位在不同文化之间差别很大,但所有文化看上去都有一些约定俗成的严谨的标准,这些标准至少强加给一个性别,很典型的是强加给女性。

同性恋

在美国,绝大多数性脚本是异性恋,但同性恋脚本也是正常的。同性恋(homosexuality)是一种对另一个同性产生直接性欲的倾向。我们把同性恋和异性恋说成仿佛是两种截然分开相互排斥的概念,然而把它们作为连续统一体的两个方面来看待可能是更为恰当的。一个极端是完全的同性恋,另一极端是完全的异性恋,其他一些人处于两者之间。把自己的性欲对准两种性别成员的人们被看做双性恋(bisexual)。大多数研究者在这个领域发现,大约10%的男人和略少于该比例的女人认为他们自己有显著的同性恋倾向(e. g., see Fay, Turner, Klassen, & Gagnon, 1989;S. M. Rogers & Turner,1991)。

同性恋、双性恋或异性恋都是由什么引起的?这存在着多种解释,其中一些解释比其他的更为科学。尽管定论尚未形成,但在所提出的几种理论中(Biery,1990)(见表12-5),最多的证据看上去支持生物学的解释(R. Byrne,1995)。直到最近,一些精神病医生和心理学家开始认为同性恋是精神疾病的一种形式。然而,在适应不良或心理病理学与同性恋之间还没有建立内在联系(Hooker,1993)。

表12-5 同性恋和异性恋取向的潜在原因 多年来,心理学家提出了许多关于性取向的解释。最近,生物学原因看上去备受关注,但这一领域的其他研究也十分重要。

原因	相关动机理论	描述	评论
生物学	生理学	性取向部分是生物过程的结果。	该观点获得了一些支持。同性恋男人的下丘脑区域比异性恋男人的下丘脑区域面积的一半还要小(LeVay,1991)。如果同卵双生子中的一个是同性恋取向,那么另外一个具有同性恋取向的可能性将是存在相似现象的非同卵双生子的三倍。
弱父强母	临床	同性恋者有弱父或强母。	没有足够的证据支持。对其期望太高以至于不能类化,这个观点今天仍未被广泛接受。
发育停顿	临床	同性恋者对同性恋性心理位相的发展异常依恋。	这个观点指出,所有异性恋都经过同性恋位相,但没有实验证据支持这一观点。
个人选择	认知、自我决定、控制	人们仅仅在选择其性取向。	所有人与人之间的吸引很少仅仅是有意识选择的问题。
社会学习	认知、外在动机	同性恋者从同性恋学习中获得奖励,从异性恋学习中受到惩罚。	美国主流社会(在其他国家也是)对同性恋取向很少抱以赞赏态度,极少的儿童可能会表现出明显的同性恋角色模式。成为同性恋者和异性恋者在主流人口中比例几乎相同。
性别不一致	认知	同性成员看上去更有魅力,并比异性成员更具有吸引力。	证据还十分粗浅。

即使同性恋有生理学基础,但这种禀赋是否真正在行为上表现出来,将极大依赖于社会学习和其他环境因素。例如,D. J. 贝姆(D. J. Bem, 1996)曾提出,同性恋行为是在儿童时期认为对同性比对异性更不熟悉和更为好奇的结果,这样的儿童很快会被相同性别的成员所吸引。我们判定同性恋和性取向是以我们文化的规章和禁令为依据的(Wade & Cirese,1991)。导致同性恋取向的可能不会是某一种原因,而更可能是各种因素的联合导致人们这样或那样。

正如我们刚刚所看到的那样,开始看上去像一种简单满足生理需求的东西,如食物需求或性需求，可能实际上被多种同时相互作用的不同动机过程所影响。在本章的下半部分，我们将看到情绪也是相当复杂的。

情绪及其特征

问题：主要的情绪有哪些？它们是如何起作用的？

认识到动机的本质以后，现在来看看情绪是怎么回事。情绪(emotion)是一种心理感觉，通常伴随着生理反应(see J. G. Carlson & Hatfield, 1992)。如幸福和伤心就属于情绪。

情绪是天生的(遗传的)，也是可以后天学习的。它可以通过多种不同的方式表现出来，例如面部表情、声音腔调以及反映情绪的行为等等。另外，情绪可以由作用于我们的外部刺激引起(Ekman & Davidson, 1994)。举例来讲，在丢失一串汽车钥匙以后，你也许会作出不同的反应，这种不同的反应就取决于你是刚喝了一杯黑咖啡还是刚吃了一顿大餐。情绪和动机是紧密相连、难以区分的。总的来说，对于动机而言，它的刺激是观察不到的，而对于情绪而言，它的刺激常常是很明显的。动机比情绪似乎更有重复出现的可能(如饥饿感就是反复出现的)。动机是渴望获得某物的一种深层次的体验，而情绪则是感情的一种体验。那么究竟主要的情绪有哪些呢？

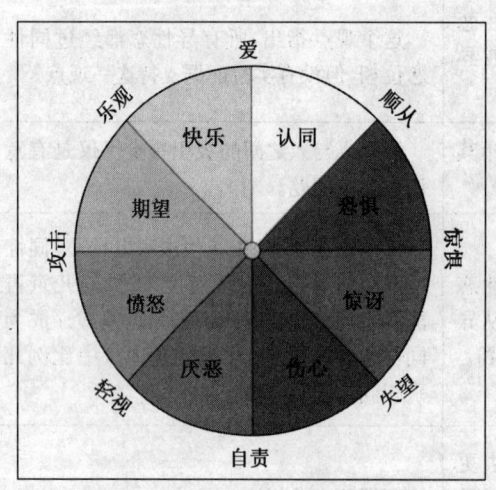

图 12-5 普拉特切克情绪轮

罗伯特·普拉特切克(Robert Plutchik)证实了8种基本情绪，它们在圆圈中处于互相相反方向的四对。互相邻近的情绪相互联合形成一种混合的情绪(如快乐与认同相联合产生了爱)(Plutchik, 1980)。

幸福，恐惧，愤怒，伤心以及厌恶是最常被看做所有人类所共有的五种基本的情绪。正如我们所见到的那样，这些情绪是普遍存在的。生活在不同文化环境下的人们已经很容易地体验并认同这些情绪了。除此以外，有时还可以加上惊讶(这一点较少被所有人认同)，自罪(内隐的自我责备)以及羞愧(外露的羞耻感；举例而言，可见关于情绪的不同阴影区图12-5)。这五种被最广泛认同的情绪比其他多数情绪研究得更为深入。现在我们来一一认识它们。

幸福与快乐

幸福,即快乐的或至少是满意的感情,通常被看做是一种基本的情绪。当人们在描述感到幸福的体验时,他们会说感到内心有一股暖流涌起,或感到想笑,或感觉自身健康、协调、宁静等等。每一个人对于幸福的定义是各不相同的。对于某些人而言,幸福是通过快乐来实现的,往往不计代价,而对其他人而言,他们的生活中基本上没有什么幸福可言(Bradburn,1969;Bradburn & Capovitz,1965)。

尽管我们趋向于把幸福看做是一种暂时的状态,但它同时却也具有稳定的一些方面。人们在评定幸福的价值时,其平均值大概为 6 分(满分为 10 分。Wesman & Ricks,1966)。此外,对于一个被试的评定在短时间内是出奇稳定的。结过婚的人总体上比从未结过婚的人更倾向于幸福;除了在非常贫穷的国家,个人财富并不是幸福的象征(D. Myers & Diener,1995)。幸福感在不同文化环境下的人们之间也存在着差异。在一项对 13 个国家展开的幸福感的研究中,认为自己"非常幸福"的那一部分人在各个国家是各不相同的,其百分数在低(如韩国的 34%)到高(如意大利的 52%)之间变化(Hastings & Hastings,1982)。其中的差别很明显是可观的。

恐惧和焦虑

恐惧是以害怕由危险或伤害所带来的具体威胁为特征的一种情绪,通常集中于一种特别的事物或经验。从发展的观点来看,因为恐惧促使我们避开或逃离可能会带给我们伤害的东西,所以它提供了一种保护性的作用。焦虑(anxiety)是恐惧和忧虑的一种综合性的感情,它并不集中或指向任何一种特定的事物或事件。因此,恐惧和焦虑的差别就在于鉴别带来痛苦的原因。对于恐惧我们能指出其根源;对于焦虑则不能。当我们感到焦虑的时候,我们并不能确切地知道其原因是什么。此外,焦虑从总体上讲更为普遍和广泛,并有一种长久持续的趋势。尽管几乎每个人在某一时期都会感到轻度的焦虑,但焦虑症却是相当严重的(见第十六章)。

愤怒

愤怒是由于感到灰心或追求的目标受到压制而激发出来的。我们在认为自己遭遇到不公正对待或受到蓄意侮辱或伤害时,最可能对别人产生愤怒感(Averill,1983)。当我们认为某人的行为是偶然的或无可避免的,抑或是情有可原的话,我们不太会发怒。虽然我们认为自己会对那些不喜欢的、讨厌的人发火,实际上,我们最可能发火的对象却是最接近我们的人。看看一些粗略的数据吧。我们表现出来的愤怒有大约 29% 是针对我们所爱的人,24% 是针对我们喜欢的人,25% 是一般朋友,只有 8% 是对那些我们非常不喜欢的人(Averill,1980,1983);而只有 13% 是针对陌生人的。

有一段时期曾经流行过这样一种观点,那就是帮助自己摆脱愤怒的最好的方法就是表达并宣泄出来。最近的研究表明这一观点是不正确的。表达出愤怒常常会加剧它并导致身体不适或人际关系方面的问题,甚至会因为愤怒的自我滋长而带来更多的愤怒(Deffenbacher,1994;Tavris,1989;R. B. Williams,1989)。在愤怒爆发前数数到10或100的建议通常是有效的。

伤心与悲痛

伤心是一种相对温和的、浅层的以及通常相对短暂的难过的情绪,而悲痛则是一种尖锐的、深层的以及通常相对维持时间较长的极度难过的情绪,它经常与损失相联系。伤心和悲痛倾向于由不自觉的、经常是由长期的分离所引起。引起伤心的一些代表性的原因有犯了错、做了一些伤害别人的事或被迫做违背自己意愿的事等等(Izard,1977)。尽管实际上没有人会喜欢伤心的感觉,它却能起到顺应性的作用。从某种意义上说,伤心能鼓舞人们去改变他们的生活(Izard,1977;Tomkins,1963)。举例来讲,如果我们因为伤害了别人而感到伤心的话,我们的伤心会促使我们为此事作出补偿。伤心还能成为使别人帮助我们的一种暗示。当别人看到我们伤心时,即使我们并没有明确地说明我们的感受,他们也会来帮助我们的。

厌恶

厌恶与使人们感到反感的物体或经验的反应有关,这种反感源自于它们的本质、来源或社会史(see Rozin & Fallon,1987)。厌恶为我们提供了一种顺应性的作用,促使我们让自己离开那些有害物质,如腐烂的肉或其他受污染的食品。那些使人反感的事物,会被人们贴上"讨厌"的标签。厌恶的作为拒绝形式的定义得到了实验的支持(Rozin,1996;Rozin,Millman,& Nemeroff,1986)。厌恶有其心理根源,事实上,在一种文化下被认为是使人厌恶的东西(例如吃白蚁或蟑螂)也许在另一种文化下并不让人反感。

人类存在基本情绪吗?

不是所有心理学家都认为这里所描述的五种情绪,或任何其他的情绪能被看做是真正"基本的"情绪。举例来说,菲利普·谢弗(Phillip Shaver)和他的同事们已经指出,被一种文化所认同的"基本的"情绪也许并不被另一种文化所认同,甚至根本不能成为鉴定情绪的经验(P. Shaver,Schwartz,Krison,& O'Connor,1987;P. Shaver,Wu,& Schwartz,1992)。又如,"暗恋"这个词包括了兼有迷恋和难过的不求回报的那种爱的情绪,它在中国被看做是一种基本的情绪,但在美国甚至不会被看成是一种单独的情绪。更有甚者,在某些理论中被认为是"基本的"一些情绪,如厌恶,甚至连经历它的人对此是否认同都不清楚。显然,是否真正有"基本的"情绪这一问题仍然未有定论。致力于这一研究的一种方法是通过进化的观点来进行的。

情绪的进化价值

情绪既有生理方面,即我们对每一种情绪所采取的生理上的不同反应方式,也有认知方面,即我们解释自己的感觉的这一方面。这两个方面对我们的生存都是很重要的。从进化观来看,有一些关于情绪的好的解释(Plutchik,1983)。一些情绪如愤怒和害怕能帮助我们在特殊情况下作出特殊的行为。在我们有很大胜算时愤怒能帮我们做好准备与入侵者作战,而害怕能使我们做好从可能会征服我们的入侵者那儿逃离的准备。生存依赖于一种组织体系,使我们知道何时与一个可战胜的敌人作战以及何时从无法战胜的敌人身边逃离。厌恶对于生存也有帮助,它使我们远离有害物质。而对危险时表现出的对情绪反应上的明智的信任也许就意味着生死之间的差别。

其他的情绪也有其发展价值。试想一下父母对孩子的爱。很明显,这种爱为父母、孩子双方都带来了幸福。然而从生存发展的透视角度看,这种把父母亲和孩子联系在一起的爱有助于确保在孩子还依赖父母的时候,

不同文化下的人的面部表达的相似性证明了情绪的交流作用,我们可以很清楚地知道她感觉如何,因为我们能够"读懂"她的表情。

由家长照顾孩子的安全、健康和生存。也许家长在照顾自己孩子的过程中会表现出一种情绪智力。

一种可能的衍生物就是第九章里提到的情绪智力(emotional intelligence),它是一种迅速观察、评估以及表达情绪的能力;一种在简化思维时存取和(或)产生感情的能力;一种理解情绪和情绪知识的能力;一种控制情绪以促进情绪和智力发展的能力(J. D. Mayer & Salovey ,1995)。这一概念是由塞罗威和梅耶(Salovey & Mayer)提出的(J. D. Mayer & Salovey, 1993;Mayer, Salovey, & Caruso, 2000;Salovey & Mayer, 1990),由戈尔曼(Goleman)推广和发展(1995)。

存在一些尽管仍然是试验性的证据,它们证明了情绪智力的存在。举例来说,梅耶和戈尔(Mayer & Gehr, 1996)发现,在种种情况下理解个性的情绪与

SAT分数、移情和情绪的真诚性有关联。与此同时，戴维斯，斯坦科夫和罗伯茨(Davies, Stankov, & Roberts, 1998)发现情绪智力结构在心理学上并不是紧密相连的。因此这一结构还需要得到充分证明，而这反过来又依赖于好的测量工具和技巧。

情绪的测量

问题：如何测量情绪？

我们如何知道人们何时体验到情绪以及他们体验到的情绪有多少呢？解决这一问题的办法之一很简单，问他们。这种心理学上的测量态度、感情、观点或行为的方法叫自陈法(self-report measures)，这种方法是简单地通过叫人们表达出他们对那些与心理学方法和产物有关的问题的反应而获得的。研究者经常发现很难测量出人们自发的自陈式表达的真实性，因而设计了其他的自陈测验法。

对于情绪的心理方面的一种测量方法是利克特量表(Likert scale)，即让被试从几个选项中选出最能表达他们所体验到的情绪（或任何其他的东西）时的程度的选项。举例来讲，人们也许会被给出一系列的陈述题，如"我感到紧张"，要求用4个等级来评定这道陈述题，其中"0"表示他们一点都不感到紧张，"1"表示他们感到轻度紧张，"2"表示适度紧张，"3"表示非常紧张(see e. g. , Spielberger, Gorsuch, & Lushene, 1983)。一个人的焦虑感就是通过对各种自述条目测验所得的分数的平均值（或总和）。

各种生理心理的测量方法也反映情绪，包括心率、呼吸速率、血压和皮肤电流反应(GSR)。GSR可测量皮肤的导电能力。传导力随着汗水而增长，因此一个处于情绪压力下的人将会流汗因而提高他的GSR值（见图12-7）。上述生理事实以及对身体不会说谎的认识就构成了测谎仪的艺术和科学的基础，正如"日常生活中的心理学"所讨论的。

情绪的表达

情绪的表达使我们能够与其他人交流我们的感情，也能够了解别人对我们的反应(Izard, 1989, 1991, 1993)。举例来说，母亲根据孩子的不同表情而作出不同的反应(Huebner & Izard, 1988)。面部表情在情绪表达中起着很大的作用。

不同文化下的人的面部表情的相似性证明了情绪的交流性作用。研究者研究了新几内亚部落从西方人的照片中辨别面部表情的能力(Ekman & Friesen, 1975)。成人和儿童都能非常精确地辨别出幸福、伤心、愤怒、厌恶、失望和恐惧的不同表现方式。美国人也能非常精确地辨认出新几内亚人的表情。在各种情况下,幸福的精确性是最高的,而恐惧的精确性是最低的。这项工作通过向美国、巴西、智利、阿根廷和日本人展示一模一样的照片得到了延续(Ekman,1984,1992a,1992b)。再一次地,尽管对于结论的解释存在着一些争议,然而在不同文化中的人有着惊人的意见一致性(Ekman,1994;J. A. Russell,1994)。正如在新几内亚的研究中,意见一致性表明对幸福的高识别和对恐惧的低识别。这意味着情绪的面部表达可能就是我们生理组成的一个固有部分。至少在新几内亚这一例中,部落成员与西方人几乎没有任何联系,然而他们的面部表情和对面部表情的判断却和那些美国人非常相似。

(面部)表情反馈假说

正常情况下,我们会认为情绪的表达出现在那种情绪的体验之后。西尔万·汤姆金斯(Silvan Tomkins,1962,1963)通过(面部)表情反馈假说而提出相反的观点,根据这一假说我们把情绪看做是表情反馈的结果。换句话说,一种情绪的面部表达导致了那种情绪的体验。

(面部)表情反馈假说的一种强有力的观点认为,通过简单地控制你的面孔使之表现出一种特定的情绪将促使你感觉到那种情绪。因此,微笑将使你幸福,厌恶地皱眉将使你感到厌恶。关于这种认识的资料是参差不齐的。确实有资料表明作出一种面部表情会带来生理心理反应的特别变化,但这些变化与它所体验到的情绪本身是否相同这一点还不清楚(Ekman, Levenson, & Friesen,1983;Levenson, Ekman, & Friesen,1990;Tourangeau & Ellsworth,1979)。

(面部)表情反馈假说的一种较弱的理解仅仅提出表情反馈能影响一种情绪的强度,但并不真正地产生一种情绪。这一假说的这种较弱的说法已经得到了非常一致的支持(e.g., M. Zuckerman,Klorman,Larrance, & Speigel,1981)。

诚实的脸

测出不真实情绪的面部表情或从面部表情中看出人们何时在说谎,这是可能的吗?很明显,这是可能的(Ekman,1992a,1992b;Ekman, Friesen, & O'Sullivan,1988)。真诚的情绪表达倾向于表里如一,而虚伪的人则可能是表里不如一的(见图12-8)。此外,如果说谎激发出某人的情绪,我们也许就能够通过其面部表情测出这个人是否在撒谎。然而,如果一个人确实相信他自己的谎言,要指出其所说的是否属实就非常困难了。同时有经验的说谎者如罪犯也许能够很轻易地作出看似真诚的表情来。在那些被我们看做在测谎方面很有技巧的人中(警官、联邦调查局的成员、中央情报局的成员),中央情报局的成员似乎是惟一一类能够从面部表情中鉴定出说谎者的人(Ekman,1992a,1992b)。我们可以用于理解说谎者或任何其他人的情绪的方法有哪些呢?

图 12-6 真诚的微笑

这些微笑中哪一个是真诚的呢？根据保罗·艾克曼(Paul Ekman)的观点，我们中的大多数人——包括警官和联邦调查局的成员——都不是非常擅长仅仅从观察一个人的面部表情来断定这个人什么时候在说谎。然而，不要尝试欺骗中央情报局的成员，他们能够以高于正常的水平通过面部表情来测试谎言。(Ekman, Friesen, & O'Sullivan, 1988)

理解情绪的途径

问题：理解情绪的主要方法有哪些？

正如动机的理解方法和提出的解释是各不相同的那样，理解人类情绪的方法也是不一样的。当我们在这一章读到生理心理的、认知的、结构的和跨文化的方法时，注意这些方法中有许多是紧密结合并成相称的整体的，而不是互相矛盾的。每一种方法都有助于洞察我们怎样以及为什么会以那样的方式感觉到情绪。

早期生理心理学的研究方法

如今，生理心理学研究包括了前沿技术、艺术状态方法论和在理论解释上的有力变革。奇怪的是，理解情绪的生理心理学研究方法也是自古就有的。古希腊和罗马的内科医生相信情绪状态可以按照身体的生理学来理解，因此它预示了现代的生理心理学研究方法。

现代最早的情绪理论是由威廉·詹姆斯(William James, 1890a)提出的。一位丹麦生理学家卡尔·兰格(Carl Lange)与詹姆斯有相似的理论，因此他们联合提出的观点常被称为詹姆斯—兰格情绪论。这个理论在他们的推动下成为关于情绪的一种普遍观点。对情绪的通常看法是，首先我们察觉到周围的某一事件，这个事件引起了我们的某种情绪。詹姆斯和兰格提出的观点恰恰与此相反(Lange & James, 1922)。我们首先感觉到了周围环境中的事件，接下来，根据詹姆斯—兰格情绪论，在对这些事件作出反应时我们经历身体的变化，生理改变产生了情绪，而不是通过别的途径。

第十二章 动机与情绪

具有讽刺意味的是,詹姆斯的女婿沃尔特·坎农(Walter Cannon,1929)成了詹姆斯—兰格情绪论的一名最重要的反对者。坎农认为詹姆斯—兰格情绪论不可能正确。首先是不同的情绪是和完全相同的体内的生理心理状态相联系的,而完全相同的生理心理状态是不可能引起不同情绪的。第二,坎农认为,身体器官不是非常敏感的,它们永远不能提供人们需要的细微差别的信息以产生和另一种情绪相对立的情绪。例如,害怕和激动,引起相同的肾上腺激素分泌,而且一些身体器官典型地反应迟缓。然而情绪则在刺激被觉察到后立刻就能感受到。第三,如果研究者提出体内变化联系着一系列特定情绪,在缺乏正常的引起情绪的刺激时,人们没有感受到这种与身体反应相一致的情绪。例如,把洋葱放在人们面前让他们流眼泪并非就能让他们伤心。坎农提出除了脑,尤其是丘脑,将没有身体反应(如哭或握紧拳头)以控制情绪行为。菲利普·巴德(Philip Bard,1934)后来详细阐述了这个观点,因此被称为坎农—巴特情绪说。

两种学说都有优点,坎农在他的对脑在情绪产生中的重要性的认识是正确的,边缘系统的许多部分,如下丘脑和杏仁核与情绪的产生有密切的联系(见第三章)。然而,詹姆斯和兰格坚持人们部分通过观察身体机能的改变而感受到情绪,这也是正确的(见图12-7这些理论的比照)。到底是什么在他们体内持续作用呢?

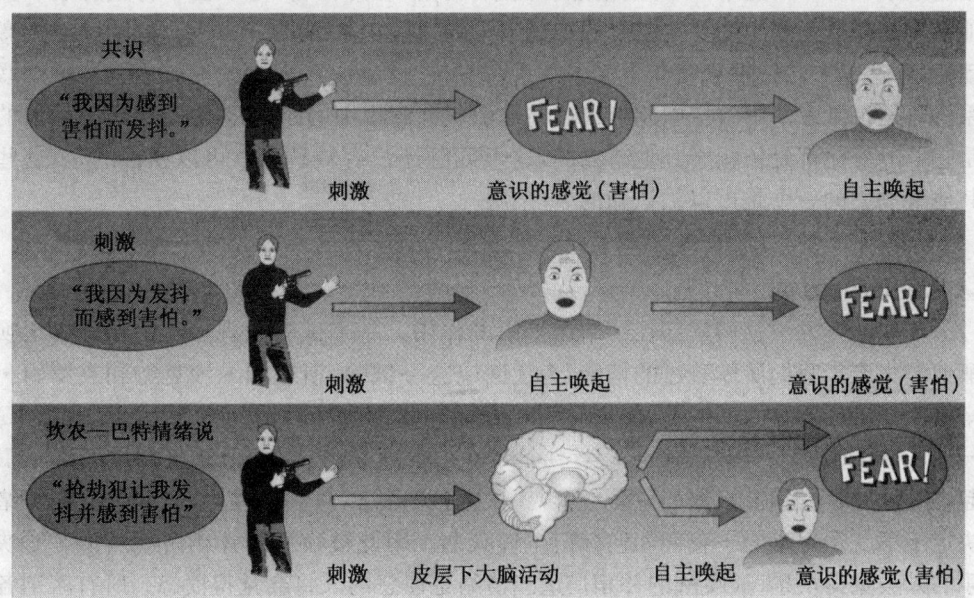

图12-7 情绪的生理心理学理论

不同的情绪理论以不同的方式解释情绪的生理的、情感的和认知的成分。每个理论只解释了情绪现象的一部分而不是全部。

现代生理心理学的研究方法

中枢神经系统

约瑟夫·利多科斯（Joseph LeDoux）（1986，1992，1993，1995；LeDoux, Romanski, & Xagoraris, 1989）提出，自主神经系统（ANS；见第三章）的唤起并不像所想像的那样完全遵循全或无规律。而且，存在着自主神经系统的多种模式，不同情绪与自主神经系统活动的不同模式相一致。其他的调查（Cacioppo, Klein, Berntson, & Hatfield, 1993; Cacioppo & Petty, 1983; Derryberry & Tucker, 1992; Ekman, Levenson, & Friesen, 1983）也提出，不同情绪以其生理反应的不同模式为特征。

内分泌系统

许多人（Henry & Stephens, 1977）强调内分泌系统在情绪中的作用。他们认为不同的情绪和不同激素的相对集中相联系。例如，愤怒和去甲肾上腺素（NA 或 NE 肾上腺素）水平的增加有关系；恐惧和肾上腺素水平的增加有关系；抑郁和肾上腺皮质促进激素（ACTH，见第三章）的增加有关系；得意，相形而言，是以去甲肾上腺素和其他激素的降低为标志的。攻击是和睾酮水平的增加相联系的（Floody, 1983）。令人激动的是，这一方法把情绪和激素集中联系在一起。然而这个研究方法没有建立因果联系。即是否激素集中改变引起情绪或情绪引起激素集中的改变，或者是否最有可能的是它们的变化都是依赖于其他事物的，这个问题还没有被解决。可以相信的是，这些其他事物中的一个是可以被认知的。

认知的研究方法

认知研究方法强调认知在情绪产生中的作用。一个试验表现出我们如何标记唤醒似乎决定于我们所体验过的情绪，为了回应这一试验，斯坦利·沙克特和杰罗姆·辛格（Stanley Schachter & Jerome Singer, 1962）发展了情绪二因素理论（two-component theory of emotion）。第一个因素是生理唤醒，它能由任何数量的事物引起，如毒品或情境刺激（例如意外之喜）。根据沙赫特和辛格的理论，我们感受到情绪决定于第二个因素——我们如何标记生理唤醒。因此被唤醒的并相信适当情绪是快乐的人会觉得快乐；被唤醒的并相信适当情绪是愤怒的人将会觉得愤怒。所有区别各种各样的情绪是我们如何标记我们的唤醒。唤醒在每一个案例中都是相同的。

根据追踪研究的结果，我们现在明白了沙克特和辛格的理论并非完全正确（see e.g., Leventhal & Tomarken, 1986; G. D. Marshall & Zimbardo, 1979）。例如，最近提到的，生理差异存在于不同情绪所体验到的各种唤醒中。沙克特和辛格的理论的学术著作促成了大量重要理论和研究的产生,包括理查德·拉扎勒斯(Richard Lazarus)和罗伯特·扎琼克(Robert Zajonc)的著作。

理查德·拉扎勒斯和罗伯特·扎琼克的时间程序论

当讲到是否认知先于情绪或和情绪同时发生的问题时,马吉达·阿诺德(Magda Arnold, 1960, 1970)提出,在某种程度上我们考虑到了导致我们感受情绪的状况,拉扎勒斯支持这一观点并对其做了详细解释(1977, 1984, 1991, 1993; R. S. Lazarus, Kanner, & Folkman, 1980)。根据拉扎勒斯的理论,我们评价状况是分阶段的。首先在最初评价,我们确定将要发生的潜在结果。例如,当一只邋遢的手伸到我们面前时,它是要乞讨、抢劫或是将要开始对话?第二,当我们进入次级评价时,意味着我们必须决定做什么。考虑到我们对展现在面前的事物特征的判断,我们该如何做?最后我们需要重新评价形势,因为事态发展了。根据拉扎勒斯的观点,我们对每一个形式的评价决定了我们感受到什么样的情绪。因此,认知先于情绪。

相反地,罗伯特·扎琼克(1980, 1984, 1998; Zajonc, Pietromonaco, & Bargh, 1982)则认为认知和情绪根本就是各自独立的。他相信情绪是根本的,并且

根据拉扎勒斯和扎琼克的时间程序论,我们对一个形势的评价导致我们对它的感觉将是什么样的。这只天鹅是不是一个威胁呢?这个回答将影响这名儿童的感觉方式。

不需要先于认知。事实上,他和其他人一样认为情绪先于思维的发展,因此认知先于情绪产生的想法是没有道理的。低等动物不需要经过复杂的思考过程就知道害怕掠食者或去攻击潜在事物。扎琼克因此相信我们作为人类,早在知道我们对形势的思考之前,就知道如何感觉它了。

跨文化的研究方法

巴杰·马斯奎塔和尼科·弗里达(Batja Mesquita & Nico Frijda, 1992)引导了一次对人类学文献的广泛的回顾,并发展了一个跨文化理论框架以理解情绪,他们以他人的部分理论为基础(如拉扎勒斯)。在他们的观点里,当我们试图去理解情绪时,我们必须考虑以下因素:先前事件(情绪反应出现的事件),事件编码(对事件的释义),评

价(对事件和它可能的结果的评估),生理反应模式(在身体内与情绪相关的改变),动作预备状态(对情绪—唤醒反应的准备),情绪性行为(伴随着情绪产生的行动),调节(个人努力使情绪反应变强或变弱到何种程度)。这些元素中每一个都可以被文化环境所影响。

另一种跨文化研究方法由詹姆斯·拉塞尔(James Russell)提出。拉塞尔(1991)同时也对人类学的文献进行了大量的综述,只不过他所切入的视角与人类学研究本身有所不同。他研究人们划分情绪种类的方法。划分方法是,(a)他们选择用来描述他们情绪的文字;(b)他们指定给特定的表达情绪的面部表情的文字;(c)人们用来判断情绪类别的维度(对出现的特征,如唤醒与未唤醒,正与负,支配与服从)。

作为他的研究成果,拉塞尔总结了两点。首先,不是所有人都根据讲英语或其他印欧语种的人常运用的基本种类进行情绪分类。即,不是所有文化都承认同样的基本情绪,其他文化可能包括另外的情绪。第二,尽管有这些跨文化区别,一些相似之处仍存在于跨文化情境下人们确认的情绪中,尤其是和特殊面部表情相联系的情绪(e.g.,Ekman,1971,1993;Ekman&Oster,1979)。尽管情绪表达的范围以及各种情绪之间界线可能不同,各有特色的描述人类情绪的方法在文化中显示出大量的重叠。

在本章,我们已经思考了动机、情绪及二者之间的一些联系。这二者和社会环境相联系,在社会环境中展现出来,这些环境将在第十三、十四章中予以考虑。

相关研究

内在动机的增强与削弱 爱德华·L.德西,罗切斯特大学(Edward L. Deci, University of Rochester)

想一想你所热爱的一种活动,那是一件你很乐意做,但是除了在做的过程中你能够得到兴趣的满足与享受以外没有别的报酬的事情,可能是玩滑板、看小说或打垒球。

当你进行这些活动时,心理学家会指出你受到了内在动机的驱动。这种动机存在于你身体内部并由自身维持。内在动机是相对于外在动机而言的,外在动机使你行动并获得想要的成果,如赚钱、避免受责罚或赢得奖品。

现在试想一下,你叔叔想鼓励你参加你所喜爱的运动——假定是打垒球——因此你所在的队每赢得一次比赛他便给你20美元。你是如何设想外在奖励影响你打垒球的内在动机的呢?

那正是30年前我在一个试验里所设置的需要被试回答的问题(Deci,1971)。我每次让一名大学生进入实验室,让他们做四个有趣的益智建筑游戏。我早已知道这种益智游戏会让人产生内在兴趣，因为我已对不少学生进行了测试。我让所有被试进行完全一样的实验，惟一不同的是，我告诉其中一半人他们每完成一个游戏便可获得一美元，但对另一半人我则不提钱的事情。

所有学生进行同样的益智游戏，但只有一半人可以每完成一个便获得报酬。随后，他们都有机会去完成更多的益智游戏，但这次将没有任何人获得报酬。这样的构想是为了看看在没有其他外在奖励的情况下，除了对任务本身的兴趣之外，如果可能，学生将会用多少时间完成智力游戏。如果报酬已提高了参与者的内在动机，那么获得报酬的人将会比没有获得报酬的人花更多的可自由支配时间在益智游戏上。事实上，结果显示出先前获得报酬的人的确在益智游戏上花了明显少的时间。值得注意的是，外在奖励削弱了参与者的内在动机。自从那个研究后，我又进行了超过100次的实验，用不同的任务、不同年龄的被试和不同类型的报酬，证实了包含一切的明确的外在奖励确实削弱了内在动机。

许多年前，理查德·瑞安(Richard Ryan)和我提出，报酬削弱内在动机的原因是人们把报酬而不是兴趣视为产生行为的原因。

瑞安和他的同事随后提出，尽管报酬让人觉得是一种控制，但它仍然有可能被运用，为出色完成工作提供正面反馈或表达赏识。研究人员对之进行试验，发现当语言和风格运用到管理中去，明确的报酬看上去就成了控制，具有削弱作用。但当语言和风格支持参与者的主动性和承认他们的出色表现时，报酬对内在动机不再具有损害作用(Ryan, Mims, & Koestner, 1983)。

瑞安、我们的同事和我随后在学校、工作组织中进行研究。我们用问卷法研究在持续进行的交互作用下，已在实验室观察到的相同现象。

我们关注不同的初中老师通过控制学生的行为(如通过奖励的控制)进行引导，与通过支持学生自主进行引导之间的差别程度来展开研究。我们发现，受到老师自主性支持的学生比受到老师控制的学生表现出更强的内在学习动机，并有更强的自尊心。因此，值得提出的是，那些自主支持型的老师们运用各种奖励是为了通过对学生较少的控制而增进更多的知识(Deci, Schwartz, Sheinman, & Ryan, 1981)。

接着我们去了一家重要的跨国公司，在那里我们发现，受到管理者引导并支持主动性的下属比那些受到管理者控制的下属觉得压力小，受到高度信任，对他们的工作更加感到满意(Deci, Connell, & Ryan, 1989)。

看来我们似乎在实际研究中取得了和实验室研究一样的结果。即，运用报酬去激励或控制人们的行为倾向于削弱他们的内在动机，并影响一些相关情绪，如满意和信任。但当那些人给予报酬以建立和维持与他们付给报酬的人之间的重要关系时，这些报酬损害的程度就会较低。

日常生活中的心理学

测谎

目前用于测试情绪的一个有争议的方法是所谓的测谎仪——多项记录器(polygraph)。测谎仪通过确定不同的生理过程,如心率的活动、皮肤电流反应和呼吸等来提供的一种确定自陈法的精确性的方法。这一思路的目的是为测试人们是否感觉到情绪压力而提供一种客观手段。事实上,因为这一测谎方法仅仅强调了反应,除了说谎以外,它把应激反应也记录下来,所以它并不记录那些说谎时并不感觉到压力的人的说谎反应。

测谎实验的一种普遍设计是测谎操作者提出一连串的问题,然后比较人们对无害问题(如"你出生在哪座城市?")的生理心理反应和对可能有危害的问题(如"你杀了你的教授吗?")的答案的区别。测谎仪运用的一种包括了一些问题的更有效的设计来评定一个人是否具有只有一个有罪的人才会知道的信息(Bashore & Rapp, 1993)。

测谎仪的准确性有多高呢?控制研究的结论并不是非常鼓舞人心的。尽管人们已经发现专业的测谎仪解说者在判断有罪团体方面有76%的准确度,但他们测定的无罪团体中有37%是有罪的(Kleinmuntz & Szucko, 1984)。针对测谎仪结论解释的有效性展开的250多项研究的结果有着相似的发现(Saxe, Dougherty, & Cross, 1985; see also Ben-Shakhar & Furedy, 1990)。这些研究表明,结论的解释者是比较擅长了鉴别有罪团体的,但同时也会将打乱了顺序的无罪团体归为有罪的。用信号侦察理论(见第四章)来解释,即它的准确率很高,但失误率也很高。这样的结论表明测谎仪实验如它们现在所解释的那样是远不足以信赖的,一些科学家甚至提出它们是否有可信之处(Lykken, 1998)。目前,对测谎仪的结论应当慎重地进行解释。

思考题

1. 为什么说从发展的角度看,厌恶是一种主要的情绪?
2. 为什么说负反馈环对于体温的自我平衡是重要的?
3. 你会采取什么样的措施来帮助一个小孩提高他做家庭作业的动机?
4. 你所设想的不同文化下的人们对经济上成功的动机是怎样的?
5. 你会为自己设定一个什么样的目标来满足你的成就需求,增强你的胜任感、独立性和自我效能感?设计一个详细的实现目标的计划,包括明确你需要完成的次任务和次目标。
6. 当做广告的人想要你购买他们的产品或接受他们的服务时,他们会尽量利用人类的一些基本情绪。请描述你最近见到的或听到的广告,解释做广告的人是如何努力控制你的基本情绪以说服你购买广告产品或接受服务的。

本章摘要

动机的本质和特征

1. 对动机的研究，考虑动机的方向、产生、强度和持续这些问题。
2. 达尔文、詹姆斯和麦克道尔把动机看做本能。然而他们的理论变得太复杂、令人费解而不再适用。
3. 驱力理论取代了本能理论。根据赫尔的观点，驱力是一种能量的合成来源，人和动物被推动以降低驱力。然而驱力理论不被人们所接受，因为动机在没有生理需求甚至在生物性适应不良的时候也存在。

当代有关动机的观点

4. 动机的生理学研究方法（唤醒说、颉颃过程理论和自我平衡理论）研究动机和脑之间存在何种关系。
5. 根据耶克斯—多德森定律，当人们在唤醒水平适度时更具有效率和创造性。而最佳唤醒水平是根据任务需要和个人特征而改变的。高水平的唤醒有助于完成简单的任务；低水平的唤醒对完成复杂的任务有益。
6. 由所罗门提出的颉颃过程理论，解释了一种成瘾的药物或习惯是如何由开始为了获得较高水平的感受性，逐渐演变成避免低水平的感受的习惯的。当我们受到动机来源的影响，接着就经历一种颉颃作用——开始得慢，结束得也慢——逐渐恢复到基线状态。
7. 自我平衡理论是一种身体维持平衡的倾向。负反馈环起了恒定器的作用，告知我们何时需要进食、喝水及性满足，何时这些需求获得满足。
8. 动机的临床研究方法（如默里的需求理论）强调个性理论。麦克莱兰对从默里的需求理论获得的三种需求进行了深入的研究：成就需求、权力需求和亲和需求。马斯洛需要层次论是一个影响较大的理论，这些需求包括生理、安全、归属和爱、自尊以及自我实现。
9. 认知研究方法表明当受内在动机促动时，人们更具有创造力；外在动机倾向于削弱内在动机。另外，适度新奇的现象比完全熟悉或过于新奇的事物更具有促动力。我们也需要觉得自己能够控制周围的环境。
10. 最后，动机取决于我们是否相信自己能够达到目标（自我效能论）。

动机的生物学基础

11. 大脑在饥饿的产生中作用很大。下丘脑腹内侧（VMH）就像停止进食的按钮，而下丘脑外侧(LH)则像是开始进食的按钮。
12. 葡萄糖恒定理论认为身体内的葡萄糖水平暗示了下丘脑对于食物的需要。一个替代的(也许是互补的)解释是恒脂论，这一理论认为大脑觉察到脂肪何时低于一个固定的内衡水平之后饥饿感就会上升。
13. 根据定点论，体重是由出生时脂肪细胞的数量所决定的。减肥成功是困难的，因为身体把节食理解为饥饿，因此它就会对减少脂肪细胞的努力进行抵制。
14. 性动机植根于下丘脑，下丘脑刺激脑垂体腺使它减少影响雄性激素和雌性激素产生的激素的数量。
15. 人类的性行为部分地由性脚本来控制。
16. 关于同性恋有几种不同的理论。当前的观点倾向于强调生物因素的作用。

情绪及其特征

17. 与动机截然不同而又紧密相连的是情绪，即对一定的内部和外部变化有经验地、生理地、行为地采取反应的天性。当前的理论表明了脑神经系统在情绪唤醒方面的重要性。
18. 情绪可提供一种进化的作用。举例来讲，它们能促使我们在面临一种攻击时，根据这一危险的性质以及哪一种行动更有存活下来的可能，采取或是斗争或是逃避的办法。
19. 主要的情绪包括幸福(快乐)，恐惧和焦虑，愤怒，伤心和悲痛，厌恶。它们之间的关系可以用图表来表示。
20. 情绪智力包含在情绪的控制和调节中。

情绪的测量

21. 我们能够通过自陈法和(或)通过生理心理的手段来测量情绪体验；然而测谎仪就其真实性而言，并不是一种可以高度信赖的方法。
22. 情绪表达使我们能够交流感情，了解别人对我们的反应，有助于社会交往，并能够促进亲社会的行为。
23. (面部)表情反馈假说，从强的方面理解，(1) 情绪的面部表达引起情绪的体验，从弱的方面理解，(2) 面部表情影响一种情绪的强度。面部表情还能在某种程度上帮助判断某人什么时候在说谎，特别是如果我们曾经接受过这方面的高度培训的话。

理解情绪的途径

24. 詹姆斯—兰格理论认为，身体的变化会导致情绪的变化，而不是情绪的变化引起身体的变化。坎农和巴德他们并不赞同这一观点,他们认为大脑控制着情绪行为。

25. 认知的研究方法的差异有的存在于细节方面有的则在本质上,但他们都认为情绪和认知是紧密相连的。根据沙克特—辛格的情绪二因素论,我们是按照怎样标记我们的生理唤醒来从其他情绪中辨别出一种情绪来的。

26. 情绪和认知是有联系的,但我们还不知道两者谁为先。拉扎勒斯认为认知先于情绪,但是扎琼克并不这样认为。

27. 情绪的跨文化研究是从以下一些方面来分析的:先前事件,事件编码,评价,生理反应模式,动作预备状态,情绪性行为,调节。尽管并不是所有人都将情绪按同样的方式来分类,但不同文化下的人们在表达和辨别情绪方面却有许多相似之处。

思考题参考答案

1. 为什么说从发展的角度看,厌恶是一种主要的情绪?

   我们倾向于厌恶那些有毒的物质。厌恶可以说是非常重要的,这是因为它会阻止我们摄取毒药。

2. 为什么说负反馈环对于体温的自我平衡是重要的?

   负反馈环可以告诉身体,人体的温度何时低于或超过可承受的范围。然后身体可以采取措施将温度恢复到一个可承受的水平。

3. 你会采取什么样的措施来帮助一个小孩提高他做家庭作业的动机?

   一个方法是试着将家庭作业变成一项游戏或使它变得有趣。一个与之相关的方法是尽量使作业在其他方面更加有趣。另一种方法是向学生强调对所学知识的理解的重要性。一种有风险的方法是提供某种外在报酬:这个孩子也许会变得依赖于外在报酬,或是通过这一报酬的逐步减少而发现他对做家庭作业的兴趣。

4. 你所设想的不同文化下的人们对经济上成功的动机是怎样的?

   在某些文化中,金钱的成功被看成是非常重要的。美国就倾向于这一类型。在其他的文化中,享受生活或个人满意度可能被认为是更为重要得多的。举个例子,许多发展中国家的人们(也包括发达国家)常不肯相信那些重视金钱成功的人。因为金钱是一种次要的支持,人们对它没有固有的欲望。这一欲望是后天习得的,而这一习得是在一定的文化背景下发生的。

5. 你会为自己设定一个什么样的目标来满足你的成就需求,增强你的胜任感、独立性和自我效能感? 设计一个详细的实现目标的计划,包括明确你需要完成的次任务和次目标。

每个人都必须为自己回答这一问题。就我而言,在我读大学时,我停止拉大提琴。最近几年,我开始非常后悔自己的这一决定,并且对回去拉大提琴变得越来越有兴趣。最终我想,自己还没有老得不能重新开始,于是我又拉起了大提琴。我设定了一个目标,每周上一次课,每天至少练习半个小时。现在我能正常地拉起了大提琴,并希望自己能很快地加入一个业余管弦乐队。

6. 当做广告的人想要你购买他们的产品或接受他们的服务时,他们会尽量利用人类的一些基本情绪。请描述你最近见到的或听到的广告,解释做广告的人是如何努力控制你的基本情绪以说服你购买广告产品或接受服务的。

奢侈品的广告经常强调这些产品将使你如何快乐。你会被鼓励为了得到快乐而购买这些产品。但实际上这些产品中肯定没有一样会真的给你带来快乐。

汤东霞 ○译
钟爱萍
李 锐 ◎校

第十三章 社会心理学：个体的视角

  他人的存在让他激动不已，喋喋不休，以至于他被迫进入了无休止的、狂乱的社会唠叨中，进入到一种真正的为确定和寻求身份而产生的精神错乱之中。植物，安静的花园，非人类的秩序，社会束缚的解脱，这些都使得这种对身份产生的精神错乱得到缓解，趋于平静。

——Oliver Sacks, The Man Who Mistook His Wife for a Hat
奥利弗·萨克斯《错把太太当帽子的人》

第十三章 社会心理学：个体的视角

在本章开头的引言中我们知道一个患有精神病的人无法容忍他人的存在。而我们大多数人不仅能很好地容忍他人而且会寻求与他人为伴。社会心理学（social psychology）就是研究他人的存在，即使是在暗示的或是想像的情况下，是如何对每个人的想法、感受和行为产生影响的。依照这个定义，社会心理学的本质又是什么呢？

社会心理学的本质

问题：什么是社会心理学？

首先，社会心理学涵盖一个人认知（智力的）和情感（情绪的）两方面，当然也包括由思想和情感引起的行为。例如，当我们在看待一位汽车销售员怎样说服我们买车这件事上，我们必须把这种说服的企图看做一个多方面的现象。销售员试图用合理的论据使我们信服这车值得买。他尽量使我们很想得到这部车，并使这种渴望发展成为对它的某种情感上的依附。最后，就我们而言他的行为会导致我们两种行为中的一种，买或不买。这在很大程度上取决于销售员劝说我们买车的有效程度。

其次，社会心理学阐明了他人的存在或思想怎样影响一个人的行为。例如我们可能遇到某个我们喜欢的人。如果我们不是想到进一步交往会招致与我们关系重大的人的反对，我们可能会与他进一步交往下去。这个关系重大的人可能当时并不在场，但我们对我们喜欢的人的反应仿佛他就在那儿一样。

最后，社会心理学通常采用以过程为中心或是称为机能主义的方法（见第一章）。它不仅论述了人们做什么，而且还阐明了人们怎样做和为什么这样做。我们为什么要寻找朋友并且怎样来选择我们的朋友？我们怎样交流而且为什么需要这样做？

因为社会心理学提出了这么多令人不得不思考的问题，所以本书用了两章的篇幅来阐述这一研究领域。本章从社会认知的角度来阐明问题。社会认知（social cognition）是指我们对自己和他人的看法和信念。这种看法和信念是基于我们怎样感知和诠释自己直接观察到的或从他人那里了解获得的信息(See Fiske, 1995; Fiske & Taylor, 1991)。我们认为自己怎样，他人又怎样？在我们与他人的相互交往中，我们的想法和感受又是怎样受到影响的？尽管物体一般都保持着相对的稳定（比方说我书桌上的灯总是处于关或开的状态），但人们似乎一直在变化，因此对人的认识也必然比对物的认识更为复杂和丰富。

社会认知常与情感、动机和性格这类问题纠缠在一起，但是它特别着重在社会的相互影响中的心理过程。它涉及了：(a)我们对自己与他人的思考和感知的方式；(b)我们对自己与他人的想法与认识，我们的行为方式。在这些充满个体视角的论题中，还有我们怎样和为什么形成并改变自己的态度，我们按照自己认为的他人对我们的看法来塑造看待自己的方式；我们怎样从内心来解释自己和他人的行为；我们为什么并怎样喜欢甚至爱上他人。这些问题中的一个共同的线索就是个体内部的心理过程影响着个体与他人的相互作用，并反过来受后者的影响。

大多数社会心理学是建构在对各种社会关系的研究基础上。人们认为这些关系在他们的生活中是最重要的。他们说得对：有着良好社会关系的人要比社会关系不良的人活得更长，更健康(Berscheid & Reis, 1998)。

社会关系很重要还因为人类很难独立生存(Berscheid, 1999)。我们遇到的每一个人都可能成为有益或有害于我们的潜在来源。这也可能是为什么人类在动物王国里被看做是最有社会性的动物的原因。此外，进化时代过后，人的生理日趋完备，使得我们与他人的相互交往变得容易，我们祖先中那些不能与他人一起防御、一起采撷食物、一起繁衍后代的人，是不能生存下来对人类进化延续作出贡献的。

对态度的研究是社会认知研究的一个方面。

态度的本质与功能

问题：什么是态度？它们是怎样转变的？

什么是态度？现行的态度定义有很多。但心理学家认为态度(attitude)是一种习得的、稳定的、相对持久的对人与物的评价，这种评价能影响个人行为(Allport, 1935; Eagly & Chaliken, 1992, 1998; Petty & Cacioppo, 1981)。态度比印象更稳定，但两者都是社会认知的范畴。这个定义有几个要点。首先，态度不会与生俱来，是在我们的经历和与他人的交往中获得。其次，态度是稳定和相对持久的，它们不容易被改变。再次，态度具有评价性，它们是我们在不同程度上积极或消极地判断事物的方式。一些事情的某些方面，可能与我们关联不大，然而其他的一些事情却可能引起我们强烈的看法。最后，态度能影响行为，比方说它们能引起人们的行为——选举、发表声明、从事工作、交结朋友，等等——而这些正是态度的结果。

过去有一段时间，有人认为只要简单地了解人们对事物的态度就能有助于心理学家精确地预测他们的行为。但人们证实了这种观点过于简单化。态度有时能预测行为，有时却不能(Berscheid,1999)。

一些心理学家认为态度具有认知、行为、情感三种成分。你对某人或某物的态度取决于你对该人或该物的看法和感觉，同样的，这种看法和感觉，也决定了你对该人或该物的行为方式(D. Katz & Stotland,1959)。因此态度在个体心理中处于中心地位。

例如，假设你碰到一个叫杰克斯的人，他来自法国。你一直对法国有好印象。你喜欢法国食品，崇拜法国文化，而且你所了解的关于法国的事情打动了你，你认为这个国家高度文明并令人愉悦。这种看法导致你急于想了解杰克斯，你对法国的态度已经使你对他的态度染上了色彩。但如果杰克斯来自一个你不太喜欢的国度，你可能就不太想认识他也不想知道他是一个什么样的人了。

首先我们为什么要有态度？根据丹尼尔·卡茨(Daniel Katz)(1960)的说法，态度至少具有四种功能：(a) 有助于我们得到我们想要的，避免我们不想要的；(b) 有助于我们避免内心的冲突和焦虑；(c) 有助于我们理解和整合复杂的信息来源；(d) 反映我们固有的价值观。

态度的形成

态度从何而来？如大多数情况一样，实际上最佳的答案便是，态度的形成是不同方式的综合。倘若我们不是与生俱有特殊的态度，而且这种特殊的态度也不会在心理成熟的过程中自然显现，我们就有各种各样的学术理论去解释态度的形成。三种学习理论能说明这一过程。这三种理论分别是经典条件学习、操作条件学习和观察学习（见第六章）。

经典条件学习的观点认为当一个我们对它没有特别态度的观念或事物（非条件刺激）与我们对它有态度的观念或事物（条件刺激）一起出现时，我们就习得了态度。例如，边吃自己喜欢的食物边读文章，会提高对文章中所表达观点的赞同程度(Janis, Kaye, & Krischner,1965)。另一项研究表明，比起插在悲剧节目中的电视广告，被试者更喜欢插播在喜剧节目中的广告(Mathur & Chattopadhyay,1991)。

在操作条件学习理论中，奖赏能增强积极的联想，正如惩罚能增强消极的联想一样(e.g., Insko,1965)。受到奖赏的态度更可能得到保持，受到惩罚的态度更可能改变或被抛弃。例如，如果你由于对执政党抱有积极态度而受到奖赏（比如受到表扬），而因为对该党持有消极态度而受到惩罚（比如被扔进监狱，事实上在一些国家正是如此），你更可能产生对执政党的积极态度而不是消极态度。然而随着世界上持不同政见运动的涌现，我们知道这也不是态度学习或改变的惟一途径。

在观察学习中（当观察他人行为的同时观察在情境中被观察行为导致的结果时，学习就发生了，见第六章），儿童可以通过观察他们周围环境中有影响的成人和伙伴的行为举止所表现出来的态度来学习态度。另外，儿童们也可以从电视和其他媒体中学习一些态度。

我们从媒体中学到的态度可能与男性与女性在社会中扮演的角色有关。电视上描述的一些刻板印象不如以前那么糟糕，但它们仍普遍存在(Furnham & Skae, 1997；Mwangi, 1996)。例如，儿童电视节目中的男性角色比女性角色要多。电视节目中的男性很可能是实干家，他们让事情发生并因他们的行为而受到嘉奖。而女性很可能是行为的容纳者。那些采取行动的女性比男性更可能因她们的行为而受到惩罚(Basow, 1986)。在有冒险行动的节目中(在节目里英勇而无畏的冒险者承受着无法超越的挑战，他与不可抗拒的事物进行战斗，最后巧妙地战胜一切)，主角85%是男性。在黄金时段的节目中主角65%~75%是白人男性。职业和家庭的作用增强了性别和种族的刻板印象。即使观众有选择地挑选一些节目来减少刻板印象，但电视广告向观众展现出大量的刻板印象(Gilly, 1988)：在电视上女人经常是过于沉迷于她们的个人外表和家庭琐事，并只关心她们的家庭。而男人则忙于工作，玩乐或被女人管教。甚至在MTV的音乐录像中播放的还是这些传统的男女刻板印象(Gan, Zillmann, & Mitrook, 1997；Signorielli, McLeod, & Healy, 1994)。

积极的研究表明，当编排的节目减少了性别角色的刻板印象成分时，儿童(Eisenstock, 1984)和成人(Reep & Dambrot, 1988)能更少地表达这些带有刻板印象的观点。我们可以推测对于其他以刻板印象为基础的态度来说，情况也是如此。除了电视，观察学习的另一个很明显的来源可能在我们生活的家庭里。想一想你父母对宗教、政治和其他社会事件的态度。它们与你自己的态度是怎样比较和对照的？年轻人通常很惊讶，有时候不乐意承认他们从自己家庭吸收过来的态度竟然那么多。从各个方面来讲，教育始于家庭。

很清楚，三种学习的类型都有支持其作用的证据，每一种类型都可能说明我们态度形成的方式。如果我们改变形成的态度，会发生什么情况呢？我们改变态度的方式和改变态度的原因有着相似之处吗？还有其他的活动会影响态度的改变吗？

态度的改变

你自己曾注意到你想要改变的态度吗？你注意过与你交往的人的态度吗？你想过改变他人的态度吗？如果你想改变他人的态度，你准备怎么办？可以通过劝说他人换种想法来达到改变他人态度的目的。但说起来容易做起来难。广告商、政治家、政治活动家、慈善机构和其他一些人花费了大量的时间、金钱和努力去试图指出人们的态度是怎样改变的。许多政府对态度改变的问题也很感兴趣。

科学家们没有脱离社会来做研究。对态度的研究合理地例证了当代社会问题与心理研究的相互影响。这项研究始于二战。在战争中，美国政府需要迅速地得到关于态度与态度改变的资料。当时的日本无线广播公司"东京玫瑰"企图通过影射军人配偶的不忠，后方市民的漠不关心，以及政治和军队领导的虚伪来摧毁美国海外驻军的士气。各种各样德美"友好组织"也试着在美国寻找对希特勒的支持。这些行动会让士兵和市民反对战争吗？美国政府该怎样还击这种舆论宣传行为？政府官员需要知道怎样使美国民众能抵御住这些不良影响，这些影响可能改变人们的态度，进而使人们反对这场战争。

与此同时，政府官员想发动自己的舆论宣传攻势，去改变任何不全力支持战争的人的态度。态度研究在突然之间从沉睡中苏醒。这类研究的目标是更全面地理解人们的态度并指出人们怎样和为什么改变态度。

因为许多个人和组织为改变你的态度而努力，所以你可能想了解什么时候接受，什么时候拒绝这种努力。例如，有些人并未把你的最大利益放在心上，但他们企图改变你的态度，你是怎样更有效抵御住这种企图的呢？通过调查各种不同的说服性谈话，研究者发现了一些可能影响态度改变的变量。这些变量可归为三类：信息接受者的特征（如接受者的动机和专业知识）；信息自身的特征（如信息的平衡性和由于信息的重复而造成的熟悉度）；信息来源的特征（如可信性和趣味性）。了解这些变量有助于我们评价，并在合适的时候抵御那些通过说服改变我们的态度的企图。

接受者的特征

信息是否能轻易地说服我们，很大程度上取决于作为交流对象的我们自己的特征。理查德·佩蒂和约翰·卡西奥波(Cialdini, Petty, & Cacioppo, 1981; Petty & Wegener, 1998)曾提出，不同说服技巧的有效性取决于接受劝说者的特征。这些研究者指出了两种劝说途径。第一条途径是劝说的中央途径。它着重于阐述与态度形成问题有关的理性论据。当接受者既有思考问题的动机又有这样做的能力，劝说的中央途径是最有效的。第二条途径是劝说的外围途径。它着重于信息的外周和情景特征，如发送信息者的请求、信息呈现的生动性或者信息的奖励性特征和信息的来源。当接受者对问题没有强烈的兴趣，或者由于缺乏思考问题的技巧，以及缺乏与问题有关领域的专业知识或其他个人能力上的局限等等原因，而不能仔细地思考问题时，劝说的外围途径可能比中央途径更为有效。

尽管调查者发现强有力的论据总比力度不够的论据更有说服力，但这种效果往往被那些积极思考问题的人给夸大了(Cacioppo & Petty, 1986)。换句话说，好的论据可能大部分被那些没有真正思考过问题的人浪费掉了，但这类论据却对那些积极分析和解释它们的人产生影响。因此当你准备说服他人接受你的观点时，了解你的听众和知道哪条劝说途径最有效，对你来说是很有帮助的。正如你猜测的那样，通过劝说的中央途径而改变的态度更为稳固和持久。通过劝说的外围途径而改变的态度更易变并更容易发生朝反方向发展的后继变化。

信息的特征

除了论据的质量和力度，信息中还有哪些特点可能影响它的说服力？信息的两个特征引发了大量的研究，这两个特征是论据的平衡呈现和由于信息的重复呈现而造成的熟悉度。态度研究的关键问题是观点的平衡呈现是否有助于或阻碍改变某人态度的进程。所谓观点的平衡呈现是指，在一个特定的问题上同时呈现赞同和反对的观点。在对说话者观点既有赞同者又有反对者的群体中，单面信息和双面信息对态度改变的影响似乎没有多大的区别(Lumsdaine & Janis,1953)。然而当听众面对问题的两个方面时，比起只听过偏向自己一方观点的人，他们对后来反方的劝说更有抵抗力。

改变人们态度的另外一种方法，就是仅仅在他们面前重复出现想要他们得到的态度。一般说来，重复一个论据会增强它的有效性。确实，仅仅在人们面前多次出现一个刺激物，常会增强人们对该刺激物的喜爱程度(Arkes,Boehm,& Xu,1991)。在这里我们涉及到屡见效应(mere exposure effect)。这是一种由于重复呈现支持态度的信息，或仅由于多次呈现构成和改变态度的刺激物而形成的正面效应(Zajonc,1968)。例如，许多人发现他们喜欢一首歌曲，一件艺术品，甚至一种食品的程度会随着该事物反复地出现而增加。这就是我们叫这类喜爱为习得品味的原因。

然而如果重复变得让人讨厌或恼怒时，它可能会产生不良的后果，从而降低喜爱程度或者增加态度改变的可能性(Cacipoppo & Petty,1979,1980)。例如，如果某人一直告诉你他多么好，你可能讨厌他而不是相信他具有优秀的人品。因此，重复有益于确信人们获得了信息，但当它超过一定限度时，它又将让人厌烦。

信息源的特征

有说服力的信息来源的特征可能会影响引发态度改变的信息的有效性。信息来源的两个主要特征是可信性和趣味性。

可信性 如果谈话来源的可信性高，人们更可能相信谈话的内容(Hovland & Weiss,1951)。来源的可信性的影响在接受说服信息后是最大的，过后就会减小。比如，高尔夫球手泰戈·伍兹(Tiger Woods)对一项特殊产品的广告效应可能会随着时间的推移而减弱。

趣味性 比起不喜欢的人说的话，人们更可能被他们喜欢的人说的话说服(Chaiken & Eagly,1983)。而且如果你正试图劝说人们接受一种立场，但这一立场又不吸引人，趣味效应(likability effect)这时就特别重要(Eagly & Chaiken,1975,1992)。然而这种效应的重要程度取决于传递信息的媒体。录像信息比录音信息的趣味效应更大，而书面信息的趣味效应则很小(见图13-1)。产生这种不同是因为我们能从录像中获得比从录音或书面材料中更为广泛的视觉和听觉信息。当我们能看到说服者的脸部表情、服饰和外形，听到他的声音、语调并看到他们的语态时，我们就能获得许多感官信息来判定他是否吸引人。正由于这个原因，一些优秀的电台播音员在试着转行于电视业时没有获得成功。当人们不仅能听到播音员而且能看到他们，并发现他们无异于他人也并不更值得信赖时，他们对他的个人印象就失色了。

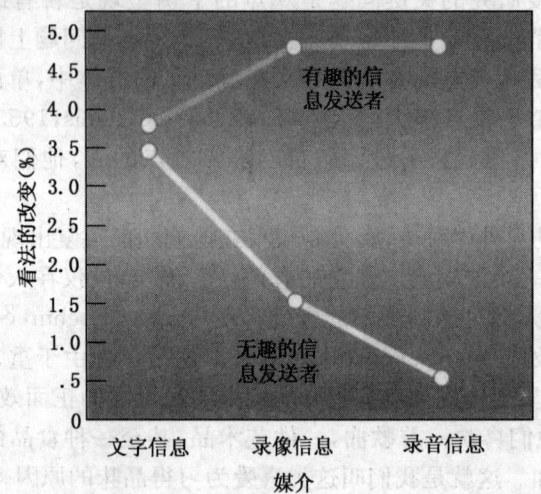

图 13-1 信息媒介和信息发送者的趣味性之间的相互影响

尽管有趣的信息发送者通常对态度改变产生积极影响,但比起用文字信息,用录像或录音信息会增强这种积极影响。然而当信息发出者没有趣味时,就是使用录像或录音信息,态度改变也不太可能发生。

态度与行为之间的联系

在态度的研究中暗示了这么一种假设:我们的态度与行为有一定的关联。然而你曾注意过人们的态度与行为不一致的情况吗?例如,你总是认为销售员真诚地对待你就意味着他对你的感情是真诚的吗?你曾对你介意的人行为粗暴、漫不经心或毫无同情心过吗?显然人们的行为不一定能准确地反映他们的态度,我们对所观察行为的解释至少有几种可供选择。但我们的行为和态度并非与我们的行为完全脱离。一些因素增大了我们的行为反映态度的可能性。

(1) 态度的强度:强烈的态度比不太强烈的态度与行为的联系更明显。

(2) 支持态度的信息和经验的数量:那些基于更多信息和经验的态度比其他态度与行为的联系更为明显。

(3) 态度的具体性:很具体的态度与行为联系更为明显。例如,如果你赞同增加财产税以用于学生贷款这一特定的用途,而不是为了实现国民教育素质的提高这样一个宽泛的目的,那么你更可能投票赞成为了增进学生贷款而增加财产税的提案。

(4) 情境因素:你现在的处境可能对你的行为与态度是否一致产生影响。例如,你在选举日的早晨中了彩票,你可能完全忘了去投票处为学生贷款基金投票。但如果你的父母打电话来告诉你他们刚刚破产,你就可能召集其他一些投票者为有关学生贷款基金的提案投票。

影响我们态度和行为关系的另一个因素是我们身处的广阔的文化环境。例如，我们用术语 *monochronic*（一次）和 *polychronic*（多次）来描述时间观念上的文化差异（Hall，1966）。在"一次"文化中，时间是宝贵的，它的校准也是精确的。在该文化中，人们更可能拥有珍惜时间的态度，并且他们表现的行为也反映出他们对时间的一丝不苟。而在"多次"文化中，人们不很看重时间，时间的测量也更加随意。在该文化中，人们可能期望以被"一次"文化认为是缓慢或甚至是不负责任的方式行事（由于缺乏对时间的关注）。因此，在一种文化里会产生消极态度的行为者（如习惯性迟到的人），在另一种文化中可能被认为是可接受的甚至是被推崇的。

尽管在很大程度上我们生活是在"一次"文化的氛围中，但在"多次"文化中生活也有好处。跨文化的研究（R. V. Levine & Bartlett，1984）表明，"一次"文化过于强调时间，可能会引发冠心病。一些人认为如果我们少关注点我们拥有的时间，我们可能更长寿。

认知平衡

假设你现在正在参加这样一个实验。在实验中主试要你做两个使脑子麻木的眼手协调任务：不停地倒空装满线轴的盘子然后又把它装满，这样做半个小时，接着要你不停地把一排木钉每个都旋转90°，这样又做了半个小时。在你把这些十分枯燥的任务做了整整一个小时之后，主试满怀同情地告诉你，你可以停下来了。据你所知，这就是眼手协调实验的尾声。

作为心理实验的惯例，主试现在要询问你以解释这个实验的目的——调查心理机制对执行任务造成的影响。你处于对照组，因此你事先没有得到任务是否有趣的暗示。在另一方面，实验组的被试事先已被告知任务非常令人愉快。主试继续告诉你，等在外面的被试已经被划到实验组里，研究助手马上就会来告诉她这项任务将会多么美妙。

然后主试离开了房间，一会儿又回来了，他看起来很焦虑，因为他的助手还未到。你愿意为这个主试作一次有偿的研究助手以挽救这个实验吗？你被说服后，告诉下一个被试这个实验是多么有趣。但她回答说，她从朋友那得知这个实验让人厌烦。然而你最终使她确信了实验是非常有趣的，然后就离开了。正当你离开时，心理系的秘书简短地会见了你，并要求你评价一下实验到底多有趣。

你能猜到这个实验的真实意图吗？自变量并非你是否在实验前被告知实验让人兴趣盎然。事实上，你和其他那些相信你在控制条件下的被试们都处于实验条件下。在真正的控制组中，被试只要做这项枯燥的任务而后回答任务的有趣程度怎样就可以了。

在由利昂·费斯汀格（Leon Festinger）和 J. 梅里尔·卡尔史密斯（J. Merrill Carlsmith）主持的经典研究中的真正实验条件下，等候在外面的被试与主试是串通好的,根本没有什么研究助手。这个实验的程序就是让你说服下一个被试,使他认为实验是令人愉快的。关键的步骤是你因说实验有趣而得到的报酬数量。实际上,自变量是一些被试得到 1 美元的报酬,而其他一些被试得到 20 美元的报酬。因变量是实验的被试在被秘书询问时对任务有趣程度的评价。实验的目的是要找到被试因对任务的有趣性撒谎而得到的报酬数量是否与他们尔后汇报枯燥任务的有趣程度存在联系。换句话说,对任务说谎是怎样影响人们对那些任务的态度的?

正如图 13-2 所示,得了 1 美元的被试比得了 20 美元或者控制组的被试更能评价这个枯燥的实验是有趣的。这个结果让心理学界更为震惊,因为用现有的动机理论来推测,得了 20 美元的人应该比得了 1 美元的人有更多的诱因来改变他们对实验的态度,因为 20 美元比 1 美元要多。因此传统的动机理论推论,得了 20 美元的人应该更有动机去改变态度(Hovland, Janis, & Kelley, 1953)。为什么得了 1 美元的实验组里的人更多地改变态度,我们有两种可供选择的解释——认知失调和自我知觉理论。

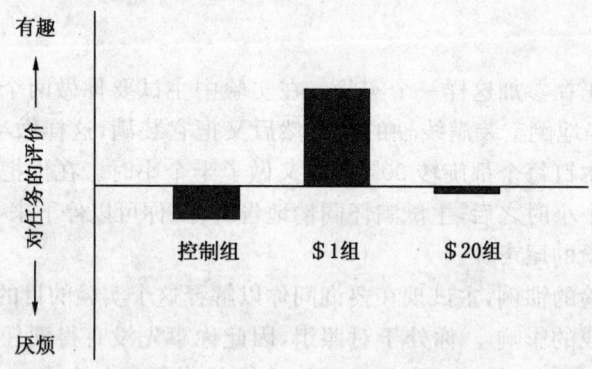

图 13-2 认知失调的经典实验

费斯汀格和卡尔史密斯的柱形图表明了尽管令人吃惊却很明确的结果。让许多心理学家吃惊的是,那些因假装这个任务有趣得了 1 美元的实验被试在过后被要求说出他们的明确观点时,坦承任务有些趣味。相反,受控组的成员却明确地表明执行任务使他们感到极其厌烦,甚至那些因假装任务有趣而得了 20 美元的被试在过后也表明任务乏味。

认知失调

费斯汀格和卡尔史密斯解释这种非直觉结果时,建议用被试努力达到认知平衡的方式来理解被试的反应。所谓的认知平衡(cognitive consistency)是指人们的想法和行为之间的一种匹配。弗里茨·海德(Fritz Heider)首先提出了认知平衡的根本重要性。他认识到当人们的认知相互不一致时,他们会努力恢复平衡。例如,认知平衡对我们的精神健康极为重要,没有它,我们就会感到紧张、烦躁、易怒,甚至自己跟自己过不去。

Psychology: In Search of the Human Mind

第十三章 社会心理学：个体的视角

吸烟者怎样达到认知平衡？对于那些深知吸烟有害于自己与周边人的烟民来说，采取什么措施来减少认知失调是最有效的？

例如，假设你碰上一个你非常喜欢的人，但过后听其他人说你这位"新朋友"在背后说你的坏话。你喜欢的这个人现在威胁了你的精神健康，你可能会体验到认知的不平衡。这件事让你心里不舒服，世界不再有意义，你的精神健康也处于危险的境地。这种不安可能促使你去确定谣言的真假，而且如果它们是真的话，你可能远离这个不忠诚的朋友或与他为敌。

现在，我们重新考虑一下费斯汀格和卡尔史密斯的实验：得了20美元的被试做了一项极为枯燥的任务，尔后又去鼓励其他人相信这项任务非常有趣。他们这样做得到了很高的补偿，因此他们很容易就达到了认知平衡。说一项枯燥的任务非常有趣并为此得到很高的报酬，使得这些被试们的思想、信念与行为达成了一致。

现在我们考虑一下得了1美元的人的困境。他们不仅做了一项枯燥的任务，而且由于努力说服其他人相信它非常有趣而撒了谎。但是，他们的努力只得到了很少的报酬。这些被试体验到了认知的失调。认知失调（cognitive dissonance）是指一个人的态度与行为不协调而引起的不安。

我们通过对自己的行为进行合理性辩解来赋予自己的行为正当的理由，这也是达到认知平衡的一种途径。我们大多数人都需要为自己的所作所为找到良好的并且有逻辑性的原因。但报酬很少的实验被试怎样解释他们在任务中花费的努力？惟一的明显理由就是认定任务或许并没那么糟糕。毕竟承认他们不仅不喜欢这项任务,而且对他人撒谎,尔后为此得到很少的报酬是令人尴尬的。认定任务可能有价值,甚至非常有趣并令人愉悦似乎要容易得多。因此这些被试通过认定任务完全可以接受来达到认知平衡。另一种说法就是被试自己摆脱了认识失调。通过欺骗自己和改变对枯燥任务的态度,他们使谎言变得没有意义。

我们现在进一步探讨一下认知失调产生的条件。认知失调更可能产生于以下几种条件:(a)你已经自愿地选择了会引起失调的行为;(b)你坚决对自己的行为负责,并且已承诺认为或该行为是不能取消的;(c)你的行为会对他人产生重大的影响。例如,一对夫妇不幸地结合了,并有了孩子,他俩都笃信离婚是不道德的,特别是当一对夫妇有了孩子时。这种典型的情境很可能产生认知失调。

相反,如果你的行为是被迫的,并对是否继续这种行为还有选择权,或者你的行为只对自己产生影响,你就不大可能体验认知失调。某人是被迫结婚,并且没有小孩的顾虑,那么他很少会为申请离婚感到后悔(见图13-3认知失调的条件)。

上述的讨论已经用认知失调理论诠释了费斯汀格和卡尔史密斯的实验结果,但这可能并不是惟一的解释。现在我们来考虑另一种完全不同的分析——自我知觉理论,它描述了达到认知平衡的另一种途径。

自我知觉理论

如果被问及我们的信念与行为之间的联系,我们大多数人可能会说我们的行为是由自己的信念引起的。自我知觉理论(self-perception theory)(D. J. Bem,1967,1972)却完全相反地认为,人们并不确信他们相信什么,他们从自己的行为中推断他们的信念。他们以一个局外人的身份来认识自己的行为,他们在自己行为的基础上总结自己的看法。

现在我们来考虑一下用自我知觉理论来解释费斯汀格和卡尔史密斯的实验。当你发现自己在对另一个被试解释实验是多么令人愉悦时,你会想"我究竟为什么这样做"。如果你不能确信为什么,那么你该怎样理解自己的行为?如果你得了20美元,解释就很简单:你这样做是为了钱。如果你得了1美元,你不可能为这点钱而干这件事,所以你客观地审视了一下形势,发现合乎逻辑的解释就是你肯定喜欢这项任务。

自我知觉的例子也可能出现在其他情况下。例如,假设你想弄明白你是否有兴趣与一个重要的人进一步交往,你不能确信对他的感情。尔后你发现你花了大量的时间和他呆在一块,为他买昂贵的礼物,为了能和他多呆一会儿,你与以前长期交往的朋友处的时间短了。你在自己行为的基础上推论出你很喜欢这个重要的人。因此你决定准备与他更深层次的交往。

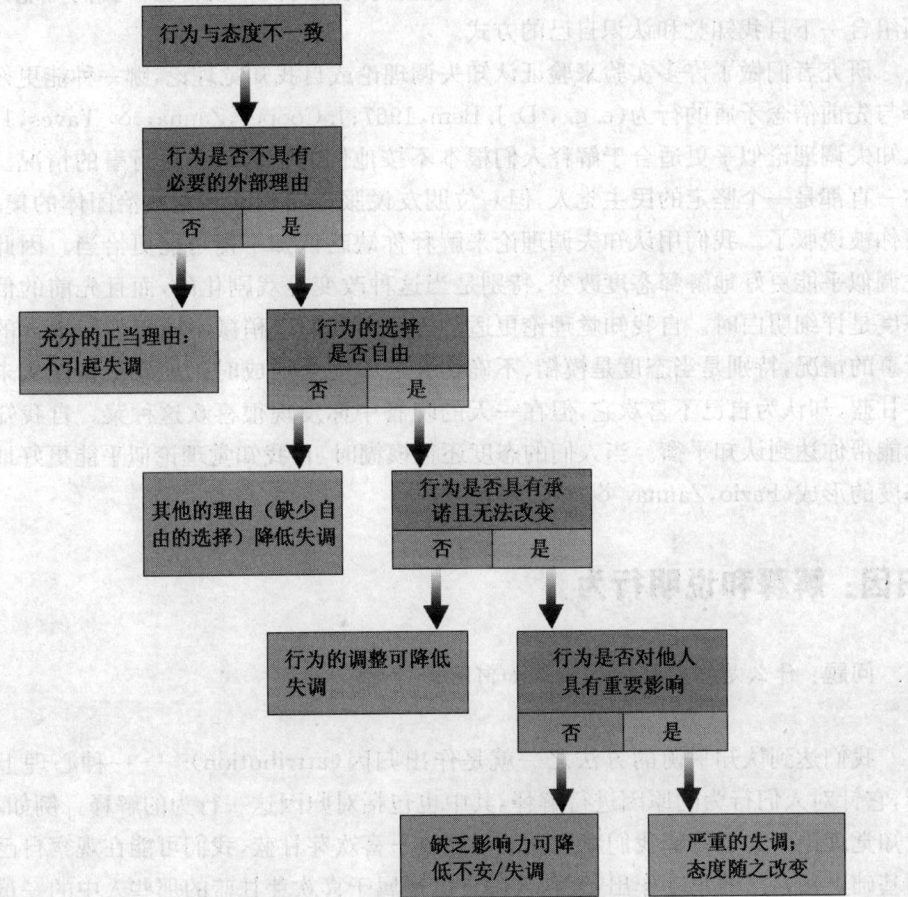

图 13-3　产生认知失调的必要条件

在认知失调中,人们的行为与他们的态度不一致,所以他们精神上就会混乱不安。这个流程图表明了决定认知失调是否会引起态度改变的必要条件。在每一点上"否"的回答就意味着不同的结果,那就是说可能会引起态度改变。

自我知觉理论可能与理性和直觉不太一样。毕竟,难道你不清楚喜欢什么和讨厌什么吗?但你并不总是很清楚。例如,假使你"知道"自己讨厌一种特别的食物——比如芽甘蓝。你甚至好几年没吃过了。现在设想你在一个自己极力想讨好的人家做客。惟一的开胃食物是用醋和酱油腌制的有冰块的嫩芽甘蓝。你毫无选择只得尝了尝并显出高兴的样子。在你象征性地尝了之后,你发现自己还想来点。你该怎样解释自己的行为?你能豁达到完全改变自己的态度去喜欢以前不喜欢的东西吗?

有时候想想我们确立的自我知觉可能对自己选择的限制是多余的,这很有好处。人变了,嗜好变了,害怕的东西也变了。根据自我知觉理论,当我们以与现有的自我认知矛盾的方式行事时，我们有机会以一种全新的观点再次审视自己。我们可能只是重新组合一下自我知觉和认识自己的方式。

研究者们做了许多实验来验证认知失调理论或自我知觉理论，哪一种能更好地解释与先前信念矛盾的行为(e.g., D. J. Bem, 1967; J. Cooper, Zanna, & Taves, 1978)。认知失调理论似乎更适合于解释人们根本不按他们的信仰或态度行事的情况。如果你一直都是一个坚定的民主党人，但一位朋友说服你参加共和党政治团体的集会，然后你被说服了。我们用认知失调理论来解释你缺乏认知平衡可能更恰当。因此认知失调似乎能更好地解释态度改变，特别是当这种改变是戏剧化的，而且先前的信仰和态度是详细明白时。自我知觉理论更适合于解释人们以稍微不同于他们平常的方式行事的情况，特别是当态度是模糊、不确切并还未完全形成时。如果尽管你从未尝过芽甘蓝，却认为自己不喜欢它，但在一天的晚餐中你发现很喜欢这种菜。自我知觉理论能帮你达到认知平衡。当人们的态度还很模糊时，自我知觉理论似乎能更好地解释态度的形成(Fazio, Zanna, & Cooper, 1977)。

归因：解释和说明行为

问题：什么是归因？它们又是如何解释行为？

我们达到认知平衡的方法之一就是作出归因(attribution)——一种心理上的解释，它针对人们行为的原因进行解释，其中也包括对归因这一行为的解释。例如，在自我知觉理论中为了解释我们新发现的嗜好——喜欢芽甘蓝，我们可能在观察自己行为的基础上从自己的角度作出归因，告诉自己是属于喜欢芽甘蓝的那些人中的一员。归因很重要，因为它们有助于我们理解自己和他人的行为。它们也可能成为生死攸关的理由。比方说，如果一个司机半路上捎了一个搭便车的人，司机把搭便车认为是个人乘车的需要。如果他的归因是错误的，这个搭便车的人的真正目的是抢劫并杀掉他，所以为错误的归因所付出的代价也将是巨大的。

归因的本质

因为自我知觉理论着重于作出归因，所以它属于社会心理学归因理论的范畴。归因理论阐述了人们怎样解释自己和他人的行为。人们对自己、他人或者环境变量作出归因，以便能理解所处的社会并回答诸如"我为什么那样做"和"她为什么做那件事"的问题。

归因理论的来源要追溯到弗里茨·海德(1958)。他认为我们人类常观察、分类和解释（通过作出归因）自己和他人的行为。因此我们经常把自己后来的行为建构在我们归因中的早期设想上。例如,人们在经历了经济萧条或战争的困境后总是寻找替罪羊,把全部的不幸都归罪于它,他们寻求把自己的不幸归为外部因素。

海德特别指出人们会作出两种类型的归因。个人归因(personal attribution)或个性倾向性归因,是对人行为产生的原因存在于行为者内部的心理的解释,因此它们是内部的(例如,我的固执使得我们争辩起来)。情境归因(situational attribution)是表明人行为产生的原因存在于行为者外部的心理的解释,因此它们是外部的,比如环境、突发事件、人们作出特定行为的环境中的他人(例如,"如果不是让我在闷热的房间里进行考试,我可能反应更灵敏并能取得更好的成绩")。当对一个特定的事件有几个可能的归因时,我们不太可能把这件事归为任何一个特殊的原因,而是作出归因的组合(Morris & Larrick,1995)。

归因直观推断与归因偏差

到目前为止,我们已经谈了人们怎样处理影响归因的各种因素(表扬、批评或其他什么因素),仿佛人们是高效的计算机,能精确地测量每个因素。事实上,当我们作出归因时,没有人仔细权衡每个因素。相反,我们有时用直观推断的方法——捷径法则帮助我们做决定(关于直观推断的方法详见第八章)。不幸的是,这些捷径有时会造成我们思考上的偏差和其他的曲解,比如在思考我们行为的原因时就是这样。例如,人们有时很容易找他人替罪,仅仅是因为找替罪羊总比找出个人甚至民族不幸的复杂原因要容易得多。我们现在把目光投向影响人们作出归因的普遍的直观推断与偏差:社会赞许性、基本归因错误、行为者—旁观者效应、自利归因偏差和自我设限。

社会赞许性 一些研究指出,在推断个人的性格时,我们总是不正确地把砝码加在社会不赞许的行为上(Jones & Davis,1965)。事实上,我们过多地注意社会不赞许的行为以致忽视了社会赞许的行为。例如,某个人吃晚饭时在餐桌上打嗝、打喷嚏、流口水、作呕,尽管他的谈吐机智,富有见地并发人深省,但他还是可能给人留下坏印象。这个人可能还是一个善良、温和的人道主义者,但他将急需去消除在他人心目中的由社会不赞许行为带来的影响。

基本归因错误 当一个人在观察他人行为时总是过于强调内部原因和个人责任,而不重视外部原因和环境的影响时,基本归因错误(fundamental attribution error)就会产生(L.Ross,1977)。这种误差被称为"基本",是因为它似乎太普遍和根本了。在看待他人的行为时,我们总是把行为归结于内在原因。例如,如果一个老板虐待雇员,我们更可能把老板的行为归因于他的脾气方面而不是环境方面。一个乐善好施的人可能被认为是天生乐于助人而不是环境使然。

行为者—旁观者效应 爱德华·琼斯(Edward Jones)和理查德·尼斯比特(Richard Nisbett),在他们提出的行为者—旁观者效应(actor-observer effect)理论中扩展了基本归因错误的概念。在此效应中,人们把他们观察的他人行为归因于他人稳定的性格特征，但是人们把自己的行为归因于情境临时的特征。于后者，我们是行为者（我们必须考虑相关的情境因素），于前者我们是旁观者（我们注意他人的性格）。这就是此效应名称的由来。如果我踢了一只狗，是因为狗要咬我。然而如果我看到了其他人踢了一只狗，这则表明那个人的行为是多么的卑鄙下流。

行为者—旁观者效应甚至可能延伸到我们属于的或不属于的群体当中（Islam & Hewstone, 1993）。在研究孟加拉的印度和穆斯林的学生时，发现学生们总是把他们所在群体的成员的良好行为归因于成员们良好的性格，而把坏行为归因于情境。但他们对自己不隶属的群体的成员的行为却作出相反的归因。

自利归因偏差 我们归因过程中的另一个偏差就是当我们在解释自己的行为时，我们对自己总是很大方（S. Epstein, 1992）。例如，当学生为了考试而学习并获得了优良的成绩时，他会归功于自己。但当他们学不好又考不好时，他们会把低分数归因于考试（"那个测验是不公平的！"）或归因于教授（"他的评分过于严格！"）（Whitley & Frieze, 1985）。在另一个自利归因偏差的研究中（Kunda, 1987），研究者发现虽然学生们知道美国离婚率将近50%，但他们中只有20%的人认为自己有可能与未来的伴侣离婚。这种自利归因偏差的发生因文化不同而有所不同（Markus, Kitayama, & Heiman, 1996）。例如，马库斯（Markus）和卡地亚（Kitayama）（1991）提出，比起日本学生，美国学生产生自利归因偏差更为普遍。自利归因偏差在我们的生活中至少可以起到一种建设性的作用：它们能赋予我们必要的自信。不管是在个人交往中、学校中还是在工作中，这种自信都是我们迈向成功的第一步。

自我设限 在自我设限的归因偏差中，人们采取一定的措施，从而使自己的任务难以完成，那样万一他们做得不令人满意，他们就有借口了（Berglas & Jones, 1978）。由于不相信自己办事的能力，我们创造出不能出色完成任务的情境，然后把自己不好的表现归咎于情境，而没有意识到自己在创造情境中发挥的作用。例如，一个学生考前可能没花时间复习，而且当她考得不好时，她可能把失败归因于没有能力学习。

我们阐述了一系列人们作出归因时运用的直观判断法和持有的归因偏差。我们不仅要知道归因的基础，而且要知道归因中固有的问题和偏见，这些对我们来说很重要。可能没有人把情境看得足够清楚而作出完全精确的归因，或者更为准确地说，没有一种情境是很简单以致每个人都持有相同的归因。然而理解归因的直观判断法和偏差能有助于你在日常生活中作出更加准确的归因。你对自己和他人的行为作出归因的正确程度可以被分别看做是人际才智和内心才智的表现（H. Gardner, 1983, 1999；见第九章）。

现在我们拓宽一下研究的范围，而不仅仅研究我们怎样对自己和他人的行为进行归因。下面我们就来思考一下，为了形成对他人的印象，人们是怎样看待和说明关于他人的大量不同的信息的。这里注意一下印象形成和印象操纵这两个不同的概念,印象形成是指你形成关于他人的印象,而印象操纵是指你引导他人形成对你的印象。

印象的形成

问题:人们怎样形成印象?

印象形成的过程

当你去参加晚会,碰到一个陌生人,你怎样形成对他的看法?社会心理学的一个分支就是正确地阐述我们怎样形成印象的问题。印象形成(impression formation)的研究是对过程的一种检测。通过这种检测,个人在对直接或间接获得的信息的推断基础上形成对他人整合的、直觉的看法(Hamilton & Sherman,1996)。

当我们要形成对人们的印象时,我们会从得到的直接和间接信息中对他们下结论,这些信息可能是人们对他们的看法、我们对他们的了解、他们的言谈举止和他们展示的兴趣与观点等等。

印象形成的模式

所罗门·阿施(Solomon Asch)(1946)在印象形成的研究领域里竖立了一块里程碑。阿施向他的实验被试展示了以下一系列的形容词,来描述一个叫吉姆的人:"聪明、灵巧、刻苦、____、有决心、实事求是、仔细。"他要求被试根据这几个形容词在空格处填上"热情、冷漠、有礼貌"或"粗鲁"中的一个来描述他们对吉姆的印象,并要求他们指出,是否大方、机智、乐观、好脾气或值得信赖这些形容词也能用来形容吉姆。阿施的一些资料结果如表13-1所示。

表 13-1 印象的形成 在形容词表的基础上，实验被试被要求写下他们对一个人的印象描述，而且还要指出是否形容词大方、机智、乐观、好脾气或值得信赖也能用来描述这个人。表中列出的百分比表明了，对于每一个可能增插在表中的特质，被试认可额外的一些特质也符合其对对象人物性格描述的比率。

额外的特质	插入在表中的特质			
	热情(%)	冷漠(%)	有礼貌(%)	粗鲁(%)
大方	91	8	56	58
机智	65	25	30	50
乐观	90	34	75	65
好脾气	94	17	87	56
值得信赖	94	99	95	100

阿施对表中的结果作出了解释，他指出"热情"和"冷漠"似乎是中心特质（central trait），或者是一个人性格和行为中占有显著地位的个人特征（见第十五章）。当这两个单词中的一个被填在空格中，它会对被试看待吉姆为何种人产生根本的影响。然而在空格中填上"有礼貌"或"粗鲁"，对阿施的实验被试的印象形成产生的影响相对较小。

针对阿施研究中的一些问题，另一些研究者提出了批评意见。例如，他们指出"热情"和"冷漠"是社会特质，然而在开始给被试的清单中的其他单词（"聪明、灵巧、刻苦"等等），本质上更具有才智的特征。种类上的区别可能在印象形成中赋予社会特性的单词不恰当的分量（Zanna & Hamilton, 1972）。人们对把这种结果推广到现实世界情境中的效果（即实用效度）提出质疑。不管怎样，阿施的思想，特别是我们围绕中心特质，组织起有关他人个性特征信息的观点已经产生了深远的影响。一些早期的心理学家对印象形成中的直观判断法和偏差的研究也对以后的研究产生了长期的影响。

印象形成中的直观判断与偏差

人们对他人不会形成统一的印象或是估计出标准化印象的原因之一，就在于我们大多数人在形成印象时几乎都走了捷径（Gigerenzer, Todd, & the ABC Research Group, 1999）。在大多数情况下，这些捷径节约了我们的时间，并赋予我们一个足够好的印象帮助我们与他人适度交往。然而我们的捷径太短且删掉了许多重要的信息。有研究指出，我们信息的处理经由多种的直观推断和偏差后导致我们曲解自己的知觉。这些直观的推断和偏差有首因效应、肯定性偏见、自证预言效应和个人正向偏见。

首因效应 第一印象很重要。在一项实验中(Asch,1946),第一组的被试被告知一个人是"聪明、刻苦、冲动、吹毛求疵、固执和忌妒心强"。第二组的被试被告知一个人是"忌妒心强、固执、吹毛求疵、冲动、刻苦和聪明"。我们注意到第二组特质目录的内容与第一组的一样,只不过顺序不同而已。尽管两个目录中的内容一模一样,但听了以积极特征开头的第一种顺序的人,比听了以消极特征开头的第二种顺序的人,形成更为正面的印象。阿施总结为我们证明了人们评价中的先入效应——第一印象能影响以后的印象。所以比起后学的东西,我们更注重先学的东西。先入效应会导致能力和性格判断上的偏差。

对首因效应产生影响的原因之一,我们可以用图式来解释。当我们接受信息时,我们想尽快使信息有所意义。我们或是把新信息同化于我们已有的图式中,或是创造一个新的图式去储存新信息。如果我们必须创造一个新图式,为了减少在理解信息时由于缺乏融合方式而造成不安的时间,我们开始快速地构建它。我们一旦开始了一个新图式,就能迅速地把任何其他的信息同化于新图式中。如果新信息与新图式完全不同,我们可以修改图式以储存新信息,但仍将保持图式基本结构的完整。一旦我们建构了一种图式,就不会抛弃或全面地修正它。因此,修正我对一个人最初的坏印象要比彻底抹去最初对他的好印象要难得多。

肯定性偏见 我们总是坚持对人们的第一印象(首因效应)的第二个原因源于肯定性偏见。肯定性偏见是指人有一种寻求确认而不是驳斥已有信念的方式的倾向(Edwards & Smith,1996)。肯定性偏见使得我们寻求、解释甚至曲解信息,以证明我们对个人或团体的第一印象或已有的信念(Yzerbyt, Rocher, & Schadron, 1996)。我们倾向于注意和记住与我们已有图式相一致的事情和行为,但我们经常忽视和忘记与已有图式不相适应的事情和行为。因此我们会产生一种错觉,即我们的经历证实了自己的预想。我们的肯定性偏见会导致我们曲解信息,它不仅妨碍我们对他人的赏识而且阻碍了我们对所处世界的完全了解。也由于它,我们可能高估或低估周围人们的能力和优点。

肯定性偏见也可能是臭名昭著的虐待儿童事件未得到重视的原因之一。教师可能会发现一些对儿童施虐的潜在迹象。其中的一些现象在大多数情况下甚至有严重的虐待嫌疑。但如果该儿童恰巧来自社会名门,甚至可能父母曾直言批评虐待儿童的行径,老师就会对父母的行为产生深刻的正面印象,而把可能存在的虐待儿童现象仅看做是儿童经常犯错误的结果,由此使儿童有进一步受到伤害的危险。

我们为什么坚持做那些最终可能会伤害自己和别人的事?因为像其他直观判断的捷径一样,肯定性偏见可以节约用于认知任务的时间。如果我们花费时间去了解所接触的每一个人,我们就可能没有时间做其他的事情。在我们的日常生活中,我们在与大多数人的短暂接触时,肯定性偏见可能无害于我们,而且还为我们节约了大量的时间。但就另一方面来说,在一些情境中,如果考虑到肯定性偏见在形成印象时产生的强有力的影响，我们将会做得更好。

自证预言效应 肯定性偏见会导致自证预言效应(self-fulfilling prophecy)，这样被人们所认为真的东西会成真，或者至少被感觉成真。罗伯特·罗森塔尔(Robert Rosenthal)和里昂诺·雅各布森(Leonore Jacobson)(1968)是自证预言效应研究的开拓者，他们的研究具有里程碑式的意义，研究说明了老师的期望对学生行为的影响(见第二章)。他们独特的研究不仅涉及自证预言的正面影响，而且也涉及它的负面影响(Harris, Milich, Corbitt, Hoover, & Brady, 1992)。总而言之，人们经常会对他人有一定的期望。然后他们以某种方式行动起来，使得期望成真。接着他们总结他们起初的期望是正确的，而没意识到他们在期望成真的过程中发挥的作用。

个人正向偏见 个人正向偏见(person-positirity bias)阐述了这么一种倾向，即人们对个人的评价比对团体包括他们所属团体的评价更为积极(Sear, 1983)。例如，人们对团体经常产生偏见，但对团体中的个人可能会有更积极的态度。这种偏差的一个例子就是，我们愿意花时间为我们了解并经常接触的人建构一个相当详细的图式。当我们经常观察一个人时，我们的观察结果可能会与我们的定型观念产生强烈的冲突，它迫使我们注意到此人有悖于自身的刻板印象。这些观察结果要求我们作出某些认知上的调整。然而我们会尽量少付出努力并且降低我们必须作出的认知调整的程度。毕竟，人们常常不假思索地简单认为这个人只是碰巧与定型观念相背离，而不会去摒除或全面修正刻板印象，这样做花费的精力要少得多。因此，尽管当我们在把团体中的人当做一个整体来考虑时，不得不改变对该团体中个人的态度，但我们仍喜欢用拘泥和未加修改的刻板印象。这种刻板印象是一条方便的捷径，我们不必去了解所有规则的例外，不必去了解总体描述的不同细节，以及可能影响对某一特征进行解释的背景资料。

社会比较

在前面认知失调理论中我们提到过费斯汀格(1954)，费斯汀格也曾就我们怎样看待自己的问题提出了另一种理论。根据他的社会比较理论(social-comparison theory)，人们大都通过把自己的能力和成绩与他人进行比较来评价自己的能力和成绩。如果在新奇、不可预测或者模糊的事情上，内部的标准还未形成，这种现象就更为突出(Suls & Fletcher, 1983; Suls & Miller, 1977)。当他人比我们做得更好时，我们的自尊心会受到打击(Kulik & Gump, 1977)。因此我们自我评价的真实性和精确性，在很大程度上取决于我们与之比较的他人实际上是否是我们建立自己标准的合适基础(Goethals & Darley, 1977)。例如，假设一个叫达雷尔的大学二年级学生在学习成绩方面把自己跟高中生相比，他可能由此拥有一个自己达成的不现实的积极自我意象。相反，一个也是大学二年级叫梅尔巴的学生，把自己和大学毕业生进行比较，她可能由此最终获得不现实的消极自我意象。我们与能与自己进行合适比较的人相比是很重要的。

人们用各种技巧来维护自己的自尊,其中可能有无益的社会比较。例如,他们可能夸大超过自己的人的能力,由此推断出自己即使不是最好的也相当行(Alicke, LoSchiavo, Zerbst, & Zhang, 1997)。或者他们可能把自己与比他们差很多的人进行比较,从而再次维护自己的自尊(Gibbons, Benhow, & Gerrard, 1994)。当人们进行不恰当的社会对比时,他们可能会对自己的行为采取过于严厉或过于认可的态度。在下一节,我们将讨论这些态度是什么?它们怎样形成?它们怎样改变,又是怎样影响行为的?

吸引力、好感和爱情

问题:什么导致我们喜欢和爱上他人?

在本章的第一部分,我们讨论了人们形成和改变态度、归因与形成印象的心理过程。在这一节,我们要从单纯内部加工过程中走出来,去关注当先前的内部吸引观念变成友谊或有时变成爱情时会发生什么事情。首先,我们考虑一下那些影响我们是否喜欢或爱上他人的因素。接下来我们阐述一些关于友谊和爱情的理论。

我们每个人都需要友谊、爱情甚至生理的吸引。正如早先提到的,人际关系对人们的身心健康很重要。人们对自己的看法的一部分就是由我们的友谊、爱情以及对自己对他人的魅力和吸引力的感知决定的。人们可能甚至对爱情应该是什么有理想化的描述,这使得人们去喜欢那些符合自己描述的人,而不喜欢有悖于描述的人(R. J. Sternberg, 1995a, 1996a, 1998b)。社会心理学家曾提出疑问:喜欢某人的时候,人脑子里在想什么?我们为什么会喜欢这个人而不是那个人?我们为什么对这个人而不是那个人有吸引力?心理学家不是惟一对友谊和爱情进行研究的人。雕刻家、作曲家、作家、艺术家和哲学家也在探讨同样的问题。当我们看到心理学提出的观点时,你必须记住,对友谊或爱情的科学分析只是给我们更为开阔的思考提供了一部分思路。

影响吸引力的因素

什么因素首先导致吸引力然后引起友谊和爱情?一些基本变量有熟悉度、唤醒、接近性、生理上的吸引和相似性(Berscheid & Reis, 1997)。我们回忆一下,在讨论有关说服这一主题的时候,熟悉度会增强我们对某人的喜爱程度。也就是说如果只受这一个因素影响,我们总是更喜欢我们比较熟悉的人。接下来我们阐述余下的四个因素。

唤醒

唤醒在人际吸引中发挥重要作用。它的作用在一个著名的创造性研究中得以证实。此研究在一个风景点进行,有两座大桥分别位于风景点的不同位置上。第一座桥跨过一个深深的峡谷,而且当人走过时,石桥还会左右摇晃。对大多数人来说,过这座桥唤起焦虑。第二座桥很稳固结实并接近地面,过这座桥不会唤起焦虑。

实验要求被试(全是男性)走过两座桥中的一座。当他们过桥时,他们会碰到一个男性或女性的实验助手。该助手会要求每个人回答一些问题,并要他们根据一张图片编一个简短的故事。在被试写完故事,接着过了桥后,实验助手给他们自己的家庭电话号码,并说如果他们想知道实验的进一步信息,他们可以随时打电话。试验者们发现,如果被试经过那座能唤起焦虑摇晃的桥,并在过桥时遇到女性实验助手,他们写的故事会含有相对较高的性想像成分,而且他们比其他的被试更可能打电话到女性实验助手的家里。当然被试能遇上实验助手这件事很重要,因此我们要去讨论接近性的重要性。

接近性

我们更可能在我们经常接触的人面前袒露心扉并被他们唤醒。因此接近性是指个体所喜欢的人在地理位置上的接近。它能增进友谊或增强吸引力,因为它更容易使熟悉和唤醒成为可能。

在住在麻省理工学院两幢已婚学生公寓的军队老兵和他们的配偶中,人们曾展开过对友谊方式的调查(Festinger,Schachter,& Back,1950)。这两所公寓的建筑设计不同,因此在两个截然不同的有限的自然空间里去研究接近性是可能的。基本的调查结果表明,尽管所有人相隔的距离都不是太远,但彼此住得比较近的人比住得比较远的人更可能成为朋友。而且那些住在公寓中间的人比住在公寓尽头的人交的朋友更多。如果人们发现生理上彼此吸引,许多种关系也可能得到增强。

生理上的吸引

如果你像大多数人一样——并忠于自己——那么总的来说,生理上的吸引力至少是吸引他人的首要因素。一项研究发现,更具生理吸引力的人常常被人们认为更和善和强壮;更易于交往、有教养、机敏、有趣、泰然自若、好交际、温柔、有责任感;是更令人激动的约会对象;有更好的性格。比起生理吸引力小的人,更具吸引力的人还被预测为能拥有更多的婚姻幸福和能力;更有名望,获得更多的社会认可和事业成功;在生活中,能取得更大的成就(Dion,Berscheid,& Walster,1972)。当然,这些预测基于刻板印象而不是事实。在中国台湾和韩国这样的集体主义文化中,更具吸引力的人还被认为更关心他人,并且更能与他人相处(Chen,Shaffer,& Wu,1997;Wheeler & Kim,1997)。

根据人们对我们的吸引程度的不同,我们区别对待他们。确实是这样的,哈特菲尔德(Hatfield)和斯普雷彻(Sprecher)(1986)发现,有吸引力的人们有优异的生活成就。朗格罗斯(Langlois)、里特(Ritter)、凯西(Casey)和萨文(Savin)(1995)也发现,母亲对那些可爱的婴儿比对那些不可爱的婴儿更疼爱并与之嬉戏。但是只建立在身体上的吸引力的判断常常过于肯定且会导致错误。

关于生理吸引力的另一个重要问题在于美所处的文化背景。一项跨文化研究结果表明,不同文化对构成美丽的标准看法不一。几十年来,我们已经理解了不同的社会对生理上的吸引力的看法是不同的。对200多项不同文化的早期研究(C. S. Ford & Beach, 1951)发现,不同社会的区别不仅在于美的内容不同,而且还在于在评价美时着重的身体部位不同(如眼睛的形状、骨盆大小、身高和体重)。近来更多的研究(e. g. ,Berscheid & Walster,1974)也支持吸引力的文化观点多样性的评说。

相似性

正如你所猜测的,有关人际吸引研究的资料表明,为了长期拥有相容的价值观,为了长期对各自的影响有着可以相互接受的看法,人们越相似就越可能互相吸引(E. W. Burgess & Wallin, 1953; T. L. Huston & Levinger, 1978)。在相似性对吸引力产生一定影响的因素中有态度、性情(Byrne, 1971; Hatfield & Rapson, 1992)、社交技巧(Burleson & Denton, 1992)和幽默感(Murstein & Brust, 1985)。换句话说,人们在这些因素上越相似,他们就越可能彼此吸引。正因如此,人们都努力寻找与自己相似的人(Stiles, Walz, Schroeder, Williams, & Ickes, 1996),而且他们希望与在身体上和其他方面相似的人有更加完美的关系。

有关好感和人际吸引的理论

总而言之,我们更喜欢那些令我们欢欣鼓舞的人(Clore & Byrne, 1974; Lott & Lott, 1968)。我们接受的奖励可能是真实的,如身体的接触或礼物;或者可能是不真实的,如我们对他人的存在感到高兴。但是还有比奖励更能引起人际吸引的因素吗?

吸引力公平理论(equity theory)(Walster, Walster, & Berscheid, 1978)认为,人们更加喜欢与他们在给予与接受上有更公平关系的人。公平理论对关系有重要的暗示。首先,最简单的是关系中的双方觉得他们的利益和付出几乎相等,这对于形成长期关系很重要。当双方中有一个人感到这种关系是单方面的牺牲或者获益时,关系就开始恶化。第二,当一方被另一方戏弄时,双方就必须找到恢复公平的办法。如果这种修复未得到完成,而且一方在不断地提醒另一方这种不公,关系就会破裂。如果其中一方感到无论自己做什么,公平都无法得到重建,那个人可能看低他的同伴或者放弃这种关系。相关的研究结果表明,人们偶尔被诱导去伤害那些没能力修复这种伤害的人,这会引起他们降低对被伤害者的评价,而不是对自己的评价(Davis & Jones, 1960)。

第十三章 社会心理学：个体的视角

我们用公平理论来看待吸引力。人们更容易被与他们有平等关系的人们吸引。那就是说，每个伙伴在关系中要拿出有相等价值的东西。就像图中在秘鲁市场中交换货物一样，每个伙伴给予关系的东西的价值要与他从关系中得到的东西的价值相等。

而根据平衡理论（balance theory）（F. Heider, 1958），人们企图保持在关系中给予和接受的感受。人们总被那些对他人的态度和自己对他人的态度相似的朋友所吸引（相似性）。我们试图在自己的喜好和憎恶中保持平衡，这也是达到认知平衡的一种方式。在本章前面，我们知道我们更可能喜欢与我们相似的人。其中相似性的一方面是关于喜好和憎恶的。我们希望自己的朋友喜欢我们所喜欢的人或物，讨厌我们所讨厌的人或物。相同的，我们也希望自己的朋友与我们一起分享我们积极和消极的态度。当我们对自己朋友所讨厌的东西有积极的态度时，我们就会感到在关系中有令人不安的失调。这种不平衡总是削弱关系的稳定性，所以我们试着去更正它。我们可能改变自己的态度，或者改变我们朋友的态度，或者确定那件事根本就无关紧要。

我们来看一下在现实生活中的平衡理论的例子。假使你发现深爱着的情侣是美国纳粹党的成员。在你听到这个消息时，你可能会感到不安，甚至难过。你对你情侣的积极态度由于你对美国纳粹党的消极态度而失去了平衡。为了保持认知平衡，你可能发现自己在尝试以下三种情况：(a) 改变你情侣对该组织的态度；(b) 改变自己对该组织的态度；(c) 改变对你情侣的态度。

爱情

我们大多数人可以分清友谊和爱情，但是我们也承认精确地界定友谊和爱情之间的区别是很困难的，更不要说去精确给这两个术语下定义。这里，我们认为爱情是比友谊更深厚和强烈的感情。两者都来源于吸引，但比起友谊，爱情恐怕来源于更本能的情感和外表的吸引力。人们进一步区分爱某人和与某人相爱（Meyers & Berscheid, 1997）。下面让我们来看一些用来解释爱情的心理学理论，去看看爱情的种类有哪些？爱情来自于何方，它又为什么存在？

爱情与生存

我们可以用进化论的观点来说明爱情。根据进化论，成人的爱情是三种主要动机的产物，这些动机有助于我们物种的生存，它具有进化的作用。它们是：(a) 婴儿受其父母或能担当其父母职责的人保护的需要，(b) 成人保护爱人或被爱人保护的愿望，(c) 性驱力 (Wilson, 1981; See also Buss, 1988a, 1988b, 1994; Buss & Kenrick, 1998; Buss & Schmitt, 1993; Wright, 1994)。

在进化论看来，浪漫爱情的最终作用是繁衍种族。然而不幸的是，浪漫的爱情一般不会持续很久——有时仅持续到进行生育的时候。如果浪漫的爱情是夫妇结合的惟一因素，那么他们就不会以形成儿童依赖和发展儿童潜能的方式去抚养儿童。幸运的是，伴侣式的爱情——一种既平缓而又强烈的喜爱——使双方共同抚养儿童，甚至在浪漫爱情衰弱后也能保持下去。

当我们在观察全世界父母的关爱时，进化论的观点似乎得到了一点证实。正如今天我们拍摄的菲律宾的伊富高 (Ifugao) 族父亲和他的孩子的照片（左图），以及法国画家勒布伦夫人所画的她与女儿的自画像所示。

进化论的观点认为，妇女和男子关注的爱情关系中的事情有所不同 (Buss & Schmitt, 1993; Kenrick & Keefe, 1992; Kenrick, Groth, Trost, & Sadalla, 1993)。从这个观点来看，妇女特别对他们的孩子有更多的投入，因为：(a) 她们知道在怀孕期间是她们怀着孩子；(b) 她们知道她们怀的孩子是自己的；(c) 就种族的历程来看，她们总是从事抚养孩子的工作。由于较大地投入，她们对能给这种关系带来相当经济来源的男子感兴趣。而男子却不同：(a) 在很短时间内能使许多妇女怀孕；(b) 不能肯定孩子是否是他的；(c) 平均而言，他们很少从事对孩子的抚养。根据进化论，他们最好是找到一个能生育最健康儿童的女人。结果是，男子总倾向于喜欢那些有健康标志，如年轻和美貌的妇女。在不同的文化中这些推论也是成立的。

在思考这些研究结果时,我们需要记住两个重要的事情。第一,在大多数文化中,妇女的社会地位较低,这可能是发现两性中配偶喜好不同的原因。例如,妇女更着重于寻觅有经济来源的伴侣,这可能是由于她们没有太多甚至根本没有途径去获得这些生活资料。第二,尽管男人和女人可能在爱情关系中寻求的事物不完全一样,但相似大于分歧。两性中大多数人都愿意与那些具有优美形体、能帮扶、有教养和健康等特征的人生活在一起。

进化论的观点还表明了父母的关爱的重要性。儿童们需要父母的关爱以便他们能成为独立和自主的个体,因此从进化论的观点来看,父母的关爱有助于保持父母对儿童长时间的关注而使得他们自立并得以生存。在这方面,进化论与下面要讨论的依恋理论有着相似之处。

依恋理论

另一个关于爱情的观点是把爱情看做是对依恋原型的反映。这种原型首先是在人们与其照看者紧密联系的婴儿期形成的。爱情的依恋理论(Hazan & Shaver, 1987, 1994; Mickelson, Kessler, & Shaver, 1997; Shaver, Collins, & Clark, 1996)应用了鲍尔比(John Bowlby)的依恋观点,但对他的观点进行了扩展。鲍尔比认为成人浪漫爱情的方式与婴儿对他们母亲依恋的方式一致(Ainsworth, 1973;见第十一章)。谢弗(Hazan Shaver)的理论区分出三种基本类型的爱人:(1)安全型的爱人,他们发现与他人接近相对容易,依靠他人或让人依靠都让他们感到自在,并且他们不担心被拒绝或者与他们靠太近;(2)回避型的爱人,他们与他人靠太近就会感到不安,信任他人或者依靠他人对他们来说很难。任何人与他们靠近都会使他们紧张,而且他们还觉得自己的恋人总希望两人亲密的程度超过自己认为自在的程度;(3)焦虑—矛盾型的爱人(与抗拒依恋型的婴儿相似),他们发现自己未来的或实际上的恋人勉强靠近到他们想要的那种程度。焦虑—矛盾型的爱人常常担心自己的恋人是不是真的爱他们或者愿不愿与他们共同相处。他们想完全与另一个人融合在一起,这种想法有时会把他们未来的或现实中的恋人吓走。

依恋理论中一个很有趣的暗示是,不同类型的人对焦虑或者紧张的反应也是不同的。而且辛普森(Simpson)、莱赫斯(Rholes)和内利根(Nelligan)确实发现,当妇女紧张起来时,安全型的妇女会从她的伴侣那里寻求并得到安慰与支持,而回避型的妇女寻求并得到的安慰和支持较少。

爱情的类型

另一个理论也认为爱情有多种类型。阿兰·李(John Alan Lee)(1977, 1988)提出了爱情的六种类型,每种爱情类型都冠以一个希腊或拉丁单词,这些单词的意思说明了这些类型的特征。爱情的三种基本类型有：eros，它以热情与欲望为特征；ludus，它是一种基于玩弄的爱情；storge，它是一种建立在爱慕和友谊之上的爱情。爱情的基本类型在各方面的不同组合形成了三种次要的爱情类型。它们是：agape，它是通过利他的、无私奉献而表现出来的爱情，是 eros 和 storge 的组合；pragma，它是以现实为基础的爱情，属于 ludus 和 stotge 的组合；mania，它是以疯狂和占有为特征的爱情，它是 ludus 和 eros 的组合。根据李的爱情理论，爱情就好像颜色，它们的组合构成了爱的不同色度（见图 13-4 术语的定义以及对李的爱情类型的描述）。问卷调查结果证实了这六种爱情类型的存在（Hendrick & Hendrick，1986，1992，1997）。特别值得指出的是人们似乎用这些爱情的特殊类型来描绘他们的一些关系。

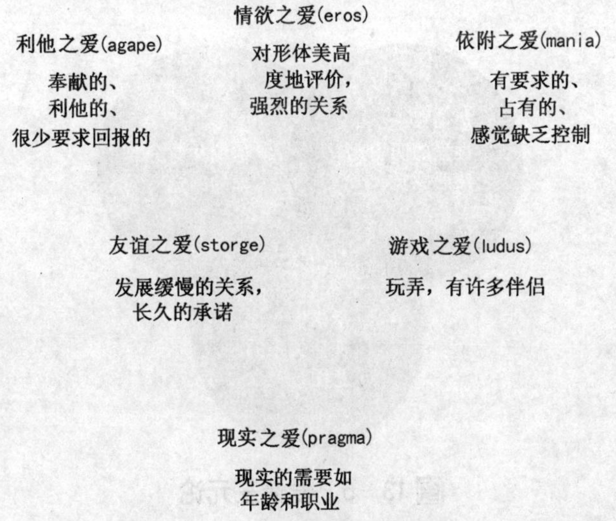

情欲之爱(eros)
利他之爱(agape)　　对形体美高　　依附之爱(mania)
　奉献的、　　　　　度地评价，　　　有要求的、
　利他的、　　　　　强烈的关系　　　占有的、
　很少要求回报的　　　　　　　　　　感觉缺乏控制

友谊之爱(storge)　　游戏之爱(ludus)
发展缓慢的关系，　　玩弄，有许多伴侣
长久的承诺

现实之爱(pragma)
现实的需要如
年龄和职业

图 13-4　李的六种爱情类型

李阐述了爱的三种基本类型，他回顾了几个世纪以来伟大的文学作品而获得了灵感（After Lee，1977，1988）。

我关于爱情的研究开始于五百年来浪漫理想主义的卓有成就的大师们——伟大的小说家，然后转向那些非文学家的爱情观察者们，从柏拉图和奥维德（Ovid）到安德斯·卡裴兰纳斯（Andreas Cappellanus）和郎世宁（Castiglione），再到最近的心理学家……没有对爱情描述的单一陈述方式，这一观点不久就变得明朗起来（John Alan Lee，"Love—Styles"）。

爱情三元论

关于爱情的另一种看法是我自己的爱情三元论（triangular theory of love），(Sternberg，1986b，1998a)。这个理论认为爱情有三个基本因素：（1）亲密

(intimacy)，紧密联系和靠近的感觉；(2) 热情(passion)，与另外一个人结合的强烈愿望；(3) 承诺(commitment)，长时间维持关系的决心。这三个因素的不同组合会产生不同类型的爱情，就如图 13-5 所示。例如，亲密和热情的组合产生浪漫式的爱情，莎士比亚的《罗米欧与朱丽叶》使这种类型的爱情流芳百世。亲密与承诺的组合产生伴侣式的爱情，它是一种长久的友谊(Berscheid & Walster,1974,作为比较)。只有热情没有承诺和亲密会产生愚蠢的爱情，这种类型在好莱坞的电影中经常出现：人们相遇，马上坠入情网，然后甚至互相不真正了解就彼此托付终身。三元论似乎比许多其他描述人们对爱情的直觉观点的理论更迈进一步(Aron & Westbay,1996；Barnes & Sternberg,1997)。这个理论在对亲密成分的论述中也强调交流对获得亲密关系的重要意义。

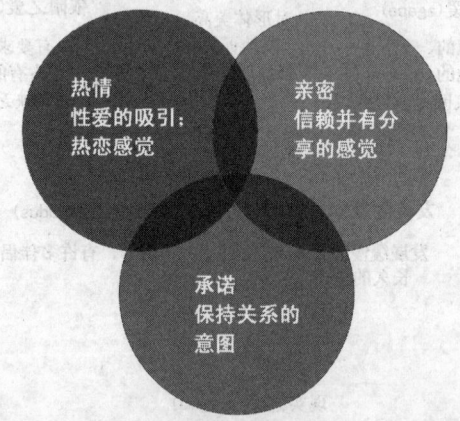

图 13-5 爱情三元论

罗伯特·斯滕伯格的爱情三元论提出了爱情的三种组成成分：热情、亲密和承诺。这三种成分以不同的方式组合起来产生了不同类型的爱情(R. J. Sternberg, 1986b)。

热 情	亲 密	决定和承诺		爱情的类型
−	−	−	=	无爱
+	−	−	=	疯狂的爱
−	+	−	=	友谊
−	−	+	=	空洞的爱
+	+	−	=	浪漫的爱
−	+	+	=	伴侣式的爱
+	−	+	=	愚蠢的爱
+	+	+	=	完美的爱

注：这里所呈现的是爱情的典型类型。大多数关系并非完全精确地与一种关系相对应（"+"指含有这种成分；"−"指缺少这种成分）。

有意义的交流对爱情获得成功是绝对必要的。例如，婚姻幸福的夫妇会忠实地聆听彼此的观点并采纳彼此的观点，而婚姻不幸福的夫妇很少互相聆听和采纳彼此的意见(Gottman,1979,1994;Gottman & Levenson,1992)。相反，他们经常互相埋怨，没听清对方说什么就互相哀叹抱怨。你抱怨我从不在家，我埋怨你花钱太多。他们自顾自说而不互相倾述。夫妇交流不成功当然还有其他的原因(Gottman,1994;Gottman,Notarius,Gonso, & Markman,1976)。如果夫妇中至少有一个出现下列情况，那么交流困难的可能性就会增加：(a)感到受到了伤害或被忽视,(b)感到伴侣并不理解他或她的观点,(c)长期被一个问题困扰却忽视了去解决问题,(d)经常打断对方,(e)总把不相关的问题带到讨论中来。

总而言之，人们向他人寻求各种关系：工作关系、友谊、亲密的关系还有其他类型的关系。有时候这些关系超过两人之间的范围而发生在团体中。我们将在下一章继续讨论团体关系。

相关研究

观众对运动员表现的重要性 本德·斯特劳斯，门斯特大学(Bernd Strauss, University of Muenster)

运动员、教练、观众还有新闻记者都普遍认为观众能对运动员的表现产生很大影响。当篮球运动员被要求报告他们是怎样在观众面前表演时,89%的运动员说在重要的赛事中观众的支持会大大激励他们(Jurkovac,1985)。然而如果我们想科学地调查观众对运动成绩的影响，仅仅问运动员的想法是不够的。我们不得不调查成绩本身，基于对成绩而不是自我报告的调查往往与人们普遍的看法不同(Moore & Brylinsky,1993)。

很显然，这种不同的结果表明，观众的影响和观众影响的程度并不像运动员和其他人认为的那么简单和直接。我们研究组的研究是对该现象进行更加详细研究迈进的第一步。首先我们分析一下已有的研究成果，看一看其他研究者如何来研究这种复杂的效应。从这一点出发，我们扩展了自己的研究。

橄榄球赛事中喝彩的影响

我们在"纽约人飓风"橄榄球队研究运动成绩和观众喝彩,该球队是在德裔城市基尔成立的美国橄榄球联盟中的一员。我们从1997年的四次平均有4 000观众观看的主要赛事中收集了资料。在四个赛事中球队的表现和观众的行为均被拍成录像，然后把它们呈现给评估者，让评估者评价观众的行为（"欢呼"相对于"不欢呼"，当超过

50%的观众为他们的球队呐喊加油时为"欢呼")。而且球队在表现不佳期开始前15秒让评估者评价,即评价在低落期前的观众行为。在运动员表现不佳时,让评估者评价15秒,即评价在低落前的观众行为。每次低落的结果被主教练或其他的人(在低落期的表现)赋予积极的或是消极的评估(这种评估使用标准化的项目,包括攻入禁区触地得分)。这些评估在裁判员作出判罚之前完成。

所有的四次赛事产生了631个低落期。一种被称为等级对数线性分析的统计方法很适用于对这些有关低落期的资料进行分析。分析说明了观众和运动员认为在重要赛事中喝彩的积极影响这一猜测没有被证实。尽管运动员早先的表现与观众后来的行为有关,但观众的行为却与后来的比赛表现无关。换句话说,这个研究没有说明观众的行为在低落前的欢呼会影响运动员的表现。在另一方面,运动员的表现却一定会影响观众的行为,正如剧院的观众对表演作出反应一样。

这怎样来解释呢?研究表明,如果任务简单,其他人的存在会增强表现数量,但如果我们把任务的重心转移到表现的质量方面,如那些要求精力、速度和互相协作的任务方面时,观众的行为似乎妨碍了比赛的表现,比赛总是会失败。具有这种性质或任务的运动很典型的有英式足球、手球或美式足球。

这样我们就能解释我们早期的研究发现。运动表现是否会提高、降低(例如,在压力下的窒息感觉),或者根本没有改变,它似乎取决于个人内在的因素。例如,观众对提高运动成绩的数量方面有作用,这似乎很合理(比如,运动员跑得更远更快,等等)。然而与此同时,观众又会对运动的质量方面产生消极的影响(例如,这个同样的运动员会犯更多的错误)。

小结

因此,我们发现,在运用评估运动表现的方法而不是运动员的自我报告的方法进行的实证研究中,没有哪一项研究能证实喝彩能提高团队运动中整体表现的水平。现在我们对有关观众的一般影响的研究(不止喝彩一项)加以总结,我们可以得出这样的结论,这种影响要比运动员和其他人认为的小得多。

日常生活中的心理学

荣誉文化

如果某人侮辱了你家庭中的一员,你觉得有必要维护你的家庭荣誉吗?你是否这样做取决于你是否生长在被称为"荣誉文化"的氛围中。在这种文化中,人们强调荣誉、社会地位以及为维护荣誉和社会地位而采取必要的侵犯行为的重要性。在该文化中,甚至一点对个人或家族的不敬都会导致严重的敌对和流血事件。理查德·尼斯比特(Richard Nisbett)和达夫·科恩(Dov Cohen)(1996)研究了美国南部的一种荣誉文化。他们收集的证据表明，在美国南部，暴力行为的比率通常要比其他地区高得多。自从有记录以来，南部谋杀案的比率一直在所有地区名列前茅。这是为什么呢？尼斯比特和科恩提出部分原因在于南部居民自我感觉到的维护荣誉文化的需要。

为什么这类文化出现在美国南部而不是其他地区？尼斯比特和科恩推测，南部早期居民的需要与其他地区居民的需要有所不同。南部居民更可能来自以不充分的法律强制为特征的放牧文化。为了保护他们的牧群，放牧者觉得有必要用自己的手来执行法律。相反，北方居民更可能是农民，他们习惯于法律条款和强制。

尼斯比特和科恩提出的证据证明，南方人比北方人更能同意人们有权为保护家人和家园处死他人。只要事情与荣誉有关，他们更可能同意采取暴力。在一组实验中（Cohen, Nisbett, Bowdle & Schwarz, 1996），白人男学生在一条狭窄的长廊里邂逅了，实验助手经过一个特定的实验被试时，不给他让路。助手撞了被试并且污辱了他。资料显示南方人比北方人更可能觉得他们男性的尊严受到了威胁。被试更多地表现出沮丧的生理迹象（比如，睾丸激素水平的升高）。结果，他们表现出更具攻击性的行为，比方说，在狭窄的长廊里，被试不愿意给他所碰到的另一个实验助手让路。

这些行为不仅限于南方人，美国所有地区内帮派的成员对这种对他们表示的"尊重"都会暴跳如雷。一些人被杀就因为他们没有表示适当的"尊重"。很显然，人们成长环境的类别已经将他们对荣誉感和威胁的应对方式社会化了。

思考题

1. 很多广告商花大钱请名人为他们的产品做广告。你认为他们的钱花得是否值得？为什么？
2. 一些研究者，像迪勃朗·坦纳（Deborah Tanner），认为男人比女人更看中社会等级制度？你同意吗？为什么？
3. 描述一种你观察到的典型冲突，先从被试，然后从局外者的角度来说明那些直观推断和偏差怎样影响每一个被试的观点？
4. 你怎样用本章讨论的原则为一种产品作宣传？
5. 你怎样用本章所述的一个或更多的说服原则去帮助选举出学生组织中某个席位的候选人？
6. 给出一个自我设限行为的例子（如吸毒），并解释这个例子为什么能说明自我设限，是怎样说明自我设限的？

本章摘要

社会心理学的本质

1. 社会心理学家寻求理解和说明，他人的存在（实际的、想像的或者暗含的）是怎样影响个人的思想、感受和行为的。
2. 社会认知指我们理解和解释来自他人和自己的信息的方式。

态度的本质和功能

3. 态度是对人们思想和事物的评价，它是习得的（并非与生俱来）、稳定的和相对持久的；态度影响行为。
4. 态度有四种功能：得到我们想要的和避免我们不想要的，避免内心的矛盾与焦虑，理解和整合信息，表明我们固有的价值观。
5. 关于态度形成的学习理论有：经典条件学习、操作条件学习和观察学习。
6. 下列特征对试图改变他人的态度来说很重要：信息接受者的特征（例如动机和专业知识），信息自身的特征（由于重复而导致平衡和熟悉）和信息来源的特征（来源的可信性和趣味性）。
7. 态度和行为之间存在一定的联系。这种联系要受到态度、态度持有者、情境和行为的特征影响。
8. 社会心理学的一项著名研究建立了认知失调理论。它阐述了当人们的行为和认知不一致会引起人们的不安，为了解除这种不安，人们必须调整自己的行为。研究认识失调的理论的实验结果也可以用其他的方法加以解释，比方说自我知觉理论。
9. 归因理论阐述了我们解释行为的原因，即我们为什么做自己所做的事情？为什么他人是那样做的？在归因时，我们寻求行为的根源，这种根源可能是个人的或情境的。
10. 直观推断和偏差有时帮助我们归因，有时又会曲解它们。比起社会赞许的行为我们更看中社会不赞许的行为。由于基本的归因误差，我们产生偏见，这种偏见使得我们在看待他人行为时，过于看重内部因素而忽略外部因素。我们由于行为者—旁观者效应也会产生偏见，这种偏见使得我们在解释自己的行为时着重于情境因素。我们还运用（或被驱使）自利归因偏差和自我设限理论来进行归因。

印象的形成

11. 直观推断和偏差在印象形成中产生的作用也很大。由于首因效应我们看重我们早先了解的东西。由于肯定性偏见我们诠释新信息让它来证实我们已有的观点。由于自证预言效应我们可以使我们的期望成真。由于个人正向偏见我们评价个人比评价团体更肯定。
12. 我们通过与他人进行社会比较来评判自己。

吸引力、好感和爱情

13. 研究表明,生理吸引力大体上能增强吸引和喜欢的程度。引起吸引力还有其他的重要因素,它包括唤醒度、熟悉度、接近性和相似性。
14. 社会心理学的研究提出我们为什么喜欢一些人而不是其他的人。根据公平理论,吸引力是给予和接受的平衡作用,认知平衡理论着重于平衡。
15. 进化理论阐述了寻找配偶的行为产生的基础,当然也说明了产生爱情的现实原因和种族生存的原因。
16. 依恋理论描绘了三种爱人:安全型、回避型和焦虑—矛盾型。
17. 根据李的理论,生活中存在着六种类型的爱情:情欲之爱、游戏之爱、友谊之爱、依附之爱、利他之爱和现实之爱。
18. 爱情三元论认为爱情由三种因素构成,它们是亲密、热情和承诺。

思考题参考答案

1. 很多广告商花大钱请名人为他们的产品做广告。你认为他们的钱花得是否值得?为什么?

    从销售产品的立场看,名人做广告总会很成功。人们把产品与名人联系在一起,使用这种产品是为了更像这个名人。尽管名人可能缺乏他们所做广告的产品领域里的专业知识,而且他们做的是有偿广告,但比起其他人,人们对名人更信任。与此同时,不幸的是,广告商往往通过用名人做广告来欺骗大众。

2. 一些研究者,像迪勃朗·坦纳(Deborah Tanner),认为男人比女人更看中社会等级制度?你同意吗?为什么?

    坦纳的观点可能是正确的,尽管她提供的例证缺乏对外来变量控制的类型或者甚至缺乏大多数社会心理学家希望的科学证据,但此时坦纳的想法留下的与其说是一个被证实了的现象还不如说是一个猜测。

3. 描述一种你观察到的典型冲突,先从被试,然后从局外者的角度来说明那些直观推断和偏差怎样影响每一个被试的观点?

    小布什(Geoge W. Bush)和麦克莱恩(John McClain)在 2000 年共和党

第十三章　社会心理学：个体的视角

主席的选举中决一雌雄。小布什和他的阵营似乎把自己看做是共和党主流和共和党传统价值观的代表。因此他们认为小布什应该被提名。麦克莱恩和他的阵营则似乎把自己看做是改革运动的代表。这场改革就是要像往常一样摒弃资助政策。他们认为他们的改革对于使政府形势好转是必要的。每一方都认为他们提供的正是国家所需要的。结果，共和党人选择了小布什。

4. 你怎样用本章讨论的原则为一种产品作宣传？

你可以运用许多原则来做广告。其中之一就是门槛技术。你可以为一个开始订阅量很少的杂志做广告。通常这些开始的订阅量要比续订的量少。原因之一就是让人们开始感兴趣是件很难的事。如果人们已经订阅了，他们可能继续订阅因为他们喜欢这种杂志或者仅仅是因为惯性。

5. 你怎样用本章所述的一个或更多的说服原则去帮助选举出学生组织中某个席位的候选人？

在这类选举中，由于认为选举对学生很重要，并且他们或多或少知道他们有选择的自由，你可以决定用说服的中心途径。如果是这样的话，你要给出支持你的候选人的强有力和坚固的理由，你也要对不利于你候选人的反对论调作出反应并进行辩驳。

6. 给出一个自我设限行为的例子（如吸毒），并解释这个例子为什么能说明自我设限，是怎样说明自我设限的？

有时学生确信不管他们多么努力，他们也不能把功课学好。他们因此不努力，然后他们总结说他们功课不好的原因是自己没努力学习。但是他们的自我设限可能是他们失败的最主要原因。如果他们更加努力，他们可能获得成功。

詹　颖◎译
李　锐◎校

　　一旦屈服，一旦为了迎合他人去做同样的事，那么毫无生机将取代所有敏锐的感觉和精神上的才华，她将变得金玉其外，败絮其中；乏味、冷淡和平庸。

——Virginia Woolf, noveliest
弗吉尼亚·伍尔芙，小说家(1882—1941)

第十四章
社会心理学：人际和群体的视角

我们与其他人的相互作用不但揭示了我们如何对他人作出反应，而且揭示了其他人如何对我们作出反应。有时其他人的影响是明显的，例如，表演者在观众面前会变得更有活力。而在其他时候，这种影响则是隐性的。在前一章中，对这一话题的全面理解要求了解本章的话题，也就是与人际关系和群体视角相关的话题。原因很简单：我们大部分的社会认知是在人际与群体的情境中产生的。

为什么精明的人组成一个群体时，有时会做出愚蠢的事情？一群人对于即将做的事情怎样才能达成一致？是什么因素影响达成一致的方法及性质？是什么使得一个群体内的个体遵从群体决策，即使他们并不信任该决策？这些都是社会心理学家所关注的问题。

当然，正如我们在前面章节中所看到的，在不同的文化给定的情境中我们会作出不同的反应。当你阅读本章时，要注意大多数的研究是在美国进行的，包括美国心理学家和研究被试（Moghaddam, Taylor, & Wright, 1993; Öngel & Smith, 1994; Triandis, 1994）。许多社会心理学家对仅仅基于美国研究所得结果的普适性提出质疑（M. H. Bond, 1988）。然而，虽然我们必须谨慎对待研究结果从一种文化到另一种文化的泛化问题，但大多数问题的实质仍然是相同的。

群体

问题： 别人在场时，我们的行为和观念将受到怎样的影响？

什么是群体？社会心理学家定义和研究的群体（group），是指人们为了完成工作，或者改善人际关系，彼此之间存在相互作用的人群。群体与参加一些日常活动但彼此之间却无直接的相互作用的人群是有区别的。例如，当你去观看篮球比赛时，你坐在观众席上，你就是人群中的一员，然而篮球队的队员却是群体的一部分。

群体内不同成员扮演不同角色，承担不同责任。信息结构涉及谁和谁进行交流；权力结构则决定在一个群体中谁服从,谁缺乏影响力(Forsyth,1990)。群体同样有着规范,或者预期的行为标准。当群体中的成员违背这些规范时,就会受到该群体或者其他个体的惩罚。

一些群体,比如在商业或生意上解决问题的群体,往往强调任务的完成。其他群体,例如寻求感情支持的单亲父母组成的群体,就可能强调群体成员之间关系的处理。当然还有些群体,更多地强调二者的平衡。如预想的一样,群体的领导者也有着两个关键作用:指导群体完成任务定向的目标;促进群体内部相互支持,增强群体凝聚力(Bales,1958)。

因为社会心理学家把相互作用看做是群体的鲜明特征,所以他们很有兴趣去了解当群体成员相互作用时会有什么事情发生。以下部分的内容将包括心理学家特别提到的群体中的几种效应。要注意群体的效应是复杂的,因为这些效应与个体对不同群体过程的反应方式互相影响。不同的个体对同一群体过程可能有不同的反应方式,这取决于他们的社会认知及个性。

社会助长与社会抑制

有别人在场会影响你工作的质量。早在1898年,诺曼·特里普利特(Norman Triplett)就注意到这一事实。他观察到自行车选手与别人比赛时要比单独计时速度快。研究者同样发现,同样是按照指示尽可能快地旋转钓竿的线圈,儿童与别人比赛时要比单独旋转时快得多。社会助长(social facilitation)是指他人在场对个体的行为表现产生积极的影响这样一种现象。如果你参加过比赛,你或许体会过社会助长的作用。

然而,有别人在场不一定总能提高行为效率。一个人做演讲,表演独唱,或者扮演一定角色,在观众面前可能就会感到紧张。我们把这种现象称之为社会抑制(social inhibition),即他人在场造成了个体行为效率的下降。由此引发了一个问题:何时他人在场(或感觉到别人在场)有助于个体行为效率的提高,何时会对个体行为产生干扰?

对于这种现象,罗伯特·扎琼克(Robert Zajonc)提出了一个被普遍接受的观点。在罗伯特·扎琼克看来(1965,1980),别人在场具有唤醒作用。这种唤醒作用促进了熟练行为,但对不熟练或

别人在场对一个人的行为表现可能具有唤醒作用,但是也并非所有情形都是如此。舞台怯场是大家所熟知的社会抑制的例子。

新习得的行为有干扰作用(见图14-1)。因而,预测助长和干扰哪种作用会产生,需要看个体行为的经验水平。例如,卢宾打算参加管弦乐队的试听,为此他准备了一首有一定难度的新曲。在这种情况下,指挥在场很可能对卢宾的表演产生干扰。而如果他挑选了很熟悉的曲子,那么指挥的存在很可能表现为助长作用。让人更为惊奇的是,这种社会助长和社会抑制作用不仅适用于人,在动物中也存在这种现象。甚至蟑螂在完成简单机械的任务时也表现出助长作用,而在完成复杂的任务时则表现出干扰作用(Zajonc, Heingartner, & Herman, 1969):蟑螂成队跑向目标时要比单独跑时快得多。

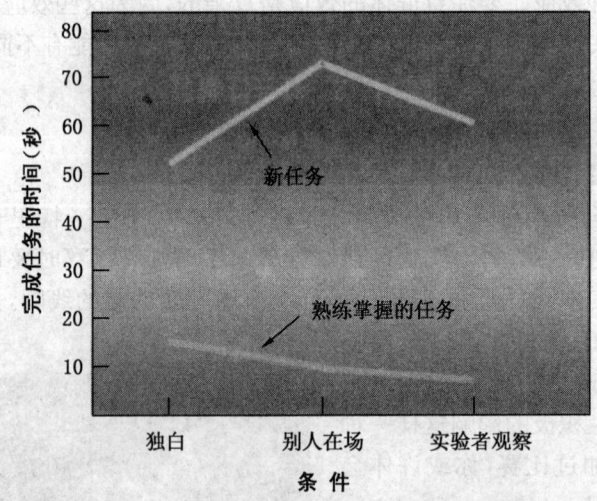

图 14-1 社会助长

根据罗伯特·扎琼克的社会助长理论,别人在场具有唤醒作用。这种激励作用促进了熟练行为,但对不熟练或新习得的行为有干扰作用(Schmitt, Gilovich, Goore, & Joseph, 1986)。

这些现象背后的原因是什么?干扰性冲突理论(distraction-conflict theory)认为,别人在场所产生的作用并不是仅仅因为别人的存在,或者是因为被评价,而是由于别人在场引起的分散效应(R. S. Baron, 1986; R. S. Baron, Moore, & Sanders, 1978)。总之,社会心理学家一般都认为,有别人在场时,人们或表现出助长作用(在进行熟悉的、掌握较好的活动时),或表现出干扰作用(在进行不熟悉、掌握较差的活动时)。然而,何时和为什么会产生社会助长和社会抑制现象,尚待准确的解释。

社会性懈怠

当我们与别人合作时,我们的行为表现会有什么变化?你是否与别人合作过?与别人合作时你是否发现你(或者你的合作者)工作得不如你(或他们)单独行动时卖力?

例如,如果你是合唱队或乐队的一员,你是否会像独唱或独奏时那样卖力?随着人数的增加,每个人所付出的个人平均努力程度也会逐步下降(Ringelmann,1913)。群体一起完成一件事情时,个体所付出的努力随群体人数增加而减少的现象,被称为社会性懈怠(social loafing)(Latané, Williams, & Harkins, 1979)。

是别人的实际在场还是仅仅因为个体察觉到别人在场导致了社会性懈怠?社会性懈怠也可能部分地是由其他因素引起的,例如各自的努力缺乏协调性。为了排除这种可能性,研究者创建了实组(由2~6人组成)和虚组(Latané, Williams, & Harkins 1979)。虚组被试独自参与实验,但设法使他们认为自己与其他人在一起参与实验。实验要求被试尽可能用力拍掌或者用最高音量欢呼。

研究者发现,个体在单独的实验条件下努力程度比在群体中或虚群体中要大得多。此外,研究者还发现,与虚群体不同的是,缺乏个体努力协调性会导致实群体产出量的下降。随着群体(包括虚群体)规模的增大,个人努力水平会逐步下降,如图14-2所示。

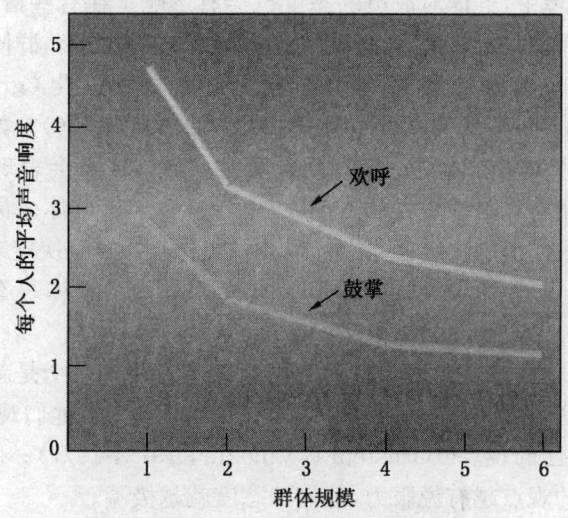

图14-2 社会性懈怠

即使在其他的影响因素被排除时,社会性懈怠也可能会发生(Latané et al., 1979)。当人们相信参与工作的其他人的数目在增加时,他们付出的努力水平会减少——甚至当其他人实际上并不存在时也是如此。(Latané et al., 1979)

能否阻止或者完全消除社会性懈怠作用的产生呢?或许最有效的方法是引入评价焦虑(evaluation apprehension)。如果一个工作群体的成员相信个人的行为效率在被测评时,社会性懈怠作用就可能降低,而社会助长作用则提高(Harkins, 1987; Harkins & Szymanski, 1987)。例如,如果管弦乐队的指挥能够分辨出每一个队员的演奏,并使他们意识到这一事实,社会性懈怠作用就不太可能会产生。又如,学生在努力完成一项任务时,被告知老师在观察他们的行为效率,而且将根据每位同学对群体的贡献对他们进行评估，这种情况下也不可能产生社会性懈怠作用。当群体需要完成一项重要的任务，如果成绩不佳，整个群体会因之受到惩罚，或者，当群体具有高度的和谐性，每个人都很重视成员资格时，在这两种情况下，社会性懈怠作用都会降低(Karau & Williams, 1993, 1997; Sheppard, 1993)。

社会性懈怠受到个人主义或者集体主义文化定位的影响。虽然在高度自由主义的社会里，例如美国，会普遍存在社会性懈怠现象，但在集体主义倾向的社会，如中国，社会性懈怠现象就较少发生。用中国人做被试的实验研究表明，个人在群体中工作比单独工作更卖力(Early, 1989; Gabrenya, Latané & Wang, 1983; Gabrenya, Wang, & Latané, 1985)。

群体极化

很明显，群体对个体行为会有一定的影响，使得群体成员或多或少地以不同方式行动。在一定的环境中，群体对成员的态度也会有影响。在有些情况下，群体会选择比较冒险的决定，而在其他情况下，群体则选择更保守的决定。群体成员的最初观点在群体相互作用的动态过程中得到加强，称为群体极化（group polarization）(Moscovici & Zavalloni, 1969; D. G. Myers & Lamm, 1976)。如果群体成员起初倾向于作出冒险决定，则群体讨论会加强冒险性。群体成员会表现出所谓的冒险转移，即群体的态度朝着风险性更大的方向发展。然而，如果群体成员的态度最初倾向于保守，则群体最后作出的决定会比个体成员的更保守。这些决定未必是重大的。即便是在仅仅决定下次活动的主题这样的小问题上，群体极化也会表现出来(Chandrashekaran, Walker, Ward, & Reingen, 1996)。

为什么群体极化会发生？似乎有两个因素在起作用。一个是新信息的影响。人们最初持有一个他们相信的观点，在群体讨论中，当听到支持他们观点的论据时，他们会变得更加信服自己的观点(Burnstein & Vinokur, 1973, 1977)。他们听到的新论据越多，就认为自己的观点越有说服力，他们的态度就越极端。

第二个影响是向群体规范偏移。当人们遇到支持他们观点的人，并得到社会支持时，他们的态度就会朝着群体规范的方向运动。群体态度越极端，他们也就越团结，但这是以牺牲理智决策为代价的。在群体极化的过程中，并不是所有提供信息并且作出反应的人都起相同的作用。人们往往受到群体中他们所尊敬的成员的观点和情感的影响(J. C. Turner, 1987)。因此，在群体决策中，共和党人更容易受到共和党人的影响，而较少受到民主党人的影响，反之亦然(信息影响与规范影响将在后面关于从众的部分继续讨论)。

群体内冲突的解决

正如群体极化现象所暗示的，群体之间经常产生冲突：冒险者对拒绝冒险者，民主党人对共和党人,等等。此外,你从经验中也会知道,群体成员之间常会产生冲突。人们该如何解决群体间和群体内部的冲突呢?

一些研究者(e.g., Kuhlman & Marshello, 1975; McClintock & Liebrand, 1988)认为,人们在解决冲突时有特定的目标。人们中可能有合作倾向的,会追求自己和他人利益的最大化;有个人主义倾向的,只追求自身利益的最大化;有竞争倾向的,则以他人利益为代价,追求自身利益的最大化;或者利他主义倾向的,只追求他人利益的最大化。这些价值观是相对稳定的,可以用来有效地预测人们在涉及决策的情境中的行为(see McClintock & Liebrand, 1988)。

群体迷思

颇有讽刺意味的是,如果群体内冲突太少,会引起更多的麻烦。贾尼斯(Irving Janis)特别关注一种特殊的群体过程——群体迷思(groupthink)。当群体成员关注意见是否统一,而远超过关注群体成就,如当前应该实现的目标时,就会出现群体迷思(Janis, 1972)。贾尼斯分析了大量的反映群体迷思的外交政策决定,包括猪湾惨败、日本偷袭珍珠港时美国军队的毫无防备、二战前英国首相张伯伦对希特勒采取的绥靖政策。

肯尼迪政府的猪湾决策被列为政府错误决策的惨败之最。它是由一群野心勃勃、态度急切并且在军事方面没有什么经验和背景的美国情报官员所计划的,试图秘密地在古巴建立一个古巴流亡者的桥头堡,旨在最终推翻卡斯特罗政府,结果被证实是一个彻头彻尾的失败。制定这个侵略计划的小组由一些政府委员会的"精英"组成。然而所有支持该计划的重要假定都完全错误,以至于计划从一开始便是盲目的冒险,并且很快失败了(I. L. Janis, Victims of Groupthink)。

什么样的条件会引起群体迷思现象?贾尼斯列举了三种类型:(1)孤立的、凝聚力强的、同质的群体(例如总统顾问委员会)被授权作出决策,(2)群体内外缺乏客观公正的领导阶层,(3)群体决策过程中思想压力太大。但并不是所有的研究者都认同这三种因素的重要性(Mohamed & Wiebe, 1996; Street, 1997; Tetlock, 1998)。例如,群体内的凝聚力,似乎并不具有一致的作用,虽然如果存在威胁,把决策的不良信息泄露给公众时,它的负面作用是尤其明显的(Turner, Pratkanis, Probasco, & Leve, 1992)。要注意,负责制定外交政策的群体一般都是群体迷思的典型。他们往往具有相同的意向,并且经常孤立自己,不了解群体之外所发生的一切。他们通常会努力地达到特定的外交目标,而往往很难做到——或者说他们认为自己很难做到公正无私。当然,他们所承受的压力也非常大,因为他们的决策可能是一个风险极大的赌注。

群体迷思的六个特征

贾尼斯进一步描述了群体迷思的六个特征：

（1）思想闭塞——群体对各种各样的观念缺乏开放的态度。

（2）合理化——群体会竭尽全力将决策过程与结果合理化，在必要时会歪曲事实以达到目的。

（3）压制反对者——对反对者的态度是忽视、批评甚至排斥。

（4）精神防卫——每个人都把自己当做群体规范的保卫者以确保统一战线的维持。

（5）无懈可击的感觉——群体相信，在群体成员智力保证和信息可用条件下，群体的决策必定是正确的。

（6）统一错觉——群体成员认为群体内所有人意见都一致。

群体迷思带来有缺陷的决策。这主要是因为对其他选择调查并不完全，不能够充分验证和预测决策所带来的风险，对其他事物的了解不全面等（见图14-3）。

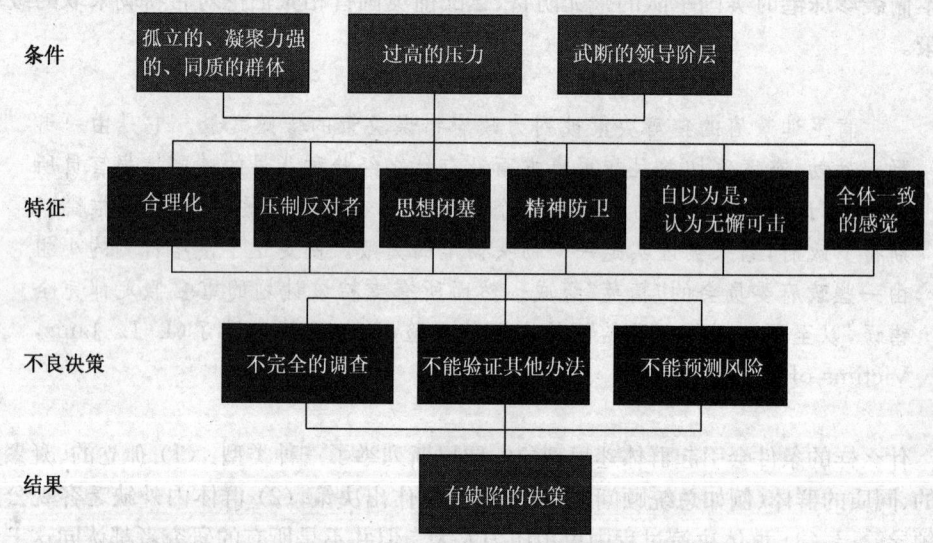

图14-3 贾尼斯的群体迷思

这个图表概括了群体迷思产生的前提条件、特征、决策的缺陷以及后果等。(Janis, 1972)

让我们看看一群大学生的群体迷思的决策过程是如何发生的。他们下决心去毁掉足球对手校园里的一尊雕像，以给对手学校的学生和教员一个教训。毁坏雕像是一桩小事，合情合理，谁会去关心一个破旧丑陋的雕像呢？因此当一个成员对这种行为提出反对意见时，其他成员便立即驳斥，使该成员感到自己对群体的不忠和自身的怯懦。他的反对意见被压制，而整个群体便觉得计划无懈可击了：在夜幕掩盖下，他们将去摧毁那座雕像，雕像是没有任何保护的。他们确信他们不会被抓住。最后，所有成员一致同意该行动。这种明显的全体一致的感觉使群体成员确信，不能脱离群体，他们在做必须要做的事情。

群体迷思的矫正方法

贾尼斯提出了几种矫正群体迷思的方法。例如，制定政策群体的领导应该鼓励批评，公正无私，而不是一开始就表明自己有所偏爱；要确信群体内成员可以从外部成员那里获得一些意见和看法。群体也应该分解成子群体，以独立考虑同一问题的不同解决方法。群体领导需要负起责任，防止导致虚假的遵从群体规范的因素发生，这一点很重要。

1997年，加利福尼亚天门宗教成员集体自杀，以求在跟随彗星的飞船中遇见外星人。虽然这次大规模自杀成为遵守群体毁灭性的规范中一个骇人听闻的例子，但人类历史上也存在着大量其他的令人吃惊的实例。例如，1978年在圭亚那的琼斯顿，900多人在宗教礼拜仪式时的自杀事件。更糟糕的是，2000年，在乌干达有成百上千的信徒被他们的头领谋杀。二战期间的纳粹士兵和20世纪90年代初期的塞尔维亚士兵也参与了大规模屠杀。这些实例中，群体规范与其说导致了自杀，不如说是充当了集体自杀的刽子手。

大多数群体过程都涉及从众压力。下面部分将详细讨论导致从众的因素。

从众，顺从，服从

问题：是什么因素导致人们顺应、顺从，或服从他人的期望、请求和要求呢？

从众、顺从、服从，都包含了个人的行为因他人或群体的影响而改变的现象。从众（conformity）是指个人塑造自身行为并使之与群体规范相一致的过程。例如，当一个人看到其他同伴都穿绿色衣服，所以打算也穿绿色衣服，那么这个人就表现出从众性。顺从（compliance）是指个人接受他人请求，并使该请求得到满足的过程。例如，如果一个学生少听了一次讲座，向你借笔记，你就把笔记借给他了，那么你就顺从了他的请求。服从（obidience）是指个人按照实际或想像的权威人物的命令去行动的过程。例如，一个士兵因为听从指示而向一群敌兵开火，他就是在服从。我们按顺序考虑这三种社会影响。对于每一种形式的社会影响，都会使个人的行为、知觉、信念和态度发生变化。

从众

社会心理学家阿施（Solomon Asch）（1951，1956）进行了一些关于从众的经典研究。在第十三章中我们讨论过他所进行的研究。在阿施的研究中,被试认为他们在参加一项关于知觉判断的实验。想像一下你参加这样一项实验的情形:你和其他六人坐在一起,实验者向你们呈现两张白色卡片,其中一张画有一条柱型线,另一张画有三条长度不等的柱型线。被试的任务是简单地说出第二张卡片上的哪一条柱型线与第一张卡片的柱型线一样长。第二张卡片上只有一条柱型线与第一张上的柱型线接近相等。(见图 14-4)

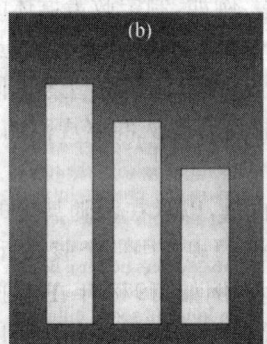

图 14-4　直线长度与群体标准的影响

在阿施的研究中,向被试呈现一条标准线,然后要求被试指出哪一条比较线与标准线相符。如果你的同伴一致选择第一条(或第三条),你会同意他们吗?在阿施的实验中,大约有四分之三的被试,在超过三分之一的回答次数中,同意了多数人的一致选择,甚至当多数人明显作出了错误的判断时也是如此(例如选择第一条或者第三条)。仔细观察 6 号被试的面部表情。虽然他可能决定在行为上与群体的标准保持一致——公开同意一个不正确的答案,但他私下的想法明显与群体标准不同。(Asch, 1956)

群体成员依次报出他们的判断,从 1 号被试开始。作为被试,你也觉得这是轻而易举的事情。还有什么比这更容易呢?然而,不幸的是,1 号被试给出了看起来错误的答案,这使你感到很奇怪。让你更为惊奇的是,2 号被试给出了与 1 号相同的答案。所以,当轮到你 6 号被试时,你会说出哪个答案?图 14-4 是在阿施的实际研究中拍下的一组照片。从 6 号被试困惑迷茫的表情来看,知道该说什么并不容易。当然,你并不知道所有其他的被试都是实验助手,他们按照实验的安排说谎,故意作出错误的判断。

阿施发现,大多数人会跟随大家,平均来说,大约有三分之一的被试作出错误判断。当然不是每个人都会从众。大约有四分之一的被试保持自己正确的判断,而不跟从任何不正确的判断。

虽然阿施实验中的被试往往会采取从众行为,但总体说来他们并不真的相信自己报出的答案。如果把被试与群体分开,要求写下答案而非口头作答,对群体规范的从众就会降低三分之二。当阿施与被试会面时,他们的回答表明,其实他们并不相信自己所给出的不正确的答案,只是屈从于群体的压力。

与群体规范不保持一致的偏离者是否会受到群体的嘲笑奚落呢？1952年,阿施颠倒了他最初的实验步骤,在一群真被试中安排了一名实验助手。在实验中助手按照指示给出了明显不正确的答案。助手确实受到了其他被试的嘲笑和奚落。群体规范的偏离者不但会受到其他成员的嘲笑,还经常遭到厌恶或拒绝(Schachter, 1951)。

群体影响能够推广到更有意义的情形中。研究者让一群大学生观看1992年美国三位总统候选人的辩论：乔治·布什、比尔·克林顿和罗斯·佩罗特(Fein, Goethals, & Kassion, 1998)。大学生的任务是评价每一位候选人的表现。他们被分到三种不同的环境中。第一个房间里,实验助手们为布什欢呼。第二个房间里,实验助手们为克林顿喝彩。第三个房间里没有实验助手,也无人欢呼。研究者发现,实验助手的欢呼喝彩对被试评价候选人的辩论表现产生了一定影响,若用百分数来衡量,约占45%。换句话说,在学生被试没有意识到有实验助手参与的情况下,他们面对实验助手的评价采取了从众行为。

什么因素致使人们决定从众而置真相于不顾？

群体规模和群体凝聚力的影响

似乎有几个因素影响从众的可能性。第一个是群体规模。阿施(1955)在关于直线长度的研究中,变化实验助手的人数,少则1人,多至15人。他的研究发现,3人或4人群体从众率最高。其他研究者也证实,在大多数情况下,超过3人或4人的群体,从众行为趋于稳定(e. g., Latané, 1981; Tanford & Penrod, 1984)。然而在有些情况下,规模较大的群体,人们的从众性仍随人数的不断增加而上升。想一想一些群体的行为,例如,电梯里的乘客,聚在人行道上一起抬头向上看的人群,或者发生骚乱的人群的行为。

第二个影响从众的因素是群体的凝聚力。一个有凝聚力的群体,是一个成员有高度归属感和认同感的群体。关于群体凝聚力的一个最著名的研究是西奥多·纽科姆(Theodore Newcomb)于1943年进行的,他研究了本宁顿大学的女生。本宁顿大学,位于佛蒙特州的一所规模较小的大学,素以自由主义哲学和社会风俗而闻名于世。虽然进入该校的女生一般都来自于经济上富裕、政治上保守的家庭,但随着这些女生越来越依恋于同学和朋友所组成的群体,她们的态度也随着年级的增高越来越趋向自由主义。而且，她们甚至在毕业20年后还保持这种风格。

还有一个影响从众的因素是对别人所做事情的知觉。研究者发现，大多数在大学校园里的学生趋向于过高估计他们的伙伴的酗酒能力（Prentice & Miller，1996）。那些对别人作出过高估计的学生，态度往往从众于对别人的知觉想像，而非对别人的实际了解。

性别与从众

对从众有影响的第三个因素是性别。然而，与性别有关的从众部分地取决于所讨论话题的类型，或许也说明了其他因素产生的影响。例如，在一项研究中（Sistrunk & McDavid，1971），女性在战争等典型的男性话题上，有明显的从众倾向；而男性在传统的女性话题（例如计划生育问题）上，有从众的倾向。在性别中立的话题上，没有发现性别差异。研究者于1971年作出结论：性别与话题相互影响。研究表明，当男性和女性遇到不熟悉的话题时倾向于认为群体懂的更多，因而这种情况下从众的可能性较大。现在，我们或许注意到，知识而非性别是更关键的影响因素。

虽然许多研究表明女性和男性对不同的环境、不同的话题均表现出从众性，但是，爱丽斯·伊格利（Alice Eagly）的性别的社会角色理论（Eagly，1987）认为，在大多数情况下，女性比男性更容易从众。根据伊格利的观点，女性较易从众是因为她们认为自己的性别地位比男性低，这种意识转而又导致自我价值感的降低。其他研究也表明，不管哪种性别，如果对自己缺少把握或者自尊心较差，都容易从众（Asch，1956）。例如，比伦鲍姆（Birenbaum）和克雷默（Kraemer）于1995年进行的一项实验发现，在数学和语言测验中，伦理道德比性别对竞争意识的影响更大。史密斯（D. E. Smith）和慕尼黑（R. A. Muenchen）于1995年进行的一项研究发现，牙买加的青少年群体中，对自我形象而言，年龄是比性别更强有力的决定性因素。

社会地位与从众

伊格利的研究认为，影响从众的第四个因素是社会地位。研究者（Dittes & Kelley，1956）让被试参加集体讨论，然后根据"优点"给每个人定等级。研究者接着告诉每个被试其他人对他的评价，虚假的反馈除外。然后被试参与了一个阿施式的实验，实验群体中的其他成员也是被试。那些被给予一般评价的人比得到较高、较低或者非常低评价的人更易于从众。而那些得到较高、较低或者非常低评价的人在从众性上没有明显区别。这个结果是有道理的：如果你的社会地位已经很高，你的显赫地位使你不需要去从众。另一方面，如果你地位卑微，你也许想到反正提升的希望渺茫，还有顺从他人的必要吗？

文化影响

第五个需考虑的因素是文化。许多研究者试图在不同的文化背景中重复在美国得到充分验证的关于从众和其他社会心理现象的研究。例如,阿施的实验程序在 40 多年中,被众多跨文化研究所引用。虽然在这些研究中存在着大量的差异,但脉络已清晰可见:个人主义社会中人们的从众性低于集体主义社会中人们的从众性(P. B. Smith & Bond, 1994)。实际上,不同的社会中,人们的社会心理变量变化的程度可以用前面所描述的自由主义和集体主义概念,以及它们影响社会行为的方式来解释(Han & Shavitt, 1994; Kim, Triandis, & Kagitcibasi, 1994)。

全体一致性与个性特征的影响

第六个影响从众的因素是全体一致性。人们在群体规范上表现一致时,从众比较容易发生;即使只有一人反对,也会严重地导致从众率的下降。1951 年阿施在直线长度的实验中发现,6 个实验助手中即使只有一个不同意群体的答案,从众率也会大大降低。令人惊讶的是,即使持不同意见者给出的答案仅仅是超过了群体反应的平均水平,这种结果依然会发生。显然,如果你有了一个反对者做榜样,即使他并不同意你的观点,他也能够帮助你避免遵从群体其他成员所制定的规范。因此,决定你从众程度的另一个要考虑的因素,是你认为持有与你相同观点的人是占大多数,还是少数,或者只有你一个人。

群体中的多数派纯粹是通过持有特定观点的人数来施加影响的。虽然与少数派相比,多数派人数相对强大,但少数派也可能会因为行为方式而具有强大的影响力(Moscovici, 1976, 1980)。换言之,不仅他们所说的话,而且他们说话的方式都决定了他们产生的影响。如果少数派的观点具有很强的说服力,并且持之以恒、毫不动摇地维护自己的观点时,他们就能形成权威。同样,他们需要树立一个灵活变通、思想开明的形象,也就是说,他们需要表现出乐于听取多数人意见的样子。

那些在少数派中,希望去领导并改变群体活动方式的人,首先需要去积累个性威望(Hollander, 1958, 1985)。也就是说,他们必须愿意最大限度地遵守群体规范,以便其他成员能够接受他们,并在他们提倡变革群体规范时听从他们。这样,一个强有力的少数派仍然能够对多数人的行为,或者观点产生影响。作用于群体环境之外的个体也可能非常有说服力,使得他人按照自己意愿去行动。对他人请求的顺从是下面一部分的主题。

顺从

你是否认识这样一些人,他们看起来总是能够称心如意?你是否也曾经感到疑惑,骗子们是怎样设法去欺骗他们的"靶子"——那些成为他们实施诱导顺从技巧的人?你是否曾买过一些东西,仅仅因为销售员甜言蜜语的引诱?所有这些问题都涉及顺从问题——顺应他人的请求。表 14-1 给出了一些诱导人们顺从的最普通的技巧。有时候,试图诱导别人依从会引起对方的抵触情绪,即当我们认为自己的选择自由受到威胁或限制时所产生的一种不愉快的情感体验。

表 14-1 诱导顺从技巧 你怎样运用这些技巧去诱导别人顺从？这些知识怎样帮助你抵抗不必要或不合理的请求？

技巧	如果你……，你将更可能得到别人的顺从
正当化 Justification	证明你的请求是正当的。即使你的理由微不足道，但比起你只作出请求而不给出任何理由来说，你也会比较容易得到别人的顺从。
互惠 Reciprocity	先送给你所请求的对象一些东西，这会使他也不得不给你回报。
低价法 Low-ball	让你的目标在看上去有利的环境中答应一笔交易。得到对方的同意之后，再提出加价或者暴露隐藏的缺点。
登门槛 Foot-in-the-door	先提出一个较小的要求以削弱你的目标的抵触情绪，使他有可能再接受更大的要求。
以退为进 Door-in-the-face	先提出一个明显很大、几乎一定会被拒绝的要求，以求你的目标能够接受一个比较合理但仍然很高的要求。
留一手 That's-not-all	推销时先出高价，然后，在你的目标有机会作出反应之前，你再施以其他小恩惠，使交易易于被接受。
得之不易 Hard-to-get	使你的目标确信你所提供的（或不想要的）东西是很难得到的。

表 14-1 中的每一种技巧都包括了你视为同等的人或多或少地让你答应的某个请求。然而，并不是所有的请求都来自与你同等的人，有时，向我们作出请求的是一些权威人士。他们的权威可能来自实际的或感觉到的权力、专门技术或者值得期望的某些特征，例如社会竞争或生理吸引。当我们答应权威人士的请求时，我们就是在服从。

服从

如果你是下面实验的被试，想一想你会做什么。在实验室里，一个实验者穿着工作服，拿着写字板与你见面，并告之你将参加一个有关惩罚对学习的影响的实验（见第六章）。你和另一位被试，华莱士先生（一个外貌与行为举止看上去都很一般的实验助手），同意抽签决定实验中谁做"老师"谁做"学生"。你抽到的是"老师"一签，所以你的任务是教学生一系列他必须记住的单词。每当华莱士先生出错时，你就给予他一次电击惩罚。

你看着实验者把华莱士先生用带子绑在椅子上，卷起他的袖子，把电极涂液涂在他的胳膊上,以"避免被电击时起泡或烧焦"(Milgram,1974)。现在实验者开始提及电击可能使人感到非常痛苦,但他向华莱士先生保证电击"不会导致身体组织长期受损"。然后实验者带你去看用于电击的机器。这个机器样子很可怕,上面有一排电键,标有不同的电压,从15伏(标明轻微电击)开始,以15伏的幅度增长到450伏(标明"XXX,"其上有"危险:严重电击"字样;见图14-5)。实验开始之前,实验者也给你一次中等程度的电击,让你对电击有个了解:电击会使人感到非常痛苦。

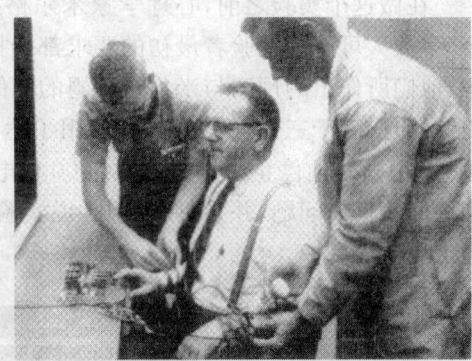
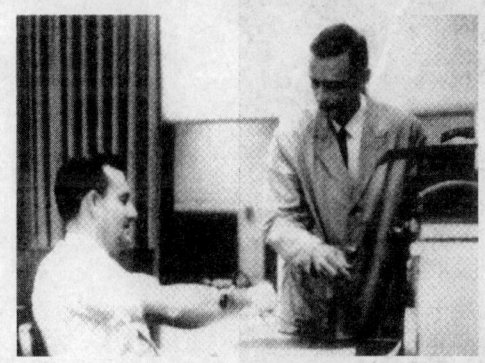

图14-5 华莱士先生受到的电击惩罚

左上角是米尔格莱姆(Milgram)的被试用以电击的电压表。右上角是华莱士先生,照片上的他被绑在椅子上,准备接受米尔格莱姆的被试施加的电击。这些被试认为华莱士先生无法逃脱电击。在左下角的照片上,实验者指示被试继续施加电击,在右下角的照片上,被试拒绝继续给予电击。不幸的是,很少有人拒绝。(Milgram,1974)

实验开始了。你向华莱士先生读单词,他必须记住这些单词的配对词语(见第七章关于配对词语的描述)。如果你提问时,他能正确回答,你就继续下一个单词。如果回答错误,你就告诉他正确的答案,并给予电击。每次华莱士先生出错时,实验者就告诉你增大电压15伏,以增加电击强度。华莱士先生开始出错。当华莱士先生出错越来越多时,他被电击时发出的抗议就越来越强烈,喊叫声越来越大。直到最后,只剩下一片沉默。

你会继续坚持给予电击,一直到450伏吗?或许到某一时刻你会想到,这个实验肯定有问题,你不想再继续。如果你告诉实验者你的担心,他会说,"请继续"。如果你进一步提出反对,他会告诉你,"实验要求你继续"。如果你再争辩,他的回答是,"绝对需要你继续"。如果你仍旧抗议,他会告诉你,"你别无选择,你必须继续"。你将怎么做?在你读下去之前,推测一下大多数人会对这个实验有何反应。

在做这个实验之前,心理学家米尔格莱姆预测极少有人会完全遵守实验者的命令,多数人可能连实验者最初的要求都会拒绝。在规划实验设计时,他请教了许多同事,他们所作出的预测与米尔格莱姆的相似(Milgram, 1974)。然而实验过程中,令人震惊的是,多于三分之二的被试使用了达到450伏电击的最高强度。没有一个人在300伏电压之前停止给予电击,在300伏电击时,华莱士先生发出极其痛苦的尖叫声,拒绝回答任何问题,并且要求离开,说实验者不能强迫他。实验结果(如图14-6)比电击更让人震惊。

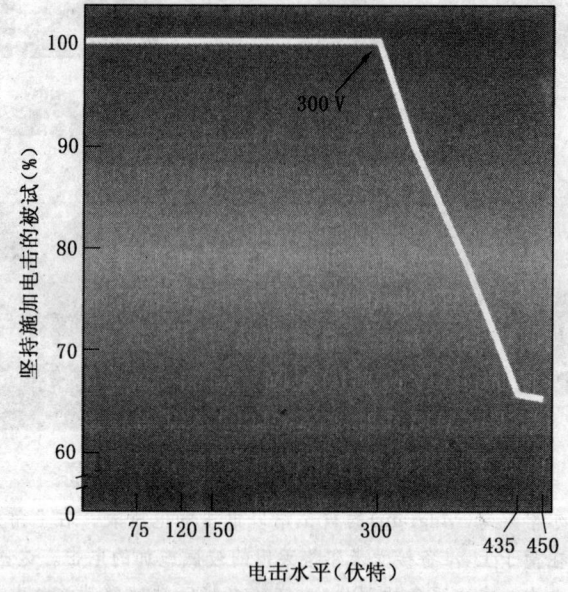

图14-6 米尔格莱姆的实验中关于电压水平的结果

令米尔格莱姆十分惊奇的是,在电压达到300伏之前,没有人停止给予电击,有65%的被试施加了最高强度的电击。(Milgram, 1963)

实验结果让米尔格莱姆非常吃惊,他询问了三组访谈对象——中等阶层不同职业的成年人、大学生和精神病专家——来预测结果。他们的预测与米尔格莱姆最初的预测相似:很少人会在实验中过多表现出服从。平均说来,被调查的预测者估计"教师"

会在145伏时停止。几乎无人认为有人会继续到给予450伏的强电击。精神病专家估计"只存在一个病理的范围,不超过被试的1%或2%"会坚持到底(Milgram, 1974)。但,他们每个人都错了。

当然用于电击的机器是假的,并且华莱士先生是一个实验助手,他根本没有受到电击。还有,两个纸签上都写着"教师",所以不管你抽到哪一张,你最终总是当教师,华莱士先生总是当学生。

或许正如你猜到的那样,这个实验的目的根本不在于了解惩罚对学习的影响,而是个研究服从的实验。实验的动机在于,米尔格莱姆想了解二战中的德国士兵为何服从惨无人道的命令。米尔格莱姆(1963,1965,1974)作出推论:一般而言,人们具有令人吃惊的盲目服从性。他的实验结果比上面的推论更令人沮丧。例如,在米尔格莱姆最初的研究中,被试均为男性。他原以为女性在给予电击时,或许不太可能继续到最高强度。然而,当女性参与同一实验过程时,继续到最高强度的比例(65%)与男性相同。所获得的实验结果在不同的年龄、不同文化背景的群体中都得到了验证(Shanab & Yahya, 1977, 1978)。在言语虐待而非身体虐待的实验中也得到了类似的结果(Meeus & Raaijmakers, 1995)。实验要求被试辱骂另一个人(实际上是一个实验助手),在实验者的命令下,92%的人照做了,不管实验者指示他们用多么难听的话。

人们为什么如此乐意服从权威,而不管是怎样的命令(see Hofling, Brotzman, Dalrymple, Graves, & Pierce, 1966)呢?米尔格莱姆于1974年提出了几种解释,尽管它们在能否解释实验结果的极端性方面仍受到质疑。其中一个解释是实验程序类似于成功的"登门槛"技巧:最初先提出了一个相对较小的要求,然后再提出较大的要求。这样,人们可能想不到自己行为的后果,或者他们可能感觉在那样的情形下自己理应遵守命令。而且,人们的社会化过程要求人们尊重权威,这种社会化似乎渗透到需要人们依从的情境中。

要求与诱导一大群人服从的情境似乎起着重要的作用。实际上,任何人置于这样的情境中,都会以常人认为不可能的方式行动。这就是米尔格莱姆和其他心理学家关于服从的研究中让人震惊之处。

有人或许认为盲目服从的例子是发生在过去的事情。事实远非如此。20世纪90年代在卢旺达、布隆迪、波斯尼亚以及科索沃等国家或地区发生的屠杀事件,都显示出士兵与市民服从非理性、野蛮的命令去杀害同胞、殃祸世人。

讨论米尔格莱姆的实验而不提出实验道德问题是不明智的。虽然实验者听取了被试的报告,但并不清楚他们的报告能否完全抵消意识到实验内容及他们扮演的角色所产生的影响。目前尚无能确保成功的方式来确定,在实验被试身上的付出是否足以获得科学的认知。现今,这个实验不太可能通过道德审查。但关于另一种行为——亲社会行为的实验,则是可行的。

亲社会行为

问题：在什么样的环境中人们会帮助别人，什么样的环境会使人拒绝帮助别人？

亲社会行为（prosocial behavior），是指有益于社会或特定的社会成员的，以及那些被大多数社会成员赞同的行为。在这一部分我们将讨论亲社会行为的几个方面，特别是助人方面。

助人行为：旁观者效应

1964 年，年轻妇女基蒂·吉诺威斯（Kitty Genovese）在凌晨三点钟下夜班回家。在她到家之前的半个小时内，她被一个男人重复袭击了三次，最终被杀害。当时 38 位与她同住在一幢公寓楼里的人听到了她的哭喊和尖叫声。可有多少人来救她？有多少人报警？有多少人为她寻求援助？没有一人。听到别人在这么长的时间内不断被袭击，人们怎能袖手旁观？比布·兰登（Bibb Latané）和约翰·达利（John Darley）通过一系列关于旁观者干扰和助人行为的研究，来寻求对该问题的解答（Latané & Darley，1968，1970）。

1964 年，吉诺威斯在 38 个人的见证下遭到不断的袭击。这些见证者均为成人，大多数是在附近的公寓楼里。他们看着基蒂被袭击，却袖手旁观——甚至不愿意动一下手指打电话报警。基蒂死后，只有她的一个邻居向官方报告这场谋杀。这样的事情在郊区或乡下是否会像在大城市里一样容易发生？为什么？

对吉诺威斯案的一个普遍的看法是，大城市的生活使人们变得冷酷到了停止帮助其他人的地步。然而兰登和达利认为，发生在纽约吉诺威斯身上的事情，在其他任何地方都可能会发生。

在兰登和达利的一个实验中，一个被试被带到一套房子的其中一间，通过对讲电话装置，实验者说明，被试将和一小群大学生讨论有关大学生活的个人问题，为了保护隐私，谈话将通过对讲电话装置进行，每个人在单独的房间，实验者不去听他们谈话。每个人将依次发言。

在实验刚开始时，一个被试说自己有时会因为工作压力太大而引发癫痫。当轮到他再次发言时，很明显他的癫痫又发作了，听起来他的病情很严重(Latané & Darley, 1970)。

正如你或许已经猜到的那样，那个明显的癫痫患者实际上没有病。事实上，除了装有对讲电话装置的那个房间里的被试以外，并没有其他被试存在。虽然群体规模想像上是从两人（被试和癫痫患者）到六人（被试、癫痫患者以及其他四个陌生人），实际上只有一人是真正的被试，其他人都是事先被录音的。在这个实验中，因变量是提供帮助的被试所占的比例以及他们作出反应的时间。自变量是实验中被试认为参加实验的人数。当被试认为只有自己一人在与癫痫患者交流时，几乎有90％的被试离开了实验室去求助。但是，当被试相信与癫痫患者交流的人数在增加时，被试提供帮助的可能性就降低了，在较大的群体中，这个比例降到了50％以下。

很明显，吉诺威斯的邻居并不只是反应迟钝。他们是被称为旁观者效应(bystander effect)的一个例证。旁观者效应是指，现场可以提供帮助的人总数增多，导致救助行为出现的可能性反而减少的这样一种现象。这种效应在各种不同的情境中都会发生。在场的每个人典型地体验到了责任分散(diffusion of responsibility)——由于其他人的在场而导致个人采取行动的责任减小，尤其在考虑怎样应对危机时。许多其他的研究揭示了同样的结果(see Latané, Nida, & Wilson, 1981)。

在任何现代的高速公路上几乎都能目击到旁观者效应的存在。汽车从站在路边的驾车者身旁呼啸而过，而其中一些驾车者可能是非常迫切地需要帮助的。每个司机经过时可能都会想，路上有这么多人，当然会有人提供帮助。但情况常常并非如此。

助人行为似乎因城市不同而有所变化。在一项研究中，研究者在美国不同城市和地区研究了助人行为(Levine, Martinez, Brase, & Sorenson, 1994)。助人行为较多的城市倾向于在南方，而助人行为较少的城市倾向于在北方。然而，助人行为最多的城市（罗切斯特，纽约州）与最少的城市（帕特森，新泽西州）都在北方。人口密度看上去是一个重要的影响因素。

真正令人奇怪的是，即使个人安全出现危险时，旁观者效应也会发生。有一项研究(Latané & Darley, 1968)要求学生填写一份关于都市生活问题的调查问卷。学生们在开始答卷不久，烟雾从墙上的通风孔涌入被试所在的房间。研究者感兴趣的是房间里的人数对被试报告情况的决定会产生怎样的影响。当只有一个被试在房间里时，有一半人在4分钟内报告情况，四分之三的被试在6分钟内报告了这一情况。然而，当房间内有三个被试时，24个被试中只有1人在4分钟内报告烟雾，在6分钟内也只有3人这样做。人们没有采取行动，即使自身在危险之中！

在紧急时刻人们为什么如此消极？在兰登和达利看来(1970)，这是因为寻求帮助，这一看起来很简单的事情，实际上远比表面上复杂得多。假定你是一个旁观者，要寻求或提供帮助，你必须采取五个步骤，如图14-7所示。因而，旁观者不采取行动的机会就至少有五次。

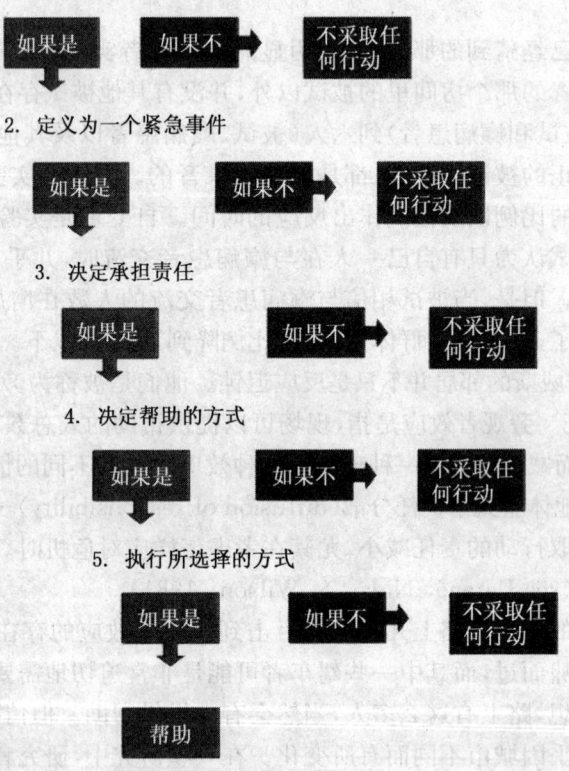

图14-7　兰登和达利关于干扰的五步决策模式

根据兰登和达利的研究，在你采取行动去帮助他人之前，你必须完成图中所示的五个步骤。如果你不能完成其中任何一步，你将不会采取行动去提供帮助。(Latané & Darley, 1970)

他人行动的影响

什么因素可能对人们在紧急状态时是否提供帮助产生影响？周围环境、遭遇者以及旁观者的特征可能会对人们是否提供帮助产生干扰,也可能不产生干扰(见表14-2对这些因素的总结)。其中一个因素是人们怎样对情境作出解释。有时候,无人帮助是因为个体把其他人的行动归结为不同的原因,尽管他们自己的行动与群体中其他人的行动是相同的(D. T. Miller & McFarland, 1987)。例如,面对紧急情况,你看到其他人没有采取行动,你可能认为你是惟一对该做什么感到困惑的人,而其他人袖手旁观则是因为他们已经感到看起来的紧急状态其实根本不是什么紧急情况。当然,其他人也在做与你相同的归因。

表14-2 可能影响助人行为的因素。受害人、周围环境和旁观者的一些特征会增加或减少旁观者出手帮助的可能性。

因　素	对助人行为可能性的影响
受　害　者　特　征	
与旁观者的相似性(年龄、性别等)	增　加
与旁观者的关系(如果有)	很可能增加
流血	减　少
被辨认出是受指控群体的一员	减　少
环　境　的　特　征	
旁观者人数的增加	减　少
旁观者感觉时间紧迫	减　少
旁　观　者　特　征	
与受害者的相似性(年龄、性别等)	增　加
与受害者的关系(如果有)	很可能增加
对受害者特征的消极反应(例如偏见,对受害者衣着、仪表、流血的消极反应)	减　少
同情	增　加
富于感情	很可能增加
有关于如何帮助受害者的知识(例如懂得CPR或有医疗方面的专门技术)	增　加
致力于服务他人的工作	无　影　响
最近考虑过助人行为	无　影　响
心情很好	增　加

这种错误归因也存在于非紧急的情境中。通常，课堂上学生害怕提出问题，因为他们认为自己是惟一不懂教授所讲内容的学生。事实上，每个学生都有同样的焦虑。结果，所有的学生都以糊涂告终，但心里认为只有自己处于困惑之中。

即使在预料不到的人群中，旁观者效应也会出现。在某一神学院，老师要求学生去附近的大学校园里做演讲。演讲的主题是关于厚道者的寓言——一个格外乐于助人的人，或者是关于神学院学生所喜欢的工作(J. M. Darley & Batson, 1973)。然后引导被试走向附近的大学。

在去做演讲的路上，每个学生都从一条小巷经过，一个男人坐在那里呻吟，双眼紧闭，看上去很痛苦。的确，如果有任何一人去帮助那个男人，神学院的学生都会去做，尤其那些想着厚道者寓言故事的学生。然而只有40%的学生提供了帮助，他们是准备做关于厚道者的演讲，还是做关于工作的演讲，对他们是否提供帮助没有重要影响。因此，即使那些正在严肃考虑助人行为，和那些实际上已经发誓要把生命奉献于服务他人的一些人，在一个很不明确的情境中，事实上也不太可能去帮助他人。当然，对于受过训练的紧急救护人员，例如，把自己生命献于救助人们生命的救护人员，结果可能完全不同。

时间的影响

虽然神学院学生演讲的主题对助人行为并不产生影响，但实验的另一种操作方法却影响着助人行为。学生们被告知时间紧迫（他们已经迟到了），或者时间正好（准备立刻出发），或者时间宽裕（还有几分钟才准备齐全）。时间宽裕的学生中有63%的学生施与救助，但在时间紧迫的学生中，只有10%。时间正好的学生中，救助行为出现的比例，也是一个中间值，45%。

利他主义

直到现在，你可能对各种关于旁观者干扰效应的研究结果感到沮丧或者难过。是不是利他主义(altruism)不存在？也就是说，在没有报酬或者可见的利益，而且常常需要作出一些牺牲的情况下，对他人自愿的帮助不存在？当然不是。每天，父母在为子女作出牺牲，消防队员抢救失火的楼房，警察为民众而冒着生命危险，还有，志愿者在为增进人们的健康而付出时间和精力。利他主义在实验的情境下也得到了证明。

近来的研究集中在人们施行利他行为的动机上。人们是受同情心激发，还是出于自私自利的考虑？罗伯特·查尔迪尼(Robert Cialdini)和他的助手(1987; Cialdini, Brown, Lewis, Luce, & Neuberg, 1997; Neuberg, et al., 1997)的解释是，人有恻隐之心，会因他人的不幸而感到难过，所以去帮助他人以改善自己的心情。所以，从这个观点来看，即使是出于同情的帮助也是自私的。丹尼尔·巴特森(Daniel Batson)和他的同事(Batson, 1997; Batson, Batson, et al., 1989; Batson, Dyck, et al., 1988)则不同意这种解释。他们发现，具有高度同情心的人在已经预料到心情改善时，帮助别人的几率并不低于他们没有这种预期时。也就是说,具有同情心的人在预料到心情很快变好的情境中对别人的帮助并没有减少。他们认为助人行为产生于对需要帮助的人的同情本身。

是不是利他主义可以从进化论的观点来理解?毕竟,一个人为了他人的利益可能会牺牲自身的利益。乔治·威廉斯(George Williams)(1966)和罗伯特·特里弗斯(Robert Trivers)(1971)的研究证实了这一点。威廉斯指出,生物体之间的关系,包括人类,倾向于以互惠为特征。确实,从前面提到的获得别人顺从的互惠技巧来看,为别人做事是让别人为你做事的最佳方式之一。例如,阿纳托尔·拉帕波特(Anatol Rapaport)(1960)指出,在相互谈判中,那些报答别人善意行为的人往往进展最顺利。此外,被人们认为是自私自利的人常常会发现很难交到朋友,且易于树敌,明显不利于个人的生存竞争。然而,进化论观点的一个含义是,感觉上的利他,而非实际上的利他,能够带来对个体有积极意义的结果(R. Wright, 1994)。不过,许多明显利他的行为,例如,德国在纳粹统治期间,一些人把犹太人隐藏起来(Oliner & Oliner, 1988),看起来是真正利他主义的表现。另一方面,纳粹行为则是真正反社会的表现。

反社会行为

问题:是什么导致了反社会行为的产生?它的根源是什么?

反社会行为(antisocial behavior)是指有害于特定的社会或者社会成员的行为。虽然人们在哪种行为是反社会的,或者甚至受社会整体谴责的这些问题上意见并不一致,但人们一般都同意有两类行为对社会有害:偏见与攻击。

偏见

> 我第一次注意到,在售票窗口处排着两队人,一队白人,一队黑人。在我拜访祖母期间,两个种族的意识以一种非常具体的形式在我的头脑中产生,它永远也不会消失,直至我死……我开始注意到当我问母亲关于白人和黑人的事情时,她就变得很恼怒,我对此无法理解。我想去了解这两种人,他们一起生活,但看上去从不接触,除非在暴乱中。(理查德·赖特,《黑人男孩》)

偏见(prejudice)是基于有关某些群体的局限的或者错误的信息,而产生的对待他们的一种消极态度。注意,偏见是对待群体的一种态度,而不是对待个人的。不幸的是,我们常常把我们对待群体的态度延伸到对待该群体的所有个体成员。对一个群体的消极态度并不一定是偏见,例如,如果你有充分证据证明,一个特殊的群体,如一个犯罪团伙,犯下许多杀人罪行,你可以有权对该群体产生消极否定的态度。但在信息不充分或不正确的基础上所产生的态度就包含偏见。

在没有足够正确的信息的情况下,我们是怎样形成态度的呢?社会分类与刻板印象是导致我们形成偏见的两种认知途径。

社会分类与刻板印象

社会分类(social categorization)是根据观察者所观察到的每一群体的成员所具有的共同特征,将人们分类成群的这样一种正常的趋向。跨越不同文化,根据性别、职业、年龄、种族等特点,我们可以轻松地将人分类(see Neto, Williams, & Widner, 1991)。划分这些类别一般都有明确的特征,例如,明确的性别特征或职业需求。此外,我们往往基于类别中所谓典型成员的特征,形成各种各样的原型(见第八章)。当这些原型应用于人时,我们就称之为刻板印象(stereotype)。刻板印象可以被看做是能观察到的典型事例,这些典型事例能够说明和解释一个特殊社会群体的主要特征。也就是基于这样一种假设,即典型事例能够代表其所属类别中的所有事例。社会分类与刻板印象有助于我们组织起对人们产生的知觉,并且提供一个快速获取有关我们遇到的陌生人的大量信息(如重要特质和预期行为)的途径(Sherman, Judd, & Park, 1989; Srull & Wyer, 1989)。因而,刻板印象可以帮助我们了解不太认识的人。根据刻板印象进行分类所存在的问题是,我们经常泛化刻板印象的特征,认为所有的典型特征适用于群体的每个成员,而他们通常只适用于一些或大多数成员,而不是全部。

内群体与外群体

事实上,我们在考虑自己所属的内群体时不大会去泛化刻板印象。相比较之下,在考虑那些我们认为与自己无关的外群体时却易于泛化对其的刻板印象。这种把外群体所有成员都视为相似的倾向就称为外群体同质偏见(outgroup homogeneity bias)。当我们陷入这种偏见时,我们会接受仅适用于群体一部分的特征或行为,并进行推论,认为它们适用于几乎整个群体(Brehm & Kassin, 1990)。这种偏见非常平常(Linville, 1998; Vonk & van Knippenberg, 1995)。例如,一般都认为牧师是诚实的,教授是才识渊博的,社会工作者是富有同情心的,等等。然而这些以及其他的刻板印象未必适用于那些群体的所有成员。而且,其他群体的成员对待别的群体成员也有同一倾向。寻找支持与外群体不同而与内群体相似的信息,同样会加剧外群体同质偏见的负面影响(Wilder & Allen, 1978)。

偏见的另一个来源是错觉相关(illusory correlation)——对无关的变量之间关系的推断知觉,通常是由变量一致的情况比变量不一致的情况更显而易见而引起的。例如,我们可能注意到少数人群体的不寻常行为,而不太可能注意到多数人群体的成员同样的异常行为(D. L. Hamilton & Gifford, 1976)。如果一个少数人群体的一个成员犯了罪,我们可能会把该群体的成员都与犯罪行为联系起来。而如果一个多数人群体中的某一个成员犯了同样的罪,一般就不会这样联想。报纸上有时甚至把嫌疑犯与其在少数人群体的成员身份视为同一,而当罪犯是多数人群体中的成员时,却不这么说。因此,我们可能会形成异常行为(例如,犯罪)与少数人群体之间的错觉相关。

情境的暗示也会增加应用刻板印象的可能性。例如,当被试评价女性和男性领导时,在特殊的情境中,他们对女性领导表现出了很大程度的性别刻板印象和有偏见的反应(see Eagly, Makhijani, & Klonsky, 1992)。例如下面的两种情境:(a) 领导人用被认为是具有典型男子气概的领导方式,例如,任务导向的与指示的方式,而不是人际导向的与合作的方式;(b) 女性从事男性占主导地位的职业,例如体育教练、生产主管与业务经理。同样,外群体对内群体的作用也影响着评价结果。换句话说,对另一群体成员评价要比对自己群体成员评价苛刻得多。男性对女性的评价比起女性对女性的评价,更有可能表现出消极性和否定性。

刻板印象的微妙影响

通常,刻板印象是在我们没有意识到的情况下,影响着我们的思想和行为(Bargh, 1997; Greenwald & Banaji, 1995; Monteith, Devine, & Zuwerink, 1993)。刻板印象与它所伴随的偏见可能会产生令人吃惊的效果,就像在一个关于潜意识看到不同肤色面孔的实验中所显示的那样(Chen & Bargh, 1997)。实验者在白人被试面前展现黑人男性或白人男性面孔的照片,并确信被试是潜意识看到照片的,他们甚至没有意识到自己看到了照片中的面孔。之后,每一个被试都与另一个没有看到照片的被试做游戏。两个被试之间的互动过程被自动录音,评委评价每一被试态度的敌意性。结果表明,潜意识看到黑人照片的被试比看到白人照片的被试在游戏中表现出更多的敌意,这大概是因为黑人的照片激起了白人关于黑人的刻板印象。看过黑人照片的被试所表现出的敌意也激起了他的游戏伙伴敌意的产生。

为了维持自身强大的感觉,人们常常会对他人进行分类并形成刻板印象。(Jost & Banaji, 1994; Operario & Fiske, 1998; Pratto, Stallworth, Sidanius, & Siers, 1997)。例如,政治上的执权者镇压甚至囚禁造反分子,并给他们的行为冠以罪恶、疯狂之名,这是因为这样的分类为他们维护政治权利并铲除威胁提供了一个很好的理由。

虽然社会认知对刻板印象的形成起着一定作用,但刻板印象很难改变的事实却可能是由动机和从众等因素,而不是认知因素引起的(Rojahn & Pettigrew, 1992),如下面的研究所示。

罗伯洞穴实验

关于偏见的经典实验通常被认为是 1954 年夏天在俄克拉荷马州的罗伯洞穴 国家公园里进行的(Sherif, Harvey, White, Hood, & Sherif, 1961/1988)。在一个露

第十四章　社会心理学：人际和群体的视角

营地有两组男孩，均为11岁，都是白人，并且都来自中等阶层的家庭，在此之前他们互不相识。在大约一周内，他们参加了一些很普通的夏令营活动，比如游泳、野营、徒步旅行等等。每组都为自己选了一个组名，并把组名印在帽子和汗衫上。

一周后，每组的男孩都发现了另一组男孩的存在。他们同时也发现，他们将举行一系列相互竞争的运动比赛。当比赛开始时，冲突也随之出现，并向比赛之外扩散。不久，两组成员开始变得极端敌视对方。随后，小屋遭到洗劫，食品战争开始爆发，物品也被偷窃。

一组成员对另一组成员的偏见被人为地创造出来了。能不能减少或者消除这种偏见呢？研究者制造了明显需要共同努力才能解决的紧急事件，比如由于管道泄漏而导致的营地无法供水，两组男孩被抽配形成一个队伍去检查管道泄漏；另外，载着这些男孩去野营地的卡车陷入了泥泞中，两组男孩需要合作才能把卡车从泥泞中推出。到野营结束时，两组男孩参加了多种合作性的活动，相处得和平友好。因此，迫使人们一起工作，在很大程度上可以消除一个群体的成员对其他群体的成员的偏见。

偏见理论

两组男孩是怎样形成对对方的偏见的呢？心理学家提出了多种不同的理论来解释人们产生偏见的原因。现实冲突理论（realistic-conflict theory）（R. A. Levine & Campbell, 1972）认为，群体间为了争夺有价值但又不充足的资源会导致偏见的产生。例如，移民群体经常受人敌视，因为他们被认为可能从本国人那里抢走工作。通常，移民群体所做的工作是那些本国人一般都不愿意做的，但是，即使是失业的感觉，也会引起他们无根据的偏见。例如，美国有些人仇恨各种各样的非法移民群体，理由是他们抢走了本国人的工作。事实上，非法移民一般都从事那些多数人没有做并且不愿做的工作，例如，在加利福尼亚的水果和蔬菜农场作佃农耕种。因此，虽然或许存在仇恨这些移民的正当理由，但抢走工作大概并不是其中之一。

第二种理论，社会同一性理论（social-identity theory）（Tajfel, 1982; Tajfel & Turner, 1986)认为，人们有保护自尊的动机，他们之所以有偏见，是因为想通过认为外群体比内群体的地位低，从而增强自尊感。人们用形成对其他群体偏见的方式，来提高自己群体的地位，而群体成员资格使他们增强了自尊感。换句话说，他们用毁坏他人名誉，从而相信在比较中自己占优胜地位的方式来取得自尊。

第三种理论（Devine, Evett, & Vasquez-Suson, 1995; Devine, Monteith, Zuwerink, & Elliot, 1991）认为，人们对待内部偏见在某种程度上与对待坏习惯的方式相同。他们意识到自己有偏见，并且知道，偏见有意无意地影响着自身行为。人与人之间不同的是人们对自身行为的容忍程度。一些人对自己的偏见具有高度的忍受性，而另一些人则认为自己的偏见是不合理的，不能成为行动的正当依据。例如，有些人对体重超常的人怀有偏见，但他们认为自己的偏见是合理的，胖子活该忍受超重的烦恼，因

第十四章 社会心理学：人际和群体的视角

根据社会同一性理论，偏见通常是从保护个人自尊开始的。人们认为外群体具有较低的社会地位是为了获得良好的自我感觉。这些竞争群体中的青少年之所以被他们所属的群体吸引，或许部分的源于那种成员身份所带来的社会认同感。

为这些人缺乏自我约束。虽然没有任何一种理论能完全解释偏见这种社会现象，但这些偏见理论结合起来，确实有助于减少偏见。这些成果是本章"日常生活中的心理学"栏目所讨论的话题。如该栏目所讨论的那样，偏见源于无知，也会导致攻击。

攻击

攻击(aggression)是指有意伤害或侮辱别人的行为。它应该与强硬的态度区分开。强硬的态度是指有说服力的行为，例如，为了自己的观点而强烈争辩，既不会带来伤害，也不造成侮辱。侵犯有两种主要类型：敌意的与工具的(R. A. Baron, 1977; Berkowitz, 1994; Feshbach, 1970; Geen, 1990)。敌意性攻击(hostile aggression)是指，因痛苦和不幸导致的感情宣泄而造成有意伤害的行为。通常结果只能给攻击者带来很小的收获，甚至也会带来损失。实际上，敌意的侵犯也会伤害到珍贵的友谊和贵重的物品，或者使它们处于面临伤害或损害的危险之中，例如，伤害人际关系、伤害我们自己或者我们所爱的人、毁坏我们珍爱的财物。经常显示出敌意性攻击的人，很可能认为世界充满危险，并用侵略性的方式响应不明确的刺激(Bushman, 1996)。

第十四章 社会心理学：人际和群体的视角

社会学习是引起暴力行为的因素之一，这一重要性的假定使我们必须注意我们给他人提供的角色攻击的类型。

与此相反，工具性攻击（instrumental aggression）是指，偶然对别人造成伤害或侮辱的行为，往往是侵犯者试图获得自己认为有价值的事物的副产品。通常是有计划的而不是冲动的。暗杀、银行抢劫和盗窃都是攻击性的，但大多数攻击者对他们杀害或伤害的人都不怀有个人的仇恨。如果在没有表现出攻击行为时，他们的需要能够得到满足，他们也不会去采取攻击行为。同样，两岁的儿童夺走另一个儿童的玩具卡车，就表现出了工具性攻击——不是针对个人，他只想得到玩具。这两种类型的攻击是由不同的原因引起的，因此是对不同类型干扰的反应。然而在特定的情境中，攻击行为可能反映出敌意的和工具的两个方面。例如，当一个人为被敌军占领的国土作战时，或者当拳击手泰森在1997年拳击比赛中咬对手耳朵，希望能取得优势时，他们的侵犯行为就表现出敌意的和工具的两个方面。

一些心理学家把攻击作为人的一个基本动机来研究，如我们在本章中所看到的。另一些人把攻击当做人格特质来研究，着眼于人与人之间的个体差异（见第十五章）。这里，我们主要感兴趣的是，社会的交互作用，以及其他有关环境的事件和特征，是怎样促使攻击行为产生的。首先，我们简要地讨论人的攻击行为的一些生物因素。

攻击行为的生物因素

虽然我们倾向于认为攻击行为是不受欢迎的，但它的出现是有原因的。攻击性的反应是生物体，尤其是雄性生物体，抵挡其他雄性对自己领地侵略的一种手段。他们也会把攻击作为一种保护雌性，并为后代或居住在一起的雌性确保父性地位的一种方式。与此相反，一个极乏攻击性的雄性，将冒着既失去领地又失去父权和配偶的危险。在人类中，前夫（或前妻）所生子女，与继父或继母无基因遗传关系，比起与父母基因相连的孩子，就更有可能受到继父或继母虐待或遭到他们的杀害。这一事实同样暗示了进化的作用（Daly & Wilson, 1991, 1996）。这一模式对除人之外的物种也是适用的（Lore & Schultz, 1993）。

"让我感到不解的是，在比赛的最后我们仍然需要用石头来解决争端。"

【资料来源】© The New Yorker Collection 1993 Jack Ziegler from cartoonback.com. All rights reserved.

本性和教养在决定人类攻击的表达方式方面是互相影响的（Renfrew, 1997）。在其他动物物种中，作为攻击行为基础的神经循环系统是遗传的，在人类中也很普遍。关于孪生子的研究表明了攻击的倾向部分是可遗传的（Miles & Carey, 1997）。特别是，视丘脑下部和杏仁核对引发和阻止攻击行为有着重要的作用（见图 3-11）。杏仁核影响着我们的情感反应和对气味的反应。这一事实有助于解释气味与情感之间、情感与攻击行为之间很强的相互作用。事实上，在动物中，气味对攻击行为起着直接作用，例如，虽然雄性动物会攻击气味像雄性的同伴，但它不会去攻击气味像雌性的同伴。同样，一个老鼠母亲可能会吃掉气味陌生的幼鼠，但它不会去吃带有它的气味的幼鼠。

动物的攻击受激素的支配。例如，在雄性和雌性动物中，早期发育过程中雄性激素的存在，影响着成年时所显示的攻击行为的程度。在成年动物中，无论是雄性还是雌性，睾丸激素（一种雄性激素）似乎都能增强它们的攻击性（Archer, 1991; Berman, Gladue, & Taylor, 1993; Dabbs, Carr, Frady, & Riad, 1995; Dabbs, Hargrove, & Heusel, 1996; Orengo, Kunik, Ghusn, & Yudofsky, 1997），雌二醇（一种雌激素)似乎能减少雌性动物的攻击性(Albert, Jonik, & Walsh, 1991)。

在人类中,激素对攻击行为也会产生影响(Delgado, 1969)。在被收容的人群中,具有较高睾丸激素含量的男性和女性会表现出较频繁的攻击行为,犯罪的可能性也较大。此外,女性在月经之前较有可能参与攻击行为,而在排卵期间不太可能。

收容所之外,也有证据证明激素与攻击行为的联系。例如,因为母亲被注射一种合成的激素以防流产,所以在出生以前就受到雄性激素影响的儿童,会比同性的兄弟姐妹表现出更高水平的攻击性(Reinisch, Ziemba-Davis, & Sanders, 1991)。我们不能仅仅基于相关来预测因果关系,这一点很重要。虽然如此,但有完好的资料表明,高剂量的合成雄性激素与极端的攻击、严重的心情波动和精神不稳定相联系(Pope & Katz, 1988)。

在动物中,攻击行为一般是与一定的情境相联系的,例如自卫、捕食(杀死可能的食物源)和繁殖(赢得或保持与配偶的交配)。在人类中,虽然攻击的生物化学基础普遍存在,但促使攻击冲动的特殊环境和表达攻击的特殊方式却因文化差异而不同(Averill, 1993),甚至也因个体差异而不同。哪种环境中攻击是正当的、或者是允许的,确定的方法之一便是通过观察别人,或者是通过社会学习。

社会学习和暴力

社会学习对攻击行为起着主要作用(Bandura, 1973, 1977a, 1983; R. A. Baron & Richardson, 1992)。根据这个观点,人们通过观看具有攻击性的范例而习得攻击行为(见第六、十一和十二章),如第六章中提及的班杜拉的洋娃娃实验。例如,以强暴的父母作为角色榜样,会促进儿童暴力行为的产生(Bandura, 1973)。一些人没有直接表现出高度攻击性,但也有可能喜欢观看别人的暴力行为,例如电影和运动场上的暴力行为(Mustonen, 1997)。

社会学习对暴力行为的产生具有重要作用,所以我们应该当心我们为他人提供的角色榜样。观看电视上的暴力行为也会对攻击行为产生影响。儿童看过电视上的暴力节目后立即参加比赛,会表现出更多的攻击性(Liebert & Baron, 1972;见第六章)。同样,观看暴力电影也会增强少年罪犯的攻击性,尤其是那些原本就很善于挑衅的少年(Parke et al., 1977)。

一些心理学家认为,儿童观看电视暴力节目的数量与儿童的攻击行为之间存在着密切相关(Huesmann, Lagerspetz, & Eron, 1984; Huesmann & Miller, 1994)。而且,在澳大利亚、芬兰、波兰和美国中,都存在这种相关。简而言之,观看暴力节目教会了儿童如何参与暴力行为,并且降低了他们对自身行为破坏性后果的敏感性。

并不只是儿童的敏感性会降低。许多研究表明,长期接触暴力也会使成人的敏感性降低。以后看到争吵与打架现象,无论是电视上,还是在实际生活中,他们都不会太有感触（Rule & Ferguson，1986）。戴维·林茨（David Linz）、爱德华·多纳斯滕（Edward Donnerstein）和史蒂文·彭路德（Steven Penrod）（1984）认为：重复出现在影片中的暴力降低了被试对这类素材的情感反应，导致被试认为日后观看的影片不太具有攻击性。

侵犯妇女的一种特殊形式是性暴力。男性在观看了描写性暴力的影片后，对女性的攻击会有所增加（Donnerstein & Berkowitz，1981）。此外，林茨、多纳斯滕和彭路德（1988）还发现，男性在10天内观看5部性暴力影片后，比只看1部，对影片的评价更肯定，例如，不太压抑、不太会产生焦虑、不太会引起负面影响等。他们同样认为这些影片暴力程度不太高，也没怎么侮辱女性。美国政府对色情文化越来越宽松的法律与强奸案的报告率之间有着一定的关系，但这并非是证明性暴力文化制品与男性对女性的性侵犯之间存在联系的确凿证据（Court，1984）。如前面所提到的，我们不应该从相关来推导因果关系，因为法律的宽松，并不一定会导致强奸事件的发生。

影响攻击的环境因素

攻击是一个早在电视和电影出现以前就存在的社会问题。除了社会学习，哪些因素还会导致攻击？其中一个因素是攻击自身。攻击行为会导致更多的攻击。虽然教会的传教士教导我们，"当别人打你的左脸时，你要送上右脸"，但实际上，当人们遇到攻击时，更可能会给予回击（Borden, Bowen, & Taylor，1971；Ohbuchi & Kambara，1985）。通常，人们会陷入如同"先有鸡还是先有蛋"的问题当中。1999年，一群塞尔维亚人袭击了一群科索沃人。后来，科索沃人又袭击了塞尔维亚人。塞尔维亚人声称最初他们是受到挑衅的，而科索沃人也做了同样的声明。常常很难说出攻击是从哪里开始的，并且也难以终止。

痛苦也会导致攻击（Berkowitz，1993；Berkowitz, Cochran, & Embree，1981；Ulrich & Azrin，1962）。敌意的攻击常常是由感情痛苦引起的。如果你受到别人的伤害，即使有时你是被无意伤害的，你也可能会被激怒，从而作出攻击性的反应。如果一个人的攻击行为会减轻自己的痛苦，攻击就会变得更有可能（Azrin，1967）。

不适是攻击行为产生的另一个原因。当人们感觉不舒服时，会变得更加具有攻击性，例如当他们处于难闻的气味中时（Rotton, Barry, Frey, & Soler，1978），或处于烟雾和空气污染中时（Rotton & Frey，1985）。处于超过80华氏度（27摄氏度）的环境中，也会增强人们的攻击性（R. A. Baron & Bell，1975；Bell & Baron，1976）。确实，不适情感的增加，可能是平均气温较高的城市比气温适中的城市有着较高的平均暴力犯罪率的一个原因（C. A. Anderson，1987）。如图14-8所示，暴力犯罪更普遍地发生在比较热的天气、比较热的季节和比较热的年份（C. A. Anderson，1989）。

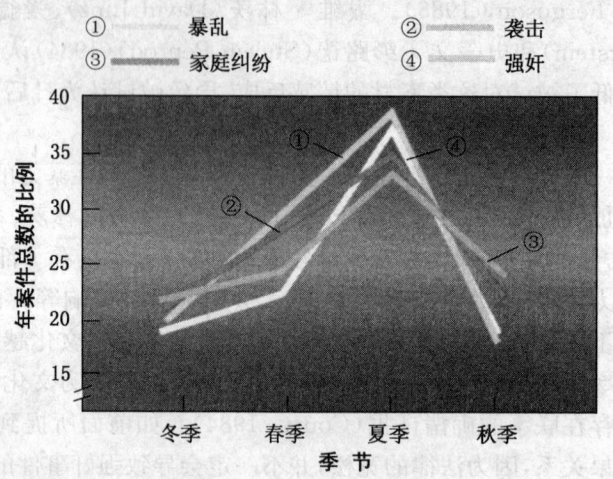

图 14-8 气温与攻击

当气温升高时,犯罪率通常也会随之上升(C. A. Anderson, 1987)。虽然高温与攻击行为之间的联系仅仅是相关的(因此我们不能得出任何因果结论),但它却是强有力的(C. A. Anderson, 1989)。

另一个影响因素是挫折。一些经典研究(e. g., Dollard, Miller, Doob, Mowrer, & Sears, 1939)把挫折看做是攻击产生的一个必要和充分条件。虽然挫折和攻击之间存在着很清晰的、以经验为根据的联系(Barker, Dembo, & Lewin, 1941),但是我们现在知道,挫折并不总是导致攻击。例如,如果强烈的挫折是因为武断而产生的,则很可能导致攻击,但中等程度的挫折就不太可能造成攻击,特别是如果挫折被认为有合情合理的理由时(R. A. Baron, 1977)。例如,十字路口处的绿灯开始亮时,你因为前面汽车阻挡,仍无法开动汽车。你是否会产生攻击性的反应,取决于你前面的汽车为何停下。如果前面的司机在聊天,你的反应将会不同于看到那个司机心脏病发作时所产生的反应。

我们同样知道,个人主义的文化氛围会比集体主义的文化氛围产生更多的攻击行为(Oatley, 1993)。此外,个人主义社会本身在接受和促进攻击行为的程度上也有所不同(DeAngelis, 1992; Montagu, 1976)。即使在集体主义文化中,也可能促使攻击行为的发生。例如,委内瑞拉的玛格丽塔岛屿居民中,攻击被看做是妇女理想的特征(Cook, 1992)。

对攻击有影响的另一个与文化有关的因素是荣誉感。根据尼斯比特(R. E. Nisbett)和科恩(D. Cohen) 1996 年的一项研究,在美国,居住在南方的人比居住北方的人更倾向于作出攻击性的反应,面临侮辱时的攻击性则更强烈,这是因为南方人更容易认为自己的荣誉感受到伤害。(见第十三章"日常生活中的心理学")

去个性化

是什么使得有些人能剥夺他人个性，让那些人感觉低人一等，理应承受别人的鄙视？用一个例子，可能给出这个问题的答案。有时，你看报纸或看电视，在体育比赛上，例如欧洲足球赛，球迷失去了控制并发生暴乱，伤害民众并摧毁一切。那么，一群人是怎样变得失去控制的？在 19 世纪末，古斯塔夫·勒朋（Gustave Le Bon）(1896)试图分析导致暴徒行为歇斯底里的原因。勒朋认为人群中的人们，因为感觉到处于一种无名和不会受伤害（如"刀枪不入"）的状态，所以更易于受暴乱行为的影响。他们开始变得不像人，而更像低等动物那样，行动十分冲动，缺乏理智。

或许暴徒行为能够根据去个性化（deindividuation）的现象来理解。去个性化是指个人自身同一性意识的丧失导致控制水平的降低，参与违反社会规范，甚至个人道德信念的行为。有一个实验研究，把斯坦福大学心理学系所在的办公楼的地下室，变成了一所"监狱"（Zimbardo，1972）。参与实验的男性志愿者被随机指定为"囚犯"或者"看守"。菲尔·辛巴铎（Phil Zimbardo）使用了许多方式使两组人都处于去个性化状态。"囚犯"穿着囚衣式的制服，用序号代替姓名。"看守"也穿着制服，戴着墨镜遮住眼睛，身上持有棍棒。

开始的模拟逐渐演变成了一件可怕的事情。"囚犯"开始像囚犯那样行动，"看守"也真正像看守一样。"看守"开始折磨和嘲弄"囚犯"，经常无缘无故对他们施加酷刑。"囚犯"不久组织了一场叛乱，但被镇压住了。他们变得郁闷沮丧，一副无精打采的样子，其中有些人开始精神崩溃。实验是在形势显然已经无法控制时结束的。辛巴铎在实验中对被试进行随机分组，知道这一点很重要。一旦去个性化状态出现，人们可能就会以自己从来都想不到的方式去行动，表现出或者接受极端水平的攻击。在暴乱中常常会发现这种去个性化的行为。

减少攻击

能否控制攻击，或者至少减少攻击行为的发生？在去个性化研究的基础上，我们或许会想到，通过最大程度地增强人们的自身同一性意识和对同伴人性的意识，可减少一些类型的攻击行为至最低程度。社会心理学家提出了几种减少攻击的具体方法，其中一些方法似乎比另外一些更有效。如表 14-3 所示，建立在这些原理和社会学习基础上的方法，可能很奏效，例如，观察非攻击的榜样与产生矛盾的心理反应。

表 14-3 减少攻击行为的方法 下面是几种减少攻击行为的方法,其中有的方法似乎比其他的方法更有效。实际上,有些方法甚至能加剧人们的攻击行为,增加攻击行为的可能性。

方 法	描 述
观察非攻击的楷模	观察非攻击的榜样,能够增加选择不同于攻击的行为方式的可能性。
产生矛盾的心理反应	是最成功的方法之一。同情、幽默、意外的反应能够减少攻击。
利用认知策略	停下来思考的策略,能引发在令人灰心或受威胁的环境中与攻击不同的行为;对个人和同伴人性的意识,能够减少去个性化状态的出现;了解他人行为的原因,会减少愤怒、沮丧、敌意等情绪的产生。

如果群体的每一成员在观点、信念和行动上都屈从群体多数人的意见,群体行为就可能变成盲目的,不恰当的,甚至毁灭性的。在美国和其他地方发生的暴乱证明了这一事实。然而,即使只有一人采取主动积极的行为,例如,帮助别人或者拒绝杀害别人,群体的其他成员也会受到激发,重新考虑自己的观念和行为。能够使人在群体反对的压力下仍然坚持自己信念的个性特征,是下一章考虑的内容。

相关研究

学生对教师的评价系统与教师的课程目标(A. G. 格林沃尔德,华盛顿大学 A. G. Greenwald, University of Washington)

1989 年,我因教授大学生研究班的社会心理学而受到学生非常高的评价;1990 年,我用同样的方式教授同一门课程,但我得到的教学评价却非常低。因为我在这段时间内没有发生什么变化,所以我认为,是其他因素,而非我的教学质量,影响着我的评价等级。但它们是什么呢?我与华盛顿大学的一位同事,教育心理学家杰拉尔德·吉尔摩(Gerald Gillmore)合作,开始分析在这所大学里学生对教师的评价过程。

我们的研究从给评价问卷增加一些问题开始。这份问卷被 100 多门不同的课程使用,这些课程的教师同意问卷增加附加问题。他们必须按照课程要求和学生期望来进行工作。研究的两个结果给我们留下了印象:(1) 学生期望得到高分的课程同样也是倾向于得到最高评价的课程(这一现象已被人们普遍注意,被称为分数—评价相关(grades-rating correlation));(2) 让人十分意外的是,学生期望得到高分的课程同样是他们付出劳动相对较少的课程。

我们需要找出能够说明上面两种结果的解释。我们从思索教师在课程目标和策略上的差异着手。考虑两种比较极端的教授类型：一种，称他或她为宽容型老师，希望成绩好的学生人数达到最多；另一种，严厉型老师，希望学生学习尽可能多的内容。宽容型老师为课程提供的材料不会使成绩较差的同学感到负担过重，这就使得所有同学达到高水平的掌握成为可能。因为严厉型老师可能使课程包括更多的材料，进行更多的考试（以激发学生学得更多），并且有更严格的评分标准，所以他的学生取得的成绩很可能比宽容型老师的那些不用功学生取得的成绩还要低。

只用两个假设就可以解释我们的两个主要发现。这两个假设是：（1）教师的教学策略介于宽容型与严厉型之间；（2）学生给出较高的评价是因为他们想取得高分，这被称为宽容理论(leniency theory)。对宽容理论是有争议的，与它对立的是教师效能理论(teacher-effectiveness theory)，这种理论认为好教师会使学生学得更多。问题是：取得高成绩的学生给教师较高评价，是因为他们喜欢高分（宽容），还是因为他们学到了更多的知识（教师效能）呢？为了判断哪一种解释更好，我们在华盛顿大学所有课程的评价表中增加了新的问题，这使我们得到了一个很大的数据库。然后我们开始寻找能够支持宽容理论优于教师效能理论的数据模式，或者相反的数据模式。

运用回归分析和结构方程模型等统计技术，我们发现了几个数据模式与宽容理论都很相符，但与教师效能理论都不相符。例如，我们发现分数——评价相关发生在大多数课程中（教师效能假设只解释了比较不同课程时发生的现象）。我们同样发现，如果两个学生在某一门课程中希望得到同样的成绩，那么成绩相对较高（也就是高出其他门课程的平均成绩）的那一个，与成绩相对较低的那个学生相比，会对这门课程作出更高的评价。教师效能理论再次无法预测或解释这个结果，但宽容理论能够解释。或许最令人惊奇的是，我们发现了所谓的光环效应，即在某一门课程中，与成绩较差的学生相比，取得好成绩的学生更倾向于认为教授的字迹更清晰易读、声音更洪亮清楚、教具质量一流。

尽管存在鼓励教师提高学生成绩或压缩课程内容等诸如此类的问题，学生等级评定系统有三个引人注目的特征：第一，它们易于执行；第二，它们提供了一个简单的数字指标；第三，它们给学生们提供了在评价教学质量中的发言权。这三个合乎我们愿望的特征，使得修改学生等级评定系统要比抛弃它明智得多。这就是我们一直在华盛顿大学进行的事情。我们所做的修改，包括一个最重要的方面是，对具有分数——评价相关特征的评价进行统计调整（对评分特别宽松的教师得到的教学评价向下做一些调整），也包括对课程作业量的测量，以评定该门课程对学生的挑战程度。

我们认为，一个理想的教师，可以称之为理想型老师，应该结合宽容型老师和严厉型老师的优点。在他的课程中，学生学习刻苦，能够学到很多知识，这不是因为他们不得不学，而是因为他们想学。

日常生活中的心理学

减少偏见

或许减少偏见的第一步就是要认识到阻力是多么大。例如，男警官和警长一般对女性都怀有偏见(balkin，1988；Ott，1989)，尽管研究结果证实了女性做巡逻警官同样称职。一种观点认为，当女性和少数派的人数增多时，人们对他们的偏见也随之减少。然而，女性在美国人口中已经占有51%的比例，所以，很明显，纯粹的人数并不足以减少偏见。虽然对待少数派的偏见在某种程度上随他们人数增多而减少了，但偏见并没有被消除。事实上，少数本身，也就是单单数字比例，并不能决定人们对他们的偏见是否会产生。例如，人们对男护士一般会产生肯定、积极的态度，而非否定、消极的态度(Ott，1989)。在较大的社会环境中，人们对少数派群体怀有偏见，同时也赋予他们相对较低的社会地位。所以，要减少偏见，就必须采取措施提高受偏见对待的群体的地位。

另一减少偏见的建议是接触假说(contact hypothesis)。认为偏见仅仅通过彼此怀有偏见的社会群体直接接触就可以减少，而与接触的环境无关(Allport，1954)。然而，冲突依然存在于已废除种族隔离的学校体制中，存在于塞尔维亚人、穆斯林和前南斯拉夫的克罗地亚人之间。由此可见，接触本身并不足以减少偏见(N. Miller & Brewer，1984)。确切地说，接触质量对于减少偏见起着重要作用，例如在罗伯洞穴实验的研究中就充分体现了这一点。

要减少群体间的偏见，需要具备如下特点：
1. 两个相互作用的群体必须具有平等的地位。
2. 接触必须包括两个群体的成员之间的个人交往。
3. 群体必须参与合作性的活动。
4. 社会规范必须有利于偏见的减少。

例如，假设在一所大学里，一个宗教群体的成员意识到他们中间有许多人对另一宗教群体怀有偏见。他们决定采取积极的措施去减少他们所观察到的偏见。如果上面的条件都符合，那么这些措施就很可能取得成功。特别是，第一个宗教群体的成员需要把第二个宗教群体视为地位平等。两个群体成员之间需要建立积极的交往，可以进行合作性的活动，例如成立帮助无家可归者的不同宗教信仰者组成的组织。最重要的是，群体成员必须真正愿意减少偏见。这里暗含了另一策略：如果建立谴责偏见或偏狭行为的社会规范，同样有助于减少人们的偏见态度。

另一需要考虑的因素是,利用认知减少刻板印象的使用。克莉丝汀娜·罗察(Krystyna Rojahn)和托马斯·佩蒂格鲁(Thomas Pettigrew)于1992年的研究认为,我们可以通过获得与刻板印象相矛盾的信息来减少自己的刻板印象,例如减少不相关的信息,给自己足够的时间去注意并加工与刻板印象相矛盾的信息,并确保自己注意到矛盾信息与刻板印象的相关性等等。通过注意女警官在收集信息时很称职,在巡逻时的观察报告很有用,同事就会减少对她们的偏见。

无论是在外国,还是在本国,减少或消除偏见的一个最佳方式都是直接去体验另一种文化。学习另一种文化的语言,了解这种文化,并作为这种文化中的个人去体验生活,这些能够帮助我们更好地理解全世界的人类都是相同的这一理念。

思考题

1. 你认为判断行为是否出自真正利他的动机的标准是什么?
2. 一些发展心理学家注意到,青春期对同龄人的从众程度较高的青少年,大有可能在童年时代对父母有较强的服从性。你认为从众与服从之间关系是什么?
3. 一个工作群体怎样避免群体迷思的负面影响?
4. 如何帮助人们避免成为本章所描述的获得顺从策略的猎物?
5. 假定你希望减少自己或别人的攻击行为。你将怎么做?
6. 哪种获得顺从策略最可能得到你的顺从?为什么?

本章摘要

群体

1. 群体是怎样达成一致的?个人在群体中是如何表现的?群体社会心理学的研究者寻求对这两个问题的理解和解释。群体在强调任务功能和强调群体成员之间关系上是有所不同的。
2. 社会助长理论和干扰性冲突理论解释了他人在场如何影响我们的行为效率。
3. 社会性懈怠出现在群体中,可以通过引入评价焦虑来阻止社会性懈怠的产生。
4. 群体经常会发生极化现象。新的论据证实旧的观念,社会规范由此出现。群体内成员在群体极化过程中具有特别的影响力。
5. 可以根据人们解决冲突的原因及其策略来观察群体间及群体内冲突的解决。
6. 一个紧密结合的群体对群体意见一致的关心,大大超过对群体内成员真实的相互作用的关心时,就产生了群体迷思。压力、有偏见的领导和与外界的隔离共同促成该问题的出现。群体需要有子群体的结构、外界的加盟以及强有力的领导阶层来阻止群体迷思的产生。

第十四章 社会心理学：人际和群体的视角

从众、顺从与服从

7. 人们以从众、顺从与服从的方式屈服于社会压力。
8. 所罗门·阿施的研究表明群体成员公开地或私下地从众。背离群体规范的人会遭到群体的抵制。影响从众的因素包括群体规模、群体的凝聚力、性别、社会地位、文化以及全体一致性。多数派通过人数优势而促使别人从众；少数派如果持之以恒，也能对别人的意见产生影响。
9. 运用一些技巧，可以促使别人顺从。例如，正当化、互惠、低价法、登门槛、以退为进、留一手和得之不易等。
10. 米尔格莱姆关于服从的实验表明，大多数被试"在命令下"，会乐于给他人施加痛苦折磨。其他有关研究也证明了米尔格莱姆的惊人发现。

亲社会行为

11. 根据旁观者效应理论，他人的在场分散了个人的责任心，并阻止了助人行为的发生。同样重要的是受害者、旁观者和周围环境的特征。
12. 利他主义是无私的牺牲。心理学家一致认为利他主义是存在的，但对如何定义却观点不一。

反社会行为

13. 偏见的产生基于不完善的论据，这些不完善的论据又是在社会分类和刻板印象的基础上形成的。罗伯洞穴实验研究表明可以通过合作性的活动来减少偏见。当群体为不充足的资源而竞争时，偏见就随之产生（现实冲突理论），或者当人们为了提高自己的自尊及群体自尊，偏见也会产生（社会同一性理论）。要减少偏见，人们必须承认它的存在，一起合作，利用信息共享来克服刻板印象；同时，如果有可能，去体验别的文化。
14. 攻击是给他人造成伤害的反社会行为，它可能是敌意的或工具性的。激素可能会促进攻击行为的产生。人们在电视或电影中看到模拟的攻击行为时，也会学习这些行为。性暴力是模仿攻击行为的一个强有力的例证。痛苦、不适和挫折也会促使攻击行为的产生。
15. 一个群体可能会变成不受拘束的一群暴徒。当去个性化发生时，人们可能出现的行为方式与其独处时大相径庭。
16. 如果我们将作为个体的人的意识与作为社会群体的人的意识同样做到最大化，就能减少攻击。

思考题参考答案

1. 你认为判断行为是否出自真正利他的动机的标准是什么？

   当帮助一个或多个人但助人者却没有利益回报时，这样的行为就是利他的。有人可能会争论，没有行为是百分之百利他的，因为人们在帮助别人时会获得一种愉快的感觉，因此间接地受益于他们所参加的似乎只对别人有帮助的行为。为了回避这个问题，利他的行动可以根据物质利益来表征。但是对行动者而言，存在着明显的物质之外的利益。

2. 一些发展心理学家注意到，青春期对同龄人的从众程度较高的青少年，大有可能在童年时代对父母有较强的服从性。你认为从众与服从之间关系是什么？

   服从要求遵照别人暗示的或者明示的愿望。因此服从一般会促使人的思想朝从众方向发展。例如，当一个儿童服从父母时，这个儿童就是在遵照父母的愿望。这个阶段可能朝着其他类型的从众发展。

3. 一个工作群体怎样避免群体迷思的负面影响？

   一个工作群体避免群体迷思的负面影响的最佳方法是要意识到自己的身份，并经常监督自己的行为，看自己是否有群体迷思的迹象。在理想的条件下，也要有一个群体外的顾问来监督该群体，因为群体内成员可能对自己群体中的群体迷思的迹象并不十分敏感。

4. 如何帮助人们避免成为本章所描述的获得顺从策略的猎物？

   一种方法是，点破这些策略，举出例子，并要求学习者创造出自己的例子，及如何去抵制这些技巧。学习者自己创造例子和反策略是很重要的，这样可使他们的知识变得实用，而不只是无法应用到实践中的书本知识。

5. 假定你希望减少自己或别人的攻击行为。你将怎么做？

   当你所看到的或你欣赏的观点只为自己所有时，攻击就很有可能发生。因此，减少攻击行为的一种方法是尽量去了解别人的观点。

6. 哪种获得顺从策略最可能得到你的顺从？为什么？

  每个人都必须为自己回答这个问题。人们通常会发现互惠技巧特别有效，这是因为它是惟一涉及别人先明确地为你做事情的技巧，因而你可能希望回报别人的恩惠。

田　芬○译
李　锐○校

第十五章 人　格

　　一个人给了我们一件东西，如果我们和这个人吵了一架，不想再记起他，或者我们不再喜欢这件东西，并想找个借口弄个更好的来取代它时，我们便失去了这件东西。当然，当我们在丢弃、破坏或摧毁一些东西时，我们对它们的意图也是同样的。

——西格蒙德·弗洛伊德《精神分析引论》

(Sigmund Freud, Introductory Lectures on Psychoanalysis)

第十五章 人　格

巴特和波特是两兄弟,但对周围的人来说,他们看上去并不相似。巴特是个随和、好交际的人。他喜欢和别人待在一起,喜欢参加聚会。而波特很文静、腼腆,甚至有点孤僻。他宁愿自己一个人待着,而且他几乎从不参加聚会。为什么兄弟俩有如此大的差别呢?我们所提到的这个问题,实质上就是心理学家对人格的兴趣所在。人格(personality)是个体持久的、带有倾向性的性格特征,这些特征概括起来用以解释其行为。研究者已开创出几种方法来研究人格,一些心理学家对个体的人格进行了长期的深入研究,另外一些心理学家为了评估特定时间内个体人格的某一点而进行了广泛的调查,还有一些心理学家进行了个体间人格的单个方面或共同维度上的实证研究。

人格是个体持久的、带有倾向性的性格特征,这些特征概括起来用以解释其行为。罗莎·帕克斯(Rosa Parks)的人格是怎样的呢?她敢于解决城市公共交通中的种族隔离冲突,她是如何获得这样的人格的呢?

在理解和整合人格的观测方面有众多不同的理论。这些不同的理论可以根据第一章里所讨论的心理学中的主要流派进行分类。人格的主要观点的假设和思想更是纷繁复杂,一些观点强调早期经验对理解人格的重要性,一些观点强调人格不随时间变化的高度稳定性,也有一些观点对他们的构想进行了大量的研究和严格的测验。那么，这些不同的观点是如何理解人格的呢？我们如何来比较这些不同的观点呢？大部分心理学家可能都认同下面所列出的，评价不同观点的标准的重要性。

1. 在心理学中的重要性及影响

该观点在不同时期对这个领域的理论和研究进展的影响作用如何？

2. 可验证性

该观点是否提出了可被试验验证的主张，这种主张在实际中是否已经得到验证？

3. 全面性

该理论观点在多大程度上可以给他们打算描述或解释的现象以合理充分的理由？

4. 在心理评价和心理治疗技术应用中的有效性

临床专家和其他从业人员是否可以有效地运用该理论？

这一章将介绍人格理论的一些基本观点：心理动力学、人本主义、认知行为主义、特质论和生物学的观点。每一观点中的理论虽各有不同，但它们之间也有共同成分，在每一观点的评价和总结中你会看到这一点。

心理动力学的观点

问题：为什么弗洛伊德的人格观点影响巨大但同时又备受争议呢？

心理动力学理论的实质

20世纪初，当众多科研机构情绪高涨地钻研着物理（特别是热动力学）定律之时，心理动力学家正构建着强调人格背后的动力过程的人格理论。心理动力学理论认为，每个人都是不同心理能量来源的复杂系统，在一定程度上心理能量的每一不同来源都会推动人们走向不同的方向。当我们观察一个人时，我们所看到的正是来自不同方向的东西在当前的逐步积累的集中体现，这些东西的来源即被心理学家称为"心理能量"。例如，一位家庭妇女的子女会受到诸多因素的影响，这些因素在不同方面都会推动着子女的人格发展。如果妈妈能让孩子感觉到被爱、有价值，子女就会感觉良好，进而持续发展一种安全感和情绪稳定性；但如果妈妈没有给予其安全感，那么子女就会有被丢弃，没人爱的感觉。一个母亲在照料孩子的过程中是高兴的还是勉为其难的，这直接关系着子女的反应方式。在任何时候，它都不仅仅是一些事件这么简单，而是这些事件所包含的感情和思想的集合，这些事件都会影响着年幼儿童的人格形成。

冲突和生物机制

心理动力学理论的另一关键点是强调冲突的重要性。各种不同的能量来源把个

第十五章 人　格

人带进了矛盾和冲突,在这些多样的能量来源基础上产生的行为并不能立刻与所有冲突性的心理驱力相吻合。类似的,心理动力学家也会观察个体与他们所处的社会之间的冲突。例如,内部的心理能量可以以社会接受的方式加速一个人对性成熟的欲望,像父母和孩子间的有关性话题的交流。

适应与发展

生物驱力(特别是性驱力)和其他生物动力在心理动力学理论中扮演着重要角色。西格蒙德·弗洛伊德—第一个伟大的心理动力学思想家,以生物学作为他理论的实质,因为这个理论以及其他一些心理动力学理论都部分地受到了达尔文关于自然选择的进化论思想的影响。心理动力学理论具体研究人们是怎样不断适应环境的,即使他们的努力可能并不总是带来成功。例如,在试着适应环境的时候,人们总是想方设法来对付那些急需解决的问题,就像对待和父母的高度紧张关系一样。他们适应环境的努力最终可能会导致相反的结果。

适应性随着年龄的增长而变化。因此,心理动力学家特别强调早期经验对人格发展的影响作用。心理动力学理论认为,当我们回应内部冲突性的心理动力时,我们的早期发展会影响我们适应外部环境的关键动力。

弗洛伊德理论的另一个关键点是心理动力学理论中生物发展的特点,即决定论(determinism),也就是相信人类行为是由人类很少或几乎不能控制的动力所支配。弗洛伊德认为行为主要受到通常不能控制的动力的影响,特别

西格蒙德·弗洛伊德(Sigmund Freud)是心理动力学范型的主要理论家,被许多人认为是人格心理学的先驱;这是他与女儿,安娜(Anna)的合影。

是性驱力和攻击性驱力。相反,追随弗洛伊德以心理动力学为中心的心理学家,即新弗洛伊德派(neo-Freudians),反对弗洛伊德强调性本能的思想,普遍认为人们在较大程度上都能控制自己的行为。

无意识的重要性

影响我们控制自己的行为的另一重要因素是无意识(unconscious),是一种存在于

我们意识范围之外的心理的内部结构。尽管不同的心理动力学理论在认识无意识的实质上仍有分歧,但每种理论都认为无意识有其特定的功能。尽管新弗洛伊德派比弗洛伊德更少强调无意识的重要性,但我们大部分的行为是由意识理解之外的动力引发的,这种思想仍遍布于整个心理动力学理论。

最终,一些心理动力学理论家从对临床病人的观察(observations)中得出数据,但这些数据都是从不可控观察和非严格实验中得出的。总之,不同的心理动力学理论都是集中于动力过程、来源、心理能量转换、冲突、生物和社会适应、发展变化、决定论和无意识动力以及临床观察。他们强调早期经验和形成这种经验的生物和环境动力。接下来我们应考虑如何把这些存在于不同心理动力学观点的共同特征弄清楚。

精神分析:西格蒙德·弗洛伊德的理论

弗洛伊德被认为是20世纪最伟大的思想家之一。有时他的理论被看做是整个心理学界最具影响的理论。

人格结构

弗洛伊德(1917/1963b)认为心理存在两个基本的水平:意识和无意识(见第五章)。除了意识思维(我们所能意识到的)和无意识思维(我们意识不到的),弗洛伊德还提出了前意识思维(我们意识不到的)的存在。前意识思维是我们当前意识不到的,但比无意识更容易进入意识状态的思维。例如,我们的大部分记忆都处在前意识状态。弗洛伊德还认为心理可以被分为三个基本的结构:本我、自我和超我。本我和超我主要是无意识成分,自我尽管也带有一些前意识和无意识成分,但主要是由意识成分组成。

本我 本我(Id)是在最原始的水平上服务于无意识的、本能的、非理性的原始冲动的人格结构。本我通过原始—过程思维(primary-process thought)起作用,原始—过程思维是一种非理性的、本能驱力的和非现实的思维方式。原始过程思维活跃于婴儿时期,进而活跃于婴儿之后的梦境中。例如,一个婴儿在飞机上、博物馆、音乐厅或报告厅没有人照看,如果他饥饿,他就会哭。

这种思维模式承认内容和形式,但在我们进行逻辑思维时是不能接受的。例如,原始—过程思维的内容可以允许我们满足我们在日常生活中不能满足的性欲望。这种愿望满足会发生在梦或其他幻想中。原始—过程思维的另一表现形式可以在弗洛伊德称之的"舌尖现象"(在第八章中已作描述)中可见一斑。原始—过程思维除了有可以通过梦来表达愿望的功能外,它也可以通过新奇甚至是惊异联系的产生来为创造力提供源泉。

新奇联系与原始—过程思维的其他方面及思维的内容一样不被意识所接受。例

第十五章 人　格

如，原始—过程思维可以包括尖锐的自相矛盾的情节。在一个梦中，你可以完全参与到一件事情的发展当中，然而，同时你也可以作为一个毫不相干的旁观者。在意识思维中，你需要辨明自己是一个参与者还是一个非参与者。

弗洛伊德通过区分梦的显性内容（manifest content，一个人在做梦过程中能记忆的一些事情）和隐性内容（latent content，在梦中表现出的引起显性内容的被压抑的冲动或无意识的东西）来强调梦的自相矛盾的实质，弗洛伊德认为我们在梦中经历的思维过程是不能被接受的冲动的变形。梦的许多成分都是有象征性的（例如，一个盒子可以象征子宫）。一个梦的显性内容可以是躲避一个野兽，但它的隐性内容可能是从野性冲动中寻求保护的需要。人们也通过简约（condensation）作用来掩饰那些不被接受的思想。由此许多不被接受的思想或冲动被聚合成一个梦的形象。

根据弗洛伊德的理论，梦可以提供一种方式以达成我们在日常生活中无法达成的愿望。通过梦达成愿望仅是我们直接满足本我冲动的众多方式之一。直接的满足感使本我冲动的心理能量得到了转换，降低了内部压力和冲突。因为本我一直毫无理性地寻求着对快乐刺激的满足。不管外部现实是否会对那些刺激产生冲击，本我仍然受着快乐原则（pleasure principle）的支配。

自我　自我（Ego）主要是对事件进行有意识的、现实的反应的人格结构。与本我相反，自我受现实原则（reality principle）的支配，它是对知觉到的现实世界的反应，而不是对个人想让世界成为什么样子（本我的主要组成部分）或认为她应该是什么样子的反应。通过现实原则，自我调和着本我和外部世界的关系，决定在多大程度上我们可以表现我们的冲动，在多大程度上必须压抑它们以适应现实。换句话说，自我试着用现实的方式来满足本我的冲动。例如，本我可能有"我想要一大块蛋糕"的想法，然而自我可能让自己选择"一小块蛋糕"。

每个人的自我都源于婴儿时的本我。在整个生命过程中，自我保持了本我与外部世界的联系。自我依赖于继发—过程思维（Secondary-process thought），它基本是理性的、基于现实的，它帮助思考者了解世界，并且以让思考者和其行为的观察者都明白的方式来行动。当你读这本教科书，并试着理解它时，你正进行着继发—过程思维。

弗洛伊德人格结构的第三层是超我。超我是无意识的、非理性的，它是基于一定的规则和禁律的，这些规则和禁律都是我们从父母和其他可能的权威人物那里得到的。超我代表了所有我们内化了的社会规范和价值观。超我的出现晚于本我和自我，大约在3~5岁间。在一定程度上，超我是我们对父母形象的内化——父母这种权威形象告诉我们什么能做，什么不能做；这种内化是以社会规范和价值观为基础的。

超我　超我（superego）受理想原则（idealistic principle）的支配，它根据内化了的权威人物的指令来引导个人的行为，内化了的权威人物让他干什么，他就会干什么，而不会关注理性和外部现实。虽然自我主要是理性的，但超我却并非如此。超我是以是否符合内化了的道德权威为标准，而不是依据我们的行为是否合理。例如，我们很想和一个人发生性关系,但这种关系对我们来说是不允许的——他可能是其他人的配偶。超我会告诉我们打消这个不现实的念头,但本我却坚持这种念头,并促使我们仍然去追求这种关系。

超我包括两个部分:本性(conscience)和自我理想(ego ideal)。大致来说,本性产生于我们违规行为的惩罚经验,但自我理想源于我们良好行为的奖赏经验。换句话说,本性集中于禁止的或其他的问题行为,而自我理想集中于社会(道德)高尚行为。因此,当超我试图支配行为时,它就代表了自我必定与之抗争的第三部分。本我、自我、超我三者之间的关系见图15-1。

结构	思维水平	支配原则	描述
本我	无意识;原始过程	快乐	心理能量和本能冲动的源泉
自我	主要是无意识;继发过程	现实	本我、超我和外部现实的中间调节者
超我	主要是无意识	理想	有本性(基于惩罚的行为习惯)和理想自我(基于奖赏的理想行为)组成

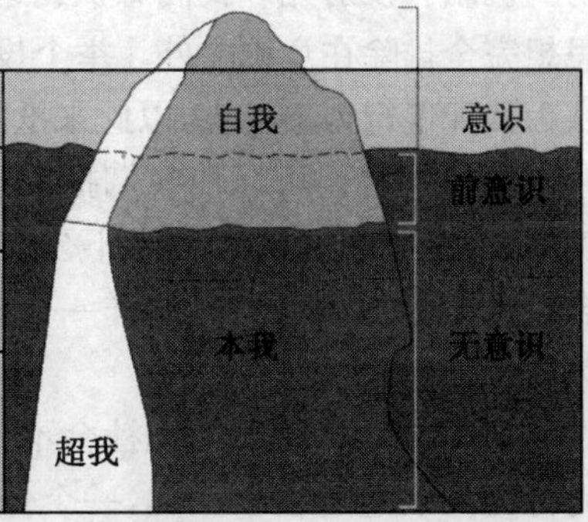

图 15-1 心理动力学理论的人格结构

根据心理动力学的理论,本我、自我和超我是人格发展与表现的基础。

防御机制

根据弗洛伊德的心理动力学理论,本我、自我和超我组成了人格结构,它们也成了人格发展与表现的基础。人格结构的表现形式与个人如何处理来自三层结构的冲突有很大关系。本我的强烈冲动和超我的坚决禁止通常让自我产生困惑。弗洛伊德(参见 A. Freud,1946)提出人们为了解决这些困惑常常采用一些防御机制(Defense Mechanisms),以便从不能接受的思想和冲动中寻求自我保护。这些防御机制的目的就是保护自我免受本我及超我的冲动刺激和禁律所带来的焦虑,就像上面所讨论的想与一个不适合的人发生性关系的例子一样。八种主要的心理防御机制是:否认(denial)、压抑(repression)、投射(projection)、置换(displacement)、升华(sublimation)、反向形式(reaction formation)、合理化(rationalization)和退行(regression)。这些防御机制可以在短时期内缓和我们不愿面对的问题所带来的不适感,但这些问题又是我们必须解决的。从长远看来,这会让我们在寻找问题的解决方法中进行自我保护。

否认 当我们保护自己免受不高兴、不想要的想法或威胁情景的困扰时,否认就产生了。它可能也会消除我们自己的生理感觉所引起的焦虑。例如,酗酒者可能拒绝

第十五章 人格

察觉其明显的酒精中毒信号，青少年可能拒绝承认他们危险的性经历，这种性经历可能会导致性疾病的传播。再者，一个有癌症的人可能"忘记"了对疾病的留意，因此就可以不去进行医护治疗。

压抑 压抑是否认的内部对立面，我们会不自觉地从意识中排除任何我们不能接受和有潜在危险的冲动。例如，一个妇女可能害怕与男人的亲密关系，因为她童年时曾受到了一个成年男子的性骚扰。但是，她压抑有关性骚扰的所有记忆，因此她不会被不愉快的情境所唤醒，也不会联系到对性亲近的恐惧。

投射 投射是一种把自己不愿接受的和可能有危险的思想或冲动推及他人的心理防御机制。投射允许我们意识到这种思想或冲动，并且硬要归于他人，但压抑是把这种思想完全排除在意识之外。举个投射的例子来说，我们会看到这样的情形，一个固执地认为其配偶行为不检点，以此来抵制对他人的性冲动，而这种性冲动是不能被接受的。

置换 置换可以使我们把冲动从引起人的身上转移到另一个安全的替罪羊身上。例如，一个孩子遭到了父亲不公正的惩罚，这个孩子很想打父亲一顿予以报复，但他的自我意识到他不能攻击这样一个颇具威胁的人物，所以，相反，他去欺侮弱小者，攻击无助的同学。

升华 升华是我们把社会不接受的冲动及其心理能量转变为可接受的，甚至是高尚行为的表达过程。例如，一个作曲家或其他艺术家可能将其性能量转向备受社会赞赏的创造性作品上。

反向形式 反向形式是一种把不被接受的冲动和思想转变为相反形式的心理防御机制。我们可能认为自己无意识的想法和感受是我们现实中的想法和感受的对立面，通过让我们自己信服这一点，以此来保护积极的自我认识。例如，我们可能暗自羡慕邻居的豪华轿车，希望自己也能有这么一辆，但我们又意识到花这么多钱在一辆小车上也未免太肤浅和势利了。

合理化 通过合理化，我们可以避免危险的思想，用安全合理的想法来替代对行为的解释。例如，一个妇女嫁给了一个嗜赌如命的赌徒，她可能把她丈夫的行为合理解释成赢一些钱以维持家庭良好的经济状况。

退行 当退行出现时，我们回归到用社会情感发展的早期阶段的特征来思维和行为。例如，当一个新生儿进入家庭时，年长的哥哥或姐姐可能开始模仿更多类似婴儿的行为以引起他人注意，这些行为正是新生婴儿所具有的。当成年人得不到他们想得到的东西时，也会回归到类似婴儿或孩子的行为。通过这种方式，我们可以避免在我们当前发展阶段所经历的焦虑和痛苦，我们感受到的这种焦虑和痛苦可能受到儿童早期发展经历的影响。（见第十一章）

弗洛伊德的人格发展理论

弗洛伊德（1905/1964b）提出，心理性欲的发展（以性和性欲的发展为基础，见第十一章)从一出生就开始了,并且一直持续到成年。根据弗洛伊德,心理性欲的发展主要有四个阶段:口唇期、肛门期、性器期和生殖器期。弗洛伊德认为人格的一系列特征都与他的每一个心理性欲发展阶段紧密相联。口唇期(oral stage)通常发生在 0~2 岁间,这个时期婴儿会表现出吮吸及其他一些口唇活动,他们从中不仅可以得到食物,还可以得到快感。肛门期(anal stage)通常发生在 2~4 岁间,在此期间儿童学着从排尿,特别是排便中获得快感。性器期(phallic stage)通常开始于 4 岁,并一直持续到 6 岁。在这个时期,孩子们开始发现刺激生殖器可以获得快感。这个时期也会产生恋母冲突(Oedipal conflict),在此期间,孩子开始产生嫉妒感,并和同性父母展开竞争,因为他(她)对异性父母产生了浪漫的情感。通常男孩想得到母亲,但又怕激怒强有力的父亲。这源自于古希腊神话,在神话中,一个叫俄狄普斯的青年与父母长久分离,故并不相识,结果他杀掉了自己的父亲并且娶了自己的母亲。女孩可能希望得到他们的父亲,但又害怕母亲的愤怒。(有时称之为"恋父冲突",Electra conflict,源自伊莱克特神话,伊莱克特因被母亲欺骗而怀恨在心,故杀掉了她母亲的丈夫,即她的父亲。)

根据弗洛伊德的理论,恋母和恋父冲突都会导致孩子内心的极大混乱。为解决这一冲突,孩子必须接受对异性父母无法达到性欲的现实。他们对异性父母的直接情感得以升华——以社会更易接受的方式间接排解。弗洛伊德认为这些情感都进入了潜伏期(latency),这是孩子压抑他们对父母的性欲情感,将他们的性欲能量升华为努力生产的领域的过渡时期。实际上,性欲情感在青少年时期会再次出现,孩子对其父母产生过的这种情感现在直接指向了他们的同龄异性者。最后,孩子和他的同龄异性伙伴发展成为一种成熟的关系,因此就进入了最后也是成熟的心理性欲阶段,即生殖器期(genital stage)。

根据弗洛伊德,在心理性欲发展过程的任意一点上,孩子都可能出现固结(fixated),即因不能顺利解决当前的问题而不能顺利进入下一个阶段。特定发展阶段的固结即意味着个体在成年后表现出那个阶段的特征。(见表 15-1)

对弗洛伊德理论的评价

弗洛伊德的理论破除陈俗,但又一直被争论至今。一些心理学家对弗洛伊德研究的被试数量和他的一些理论基础提出了质疑。弗洛伊德的许多观点都来自于他诊断过程中对病人的观察,弗洛伊德的大部分病人都是妇女,而且她们多数是因为歇斯底里症(hysterical symptoms)而转向弗洛伊德的神经病学治疗,歇斯底里症是一种没有找到医学根据的生理不适感,而现在它相对已经较为稀少了。

弗洛伊德对案例进行了精深的定性研究。在此意义上,弗洛伊德对个案进行详细透彻的研究是精深的(intensive)。弗洛伊德没有在被试数量上花大力气应该说弗洛伊德的分析是定性的(qualitative)。然而,其他人运用案例研究也得到了丰富的量化数据。

表15-1 弗洛伊德对心理性欲发展阶段的划分　在心理性欲发展的每一个阶段，弗洛伊德都假设了一系列与该阶段相联系的人格特征。特定发展阶段的固结意味着个体在成年期表现出那个阶段的一些特征。（采自 Freud, 1905/1964b）

时　　期	与固结相联系的特征
口唇期（0～2岁）	表现出一些以口腔为中心的活动：暴食、暴饮、吸烟、神侃
口欲亢奋者	以吸烟和吃为主，快乐的，依赖的，且生活艰苦，希望别人来照顾自己
口欲虐待狂	以咬和嚼为主，有愤世嫉俗和残酷的倾向
肛门期（2～4岁）	
肛门保持性	过分整洁、干净、慎重、强迫性的
肛门排斥性	忧郁、挖苦人、辛辣、常攻击他人、个人习惯懒散
性器期（4岁到幼年）	过分自我中心，自负且傲慢，不现实的自信和自我表现水平
潜伏期（幼年中期）	表现为性欲升华和压抑
生殖器期（青少年期到成年期）	传统的性别角色和异性爱倾向

除了涉及他的理论是基于案例研究的定性分析外，一些心理学家还认为弗洛伊德过于强调性的作用，把性看做是人格发展的理论基础。显然，弗洛伊德提出他的理论有其所处的时代背景，这在他对女性性别角色和性倾向的传统观念中可以看到，从他对正常成年人的感情、思想和行为的性压抑的作用的过分强调中也可以看出。下面将要讨论的一些弗洛伊德的追随者，对弗洛伊德强调性欲的作用上没有给予太大的支持，在性欲发展理论上也没有多少发展。

新弗洛伊德派

弗洛伊德的研究吸引了许多人追随于他，也激起了许多人对他的反对。后来形成的许多理论都受到了弗洛伊德不同领域理论的影响，这一点显示了弗洛伊德理论的巨大贡献。从这个意义上说，弗洛伊德研究的贡献和琼·皮亚杰（Jean Piaget，见第十章）相当，皮亚杰的巨大影响力也鼓舞了许多心理学家去开创他们自己的理论（见 Berg & Sternberg, 1992）。

新弗洛伊德派比弗洛伊德更加强调人格毕生发展过程中与他人、社会持续相互作用的重要性。心理学家亨利·斯坦克·沙利文（Henry Stack Sullivan, 1953）就认为所有人的人格都是通过人际间的相互作用形成的,但大部分的新弗洛伊德派都很少走极端。

阿尔弗雷德·阿德勒的个体心理学(Individual Psychology)

阿尔弗雷德·阿德勒(Alfred Adler)是弗洛伊德最早的学生之一,也是最先反对弗洛伊德的许多观点,背叛他的一些人之一。例如,阿德勒不能接受弗洛伊德关于人是受到竞争和自身体内的本能驱力的伤害的观点。相反,所有个体的心理现象都是统一的,而且它们之间也是一致的。尽管人们的行为看上去不一致或不可预测,但实际上当把它们看做是稳定指向一个单一目标——"超越"(superiority)时,这些明显不一致的行为就可以理解了。

依据阿德勒的观点,我们的人格主要形成于为达到超越而产生的能量,我们是通过变得尽可能胜任自己所做的一切而达到这种超越的。奥林匹克运动员和著名音乐家就是追求超越的典型例子,但我们所有人都会为之努力。这种为超越而作的努力赋予了我们行为的意义和一致性。但不幸的是,一些人感觉他们不能达到超越。当人们基于他们的错误直觉和自卑感来形成他们的思想、情感和行为时,他们就形成了一种自卑情结(inferiority complex,这是阿德勒描述病理成因的独创语)。

除此以外,阿德勒还认为我们的行为主要是由我们对未来的期望(expectation for the future)所导致,它是通过我们所设定的目标而不是弗洛伊德所强调的过去经历和发展而形成的。阿德勒指出,这些对将来所持有的带有动机性的期望是一种虚构(fictions)。因此,在阿德勒的观念中,激发我们动机的不是"实际上什么是真的"而是"我们认为什么是真的"的主观知觉(subjective perceptions)。例如,一个人认为他的同事在背后说其坏话,他很可能以反映他信念的方式来行为,而不管此信念是否有现实依据。

最后,阿德勒认为出生顺序也很重要。他提出长子(first-borns)可能比后出生的孩子更努力,也会达到更高的成就水平。

阿尔弗雷德·阿德勒(1870—1937)认为所有的心理现象都是指向超越的目标,阿德勒"自卑情结"的观点常用来描述那些陷于自卑情感的人的人格。

第十五章 人　格

卡尔·荣格的分析心理学（Analytical Psychology）

就像弗洛伊德一样，卡尔·荣格（Carl Jung）也认为心理可分为意识和无意识两部分。但荣格的无意识和弗洛伊德所提出的无意识差异甚远。荣格提出无意识的第一个层面是个体无意识（personal unconscious），这是储存每个人独特的个体经历和意识水平之下直觉到的压抑记忆的无意识心理部分。每个人的个体无意识仅来自于他（她）自己的经历。荣格认为每个人的个体无意识都以情结（complexes）的方式来组织，情结是有独立功能的集合，它带有无意识的情感色彩，就像关于一个人的母亲、父亲或其他亲属关系的情结状况。尽管荣格关于个体无意识的观点与弗洛伊德更为全面的无意识观点有所不同，但荣格观点中的无意识的另一个层面与弗洛伊德大相径庭，也正是这个观点使得荣格名声大噪。

荣格提出无意识的第二个层面是集体无意识（collective unconscious）。这个水平包括人们从远古祖先那里继承下来的记忆和行为倾向。根据荣格的观点，人类有一个共同的集体无意识，因为我们有共同的远古祖先。因此，我们共同的祖先遗留给我们每个人的是共同的记忆和行为倾向。

卡尔·荣格（1875—1961）认为无意识包括每个个体各不相同的个体无意识和储存于祖先的共同的人格原型的集体无意识。

不同时期的人们倾向于用同样的方式来解释和运用经验的原因就是原型（archetype）的存在，原型是普遍的、遗传下来的人们特定的知觉和行为的倾向。集体无意识中的原型和个体无意识中的情结大致相类似，但情结是个体的，原型是共有的。对荣格来说，神话、故事、宗教，甚至是与跨文化有关的文化习俗都给集体无意识中的原型的存在提供了证据。荣格认为下面所列出的一些原型在人们生活中起着特别重要的作用。

① 面具（persona）。我们所表现出来的人格部分，是我们愿意与别人分享的部分。

② 阴影（shadow）。我们的阴暗面，是包含了我们所认为的自己的害怕、愤恨，甚至是邪恶的部分；是不仅对别人隐藏，也对自己隐藏的部分。

③ 阿尼玛（anima）。男性人格中女性的方面，它表现为温柔的，关心人的，同情他人的，对人热情的，然而它多是非理性的，基于情感产生的。

④ 阿尼玛斯（animus）。女性人格中男性的方面，是女性人格中更理性和更富逻

辑的一面。

我们集体无意识中的其他原型还包括像伟大的母亲、聪慧老人、英雄等,这些原型在神话故事中扮演了主要的角色。荣格认为,若一个男人对人对己总试图掩藏他的阿尼玛,这是因为他反对自己关于男人应是什么样子的理想形象。例如,一个男人可能从不哭泣,或可能从不照顾孩子,认为妇女更应该照看孩子。

荣格认为,原型在我们的人际关系中扮演着重要的角色。例如,男女之间的关系在个体的集体无意识中就发挥着原型的作用。阿尼玛帮助男性理解他的女性同伴,就像阿尼玛斯帮助女性理解她的男性同伴一样。根据集体无意识中的原型,我们可能爱上自己关于男性或女性的理想形象,而不是他或她的现实形象。实际上,人们在他们的关系中的确像是有理想的目标(R. J. Sternberg & Barnes,1985;见第十三章),尽管并不清楚这些理想是来自于哪些集体无意识。荣格认为自我——人格的全部,包括意识和无意识成分,它为通常的人格对立而努力寻求统一。(见图 15-2)

图 15-2 曼荼罗(Mandala Symbols)

卡尔·荣格用曼荼罗(魔术圆环)来表征对统一的追寻,它通常由一个包含有各种几何配置的圆环来代表。在亚洲和世界其他地方的许多文化中,曼荼罗代表着宇宙。

凯伦·霍妮的心理分析理论(Psychoanalytic Theory)

尽管凯伦·霍妮(Karen Horney)受训于传统的心理分析,但后来她与弗洛伊德在几个关键领域都是分道扬镳。她的主要贡献在于,她对弗洛伊德以男性为中心的人

第十五章 人 格

凯伦·霍妮(1885—1952)认为女性真正想要的正是文化仅赋予男性的特权(Horney, 1939)。她自己的职业生涯正是直到一所德国大学愿意接受女性研究医学才有所进展。

格发展观点和女性发展不充分的观念进行了再认识(Horney, 1937, 1939)。或许其中最基本的是,霍妮认为对人格发展来说文化的比生物学的变量更重要。她论述到男女之间的心理差异不是生物遗传或身体结构的原因造成的,而是对两性不同的文化期望所致。她认为女性真正想得到正是那些文化仅赋予男性的特权。(Horney, 1939)确实,她自己的职业生涯正是直到一所德国大学愿意接受女性研究医学才有所进展。

霍妮理论中的基本概念就是"基本焦虑"(basic anxiety, Horney, 1956),它是由于现代文化的竞争而构成潜在威胁的一种孤独和无助感。由于这种竞争氛围,人们对上层社会人士不易感受到的情感有了特别强烈的需要。霍妮(1937)提出我们有三种方法可以保护自己免受基本焦虑带来的不适感。我们可以借助展现让自己接近他人的情感和温顺(affection and submissiveness)来减轻焦虑。另一种方式是攻击,即通过为获得权力、声望和财产而作的努力(striving for power, prestige or possession)来缓解焦虑。我们也可以通过退缩(withdraw)或远离人群,以及简单地避免与他人的相处来缓解焦虑。

对象—关系理论

心理动力学理论的一个同步延伸就是对象—关系理论(object-relations theory)。这种理论研究人们如何与他人建立联系,以及如何把这种关系概念化,这主要依据他们对他人或对象(objects)的付出,对象是生活资料和舒适感的基本源泉的生理代表,像母亲、父亲、朋友、老师等等。在对象—关系理论中,对他人的付出(investments)并不仅仅是本能满足的排泄口。这些对象—关系中的一些是很基本的,并为自我提供构架。例如,一个孩子可能陷于为获得感情而拒绝别人以引起注意的思维,就像拒绝同学,因为这个孩子与他(或她)的父母之间存在着一种拒绝关系。根据对象关系理论,对象—关系成功发展的人情绪稳定,而对象—关系不能成功发展的人则有心理失调的危险(Bacal & Newma, 1990; Kernberg, 1975, 1976; Klein, 1975; Kohut, 1984)。例如,有安全感的成年人能够与他们的父母自由而坦诚地谈及他们之间的关系(Main 等, 1985)。

弗洛伊德特别强调恋母冲突,而对象—关系理论家看得更为长远,特别是在儿童对母亲的依恋问题上(见第十一章中依恋理论的讨论)。从这个意义上说,成人的不适应行为可能是不成功的早期依恋或对待年幼儿童粗暴的、不一致的环境所致(Ainsworth,1989;Herman,Perry,& Van der kolk,1989)。

对象—关系理论与经典心理动力学理论在许多方面都有所差别(Horner,1991;Hughes,1989)。首先,弗洛伊德强调在发展恋母情结阶段中对父母的恐惧,而对象—关系理论则强调在头两年的发展过程中对母亲的依恋(Bowlby 的研究,1958)。其次,弗洛伊德强调冲动满足以及在获得满足过程中无意识的作用,而对象—关系理论强调在人类关系中对依恋的需要,无论成年期还是幼年期。第三,弗洛伊德认为女性发展的实质有问题且难以理解,而对象—关系心理学家则认为男性的发展有困扰(Chodorow,1978,1992;Dinnerstein,1976;Sagan,1988)。在这些心理学家的观点中,鲍尔比(Bowlby)认为,婴儿一开始都是认同母亲的,因为母亲是婴儿接触的第一个人。然而,男孩而不是女孩需要脱离对母亲的这种依恋以建立对父亲的依恋。一开始就认同母亲的倾向是一种生物学进程还是一种简单的文化习俗仍是一个值得商榷的问题。

对象—关系理论把父母和儿童之间的依恋关系看做是人格发展的重要品质。它也影响着个人在自己的一生中与他人形成亲密关系的能力。

对心理动力学观点的评价

用本章一开始就制定的详细标准,表 15-2 对心理动力学研究进行了整体上的对比。就像表中所显示的,心理动力学理论有巨大的影响,但由于它们通常涉及个体且基于个体进行研究,故它们很难进行实验研究。已有的大量研究也是在相对有限的范围之内。对心理动力学理论的理解也是因人而异的,弗洛伊德的理论非常全面,但其他理论却并非如此。这些理论也衍生出了许多广泛的心理治疗研究和技术。

表 15-2 心理动力学理论：批判性评价　心理动力学理论因其在心理学中的影响和全面性而享有很高的声誉。

标　准	心理动力学的观点
在心理学中的重要性及影响	本学派中没有多少研究来验证此理论中的观点，这些研究结果有些是支持性的，也有些是反对性的。第一个重要的心理动力学家，弗洛伊德带动了大部分在人格心理学中颇有影响的心理学家的发展。今天，许多临床心理学家（特别是精神病学家）都忠于弗洛伊德或新弗洛伊德派的观点。
观点的可验证性	理论的可验证性并没有得到很高评价。相对较少的实验，甚至是没有实验来对整个理论进行全面研究、比较和对照。案例研究便于解释，但不够精确。
全面性	合理地解释了人格的观点。弗洛伊德的理论非常全面，阿德勒的和艾森克的也是如此，但其他一些新弗洛伊德派的理论（像霍妮的）却并非如此。尽管荣格的理论也相对较为全面，但它有神秘主义的成分。所有这些理论都是源于对病人的治疗工作当中，这些病人存在着适应问题，与那些遇到的是更为温和、平常问题的正常人相比，他们对经历的非同寻常的问题进行了更多的结构和过程描述。
局限性	比其他一些理论的局限性更小，但构念的数量并不过多。
在评估(a)和治疗技术(b)上应用的有效性	主题统觉测验(TAT)，罗夏墨迹测验和其他一些投射测验都是产生于这些理论。

其他一些具体的批判已击中了心理动力学理论的要害，主要就是缺乏实证研究，理论难以验证。

一些心理学家认为心理动力学理论在关于人类本质的观点中太过决定论和宿命论。下一部分将要详细谈到的人格的人本主义理论就是一种代表性的反对观点，在许多领域都与心理动力学的观点相对立。

人本主义的观点

问题：在人格的人本主义心理学观点中人本主义有怎样的价值？

哲学中的人本主义传统可以追溯到古希腊时代，同时它也反映出了一种哲学观，这种哲学观集中于人类特征及他们与自然界的关系，集中于人类的相互关系，人类事务及人类的世俗价值观。人本主义（Humanism）强调个体成长与变化的潜能。不像其他的生命有机体，人类是以未来为中心的，且进行着有目的的活动。在很大程度上，人们都可以创建自己的生活，决定自己的命运，而不是受他们意识控制范围之外的无法解释的压力所左右。人本主义的非宿命论观点的论述之一就是大力强调意识的作用，而不是无意识的作用。我们现在介绍两位主要的人本主义心理学家——卡尔·罗杰斯（Carl Rogers）和亚伯拉罕·马斯洛（Abraham Maslow）。

卡尔·罗杰斯的自我理论

卡尔·罗杰斯以人为中心（person-centered）的观点特别强调自我和个人的自我知觉。罗杰斯的自我理论（self-theory）关注个体解释现实和人格的方式，而不关注对现实或人格的任何外部的、客观的看法。每个人的自我概念开始于婴儿并且毕生持续发展。这种自我概念（self-concept）是由个人所知觉到的自我的所有方面组成，不管这些知觉是否准确，是否有他人的参与。除此以外，每个人都有一个理想自我（idea self），它是自己希望体现出的个人特征。罗杰斯的主要贡献在于他认为，自我概念与理想自我之间越相似，个人在自己的生活中就调适得越好（C. R. Rogers, 1959, 1980）。一名好棋手总是梦想着自己能成为一名伟大的棋手，能赢得世界冠军，他就不如一名没有杰出棋技理想的棋手感觉满意。

罗杰斯（1978）认为当人们试图发挥他们潜能的时候，他们就会变得越复杂。对罗杰斯而言，人们有着让他们自己随心所欲的力量，只要他们选择运用这种力量的话。

与亚伯拉罕·马斯洛（他的需要层次理论第十二章中已介绍）相似，罗杰斯（1961b, 1980）认为，尽管有些人比其他人会更有效地达到自我实现，但所有的人都会为自我实现（self-actualization）而努力，自我实现是他们的人类潜能的实现。罗杰斯认为，自我实现的人有五大特点：

1. 他们将不断地成长与发展；
2. 他们勇于接受考验，不选择逃避，并且把考验看做是学习的机会。
3. 他们信赖自己，尽管他们也从别人那里寻求指导，但他们将会自己拿主意而不是严格地遵循他人的意见。
4. 他们与别人之间会有着和谐的关系，也会认识到不需要让每个人都喜欢自己。但至少从一些人那里获得有条件的接受，这样让自己可以从成为人人喜欢的需要中解脱出来。
5. 他们将完全生活在现在，而不是沉迷于过去或仅仅为了将来。

第十五章 人　格

亚伯拉罕·马斯洛的整体—动力论

在亚伯拉罕·马斯洛的动机理论中，基于需要层次理论，最高水平的需要是自我实现（见第十二章中层次的完整描述）。马斯洛对达到自我实现的人（那些完全发挥了他们的潜能并成为了最完善的人）的描述和罗杰斯的描述基本相似：达到自我实现的人没有心理疾病，并达到了需要层次的最高峰。他们经历过爱，有着完美的自我价值感。他们不仅无条件地接受自己，也无条件地接受他人，并接受世界带给他们的一切。他们对现实有着敏锐的知觉，能去伪存真，坦诚面对自己。他们在对待别人的态度上是中立的，讲究伦理道德的。就像他们在自己的生活中遇到事情一样，他们是以问题为中心的，客观地看问题，而不是以有关他们自己和他们自己的需要为眼光看问题。他们能够独处，但并不总觉得孤独，他们有规划自己道路的能力。他们构建了自我信念和价值观，他们坚持自己的观点，无需别人赞同。他们欣赏生活，享受生活的乐趣，并且生活得尽善尽美。

马斯洛和罗杰斯关于自我实现的描述可能更多是代表我们为之努力的一种理想，而不是我们许多人能够实现的状况。如果有人，也是极少数的人符合自我实现的所有标准，但许多人在至少一些特定的时候可以满足其中的一些标准。这些标准值得我们去努力，即使我们不可能完全达到。

对人本主义观点的评价

20世纪60年代到70年代早期是人本主义观点的盛行时期，从此以后它的声望就有所衰减。从备受偏爱到遭遇冷落，可能正说明了每一个观点都是它所经历的时代及时代变化的反映。弗洛伊德的理论恰恰反映了维多利亚女王时代的思想，并且当时普遍存在的一些冲突今天已不再常见。确实，弗洛伊德治疗的一些疾病（像他联系到性压抑上的那些疾病）在开放的现代社会已为罕见。类似的，在人本主义流行的时代——20世纪60年代到70年代早期，当人类潜能运动盛行之时，人本主义也非常迎合当时的时代思潮（zeitgeist）或文化氛围。它可能已不能很好地迎合今天的时代思潮了。而且此观点也没有得到实证研究的良好支持。还有，它关注个体的重要性和支配自我命运的机会，以及努力达到自我实现，这些启示在今天可能已不像当时那样有意义。

表15-3总结了对人本主义观点的评价，它还是依据前面评价心理动力学观点的四个标准进行的。当前，人本主义观点可能不能完全解释人格及其发展，但当它用于连接其他观点时可能有很好的作用。的确，它好像更多的是描述我们可以获得的人格特征，而不是我们所具有的人格特征。但人本主义者激励我们超越自身的狭隘想法，充分发挥我们伟大的人类潜能。

表 15-3 人本主义理论：批判性评价 人本主义的理论依然和时代背景有关系。

标　　准	人本主义的观点
在心理学中的重要性及影响	甚至比心理动力学理论的实证研究更少，但其理论依然很重要，集中于个体，个人选择，支配命运的机会，努力达到自我实现。
观点的可验证性	几乎不可验证，其理论假设缺乏足够的精确来进行操作性定义和进行实验。
全面性	尽管该理论论述了人类本质的一些方面（像自我实现的需要或个人潜能），但它还有大量方面没有论述，理论欠全面。
局限性	情有可原的局限，没有一些术语或难以理解的构念。
在评估(a)和治疗技术(b)上应用的有效性	(a) 反对评估，因为测试集中于对来访者划分级别门类，而不是集中个人潜能的发挥；(b) 在20世纪60、70年代有着非常大的治疗影响，但今天的影响甚微。

在下面的章节中，我们将讨论人格的第三种观点，认知—行为主义观点。

认知—行为主义的观点

问题：认知行为主义的观点是什么，它有怎样的特色？

人格的认知—行为主义观点关注于人们如何想，如何行为以及思维和行为如何相互作用。

认知—行为主义观点的理论假设

行为主义学家依据人们行为的方式来探寻对人格的理解。人格的行为主义观点也强调依据形成各种行为方式的环境偶然性来解释可观测的行为。

例如，B. F. 斯金纳（B. F. Skinner, 1974）把人们人格上的差异看做是他们对不同环境偶然性和强化程序的顺从。斯金纳并不否认内部状态的可能存在，但它简单认为它们对科学研究是无效的。因此它们是不适合作为心理学理论和研究的对象的。如果人的人格是通过环境中的偶发事件的强化模式发展而来，那么为何还会明显形成环境适应不良的人格？在斯金纳看来，人们有多种方式可以变得环境适应不良。一种方式是对反社会行为进行强化，比如说，对一个破坏课堂秩序的学生过分关注。另一种方式是对亲社会行为进行惩罚，就像惩罚一个承认自己不小心打破盘子的诚实的

第十五章 人 格

孩子。

因此,行为主义者倾向于强调人们在人格上对环境中偶发事件的反应,并且也试图理解人们怎样对他们不同环境中的偶发事件作出反应。例如,他们可能根据发生在个人生活中的事件强化的低水平来理解压抑产生的原因。相反,认知心理学家关注心理操作过程。认知—行为主义者就关注心理与行为之间的联系。朱利安·罗特(Julian Rotter)和阿尔伯特·班杜拉(Albert Bandura)就是此领域的两个心理学家。

朱利安·罗特的社会—学习理论

尽管朱利安·罗特的理论源于行为主义,但他认为行为不能单单依赖于外部刺激和强化。相反,重要的事情才给于一次特定的刺激或强化。若一个人不断地以一种固有方式行为,那是因为他不断地以一种特定的方式来解释环境,这种心理倾向就可以看做是人格的一部分(Rotter, 1966, 1990; Rotter & Hochrein, 1975)。换句话说,罗特不像斯金纳,罗特不仅仅对于行为方面感兴趣,也对认知方面感兴趣。

朱利安·罗特(1916—)关注人格发展过程中环境事件的重要性,并以此从行为主义角度考虑人格的一些特征。然而,罗特认为环境事件的重要性更多的是存在个体对这些事件赋予的意义而不在于这些现实的刺激或强化物本身。

罗特关注个体对环境的知觉,这就自然引出了什么是最重要的以及他的理论中被最广泛引用的方面:他的内控点的观点与外控点。具有内控点(internal locus of control)的人认为行为结果源于个体内部,内控型的人对发生在他们身上的事倾向于从个人角度找原因。如果一个人在经济衰退期被解雇了,他可能仍将会觉得被解雇的原因在于自己。极端来说,一个内控型的人会将原因错误的归因于内部而不是外部。

相反,具有外控点(external locus of control)的人认为行为的结果源于环境,极端来说,一个外控型的人会不断将原因错误的归因于外部而非内部。如果一个人因能力欠缺或不努力而被解雇,他可能仍会认为是其他因素(老板的偏见,同事的阴谋等)导致的这种结果。这样,一个内控型的人认为他控制着自己的命运,而外控型的人倾向于把命运看做是运气、他人或天命所控。众多的研究,包括一些跨文化研究(Dyal, 1984)已将注意力集中于罗特的理论和他的内外控量表(Internal-External (I-E), Control Scale)上,并且很好地支持了这一观点。

阿尔伯特·班杜拉的社会—认知理论

阿尔伯特·班杜拉的理论强调我们如何思维和如何行为之间的相互联系，它是一种真正的认知—行为主义观点。他的相互决定论（reciprocal determinism）模型把行为、机体变量和环境之间的相互作用看做是人类的功能（见图15-3）。例如，上大学的决定会受机体变量（personal variables）的影响，像在认知、学术工作上取得成功的动机和能力。这一决定也会受到环境事件（environmental events）的影响，比如父亲的鼓励和入学费用。这一结果产生了一种行为——上大学——它会依次影响到此学生在日后生活中所拥有的机遇，像获得那些没上大学的人得不到的职位，同时它也会反过来影响机体变量。

"我告诉他偶尔试着变美不会害他，但我错了。"

人格上一个重要的机体变量是自我效能感（self-efficacy）中的信念建立，自我效能感也就是自己有能力做某事的感受。实际上，自我效能感在实际生活中似乎可以引导我们把事情做得更好（Bandura，1986；Zimmerman，Bandura，& Martinez-Pons，1992；见第十二章）。如果我告诉自己不能做某件事的话，我通常试都不试一下，结果就是我从来没有学习过如何去做。如果我硬着头皮去做，与此同时不断地告诉自己我不会成功，那么在这一过程中，我的消极预期也就会导致自证预言。自我效能在许多领域中都是极好的预测因素。

其他的认知—行为主义者依据图式-建构（schema-based）理论和下面将要描述的社会智力来描述人格。

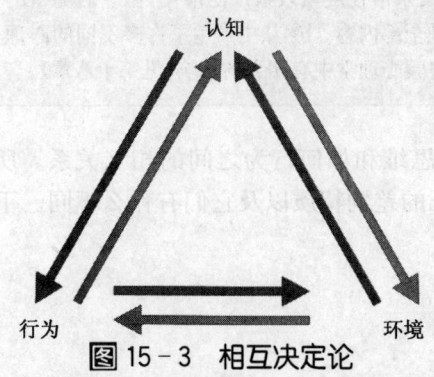

图15-3　相互决定论

阿尔伯特·班杜拉的社会—认知理论强调相互决定论，即思维、行为和环境的相互作用。

对认知—行为主义理论的评价

根据在理论研究中的影响、它的可验证性、全面性和实践应用，表15-4对认知—

第十五章 人 格

行为主义的观点进行了简要评价。人格的认知—行为主义观点在行为转变的治疗上特别有效,可能因为它强调意识作用而非无意识作用。进入和改变我们意识到的东西对我们来说更容易。如果我们行为和思想存在于我们的意识范围之外,并且我们不花大力气就无法意识到的话,我们就很难改变它们。通过对意识的关注,认知—行为主义的观点使我们更直接地适应变化,同时许多有争议的地方也得到了更有效的解决。

表 15-4 认知—行为主义理论:批判性评价 认知—行为主义产生了大量实验研究,至少部分原因是由于它们观点的高度可验证性。

标 准	认知—行为主义的观点
在心理学中的重要性及影响	心理学家在这一领域及其他领域都有大量研究。
观点的可验证性	比心理动力学和人本主义理论有更强的可验证性,有充足的数据。
全面性	与其他观点相比,欠全面。这个理论提出了通过学习获得人格和行为的观点,但它们并没有在人们的差异上细分出维度来。它们比其他理论更少论述人格结构。
局限性	这个理论有较大的局限性,特别是班杜拉的,因为他的理论过于依附其数据,罗特的理论仅次之。
在评估(a)和治疗技术(b)上应用的有效性	(a)罗特的内控点和人际关系信任度量表被广泛应用,但它们测量的仅是人格的一小部分,而不是全部内容;(b)从中产生了许多不同的心理治疗方法(见第十七章),在健康心理学中有相当的影响(见第十八章)。

由于认知—行为主义理论关注于人们如何思维和如何行为之间的相互关系。所以,这些理论没有明确清晰地列出表现人们特征的差别特质以及它们有什么不同。下面将由特质论对这些问题进行阐述。

特质论的观点

问题:我们的人格是基于一系列有差别的稳定特质吗?

特质论强调特质(traits)——一种因人而异的稳定的特征。我们有展现人格的一系列特质吗?或每个人都拥有不同的特质吗?一位资深的人格心理学家:高尔顿·奥尔伯特(Gordon Allport)认为人格的大部分特征是个体倾向(personal dispositions)——

每个个体所独有的特质(Allport,1937,1961)。尽管奥尔伯特也论述到了共同特质(common traits,在个体之间没有差别),但他认为造成我们个体差异的主要还是个体倾向,而不是共同特质。

奥尔伯特还认为每个人身上的不同特质会因它们对个人的不同重要性而有所不同。例如,一些人有首要特质(cardinal traits),它是一种单独的人格特质,它在个体的人格中非常突出,它支配着个体的行为,所以几乎个体做的所有事情都可以归到这个特质上来(Allport,1961)。尽管不是每个人都有首要特质,但所有人都有中心特质(center traits)——个体倾向中的五到十个显著特质,它影响着个人的大部分行为。除此以外,每个人都有次要特质(secondary traits)——与个人行为有一些关系的人格特征,但它并不完全取决于个体的所作所为。

其他心理学家认为,实质上所有人都有这样一组特质,并且他们仅仅是依据个人所显示每种特质的程度不同而有所差异。其中一些心理学家试图通过提出可以完整描绘一个人的一系列特质来全面地描绘人格,而另一些心理学家则从一个单独特质入手,进行了深入研究。

汉斯·艾森克的理论

这个理论被一些研究者所接受的原因就是它的简单易懂,另一个原因就是此理论有着众多研究的支持。汉斯·艾森克(Hans Eysenck,1952,1981)提出人格是由三个主要特质组成:外倾、神经质和精神质。外倾(extroversion)是用来描述善于交际、开朗的、活泼的、爱开玩笑的、喜欢与他人交往的人们的特征。相反,内倾的人是文静的、沉默的,并且大致上是不爱交际的。神经质(neuroticism)是用来描述人们的紧张、情绪不稳定、忧郁、紧迫和苦恼的特征,并且这样的人经常感到担忧。相反,情绪稳定的人们烦恼更少,行为一致,更能调控情绪波动。精神质(psychoticism)的人的特征是孤僻的,在其人际关系中远离他人,缺乏情感,并极少关心他人,缺乏同情心和敏感(见图15-4和日常生活中的心理学专栏)。

"大五"人格特质

你可能已注意到了,许多心理学家,甚至不同流派的心理学家好像都提到了一些相同的关键人格特征(称作特质因素等)。当前,被特质论广泛接受的"大五"("Big Five")人格理论界定出了五个人格特质,这五个人格特质已被不同的研究(特别是因素分析研究)甚至是不同的心理学家所证实。"大五"人格特质是由瓦伦·诺曼(Warren Norman,1963)首先提出,之后许多研究者对其理论提供了支持(像 Costa & McCrae, 1992a, 1992b, 1995; Digman, 1990; Goldberg, 1993; Goldberg & Saucier, 1995; McCrae & Costa, 1997; McCrae & John, 1992; Peabody & Goldberg, 1989; D. Watson, 1989)。

第十五章 人　格

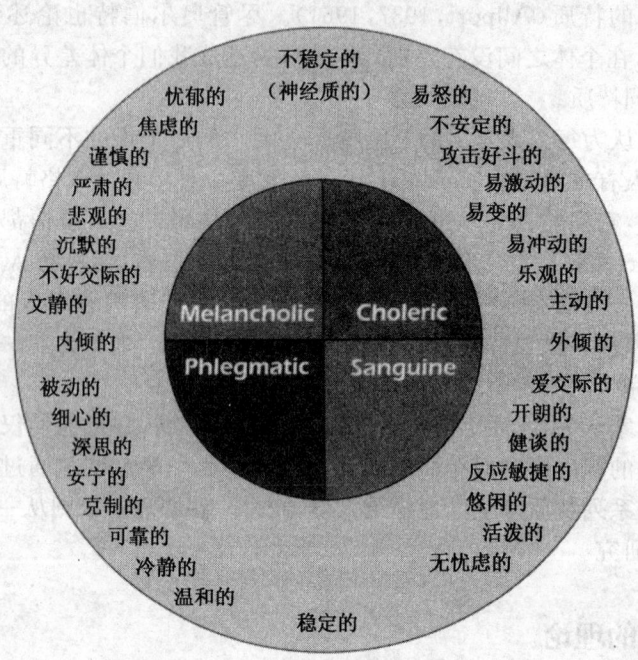

图 15-4　艾森克的人格维度

这个图解释了汉斯·艾森克所描述的三个人格维度中的两个，并呈现了它们与希波克拉底(Hippocrates)的四种气质之间的联系。（艾森克提出的第三个维度，精神质在这里没有呈现）

尽管不同研究者在"大五"的命名上还有所差异，但总体上，他们还是同意把这五个关键特征作为组织和描述人格个体差异的有效方式。下面描述的是在这些特质上高评分的人的特征。

1. 神经质(Neuroticism)：特征是紧张、情绪不稳定、忧郁、强迫、易怒，且有担忧倾向。

2. 外倾性(Extroversion)：特征是善于交际、开朗、活泼、爱开玩笑，且喜欢和他人交往。

3. 开放性(Openness)：特征是有想像力的、智慧的、好奇及有美感。

4. 随和性(Agreeableness)：特征是有悦人的倾向、善良的本性、同情他人及友好。

5. 尽责性(Conscientiousness)：特征是可靠、工作努力、严谨以及关注正确的做事方法。

许多研究证据都对"大五"提供了有利的支持，无论对儿童还是成人，在世界各国的人们都是如此，像在澳大利亚、中国、德国、以色列、日本和朝鲜（Johnson & Ostendorf, 1993; McCrae, Costa, & Yik, 1996; Montag & Levin, 1994; Noller,

第十五章　人　格

Law, & Comrey, 1987；Ostendorf & Angleiter, 1994；Piedmont & Chae, 1997；Wiggins, 1996；Wiggins & Trapnell, 1997）。而且这一系列的特质贯穿于生命全程，甚至一直持续到 90 岁中期，这是研究过的最高年龄（Costa & McCrae, 1988）。其中一些特质与个人的良好情感密切相关，特别是对经验的开放性、随和性和外倾性（Magnus, Diener, Fujita, & Pavot, 1993；McCrae, 1996；McCrae & Costa, 1991）；但其他的特质，像神经质与不良生活调适有关（Ormel & Wohlfarth, 1991）。外倾性上的高分，特别是它与积极情绪相关的方面预示着日常生活中的良好心境（Velting & Liebert, 1997）。

一些研究者看到了艾森克理论和五因素理论之间的关系。一项研究发现精神质（艾森克理论中的一个特质）上的高分的人倾向于低随和性，精神质上得低分的人倾向于高尽责性（Goldberg & Rosolack, 1994）。另一研究表明神经质（艾森克模型中的一个特质）上的低分与外倾性上的高分相关（在艾森克的模型和五因素模型中均存在——Draycott & Kline, 1995）。

当然，并非所有的心理学家都认同"大五"理论。例如，布洛克（Block, 1995）和霍根（Hogan, 1996）就提到有证据显示人们知觉自己人格特征的方式要多于实际的方式，这是五因素理论备受争议的一点（Costa & McCrae, 1995）。但"大五"可能是目前存在的被最为广泛接受的特质理论。

特质有多稳定？

心理学家沃特·米歇尔（Walter Mischel, 1968）对特质理论提出了疑问，认为尽管特质在纸笔测量（paper-and-pencil measure）之间有着高度相关，但它们与任何有目的的行为的相关都很低，通常在 0.30 左右。然而，跨情境的行为并不比人格特质有着更高的相关，这已得到证明。跨情境的行为一致性研究已发现跨情境行为的相关系数在 -0.11 到 0.47 之间（Funder, Kolar, & Blackman, 1995；Funder & Ozer, 1983；Sneed, McCrae, & Funder, 1998）。因此，这些相关集中在 0.2 左右。说起来，与人格特质的相关还要低一点。人格特质的较低的相关可能并不能反映特质理论的局限，但它的明显局限就在于无法解释人们生活中的特质有多稳定。

米歇尔并没说高相关是不可能的或不能获得的。例如，他指出包括智力预测行为时的相关通常都是比较高的。然而，人格研究中的相关如此低，所以，他对人格特质的观点是否有基础根据提出了质疑。米歇尔（1968；Mischel & Peake, 1983）建议人格心理学家应该集中在情境与行为的相关研究上，以取代假设的稳定特质的研究。米歇尔认为稳定特质对行为影响甚微。但今天，米歇尔的批评看上去没有以前有意义了（Westen, 1995）。其一，因为新的特质理论在预测行为上比早期理论有了更大的成效；其二，因为心理学家已认识到了人格与情境如何相互作用的重要性。

生物学的观点

问题：在决定人格的成分上，生物学扮演了一个怎样的角色？

特质理论家转而高度强调特质的终生稳定性。一些心理学家认为人格特质主要是天生的，而且毕生稳定；但其他一些心理学家认为人格特质是有所发展和变化的，尽管发展一定特质的倾向可能在出生时已经存在。发展心理学家罗伯特·普洛明（Robert Plomin，1986，1989）已经对遗传和环境如何影响我们人格的发展变化进行了饶有兴趣的观察。普洛明认为，就像我们生理的成长要在一定的环境构架中受着遗传影响一样，我们的人格及其相关联的特质的成长也是如此。表15-5简要介绍了人格的生物学观点。

表15-5 生物学理论：批判性评价 生物学理论在可验证性上有着很高的评价，它可以在更多的实证研究中得以证实。

标准	生物学的观点
在心理学中的重要性及影响	产生了一些实证研究。
观点的可验证性	可验证的，大部分理论都作了实证意义上的试验预测。
全面性	这些理论集中于人格的特定领域，因此，总的说来并不全面。
局限性	这些理论总体上是十分局限的。
在评估(a)和治疗技术(b)上应用的有效性	(a) 生物学理论还没有研究出有效的人格测验；(b) 一些生物治疗是有效的，但它们并非源于生物学的人格基础理论。

人格和气质的遗传性

研究（参见 Loehlin，1992a，1992b；Plomin，1986，1989，1994，1995）表明，先天遗传和后天教育对我们不同人格特质的发展都有作用，通常在相互作用中得以体现（Lee，1993；Lyon & Gorner，1995）。从同卵双生子的隔离抚养和对比同卵异卵双生子两个角度进行的双生子研究表明，大约一半的个体差异在人格特质中得以体现，同样也体现在智力上。这种差异是遗传性的（Bouchard，1997；Bouchard，Lykken，Mcgue，Segal，& Telegen，1990；Leohlin，1992a，1992b；Loehlin，Horn，& Willerman，1997；N. L. Pedersen，Plomin，Clearn，& Rutter，1997；Tellegen，

Lykken, Bouchard, Wilcox, & Rich, 1988; Waller, Kojetin, Bouchard, Lykken, Terllegen, 1990)。然而,遗传特征可能因研究的特质和被试数量的不同而有所差异,它也会因人们年龄变老带来的问题而有所变化(McGue, Bouchard, Iacono, & Lykken, 1993)。

奇怪的是,甚至态度的一些方面,如宗教态度;行为的一些方面,像儿童观看电视的习惯,成人离婚的可能性等都表现出相当的遗传特性(McGue et al., 1993; Watter et al., 1990; Plomin et al., 1997)。在过去,当社会上绝大多数人还没有电视的时候,观看电视的行为习惯是如何被遗传的呢?直到今天离婚在一些国家还不被允许,那它又是怎样被遗传的呢?很明显,遗传的并不是行为本身,而是导致此行为的个体倾向。例如,离婚的人比那些不离婚的人可能有更多的不满或冲突倾向。

杰罗姆·卡根(1994)和其他学者的一些研究已经真实地表明了,气质——我们对环境中的人或事所作出的相对稳定的个性反应方式(见第十一章)——可能部分是遗传的。实质上,婴儿在一出生时就表现出了气质上的巨大差异。尽管这些差异有些可能来自子宫内的环境差异,但基因上的差异看上去仍有重要作用。

有趣的是,环境产生的特质变化大多发生在家庭内部(within),而不是家庭之间(between)(Dunn & Plomin, 1990)。换句话说,与不同家庭间对待孩子方式的差别相比,家庭内对待孩子方式上的差别更重要,也就是说,是在早出生和晚出生孩子的不同对待方式上的差别。然而我们仍有大量事情要做,就譬如说,这些差别是什么?

个体倾向与气质的生物学联系

一些研究者在寻找人格倾向的直接的生物学原因或联系。一组研究把人格一些方面与基因联系了起来。例如,童年时的多动症和传递多巴胺的基因有关(Cook et al., 1995),接受多巴胺的基因和追求新奇事物的特性相联系(Ebstein et al., 1996)。另一组研究把人格的一些方面与大脑联系在了一起(Davidson & Sutton, 1995)。例如,行为上的抑制——经历强烈的消极情感或面对威胁时感到压抑的倾向——与左半球额叶前部皮层的活性有关(Sutton & Davidson, 1997; 也见 Davidson, 1994)。

一些研究者试图把生物学观点和特质论观点整合起来。例如,一位研究者就提出"大五"理论是有效的,因为它代表了人们进化性适应(evolution adaptations)的结果(Buss, 1994, 1995)。根据这一观点,"大五"理论中的五个特质中的每一个都代表了一种不同的适应。例如,外倾性代表了与他人交往的倾向,随和性代表了与他人相互合作的倾向,(低的)神经质代表了处理压力的能力,对经验的开放性代表了一个人在解决问题时的创新性倾向,尽责性代表了信赖可靠的倾向。然而应该指出的是,这种解释是一种推测性的,而且特质理论主要研究个体差异,而进化论大部分是在研究人类的共性。一种理论的研究能在多大程度上解释另一种理论的研究仍是不清楚的。

交互作用主义的观点

问题：人格是环境、生物学因素和其他因素交互作用的结果吗？

交互作用主义的观点(interactionist perspective)强调个人特性和情境特性之间的相互作用。交互作用主义的观点并不局限于特质理论。事实上，罗特、班杜拉以及其他一些心理学家的观点都可以看做是交互作用主义者的观点。实际上，甚至早期绝对接受认知—行为主义的米歇尔现在也从交互作用的角度来看人格了。

交互作用主义理论的基本思想很简单：特质之间或特质与行为之间的关系依赖于特定的人所遇到的特定的情境。例如，在外倾性和幸福的关系上，交互作用主义者将会提出，外倾者在与他人的不断交往中感到快乐，如果让他们独处的话，他们将是很痛苦的。因此，从交互作用主义的观点来看，人格特质与各种行为之间的联系或者一个特质与另一个特质之间的联系都可以由情境来调和。因此，可能在特质论者仅关注特质，行为主义者仅关注情境的时候，交互作用主义者就会关注到人格特质与情境之间的相互作用(Bowers, 1973; Endler & Magnusson, 1976)。

马克·西登(Mark Synder; 1979, 1983)的自我监控(self-monitoring)模型体现了交互作用主义观点，自我监控是人们监控和改变情境需要的反应行为的能力，一些人(高自我监控者)与不同的人交往就采用不同的行为方式。就像一个学生在教授面前是一种行为方式，而当教授不在时就成了完全不同的另一种行为方式。另一些人(低自我监控者)的行为更为一致，与任何人交往大部分都是同样的行为方式。如果我们想看一下跨情境的行为的一致性的话，那我们就会获得他们监控自己的倾向，因为低自我监控者比高自我监控者的行为更趋一致。

检测人们如何对不同情境进行反应的另一种构想就是感觉寻求(sensation seeking)的构建，感觉寻求可以概括为优先考虑较高的而非较低的感觉刺激(M. Zuckerman, 1979, 1990, 1994, 1998)。感觉寻求高的人有四个主要特征。第一，他们倾向于追求兴奋与冒险，如空中跳伞和蹦极跳。第二，他们倾向于追求新的体验，像到奇特的地方旅游或品尝一些不平常的食物。第三，他们有非抑制的倾向，因此他们更可能会疯狂饮酒或追求性快感。最后，他们对无聊的事情高度敏感，所以总是想方设法打破生活的单调。感觉寻求高的人更容易沾染毒品，在学习和工作中也更容易出现问题(Horvath & Zuckerman, 1993; Zuckerman, 1990)。总的说来，那些根据感觉寻求水平来匹配合作伙伴的人们会更成功(Schroth, 1999)。感觉寻求被认为是受生物学和社会环境双方面的影响。

总之，交互作用主义是在假定人格测量可以对行为进行有效预测的特质论基础上建构起来的，它是由行为发生的特定环境和特定特质上个体的稳定差别决定的。表

15—6概括了人格的特质论观点,表15—7则简要总结了本章所介绍的主要流派及其观点。

表 15-6 特质理论:批判性评价 因为特质理论的基础是因素分析技术,所以它具有高度的可验证性,并且产生了大量的实证研究。

标　准	特 质 论 的 观 点
在心理学中的重要性及影响	像认知—行为主义观点一样,产生了大量的实证研究。
观点的可验证性	高度可验证性:大多数理论都进行了相当精确的预测,特别是与心理动力学和人本主义理论比较而言。
全面性	关注人格整体的理论是全面的,集中于具体特质的理论显然是不够全面的;关于人格特质的发展,特质理论没有其他理论论述的多。
局限性	所依靠理论上:艾森克的理论和"大五"是非常局限的,卡特尔的理论则不然。
在评估(a)和治疗技术(b)上应用的有效性	(a)许多特质理论都产生了相应的人格测验;(b)但这些理论与其他理论相比,产生的相应治疗技术很少;特质理论更多的是关注统计特性,而较少关注动力过程。

表 15-7 人格的五大范型 人格的主要理论范型有精神分析、人本主义、认知—行为主义、特质论和生物学理论。

	范　　型				
	精神分析	人本主义	认知—行为主义	特 质 论	生物学
主要心理学家	弗洛伊德、阿德勒、荣格、霍妮	罗杰斯、马斯洛	罗特、班杜拉、米歇尔(也是相互作用主义者)	艾森克	戴维·巴斯(David Buss);马威·朱克曼(Mavin Zuckerman)
人格基础	心理能量和冲突过程	以未来为中心,有目的的行为和决定我们自己命运的人类的独特能力	影响行为的环境和思维之间的相互作用	以先天和后天的相互作用为基础的赋予个人个性特点的个体差异的稳定来源	进化性适应/生物学归因(例如荷尔蒙的影响)

第十五章 人　格

续表

	范　型				
	精神分析	人本主义	认知—行为主义	特质论	生物学
人格理论的主要特色	(a) 童年经历深刻影响着成人的人格，发展变化贯穿于生命全程。 (b) 人格是决定性的，它主要是由个人几乎不能控制的驱力产生。 (c) 在形成人格和行为过程中无意识是非常重要的。	人格受个体的意识控制，它是非决定性的。	(a) 对环境中的刺激和事件以及他们自己的行为如何去思维和赋予意义形成了它们的人格和行为。 (b) 人们需要感觉到他们自己有能力控制周围的环境。	一些心理学家认为所有的人都有同样的一系列特质，但它们在多大程度上表现这种特质就是个体差异了。其他心理学家认为每个个体都有着自己不同的一组特质。	生物学理论家认为人格研究最好是在理解个体差异的大脑生理基础上进行。这些理论家可能一代接一代的研究着特质的神经或化学传递过程。
理论发展的基础	因心理问题而寻求帮助的个体的案例研究。	人本主义哲学，个人体验和临床实践。	实验结果，也包括人格测验的应用和发展。	特质论者通常运用相关法和因素分析来分析他们的数据。	生物学理论家运用一系列广泛的方法，包括大脑扫描和基因研究。

既然我们已经了解了人格的不同概念，接下来就让我们看一下如何测量人格。

人格测量

问题：人格是如何测量的？

投射测验

基于心理动力学理论的许多评估技术都来自于对无意识的探索。这些技术被称作投射测验（project tests），因为个体可能的无意识冲突可以投射（向前或向外驱动）到对评估测验的反应当中，就像一个图像可以被投射到银幕上。许多投射测验（当然，在此仅介绍一些）在对心理动力学理论的评估上都被证明是有效的。基于心理动力学理论的最著名的测验是罗夏墨迹测验(Reschach Inkblot Test)。

罗夏墨迹测验

早在1921年,赫尔曼·罗夏(Hermann Rorschach)就设计了至今仍被广泛应用的罗夏墨迹测验。起初,罗夏本打算把他的测验应用到精神障碍的诊断上,但今天在世界各地被广泛应用于人格评估。使用该测验的人认为它提供了一种探索病人需要、冲突和欲望的手段(Erdberg, 1990; Exner, 1978, 1985; D. Raparport, Gill, & Schafer, 1968)。

这个测验包括10张对称的墨迹图案,每张图案分别印在一张卡片上。其中5张卡片上的墨迹是黑白的,其他5张是彩色的。图15-5是罗夏墨迹测验卡片的一个图例。罗夏有意将墨迹设计成非文字性的。尽管墨迹看上去并没有什么特别,但被试会把其中的图案看成人、昆虫、蝙蝠和树,并且通常用一种模式来描述许多东西。主试仔细记录被试对每一墨迹的描述。使用罗夏墨迹测验的心理学家认为,因为人们把自己的内心投射到对图案的描述中来,所以他们可以看到墨迹中蕴含的不同的事物。人们的回答可以揭示他们心理特质的某些方面。

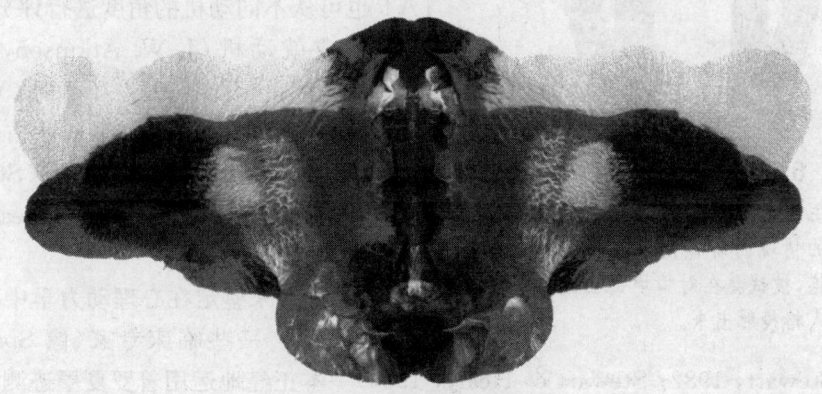

图15-5 罗夏墨迹测验

这个测验的一种评分方法就是考查以下四个因素:位置,一个人看到的是墨迹图案的哪一部分;决断,被试在回答时对墨迹的三个特征——形状(F)、运动(M)和颜色(C)的运用;内容,像主导事物是人、动物、地势、性目标还是行为,等等;还有回答的普遍性,个体给出的回答与一般人相同,还是他个人独创。

尽管罗夏设计了许多评价系统,但当前应用最广泛的当属约翰·爱克斯纳(John Exner, 1974, 1978, 1985; Viglion & Exner, 1983)的"综合系统"("comprehensive system"),他考虑到了四个方面的因素:被试所描述的位置、因子、内容和普遍反应。

第十五章 人 格

主体统觉测验

另一种被广泛应用的心理动力学评估工具是主体统觉测验（Thematic Apperception Test，TAT；C. D. Morgan & Murray, 1935；H. A. Murray, 1943b）。在主体统觉测验的实施过程中，主试向被试呈现一系列模棱两可的但代表现实的图片，让被试回答是什么导致了这一幕，图中正发生着什么以及将会发生什么，通过这种方法，他们的情感便被投射出来。统觉（Apperception）指的是个人信息投射到知觉到的刺激中来。亨利·莫里（Henry Murray, 1943c）提出主试在对TAT进行评分时必须考虑六个方面：(1) 故事的主人公，(2) 主人公的动机、行为和情感，(3) 作用于主人公的环境带给他的压力，(4) 故事的结局，(5) 影响故事人物的环境刺激的类型，(6) 故事中呈现出的兴趣和情感。（见图15-6）

TAT也可从不同动机的角度进行评分（见第十二章），像成就动机（J. W. Atkinson, 1958；McClelland et al., 1953）和权力动机（Veroff, 1957；Winter, 1973）；它也可以用来评估心理动力学上定义的防御机制的个人运用（Stewart, 1982；Stewart & Healy, Sokol, Healy, & Chester, 1986）。

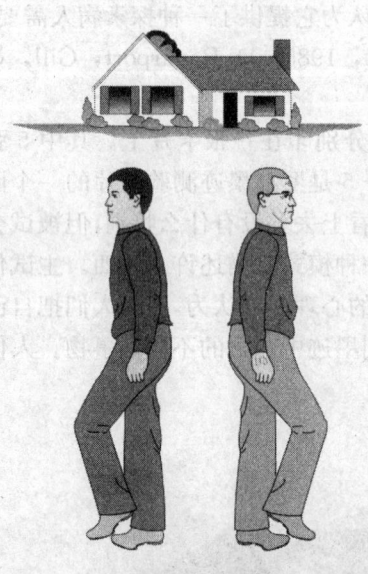

图 15-6 主体统觉测验（TAT）
在主体统觉测验中，像这样一个模棱两可的情境的解释便可用作测试被试的人格，被试会在对情境的描述中把自己的人格投射出来。

我们依据什么来鉴定在心理动力学中评估人们的各种工具呢？一些临床专家（像Spangler, 1992；Stewart, 1982；Stewart & Healy, 1989）一本正经地运用着罗夏墨迹测验和主体统觉测验等投射测验。其他一些学者却认为这些测验会导致临床专家的错误判断（Mischel, 1977, 1986），譬如测验的解释是依据临床专家希望看到的测验数据，而不是依据内涵的实际测验数据（参见 L. J. Chapman & Chapman, 1969；Dawes, 1994）。投射测验评分的主观性已使得许多心理学家转而依靠客观人格测验了。

客观人格测验

客观人格测验（Objective personality tests）是运用标准的（即客观的）和统一的程序来实施评分的评估工具。这类测验中较为流行的两个测验是NEO五因素问卷和修订版的明尼苏达多相人格问卷（Minnesota Multipbasic Personality Inventory，MMPI）或明尼苏达多相人格问卷-2（MMPI-2）。

第十五章 人格

NEO人格问卷修订版（NEO-PI-R；Costa & McCrae，1992c）是早期工具NEO-PI(Costa & McCrae，1985)的继承版本。NEO-PI共包含240个题目，它是测量"大五"理论中的五个因素（神经质、外倾性、开放性、随和性、尽责性）的一个自我报告问卷，不管陈述是否描述个体的特征，个体都需作出判断。

评估异常行为时应用最为广泛的客观测验就是明尼苏达多相人格问卷（MMPI，Hathaway & Mckinley，1943）。这个测验并非仅以心理动力学为基础，实际上，各种观点的心理学对它的持续发展都有所贡献。MMPI包括550个题目，覆盖了相当广泛的主题。测验使用者以"对"（true）或"错"（false）对每个题目进行回答，示例如下（Hathaway & Mckinley，1951，p.28）：

| 我经常感到有些东西好像不是真的。 | 对 | 错 |
| 有人对我怀恨在心。 | 对 | 错 |

就像图15-7中所显示的，MMPI包含4个效度量表（validity scales）和10个临床量表（clinical scales）。效度量表是临床专家用来评估其他量表的可信程度的。例如，说谎量表（Lie Scale，L）是测量被试试图以他人赞许的方式来过度表现自己的趋势。临床量表测量10种不同的异常行为方式。例如，在第六个量表，妄想量表上得分高的人有妄想、浮夸的思想倾向。

量　　表	缩　　写	可能的解释
效度量表		
疑问	?	与未作回答的题目数相等
说谎	L	说谎或社会赞许性高
诈病	F	夸大身体不适或随意回答
校正	K	否认（掩盖）问题
临床量表		
疑病	Hs	关注和抱怨身体
抑郁	D	沮丧、负罪感，有负罪和痛苦的感觉
癔症	Hy	通过表现生理病变来反应压力，缺乏洞察力
精神病态	Pd	不道德的，违背法律的，混乱的关系
男子气-女子气	Mf	对异性表现出兴趣以及刻板的行为模式
妄想	Pa	对人性的怀疑、不满，非常怀疑人生价值
精神衰弱	Pt	焦虑、担忧、高度紧张
精神分裂	Sc	困惑的、紊乱的、无判断力的，有荒诞想法
轻躁狂	Ma	精力充沛，坐立不安，活动过多，容易厌倦
社会内向	Si	内向的、胆怯的、害羞的，缺乏自信

第十五章 人 格

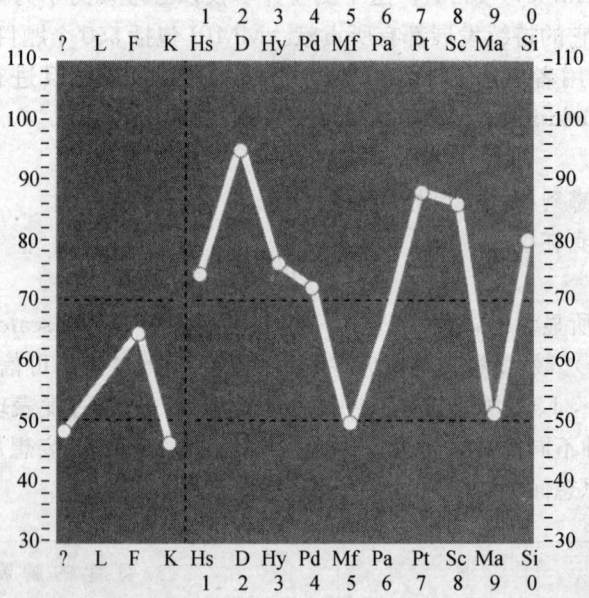

图 15-7 MMPI 轮廓图及其解释

上图是一个病人的 MMPI 得分的轮廓图。每一列是本量表测量的各个维度,左边显示的是效度(量表)的测量,像此人有无说谎(L),右边显示的是人格维度。

MMPI 有许多优点。首先,这个测验是客观评分,避免了投射测验评分和解释的主观性。第二,此量表被广泛应用,因此获得了大量数据,可对分数进行解释和比较,并可描述被试分数轮廓图。量表提供的数据不仅可以用来理解人们的人格障碍(Kolotkin, Revis, Kirkley & Janick, 1987),还可以预测身心健康。例如,抑郁量表上的高分可能预示个体日后会得癌症(Persky, Kempthorne-Rawson, & Shekele, 1987)。第三,它包含了一些效度量表,可以帮助临床专家评判结果的可靠程度。第四,量表覆盖了相当范围的异常行为。

MMPI 也有一些问题,主要的缺点就是很难弄懂如何解释 MMPI 的回答。当被试仅以"对"或"错"来回答一系列问题时,他们可能感觉自己是以一种特定的印象来解释问题,而并非文字意义上的回答。而且,尽管 MMPI 是以评估人们关于他们像什么或者他们的时间用来干什么的印象痕迹,但这些回答并不一定与他们的真正意愿相一致(见 Helmes & Reddon, 1993)。MMPI 的新版本(MMPI-2)解决了这里提到的一些不足(Butcher, Dahlstrom, Graham, Tellegen, & Kaemmer, 1989)。

在美国和其他一些地方,MMPI 也被广泛应用到少数民族的人格测量(Butcher & Pancheri, 1976)。当临床专家将 MMPI 应用到美国少数民族的时候,需要做许多修正(R. L. Greene, 1987)。需要修正的主要原因是在,制定测验常模的最初标准样本中没有包括民族和种族样本——或者说代表性严重不足(Butcher & Williams, 1992; J. R. Graham, 1990)。当 MMPI 进行跨文化的应用时,其他一些问题也必须给予考虑。例如,本测验在非英语国家进行使用时,就必须对它进行认真翻译。而且,在其他背景下的人们可能不熟悉测验的设计思想,所以,他们可能不愿做自己不感兴趣的任务,或者误解执行该任务时测验对他们的要求。

本章介绍的人格理论和观点主要集中于正常行为的人格特征,但许多心理学家都对人格感兴趣,特别是那些临床心理学家对变态人格很感兴趣,这一类人格我们将在下一章具体介绍。

相关研究

人类气质的研究杰罗姆·卡根,哈佛大学(Jerome Kagan, Harvard University)

人类气质是心理构架、行为、思维、情绪与它们假定的生物基础的综合。因为许多气质类型是基于大脑中不同神经化学结构的结果,所以科学家将来会发现许多种气质。我的实验中研究了两种常见的气质:抑制型(inhibited)和非抑制型(uninhibited)。前一类指的是这样一些孩子,当他们遇到陌生人,到不熟悉的地方或场合中时表现出害羞、胆怯,以及退缩等特征。非抑制型的孩子在接触不熟悉的人、物或事件时并不胆怯,而且表现得非常兴奋与热情。

经过对动物的研究,揭示了杏仁核及其与大脑其他部

第十五章 人 格

位的联系对回避和接近陌生事件的倾向有重要作用。杏仁核是含有大量神经递质的神经末梢,神经递质在恐惧行为的表现方面有着重要作用。因为杏仁核中有一个感受性很低的兴奋点,它可以导致婴儿强烈地自动放电和刺激感受性,所以我们对一组四个月大的婴儿进行了观察,在试验过程中,他们会看到一些有趣的可视刺激或听到人们简短的讲话声音。大约20%的婴儿表现出了大量强烈的自主运动或哭叫,这些婴儿被称作是高反应性的婴儿。相反,大约40%的婴儿表现出了相反的一面,他们的特征是自主运动很少,没有烦躁或哭叫,这些婴儿被称作是低反应性婴儿。假设高反应性婴儿有一个易兴奋的杏仁核,所以应变成抑制性儿童,而低反应性婴儿应变成非抑制性儿童。

当这些孩子14个月和21个月大的时候,我们在实验室中进行了再次观察,在实验过程中,他们会遇到各种陌生的人和事物。先前反应性高的儿童比反应性低的儿童表现得更为恐惧。

当这些孩子4岁和7岁的时候,我们又进行了一次评估。我们又一次发现婴儿期反应性高的儿童比反应性低的儿童更为安静、含蓄和焦虑,反应性低的儿童现在是自发性的,爱好交际的,而且很少焦虑。

在这些孩子10岁时,我们对他们又进行了评估。这两组孩子表现出与他们气质相关的不同心理特征。像理查德·戴维森(Richard Davidson)和内森·弗克斯(Nathan Fox)这些科学家提出,回避和恐惧新奇事物的儿童或成人在休息状态下大脑的前额右部比左部表现出更高的活性。因为杏仁核的神经冲动被传到前额叶,所以,前额右部的高活性反映了前额右部比左部表现出更高的脑电活性。

另一种用来区分不同组群的生理测量方法包括脑干听觉唤醒电位。脑干结构以一种称为诱发电位的电反应方式对听觉刺激产生反应,下丘脑就是这些结构之一,它是一个在听觉能量产生后的5、6毫秒内引起诱发电位的一种成分。下丘脑是由杏仁核支配,因此杏仁核易兴奋的儿童比不易兴奋的儿童应该会在下丘脑处产生更高的诱发电位。

这些结果反应了高反应性儿童在丘脑引发的相关事件的诱发电位上明显高于低反应性儿童。然而要重点指出的是,情况并非总是如此。除此以外,有些儿童过去是高反应性的,2岁时有恐惧的表现,从下丘脑引发的诱发电位是较高的,但他们10岁时在实验室里并非特别恐惧或腼腆,而且这其中的一些孩子告诉主试他们既不害羞也不焦虑,他们的父母也同意这些描述。这一事实表明:生物学过程和同步的行为表现类型之间出现分化的可能性,生物学过程是由气质类型的部分基础产生而来的。但生物学并非总是定论。要不然,怎么会有俗语"切勿以貌取人(You can't judge a book by it's cover)"。

高反应性的气质类型可能会决定一种害羞、胆怯的个性,但更可能抑制非抑制性气质的发展,意识到这一点是很重要的。不到20%的过去表现为高反应性的儿童不断地感到恐惧、害羞,他们从 1 岁一直被压抑到 7 岁,但是,没有一个高反应性婴儿形成一种稳定的非抑制性行为的特征。因为 80%的高反应性婴儿并不是一直表现出害羞、胆怯和回避。高反应性气质决定抑制性层面的说法是一种误导。更为准确的结论是,出生时具有高反应气质的婴儿限制了孩子成长为一个一贯热情的、爱交际的、无畏的儿童的可能性。

日常生活中的心理学

日常生活中的精神异常

我们会常常听说一些我们不愿接触的人:性掠夺者、杀人狂、恐怖分子等等。这些制造新闻效应的扭曲了的人有一些特殊的人格特征吗?

根据汉斯·艾森克的观点(1975),大部分这样的人通常都有一种显著的共同人格特征,那就是艾森克提出的精神质上的高水平。精神质是一种精神异常倾向。(可参看 Liebert & liebert, 1998,此摘要从中节选)。高精神质的人表现出的常见特征为:他们很孤僻,很少关心他人;同时他们也是社会的不稳定因素且不能适应社会;他们有一种残忍、兽性的倾向,并且麻木不仁;他们缺乏同情心和对他人的真实情感;他们喜欢一些轰动性的事件;他们敌视他人,并有攻击反应;他们可能很古怪,喜欢做一些奇特的或不同寻常的事情或采用一些奇特的行为方式;他们通常是鲁莽行事,不知道顾忌明显的危险;在社交场合,他们表现粗暴,可能喜欢尴尬场面或打扰别人;他们倾向于反抗公认的社会习俗,避免较为亲近的人际交往;他们很容易冲动(Roger & Morris, 1991),有许多学校问题(Furnham & Medhurst, 1995);他们可能不相信宗教信仰(White, Joseph, & Neil, 1993),几乎不去教堂或进行祈祷(Lewis & Maltby, 1995; Maltby, 1995),他们也可能更易沾染毒品,从事危险的性活动(Fontaine, 1994)。

思考题

1. 在本章提到的所有人格理论中,你感觉哪一个最合理,也就是说,哪一个最能有效地阐释人格?为什么?
2. 人本主义和认知—行为主义理论在哪些方面的人格观点与心理动力学理论的观点是相同的?这两种理论与心理动力学观点又有怎样的区别?
3. 假设你是维多利亚女王时代生活在维也纳的一名神经科专门医师,你的许多病人都是妇女,一些病人向你求助,请求你治疗她们的歇斯底里症(也就是说,因为你没有药物治疗而产生的生理不适)。你可能怎样帮助你的病人,你可能提出什么理论来解释她们的病因?
4. 你会采用什么方式使你的重要他人或孩子(假设或事实)确信你有信心进行无条

件积极关注？
5. 根据你自己或你熟悉的人，你认为什么是最基本的人格特征？
6. 你的自我图式可能以什么方式限制你的灵活性？你又会以什么方式来提高你的灵活性？

本章摘要

1. 人格评判可以依据很多标准。在心理学中这样五个标准是很重要的：重要性和影响，可验证性，考虑心理现象的全面性，局限性和应用领域的有效性。

心理动力学的观点

2. 弗洛伊德创建了重要的心理动力学理论。它强调动力和生物适应过程，这个理论也强调早期发展对个人适应环境的影响。
3. 弗洛伊德的理论强调心理活动中无意识的作用。他描述了心理的三大成分：本我（它主要是本能性的、易冲动的，追求性和攻击欲望的直接满足）、自我（它是理性的，以有效适应现实世界的方式来满足本我）和超我（它是非理性的，以主观道德约束来避免惩罚）。本我受快乐原则支配，自我受现实原则支配，超我受理想原则支配。
4. 弗洛伊德的八种防御机制包括否认、压抑、投射、置换、升华、反向形式、合理化和退行，弗洛伊德认为人们运用这些防御机制来保护自己免除不能接受的思想和冲动的伤害。
5. 弗洛伊德的理论主要是在他的神经病学/精神分析实践过程中对病人的个案研究的基础上形成的。他也把释梦进行了广泛应用，把梦区分为显性梦和潜性梦。
6. 新弗洛伊德派——像阿德勒、荣格和霍妮——最开始是以弗洛伊德的理论为基础的，但他们都逐渐形成了自己的心理动力学理论。大多数新弗洛伊德派者的理论比弗洛伊德的理论更偏离决定论，它们更关注童年以后人格的持续发展，也考虑到了个体人格表现出的所处的广泛的社会背景。特别要指出的是，阿尔弗雷德·阿德勒提出了自卑情结的观点；卡尔·荣格提出无意识有多种层面，如个体无意识和集体无意识；凯伦·霍妮提出了导致人们孤独感的基本焦虑的观点。
7. 当前心理动力学的更多理论，包括对象-关系理论都注重人们如何构建他们自己与他人关系。
8. 心理动力学理论主要是因为它缺乏实验支持而广受批评。

人本主义的观点

9. 人本主义理论与心理动力学观点相对，它强调个体的责任感，重视人类本身的体验。
10. 罗杰斯的个人—中心的人格观点可以被看做是自我理论。罗杰斯构建了自我概念(个体知觉到的自己所包含的自我的方面)和理想自我(个体希望自己所包含的自我的方面),并且强调修缮其中之一的重要性,以达到两者尽可能的一致。
11. 马斯洛强调健康人格发展中自我实现的重要性。
12. 人本主义理论不像其他理论那样有影响,但它的优点是高度强调每一个人类个体的价值。

认知—行为主义的观点

13. B. F. 斯金纳和其他标准的行为主义者试图单单依据从环境偶然性体现出来的行为来解释人格,而不再进行心理描述。
14. 罗特运用认知—行为主义的观点来解释人格。强调知觉到的内控点人格维度,它与外控点相对应。
15. 班杜拉也是一个认知—行为主义理论家,他强调我们如何思维和如何行为之间的相互作用。自我效能感是人格的关键方面。
16. 认知—行为主义理论产生了大量的实证研究和临床评估应用,部分原因是由于此理论很容易得以验证。它们的各种局限也存在于一个又一个理论之中,但这些局限被理论的全面性所掩盖。

特质论的观点

17. 特质是赋予个人特征的个体差异的稳定来源。
18. 和弗洛伊德强调无意识的作用完全相反,高尔顿·奥尔伯特强调经验知觉意识的重要性。奥尔伯特提出一些人有首要特质,它非常重要,几乎可以解释个体的所有行为。除此以外,所有的人都有中心特质(非常显著的特征)和次要特质(不太显著的特征)。他们的行为通常可以通过中心特质来解释,但在一些情境中,他们的次要特质也起着重要作用。其他一些心理学家已经对奥尔伯特的一家之言进行了修正。
19. 汉斯·艾森克提出人格包括外倾、神经质和精神质三个特质;其他一些研究者对"大五"理论(神经质、外倾性、开放性、随和性、尽责性)进行了广泛的研究。
20. 因没有考虑影响行为的情境因素,沃特·米歇尔对现存理论进行了批评。人格理论和测量的最新进展倾向于缓解米歇尔的这种批评压力了。

生物学的观点

21. 先天因素和后天因素对人格特质都有影响,在孰重孰轻的问题上,不同的心理学

第十五章 人 格

家给予了不同的强调。
22. 一些心理学家把人格特质与大脑机能联系了起来。

交互作用主义的观点

23. 当代一些心理学家强调交互作用的观点。此理论注重特定人格和特定情境的相互作用。马克·西登的自我监控模型就是该观点的例证。自我监控是人们根据他们知觉到的别人想看到或听到什么来调整自己行为一致性的模型。另一个例证就是马威·朱克曼的感觉寻求模型。

人格测量

24. 投射测验是促使个体在回答开放式问题中投射他们的无意识特征和冲突的测验，它是传统心理动力学的产物。这一类测验包括罗夏墨迹测验和主题统觉测验（TAT）。
25. 与主观等级评定者必须求助于投射测验相反，人格的客观测验正是因它评分的客观性而得名。应用最为广泛的两个客观测验是 NEO-PI-R 和 MMPI-2。

思考题参考答案

1. 在本章提到的所有人格理论中，你感觉哪一个最合理，也就是说，哪一个最能有效地阐释人格？为什么？

   当然，任何人都肯定是根据自己的想法来回答这一问题。今天，许多特质理论家都接受了"五因素"理论，因为它看上去好像弥补了人格主要方面的许多共同局限，一些研究者认为其他人格理论更有用。其实，没有一个"正确"的人格观点，目前，没有哪一个人格理论可以达到像过去弗洛伊德理论的统治地位。

2. 人本主义和认知—行为主义理论在哪些方面的人格观点与心理动力学理论的观点是相同的？这两种理论与心理动力学观点又有怎样的区别？

   人本主义和认知—行为主义的观点和心理动力学观点都强调人格发展，特质理论则不然。人本主义和认知—行为主义比心理动力学理论更少强调早期经验和决定论思想。

3. 假设你是维多利亚女王时代生活在维也纳的一名神经科专门医师，你的许多病人都是妇女,一些病人向你求助,请求你治疗她们的歇斯底里症(也就是说,因为你没有药物治疗而产生的生理不适)。你可能怎样帮助你的病人,你可能提出什么理论来解释她们的病因?

　　如果你是一个弗洛伊德主义者,你可能试着寻找一些病人早期的创伤性的压抑体验来解释病症。你可能用广义的心理分析来揭露这些经验,并且帮助病人了解这些经验在她生活中的重要性。

4. 你会采用什么方式使你的重要他人或孩子(假设或事实)确信你有信心进行无条件积极关注?

　　你可以做的第一件事是,当你批评的时候要对事不对人;另一件你可以做的事是,即使在你批评人的时候,你也强调你对其进行着无条件积极关注。

5. 根据你自己或你熟悉的人,你认为什么是最基本的人格特征?

　　任何人肯定都是根据自己来回答这些问题。一些人就五因素理论提出了见解,原因是五因素理论主要是通过对人格的内因反应(观念)的分析得来。

6. 你的自我图式可能以什么方式限制你的灵活性?你又会以什么方式来提高你的灵活性?

　　人们都有构思自己的特定方式。例如,他们可能将自己构想成内倾者,那么他们就回避人们,因为他们认为自己是回避他人的那一种人。或者他们把自己构想成外倾者,他们害怕长时间独处,因为他们认为自己需要别人。人们需要不断地认识到限制他们灵活性的自我图式。

支富华○译
李　锐◎校

第十六章 变态心理学

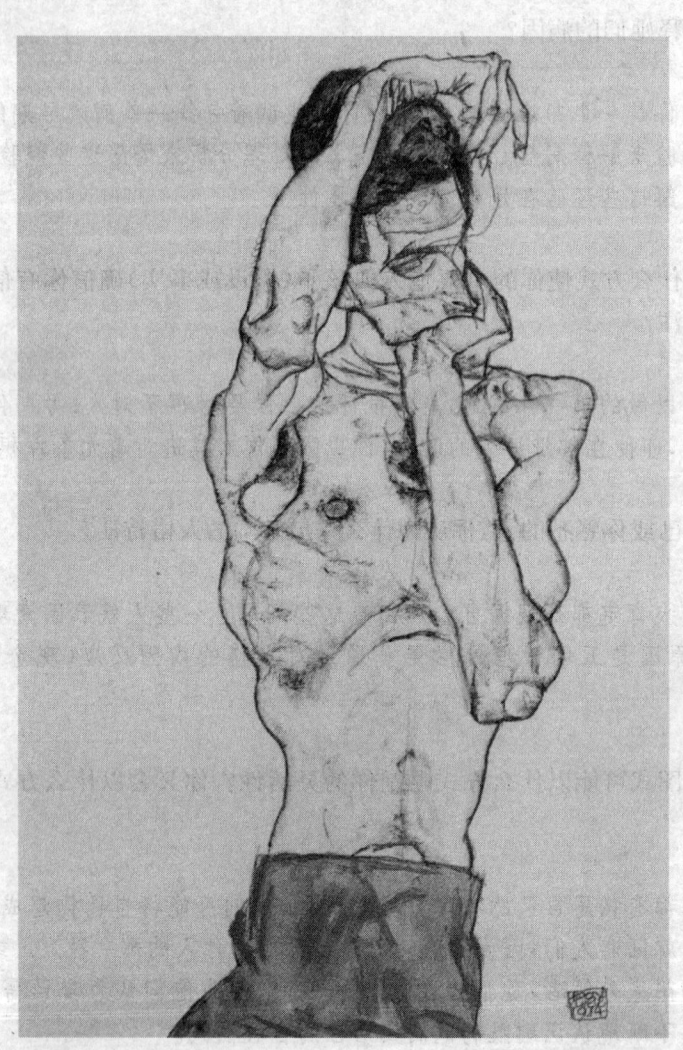

抑郁如同青春期一般,至少在部分意义上说,它是起源于没有协调好的感觉;起源于人生在某些特殊阶段上的感觉;起源于对两难处境中困惑的感觉;起源于无法被认同的感觉。抑郁患者,就如同想像中的哈姆雷特,和占卜牌上卡通人一般的即将受绞刑的犯人。

——Elizabeth Wurtzel, Prozac Nation
伊莉莎白·渥兹《普罗萨克王国》

第十六章 变态心理学

什么是变态行为

问题：变态行为的界定

变态行为，如同本书所描述的其他心理学概念一样，也有多种定义。为了给变态行为下一个确切的定义，我们需要从以下几个方面来考虑——当然要把某些行为视作为变态时，这几个方面不必同时出现。变态行为（Abnormal behavior）是：(1) 统计学上的异常性——背离统计学正常的平均水平的行为；(2) 不适应性——阻碍了个人能力在既定领域里更有效地发挥；(3) 对自己或他人有潜在的威胁；(4) 在特定社会领域里被大部分人视作为异常；(5) 在感觉和认知的描述上有一定程度的扭曲。鉴于其他定义，也可能会存在一些例外，即一种特定的变态行为不一定全部具备这五个方面的特征。

五个方面中没有一个方面能单独满足变态行为的定义。例如，有许多行为尽管在统计学上可能是异常的，但大多数人并不将其视作为变态行为，诸如赢得诺贝尔奖、从失火建筑物中救出一个孩子以及获得核工程硕士学位等行为。而一些很常见的行为却也可能具有不适应性，诸如吸烟行为。

被视作为行为异常的人，其行为对他人可能是一种挑衅，甚至是与他们自身生活的一种隔绝。对有心理障碍的人，尊重和同情仍然是重要的。当我们对变态行为的病因有了确切的了解时，我们就能更确切地知道如何去帮助这些有心理障碍的人过上一种最低限度的幸福和富有生产性的生活，而不再与他们自身生活产生隔绝。

这一章研讨了生活中的一些问题，当这些问题累积到一定程度，它们就会使人不适应日常生活。而在某些情况下，一种心理状态仅仅在时间上超出了某种限度，也可能会变得不适应。例如，轻微的、暂时性的消沉可能是一种信号，意味着我们的生活出了些问题，需要我们去调整和纠正。尽管这种消沉可能具有短期不愉快的症状，但这些症状无论是在强度上还是在持续时间上同临床上的抑郁症的症状都是无法比拟的。因此，如果在你身上存在一些与本章描述的很相似的症状，千万不要过分地关注和在意。因为只有当这些问题干扰和影响了我们的日常生活时,那才是不适应的。

如你所想,一个特殊的行为,无论是具有统计学意义上的异常性还是具有心理学意义上的不适应性,对其认识都可能会随着文化背景的改变而变化。在一种文化背景下正常的和适应的行为可能在另外一种文化背景下就会被视作为不正常和不适应。例如,许多现代西方文化背景下的人,在听到宗教仪式上的约鲁巴人巫师或爱斯基摩人巫师的活动时就可能把他们的行为视为异常。但是,约鲁巴人和爱斯基摩人巫师的行为同那些精神病患者的行为有很大的差异,前者的行为被认为是正常和适应的,而后者的行为则被人认为是异常的——既具有不适应性又具有不适当性。来自于其他文化背景下的人可能会发现,在自己的文化背景下被视为异常的行为,在美国的社会文化背景下却可能是正常的。诸如,在星期一晚上观看足球。

可见,不同文化背景会影响行为是否异常的判断,而不单以行为的统计频率或相对适应性为标准。例如,在许多集权统治的国家,政治上持不同政见者都被视作为精神病患者。在纳粹占领地,有许多协助隐藏犹太人的英雄,但这些人几乎都被那些知晓其行径的人视作为疯子。精神病专家使用的标签也常常服从于具体的问题。一旦人们的行为被标签为某种心理疾病的征兆,那他们以后的许多正常行为都可能被视为该心理疾病的征兆(Rosenhan,1973)。

知觉和认知上的扭曲在某些情况下可能是合理或正常的。雪莉·泰勒和乔纳森·布欧恩(1988)认为,知觉和认知上一定程度地扭曲也可能有益于心理健康。我们大多数人可能都会认为自己是正常的、心理健康的、适应性良好的人。据泰勒和布欧恩的观点认为,导致这种无可置疑的心理健康的观念,其中一个重要原因似乎就是我们通过自利归因偏差扭曲了对现实的知觉,高估了对自己的评价。我们更趋向于高估我们的重要性,高估我们对行为和环境的控制能力,也倾向于比客观现实更乐观地想像当前现实和未来前景。尽管这些自利归因偏差扭曲了我们的认知,但却增强了我们的自尊感,促进了我们对快乐的感受能力,以及提高了我们的生产力和创造力。

变态行为的历史观点

今天,我们把变态行为视作为心理学和精神病学的一部分。然而过去却不总是如此。在古代,研究变态行为的人,都是打着研究鬼神学的旗号。原因是,当时人们都认为,表现有变态行为的人都是因为受到了超自然力量的操纵,成了恶魔的化身。对其治疗,也就如同对其驱魔,然而,这种治疗并不能使其从生理和心理上得到完全康复。

对鬼神学观点第一个挑战来自于公元前5世纪的希波克拉底,他认为精神疾病有生理方面原因。有精神疾病的人正遭受着某种脑病变的痛苦。尽管希波克拉底对变态行为生理病因的解释(希波克拉底认为精神疾病的起因是因为存在人身上的四种体液:胆汁质、多血质、黏液质和抑郁质的组合不平衡)是错误的,但由于他重视科学解释而轻鬼神学解释,因此,我们说他改变了这门学科的历史。

不幸的是，在提倡形而上学、反对科学探索的政治、文化气候的年代里，科学思想——尽管这种科学思想在我们的时代里早已广为人知并普遍接纳——总是很容易遭到公众意识的抵制。从希波克拉底的时代起，对变态行为的鬼神学解释仍常常周期性地受到人们的支持。例如，在中世纪，许多欧洲人把那些可能患有心理疾病、行为奇特的人——其中一些人可能患有心理疾病——都当做是女巫。为了使怀疑中了巫术的人摆脱恶魔，就对他们进行百般拷问。许多人也因此丢掉了性命。文艺复兴之后，在欧洲，患有精神病的人尽管不再被处死而是被送进了医院，但对他们的治疗仍然是非常不人道的

在过去，人们通常认为人的变态行为都是外部的恶魔造成的，我们只能通过驱赶恶魔才能解救患者。而现今，人们通常都把引起变态行为的原因归结为内部因素，并认为应对患者进行心理治疗。

或者非常不符合治疗学的，并且仍还有许多人把精神病当做是中了巫术。

17世纪90年代，在麻萨诸塞州的塞伦，发生了一件把变态行为当做中了巫术的著名案例。当时有8个女孩行为同时开始怪异——产生幻觉并剧烈颤抖——但医生却找不到一点病因。于是，这些女孩就被宣称中了巫术，并且这种富有魔力的歇斯底里迅速地蔓延开来，最终导致了有20名市民被处死(J. W. Davidson & Lytle, 1986)。在病情肆虐的高峰期，一位著名的毕业于哈佛大学的政府大臣考敦·麦瑟(Cotton Mather)出版了一本著作，在著作里他提到了许多有关塞伦的这场邪恶事件的科学证据。自从怪异行为出现以来，出现了大量相关的推理和解释。而许多当代的科学家认为，女孩们的奇特行为很可能是因为谷物中的麦角菌引起的食物中毒，这些谷物中的麦角菌含有一种甲苯二乙胺麦角酸的未成形物——LSD (Caporael, 1976)。由于食用了这些谷物做成的食物，而产生了一种类似于前面女孩们所体验过的幻觉。

当代关于变态行为的理论

对变态行为的鬼神论解释一旦不再被人们所推崇，其他的解释就会不断地涌现。当代变态行为理论学派，在通常情况下都很类似于人格理论学派。这些理论学派基本上已经形成了对变态行为研究的固定模式，每个学派都分别从自己的理论视角作出了各种不同的研究。这些理论特别地适用于解释变态人格，由于前面章节中我们已经提及过这些学派，所以在这里我们将仅作简要回顾。

心理动力学派

据心理动力学的观点，变态行为大多是心理内部冲突的结果。弗洛伊德认为，在我们所感、所思、所说、所做之中，都蕴藏着内部心理冲突。自我不断地同本我和超我做斗争。由于本我受快乐原则支配，自我受现实原则支配，而超我则受理想原则支配，所以人格受心理动力的支配。如果一个人的本我占支配地位，那他将会相对地自由自在、不受约束但容易冲动。如果一个人的自我很强大，那他可能会感到很压抑，但有明确方向并能更理性地思考问题。如果一个人的超我起支配作用，那么任何违反道德的行为都会被道德结构所禁止，即使这时这样的行为对他自身来说，在现实社会中是非常必要（比如，同一个有道德问题的人握手）。依据心理动力学派的观点，严重的心理内部冲突可能会导致行为的变态。例如，一个超我强大的人可能会感觉到有一种观念不断地强迫他，在一天中不断地去洗手。

人本主义学派

对于变态行为，人本主义学派认为，当一个人对别人的看法过分敏感时或不能很好地悦纳自己时，问题就容易产生。因为，如果一个人过分自尊或过分自责，就不可能获得来自于父母或重要他人的足够多无条件的积极关注。换句话说，其父母或重要他人也可能已经给予过积极关注，但需他按某种方式来行事，是一种有条件的积极关注。

行为主义学派

行为主义学派认为，变态行为是经典条件反射或操作性条件反射出错的结果。譬如恐怖症，可能是由于不具有刺激恐怖感的中性刺激和惩罚重复地一起出现而产生偶然配对的结果（见第六章）。让我们回顾一下华生和雷诺（Rayner）的实验。在实验中小阿尔伯特经历了一次恐惧条件反射，这正是由于小阿尔伯特被暴露在一个中性刺激（小白鼠）下时，同时出现了一个大的令人惊怕的声音刺激，从而使得小白鼠同恐惧刺激形成一种配对的关系的结果。根据这种观点，患有恐怖症的人习得了一组非自愿的不适应反应。学习理论希望能用学习原理去中和条件反射所带来的有害影响（见第十七章）。

认知学派

依据认知学派的观点，变态行为是思维扭曲的结果。这种扭曲既可能是思维过程的扭曲，也可能是思维内容的扭曲，或二者兼有。例如，当一个人如果总是低估自己或总是认为他无论做什么都不会成功，那么他就很容易会消沉和沮丧。再例如，人们之所以有畏蛇心理,是因为人们常不理智地认为所有蛇都具有伤害性,以致逐渐就形成一种对蛇的恐惧。在具体的病例中,诊断标签都会涉及一些扭曲或错误的思想方面的病症的描述。认知学派的治疗往往都是去直接矫正恐怖症患者错误的思维过程和错误的思维内容。

生物学学派

生物学学派认为变态行为是由于神经系统尤其是大脑的生理病变造成的。生理学上的信号常涉及到神经传递的问题(见第三章)。譬如,变态行为可能是由于神经递质的短缺或过剩造成的,也可能是神经递质传递通道或再吸收方面出现了问题。支持这种观点的人通常主张药物治疗或从生物学的角度进行干涉。

生物心理社会学派

生物心理社会学派强调生物因素同心理和社会因素的交互作用。大多数心理学家认为生物因素和环境因素交互影响。素质—压力互动理论(Diathesis-stress theory)是根据人们有不同的心理疾病遗传素质而提出的一个当代比较流行的变态行为理论(事实上,这里的素质指的是"易患病的体质")。当人们暴露在压力逐渐加强的环境下,人们就有可能出现这些心理或行为障碍。也就是说,一个有易患病体质的人,在经受太多的压力以致难以应付环境时,就可能会出现心理或行为障碍。这个理论尽管可用于解释许多病症,但最成功的应用还是在精神分裂症上(Zubin, Magaziner, & Steinhauer, 1983; Zubin & Spring, 1977)。由于这个学派同许多其他的学派都有联系和牵连,所以在下面介绍主要的心理及行为障碍中对它就不再单独考虑。

对变态行为的病因解释究竟有没有一个正确的答案?各学派从问题的不同角度,进行了各自有关病原学(etiology)(病因)和疗法方面的研究。在下一节中,我们就开始去审视各个学派的临床心理学家,在变态行为上是如何统一分类和诊断的。

变态行为的分类及诊断

问题:各种心理障碍分类和诊断的标准是什么?

到 20 世纪中期,临床学家在心理诊断方面开始逐渐达成了某些共识。诊断就一部分可能确认的病症进行了分类。在 1948 年,世界卫生组织出版了《国际疾病分类法》(ICD),四年以后美国精神学会出版了《诊断和统计手册》(DSM)。ICD-10(1992)和 DSM-IV(1994)是这些手册的最新版本,两者是等同的。DSM 和 ICD 同样都是描述性的和非理论的,即它们不是建立在某种特殊理论的基础之上的。它们都是建立在临床经验的基础之上,而不是建立在严格的实验和搜集的证据基础之上的。DSM 对每一类疾病都列出了作出诊断所必要的症状,但没有去给出障碍产生的原因。因此,分类系统建立在可观察的症状的基础之上,以使它能为从事各种理论方向研究的心理学家和精神学家所用(见表 16-1)。

表 16-1 诊断统计手册(DSM-IV;第四版) 下面是 DSM-IV 心理障碍五轴分类体系的概括表格,它向我们说明了在心理疾病诊断中的主要指标。

轴 I	轴 II
临床综合病症	人格障碍
■ 婴儿、儿童和青少年心理障碍	■ 反社会型人格障碍
■ 物质因素所致的障碍	■ 回避型人格障碍
■ 谵妄,痴呆及其他认知障碍	■ 边缘型人格障碍
■ 精神分裂症及其他精神病症	■ 依赖型人格障碍
■ 心境障碍	■ 剧化型人格障碍
■ 焦虑障碍	■ 自恋型人格障碍
■ 体表型失常障碍	■ 强迫型人格障碍
■ 诈病	■ 偏执型人格障碍
■ 分裂障碍	■ 分离型人格障碍
■ 性与性别角色认同障碍	■ 分裂型人格障碍
■ 进食障碍	**轴 III**
■ 睡眠障碍	一般性生理疾病
■ 无法分类之冲动控制障碍	
■ 调节障碍	

轴 IV
社会心理问题与环境问题
■ 关于主要支持群体的问题(儿童,成人,父子)。详细说明:＿＿＿
■ 关于社会环境的问题。详细说明:＿＿＿
■ 教育问题。详细说明:＿＿＿
■ 职业问题。详细说明:＿＿＿
■ 家庭问题。详细说明:＿＿＿
■ 经济问题。详细说明:＿＿＿
■ 关于健康医疗保障的问题。详细说明:＿＿＿
■ 关于同法律体系(犯罪)相互作用的问题。详细说明:＿＿＿
■ 其他社会心理问题。详细说明:＿＿＿

续 表

轴 V
国际活动评价量表(GAT 量表)
我们认为心理、社会、职业活动方面的心理健康或心理疾病状况是一个假想的连续体。此连续体不包括因生理(或环境)上的缺陷而造成的功能丧失。 代码
100 在各方面活动上表现都很优异 ｜ 90 在各方面表现都很好,没有任何或只有一点点不适的症状 ｜ 80 在社会、职业、学习活动上存在一些轻微不适症状 ｜ 70 在社会、职业、学习活动上有轻度症状或存在一些困难 ｜ 60 在某些活动方面有中度症状或存在中等程度困难 ｜ 50 在某些活动方面有重度症状或一些严重功能损伤 ｜ 40 在现实验证及沟通上有一定程度的损伤或在一些活动方面有重要损伤 ｜ 30 行为受错觉或幻觉影响,或在沟通、判断上有严重损伤,或几乎在各方面都缺乏能力 ｜ 20 对他人或自己已构成了某种程度的威胁,或偶尔缺乏最低限度的自理能力,或在沟通上有明显的障碍 ｜ 10 对他人或自己已构成严重的长期伤害的威胁(比如,频繁的暴力行为),或缺乏最低限度的自理能力 ｜ 0 缺乏足够信息

DSM-Ⅳ的五个轴

DSM-Ⅳ,是从五个轴(或维度)上给个体一个相互独立的诊断。它对心理障碍的分类主要在轴Ⅰ和轴Ⅱ上进行。剩下的三个轴(轴Ⅲ、轴Ⅳ以及轴Ⅴ)主要用来显示其

第十六章 变态心理学

他可能对诊断和治疗或许很重要的状况，以及用来反映和判断所描述的心理障碍的严重性程度。

轴Ⅰ

轴Ⅰ描述的是临床的综合病征，包括了主要的心理障碍，诸如精神分裂症、焦虑障碍、儿童少年期精神障碍、体表型失常障碍以及性障碍。本文将详细描述前三种病症，后两种病症限于版面，就不再详述。体表型失常障碍主要集中在人同其身体之间的关系。体表型失常障碍是相对少见的身体症状，这种障碍至今没有发现生理上的病变。性障碍，就是使个人或他人为之苦恼的，并造成了对个人生活消极影响的性行为。在所有的性障碍中，可能是轻微的也可能是严重的，可能是短期的也可能是长期的。

轴Ⅰ还包括其他的心理障碍，诸如谵妄、失忆症、痴呆及其他认知障碍（见第五、七、八和十章），除此之外，还有进食障碍（见第十二、十八章）、睡眠障碍等（见第五章）。

在 DSM 中，轴Ⅳ反映的是社会心理压力所引起的心理障碍，诸如，贫穷、法律问题或家庭剧变等。

轴Ⅱ

轴Ⅱ描述的是人格障碍，这是人格上长时间受到干扰而使人的心理功能分裂的一种心理障碍。本章将要描述一些主要的人格障碍，诸如回避型人格和依赖型人格。轴Ⅰ和轴Ⅱ可能存在一些交叉的、共同的心理障碍，所以可能对一些人病症的诊断既可能属于轴Ⅰ的也可能是属于轴Ⅱ的。比如说，有人可能有恐怖症并且同时可能还有自恋型人格障碍。

轴Ⅲ

轴Ⅲ描述的是生理上的疾病和状况，虽然可能是大脑上的障碍，但也可能是其他疾病，诸如哮喘病、糖尿病、心脏病或体格障碍。之所以把生理疾病也囊括入轴Ⅲ，是因为生理疾病常常和心理疾病相互影响。例如，对哮喘病的恐惧可能会引发焦虑性攻击行为。

轴Ⅳ

轴Ⅳ描述了社会心理上的紧张性刺激的严重性，诸如，极端贫穷或触犯法律。诊断医师可利用来自于其他轴或来访者所在环境下的详细信息或历史背景，去判断其所经历的社会心理压力。

轴Ⅴ

轴Ⅴ对人的活动水平作了一个全面的评估。例如，轴Ⅴ的评测中，代码90代表最小的症状，而代码1代表患者具有的危险性最大，这时患者可能存在极端暴力的行为，并可能对他人产生一种伤害。

多轴诊断的案例

为什么临床诊断师用五个独立的轴来代替一个综合性的诊断呢？其目的就是能为变态的心理功能尽可能提供一个全方位的描述。为此，我们可考虑下面这个有关托马斯的案例：

托马斯是一个9岁大的孩子，当他进入心理医生的办公室时，表现出极端地焦虑，并不断地流汗。在轴Ⅰ层面上，他被诊断为焦虑障碍。同时也具有学习能力障碍：尽管他的智力正常，但在数学学习上有很大的困难，目前将近落后了3年的学习进度。在轴Ⅱ的层面上，托马斯被诊断为有妄想型人格障碍。通过这些独立的诊断，心理治疗师就可以认为托马斯可能患有焦虑障碍、人格障碍以及数学学习障碍。

而在轴Ⅲ的层面，我们得知7年前，托马斯在一次汽车事故中受到了轻微的头部外伤。但是否是因为头部的损伤引起了这些困难，在这一点上我们还不是很清楚，但这些信息在诊断和治疗上可能是很有用的。在轴Ⅳ层面上，托马斯当前在生活上正遭受严重的压力。他的父母正打算离婚，每一个人都想让对方去执行孩子的监护权，而对托马斯，双方却都不感兴趣。随着离婚进程的持续，他们对孩子的这种冷漠也一直就存在着。最后，在轴Ⅴ层面上，托马斯获得了代码55的评价。他显示出了中等强度的症状，包括焦虑性和偶发性的惊慌攻击性行为等症状，特别是当他需要进行数学计算时或当他怀疑其他人都试图离开他时。他的这种焦虑影响到了他在学校的功课，以及他处理人际关系的能力，为此，慢慢地，他也就成为了其他孩子嘲笑的对象。可见五个轴从不同层面为我们提供了有关这个孩子心理问题的不同但互补的信息。

对 DSM-IV 的评价

包括 DSM-IV 在内的任何诊断系统，都存在一些潜在的问题。首先，因为诊断系统缺乏理论的基础，所以它不能帮助我们了解到变态行为的原因。其次是它的主观性，尽管 DSM-IV 和 ICD-10 可允许"临床医生在相当高比例的案件中取得同样的诊断结果"，然而信度仍不是很高。第三问题是所有的诊断系统的共性就是都把行为纳入描述性的范畴。诊断医师需要把观察到的行为翻译或转化为 DSM-IV 中所描述的症状，然后据这些症状作出一个诊断。尽管 DSM-IV 是临床医生们为了能按照症状诊断得更加精确和清楚而刻苦实践的结晶，但从业者仍需把他们观察到的这些行为转化为 DSM 中所列症状。

一般人口中的分布：患病率、发病率和同病率

由于不可能去详细说明每一种行为的类型，所以每一种分类系统都具有一定的模糊性。例如，究竟在有多少反社会的行为和有什么样的特征时，我们才应该把患者诊断为反社会性人格？DSM-IV 虽然给了我们提供了向导，但临床医师的判断仍是整个诊断过程中最关键的一步。尽管缺乏最好的诊断方法，不过如果各种评估形式被一起使用时，还是能给临床医师带来一些广泛的信息，临床医师便可在他们的职业经验的基础之上对其整合和解释。接下来的各节中我们就将详细描述一部分心理障碍。不过在这之前，我们还要提及的是，在变态心理学研究及临床实践中，心理学家对下面的几个概念也很关注。

1. 患病率。患病率（Prevalence）是特定疾病在人群中出现的频率。为了去评估一种疾病普遍的程度，这是一个十分重要的统计数字。

2. 发病率。所谓的发病率（Incidence）是一种新的心理疾病在某一特定时期内发生的病例次数。当某种疾病的出现被怀疑与最近出现的一些环境因素（例如，战争、化学药剂、犯罪率的急剧上升等）的增加或减少有关时，那么去了解一种疾病在人群中出现的广泛程度的信息是相当重要的。

3. 同病率。所谓同病率（Comorbidity）是当前病症之间或不同疾病发生条件的交迭程度。常常人们经历的两种病症具有交迭症状。例如，下面将被讨论的焦虑和抑郁，就显示出了一种潜在的同病率。接受过初次诊断的患者中，大约有一半的人可能会接受第二次诊断（Kessler，1995）。最后，同病率是家庭成员（常常是同卵双胞胎）出现特殊心理障碍的相同特性的可能性程度。同病率有助于我们理解一些家族病遗传的程度。正如我们将看到的，患病率、发病率、同病率共同构成了一幅有关某种心理疾病的完整画面，为我们在思考心理疾病的原因和治疗方面提供了非常有用的信息。下一节中我们将看到对心理障碍最常见的一些分类。

焦虑障碍

问题：恐惧在什么时候才会成为焦虑障碍？常见的焦虑障碍究竟有哪些？

焦虑是人们对恐惧或不安的感受。焦虑障碍（Anxiety disorders）主要是个体对焦虑的感受，这种感受如此强烈，频繁地出现，以致给个体带来痛苦和困难。通常，其症状表现为紧张、害怕、沮丧或各种水平下的不舒适的唤醒、过分忧虑、过分关注令人烦恼的现象，以及一些与自主神经系统高度唤醒相联系的躯体症状。

焦虑障碍的分类

DSM-Ⅳ把焦虑障碍分为五类：恐怖症、惊慌性障碍、一般性焦虑障碍、应激症（创伤后应激失调和急性应激失调）和强迫症。焦虑障碍各类型在人口中的分布是不同的。焦虑障碍通常出现在十多岁后期或二十多岁早期（Yonkers, Warshaw, Massion, & Keller, 1996）。焦虑障碍患者在离婚、分居以及失业的人群中（Wittchen, Zhao, Kessler, & Eaton, 1994）更为常见。恐怖症和惊慌性障碍患者女性居多，而强迫症男性居多（J. K. Myers 等人，1984）。特别值得注意的是，梅耶（J. K. Myers）和他的同事发现，在普通人群中，8%女性曾患有过惊慌性障碍，而男性只有 3.5%。我们之所以把这五类心理障碍归类于焦虑障碍，是因为它们之间具有许多相似的症状。五种类型具体如下：

恐怖症

恐怖症（phobias）的特征表现为对某特定物体、事件、环境或某一般性物体、事件、环境恐惧的反应，这些反应具有夸张性、持久性、非理性和破坏性。当患者所恐怖的对象比看上去更为可怕时，或患者所恐怖的对象在现实中其实并不存在时，我们就把这种恐惧诊断为恐怖症。恐怖症患者能够意识到他们的恐惧是不合理的，并也想去克服它，但做起来却有着很大的困难。在普通人群中，约 6% 的人说，他们的生活至少在一定程度上曾遭受过恐怖症的影响（J. K. Myers et al., 1984）。恐怖症主要有：特定对象恐怖症、社交恐怖症及其他综合恐怖症，如广场恐怖症。

特定对象恐怖症（specific phobias）表现为对具体事物明显的、持久的、非理性的恐惧。比如对蜘蛛、蛇、老鼠、高处或黑暗的恐惧。普通人群中约 11% 的人说，在他们的一生中的某段时间里曾患有过特定对象恐怖症（Robins & Regier, 1991）。

社交恐怖症（social phobias）表现为对他人批评的极端恐惧，它会导致个体远离人群和远离某些场合。因为，在这些场合中，个体可能会受到批评、感到尴尬或者遭到嘲笑，诸如在遇到陌生人时或在公众面前讲话时。普通人群中约3%的人说，在他们一生中某段时间里曾患有社交恐怖症(Robins & Regier,1991)。

常见的恐怖症有恐高症(对高度的恐惧)、恐旷症(对公共环境和场所的恐惧)和幽闭恐怖症(对狭小、封闭空间的恐惧)。我们每一个人在我们的生命、安全或幸福受到威胁时，都会感到恐惧，比如一场重大灾难之后的一段期间。但与之不同的是，恐怖症所表现出的恐惧是非理性的、毫无理由的夸张。

广场恐怖症(Agoraphobia)表现为对空旷地带或对恐慌事件发生时可能难以逃避的某些公共场所的强烈恐惧。广场恐怖症患者在所有恐怖症患者中占60%。旷野恐怖患者多为女性，且该障碍通常形成于青少年时期或成年早期。普通人群中，约5%的人说，在他们的一生中的某段时间里曾患有过广场恐怖症(Robins & Regier, 1991)。尽管有些患者在所信任的人的陪同下可以离开家门，但广场恐怖症病情严重的患者通常是不敢离开自己家的(Hollander, Simeon, & Gorman, 1994)。下面的例子，记叙的是一个广场恐怖症和惊慌性障碍(下面讨论)并存的患者，在离开家时所发生的旷野恐怖反应。

 瑞斯女士,48岁,由于害怕单独外出,最近由她的全科医生推荐,把她推荐给了精神病门诊。她的这些恐惧体验已经有6年了,但最近两年,这种体验更为强烈了。因此,在无人陪伴的情况下她从不离开她的房子。她的症状最初出现在与丈夫的一次争吵后。争吵过后,她外出取信件时,突然感到头晕眼花和焦虑,并无法抗拒。她不得不努力地返回到房子里。几年之后,她的症状慢慢地已有所减轻,但自从得知她的妹妹患有子宫癌之后,她的症状又重新出现并更为强烈了。而与丈夫的频繁争吵,又使得她的症状进一步加剧。就连走出房屋前门时,也开始感到越来越多的不安和恐惧。如果真的离开家,在大街上待几分钟,她就会感到恐慌和头晕目眩,心跳加速和出冷汗。这种情况下,她只好返回家中以减轻焦虑。在丈夫或子女的陪同下外出时,尽管会感到不自在,但她也能在拥挤的地方短暂地待上一段时间。(采自:Greenberg, Szmukler, & Tantam, 1986, pp. 148—149)

惊慌性障碍

 惊慌性障碍(Panic disorder)指个体在某段时间内体验到一种强烈而无法控制的焦虑,这段焦虑出现的时刻具有短暂性、突发性、无缘故性以及复发性。患者会突然感到不安甚至惊恐,并伴有呼吸困难、心悸、头晕眼花、出汗和发抖等症状。惊慌性障碍患者可能是担心自己会失控或发疯,也可能是担心自己会有心脏病等。惊慌感通常导致旷野恐怖,如上面所提及的事例,患者担心离开自己的房子可能会导致恐慌。约1.5%美国人可能会遭到惊慌性障碍的困扰(McGinn & Sanderson, 1995)。

一般性焦虑障碍

 一般性焦虑障碍(Generalized anxiety disorder)表现为患者具有普遍的、持久的、不断的和通常令人疲惫不堪的高水平焦虑;这种焦虑伴有生理症状,特别是自主神经系统的过度活动;其持续时间长短不等,一个月乃至数年,至于该焦虑的原因很难确定。普通人群中,约5%的人说,在他们一生中某段时间里曾患有过一般性焦虑障碍(Robins & Regier, 1991)。该病症患者通常有躯体症状,就如下面这个病例:

 一个67岁的妇女向精神病诊所求助,以寻求对其焦虑状况的治疗。当与医师交谈时,她看上去很紧张,身体笔直地坐在椅子上,回答问题非常有礼貌。她说她一生中大部分时间里都处在焦虑状态之中。她说:"我总是倾向于预测和期望最坏的事情将要发生。对于我来说,要想放松自己是非常困难的,即使躺在床上时,头脑考虑的也总是最令人恐惧的事情。"在非常焦虑时,她会感到心悸,并且经常会因为许多挥之不去的想法而难以入睡。尽管这种慢性焦虑已经持续很久了,但她仍无法找到焦虑存在的问题根源。(采自:Fottrell,1983,p. 149)

应激症

应激症(Stress disorder)表现为对压力很大的事件或情况——诸如,强奸或搏斗——的强烈反应。应激症通常与自我调节功能的失调相联系在一起(见第十八章)。它包括创伤后应激失调和急性应激失调。

在创伤后应激失调(Posttraumatic stress disorder)中,个体重新体验到过去发生的痛苦事件所带来的心理感受。例如,噩梦的重新出现、在从事其他活动时唤醒了对痛苦事件的记忆等。患者对过去痛苦事件的体验是如此强烈,以至于患者可能会认为这些事件正在发生。这些事件可能是战争也可能是自然灾难,诸如洪水、火灾、地震、台风或其他恶性事件。许多受害者对这些痛苦体验的重新出现是如此地苦恼,以至于他们可能会变得冷漠或离群索居。

在急性应激失调(acute stress disorder)中,创伤性事件会引起短暂的心理失调,持续时间一般不超过 4 周。患者可能会体验到同自然界与社会分离,知觉扭曲和记忆失调的感觉。

强迫症

强迫性焦虑症(Obsessive-compulsive disorder)特征是患者具有某些不必要的、持续不断的观念以及一种不可抑制的冲动,患者只有按照某种固定程序做事才能减轻这些观念。约 2.5％的美国人曾受到过该病症的影响。

强迫性观念(obsession)是一种不必要的、持久的思想、想像或无法抑制的冲动。由于强迫性观念的不适当性,并且一旦有了之后就无法从思维中清除,因此,强迫症患者常会为此而苦恼。例如,有位妇女有一种她的孩子会被绑架的强迫性观念,并老是念念不忘。

强迫行为(compulsion)是患者反复采取毫无意义的和一成不变的方式去行动的一种无法抑制的冲动。强迫症患者通常也知道这些冲动是很荒谬的,然而却无法抑制住这种冲动。强迫性洗手患者可能每天洗手几百次。除了耗费时间之外,强迫行为还会严重影响到患者的健康。其他常见的强迫行为还有强迫性记数以确定事物的位置、强迫性检查物品的位置以及强迫性检查电器开关等。请思考下面这个强迫性焦虑症患者的病例:

茹斯·兰格蕾,30 岁,对不洁物体有着持久的恐惧,来向治疗师寻求帮助。无论她自己身上,还是她所处环境中有任何不干净的地方,她都会感到非常的不舒服。一旦发现,就会有一种按照某种程序去花费大量时间做清洁的冲动。常见的行为是彻底地洗手和手臂。另外,如果在房间里发现了脏物,她也要去系统地擦洗一次房间,并还会严格按照某种方式去淋浴一次。这种清洁的习惯严重地制约着她的生活。现在她每小时至少要洗 4 至 5 次手,每天淋浴 6 至 7 次,而彻底打扫房间每天至少 2 次。(采自:G. R. Leon, 1974, pp. 129—130)

焦虑障碍的症状

焦虑障碍会造成情绪、认知、躯体和运动上的症状。

情绪症状。患者具有一定的紧张感、不安感和偶尔的恐慌感。有这种感觉的人,通常不能确定感觉所产生的原因。他们可能会有不祥的预感,但却不知所以然。要是患者不知道如何来减轻这些症状,他们常常就会抑郁起来。

认知症状。患者可能会花大量的时间去试图弄明白情绪上症状产生的原因。当原因无法确定时,患者就可能会感到很沮丧。通常,患者如果去考虑这个问题,可能会加重病情,因为这可能使患者很难再对其他事物集中注意力。

躯体症状。躯体上典型的症状包括出汗、气喘、心跳加速或血压升高和肌肉紧张。所有这些症状都以自主神经系统的唤醒为特征(见第三章)。这些基本症状可能会导致进一步的症状。例如,气喘过度会导致眩晕和呼吸困难;肌肉紧张会导致头痛或肌肉痉挛;高血压会造成中风乃至心脏病等。焦虑障碍患者的躯体症状变动范围较大,并有许多类型。比如,有人头痛,有人胃疼。

爱德华·蒙克(Edvard Munch)(1863—1944)在他的绘画作品"呐喊"(有时翻译为"尖叫")中刻画了焦虑障碍患者的恐惧感受。

运动症状。典型的运动症状有患者无法安静、烦躁不安,并做各种毫无特殊目的身体运动(如,踱步、手指不停敲击、打结等等)。而当事人,往往意识不到他们所做的这些事情。例如，当其他人在房内就座时，他们可能正在房间里踱来踱去，却没有意识到他人正在观察他们的行为。

焦虑何时才会成为一种障碍？

焦虑何时才会成为一种障碍？每个人偶尔体验到的正常的焦虑同能使人虚弱的焦虑之间有什么区别？对于这个问题，以下三种因素，通常我们必须考虑：

a. 焦虑的水平：一种水平是乘电梯时有轻微的、偶尔的害怕，特别是乘拥挤的、看上去摇摇晃晃的电梯；另一种水平是到高楼顶部工作，根本就不敢乘电梯。

b. 焦虑的来源：在重大事件面前，例如期末考试、第一次约会、重要发言等，感到有一点焦虑是正常的，但是当没有压力的正常事件发生时，仍感到有相同水平的焦虑，则就不正常了（见图16-1）。

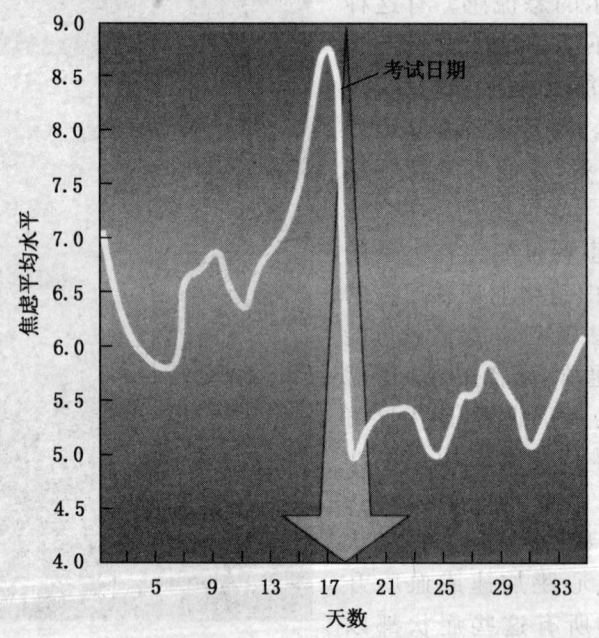

图 16-1 情境焦虑

在正常人当中，焦虑水平是情境性的，例如与重要考试之间的关系。（采自：Bolger，1990）

c. 焦虑的影响：如果一种焦虑会导致严重的无法适应的结果，例如个人由于不敢离开家而丧失工作。这种结果是相当严重的，应该由临床医师来确诊此人是否患有焦虑障碍。

文化影响

导致焦虑的一个因素可能是现代社会所带来的压力。发达社会的焦虑障碍的高发生率证实了文化因素的影响(Carson & Butcher,1992)。被诊断出病症的个体表现出的症状和群体表现出的症状也随文化而变化,现代文化也不例外。例如,在日本,taijin-kyofusbo(对人的恐惧)是焦虑的一种普通表现形式(Kirmayer,1991)。该形式主要发生在男性身上,其症状有不恰当地凝视他人、放屁、打嗝和容易脸红。日本的这种 taijin-kyofusbo 和西方的社交恐怖症很相似(Kleinknecht, Dinnel, Tanouye, & Lonner, 1993),和拉丁美洲的 susto——其特征表现为非常焦虑,无法休息,对巫术及邪恶目光(mal ojo)很恐惧——也很相似,虽然每组复杂症状都反映了各自的文化特征和价值观。

而在伊斯兰社会中,能观测到多种不同的焦虑障碍。强迫性综合症状(Waswas)和伊斯兰的清洗礼节及祈祷相关联。根据费夫勒(W. Pfeiffer)(1982)的研究,这些综合症状"与清洁仪式及仪式程序的合法性相联系,这些仪式程序对伊斯兰教来说是特别重要的。于是,Waswas 患者可能会发现,想终止这种洁净礼节是很困难的,因为他害怕自己如果不够清洁就不能以合法的方式进行祈祷。"(p. 213) 那么,为什么 Waswas 患者或者任何其他综合病征患者会经历这些会令人虚弱的症状呢?

焦虑障碍的病因

正如你可能会想到的,不同的理论流派对焦虑障碍的病因的解释也是不同的。如同其他问题的解释一样,这些解释不一定就具有相互排斥性,甚至还可能完全地相互融合,因为这些症状很可能有多种原因或者在不同水平的分析上有多种原因并存。研究者们很少发现某种心理现象只是由单个因素造成的。相反,随着多个因素逐渐为人所知后,每一种新的认识都可能会促进对心理现象的进一步了解。

心理动力学解释

心理动力学的解释强调内部冲突。弗洛伊德把焦虑区分为三种类型,并且认为每一种类型有不同的解释。

第一种类型为客观性焦虑(objective anxiety),它来自外部世界的威胁,包括对现实的经济问题的担心、对工作或人际关系失败的担心以及对严重疾病的担心等。正如我们区分焦虑和恐惧的定义一样,这种焦虑也与恐惧相对应。弗洛伊德认为这种焦虑与变态行为是没有联系的,因为这些导致这种焦虑的威胁在现实中是实际存在的。

焦虑的第二种类型和第三种类型来源于本我和超我之间的斗争。道德焦虑

(moral anxiety)来源于对超我惩罚的恐惧,而这是由个体内部的超我与本我冲动的过分表现之间的冲突造成的。一旦本我冲动胜出并得以表现,个体就会体验到道德焦虑。例如,一个拙劣、愚笨的候选人会想方设法去赢得选举,可能是采取了中伤对手的方式赢得了选举的胜利。但之后,这个人可能会体验到某种程度上的道德焦虑。由于超我向本我冲动的屈服,是以牺牲别人的利益为代价来获得成功的,这使得候选人内心里就产生了一种冲突。

神经质焦虑(Neurotic anxiety)来源于个体对超我(在自我帮助下)不能控制本我的恐惧以及个体无法避免去做一些自己不愿接受的行为的恐惧。例如,个体因为害怕产生不愿接受的行为而不敢外出或不敢去与自己喜欢的人约会,因而丧失了与自己喜欢的人建立关系的可能性。我们需注意的是,神经质焦虑发生在本我冲动得以表现之前,而超我仍然是在抑制它的表现。

弗洛伊德认为,当焦虑集中在一种或多种特定物体时,恐怖症就发生了。这些物体在象征性水平上代表了一种冲突,例如,对蛇的恐惧可能象征着性的冲突。在这里,蛇象征着阴茎,并成为焦虑的焦点。弗洛伊德认为很多焦虑来源于性的冲突。相比之下,新弗洛伊德主义者更强调性冲突之外的一些冲突,例如,大量例子中,自卑情结(阿德勒)和情感固着也会导致焦虑。通常情况下,焦虑的心理动力学解释的证据,相对而言,是非常无力的。

学习论解释

学习论解释强调的是条件性恐惧和观察学习。很多学习(或行为)理论家把焦虑看做是经典性条件反射。根据这些观点,恐惧反应已与先前是中性的某个刺激联系起来的。因此,先前是中性的刺激物现在已成为恐惧产生物(见第六章)。例如,个体对狗可能有中立或轻微偏爱的态度。然而有一天,个体被狗严重咬伤,在经典性条件反射看来,个体今后在见到狗时甚至想到狗时都会变得很焦虑。已经证明,约44%社交恐怖患者有创伤性条件反射体验,这些体验对他们问题的形成有着重大的影响(Stemberger, Turner, Beidel, & Calhoun, 1995)。

根据经典学习理论,体验到条件反射焦虑的个体,必定有过不愉快的经验。而根据现代学习理论,替代性条件反射(vicarious conditioning)也是可能的(Bandura & Rosenthal, 1966)。仅通过观察学习(见第十一章和第十五章),我们就能对感受到的焦虑形成条件反射。我们大多数人没有感染获得性免疫缺陷症(艾滋病),这很令人欣慰。然而,通过观察艾滋病所带来的后果——通过电视、朋友或家人等途径获知——我们对艾滋病很焦虑甚至可能会有感染艾滋病的恐惧,而这完全是通过替代性条件反射形成的。

操作性条件反射对焦虑障碍的形成也起一定作用。例如,强迫性行为。假设你对细菌有不合乎理性的恐惧。而洗手会让你感到安全些,至少是暂时的。因而,你就强化洗手这种行为,但是不久你又感到恐惧。你已经知道洗手有助于减少恐惧,所以你又一次洗手。这种恐惧又一次减轻,但并不持久。通过这种方式,你就学会了这种强迫性行为,因为它能暂时减轻焦虑,而这就是操作性条件反射的结果。

认知论解释

认知论解释强调的是不自觉的自我否定的观点。假设一个女士想邀请一个男士外出吃午饭,但实际上拿起电话以及邀请他的这种想法已让她紧张地流汗。她开始考虑,"我知道我会失败,我知道他会拒绝我,我真的想去邀请他,但我不能承受再次被拒绝的打击。"这些想法使患者产生了焦虑,并使得人们不能去做他们想做的事情(Beck,Emery,& Greenberg,1985)。这些想法可能会成为自动思维——人们好像陷入了这些意识不到的和没有体验到的思维模式之中(Beck,1976)。通常,这些想法是自我否定循环的开始。当只收到中性线索或只发现被拒绝的迹象时,这些迹象可能在别人看来还是积极的,但有被拒绝想法的人体验到的却可能是一种被藐视的感觉。焦虑障碍患者倾向于自我强化。这些想法通常并不是针对当前发生的事,而是针对被认为是将要发生的事(Barlow,1988)。

人本主义解释

人本主义对焦虑障碍的一种解释是个体对现实自我和理想自我之间矛盾的体验导致了失败感,这些失败感最终引起了焦虑。在考虑"自己现在是"和"自己应该是"什么人时,焦虑者比自信者表现出更多的矛盾(C. R. Rogers,1961b)。焦虑者比非焦虑者更缺乏社交技巧(Fischetti,Curran,& Wessberg,1977),而这又进一步降低了他们的自信。

生物学解释

焦虑障碍的生物解释已有多种说法。一种解释认为,在焦虑障碍患者身上的,具有减少神经活动功能的抑制性神经元可能功能失常。例如,神经递质GABA(γ氨基丁酸)的含量不足降低了抑制性神经元的活动而导致了大脑活动的增加;这种结果是一种高水平的唤醒,它能作为一种焦虑而被体验到(Lloyd,Fletcher,& Minchin,1992)。药物能减少GABA的活动,导致焦虑增加(Insell,1986)。各种安定剂,例如甲苯二氨草(安定)能增加GABA的活动,因而就可降低焦虑(Bertilsson,1978;Enna & DeFranz,1980;Haefely,1977)。另外,在利用血清素控制大脑活动的基因和与焦虑相关的行为之间,也有明显的联系(Lesch et. al.,1996;Stein & Uhde,1995)。此外,研究表明,焦虑障碍通常有家族遗传倾向(Andreasen & Black,1991)。

第十六章 变态心理学

心境障碍

问题:什么是心境障碍?情绪高涨与情绪低落如何区别?

心境障碍(Mood disorders)是心理障碍,包括极度悲伤、无精打采的心境期以及在极度高涨与极度低落之间摇摆不定的心境期。患者在生理过程上、认知过程上和社会交往过程上可能有一定损伤。心境障碍主要有两种:重抑郁(有时叫做单极性抑郁)和双向精神障碍。它们不仅仅是暂时性的情绪高涨或情绪低落;每一种障碍都有伤害作用。

抑郁相对比较常见。普通人群中,差不多23%的男性和36%的女性报告说,在他们感到悲伤和沮丧时,他们会经历至少两周时间的抑郁。但只有4%的男性和9%的女性由于症状相当严重而被诊断为临床上的抑郁症(Robins & Regier,1991)。因此,女性抑郁患者比男性抑郁患者更为常见(Shumaker & Hill,1991),特别是在已婚女性中(Paykel,1991)。

社会经济地位较低的人比社会经济地位较高的人更有可能发生抑郁(Hirschfield & Cross, 1982)。抑郁在女性中和社会经济地位较低的人群中的高发生率暗示我们,情境因素应该被包括进来。例如,苏珊·诺仑侯克塞玛(Susan Nolen Hoeksema)(1990;Nolen-Hoeksema & Girgus, 1994)发现,男性倾向于通过分散自己的注意力来克服抑郁,而女性更可能倾向于考虑自己抑郁的原因及结果来克服抑郁,但这种方式却可能加重她们的抑郁。社会支持上的缺乏或者社会关系上的挫败都可能使抑郁进一步加重(Harris,1992;Henderson,1992)。

另一方面,双向精神障碍,对各社会经济阶层、男性或女性的困扰是等同的(Krauthammer & Klerman, 1979;MacKinnon, Jamison, & De Paulo, 1997;Robins et. al. , 1984)。双向精神障碍比单极性抑郁相对更少见(发生率仅为人口的0.75%到1%),并且可能有家族遗传倾向(这意味着可能有基因或生理方面的疾病)。有些最初被诊断为抑郁患者后来意识到是在承受双向精神障碍的痛苦(Bowden, 1993;Winokur,Coryell,Keller,Endicott, & Leon,1995)。

重抑郁

重抑郁(Major depression)患者的悲伤、沮丧和无望感至少要持续6周。对他们来说,生活中好像没有什么是正确的。患过重抑郁症的著名人物有,作家威廉·斯泰龙(William Styron)、新闻工作者迈克·华莱士(Mike Wallace)、政治家温斯顿·丘吉尔以及美国第十六届总统亚布拉罕·林肯等。抑郁症的典型的认知症状为自尊感低、动机缺乏、悲观失望。抑郁患者经常泛化,所以一次小小的失败或一次只有他们自己认为是失败的事件,都能被当做是不幸事件的先兆。所以,他们经常无精打采的,活动很少甚至话也不说。典型的躯体症状是入睡困难和无法准时起床,所以这些人可能常常无法入睡也可能常常处于睡眠状态。

> 我不洗衣服或洗头的原因是因为这样做看上去很可笑。
> 我看见时间一天天过去,像一系列明亮的白盒子,而隔在这些白盒子之间的是睡眠,它像一个黑色的阴影。对我而言,那些分隔白盒子的长长的睡眠突然断裂,所以白天一天又一天在我面前闪耀,像一条白色的、广阔的、没有尽头的荒凉大道。
> 今天洗了,明天还要洗是很愚蠢的。
> 想起这些事情就让我感到疲惫。
> 我想做任何事情都一劳永逸并永远结束。(Sylvia Plath, *The Bell Jar*)
> 西尔维娅·普拉丝《瓶中美人》

DSM 轴 Ⅳ 描述了社会心理压力。例如贫穷、打官司、或者家庭中的剧变,这些都会导致精神障碍。

抑郁症有多种类型和多种起源(见表 16-2)。例如,临床医生从外部的环境变量和内部的生理变量来区分。另一种区分是看抑郁是主要病症还是另一种临床疾病的症状。为了治疗抑郁症,有必要确定它的起因(见第十七章)。许多种抑郁症和人生的特定阶段密切相关,就如表 16-2 所示一样。

表 16-2 抑郁的起源　在抑郁诊断时,临床医师通常按照起源来分类

类　型	描　述	原　因
外源性抑郁	对外部(环境)因素的反应	与配偶或爱人的冲突、工作压力、无法实现目标或类似事件
内源性抑郁	对内部(生理)因素的反应,例如特殊神经递质的失衡	慢性抑郁,不会被看做是个体发生了变化,可能是家族遗传抑郁
主要抑郁	抑郁是患者的主要病症	抑郁患者拒绝交往,并且不能起床
次要抑郁	另外一种病症的结果	受伤的人卧床不起,并因生理的限制而感到抑郁
更年期抑郁	与年纪变大有关	通常和年龄有关,例如,意识到年纪变大不能完成早年制定的目标
产后抑郁	发生在产后,可持续几周到一年	压力通常是主要原因,其他原因可能还有激素的变化,神经递质的变化,疲劳;外部控制点,焦虑,不友善;缺少唤醒或外部支持
季节性抑郁	典型发生在冬天月份里	缺少足够的阳光照射,褪黑激素分泌紊乱

　　近年来许多研究证明,抑郁症形成的原因在许多情况下是和缺少阳光的照射相联系的。特别是季节性抑郁症(seasonal affective disorder)(SAD),这是抑郁症的一种形式,主要发生在冬季期间的几个月里或与冬季相连的几个月里。事实上,该形式的抑郁症在北极地区更为普遍。在那里,冬日的太阳每天照射总共才几个小时。阳光疗法已经被用来治疗这种抑郁症(Lewy, Sack, Miller, & Hober, 1987)。季节性抑郁显然和人体内褪黑激素的分泌失调有关。褪黑激素是由松果体所分泌,并与睡眠和觉醒的交替有着密切的相关。

　　一项在西方和非西方国家进行的超过4 000人的大规模的跨文化研究表明,抑郁症在各种文化背景下都可能出现,具有跨文化性;新生一代的患病率有不断增长的趋势(跨文化国际合作组织,1992)。这项研究成果还具有附加的意义,因为从事这项研究的科学家声称,这是首次在各种社会里使用标准化的诊断标准。

双向精神障碍

　　双向精神障碍(Bipolar disorder)或躁郁症(manic-depressive disorder),是一种心境障碍,患者的情绪常在抑郁和躁狂之间变动。两个患有双向精神障碍的知名人物有

演员帕提·迪尤克(Patty Duke)和演员凯·杰明逊(Kay Jamison)。詹姆士·霍普金斯大学的一位精神病专家,曾经纪录过此类抑郁的症状。我们也见过此类抑郁的症状。当遭受双向精神障碍折磨的患者处于躁狂(mania)阶段时,其最明显的症状是患者感到精力充沛和过度兴奋。处在躁狂状态的患者会感到可以没有限制地完成任务,并且还可能采取一些相应的行动(如个体即兴外出去爬麦金利山,而身上仅带一件棉上衣和一把小刀)。处在躁狂状态的患者要想集中注意力是很困难的,他的注意力可能很快地就会从一种活动转移到另一种活动上去。处在躁狂状态的患者偶尔也会遭到妄想(delusions)的折磨(一组和事实相反的错误信念)。妄想可能是思维过程扭曲的结果。处在躁狂状态的患者可能会大量地花钱,或尝试去做大量的他们无法完成的项目,或性欲变得极强。结果可能是,可能会破产,也可能被解雇,也可能与配偶离婚。另一方面,处在躁狂状态的患者可能对睡眠的需求很少或不易受疲劳的影响,而正常人多数在经过大量消耗精力的活动后都会感到疲劳(见图16-2)。

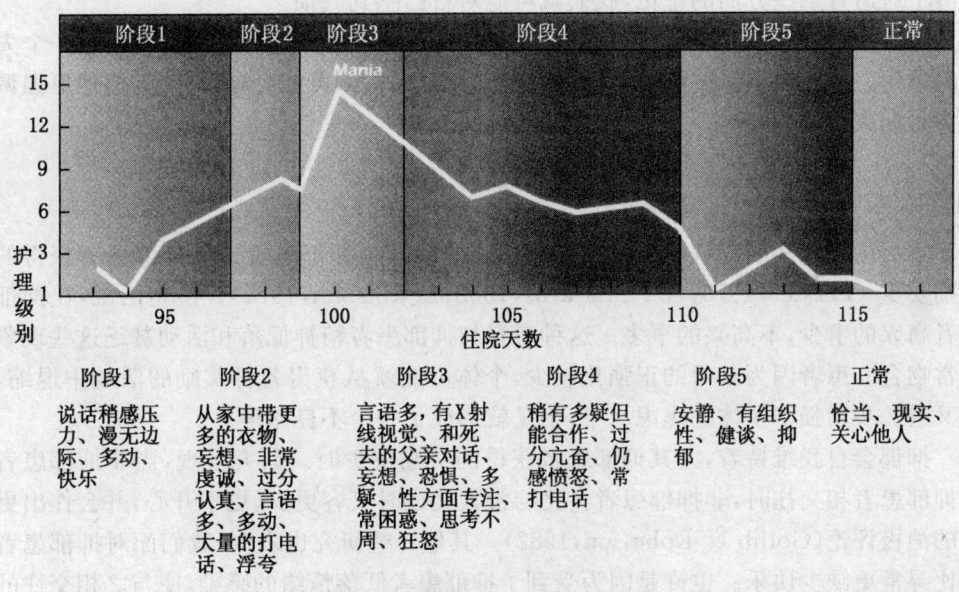

图16-2 躁狂情节阶段

个案研究比实验室研究通常更能提供深入的认识,就像上面对躁狂行为的护理级别所进行的纵向分析(Carlson & Goodwin, 1973)

心境障碍的病因

在这一节中,我们大多数的解释是针对重抑郁的,而非双极性抑郁。研究发现重抑郁和双向精神障碍是两种不同的病症,有着不同的治疗方式(见第十七章)。目前已证明双向精神障碍并不是单极性抑郁加上少量躁狂,它有着生物学原因。相比之下,对重抑郁则就有多种解释。

心理动力学解释

心理动力学解释强调情感的缺失。心理动力学对抑郁的解释始于弗洛伊德在观察抑郁和哀痛时用的类推法（S. Freud, 1917/1957）。他注意到二者都有强烈的感受和可能无法抵抗的悲伤，并且哀伤通常转变为抑郁。他认为当我们失去了心爱的人时（任何关系的结束，包括死亡），我们通常对此人有种矛盾的感受。我们可能仍然深爱着此人，然而对他离我们而去感到非常的气愤——虽然我们也能意识到，对逝去的人生气是不理智的。根据弗洛伊德的观点，当我们失去我们心爱的人时，我们会用一种徒劳的方式以重新获得有关此人哪怕很小的一部分事情，来丰富我们对他各方面的记忆。表面看上去，整理对逝者的追忆好像可以减少我们的失落感，并且也应该可以减轻抑郁症状，但弗洛伊德看到它的负面影响：如果我们对逝者的离去感到气愤，并且丰富了对逝者某些方面的记忆，我们就可能对自己感到气愤。

弗洛伊德指出，把气愤指向内部是抑郁产生的根源，而所发生的事情也是一个失去的过程。虽然弗洛伊德承认，在人的任何时期，失去都可能会导致抑郁，但他更强调儿童时期失去的重要性。

学习论解释

学习论强调奖励的缺乏。学习论对抑郁的解释是抑郁患者比非抑郁患者获得的奖励要少（Ferster, 1973; A. A. Lazarus, 1968; Lewinsohn, 1974）。换句话说，让抑郁患者高兴的事少，不高兴的事多。这种解释与抑郁患者精神低落和活动贫乏这些现象非常吻合。患者因为获得的正强化较少，个体可能就从获得各种奖励的活动中退缩，这又进一步增强了个体的焦虑水平，于是就形成了一个不良循环。

抑郁会自我维持着，尤其抑郁患者获得的奖励很少时。研究发现，当非抑郁患者和抑郁患者相交往时，非抑郁患者会比与常人交往时笑容更少、更不开心，并会作出更多的消极评论（Gotlib & Robinson, 1982）。其他一些研究也表明，我们面对抑郁患者时比寻常更缺少快乐。也许是因为受到了抑郁患者低落情绪的感染，使与之相交往的人至少暂时不愿意去活动（Coyne, 1976a; Gotlib & Robinson, 1982）。

也有证据表明，当抑郁患者接受到同常人同等数量的奖励或惩罚，他们会比常人认为获得的奖励更少，而得到的惩罚却更多（R. E. Nelson & Craighead, 1977）。他们感觉总比真实情况要坏得多。抑郁患者对自己的行为也给予较少的奖励和较多的惩罚（Rehm, 1977）。无论是与普通人群比较还是与抑郁相对的躁狂患者比较，这一现象都是真实存在的（Lobitz & Post, 1979; R. E. Nelson & Craighead, 1977, 1981）。

上面我们提到，女性比男性更容易抑郁。虽然我们不能否认女性抑郁的高发生率与激素分泌的不同有部分关联,但有趣的是,习得性无助(见第六章)和女性抑郁的高发生率也有相关(Matlin,1993;Seligman,1974;Strickland,1992)——虽然仅是推测。根据这种观点,女性的社会角色更可能使她们感到抑郁。传统上,女性被迫适应这种角色,她们比男性有较少控制结果的能力。这种控制能力的缺乏,使得她们在经济上或情感上必须依赖于他人,而可能正是这种依赖导致了女性的习得性无助。而挫折和无助感都是和抑郁相联系在一起的。

认知论解释

认知论解释强调思维上的错误和归因上的错误是造成抑郁的根源。根据艾龙·贝克(Aaron Beck)(1967,1985,1991,1997)的观点,不当归因和错误推理会直接导致抑郁。他的理论是在目前有关抑郁的认知论解释中最广为人知的。贝克认为抑郁患者很容易犯思维上的错误,尤其以下五个错误逻辑:

a. 武断推理:尽管证据支持很少或没有的情况下也要作一个结论。
b. 选择性抽取:关注情境中无关紧要的细节,却忽视更多重要的特征。
c. 过分概括化:在单个事实或孤立情节的基础上,得到有关于能力的总体结论。
d. 夸大与缩小:通过夸大微小的、不适宜的事件的重要性,而低估重要的、适宜事件的重要性,从而在评估上犯下明显的错误。
e. 人格化:对一些情境性事件承担个人责任。

有一种相关模式,至少是抑郁的一种类型,就是无望抑郁模式(Abramson, Metalsky, & Alloy, 1989)。根据这种模式,个体一生中有许多负性事件会导致个体对未来的无望感,而这种无望感可能会诱发抑郁。相应地,抑郁又会进一步导致负性事件和无望感的产生,这种恶性循环就形成了。

人本主义的解释

与其他学派相比,人本主义理论更缺乏对抑郁的具体解释,但威可多·富兰克尔(Viktor Frankl)(1959)提出了一种有意义的理论。富兰克尔从个人经历中获得大量资料,特别是二战期间他在纳粹集中营那段时间里。他观察到,在那些幸存的人当中,精神上未受到伤害的幸存者与那些缺乏从遭遇找到意义并陈述与精神生活有关的经历的能力的人之间,存在极大的差别。对这类生活经历简单归纳,富兰克尔认为抑郁是由于生活目标缺乏而造成的。根据这种观点,抑郁患者若能发现生活的意义,对他们自身来说是非常有益的。

生物学解释

抑郁的生物学解释认为抑郁患者的神经递质含量较正常水平低。其中有一种理论强调去甲肾上腺素的失衡,还有一种理论则强调 5-羟色胺的失衡。两种理论都源于特殊药物可减缓抑郁症状这一事实(见第十七章)。

某种单胺类神经递质也被认为对抑郁也有一定的影响。这些神经递质有去甲肾上腺素、多巴胺和 5-羟色胺。γ 氧基丁酸和乙酰胆碱也可能有一定作用。特别是,研究发现抑郁或双向精神障碍的人可能缺少些感受体或者感受体对 5-羟色胺和去甲肾上腺素等不够敏感,尤其是在下丘脑中的(Malone & Mann, 1993; McBride, Brown, Demeo, & Keilp, 1994)。

目前研究表明,悲伤和无助感与大脑皮层尤其是大脑前颞叶区域的皮层血流变化有一定联系(Cummings, 1993; George, Ring, & Costa, 1991)。然而,值得注意的是,这种联系并不能揭示它们之间是否存在因果关系。这种变化可能来源于而不是导致临床抑郁。

近年来数据显示,双极性抑郁的原因可能完全是生物学的。而重抑郁有部分原因可能是生物学的。这两类心境障碍的发展可能都受遗传因素的影响(Rieder, Kaufmann, & Knowles, 1994),尽管双向精神障碍好像有更强的遗传基础(Gershon & Nurnberger, 1995)。例如,双向精神障碍的去甲肾上腺理论认为,躁狂阶段是由于去甲肾上腺素的过量所致(Bunney, Goodwin, & Murphy, 1972; Schildkraut, 1965);而在抑郁阶段,去甲肾上腺素的分泌会减少(Bunney, Goodwin, & Borge, 1970)。双向精神障碍有生物学基础的另一个支持性发现是,对双向精神障碍有效的治疗,到目前为止,大多数是生化性的——如锂的使用。与上面提到的一样,基因研究使双向精神障碍的生物学解释得到进一步的支持。基因研究显示,双向精神障碍在基因传递上比重抑郁有更多的影响。

自杀

人格障碍和本章描述的其他心理障碍很少会威胁到当事人的生命。但抑郁却可能会,当事人在自杀或试图自杀之前通常会有严重的抑郁。看下面的病历:

> 瑞格雷先生因为抑郁并有了自杀想法,于是就向他的医生进行咨询。瑞格雷先生是医院搬运工,由于中风使他不能搬运重的仪器设备,于是最近被迫退休。这件事之后,他感到生活完全改变了。他会对看上去极小的事件流泪;因为没有胃口,他不得不强迫自己吃饭;睡眠时间越来越短;他的社会交往变少了,并变得更加封闭和退缩。瑞格雷先生说,一次在他同太太及女儿一起喝茶时,他企图结束这种生活。于是就从桌子上抓起一把刀刺向自己。他的行为立刻被夫人制止,之后就开始抽泣起来:"对不起,对不起。"(采自:Greenberg et. al., 1986, pp. 16-17)

关于自杀，我们知道什么？一方面，在许多国家自杀已位于死亡的十大原因之列（Diekstra, 1996）。据估计，全世界每年有 450 000 多人会自杀。许多西方国家的自杀率为每 100 000 人当中就有 20 人或 20 人以上。总体上，西方文化社会中自杀率好像是比较高的（Carson & Butcher, 1992）——也许是抑郁高发生率的结果。相对而言，许多文化社会中的人（例如澳大利亚的土著人）根本就不知道自杀是什么。自杀率在老人当中有上升的趋势（特别是在白种人的男性之中）。在 75 岁到 84 岁之间，这个比率达到 100 000 人之中有 25 人以上。

虽然我们不能确定企图自杀的人的数量，粗略估计，美国每年的范围在 250 000 人到 600 000 人之间。更多的自杀企图可能没有纪录。这些估计包括 10 个以上的自杀不成功中有一个自杀成功。很多人试了一次又试第二次，直到他们自杀成功。

男性比女性更容易自杀成功。自杀成功的人之中男性自杀率是女性的 4 倍，但试图自杀的人当中女性的自杀率是男性的 3 倍。造成这种差异的原因可能是男性自杀通常选择的方式是枪击或上吊。而女性则倾向于药物自杀，如服用安眠药。显然，前者更易于导致死亡。

另外，人口分布因素也有一定差异，离婚的男性自杀率是结婚男性的 3 倍。尽管各种社会经济水平阶层男性和女性都有自杀，但专业人员（如，心理学家、精神病专家、律师、外科医生）更有自杀的可能性。最后，虽然自杀在造成死亡的原因中大体上排名第八，但在 15 岁到 24 岁的青年中却排名第三，仅次于意外事故和他杀。而在这些年轻人当中，白人自杀率又是黑人的 2 倍（Bingham, Bennion, Oppenshaw, & Adams, 1994; Garland & Zigler, 1994）。

和一般想法相反，自杀的威胁应该被严肃看待，许多企图自杀的人在自杀之前都威胁说要自杀。

自杀的动机

自杀有两种主要动机，一是终结自己的生命；二是把自杀作为操纵他人的一种手段。那些寻求终结生命的人是放弃生活的人，他们把死亡看做是解决问题和结束生命的惟一途径。略半数以上的自杀者属于这种类型。寻求自杀终结的人通常抑郁、无望,并且明确认为他们真的希望结束生命。

相比而言,那些把自杀看成一种控制手段的人,通常是利用自杀来要挟别人以按他们的愿望操纵这个世界。他们可能把自杀看作为是对那些拒绝他们要求、他们所喜欢的人的一种打击和报复,以希望能获得这些人对他们的关注的一种手段;或者把自杀看做为是去伤害那些曾伤害过他们的人的一种手段;或者把自杀看做为在争论中赌气的一种手段。这类试图自杀的人并不真的想死,只是把自杀作为引起他人注意和获得他人帮助的一种手段(见日常生活心理学中的错误看法二)。试图自杀的人中,大约有 13% 的人属于这种类型。除非他们的愿望得到满足,否则他们经常会一次又一次地自杀,直到成功为止。下面的事例中的自杀者,主要是操纵的意图,但也有终结生命的期望。

> 突然,当她会想起那天她第一次遇到这个被车碾过的人——沃斯肯时,她意识到她必须做什么。她以轻快的步伐从水箱跑到铁路旁并在正好经过她的火车旁停住。她盯着货车的底部看,看插销和铁链,看正在慢慢滚动的火车的巨大铁轮,并且努力目测出前车轮和后轮的中点,并且等待着那一点能正好对着她。
>
> 那里! 她自言自语着,并看着火车在洒着煤和沙的地面上的影子。那里——正好位于中间! 我将惩罚他和远离每一个人,包括我自己⋯⋯正在此时,她为她的所作所为感到恐惧。我在哪里? 我在干什么? 为什么? 她想站起来,退回去,但是巨大、无法抵抗的物体击中了她的头部,并把她拖倒在地,"上帝,原谅我。"她喃喃地说,同时感到了挣扎是不可能。(Leo Tolstoy, Anna Karenina)
>
> 托尔斯泰《安娜卡列尼娜》

精神分裂症

问题:什么是精神分裂症? 其主要的症状和病因是什么?

精神分裂症(schizophrenia)指的是一种具有特征性的知觉(如幻觉)、认知(如错觉)、情感(如情感冷淡)和行为等多方面的障碍。症状分阴性和阳性两种。阴性症状(Negative symotoms)指的是行为上存在的缺陷,诸如情感冷淡,语言障碍,兴趣缺乏,社会活动贫乏。阳性症状(Postive symptoms)有错觉、幻觉和特异行为,诸如下面这个病例中所描述的行为。

[病例] Rose 第一次精神崩溃是在她 15 岁的时候。开始,她忧悒地、含着泪地要回家,然后慢慢地又平静并愉快了起来,之后就不再要回家……

晚餐上,尽管 Rose 不顾一切地努力去控制自己,但整个晚餐仍是不断地吃吃停停。她几乎没吃什么,只是一遍又一遍地哼着麦当娜的一首歌,停下来也只是因为果汁溢出洒落到了她的工作服上,然后就开始哭泣。我父亲看着我母亲,把餐巾纸递给 Rose。她轻拍了一下自己,然后表现出一副无精打采的样子,但眼泪停下来了。

"我想去睡觉。我想去睡觉,我想进入我脑袋里。我想去睡觉,我想躺在床上进入我脑袋里,我只想穿红色的衣服。因为红色是我的宝宝曾穿过的颜色,这是真的,是的,是的,是真的。今晚请不要穿红色的衣服,哦,哦,今晚请不要穿红色的衣服。因为红色是——"(Amy Bloom,"Silver Water")

要诊断一个人患有精神分裂症,那么,这个人必须要具有以下特征:(1) 在工作、社会关系和自我照顾方面受到损伤;(2) 在认知、情感或行为障碍方面至少要有两种以上的症状;(3) 这些症状至少持续了 6 个月。

精神分裂症的预后不容乐观。典型的精神分裂症症状急剧出现一段时间后,间隔以缓解期,即断断续续地间断发作。许多患者在每次症状急剧出现后的缓解期内,其活动能力都很可能会下降。大多数人认为,一旦人们患上精神分裂症并表现出完全充分的症状,就很少有人能完全治愈。换句话说,精神分裂症的病程迁延呈慢性。尽管对疾病的预后意见不一致,但许多心理学家仍认为,在大多数的病例中,许多症状是可以通过心理治疗和药物治疗加以消除的(Dixon, Lehman, & Levine, 1995; Sartorius, Shapiro, & Jablonsky, 1974; S. C. Schultz, 1995)。

精神分裂症在人群中有 1% 到 2% 的患病率。并且它有家族遗传倾向。回顾一些精神分裂症遗传的研究,我们发现在有血缘关系的群体中精神分裂症的患病率是无血缘关系群体患病率的 10 倍(Gottesman, 1991, 1994; Gottesman, McGuffin, & Farmer, 1987)。看起来家族会遗传一种易患精神分裂症的体质。例如,在精神分裂症病人中,同卵双胞胎的精神分裂症的同病率是 44%,异卵双胞胎同病率是 12%,同胞兄弟姐妹同病率是 7%,父子同病率是 9%,祖孙同病率是 3%(参见图 16-3)。

精神分裂症发病通常在成年早期,一般是 45 岁之前(参见图 16-4)。此外,精神分裂症与社会经济地位(SES)也有关。尤其是社会经济地位低下的阶层的成员,其患精神分裂症的可能性大约是社会经济地位位于中层和上层的成员的 8 倍(B. S. Dohrenwend & Dohrenwend, 1974; Strauss, Kokes, Ritzler, Harder, & Van Ord, 1978)。精神分裂症有如下几种类型。

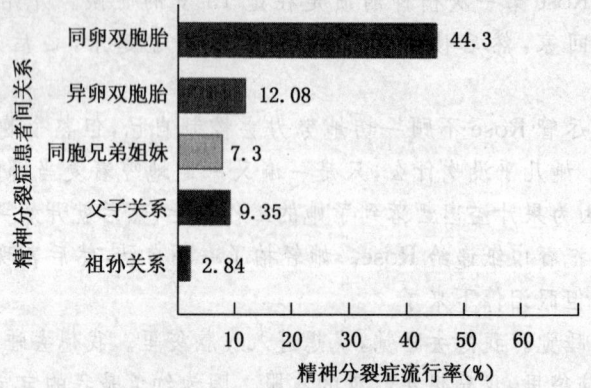

图 16-3 精神分裂症的遗传性

精神分裂症同病率随着个体间的血缘关系的亲密程度而变化。
(data from Gottesman, 1991; Gottesman, McGuffin, & Farmer, 1987)

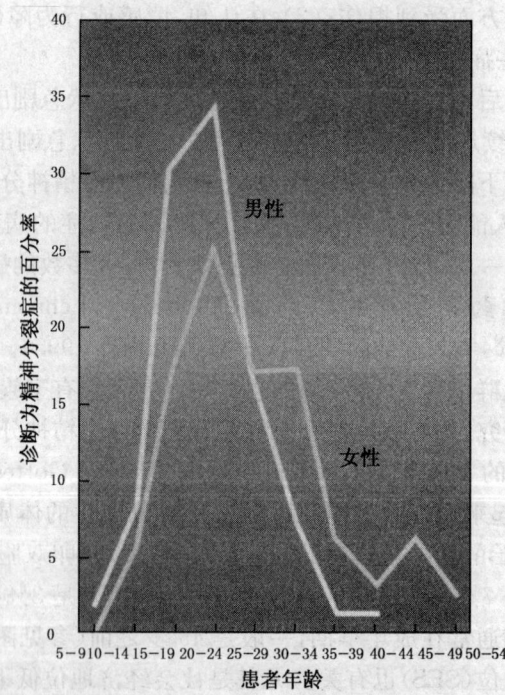

图 16-4 精神分裂症的诊断

据劳润吉(A. W. Loranger)的研究,精神分裂症患病率年轻男性比年轻女性高。
(Loranger, 1984)

精神分裂症的分类

DSM-Ⅳ认为精神分裂症有五种类型：错乱型精神分裂症、僵直型精神分裂症、妄想型精神分裂症、未分化型精神分裂症和残留型精神分裂症。

错乱型精神分裂症

这种类型的精神分裂症被描绘有严重的心理错乱。患这种类型精神分裂症的人可能会经历幻觉和错觉，并且他们的言语常常不连贯。例如，当一位23岁的精神分裂症患者被问道，"你感觉如何？"他有气无力地回答道，"我相信你会帮助我，就像我耳朵里有冰块"（R. L. Spitzer, Skodol, Gibbon, & Williams, 1983, p.156）。错乱型精神分裂症患者情感淡漠，常扮鬼脸或无缘故地傻笑。此外，他们可能还会有幼稚般地哈哈大笑、创造新词、情感喜怒无常等症状。

僵直型精神分裂症

僵直型精神分裂症具有突出的阴性症状。这类病人长期处于一种昏迷或保持某一固定姿势不动，呈蜡样屈曲。患者常常凝视空间，看起来似乎完全脱离这个世界。由于僵直型患者运动很少，肢体僵直、肿胀。目前，患此类型精神分裂症的人比过去更加普遍了。

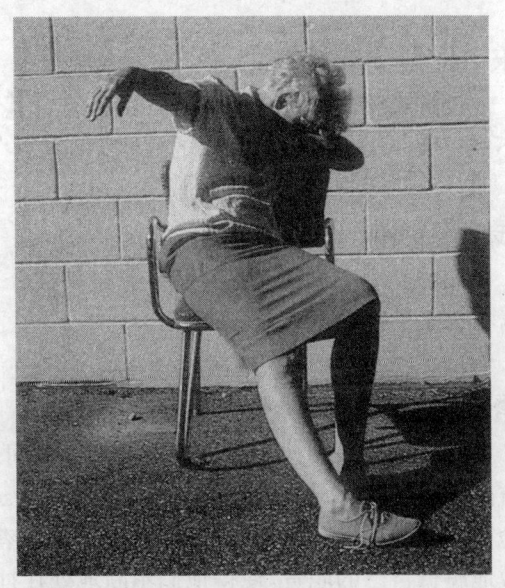

僵直型精神分裂症长期保持某一固定、奇特姿势不动，呈蜡样屈曲。图中，妇女胳膊显得很僵直，但还是可以动的，然而动过之后，又会长期保持同一姿势。

妄想型精神分裂症

这种类型的精神分裂症患者可能会有迫害妄想，坚信某人在批评或威胁他。或者也可能会有夸大妄想，不断诉说他们听到有人在告诉他们，他们是多么的伟大。请思考下面这个病例：

[病例] 一位26岁的妇女在企图服用过量药剂自杀未遂之后，被送入精神病医院。她的父亲在她13岁的时候患精神分裂症而自杀死去。在过去一年里，她因精神病复发被两次送入精神病医院。在前几个星期里，她认为有

魔鬼在迫害她。她一直到夜里都未睡，并幻想到魔鬼正在轻扣窗户。她认为其他人正对她说话，并能读出她的思想。许多次，她都说她感觉到了魔鬼在控制她。魔鬼通过她来说话，并有能力造成疼痛。她认为只有自杀一条路可以赶走魔鬼。她母亲发现她躺在地板上，叫了救护车。在医院里她说她仍能听到有个声音对她说他们有能力控制她的思想。(Fottrell，1983，p.128)

妄想型精神分裂症患者特别多疑，非常关注一些无关紧要的事情，还常把这些事情理解为是专门针对自己，并认为对自己不利。

未分化型精神分裂症

这种类型的精神分裂症的症状不符合其他任何类型精神分裂症的症状或符合的不只是某一类型精神分裂症的症状。

残留型精神分裂症

此种类型主要用来指那些曾患过精神分裂症的人，但当前只剩下一些并不影响正常行为生活的轻微症状。

紧张性刺激对精神分裂症的影响

为什么在不同社会经济地位的人群之间患病率存在这么大的差异？根据社会漂流假设理论(social-drift hypothesis)（Myerson，1940），精神分裂症患者在社会经济地位方面，有从高向低漂流的现象。由于没有能力获得工作、谋生、建立社会关系、有效地履行自己的职责，使得他们不断地处在社会经济地位低层并直至最低层。有关证据显示(R. J. Turner & Wagonfeld，1967)，在所有精神障碍中，精神分裂症最符合社会漂流假设理论。

对此有一种解释是，之所以在社会经济地位低层的人易患精神分裂症——至少比社会经济地位高的人，是因为他们所面对的社会经济环境压力相对更大。依据前面已讨论过的素质——压力理论，具有先天精神分裂症易感性的人，在遭受到生活压力的时候更容易引发并生成精神分裂症。此外，最新数据显示，遭受过歧视以及来自于歧视压力的群体，不管什么社会阶层，都易患精神分裂症(Dohrenwend et al., 1992)。另外，还有一种解释是，社会经济低层的群体更容易被诊断出精神分裂症是因为高层群体在掩饰症状方面做得更好或者说在掩饰症状方面能得到更多的帮助。也就是说，精神病专家诊断病情时，即使症状都一样，低层的患者却更容易被确定为精神分裂症(Hollingshead & Redlich，1958；M. A. Kramer，1957)。那么，究竟是什么原因造成各社会经济地位的阶层都有患精神分裂症的人呢？

精神分裂症的病因

对精神分裂症的病因目前有许多种解释,这些解释之间也不一定具有相互排斥性。但每种解释可能仅能适用于某一类型或某一重度精神分裂症。当前,还没有一种理论能解释每一种类型精神分裂症的所有方面。

心理动力学解释

心理动力学范例已经提供了对精神分裂症的一些解释,但当前,它所缺乏的仍是更多证据的支持。对精神分裂症经典的弗洛伊德主义解释建立在自恋情结(primary narcissism)的基础上——即是说,精神分裂症患者又回到心理发展的早期阶段。这一阶段是在自我从本我分化出来之前的口唇期。在这一阶段,现实验证能力遭到损害,因为自我尚未分化形成;精神分裂症患者把自己严密安全地包裹起来而与这个世界隔绝联系。然而即使是弗洛伊德,也觉得他的理论没能提供一个充分的解释和一种有效的治疗手段。

学习论解释

标签理论(labeling theory)是一个基于学习原理的著名理论(Scheff,1966),该理论认为人们一旦被标签为精神分裂症患者,他们就更可能显露出精神分裂症的症状。部分原因可能是,被标签为精神分裂的人逐渐感觉到,人们都按照标签的病症来看待他们的行为了,这使得他们觉得他们可以有比期望更多的自由去从事一些所谓正常人禁止的反社会行为活动。也就是说一旦他们行为异常,他们的行为通常最多只不过被解释为变态。例如,大卫·罗森塔尔(David Rosenhan)(1973)观察到,精神病医疗院的病人行为更可能被视作为异常的——即使病人是正常的、心理健康的人。依据这一理论,由于标签过程,那些行为开始变得很奇怪被标签为精神分裂症的人是否患有精神分裂症是很值得怀疑的。因此该理论认为,标签这一事实的存在,可能会使自我愿望得以实现。

然而证据上的优势不足以支持标签理论。有人可能会置疑,如果标签理论是正确的,那在其他文化下,精神分裂症患者的行为就可能被视作为正常的。但在爱斯基摩和约鲁巴文化下,被我们社会标签为精神分裂症的人,他们也视作为"疯子"(Murphy,1976)。可见,我们所视作为不适应的行为,有许多也是跨社会、跨文化的。但总体上说,要说标签理论极端武断,也是非常困难的。

认知论解释

精神分裂症的认知论解释认为,精神分裂症患者有着与正常人本质上不同的感官经验。依据这一理论，精神分裂症的许多症状是遭受这些症状的人向他人解释这些感官经验的各种尝试。不像上述其他对精神分裂症的解释，认知论解释把对这些奇特的精神分裂症感官经验视作是真实存在的，并认为这些感官经验是精神分裂症的真正的病因。依据这种观点，精神分裂症在沟通上的缺陷，可能就是来自于患者对自身所发生的事情解释上的尝试。通常认为，精神分裂症患者对超负荷刺激特别敏感，而这种超负荷刺激导致了他们功能上的失常。其原因可能是，精神分裂症患者缺乏一种过滤机制，而正常人却可通过该过滤机制过滤掉许多无关刺激（Payne, Matussek, & George, 1959）。

人本主义解释

人本主义心理学家通常治疗的是那些比精神分裂症症状较轻的病症。然而，有两位人本主义心理学家却坚持一种不同寻常的观点。托马斯·斯扎兹（Thomas Szasz）(1961)认为心理疾病仅是一种误解——所谓的精神分裂症以及其他所谓的心理疾病仅是我们体验这个世界的另外一种方式。另一种类似观点是，治疗学家兰恩（R. D. Laing）(1964)认为精神分裂症不是病，它仅是社会用来标识有问题的行为的一个标签。依据兰恩的观点，人们处在不适合他们生活的环境里时就可能会得精神分裂症。这种环境下，他们无论做什么似乎都无法成功，其情形就好像他们处在棋局中被将军的位置一样。

生物学解释

精神分裂症的生物学解释强调，影响神经系统的化学物质的不平衡是精神分裂症的真正原因。当前，对精神分裂症病因最有希望的解释是生物学解释。一种生物学观点认为精神分裂症是由于神经递质多巴胺过多的结果（Seidman, 1990; Wong et al., 1986; 见第三章），尽管它的证据是混合的（Heinrichs, 1993）。另一种生物学解释认为大脑结构变异可能是精神分裂症的病因（Seidman, 1983）。一些证据显示，精神分裂症患者的大脑中的脑室比常人的的确要大（Andreasen et al., 1994; Andreasen et al., 1990; Andreasen, Olsen, Dennert, & Smith, 1982a, 1982b; DeGreef et al., 1992）。这些脑室——大脑脑脊液（CSF）通过沟回流过的地方——显得比正常的要大，而周围的组织却已经萎缩，此外其他证据也已证实，精神分裂症患者的大脑有一部分的确萎缩。另一项更吸引人的调查结果是，精神分裂症患者在卡片排序作业中，脑的额叶前部区域比常人有更少的刺激冲动（Berman, Torrey, Daniel, & Weinberger, 1992; Weinberger, Wagner, & Wyatt, 1983）。精神分裂症患者大脑的额叶的外皮通常比没有精神分裂症的人更小，而且在大脑的额叶外皮上的活动也相对更少（Andreasen, Flaum, Schultz, Duzyurek, & Miller, 1997; Buchsbaum, Haier, Potkin, & Nuechterlein, 1992）。

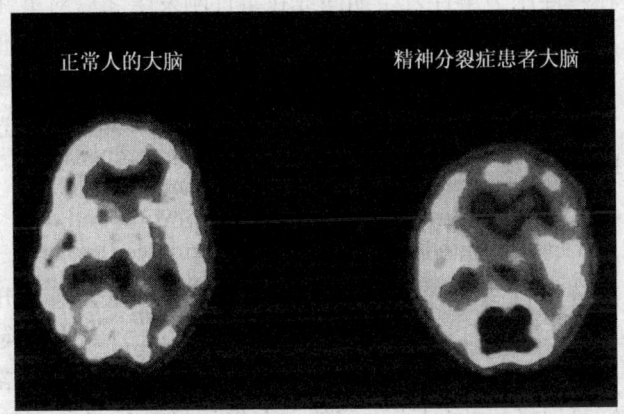

当代图像技术为对患有精神疾病的大脑的加工过程的观察提供了一个视角。例如，如上图所示，正常大脑和精神分裂症患者的大脑之间就存在着差异

有关精神分裂症一个可能的生物学解释，或者说，至少是精神分裂症的病因之一是，母亲在婴儿出生以前（一般是怀孕3到6个月期间，婴儿大脑发展最迅速的时期）感染了一种病毒（Torrey，1988；Torrey，Bowler，Taylor，& Gottesman，1994）。这种解释告诉我们，母亲在怀孕3到6个月期间若感染了流行性感冒病毒就可能会增加孩子长大后患精神分裂症的可能性（Barr，Mednick，& Munk-Jorgensen，1990；Mednick，Hutunen，& Machon，1994）。不过，目前该病毒解释仍具有相当的不确定性。另一个更具有不确定性的有关精神分裂症的解释是，精神分裂症是由一种滤过性毒菌缓慢发展的结果（见Gottesman，1991）。

非心理学家对精神分裂症同所谓的"多重人格"很是混淆。多重人格常常又被正式称之为分裂性症。对此，我们将在下一节中加以讨论。

分裂性障碍

问题：分裂性障碍是什么？分裂性障碍是如何表现它们的特征的？

分裂性障碍（dissociative disorders）严重但罕见。它有三种主要类型：分裂性失忆症、分裂性神游症和分裂性认同障碍（以前曾称之为多重人格障碍）。这些病症涉及意识、认同或运动行为在正常综合功能上的变化。对于一些分裂性障碍，周围恶劣环境的影响比遗传因素的影响更大。

分裂性失忆症

分裂性失忆症（dissociative amnesia），其特征是对已有知识的记忆突然丧失，从而会影响到患者在一件压力事件发生期间或在事件刚发生之后对事件的回忆。此外，人们在记忆他自身情况的细节方面也有困难，诸如他自己的名字、住址和家庭成员等。尽管失忆症患者其他功能可能都相对正常。失忆的期限可能是几个月也可能是几年。而遗忘的信息恢复起来的时候，就可能像当初遗忘起来一样快。在这段失忆期结束后，记忆丧失往往不会再现。

分裂性神游症

当一个人患有分裂性神游症（dissociative fugue）后，他会通过开始一段新的生活，通过遗忘过去的一切事情以应对来自现实中的沉重压力。他会换一种新的身份，也可能会找一份新的工作，行为就完全像另外一个人，甚至包括其人格也换成新的了。患者什么时候能恢复记忆，时间是不确定的。在他记忆恢复之后，在神游症期间发生的事，可能什么也记不起。

分裂性认同障碍

在遇到极端的外界伤害后——如严重的儿童虐待，常常会很容易出现分裂性认同障碍（dissociative identity disorders）。其特点是，在同一个人身上出现两个人或多个人的人格。其中每一个人格彼此之间都是相对独立的，有自己稳定的生活，并时常完全控制他的行为。每一种人格可能都知道其他人格的存在。这种病症可能与早期的情感伤害有关，诸如儿童虐待，所以，这种病症在儿童经历过第一次严重的情感伤害之后，可能不久就会出现（Bliss，1980）。这种病症在女性身上更常见，或许是女性同孩子一样，更容易遭到性虐待（Boon & Draijer，1993）。该病症患者趋向于有更加丰富多彩的幻想，也易于接受催眠（见第五章）。一旦他们无意识发现通过催眠他们可获得另外一种人格，那么他们就能通过这种方式减轻第一种人格所面对的情感负担。以后，在他们遇到他们难以对付的情感伤害时，他们就可能以另一种人格的身份出现以处理新的问题。在儿童期发展成多重人格的人，可能直到成年之后才知道自己身上的其他人格。而彻底恢复则需要广泛治疗。

关于分裂性认同障碍的一个最著名的病例是克瑞斯·萨泽默（Chris Sizemore）的病例，她的病例因动画片《伊夫的三张面孔》而为大众所熟悉（见 Thigpen & Cleckley，1957）。一张是"伊夫·怀特"的面孔，一个安静，举止适当，相对内向的年轻女性。伊夫·怀特去寻求对她的头痛和眩晕的心理治疗。有一天，她的精神医生出现的时候，她突然抓住自己的头并称有严重的头痛。片刻之后，她似乎就好起来了，但她的康复与一般有头痛病的人的康复又不一样。她称自己是"伊夫·布莱克"。伊夫·布莱克的个性是粗野的、杂乱的和鲁莽的——几乎同伊夫·怀特的人格特征完全相反。伊夫·布莱克知道伊夫·怀特，但伊夫·怀特却不知道伊夫·布莱克。其第三种人格是简，简的人格是三者间最稳定的也是最综合的。简了解其他两种人格，但简似乎更喜欢伊夫·布莱克。这个病例似乎比它表面显得更复杂。萨泽默以后写了一本书声称她有21种独立人格(Sizemore & Pittillo, 1977)。此外,她又称,同使她的故事为大众所熟悉的斯格朋(C. Thigpen)和克莱克雷(H. Cleckley)所描述的不一样,她所接受到的治疗不能治愈她。

关于分裂性认同障碍是否真的存在一直有着广泛的争论(S. D. Miller & Triggiano, 1992; Spanos, 1994)。争论的存在是必然的,因为常有一些人被误诊为分裂性认同障碍,尤其是对那些易受暗示性的人(美国心理学会,1994)。这已经被证实过,例如,来访者若希望确信他们得了这种障碍,或者心理治疗家有了来访者患此病的先入之见,都可能造成误诊。因此,目前我们还不能确认这种障碍究竟是否存在。

婴儿、儿童和青少年心理障碍的初步诊断

问题:儿童有精神病吗?他们所患的精神病是否同成人一样?

儿童同成人一样也可能患抑郁症和焦虑障碍。然而有一些精神病只在成年期之前出现。在婴儿、儿童和青少年期首次出现的有三种最典型的障碍:

注意缺失多动症(ADHD)

注意缺失多动症(ADHD),其典型特征是在合理时间里难以集中注意力。患此病的儿童在社会情景中具有冲动性、分裂性。他们常常难以静下来,经常不断地去寻求他人的注意。这种症状通常出现在7岁之前,男孩比女孩更普遍。儿童中的患病率为3%—5%(美国心理学会,1987)。对其病因,心理学家尚不了解,但一般都认为这可能是因为大脑机能障碍造成的。很可能是由一种叫利他林的刺激物造成的。由于在近20年患病率有不断上升的趋势,一些人认为这是诊断工具被教育者和那些仅希望孩子有正常精力、期望那些调皮的孩子少一点麻烦的父母们滥用的结果。

品行障碍

品行障碍其特征是患者具有一些不正当的行为,诸如,偷窃、逃学、破坏公物、攻击他人、虐待动物或虐待他人以及时常说谎等。患这种病症的儿童可能是单独一个人犯错,也可能是成帮结队地犯错。这种症状常常是反社会行为人格障碍的前兆。这是我们下面将讨论的一种涉及不合法行为的病症。

弥漫性发展障碍

弥漫性发展障碍(PDD)也就是所谓的孤闭症(autism)。它具有三种主要症状:

(1) 对他人的反应很少甚至没有,对周围的世界似乎已经完全忘却。(2) 有沟通上的障碍,包括口头上和非口头上的。(3) 兴趣十分狭窄,喜欢一个人几个小时地独处,常静处不动或来回摇动、凝视太空。PDD 在人口中的患病率为 0.04%,而男孩的患病率是女孩的 4 倍。患 PDD 的婴儿一个人时也不哭,而他人对其微笑时也不笑。许多患 PDD 的儿童到了 5 岁,都不能使用语言。

许多患 PDD 的儿童表现出了令人惊讶的智力发展、语言发展上的缺陷,如下例:

> [病例] 五岁的吉姆·派特逊被他的家人带到了一个大城市医院的儿童精神病住院部。他的父母抱怨到:很难对他管束,目前还不会漱洗、穿衣、大小便,只要他一遇到挫折或想引起他人注意就大声尖叫或做手势。他被父母给予了一个自由玩耍的时间段,以及一个需要同他母亲合作才能完成任务的交互作用的时间段。他在游乐室四处走动,独自玩耍各种玩具。他的母亲想同他一起玩垒积木游戏,于是就用一种欢愉的语调对吉姆说,但他似乎没有注意到她,甚至还跑到了游乐室的另一端。派特逊夫人对吉姆说了许多赞扬的话,但吉姆却似乎丝毫未听见。她把他放在椅子上,想同他一起玩七巧板游戏,但他一坐下来,马上又起身,然后又继续在游乐室四处走动。当他母亲强制地把吉姆抱到椅子上时,他立刻哭喊、尖叫并且胳膊四处拍打,最后又从他母亲的怀抱里挣脱开来。(G. R. Leon, 1974, p.9)

临床医生最初认为 PDD 可能是精神分裂症儿童期所表现的一种形式。但现在通常已经认为,PDD 同儿童期精神分裂症是两种不同的病症(美国精神学会,1994)。患精神分裂症的儿童通常有精神分裂症的家族史,但 PDD 没有。此外,能减轻精神分裂症症状的药物对 PDD 却无效(见第十七章)。

人格障碍

问题:什么是人格障碍?它有那些症状?

DSM-Ⅳ 特地把人格障碍放在一个独立的轴上。人格障碍看上去相当难以治疗,我们的法律也不太愿意把人格障碍当做"因疯狂为由而判无罪"的藉口。那人格障碍究竟有什么症状使其能与其他变态行为区分开来?

在 DSM-Ⅳ 中,如同区分精神分裂症的类型一样困难,我们也很难区分人格障碍的类型。人格障碍(personality disorders)是心理障碍,其症状持续时间很长,患者有日常生活的适应性困难问题,其行为具有明显的夸张性的和不适应性。尽管在儿童和青少年的身上也能发现人格障碍的某些特征,但这些人格障碍一般直到成年早期才能诊断出来。主要的人格障碍有:

1. 偏执型人格障碍

患者对他人不信任,总认为他人对自己不好,如有过失则就归咎于他人。

2. 分离型人格障碍

患者无法与他人建立亲密关系。关于他人对自己的想法、看法和感觉,患者甚是漠视。

3. 分裂型人格障碍

患者与人相处有严重的问题,并表现有古怪和奇特的行为。兼有精神分裂症患者知觉扭曲与思维紊乱的特征。深信自己能与超自然世界进行联系。这种症状可能是精神分裂症轻微的表现形式。

4. 边缘型人格障碍

患者在情绪上、自我形象上、人际关系上有极端的不稳定性。

5. 自恋型人格障碍

患者人格表现幼稚,有强烈的自我中心倾向,经常以炫耀自己的方式引人注意。自恋型的人缺乏同情心,无法与人建立良好的社会关系。常花大量的时间沉浸在对过去或对未来成功的幻想中。

6. 剧化型人格障碍

患者一般行为就像在舞台上一样,很具有戏剧性,不断吸引他人对自己的注意。患者的情绪表现极是丰富,但缺乏深度。待人很苛求并趋向一种做作,与人相处很困难。下面有一个剧化型人格障碍的病历:

> 一个58岁的妇女被警察带入医院,因为她在大街上大喊、大叫,并用头撞墙。在初次与其面谈时,她回忆道:"我第一次精神崩溃是在我得知我丈夫的病。"从那时起,她因各种原因已连续16次进入医院。她解释说她目前所犯的病,是因为她不得已住进了她所不喜欢的公寓。此外,还有她对她儿子的婚事相当失望,因为她儿子娶了一位她十分不喜欢的女人为妻。在这件事接下来的几天里,她开始郁闷并且行为也粗暴了起来,似乎在寻求他人的注意。她对她邻居进行了各种骚扰,因此被警察多次带入到医院。在医院里,她表现得极端不合作。她紧紧地闭住眼睛而不愿张开。仅当她被告知事情的时候她才坐起来,之后又立即躲到被子里。(After Fottrell, 1983, p. 122)

第十六章 变态心理学

【资料援引】The New Yorker collection 1955 Richard Taylor from cartoonbank.com. All rights reserved.

"崔麦宁,可以让我看看你真正的面貌吗?——我只看片刻就行了"

7. 回避型人格障碍

患者很难与他人建立亲密的个人关系。他可能也希望与他人建立亲密的个人关系,但由于过分敏感于他人的拒绝,以致很难与他人走得很亲密。个体通常自尊感低,对自己所做的事情评价也过于偏低。

8. 依赖型人格障碍

患者对自己缺乏自信心,不愿对自己负起责任来。个体常把自己的需要顺从于他们所爱的人的需要。担心自己的需要表现出来后,就会失去所爱的人。患者对他人的批评很敏感。这种病症,女人比男人更普遍。

9. 强迫型人格障碍

患者对行为细节、准则、规范过分地关注,常趋向于一种完美主义,要每一件事都做好;患者有一种高度的以工作为中心的意识。他待人很冷淡,在人际关系上与人总保持一种距离,相处困难。这种病症男性患者比女性患者更多。(此病症不同于强迫性焦虑障碍,强迫性焦虑障碍患者对强迫行为有种恐惧感,但强迫性人格障碍患者则没有。)

10. 反社会型人格障碍

患者表面上很具有魅力,待人似乎也很诚恳。但事实上相反,其待人并不很真诚,相处也并不值得信赖。此外患者也缺乏责任心,在伤害了他人后也没有羞耻感和懊悔感。在看问题上,常易把他人的行为看成是具有攻击性动机的行为,同时也容易用一种攻击性的行为予与回应(Crick & Dodge, 1994)。患者极端地以自我为中心，缺乏爱与关怀他人的能力。具有这种病症的人处世泰然自若，为人冷静，言辞流畅。此病症可能具有家族遗传性。许多证据显示，病因可能是既有遗传因素，也有环境因素。此病症患者可能是唤醒临界水平低，为了唤醒临界水平，就通过反社会行为来寻求刺激，因此他们的生活通常很是灰暗（Morey, 1993）。此病症男性比女性更寻常。

反社会型人格障碍患者更易于违反法律。事实上，去考虑变态行为而不考虑法律问题是相当困难的。因此，在下一节中，我们将会讨论与变态行为相关的法律问题。

法律问题

问题：临床心理学家遭遇到的法律问题主要有哪些？

DSM-Ⅳ对变态行为的描述主要是为了帮助临床心理学家诊断他们的病人，以给予相应的帮助。尽管这类描述不是最完美的，常常诊断上又是粗略的，理解上也存在许多问题，但精神病医生和心理学家都是为了去帮助他们恢复健康。然而，非心理学家由于目的不同，他们对变态行为的界定也就相应地不同。

例如，在法庭上，在法律办公室，就需要对变态行为加以另外一种解释。譬如，术语心智健全，就是描述行为的法律术语，而不是心理学术语。或许最著名的就是防止以精神错乱为藉口犯罪的 M'Naghten 法案。这个法案是在1843年英格兰的一个法院在一个谋杀案审判结果的基础上创立的。这一法案主张"为了防止罪犯以精神错乱为藉口，必须能清楚地证明罪犯在犯罪的时候缺乏理智，因精神障碍而不能知道自己行为的性质，或者知道行为的性质但不知道所做的是错的"（Stedman's Medical Dictionary, 25th edition, 1990, p. 1374）。

1962年，美国法律机构提出了一系列试图去反映出当前精神错乱的防卫以及其在法律和心理学上的分歧的情形的指导方针。这些指导方针陈述道，如果其犯罪行为是其心理疾病或心理缺陷的结果，那他就不应对其犯罪行为负法律责任，因为他们缺乏评价其错误行为以及使他们符合法律要求的能力。然而这些指导方针排除了重复地犯罪和反社会行为。换一句话说，这些指导方针的目的是去宽容一些特殊的行为而不把这些行为简单地视作为普通的犯罪行为。

这个主题仍旧具有争议性，一些精神病学家，诸如托马斯·斯扎兹和兰恩一直认为精神疾病和精神错乱的概念在法庭上没有一点位置。根据斯扎兹的观点，精神病人的暴力行为同其他行为一样是理智的和有明确目的的，这类犯罪者也应得到相应地制裁。

在1981年，小约翰·欣克利（John Hinckley, Jr.），为了给女演员朱迪·福斯特（Jodie Foster）留下深刻的印象，就试图去暗杀里根总统。欣克利因为他当时精神错乱,结果被判无罪。这样的宣判是十分罕见的"无罪释放"案例。但这件暴力案件的结果使得许多州引进了一种新的审判,"有罪但有精神障碍"。为了防止一些被告以精神错乱为由而逃避刑律处罚,联邦法院也加强了相关指导方针。在1984年10月,议会通过了精神错乱预防改革法案,在判决中不再考虑被告的精神状态,使得被告更难逃避法律的惩罚。

在非犯罪事件中,心理学和法律也有相关。例如,心理疾病的患者有没有去医治的权利?在1971年阿拉巴马州的怀亚特乌·斯迪克雷(Wyatt v. Stickney)事件中,法庭裁定心理疾病患者有权寻求医治。该裁定今后仍将继续有效。但在谁有心理疾病、谁真正需要治疗的解释上,存在着很大的歧异。最近几年,联邦政府在心理机构的开支逐年减少,许多精神病医院的精神病人已被放出去。然而,这些人可能又将成为无家可归的人——代替精神病医院的大墙的是精神病人在外面的四处流浪。

今天,遭受心理疾病的人,只要他们的行为对他人的安全不存在威胁,他们也有权拒绝治疗。我们在决定对患者是治疗还是禁闭时,不仅要考虑病患者的权利,同时,我们也应考虑到他们潜在伤害到的对象的权利。

我们再次面临一个两难问题——在患者拒绝医治和住院治疗的自由与保护患者潜在伤害到的对象的权利之间如何寻求一种权利平衡。

而对患者来说,选择治疗究竟又意味着什么?对此,我们将在下一章中继续讨论。

相关研究

临床评估中的文化因素
詹姆士·巴切尔,明尼苏达大学(James Butcher, University of Minnesota)

从我18岁作为朝鲜战争的一位普通美国士兵时起,我就一直对来自不同文化背景下的人与人之间的共同性与差异性感兴趣。我所在的部队是由7个不同国家(韩国,哥伦比亚、美国等)的士兵构成,并经常同来自于土耳其和埃塞俄比亚的下属部队保持联系。在这期间,我对不同文化背景下的士兵处理问题的方式和对相同环境唤起不同的反应十分感兴趣。战后,我成为了一名心理学家,并开始做了许多有关文化对人格发展的潜在影响的研究。

在我接受临床心理学训练期间,我就开始在经验的基础上利用客观的人格评估工具——明尼苏达多相人格测验(MMPI)(Hathaway & McKinley, 1940)来进行研究。这种临床研究中使用的一种客观自我陈述式的人格测验,是由一系列能反映心理健康调节的态度、信仰等问题共同构成。问题表达得很简单易懂，通常具有小学六年级的文化水平就足能充分理解。测试者必须按照"正—误"的方式对问题作出反应。他们的反应结果将被分成几个等级，每一等级都是在经验的基础上发展起来的，以用来鉴别心理健康问题，诸如抑郁、精神分裂症、反社会行为等等。明尼苏达多相人格测验的题目在许多国家都已被证明，该测验是能够区别出心理问题的。

为了使一个测量工具诸如MMPI-2——MMPI在美国的修订版本，能在另一种文化中使用，我们必须保证测验在语言和心理意义上具有公平性。题项在等级上的转换必须确保其在各自文化语言下的准确性。即是说，题项在内容上，每一种语言所表达的都是同一个心理问题。后者的要求可能会涉及，为了使目标句子获得同样的"心理学意义"，对一些描述特殊症状的题项，需要去改变某个单词。在一些情况下，有时可能整个题项都要被另一个更恰当的题项所替代。例如，题项"我希望我不再羞怯"，在许多国家里测量的是抑郁感。然而，在日本，这个题项在测量抑郁感上并不有效，因为在日本，"羞怯"是日本文化价值的特征之一。相应的，另一种被认为在抑郁人群中更为普遍的类似行为，就可以用之取代。如果能做这些调整，MMPI在不同的文化下，就更具有归纳概括性。(Butcher, Berah, Ellertsen, Miach, Lim, Nezami, Pancheri, Derksew & Almagor, 1998)。

要所有的结论都能从这种研究中获得是很困难的。然而，有一个重要的结论是许多精神疾病的症状和结构是相当普遍的。一些主要的精神疾病的症状群在各种文化背景下都曾被发现过。例如，抑郁患者趋向于通过"相似的视野"去看这个世界；有相似精神疾病的患者，如精神分裂症患者(具有幻觉和错觉)，趋向于有相似的人格模式，而不管他是生活在北京，加尔各答还是芝加哥。

我们并不是说文化与精神病理学的发展和表述无关。相反，我们发现尽管各种主要的心理障碍能在MMPI上产生相似普遍的人格轮廓，但文化差异的存在也是十分明显的(Butcher & Pancheri, 1975)。例如意大利的精神病患者在他们的症状上就显得更具有表现力。

在所谓的"特定区域文化障碍"中，我们也可以看到，文化对异常疾病的发展起着独特的作用。有一些异常的行为方式只在某种特定的文化中出现。例如，所谓的"拉塔病"(表现有共济失调、言语障碍及抽搐的一种神经病——译者注)，只在马来西亚和印度尼西亚文化中出现。另一种症状"连续杀人狂"，通常只出现在一些年轻的马来西亚人身上，患者有极端的行为——通常是在一段安静的状态之后，突然跳起来，从事危险的谋杀行为。

精神病理学跨文化研究，如今是相当热门的一个研究领域。然而它仍处在婴幼儿阶段。

日常生活中的心理学

自杀的神话

关于自杀有几种看法（Fremouw, Perczel, & Ellis, 1990; Pokorny, 1968; Shneidman, 1973）。了解这些看法对于你或者任何试图自杀的抑郁患者都是有用的。如果你认为自杀者不会谈论自杀，你已经是第一种错误看法的信奉者。

错误看法一：所有自杀的人都真的想自杀。事实上，想自杀的人并不能确定他们是否真的想自杀。他们经常在与生命进行赌博，总认为会有人来解救他们。例如，有时试图自杀的人服用药片之前会打电话告诉别人其自杀的意图，假如对方不在身边或者对方忽视了这个电话的重要性，那么这种自杀意图就可能成功。

错误看法二：那些扬言要自杀的人实际上不会自杀。实际上，每10个人当中有8个人在自杀前都会给出警告。通常，这些警告还是多个。

错误看法三：自杀更常发生在富有的人当中。实际上，自杀在社会经济范围的各种水平上几乎都是相等的。

错误看法四：企图自杀的人先前总是抑郁。虽然抑郁和自杀相联系，但许多自杀的人根本就没有抑郁的表现。例如，长期有病的人可能会自杀，并不是因为他们抑郁，而是为了减轻他们所爱的人的负担，或者是他们认为他们已能够平静地面对死亡，决定离去的时期已经到了。

错误看法五：企图自杀的人意识不是清醒的。虽然自杀和抑郁相联系，但试图自杀的人只有很少的人真的与现实失去联系。

错误看法六：当一个重抑郁患者或者先前有自杀危机的人在低落情绪好转之后，自杀危机就会结束。实际上，当个体在开始显示出某些恢复的迹象但仍处抑郁阶段时，大多数自杀才会发生。通常，极度抑郁患者甚至不能积聚能量去自杀，当他们感到情绪较好和有力量去实现他们死亡的想法时，自杀才可能发生。

错误看法七：自杀受宇宙现象——太阳黑子、月亮周期、行星位置等因素的影响。但实际上，没有任何证据支持这种说法。

思考题

1. 当研究者在做一些有关他们理论观点的研究时，把研究建立在外显的假设基础上而不仅仅是建立在内隐、潜在的假设基础上，为什么我们说，科学在整体上还是受益的？
2. 对变态行为的各学派的解释，请你选择一个你认为是最恰当的解释，并请你就你的选择与其他学派的解释进行一次比较，并给出你选择的理由。
3. 假如要你去选择某一种类型的人格障碍患者，可以在违法的情况下因精神错乱而做无罪辩护,从而进行法律保护,那么你会选择哪一种类型的人格障碍,为什么?如果你不愿做选择,请给出你的理由。

4. 假如你的英文老师给你们布置一项作业,让你去刻画一个精神分裂症的文学角色。那么,请你简要地以第三者的身份去描述该精神分裂症患者,以及该患者对这个世界和对他人的感知方式。

5. 假如你要去回复一个自杀者的求助热线,你将如何去应答,或确切地说——你应如何阻止他去自杀?

6. 你身边有一些熟识的人可能会表现出心理障碍的某些症状,对此,你可能会常常试图去帮他分析。对于一个业余的心理学爱好者来说,去充当分析诊断这一角色将会有什么不良影响?

本章摘要

什么是变态行为

1. 变态行为具有统计学异常性、生活不适应性、被周围人群视为变态行为以及知觉和认知扭曲等特征。目前,变态行为尚未有一种公认的定义。

2. 变态行为早期的解释认为患者是被恶魔施了魔法或被恶魔控制了精神。当代对变态行为的解释有心理动力学解释、学习论解释、认知主义解释、人本主义解释和生物学解释。

变态行为的分类及诊断

3. 在 20 世纪中期,临床医生在心理疾病的诊断上基本达成了一致的意见。以后临床医生在对这些一致性意见的文献修订的基础上,达成了诊断的标准,诸如美国的(DSM-Ⅳ)和国际通用的(ICD-10)。

焦虑障碍

4. 焦虑障碍特指个体对焦虑、紧张、不安、沮丧以及不适唤醒等主体感觉。DSM-Ⅳ把焦虑主要分成五类:恐慌障碍,包括有特定对象恐怖症,社交恐怖症和广场恐怖症;应激失调,包括创伤后应激失调和急性应激失调;以及强迫性焦虑障碍。焦虑障碍的症状往往会涉及情绪、认知、躯体和运动各方面。对该病症有多种解释。如心理动力学解释,其主要强调儿童的早期经历,而生物学解释则强调神经递质的联系。

心境障碍

5. 所谓心境障碍指的是个体的情绪状态遭到极端的干扰。其主要有两种类型:重抑郁和双向精神障碍。抑郁症相对很普遍，通常被认为它受环境因素的影响很明显。而双向精神障碍，相对很少见，该病症具有家族遗传倾向。两种障碍都可能受到生物学因素和环境因素的影响。例如，双向精神障碍虽然可能有生物学根源，但某些环境可能更容易诱发出这种精神障碍。

6. 文化因素会影响到自杀率的变化。
7. 围绕自杀的话题有着许多的观念。其中最重要的警示是：一个人，无论何种背景，何种个性特征，都有自杀的潜在性。所以，对于自杀的威胁，我们应格外地注意。

精神分裂症

8. 精神分裂症是一组症状群，包括幻觉、错觉、思维过程和情感反应上的扭曲等。
9. 精神分裂症的类型包括错乱型精神分裂症、僵直型精神分裂症、妄想型精神分裂症、未分化型精神分裂症和残留型精神分裂症。
10. 精神分裂症的解释中生物学解释看起来更吸引人，因为它可以解释在精神分裂症的发展中，家族化的倾向（以及抗心理药物取得了积极疗效等现象）。然而更具体详细的原因我们仍无法得知。其他各学派的解释各有侧重点，如心理动力学解释强调自恋情结的作用，认为精神分裂症是心理活动退行到早期心理发展阶段的结果。

分裂性障碍

11. 对于分裂性障碍，周围恶劣环境的影响比遗传或生物因素的影响更大。
12. 分裂性障碍有三种主要的类型：分裂性失忆症（常常是在一件非常令人悲痛的事后，突然丧失记忆）、分裂性神游症（对过去的身份失去了记忆，又以一种全新的身份出现）和分裂性认同障碍（在同一个体身上，有两种或者两种以上不同的、彼此独立的身份）。所有的这些病症都涉及到意识、认同、运动行为的整体功能上的变化。

婴儿、儿童和青少年的心理障碍的初步诊断

13. 在婴儿、儿童和青少年身上首次出现的有三种最典型的精神障碍有：注意缺失多动症（ADHD）、品行障碍以及弥漫性发展障碍（PDD）。

人格障碍

14. 人格障碍是心理障碍，它是造成患者不快乐的根源，该病症患者在适应日常生活环境以及在其所在环境里正常活动的能力方面都有受损的症状，其症状具有持续性、长期性。
15. 主要的人格障碍有：偏执型人格障碍、分离型人格障碍、分裂型人格障碍、边缘型人格障碍、自恋型人格障碍、剧化型人格障碍、回避型人格障碍、依赖型人格障碍、

强迫型人格障碍以及反社会型人格障碍。

法律问题

16. 术语心智健全，就是描述行为的法律术语，而不是心理学术语。目前，一个人是否心智健全是对其犯罪行为作出判决的一个重要因素。但在关于在审判时如何去确定一个人是否心智健全、判决时应如何进行考虑等问题，目前在法庭上仍有争议。

思考题参考答案

1. 当研究者在做一些有关他们理论观点的研究时，把研究建立在外显的假设基础上而不仅仅是建立在内隐、潜在的假设基础上，为什么我们说，科学在整体上还是受益的？

    内隐、潜在的假设所存在的问题是，由于研究者意识不到他们自己的假设，使得他们也意识不到这些假设是如何影响他们的科学工作的。而正是由于这些潜在假设的问题所限，使得研究者可能仅研究某些问题而不研究另外一些问题，或只做某些实验而不做另外一些更重要的实验。

2. 对变态行为的各学派的解释，请你选择一个你认为是最恰当的解释，并请你就你的选择与其他学派的解释进行一次比较，并给出你选择的理由。

    每一个人都可能觉得自己的选择理由很充分。例如，有一些人可能选择认知学派的解释，因为这个学派的优点在于它认识到了这个事实——个体对环境的反应并不是决定于环境本身，而是人们对环境的认知解释。比如，对同样一件事，一个人可能觉得是令人沮丧的，但另一人就可能把其解释为是令人欢悦的。诸如，花一天的时间去帮助那些生活在贫瘠环境中的人。每一个学派的解释既然有其优点，但不可避免的是必然也有其缺点。认知学派观点的缺点在于，过分强调了认知思维在心理疾病上的作用。

3. 假如要你去选择某一种类型的人格障碍患者，可以在违法的情况下因精神错乱而做无罪辩护，从而进行法律保护，那么你会选择哪一种类型的人格障碍，为什么？如果你不愿做选择，请给出你的理由。

    可以肯定地说，要做这种选择不仅取决于选项，还取决于所患病症的严重程度。如果选择的话，该类型的人格障碍那可能是错乱型精神分裂症，这是一种特别严重的人格障碍。这种病症的患者可能会引起对他人的伤害,但患者却不一定能意识到他们正在做些什么。

4. 假如你的英文老师给你们布置一项作业,让你去刻画一个精神分裂症的文学角色。那么,请你简要地以第三者的身份去描述该精神分裂症患者,以及该患者对这个世界和对他人的感知方式。

　　一个人感知这个世界的方式将部分取决于患者所患精神分裂症的类型。例如,一个偏执型精神分裂症患者可能总是想像别人正在攻击他;而僵直型精神分裂症患者则可能会对他人失去知觉的反应。

5. 假如你要去回复一个自杀者的求助热线,你将如何去应答,或确切地说——你应如何阻止他去自杀?

　　你的目标是阻止该求助者自杀,而对该求助者来说,目的是希望能获得帮助。一种策略是向求助者表明,每一个人都会经历这样一段最糟糕的时期,但通常这一时期不会持续多久的,不久之后,人们大多会发现,情况会变得不只是好转起来,而且可能会比想像中还好。你还可以告诉他,生活中还有很多人非常需要他,需要他存在于他们的生活中。你还可以说,自杀是一种终结式选择,但并不一定是在最消沉时期的选择,我们应该学会等待和忍耐。还有一件事你可以表明的是,你本人很关注他的情况及其结果,你一定会倾尽全力帮助他。

6. 你身边有一些熟识的人可能会表现出心理障碍的某些症状,对此,你可能会常常试图去帮他分析。对于一个业余的心理学爱好者来说,去充当分析诊断这一角色将会有什么不良影响?

　　这种行为是很危险的,因为你的诊断可能不一定正确但你却按照诊断的结果去对待他。如果你真的相信某人需要你的帮助的话,你应鼓励他去寻找真正的专业帮助,而不是给他业余的帮助——那可能会伤害他而不是帮助他。

王　斌○译
邵爱国
张莉娟○校

第十七章 心理治疗

"要是我们不去谈论我的排便训练,那你的治疗过程是什么?逼迫我还是说教我?"

"如果必要的话我会的。但通常没有必要这样做,即使有必要时,那也只是治疗的一小部分。"

"那你打算做什么?"

"我不打算对你做任何事。我只想在你恢复健康的过程中能尽量帮助你。"

——Robertson Davies,The Manticore.
罗伯逊·戴维斯《曼蒂科尔》

第十七章　心理治疗

心理治疗（Psychotherapy）是一种干预技术，它试图运用心理学原理来治疗患者的精神障碍以帮助那些不快乐的或者困扰的人改善生活。心理治疗的形式多样。然而，各种治疗方法或技术存在着共同的思想基础，也就是，通过和一位受过训练的治疗师来共同探讨自己的心理问题，人们的生活就能得到改善。

心理治疗的早期历史

问题：对于行为看似异常的人来说，早期是如何治疗的呢？

在古代，变态行为被认为是由恶魔引起的（见第十六章）。直到今天，这种看法在一些群体中仍继续流行。被怀疑（恶魔）附体的那些人不再被当作正常的人来看待。一些比较严酷的驱魔的形式包括鞭打、淹死，或者让被怀疑着魔的人挨饿，试图驱逐出那邪恶的鬼怪。

在早些年代中，那些行为举止与社会期望不一致的人，常常遭受百般折磨，诸如"淹溺"，目的在于解除女巫师的诅咒。被怀疑为女巫的人常不断地遭受折磨。如果这种淹溺使其致死的时间愈长，指控其为女巫的人就愈认为这是由于恶魔的力量才让她活得这么久。

随着中世纪的结束，用驱魔（至少在大多数情况下）来对待精神患者的做法不再继续。在15到16世纪，把精神病患者送到精神病院(asylums)——精神病患者的医院——成为一种主流的方式,为那些遭受精神障碍的人提供住所并使其康复成为可能。在那时,心理障碍的定义还未统一,精神病院收留了不同种类的人们,包括那些不符合某种社会期望的人们,而不管其是否真的有障碍。

1547年,国王亨利八世把皇家300年历史的疯人院—贝特勒姆圣玛丽医院捐赠给了伦敦市;这就成为第一家服务于精神病患者的医院。疯人院变成了咆哮或混乱的同义词,可见这也适当地描绘出了原先疯人院里的一些情况。许多患者被铁链锁在难以辨认的墙角,经常被固定在一个甚至不让他们睡踏实的地方。还有一些患者被铁链锁在大铁球上,使得他们不管去哪里都不得不拉着这样的一个大铁球。

这种状况震惊了菲利普·皮内尔(Phillipe Pinel)(1745—1826),他是巴黎男性精神病院—La Bicetre最早的主治医师,是巴黎女性精神病院—Saltpetriere的主任。在这两家精神病院中,皮内尔决定去帮助患者去掉身上的镣铐和其他禁锢。使巴黎社会更震惊的是,皮内尔的"疯子"患者变得平静多了并且更加容易管理了。

到18世纪末、19世纪初,临床学家希望能治疗因心理原因而形成的变态行为。例如,神经学家让·马丹·夏尔科(Jean Martin Charcot)利用催眠法来治疗癔病以及其他精神病。后来,约瑟夫·布洛伊尔(Josef Breuer)(1842—1925),一名维也纳的医生,也用催眠法来治疗癔病的患者。布洛伊尔发现,如果让处在催眠状态下的患者谈论各自的问题,特别是他们的病症的根源,患者的症状好像就缓解很多。布洛伊尔总结出来,如果他能让患者再次体验并且说出那引起某些特殊形式心理伤害的痛苦事件,患者将会从这些过去的伤害中解放出来。布洛伊尔所用的方法即是所谓的宣泄疗法(cathartic method),在治疗过程中,患者被鼓励袒露并讨论那些给心理带来痛苦的起源,以作为根治患者精神问题的方法。后来,夏尔科的学生西格蒙德·弗洛伊德跟随布洛伊尔工作,从此也就开始了心理治疗学的现代历史。

就如我们所看到的一样,心理治疗方法有多种多样。在大多数病例中,不管他或她是否允许,治疗师首先都要判断问题的类别,以此来开始他的治疗过程。这种诊断和评定的过程可能很简短,如某人希望能克服其恐高症的病例。当然,也可能时间很长,如一个小孩害怕去学校的病例——该儿童是害怕与父母分离呢?还是同学的行为会对他不利呢?是孩子对父母在家的某些行为的反应呢?还是孩子在早期遭到了目前已不怎么记得清楚的精神创伤呢?不管治疗的过程和治疗方法如何,治疗师首先应把精力集中在问题的诊断与评定上。

变态行为的诊断与评定

问题:治疗师如何来诊断那些前来治疗的个人?

正像在第十六章讨论过的,《诊断与统计手册》(DSM-Ⅳ)与《国际疾病分类法》

第十七章 心理治疗

(ICD-10)已得到了业界的普遍接受。在 ICD-10 中,临床指标的诊断信度已在 40 个国家实地考察并取得了令人信服的结果(Sartorius et al.,1993b)。DSM-Ⅳ中诊断的分类体系在第十六章已描述过,它与 ICD-10 中的分类体系具有高度的一致性。

尽管有了临床上的专门技术与诊断工具,诸如 DSM-Ⅳ,但临床学家在决定如何对一个新的患者做出反应时,他还必须回答三个问题:(1)患者有问题吗?(2)如果有,问题是什么?(3)一旦问题被确认,又该如何治疗?在回答这些问题时,临床学家使用各种不同的技术,诸如诊断面谈和心理测验。

结构式与非结构式诊断面谈

在诊断面谈(clinical interview)中,心理治疗师主要询问患者一系列关于他的病况以及周围环境的一些问题,这是目前使用最广泛的临床评定技术。面谈可能是结构式的,或非结构式的,当然也可能是两者的复合。在结构式面谈(structured interview)中,面谈者谨慎地按照一系列具体的问题进行,很少远离问题的结构系列。结构式面谈的优点在于临床学家能在相对较短的时间里得到相对较多的信息。另外,通过提前指明问题,临床学家就能避免错过那些以后可能对做出诊断很重要的信息。结构式面谈的缺点主要在于它缺少灵活性。另外,结构式面谈由于过分强调问题的宽度以至忽略了它的深度。

相对来说,非结构式面谈(unstructured interview)不包括具体的问题,面谈者的主要职责是追随而不是指导患者。因为导致人们前来治疗的问题各不相同,非结构式面谈有如下优点:它能聚焦在那些对于具体患者具有特殊意义的问题上。非结构式面谈主要有两个潜在的缺点:临床学家可能会错过或忘掉去询问一些重要的问题,并且临床学家不能从一次面谈或下次面谈中获得可以比较的资料。因此,从非结构式面谈中获得的反应可能比从结构式面谈中获得的反应更缺乏可比性。另外,非结构式面谈由于过分强调问题的深度以至忽略了它的宽度。理想的状况是两种技术的结合:一方面,治疗师有一些他们必须询问的标准化问题;另一方面,他们也会自由询问一些对患者来说是非常重要的问题。

在诊断面谈中,患者的叙说方式与叙说内容通常是一样重要,甚至前者比后者更重要。例如,如果一位男性患者在叙述过程中不停地强调他追求女人的成功,并且不遗余力地强调他能得到任何他想要的女人。治疗师肯定会怀疑这些话。行为的其他方面对理解所说的含义也很重要,诸如边说边哭,或者突然记忆失误,或者在谈论一个特定话题时突然变得很疲乏。

为了做出诊断,临床学家不仅要敏感于患者的叙说内容、叙说方式,对可能会影响到面谈内容的患者与他们的关系也要很敏感。他们也要认识到诊断不同于解释(Carson,1996)。面谈者能够诊断但未必能解释患者目前问题出现的原因。患者对不同的面谈者反应是不同的——临床学家需要进一步认识到自己的年龄、性别、种族群体、思维方式，甚至衣服样式也可能影响诊断面谈的结果。当患者来自于另一文化背景时，临床学家必须认识和理解文化上的差异，并尽量避免把变态行为当成文化上的差异（Lopez & Nunez, 1987）。诸如，怕鬼在一种文化中可能被视为异常，但在另一种文化中可能被视为完全正常。但因为心怀鬼怪、因为害怕而把别人杀了，无论他的文化背景如何，都是异常的。

有时，为了做出确切的诊断，我们就需利用一些心理测验，尤其是当参加测试的患者故意做出欺骗的行为时。

心理测验

临床学家中有许多人经常使用心理测验，也有许多人从来不使用测验，另外还有一部分人居于两者之间。那些使用测验的人中有许多深信心理测验具有很高的效用，而那些不用测验的人中也有多数人认为测验不能为心理诊断提供任何有用的信息。

临床评定中，经常使用心理测验的主要是人格测验。人格测验既有投射性质的，诸如主题统觉测验（TAT）和罗夏墨迹测验（Rorschach tests），也有客观性质的，诸如明尼苏达多相人格问卷（MMPI）（见第十五章）。有时，也有一些临床学家用智力测验（见第九章）来评定患者的各种认知障碍和观察患者解决问题的方法。另外，为了明确诊断，有时我们也用一些神经心理学上的和心理生理学上的测验来作为我们治疗的基础。

神经心理测验

当临床学家怀疑患者是脑器官损坏的情况时，他们通常需用一些神经心理测验以及 DSM-Ⅳ 中的轴-Ⅲ（生理障碍与环境因素）进行评估。使用最广泛的两个神经心理测验是霍-里神经心理成套测验（Halstead-Reitan Battery）（见 Boll, 1978）和内布拉斯加州卢瑞亚成套测验（Luria-Nebraska Battery）（见 Golden, Hammecke, & Purisch, 1978）。事实上，霍-里神经心理成套测验（在几个小时或几天中被给予一系列连续的测验来帮助诊断）经常与韦克斯勒成人智力量表第三版（WAIS-Ⅲ）和明尼苏达多相人格问卷-修订版（MMPI-R）一起使用。因此，实践中，临床学家通常可以从许多不同的诊断工具中获得信息加以综合。

为了从神经心理测验各题项中获得有用的信息，假设我们给患者使用霍-里神经心理成套测验中的两个分测验。在触觉操作测验（Tactual Performance test）中，患者被蒙住双眼并被要求把各种不同形状的木块放入与之相匹配的木板内。由于患者看不到木板，患者不得不依靠触觉线索来进行判断，从而决定把哪个木块放到哪个位置上。在竭尽所能完成木板任务后，患者还将被要求去画出他认为的木板的形状，以显

第十七章 心理治疗

示出木板上的那些位置以及在其正确位置上所填充的木块的形状。另一个测验是连线测验(Trail-Making)。看你如何完成连线测验，见图17-1。

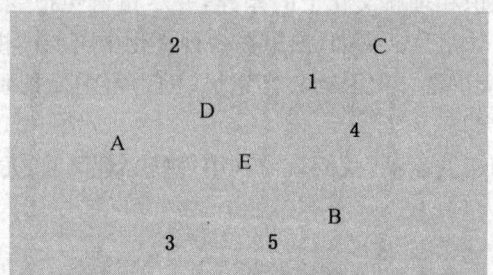

图 17-1 霍-里神经心理成套测验中的连线测验

在连线测验中，你将被呈现一张如图所示的纸，上面有数字和字母。你将被要求从数字1开始，然后到A，接到2，再到B等等进行连线。换句话说，在数字和字母之间交替的顺序便是测验中各条小路的顺序。

霍-里神经心理成套测验和其他神经心理测验是如何记分的？记分是以大脑不同功能对应不同位置的定位关系的知识为理论基础。比如，触觉操作测验很大程度上依靠右脑半球的作用。因此，该评定形式就是把大脑的功能与行为联系起来，并从行为中来推断大脑功能损伤与否。

基于生物学的测量

为了进一步评定大脑功能，我们还可以利用一些不那么正式的对反射功能与感觉功能的评定。例如，你的医生可能会经常检查你的膝跳反射(用橡皮槌敲打膝关节的反应)和你的瞳孔反射(对强光的反应)。

基于生物学的测量指标包括心率、肌肉紧张度、血液、皮电反应(GSR)、诱发电位(一系列关于脑电图的记录，以便将电干扰减至最低的程度)、CAT(计算机中轴X线断层扫描)、PET(正电子放射断层扫描)以及其他生理机能的测量法(见第三章和第十二章)。在临床评定中，这些指标虽然不常使用，然而临床学家发现，对双向精神障碍患者使用PET显示，大脑中的葡萄糖的新陈代谢水平在躁狂阶段(患者机能亢进，滔滔不绝，异常兴奋，毫无羞耻感)要比在抑郁阶段(患者相对不活跃，情绪低落)高(见图17-2)(Baxter et al., 1985)。

总的来说，现在，临床学家在评定时有各种形式可加以使用。单一形式往往无法给予完整的评定，如果各种评定形式综合起来联合使用，必将会给临床学家提供出相对广泛的信息，再通过整合就可加以解释。一旦临床学家诊断出问题，剩下的就是治疗的事情了。接下来，我们将讨论治疗心理障碍的一些具体方法。

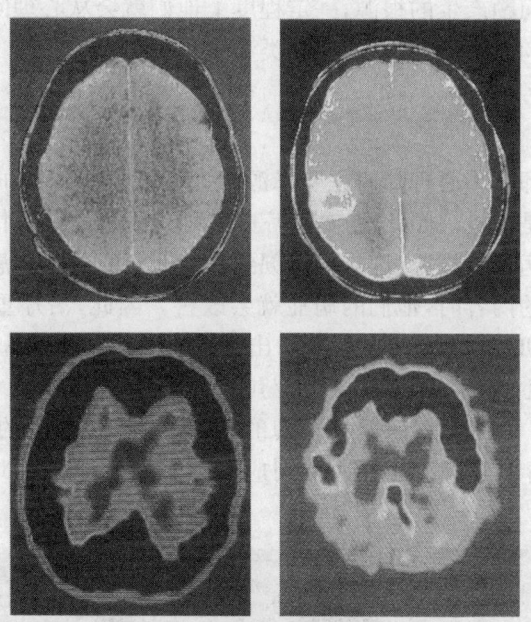

图 17-2　障碍的心理生理学的指标

比较左上角和右上角的 CAT 扫描图片，这两幅图片都显示了大脑的横切面图，但是左边的大脑是正常的，然而右边的大脑上有一个对人脑其他部位施加压力的瘤。下面的两张是 PET 扫描图片，左边的一张是正常的大脑，而右边的一张是一个老年性痴呆症（可能由阿尔茨海默氏病引起）患者的大脑。

心理治疗的方法

问题：各种人格理论和变态行为理论与各种心理治疗的方法是如何联系起来的？

心理治疗的从业人员主要是临床心理学家（通常具有哲学博士或者心理学博士学位），心理治疗师（通常具有医学博士学位），社会工作者（通常具有社会学工作硕士学位）等。心理治疗师所使用的治疗方法多种多样，但每种方法都有其各自的优缺点。此外，大多数方法是相互交迭的。尽管如此，去思考一下如下五种主要的疗法之间的差异是十分有意义的：心理动力疗法，人本疗法，行为疗法，认知疗法和生物疗法。另外，还有一种文化透视法可视为一种新型方法。

心理动力疗法

心理动力疗法普遍把获得顿悟（insight）作为心理康复的关键。其基本的假设是

第十七章 心理治疗

当患者领悟了他们问题产生的根源,一定程度上他们就会从心理问题中解脱出来。其中,精神分析疗法是心理动力疗法的主要类型之一。

精神分析疗法

精神分析治疗师认为心理障碍主要来源于人们没有意识到的他们自身无意识中的思想、情感,尤其是动机。照此观点,治疗师必须认识到这些有情感问题和人际交往模式问题的人所患病症的根源,这需要追溯到患者儿童时代。当患者意识到那些被压抑的而威胁到自我的内容时,他们的病症就会改善。因此,治疗重点应在于去掉自我欺骗和合理化防御机制的保护层,以揭示出隐藏的事实。例如,一位患者希望通过治疗来克服焦虑,但如果治疗师直接治疗焦虑,他就是愚蠢的。因为据此疗法的观点认为,焦虑只是一种在无意识里被压抑的思想、情感和动机的外部表征。所以治疗应是间接的,而精神分析治疗师通常则应坐在患者看不到的地方,以避免影响患者的思绪。

精神分析治疗的目标是帮助患者获得对自身防御机制的认知。其治疗是间接的,治疗师通常坐在患者看不到的地方以避免影响患者的思绪。

自由联想(free association)。实际上,治疗师是如何识别出蕴涵在可观察到的心理障碍中的无意识冲突呢?治疗师使用的多种技术中,其中最主要的一种就是自由联想。在自由联想过程中，患者可以说出心中所想到的一切，对词句不需审查而对其顺序也不需编辑。开始时，患者会觉得不加编辑而叙述的自由联想很困难，但随着练习以及对治疗师和整个过程的熟悉，患者慢慢地就会适应这种方式。在自由联想过程中，叙述时对词句不加编辑是很重要的，因为据精神分析的观点，最有趣的和最重要的细节是患者无意识流露的。所以在自由联想过程中，治疗师只需作为一名引导者，而不需对患者做任何指导。自由联想典型的情境是，患者被安置在一个只有治疗师在场的舒适环境中，而其思想则处于一种松懈的状态下，患者仅需道出心中所想到的一切。

抗拒分析（analyzing resistance）。假如患者能通过自由联想而立即获得对被压抑事实的认知，心理分析过程将会很快结束。但事实并非如此。据精神分析的观点，由于抗拒的存在，心理分析很难顺利完成。所谓的抗拒（resistances）就是阻碍治疗过程顺利进行的一种意图，通常是无意识斗争的结果。为什么有理性的患者——即使在他们付费的情况下——会阻碍治疗呢？抗拒的理由是：因为所涉及的无意识内容通常都是令人痛苦的，甚至可能还具有破坏性。因此，患者通过无意识的抗拒以试图转移对治疗的注意。抗拒形式多样，比如沉默，转换话题，开玩笑甚至拒绝继续治疗。当抗拒出现时，心理治疗师要及时识别和处理。

梦之分析（analysis of dreams）。精神分析治疗的另一技术是梦之分析（见第五章和第十五章）。按弗洛伊德的说法，显梦（manifest content）—梦中实际出现的情况—是隐梦（latent content）的表征。因此，分析师的工作就是对显梦的分析来理解梦的真实的含义。举例来说，一个男性患者梦到他用铅笔去戳一位老人，这可能象征着一个未解决好的俄底普斯情结：患者因他的父亲占有了母亲而与之争斗。精神分析师相信这个梦有效地伪装了所表征的内容，从而避免了梦者产生过分的不舒服感。

当患者经过一段时间的治疗后，分析师开始慢慢解释患者所说的内容。对分析师的解释，患者通常可能很不高兴。但弗洛伊德认为，否定的意图是患者抵制自己去进一步了解自己真实的情况。从精神分析的角度来看，患者对一个特定的解释否定得越强烈，这个解释就越真实。当然，这种理论制造了一种逻辑："不管你承认与否，都要遭到谴责。"治疗师的解释很难不被接受，因为，如果患者同意，解释就理所当然被认为是正确的；而如果患者强烈反对，就更被认为是正确的。

移情分析（analyzing the transference）。精神分析治疗师与他们的患者应保持相对的距离，以免流露出自己的情感。治疗师看上去好像是患者的父母亲形象在心中的一个影子，他们帮助患者但又没有过分陷入到患者的问题中去。然而，患者却容易把自己的情感移植到治疗师身上，并赋予治疗师各种品质和思想——实际上治疗师并没有。这时，患者可能已开始把治疗师当作他们心理问题的来源或者至少是他们心理问题产生的一个重要因素。患者的这种对治疗师情感移植的现象我们称之为移情。在移情（transference）中，患者常常将自己的情感和内心冲突投射到治疗师身上，也常常将自己在童年期与人之间的关系投射到与治疗师之间的关系上，比如与父母的关系。

举例来说,如果患者的父母对他在学校的成绩非常关心,患者可能会认为治疗师也会对他在治疗中的成绩经常做出判断。尽管治疗师在分析过程中总是保持中立并似乎与患者总是保持一定距离,但实际上治疗师是鼓励移情的,因为患者会把在治疗中出现的各种心理冲突和幻想都投射到治疗师身上。总与患者保持一定距离的治疗师犹如一块空白的屏幕,患者能在上面投射出他们过去所有的人际关系。按弗洛伊德的说法,这是正移情而不是负移情。它有助于患者从过去被压抑的心理冲突中解脱出来。

为了控制反向移情(countertransference),精神分析治疗师应首先被精神分析,以使他们对自己无意识中的心理冲突和抑郁的来源能有更好地了解,这种了解非常重要。所谓的反向移情就是治疗师把他们自己的情感投射到患者身上。治疗师如果把自己的问题投射到患者身上,可能会导致治疗的严重失败。因此,让精神分析治疗师首先认识并克服他们自身的问题和无意识中的幻想是很重要的。因为这样的话,当这些问题和幻想出现时,就可以避免把它们投射到患者身上。

精神分析治疗的现代流派

无论是过去还是现在,在心理治疗领域中,精神分析治疗一直都很重要,因为由它已衍生出了各种分支疗法。而这些疗法中许多都是由弗洛伊德的追随者和新弗洛伊德学派所提出的人格理论发展而来的,比如卡尔·荣格(Carl Jung)、埃里克·埃里克森(Erik Erikson)和卡伦·霍妮(Karen Horney)(见第十五章)。新弗洛伊德主义治疗的各种形式有时也被称之为自我分析(ego analysis),因为他们通常认为,自我至少和本我一样重要。换句话说,意识的过程同无意识的过程一样都是很重要的,甚至前者要比后者更重要。在人们有了某种目的和目标之后,在某种意义上说,他们的行为就是为了去达成这些目标。为了更充分理解患者,治疗师不仅要了解患者的过去,也要了解患者的对未来的预想——也就是患者对自己发展方向的认识。

传统的精神分析通常需要一段很长的过程,有时甚至要持续数年,在这期间,患者和治疗师每周都需见三至五次面。然而如今,心理动力治疗师越来越重视限时的心理治疗法(time-limited psychotherapy)(Mann,1973;strupp,1981)。该疗法的基本观点就是利用精神分析的基本原则,但要在一段相对较短的时间里能产生效果。总的来说,它虽然受心理动力学原则的指导,但运用这种疗法的治疗师在指出患者的防御机制和心理冲突时可能会比传统的精神分析师更加地直接。

人本(来访者中心)疗法

同精神分析以及其他心理动力疗法一样,人本疗法同样是强调领悟。然而,除了这点相似之外,它们之间有着非常显著的差异。人本治疗师把接受他们治疗的人称为"来访者",而传统的心理动力治疗师称之为"患者"。这点差异并不仅仅是语义上的。心理动力疗法根据潜在疾病发展的过程就是来访者的病原,以病症模型为基础,它更接近于医学模型(和弗洛伊德的医学练习有关)。与之相对的是,人本主义模型却避开医学模型,而以另一模型代之,该模型认为每个人都是富有情感和思想的人,但倘若个人的情感或思想与社会或他人形成冲突,就会导致生活中的诸多问题。

对心理动力学治疗师来说,行为的含义是很难琢磨的,并不是每个治疗师都能像那些非常熟练的心理治疗师(更像医学方面的专家)一样恰当而准确地了解;然而对人本主义治疗师来说,对行为的理解并不那般困难。对于感知和判断来访者的病因,治疗师无需是权威者,他只需做一名有用的助产士,帮助来访者获得对其自身问题的领悟。

按照心理动力学的观点,无意识力量起着决定性的控制作用;但按照人本主义的观点,我们有自由的意志,并为意识所决定和控制。人本主义治疗师认为凡是精神正常的人都能够意识和理解自己的行为。因此,人们才能够随意改变自身的行为。由于人们能自由选择,所以治疗的目标就是帮助人们在作抉择时,能感觉(feel)到他们有完全的自由。人本疗法的形式众多,下面仅简单地描述其中的一些。

所有形式的人本疗法均以来访者为中心,据此观点,来访者要实现其选择的动力存在于他对自身最深层次需要的体验之中。卡尔·罗杰斯(Carl Rogers)(1961a)假设,来访者对现实的构造为了解来访者提供了依据,在此假设的基础上,他发明了其独特的来访者中心疗法(client-centered therapy)。可见,来访者中心疗法是非指导性的(nondirective),治疗师无需引导治疗朝向某一特定方向。在人们生活中所发生的种种事件都不重要,重要的是人们解释这些事件的方式。因此,来访者中心治疗师很少把某种理论体系(如弗洛伊德的理论)强加到来访者身上;他们的目的主要在于,去尝试理解来访者对于周围世界的看法。

除了赋予来访者对周围世界看法的价值和来访者自由的意志的重要性之外,罗杰斯认为,在他们所做的和为自己所设置的目标方面,人基本上是好的和适应的。如果人们行为不好或不再适应,那么在他们的学习过程中就可能出现了一些问题。比如,来访者的社会化程度不充分或角色模型发展不适当。而来访者中心疗法的目标就是去帮助人们充分认识他们所具有的潜能。

罗杰斯认为,要打开阻碍来访者认识自身潜能的大门有三个关键。一是治疗师的真诚(genuineness)。来访者中心疗法对自己及来访者都需要绝对真诚。通常认为精神分析的治疗师应该持有置身于事外的客观态度,但罗杰斯主义治疗师却不能如此超然于事外。他们应该公开地、真诚地表达自己的情感,就像他们寄予来访者的希望一样。从效果上看治疗师成了来访者的榜样,为来访者在这个如今不提倡真诚和自我揭露的社会里如何做到真诚和自我揭露提供了一个良好的示范。

二是治疗师应给予来访者无条件积极关注(unconditional positive regard)。罗杰斯认为,我们遭遇到的许多问题是由于我们在成长过程中受到的只是有条件的积极关注。只有当我们按社会接受的方式行动时,才能获得积极关注,一旦我们的行动方式

第十七章　心理治疗

很少为人接受，积极关注就会消失。罗杰斯认为，这种结果最终使我们发展了一种有条件的自我价值感。只有我们做那些为他人所认可的事情时，我们才会被人所爱、所欣赏。然而从心理学角度上看，我们必须获得一种无条件自我价值感。而罗杰斯式治疗师的无条件积极关注有助于来访者达到这种价值感。

三是治疗师对来访者的准确的同情理解（accurate empathic understanding）。一个好的治疗师必须能按照来访者观察周围世界的方式来理解世界。缺乏这种同理心，治疗师就不能真正理解来访者的观点和想法，甚至还会导致思想上的错误传达，而使来访者从治疗中获益的能力大打折扣。

来访者中心的非指导疗法中，治疗师是追随着来访者的；而与之相对的是，心理动力疗法中，关于如何去引导来访者的治疗上，治疗师意识里有一种特殊的指导方向——即如何去揭开无意识冲突的面纱。因此，来访者中心疗法的程序和心理动力疗法的程序完全不同。非指导性的来访者中心治疗师认为，通过富有同理心地倾听来访者的倾诉并帮助他们理清他们的情感，来访者就能按照自己选择的方式自由生活。而行为疗法则是用不同的方法获得相同的结果。

行为疗法及其相关技术

行为疗法（behavior therapy）指的是主要以经典条件反射和操作条件反射基本原理以及观察学习模型（见第六章）为基础的各种治疗技术的合成。目前，行为疗法与其他几种疗法的差异主要表现在如下几个方面。第一，行为疗法是一种短期行为。其目标是能在短期内改变患者的行为。因此，相对于治疗期可能持续数年的精神分析疗法来说，典型的行为疗法持续时间只有数月甚至更短。

第二，精神分析倾向于逃避症状的治疗，而行为疗法则刻意于通过某种治疗技术的使用以减轻症状。对于行为治疗师来说，症状就是问题。如果一个人正处于焦虑之中，那么要想使其行为有效，就必须要减轻其焦虑症状。如果一个人情绪沮丧，那么目标就应该是减轻沮丧。在行为治疗师看来，追溯病症的深层次根源，基本上就是在浪费时间。适应不良行为形成的最初原因可能与造成目前行为的因素没有任何关系。

第三，行为疗法，除了直接性之外，其指导性也非常明确，这与人本疗法和心理动力疗法形成了鲜明的对比，前者是非指导性的，后者只具有部分指导性。也就是说，虽然行为治疗师也是通过与患者合作，但治疗师会明确地向患者表达具体的治疗计划。而患者只需遵循治疗师的治疗计划，计划执行结束时，治疗也就相应结束。

第四，就如同行为疗法的名称一样，行为疗法的治疗主要集中在行为上，诸如戒烟或者克服在公共场合讲话的恐惧。我们上述的其他几种治疗技术是通过心理上的领悟和变化来寻求得到行为变化，而行为疗法则是通过行为变化来获得心理变化。其实，一些行为治疗师并不特别关心患者的心理变化。他们所关切的仅是对不适应行为的矫正。

最后，相对于其他类型的治疗师，行为治疗师紧紧沿袭着古典科学范式。尽管人本治疗师认为科学分析有把患者当作物体或没有人格的实物的嫌疑,但行为治疗师对治疗和治疗结果的评价是否采取科学的、客观的方法仍然非常关心。行为主义者批评精神分析的概念无法被科学研究所验证,但没有任何人会这样指责行为疗法。

行为疗法由一套具体的技术构成,诸如对抗条件反射作用,消退过程,操作条件反射和模仿学习。

对抗条件反射

在对抗条件反射(couterconditioning)中,针对某一个特殊刺激,个体所产生的特殊反应将由另一反应所替代,并且该替代反应与不必要的初始反应在性质上恰恰相反。比如,在对抗条件反射作用之前,抽烟这个刺激给个体带来的是一种快感,而通过对抗条件反射作用之后,对于抽烟这个刺激个体将只会有一种厌恶感。再比如,当个体考试很焦虑时,如果对抗条件反射作用以一种肯定的放松的反应代替否定的焦虑反应,那个体在参加考试时就不会再感到焦虑。获得对抗条件反射作用有两种主要技术:厌恶疗法和系统脱敏法。

对于那些害怕蛇的人或具有其他恐怖症的人来说,用行为疗法来消除他们的恐惧感是非常有效的。而系统脱敏法经常被这样使用——患者慢慢地被给予或慢慢地想像一系列能激发起越来越强的焦虑感的刺激情景。

厌恶疗法

厌恶疗法(aversion therapy)是在治疗过程中向患者呈现一种不受欢迎的刺激以让患者学会一种否定的情感,从而使其对刺激最终能产生厌恶感的一种心理疗法。例如,嗜童癖(pedophiliac)(成人对儿童的性上瘾)患者可能需求助厌恶疗法,以学会在面对孩童的刺激时不再有性的兴趣反应。当患者暴露在不受欢迎的刺激下时,同时伴随一种令人厌恶的无条件刺激,比如说令人疼痛的电击。嗜童癖可能正好在被电击时或在被电击前,治疗师向其呈现一张孩童的照片。类似的,酗酒者可能也需求助于厌恶疗法。例如,给酗酒者服用一种药物,使其以后再喝酒时就会感到恶心或呕吐(见第六章)。厌恶疗法试图去鼓励患者进行回避学习,通常都是和其他技术联合使用。在需要用一种更社会化的、合宜的兴趣来代替不良上瘾的案例中,厌恶疗法通常都能取得较好的疗效。

系统脱敏法

系统脱敏法(systematic desensitization),与厌恶疗法恰恰相反,治疗师试图通过教给患者一套放松技术,以期能帮助患者战胜焦虑或其他令人棘手的反应。约瑟夫·沃尔朴(Joseph Wolpe)(1958)提出了系统脱敏法的治疗技术,用来克服一些特殊的心理问题——最具代表性的如焦虑症。沃尔朴的基本观念是用一种反应代替另一种反应,如用放松反应来替代焦虑反应。在系统脱敏法的各案例中,系统脱敏法通常都是致力于使患者学会一种与先前不良反应截然不同的反应。

譬如说,假如你对标准化入学考试极度焦虑以至于威胁到你成功地进入大学的竞争能力。首先,治疗师将为你建立焦虑等级层次(desensitization hierarchy),焦虑等级层次是由一系列想像的情景构成,其每一层次的焦虑程度都要比前一次严重。接下来,你将学会一套技术以帮助你达到深度放松。这类技术包括有个体肌肉放松技术,通过想像愉悦的情景放松技术等。在你学会了如何深度放松之后,真正的系统脱敏过程就开始了。首先让你去想像一下最低焦虑层次的情景。若是发现自己有焦虑感,治疗师就会提醒你立即进行深度放松。经过几次努力之后,你会发现在这一层次,你将不再感到焦虑。在你确信自己能应对第一层次的刺激之后,你就将进入焦虑等级层次的下一层次,如此重复进行直到你能应对每一等级层次的焦虑。许多研究(参见 Cottraux, 1993)表明,行为疗法在帮助患者克服单纯的恐怖症和焦虑症方面非常有效。

消退程式

消退程式(Extinction procedures)主要用来降低不适应反应——诸如焦虑症——的强度。消退程式有两种主要类型:倾诉法和行为矫正法。如同系统脱敏法一样,倾诉法(flooding)也是通过把患者暴露在一个经过细心控制的环境里以减轻患者的焦虑强度,在该环境中治疗师呈现患者会感到焦虑的刺激,但实际上患者不会受到任何伤害,因此,这样做最终可使得患者对该刺激不会再产生焦虑反应。然而与系统脱敏法不同的是,在倾诉过程中患者所暴露的环境是能引起焦虑的真实环境,而不是一系列想像的环境,并且治疗师也不会去指导患者如何使用放松术。该技术所蕴涵的思想是,让患者被迫置身于令其焦虑的环境中,直到他们认识到并没有什么可怕的事情发生,如果将来再面对这种环境,他们就能够应对。譬如,让一个蛇恐惧患者被迫置身于面对蛇的环境中,或者让一个恐高症患者被迫置身于高楼顶处的环境中。

暴露疗法是治疗中的一种调和形式,它包含有倾诉法和系统脱敏法中的一些基本要素。暴露疗法(implosion therapy)的设计思想是通过让患者尽可能生动具体地想像那些令他们感到焦虑的事件,从而来减轻患者的焦虑感。假如你曾经有过差点淹死的经历,这使得你现在非常害怕游泳甚至不愿意再接触任何水。暴露疗法治疗师首先可能会要求你去想像自己置身于一个无底的浴缸之中,然后再想像自己开始在水下滑行。当然,想像这种场景可能会引起你强烈的焦虑感。然而不久你将会认识到,尽管你又通过想像体验到这种场景,但是你仍然活着并还在治疗师的办公室——这样做其实并没有导致什么事发生。然后,治疗师将以更快的频率继续要求你不断地想像这种场景。最终,这种场景将不会再使你感到焦虑,也不会再使你感到害怕。

这种想像类似于系统脱敏法中的想像,因为它也仅仅是想像而实际上患者并没有置身于引起焦虑的场景中去。但是在减轻焦虑的方式上,暴露疗法与系统脱敏法是不同的。在两种技术相比较中,事实已证明系统脱敏法要优于暴露疗法(参见 M. L. Smith & Glass,1977)。

上述技术,到目前为止,都是建立在经典条件反射模型的基础上的。但事实上,操作条件反射也可以用来改变行为。有一个运用操作条件反射来改变行为的简单例子是,父母常用糖果或钞票来奖励他们的孩子,以使他们能取得好的成绩或能早点上床睡觉。与操作条件反射相关的方法有:代币物奖惩法(第六章)和行为合同法。

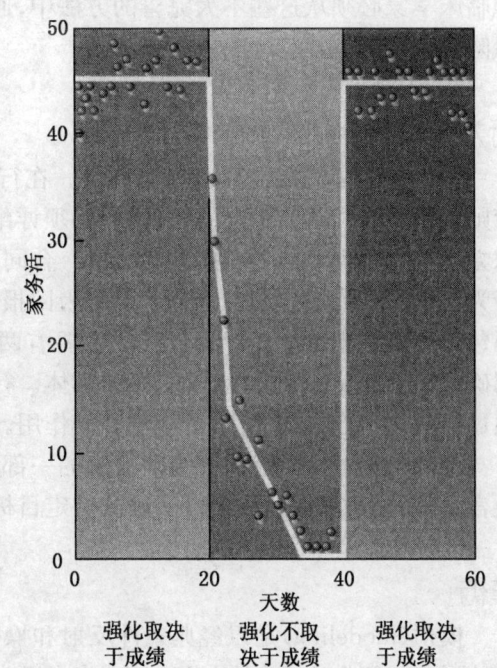

图 17-3 代币物奖惩法的结果

在一个设定的环境中,代币物奖惩法能有效地改变某些个体的行为。在强化一些积极的行为方面,如在自助上(诸如个人漱洗)以及在家务活上(如图所示),通常可用代币物奖惩法。

代币物奖惩法

代币物奖惩法(token economy)的基本原理是利用代币(tokens)(缺乏内在价值的实物)作为一种手段以达到强化各种操作性行为的目的。代币在以后可以用来换成个人所需物品或服务。患者通常被安置在一个设定的环境中,而治疗师可以控制代币以及分发其他增强物。尽管这种技术可用于其他人群,但应用的对象主要还是 PDD(弥漫性发展障碍,或孤独癖)的儿童患者(见图 17-3)。

代币的使用具有如下几个特点。首先,代币的数量与患者是否表现出治疗师所希望的行为能直接联系起来。第二,奖励的性质很少有模棱两可的。第三,治疗师可以根据患者的需要调整交换物品或服务。用代币交换的物品可以随时间的变化而变化,以适应患者不断变化的需要。第四,作为预期行为出现的奖励,代币可以即时分发。第五,患者可以自由选择奖励,从而避免了接受自己不乐意的奖励。最后,代币物奖惩法具有现实意义,因为代币物奖惩法与所设定环境之外的世界情况非常相似(Carson, 1996; G. L. Paul & Lentz, 1977; G. L. Paul & Menditto, 1992)。对于那些所设定环境之外的人,一些研究者担心这些外在强化刺激(extrinsic reinforcers)(外在的物质的奖励,相对于内在的奖励比如说自尊和成就动机)可能会逐渐削弱儿童对完成这些被奖励行为的自然兴趣(Deci & Ryan, 1985; Lepper et al., 1973)。心理治疗师和其他临床学家必须从这些不太完善的方法中,通过权衡其渴望获得的利益与可能存在的风险,从而择优选用。

行为合同法

行为合同法同样也具有现实意义。在行为合同法(behavioral contracting)中,治疗师和患者必须签一份合同,合同中必须详细说明双方的责任和行为上的期望,并且双方均负有实现合同各项条款的义务。合同要求患者必须能表现出特定的行为,这些行为通常被视为治疗的一部分。而作为回报,治疗师则必须满足患者的任何要求,甚至包括许可终止治疗。行为合同法主要有两个优点:(1)治疗师和患者各自的责任明确;(2)治疗目标是否达成的标准具体。行为合同法本身并不是一种治疗形式,但通过与其他治疗形式合作,可起到补充作用。

合同中,或简单地说,行为疗法中的一部分,就是患者对自制行为进行自我奖励。换言之,就是当患者达成某一明确的特定目标时,就对自己进行一次奖励。

模仿

模仿(modeling)是以经典条件反射和操作条件反射为基础的行为疗法之外的第三种形式的行为疗法。在该形式中,患者通常被要求去观察那些会引起患者焦虑或会使患者产生不适应应对方式的情形下能有效应对的人们的行为方式。模仿的基本原理大部分源于——虽然不是惟一——阿尔伯特·班杜拉(Albert Bandura)的研究(1969;见第六章)。班杜拉的基本思想是,人们只需通过观察其他人在面临问题时所采取的成功应对方式就可以达到改变。比如说,班杜拉和爱德华·布兰查德(Edward Blanchard)和布伦哈尔德·里特(Brunhilde Ritter)(1969)就是通过让惧蛇恐怖症的成人患者观看常人是如何面对蛇的,以帮助人们克服其恐怖症,当然观察环境最好的是在现实情景中,其次是在电影情景中。患者可以观看到榜样逐步接近蛇的整个过程;随着时间的增加,患者的恐怖症将会减弱。

模仿也可用于其他治疗中,包括各种恐怖症和性障碍治疗。据资料显示,许多治疗的疗效大部分归结于模仿学习(Braswell & Kendall,1988)。与其他治疗形式相比,模仿显得很有疗效,特别是榜样所遭遇到的恐怖环境即是患者所遭遇到的环境。(见图17-4)

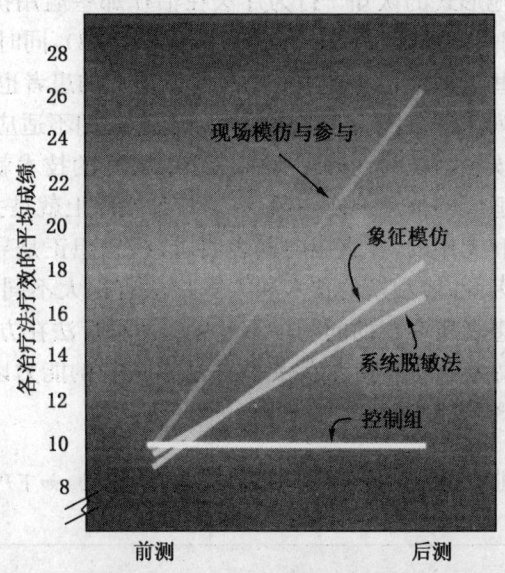

图 17-4　各种行为疗法的疗效

现场的模仿与参与在影响行为改变方面,比象征模仿或系统脱敏法更有疗效。

认知疗法

模仿是行为取向的心理疗法与认知取向的心理疗法之间的过渡。模仿中的患者用于模仿榜样的思维过程毫无疑问是属于认知过程的(Bandura,1986)。

认知疗法的治疗师认为,可通过改变患者的思想来改变他们的行为。如果人们能换一种思维方式来认识自己以及所经历的事物,那么他们的感觉和行为就会有所不同。认知疗法中最知名的治疗方法,当属阿尔伯特·埃利斯(Albert Ellis)的理性—情绪疗法(rational-emotive therapy)和安伦·贝克(Aaron Beck)的认知疗法(cognitive therapy)(见第十五章)。

理性—情绪疗法

理性—情绪疗法(RET)(有时又被称为理性情绪行为疗法)是由阿尔伯特·埃利斯(1962,1973,1989;Ellis & Dryden,1997)发明,其理论的基本思想是:不良情绪反应之所以出现是因为人们在内心里复述了那些表述上错误的或不适应的语句。例如,埃利斯认为认知先于情绪;理查德·拉扎勒斯(Richard Lazarus)持同样看法(见第十二章)。埃利斯认为我们的情绪体验是由我们的认知所引起的,并且我们能够通过改变我们的认知来改变我们的情绪。因此,埃利斯的心理治疗的目标就是通过帮助人们更正他们错误的或不适应的认知来帮助人们控制其不适应的情绪反应。埃利斯的理性—情绪疗法以及其他形式的认知—行为疗法在治疗那些滥用抗焦虑药物治疗的焦虑患者时,具有非常明显的疗效(Perris & Herlofson,1993),同时我们还可以想像,该形式的治疗方法对那些类似地冒着滥用药物风险的治疗的患者也有效果。

埃利斯(1970)曾列举许多因为错误的信念而引起人们不适应的例子,而表 17-1 就是其中的一部分。埃利斯认为在处理这些信念中最好的技术就是去直接面对患者并驳斥其错误的或不适应的信念。换句话说,治疗师实际上就是去向患者试图说明他的哪些信念是错误的和无用的,并直接向其表明,这些思想正是导致其不快乐以及日常生活障碍的根源。因此,埃利斯的技术和人本疗法有很大不同,人本疗法中的治疗师几乎从不直接指出患者所存在的问题。不过尽管两种疗法在方法上不同,但目标极其相似:都是为了提高患者的自我价值感,促进患者成长的能力以及通过认清所有可利用的方法而做出选择的能力。

表 17-1　埃利斯所列举的最常见的非理性信念 埃利斯认为,如下所示,错误信念导致了人们在生活上的不适应。

1. 在其所在社区中,一个成年人必须得到每个重要人物的喜爱和赞同。
2. 如果一个人实现自己的价值,必须在各方面都具备能力、充分地胜任并取得显赫的成就。
3. 坏人、不道德或邪恶者,都应当为他们的邪恶而遭到严厉的谴责和惩罚。
4. 一件事如果没有按照他所希望的方式发生时,那将是非常可怕的和悲惨的。
5. 人类的不幸是由外部的因素造成的,人们很少有或没有能力去控制他们的悲伤和不安。
6. 如果某事是(或可能是)危险的或恐怖的,一个人就应该极度关切它并且应不停地去思考它出现的可能性。
7. 面对某些生活中的困难和某些个人责任时,逃避要比面对容易。
8. 一个人必须要依赖于别人,并且所依赖的人要比自己更强大。
9. 一个人当前的行为全是由个人过去的历史所决定,由于某事在过去曾强烈影响过其生活,所以现在它也应该有相似的效果。
10. 对于他人的问题和困扰,一个人对此应该很难过。
11. 对于人们所遇到的问题,应该有一个恰当的、精确的和完善的解决方法,如果不能发现完美的解决方法,那将是非常可怕的。

贝克的认知疗法

安伦·贝克的认知疗法(cognitive therapy)(1976,1986,1997)在认知理论和治疗

形式上都不同于埃利斯的理性情绪疗法。这种形式的治疗集中在发展适应的而不是不适应的思维和思维过程上。贝克认为人们的不适应是认知歪曲的结果（见第十六章）。贝克把精力主要放在抑郁症上，世界卫生组织的一个关于心理治疗的报告（Perris & Herlofson,1993）表明：在实证研究中，认知疗法对抑郁症的治疗比对其他障碍的治疗具有更高的疗效（见第十六章，贝克列举了一些导致抑郁的常见的一些认知上的歪曲）。另外，认知疗法对焦虑障碍也具有一定疗效（Hollon & Beck,1994）。贝克特别强调不适应图式的重要性，比如，如果我们感觉到工作缺乏吸引力或感觉到自己无法胜任工作，就可能会使得我们非常苦恼（参见 Young, 1990; Young & Klosko,1993）。

安伦·贝克（Aaron Beck）(1991)的认知疗法重点在于矫正患者不适应的认知图式，因为正是因为这些不适应的认知图式导致了人们产生了无能感和无价值感。

生物疗法

生物疗法主要是通过医学或准医学的治疗来治疗心理障碍。这类疗法与前面疗法的不同之处在于患者与治疗师之间的会谈并没有起到多大作用，或者说其作用至少不会超出任何患者与医生之间会谈所起到的作用。当然，生物疗法也可以同心理学取向的治疗方法结合起来使用，而实际上生物疗法的使用常常就是这样的。下面我们就简要地回顾一下生物疗法的历史。

生物疗法的历史

生物疗法至少可追溯到古罗马时代，在那时某些很特殊的心理障碍被认为是因为中毒而引起的或是一些非适当的物质进入了体内。为此，轻泻剂和催吐剂就被用来清除体内的异物质。这种治疗在18世纪还偶尔可见（Agnew,1985）。另一种清除体内非适当物质的方法是有选择性地放血，它也持续到18世纪。该方法认为非适当物质与血液混在一起，当流出一定鲜血后，非适当物质也就随之排除。而代替旧血液的新血液是不会含有这类异物质的。

电休克疗法

电休克疗法（electroconvulsive therapy）(ECT)主要是通过对患者进行强烈而迅速的电击以治疗那些对心理治疗或药物治疗没有反应的严重的持续性抑郁症

(Bolwig,1993)。电休克疗法中有一种形式是让大约150伏的电流从患者头部的一侧穿过另一侧,整个过程大约持续1.5秒。

电休克疗法对某些人非常有效(Abrams 1988；Scovern & Kilmann,1980),但对另外一些人可能不起作用(Scott,1989)。抑郁症在大多数情况下是可以通过心理治疗治愈的,最多还可以结合使用抗抑郁药,通常电休克疗法是不必要的。

精神外科学

生物疗法的另一种形式是精神外科学(psychosurgery)——其脑前额叶切除术是精神医学中追求生物疗效而进行的最具危险性的尝试之一——精神外科学主要是利用针刺、分割或者切除大脑的某个部位以减轻患者的心理障碍。脑前额叶切除术是把大脑后部与脑前额叶切割开,使得脑前额叶与大脑其余部分不再发生联系。这种手术使得许多患者成为植物人而不能再独立进行任何有意义的行为,而就手术使患者恢复心智健康和正常的认知作用而言,即使那些破坏性的很小的手术也不一定被认为是很成功的。在1935年(这种手术刚被发明时)和1955年(当抗精神病药成为治疗精神分裂症的许多症状以及治疗其他心理障碍的一种选择时)期间,脑前额叶切除术据估计使精神病机构中数万人成为牺牲品(Freeman,1959)。尽管该手术发明者甚至为此而获诺贝尔医学奖。

这种灾难究竟是如何发生的呢？埃利奥特·瓦伦斯坦(Elliot Valenstein)(1986)为此提供了几种解释。其中的一个解释是,当时的精神病学正试图成为医学的一个分支,从事该领域的人员非常希望能获得医学界的认可。而精神外科学这样一项技术似乎很符合医学程序。另外,精神外科学手术是允许那些掌管精神病院的专家们进行操作的;而接受这种手术的患者似乎也停止了心理错乱以及精神分裂。

在我们认识早期精神外科学的失败时,我们应在一个更宽泛的背景下认识——当时在医学和心理学的治疗中,还有过许多其他的失败。比如,一家医药公司将海洛因用作为一种止痛药。他们有着这样的一种信念：患者能从用这些药物中获益。这种信念使得大量有害的和易成瘾的药物被用于对患者的治疗。可见,伤害常常是模糊不清的、无法预测的。一些被用来帮助人们的治疗法,长期地看,可能带来的伤害要比收益还要多。因此,对于我们所采用的治疗方法的潜在后果,我们应给予更多的关心。今天,尽管精神外科学的当代形式在一些极端案例中仍然使用,但应用极少。

接下来,我们将介绍精神障碍药物治疗近年来的一些重要发展。

药物治疗

20世纪下半叶,药物治疗的应用无疑是精神障碍的生物疗法中最大的进步。以前许多难以治疗的精神障碍,现在至少在某种程度上已可治疗。精神药物有四类(也就是,影响个人的心理过程或精神状态):抗精神病药、抗抑郁药、抗焦虑药和锂。

抗精神病药 抗精神病药在精神病患者的治疗方面是一个突破。在该类药物发明之前,精神病院的病房就好像聚集了许多最劣等的磁带机。到处是刺耳的尖叫和不断的暴力性威胁。而抗精神病药彻底改变了这种氛围。

抗精神病药中最常用的是20世纪50年代初期发明的,名叫吩噻嗪(phenothiazines)。而最知名的也是最早被发明的是氯丙嗪(chlorpromazine 而它又多以"Thorazine"作为商品名)。另外一种普通的抗精神病药是氟呱啶醇。这类抗精神病药通常都是通过阻断精神分裂病变的大脑中的多巴胺受体来减轻精神分裂症的症状(见第三章)。虽然这些药物在治疗精神分裂症的阳性症状时相当有效(见图17-5),但在治疗阴性症状时,却没有那么成功(见第十六章)。

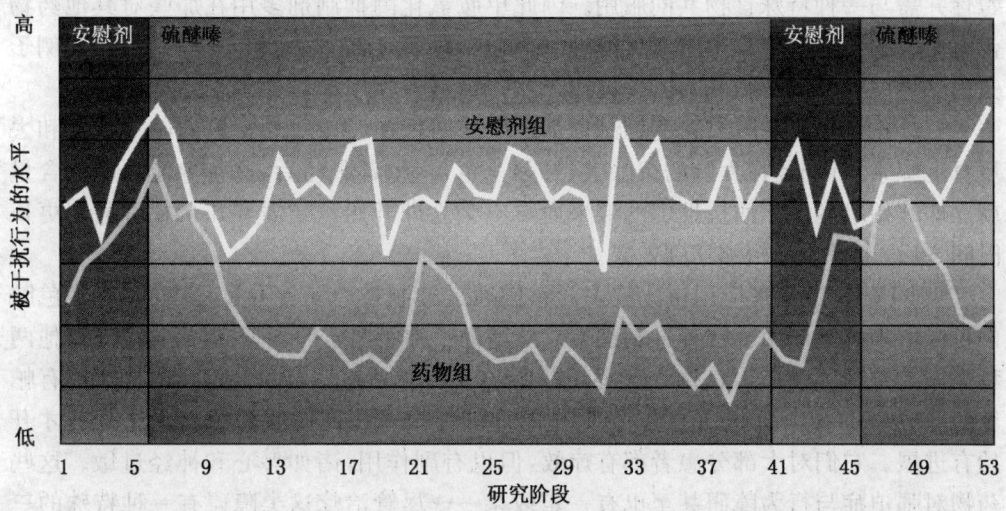

图17-5 抗精神病药的治疗效果对安慰剂的治疗效果

安慰剂控制组症状行为出现的比率,要比治疗组(接受硫醚嗪——吩噻嗪的一种品牌名——治疗组)的高得多。而治疗组的症状行为出现的比率在用安慰剂替代硫醚嗪的短试验期内出现了(请观察41—45这一期间)上升的趋势,但随着硫醚嗪继续使用又重新下降。

另外,抗精神病药具有严重的副作用,诸如,口干、震颤、僵硬以及不随意痉挛运动。而这些症状的严重程度和发作时间的长短在患者之间的差异往往很大。患者在长期使用这些药物之后,就易出现严重的副作用。

抗精神病药的另一个问题是,不是所有的精神病患者对传统的抗精神病药药物治疗都有反应。另一种药,比如氯氮平,常常在传统的药失效时,它却可能会成功。对于其他抗精神病药没有反应的患者,氯氮平总体成功率大约为30%(Kane et al.,1988)。氯氮平偶尔也引起副作用(如,免疫系统缺陷),尽管这些副作用与传统抗精神病药有

第十七章 心理治疗

所不同。显而易见,在精神病的生物治疗方面,我们还没能找到解决一切的万灵药。同时我们应该看到,这类药物所带来的益处远远超出其代价。这些潜在的代价不仅属于患者而且属于患者周围的整个世界。

抗精神病药的使用具有一定的争议,因此临床学家在使用这些药物之前,有责任和义务去告知患者药物可能存在的副作用,并须征得患者的同意。然而,人们又容易争论的是,那些遭受精神方面痛苦的人往往又不具备被告知相关信息与做出判断的条件。而患者的亲属能否具备相应的条件也不清楚。可见,答案并不简单。

抗抑郁药 抗抑郁药主要有三种:三环化合物(tricyclics),单胺氧化酶抑制剂(monoamine oxidase,MAO)和选择性5-羟色胺再摄取抑制剂(selective serotonin reuptake inhibitors SSRI)。单胺氧化酶抑制剂的使用频次最少,因为它含有更多的毒性并需与一种特殊食物共同服用。因此单胺氧化酶抑制剂多用在那些对其他药物没有反应的患者身上。单胺氧化酶抑制剂包括马普兰和苯乙肼。三环化合物的例子是丙咪嗪(盐酸丙咪嗪)和阿密替林(盐酸阿米替林)。

三环化合物和单胺氧化酶抑制剂都是增加两种神经递质的含量:5-羟色胺和去甲肾上腺素,特别是在大脑的突触上(见第三章)。患者服药后,这些神经递质的含量就立即开始增多。然而抗抑郁的效果通常不会立即开始。它需要几个礼拜甚至更长时间之后,患者才开始感觉到效果。

SSRI药物近年来应用得比较多。它们通过抑制神经元传导过程中的5-羟色胺的再摄取来发生作用。这种抑制剂有效地增加了神经递质的含量,但是它没有其他两种类型的抗抑郁药来得直接。这类新药中最有名的是氟西汀(Prozac)。其他还有帕罗西汀(Paxil)和舍曲林(Zoloft)。典型的抑郁性患者在他们服药约三个礼拜后才开始有进展。它们对大部分患者都有疗效,但也有副作用,诸如恶心和神经过敏。这些药物对强迫症与行为障碍甚至也有一定效果——尽管治疗这类障碍有一种特殊的三环化合物药物,Anafranil,相对来说更有效果(Greist, Jefferson, Koback, Katzelnick, & Serline, 1995)。

从某种角度来说,对抑郁症进行药物治疗很大程度上要比对精神分裂症进行药物治疗成功。抗精神病药只是压抑症状,而抗抑郁药看起来能引起更持久的变化。停止服用抗精神病药的患者通常会回到他们早期的精神病状态,而停止服用抗抑郁药的患者经常会保持一段时期没有症状,甚至其症状就再也不会出现。

然而,在我们考虑抗精神病药和抗抑郁药在一段很长时间内的疗效时,我们必须考虑到自然恢复率。所谓的自然恢复(Spontaneous recovery)就是在自发的和没有帮助(没有治疗)的情况下,经过一段时期之后,不适应症状自然而然地消失。抑郁症的自然恢复率要比精神分裂症和其他精神病要高得多,因此,在通过药物治疗或心理治疗而好转的抑郁症患者中,其实有一定比率的人即使在不接受任何治疗时,他们的状况也可能会好转。另外,研究人员和临床学家还应当考虑安慰剂的效果。患者取得进步可能仅仅是因为他们相信自己得到了帮助,即使他们所接受的治疗实际上根本没有产生直接的疗效。为了统计出自然恢复的作用和安慰剂的作用,研究药物疗效的人员经常利用一组服用安慰剂的控制组和一组不加任何治疗的控制组。对服用安慰剂的控制组的研究通常利用双盲技术(double-blind technique),也就是说实施治疗的实验者和患者对于患者所接受的是安慰剂还是有积极疗效的药物都是不知道的。

抗焦虑药　临床学家通常用抗焦虑药(也称镇定剂)来减轻患者的紧张感和焦虑感,增强患者的安宁感和减轻患者的失眠症状。最早的抗焦虑药是巴比妥酸盐,现在已极少使用,因为它们极度易成瘾并且具有潜在的危险(见第五章)。最常使用的两种抗焦虑药是肌肉弛缓剂和苯并待睫盼。肌肉弛缓剂能使患者产生镇静感。该类型比较常用的药物是氨甲丙二酯(眠尔通和安宁)。

苯并待睫盼也能引起肌肉的放松并且还具有特别的镇静作用。这类药物中最经常使用的两种是甲氨二氮(利眠宁)和苯甲二氮(安定)。而近来才常被使用的两种药物是 Xanax 和 Klonopine。临床学家在开这些药时,对它们的副作用常没有给予足够的注意。患者对这些药物易产生依赖性,而药物的镇静作用往往会损害患者的注意力和警觉性(Schweizer, Rickles, Case, & Greenblatt, 1990)。用来治疗抑郁症的 SSRI 药物不仅仅对抑郁症有效,对焦虑症同样也有效(Lydiard, Brawman, & Ballenger, 1996)。

锂　1949 年,人们发现锂在治疗躁狂—抑郁症时具有一定疗效,并且至今它仍是治疗该病症药物的一项选择。在大概 3/4 的案例中,锂非常有效,几乎是服用之后,症状就能立刻减轻。然而,它只有躁狂—抑郁症患者(患有双相精神障碍的那些人)才能减轻抑郁症状,因此这更加让人相信双相精神障碍在性质上与重抑郁症(单相)是不同的(M. Baron, Gershon, Rudy, Jonas, & Buchsbaum, 1975)。至于锂为什么会有这种疗效,我们至今仍不清楚(Manji et al., 1991),此外,这种药物必须谨慎使用,因为过量使用可能会导致患者痉挛发作甚至死亡。

结论

世界卫生组织在 1993 年的一份报告上(Sartorius, de Girolano, Andrews, German, & Eisenberg, 1993a)指出:药物疗法上的重要突破(主要以前面所述的四种精神药物为代表)在精神病治疗史上掀起了一场革命。药物疗法随后的发展,仅是对这些治疗应用性方面作了一些改进和完善,但缺乏新的突破。在其他文化环境下,可能还会有许多其他的药物和治疗形式,而且可能还比上述药物应用得更为广泛。

哪些人需要心理治疗?

不是每一个需要心理治疗的人都想接受心理治疗(Pekarik, 1993)。据估计,那些需要心理治疗的人之中超过半数不愿接受心理治疗(Torrey, 1997)。那些接受过心理治疗的人群中多数接受过更高的教育或有医疗保险(Olfson & Pincus, 1996)。

而没有接受过心理治疗的人当中,仅仅是因为他们所生活的地区没有心理治疗的条件或他们缺少获得这类的帮助的经济来源(《心理健康》,美国,1996)。在后面几节里,我们将继续讨论个体心理疗法之外的疗法,这类方法通常可在缺乏个体心理治疗条件的地区中使用。真正寻求帮助的人可能仅仅是一些被特定可辨的症状所困扰或者可能仅仅感觉自己的生活方式有点不适(Strupp, 1996)。治疗师和前来寻求治疗者所处的文化背景和治疗所在地也会影响所采用的方法。

心理治疗的文化观

尽管心理治疗的范围很广,但在心理治疗的各种方法上仍具有跨文化的一致性。对于各种文化下的心理治疗师诸如美国或欧洲的临床心理治疗师、心理治疗师,美洲土著巫师,拉丁美洲的 curanderos(或 curanderas,在墨西哥等地),和约鲁巴的 babalawo(在尼日利亚)来说,心理治疗具有五个基本要素(Torrey, 1986):(1)强调重心,临床心理学家们都比较强调在患者与治疗师之间建立共同的世界观,包括语言以及对事物因果关系看法;(2)治疗师自身的特点,诸如热情、真诚及同理心;(3)患者的期望,它主要反应患者与治疗师相应的文化观念;(4)由治疗师设计的具体的治疗技术(谈话技术或生物学技术,诸如药物治疗或电击治疗);(5)治疗过程,患者主要是通过一个过程来获得相应的知识、觉悟和技术,从而获得希望。据 E·富勒·托里(E. Fuller Torrey)的观点,各种不同文化背景的心理治疗师"在各自文化中起着本质上相同的作用。[西方和非西方的]治疗师……都是用类似的技术来治疗患者;并且都获得了类似的结果"。

美洲土著巫师、拉丁美洲的 curandero 以及西方的心理治疗师共同的特征是都强调同理心、热情和真诚;强调专业技术;强调在"让前来寻求帮助的人都能获得知识上和技巧上增加"的方面上的兴趣。

虽然处在不同文化背景下的治疗师和患者有许多相似之处,但在文化上仍有许多差异。随着文化底蕴丰富的国家文化差异越来越大,咨询师和治疗师越来越有必要去发展自身处理来自不同文化下的患者的能力。对于咨询师来说,遇到不同种族的患者或从其他国家刚来的移民是很寻常的,诸如,亚裔美国人或西班牙裔美国人治疗师就可能常会遇到来自于海地、乌克兰、土耳其的患者。治疗师必须考虑患者不同的文化背景,因为这可能会影响到治疗的过程。当患者和治疗师来自完全不同的地方时,他们彼此之间的信仰、价值观、期望或自我概念都可能因为社会化差异而完全不同,因此一些重要的问题也就可能出现。这些问题可能会造成患者对治疗师的不信任、失望乃至治疗上最终的失败。

对跨文化心理治疗的需要,用以处理该领域的许多重要问题导致了大量辅导书籍的出现(e.g., Axelson, 1993; Ivey, Ivey, & Simek-Morgan, 1993)。另外,许多大学教授和管理人员逐渐意识到在跨文化心理治疗上提供一些课程和一些讲座的必要性。在这类课程和书籍中,有关跨文化心理治疗的问题主要有:(a)某种疗法是不是更适合某个特定种族的群体?(b)在没有充分可利用资源的情况下,我们如何才能使心理健康项目延伸到少数种族的群体成员中去?(c)当治疗师与患者在世界观上完全不同时,如何以一种同理心进行沟通?

在我们对比各种心理疗法的疗效之前,我们应拓宽自身对于心理疗法的看法——其实,心理疗法有许多种形式,而不单单是个别心理疗法(治疗师与患者之间单独地相互作用)这一种形式。

个别心理治疗的拓展

问题:个别心理疗法之外,还有其他疗法吗?

我们已经描述了治疗师与患者一对一的药物治疗以及其他个别心理疗法形式。然而,在某些情况下,一些一对一的个别心理疗法之外的方法可能会更加有效。这类疗法主要包括团体疗法、配偶和家庭疗法、社区疗法和自助法。世界卫生组织在1993年的一份报告(Langsley, Hodes, & Grimson, 1993)上指出:个别心理疗法之外的这类疗法在许多非西方文化当中,早已被广泛使用。

团体疗法

心理治疗可以个别实施也可以团体实施。团体疗法相对于个别心理疗法来说有几个明显的优点:(a)团体疗法几乎总比个别疗法更经济;(b)团体疗法可能比个别疗法提供更强的支持，因为团体通常是具有类似问题的个体所组成；(c) 团体疗法可通过社会的压力来达到改变个体不适行为的目的，它可以补充（或者取代）治疗师的权威压力；(d) 团体交互影响力可以促成患者的行为改善，特别是对那些具有人际交往问题的患者。

对这样大的一个社会团体的心理治疗的优点主要有：费用较低、团体里有更大的社会压力促使着患者的行为发生积极的变化、不同的人容易对问题提出新的观点。团体疗法的缺点有：治疗效果有可能会减弱、团体的问题代替了个体非常渴望获得治疗的当前问题。

团体疗法也有几个潜在的缺点：(a) 由于他人的存在分散了治疗师对个人的注意，使得治疗效果有可能会减弱；(b) 团体疗法有可能会使患者卷入到与团体交互影响有关的问题上来，而无法再集中精力解决他们自身的心理问题；(c) 团体治疗过程的内容可能会偏离心理动力学疗法，以至于团体最后所解决的问题只是成员们所感兴趣的而不是必要的，是与初衷无关的而不是有关的。

团体疗法应该和"病友谈心治疗小组"或"敏感性训练小组"区别开来，后两者的成立主要是为了帮助个体在心理上得到成长或在精神上得到满足。其中一些小组可能会使个体遭受到非常严重的心理甚至身体上的伤痛。尽管这些小组可能对患者有所裨益，但似乎也能引起一定程度上的心理伤害(M. Galanter, 1989; Mithers, 1994)。

十二步骤小组(twelve-step groups)在治疗成瘾问题上非常普遍。这些小组通常不需要受过专业训练的治疗师。最早的这类治疗小组是一个成立于20世纪30年代中期的嗜酒者互诫协会(AA)。十二步骤小组以发展成瘾者与上帝之间的关系为基础，同时也发展成瘾者与自身及他人的关系。成员通常每个礼拜参加三至五次的集会，每次集会，成员相互讨论各自在克服成瘾时所遇到的困难。这一过程中，其他成员的支持被视作为克服成瘾的关键。然而，嗜酒者互诫协会以及类似治疗程序的效果却没能用文字记载下来(见 D. C. Walsh et al.，1991)。

　　嗜酒者互诚协会的哲学思想是：成瘾是一种疾病，它可以被控制但永远不能完全治愈。嗜酒者互诚协会中那些正在痊愈(recovery)中的会员承认他们的疾病并没有方法可以治愈，因此在日常生活中他们再也不能喝酒。其他类似的治疗小组还包括配偶和成年儿童酗酒者戒酒协会（Al-Anon），青少年儿童酗酒者戒酒协会(Alateen)和过度饮食互诚协会(overeaters anonymous)。目前，参与类似计划的人已超过了仅参与心理治疗的人。可以说，个人是在一种转换体验（conversion experience）中接受了一种全新的生活方式。人们为了摆脱控制他们生活的某种依赖，于是就通过参与一个本身就能成为一种生活方式的群体来达到这一目的(见表17-2)。

表17-2　嗜酒者互诚协会的十二个步骤

对于许多嗜酒者互诚协会的成员来说，这十二个步骤闻名于全世界。嗜酒者互诚协会主要是为了给予那些因滥用酒精而引起相关问题并为此而烦恼的人们提供一种支持。

1. 我们承认我们对酒精无能为力——也就是我们已经无法控制自己的生活。
2. 去逐渐地相信，存在着一种比我们自身更强大的力量能使我们恢复到心智健全的状态。
3. 下定决心把我们的意志和我们的生命交给我们心目中的上帝，让上帝来照顾它。
4. 解析自我，对自我进行无畏的道德审视。
5. 承认上帝、承认自身以及承认其他人是我们错误的真正的本质。
6. 作好充分准备，让上帝帮助我们去掉性格中所有的缺点。
7. 恭敬地请求上帝帮助我们去掉缺点。
8. 列举出所有我们伤害过的人，并去想方设法对他们进行补偿。
9. 对那些可能找到的人进行直接的补偿，除非这样做会伤害他们或其他人。
10. 继续对自己进行解析，一旦发现自己犯了错误就立即忏悔。
11. 通过祈祷和沉思来加强我们与上帝之间有意识的联系，得到他的意志和力量，从而来帮助我们执行我们的意愿。
12. 这些步骤的结果使得我们在精神上得到激励，为此，我们尽量把这些信息运用到戒酒上或尽量去把这些原则运用到具体的实践之中。

　　行为疗法也可以以团体的形式进行。比如，A. A. 拉扎勒斯（A. A. Lazarus）(1961，1968，1989)就曾经在团体的背景下利用过行为技术。恐怖症就适合于按这种方式进行治疗。在团体脱敏中，一个治疗师一次就能教会许多人深度放松的技术，并且还能发展出一系列脱敏的等级层次以减轻各种类型的恐怖症，诸如，恐蛇症、恐高症等。另外，各种行为技术也可用在其他的团体治疗计划中，诸如减肥计划（Wollersheim，1970）。

　　治疗师除了治疗一组互不相干的患者之外，有时还治疗一组有相互关系的患者，诸如一对夫妇或一个家庭。

配偶疗法和家庭疗法

配偶疗法和家庭疗法的目标是从家庭制度疗法（family systems therapy）的角度来治疗患者的问题，即把配偶或家庭作为治疗的一个整体，因为配偶之间或家庭内部之间具有复杂的交互作用，而不同于团体中的个体，因为团体中个体的问题之间是没有联系的。被鉴定的问题可能存在于家庭这个单元上，诸如家庭成员间交流困难，当然问题也可能存在于某个家庭成员身上。这种治疗的基本观点是，即使是个人的问题根源也经常在家庭制度中，为了治疗问题，整个家庭必须是解决办法中的一部分（见Langsley et al., 1993）。譬如说，一名儿童的品行障碍几乎毫无疑问地影响整个的家庭，不仅仅是影响表现品行障碍的儿童。

在婚姻出现危机的情况下，配偶疗法在使夫妻分离和使夫妻冰释前嫌、和好如初两个方面都比个体疗法更成功（Gurman, Kniskern, & Pinsoff, 1986）。配偶疗法对婚姻刚出现问题不久还尚未开始离婚便寻求治疗的人来说更有成效。配偶疗法之所以如此较易成功，其中一个原因是治疗师能听到配偶双方所表达观点，这能使治疗师比仅仅听到一方的观点能更好地发挥中介作用。

配偶疗法在帮助配偶解决人际冲突和增强相互理解的方面非常有效，特别是在问题刚出现不久就寻求治疗并且夫妻之间尚未提出离婚的情况下疗效最好。

配偶疗法强调相互交流和相互理解。治疗过程中，夫妻每一方都被要求去仔细地、富有同理心地倾听对方，同时还必须能够复述对方所说的话，以确保他们已经正确地理解了对方的观点。配偶也将学会如何以直接建设性的方式互相提出要求，而不是以间接的方式，因为间接的方式很容易使所提出的要求传递不准确而给双方关系造成伤害。欧文·戈夫曼（Erving Goffman）(1967)发现在不成功的婚姻关系中，夫妻双方经常听不到对方所说的话,即使是积极建设性的。

安伦·贝克(1988)强调让夫妻双方之间相互理解是十分重要的。他鼓励夫妻双方澄清每个同伴在寻求他们关系方面的不同之处,指出同伴经常有内心的"应该":我们相信的事,我们的同伴应该相信,然而我们的同伴可能不认为它是重要的或值得做的。贝克认为关系中的许多问题是由自主观念(automatic thoughts)引起的,它能进入到意识中,并且我们相信它是不言而喻的,不管它们是否如此。

社区疗法

社区疗法不仅仅把个人看做是夫妇或家庭体系中的一员,还看做是更大的体系——社区中的一员。社区心理学家可针对各种水平进行治疗,从个体的水平到社区的水平,关键看的是哪种水平能更有效地帮助患者。

达瑞·瑞吉尔(Darrel Regier),国家机构的精神健康流行病研究的主任(被引用于 Goleman,1993),研究了超过 20 000 的美国男人和女人,试图找出精神病的发病率,在他抽取的代表性样本的基础上,他推断有 52 000 000 的美国人(5 个人中有 1 个)遭受某种类型的心理障碍并且在某些方面已影响到他们的正常生活。在 52 000 000的人中,有 20 000 000 有严重的恐怖症以至于他们不得不限制自己的行为,另外 15 000 000 可能被诊断为抑郁症。在受损害的 52 000 000 的美国人中,只有 8%在进行治疗。当然,治疗的最好效果就是在行为发生损伤之前就进行治疗——换句话说,应重在预防。

© The New Yorker Colectron 1989 Machael Maslin from cartoonbank.com. All rights reserced "The work being done on your marriage are — you having it done, or are you doing it yourselves?"

第十七章 心理治疗

社区疗法强调预防至少同治疗一样重要。社区中有这么多成员可能会有心理痛苦的危险，因此在问题发生之前尽量阻止它们很有意义。社区心理学家可能在预防的三个水平中的一个或多个方面进行治疗。一级预防目的在于在障碍发生之前阻止它们。二级预防目的在于在障碍变成主要问题之前早日发现它们。三级预防主要治疗那些稍有发展的障碍，并且只有当障碍的连续性被阻止时，它才被认为是有预防性的。

相对于大多数传统的心理治疗师被动地等着患者来寻求他们的帮助，社区心理学家经常主动地寻找那些已经有问题或将来可能会有问题的人。另外，社区心理学家经常知觉他们自己是他们所服务社区的一部分而不是不相关的专家。那就是，社区心理学家可能已积极地融入到社区成员的生活中了。

社区心理学家为社区成员提供适当服务的一种方法是通过社区心理健康中心，这种中心的目的是给社区的人们提供门诊式的精神健康关心。费用通常比那些个体心理疗法要低，并且许多中心提供24小时的紧急援助服务。

有一种社区心理学运动和相关社区健康运动的发展，并且它比预防更强调治疗的是热线电话。热线电话（Hotlines）通常一天24小时为那些特别需要帮助的人提供服务。最有名的热线是那些关于预防自杀的，但是热线也为潜在的儿童虐待者和有其他问题的人服务。这些接热线电话的人们被告知去按照一系列程序来处理当前的问题。譬如说，在自杀预防热线中接线员被要求与打电话的人交流同理心，显示出对打电话者的问题的理解，提供关于帮助来源的信息并且打电话者将同意采取行动使他自己放弃自杀（Speer, 1972）。

不幸的是，许多社区已经减少了社区心理健康服务的资金。几乎在资金减少损害了社区心理健康服务的同时，这种服务的需求有所增加，因为许多在医院的精神疾病患者从健康服务机构出来流落在大街上。虽然对许多障碍来说，以社区为基础的门诊式的治疗与医院中的治疗一样有效，甚至前者比后者更有效，许多脱离了机构的患者受到很少甚至没有一点治疗。结果，他们在街上无家可归，需要适当的治疗。当适当的以社区为基础的心理健康服务不能被提供时，脱离了机构的精神疾病患者在全世界的许多国家中就会产生问题（Burti & Yastrebov, 1993）。

资金的缺乏可能是许多人尽量提高他们自己心理健康的一个原因，就像在日常生活中的心理学——自助中讨论的一样。

前面的部分描述了不同类型的心理疗法，每种对于心理障碍的原因以及治疗的最适当的方法都作了不同的假设。鉴于方法的多样性，使用的每一种方法不可能都正确。在某种水平上，对这种方法的感知可能是对的，但在另一水平上，这种疗法可能最多只起到补充的作用。

譬如说，来考虑引起精神障碍原因的要点。治疗过程的不同的部分源于对于病因的不同观点。心理动力学的理论打算集中精力在被压抑的早期的儿童经历上，把它作为精神障碍的原因。人本理论认为这些障碍的主要原因是自我价值的短缺或无条件被别人接受的短缺。行为疗法寻求错误的条件,然而认知理论强调适应不良的想法或者图式。生物疗法寻找痛苦的心理生理学的原因,比如说,神经递质的消耗。在多大程度上这些不同的原因的解释相互独立呢?

为了理解方法之间具有互补性,我们可以认为精神障碍在不同水平的分析上可能有不同的原因。比如,童年早期的外伤性经历可能会导致,或者甚至被视作为一种不恰当形式的行为条件反射。神经递质的不平衡或缺乏可能会导致错误的观念,或者说错误的观念可能会导致低的自尊感而反过来又影响到神经递质的水平。像这类不同水平的分析,其因果方向往往是很不明确的。

于是许多心理治疗师就把多种疗法折衷成一种疗法。折衷疗法(eclectic therapy)指整合了几种方法的治疗策略。事实上,今天多数治疗师采取的都是折衷疗法(见图 17-6)。

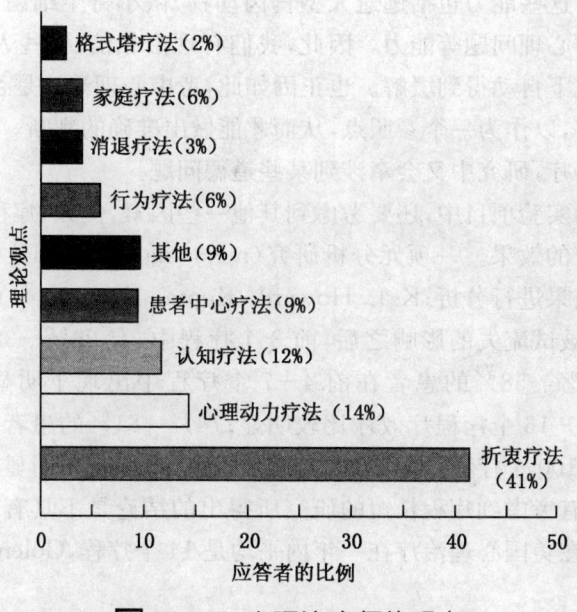

图 17-6 心理治疗师的观点

在被调查的 415 个临床心理学家中,几乎有一半表明他们采取折衷方法。(D. Smith,1982)

在临床学家或消费者在选择一种特定的心理治疗的技术之前,首先应该考虑到每种技术的相对效果。接下来我们就将讨论心理治疗的效果。

心理治疗的效果

> 问题：心理治疗的各种方法效果到底如何呢？

心理治疗有效果吗？为了回答这个问题，心理学界作了大量尝试性的研究工作。其中最重大的发现就是，心理治疗总体上来说是具有疗效的（Lamvert & Bergin, 1994; Lipsey & Wilson, 1993; Mailing & Howard, 1994; Seligman, 1995）。

在评价心理治疗的疗效的时候，我们要谨记一点，不仅要将所评价的方法与其他方法进行比较，还要将其与不参与治疗的结果进行对比，从而才能得出结论。许多时候，有些人会出现自然恢复的现象——也就是说，他们可以进行自我调节，使得病情好转。我们人类同其他物种一样，在多年的进化过程中，赋予了自身对各种影响生存的威胁的抵抗能力。这些能力包括逃避大型食肉动物、微小寄生细菌，以及缓解和消除生活中出现的各种心理问题等能力。因此，我们有理由相信，有些人的症状能够在没有积极治疗的情况下自动得到缓解。也正因如此，考虑心理治疗是否成功必须将自然恢复因素考虑进去，以作为一个参照点，从而才能做出准确的判断。但同时，由于控制组不给患者所需治疗，研究中又会牵涉到某些道德问题。

在一项理想的实验项目中，还要考虑到其他一些因素，例如，疗程的长短就会在很大程度上影响治疗的效果。一项元分析研究（meta-analytic study）（即该项研究旨在对其他多种研究结果进行分析；K. I. Howard, Kopta, Krause, & Orlinsky, 1986）表明，当排除治疗中被试流失的影响之后，前3个疗程中，有29%—38%的患者的症状有了明显改善；48%—58%的患者在前4—7个疗程中出现了明显改善；而56%—68%的患者要到8—16个疗程疗效才比较明显；74%—81%的患者要等到17—52个疗程；而到了53—100个疗程，约85%的患者的症状可以看出明显的好转。由此，可以清楚地看出，没有考虑到疗程长短的研究所得出的结论是不具有确定性的。（作者认为有必要指出，在美国心理治疗在一年内平均是14个疗程，Goleman, 1993）

规范治疗的作用

现代心理治疗中一个突出的问题就是，心理治疗从开始到其过程都被保险公司以规范治疗（managed care）的名义所控制，因此，管理方就会因过分强调降低成本而降低对服务的高质量要求，因此患者在寻求心理治疗的途径和疗程安排上会有所限制和缩减。管理方或多或少出于成本的考虑，会倾向于选择一些专业程度不高的治疗师，而非高水平的专业治疗人员。这就与人们要寻求高质量的治疗效果的初衷出现了矛盾，并难以得到合理的解决。由于管理方要做许多关于治疗的规定，这就使得他们有必要重视对治疗结果的评价的问题,因为,评价是规范治疗公司决定采取何种治疗以及是否需要治疗的基础(Beutler, Kim, Davison, Karno, & Fisher, 1996)。

对治疗的研究要点

研究者们不仅要考虑到总体疗程的长短,还要考虑到具体障碍的疗程长短。例如,图17-7就是由肯尼斯·霍华德(Kenneth Howard)和他的同事(1986)所做的元分析研究的结果示意图。如果研究者们根据8个疗程内治疗师所做的关于临界精神患者的治疗效果的评级而做出结论的话,那结论一定是很令人失望的;但如果他们根据治疗师104个疗程后的评级再做结论的话,那结论一定会是令人异常兴奋的。然而,对于患抑郁症和焦虑症的患者,短期治疗的疗效是相当明显的。

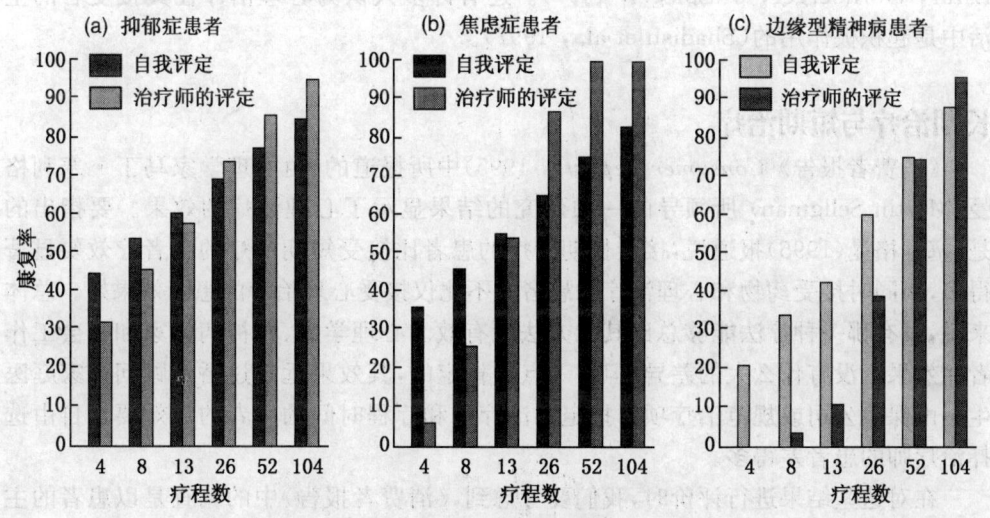

图 17-7 心理治疗过程的元分析

虽然患者的自我评定和治疗师评定不同,各种病症的改进程度也不同,但总体来说,本图的数据表明心理治疗对于帮助患者克服心理问题是很有疗效的。

其他需要考虑的因素还包括:个人、家庭、配偶或团体疗法是否会更有效;治疗的类型(住院治疗还是门诊治疗);患者和治疗师的各自特点(如文化背景、人格变量,内倾还是外倾、态度以及价值观等);治疗的技术(如治疗师严格遵循理论的范例进行治疗的程度)等。虽然早在几十年前就开始了呼吁在研究中考虑这些因素(例如,Kiesler,1966;G.L.Paul,1967),但至今很少有人在实践研究中实现过。当然,鉴于其复杂程度,这也是情理之中的事。

虽然能够使心理治疗和诊断的症状之间形成完美组合的理想研究还没有得以进行,元分析以及其他一系列研究已清楚地表明,心理治疗对患者是有重大的疗效的,其

第十七章 心理治疗

效果要远超过可能出现的自然恢复(例如,Andrews,1993;M. L. Smith & Glass. 1977;Stiles,Shapiro,& Elliott,1986)。尤其需要指出的是,接受治疗的患者,总体来说,效果显著的人数要超过控制组中的75%。在增强患者的自尊和减少焦虑方面,效果更为显著,人数超过未经治疗组的82%—83%。然而,在改进因精神病、酗酒和犯罪行为而入院患者的行为的矫正上,治疗效果并不很理想,仅超过未经治疗组的71%,而在提高患者的学分积点或提高其工作和学习成绩方面的效果就更不理想了,只超过控制组的62%(Smith & Glass,1977)。总体来说,心理治疗对于那些不太严重的精神障碍(Kopta,Howard,Lowry,& Beutler,1994)和对心理治疗充满信心的患者(Orlinsky & Howard,1994)疗效最好。甚至还有证据表明心理治疗能够提高健康水平和有助于恢复健康(Bennett,1996),因此有利于降低医保的费用(Gabbard,Lazar,Hornberger,& Spiegel,1997)。还有许多人认为心理治疗在其接受者的生活中是起积极作用的(Shadish et al.,1997)。

长期治疗与短期治疗

《消费者报告》(*Consumer Reports*,1995)中所报道的、由心理学家马丁·塞利格曼(Martin Seligman)所领导的一项研究的结果显示了心理治疗的效果。要指出的是,塞利格曼(1995)报道说,接受长期治疗的患者比接受短期治疗的患者疗效要显著得多,而同时接受药物和心理治疗的患者并不比仅接受心理治疗的患者效果好。总体来说,没有哪一种疗法能够总比其他方法更有效。心理学家、精神病学家和社会工作者在效果上没有什么大的差异,但有一点是肯定的,其效果远超过婚姻顾问和家庭医生。由保险公司或规范治疗项目指定的治疗师和疗程时间的患者的疗效要比自由选择治疗师的患者差得多。

在对这些结果进行评价时,我们要考虑到,《消费者报告》中的调查是以患者的主观印象为依据的,而不是以对治疗结果的客观测量为基础的。该调查的反馈率是很低的,这就使得其结果的效度更加值得怀疑。这些反馈是从患者的角度得出的,如果将其与治疗师的评价进行比较的话,我们就会发现一些很有意思的信息(Brock,Green,& Reich,1998)。

此外,并不是所有的研究都表明心理治疗的疗效是等同的。许多研究表明,行为疗法和认知疗法总体来说比心理动力疗法和不使用任何疗法更有效(Chambless,1995;Lamvert & Bergin,1994;A. A. Lazarus,1990;Weisz,Weiss,Hun,Granger,& Morton,1995)。而且,有研究表明在治疗某一种精神障碍时总有一种治疗方法会更有效。例如,治疗恐怖症的最好方法就是运用行为疗法,将患者直接暴露在恐怖源下(S. L. Kaplan,Randolph,& Lemli,1991),而认知疗法对于抑郁症的治疗似乎特别有效(Robinson,Berman,& Neimeyer,1990)。但行为疗法和认知疗法也有限制。例如,他们在治疗人格障碍和精神分裂的患者时,就不是很有效(L. R.

Brody，1990）。当然，每种疗法都有不完善和需要改进的地方。

并不是人人都像塞利格曼（1995）一样，对心理治疗的疗效持肯定的态度。一项经过精细控制的研究，福特·布拉格验证研究项目，也是用来检测心理治疗的价值的（Bickman，1996；Bickman et al.，1995）。该项研究是在一所为 42,000 名儿童和青年人提供服务的机构中展开的，从 1990 年 6 月到 1995 年 9 月，历时 5 年。与塞利格曼不同的是，该项研究不是以患者的满意程度报告为依据对治疗的效果进行评价的。相反，它研究患者的心理功能是否有实际意义上的改善。研究结果表明心理治疗的效果不是特别显著，而且长时间的心理治疗并不总是能取得更好的效果（参看 Dineen，1998；Hoagwood，1997）。鉴于其他许多研究得出的阳性结论，该项研究的结果并不能作为最终的定论。最后他们指出，有必要了解心理治疗的效果在哪些情况下比较显著。

总的来说，心理治疗，虽然不总是，但通常还是有利于健康的恢复的。令人不解的是，有些研究显示：无论使用何种治疗方法，阳性结果总是会出现。也就是说，如果不考虑研究者本身对治疗方法的偏好，所有的治疗方法都应该是等效的。但如果对研究者个人偏好不进行控制，那么研究者所倾向的治疗方法的效果就会比其他方法更明显。

有效治疗的共同要素

治疗师的共同特点

虽然心理治疗师的各自的治疗方法不同，他们都为了同一个目的：向患者灌输一种全新的对其本人和周围环境的看法。或许正是这些共同的特点，才使得所有的心理治疗效果相似。

治疗师与患者之间形成治疗联盟好像对所有的治疗形式的成功都有着重要作用。

多项元分析研究都表明，各种治疗的技术和方法虽然有很大的差异，但在治疗的理论导向上，对治疗师特点的要求有两大共性：(1) 他们应该"友好、亲切"地与患者交往；(2) 他们应该向患者灌输一种对自身以及外部环境的全新的观点(Stiles et al., 1986, p.172)。因此，不管治疗师本身的理论导向如何，他们都努力与患者之间建立一种和谐关系，保证患者对其的信任，使与患者的沟通在轻松的环境中进行。而且，患者要感觉到治疗师是真的关心自己的治疗结果，或经过治疗之后很快就会取得很大的进展。

患者的共同特点

与治疗师角色重要性假设相对应的就是认为在治疗的关系中，患者对治疗的效果有重大推动作用。患者在治疗过程中的沟通的方式是极其自我暴露的，而这种自我暴露的沟通本身就有助于其病症的改善。同时，患者的痊愈的希望和对治疗效果的信心也有助于治疗过程的进行。

治疗联盟

上述两种特点的结合就是患者和治疗师之间形成一种有特色的治疗联盟(therapeutic alliance)，两人共同努力，致力于帮助患者在心理治疗过程中病症的缓解和消除。威廉姆·斯泰尔斯(William Stiles)和他的同事(1986)对多项研究进行了评估，发现可利用的研究均显示了治疗联盟对于治疗效果起着相当重要的作用。另外，治疗师的道德行为也影响着治疗的成功与否。

心理治疗中的道德问题

问题：心理治疗师应该严格遵循哪些职业责任和道德义务？

1992年秋天，安·兰德斯(Ann Landers)，一位咨询专栏作家，将她的整个专栏都用来揭露一位在美国精神学会中担任要职的著名精神病学家的丑行。这名不光彩的精神病学家被他以前的一名患者指控其对患者进行性虐待，并在诉讼中败诉，以致被迫辞去在美国精神学会中的要职。这种案例虽然很少，但并不意味着没有。基于精神病学家的特殊地位，他们不道德的行为很容易给患者带来巨大的伤害，这种伤害不仅害了患者、害了自己，也为该行业带来许多消极影响。

精神病学家，也许比任何其他职业从业人员都更需要使自己的行为符合道德标准。例如，精神病学家要尽可能避免卷入到与患者之间的性关系中去。而精神病学家

第十七章 心理治疗

还要对其与患者之间的谈话内容高度保密。只有在极少数情况下,他们才可以泄露谈话的内容。例如,只有在治疗师认为患者有可能对其自身或其他人不利的情况下才可以,或者是在许多州的法律规定的情况下。比如,当患者被指控有某种罪行而精神病学家的记录可以证明其心智健全时,或当精神病学家本身被控告玩忽职守时,或当有些人出于逃避法律的惩罚刻意寻求心理治疗时,或当不满16岁的儿童不幸成为儿童暴力牺牲的对象时,精神病学家必须公开其与患者的交谈内容。大多数州的法律都规定,在有儿童暴力或有潜在暴力倾向的情况下,治疗者要依法采取行动制止不法行为的发生。换句话说,他们不能简单为了谈话内容的保密性,而使儿童或他人陷入危险的境地。

有时候许多具有风险的心理治疗其本身的出发点是好的,只是意图导向发生了偏差。1994年5月,民事法庭判决一名女儿对父亲进行50万美元的赔偿。起因是女儿控告她的父亲在她儿童时期对她进行性侵犯(Berkman,1994;LaGanga,1994;Shuit,1994)。在随后的审判中法庭宣布,由于女儿的治疗师的疏忽,增强了患者对性侵犯的错误记忆(见第七章)。这名目前23岁的女儿在经过其治疗师声称"可以恢复被压抑的记忆"的治疗后,就控告她的父亲对其进行过性侵犯。在她提出控告之后,不久她的父亲就失去了在一家大公司年薪40万美元的市场部副总裁的工作,同时,她的母亲也离开了她的父亲。

在这个案例中,治疗师使用了一种存在问题的治疗技术诱导了女儿的错误回忆。尽管女儿对她的记忆深信不疑,但包括她父亲案子的陪审团都对其记忆的真实性抱以质疑的态度。不管案子的最终判决如何,有一点是很明确的,父母和子女都受到了极大的伤害。有资料估计(Geyelin,1994),有成千上万的子女和父母都面临着这种令人揪心的问题,起因都是由于治疗师运用了某种技术唤起了子女所谓的过去记忆,而这些记忆由于治疗师技术、记忆扭曲等方面的原因,真实性存在很大的问题。现在,在临床治疗师的专业组织中已展开了激烈的讨论:在治疗因压抑而遗忘过去并为此而困扰以致产生某种病症的患者过程中,是否有唤起其过去记忆的必要。

旨在保护患者的、道德方面的另一项举措是,在要求患者作为被试参加治疗实验之前,必须首先给予足够的信息并需征得患者的同意——也就是说,实验被试在参与实验之前,要与实验者进行一次简短的会面,并被充分告之治疗程序的实质,可能出现的负面效应以及这些效应出现的可能性。而且,在实验治疗过程中,精神病学家要尽最大可能保证实验被试的人格的完整性。

虽然我们总是认为道德问题的定义应该是很清晰的,也就是说非好即坏,但往往许多问题的性质并不总是那么明确。例如,过去,同性恋被当作精神障碍进行治疗,有同性恋倾向的人们被认为有必要改变他们的性倾向以恢复心理健康。今天,只有当同性恋者对自己的性倾向感到不满意时才需要接受治疗,即只有当同性恋者希望对其同性恋倾向感到满意或希望改变时,才需要寻求心理治疗。当我们问"治疗者应在何种

第十七章 心理治疗

程度上,鼓励患者接受同性恋倾向或改变之?"时,对同性恋问题的定义就变得清晰了。不同的治疗者会从不同的角度来回答这个问题。一方面来看,精神病学家要充分尊重患者的价值观;另一方面,有些人认为,心理治疗在某种程度上是精神病学家将自身价值体系传递给患者的一种工具。

精神病学家在治疗过程中要考虑道德问题是非常重要的。此外,他们在考虑道德标准时不仅要考虑自己的,同时还要考虑到其所在的领域和整个社会的道德标准。

如果心理治疗运用得当的话,其所带来的另一个益处就是能降低整个社会的医疗保险费用。因此,公司给员工提供心理健康咨询服务的结果将不仅可以提高生产率和降低缺勤率,还可以为全公司节省大量在医疗保险上的开支(Docherty,1993)。下一章,也就是最后一章,我们就讨论健康心理学的内容。

相关研究

对心理治疗过程与治疗效果的研究
保罗·克瑞茨-克里斯多夫,宾夕法尼亚州大学(Paul Crits-Christoph, University of Pennsylvania)

人们是如何研究心理治疗的?心理治疗是在治疗师与患者之间建立起来的一种亲密的、主观的、逐渐发展起来的关系。对于患者进行系统的实验式调查研究时,一般而言,他们最初可能会拒绝。但为了调查在心理治疗过程中所发生的内容以及心理治疗对患者的影响,我们以及他人在实验室中已经发展了许多研究策略。

心理治疗结果的研究是去确认导致患者情况好转的心理疗法、治疗师、治疗环境和治疗程式(如,持续时间、疗程的次数)是何种类型。在设计这类研究时,我们首先要考虑的是:我们主要的目标是在自变量(如,某种具体的治疗技术)和治疗结果之间建立一种因果联系,还是去回答一个非常实用的问题——哪一种治疗效果最好。

广义上来说,心理动力疗法是由许多支持性技术构成——这类技术主要是通过同理心、认可患者的优点和成就以及建立一个共享的治疗与行为变化的日程计划表,从而与患者建立一种良好的合作关系。心理动力疗法也包含许多探索性技术——这类技术则主要是为了增强我们对患者人际关系模式及情感的认知能力。支持性技术以及与治疗效果联系在一起的积极治疗关系的价值是有关心理疗法研究的文献中最具生命力的研究成果之一(Horvath & Symonds, 1991)。然而,探索性的、认知取向的治疗方法在多大程度上有助于获得积极疗效,就不太清楚。

为了检测探索性的、认知取向的治疗与治疗结果之间所蕴含的潜在因果关系,我们已经做了一系列的临床实验。实验中,泛虑症患者被随机分配到两个组中,一组被试既给予支持性治疗又给予16周的试探性治疗,另一组被试只给予支持性治疗。

在进行这类研究时,对于我们来说,使治疗尽可能标准化是十分重要的。没有标准化这一过程,研究者们要想获得一致性结果可能就要冒很大的风险,而这种风险性恰恰就削弱了实验在"治疗效果更多应归因于治疗师的技能和人格上的差异而不是治疗技术上的差异"这一问题上的证实能力(Crits-Christop-h, Baranackie, & Kurcias, et al., 1991; Crits-Christoph & Mintz, 1991)。

有人曾进行了一项有关可卡因药物依赖患者心理治疗疗效的应用性研究(Crits-Christoph, Siqueland, & Blaine, et al., 1999)。在大多数社区的精神活性物质滥用治疗机构中,服务是由一些在药物上瘾咨询服务方面具有学士或硕士学位的药物咨询者所提供。他们的治疗常常主要就是去监控患者的药物服用,给予相应的教育以及帮助其戒除药物成瘾。

在我们的研究中,我们把两种专业的心理治疗形式(认知-行为疗法和心理动力疗法)同标准的药物咨询进行了对比。结果显示,药物咨询者比专业心理治疗师在此类咨询中取得了更显著有效的结果(减少了药物的使用)。在这类研究结果的基础之上,我们把问题的焦点转向了如何去改善药物咨询者所采用的方法。

对心理治疗过程的研究目前出现了一种与以前不同的形式——对心理疗法中治疗师与患者之间会谈的内在特征进行研究。这里,对心理治疗过程中治疗师与患者之间的会谈,我们需要利用录音技术。该研究中我们需要三组判断。首先,通过录音来鉴别每一患者在人际关系和情感上存在的核心问题。另一组判断,是去鉴别录音中主治疗师在治疗过程中试图提供给患者一些知识或一些观点的陈述。第三组判断是去评估每个主治疗师的陈述在多大程度上有或没有指出我们通过对录音分析而鉴别出来的患者所存在的核心问题。利用这一方法,我们发现,治疗师治疗的精确性与随着时间的过去治疗关系发生的质的提高以及心理动力疗法最终疗效之间具有显著相关。

日常生活中的心理学

自助

对于个人、配偶、家庭甚至整个社区的心理治疗,都是心理治疗师与患者之间的相互作用。然而患者还能通过另外一种、与上述不同的心理疗法来获得帮助——也就是自助(self-help)。你们附近的书店可能就有许多是以自助类的书为特色。这类书为你有时都难以想到的问题提供了许多的建议,诸如,如何治疗成瘾(包括很多以嗜酒者互诫协会为主题的书),如何改善你的爱情生活,如何变得更自信,如何克服各种形式的自欺行为。每年,这类书有成千上万本被发行,一部分书可能具有一定的争议

第十七章　心理治疗

(Rosen, 1987, 1993), 但也有一部分书为患者提供了合理的建议。另外, 还有 15 000 000 的人加入了各种自助性质的社会团体 (Christensen & Jacobson, 1994)。

这些书真的起作用吗？这是一个难以回答的问题, 因为从来没有人研究过这类书的目的有效性。现实中, 其实并没有几本开始很畅销并且在过了很长时间之后仍继续发行的书。这就说明了这类书中的绝大部分, 事实上并不具有很好的自助性。可能关于这种书的最合适的评论是"买者请当心！"。一部分书可能有用, 但也有一部分书是没用的。使用者必须以对自身的价值来作判断, 并且需认识到严重的问题仅靠自助性质的书是远远不够的。那些需要心理治疗的人, 可能最好的选择还是去接受专业的心理治疗。

思考题

1. 认知疗法和行为疗法通常一起使用。试问两种方法之间具有哪些互补性？
2. 如果你是名婚姻或家庭问题的治疗师, 你最可能会采用的两种治疗方法是什么, 为什么？
3. 如果你是名生物化学家, 你正在调配一种新的特效药, 该药物可以将某种心理障碍的不良效应减至最小, 那么你会选择哪类障碍患者作为治疗对象, 并能容忍药物所带来的负面性质的效应？在新特效药物中, 你认为程度最轻的负面效应有哪些？
4. 你认为治疗抑郁症的最理想的方法是什么？该方法也具有本章中所列举的治疗技术共同的要素吗？
5. 如果精神病学家自身对某种新疗法的道德准则有疑问, 那么在运用该法进行治疗之前, 他应如何先解决自己的疑惑呢？
6. 如果你要接受心理治疗的话, 你会选择哪种疗法？如果你要成为一名精神病学家, 你还会做出同样的选择吗？分析你选择方法的优缺点。

本章摘要

心理治疗的早期历史

1. 对心理治疗早期的一些观点反映了当时盛行的一种思想：心理疾病患者是由于被恶魔所控制了。患者在疯人院里所接受的治疗从本质上来讲, 就是将精神病患者集中起来, 使其与外界隔绝, 根本不考虑到给予他们人道主义治疗, 更不用说心理治疗了。早期的一些治疗方法非常奇特, 却毫无价值可言。直到 19 世纪, 约瑟夫·布洛伊尔才提出谈话治疗法, 这为以后的弗洛伊德精神分析法的产生奠定了基础。

变态行为的诊断和评定

2. 约有一半以上需要心理治疗的人们没有得到过心理治疗的帮助。
3. 临床心理学家通常利用 DSM 和 ICD 两套用于诊断归纳的系统,来获得适当的、普遍认可的诊断,以作为治疗的基础。
4. 用于临床评定的诊断面谈,可以是结构式的,也可以是非结构式的;另外心理测验也是临床评定的一种手段。
5. 心理测验包括有人格测验(有客观测验与投射测验两种形式)、智力测验、神经心理测验以及心理生理测验。

心理治疗的方法

6. 心理治疗主要有五种疗法:心理动力疗法、人本疗法、行为疗法、认知疗法以及生物疗法。文化透视法可被视为一种新型方法。
7. 心理动力疗法强调对潜在的无意识过程的洞察,以作为治疗过程中的突破口。弗洛伊德精神分析疗法和新弗洛伊德自我分析疗法是心理动力疗法中主要的两种形式。
8. 由罗杰斯的来访者中心疗法可以看出,人本主义疗法强调治疗师给予来访者的无条件积极关注的治疗效果。
9. 行为疗法强调建立在操作和经典条件反射的基础上的治疗技术。具体方法包括对抗条件反射作用、厌恶疗法、系统脱敏法和消退过程——包括倾诉法和暴露疗法。其他方法还有代币物奖惩法和行为合同法。其中,"模仿法"的应用使行为疗法和认知疗法联系起来了。
10. 认知疗法通过去鼓励患者改变认知来达到矫正其行为的目的,从而获得期望的效果。阿尔伯特·埃利斯的理性-情绪疗法以及安伦·贝克的认知疗法是认知疗法中的两大方法。
11. 历史上,生物疗法有一系列方法,诸如,电休克疗法和精神外科学。
12. 当代生物疗法,例如很有疗效的精神药物的发展,已为生物疗法带来了一次革命。目前,精神药物主要有四种:抗精神病药、抗抑郁药、抗焦虑药和锂。尽管这些药并非万灵药,但仍为许多临床学家钟爱。文化透视法为我们提供了另一视角。

个别心理疗法之外的方法

13. 个别心理疗法之外的方法主要有团体疗法、配偶疗法和家庭疗法、社区疗法以及自助。团体疗法、配偶疗法和家庭疗法通常主要是通过团体、配偶和家庭中动态的相互影响来解决人际关系方面的问题。社区疗法主要用于心理健康的预防;社区心理学家可以采取多种策略,包括对社区全体成员的教育、个人应对压力素质的发展项目的开展,以及治疗经受压力的成员。在自助中,个体通过阅读书籍和其他信息媒介的方法来获得应付压力情景和处理较小的心理问题的方法。

14. 没有任何一种方法能够适用于所有的人、所有的情景和所有的文化环境。但在心理治疗过程中,各种方法具有一定的互补性。例如,药物疗法通常是与谈话疗法联合使用的,以获得单个方法所不能达到的效果。

心理治疗的效果

15. 一些研究表明,各种心理治疗方法的疗效是相同的。对此,研究者们提出了多种可能的解释。另外一些研究却表明,不同的心理治疗方法所产生的疗效是不同的。每种心理疗法的疗效都需要和自然恢复的情况进行对比,才能做出评价。

16. 疗程的长短与其他一些因素(各种治疗法共有的一些因素)对治疗的效果起着重要的作用。

17. 心理疗法各有优缺点,因此,我们最好将它们之间的关系看做是互补性的,而不是排斥性的。目前,对于某种心理问题,我们还不能说就应该用某种疗法。有效的治疗总是要求治疗者与患者之间要建立起友好的关系和良好的沟通。尤其重要的是,在帮助患者克服其心理问题的过程中,治疗者和患者之间要有一种联盟的感觉。

心理治疗中的道德问题

18. 由于精神病学家对患者有可能会产生重大的影响,因此精神病学家对某些道德问题必须格外地注意。

思考题参考答案

1. 认知疗法和行为疗法通常一起使用。试问两种方法之间具有哪些互补性?

   认知疗法主要研究人的思维方式,行为疗法主要研究人的行为方式。这两种方法的组合通常被认为特别有效,因为观念和行为对心理障碍起着重要的作用,至少对于障碍的治疗和其症状的缓解起着重大的促进作用。

2. 如果你是名婚姻或家庭问题的治疗师,你最可能会采用的两种治疗方法是什么,为什么?

   每一个学生都应该独自回答这个问题。一些人认为认知和行为的组合之所以特别有效,是因为这种组合充分考虑了行为和认知两大因素。当然,也有人会倾向于其他方法的组合。

3. 如果你是名生物化学家,你正在调配一种新的特效药,该药物可以将某种心理障碍的不良效应减至最小,那么你会选择哪类障碍患者作为治疗对象,并能容忍药物所带来的负面性质的效应?在新特效药物中,你认为程度最轻的负面效应有哪些?

  每一个学生都应该独自回答这个问题。例如,精神分裂症可能严重扰乱人们的生活。但抑郁症也会影响人们的生活并还有可能导致自杀行为的产生,而且抑郁症还更普遍。许多抗抑郁药都伴有副作用,但这些副作用通常都比较温和,例如干渴。

4. 你认为治疗抑郁症的最理想的方法是什么?该方法也具有本章中所列举的治疗技术共同的要素吗?

  对一些人来说,理想的治疗方法是认知-行为疗法和药物疗法相结合。但理想的治疗方法必须考虑到特定的症状严重的程度,并要对其疗效进行随时的监控,方可对其效果进行评价。

5. 如果精神病学家自身对某种新疗法的道德准则有疑问,那么在运用该法进行治疗之前,他应如何先解决自己的疑惑呢?

  精神病学家可以和同事进行讨论,征求他们的意见。还可以向美国心理协会咨询以获得指导性方针。另外还可以向伦理学专业人士请教。

6. 如果你要接受心理治疗的话,你会选择哪种疗法?如果你要成为一名精神病学家,你还会做出同样的选择吗?分析你选择方法的优缺点。

  每一个学生都应该独自回答这个问题。本书的作者比较倾向于选用电击疗法。要谨记,要用已证明是治疗某种变态行为最有效的疗法进行治疗,以确保该疗法能在患者身上达到最佳的疗效。

张莉娟○译
邵爱国◎校

第十八章　健康心理学

如果你不介意,那也没什么大不了。

第十八章 健康心理学

心理与健康

问题：假如我们的心理和身体健康是有关的,它的基础是什么？这种关系对心理学有什么意义呢？

看完下面的内容,你就会明白,人的身体和精神、生理和心理有密切关系。毫无疑问,心理学所研究的内容,能让我们了解我们的心理状态是如何影响生理健康的,反过来又会是怎么样的呢？稍作夸张地说,健康心理学能告诉我们：如果你不在意,没什么了不起的事。

健康心理学(Health psychology)是指对人的心理活动过程和生理健康状况的相互作用的研究。要注意的是,这种心理作用和心理状况对生理健康会有两种作用：特殊的心理状况要么改善健康,要么导致健康恶化,反之生理健康又会影响心理状况。例如人在压力下易得感冒,而人得了感冒后又会感到压力增大,会觉得事事不如意(S. Cohen, Tyrrell, Smith, 1993)。

健康心理学家对一些事发生的心理原因和结果很感兴趣,如人们怎样才能保持健康,他们怎么会得病,又是如何抵御疾病的,面对疾病,他们会有怎样的反应——如他们是怎样设法去治疗疾病的,如果疾病无法完全痊愈,他们又如何去适应这种状况。健康心理学家对身体和心理联系的诸多方面进行了深入的研究。

健康心理学的基本目的,是使人们具有有利健康的行为,从而促进自己的健康。这些行为包括加强营养,加强锻炼,不吸烟,不吸毒等。当然,健康心理学家认识到,严重的心理或生理紊乱(如饮食不正常和癌等)会影响人们的健康。然而他们也坚信,人们能通过对自己的行为进行心理调整,从而改善健康。各种研究支持这种观点,特别是那些主要与意识控制有关的健康研究,更能说明问题。例如一个人如果有以下七种健康行为,他可以减少死神的威胁(Belloc & Breslow, 1972, Breslow, 1983)。事实上,不管你的年龄有多大,能否减少死神的威胁,与你是否履行以下的健康行为有直接关系。

1. 每天睡 7～8 小时

第十八章 健康心理学

2. 每天早上吃早饭
3. 很少吃零食
4. 保持合适的体重
5. 不吸烟
6. 适度饮酒或不喝酒
7. 经常锻炼,参加体力活动

要注意的是,我们一定要控制影响我们健康的因素,不要做那些有害的、危及健康的行为(如酗酒、吸烟、吸毒等,看第五、六章)。除此之外,我们也能采取一些积极的做法,如加强营养,积极锻炼,这样可促进健康。健康心理学的研究涉及众多领域,由于有的话题已在本书其他地方有所阐述,这章只涉及未论及的领域。首先,我们从健康心理学发展的历史介绍健康和疾病的模式。

心身关系

希波克拉特(Hippocrates)(公元前430年)是改革古希腊医学观的第一人,他认为疾病是由器官的特殊化所引起的,而非上帝惩罚的痛苦(S. E. Taylor,1999年,见第一章),他的这个观点,突破了以往对健康和幸福观念的迷信。几个世纪后,盖勒(在罗马行医,公元129—199)提出疾病是由致病菌(pathogens)引起的(Stone, 1979)。后来的许多行医者最终都接受了他的观点,以至他的观点成为以后数世纪医学治疗的基础。今天,我们借助于显微镜,不仅能看到比盖勒的想像还要多得多的致病菌,而且还能加以区别。

致病菌致病的观点逐渐发展成为生物医学模式(biomedical model)。根据这种模式,疾病是由于致病菌侵入人体而引起的,治病的关键是消灭致病的致病菌。在将近两千年的时间里,人们较成功地运用这种模式,诊疗了一些疾病,也治愈了一些疾病。当然,这种生物医学模式并没有被广泛接受。一些人认为它太机械,应用的范围也太窄。尽管这种模式的中心思想是如何治疗疾病,也涉及一些如何预防疾病的内容,但它很少考虑应如何促进病人康复,很少注意到一些不良的心理因素会加重病情,更没有注意到良好的心理过程有助于疾病的治疗和康复。或许,今天我们可以结合生物医学的模式,找到一个范围更广的理论来理解健康。

在健康心理模式中被人们广泛接受的是生物社会心理(biopsychosocial)模式,它几乎取代了生物医学模式。与生物医学模式不同的是,生物社会心理模式要看心理的、社会的和生理的三种不同的因素对疾病的引发、预防、治疗和康复有什么影响。(G. L. Engel,1977,1980;G. E. Schwartz,1982)。许多人似乎凭直觉就能接受这种理论,它使得我们对健康和疾病的理解更全面。例如,大多数人认为天气的变化、营养的不良、睡眠的缺乏和工作的压力(压力和紧张)都会导致感冒(Lau & Hartman,1983)。尽管直接导致感冒的是病菌,但其他因素有可能会使人对病菌变得更敏感。当我们称

第十八章 健康心理学

一个人得了"忧虑症",或有"神经性头痛",我们知道这是由心理和社会因素引发的生理疾病。像健康心理学研究的领域发展有一定的历史一样,人们对这种联系的认识,也有漫长的历史。

健康与行为医学

数百年来,人们一直试图理解健康和疾病的成因。有时,人们认为这些成因是与心理有关的,但有时又会认为不论心理或生理都不是疾病的即发原因。人们相信疾病是神给那些有错误行为或不忠诚的人的惩罚。古代的文学和传说中有许多例子,是描写惩罚神用生病或受伤,打击那些对信徒不好、不服从神的命令、或者不值得尊重和信任的人。然而到21世纪,心理会影响健康和疾病的观点已被人们广泛接受。

健康心理学最早的当代心理学前身是基于精神动力学方面的精神医学。在20世纪大多数的时间里,精神医学领域的研究者们研究了如溃疡、哮喘和偏头疼等生理疾病的心理根源。尽管心理因素是否是这些疾病真正起因的观点还有争议,但毫无疑问这种心理因素能使这些病症加重。

健康心理学的基本目标是改善健康,通过健康的行为增强健康。

到20世纪70年代,针对心理的行为方法研究较之精神动力学更普遍,于是出现了行为医学。一般来说,行为医学主要是利用一些行为技术帮助人们矫正一些与健康有关的行为:如过度吸烟和过量饮食(见第十七章)。当认知革命影响心理学的各方

第十八章 健康心理学

面时,健康心理学也开始有了一个认知的定向。当代健康心理学经常要探究的是健康和疾病发展中的思维过程的中介。像生物社会心理学模型所指出的,一个最简单的关于疾病"起因"的观点,已被复杂的心理、生理和环境因素相互作用导致疾病和健康的观点所代替。

许多曾经影响过健康心理学的历史观点,现在已经退出健康学的发展领域。起初,健康医生做的只是帮助人们如何应对疾病和伤痛,最关注的疾病是急性病(如流感)。一旦病人从急性病中救过来,有时可能还无法确证他是否已完全治好,就认为不需要专门的职业护理了。慢性病(如糖尿病)则关注得更少。许多疾病只有在分散发作期和有病症时才会去治疗。

早期的健康观念强调治疗疾病从某种角度说是有一定道理的,因为那时疾病导致的死亡率是最高的。随着抗生素和大量药物的使用,许多在当时可使世界人口大量减少的疾病已不值一提,像流感、白喉和结核病都已不再是不治之症。(见示意图18-1)

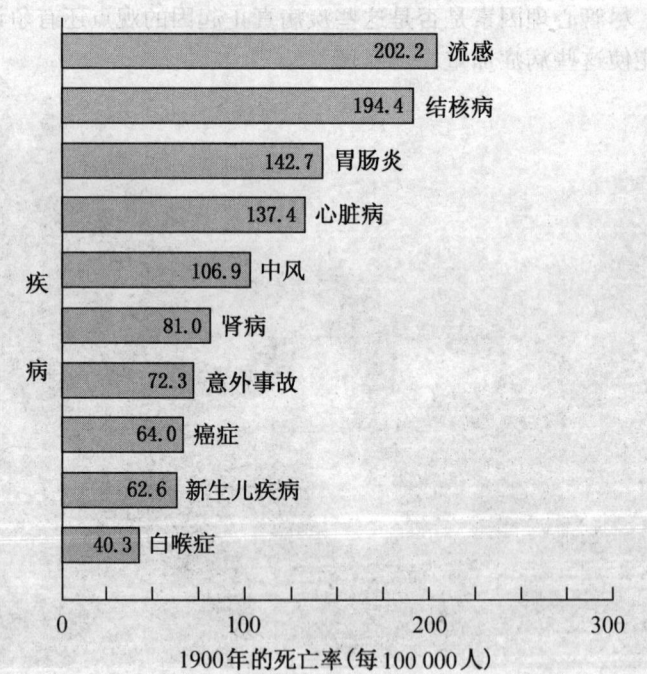

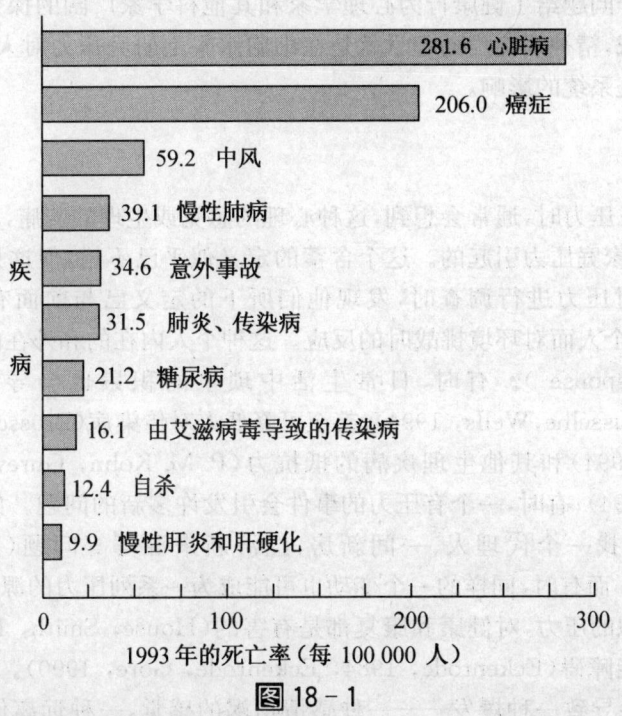

图 18-1

10 种导致死亡的原因：1900 年和 1993 年。

在 20 世纪中，导致人们死亡的原因从急性传染病转变为慢性疾病以及一些非生理的因素，如意外事故、自杀和谋杀等等。

当药物成为战胜疾病，特别是急性病的工具，职业健康医生把他们更多的注意力转向帮助人们预防疾病。他们鼓励人们利用医疗担保（包括定期检查）注意疾病早期的症状（如消化不良），进行早期治疗。希望人们避免做对健康有害的行为，如使用对精神有刺激作用的药物（如酗酒、吸烟），采用适当的医疗方法和药物进行预防（如种牛痘、进行免疫接种），养成良好的卫生习惯和安全意识（如吃饭前要洗手，乘车要系安全带）。最近，健康心理学家和一些注意健身的人们还把注意力转向如何促进健康，如参加健身和安全练习，这样不仅可帮助人们预防疾病，而且可促进全身心的健康。

应激及其应对方法

问题：什么是压力？不同的人感受压力能力相同吗？为什么有些人会比其他一些人应对得更好些呢？

"我几乎被压垮了！"这是我们一些人经常嘀咕的话，那它的生理和心理机制到底是怎样的？这个问题给了健康行为心理学家和其他科学家广阔的探究空间。作为较前沿的研究领域，精神病免疫药理学就是在细胞水平上研究压力对人生理的影响，其中特别是对免疫系统的影响。

应激

当我们考虑压力时，通常会想到，这种心理的感觉或生理的苦痛，是由诸如时间压力、工作压力和家庭压力引起的。这个含蓄的定义似乎已不错，但这只是其中的一部分。当研究者对压力进行调查时，发现他们所下的定义已与前面有所不同。压力（stress）是指一个人面对环境挑战时的反应。这种个人内在的和外在的调整称为应激反应（stress response）。有时，日常生活中琐事的积累也会导致不小的压力（Pearlstone, Russelhe, Wells, 1994），甚至可降低人对传染病（Brosschot, Benschop, Godaert, Olf, 1994）和其他生理疾病的抵抗力（P. M. Kohn, Gurevich, Pickering, MacDonald, 1994）；有时，一个有压力的事件会引发许多新的问题。如一个要离婚的人，就会遇到要找一个代理人、一间新房、经济新来源等等问题（Pillow, Zautra, Sandle, 1996）。而有时，同样的一个变动也可能成为一系列压力的源泉。

长期或累积的压力，对健康和康复都是有害的（House, Smith, 1985），也会引发一些心理的功能障碍（Eckenrode, 1984, Eckenrode, Gore, 1990）。例如，工作中的压力最终可能会导致一种爆发———一种感情枯竭的感觉，一种远离你服务对象的感觉，一种你再也不能完成有意义事情的感觉。

压力刺激物

奇怪的是，并不是所有的压力刺激物都是我们认为的坏事。如结婚生子、乔迁新居等喜事也会引起压力，因为要成为其中任何一件事内的一个角色，或为人之父母，或为他人之终身伴侣、或成为某房子的主人，都需要在各方面进行调整，适应新的环境。对个人做出杰出的成就、结成美满婚姻等压力刺激物，许多人都是喜欢的。不过大多数的压力刺激物是坏事。

各种压力刺激物的强度是不同的，婚姻不幸和离婚一样都是主要的压力刺激物（Kiecolt-Glaser et al., 1993; Kiecolt-Glaser et al., 1996），如果受到这种压力，人就会感到一种被人压迫的感觉（Evans 和 Lepore, 1993）。压力刺激物也可能是一些相当小或暂时的变化，如度假、出外过周末、或有亲密的朋友及其他家庭成员来访小住几天。这些喜悦的变化因需要你去适应新环境，是潜在的压力刺激物。如住在一间豪华的宾馆，到半夜了你还得找浴室，或当你最好的朋友来访，你得花费你的一些时间和空间去应对他们的新要求。压力刺激物甚至可能是一些日常生活中的琐事，或是对你能力有挑战的事，如交通冲突、与熟人意见不和、与官僚的公务员争执、对新的仪器设备不熟悉、需要重新安排橱窗、或者汽车需要修理等。

压力刺激物可以是好事,也可能是坏事——如离家去度假,或是每天的交通阻塞、列车晚点或车厢拥挤。

生活变化引起的压力

托马斯·赫尔姆斯(Thomas Holmes)和理查德·拉赫(Richard Rahe)设计了一份量表,测量一个人生活经历中的各种压力。在社会生活压力量表(Social Readjustment Rate Scale(SRRS))中,研究者把43种压力刺激物按影响程度大小排列,如结婚造成的压力比与老板不和造成的压力更大(见表18-1)。他们将这些压力刺激物与患病的可能性联系,发现这种可能性与压力刺激物影响程度成正比。(回忆一下,确定这种因果关系的困难在于独立取得相关证据。)

当这份社会生活压力量表(SRRS)在1967年发表后,这些测量值被介绍到各个国家,有的是原始版本,有的是修订版(e. g., Yahiro, Inoue, & Nozawa, 1993)。研究者认为这些测量值可以跨越文化广泛使用,但是其中的一些项目、项目内容、影响程度和排列顺序,还是可以根据不同的文化环境作调整的。早期的研究在跨文化的功用和测量值的需要调整两方面作了说明:他们对226名马来西亚医学院学生做的调查与最初在华盛顿 the Seattle 做的调查样本做了比较,虽然其中有不少是相同的,但也有显著的区别,特别是在关于爱情和违反法律的项目上有明显不同(Woon, Masuda, Wagner & Holmes, 1971)。后来在对中国居民的调查中发现,与家庭和事业有关的事件造成的压力要比社会活动和生存条件等个人习惯造成的压力大(Hwang, 1981)。

第十八章 健康心理学

表 18-1 社会生活压力量表 托马斯·赫尔姆斯和理查德·拉赫分析了导致压力的生活事件,并将各种潜在的压力按影响程度大小排列(Holmes & Rahe, 1967)。

排列	生活事件	评估值	排列	生活事件	评估值
1	丧偶	100	23	子女离家	29
2	离婚	73	24	与岳父母或公婆不和	29
3	分居	65	25	个人获得杰出成就	28
4	监禁入狱	63	26	丈夫或妻子下岗或找到工作	26
5	家里亲人去世	63	27	入学或毕业	26
6	个人伤残或患病	53	28	生活条件的改变	25
7	结婚	50	29	个人习惯的改变	24
8	工作被辞退	47	30	与老板不和	23
9	调解婚姻	45	31	工作时间或条件的改变	20
10	退休	45	32	迁居	20
11	家庭成员的健康状况有变化	44	33	转校	20
12	怀孕	40	34	娱乐或休闲的改变	19
13	性生活困难	39	35	教堂活动的改变	19
14	家庭成员的增添	39	36	社会活动的改变	18
15	事业的调整	39	37	抵押或贷款少于 10 000 美元	17
16	经济状况的改变	38	38	睡眠习惯的改变	16
17	亲密朋友去世	37	39	家庭聚会次数的改变	15
18	工种的改变	36	40	饮食习惯的改变	15
19	夫妻争执的改变	35	41	度假	13
20	抵押款超过 10 000 美元	31	42	圣诞节	12
21	收回抵押或贷款	30	43	小的违法事件	11
22	升职或降职	29			

尽管这张量表已得到广泛应用,但也有许多批评意见(Rabkin,1993)。首先,一些术语,如个人的伤残等含义模糊(Taylor,1999)。其次,一种对某人引起压力的因素对另一些人的影响可能会小得多(Schroeder & Costa,1984)。第三,一个事件是否会引起压力及引起压力的大小,取决于问题的解决是否恰当(Thoits,1994)。比如,有的人能很好地应对退休,在退休后,他能找到许多休闲或娱乐的活动。而有的人却不会应对,在退休后会感到沮丧和压抑。最后的一点是,尽管这张量表包括褒和贬的两种事件,研究者认为,坏事会比喜事产生的压力更大(Smith,1993;Turner & Wheaton,1995)。

在量表中未提及但又是一个很主要的压力刺激物,是人为了适应新文化背景而要做的重新调整,我们给这种压力的专业名称是异域文化压力(**acculturative stress**)(J. W. Berry,1989;Nwadiore & McAdoo,1996)。异域文化压力(如自愿移民去与爱人一起生活、期望得到理想生活方式的选择权等)比起一些巨大变迁的压力(如被迫派往异地、在一个有种族歧视和道德偏见或甚至有种族灭绝威胁的情形中)要相对小得多。一些住在移民不断前往的多重社会里、具有交叉文化的心理学家对这种压力特别感兴趣(看 J. W. Berry,1994;J. W. Berry,Kim,Minde,& Mok,1987)。

一个人遇到的最不好的压力刺激物之一是痛苦的折磨,这是人生在世无法幸免的(Basoglu,1997)。一个对因这种痛苦而备受折磨的人的研究中发现,大约有一半的人在多年后还经常做噩梦,或有焦虑、沮丧和与社会隔绝的症状(Basoglu,Paker,Ozmen,Marks,Sahin,& Sarimurat,1994)。如何治疗被这些痛苦折磨的人,对心理学家是一个挑战。

应激的生理反应

环境事件单独不会产生压力,但每个个体却都会遇到压力刺激物,且必须对此做出某些反应。通常,不论是最初还是最后,个体对此的基本反应都是生理上的。当我们需要调整而感到挑战,或面对危险而感到害怕时,我们身体的生理性准备要么是面对挑战("战斗"),要么是逃离危险的局面("逃离")。这种战斗或逃离的反应可能是一种适应性的革命起点。在久远的过去,那些对精神恐惧反应太慢或不合时宜的人,既不会成为我们的祖先,也不会成为其他什么人,因为他们在这时都会死去。

人们发现在发生事故时,通常会有这种战斗或逃离的生理反应。汉斯·塞里(Hans Selye)发现一个奇怪的现象:即人的身体遭到攻击或伤害时,不管攻击的性质如何(如休克、发高烧或感到疲乏),受伤的位置怎样(如全身、身体的某个部分或器官受伤),似乎反应的方式是相同的。不久塞里发现这个结果有潜在的复杂性,他把他的研究集中在这个疑难的生理反应上。他与其他研究者一起,对最高级别压力的生理反应建立了一些模式,塞里(如在 1976 年)给这种反应一个专门的名称,叫普通适应综合征(general adaptation syndrome(GAS)),指的是人体在最初要发挥最大的努力去适应的一种情况。这里表现出三个阶段的反应：警觉,反抗和精疲力竭(参见图18-2)。

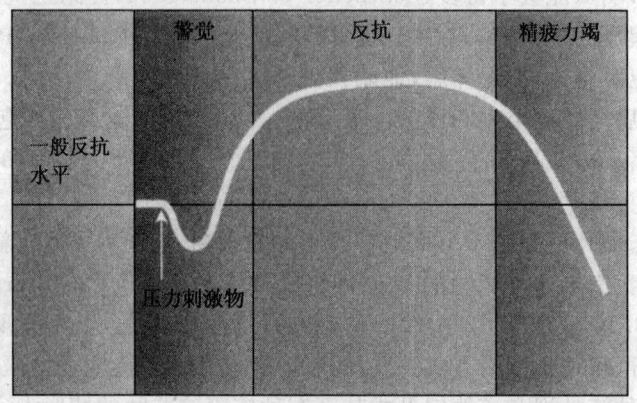

图 18-2 普通适应综合征(GAS)

根据翰斯·塞里,我们对压力刺激物的反应经历了三个阶段：警觉阶段,这时我们把自己拉到最高档,以很快的速度消耗身体的能量;反抗阶段,这时又在某种程度上减小身体的能量以浪费的方式消耗;精疲力竭阶段,这时我们身体的能量已消耗殆尽。

警觉

人体一旦被激发,交感神经系统就会帮助触发肾上腺激素的释放——如皮质类固醇、肾上腺素、去甲肾上腺素。这些激素会加快心跳和呼吸的频率,这样由于血液到其他器官而使消化活动减慢或停止,触发生化反应而使肌肉紧张,增加能量的消耗而产生热量,加快呼吸而使体温下降,增加血流中的血小板从而减少受伤后血液的流失。所有这些生理反应都是在没有预先设计的情况下发生的。警觉的状态能逐渐减少我们在一定环境中可预知或可控制的潜在压力刺激物。这些压力刺激物主要是针对个体的,但有时它们也能影响整个集体,如种族主义或性别主义。

反抗

警觉状况一般不会不明确地延续,人体在交感神经系统消耗体内能量储存时,会产生一种平衡力,副交感神经系统(与组成代谢和能量储存过程有关)在稍后不久就会限制身体更谨慎地使用体内的能量储存,比如心肺的需要会减少。尽管由于压力的延续,心理压力的反应不会消失,但会慢慢减弱。

精疲力竭

最后,即使在反抗阶段能量消耗的速率已减小,但能量仍几乎被耗尽,修复受伤或残损的人体组织的能力下降,个体对许多疾病包括心脏病等也就变得更敏感。另一个结果是,人对一些可能的传染病菌的抵抗力减弱(像以后要讨论的,传染病菌会利用人变弱的免疫系统或其他易受伤害的状况发作)。现在,压力已与大量的传染性疾病联系在一起,包括各种传染性疱疹病毒(如感冒疮、鸡痘、单核细胞增多症和生殖器损伤)(S. Cohen, Tyrell, & Smith, 1991; S. Cohen & Williamson, 1991; Jemmott & Locke, 1984; Kiesolt-Glaser & Glaser, 1987; VanderPlate, Aral, & Magder, 1988)。慢性疲劳综合征(Chronic fatigue syndrome CFS)是一种这样的疾病,一个人在大多数时间里都感到疲乏,觉得每天的生活都不顺,而疲劳却不断升级加重。这种疾病的原因至今还不清楚,但这似乎不是一种疾病,而是多种相同症状疾病的综合。

不仅压力本身,就是压力可能造成的后果,都会抑制免疫系统的功能(Kemeny, Cphen, Zegans, & Conant, 1989)。在精神神经免疫学这个交叉领域潜心探究的研究者们发现,我们认为熟知的心理过程、神经生理和免疫系统正以我们无法想像的,更不用说是理解了的方式相互作用。

尽管塞里的模型已经帮助我们阐明了压力的影响,但它的基础又受到许多批评,如它断定压力的反应有很大的相同性,而事实并非如此(Hobfoll, 1989),它也低估了心理因素在压力反应中的作用(R. S. Lazarus & Folkman, 1984)。

应激的察觉

就本质而言,发生的系列事件不会导致人的免疫系统的衰弱,更确切地说,具有一定意义的是人客观上经历的压力来自这些事。如一个人可能觉得与一个依赖性极强的朋友相处,会有很大的压力,而另一个人有同样经历时,可能会感觉是有趣的挑战。同样,我们每个人都会感到一些压力刺激物比其他压力刺激物会更令人痛苦。如果你讨厌面对任何其他东西,就会因发现一些冲突的压力极大而感到痛苦;而另一些人面对同样情形,不会感到那么多的痛苦,甚至可能会喜欢这种冲突。你和你的对手可能都会经历压力反应,形成心理警觉阶段,甚至是反抗阶段,但由于你讨厌这种压力,过一会儿你就感到精疲力竭,相反你的对手可能由于很快忘记这种冲突而避免进入精疲力竭的阶段。

我们每个人也都会经历由外在需要(如工作与家庭、终身伴侣与朋友产生的矛盾)产生不同程度的内在冲突,而且由于个性的差异,不同的人在同样的环境中可能产生完全不同的感觉。一个性格外向的人在图书馆为一个目不识丁的社团成员们服务时产生的痛苦,与一个性格内向的人到巡航船上主持一个休闲活动而产生的痛苦是差不多的,也许他们都认为对方的工作是最理想的。

苏珊·弗尔克曼(Susan Folkman)和理查德·拉扎勒斯(Richard Lazarus)建立了一个由个性因素、压力种类和健康相互作用的模式。(Folkman & Lazarus, 1988; Folkman, Lazarus, Gruen, & Delongis, 1986)。根据弗尔克曼和拉扎勒斯的理论,当

第十八章 健康心理学

我们面对有潜在压力的情况时,首先要经过两级的评估过程,再经过两维的处理过程。这两个过程都与个人特殊的个性和当时的情况有关(参见图18-3)。初级评估(Primany appraisal)涉及一个人决定处理这件事是否重要:这种决定一是基于该事件对自己的重要性,二是要看是否处理这件事情对自己可能带来的后果。

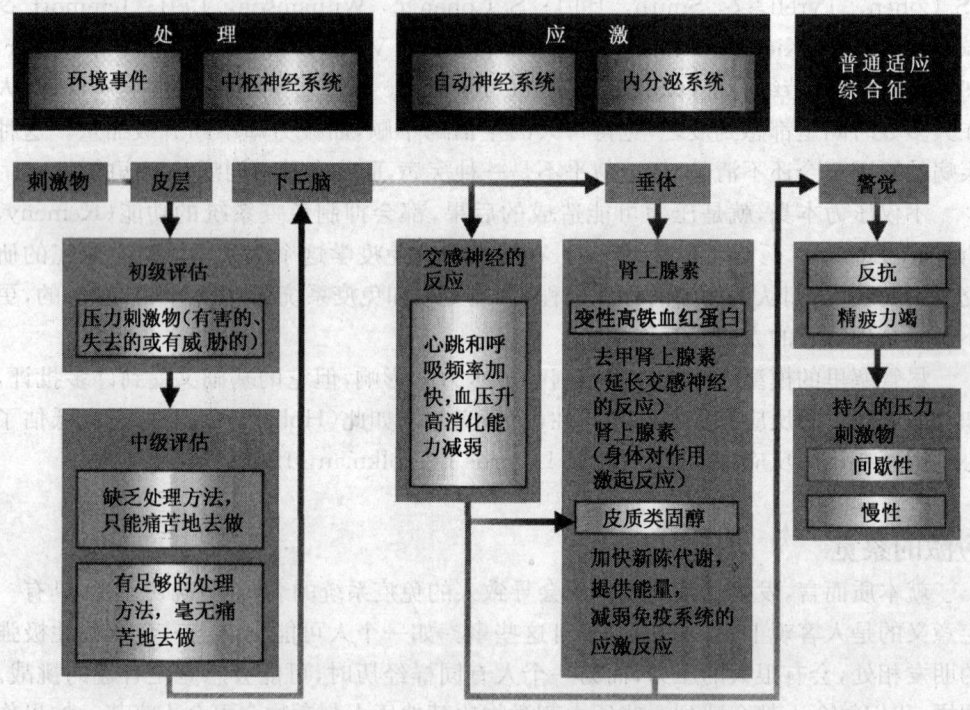

图 18-3 压力完整的模型图

与心理因素如认知评估、对压力反应的生理机制有关的压力的生物心理社会模型。

可以设想一下,到了学期末,教授出人意料地布置要做一篇长论文,一些学生可能会因进行了初级评估,感到压力水平突升,对他们而言,没有什么比写论文会给他们更大的压力,尤其是到期末才布置。对另外一些学生来说,即使到最后一刻布置他写论文,也不是什么大事,轻而易举就能完成,因为他们往往只把它当作一系列任务中的一项去做。

中级评估(Secondare appraisal)涉及一个人评估他或她为了达到一个尽可能好而不是可能有害的结果所采取的措施。比如当你想到期末考试时,可能会考虑该如何提高分数,避免差分的可能性,于是读书、研究笔记可能是中级评估后最可能采取的措施。

内在的变量和应激:A类行为模式与B类行为模式

像塞里发现压力的心理反应一样,人们很偶然地发现一系列现象,个性差异与健康有关系。梅耶·弗雷德曼(Meyer Friedman)和雷·罗斯曼(Ray Rosenman)在1974年研究心脏病男性死者和他们的妻子在饮食中胆固醇的不同。其中一个妻子这样说:"假如你真的想知道是什么导致我们的丈夫得心脏病,我告诉你,那就是压力,正是他们在工作中受到的压力,导致那样的结果。"(p.56)这种说法,不仅使研究者去观察心脏病患者所经受的压力的大小,而且也去观察这些人对压力是如何反应的。

最后,他们明确地把人的行为分为两种类型。一类是A类行为模式(Type-A behavior pattern),这些人在个性上有如下表现:(1)为获得成功有竞争意识;(2)对时间有一种紧迫感;(3)易发怒,对人有强的敌意。A类的人往往工作很努力,为达到目标会积极拼争,但在这个过程中他们通常不会感到快乐,更多的是要与时间竞争,因此也容易发怒,对他人有敌意。

与A类相反的是B类行为模式(Type-B behavior pattern),这些人的个性表现是,相对低的竞争意识,对时间不感到那么急迫,对人也少一些敌意。B类的人相比要更温和、放松,也愿意享受生活的过程。在你继续读之前,不妨停一会儿思考一下你的行为应该属于哪一种类型。(线索:假如你对停止读你本打算尽快读完的这一章的建议感到愤怒,也许你不必对哪一种模型对你更好考虑得太多。)假如你不确定该怎样描述你自己,想一想你的家人或好朋友是如何描述你的行为的。

假如你是那种干什么都急急忙忙,看书总希望尽快看完一章,你属于A类行为模式的人。

有各种各样的方法可以测量A类行为的人,包括访谈调查:问一系列固定的问题,或调查问卷,如杰金斯活动调查问卷(JAS; Jenkins, Zyzanski, & Rosenman, 1979)。一份自我问卷,可问如下一些问题:什么时候你会听别人谈话?有时你是否希望他们赶快讲他们必须要说的事?你是否要写一个条子或做记号告诉自己下一步该做什么?熟悉你的人有没有告诉过你,你很容易发火?你有没有发现你自己总是很着急地去做一件事?从本质上来说,A类的人会自己给自己加压力。

对压力的不同反应

A类的人和B类的人对压力有完全不同的反应。A类的人一般反应更快更强,当压力威胁到他们个人的自控力时,也喜欢追根寻源(Carver, Diamond, Humphries, 1985; Glass, 1977)。A 类的人的反应方式往往会增加他们遭遇新的压力的可能,换句话说,他们由于追求的需要,经常处于竞争的情形,自己给自己设一些人为的框架,从而造成一些新的压力。

从这一章立足点引出的批评问题是:A 类的人是否比 B 类的人更容易引起健康问题?大量的研究表明,A 类行为的人与冠状性心脏病有一定联系(Booth-Kewley & Friedman, 1987; Haynes, Feinleib, & Kannel, 1980; Haynes & Matthews, 1988)。然而其他的研究却都未能支持这种观点(e. g. , Shekelle et al. ,1985)。

仅仅把 A 类行为的人与冠状性心脏病联系在一起似乎还太简单了,如苏珊娜·海恩斯(Suzanne Haynes)和卡伦·马修斯(Karen Mattews)在 1988 年发现,A 类行为的人冠状性心脏病发病率高只对白领阶层的人成立,而对蓝领阶层的人却不成立。

很明显,组成 A 类行为的人的三个部分尽管可能都与差的健康状况有关,但对心脏病的影响不是完全相同的(Adler & Mattews, 1994)。勒德夫特·威廉姆斯(Redford Williams)在 1986 年提出自己的看法,认为其中易发怒和对人有敌意这两点是最致命的(看 Ewart & Kolodner, 1994; Lassner, Mattews, & Stony, 1994; T. W. Smith, 1992; S. E. Taylor, 1999)。敌意本身还能细分为不同类型,一些人他们总是在抱怨或经常性地发怒,表现为神经过敏性的敌意(neurotic hostility),相反那些老是站在别人对立面,或与其他人争斗的人,表现为对立性敌意(antagonistic hostility)。后一种敌意很明显是与心脏病有关的(Dembroski & Costa, 1988; Helmers & Krantz, 1996; G. N. Marshall, Wortman, Vickers, Kusulas, & Hewig,1994),其他研究已支持这种说法(e. g. ,Barefoot, Dahlstrom, & Williams, 1983)。如果发怒和敌意是直接针对自己的,对健康特别有害(Dembroski, Mac-Dougall, Williams, Haney, & Blumenthal,1985; R. Williams, 1986)。有敌意人往往有多疑、愤恨、经常性地发怒、与他人对立(有时被称为愤世嫉俗的敌意等性格特点,而这似乎对健康也是特别有害的(Barefoot, Dodge, Peterson, Dahlstrom, & Williams, 1989; Dembroski & Costa, 1988; T. W. Smith,1992; R. B. Williams & Barefoot, 1988)。那些愤世嫉俗型敌意的人可能很难从社会获得支持(Benotsch Christensen, & McKelvey, 1997),即使能获得,他们也不会有效利用(Lepore, 1995)。很明显那些对别人公开表示愤世嫉俗的人,即使只有这种敌意,也极有可能是危害心血管的重要因素(Siegman & Snow, 1997)。

除此之外,一些人仅仅是表面上表现为 B 类,这些假的 B 类人(phony type Bs)(M. I. friedman,1991)或有戒备心的人(defensive deniers)(Shedler, Mayman, & Mains, 1993)看起来似乎很悠闲、没有侵犯性、对压力不敏感,但他们内心深处却很紧张、有敌意、总是被烦恼纠缠。这些人在危急时甚至比有敌意倾向的 A 类人更容易得病,一旦得病,死亡率也更高(Burgess, Morris, & Pettingale, 1988)。

影响健康因素的可能心理机制

研究者同意,A 类的人,特别是那些有敌意倾向的人,通常比真正 B 类的人经历更多的压力,压力水平更高,这种压力往往与冠状性心脏病联系在一起。尽管科学家们还不能确定压力与冠状性心脏病联系的心理机制是怎样的,但他们还是采纳了三种主要理论中的一种。一种理论认为,一个人受到压力,心跳速度会加快,导致血管收缩。也就是说,当人们受到压力,他的躯体就会力图使更多的血通过狭窄的血管,使冠状动脉破裂,发生损伤(区域损伤,也可能是生病),最后导致心脏病(Eliot & Buell, 1983)。另一种理论认为被压力激活的激素可能使血压产生快速和持续的变化,减小了血管的弹性(Glass, 1977; Haft, 1974; Herd, 1978)。第三种理论认为的可能性是,压力可以使脂类物质释放进入血液,从而造成动脉粥样硬化,即脂肪沉淀于收缩的血管中,使血管硬化,发生阻塞。当然,这些可能性并不是相互排斥的,可能每一点都会造成循环系统的损伤(Laragh, 1988; Parfyonova, Korichneva, Suvorov, & Krasnikova, 1988)。当损伤的结果一旦形成,我们就需要治疗。

调节方式的选择

为了健康,A 类行为的人至少有些东西是需要改正的(M. Friedman er al., 1994; Levenkron & Moore, 1988)。可行的方法有许多,如放松(Roskies, Spevack, Surkis, Cohen, & Gilman, 1978)、有氧操、负重训练、认知-行为法消除压力(Blumenthal et al., 1988; Roskies et al., 1986)。在前几章我们曾经提过,在一定程度上,我们能利用改变认知来影响我们的感觉,这种调节的结果能增强免疫系统的功能,改进人们对事件的反应,减少面对生活的挑战所感到的痛苦。除此外,改变生活方式可能是比较合适的调节方法,A 类的人与 B 类的人有不同的生活方式,也可能正是这种个性生活方式的不同,导致冠状性心脏病的患病可能性的差异。

健康护理与心理学

问题:在健康护理领域中,精神健康和心理健康间的关系的含义有哪些?

如果医生能认识到心理学对健康治疗结果的重要性,健康护理会得到改善。同样,病人也需要认识治疗过程中心理学所起的重要,才能积极配合治疗。

症状的识别和解释

是什么使得人们去寻找医疗服务?要得到医药治疗的第一步是认识病症和知道

病因。症状（Symptoms）是指病人在自己体内或体表有一些不正常的感觉或现象（如胃里想吐或疱疹发痒），使他观察或意识到可能是一些疾病的表现。症状，在定义上是从病人的角度上看的（从医学的角度看，医生观察到的不正常现象都称为病症（signs））。在大多数情况下，人们只有认为他们有了症状，才会寻找医疗服务。

当临床医生根据症状的报告和观察到的病症做出诊断时，他们是用清晰的理论专业地表达各种疾病。然而一个非临床医生并不是没有心里的想法，大多数的非医务人员也有一些暗示的理论——对各种疾病和症状共同感觉的先验图式。这种先验图式帮助我们认识我们以为知道的各种疾病的信息，除各种疾病的区别方法的信息外，还包括症状、可能的结果、严重程度和疾病可能要延续的时间。

我们用这种先验图式来认识和解释我们的症状，从而使感觉和观察，按我们事先对疾病和健康先验图式的理解进行。如果我们的感觉和观察的结果接近疾病的先验图式，那可能就认为是生病了（或受伤了），于是把那些感觉和观察的结果作为症状；如果感觉和知觉更接近健康的先验图式，我们就会很少去考虑那些作为疾病症状的感觉。

健康心理学家观察到，人们对疾病的反应通常是不同的，一种他们认为是慢性的——即周期性、经常性或长期的疾病，如偏头痛、高血压；一种他们相信是急性的——简单的、通常有突发的特征、强烈的症状，但不会是周期性的，也不会持续很长时间，如感冒和流感（Nerenz & Leventhal, 1983）。比如，如果人们认为自己的症状有明显的特征，相信这些症状是可以医治的，他们就很可能去寻找药物治疗（Lau, Bernard, & Hartman, 1989）。

一旦人们认为他们有了症状，第二步就要决定是否去寻找药物治疗，这个决定除了受病人自己对疾病和健康先验图式的影响之外，还受其他许多因素的影响。

护理以及健康服务机构的作用

对健康护理来说，一个主要的挑战是影响医疗管理的因素越来越多。由于健康护理费用和保险金的急剧增加，许多人都加入到健康资助组织（HMOs）和其他一些计划的组织中，希望在万一发生生理或心理疾病时，有一笔固定的费用，像保险金一样补偿健康护理中的费用。这些计划的优点是防止人们因要支付高昂的医疗费用而破产。但计划最大的障碍是他们以保险公司的方式筹钱——因此政策制定者不拥有所有权，而拥有所有权者要尽可能少付出。许多组织为能获得补偿的成员制定了近乎苛刻的条例，而包括心理治疗医生在内的医生不愿意"签署"那些可能被那些组织认为是不合格的治疗方案，导致病人的大量流失。一般来说，医生从有医疗管理机构资助的病人处的获利比无资助的病人的获利少。因此，医生和病人都普遍对健康资助组织（HMOs）表示不满（Freudenheim, 1993）。

由于医疗管理机构的分散，许多人把注意力从那些为增加收入而提供一些不必要服务的医生处，转移到那些由于有医疗管理公司的严格条例而不能提供所有必要服务的医生处。许多年过去了，我们可以希望有一个能使病人在合理的价格中接受必要服务的系统出现。

不知要到什么时候,医生和病人最终才走到一起?

医生和病人的相互作用

医生与病人的交谈可以说是专业人员与个人的交流。它也许是两个陌生人之间的交流,或者至少是两个人在很短的时间内作必要的清晰交流。心理学家要做的大量工作是集中在要回答的一些问题,如哪些因素会影响这种交流?应如何改善这种交流?

病人的类型

目前,许多医学院已开始关注一个病人们早已认识到的问题:一个医生在医学院获得的最高学位和高超医术,并不表明他一定有与病人进行很好交流的能力。要达到一个最好的医疗效果,医生不仅要考虑医疗条件,也要能够了解每个病人的心理需要。研究者已经发现,假如病人发现他们得到的治疗方案与他们自己感知需要形成的偏好相匹配,他们会感到更满意(Auerbach, Martelli, & Mercuri, 1983; Auerbach, Martelli, Alexander, & Mercuri, 1987)。这些偏好往往是经过一些健康观念的调查形成的(Krantz, Baum, & Wideman, 1980),包括(1)了解有关健康治疗的信息;(2)自我治疗的偏好;(3)健康治疗投资的方式。人们对信息、自我满足和医疗投资等内容需求的多少是不同的。

医生的类型

医生对待病人的方式,实际上不仅影响病人对待医生的态度,也影响整个健康治疗的过程(J. A. Hall, Epstein, DeCiantis, & McNeil, 1993)。医生,像病人一样,也有自己不同的喜好,处理病人和医生关系的方式也不同。P. 伯恩斯(P. Byrne)和B·朗格(B. Long)在1976年分析了2 500份不同国家的医学咨询录音,发现医生对待病人的方式主要有两种。一种是医生中心疗法(doctor-centered style),是指医生看病的方式非常直接,通常他们事先准备了一些涉及面较窄、收敛性强的医学问题(一般这类病人是有预约的),使病人能给出简单、直至目标的反应,于是医生做出诊断,出处方。假如病人回答离题,即偏离医生问的问题,提到一些其他的问题或症状,医生也不会把它作为以后诊断的依据。第二种是患者中心疗法(patient-centered style),它的特点是医生看病采用非直接的方式,所以医生会对病人提一些发散性的问题,让病人参与并引导交流的过程,一起做出病情的诊断和处理的决定。

患者中心疗法的医生比医生中心疗法的医生似乎更少用医学专业术语,因为医学术语往往会严重阻碍医生与病人的交流。确实,大量的研究表明,特别是一些低社会经济收入的人,他们不懂医生所用的许多专业术语(Dimatteo & DiNicola,1982;McKinlay,1975),用这些专业术语的结果是病人不能真正理解医生提供的信息。

有时病人去看医生的意义绝不只是去医生办公室拜访他,健康心理学家也已开始研究人们在医院里的各种行为表现。

住院病人

在美国,每年大约有三千三百万人要去超过七千家的医院就诊(美国医院联合会(American Hospitol Association),1987)。在过去的三十年里,医院的床位不断增多,但人们住院的时间却趋于减少(美国医院联合会,1982,1989)。

病人对需要帮助的反应

尽管大多数的病人在第一次住院时都会感到焦虑、迷惑,甚至可能情绪低落,医务人员还是会把病人分为"好的"和"差的"。"好的"病人往往对医院规定的办事手续和管理愿意顺从,而"差的"病人可能有更多的抱怨,如要求引起别人的注意,做一些违反医院政策的事,医务人员往往对他们有反感情绪,觉得与他们接触得越少越好。具有讽刺意义的是,这些病人态度越强硬,越有可能导致在健康治疗中发生更多的危险(Lorber,1975)。医务人员给这些人的似乎只有药物,却忽视他们的心理需要,认为他们如果有这种需要,则更应该去精神科治疗,于是未等立足就回绝了。

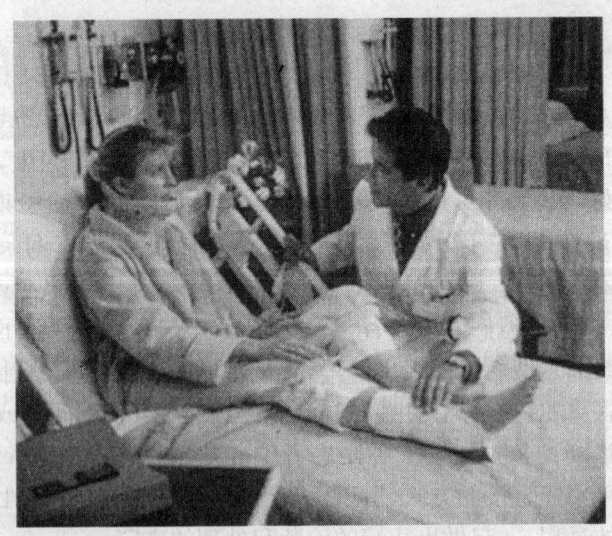

研究表明,增强住院病人的控制感,如事先告诉他手术的结果和可能有的几种反应,可加强积极的结果。

第十八章　健康心理学

当你考虑前面所提的各种行为表现时,可能会认为医院实际上是希望病人的思想和行为要像第一种描述的一样,习得性无助(learned helplessness)(Raps, Peterson, Jonas, & Seligman, 1982; S. E. Taylor, 1979; 见第六章)。这种做法是不鼓励病人主动参与他们自己身体疾病治疗的(E. Brown, 1963; S. E. Taylor, 1979)。不幸的是,尽管病人学会孤立无援能帮助他从医务人员处获得帮助,但不论是在住院期间或出院后,这种行为对康复都是不利的。一旦病人离开医院,尽管他们已恰当地学会了不用对住院期间自己的康复负责,他们还是要为他们日后康复的各方面负全部的责任。

增强病人的控制感

假如医院希望照顾那些缺乏控制感觉的病人,而病人的控制感觉对病人的健康和康复有重要作用,那我们该怎么做呢?许多研究者已经找出医院为使病人在生理康复的同时心理也得到安宁该做的事。增加病人控制感觉的方法称为增强控制性干涉(control-enhancing interventions),它能帮助病人对疾病有适度的反应能力,最终使他能更有效地对待疾病。在历史上,艾尔文·珍尼斯(Iriving Janis)在1958年就此首先开展研究,他们将手术后的病人分为三组:第一组对即将要做的手术不怎么感到害怕,第二组的害怕程度中等,第三组感到很害怕。他了解了三组病人分别是如何看待疾病的,是如何利用医院给的关于术后可能后遗症的信息的,结果发现中等害怕程度的一组病人术后康复得最好。

一系列的研究表明,事实上就本质而言,对病人起最重要作用的不是他们的害怕程度,而是医生事先是以什么方式告诉病人术后的结果的(K. O. Anderson & Masur, 1983; Johson, Lauver, & Nail, 1989)。病人如果较好地了解了手术和手术后情况,比他根本不知道或了解较少的情况,术后会少一些低落的情绪,康复得更快(Johnson, 1984)。其他的研究也扩展了这方面的工作,认为病人事先对手术后的各种可能结果有准备,会有更强的个人控制感觉,能更有效地把握自己的反应(看 S. E. Taylor, 1999)。这种被加强的控制感觉和效果可导致更好的治疗结果。

研究者在进一步研究后,又提出很重要的一点:认为医生不仅要让病人知道在手术中和手术后会发生什么,而且应该教给他们如何应对的方法。一个研究表明,假如有人能指导病人如何从手术的各种烦恼中解脱,努力把注意力集中到手术后他们能得到的好处,病人在手术后可以少吃止痛药(Langer, Janis, & Wolfer, 1975)。其他有效的增强控制干涉方法包括:学会放松,利用认知-行为的方法克服焦虑,更有效地适应环境(Ludwick-Rosenthal & Neufeld, 1988)。

即使是儿童,也能由于得到提供的信息而增加控制感,并从中得到好处。从某种意义上说,对儿童而言,住院是最难的,因为他们不明白将要做什么,或者有什么可盼望的。研究者建议,在儿童住院前应给他们一些信息,至少要让他们知道手术进行的

第十八章 健康心理学

过程是怎样的,甚至可放一部同样手术的电影,帮助他们调整,从而去适应住院的生活和即将要进行的手术(Melamed & Siegel, 1975; Pinto & Hollandsworth, 1989)。因此,我们不能让儿童在完全无知的情况下进行治疗,相反应让他们了解必要的信息。

进一步的研究已表明增强控制干涉的优点。如我们所想到的,不论从相互作用或辩证的角度看待科学研究,还是后来的研究都表明,能提供给病人增强控制干涉的方法是有限制的。首先,人们对控制的期望值是不同的,就像他们在其他个人行为的很多方面是不同的一样(Burger & cooper, 1979)。那些对控制的期望值很低的病人,假如给的控制超过他们所喜欢的限度,就会感到焦虑。这类病人往往不想处于一种有压力的环境中,如周围都是手术病人。如果你非要他们这样做,他们可能会感到心头压着块石头,会自责。(Burger, 1989; S. C. thompson, Cheek, & Graham, 1988)。同样的,如果给病人太多的有关手术过程和术后康复的信息,会使他们感到比平时更多的痛苦。试图过分增强病人控制的感觉,不仅可能会损害他们,实际上会使他们感到压抑,感到无助(Mills & Krantz, 1979; S. C. Thompson et al., 1988)。尽管增强控制感觉可能对大多数病人在大多数的手术中是有好处的,但医治方式如果适合病人自己的方式,病人能做得最好。

心理的调试和治疗

像早先看到的,我们正开始理解我们个人的一些行为方式,会影响生理的健康和安宁。同样,也开始认识到,一旦身体生病或受伤,心理过程的一些方式也能影响身体的生理性治愈,比如,催眠和沉思已被用于医疗实践。

即使只有很少的独特心理状态能影响我们的健康,情感在治疗中仍起很重要的作用。一些人认为大笑具有利于恢复健康的效能(Restak, 1988),另一些人认为表达悲伤(如大哭)也能利于恢复健康(Moyers, 1993)。现在医生们也逐渐认识到,积极的态度对康复和治疗都是有效的。

实际上,医生和其他能提供医疗的人,能通过与病人的交流影响病人对康复的态度。比如已经发现的是,儿童在住院期间,如果照顾他的人如护士对他热情友好,能帮助他们调整住院的心态(Branstetter, 1969)。确实,所有的病人,在住院时都能从这种友好的关系中获利,这种关系能帮助住院病人消除对住院和疾病本身的不良反应。

心理过程甚至也能影响我们对疼痛的判断和控制的能力,这个方面的内容我们在后面讨论。

疼痛及其控制

疼痛是一种强烈的不舒服感觉,这时,人的情感往往伴随承受着实际的或想像的对身体组织的伤害或威胁(Sanders, 1985),它涉及心理、生理和行为各部分(Kroner-Herwig et al., 1996)。我们在以前已讨论了疼痛方面的感觉(见第四章),这里,我们要讨论的是疼痛的意义、相应的情感变化，以及其他各种疼痛的认识，如何评价疼痛，如何才能缓解疼痛。

很少有人喜欢疼痛的经历。确实，由于疼痛以一种不合适的方式释放，它是造成人们有安乐死想法和自杀念头的主要原因（Cherny，1996）。然而，从现代的观点看，疼痛也有其相应的价值。这是为什么呢？因为它在提醒我们身体组织的伤害已经发生或有可能发生。极少数人不能很好地感觉疼痛，这倒使他处于一种危险的境地，因为到他发现身体组织受到伤害时，可能它已处于一种爆发的状态，甚至已威胁到他的生命。

许多心理学家关于疼痛的概念，与一般意义上疼痛的概念基本上是相似的。它有两个组成部分，一个是感觉上的（就在疼痛发生的地方，如隐隐作痛、疼痛和刺痛），另一个是由疼痛影响而产生的（指伴随疼痛的一些情绪，如害怕、生气或悲伤）。看起来这两个部分深深地互相影响着（一种对另一种有很大的影响），但这只是一种可能，至少在某一程度，我们要区别各个部分的作用（Dar，Leventhal，& Leventhal，1993；Fernandez & Turk，1992）。

我们理解的疼痛与我们认知的疼痛会互相作用，基于我们经历过的和观察到的疼痛，我们形成了一种认为自己有控制的能力。这种相互作用有两种方式，就像我们认知的疼痛会受我们经验中的疼痛影响一样，我们的认知也会影响我们对疼痛的理解。比如，如果你相信自己能克服疼痛，这就会使你能更有效地达到目的。相反，如果你相信自己会被疼痛（他们称为大灾难，有时也称为是一种无助的结果）的感觉击垮，则结果会差多了。事实上，自我相信有效的观念在疼痛控制中能起重要作用。（Turk & Rudy，1992）。

疼痛的种类

肌体疼痛和精神性疼痛是有区别的。肌体疼痛（Organic pain）的特点是有极不舒服的感觉，这种感觉往往是由身体组织的受到伤害而要忍受的折磨。精神性疼痛（Psychogenic pain）的特点是强烈的不舒服感觉，这种感觉往往身体器官无法察觉，但要受到情感的折磨。当我们要将某一疼痛标为"精神性疼痛"时，要特别小心，因为有时即使是医学专家都无法发现这种疼痛的原因。但这并不意味着这种痛不存在，或甚至认为没有器官产生这种疼痛。对疼痛病原的诊断工具直到现在仍不是非常精确（看Turk & rudy，1992），这种疼痛的原因可能存在，但并不一定很容易被发现，在大多数情况下，疼痛的经历代表的是生理和心理因素的相互作用。

三种最常见的精神性疼痛是神经痛、灼痛和幻肢疼痛。神经痛（Neuralgia）是指周期性发作的有强烈神经刺痛的综合征（C. R. Chappman，1984；Melzack & Wall，1982），这类疼痛的产生原因仍是个谜。灼痛（Causalgia）的特点是由严重灼烧引起的周期性发作的疼痛（Melzack & Wall，1982），人们在经历这种疼痛时，可能会忽然觉得身体的那部分就像在火上或被压在一个热炉上。许多病人都经历过这种疼痛,一旦以后受到严重的创伤,就会觉得那里有一种灼痛。幻肢疼痛(phantom-limb pain)是被截肢的人或肢体没有感觉神经的人在肢体上感到的一种疼痛(C. R. Chappman, 1984; Melzack & Wall, 1982)。许多被截肢的病人都报告他们有这种幻肢疼痛,即使他们是在多年前就已没有了肢体。

精神性疼痛的现象表明,知觉上的疼痛和病理学及受伤造成的疼痛之间的联系是不确定的。关于这种弱联系的其他证据是,这种疼痛往往要在严重受伤后过一段时间才会出现,或甚至不会出现,除非是严重的病痛(Melzack & Wall, 1982; 也可参看Fernandez & Turk, 1992)。

疼痛可能是急性的,不超过六个月,也可能是慢性的,一般是指长期的,周期性发作的疼痛。这些患有慢性病的人往往更悲观,认为这种悲观与其说是疼痛的起因,不如说是疼痛的结果。

疼痛症状的延续时间

不管是器官疼痛或是精神性疼痛,都可以分为是急性的和慢性的。急性疼痛(Acute pain)是由内在或外在的组织伤害而形成的短期的(不超过六个月)、强烈的、不舒服的刺激。一些研究者(E. g., Turk, Meichenbaum, & Genest, 1983)已把六个月作为判断的标准。伴随组织的损伤而造成的周期性的、经常的、长期(持续六个月或更长时间)的不舒服称为慢性疼痛(chronic pain),他们中的许多人寻求临床的诊治一直未愈,忍受这种慢性疼痛的时间平均达七年之久(Turk & rudy,1992)。

个性和疼痛

每个人对疼痛的感受阈和限度都是有差异的,一些研究者试图发现一个人的个性与疼痛的经历之间是否有什么关系。这种研究听起来似乎很容易做,因为你可能认为只有少数有特殊性格的人才与疼痛的知觉有关(如完美主义者、情感敏感的人),然后试图发现这种特殊性格是否与疼痛知觉的测量相匹配。这个研究的问题和其他相关研究出现的问题是一样的,找到个性与疼痛经历的关系也许能表明二者间的联系,但它不能说明它们发展的方向,也不能说明这种联系的原因。也就是说,某人可能会因特殊的性格对疼痛比较敏感,但一个同样似乎合理的关系是,一个人如果有过对疼痛的经历,也会表现出对疼痛很敏感。比如,如果我们要找到焦虑及情绪低落与慢性疼痛的测量值之间的关系,当发现焦虑及情绪低落是由疼痛引起时,我们不会感到惊奇,反之亦然。就是性格特点和疼痛经历都是由第三种更高级别的因素影响引起,也是可能的。

一些研究已经发现,明尼苏达多相人格测验(MMPI;见十五章)的测量值能帮助我们认识哪些人对疼痛是特别敏感的。迈克·邦德(Michael Bond)在1979年发现,经历过急性疼痛的病人,他的 MMPI 测量值中疑病和癔病的值特别高。癔病病人往往会有一些极端的感情行为,夸大他们症状的水平和严重程度。同样,邦德还发现慢性疼痛的病人不仅疑病和癔病的值高,而且情绪也很低落。当这种情况发生时,有时我们也称它为"神经官能三联症",因为这三种症状测量值的增高往往是伴随着各种类型的神经官能疾病。

低落情绪的表现,在慢性疼痛的病人中比急性疼痛的病人中更常见,这事实说明,与其说情绪低落是产生疼痛的原因,不如说这是一种结果。然而托马斯·鲁迪(Thomas Rudy)、罗伯特·克恩斯(Robert Kerns)和丹尼斯·特科(Denis Turk)在1988年发现,低落情绪的发展不仅与疼痛本身的经历有关,还与疼痛的一些伴随物有关,如活动能力的降低、个人控制感的减弱、一种无法把握环境的感觉。这些效应也会因疼痛的控制而消除,有关这方面的内容我们下面讨论。

疼痛的控制

疼痛怎样才能被控制呢?已有许多技术被利用(S. E. Taylor,1999),其中主要的方法我们在表18-2中列出,包括药物控制(如止痛药)、手术控制、感觉控制、生物反馈、催眠术、放松的技术、分散注意力和引导想像。遍布全国的疼痛治疗中心用各种技术帮助病人治疗疼痛。这些技术对许多病例是成功的,在牵涉一些严重疾病引起的慢性疼痛中显得特别重要。疼痛控制是有严重或慢性疾病的人生活的一部分,我们在后面还将涉及。

表 18-2　疼痛控制的方法　利用各种各样疼痛控制的方法,增加了慢性或急性疼痛在很小副作用的情况下被控制的可能性。当代医学研究者又发展了一些新的疼痛控制方法:有药物的、技术的和心理的。

方　法	它是如何控制疼痛的	缺　陷
药物控制	利用药物的作用可减少疼痛;如阿司匹林、对乙酰氨基酚、ibuprofen,在极端情形下还可用吗啡	许多药物,如吗啡是要上瘾的,所以它们的用量要小心控制。即使一些温和的药,在过量或长期使用后,也会有副作用
控制病人的止痛药	药物是在静脉中扩散的;病人按一下按钮,就会触发一个泡,使止痛药从计算机控制的仓库中释放。这种方法只有在医院或济贫院里病人要忍受极大的疼痛时才使用	有风险存在,但被选的特殊病人通常可减少上瘾的可能性
手术控制	在肌纤维上作一切口,由于造成了损伤而有痛感,从而防止或至少减少疼痛感的转移	手术有风险性,也可能有副作用,且花费大、有效期短暂等,使这种技术不常用
针　灸	起源于亚洲,把针扎入身体的穴位;西方采用的是在皮肤上用电刺激神经(TENS)	许多西方的医生和病人拒绝此法,且慢性疼痛减弱的效果没有急性的好
生物反馈	生物反馈是一种操作-学习的过程(看第六章),反馈是指机器把人体的反应转译为病人能容易观察的形式,从而由意识控制疼痛	仪器太贵也太笨重,结果还不如放松法好,也不常选为治疗方法
催　眠	在催眠的情况下,病人能接受使他不感到疼痛的建议	需要病人对催眠或自我催眠较敏感
放松的技术	病人进入一种低唤醒状态,控制他的呼吸,放松肌肉,沉思(第五章)也能使病人进入放松状态	价格不贵,效果证明不错,需要适度的训练和病人全身心的参与
引导想像	经常被用于调节,使病人进入深度的放松状态;当人们疼痛发作时,想像一种能减轻疼痛的景象;一种形式是可见的,想像自己正积极地面对疼痛,像一个战士或拳击者一样,最终战胜疼痛	价格不贵,效果不错,对病人需要进行一些特殊的训练;需要病人全身心投入;效果的好坏部分决定于病人想像可见图像的能力

续　表

方　法	它是如何控制疼痛的	缺　陷
通过抗刺激进行感觉控制	刺激或轻轻地挠身体的某个部位,这种感觉不同于病人正在经受的疼痛,由于它使病人的注意力集中到受刺激的部位,从而减轻了原先的疼痛	不是任何时候、任何情况下都有效,特别是对严重的疼痛无效
分散注意力	病人把注意力从疼痛处转移到别的事情上,这种技术已被成功地运用了上千年	不是任何时候、任何情况下都有效,特别是对严重的疼痛无效

严重慢性疾病患者的生活

我们经常不会真正珍惜自己的健康,直到有一天不再拥有它。当我们从急性病中康复后,有时也会意识到要珍惜健康,但过不了多久就忘了。有慢性病的人就没有那份幸运,我们这时代最令人注目的慢性病就是艾滋病(AIDS)。

艾滋病的发生与预防

获得性免疫缺乏综合征,即艾滋病,是由人体内免疫缺陷病毒(艾滋病毒 HIV)产生的。艾滋病毒攻击的是人体的免疫系统,特别是 T 细胞。T 细胞是一种特殊的、有较长生命的血液白细胞,它在细胞水平上保护着人体健康(G. F. Solomon & Temoshok,1987)。艾滋病病毒往往会随着体液转移到其他各处,特别要引起注意的是血液和精液。

艾滋病毒阳性(HIV-position)(有艾滋病毒在血液中)并不意味这个人已经得了艾滋病,一个人从他血液中有艾滋病毒到发展为艾滋病的时间各不相同,潜伏期可达 8 年到 10 年。即使已发展为艾滋病,实际也不是艾滋病毒杀死病人,而是一些传染病趁机在损伤的免疫系统中大量繁殖,这些传染病包括稀少的肺充血和癌症等。

尽管艾滋病的传播速度很快,但从原则上说,它可以通过控制行为加以消除。如:人们在过婚外的性生活时要用避孕套,严格控制性交的次数,用针管注射吸毒的人不能共用针头。对艾滋病的预防是特别重要的,因为它目前仍是不治之症。而且据我们所知,绝大多数感染艾滋病毒的人最终都要发展为艾滋病。一些特殊的药看起来能延长疾病的发展期,但不能根治。实验能测到身体中艾滋病毒的抗体,以此确定一个人是否已被艾滋病感染。当然,伴随艾滋病的发生,让人最难承受的是那种精神感受,明知这种疾病发展的结果是会产生强烈的疼痛和折磨,而且几乎是致命的,你还要努力去生活。新的三联药可能减小过去是百分之百的死亡率,看来治疗的作用还是极其重要的。

处理慢性病的心理模型

有慢性病的人面临的各种心理挑战,如情绪低落或焦虑,通常是与疾病的生理原因有联系的。因此,健康心理学的一个任务,就是帮助他们处理面对严重疾病时的反应,特别是假如这个疾病有长时间的反应。

弗兰克林·C·素特兹在1975年,为人在认识到自己患有慢性病或对生命有威胁的疾病时的反应建立了阶段模式。第一阶段是惊奇(shock),人在这时会发晕、迷惑,感到这种情形不可思议:怎么偏偏是我得这个病呢?第二阶段是面对(encounter),这时人会感到失望、失落、痛苦和无希望,经常觉得无能为力,他们不会往好处想,无法很好地去计划、去有效地解决问题。第三阶段是处理(retreat),个人经常会试图否认问题的存在,或者至少会联想到这个问题对他们意味着什么。最后阶段,也就是第四阶段是调整(adjustment),在这期间,他们会正视生病的现实,做必要的调整。

在评价病人处于哪一阶段模式时,记住这一点是很重要的,就是并不是所有人都会按顺序经过每一个阶段,或每一个阶段里都会有相似的表现。有些人可能会在进入某一个阶段后,接着离开,然后又进入。因此阶段模式,在一般意义上去理解经历的过程是有用的,只有灵活地对待才有意义。

雪丽·托勒(Shelley Taylor;1983;Torlor & Aspinwall, 1990)建立了另一个模式,对人们能更理智地去适应严重疾病,提出了合理的建议。托勒认为,她的模式不是一个阶段模式,更确切地说,是关于如何理智地适应特殊疾病的方法。根据托勒的观点,病人总是会努力去发现,一个疾病的经历有什么意义。试图找出是自己做错什么,才导致自己生病——然后开始做自己认为正确的事——或只简单地重新思考他们自己的态度和优先权。病人还会进一步努力去得到对疾病的控制感觉,和对他们余生的控制感觉。他们也许会去寻找有关他们疾病及其治疗的许多信息,或者他们可能去进行一些活动,相信这有助于他们恢复功能,得以康复,或至少可防止疾病的进一步恶化。尽管病人已被疾病搞得很沮丧,但到最后他们还是要努力去恢复自尊。他们也许会把自己的情况与别人比较,从而在某些方面得出对自己有启示的东西。

不同的个体,在医治过程中的效果也会有所不同。鲁道尔夫·莫斯(1982,1988;1995;Moos & Schaefer, 1986)描述了一个危急理论(crisis thoery)(如图18-4所示),认为人的个性特征决定他处理严重健康问题的能力是不同的。根据这个模型,一个人处理危急情况能力的强弱,决定于三方面的因素:

1. 背景和个人的因素:如情感的成熟程度、自尊、宗教信仰和年龄。相对于他们的工作能力而言,男性似乎对疾病的反应更消极;如果患了慢性病,老年人由于有生之年比年轻人短,对前途的态度要更好些。

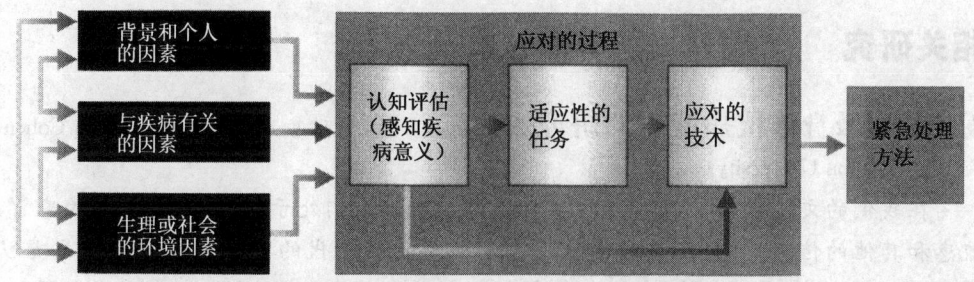

图 18-4　应对过程中的三种影响因素

在鲁道尔夫·莫斯危急理论中,他强调一个人面对严重疾病时都是不同的,他确定了三种影响个人反应的因素,区别了为适应疾病而做的三个最主要的步骤。个性的不同和应对过程本身的相互作用影响紧急情况的处理方法。

2. 与疾病有关的因素:如怎么生的病、疼痛的情况、疾病是否对生命构成威胁。毫无疑问,如果病越重、疼痛越厉害、对生命的威胁越大,则人们会感到处理疾病的困难也越大。

3. 环境因素:如社会的支持、个人的经济状况、生活的各种条件。有些会使处理能力减弱,有些能使处理能力增强。

根据莫斯的理论,处理过程有三个主要成分:认知评估、适应的决定和处理技能的发展。在认知评估(cognitive appraisal)中,个体要对健康问题对他的意义进行评估。(注意,这种认知评估同夫克曼和雷扎鲁斯描述的关于压力的知觉的初级评估和中级评估是一样的,是一种对症状的认识和有关评估的理解。)作为这种认知评估的结果,个人就要决定(decides),如何以一种适合于给定疾病的方法执行任务。用这种方法,人在有病的生活中就发展了处理技能(develop coping skills)。反过来,这种处理结果一般也会影响危急情况的结果——想像着,一个人即使有残疾也能正常生活,那该多好啊。

最终,对待严重疾病的关键是适应(adaptation)。为使生活幸福又有活力,个人必须要做一些改变和调整。一方面,这些患有慢性病的人,必须比一般人付出更大努力去适应环境,另一方面,我们每个人面对各种情况时,都要以不同方法、在不同程度上去适应,并经常性地自我调整,使自己适应环境。但是,不管我们是健康的、还是有疾病的,年轻的、还是年老的,幸运的、还是不幸的,我们都能改变环境。就像我们要调整自己以适应环境一样,我们也能改造环境以适应我们。假如心理适应是关键,也许随着可选择方法的增多,我们的适应和环境的改变之间会处于一种平衡中。当我们发现一种特殊的环境不能被改变以适合我们,我们也无法调整自己以适应环境,那我们就要去寻找更合适的环境。我希望你们能去适应环境、改变环境、选择环境,去发现你们在生活中要什么,努力去做,最终得到它。

要小心选择你在生活中想要的,或许它将是你的。——格言

相关研究

对应激以及身体抗病能力的研究 谢尔顿·科恩，卡耐基·梅隆大学（Shedon Cohen, Carnegie Mellon University）

在我们的文化中，这个观点已被广泛接受：既当我们处于压力下，对通常的感冒、流感和其他的传染病，会比平时更敏感。它被大量的当代的报纸和杂志上的文章认可，也被以下的事实所支持，我们研究中有60%的自愿者报告，他们在有压力期间，比无压力期间更有可能得感冒。

在过去的15年里，我们实验室研究了心理压力在免疫系统疾病和传染病中的作用。我们已提出的问题有：心理压力是否会使人体对传染病抵抗能力不同？假如是这样，有哪些压力事件会有这种作用？最后，如心理状态有压力，是怎么影响我们的免疫系统的反应的？

我们选择了一种特殊实验方案，研究压力对传染病敏感性的影响。首先我们利用问题和访谈技术，对健康志愿者测量心理压力。在对压力进行评估后，我们故意把志愿者暴露于存在感冒病毒的环境中，这种病毒进入鼻孔后会使人流鼻涕。在暴露后，我们密切跟踪试验者5至7天（在检疫期内），观察他们中哪些人得了传染病。大约有40%的人得了感冒。结果，我们再询问在暴露在病毒中之前有无进行压力水平的评估，从而预测谁能抵抗传染病和疾病。

一系列的研究表明，人的心理压力水平越高，暴露在病毒中得病的可能性越大。不管用什么感冒病毒，这种情况似乎都会发生（我们只用了7种病毒，实际多达200种）。而且我们还发现，压力刺激物越多，他们的敏感性也越强，压力刺激物作用的时间越长，它影响健康的可能性越大。实际上，如果有压力的情形延续一个月以上，是非常有害的。最后我们还发现，压力刺激物如果是与别人冲突有关，它比其他压力更有可能导致疾病。

有压力的经历，如：重要的考试落榜、离婚、亲人或亲密朋友死亡，是怎么影响我们抵抗疾病的能力呢？当别人对我们的要求超过我们的应对能力时，就会使自己处于一种有压力的状况，或经历消极的情感反应，如焦虑、发怒、情绪低落。随之这种情感状况会使人发生一系列生理和行为变化，并使人体免疫功能下降。在这种情况下，一旦人处于有病毒的环境中，就极有可能患上传染病。压力对免疫力的作用，可能是由于（通过神经）大脑和免疫细胞的直接作用，也可能是由于我们通常处理压力的糟糕方法（抽烟、酗酒、营养差），也可能是大脑在压力下释放的激素对免疫细胞的功能产生作用。

我们的研究试图要确定,哪一种方式是对压力和患病的敏感性的联系至关重要的。不幸的是,在对人的研究中,我们不能直接评定大脑与免疫系统联系的神经纤维的重要性。然而,我们已经研究了激发压力的行为和激素的作用。一方面,我们发现了由抽烟和酗酒等不良行为增多导致的压力,不对有压力的人增强患病的敏感性负责,另一方面,最初的证据认为,就像肾上腺激素和去甲肾上腺激素增加对它有作用一样,交感神经系统的活跃性可能对此是有作用的。

目前研究工作正向两个方向延伸。首先,我们在研究如何利用社会关系中的积极因素,降低患病敏感性的可能性。像结婚生子、结交亲密朋友、或参加社会团体等,为什么会影响我们抵抗传染病呢？第二,我们把注意力集中在确定免疫学方面上,研究它是通过怎样的心理压力影响免疫功能的。也就是说,在压力下,免疫系统会有哪些特殊的变化,会对感冒和流感敏感性的增强有作用。我们对最初关于疾病症状发生的证据感到兴奋,这些证据表明,疾病症状是由于人们在压力下不能有效地产生一组被称为原胞质分裂炎症的分子而导致的。这些分子是引起呼吸系统疾病症状的触发中心,而且是由压力激素如肾上腺素和皮质醇控制的。我们的希望是,我们最近的工作能明确地建立压力对压力激素释放的影响,这些压力激素能改变皮质醇的释放,最终导致感冒症状的出现。

我们的工作只是现代心理学发展的一个例子,现代心理学试图要理解的是,心理认知和情感是怎样与我们的心理和生理变化相联系的。当我们知道了更多的这种联系,也就能更好地理解心理现象对健康的重要性。此外,我们更希望这种研究能让我们知道如何调整心理水平,来改善我们的生理健康。

日常生活中的心理学

应对策略和控制结果

初级评估和中级评估都处于认知水平,应对这个水平的认知,你采取的措施可能仍是去匆匆地翻书或摘笔记。一旦完成了这两级评估,你就要准备开始应对由一些麻烦事引起的内在或外在的挑战。这种处理的二维方式有不同的功能,问题集中应对(Problem-focused coping),是指面对或解决疑难问题时的特殊策略。如你通常会用问题集中应对策略去学习课本知识,复习笔记或出席研讨会。情绪集中应对(Emotion-focused coping),是指面对某种情形引起内在情绪变化的应对策略。如当你在学习时,可能要抑制对考试的焦虑,在进入考场前,你可能会做一些放松的运动以减少考试中的焦虑。

在上面两级评估结束后,我们还有其他要考虑的(如考试分数),问题集中应对策略似乎能产生更满意的结果,而较少要考虑的(如你的老师会问什么问题),集中情感

第十八章　健康心理学

处理策略可能带来更满意的结果。这时各种各样的相互作用都可能发生，取决于个人的初级评估中哪一个是最急的，中级评估中哪一种处理方式的选择是有利的，以及个人又选择哪种方式补偿。这种相互作用决定了个体可能承受压力的等级。根据弗尔克曼和拉扎勒斯的理论，一个人健康受到损害的程度是与个人经受的压力大小有关的，特别是他或她在经受压力时，感到自己没有合适的应对方法，这种伤害会更大。一个人如果缺乏自尊或社会的支持，会加强这种没有合适应对方法的感觉。(DeLongis, Folkman, & Lazarus, 1998)。

思考题

1. 设想一个护理专业的教师邀请你去讨论病人对医院治疗的看法，你要谈的最关键的观点是什么？你将怎样去谈这些观点，使那些护士能真正理解你，不会对你所说的感到害怕？
2. 本章涉及为保证健康而应采取的生活方式的建议，你认为哪一个建议是最重要的？为什么？
3. 当医生遇到一个有生命威胁的病人，又不得不告诉他本人时，根据你的心理学知识，你该给这个医生哪些建议，帮助他很好地去与病人交流？
4. 选择你认为在各种情况下对疼痛的减缓和控制都可能是最有效的方法，描述一种疼痛需要被释放或控制的情形，说明哪一种方法是最有效的，你将如何使用它？
5. 你会用什么判断标准，决定什么时候需要到医生那儿咨询？
6. 为了能在生活中减少压力的感觉，你能做的最现实的事情有哪些？

本章摘要

心理与健康

1. 健康心理学是对人的心理过程和生理健康关系的研究。
2. 盖勒是目前确认的建立疾病的生物医学模型的第一人，根据这个模型，当致病菌侵入人体，人就会得病；假如我们能消灭致病菌的产生，那也就能消灭疾病。
3. 几乎所有的健康心理学家现在都利用一个更现代的模型——生物心理社会模型，它认为心理的、社会的、生理的因素都会影响健康。
4. 作为心理学的新领域，健康心理学的根源是身心治疗和行为治疗。

应激及其应对方法

5. 压力是指由于环境因素导致一个人感到在某些方面受到威胁或挑战的情形。
6. 压力刺激物（产生压力的情形或事件）是指一个人由于环境的变化而不得不去适

应或做出处理,这些调整称为压力反应。

7. 最初的压力反应是调整期,帮助人们在有威胁情形时准备逃离或战斗,第二阶段是压力警觉,假如感知的压力刺激物继续作用于个人,人体就会转到反抗阶段,最后进入精疲力竭阶段。
8. 压力与许多疾病有关系,现在我们正在研究它对免疫系统的直接影响。
9. 在初期评估阶段,我们要分析对某一特殊情况的处理结果的重要性。
10. 在中级评估阶段,我们要评估的是:如何使某一情况潜在的有利结果尽可能充分发挥,使有害的结果减少到最小的程度。
11. 问题集中应对是直接指向问题的解决,情绪集中应对是指在你经受问题导致的结果时如何解决情绪的变化。
12. 许多个性的因素影响着健康,特别是那些与竞争有关的个性特征、面对危急情况时的情感、情感趋于愤怒和敌对。一个人如果这三方面的特征强,则他属于 A 类行为模式的人,若这三方面的特征弱,则属于 B 类行为模式的人。在这三方面的特征中,愤怒和敌对的情感似乎对健康最为有害,特别是与冠状性心脏病和其他与压力相关的疾病有关。生活方式的不同也会对这些因素产生作用。

健康护理和心理学

13. 人们往往只有在认识到自己有疾病症状后才会去看医生,相反医生会用一些明确的理论做诊断,而大多数无宗教信仰的人也有他们自己的先验理论(基于大家共识的一些事),来解释他们疾病的症状和可能发生的过程。
14. 我们根据疾病发作的时间长短分为急性病和慢性病,急性病相对简单,慢性病会持续较长的时间,有的甚至伴随终身。
15. 在参与治疗过程中,病人的表现不同,类型也不同。医生的类型也有不同,一类是医生中心的(针对随来随到的病人,只解决单独的问题),另一类是病人中心的(注意满足病人的各种需要,即使他们有时偏离了主题)。医生用医学术语(医生中心的医生更常用),可能会妨碍他与某些病人的交流。
16. 病人的个性特征会影响他所得到的治疗待遇。一般病人顺从些、被动些、少一些疑问、少一些要求,他在医院里会得到较好的待遇,当然他们的这种被动和对治疗过程的漠不关心,可能也会影响出院后的康复。
17. 器官的疼痛是由身体组织的损伤造成的,精神性的疼痛是在没有生理创伤时的一种不舒服的感觉,如神经痛(发生在神经上的有关剧烈疼痛)、灼痛(与烧伤有关的疼痛)、幻肢疼痛(发生疼痛的地方是无法用神经联系去感知的)。许多疼痛表现出来的可能是精神性疼痛,但也许它是由一些不明的器官疾病所造成的。
18. 疼痛可分为急性的(延续时间少于 6 个月),慢性的(延续时间超过 6 个月或更多)。

第十八章 健康心理学

19. 尽管疼痛与许多个人的特征有联系,但目前仍很难确定它们之间联系的直接原因是什么。
20. 控制疼痛的方法有许多,包括:药物控制(通过药物,包括控制病人的止痛药)、手术控制、感觉控制(如抗干扰)、生物反馈、放松技术、分散注意力、引导想像、催眠和针灸。
21. 艾滋病(获得性免疫缺乏症)是一种绝症,通常是由艾滋病毒引发的,它往往通过艾滋病携带者的精液和血液传播给其他人。
22. 当人们意识到自己患有严重的慢性疾病时,可能会经历以下阶段:惊奇(发晕,不知所措)、面对(沮丧和失望)、处理(从问题中脱离),最后做一些必要的调整。另一种理论模式描述的是人面对慢性病要做的一些认知调整:发现经历疾病的意义、获得控制的感觉、保持个人的自尊。影响这些反应的因素有个性特征(包括经历和背景)、疾病本身及环境。
23. 面对慢性病,有三种调整的方法,即改变个人(他或她的生活方式)、改变环境(使它符合个人的不同需要和能力)或选择一种不同的环境。

思考题参考答案

1. 设想一个护理专业的教师邀请你去讨论病人对医院治疗的看法,你要谈的最关键的观点是什么?你将怎样去谈这些观点,使那些护士能真正理解你,不会对你所说的感到害怕?

   病人通常想要受到别人的礼遇和尊敬,也希望能理解他所面对疾病的本质和有效的治疗方案。假如他们对自己的治疗方案有一些控制的感觉,他们经常会有较好的治疗效果。

2. 本章涉及为保证健康而应采取的生活方式的建议,你认为哪一个建议是最重要的?为什么?

   每个人都要为他们自己回答这个问题。重要的事情是,人们能通过加强营养、积极锻炼、停止抽烟、避免吸毒等,改善自己的健康。

3. 当医生遇到一个有生命威胁的病人,又不得不告诉他本人时,根据你的心理学知识,你该给这个医生哪些建议,帮助他很好地去与病人交流?

   医生应抱着尊重的态度对待病人,强调自己对病人的同情,他们也应该给病人强调自己的医术,强调自己的职责就是要尽可能给病人提供最令人满意的治疗。如果可能,他们应该让病人对一些情形有所控制,参与重要的治疗决定。

4. 选择你认为在各种情况下对疼痛的减缓和控制都可能是最有效的方法,描述一种疼痛需要减缓或控制的情形,说明哪一种方法是最有效的,你将如何使用它?

  哪种方法对减缓疼痛是有效的,取决于个人、疼痛的原因、和处理疼痛减缓的特殊情形。在一些情形中,对许多人而言,一种特别有效的方法是放松。人们会由于紧张而使疼痛更严重。疼痛可导致紧张,紧张反过来使疼痛更严重,而这又会使人更紧张,产生恶性循环。放松能破坏这种循环,帮助人们把注意力放在他们生活中积极的一面。

5. 你会用什么判断标准,决定什么时候需要到医生那儿咨询?

  假如你得了伤风,或病了好几天而无转好的迹象,或疾病已降低你日常的工作能力,你应该去医生那儿咨询。毫无疑问,去咨询医生肯定比你在那儿希望什么时候疾病自己会好转会更好。

6. 为了能在生活中减少压力的感觉,你能做的最现实的事情有哪些?

  你可以问一问自己,有多少真正造成你压力的事长期存在。通常许多事在某一时刻会产生压力,但造成长期影响结果的并不多。当一种形式的压力被释放后,你也可以做一些练习。最后你能做的事是在指导下做放松或沉思。

王伟群○译
邵爱国○校

统计学附录

你会对以下的问题感到疑惑吗：是否有一些人总比别人更聪明、更果断、更诚实呢？成绩优秀的学生是否就一定比大多数成绩差的学生用功吗？在双方比较亲近的情况下，女性与男性相比，哪一方更加能够体会这种亲密关系呢？以上的这些问题都可以运用统计学来解答。

虽然统计学可以帮助我们回答很多问题，但其本身却无法给我们确定的答案。因为对问题的回答不在于统计过程，而是在于对统计结果的解释。统计学提供给人们的是一种工具，人们利用通过统计得到的信息来探寻主题、回答疑问、解决问题、做出结论。统计学本身无法完成上述工作，但人们借助统计学这一工具可以完成此类工作。

统计量（Statistic）是通过分析总体的一组具有代表性的样本的数据而得到的数值。例如：当你试图了解在有亲密关系的基础上，人们之间相互满意的程度如何时，你或许会先提供一份测量亲密程度的量表，然后分析通过量表得到的各种数据，最后得出受测者的满意程度属于哪一个等级。统计学（Statistics）的研究领域包括对总体的代表性样本的数据分析。

统计学在心理学中的应用非常广泛，同时也可应用于现实生活中的其他很多方面。让我们来看看下面的这个例子。假设你对研究爱情的质量以及爱情质量与双方对这种亲密关系的满意程度的关系感兴趣。对此，你决定研究爱情三元论（R. J. Sternberg, 1986b, 1988c, 1998）中的三个基本因素：亲密（温暖、亲近、交流与扶持的感受）、热情（强烈的渴望与渴求感）和承诺（保持亲密关系的愿望；见第十二章）。你或许会对这三个因素之间的相互关系感兴趣，或者会对每个要素与整体的满意程度之间的关系感兴趣，又或者会对这三个要素在人们所体验不同的亲密关系中（例如，爱人、朋友、父母）所占的相对比重感兴趣。

要运用统计学方法对上述问题进行评定，首先需要使用量表来对此进行测量。爱情三因素量表（如表 A-1 所示），就是这样一份量表（R. J. Sternberg, 1988c）。如果你愿意，可以自己做一下这份量表中的题目，然后将自己的得分与由 84 名成人所得分数构成的样本作比较，我们将在下面的内容中进一步对此进行阐述（R. J. Sternberg, 1997a）。

表 A-1　爱情三因素量表　请在以下题目中的空格处填写一个与你具有亲密关系的人。请用 1—9 的等级得分来表示每项题目的表述与你对此人感情的符合程度。其中 1＝完全不符，5＝尚可，9＝完全符合，其他的得分依此类推。

亲　密

1. 我和_____的关系是温暖而舒适的。
2. 我和_____有亲密的交流。
3. 我渴望增进与_____的幸福感。
4. 我和_____能够相互理解。
5. 我从_____那里能够得到感情上的支持。
6. 在需要的时候，我能够依靠_____。
7. 在需要的时候，_____能够依靠我。
8. 在我的生命中，_____对我很重要。
9. 我愿意和_____分享自己的感受和收获。
10. 和_____在一起我感到非常开心。
11. 在感情上我感到与_____非常亲近。
12. 我给予_____很多感情上的支持。

热　情

1. 我无法想像别人也能像_____那样让我快乐。
2. 对我来说，没有别的什么比我和_____的关系更重要。
3. 我和_____的相处很浪漫。
4. 我无法想像没有_____的生活。
5. 我爱慕_____。
6. 我发现自己在一天里经常想着_____。
7. 一看到_____就让我很激动。
8. 我发现_____的外表很有吸引力。
9. 我视_____为偶像。
10. 我和_____的关系中有些东西是"奇妙"的。
11. 我和_____的关系非常具有活力。
12. 我特别喜欢送礼物给_____。

续表

承　　诺
1. 我经常会感到对_____有责任感。 2. 我期望在我的余生中可以一直持续对_____的感情。 3. 我无法想像中断我和_____的关系。 4. 我把我和_____的关系看成是永恒的。 5. 我愿意和_____度过最艰难的时刻。 6. 我把对_____的承诺看作是原则上的事。 7. 我非常确信我对_____的爱。 8. 我已经下定决心去爱_____。 9. 我承诺将会持续和_____的关系。 10. 在某种程度上,我认为和_____的关系是我慎重考虑后的决定。 11. 我不能让任何东西阻碍我对_____的承诺。 12. 我对和_____保持稳定关系很有信心。

注：把每一个分量表中每一项题目的得分（从 1＝低分 到 9＝高分）相加得出一个总分,除以 12（每个分量表的题目数）,得出一个介于 1—9 之间的分数,即为这个分量表的分数。

爱情三因素量表一共有 36 项题目,其中各有 12 项分别用以测亲密、热情和承诺。对每一项题目的表述都可以划分为 1 到 9 的等级得分,其中 1 分表示该项题目的表述无法描述对象的特征,5 分表示该项题目的表述可以适当地描绘出对象的特征,9 分表示该项题目的表述可以完全描绘出对象的特征。获得位于中间位置的得分（5 分）表示受测者对对象的感情处于平和的水平。三份分量表各自的最后得分是每一份分量表中 12 项题目的总分平均数（也就是说,各分量表所得的总分除以 12,即可得到各分量表的得分）。

在运用统计学的研究中,我们会对两种变量比较感兴趣：自变量和因变量（见第二章）。自变量（independent）就是在研究实验中可以由主试加以操纵个体特征,而同时实验中其他方面的特征保持不变；因变量（dependent）就是在研究实验中随一个或多个自变量的变化而相应变化的反应或特征。在实验中,我们可以对一些自变量进行不同的处理,因变量的值则可能根据自变量的不同处理而发生改变。而其他一些自变量并不需要进行人为的处理即可成为有效的预测值。例如,上述研究中,受测者的性别就是这样一种自变量,它可以预测爱情的很多方面,但却不受人为的控制。更为确切地说,如果希望数据能够体现出爱情模式的男女性别差异,那么我们就有可能按照性别来对数据进行划分。

描述统计

描述统计（descriptive statistics）是对一组数据进行分析，通常这组数据是对总体样本数据信息的概括和总结。描述统计可以通过对一组杂乱的大容量数据的分析得出一组简洁且蕴含更多基本信息的数据。

集中趋势的度量

在研究感情的时候，你可能会对在不同的亲密关系中相处的人们（例如，恋人或兄弟姊妹关系）在亲密、热情和承诺这三方面的典型水平感兴趣。你可以运用很多方法在一组数据中获得他们的特征值或者是描述集中趋势（central tendency）的统计量。

算术平均数（mean）是指在一组数据分布中的平均分数，也就是说把这组数据中的数值累加得到的数值除以这组数据的个数而得到的值。

另一种集中趋势的统计量为中数（median）。中数是指位于一组数列中间位置的那个数，它可以是数列中的某一个原始数据，也可以不是原始数据，而是通过计算得到的一个数值。如果数列的个数为奇数，那么中数就是这组数列中位于中间位置的那个数。例如，如果有七个从低到高排列的数据，中数就是其中的第四个数值（中间的那一个）；如果数列的个数为偶数，中数就无法在数列中直接找到。例如，如果有八个从低到高排列的数据，中数就是这组数列中第四个和第五个数值中间的那个数值（即两者的平均数）。

第三个集中趋势的统计量为众数（mode）。众数是指次数分布中出现次数最多的那个数的数值或是通过计算得到的具有相同意义的数值。很显然，众数只有在数列中出现重复的数据时才有效。

例如，从测量亲密度的分量表中得出八个单独的分数，这组数据以从小到大依次排列如下：3，4，4，4，5，5，6，7。在这组数据中，算术平均数为 4.75，即 (3+4+4+4+5+5+6+7)/8；中数为 4.5，即第四位数和第五位数的中间值 (4 和 5)；众数为 4，因为 4 出现的次数最多。

作为一种集中量数，算术平均数的优点是它能够把数列中每一个数据所具有的信息都完整地反映出来，正是由于这一特性，算术平均数一般来说是较好的集中量数。然而，算术平均数对于极端数据同样敏感，如果在数列中出现了极端数据，算术平均数将受到极大的影响。例如，假设有五个人，分别测试他们对于宠物鼠的热情程度，他们的得分分别为 1，1，1，1，8，算术平均数为 3，很明显这一数值要比其中受测者中的 4 人的实际得分都要高。

中数的优点是很少受极端数据的影响。在上述所列对宠物鼠的热情程度得分中，中数为1,比算术平均数更好的反映了数据的实际情况。但是中数不能把所有数据的信息都反映出来。例如,如果刚才第五个数值是2而不是8,中数仍然为1。这表明中数对样本数据变化的反应不够灵敏。

众数的优点是能快速地呈现一组数据的集中趋势,但是它比较粗略,有时候在一组数据中如果没有重复的数值,众数也就不复存在了。而在另一种情况下,如果有几个数值都反复出现,那么这组数据就是多峰的(multimodal)(一组非正态分布数据的特征之一就是出现一个以上的众数)。众数的计算只需要用到一组数据中最少的信息,因此众数是三种集中量数中用得最少的。

有时候,通过频次分布表(frequency distribution)来表示数值也是很有效的,它可以表示一组数据的散布情况,通常这组数据中的每一个数值的次数都由次数、比例或百分数来表示。在每一项分数水平上都有两种数值形式的统计方法。一是相对次数(relative frequency),它表示每一数值或数值范围出现的次数。二是累加次数(cumulative frequency),它表示把所有出现的数值的次数累加。在前面所提到的爱情三元论中,两组受测者所得分数的分布情况若整理成频次分布表,则如下所示。

在这些频次分布表中,相对次数和累计次数都由数值的每一水平上的个数来表示频次的分布情况,同时也可以用比例或者是百分数来表示。例如,在亲密度分量表中,3的相对次数若用百分数来表示即为.125(1/8)。

亲密度分量表			**热情度分量表**		
数值	相对次数	累加次数	数值	相对次数	累加次数
3	1	1	1	4	4
4	3	4	8	1	5
5	2	6			
6	1	7			
7	1	8			

数据的分布也可以由各种不同的图形来表示。其中主要的一种是条形图(bar graph),在条形图中,较大的数值用较长的条形来表示;另外一种是线形图(line graph),在线形图中,数值(例如总数或是分数)与其他一些信息(例如时间或是年龄)呈线性关系,这种关系可以通过线条变化的高度反映出来。我们可以在图A-1看到条形图和线形图的具体实例。人们使用这些图形的目的是为了使读者能够对数量之间的关系一目了然,并且帮助读者清楚数量之间的本质联系。

离中趋势的度量

现在我们已经知道了度量集中趋势的三种方法,但是你可能还会遇到有关离中趋势分布的问题。数据之间的差别到底有多大?我们可以运用多种不同的方法来度量离中趋势。

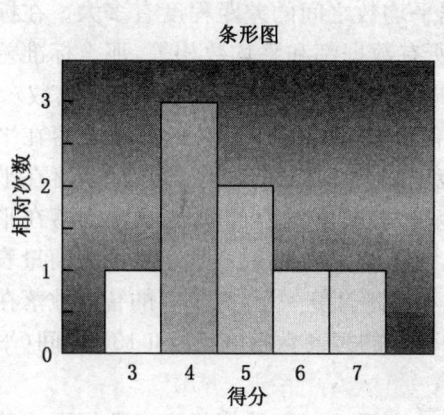 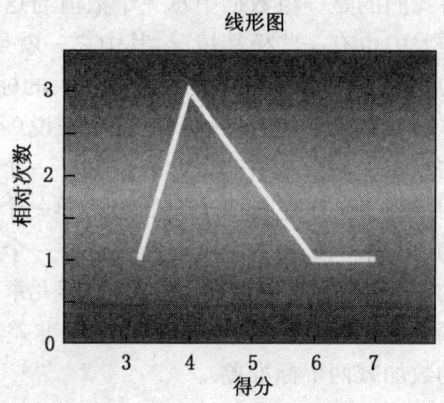

图 A-1 次数分布图

次数分布图可以用条形图来表示,变量呈不连续的条形;也可以用线形图来表示,变量呈连续的线形。

第一种方法是全距(range)。全距是一组数据中最大值与最小值之间的距离。例如,上述例子中亲密度分量表的全距为 4(即 7—3)。但全距是一个非常粗略的统计值,比如,亲密度的两组的得分分别为 3,4,5,6,7 和 3,3,3,3,7,虽然这两组数据的全距是相同的,但是数据分布却完全不同。所以下面介绍的其他度量方法能够考虑数据分布更多的因素,因此显得更为全面。

第二种方法是标准差(standard deviation)。标准差是度量离中趋势的一种统计量,表明了一组数据中每一个数值偏离这组数据平均数的程度。标准差较之全距的优点就在于在计算标准差的过程中,我们能够将一组数据所反映的全部的信息都表示出来。学者们比较喜欢使用标准差,因为它不仅能够显示一组数据的集中程度如何,而且可以显示出这组数据的离散程度如何。标准差还可以同时运用于统计学上的差异显著性检验,这部分内容将在后面讨论。

计算标准差的步骤包括:

1. 计算一组数据中的每一个数值与这组数据平均数之间的差值;
2. 把所得的差值平方(这样做是为了去除负值);
3. 求出所得差值平方的平均数;
4. 把上述结果开方,这样做是为了把最后得到的结果与原来数值的性质保持一致。

让我们看看上面提到的两组数据的标准差有什么不同。3,4,5,6,7 的平均数为 5,每一数据与平均数的差值平方分别为 4,1,0,1,4,总和为 10,平均数为 2,再求出其平方根为 1.41,即为其标准差。另一组数据 3,3,3,3,7 的平均数为 3.80,每一数据与平均数的差值平方分别为 .64,.64,.64,.64,10.24,总和为 12.80,平均数为 2.56,再求出其平方根为 1.60。因此可以看出第二组数据的标准差比第一组数据的标准差大。

那么标准差能够提供给我们什么信息呢? 作为的度量变异性的统计量,标准差告诉我们的是一组数据中每一个数值与这组数据平均数之间的差距程度有多大。在标准差中也有一些极端情况,其中之一就是如果所有数据都和平均数相等,那么标准差为0;另一种极端情况是出现值最大的标准差,即为全距的一半(因为数据非常离散)。

对于具有代表性的数据分布来说(不是所有情况),大约有68%的数据会落在平均数与平均数左右一个标准差这样一个数值范围之内,大约有95%的数据会落在平均数和平均数左右两个标准差这样一个数值范围之内,大约有99%的数据会落在平均数和平均数加减三个标准差这样一个数值范围之内。例如,具有代表性的智商量表的平均数为100,标准差为15(见第九章),那么粗略地计算一下,有2/3的智商数落在85和115之间(平均数加减一个标准差),有19/20的智商数落在70和130之间(平均数加减两个标准差)。

第三种度量变异性的方法为方差(variance),它反映每个数值与该组数据平均数之间差距的程度。例如上面提到的两组数据,它们的方差分别是2和2.56(在标准差计算过程中求平方根之前得到的那个数据)。智商量表的方差为15^2,即225。方差在很多的统计运算中都非常有用,但是相对而言,标准差比方差更容易解释问题。

现在我们已经了解了度量集中趋势和离中趋势的一些常见方法,下面就来看看这些统计量中的两种——平均数和标准差在爱情三因素量表中的应用。表A-2显示的是84名成人在与不同对象相处中,在亲密度、热情度、承诺度三个方面的平均数和标准差的样本数据。如果你也做了这个量表中的题目,有了自己的得分,就可以把自己的得分与我们的样本数据作个比较。

表A-2　爱情三因素量表中的基本统计数据　个体在亲密度、热情度、承诺度三方面感情的相对程度在不同的关系中存在差异。

	亲密度		热情度		承诺度	
	平均数	标准差	平均数	标准差	平均数	标准差
母　亲	6.49	1.74	4.98	1.90	6.83	1.57
父　亲	5.17	2.10	3.99	1.84	5.82	2.22
兄　妹	5.92	1.67	4.51	1.71	6.60	1.67
恋　人	7.55	1.49	6.91	1.65	7.06	1.49
朋　友	6.78	1.67	4.90	1.71	6.06	1.63

注:"朋友"指同性的密友。统计数据采自美国康涅狄格州南部84名成人构成的样本。

正态分布

我们在上面对平均数和标准差的讨论都是建立在我们还未详细论述的一个假设

之上。这一假设即该组数据的分布符合正态分布(normal distribution)。在正态分布中,数据分布或在其他测量值绝大部分都集中在中间部分,然后迅速向两侧下降,当数值接近极值时,下降的速度又会逐渐缓慢下来。正态分布的形状如图 A-2 所示。我们从图中可以看出正态分布中数据的分布是对称的,事实上,绝大部分的数据都落在接近峰值的中间区域。

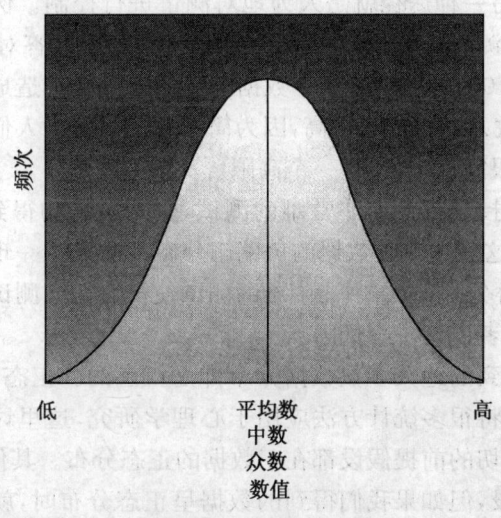

图 A-2 正态分布

如图所示,在正态分布中,中数(数据分布中的中间值)、平均数(数据分布中的平均数值)和众数(在数据分布中出现频率最高的数值)三者相等。

自然界中的很多现象都符合正态分布,因为一般来说,各种数据属性的变异程度分布都呈粗略的正态分布。例如,人的身高大致分布在平均数的两边,智力的情况也是一样。在一个标准的正态分布(completely normal distribution)中,中数、平均数和众数是完全相等的。

然而并非所有的分布都是正态的,在很多的情况下,数据的分布是非正态的。其中较为常见的数据分布是偏态(skewness)的或倾斜的,在这类分布中,数据的峰值在一定程度上高于或低于平均数和中数。图 A-3(a)显示的是负偏态分布(negatively skewed distribution),其中位于众数左侧(比众数低)的数据比位于众数右侧(比众数低)的数据下降的速度更为缓慢;(b)显示的是正偏态分布(positively skewed distribution),位于众数右侧的数据比位于众数左侧的数据下降速度要缓慢。

请仔细观察在上述两幅偏态分布图中,平均数、中数和众数的代表值的位置发生了什么样的变化呢?为什么会发生这种变化呢?我们可以举一个总是呈正偏态分布的例子,例如个人收入。在人们个人收入的分布中,数据的分布趋向于迅速上升到众数位置,然后逐渐下降。具有高收入的少数人群造成了数据的正偏态分布。那么这一少数人群会对平均数、中数和众数的位置产生什么影响呢？这些数据的存在使得平均数处于数据分布的峰值，因为我们知道，平均数对于极端数据的反应特别灵敏，中数对于极端数据不太灵敏，而极端数据对众数则完全不起作用。因此，在正态分布中，平均数最大，其次是中数，众数最小。在负偏态分布中，三者的大小则刚好相反。

我们知道，获得偏态分布的数据的一种途径就是使数据分布保持"自然"的属性，就像个人收入一样。另一种途径就是人为地对测量进行控制。例如一个教授进行一项非常简单的测试，受测者平均得到 90% 的分数（百分数，即答对其中 90% 的题目），分数的范围为 60%—100%，这就造成了数据的负偏态分布。造成这一现象的原因在于高限效应：绝大多数人的得分都很高，因为简单的测试使得人们在测试的优秀程度上设置了一个人为的限制，或者说是一个高限。

相反，如果一个教授进行一项非常难的测试，受测者平均得到 10% 的分数，分数的范围为 0%—40%，这就造成了数据的负偏态分布。造成这一现象的原因在于低限效应：绝大多数人的得分都很低，因为困难的测试使得人们在测试的困难程度上设置了一个人为的限制，或者说是一个低限。

所幸的是，我们得到的绝大多数数据分布都是正态的。正态分布的好处在于，在这类分布中，我们可以将很多统计方法应用于心理学研究，这里讨论的例子只是其中的很小一部分，而这一切的前提假设都在于数据的正态分布。其他的统计方法并不需要数据的正态分布假设，但如果我们得到的数据呈正态分布时，就可以对其进行更好的解释。

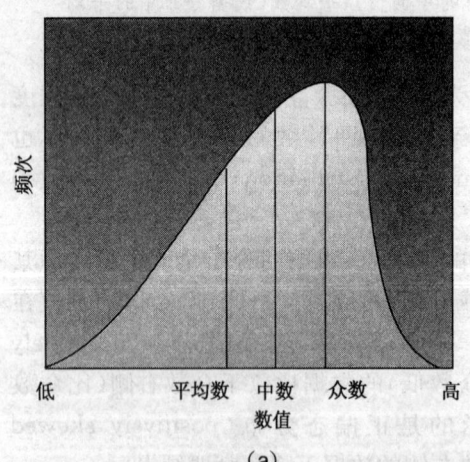 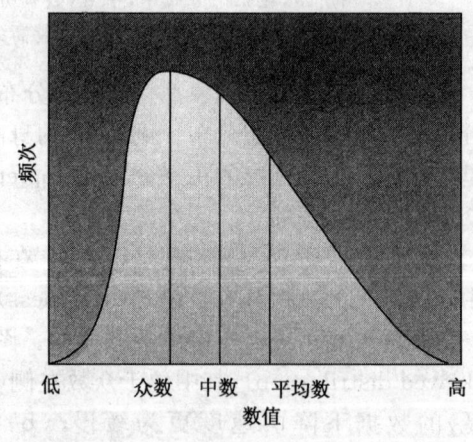

(a)   (b)

图 A-3 偏态分布

在偏态分布中，平均数、中数和众数三者不同值。在负偏态分布中(a)，众数和中数要大于平均数；在正偏态分布中(b)，平均数要大于中数和众数。

数据类型

统计上有一类数据称为标准分数(standard score)。标准分数可以运用于任何一种分布，并能够使一种分布和另一种不同类的分布相比较。标准分数又称为 Z 分数(Z-score)，其平均数为 0，标准差为 1，如果数据呈正态分布，则大约有 68% 的数据落在 -1 到 1 之间，有 95% 的数据落在 -2 到 2 之间。为什么要不厌其烦地计算标准分数呢？它的好处就在于可以将两组不同质的数据进行比较。例如，假设两位教授上同一门课，为了比较两个班的学生在不同难度的考试中的情况，我们就需要运用 Z 分数。A 教授进行了相对较难的考试，平均分数为 65%，B 教授进行了相对较为简单的考试，平均分数为 80%。但是两组数据平均分数的不同并不代表其成绩有本质上的差别，而是由于两位教授所进行的考试难度各不相同。如果我们把两个班的每一个学生的成绩都转换为标准分数，求出来的平均数和标准差才是一致的(平均数为 1，标准差为 0)，这样才可以在不同难度下对两个班学生的成绩进行比较。

标准分数同样可以应用于上面提到的爱情三因素量表中。如果受测者在亲密度、热情度和承诺度分量表中的原始得分较高，那么他们同样也会得到一个较高的标准分数。

标准分数的计算非常简便，我们可以从原始分(raw score)入手。原始分就是在测试中，受测者所做的每一项题目得分的总和，一般答对几题就得几分。将原始分转换为标准分数需要按照以下两个步骤进行：

1. 用原始分减去这组数据的平均数；
2. 用所得的差值除以这组数据的标准差。

现在你或许理解了为什么标准分数的平均数永远为 0，而标准差永远为 1。假设所得的原始分与这组数据的平均数相等，那么当原始分减去平均数的时候，也就是减去其本身，这样所得的分子就为零(见步骤 1)。当然 0 除以任何数都为 0。假设现在原始分数比平均数大 1 个标准差，这样用原始分减去平均数，所不同的只是标准差的值的不同，而当这个值(标准差)被标准差所除(步骤 2)，其结果当然为 1，因为任何数除以它本身都为 1。这样，如果我们转换亲密度分量表中的几个数据 3、4、5、6、7，其平均数为 5，标准差为 1.41，那么原始分为 6 的数据通过转换((6-5)/1.41)得到的标准分数为 0.71，原始分为 5 的数据，其标准分数为 0，原始分为 4 的数据通过转换((4-5)/1.41)得到的标准分数为 -0.71。

很多不同类型的数据都是标准分数的变异。例如，IQ 值为 115，此原始分比其平均数大 1 个标准差，转换为 Z 分数(标准分数)则为 1，IQ 值为 85，转换为 Z 分数则为 -1。美国学校学生学习成绩测验使用的平均数为 500，标准差为 100。在语言和数学部分，600 分转换为标准分为 1，400 分，表示此分数比平均数小一个标准差(标准分数为 -1)。

数据的另一种转换形式为百分位数(percentile)。百分位数是指成绩低于某一指定分数的人群所占的比例，然后再乘以100，所得的分数即为百分位数。如果在测验中，你的成绩高于参加测验的学生其中的一半（50%），同时低于另一半，那么你所得的百分位数就是50。如果你的得分高于所有人的得分，你的百分位数即为100。在3、4、5、6、7这个数据分布中，与50这个百分位数对应的数据是5(中数)，因为它高于数据分布其中一半的分数，同时又低于另一半分数。与100这个百分位数对应的数据是7，因为它比其他所有的分数都要高。

相关与回归

现在我们已经了解了有关数据的集中趋势和离中趋势方面的知识，以及用以度量集中、离中趋势的一些统计量。在学习了这些以后，你也许会对下列的问题产生兴趣：不同测量所得的分数之间有关系吗？例如，受测者在亲密度分量表上的得分与热情度分量表、承诺度分量表上的得分之间有何关系？在亲密度分量表上得分较高的受测者在热情度分量表、承诺度分量表上所得的分数也会较高吗？

用以描述这种关系的统计量称为相关系数(correlation coefficient)，其范围从−1(完全负相关)到0(零相关)直至1(完全正相关)。相关系数表明两列数据的关系程度。相关在大体上表明了两个变量之间的关系程度。相关系数为0表示两个变量之间完全不相关，相关系数为1表示两个变量完全正相关，相关系数为−1表示两个变量完全负相关。图4表明了相关系数为1、0、−1时数据的理论分布。

在很多情况下，人们使用皮尔逊积差相关系数(Pearson product-moment correlation coefficient)来描述数据的线性相关。当然还有其他很多求相关系数的方法，但是它们已经超出了本文的范围。求相关系数有其相应的数学公式，皮尔逊积差相关系数只能描述数据的线性关系(linear relation)，也就是说只有当数据的分布具有线性关系($Y'=a+bX$)时才可以运用。A-4中图B和图C显示的正是这种线性关系。这就是说不管所用的量表是什么，我们都能够很好地求出两个变量之间的相关系数，前提是它们之间必须具有线性关系。

例如，在一组假设的被试中，5名被试在亲密度分量表上的得分分别为4、5、6、6、7，同样这5名被试在热情度分量表上的得分为4、5、6、6、7，换句话说，每个被试在亲密度和热情度分量表上的得分是一致的，两者的相关系数为1。现在假设在热情度分量表中，我们在原来的分数上各加上1个常数(比如1)，所得到的数据即为5、6、7、7、8，因为相关系数不会因为加上或者减去一个常数而发生变化，因此两个分量表上得分的相关系数仍然为1，如果不是加上一个常数，而是乘以一个常数，相关系数还是为1。记住，相关表示线性关系的程度，并不受量表中具体得分改变的影响，包括平方和立方，皮尔逊积差相关系数都不受影响。

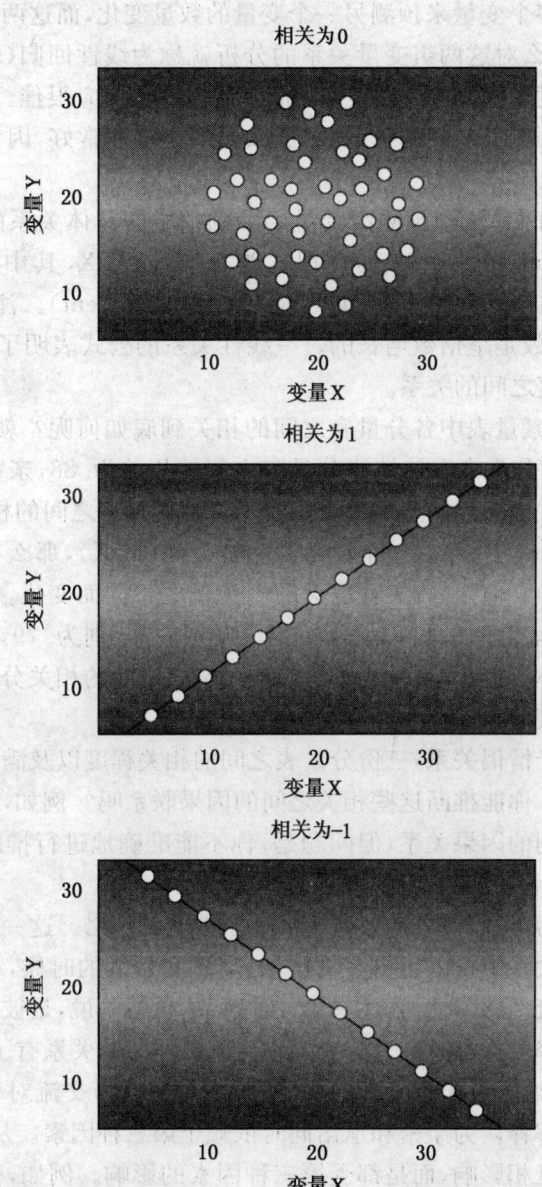

图 A-4 相关系数

当两个变量的相关为 0 的时候，一个变量值的增加或减少（变量 X）都不会对另一个变量（变量 Y）产生影响。当变量 X 和变量 Y 呈正相关，随着变量 X 的值增加，变量 Y 的值也增加，变量 X 的值减少，变量 Y 的值也减少。当变量 X 的值和变量 Y 的值呈负相关，变量 X 的值增加，变量 Y 的值减少，变量 X 的值减少，变量 Y 的值增加。

从一个变量和多个变量来预测另一个变量的数量变化,而这两组变量之间假定是具有线性关系的,那么对这两组变量关系的分析就称为线性回归(linear regression)。如果数据的相关程度很高,那么线性回归的预测效果也相应很佳。例如,如果你从人们身高的厘米数来预测其身高的英寸数,那么效果一定非常好,因为两者的相关系数为1。

由一个或多个自变量(X)预测因变量(Y')的值之间具体关系的预测方程式称为回归方程(regression equation),其方程式为 $Y' = a + bX$,其中,a 称为回归常数(regression constant),b 称为回归系数(regression coefficient)。注意,回归常数是一个附加值,而回归系数是呈倍数增长的。呈线性关系的公式表明了 Y'(预测值)的值和 X(预测因子)的值之间的关系。

那么,爱情三因素量表中各分量表之间的相关到底如何呢?就情侣关系来说,其相关就很高:亲密度分量表和热情度分量表之间的相关为.88,亲密度分量表和承诺度分量表之间的相关为.84,热情度分量表和承诺度分量表之间的相关为.85。上述数据显示,如果你与恋人的关系在一个分量表上得分高(或低),那么在另外两个分量表上的得分也高(或低)。但是,相关程度会随着关系的不同而变化。例如,就兄弟姊妹关系而言,三份分量表之间的相关就与情侣关系不同,分别为.79,.77 和.76。另外,在情侣关系中,被试对情侣关系的满意程度与分量表之间的相关分别为:亲密度分量表.86,承诺度分量表.77,热情度分量表.75。

现在你知道对于情侣关系,三份分量表之间的相关程度以及满意度和分量表之间的相关程度都很高。你能推断这些相关之间的因果联系吗?例如,你或许可以概括出亲密度和承诺度之间的因果关系,但问题是,你不能准确地进行推断。让我们来看看对亲密度和承诺度相关程度的三种可能的解释。

第一种解释认为,可能是彼此的亲密产生了彼此的承诺。这一解释很有意义。当你在和别人的相互关系中投入了更多的信任、交流和帮助的时候,相应的你对这种关系会感受到更多的责任感。然而,还有第二种解释,也就是说,是彼此的承诺产生了彼此的亲密。这一解释同样有意义。只有当你对双方之间的关系有了承诺,有了责任感以后,你才会对你的恋人说出你生活中的秘密,并与他(她)交流对事物的深层次的感受。第三种可能的解释认为亲密和承诺同时依赖于第三种因素。从这个观点来看,亲密和承诺之间没有互相影响,而是都受第三种因素的影响。例如,彼此的亲密和承诺有可能同时依赖于一个共享的变量,没有这个共享的变量,就很难建立起彼此的亲密和承诺。

关键问题很简单:在统计学中,相关关系并不能够蕴含因果关系。没有进一步的信息你无法草率地作出推论。相关只是表明了两者之间存在关系,但并不能够表明关系程度到底如何。你可以猜测它们之间的因果关系,但若要确认这种因果关系,还需要更多的信息。

在亲密度和承诺度的相关关系的例子中,你可能会问另外一个问题,即它们之间的因果联系到底如何?为了使我们的得到的数据之间的关系具有统计学上的意义,我们需要判断两个变量之间的相关关系达到什么程度。也就是说,相关到了一个什么样的水平,才可以推断出两个变量之间具有真正的关系,并认定这种关系不是一种随机现象。幸运的是,有一种统计方法可以告诉我们什么样的相关在统计学上具有意义。这种方法称为推论统计。

推论统计

推论统计(inferential statistics)是统计学中的两种主要方法之一,在推论统计中,研究者分析数据信息以便得出一种可能性,这种可能性是系统分析的结果,而不是随机现象或随机波动。为了理解如何使用推论统计,需要先了解总体和样本这两个概念。

总体和样本

总体(population)是对具有某种特征的一类事物的概括。假设一个心理学家做了一项有关爱的感觉的实验,她用爱情三因素量表测试一组大学生,或许这位心理学家并不对当时当地她所抽取被试的测验结果感兴趣,而是对所有大学生的总体情况所概括出来的结论更感兴趣,又或者对成人的总体情况感兴趣。如果是这样,大学生(或成人)基本上构成了研究对象的总体,而她抽取的大学生构成了样本(sample),也就是说,这里的样本是实际上接受测验的个体构成的子集。

为了从样本推测总体,样本必须是具有代表性(representative)的,也就是说,总体的子集必须是经过严格筛选能够最大限度地代表总体。如果样本越不能代表总体的特征,我们就越难进行推论。例如,用刚才的样本推论大学生总体的特征比推论成人总体的特征更有效。然而,即便是这样的推论也是值得怀疑的,因为每个大学的学生都是不同的,甚至在同一学校里每个年级也都不同。

只有在偶然的情况下,你只需考察总体而不用考察样本。假设你只对你施测的对象感兴趣,而对其他对象不感兴趣,那么你只会去考察总体而不必使用推论统计。你所得到的值只是为总体服务的,而不是为总体中的某个样本服务的。在这种情况下没有必要从样本推论总体,因为你考察的就是总体,然而如果你把这些受测学生视为所有大学生中的一个样本,你是把它当作一个样本来对待,那么推论统计才起作用。

在特殊情况下,推论统计是指你拒绝虚无假设(null hypothesis)的可能性。也就是说,我们从受测的样本中推论总体没有差异或者不相关的预期假设。典型的情况是,在使用推论统计的时候,是否能够将从样本中得到的结论推论到总体。例如,在亲密度样本中,男性和女性的得分有差异,虚无假设就是指从样本中得到的差异是一种随机变异，并不代表总体上男性与女性有所不同。备择假设（alternative hypothesis）是指这种差异在统计学上是有意义的，能够推论到总体。

统计显著性

当我们论及统计结果的意义时，经常会提及统计显著性（statistical significance）检验。这种检验告诉我们即将得出结论产生的惟一几率的可能性。

因此，当这个结论更多的是具有系统分析意义而不是随机现象的时候，这个结论才具有统计学上的意义。统计检验只能够表明一组数据与另一组数据在某些方面相区别的可能性，理解这一点是非常重要的。例如，你可以计算平均数或者相关系数不为零的可能性，或者计算一组数据的平均数与另一组数据的平均数差异的可能性，但是你不可能使用统计方法去评价两个样本在任何方面相同的可能性。

差异是很重要的一个因素。设想你有两个被试，他们是双胞胎，而且在每次测验中他们的得分都相同，但是却没有任何统计方法可以评价每次测验中两者的得分完全相同的可能性。将来或者我们能找到区分他们之间差异的测验。

心理学家需要注意在研究中的两类错误。一类是你作出了不应该作出的结论；第二类是你没有作出应该作出的结论。

前者称为第一类错误（type I error），是指当你相信所得出的结论是由于系统变异所致，而事实上这个结论是随机因素引起的。在信息检测论中（见第四章），这种情况的发生与虚报相对应。例如，假设你比较对被试对于母亲和父亲这两个不同的对象在亲密度上的得分。如表 A-2 所示，分别为母亲 6.49，父亲 5.17，如果你认为母亲的得分比父亲高，第一类错误就此产生。因为如果你相信这种差异是有意义的，而事实上这个结论的产生却是由于随机误差所致。

后者称为第二类错误（type II error），是指当你相信所得出的结论是由于随机因素所致，而事实上这一结论是系统变异引起的。在信息检测论中（见第四章），这种情况的发生与漏报相对应。例如，如果你相信父母之间的差异是随机因素引起的，而事实上这种差异是真实的，那你就犯了第二类错误。

虽然两种错误都很重要，但是相比之下众多的研究者会更多地关注第一类错误。造成这种现象的原因有可能是保守思想在作怪：第一类错误要对付的是，当没有任何必要作出结论时，却作出了结论；而第二类错误则是需要作出结论时，却没有作。研究者更多的会倾向于关注那些作出错误结论的调查结果，而不是那些应该得出结论而事实上没有作出的情形。

当我们进行心理学研究时，我们通常运用推论统计，它可以使我们计算第一类错误发生的概率。通常来说，当第一类错误发生的概率小于 .05 的水平时，研究者就可以作出"统计显著"的结论。这种概率就称作 p 值（p-value），显著检验的统计量就是指这一概率（p）。而这种概率事件是非常特殊的，它出现的几率非常小，即当虚无假设为真时，随机变异可能发生的几率非常之小。换句话说，在我们作出结论时，我们允许有 1/20 的机会驳斥这一结论。研究者通常会在其报告中指出，p 值小于 .05 水平或小于 .01 水平。一般来说，一个结论在 .01 水平发生错误已经是一个非常站得住脚的结论了，虽然我们不能够完全保证结论正确，但是我们对这个结论很有信心。

我们得到统计显著结论的几率通常会随着被试的增多而增加。因为随着被试人数的增加，随机误差也随之增加。如果你只测 10 个男性和 10 个女性（对他们父母的亲密度），你用这个样本作出不同性别具有差异的结论时可能会有犹豫，而如果你测试了 10 000 个男性和 10 000 个女性，你会对你的结论很有信心，因为你的样本很具有代表性。

区分统计上的显著性差异和真实的显著性差异是非常重要的。真实的显著性差异是指结果是否在现实中成立。假设你发现男女在亲密度上（从 1 到 9 的等级）具有 .07 水平上的差异，如果有足够大的样本，这个值可能会达到统计意义上的显著性差异。但是事实上呢？或许并非如此。记住，推论统计只能够告诉你即将得出的结论产生惟一几率的可能性，它并不能告诉你差异程度有多大，也不会告诉你这种差异是否足以让你使用目前的信息对事实上的差异作出结论。在研究中，研究者更注重的是统计上的显著性差异，然而作为一个研究结果的使用者，不管研究者是否做了事实上的结论，你都需要同时关注事实上的差异性。最后，在心理学研究中，我们需要关注那些可以改变我们生活的各种结论。

包　亮 ○ 译
赵　骏
李　锐 ◎ 校

词汇表

A

a posteriori knowledge	后验知识
a priori knowledge	先验知识
abnormal behavior	变态行为
absolute refractory phase	绝对不应期
absolute threshold	绝对阈限
accessibility	可及性
accommodation(as a cognitive process)	顺应(一种认知过程)
accommodation(as a means of adjusting the focus of the eye)	调适(一种调节眼睛焦距的方式)
acetylcholine(Ach)	乙酰胆碱
achievement	成就
achromatic	非彩色的
acquisition	习得
Acronyms	字母形象法
acrostics	字头法
action potential	动作电位
activation-synthesis hypothesis	激活—整合假说
active theories(of speech perception)	活动理论(言语概念)
actor-observe effect	当事者—旁观者效应
acuity	敏度,锐度
acute(symptom or illness)	急性的(症状或疾病)
acute pain	急性疼痛
acute stress disorder	急性应激失调
adaptation level	适应水平
addiction	瘾
additive bilingualism	相加双语现象
additive mixture	加色混合
adrenal medulla	肾上腺髓质
aerial perspective	空气透视
aerial exercise	吸氧运动
afferent	内导神经
aggression	攻击
agnosia	失认症
agoraphobia	广场恐惧症
agreeableness	随和性
algorithm	算法

alienated achievement	分离式定向统合
alternate-forms reliability	复本信度
altruism	利他主义
amacrine cells	无足细胞
amnesia	健忘症
amphetamine	安非他命
amplitude	幅度
amygdala	杏仁核
anal stage	肛门期
angiograms	血管造影
anorexia nervosa	神经性厌食症
anterograde amnesia	顺行性遗忘
antisocial behavior	反社会行为
antithesis	反题
anxiety	焦虑
anxiety disorder	焦虑障碍
aptitude	能力倾向
arbitrary symbolic reference	完全符号推论
archetype	原型
arousal	唤醒
assimilation (as a cognitive process)	同化（一种认知过程）
association areas	联合区
associationism	联想主义
associationist	联想主义者
asylum	精神病院
asymptote	渐近线
atheoretical	非理论的
attachment	依恋
attention	注意
attitude	态度
attribution	归因
attribution theory	归因理论
authoritarian parents	专制型家长
authoritative parents	权威型家长
automaticity	自动性
autonomic nervous system	自主神经系统
availability	可得性

availability heuristic	可得性试探
aversion therapy	厌恶疗法
aversive conditioning	厌恶性条件反射
avoidance learning	躲避学习
avoidant attachment pattern	回避依恋模式
axon	轴突

B

babbling	咿呀语
backward conditioning	倒行条件反射
balance theory	平衡理论
balanced presentation of viewpoints	观点平衡陈述
bar graph	条形图
barbiturate	巴比妥酸盐
base rate	基础率
basic anxiety	基本焦虑
basilar membrane	基膜
behavior therapy	行为疗法
behavioral contracting	行为合同法
behavioral genetics	行为遗传学
behavioral medicine	行为医疗
behaviorism	行为主义
Big Five	大五
bilingual	双语者
binocular depth cues	双眼深度线索
binocular disparity	双眼视差
biological psychology	生物心理学
biological trait	生物特征
biomedical model	生物医学模式
biopsychosocial model	生物心理社会模式
bipolar cells	双极细胞
bipolar disorder	双向精神障碍
bisexual	双性恋者
blind spot	盲点
blocking effect	阻滞效应
bounded rationality	有限理性
brain	脑

brain stem	脑干
brightness	明度
bystander effect	旁观者效应

C

caffeine	咖啡因
canalization	拓通
cardinal trait	首要特质
case study	个案研究
categorical clustering	聚类群集
categorical syllogism	分类推断
cathartic method	宣泄疗法
causal inference	因果推论
central nervous system (CNS)	中枢神经系统
central nervous system (CNS) depressant	中枢神经系统镇静剂
central nervous system (CNS) stimulant	中枢神经系统兴奋剂
central route to persuasion	劝说中央路径
central tendency	集中趋势
central traits affecting impression formation	影响印象形成的中心特质
central traits of personality	人格中心特质
cerebellum	小脑
cerebral cortex	大脑皮质
cerebral hemispheres	大脑半球
cerebrospinal fluid	脑脊髓
characteristic features	特异性特征
child-directed speech	儿童式语言
chromosome	染色体
chronic (symptom or illness)	慢性的(症状或疾病)
chronic pain	慢性疼痛
chunk	组块
circadian rhythm	昼夜节律
classical conditioning	经典条件反射
classically conditioned learning	经典条件学习
client-centered therapy	来访者中心疗法
clinical	临床
clinical interview	诊断交谈
cocaine	可卡因

cochlea	耳蜗
cocktail party phenomenon	鸡尾酒会现象
cognitive anxiety	认知焦虑
cognitive consistency	认知一致性
cognitive development	认知发展
cognitive dissonance	认知失调
cognitive map	认知图
cognitive therapy	认知疗法
cognitivism	认知主义
cohort effects	同代效应
cold fibers	冷觉纤维
collective unconscious	集体无意识
commissive	委任
commitment	承诺
complex cells	复杂细胞
complexes	情结
compliance	顺从
componential theory	成分理论
comprehension monitoring	跟踪理解
compulsion	强迫行为
computerized axial tomogram (CAT)	计算机中轴X线断层扫描技术
concentrative meditation	集中性沉思
concept	概念
concrete operations	具体运算
concurrent validity	同时效度
condition (as an aspect of experimental design)	（实验设计）条件
conditional syllogism	条件推断
conditioned emotional responses	条件性情绪反应
conditioned responses (CR)	条件反应
conditioned stimulus (CS)	条件刺激
cones	视锥细胞
confirmation bias	肯定性偏见
conformity	从众
conscientiousness	尽责性
consciousness	意识
construct-related validity	构想效度

constructive memory	构造记忆
constructive perception	构造知觉
contact hypothesis	接触假设
content-related validity	内容效度
context effects	背景效应
contextualist	情境主义者
contingency	相倚
continuous reinforcement	连续强化
contour	轮廓
contralateral	对侧的
control	控制
control condition	控制条件
control-enhancing interventions	增高控制调节法
controlled experimental design	控制实验设计
controlling	控制
conventional morality	习俗道德
convergent thinking	聚合思维
cooing	唔哦声
cooperative principle	合作性原则
coping	应对
cornea	角膜
corpus callousum	胼胝体
correct rejection	正确排斥
correlation	相关
correlation coefficient	相关系数
correlational design	相关设计
counterconditioning	对抗性条件反射
countertransference	反向移情
creativity	创造力
credibility	可信性
critical period	关键期
critical thinking	批判性思考
critical tradition	批判性传统
cross-sectional study	横向研究
crystallized intelligence	晶体智力
cued recall	线索性回忆
cultural relativism	文化相对论

culture-fair test	文化平等测验
culture-relevant test	文化关联测验
cumulative frequency	累积次数

D

dark adaptation	暗适应
daydreaming	白日梦
decay	衰退
decay theory	衰退理论
decibel (dB)	分贝
declaration	陈述
declarative knowledge	陈述性知识
deductive reasoning	演绎推理
deductively valid	有效演绎
deep-structure level	深层结构水平
defense mechanisms	防御机制
defining features	定义特征
deindividuation	去个性化
delay conditioning	延迟条件反射
delusion	妄想
dendrites	树突
deoxyribonucleic acid (DNA)	脱氧核糖核酸
dependent variable	因变量
depth	深度
description	描述
descriptive grammar	描述性语法
descriptive statistic	描述统计
design (of experiments)	设计(实验术语)
detection	觉察
determinism	决定论
development	发展
developmental psychologists	发展心理学家
deviation IQs	离差智商
dialectic	辩证法
dialectical thinking	辩证思维
diathesis-stress theory	素质-压力互动理论
diffusion of responsibility	责任分散

direct perception	直接知觉
directive	指示
disconfirm	驳斥
Discourse	语篇
discrete-emotions theory	情绪分散理论
discrimination	辨别
dissociative amnesia	分裂性失忆症
dissociative disorder	分裂性障碍
dissociative fugue	分裂性神游症
dissociative identity disorder	分裂性认同障碍
distal stimulus	远体刺激
distraction-conflict theory	干扰性冲突理论
distributed learning	分配学习
divergent production	发散性创造力
divergent thinking	发散思维
doctor-centered style (of physician interactions)	治疗师中心疗法
dominant trait	显性特征
dopamine	多巴胺
drive	内驱力
dual-system hypothesis (of bilingualism)	（双语现象）双重系统假说
duplex retina theory	视网膜二重说
duplicity theory	双向说
dynamic assessment environment	动态评估环境

E

eardrum	鼓膜
echoic store	声像储存
efferents	外导神经
ego	自我
egocentrism	自我中心
Electra conflict	恋父冲突
electroconvulsive therapy (ECT)	电休克疗法
electroencepalogram (EEG)	脑电图
electromagnetic spectrum	电磁波谱
emotion	情绪
emotion-focused coping	情绪集中应对

emotional intelligence	情绪智力
empirical method	经验法
empiricist	经验主义者
empty-nest syndrome	空巢综合征
encoding	编码
encoding specificity	编码特异性
endocrine system	内分泌系统
episodic memory	情境记忆
equilibration	平衡
equity theory	公平理论
Ethologist	生态学家
Etiology	病原学
evoked response potentials (ERPs)	诱发反应电位
evolutionary psychology	进化心理学
exemplar	标本
exhaustive serial processing	耗竭性系列加工
experiment	实验
experimental analysis behavior	实验性行为分析
experimental condition	实验条件
experimental neurosis	实验性神经症
explanation	解释
explicit memory	外显记忆
expressive	表达式
external locus of control	外控点
extinction	消退（一种学习阶段）
extinction procedure	消退过程
extrasensory perception (ESP)	超感官知觉
extrinsic motivators	外加动机
extroversion	外倾性
eye contact	目光接触

F

face validity	表面效度
facial-feedback hypothesis	（局部）表情反馈假说
factor analysis	因素分析
false alarm	虚报
family systems therapy	家庭制度疗法

feature-detector approach	特征觉察方式
feature hypothesis	特征假说
feature-matching	特征匹配
fetal alcohol syndrome	胎儿酒精综合征
field	领域
figure	图形
figure-ground	图形——背景
first-order conditioning	一阶条件反射
fixated	固结
fixed-interval reinforcement	定时距强化
fixed-ratio reinforcement	定比率强化
flashbulb memory	闪光灯记忆
flooding	倾诉
fluid intelligence	流体智力
forebrain	前脑
foreclosure	早闭型统合
formal-operational stage	形式运算阶段
fovea	中央窝
free association	自由联想
free nerve endings	游离神经末梢
free recall	自由回忆
frequency	频率,次数
frequency distribution	次数分配
frequency theory	频率理论
frontal lobe	额叶
functional fixedness	功能固着
functional hypothesis	功能假说
functionalism	机能主义
fundamental attribution error	基本归因错误
fundamental frequency	基础频率

G

gambler's fallacy	赌徒谬误
game theory	对策论
ganglion cells	神经节细胞
gate-control theory	闸门控制理论
gender constancy	性别恒常性

gender typing	性别特征形成
gene	基因
general adaptation syndrome (GAS)	一般适应综合征
generalized anxiety disorder	一般性焦虑障碍
genes	基因
genetics	遗传学
genital stage	生殖器期
genotype	基因型
Gestalt	格式塔
Gestalt approach	格式塔学派
Gestalt psychology	格式塔心理学
gland	腺体
glial cell	神经胶质细胞
glucostatic hypothesis	血糖状态假说
gradient of reinforcement	强化梯度
grammar	语法
ground	背景
group	群体
group polarization	群体极化
groupthink	群体迷思
growth	成长

hair cells	毛细胞
hallucinations	幻觉
hallucinogenic	致幻剂
haptic	触觉的
harmonics	和声
health psychology	健康心理学
heritability	遗传力
heritability coefficient	遗传力系数
hertz (Hz)	赫兹
heuristic	启发式
higher order conditioning	高阶条件反射
hindbrain	后脑
hippocampus	海马
hit	击中

homeostatic regulation	自我平衡原则
homosexuality	同性恋
horizontal cells	水平细胞
hormone	激素
hostile aggression	敌对性攻击
hue	色调
humanism	人本主义
humanistic	人本主义的
humanistic psychology	人本主义心理学
hypnosis	催眠
hypothalamus	下丘脑
hypotheses	假说
hypothesis testing	假设检验
hypothetical construct	假设构念

I

iconic store	映像储存
id	本我
ideal self	理想自我
idealistic principle	理想原则
identity achievement	定向型统合
identity diffusion	迷失型统合
idiographic personality theory	人格特质论
ill-structured problem	结构含混问题
illusion	错觉
illusory correlation	错误相关
imaginary audience	假想观众
implicit memory	内隐记忆
implosion therapy	暴露疗法
impression formation	印象形成
imprinting	印刻
incubation	酝酿
incus	砧骨
independent variable	自变量
indirect request	间接要求
induced movement	诱导运动
inductive reasoning	归纳推理

infantile amnesia	幼儿期经验丧失，幼事遗忘
inferential statistics	推论统计
inferiority complex	自卑情节
information processing	信息加工
information-processing theorists	信息加工论者
informed consent	知会同意
insight	顿悟
insight problem	顿悟问题
insomnia	失眠
instinct	本能
instrumental aggression	工具性攻击
intelligence	智力
intensity	强度
interactionist approach	交互式研究
interactive images	交互式表象
interference	干扰
interference theory	干扰理论
internal-consistency reliability	内在一致性信度
internal locus of control	内控点
internalization	内化
interneuron	中间神经元
interposition	介入
interrater reliability	评分者间信度
interval schedule	间时程式
intimacy	亲密
Intoxicated	中毒
intrinsic motivators	内在动机
introspection	内省法
invincibility fallacy	绝对谬误
ipsilateral	同侧的
iris	虹膜

J

judgment and decision making	判断与决策
just noticeable difference (jnd)	最小可觉察
justification of effort	作用合理化

K

keyword system	联想法
kinesthesis	动觉

L

language	语言
language-acquisition device (LAD)	语言获得装置
latency	潜伏期
latent content	潜性内容
latent learning	潜伏学习
law of effect	效果律
learned helplessness	习得性无助
learning	学习
lens	水晶体
lesbianism	女性同性恋
lexicon	专业词汇词典
life-span development	终身发展
light adaptation	明适应
lightness constancy	明度恒常性
likability effect	趣味效应
Likert scale	利克特型量表
limbic system	边缘系统
line graph	线性图
linear perspective	线条透视
linear regression	线性回归
linear relation	线性相关
linguistic relativity	语言相对论
linguistic universals	语言普遍性
linguistics	语言学
lipostatic hypothesis	脂肪恒定假说
location in the picture plane	平面图定位
logical positivism	逻辑实证主义
long-term store	长时存贮
longitudinal study	纵向研究

M

magnetic resonance imaging (MRI)	核磁共振脑成像技术
major depression	重抑郁
malleus	锤骨
mania	躁狂
manifest content	显性内容
massed learning	集中学习
maturation	成熟
mean	平均数
median	中数
meditation	沉思
medulla oblongata	延髓
memory	记忆
memory scanning	记忆扫描
menarche	初潮
menopause	绝经期
mental age	智力年龄
mental retardation	智力迟钝
mental set	心理定势
mere exposure effect	屡见效应
metamemory	元记忆
method of loci	地点法
method of successive approximations	逐渐近似法
midbrain	中脑
mind-body dualism	心身二元论
minimax loss rule	低限最佳遗失原则
miss	漏报
mnemonic devices	记忆装置
mnemonist	记忆术专家
mode	众数
modeling	模仿法
monism	一元论
monitoring	监察
monocular depth cues	单眼深度线索
monolingual	单语者
mood disorders	心境障碍
moratorium	未定型统合

morpheme	词素
motion parallax	运动视差
motive	动机
motor	运动
motor neuron	运动神经元
motor theory	运动理论
Müller-Lyer illusion	缪勒——莱尔错觉
multimodal	多项的
mutation	突变
myelin sheath	髓鞘

N

N-REM sleep	非快速眼动睡眠
narcolepsy	嗜眠症，发作性睡眠症
narcotic	麻醉剂
natural selection	自然选择
naturalistic observation	自然观察
near-death experience	死亡体验
negative acceleration	负加速度
negative (inverse) correlation	负相关
negative-feedback loop	负反馈环
negative punishment	负惩罚
negative reinforcement	负强化
negative reinforcer	负强化物
negative transfer	负迁移
neodissociative theory	新解离理论
neo-Freudians	新弗洛伊德派
neonate	新生儿
nerve	神经
nervous system	神经系统
neuromodulator	神经调质
neuron	神经元
neuroticism	神经质性
neurotransmitter	神经递质
nodes of Ranvier	郎飞氏节
noise	噪音
nomothetic personality theory	人格同质论

normal distribution	正态分布
normal science	常规科学
normative scores	标准分数（常模）
null hypothesis	虚无假设

O

obedience	服从
object permanence	物体永存
object-relations theory	对象—关系理论
objective personality test	客观人格测验
obsession	强迫观念
obsessive-compulsive anxiety disorder	强迫性焦虑障碍
occipital lobe	枕叶
Oedipal conflict	恋母冲突
olfaction	嗅觉
olfactory bulb	嗅球
olfactory epithelium	嗅上皮
opening-up meditation	开放性沉思
openness	求新性
operant	操作性
operant conditioning	操作条件反射
operational definition	操作性定义
opiate	鸦片剂
opioid	鸦片缩胺酸
opponent-process theory (of addiction and motivation)	（瘾和动机）颉颃过程理论
opponent-process theory (of color vision)	（色觉）颉颃过程理论
optic chiasma	视交叉
optical illusion	视错觉
oral stage	口腔期
organic pain	机体性疼痛
orienting reflex	定向反射
outgroup homogeneity bias	外群体同质偏见
oval window	卵圆窗
overconfidence	自负
overdose	过量
overextension error	过度延伸错误

overregularization	超规则

P

p-value	P 值
pain	疼痛，痛觉
paired-associates recall	配对联想回忆
panic disorder	惊慌性障碍
papillae	乳头状小体
paradigm	范例
parallel processing	平行加工
parapsychology	心灵学
parasympathetic nervous system	副交感神经系统
parietal lobe	顶叶
partial reinforcement	部分强化
passion	热情
passive theories	被动论
pathogen	病原体
patient-centered style (of physician interactions)	患者中心疗法（精神分析）
payoff matrix	支付矩阵
Pearson product-moment correlation coefficient	皮尔逊积聚相关系数
pegword system	联想法
percentile	百分位数
perception	知觉
perceptual constancy	知觉恒常性
performative	指导语
peripheral nervous system (PNS)	周围神经系统
peripheral route to persuasion	劝说边缘路径
permissive parents	宽容型父母
person-centered approach	以人为中心的观点
person-environment interaction	人境互动
person-positivity bias	个人正向偏见
personal attribution	个人归因
personal dispositions	个体倾向
personal fable	个人寓言
personal space	个体空间
personal unconscious	个体无意识

词 汇 表

personality	个性，人格
personality disorders	人格障碍
perspective	流派
phallic stage	性征期
phenotype	表型
pheromones	外激素
philosophy	哲学
phobia	恐怖症
phoneme	音素
phonetic-refinement theory	语音精炼理论
photopigments	光色素
photoreceptors	光感受器
phrase-structure grammar	词组-结构语法
physiology	生理学
pinna	耳廓
pitch	音高
pituitary gland	垂体腺
place theory	地域论
plasticity	可塑性
pleasure principle	快乐原则
polygraph	测谎仪
pons	脑桥
Ponzo illusion	庞邹错觉
population	总体
population parameters	总体参数
positive correlation	正相关
positive punishment	正惩罚
positive reinforcement	正强化
positive reinforcer	正强化物
positive transfer	正迁移
positron emission tomography (PET)	正电子发射断层扫描技术
postconventional (principle) morality	后习俗道德
post-formal thinking	后形式思维阶段
posthypnotic suggestion	催眠后暗示
posttraumatics stress disorder	创伤后应激失调
pragmatic reasoning schemas	实用推理方案
pragmatics	语用学

pragmatism	实用主义
preconscious	前意识
preconventional morality	前习俗道德
prediction	预测
predictive validity	预测效度
prejudice	偏见
Premack principle	普利马克原则
premise	前提
preoperational stage	前运算阶段
prescriptive grammar	配定语法
primacy effect	首因效应
primary appraisal	初步评估
primary colors	基色
primary motor cortex	主动觉皮质
primary-process thought	原始过程思维
primary reinforcer	初级强化物
primary somatosensory cortex	主体觉皮质
priming	启动
proactive interference	前摄干扰
problem finding	发现问题
problem-focused coping	问题集中应付
problem solving	问题解决
problem-solving cycle	问题解决周期
procedural knowledge	程序性知识
productive thinking	创造性思维
projection areas	投射区
projective test	投射测验
prosocial behavior	亲社会行为
prototype theory	原型理论
proxemics	人际空间关系学
proximal stimulus	近刺激
proximity (as an aspect of interpersonal attraction)	（人际吸引力）邻近性
psychoactive	精神激活的
psychoanalysis	精神分析
psychodynamic theory	心理动力学理论
psychogenic pain	精神性疼痛

psychology	心理学
psychometric	心理测量的
psychopharmacological	精神药物的
psychophysics	心理物理学
psychosexual development	性心理发展
psychosocial theory (of personality development)	心理社会理论（人格发展）
psychosomatic medicine	心身医学
psychosurgery	精神外科学
psychotherapy	心理疗法
psychoticism	精神质
psychotropic drugs	精神药物
puberty	青春期
punishment	惩罚
pupil	瞳孔
purity (as related to color)	纯度（与颜色相关）

Q

quality	性质
quasi-experiment design	准实验设计
questionnaire	问卷

R

range	全距
ratio IQ	比率智商
ratio schedule	比率程式
rational-emotive behavior therapy (REBT)	理性情绪疗法
rationalist	理性主义者
raw score	原始分数
reaction range	反应幅度
realistic-conflict theory	现实-冲突理论
reality principle	现实原则
reasoning	推理
recall memory	回忆性记忆
recency effect	近因效应
receptive field	感受野

receptors	感受器
recessive trait	隐性特征
reciprocal determinism	相互决定论
recognition memory	再认记忆
recognition task	再认任务
reconstructive memory	记忆重建
reductionism	还原论
reflex	反射
refraction	折射
regions of similarity	相似域
regression equation	回归方程
rehearsal	复述
reinforcer	强化物
relative frequency	相对次数
relative refractory phase	相对不应期
relative size	相对大小
reliability	信度
reliable	可靠的
REM sleep	快速眼动睡眠
replicate	重复
representation	表征
representational thought	表象思维
representative (as a speech act)	表征（一种言语行为）
representative (as a characteristic of a sample)	代表性（样本特征）
representative sample	代表性样本
representativeness heuristic	代表性启发
reproductive thinking	再造性思维
resistance	抗拒
resistant attachment pattern	抗拒依恋模式
response	反应
reticular activating system (RAS)	网状激活系统
retina	视网膜
Retrieval	检索
retrograde amnesia	倒摄遗忘
reuptake	重吸收
reversible figures	两可图形

revolutionary science	进化科学
rods	视杆细胞

S

sample	样本
sample statistics	样本统计量
satisficing	圆满
saturation	饱和度
savings	节省
schedules of reinforcement	强化程式
schema	图式
schema theory	图式理论
schizophrenia	精神分裂症
script(s)	脚本
seasonal affective disorder (SAD)	季节性情感障碍
secondary appraisal	二级评估
secondary-process thought	继发过程思维
secondary reinforcer(s)	次级强化物
secondary traits	次要特质
secure attachment pattern	安全依恋模式
sedative-hypnotic drugs	催眠镇静剂
selective attention	选择性注意
self	自我
self-concept	自我概念
self-determination theory	自我决定理论
self-efficacy theory	自我效能理论
self-esteem	自尊
self-fulfilling prophecy	自证预言
self-handicapping	自我设限
self-monitoring	自我监控
self-perception theory	自我知觉理论
self-report measure	自陈测验
self-schema	自我图式
self-terminating serial processing	自我终止性系列加工
self theory	自我理论
self-understanding	自我理解
semantic memory	语义记忆

semantics	语义学
sensation	感觉
sense	感觉(官)
sensitization	敏感化
sensorimotor stage	感觉运动阶段
sensory adaptation	感觉适应
sensory coding	感觉编码
sensory neurons	感觉神经元
sensory store	感觉存贮
separation anxiety	分离焦虑
septum	隔区
serial-position curve	序列位置曲线
serial processing	系列加工
serial recall	序列回忆
serotonin	5-羟色胺
set-point theory	定点论
shape constancy	形状恒常性
shaping	行为塑造
short-term store	短时存贮
sign	征兆
signal	信号
signal-detection theory (SDT)	信号检测论
simple cells	简单细胞
simple phobia	单纯性恐怖症
simulating paradigm	模仿示范
simultaneous conditioning	同时条件反射
single-cell recording	单细胞记录
single-system hypothesis (of bilingualism)	单系统假说(双语制)
situational attribution	情境归因
Sixteen Personality-Factor Scale (16PF)	16种人格因素测验
size constancy	大小恒常性
skewness	偏态
Skinner box	斯金纳箱
sleep apnea	睡眠窒息
slips of the tongue	口误
social categorization	社会分类
social cognition	社会认知

social-comparison theory	社会比较理论
social development	社会发展
social facilitation	社会助长
social-identity theory	社会同一性理论
social inhibition	社会抑制
social learning	社会学习
social loafing	社会性懈怠
social penetration	社会渗透
social phobia	社交恐怖症
social psychology	社会心理学
soma	细胞体
somatic anxiety	躯体化焦虑
somatic nervous system	躯体神经系统
somnambulism	梦游
source traits	潜在特质
specific phobias	特定对象恐怖症
speech acts	言语行为
spinal cord	脊髓
spontaneous recovery	自然恢复
spontaneous recovery (from mental illness)	（心理疾病）自然恢复
spoonerism	斯本内现象
standard deviation	标准差
standardization	标准化
stapes	镫骨
state-dependent memory	状态—依存记忆
static assessment environment	静态性评估环境
statistic	统计量
statistical significance	统计显著性
statistics	统计学
stereopsis	实体知觉
stereotype	刻板
stimulus	刺激
stimulus discrimination	刺激辨别
stimulus generalization (in classical conditioning)	刺激类化（经典条件反射）
storage	储存
strange situation	陌生情境

stress	应激
stress disorder	应激失调
stress response	应激反应
stressor	应激物
stroboscopic motion	动景运动
structuralism	结构主义
subconscious	潜意识
subjective-utility theory	主观效用论
subtractive bilingualism	相减双语现象
subtractive mixture	减色混合
superego	超我
surface traits	表面特质
survey	调查
syllogism	三段论
sympathetic nervous system	交感神经系统
symptom	症状
synapse	突触
syntax	语法
synthesis	综合
systematic desensitization	系统脱敏法

taste bud	味蕾
telegraphic speech	电报式言语
temperament	气质
template	模板
temporal conditioning	时间性条件反射
temporal contiguity	时间邻近
temporal lobe	颞叶
terminal buttons	末梢结
test	测验
test-retest reliability	再测信度
texture gradient	纹理梯度
thalamus	丘脑
Thematic Apperception Test (TAT)	主题统觉测验
theory	理论
theory of multiple intelligences	多元智力理论

thesis	论题
thinking	思维
threshold of excitation	兴奋阈
thyroid gland	甲状腺
timber	音色
tobacco	烟草
token economy	代币物奖惩法
tolerance	耐受性
total-time hypothesis	总体时间假说
trace conditioning	痕迹条件反射
trait	特质
tranquilizer	镇静剂
transduce	转换
transference	移情
transformational grammar	转换语法
transparency	透明度
triangular theory of love	爱情三元论
triangular theory of human intelligence	智力结构三元论
trichromatic theory of color vision	色觉三色论
two-component theory of emotion	情绪双因素论
Type-A behavior pattern	A 型行为模式
Type-B behavior pattern	B 型行为模式
Type I error	第一类型错误
Type II error	第二类型错误

U

unconditioned response (UR)	无条件反应
unconditioned stimulus (US)	无条件刺激
unconscious	无意识
unconscious inference	无意识推论
utility-maximization theory	效用最大化理论

V

valid	有效的
validity	效度
vanishing point	逝点

variable	变量
variable-interval reinforcement	变时距强化
variable-ratio reinforcement	变比率强化
variance	方差
verbal comprehension	言语理解
verbal fluency	言语流畅
verifiable	可验证性
vertebrae	椎骨
vestibular system	前庭系统
vibration theory	振动理论
visual mask	视觉掩蔽
vocabulary	词汇
volley principle	齐射原则

W

warm fibers	温觉纤维
wavelength	波长
Weber fraction	韦伯分数
Weber's law	韦伯定律
well-structured problem	结构完整问题
withdrawal	退缩
word-superiority effect	词优效应
working memory	工作记忆

Y

yoga	瑜珈

Z

Zen	禅宗
zero-sum game	零和决策
zone of proximal development (ZPD)	最近发展区

唐忠明○译
李　锐○校

译后记

作为心理学的专业教材，哈考特大学出版社（Harcourt College Publisher）为本书开设了专门的网站，本书在北美的受欢迎程度可见一斑。斯滕伯格教授的这本著作汇集了现代心理学研究的主要成果。奉上先辈们的成果，是为了向读者打开科学心理学研究的大门，虽不敢妄称启迪众生，实可谓勉励后辈背负科学精神继续心理学研究的未尽事业。国内的心理学家曾为我们奉献了不少优秀教材，但我们在这里还是要诚恳地推荐斯滕伯格教授的这本心理学教材，并乐于将它奉献给国内的读者。

2001年秋天，朱永新教授在美国考察归来之后，带给了我们这本崭新的《心理学——探索人类的心灵》（第三版）。惊喜之余，我们带着"批判"的眼光通读了这本书，因为印象中的美国教材大多"活泼有余，严谨不足"，尽管斯滕伯格教授在心理学界享有极高的声誉。未料，同事与我们却为这本书的系统性和可读性所折服。

正如作者在书中所阐述的，"心理学思想源自于人类的心灵，在实验室中得以分析性的验证，随后应用于人类的现实世界，如此循环反复……"这本教材的结构和内容为读者完美地展现了心理学思想的这一流向。在篇章结构方面，全书从西方心理学史开篇，为读者讲述了科学心理学的发展历程，构架出了现代心理学的学科脉络；之后详尽涵盖了心理学研究方法、行为的生物学基础、感觉和知觉、意识、学习、记忆、语言和思维、智力、生理和认知的发展、社会发展、动机和情绪、社会心理学、人格、变态心理学、心理治疗、健康心理学这17个现代心理学必不可少的部分；章节之间逻辑关系的严密堪与国内教材媲美。在教材内容方面，章前的提问足以激发读者的阅读兴趣，而章末的思考题则引领读者对先前阅读的内容进行创造性的反思；每一章中摘选的"相关研究"专栏是本书的特色之一，由该领域的前沿研究者撰写的研究报告使本书的内容最大限度地贴近了现代心理学的最新发展；而"日常生活中的心理学"专栏则是本书的另一特色，为我们形象地再现了心理学思想与人类现实世界之间的互动关系。此外，在心理学的研究领域中，注重生物的进化与注重思想的演变构成一对矛盾的组合；强调研究的成果与强调研究的过程则构成另一对矛盾的组合。作者在为读者娓娓道来的同时，不忘平衡上述两对矛盾体的关系。

译后记

  洋洋洒洒近百万字,如何带给读者阅读的乐趣?作者在组织教材的材料时也颇费心机。在理论的阐述过程中,作者总不忘"借题发挥",或是"信手拈来"看似平凡的实例,或是"突发奇想"创设巧妙的情境,深奥的概念逐渐与读者切身体验融为一体,学习的疲倦一挥而去,代之以豁然开朗的愉悦。此外,各种生动的图片、简明的表格穿插于全文,将抽象的心理学概念形象地展现在读者面前,鲜明的形象跃然于纸上,复杂的概念顿时了然于心中。其中,作者特意摘选的漫画插图总是能出人意料地博得读者会心一笑,这似乎是美国教授特有的幽默与风趣。

  为与读者分享阅读的收获,2001年年末,在朱永新教授的指导下,我们组成了精诚合作的翻译和编审团队,开始了严谨而又艰巨的翻译工作。各章的初译者如下:中文版序、前言:李锐;第一章:沈淼;第二章:邵爱国;第三章:钟惠;第四章:张干群、沈淼;第五章:万志宏;第六章:赵一强、赵一标;第七章:刘玉琴;第八章:刘京;第九章:邵波;第十章:杨礼富;第十一章:邵世忠;第十二章:汤冬霞;第十三章:詹颖;第十四章:田芬;第十五章:支富华;第十六章:王斌、邵爱国;第十七章:张丽娟;第十八章:王伟群;专业名词解释:唐忠明;学习指南、统计学附录:包亮、赵骏。译稿完成后由李锐通校一遍,之后由朱永新教授组织了一次审校,以确保译文的精准。

  本着忠实于原作的宗旨,我们孜孜不倦地工作以保证译文质量,力求达到"信、达、雅"的境界。但由于译者的水平和时间有限,疏漏纰缪之处在所难免,书中的不妥之处恳请读者指正。另外考虑篇幅过大,我们对原书的参考文献、附录作了删节处理,亦望读者谅解。

  揭开人类的心灵之谜永远是心理学研究的终极目标,科学的方法和精神可以让我们无限接近这一目标。我们希望这本书能为您开启心理学殿堂的大门,助您了解现代心理学研究的最新成果。

译者
2005年5月8日